全国科学技术名词审定委员会

公　　布

科学技术名词·工程技术卷（全藏版）

7

电　力　名　词

（第二版）

CHINESE TERMS IN ELECTRIC POWER

(Second Edition)

电力名词审定委员会

国家自然科学基金资助项目

科　学　出　版　社
北　京

内 容 简 介

本书是全国科学技术名词审定委员会审定公布的第二版电力名词，内容包括：通论，电测与计量，电力规划、设计与施工，电力系统，继电保护与自动化，调度与通信、电力市场，火力发电，燃料，锅炉，汽轮机、燃气轮机，汽轮发电机，热工自动化、电厂化学与金属，核电，可再生能源，变电，高电压技术，高压直流输电，输电线路，配电与用电，环境保护，电气安全与电力可靠性，水工建筑，水力机械及辅助设备，水轮发电机24部分，共8062条。本书对2002年公布的《电力名词》做了少量修正，增加了一些新词，每条名词均给出了定义或注释。这些名词是科研、教学、生产、经营以及新闻出版等部门应遵照使用的电力规范名词。

图书在版编目(CIP)数据

科学技术名词. 工程技术卷：全藏版 / 全国科学技术名词审定委员会审定. —北京：科学出版社，2016.01

ISBN 978-7-03-046873-4

I. ①科… II. ①全… III. ①科学技术–名词术语 ②工程技术–名词术语 IV. ①N-61 ②TB-61

中国版本图书馆 CIP 数据核字(2015)第 307218 号

责任编辑：赵 伟 / 责任校对：陈玉凤
责任印制：张 伟 / 封面设计：铭轩堂

科学出版社 出版
北京东黄城根北街 16 号
邮政编码：100717
http://www.sciencep.com
北京厚诚则铭印刷科技有限公司印刷
科学出版社发行 各地新华书店经销
*
2016 年 1 月第 一 版 开本：787×1092 1/16
2016 年 1 月第一次印刷 印张：47
字数：1 300 000

定价：7800.00 元(全 44 册)

(如有印装质量问题，我社负责调换)

全国科学技术名词审定委员会
第五届委员会委员名单

特邀顾问：吴阶平　钱伟长　朱光亚　许嘉璐

主　　任：路甬祥

副 主 任（按姓氏笔画为序）：

王　杰　刘　青　刘成军　孙寿山　杜祥琬　武　寅
赵沁平　程津培

常　　委（按姓氏笔画为序）：

王永炎　李宇明　李济生　汪继祥　沈爱民　张礼和
张先恩　张晓林　张焕乔　陆汝钤　陈运泰　金德龙
宣　湘　贺　化

委　　员（按姓氏笔画为序）：

马大猷　王　夔　王大珩　王玉平　王兴智　王如松
王延中　王虹峥　王振中　王铁琨　卞毓麟　方开泰
尹伟伦　叶笃正　冯志伟　师昌绪　朱照宣　仲增墉
刘　民　刘　斌　刘大响　刘瑞玉　祁国荣　孙家栋
孙敬三　孙儒泳　苏国辉　李文林　李志坚　李典谟
李星学　李保国　李焯芬　李德仁　杨　凯　肖序常
吴　奇　吴凤鸣　吴兆麟　吴志良　宋大祥　宋凤书
张　耀　张光斗　张忠培　张爱民　陆建勋　陆道培
陆燕荪　阿里木·哈沙尼　阿迪亚　陈有明　陈传友
林良真　周　廉　周应祺　周明煜　周明鑑　周定国
郑　度　胡省三　费　麟　姚　泰　姚伟彬　徐　僖
徐永华　郭志明　席泽宗　黄玉山　黄昭厚　崔　俊
阎守胜　葛锡锐　董　琨　蒋树屏　韩布新　程光胜
蓝　天　雷震洲　照日格图　鲍　强　鲍云樵　窦以松
蔡　洋　樊　静　潘书祥　戴金星

电力名词审定委员会委员名单

第一届委员(1992~2000)

顾　　问：高景德　韩祯祥　温克昌　梁益华

主　　任：徐士珩

副 主 任：曹　平　赵政声　王建忠　毛文杰　孙嘉平

委　　员(按姓氏笔画为序)：

王　冰　朱思仪　刘纫茝　李树柏　李毓芬

杨以涵　吴竞昌　吴培豪　辛德培　张德平

陆　维　陈士土　陈叔康　陈德裕　欧阳鹤

周庆昌　周良彦　徐国璋　黄　眉　梅祖彦

程忠智　雷定坤　蔡　洋

秘　　书：李树柏(兼)　陈叔康(兼)　陆　维(兼)

第二届委员(2000~2006)

顾　　问：韩祯祥　温克昌

主　　任：周孝信

副 主 任：曹　平　赵政声　毛文杰　孙嘉平

委　　员(按姓氏笔画为序)：

王　冰　朱思仪　刘纫茝　李树柏　李毓芬

杨以涵　吴竞昌　吴培豪　辛德培　张德平

陆　维　陈叔康　陈德裕　欧阳鹤　周庆昌

周良彦　徐士珩　徐国璋　黄　眉　梅祖彦

程忠智　雷定坤　蔡　洋

秘　　书：李树柏(兼)　陈叔康(兼)　陆　维(兼)

路甬祥序

我国是一个人口众多、历史悠久的文明古国，自古以来就十分重视语言文字的统一，主张"书同文、车同轨"，把语言文字的统一作为民族团结、国家统一和强盛的重要基础和象征。我国古代科学技术十分发达，以四大发明为代表的古代文明，曾使我国居于世界之巅，成为世界科技发展史上的光辉篇章。而伴随科学技术产生、传播的科技名词，从古代起就已成为中华文化的重要组成部分，在促进国家科技进步、社会发展和维护国家统一方面发挥着重要作用。

我国的科技名词规范统一活动有着十分悠久的历史。古代科学著作记载的大量科技名词术语，标志着我国古代科技之发达及科技名词之活跃与丰富。然而，建立正式的名词审定组织机构则是在清朝末年。1909 年，我国成立了科学名词编订馆，专门从事科学名词的审定、规范工作。到了新中国成立之后，由于国家的高度重视，这项工作得以更加系统地、大规模地开展。1950 年政务院设立的学术名词统一工作委员会，以及 1985 年国务院批准成立的全国自然科学名词审定委员会（现更名为全国科学技术名词审定委员会，简称全国科技名词委），都是政府授权代表国家审定和公布规范科技名词的权威性机构和专业队伍。他们肩负着国家和民族赋予的光荣使命，秉承着振兴中华的神圣职责，为科技名词规范统一事业默默耕耘，为我国科学技术的发展作出了基础性的贡献。

规范和统一科技名词，不仅在消除社会上的名词混乱现象，保障民族语言的纯洁与健康发展等方面极为重要，而且在保障和促进科技进步，支撑学科发展方面也具有重要意义。一个学科的名词术语的准确定名及推广，对这个学科的建立与发展极为重要。任何一门科学（或学科），都必须有自己的一套系统完善的名词来支撑，否则这门学科就立不起来，就不能成为独立的学科。郭沫若先生曾将科技名词的规范与统一称为"乃是一个独立自主国家在学术工作上所必须具备的条件，也是实现学术中国化的最起码的条件"，精辟地指出了这项基础性、支撑性工作的本质。

在长期的社会实践中，人们认识到科技名词的规范和统一工作对于一个国家的科技发展和文化传承非常重要，是实现科技现代化的一项支撑性的系统工程。没有这样一个系统的规范化的支撑条件，不仅现代科技的协调发展将遇到极大困难，而且在科技日益渗透人们生活各方面、各环节的今天，还将给教育、传播、交流、经贸等多方面带来困难和损害。

全国科技名词委自成立以来，已走过近20年的历程，前两任主任钱三强院士和卢嘉锡院士为我国的科技名词统一事业倾注了大量的心血和精力，在他们的正确领导和广大专家的共同努力下，取得了卓著的成就。2002年，我接任此工作，时逢国家科技、经济飞速发展之际，因而倍感责任的重大；及至今日，全国科技名词委已组建了60个学科名词审定分委员会，公布了50多个学科的63种科技名词，在自然科学、工程技术与社会科学方面均取得了协调发展，科技名词蔚成体系。而且，海峡两岸科技名词对照统一工作也取得了可喜的成绩。对此，我实感欣慰。这些成就无不凝聚着专家学者们的心血与汗水，无不闪烁着专家学者们的集体智慧。历史将会永远铭刻着广大专家学者孜孜以求、精益求精的艰辛劳作和为祖国科技发展作出的奠基性贡献。宋健院士曾在1990年全国科技名词委的大会上说过："历史将表明，这个委员会的工作将对中华民族的进步起到奠基性的推动作用。"这个预见性的评价是毫不为过的。

科技名词的规范和统一工作不仅仅是科技发展的基础，也是现代社会信息交流、教育和科学普及的基础，因此，它是一项具有广泛社会意义的建设工作。当今，我国的科学技术已取得突飞猛进的发展，许多学科领域已接近或达到国际前沿水平。与此同时，自然科学、工程技术与社会科学之间交叉融合的趋势越来越显著，科学技术迅速普及到了社会各个层面，科学技术同社会进步、经济发展已紧密地融为一体，并带动着各项事业的发展。所以，不仅科学技术发展本身产生的许多新概念、新名词需要规范和统一，而且由于科学技术的社会化，社会各领域也需要科技名词有一个更好的规范。另一方面，随着香港、澳门的回归，海峡两岸科技、文化、经贸交流不断扩大，祖国实现完全统一更加迫近，两岸科技名词对照统一任务也十分迫切。因而，我们的名词工作不仅对科技发展具有重要的价值和意义，而且在经济发展、社会进步、政治稳定、民族团结、国家统一和繁荣等方面都具有不可替代的特殊价值和意义。

最近，中央提出树立和落实科学发展观，这对科技名词工作提出了更高的要求。我们要按照科学发展观的要求，求真务实，开拓创新。科学发展观的本质与核心是以人为本,我们要建设一支优秀的名词工作队伍,既要保持和发扬老一辈科技名词工作者的优良传统,坚持真理、实事求是、甘于寂寞、淡泊名利,又要根据新形势的要求,面向未来、协调发展、与时俱进、锐意创新。此外,我们要充分利用网络等现代科技手段,使规范科技名词得到更好的传播和应用,为迅速提高全民文化素质作出更大贡献。科学发展观的基本要求是坚持以人为本,全面、协调、可持续发展,因此,科技名词工作既要紧密围绕当前国民经济建设形势,着重开展好科技领域的学科名词审定工作,同时又要在强调经济社会以及人与自然协调发展的思想指导下,开展好社会科学、文化教育和资源、生态、环境领域的科学名词审定工作,促进各个学科领域的相互融合和共同繁荣。科学发展观非常注重可持续发展的理念,因此,我们在不断丰富和发展已建立的科技名词体系的同时,还要进一步研究具有中国特色的术语学理论,以创建中国的术语学派。研究和建立中国特色的术语学理论,也是一种知识创新,是实现科技名词工作可持续发展的必由之路,我们应当为此付出更大的努力。

当前国际社会已处于以知识经济为走向的全球经济时代,科学技术发展的步伐将会越来越快。我国已加入世贸组织,我国的经济也正在迅速融入世界经济主流,因而国内外科技、文化、经贸的交流将越来越广泛和深入。可以预言,21 世纪中国的经济和中国的语言文字都将对国际社会产生空前的影响。因此,在今后 10 到 20 年之间,科技名词工作就变得更具现实意义,也更加迫切。“路漫漫其修远兮,吾今上下而求索”,我们应当在今后的工作中,进一步解放思想,务实创新、不断前进。不仅要及时地总结这些年来取得的工作经验,更要从本质上认识这项工作的内在规律,不断地开创科技名词统一工作新局面,作出我们这代人应当作出的历史性贡献。

2004 年深秋

卢嘉锡序

科技名词伴随科学技术而生，犹如人之诞生其名也随之产生一样。科技名词反映着科学研究的成果，带有时代的信息，铭刻着文化观念，是人类科学知识在语言中的结晶。作为科技交流和知识传播的载体，科技名词在科技发展和社会进步中起着重要作用。

在长期的社会实践中，人们认识到科技名词的统一和规范化是一个国家和民族发展科学技术的重要的基础性工作，是实现科技现代化的一项支撑性的系统工程。没有这样一个系统的规范化的支撑条件，科学技术的协调发展将遇到极大的困难。试想，假如在天文学领域没有关于各类天体的统一命名，那么，人们在浩瀚的宇宙当中，看到的只能是无序的混乱，很难找到科学的规律。如是，天文学就很难发展。其他学科也是这样。

古往今来，名词工作一直受到人们的重视。严济慈先生60多年前说过，"凡百工作，首重定名；每举其名，即知其事"。这句话反映了我国学术界长期以来对名词统一工作的认识和做法。古代的孔子曾说"名不正则言不顺"，指出了名实相副的必要性。荀子也曾说"名有固善，径易而不拂，谓之善名"，意为名有完善之名，平易好懂而不被人误解之名，可以说是好名。他的"正名篇"即是专门论述名词术语命名问题的。近代的严复则有"一名之立，旬月踟蹰"之说。可见在这些有学问的人眼里，"定名"不是一件随便的事情。任何一门科学都包含很多事实、思想和专业名词，科学思想是由科学事实和专业名词构成的。如果表达科学思想的专业名词不正确，那么科学事实也就难以令人相信了。

科技名词的统一和规范化标志着一个国家科技发展的水平。我国历来重视名词的统一与规范工作。从清朝末年的科学名词编订馆，到1932年成立的国立编译馆，以及新中国成立之初的学术名词统一工作委员会，直至1985年成立的全国自然科学名词审定委员会(现已改名为全国科学技术名词审定委员会，简称全国名词委)，其使命和职责都是相同的，都是审定和公布规范名词的权威性机构。现在，参与全国名词委领导工作的单位有中国科学院、科学技术部、教育部、中国科学技术协会、国家自然科学基金委员会、新闻出版署、国家质量技术监督局、国家广播电影电视总局、国家知识产权局和国家语言文字工作委员会，这些部委各自选派了有关领导干部担任全国名词委的领导，有力地推动科技名词的统一和推广应用工作。

全国名词委成立以后，我国的科技名词统一工作进入了一个新的阶段。在第一任主任委员钱三强同志的组织带领下，经过广大专家的艰苦努力，名词规范和统一工作取得了显著的成绩。1992 年三强同志不幸谢世。我接任后，继续推动和开展这项工作。在国家和有关部门的支持及广大专家学者的努力下，全国名词委 15 年来按学科共组建了 50 多个学科的名词审定分委员会，有 1800 多位专家、学者参加名词审定工作，还有更多的专家、学者参加书面审查和座谈讨论等，形成的科技名词工作队伍规模之大、水平层次之高前所未有。15 年间共审定公布了包括理、工、农、医及交叉学科等各学科领域的名词共计 50 多种。而且，对名词加注定义的工作经试点后业已逐渐展开。另外，遵照术语学理论，根据汉语汉字特点，结合科技名词审定工作实践，全国名词委制定并逐步完善了一套名词审定工作的原则与方法。可以说，在 20 世纪的最后 15 年中，我国基本上建立起了比较完整的科技名词体系，为我国科技名词的规范和统一奠定了良好的基础，对我国科研、教学和学术交流起到了很好的作用。

在科技名词审定工作中，全国名词委密切结合科技发展和国民经济建设的需要，及时调整工作方针和任务，拓展新的学科领域开展名词审定工作，以更好地为社会服务、为国民经济建设服务。近些年来，又对科技新词的定名和海峡两岸科技名词对照统一工作给予了特别的重视。科技新词的审定和发布试用工作已取得了初步成效，显示了名词统一工作的活力，跟上了科技发展的步伐，起到了引导社会的作用。两岸科技名词对照统一工作是一项有利于祖国统一大业的基础性工作。全国名词委作为我国专门从事科技名词统一的机构，始终把此项工作视为自己责无旁贷的历史性任务。通过这些年的积极努力，我们已经取得了可喜的成绩。做好这项工作，必将对弘扬民族文化，促进两岸科教、文化、经贸的交流与发展作出历史性的贡献。

科技名词浩如烟海，门类繁多，规范和统一科技名词是一项相当繁重而复杂的长期工作。在科技名词审定工作中既要注意同国际上的名词命名原则与方法相衔接，又要依据和发挥博大精深的汉语文化，按照科技的概念和内涵，创造和规范出符合科技规律和汉语文字结构特点的科技名词。因而，这又是一项艰苦细致的工作。广大专家学者字斟句酌，精益求精，以高度的社会责任感和敬业精神投身于这项事业。可以说，全国名词委公布的名词是广大专家学者心血的结晶。这里，我代表全国名词委，向所有参与这项工作的专家学者们致以崇高的敬意和衷心的感谢！

审定和统一科技名词是为了推广应用。要使全国名词委众多专家多年的劳动成果——规范名词，成为社会各界及每位公民自觉遵守的规范，需要全社会的理解和支持。国务院和4个有关部委[国家科委(今科学技术部)、中国科学院、国家教委(今教育部)和新闻出版署]已分别于1987年和1990年行文全国，要求全国各科研、教学、生产、经营以及新闻出版等单位遵照使用全国名词委审定公布的名词。希望社会各界自觉认真地执行，共同做好这项对于科技发展、社会进步和国家统一极为重要的基础工作，为振兴中华而努力。

值此全国名词委成立15周年、科技名词书改装之际，写了以上这些话。是为序。

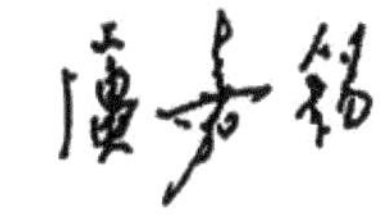

2000年夏

钱三强序

科技名词术语是科学概念的语言符号。人类在推动科学技术向前发展的历史长河中,同时产生和发展了各种科技名词术语,作为思想和认识交流的工具,进而推动科学技术的发展。

我国是一个历史悠久的文明古国,在科技史上谱写过光辉篇章。中国科技名词术语,以汉语为主导,经过了几千年的演化和发展,在语言形式和结构上体现了我国语言文字的特点和规律,简明扼要,蓄意深切。我国古代的科学著作,如已被译为英、德、法、俄、日等文字的《本草纲目》、《天工开物》等,包含大量科技名词术语。从元、明以后,开始翻译西方科技著作,创译了大批科技名词术语,为传播科学知识,发展我国的科学技术起到了积极作用。

统一科技名词术语是一个国家发展科学技术所必须具备的基础条件之一。世界经济发达国家都十分关心和重视科技名词术语的统一。我国早在1909年就成立了科学名词编订馆,后又于1919年中国科学社成立了科学名词审定委员会,1928年大学院成立了译名统一委员会。1932年成立了国立编译馆,在当时教育部主持下先后拟订和审查了各学科的名词草案。

新中国成立后,国家决定在政务院文化教育委员会下,设立学术名词统一工作委员会,郭沫若任主任委员。委员会分设自然科学、社会科学、医药卫生、艺术科学和时事名词五大组,聘任了各专业著名科学家、专家,审定和出版了一批科学名词,为新中国成立后的科学技术的交流和发展起到了重要作用。后来,由于历史的原因,这一重要工作陷于停顿。

当今,世界科学技术迅速发展,新学科、新概念、新理论、新方法不断涌现,相应地出现了大批新的科技名词术语。统一科技名词术语,对科学知识的传播,新学科的开拓,新理论的建立,国内外科技交流,学科和行业之间的沟通,科技成果的推广、应用和生产技术的发展,科技图书文献的编纂、出版和检索,科技情报的传递等方面,都是不可缺少的。特别是计算机技术的推广使用,对统一科技名词术语提出了更紧迫的要求。

为适应这种新形势的需要,经国务院批准,1985年4月正式成立了全国自然科学名词审定委员会。委员会的任务是确定工作方针,拟定科技名词术语审定工作计划、实施方案和步骤,组织审定自然科学各学科名词术语,并予以公布。根据国务院授权,委员会审定公布的名词术语,科研、教学、生产、经营以及新闻出版等各部门,均应遵照使用。

全国自然科学名词审定委员会由中国科学院、国家科学技术委员会、国家教育委员会、中国科学技术协会、国家技术监督局、国家新闻出版署、国家自然科学基金委员会分别委派了正、副主任担任领导工作。在中国科协各专业学会密切配合下,逐步建立各专业审定分委员会,并已建立起一支由各学科著名专家、学者组成的近千人的审定队伍,负责审定本学科的名词术语。我国的名词审定工作进入了一个新的阶段。

这次名词术语审定工作是对科学概念进行汉语订名,同时附以相应的英文名称,既有我国语言特色,又方便国内外科技交流。通过实践,初步摸索了具有我国特色的科技名词术语审定的原则与方法,以及名词术语的学科分类、相关概念等问题,并开始探讨当代术语学的理论和方法,以期逐步建立起符合我国语言规律的自然科学名词术语体系。

统一我国的科技名词术语,是一项繁重的任务,它既是一项专业性很强的学术性工作,又涉及到亿万人使用习惯的问题。审定工作中我们要认真处理好科学性、系统性和通俗性之间的关系;主科与副科间的关系;学科间交叉名词术语的协调一致;专家集中审定与广泛听取意见等问题。

汉语是世界五分之一人口使用的语言,也是联合国的工作语言之一。除我国外,世界上还有一些国家和地区使用汉语,或使用与汉语关系密切的语言。做好我国的科技名词术语统一工作,为今后对外科技交流创造了更好的条件,使我炎黄子孙,在世界科技进步中发挥更大的作用,作出重要的贡献。

统一我国科技名词术语需要较长的时间和过程,随着科学技术的不断发展,科技名词术语的审定工作,需要不断地发展、补充和完善。我们将本着实事求是的原则,严谨的科学态度做好审定工作,成熟一批公布一批,提供各界使用。我们特别希望得到科技界、教育界、经济界、文化界、新闻出版界等各方面同志的关心、支持和帮助,共同为早日实现我国科技名词术语的统一和规范化而努力。

钱三强

1992年2月

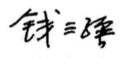

第二版前言

电能可以实现任何能源形式的转换，可以被远距离输送和分散使用，且十分清洁、方便，是现代社会使用最广、需求增长最快的能源。电力工业是国民经济最重要的基础产业之一，对国民经济发展、技术进步和保障社会稳定起着非常重要的作用。

随着我国国民经济的高速增长，我国电力工业得到了快速发展。电力行业的国内外科技交流、信息交流更加广泛。在国际贸易、设计、制造、订货、设备验收和运行维护以及进行学术交流时，都必须使用规范的电力中文名及相对应的英文名，以保证表达与理解的准确性。

2006 年中国电机工程学会受全国科学技术名词审定委员会的委托，组织行业内外的各方面专家成立了第三届电力名词审定委员会，负责《电力名词》的起草和审定工作。第三届电力名词审定委员会于 2006 年 7 月召开了第一次全体委员会议，审定了“电力名词审定框架”，并制定了工作计划，明确了委员分工。2007 年 3 月召开了第二次全体委员会议，审查了《电力名词》第一稿。依照委员们对第一稿提出的修改意见，电力名词审定委员会进行了修改、补充、整理，形成了《电力名词》第二稿。接着在全国范围内，请各个专业有经验的专家对第二稿进行审查。电力名词审定委员会根据专家反馈的审查意见进行修改，形成《电力名词》第三稿。

2007 年 9 月召开第三次全体委员会议，审查了第三稿。委员们根据会议的审查意见再次进行修改，形成《电力名词》第四稿。2008 年 1 月、3 月召开专家和部分委员会议，进一步审查了《电力名词》第四稿中的第 1、3、4、15~19 和 21 章。经电力名词审定委员会主任审查汇总后，形成《电力名词》送审稿。接着，由全国科学技术名词审定委员会查重，并与相关的学科进行协调，以确保电力名词的准确性。2008 年 12 月至 2009 年 1 月由全国科学技术名词审定委员会委托陆延昌、郑健超、周孝信、李若梅、辛德培、孙嘉平、柳椿生、关必胜等专家进行复审，根据专家复审的意见再次进行修改，形成《电力名词》报批稿。最后由全国科学技术名词审定委员会审查、批准、公布。

本次《电力名词》起草工作，以 2002 年版《电力名词》（没有定义）为基础，对其中的词条按电力学科的相关专业体系做了适当的调整、修改和增删。2002 年版《电力名词》分为 23 部分，共 6272 条。本次公布的《电力名词》分为 24 部分，共 8062 条。本版《电力名词》在 2002 年版《电力名词》基础上，删去约 2000 条，补充约 3800 条，并对每一条名词给出了定义或注释，其中词条从有关电力的国际标准、国家标准、行业标准、《中国电力百科全书》和其他有关文献、论文中选取，专业覆盖面很广，并注意选收和增补科学概念清楚、相对稳定的电力新名词，因此基本上能满足电力学科及电力行业的需要。

《电力名词》审定工作是在全国科学技术名词审定委员会领导下进行的，中国电机工程学会承担了组织工作，荐选专家且组织成立了第三届电力名词审定委员会，先后邀请了数十位专家对相关专业的名词进行审查和校核，确保《电力名词》的质量水准。陆延昌理事长、郑健超院士、周孝信院士、杨奇逊院士和李若梅常务副秘书长参加了电力名词的审查和校核工作。陈水明、张建华、江缉光、于歆杰、陈祥训、陈思奇、付忠广、刘石、丁学琦、李新、刘之平、秦大庸、赵伟、李绍康、汤蕴琳、周仲仁、伍宏中、白以昕、邵岚、陈寿孙、张文涛、肖湘宁、韩民晓、雷晓蒙、何大愚、曾南超、夏期玉、刘国定、陈道元、陆杏全、许慕樑、金振东、白晓民、董新州、汤涌、姜彩玉、吴文传、夏清、何辉纯、孟玉婵、张心、梁晓红、陈兆鲲、蔡宁生、杨寿敏、王铭忠、杨顺昌、沈梁伟、侯子良、韩梵珠、李振魁、花家宏、夏益华、曾文星、濮继龙、李启盛、顾永昌、王伟胜、于坤山、艾欣、许颖、林集明、崔翔、易辉、万保权、宿志一、赵畹君、曾嵘、李国富、何金良、尤传永、罗铸、王成山、罗静宜、舒惠芬、王月明、周家启、黄迺元、胡小正、范明天、唐澍、潘罗平、沈祝平、付元初、刘公直(以上专家按所审查的章节顺序排列)等众多专家参与了有关部分的审查和校核。

由于电力学科发展迅速，涉及面广，加之审定工作难度大，本次公布的名词难免有不足之处，我们殷切希望各界人士在使用过程中多赐宝贵意见，以便今后不断修改、增补，使之日臻完善。

第三届电力名词审定委员会

2009年1月22日

第一版前言

电力生产是能源生产的一个重要组成部分，电力生产过程是连续并高度自动化的，在电力行业内部及电力行业与其他行业之间随时随地都有大量的信息交流，因此使用规范的名词术语是非常重要的。

电力学科和行业与国外的交流也很广泛，在订货、签定合同、设备验收和学术交流时，都必须使用规范的中文及对应的英文名词术语，以保证表达与理解的准确性。

学习规范的中文名词及对应的英文词条，也是技术人员学习专业英语的基础，掌握了大量的规范的中、英文对照词条，今后从事专业工作就得心应手了。

1990 年中国电机工程学会和中国水力发电学会受全国科学技术名词审定委员会(原称全国自然科学名词审定委员会)和水利电力部委托成立了电力名词审定委员会，委员会由电力学科和行业内外的各方面专家组成。《电力名词》的起草、编纂工作由原水利电力部情报研究所标准化研究室的同志负责。《电力名词》的词条基本上是从有关电力行业的国际标准、国家标准以及行业标准和规程、规范以及其他有关文献、论文中选取的，因此专业覆盖面很广，基本上能满足电力学科及行业各方面人员的需要。

电力名词审定委员会 1992 年 11 月召开了第一次全体委员会议，审定了“电力名词审定框架”并制定了工作计划，明确了委员分工。1993 年 8 月又召开了第二次全体委员会议，审定了工作组提出的《电力名词》讨论稿。委员们对讨论稿提出了许多修改意见，工作组据此对讨论稿进行了修改，形成了送审稿。之后又将送审稿分送委员及有关专家进行审查，并将词条中的人名、地名报请外国科学家译名协调委员会进行审查。经过审查，修改成报批稿，由《电力名词》审定委员会主任、副主任报请全国科学技术名词审定委员会审定。全国科学技术名词审定委员会事务中心将《电力名词》与已公布的《物理学名词》、《电工名词》、《水利科技名词》、《自动化名词》、《化学名词》、《数学名词》、《煤炭科技名词》等进行查重和协调。之后又一次进行了修改，并于 1999 年年底由全国科学技术名词审定委员会委托徐士珩、孙嘉平、李树柏、柳椿生、许金涛、陈叔康等专家进行复审，并形成定稿，最后由全国科学技术名词审定委员会批准公布。

这次公布的《电力名词》共有 23 部分，6 272 条。电力行业涉及的专业很多，同一个名词可能在多个部分中用到，但根据审定要求，一个名词在《电力名词》中只能出现一次，不重复列出。为便于读者检索，书末附英汉、汉英索引。

《电力名词》审定工作是在全国科学技术名词审定委员会领导下进行的，原水利电力部科技司、中国电机工程学会、中国水力发电学会给予了大力支持。在审定过程中，除了电力名词审定委员会各位委员参加审定工作外，还请徐博文、王梅义、胡维新、唐芳文、施鹏飞、管菊根等多位专家参加审定工作。张燕、张钦芝、关晓春、赵鹏等同志参加了词条的编纂工作。在后期李毅雯、欧阳芬同志在计算机上做了大量文字处理工作。在此一并表示感谢。希望今后继续得到各方面的支持与帮助，多提宝贵意见，使其日臻完善。

电力名词审定委员会

2002年10月10日

编排说明

一、本书公布的是电力基本名词，共 8062 条，对每条名词均给出了定义或注释。

二、全书分 24 部分：通论，电测与计量，电力规划、设计与施工，电力系统，继电保护与自动化，调度与通信、电力市场，火力发电，燃料，锅炉，汽轮机、燃气轮机，汽轮发电机，热工自动化、电厂化学与金属，核电，可再生能源，变电，高电压技术，高压直流输电，输电线路，配电与用电，环境保护，电气安全与电力可靠性，水工建筑，水力机械及辅助设备，水轮发电机。

三、词条大体上按汉文名词所属学科的相关概念体系排列，定义一般只给出其基本内涵，注释则扼要说明其特点。汉文名后给出了与该词概念对应的英文名。

四、当一个汉文名有不同概念时，其定义或注释用(1)、(2)等分开。

五、一个汉文名对应几个英文同义词时，英文词之间用“,”分开。

六、凡英文名词的首字母大、小写均可时，一律小写；英文除必须用复数者之外，一般用单数。

七、“[ ]”内的字为可省略部分。

八、主要异名和释文中的条目用楷体表示。“简称”、“全称”、“又称”、“俗称”可继续使用，“曾称”为被淘汰的旧名。

九、书末的英汉索引按英文字母顺序排列；汉英索引按汉语拼音顺序排列。所示号码为该词在正文中的序码。索引中带“＊”者为规范名的异名或释文中出现的条目。

目　录

路甬祥序
卢嘉锡序
钱三强序
第二版前言
第一版前言
编排说明

正文

01. 通论……1
02. 电测与计量……47
03. 电力规划、设计与施工……56
04. 电力系统……74
05. 继电保护与自动化……101
06. 调度与通信、电力市场……117
07. 火力发电……139
08. 燃料……146
09. 锅炉……155
10. 汽轮机、燃气轮机……185
11. 汽轮发电机……218
12. 热工自动化、电厂化学与金属……236
13. 核电……261
14. 可再生能源……321
15. 变电……332
16. 高电压技术……355
17. 高压直流输电……371
18. 输电线路……382
19. 配电与用电……400
20. 环境保护……412
21. 电气安全与电力可靠性……421
22. 水工建筑……436
23. 水力机械及辅助设备……464
24. 水轮发电机……475

附录

英汉索引……479
汉英索引……603

01. 通　　论

01.001　电　electricity
与静电荷或动电荷相联系的能量的一种表现形式。

01.002　电荷　electric charge
又称"电[荷]量"。物体或构成物体的质点所带电的量，是物体或系统中元电荷的代数和。

01.003　静电学　electrostatics
研究在没有电流情况下与静电场有关现象的学科。

01.004　电子　electron
静止质量为 9.109×10^{-31} kg、电荷为-1.602×10^{-19} C 的稳定基本粒子。在一般情况下是指带负电荷的负电子。其反粒子是带正电荷的正电子。

01.005　离子　ion
带有电荷的原子或分子，或组合在一起的原子或分子团。带正电荷的离子称"正离子"，带负电荷的离子称"负离子"。

01.006　空穴　hole
在电子挣脱价键的束缚成为自由电子后，其价键中所留下的空位。一个空穴带一个单位的正电子电量。

01.007　自由电荷　free charge
能自由移动的电荷。

01.008　束缚电荷　bound charge
介质中处于约束状态，只能在一个原子或分子的范围内做微小相对位移的电荷。

01.009　空间电荷　space charge
由电子或离子在一个空间区域内形成的电荷。

01.010　载流子　charge carrier
在半导体内运动的电荷载体。一般指其中的自由电子或空穴。

01.011　电中性　electrically neutral
粒子、物体或物理系统的总电荷为零的状态。

01.012　线电荷密度　linear charge density
在准无穷小长度线元 s 的给定点上，等于线元内总电荷 Q 除以线元长度 s。标量，符号"τ"。

01.013　面电荷密度　surface charge density
在准无穷小面积元 A 的给定点上，等于面积元上总电荷 Q 除以面积 A。标量，符号"σ"。

01.014　体电荷密度　volume charge density
在准无穷小体积 V 内的给定点上，等于体积元内总电荷 Q 除以体积 V。标量，符号"ρ"。

01.015　电场　electric field
自然界中的基本场之一，是电磁场的一个组成部分，以电场强度 $\boldsymbol{E}$ 与电通密度 $\boldsymbol{D}$ 来表征，具体表现为对每单位试验电荷的电动力。

01.016　电场强度　electric field intensity, electric field strength
作用于静止带电粒子上的力 $\boldsymbol{F}$ 与粒子电荷 Q 之比。矢量，符号"$\boldsymbol{E}$"。

01.017　静电场　electrostatic field
不随时间变化或随时间变化可以忽略不计的电场。

01.018　静电感应　electrostatic induction
在电场影响下引起物体上电荷分离的现

象。

01.019 均匀电场 uniform electric field
在一空间区域内各点电场强度均相同的电场。

01.020 交变电场 alternating electric field
电场强度为交变量的电场。

01.021 电通密度 electric flux density
又称“电位移”。在给定点上等于电场强度 $\boldsymbol{E}$ 和电常数 ε_0 的乘积与电极化强度 $\boldsymbol{P}$ 之和。在真空中，电通密度为电场强度 $\boldsymbol{E}$ 与电常数 ε_0 之积。矢量，符号“$\boldsymbol{D}$”。

01.022 电通[量] electric flux
通过给定有向面 $\boldsymbol{S}$ 的电通密度 $\boldsymbol{D}$ 的通量。标量，符号“Ψ”。

01.023 力线 line of force
在其所有点上都与对应的矢量方向相切的线。

01.024 电位 electric potential
又称“电势”。将单位正电荷从参考点移到另一点反抗电场力所做的功。参考点位于无穷远处，或出于实用目的，取地球表面作为参考点。标量。

01.025 电位差 [electric] potential difference
又称“电势差”。两点之间的电位之差。

01.026 等位线 equipotential line
其上所有的点都具有相同电位的线。

01.027 等位面 equipotential surface
其上所有的点都具有相同电位的面。

01.028 等位体 equipotential volume
其中所有的点都具有相同电位的空间区域。

01.029 地电位 earth potential
与大地电位相等的电位水平。

01.030 电压 voltage
电场强度 $\boldsymbol{E}$ 沿一规定路径从一点到另一点的线积分：

$$U_{\mathrm{ab}} = \int_a^b \boldsymbol{E}\mathrm{d}\boldsymbol{l}$$

在无旋场条件下，电压与路径无关，等于两点之间的电位差。标量，符号“U”。

01.031 电压降 voltage drop，potential drop
又称“电位降”。沿有电流通过的导体或电路元件所引起的电位减少。

01.032 电动势 electromotive force，EMF
维持电流持续流动的电学量，为理想电压源的端电压。

01.033 反电动势 back electromotive force
有反抗电流通过趋势的电动势。

01.034 电介质 dielectric
能够被电极化的介质。在特定的频带内，时变电场在其内给定方向产生的传导电流密度分矢量值远小于在此方向的位移电流密度的分矢量值。在正弦条件下，各向同性的电介质满足下列关系式：

$$\frac{\gamma}{\varepsilon_0\omega} \ll \varepsilon_{\mathrm{r}}'$$

式中 γ 是电导率，ε_0 是电常数，ω 是角频率，$\varepsilon_{\mathrm{r}}'$ 是实相对电常数。各向异性介质可能仅在某些方向是介电的。

01.035 [介]电常数 dielectric constant
联系电学量和力学量的标量常数，由基于真空中库仑定律的关系式：

$$F = \frac{1}{4\pi\varepsilon_0}\frac{|Q_1\ Q_2|}{r^2}$$

得出，式中 F 是分别带有 Q_1 和 Q_2 电荷的两个粒子在相距为 r 时其间力的值。电常数的较准确值是 8.854 187 187…pF/m。符号“ε_0”。

01.036 [绝对]电容率 [absolute] permittivity

在介质中，与电场强度 $\boldsymbol{E}$ 之积等于电通密度 $\boldsymbol{D}$。对于各向同性介质，电容率为标量；对于各向异性介质，电容率为张量。符号“ε”。

01.037 相对电容率 relative permittivity

物质的绝对电容率与电常数之比。标量或张量。符号“ε_r”。

01.038 电极化 electric polarization

施加外加电场时，物体内部正、负束缚电荷产生相对位移的过程。

01.039 电极化强度 electric polarization intensity

在准无限小体积 V 区域内所包含物质的电偶极矩 $\boldsymbol{p}$ 与体积 V 之比。电极化强度 $\boldsymbol{P}$ 满足关系式：

$$\boldsymbol{D}=\varepsilon_0\boldsymbol{E}+\boldsymbol{P}$$

式中的 $\boldsymbol{D}$ 是电通密度，$\boldsymbol{E}$ 是电场强度，ε_0 是电常数。矢量，符号“$\boldsymbol{P}$”。

01.040 剩余电极化强度 residual electric polarization

除去电场以后电介质的电极化强度。

01.041 电极化率 electric susceptibility

该量与电常数 ε_0 和电场强度 $\boldsymbol{E}$ 之积等于电极化强度 $\boldsymbol{P}$。对于各向同性介质，电极化率是标量；对于各向异性介质，电极化率是张量。符号“χ”或“χ_e”。

01.042 电极化曲线 electric polarization curve

表示物质电通密度或电极化强度作为电场强度函数的曲线。

01.043 电偶极子 electric dipole

一个实体，它在距离充分大于本身几何尺寸的一切点处产生的电场强度都和一对等值异号的分开的点电荷所产生的电场强度相同。

01.044 基本电偶极子 elementary electric dipole

两点电荷间距为原子或分子距离的电偶极子。

01.045 电偶极矩 electric dipole moment

对于电偶极子，该矢量的模等于电荷之间距离与正电荷的乘积，方向是由负电荷指向正电荷；对于某一区域内的物质，为包含在该区域内所有基本电偶极矩的矢量和。矢量，符号“$\boldsymbol{p}$”。

01.046 电滞 electric hysteresis

在物质中，与电场强度的变化相关联的电通密度或电极化强度的不完全可逆的变化。

01.047 电滞回线 electric hysteresis loop

在电场强度周期性变化时，表示物质电滞的闭合极化曲线。

01.048 电致伸缩 electrostriction

由于电极化所引起的电介质弹性变形。

01.049 电流 [electric] current

(1)电荷在媒质中的运动。电流方向规定为与电子运动方向相反。(2)流过导体给定截面的元电量除以相应无穷小的时间。

01.050 传导电流 conduction current

自由电子或其他带电粒子在导电媒质中定向运动所产生的电流。标量。

01.051 运流电流 convection current

物质在绝缘媒质中运送电荷所引起的电流。

01.052 离子电流 ionic current

由于离子的运动所产生的电流。

01.053 位移电流 displacement current

通过给定有向面 S 的位移电流密度 $\boldsymbol{J}_D$ 的通

量：

$$I_D = \int_S J_D \cdot e_n dA$$

式中的 $e_n dA$ 是矢量面积元。标量，符号"I_D"。

01.054　全电流　total current

通过一个给定有向面 S 的传导电流密度 J 与位移电流密度 J_D 的通量之和。符号"I_t"，即

$$I_t = \int_S (J + J_D) e_n dA$$

式中的 $e_n dA$ 是矢量面积元。标量。

01.055　极化电流　polarization current

由于介质极化强度的变化所引起的电流。

01.056　库仑定律　Coulomb law

表示两个带电粒子间力的定律，关系式为：

$$F_{12} = k\frac{Q_1 Q_2}{r^2}\frac{r_{21}}{r} = k\frac{Q_1 Q_2}{r^2}e_{21}$$

式中：F_{12} 是带 Q_2 电荷粒子施加在带 Q_1 电荷粒子上的力，k 是正的常数，r_{21} 是带 Q_2 电荷粒子到带 Q_1 电荷粒子的矢量，$r = |r_{21}|$ 是粒子间的距离，而 e_{21} 是单位矢量 r_{21}/r。

01.057　高斯定理　Gauss theorem

通过任意闭合曲面的电通量等于该闭合曲面所包围的所有电荷量的代数和与电常数之比。

01.058　磁学　magnetism，magnetics

研究与磁场有关现象的学科。

01.059　磁场　magnetic field

自然界中的基本场之一，是电磁场的一个组成部分，用磁场强度 H 和磁感应强度 B 表征。

01.060　磁场强度　magnetic field strength

在给定点上的磁感应强度 B 和磁常数 μ_0 之商与磁化强度 M 之差。在真空中，为磁感应强度 B 与磁常数 μ_0 之商。矢量，符号"H"。

01.061　标量磁位　scalar magnetic potential

无旋磁场强度的标量位，其梯度的负值是无旋磁场强度。

01.062　矢量磁位　vector magnetic potential

磁感应强度的矢量位。矢量磁位 A 的旋度是磁感应强度 B；矢量磁位不是唯一的，因为任一无旋矢量都可以加到一个给定的矢量磁位上而不改变其旋度，在静态条件下通常选用散度为零的矢量磁位。

01.063　磁位差　magnetic potential difference

两点间标量磁位之差。在 a、b 两点间无旋磁场强度标量磁位差等于磁场强度沿连接 a、b 两点的任一路径线积分之值。

01.064　磁通[量]　magnetic flux

通过给定有向面 S 的磁感应强度 B 的通量。标量，符号"Φ"。

01.065　磁感应强度　magnetic flux density

又称"磁通密度"。其作用在具有速度 v 的带电粒子上的力 F 为矢量积 $v \times B$ 与粒子电荷 Q 之积。磁感应强度 B 在所有点上的散度均为零。矢量，符号"B"。

01.066　磁通链　linked flux

又称"磁链"。矢量磁位 A 沿曲线 C 的标量线积分。对于闭合曲线 C，磁通链等于穿过曲线 C 所围的任一曲面 S 的磁通。符号"ψ"。

$$\psi = \oint_C A \cdot dr = \int_S B \cdot e_n dA$$

式中的 B 是磁感应强度，$e_n dA$ 是矢量面积元。对于 N 匝的线圈，磁通链约等于 $N\Phi$，这里 Φ 是穿过由一匝所围的任一曲面的磁通。

01.067 磁动势 magnetomotive force, MMF

又称“磁通势”。磁场强度沿一闭合路径的线积分，等于穿过以该路径为边界的任一曲面的全电流。标量。

01.068 安匝 ampere-turn

线圈或绕组(分布或集中式)的匝数与这些匝内流过电流的安培数之积。

01.069 自感应 self-induction

由电路本身的电流变化在该电路中产生的电磁感应。

01.070 自感系数 coefficient of self-inductance

一个闭合电路所交链的全部磁通除以所通过的电流，或所储存的全部磁能与所通过电流平方之半的比值。

01.071 自感电动势 self-induced EMF

由电路本身的电流变化而在该电路中产生的感应电动势。

01.072 互感应 mutual induction

由一个电路的电流变化而在另一个电路中产生的电磁感应。

01.073 互感系数 coefficient of mutual inductance

在一个电路中所感生的磁通除以在另一个电路中产生该磁通的电流。

01.074 互感电动势 mutual induced EMF

由一个电路中的电流变化而在另一个电路中产生的感应电动势。

01.075 感应电压 induced voltage

矢量$-\dfrac{\partial \boldsymbol{A}}{\partial t}+\boldsymbol{v}\times\boldsymbol{B}$沿着载流子移动路径的线积分，这里$\boldsymbol{A}$和$\boldsymbol{B}$分别是在路径的一点上的矢量磁位和磁感应强度，$\boldsymbol{v}$是载流子在该点运动的速度。标量。

01.076 耦合 coupling

两个本来分开的电路之间或一个电路的两个本来相互分开的部分之间的交链。可使能量从一个电路传送到另一个电路，或由电路的一个部分传送到另一部分。

01.077 耦合系数 coupling coefficient

两个电路之间的互感与该两个电路的电感的几何平均值之比。

01.078 磁化强度 magnetization intensity

在准无限小体积V区域内所包含的物质的磁矩$\boldsymbol{m}$与体积V之比。矢量，符号“$\boldsymbol{M}$”或“$\boldsymbol{H}_{\mathrm{i}}$”。满足关系式：

$$\boldsymbol{B}=\mu_0(\boldsymbol{H}+\boldsymbol{M})$$

式中的$\boldsymbol{B}$是磁感应强度，$\boldsymbol{H}$是磁场强度，μ_0是磁常数。

01.079 磁矩 magnetic area moment

(1)对于磁偶极子，为电流、回路面积与垂直回路平面的单位矢量(其方向对应于回路转向)三者之积。(2)对于某一区域内的物质，为包含在该区域内所有基本磁偶极子磁矩的矢量和。

01.080 磁化 magnetization

在物体中产生磁化强度的过程。

01.081 磁化电流 magnetizing current

产生磁场的电流。

01.082 磁化场 magnetizing field

引起磁化的磁场。

01.083 磁常数 magnetic constant

又称“真空[绝对]磁导率”。联系电学量和力学量的标量常数。符号“μ_0”。由关系式：

$$\frac{F}{l}=\frac{\mu_0}{2\pi}\cdot\frac{|I_1I_2|}{d}$$

得出，式中F/l是两条横截面可忽略不计的无限长直平行导体，在真空中距离为d，并

分别载有电流 I_1 和 I_2 时单位长度上的作用力的值。

01.084 绝对磁导率 absolute permeability

在介质中该量与磁场强度 $\boldsymbol{H}$ 之积等于磁感应强度 $\boldsymbol{B}$。$\boldsymbol{B}=\mu\boldsymbol{H}$。对于各向同性介质，绝对磁导率是标量；对于各向异性介质，绝对磁导率是张量。符号“μ”。

01.085 相对磁导率 relative permeability

绝对磁导率除以磁常数。标量或张量，符号“μ_r”。

01.086 磁化率 magnetic susceptibility

该量与磁常数 μ_0 和磁场强度 $\boldsymbol{H}$ 之积等于磁极化强度 $\boldsymbol{J}$。$\boldsymbol{J}=\mu_0\kappa\boldsymbol{H}$。在各向同性介质中，磁化率是标量；在各向异性介质中，磁化率是张量。符号“κ”。

01.087 磁化曲线 magnetization curve

表示物质磁感应强度、磁极化强度或磁化强度作为磁场强度函数的曲线。

01.088 起始磁化曲线 initial magnetization curve

开始时处于热致中性化状态的材料受到一个其强度从零起单调增加的磁场作用所得到的磁化曲线。

01.089 正常磁化曲线 normal magnetization curve

正常磁滞回线各顶点的轨迹。

01.090 磁滞 magnetic hysteresis

在铁磁性或亚铁磁性物质中，磁感应强度或磁化强度随磁场强度变化而发生的，且与变化率无关的不完全可逆的变化。

01.091 磁滞回线 [magnetic] hysteresis loop

当磁场强度周期性变化时，表示铁磁性物质或亚铁磁性物质磁滞现象的闭合磁化曲线。相对于坐标原点对称的磁滞回线称为“正常磁滞回线”。

01.092 磁滞损耗 [magnetic] hysteresis loss

由磁滞而引起的功率损耗。

01.093 磁饱和 magnetic saturation

铁磁性物质或亚铁磁性物质处于磁极化强度或磁化强度不随磁场强度的增加而显著增大的状态。

01.094 剩磁 residual magnetism

将铁磁性材料磁化后去除磁场，被磁化的铁磁体上所剩余的磁化强度。

01.095 矫顽力 coercive force

使已被磁化后的铁磁体的磁感应强度降为零所必须施加的磁场强度。

01.096 退磁 demagnetization

使已磁化物体的磁感应强度减小的过程。

01.097 电流元 current element

在线状电流管的给定点上电流与此点上矢量线元的乘积。矢量，通常用 $I\mathrm{d}\boldsymbol{r}$ 或 $I\boldsymbol{e}_t\mathrm{d}s$ 表示，这里的 I 是电流，$\mathrm{d}\boldsymbol{r}=\boldsymbol{e}_t\mathrm{d}s$ 是矢量线元。

01.098 磁偶极子 magnetic dipole

一个实体，它在距离充分大于本身几何尺寸的一切点处产生的磁感应强度都和一个有向平面电流回路所产生的磁感应强度相同。

01.099 基本磁偶极子 elementary magnetic dipole

有向平面电流回路具有原子或分子尺寸的磁偶极子。

01.100 磁偶极矩 magnetic dipole moment

某一区域的物质中磁极化强度的体积积分。矢量，符号“$\boldsymbol{j}$”。磁偶极矩与磁矩 $\boldsymbol{m}$ 的关系式为：$\boldsymbol{j}=\mu_0\boldsymbol{m}$。

01.101 磁畴 magnetic domain

在磁性物质内，其自发磁化强度的大小和方向基本上一致的区域。

01.102 磁体 magnet
能吸引钢铁一类物质的物体。

01.103 磁极 magnetic pole
磁体两端吸引钢铁能力最强之处。分为 N 极和 S 极。同性磁极相互排斥，异性磁极相互吸引。

01.104 磁轴 magnetic axis
磁体内磁矩的轴。

01.105 顺磁性 paramagnetism
在磁场作用下，物质中相邻原子或离子的热无序磁矩在一定程度上与磁场强度方向一致的定向排列的现象。

01.106 顺磁性物质 paramagnetic substance
在给定温度范围内，以顺磁性为其主要磁性的物质。其磁化率是正值，且远小于 1。

01.107 铁磁性 ferromagnetism
物质中相邻原子或离子的磁矩由于它们的相互作用而在某些区域中大致按同一方向排列，当所施加的磁场强度增大时，这些区域的合磁矩定向排列程度会随之增加到某一极限值的现象。

01.108 反铁磁性 anti-ferromagnetism
在没有外加磁场的情况下，物质中相邻的完全相同的原子或离子的磁矩由于其相互作用而处于相互抵消的排列状态，致使合磁矩为零，而施加一个磁场时就改变一些磁矩的方向，致使在物质中的合磁矩随磁场强度的增大而增大到某一极限值的现象。

01.109 铁磁性物质 ferromagnetic substance
在给定温度范围内，以铁磁性为其主要磁性的物质。铁磁性物质在零磁场强度时可能有一个磁化强度，其磁化率是正值，且通常远大于 1。

01.110 抗磁性 diamagnetism
在受到外加磁场作用时，物质获得反抗外加磁场的磁化强度的现象。

01.111 抗磁性物质 diamagnetic substance
在给定温度范围内，以抗磁性为其主要磁性的物质。其磁化率是负值，且绝对值通常远小于 1。

01.112 非晶磁性物质 amorphous magnetic substance
原子排列缺乏长程有序的磁性材料。

01.113 永久磁体 permanent magnet
不需要磁化电流来保持其磁场的磁体。

01.114 铁氧体 ferrite
由以三价铁离子作为主要正离子成分的若干种氧化物组成，并呈现亚铁磁性或反铁磁性的材料。

01.115 永磁材料 magnetically hard material
对于磁感应强度以及磁极化强度具有高矫顽性的磁性材料。

01.116 软磁材料 magnetically soft material
对于磁感应强度以及磁极化强度具有低矫顽性的磁性材料。

01.117 居里温度 Curie temperature，Curie point
磁状态转变的一个临界温度。低于此温度，物质表现出铁磁性或亚铁磁性，而高于此温度，则表现出顺磁性。

01.118 奈耳温度 Néel temperature
磁状态转变的一个临界温度。低于此温度，物质表现出反铁磁性，而高于此温度，则表现出顺磁性。

01.119 磁致伸缩 magnetostriction
由于外加磁场产生磁化强度引起物体的可逆变形。

01.120 磁屏 magnetic screen

由铁磁材料制成，用于减弱磁场对一个指定区域穿透的设施。

01.121 涡流 eddy current

物质中沿闭合路径环流的感应电流。

01.122 涡流损耗 eddy current loss

由于涡流引起的功率损耗。

01.123 趋肤效应 skin effect

又称"集肤效应"。对于导体中的交流电流，靠近导体表面处的电流密度大于导体内部电流密度的现象。随着电流频率的提高，趋肤效应使导体的电阻增大，电感减小。

01.124 邻近效应 proximity effect

导体内电流密度因受邻近导体中电流的影响而分布不均匀的现象。

01.125 电磁场 electromagnetic field

在电磁现象的某些量子特征可以被忽略的范围内，由电场强度 $\boldsymbol{E}$、电通密度 $\boldsymbol{D}$、磁场强度 $\boldsymbol{H}$ 和磁感应强度 $\boldsymbol{B}$ 四个相互有关的矢量确定的，与电流密度和体电荷密度一起表征介质或真空中的电和磁状态的场。

01.126 电磁能 electromagnetic energy

与电磁场相关的能。在线性介质中，电磁能可由下式表示：

$$\frac{1}{2}\int_V (\boldsymbol{E}\cdot\boldsymbol{D}+\boldsymbol{H}\cdot\boldsymbol{B})\mathrm{d}V$$

式中的 $\boldsymbol{E}$、$\boldsymbol{D}$、$\boldsymbol{H}$ 和 $\boldsymbol{B}$ 是确定电磁场的四个矢量。

01.127 电磁波 electromagnetic wave

介质或真空中由时变电磁场表征的状态变化，由电荷或电流的变化而产生。它在每一点和每一方向上的运动速度取决于介质的性质。

01.128 电磁力 electromagnetic force

磁场对载流导体的作用力。

01.129 电磁感应 electromagnetic induction

产生感应电压或感应电流的现象。

01.130 电磁干扰 electromagnetic interference, EMI

无用电磁信号或电磁骚动对有用电磁信号的接收产生不良影响的现象。

01.131 电磁兼容 electromagnetic compatibility

设备或系统在其电磁环境中能正常工作且不对该环境中其他事物构成不能承受的电磁骚扰的能力。

01.132 电磁辐射 electromagnetic radiation

在射频条件下，电磁波向外传播过程中存在电磁能量发射的现象。

01.133 电磁屏 electromagnetic screen

由导电材料制成，用于抑制变化的电磁场对某一指定区域穿透的设施。

01.134 电磁体 electromagnet

由磁芯和线圈构成，当线圈中有电流流过时能产生磁场的装置。

01.135 矢量场 vector field

可用矢量来描述其中每一点状态的场。

01.136 标量场 scalar field

可用标量来描述其中每一点状态的场。

01.137 散度 divergence

从一个闭合面 S 发出的矢量场 $\boldsymbol{f}$ 的通量与该闭合面所包容的体积 ΔV 之商，在该体积所有尺寸趋于无穷小时极限的一个标量。

$$\mathrm{div}\boldsymbol{f}=\nabla\cdot\boldsymbol{f}=\lim_{\Delta V\to 0}\frac{1}{\Delta V}\oint_S \boldsymbol{f}\cdot\mathrm{d}\boldsymbol{S}$$

01.138 旋度 curl, rotation

面元与所指矢量场 $\boldsymbol{f}$ 之矢量积对一个闭合面 S 的积分除以该闭合面所包容的体积 ΔV 之商，当该体积所有尺寸趋于无穷小时极限的一个矢量。

$$\mathrm{rot}\,\boldsymbol{f}=\nabla\times\boldsymbol{f}=\lim_{\Delta V\to 0}\frac{1}{\Delta V}\oint_S \boldsymbol{f}\times \mathrm{d}\boldsymbol{S}$$

01.139　有旋场　curl field

其旋度并非在各处都为零的矢量场。

01.140　无旋场　irrotational field

其旋度在各处均为零的矢量场。

01.141　梯度　gradient

在标量场 f 中的一点处存在一个矢量 $\boldsymbol{G}$，该矢量方向为 f 在该点处变化率最大的方向，其模也等于这个最大变化率的数值，则矢量 $\boldsymbol{G}$ 称为标量场 f 的梯度。即

$$\mathrm{grad}\,f=\nabla f=\boldsymbol{G}$$

01.142　波导　waveguide

引导电磁波沿设定方向传播的通道。

01.143　拉普拉斯算子　Laplacian

对于标量场函数 f，为该标量场梯度的散度的一个标量，即

$$\Delta f=\nabla^2 f=\mathrm{div\ grad}\ f$$

对于矢量场函数，$\boldsymbol{f}$ 为该矢量场散度的梯度减去该矢量场旋度的旋度的一个矢量，即

$$\Delta\boldsymbol{f}=\nabla^2\boldsymbol{f}=\mathrm{grad\ div}\ \boldsymbol{f}-\mathrm{rot\ rot}\ \boldsymbol{f}$$

01.144　坡印亭矢量　Poynting vector

在电磁场内一给定点上的电场强度 $\boldsymbol{E}$ 与磁场强度 $\boldsymbol{H}$ 的矢量积。穿过一个闭合面的坡印亭矢量的通量等于穿过该面的电磁功率；对于周期性电磁场，坡印亭矢量的时间平均值是一个矢量，可有些保留地认为该矢量的方向是电磁能传播的方向，其数值是平均电磁功率通量密度。矢量，符号“$\boldsymbol{S}$”。

01.145　毕奥-萨伐尔定律　Biot-Savart law

确定一个载流元在一点处所产生的磁场的定律。

$$\mathrm{d}\boldsymbol{B}=\frac{\mu_0}{4\pi}\frac{I\mathrm{d}\boldsymbol{l}\times\boldsymbol{r}_0}{r^2}$$

式中：$\boldsymbol{B}$ 为磁感应强度；I 为电流；$\mathrm{d}\boldsymbol{l}$ 为载流线元；r 为载流线元到计算场点的距离。

01.146　楞次定律　Lenz law

感应电动势趋于产生一个电流，该电流的方向趋于阻止产生此感应电动势的磁通的变化。

01.147　法拉第定律　Faraday law

在一个闭合电路中，感应出的电动势与该电路所交链磁通的变化率成比例。电动势的方向可由楞次定律确定。

01.148　库仑-洛伦兹力　Coulomb-Lorentz force

作用在具有电荷 Q 和速度 $\boldsymbol{v}$ 的粒子上的力 $\boldsymbol{F}$，由下式给出：

$$\boldsymbol{F}=Q(\boldsymbol{E}+\boldsymbol{v}\times\boldsymbol{B})$$

式中的 $\boldsymbol{E}$ 为电场强度，$\boldsymbol{B}$ 为磁感应强度，矢量分量 $Q\boldsymbol{E}$ 为库仑力；矢量分量 $Q\boldsymbol{v}\times\boldsymbol{B}$ 为洛伦兹力。

01.149　焦耳效应　Joule effect

电流流过物体产生的不可逆发热现象。每一点发热的单位体积功率正比于电阻率和电流密度的平方。

01.150　焦耳定律　Joule law

以热的形态在一个均匀导体中发生的功率，与此导体的电阻和通过此电阻的电流平方之乘积成正比。

01.151　伏打效应　Volta effect

处于同一温度下的两种不同物体相接触而产生电动势的现象。

01.152　压电效应　piezoelectric effect

在缺少对称中心的晶态物质中，由电极化强度产生与电场强度成线性关系的机械变形和反之由机械变形产生电极化强度的现

象。与压电效应同时还能发生电致伸缩。

01.153 光电效应 photoelectric effect

物质由于吸收光子而产生电的现象。

01.154 光电发射 photoelectric emission

物质由光子入射引起的电子发射。

01.155 电-光效应 electro-optic effect

由电场引起的物质光学特性发生改变的现象。

01.156 克尔效应 Kerr effect

由外加电场使光各向同性物质具有双折射性质的，其折射率的差正比于电场强度值的平方。

01.157 泡克耳斯效应 Pockels effect

由外加电场使光各向同性物质具有双折射性质的效应，其折射率的差正比于电场强度的值。

01.158 接触电位差 contact potential difference

在没有电流的情况下，两种不同物质接触面两侧的电位差。

01.159 霍尔效应 Hall effect

在物质中任何一点产生的感应电场强度与电流密度和磁感应强度之矢量积成正比的现象。

01.160 磁-光效应 magneto-optic effect

由磁场引起的物质光学特性发生改变的效应。

01.161 法拉第效应 Faraday effect

当线极化电磁波传过静磁场作用下的旋磁介质，且静磁场具有沿传输方向的磁场强度分量时，线极化电磁波的电通密度矢量绕传播方向旋转的磁-光效应。是由于转向相反的两个圆极化波的折射率不同所产生的双折射造成的，旋转角正比于磁场强度值和波在介质中的传播距离，比例系数称“韦尔代常数”。

01.162 直流电流 direct current

不随时间变化或以直流分量为主的电流。

01.163 直流电压 direct voltage

不随时间变化或以直流分量为主的电压。

01.164 交流电流 alternating current

平均值为零的周期电流。

01.165 交流电压 alternating voltage

平均值为零的周期电压。

01.166 周期 period

周期量的值在等同地重复时，自变量两个值的最小差值。当自变量为时间时用 T 表示。

01.167 频率 frequency

周期的倒数。

01.168 角频率 angular frequency

正弦量的频率与 2π 弧度之乘积。符号“ω”。

01.169 复频率 complex frequency

与 $a=\hat{A}e^{\sigma t}\cos(\omega t+\alpha)$ 代表的量相联系的复数 $s=\sigma+j\omega$。

01.170 相[位] phase

又称“相角”。正弦量 $A\cos(\omega t+\alpha)$ 的辐角 $(\omega t+\alpha)$。这里的 α 称为初相角。

01.171 相[矢]量 phasor

其辐角等于下列正弦量 a 的初相角，其模等于该正弦量的有效值 A 或振幅 A_m 的一个复数量 $\dot{A}=Ae^{j\alpha}$ 或 $\dot{A}_m=A_m e^{j\alpha}$。

$$a=\sqrt{2}A\cos(\omega t+\alpha)=A_m\cos(\omega t+\alpha)$$

01.172 相位差 phase difference

又称“相角差”。给定瞬间，两正弦量的相位的差值。

01.173 相位移 phase shift

在正弦稳态线性系统中，输出变量相位与相应的输入变量相位之差。

01.174　[相位]超前　[phase]lead
一正弦量领先于另一同频正弦量的相角。

01.175　[相位]滞后　[phase]lag
一正弦量落后于另一同频正弦量的相角。

01.176　正交　in quadrature
两个正弦量的频率相同，相位差为$\pm\pi/2$弧度。

01.177　反相　opposite phase
两个正弦量的频率相同，相位差为π弧度。

01.178　同相　in phase
两个正弦量的频率相同，相位差为零。

01.179　相量图　phasor diagram
相量在复平面上的图形。利用这种图形，通过作图法可以求出电路的电流、电压和阻抗等。

01.180　圆图　circle diagram
正弦电路中某一电路参数连续变化时，某些稳态电压或电流相量或其他复数量的末端在复平面上描出的圆形轨迹。

01.181　振幅　amplitude
正弦量的绝对值在一个周期内所能达到的最大值。

01.182　峰值　peak [value]
在规定的时间范围内，时变量的最大值。

01.183　峰-峰值　peak-to-peak value
在规定的时间范围内，正向与负向峰值之差。

01.184　谷值　valley value
在规定的时间范围内，时变量的最小值。

01.185　峰-谷值　peak-to-valley value
在规定的时间范围内，峰值与谷值之差。

01.186　瞬时值　instantaneous value
时变量在给定时刻的值。

01.187　平均值　mean value
时变量的瞬时值在给定时间间隔内的算术平均值。对于周期量，时间间隔为一个周期。

01.188　有效值　root-mean-square value, effective value
时变量的瞬时值在给定时间间隔内的均方根值。对于周期量，时间间隔为一个周期。

01.189　脉冲　pulse
一个物理量在短持续时间内突变后迅速回到其初始状态的过程。

01.190　单位阶跃函数　unit step function
由下式所定义的函数：

$$\varepsilon(t)=\begin{cases}0 & t<0_-\\ 1 & t\geqslant 0_+\end{cases}$$

01.191　单位斜坡函数　unit ramp function
由下式所定义的函数：

$$r(t)=\begin{cases}0 & t<0_-\\ t & t\geqslant 0_+\end{cases}$$

01.192　单位冲激函数　unit impulse function
由下式所定义的函数：

$$\delta(t)=\begin{cases}0 & t<0_-\\ \text{不确定} & t=0\\ 0 & t\geqslant 0_+\end{cases}$$

且

$$\int_{-\infty}^{\infty}\delta(t)\,\mathrm{d}t=1$$

01.193　电路　electric circuit
电流可以在其中流通的由导体连接的电路元件的组合。

01.194　电路模型　circuit model

由理想电路元件相互连接而成的模型。

01.195　电路图　circuit diagram
用图形符号并按工作顺序排列，详细表示电路、设备或成套装置的全部基本组成和连接关系，而不考虑其实际位置的一种简图。目的是便于详细理解电路的作用原理，分析和计算电路特性。

01.196　电路元件　circuit element
电路中不能从物理上进一步分割，否则就会失去其特性的一个组成部分。

01.197　集中参数电路　lumped circuit
可用有限个理想元件的组合来表示的电路。

01.198　分布参数电路　distributed circuit
可用无限个理想元件的组合来表示的电路。

01.199　线性电路　linear circuit
由线性元件和电源构成的电路。

01.200　非线性电路　non linear circuit
含非线性元件的电路。

01.201　理想电压源　ideal voltage source
其端电压与通过的电流无关的有源元件。

01.202　理想电流源　ideal current source
通过的电流与其端电压无关的有源元件。

01.203　独立电压源　independent voltage source
可用一个与电路中所有电流和电压无关的理想电压源与一个无源元件相串联来表示的有源元件。

01.204　独立电流源　independent current source
可用一个与电路中所有电流和电压无关的理想电流源与一个无源元件相并联来表示的有源元件。

01.205　受控电压源　controlled voltage source
受电路中另一部分的电压或电流控制的电压源。

01.206　受控电流源　controlled current source
受电路中另一部分的电压或电流控制的电流源。

01.207　负荷　load
又称“负载”。(1)吸收功率的器件。(2)器件吸收的功率。

01.208　导体　conductor
(1)可在电场作用下流动自由电荷的物体。(2)能传导电流的元件。

01.209　超导体　superconductor
在足够低的温度和足够弱的磁场下，其电阻率为零的物质。

01.210　光电导体　photoconductor
吸收光子时其电导率增加的非金属固体物质。

01.211　电阻　resistance
电压除以电流之商。

01.212　电导　conductance
电阻的倒数。

01.213　电导率　conductivity
在介质中该量与电场强度之积等于传导电流密度。对于各向同性介质，电导率是标量；对于各向异性介质，电导率是张量。

01.214　电阻率　resistivity
电导率的倒数。

01.215　电感　inductance [of an ideal inductor]
电压除以电流对时间的导数之商。

01.216　电感器　inductor

用来提供电感的器件。

01.217 电抗 reactance
在正弦电流电路中，复数阻抗的虚部。

01.218 感抗 inductive reactance
在正弦电流电路中，电感和角频率的乘积。

01.219 电容 capacitance [of an ideal capacitor]
电流除以电压对时间的导数之商。

01.220 容抗 capacitive reactance
在正弦电流电路中，电容和角频率的乘积的倒数(带负号)。

01.221 阻抗 impedance
在正弦电流电路中，电路的端电压除以通过的电流。

01.222 阻抗模 modulus of impedance
在正弦电流电路中，二端电路中的电压有效值除以电流有效值之商。标量。

01.223 输入阻抗 input impedance
电路的输入端电压与输入端电流的相量之比。

01.224 输出阻抗 output impedance
在电路输出端所视入的电路一侧的阻抗。

01.225 传递阻抗 transfer impedance
又称“转移阻抗”。当网络的所有端子都按规定状态端接时，作用在网络一对端子上的电压与另一对端子上得到的电流之比。

01.226 导纳 admittance
在正弦电流电路中，通过电路的电流除以端电压，即阻抗的倒数。

01.227 输入导纳 input admittance
电路的输入端电流与输入端电压之比。

01.228 电纳 susceptance
在正弦电流电路中，复数导纳的虚部。

01.229 感纳 inductive susceptance
由电感所决定的电纳。

01.230 容纳 capacitive susceptance
由电容所决定的电纳。

01.231 阻抗匹配 impedance matching
负载阻抗与电源内阻抗或与传输线波阻抗之间的特定配合关系。

01.232 导抗 immittance
在正弦电流电路中，表示阻抗或导纳的一个术语。

01.233 端接导抗 terminating immittance
连接到所指端口两端的电路或器件的导抗。

01.234 负载导抗 load immittance
输出端口的端接导抗。

01.235 串联 series connection
使同一电流通过所有相连接器件的联结方式。

01.236 并联 parallel connection
使同一电压施加于所有相连接器件的联结方式。

01.237 互联 interconnection
不同网络间的相互联结。

01.238 Y 形接线 Y connection
三相具有一个共同结点的接线。

01.239 Δ 形接线 delta connection
三相连接成一个三角形的接线。其各边的顺序就是各相的顺序。

01.240 多边形联结 polygon connection
各相连接成一个 m 边闭合多边形的联结。其各边的顺序就是各相的顺序。

01.241 回路 loop
又称“环路”。只通过任何结点一次即能构成闭合路径的支路集合。

01.242 回路电流 loop current
在一个回路中连续流动的假想电流。

01.243 支路 branch
作为二端电路看待的、由一个或一些电路元件所构成的网络子集。

01.244 支路电流矢量 branch current vector
以一个电路中各支路电流作为元素所构成的矢量。

01.245 回路电流矢量 loop current vector
以一个电路中各独立回路电流作为元素所构成的矢量。

01.246 支路电压矢量 branch voltage vector
以一个电路中各支路电压作为元素所构成的矢量。

01.247 支路阻抗矩阵 branch impedance matrix
表示一个电路中各支路阻抗参数的矩阵。其行数和列数均为电路的支路总数。

01.248 支路导纳矩阵 branch admittance matrix
表示一个电路中各支路导纳参数的矩阵。其行数和列数均为电路的支路总数。

01.249 结点 node
电路(网络)中一个支路的端点，或两个或两个以上支路的会合点。

01.250 结点电压矢量 node potential vector
在电路中，任选某一个结点作为参考结点，由所有其他结点与该参考结点之间的电压作为元素所构成的矢量。

01.251 关联矩阵 incidence matrix
描述一个网络中结点与支路关联性质的矩阵。其行对应结点，列对应支路。

01.252 回路矩阵 loop matrix
描述一个网络中回路与支路关联性质的矩阵。其行对应回路，列对应支路。

01.253 结点导纳矩阵 node admittance matrix
对于一个给定的电路(网络)，由其关联矩阵 $\boldsymbol{A}$ 与支路导纳矩阵 $\boldsymbol{Y}$ 所确定的矩阵，即 $\boldsymbol{AYA}^{\mathrm{T}}$。

01.254 回路阻抗矩阵 loop impedance matrix
对于一个给定的电路(网络)，由其回路矩阵 $\boldsymbol{B}$ 与支路阻抗矩阵 $\boldsymbol{Z}$ 所确定的矩阵，即 $\boldsymbol{BZB}^{\mathrm{T}}$。

01.255 网孔 mesh
只包含选定余树的一个连支并构成回路的支路集。

01.256 网孔电流 mesh current
沿网孔连续流动的闭合电流。

01.257 结点法 node analysis
以电路中的结点电压作为待求变量来求解电路问题的方法。

01.258 回路法 loop analysis
以独立回路电流作为待求变量来求解电路问题的方法。

01.259 表格法 tabular analysis
用电路中全部支路电流、支路电压和一些辅助量作为待求变量来求解电路问题的方法。

01.260 网络 network
作为一个整体看待的、由相互连接的电路元件所构成的集。可用支路和结点来表示。

01.261 网络函数 network function
网络在单一的独立激励下，其零状态响应的象函数 $R(s)$ 与激励象函数 $E(s)$ 之比，用 $H(s)$ 表示，即 $H(s)=\dfrac{R(s)}{E(s)}$。

01.262 网络拓扑学 topology of network
研究代表电网络的理想元件之间相对位置

的学科。

01.263　网络综合　network synthesis
确定网络的拓扑结构及其电路元件的数值，以获得规定的性能。

01.264　端[子]　terminal
连接器件和外部导体的元件。

01.265　端口　port
网络中的一对端，其一端输入的电流与另一端输出的电流是相等的。

01.266　一端口网络　one-port network
又称“二端网络”。(1)具有两个端的网络。(2)具有多于两个端，但所关注的只是其中两个端(作为一个端口)性能的网络。

01.267　二端口网络　two-port network
具有两个端口的网络。

01.268　平衡二端对网络　balanced two-terminal network
两个输入端互换，同时两个输出端也互换而不影响外电路运行状态的二端口网络。

01.269　对称二端口网络　symmetrical two-port network
输入端与输出端互换而不影响外电路运行状态的二端口网络。

01.270　互易二端口网络　reciprocal two-port network
其中一个端口的电压除以第二个端口的短路电流之商等于第二个端口的电压除以第一个端口的短路电流之商的二端口网络。在一般情况下，互易 n 端口网络是具有对称导抗矩阵的 n 端口网络。

01.271　n 端口网络　n-port network
(1)由 n 对端组成的 n 个端口的网络。(2)具有多于 $2n$ 个端，但所关注的只是其中 $2n$ 个端(作为 n 个端口)性能的网络。

01.272　二端口网络导纳矩阵　admittance matrix of two-point network
对于二端口网络方程：

$$\begin{bmatrix}\dot{I}_1\\ \dot{I}_2\end{bmatrix}=\begin{bmatrix}Y_{11} & Y_{12}\\ Y_{21} & Y_{22}\end{bmatrix}\begin{bmatrix}\dot{U}_1\\ \dot{U}_2\end{bmatrix}$$

由$\begin{bmatrix}Y_{11} & Y_{12}\\ Y_{21} & Y_{22}\end{bmatrix}$表示的参数矩阵。

01.273　二端口网络阻抗矩阵　impedance matrix of two-point network
对于二端口网络方程：

$$\begin{bmatrix}\dot{U}_1\\ \dot{U}_2\end{bmatrix}=\begin{bmatrix}Z_{11} & Z_{12}\\ Z_{21} & Y_{22}\end{bmatrix}\begin{bmatrix}\dot{I}_1\\ \dot{I}_2\end{bmatrix}$$

由$\begin{bmatrix}Z_{11} & Z_{12}\\ Z_{21} & Y_{22}\end{bmatrix}$表示的参数矩阵。

01.274　L 形网络　L-network
如图所示的网络：

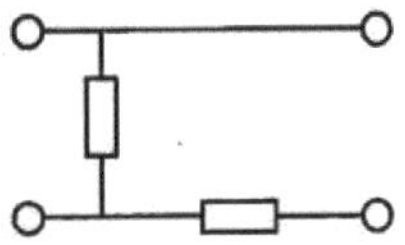

01.275　Γ 形网络　Γ-network
如图所示的网络：

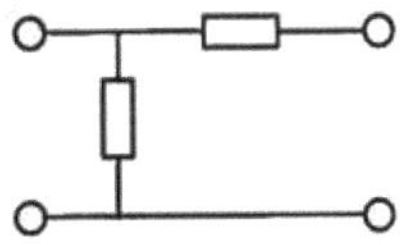

01.276　T 形网络　T-network
如图所示的网络：

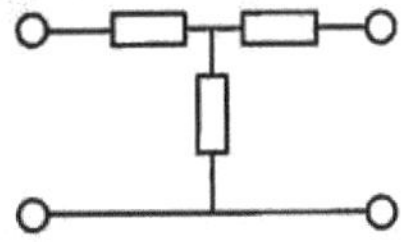

01.277　Π 形网络　Π-network
如图所示的网络：

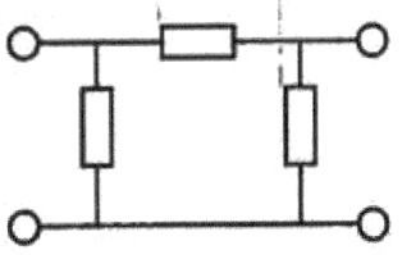

01.278 X形网络 X-network

如图所示的网络：

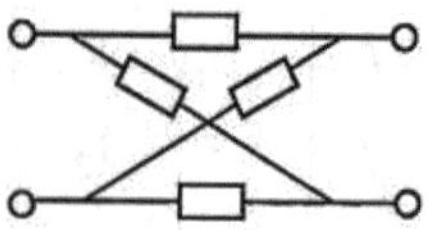

01.279 双T形网络 twin T-network

由两个T形网络的相应输入端并联，其相应输出端也并联的二端口网络。

01.280 桥接T形网络 bridged T-network

如图所示的网络：

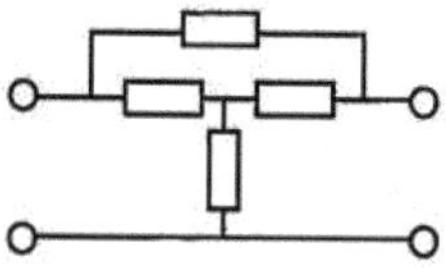

01.281 梯形网络 ladder network

级联的若干个L形网络组成的二端口网络。

01.282 树 tree

将网络所有结点连接起来但不构成回路的连通支路集。

01.283 树支 tree branch

网络中属于所选定树的支路。

01.284 连支 link branch

网络中不属于所选定树的支路。

01.285 割集 cut-set

网络图中的一种支路集合。如果移去该集合内的所有支路，图中不连通部分的数目便会增加；但如保留这些支路中的任何一条，图中不连通部分的数目则不会增加。

01.286 基本割集 fundamental cut-set

其中仅含一条树支，其余均为连支的单树支割集。

01.287 基本回路 fundamental loop

其中仅含一条连支，其余均为树支的回路。

01.288 基本割集矩阵 fundamental cut-set matrix

描述网络中各基本割集与支路关联性质的矩阵。其行对应基本割集，其列对应支路。

01.289 基本回路矩阵 fundamental loop matrix

描述网络中各基本回路与支路关联性质的矩阵。其行对应基本回路，其列对应支路。

01.290 状态变量 state variable

在任何时刻表征了该时刻电路(系统)的状态的一组变量。

01.291 状态方程 state equation

运用状态变量来描述电路(系统)动态过程的方程。

01.292 状态矢量 state vector

以状态变量为元素构成的矢量。

01.293 状态空间 state space

状态矢量所有可能在其中取值的集合。

01.294 特勒根定理 Tellegen theorem

该定理有两种形式：

(1)对于一个集中参数网络，设其总支路数为b，支路电流和电压分别为u_k、i_k (k=1,2,…, b)，且规定支路电压与电流的参考方向取为一致。在任何时刻，有

$$\sum_{k=1}^{b} i_k u_k = 0$$

(2)对于两个集中参数网络N和$\hat{N}$，它们由不同的二端元件所构成，但它们的拓扑结构完全相同，设它们的支路电流和电压分别为i_k、$\hat{i}_k$、u_k、$\hat{u}_k$ (k=1,2,…,b)。在任何时刻，有$\sum_{k=1}^{b} u_k \hat{i}_k = 0$或$\sum_{k=1}^{b} \hat{u}_k i_k = 0$

01.295 欧姆定律 Ohm law

在直流情况下，一闭合电路中的电流与电动势成正比，或当一电路元件中没有电动势时，其中的电流与两端的电位差成正比。

01.296　基尔霍夫电流定律　Kirchhoff current law，KCL

对于任意一个集中参数电路中的任意一个结点或闭合面，在任何时刻，通过该结点或闭合面的所有支路电流代数和等于零。

01.297　基尔霍夫电压定律　Kirchhoff voltage law，KVL

对于任意一个集中参数电路中的任意一个回路，在任何时刻，沿该回路的所有支路电压代数和等于零。

01.298　戴维南定理　Thevenin theorem

任一含源线性时不变一端口网络对外可用一条电压源与一阻抗的串联支路来等效地加以置换，此电压源的电压等于一端口网络的开路电压，此阻抗等于一端口网络内全部独立电源置零后的输入阻抗。

01.299　诺顿定理　Norton theorem

任一含源线性时不变一端口网络对外可用一电流源和一导纳的并联组合来等效置换，此电流源的电流等于端口的短路电流，此导纳等于一端口网络内全部独立电源置零后的输入导纳。

01.300　叠加定理　superposition theorem

在线性系统或线性电路中，如果有两个或两个以上的激励同时作用，则响应等于诸激励分别单独作用下产生的诸响应分量之和。

01.301　替代定理　substitution theorem

在一个集中参数电路中，如果其中第 k 条支路的电压 u_k 或电流 i_k 为已知，那么该支路就可以用一个电压等于 u_k 的电压源或一个电流等于 i_k 的电流源加以替代，替代前后电路中全部电压和电流将保持原值。

01.302　互易性　reciprocity

在单一激励的情况下，当激励端口和响应端口互换位置时，响应不因这种互换而有所改变的特性。

01.303　一阶电路　first order circuit

用一阶微分方程描述的动态电路。

01.304　二阶电路　second order circuit

用二阶微分方程描述的动态电路。

01.305　初始条件　initial condition

如果描述电路动态过程的微分方程为 n 阶，则电路中待求变量及 $(n-1)$ 阶导数在 $t=0$ 时的值。

01.306　稳态　steady state

在所有瞬态影响消失后，当所有输入量保持恒定时系统所维持的状态。

01.307　稳态分量　steady state component

周期性激励作用于有损、线性和时不变的动态电路时，电路中所出现的与激励周期相同的响应分量。

01.308　瞬态　transient

电路(系统)从一种稳态变化到另一种稳态的过渡过程。

01.309　瞬态分量　transient component

周期性激励作用于有损、线性和时不变的动态电路时，从全响应中减去稳态分量的剩余部分。

01.310　时域分析　time domain analysis

直接在时间域内对系统动态过程进行研究的方法。

01.311　激励　excitation

作用于某个系统，其随时间变化的规律不依赖于系统结构和系统参数的物理量。在电路理论中，激励常指独立电压源的电压和独立电流源的电流，它们随时间变化的规律不依赖于电路中其他元件和元件间的连接方式。

01.312　响应　response

系统在激励作用下所引起的反应。在电路理论中，独立电源作用在其他元件上产生的电流或电压就是响应。

01.313 零输入响应 zero input response
由非零初始状态引起的线性系统或电路在没有外加输入时的响应。

01.314 零状态响应 zero state response
在零初始状态下，由初始时刻开始施加于线性系统或电路的输入信号所产生的响应。

01.315 全响应 complete response
线性系统或电路在激励作用下产生的零状态响应与零输入响应之和。它是系统或电路在输入和初始条件共同作用下的响应。

01.316 时间常数 time constant
表征电路瞬态过程中响应变化快慢的物理量。具有时间量纲。电路的时间常数越小其响应变化就越快，反之就越慢。

01.317 强制振荡 forced oscillation
由外部激励产生的一种振荡。

01.318 阻尼振荡 damped oscillation
振幅逐渐减小的振荡。

01.319 自由振荡 free oscillation
完全由储存在系统中的能量产生的振荡。

01.320 功率 power
单位时间内所做的功，或单位时间内转移或转换的能量。

01.321 瞬时功率 instantaneous power
端口的电压瞬时值与电流瞬时值之乘积。

01.322 有功功率 active power
一个周期内瞬时功率的积分平均值。

$$P=\frac{1}{T}\int_0^T ui\mathrm{d}t$$

对于正弦电压及电流，复功率的实部即有功功率：$P=\mathrm{Re}\,\overline{S}=S\cos\varphi$。对于非正弦周期电压及电流，有功功率是直流分量功率及基波和谐波有功功率之总和：$P=\sum\limits_{k=0}^{\infty}P_k$。

01.323 无功功率 reactive power
在正弦电流电路中，复功率的虚部：$Q=\mathrm{Im}\,\overline{S}=S\sin\varphi$，且供给电感的无功功率为正值。

01.324 视在功率 apparent power
又称“表观功率”。端口的电压有效值与电流有效值之乘积。

01.325 复功率 complex power
电压相量与电流共轭相量之乘积。复功率的模为视在功率，辐角为电压相量和电流相量之间的夹角。

01.326 功率因数 power factor
有功功率与视在功率之比。

01.327 谐振 resonance
又称“共振”。强迫振荡频率非常接近于自由振荡频率的系统中出现的振荡现象。

01.328 串联谐振 series resonance
又称“电压谐振”。在发生谐振时一端口网络内相串联的两个子网络的无功电压分量相互抵消。

01.329 并联谐振 parallel resonance
又称“电流谐振”。在发生谐振时一端口网络内相并联的两个子网络的无功电流分量相互抵消。

01.330 谐振频率 resonance frequency
电路出现谐振时的频率。

01.331 谐振曲线 resonance curve
当电源电压或电流的有效值不变时，电路响应随电源频率变化的曲线。

01.332 频率特性 frequency characteristics
当输入量波形变化时，其输出量随频率变化的特性。

01.333 品质因数 quality factor，Q factor

无功功率的绝对值与有功功率之比，即损耗角正切的倒数。

01.334 固有频率 natural frequency
系统出现自由振荡的频率。

01.335 频带 frequency band
在规定间隔内的频率范围。

01.336 通带 pass band
两个截止频率之间的频率范围。在截止频率点，输出信号幅值下降到其最大值的0.707倍。

01.337 阻带 stop band
在某个频率范围内的衰减大于一个规定值的频带。

01.338 带通滤波器 band pass filter
允许某一通带的频率分量通过，并抑制通带外频率分量的滤波器。

01.339 带阻滤波器 band stop filter
抑制某一阻带的频率分量，并允许阻带外频率分量通过的滤波器。

01.340 磁路 magnetic circuit
主要由磁性材料构成，在给定区域内形成闭合磁通通道的媒质组合。

01.341 磁阻 reluctance
磁动势除以相关联的磁通。

01.342 磁导 permeance
磁阻的倒数。

01.343 主磁通 main flux
磁路中的磁通通过预定路径的部分。

01.344 漏磁通 leakage flux
磁路中的磁通不通过预定路径的部分。

01.345 三相制 three phase system
由三个频率相同而相位不同的电动势作为电源供电的方式。

01.346 三相四线制 three phase four wire system
在三相电源中性点和三相负载中性点之间用导线连接所形成的方式。

01.347 对称三相电路 symmetric three phase circuit
由对称三相电源和对称三相负载组成的电路。

01.348 多相制 multiphase system，polyphase system
由多个频率相同而相位不同的电动势作为电源供电的方式。

01.349 相序 phase sequence，sequential order of the phase
多相系统中各相的排列顺序。

01.350 中性导体 neutral conductor
与电力系统中性点连接并能起传输电能作用的导体，用符号“N”表示。在某些特定情况下，中性导体和保护导体的功能可合二为一，共用一个导体，该导体称“保护中性导体”，用符号“PEN”表示。

01.351 中性点 neutral point
(1)多相系统中星形联结和曲折形联结中的公共点。(2)在对称系统中，正常情况下电位等于零并通常是直接接地的点。

01.352 [多相电路]相电压 [polyphase circuit] phase voltage
多相电源或多相负载每一相两端的电压。

01.353 [多相电路]线电压 [polyphase circuit] line voltage
又称“相间电压”。多相电路中各相引出线端相互之间的电压。

01.354 [多相电路]相电流 [polyphase circuit] phase current
多相电源或多相负载每一相的电流。

01.355 [多相电路]线电流 [polyphase circuit] line current

多相电路中各端线上的电流。

01.356 不对称三相电路 unsymmetrical three phase circuit

由三相不对称负载或三相不对称电源构成的三相电路。

01.357 中性点位移 neutral point displacement

中性点实际电位与大地之间发生的电位变化。

01.358 对称分量法 method of symmetrical component

将三个相量分解为对称的分量组，用于分析三相电路不对称运行状态的一种方法。

01.359 正序分量 positive sequence component

对于三相系统三个大小相等的分量，且在相位上依次有前一个分量超前后一个分量120°的分量组。

01.360 负序分量 negative sequence component

对于三相系统三个大小相等的分量，且在相位上依次有前一个分量滞后后一个分量120°的分量组。

01.361 零序分量 zero sequence component

三个大小相等且相位相同的分量组。

01.362 非正弦周期量 unsinusoidal periodic quantity

随时间做周期变化但不按正弦变化的量。

01.363 基波 fundamental wave

将非正弦周期信号按傅里叶级数展开，频率与原信号频率相同的量。

01.364 二次谐波 second harmonic component

将非正弦周期信号按傅里叶级数展开，频率为原信号频率两倍的正弦分量。

01.365 高次谐波 high order harmonic component

将非正弦周期信号按傅里叶级数展开，频率为原信号频率两倍及以上的正弦分量。

01.366 谐波分析 harmonic analysis

将非正弦周期信号按傅里叶级数展成一系列谐波，以考察信号中各次谐波的幅值与相角等参量。

01.367 直流分量 DC component

将非正弦周期信号按傅里叶级数展开，频率为零的分量。

01.368 基频 fundamental frequency

将非正弦周期信号按傅里叶级数展开时，原信号的频率。

01.369 基波功率 fundamental power

由电压和电流的基波分量所决定的功率。

01.370 位移因数 displacement factor, power factor of the fundamental wave

又称“基波功率因数”。基波电压和基波电流的有功功率与视在功率之比。

01.371 基波因数 fundamental factor

基波分量的有效值与交变量的有效值之比。

01.372 谐波因数 harmonic factor, distortion factor

又称“畸变因数”。一个非正弦周期信号的谐波分量的有效值与该信号的有效值之比。

01.373 谐波含量 harmonic content

从非正弦周期交流量中减去基波分量后所得到的量。

01.374 谐波次数 harmonic number, harmonic order

又称“谐波序数”。将一个非周期正弦信号按傅里叶级数展开，由其中的谐波频率与基波频率之比所得出的整数。

01.375 脉动因数 pulsation factor

信号中交流分量的有效值与该信号的有效值之比。

01.376 有效纹波因数 RMS ripple factor

信号中交流分量的有效值与直流分量的绝对值之比。

01.377 峰值纹波因数 peak ripple factor, peak distortion factor

信号中交流分量的峰-峰值与直流分量的绝对值之比。

01.378 拍 beat

又称“差拍”。由相差很小的两个频率的周期振荡叠加而成的振荡的振幅周期变化。

01.379 拍频 beat frequency

两个有差拍的振荡的频率之差。

01.380 傅里叶级数 Fourier series

如果一个给定的非正弦周期函数 $f(t)$ 满足狄利克雷条件，它能展开为一个收敛的级数：$f(t)=A_0+\sum_{k=1}^{\infty}A_{km}\cos(k\omega_1 t+\psi_k)$

01.381 傅里叶积分 Fourier integral

函数 $f(t)$ 在 $(-\infty,\infty)$ 内绝对可积且在任意一个有限区间内满足狄利克雷条件，则 $f(t)$ 可用积分表示为：

$$f(t)=\frac{1}{2\pi}\int_{-\infty}^{\infty}\left[\int_{-\infty}^{\infty}f(\tau)\mathrm{e}^{-\mathrm{j}\omega\tau}\mathrm{d}\tau\right]\mathrm{e}^{\mathrm{j}\omega t}\mathrm{d}\omega$$

01.382 拉普拉斯变换 Laplace transform

对于时间函数 $f(t)$，当 $t<0$ 时，$f(t)=0$，且满足 $\int_0^{\infty}|f(t)|\,\mathrm{e}^{-\sigma t}\mathrm{d}t<\infty$，则 $f(t)$ 的拉普拉斯变换定义为：

$$F(s)=L[f(t)]=\int_0^{\infty}f(t)\,\mathrm{e}^{-st}\mathrm{d}t$$

式中：$s=\sigma+\mathrm{j}\omega$，$\sigma$、$\omega$ 为实数，$\mathrm{j}=\sqrt{-1}$。

01.383 拉普拉斯逆变换 inverse Laplace transform

对一个给定的拉普拉斯变换 $F(s)$，求其相应原函数 $f(t)$ 的运算，即

$$f(t)=\frac{1}{2\pi\mathrm{j}}\int_{c-\mathrm{j}\infty}^{c+\mathrm{j}\infty}F(s)\mathrm{e}^{st}\mathrm{d}s$$

01.384 傅里叶变换 Fourier transform

当函数 $f(t)$ 在 $(-\infty,\infty)$ 内绝对可积且在任意一个有限区间满足狄利克雷条件，则 $f(t)$ 的傅里叶变换定义为：

$$F(\mathrm{j}\omega)=\int_{-\infty}^{\infty}f(t)\mathrm{e}^{-\mathrm{j}\omega t}\mathrm{d}t$$

01.385 傅里叶逆变换 inverse Fourier transform

对一个给定的傅里叶变换 $F(\mathrm{j}\omega)$，求其相应原函数 $f(t)$ 的运算，即

$$f(t)=\frac{1}{2\pi}\int_{-\infty}^{\infty}F(\mathrm{j}\omega)\mathrm{e}^{\mathrm{j}\omega t}\mathrm{d}t$$

01.386 卷积 convolution

数学中关于两个函数的一种无穷积分运算。对于函数 $f_1(t)$ 和 $f_2(t)$，其卷积表示为：

$$\int_{-\infty}^{\infty}f_1(t-\tau)f_2(\tau)\mathrm{d}\tau=f_1(t)*f_2(t)$$

式中：“*”为卷积运算符号。

01.387 频谱 frequency spectrum

(1)信号中不同频率分量的幅值、相位与频率的关系函数。(2)信号传输中电磁振荡或电磁波的频率范围。

01.388 连续[频]谱 continuous spectrum

频率成分在给定频率范围内连续分布的频谱。

01.389　离散[频]谱　discrete spectrum
频率成分在给定频率范围内离散分布的频谱。

01.390　运算电路　operational circuit
将所研究电路中每个元件都以其复频域模型代替，把其中的电源电压、电流以其拉普拉斯变换式来表示，由此得出的复频域电路。

01.391　运算阻抗　operational impedance
端口无源网络在零状态下端口电压象函数与电流象函数之比。

01.392　运算导纳　operational admittance
运算阻抗的倒数。

01.393　传递函数　transfer function
在零状态下线性非时变系统中指定输出信号与输入信号的拉普拉斯变换之比。

01.394　微分电路　differential circuit
输出电压与输入电压的变化率成正比的电路。

01.395　积分电路　integrating circuit
输出电压与输入电压的时间积分成正比的电路。

01.396　运算放大器　operational amplifier
可以对电信号进行运算，一般具有高增益、高输入阻抗和低输出阻抗的放大器。

01.397　理想变压器　ideal transformer
一个端口的电压与另一个端口的电压成正比，且没有功率损耗的一种互易无源二端口网络。

01.398　[通用]阻抗变换器　[general] impedance converter，GIC
一种二端口网络，在其次端口接以阻抗 $Z_L(s)$，在其主端口的输入阻抗为 $Z_{in} = f(s)Z(s)$，$f(s)$ 是复频率 s 的函数。

01.399　均匀线[路]　uniform line
单位长度电阻、电感、电容和电导沿全线处处相等的传输线。

01.400　传播常数　propagation constant
电压或电流波沿均匀线上传播时，表示每单位长度电压或电流波的衰减与相位变化的复常数。

01.401　相位常数　phase constant
当电压或电流波沿均匀线传播时，每单位长度电压波或电流的相位移。

01.402　特性阻抗　characteristic impedance
在给定线路参数的无限长传输线路上，行波的电压与电流的比值。

01.403　行波　traveling wave
某一物理量的空间分布形态随着时间的推移向一定的方向行进所形成的波。

01.404　相速　phase velocity
波的相位不变点沿传播方向运动的速度。为频率与波长的乘积。

01.405　波长　wave length
周期性波中处于振荡的相同相位上的两个相继点在传播方向上的最短距离。

01.406　正向行波　direct wave
从传输线始端向终端传播的行波。

01.407　反向行波　returning wave
从传输线终端向始端传播的行波。

01.408　入射波　incident wave
波沿第一条传输线向其与另一条传输线的相交结点处传播的行波。

01.409　反射波　reflected wave
波沿第一条传输线传播到与第二条传输线相交结点处，从结点返回到第一条传输线的那部分行波。

01.410　折射波　refracted wave
波沿第一条传输线传播到与第二条传输线

相交结点处，行波透过结点沿原入射波方向在第二条传输线上继续传播的那部分行波。

01.411 反射系数 reflection coefficient
在传输线相交结点处(线路参数发生突变)，反射波电压(或电流)与入射波电压(或电流)之比。

01.412 折射系数 refraction coefficient
在传输线相交结点处(线路参数发生突变)，折射波电压(或电流)与入射波电压(或电流)之比。

01.413 驻波 standing wave
可以用时间函数与位置函数之乘积来表征的波。

01.414 波腹 [wave] loop，antinode
驻波在空间内特定量振幅为最大值处的点或轨迹。

01.415 波节 [wave] node
驻波在空间内特定量振幅为最小值处的点或轨迹。

01.416 国际单位制 international system of units，SI
简称“SI 制”。国际计量会议以米、千克、秒为基础所制定的单位制。后经修改和补充，成为世界上通用的一套单位制。

01.417 SI 基本单位 SI base unit
在建立一套单位制时，需要首先选择的独立物理量单位。主要有米(m)、千克(kg)、秒(s)、安(A)、开尔文(k)、摩[尔](mol)、坎(cd)等。

01.418 SI 导出单位 SI derived unit
利用物理学方程从基本单位导出的其他各物理量的单位。

01.419 安[培] ampere
电流强度的单位。一恒定电流，若保持在真空中相距 1 m 的两根无限长而截面极小的平行直导线内，此电流在这两导线上每米产生的力等于 2×10^{-7} N。符号“A”。

01.420 牛[顿] newton
国际单位制中力的单位。使 1 kg 质量产生 1 m 每秒每秒加速度的力。符号“N”。

01.421 焦[耳] joule
国际单位制中能量、热量、功等物理量的单位。1 N 的力在 1 m 距离上所做的功。符号“J”。

01.422 瓦[特] watt
国际单位制中功率的单位。以 1 J/s 的速率做功所需的功率。符号“W”。

01.423 伏[特] volt
国际单位制中电位、电压和电动势等量的单位。当流过 1 A 恒定电流的导线上两点间所消耗的功率为 1 W 时此两点间的电位差。符号“V”。

01.424 欧[姆] ohm
国际单位制中电阻、电抗和阻抗等量的单位。一导体的两点间加 1 V 的恒定电位差，而且导体中不存在任何电动势，在导体中产生 1 A 电流时，此两点间的电阻。符号“Ω”。

01.425 库[仑] coulomb
国际单位制中电荷和电通量等量的单位。1 A 电流在 1 s 之内所运送的电量。符号“C”。

01.426 法[拉] farad
国际单位制中电容的单位。当一电容器充 1 C 电量，其两极板之间出现 1 V 的电位差时，此电容器的电容量。符号“F”。

01.427 亨[利] henry
国际单位制中自感、互感等量的单位。一闭合电路中的电流以每秒 1 A 的速率均匀变化，在电路中产生 1 V 的电动势时，此闭合电路的电感。符号“H”。

01.428　赫[兹]　hertz
国际单位制中频率的单位。符号“Hz”。

01.429　西[门子]　siemens
国际单位制中电导、电纳和导纳等量的单位。符号“S”。

01.430　韦[伯]　weber
国际单位制中磁通量的单位。一匝环路交链的磁通量，如果使其在 1 s 内均匀地减小到零，则在环路中产生 1 V 的电动势。符号“Wb”。

01.431　特[斯拉]　tesla
国际单位制中磁感应强度或磁通密度的单位。符号“T”。

01.432　伏安　volt ampere
视在功率的单位。符号“VA”。

01.433　乏　var
无功功率的单位。符号“var”。

01.434　安[培小]时　ampere-hour
电量的单位。安时数可以安为电流单位，以小时为时间单位，求电流对时间的积分值得出。符号“Ah”。

01.435　瓦[特小]时　watt hour
能量的单位。符号“Wh”。

01.436　高斯　gauss
CGS(厘米-克秒)电磁制中磁感应强度的单位。符号“Gs”。高斯与国际单位制中磁感应强度单位特(T)的换算关系为：$1\ G=10^{-4}\ T$。

01.437　奥斯特　oersted
CGS(厘米-克秒)电磁制中磁场强度的单位。符号“Oe”。奥斯特与国际单位制中磁场强度单位安培/米(A/m)的换算关系为：$1\ Oe \approx 79.5775\ A/m$。

01.438　麦克斯韦　maxwell
CGS(厘米-克秒)电磁制中磁通量的单位。符号“Mx”。麦克斯韦与国际单位制中磁通量单位韦伯(Wb)的换算关系为：$1\ Mx=10^{-8}\ Wb$。

01.439　奈培　neper
对数的底为 e=2.718…的场量的级的单位。也是对数的底为 e^2 的功率类量的级的单位。符号“Np”。

01.440　电子伏[特]　electronvolt
一个电子在真空中通过 1 V 电位差时能量变化的一种能量单位。符号“eV”。$1\ eV \approx 1.60219\times10^{-19}\ J$。

01.441　流[明]　lumen
国际单位制中光通量的单位。符号“lm”。1 lm 表示均匀发光强度为 1 cd 的点光源在单位立体角(1 Sr)内发出的光通量。

01.442　坎[德拉]　candela
国际单位制中发光强度的单位。符号“cd”。1 cd表示在单位立体角(1 Sr)内辐射出 1 lm 的光通量。

01.443　勒[克斯]　lux
国际单位制中光照度的单位。符号“lx”。1 lx 表示 1 m^2 被照面上光通量为 1 lm。

01.444　电力　electric power
作为产业属性，为发电、输电、变电、配电、用电及其设备等的统称。作为动力属性，指用来做功的电能。

01.445　电气　electrical，electrical power and equipment
电能的生产、传输、分配、使用和电工装备制造等学科或工程领域的统称。

01.446　工程热力学　engineering thermodynamics
阐明和研究能量、能量转换，主要是热能与其他形式的能量间的转换的规律，及其与物质性质之间关系的工程应用学科。

01.447 热力工程 thermal engineering
有关热能生产、转换、交换和传送的工程。

01.448 热力学系统 thermodynamic system
简称“热力系”。在热力学中，用作研究对象所选取特定范围的物质和空间。

01.449 开式热力系 open thermodynamic system
与外界既有能量交换又有物质交换的热力系。

01.450 闭式热力系 closed thermodynamic system
与外界只有能量交换而无物质交换的热力系。

01.451 绝热热力系 adiabatic thermodynamic system
与外界没有热量交换的热力系。

01.452 孤立热力系 isolated thermodynamic system
与外界既无能量交换，也无物质交换的热力系。

01.453 火力发电厂热力系统 thermodynamic system of thermal power plant
火力发电厂热力设备和汽水管道联结组成的系统。

01.454 边界 boundary
使热力系相互隔离的实际或假想界限。边界可以是固定的或移动的。

01.455 外界 surrounding
热力系之外的空间或物质。

01.456 外界功 surrounding work
热力系对抗外界所做的功。即在准平衡条件下，闭式热力系的膨胀或压缩过程中所做的功。

01.457 热能 thermal energy
热力系处于平衡时的内能。以显热和潜热的形式所表现的能量。

01.458 热源 thermal source
向其取热而不改变其自身温度的热库。

01.459 冷源 thermal sink
向其放热而不改变其自身温度的热库。

01.460 纯物质 pure substance
具有同一组成、化学结构完全一致的物质。

01.461 工质 working substance
热力循环中可使热与功相互转换的可压缩流体。

01.462 理想气体 ideal gas
严格遵守理想气体状态方程 $pV=nRT$ 的假想气体。

01.463 真实气体 real gas
又称“实际气体”。不严格遵守理想气体状态方程的气体。用作热机的气态工质都是真实气体。

01.464 水蒸气 steam
简称“蒸汽”。由水汽化或冰升华而成的气态物质。

01.465 混合气体 gas mixture
两种及以上真实气体组成的气体混合物。

01.466 湿空气 humid air
干空气与水蒸气的混合物。

01.467 热力[学]性质 thermodynamic property
表示工质状态的宏观物理量的总称。

01.468 状态 state
热力系在某一瞬间所呈现的可描述其性质的宏观物理状况。

01.469 理想气体状态方程 ideal gas equation of state

描述理想气体状态参数变化规律的方程式，即 $pV=nRT$。

01.470　范德瓦耳斯方程　van der Waals equation of state
最早试图修正理想气体状态方程使之成为适用于真实气体的状态方程。

01.471　热力状态参数　parameter of thermodynamic state
定量描述热力系在平衡条件下的热力状态的宏观物理量。

01.472　强度参数　intensive parameter
热力系中与所含物质数量无关，而在其中任一点具有确定数值的物理量。如压力、温度等。

01.473　广延参数　extensive parameter
热力系中与所含物质数量有关的物理量。如总体积、总质量等。

01.474　可测状态参数　measurable parameter of state
可以测量的状态参数。如压力、温度、比体积等。

01.475　温度　temperature
表征物体冷热程度的度量。

01.476　国际温标　international temperature scale
国际间 1990 年的协议性温度标尺。以若干种纯物质的相变点为标定点来实现分度，是世界上温度数值的统一标准。其温度数值可表示为开尔文(K)或摄氏度(℃)。

01.477　热力学温标　thermodynamic temperature scale
又称"绝对温标"，"开尔文温标"。按热力学第二定律建立的与物质性质无关的温度标尺。此温标的零点处在水的三相点温度以下的 273.16 K 处。

01.478　热力学温度　thermodynamic temperature
又称"绝对温度"。按热力学温标度量的温度。单位为开[尔文]，符号"K"。

01.479　摄氏温度　Celsius temperature
绝对温度(K)减去 273.15。曾定义为以标准大气压力下水沸点为 100℃，冰点为 0℃的温度分度。

01.480　华氏温度　Fahrenheit temperature
英制温度，单位为(℉)。以标准大气压力下水沸点为 212℉，冰点为 32℉的温度分度。

01.481　亮度温度　luminance temperature
物体在同一波长下的光谱辐射强度与黑体光谱辐射强度相等时的黑体温度。

01.482　压力　pressure
垂直作用在单位面积上的力，或流体中单位面积上承受的力。物理学上称之为"压强"。

01.483　压力单位　pressure unit
法定国际单位制导出的压力单位为帕(Pa)。常用的为兆帕(MPa)、千帕(kPa)，惯用的非法定单位还有巴(bar)、工程大气压(at)、磅每平方英寸(psi)、毫米汞柱(mmHg)、毫米水柱(mmH_2O)等。

01.484　大气压[力]　atmospheric pressure
由大气重力所产生的压力。

01.485　标准大气压[力]　standard atmospheric pressure
纬度 45°海平面上的常年平均大气压。定为 101 325 Pa(760 mmHg)。

01.486　绝对压力　absolute pressure
真实的压力。为表压力与当地大气压之和。

01.487　表压力　gauge pressure
压力表测得的压力。为绝对压力与当地大

气压之差。

01.488 真空[压力] vacuum pressure
低于当地大气压的压力。用真空表测得，为当地大气压与绝对压力之差。

01.489 道尔顿分压定律 Dalton law of additive pressure
理想气体混合物的总压力为各组元气体分压力之和。

01.490 阿伏伽德罗定律 Avogadro law
在相同的温度和压力下，相等体积的任何气体所含分子数(或摩尔数)相等。在气体压力为1标准大气压、温度为273.15 K时，1 mol 的任何气体所占的体积都是 0.022 413 83 m^3。

01.491 气体常数 gas constant
以1 kg气体对应的理想气体状态方程中的常数。因气体性质而异。

01.492 通用气体常数 universal gas constant
又称“普适气体常数”。以1 kmol气体对应的理想气体状态方程中的常数。适用于各种气体。

01.493 质量流量 mass flow rate
单位时间内流经一横断面的流体质量数量。

01.494 摩尔 mole
一系统的物质的量。该系统中所包含的基本单元数与12 g碳-12的原子数相等。在使用摩尔时应予以指明基本单元，它可以是原子、分子、离子、电子及其他粒子，或是这些粒子的特定组合。

01.495 密度 density
每单位体积物质的质量。

01.496 比体积 specific volume
曾称“比容”。单位质量的物质所占有的体积。

01.497 比热 specific heat
每一单位度量的物质温度每变化1 K所需吸入或放出的热量。与其进行的过程有关。

01.498 定压比热 specific heat at constant pressure
流体在定压条件下的比热。

01.499 定体积比热 specific heat at constant volume
流体在体积不变条件下的比热。

01.500 质量比热 mass specific heat
物质的度量单位为千克(kg)时的比热。

01.501 摩尔比热 molar specific heat
物质的度量单位为摩尔(mol)时的比热。

01.502 体积比热 volume specific heat
物质的度量单位为立方米(m^3)时的比热。

01.503 热容[量] heat capacity
不发生相变的条件下，物质温度每变化1 K需从外界吸入或向外界放出的热量。

01.504 热力学第零定律 zeroth law of thermodynamics
如果两个热力系的每一个都与第三个热力系处于热平衡，则它们彼此也处于热平衡。

01.505 热力学第一定律 first law of thermodynamics
又称“能量守恒和转换定律”。热力系内物质的能量可以传递，其形式可以转换，在转换和传递过程中各种形式能源的总量保持不变。

01.506 热力学第二定律 second law of thermodynamics
不可能把热从低温物体传到高温物体而不产生其他影响；不可能从单一热源取热使之完全转换为有用的功而不产生其他影响；不可逆热力过程中熵的微增量总是大

于零。

01.507 热力学第三定律 third law of thermodynamics
不可能用有限个手段和程序使一个物体冷却到绝对温度零度。

01.508 热功当量 mechanical equivalent of heat，thermal-work equivalent
等同于单位热量的机械能量。这一名词来源于 19 世纪焦耳著名的热功当量实验，当时的目的是用于证明热与功之间的转换关系。现行的国际单位制中热与功的单位都是焦耳(J)，则不再有热功当量的意义。

01.509 功 work
热力系通过边界与外界交换的机械能量。

01.510 热 heat
可在两个热力系之间或热力系与外界之间因温度差而传递的一种能量形式。

01.511 热量单位 unit of heat
热量的单位。国际单位制中热量单位与能量单位相同，都是焦耳(J)。惯用的非法定的热量单位还有卡(cal)、千卡(kcal)、英热单位(Btu)。

01.512 卡 calorie
惯用的非法定热量单位，相当于在 1 标准大气压下使 1 g 质量纯水升高温度 1℃所需的热量。在不同水温下测定的卡值略有差异。符号“cal”。

01.513 英热单位 British thermal unit
惯用的非法定英制热量单位。相当于在 1 标准大气压下使 1 lb(磅)质量纯水升高温度 1℉所需的热量。符号“Btu”。

01.514 能量 energy
简称“能”。物质运动的一种度量。对应于物质的各种运动形式，能量也有各种形式，彼此可以互相转换，但总量不变。热力学中的能量主要指热能和由热能转换而成的机械能。

01.515 内能 internal energy
物质内部分子动能和位能的总和。

01.516 比内能 specific internal energy
单位质量物质的内能。

01.517 焓 enthalpy
工质的热力状态参数之一，表示工质所含的全部热能，等于该工质的内能加上其体积与绝对压力的乘积。

01.518 焓降 enthalpy drop
工质膨胀做功前后其焓的降低值。

01.519 卡诺原理 Carnot principle
不可逆热机的效率总是低于在同样两个热源间工作的可逆热机的效率，在两个热源间工作的一切可逆热机都具有相同的效率。

01.520 熵 entropy
热力系中工质的热力状态参数之一。在可逆微变化过程中，熵的变化等于系统从热源吸收的热量与热源的热力学温度之比，可用于度量热量转变为功的程度。

01.521 熵增原理 principle of entropy increase
在孤立热力系所发生的不可逆微变化过程中，熵的变化量永远大于系统从热源吸收的热量与热源的热力学温度之比。可用于度量过程存在不可逆性的程度。

01.522 能量贬值 degradation of energy
在实际的不可逆过程完成的有用功必定小于最大可用功的现象。

01.523 自由能 free energy
又称“亥姆霍兹函数(Helmholtz function)”。热力系工质的一种状态参数，等于内能减去绝对温度与熵之积。

01.524 自由焓 free enthalpy

又称“吉布斯函数(Gibbs function)”。热力系工质的一种状态参数，等于焓减去绝对温度与熵之积。

01.525 㶲 exergy
热力系工质的可用能。用于确定某指定状态下所给定能量中有可能做出有用功的部分。

01.526 㶲损耗 exergy destroyed
绝对温度与熵增之积。过程的任何不可逆性都有熵增，因而必然导致㶲损耗。

01.527 㶲平衡 exergy balance
过程进行时热力系的㶲变化等于通过热力系边界传递的净㶲减去系统内的㶲损耗。

01.528 热力[学]过程 thermodynamic process
热力系工质状态连续变化的过程。

01.529 准静态过程 quasi-equilibrium process
热力过程中任何一个中间步骤都在无限接近平衡状态下进行的过程。

01.530 可逆过程 reversible process
能够反向进行并完全恢复原来状态而不对外界造成任何影响的热力过程。是理想化的过程。

01.531 不可逆过程 irreversible process
不会自发地逆转并恢复到原来状态的过程。任何实际过程都是不可逆过程。

01.532 等压过程 isobaric process
过程进行中压力保持恒定的热力过程。

01.533 等体积过程 isometric process
曾称“等容过程”。过程进行中体积保持恒定的热力过程。

01.534 等温过程 isothermal process
过程进行中温度保持恒定的热力过程。

01.535 绝热过程 adiabatic process
过程进行中与外界没有热量交换的热力过程。

01.536 绝热指数 adiabatic exponent
定压比热与定体积比热之比。

01.537 等熵过程 isentropic process
过程中的熵保持不变的可逆的绝热过程。

01.538 多方过程 polytropic process
又称“多变过程”。在真实气体的膨胀和压缩的过程中，其压力与比体积的 n 次方之积等于常数的过程，即 $pV^n=C$。

01.539 热机 heat engine
吸收热能并将其中一部分转换为机械功向外输出的原动机。

01.540 第一类永动机 perpetual-motion machine of the first kind
违反热力学第一定律，不需输入能量便能永远对外做功的动力机械。

01.541 第二类永动机 perpetual-motion machine of the second kind
违反热力学第二定律，只需从单一热源吸收热能便能永远对外做功的动力机械。

01.542 热力[学]循环 thermodynamic cycle
热力系中的工质从原始状态经过一系列的过程变化，重新回到原始状态的热力过程。

01.543 可逆循环 reversible cycle
组成热力循环的各过程均为可逆过程的循环。

01.544 不可逆循环 irreversible cycle
组成热力循环的各过程中含有不可逆过程的循环。

01.545 卡诺循环 Carnot cycle
由两个可逆的等温过程和两个可逆的绝热过程所组成的理想循环。

01.546 狄塞尔循环 Diesel cycle

柴油机的工作原理，由等熵压缩、等压加热、等熵膨胀和等体积排热四个可逆过程组成的理想循环。

01.547 奥托循环 Otto cycle
汽油机和煤气机的工作原理，由等熵压缩、等体积加热、等熵膨胀和等体积排热四个可逆过程组成的理想热力循环。

01.548 混合加热循环 dual cycle
机械喷射式柴油机的工作原理，由等熵压缩、等体积加热、等压加热、等熵膨胀以及等体积排热五个可逆过程组成的理想热力循环。

01.549 爱立信循环 Ericsson cycle
由等温膨胀(由外部热源加热)、等压回热(由工质传热给回热器)、等温压缩(向外部冷源排热)和等压回热(从回热器返回传热给工质)四个可逆过程组成的理想热力循环。是理想化热效率最高的燃气轮机循环。

01.550 兰金循环 Rankine cycle
又称“朗肯循环”。由给水泵中的等熵压缩、锅炉中的等压加热、汽轮机中的等熵膨胀和凝汽器中的等压排热四个热力过程组成，是蒸汽动力机械的理想热力循环。

01.551 布雷敦循环 Brayton cycle
简单循环燃气轮机的理想热力循环。由压气机中的等熵压缩、燃烧器的等压加热、透平的等熵膨胀和通向大气的等压排热四个过程组成的理想热力循环。

01.552 回热循环 regenerative cycle
现代蒸汽动力机械普遍采用的一种热力循环，即在兰金循环汽轮机膨胀做功过程中，抽出中间级未完全膨胀做功的部分工质，去加热凝结水和给水以降低冷端排热量的热力循环。或在布雷敦循环中，利用燃气轮机的排气经过热交换器加热压缩机出口处空气的热力循环。

01.553 再热循环 reheat cycle
将膨胀做功的工质中途抽出，经再次加热后送回继续膨胀做功的热力循环。

01.554 卡林那循环 Kalina cycle
一种以水与氨的非共沸混合物为工质的热力循环。

01.555 斯特林循环 Stirling cycle
由来自外部热源加热的等温膨胀、工质传热给回热器的等体积回热、向外部冷源排热的等温压缩和回热器返回传热给工质的等体积回热四个热力过程组成的热气机的理想热力循环。

01.556 程氏双流体循环 Cheng's dual fluid cycle，STIG cycle
简称“程氏循环”。一种以燃气和水蒸气两种流体为工质的燃气-蒸汽联合循环。应用于注蒸汽的燃气轮机。

01.557 湿空气透平循环 humid air turbine cycle，HAT cycle
以湿空气和燃气为工质的燃气-蒸汽联合循环。

01.558 燃气-蒸汽联合循环 gas-steam combined cycle
以燃气轮机循环为前置循环、以蒸汽轮机循环为后置循环所组成的联合循环。

01.559 前置循环 topping cycle
将余热送给低温热力循环的高温热力循环。

01.560 后置循环 bottoming cycle
接受来自高温热力循环余热的低温热力循环。

01.561 逆循环 reversed cycle
又称“制冷循环”。消耗外功将热从低温热源传向高温热源的热力循环。

01.562 汽化 vaporization

物质从液相变为气相的现象。

01.563 蒸发 evaporation
发生在液体表面的汽化。

01.564 液化 liquefaction
物质从气相变为液相的现象。

01.565 饱和状态 saturation condition
液体汽化时，其分子不断从液体中逸出，同时也有分子从蒸气中进入液体，当达到同一时间进出液体的分子数相等并平衡时的状态。

01.566 饱和温度 saturation temperature
饱和状态下液体和蒸气的温度。

01.567 饱和压力 saturation pressure
饱和状态下液体和蒸气的压力。

01.568 饱和水 saturated water
饱和状态下的水。

01.569 饱和蒸汽 saturated steam
饱和状态下的蒸汽。

01.570 湿饱和蒸汽 wet saturated steam
饱和蒸汽和饱和水的混合物。

01.571 蒸汽干度 steam dryness，steam quality
湿饱和蒸汽中所含干饱和蒸汽的质量比。

01.572 过热蒸汽 superheated steam
超过饱和温度的蒸汽。

01.573 水临界点 water critical point
饱和水状态和饱和蒸汽状态完全一致时的状态点。

01.574 临界压力 critical pressure
临界点的压力。水的临界压力为22.12 MPa。

01.575 临界温度 critical temperature
临界点的温度。水的临界温度为374.15℃。

01.576 新蒸汽 live steam
又称“主蒸汽”。锅炉出口的蒸汽，即未曾做功的蒸汽。

01.577 蒸汽参数 steam parameter，steam condition
蒸汽的压力和温度。

01.578 亚临界 subcritical
低于并接近临界点的状态。一般指压力为15.7~19.6 MPa的蒸汽参数。

01.579 超临界 supercritical
超过临界点的状态。一般指压力超过22.12 MPa的蒸汽参数。

01.580 超超临界 ultra-supercritical
远超过临界点状态的蒸汽参数。

01.581 背压 back pressure
工质在热机中做功后排出的压力。一般指汽轮机的排汽压力。

01.582 水蒸气表 steam table
为了方便计算，将水和水蒸气在各种压力、温度下的热力性质主要参数列成的表格。

01.583 焓-熵图 enthalpy-entropy chart
又称“莫里尔图(Mollier diagram)”。以水和水蒸气的比焓为纵坐标，比熵为横坐标所绘制的热力性质曲线图。

01.584 温-熵图 temperature-entropy chart
以水和水蒸气的温度为纵坐标，比熵为横坐标所绘制的热力性质曲线图。

01.585 水的相图 phase diagram of water
示出水的固、液、气三相之间关系的压力-温度关系图。由水的气液平衡曲线、固液平衡曲线和固气平衡曲线组成，这三根曲线相汇于一点。

01.586 液相 liquid phase
在相图中处于气液平衡曲线与固液平衡曲线之间的物质的液体状态。

01.587 固相 solid phase
物质的固体状态。在相图中处于固液平衡曲线与固气平衡曲线之间的物质状态。

01.588 气相 gas phase
物质的气体状态。在相图中处于气液平衡曲线与固气平衡曲线之间的物质状态。

01.589 三相点 triple point
相图中气液平衡曲线、固液平衡曲线和固气平衡曲线相汇处，即固、液、气三相共存的点。水的三相点的压力为 611.71 Pa，温度为 0.01℃。

01.590 升华 sublimation
物质从固态不经过液态直接转变为气态的相变现象。

01.591 熔化 melting，fusion
物质从固态转变为液态的相变现象。

01.592 凝固 freezing
物质从液态转变为固态的相变现象。

01.593 潜热 latent heat
物质相变时放出或吸收的热量。

01.594 绝对湿度 absolute humidity
又称“比湿度”。单位体积湿空气中所含水蒸气的质量，即湿空气中水蒸气的密度。

01.595 相对湿度 relative humidity
湿空气的绝对湿度与相同温度下可能达到的最大绝对湿度之比。也可表示为湿空气中水蒸气分压力与相同温度下水的饱和压力之比。

01.596 干球温度 dry bulb temperature
用普通温度计测得的湿空气的正常温度。

01.597 湿球温度 wet bulb temperature
温度计水银球包裹有含水棉芯，并有一定流速的空气吹过棉芯时，该温度计所指示的温度。

01.598 [湿]空气露点 dew point of moist air
湿空气经等压冷却后，使其中水蒸气达到饱和开始凝结时的温度。

01.599 吸收式制冷系统 absorption refrigeration system
使用不同沸点的两种物质混合的溶液，以低沸点组分为制冷剂，以高沸点组分为吸收剂组成的制冷系统。

01.600 性能系数 coefficient of performance，COP
又称“制冷系数”。从冷源吸收的热量与消耗的功率(折成热量)之比。

01.601 热泵 heat pump
从低温热源吸热送往高温热源的循环设备。

01.602 地源热泵 geothermal heat pump，ground-source heat pump
把地面做低温热源的热泵，即从地面土壤中吸热来取暖的循环设备。

01.603 化学热力学 chemical thermodynamics
应用于化学反应过程中的热力学。

01.604 反应焓 enthalpy of reaction
随化学反应而产生的焓。

01.605 赫斯定律 Hess law
化学反应的焓变化是固定的，不论其反应途径如何，只与其初始和终了状态有关。

01.606 [气流]喷管 nozzle
使流体降压增速的变截面流道。

01.607 扩压管 diffuser
使流体降速增压的变截面流道。

01.608 绝热节流 adiabatic throttling
在流体与外界没有热交换的情况下，流体流经阀门、缩孔或多孔堵塞物时，使其压力降低的流通过程。

01.609　滞止状态　stagnation state
流道中的气流绝热减速至速度为零时的状态。在此状态下的温度、压力、焓等热力学参数分别称为滞止温度或总温、滞止压力或总压、滞止焓或总焓等。

01.610　传热　heat transfer
因温度差而产生热量从高温区向低温区的转移。

01.611　热流密度　specific rate of heat flow, heat flux
又称"热通量"。单位时间内通过单位面积的热量。

01.612　导热　heat conduction
又称"热传导"。物体内的不同部位因温差而发生的传热，或不同温度的两物体因直接接触而发生的传热。

01.613　傅里叶定律　Fourier law
任何时刻连续、均匀的各向同性介质中，各点传递的热流密度矢量正比于该点的温度梯度。

01.614　导热系数　thermal conductivity
又称"导热率"。热流密度与温度梯度之比。即在单位温度梯度作用下物体内所产生的热流密度，单位为 W/(m·℃)。

01.615　温度场　temperature field
物体内部某一瞬间各点的温度分布。

01.616　温度梯度　temperature gradient
等温面法线方向上温度增量与法线距离之比。

01.617　热阻　thermal resistance
导热过程的阻力。为导热体两侧温差与热流密度之比。

01.618　保温　thermal insulating
又称"隔热"。采用导热率小于 0.2 W/(m·℃)的材料遮盖温度较高的物体表面，以防其向周围散热的措施。

01.619　对流　convection
冷、热流体发生相对位移、相互掺混所引起的传热。

01.620　对流换热　convective heat transfer
流体与温度不同的物体表面接触时，对流和导热联合起作用的传热。

01.621　自然对流换热　natural convective heat transfer
由于流体各部分冷热不均、密度不同引起流动而导致的对流换热。

01.622　强制对流换热　forced convective heat transfer
用风机、水泵等引起流体流动而导致的对流换热。

01.623　牛顿冷却定律　Newton cooling law
对流换热时，单位时间内物体单位表面积与流体交换的热量，同物体表面温度与流体温度之差成正比。

01.624　凝结　condensation
蒸气与较其饱和温度更低的壁面接触而转变为液态的过程。

01.625　凝结换热　condensation heat transfer
凝结过程中具有相变特点的两相流换热。

01.626　沸腾　boiling
液体受热超过其饱和温度时，在液体内部和表面同时发生剧烈汽化的现象。

01.627　沸腾换热　boiling heat transfer
沸腾过程中具有相变特点的两相流换热。

01.628　辐射换热　radiation heat transfer
两个互不接触且温度不同的物体或介质之间通过电磁波进行的换热。

01.629 热辐射 thermal radiation
因热而产生的电磁波辐射。其波长 λ 主要在 0.1~100 μm 之间。

01.630 吸收率 absorptivity
辐射至物体的总辐射热流中被物体吸收的部分在总辐射热流中占有的比率。

01.631 反射率 reflectivity
辐射至物体的总辐射热流中被物体反射的部分在总辐射热流中占有的比率。

01.632 透射率 transmissivity
辐射至物体的总辐射热流中被物体透射的部分在总辐射热流中占有的比率。

01.633 黑体 black body
吸收率为 1，而反射率和透射率都为 0 的物体。

01.634 辐射力 emissive power
物体单位表面积在单位时间内向半球空间所有方向发射的全部波长的辐射能总量。

01.635 单色辐射力 mono-chromatic emissive power
物体单位表面积在单位时间内向半球空间所有方向发射的某一特定波长区间的辐射能。

01.636 黑度 blackness
物体的实际辐射力与同温度下绝对黑体的辐射力之比值。

01.637 黑体辐射 black body radiation
研究实际物体吸收和发射辐射能量的性能时的一种理想化的比较标准。

01.638 气体辐射 gaseous radiation
气体吸收和发射辐射能的特性。

01.639 火焰辐射 flame radiation
燃料燃烧生成的火焰所具有的气体和固体颗粒辐射特性。

01.640 辐射选择性 selectivity of radiation
某些气体只在特定波长范围内才具有吸收和发射辐射能的特性。

01.641 斯特藩-玻尔兹曼定律 Stefan-Boltzmann law
黑体辐射力与其绝对温度的四次方成正比。

01.642 灰体 grey body
单色吸收率与波长无关的理想物体。

01.643 辐射角系数 radiative angle factor
辐射换热时，一个表面发射的能量中能直接到达另一表面的份额。

01.644 热管 heat tube
封闭的管壳中充以工作介质并利用介质的相变吸热和放热进行热交换的高效换热元件。

01.645 热交换器 heat exchanger
又称“换热器”。能使具有温差的两种流体交换热量的装置。

01.646 质量传递 mass transfer
又称“传质”。混合物中某一组分从其高浓度区域向低浓度区域方向迁移的过程。

01.647 气象要素 meteorological element
构成和反映大气状态和大气现象的基本因素。主要包括云、能见度、气压、气温、湿度、风、降水、蒸发、日照、地温、冻土及各种天气现象。

01.648 气温 atmospheric temperature，air temperature
表示空气冷热程度的物理量。

01.649 降水 precipitation
从大气中降落到地面的液态水和固态水。

01.650 蒸发 evaporation
液态水转化为气态水，逸入大气的过程。

01.651　湿度　humidity
表示空气中水汽含量的数值。

01.652　人工降水　rain making
又称"人工降雨"。用人工的方法(如用飞机、气球、火箭、炮等工具向云层投放干冰、碘化银、尿素、氯化钠、氯化钙等催雨剂)使云层的冰晶、雨滴迅速增大而形成的降水。

01.653　暴雨　rainstorm
超过一定强度的降雨。国际上尚无统一标准。中国气象部门规定，24 h 内雨量大于 50 mm 的降雨称"暴雨"；100~200 mm 的降雨称"大暴雨"；大于 200 mm 的降雨称"特大暴雨"。

01.654　降雨强度　rainfall intensity
单位时段内的降雨量。

01.655　径流　runoff
在水文循环过程中，沿流域的不同路径向河流、湖泊、沼泽和海洋汇集的水流。

01.656　暴雨移置　storm transposition
将属于同一气候区的特大暴雨的时、面、深关系或等雨量线图，移用到同一气候区内可能发生相同暴雨的设计地区(或流域)，用于推求设计地区(或流域)可能最大暴雨的方法。

01.657　水文学　hydrology
研究地球大气层、地表及地壳内水的分布、运动和变化规律，以及水与环境相互关系的学科。

01.658　陆地水文学　hydrology of land
研究陆地上水的分布、运动、转化，及其化学、生物、物理性质和水与环境相互关系的科学。

01.659　重现期　recurrence interval
不小于或不大于一定量级的水文要素出现一次的平均间隔年数。以该量级水文要素出现频率的倒数表示。

01.660　水量平衡　water balance
水文循环过程中某区域在任一时段内，输入的水量等于输出的水量与蓄水变量之和。

01.661　洪水　flood
河道中流量迅猛增加，水位急剧上涨的现象。

01.662　可能最大洪水　probable maximum flood，PMF
河流断面可能发生的最大洪水。

01.663　历史洪水　historical flood
某河段历史上无水文记录期曾发生过的大洪水。可通过实地访问、调查和历史文献考证等方式进行调查，内容包括洪水发生时间(年、月、日)、洪痕高程、洪水水面线、洪水涨落过程以及洪峰流量的分析估算及其重现期考证等。

01.664　设计洪水　design flood
符合工程设计中防洪标准要求的洪水。包括水工建筑物正常运用的设计洪水和非常运用的校核洪水。

01.665　溃坝洪水　dam-break flood，dam-breach flood
大坝失事、堤防决口或冰坝溃决造成的洪水。

01.666　入库洪水　reservoir inflow flood
从水库周边区间汇入水库及由库面降雨所形成的洪水。

01.667　典型年　typic year
在水文系列中，水文特征接近设计值，以其时空分布作为设计依据的年份。

01.668　丰水年　wet year
又称"多水年"。年降水量或年径流量显著大于正常值(多年平均值)的年份。

01.669　平水年　normal year

又称"中水年"。年降水量或年径流量接近正常值的年份。

01.670　枯水年　dry year

年降水量明显偏小，河、湖水位下降，水量锐减，明显小于多年平均值的年份。

01.671　结冰期　ice-formation period

气温下降，河流出现冰凌的时期。

01.672　冰凌　ice

河流中的静止冰和流动冰的统称。

01.673　冰塞　ice jam

河流封冻初期，在冰盖下因大量冰花、冰块堵塞部分过水面积，造成上游水位壅高的现象。

01.674　冰坝　ice dam

河流解冻时，由上游流下的大量冰块受阻，形成的冰块堆积体。

01.675　水文勘测　hydrological survey

为系统收集水文资料而进行水文测验和水文调查的工作。

01.676　水文调查　hydrological investigation

为弥补水文基本站网定位观测之不足或为某个特定目的，采用勘测、调查、考证等方式收集某些水文要素等有关资料的工作。

01.677　水文计算　hydrological computation

又称"水文分析计算"。按一定目的对水文资料进行整理、分析，提供工程规划、设计、施工和管理所需的水文数据和成果的工作。

01.678　水文预报　hydrological forecasting

根据前期和现时的水文、气象等信息，对未来一定时段内水文情势做出的定性或定量预报。

01.679　河流泥沙　river sediment

河流中随水流输移或在河床上发生冲淤的岩土颗粒物质。

01.680　含沙量　silt content

单位体积水中所含泥沙的重量。是研究河床演变的重要物理量。

01.681　输沙量　sediment runoff

一定时段内通过河流指定过水断面的泥沙总量。

01.682　推移质　bed load

受水流的拖拽力作用，沿河床滚动、滑动、跳跃或层移的泥沙。

01.683　悬移质　suspended load

在水流中悬浮运动的泥沙。

01.684　床沙质　bed material load

河流挟带的泥沙中粒径较粗的部分，且在河床中大量存在的泥沙。

01.685　全沙　total load

输移泥沙的全部。包括推移质和悬移质。

01.686　异重流　density current

又称"密度流"。密度不同可以相混的两种流体，因密度差异而发生的相对运动。

01.687　高含沙水流　flow with hyper-concentration of sediment

含沙量很高，流体性质发生改变，需要把水和泥沙的混合物作为一个整体考虑，其规律已不再符合牛顿流体定律的挟沙水流。

01.688　河床演变　fluvial process，river process

河床受自然因素或人工建筑物的影响而发生的变化。

01.689　水库淤积　reservoir sedimentation

水流挟带的泥沙在水库内发生淤积的现象。

01.690 工程地质 engineering geology
工程设计、施工和运营的实施过程中所涉及的地质问题。

01.691 地质年代 geological age
表明地质历史时期的先后顺序及其相互关系的地质时间系统。包括相对地质年代和绝对地质年龄。是研究地壳地质发展历史的基础，也是研究区域地质构造和编制地质图的基础。

01.692 地质构造 geological structure
地壳运动中岩层和地块受力后产生的变形和位移的形迹。反映了某种方式的构造运动和构造应力场。

01.693 岩体结构 structure of rock mass
岩体中结构面与结构体的组合。

01.694 产状 attitude
岩体结构面(层理面、片理面、断层面、节理面等)的空间几何状态。包括走向、倾向和倾角三个要素。

01.695 褶皱 fold
组成地壳的岩石受构造应力的强烈作用，使岩层形成一系列弯曲而未丧失其连续性的构造。

01.696 裂隙 fissure
岩体中的破裂面或裂纹。

01.697 节理 joint
由构造运动将岩体切割成具有一定几何形状的岩块的裂隙系统。也是岩体中未发生位移(实际的或潜在的)的破裂面。

01.698 片理 lamination，schistosity
又称“片状构造”。在变质岩区，由强烈变形和变质作用，使片状或板状矿物成定向排列而形成的一种面状构造。是变质岩中特有的构造。

01.699 层理 stratification，bedding
又称“层面”。沉积岩过程中的原生成层构造。

01.700 劈理 cleavage
岩体受力或因变质作用产生并沿着一定方向大致成平行排列的密集的裂隙或面状构造。按其形成的力学特性可分为流劈理、破劈理和滑劈理三类。

01.701 岩体软弱结构面 weak structural plane of rock mass
岩体中力学强度明显低于围岩并对岩体稳定起控制作用的结构面。

01.702 断层 fault
岩体受力作用断裂后，两侧岩块沿断裂面发生显著位移的断裂构造。

01.703 活断层 active fault
又称“活动性断裂”。现今仍在活动或近代地质时期(水电规定为晚更新世，即距今10~15 万年)曾有过活动，将来还可能重新活动的断层。

01.704 岩爆 rock burst
地下工程开挖过程中由于应力释放出现围岩表面自行松弛破坏并喷射出来的现象。

01.705 地应力 in-situ rock stress，geostress
地壳在各种运动过程中和自重作用下，岩体在天然条件下产生的内部应力。

01.706 水库触发地震 reservoir triggered seismicity
曾称“水库诱发地震”。产生地震能量释放的断层已接近发震条件时，因水库蓄水增大自重和孔隙压力触发地震能量释放所引发的地震。

01.707 震源 focus，hypocenter
地震发生的地点。

01.708 震中 epicenter
震源在地表的投影，即震源正对着的地面。

01.709　地震烈度　earthquake intensity
根据地震对地面造成的破坏程度划分的等级。

01.710　地震震级　earthquake magnitude
按地震时所释放出的能量大小确定的等级标准。

01.711　最大可信地震　maximum credible earthquake，MCE
根据历史统计地震记录资料推测今后可能发生的最大地震。

01.712　大地构造学说　geotectonic hypothesis
探讨关于地壳构造及其发生和发展规律、分布组合关系、形成机制以及地壳运动的方式和动力来源的学说。

01.713　含水层　aquifer
储存地下水并能够提供可开采水量的透水岩土层。

01.714　隔水层　aquiclude
虽有孔隙且能吸水，但导水速率不足以对井或泉提供明显的水量的岩土层。

01.715　透水率　permeable rate
表示岩体渗透性的指标，单位为“吕荣”。其定义是试验压力为 1 MPa 时，每米试验段的压入流量为 1 L/min。

01.716　地下水　groundwater
储存在地面以下饱和岩土孔隙、裂隙及溶洞等中的水。

01.717　涌水　blow，water surge
在地下水面以下岩(土)体中采矿、开挖基坑或地下硐室时，地下水不断地流入场地的现象。

01.718　潜水　phreatic water，dive
地表以下饱和带中第一个具有自由水面的含水层中的重力水。

01.719　承压水　confined water，artesian water
处于地下水面以下，储存于任意两个弱透水层之间的具有承压性质的饱和水。

01.720　孔隙水　pore water
岩土体孔隙中储存的重力水。

01.721　裂隙水　fissured water
岩体裂隙中储存的重力水。

01.722　喀斯特水　karstic water
又称“岩溶水”。储存在喀斯特岩层的溶洞或溶蚀裂隙中的重力水。

01.723　管涌　piping
土颗粒骨架间的细粒被渗透水流带走，在土层中形成孔道，产生集中涌水的现象。

01.724　浸润线　line of saturation
水从土坝(或土堤)迎水面，经过坝体向下游渗透所形成的自由水面和坝体横剖面的相交线。

01.725　岩土体蠕动　creeping of rock mass and soil mass
斜坡岩土体在坡体应力长期作用下发生的一种缓慢而持续的变形现象。

01.726　岩体风化　weathering of rock mass
在自然条件下，地表岩体遭受太阳、水、空气和生物等作用而发生的物理性质和化学性质的变化。

01.727　土体液化　liquefaction of soil mass
饱和土体在静力、渗流，尤其是动力(地震)作用下，因严重丧失抗剪强度而向液体状态转化的一种现象。

01.728　持水度　specific retention
饱和岩土中的水，在重力作用下释放后，保持在孔隙中水的体积与岩土体积之比(有时也用重量比表示)，是岩土能保持水分的数量指标。

01.729 片蚀 sheet erosion
又称“片状侵蚀”。在地面径流非常分散，流量和流速都不很大的情况下，所发生的土粒比较均匀流失的过程。

01.730 滑坡 land slide
斜坡土体或岩体在重力作用下失去原有的稳定状态，沿着斜坡内滑动面整体向下滑动的现象。

01.731 喀斯特 karst
又称“岩溶”。水对可溶岩的溶蚀作用所产生的地质现象。

01.732 古河道 buried river course，ancestral river course
河流变迁遗留的废弃河道。

01.733 冰川 glacier
分布在陆地上长期存在的、运动状态的巨大天然冰体。分为大陆冰川和山岳冰川两大类。

01.734 河流阶地 river terrace
由河流下切侵蚀和堆积作用交替进行在河谷两岸形成的台阶状地貌。若发生多次地壳升降，会出现多级阶地。

01.735 流体力学 fluid mechanics
研究流体在各种力作用下的平衡和运动规律及其应用的学科。

01.736 流体 fluid
气体和液体的总称。

01.737 连续介质 continuous medium
由没有空隙、完全充满所占空间的无数质点所组成的物质。

01.738 流体质点 fluid particle
根据连续介质假说，流体质点是流体最小“单元”，其物理性质和运动要素都是连续变化。

01.739 牛顿流体 Newtonian fluid
切应力与剪切变形速率成线性关系的流体。

01.740 黏度 viscosity
又称“黏性系数”。表征液体抵抗剪切变形特性的物理量。

01.741 理想流体 ideal fluid
忽略黏性和压缩性效应的流体。

01.742 不可压缩流体 incompressible fluid
体积不随压强而变化的流体。

01.743 流体运动学 fluid kinematics
研究流体运动特性及其应用的学科。

01.744 流场 flow field
用欧拉法描述的流体质点运动，其流速、压强等函数定义在时间和空间点坐标场上的流速场、压强场等的统称。

01.745 正压流场 positive pressure flow field
场内任一点的压强只是密度的函数的流场。

01.746 浮力 buoyancy，buoyant force
浸入静止液体中的物体受到的向上托的力。其作用线通过排开液体体积的形心，大小值等于该液体重量。

01.747 流线 streamline
某一瞬时流场中每一空间点上都与流速矢量相切的曲线。

01.748 流谱 flow survey，flow pattern
绘出同一瞬时各空间点的一簇流线。用于描述整个流场的流动图像。

01.749 迹线 path line
流体质点运动轨迹。

01.750 流速 flow velocity，current velocity
描述流体质点位置随时间变化规律的矢量。

01.751　行近流速　approach velocity
过水建筑物上游一定距离处的渐变流断面平均流速。

01.752　流速分布　velocity distribution
某一断面上各点流速方向、大小的分布情况。

01.753　势流　potential flow
又称“无旋运动”。流体微团没有转动且有势的流动。

01.754　势流叠加　superposition of potential flow
将两组以上的简单势流相叠加，从而求得复杂势流流场的原理与方法。

01.755　恒定流动　constant flow
又称“定常流动”。明渠水流水力因素(如水深、流速、比降等)不随时间变化的恒定流。水力因素沿程不变的称“恒定均匀流”；沿程变化的称“恒定非均匀流”。

01.756　涡旋流动　vortex flow
又称“旋涡运动”。流体微团的旋转运动，主要由流动中流体微团间产生相互运动和相互掺混而形成的。

01.757　涡线　vortex line
瞬时涡流场中处处与涡旋矢量相切的曲线。

01.758　涡管　vortex tube
在涡流场内取一非涡线，且不自相交的封闭曲线，通过它的所有涡线构成一管状曲面。

01.759　涡通量　vorticity flux
涡量矢量通过任一截面的曲面积分。

01.760　连续方程　continuous equation
质量守恒定律在水流运动中的数学表示式。

01.761　流函数　stream function
满足连续方程的一个描述流速场的标量函数。

01.762　绕流　detour flow
理想不可压缩流体绕圆球体、圆柱体或叶片等的流动。

01.763　激波　shock wave
又称“冲击波”。在气体、液体和固体介质中，应力(或压强)、密度和温度等物理量在波阵面上发生突跃变化的压缩波。

01.764　正激波　straight shock wave
波阵面和气流方向垂直的激波。

01.765　斜激波　oblique shock wave
波阵面和气流方向斜交的激波。

01.766　脱体激波　detached shock wave
波阵面和物体不是接触，而是分离的激波。

01.767　雷诺数　Reynolds number
表征流体运动中黏性作用和惯性作用相对大小的无因次数。

01.768　弗劳德数　Froude number
表征流体运动中重力作用和惯性作用相对大小的无因次数。

01.769　层流　laminar flow
黏性流体低速运动时质点的层状流动。

01.770　湍流　turbulence，turbulent flow
又称“紊流”。速度、压强等流动要素随时间和空间做随机变化，质点轨迹曲折杂乱、互相混掺的流体运动。

01.771　渗流　seepage flow
流体在多孔介质中的流动。

01.772　水射流　water jet
从管、槽、喷嘴等以水股状泄出的水体，进入静止或流动着的水域或空气中的流动，是流体力学中自由湍流的一种类型。

01.773　旋辊　vortex roll

又称“旋滚”。具有与水流方向正交的水平旋转轴的旋涡水流。

01.774　水头损失　head loss
水流中单位质量水体因克服水流阻力做功而损失的机械能。

01.775　沿程损失　linear loss，pipeline loss
水流流动过程中，由于固体壁面的阻滞作用而引起的摩擦阻力所造成的水头损失。

01.776　局部损失　localized loss，bend loss
水流流动过程中，由于局部区域几何边界改变引起的水头损失。

01.777　边界层　boundary layer
又称“附面层”。由于流体的黏滞性，在紧靠其边界壁面附近，流速较势流流速急剧减小，形成的流速梯度很大的薄层流体。

01.778　河势　river regime
河道水流动力轴线的位置、走向、岸线和洲滩分布的态势。

01.779　主流区　main flow
在流动边界层以外，以及产生边界层脱离而形成的旋涡区以外的流区。

01.780　二次流　secondary flow
又称“副流”。因流线弯曲、水流分离等引起的除主流以外的各种次生流动的总称。

01.781　回流　reverse current
因水流脱离边界和摩擦力等引起的主流旁侧的旋转水流运动。

01.782　有压流　pressure flow
整个封闭横断面被水流充满、无自由水面的流动。

01.783　无压流　non-pressure flow
自由水面上通常仅作用着大气压力的流动。

01.784　缓流　subcritical flow
流速小于干扰微波传播速度、水深大于临界水深的水流。

01.785　急流　supercritical flow
流速大于干扰微波传播速度、水深小于临界水深的水流。

01.786　临界水深　critical depth
一定流量下，断面比能达最小值时的水深。

01.787　断面比能　specific energy
又称“断面单位能量”。以明渠断面最低点为基准的单位重量水体的总能量。

01.788　静水压力　hydrostatic pressure
作用于静止液体两部分的界面上或液体与固体的接触面上的法向面力。

01.789　动水压力　hydrodynamic pressure
作用于运动液体两部分的界面上或液体与固体的接触面上的法向面力。

01.790　[土体]土压力　earth pressure
由土体自重或荷载产生的作用于土体内部或土体作用于结构物上的压力。分为侧向土压力和竖向土压力两类。

01.791　[土体]总应力　total stress
作用在土体内单位面积上的总力。其值为有效应力和孔隙压力之和。

01.792　[土体]有效应力　effective stress
土体内单位面积上固体颗粒承受的平均法向力。

01.793　[土体]孔隙压力　pore pressure
土体内孔隙流体承受的压力。其值为孔隙水压力和孔隙气压力之和。

01.794　[土体]孔隙水压力　pore water pressure
土体中某点孔隙水承受的压力。

01.795　[土体]孔隙气压力　pore air pressure
土体中某点气体承受的压力。

01.796 冰压力 ice pressure
冰对建筑物的作用力。分为静冰压力和动冰压力。

01.797 扬压力 uplift
液体在渗流时所产生的水压力。分为渗透压力和浮托力两部分。

01.798 浪压力 wave pressure
风浪导致水体波动施加于挡水建筑物上的压力。对通航河道上的堤防则同时兼受风浪和船行波波浪的影响。

01.799 淤沙压力 silt pressure
淤积泥沙作用于水工建筑物表面的压力。

01.800 风压力 wind pressure
风作用在建筑物表面上的力。在迎风面一般产生正压力，在背风面和侧面角隅附近还将产生负压力。一般情况下只考虑静风压力，必要时才考虑动力的作用，即按静风压力的数值适当加大。

01.801 围岩压力 surrounding rock pressure
地下硐室开挖后，由于围岩的变形松动和破坏以及地应力作用，致使在支护或衬砌上承受的压力。

01.802 冻胀力 frost heave
在水和含水土体冻结过程中，因体积膨胀受到约束形成的力。

01.803 脉动压力 pulsating pressure
由于湍流中水流质点的相互掺混，使流区内各点压力在空间和时间上具有随机性脉动，其压力在某一值上下随机脉动变化部分。

01.804 地震荷载 earthquake load
地震引起的作用于建筑物上的动荷载。

01.805 温度荷载 temperature load
在不能自由胀缩的建筑物或构件中，因温度变化引起的约束力。由于这种约束力，使建筑物或构件内形成温度荷载。

01.806 雪荷载 snow load
积雪作用于建筑物上的重力。取决于雪的深度和积雪的单位体积的重量。

01.807 车辆荷载 vehicular load
汽车、履带车等车辆作用在公路桥涵或其他建筑物上的重力。

01.808 船舶荷载 ship load
船舶对建筑物产生的力。如系缆力、靠船力、挤压力等。

01.809 滑坡涌浪 land slide surge
水库区岸坡岩土体突然下滑，冲击库水引起的涌浪。

01.810 水力发电 hydropower，water power
将河流、湖泊或海洋等水体所蕴藏的水能转变为电能的发电方式。

01.811 水能利用 water power utilization，hydroenergy utilization
对水体的动能、势能和压力能等能量的开发利用。

01.812 挡水建筑物 water retaining structure
为拦截水流、抬高水位、调蓄水量或为阻挡洪水泛滥和海水入侵而建的水工建筑物。如拦河闸、坝、堤防、海塘等。

01.813 泄水建筑物 sluice structure，releasing structure
用于排放水、泥沙、冰凌等的水工建筑物。

01.814 泄洪建筑物 flood releasing structure
主要用来宣泄洪水的泄水建筑物。

01.815 引水建筑物 water diverting structure，intake structure
又称“取水建筑物”。为从水库、河流、湖泊、地下水等水源取水引至下游河渠或发电厂房而设置的水工建筑物。如进水闸、引水隧洞、渠道、压力管、压力前池、调压井、闸门井、坝下取水涵管、坝身引水管、取水泵站等。

01.816 输水建筑物 water conveyance structure

连接上下游引输水设置的水工建筑物的总称。当引输水至下游河渠，引水建筑物即输水建筑物。当引输水至水电厂发电，则输水建筑物包括引水建筑物和尾水建筑物。

01.817 过木建筑物 log pass structure

从坝上游向下游运输木材过坝的建筑物。如筏道、漂木道、过木机等。

01.818 过鱼建筑物 fish pass structure

为鱼类过坝而设置的建筑物。如鱼道、升鱼机、鱼梯、鱼闸等。

01.819 通航建筑物 navigation structure

又称“过船建筑物”。为船舶过坝而设置的建筑物。如船闸、升船机等。

01.820 分水建筑物 diversion structure

用于控制并分配引泄流量的建筑物。

01.821 水头 water head

任意断面处单位重量水的能量，等于比能(单位质量水的能量)除以重力加速度。含位置水头、压力水头和速度水头。单位为m。

01.822 位置水头 elevation head

以水体中一点位置到基准面的高度表示的该点处单位重量水的重力势能。

01.823 速度水头 velocity head

以水柱高度表示的单位质量水的动能。

01.824 压力水头 pressure head

以水柱高度表示的单位重量水的压力势能。

01.825 惯性水头 inertia head

加速或减速流动中，单位重量水由于克服惯性而转移的机械能。

01.826 测压管水头 piezometric head

以测压管水面到基准面的高度表示的单位重量水的总势能。

01.827 磨损 abrasion

过流部件、部位(金属或混凝土等)表面受水流中所含泥沙的磨削、撞击后受到的破坏。

01.828 [金属]腐蚀 corrosion

各类金属结构一般在大气干湿交替或浸水条件下工作，金属与水或电解质溶液接触，极易发生电化学反应而受到的破坏。

01.829 [水电机组]振动 vibration

机械系统运行时，由于本身和水力、电气等原因产生的相对于平衡位置随时间的往复变化。其剧烈程度可用位移(低频的)、速度(中频的)和加速度(高频的)表示。是评价水电机组运行稳定性的重要参数。

01.830 [水电机组]运行摆度 throw

简称“摆度”。运行时主轴的径向振动。通常用位移振幅表示，有绝对摆度(以大地或惯性空间为参考基准)和相对摆度(以机架或轴承座为参考基准)之分。与安装盘车时机组轴线不正产生的摆度有关联，但有本质区别。

01.831 水锤 water hammer

又称“水击”。压力管道中局部区域由于水流速度突然变化而产生的压力波沿管系迅速传播、交替升降的现象。

01.832 流量 flow

单位时间内通过过流断面的流体体积。

01.833 [水轮机]效率 efficiency

水轮机输出功率与输入水轮机水流功率之比值。

01.834　空腔　cavity pocket
当泄流时，由于射流的动力作用在水流下缘与边壁间形成的一低压无水的空气空间。

01.835　空化　cavitation
水体在恒温下减压，接近汽化压力时，汽核开始膨胀出现空泡的现象。

01.836　空蚀　cavitation erosion
又称“汽蚀”。流场固体边壁受空化泡溃灭的冲击作用而产生的剥蚀现象。

01.837　汽化压力　vaporizing pressure
流动水体内局部压强降低到相当于水体在当时温度下的饱和蒸汽压强、溶于水中的气体或水体出现空泡时的压力。

01.838　雾化　atomization
高速水流分散和撞击形成不连续的水体、液滴，掺混于周围气流的现象。

01.839　环境影响　environmental impact
修建工程对自然环境和社会环境可能产生的各种变化。

01.840　环境组成　environmental component
构成自然环境、社会环境总体的下一个层次。如大气、水、生物、土壤等。

01.841　环境因子　environmental factor
构成环境组成的下一个层次的基本单元。如属于气候要素的气温、降水、湿度、风等。

01.842　自然环境　natural environment
环境总体下的一个层次。指一切可以直接或间接影响到人类生活、生产的自然界中物质和资源的总和。

01.843　社会环境　social environment
环境总体下的一个层次。指人类在自然环境基础上，通过长期有意识的社会活动，加工、改造自然物质，创造出新的环境。

01.844　生物多样性　biodiversity
在地球不同环境中生物遗传基因的品系、物种和生态系统多样性的总和。分为生态系统多样性、物种多样性和遗传基因多样性。

01.845　水电工程弃渣　discarding dregs of hydropower engineering
水电工程在建设过程中产生的废弃土石方和其他固体废弃物。

01.846　漂浮物　floating dregs
漂浮在大坝前和水库上层的物体。会污染水体，影响水工建筑物运行，如塑料、杂草、树枝、木块、动物尸体等。

01.847　重力侵蚀　gravitational erosion
地面岩体和土体物质在重力作用下，失去平衡而产生位移的侵蚀现象。主要有陷穴、崩塌、滑坡等。

01.848　水力侵蚀　water erosion
在降水、地表径流、地下径流等作用下，土壤、土壤母质及其他地面组成物质被破坏、剥蚀、搬运和沉积的全部过程。分为溅蚀、面蚀、沟蚀、潜蚀和山洪侵蚀等。

01.849　风力侵蚀　aeolian erosion
土壤颗粒在风力搬运下发生移动造成的侵蚀现象。不但造成表土损失及土地沙漠化，而且导致风沙灾害及环境污染。

01.850　冰融侵蚀　freezing-thaw erosion
由于温度周期性地正负变化，发生冻胀、融沉、流变等一系列应力、变形而产生地面物质的侵蚀现象。常与水力侵蚀、重力侵蚀交互影响，共同作用，主要表现为冻胀、冻裂、融胀、融滑等。

01.851　水土流失　soil erosion
土壤及其他地表组成物质在水力、风力、冻融、重力和人为活动等作用下，被破坏、剥蚀、转运和沉积的过程。中国水土流失强度分为：微度、轻度、中度、强度、极强度、剧烈等六级。

01.852 水土保持 water and soil conservation

对自然因素或人为活动造成水土流失所采取的预防和治理措施。主要有植物措施(如水保造林、水保种草、水保耕作等)和工程措施(如坡面工程、沟道工程、挡墙工程等)。

01.853 库区综合开发 comprehensive development of reservoir

利用水库的水域、水体和出露的地面以及库周围的自然资源，在保证水库设计功能的前提下，发展多种经营产业。

01.854 泥石流 debris flow

突然爆发的饱含大量泥沙和石块的特殊山洪。

01.855 酸雨 acid rain

pH 值小于 5.6 的降水。包括雨、雪在内，其酸性成分主要是硫酸，也有硝酸和盐酸等。酸雨主要由化石燃料燃烧产生的二氧化硫、氮氧化物等酸性气体，经过复杂的大气化学反应,被雨水吸收溶解而成。

01.856 水质 water quality

水体的物理性质、化学组成、生物学和微生物学特性的总称。是反映水体质量状况的指标。

01.857 水环境容量 water environment capacity

在一定水环境质量要求下，对排放于其中的污染物所具有的容纳能力。

01.858 [水电工程]环境保护设计 design of environmental protection

为减免水电工程对环境产生的主要不利影响而做出的具体设计，要求深度符合相应设计阶段规定的要求。

01.859 [水电工程]环境监测 environmental monitoring

水电工程建设前、建设期和运行期环境状况的监测工作。是在工程环境影响评价基础上提出的，监测任务视其工程特性及其可能造成的环境影响而定。

01.860 脱水段 dehydrated section of river

拦河筑坝或引水后，在一定时段内坝下出现水量很少，甚至为断流的河段。

01.861 遥感 remote sensing

利用遥感器从空中探测地面物体性质，根据不同物体对波谱产生不同响应的原理，识别地面上各类地物。

01.862 地震危险性分析 seismic hazard evaluation

对特定区域确定其在未来一定设计基准期内地震参数(烈度、加速度、速度、反应谱等)超过某一给定值的概率方法。

01.863 模型试验 model test

根据相似原理和相似准则，制造缩尺实物模型，用于预测原型工作性态，验证设计和计算的结果的测试技术。

01.864 水工模型试验 hydraulic model test

又称“水力学模型试验”。研究水流运动现象和规律的模型试验。

01.865 地质力学模型试验 geomechanical model test

研究特定岩石力学问题的模型试验。已用于研究大坝坝基和拱坝坝肩抗滑、边坡开挖、地下硐室开挖等稳定问题和地基加固措施(如使用锚杆、锚索、混凝土塞和抗滑桩等措施)。

01.866 泥沙模型试验 sediment model test

又称“浑水水工模型试验”。研究河道、水库、沉沙池、引航道等泥沙冲淤问题的模型试验。

01.867　水击模型试验　water hammer model test

又称“水锤试验”。研究由于管道流速发生瞬时变化而引起管道内压力变化的模型试验。

01.868　水工结构模型试验　hydraulic structural model test

研究水工结构的应力、应变和安全度的模型试验。

01.869　水工结构抗震试验　aseismatic test of hydraulic structure

在动态激励下，测定原型或模型水工建筑物的动态特性及各项物理参数反应的试验。

01.870　船模试验　ship model test

在航道的河工模型上，用与之相应比例的船舶模型研究船舶安全航行的模型试验。

01.871　空化试验　cavitation model test

研究水流由于压力降低而形成空化现象的模型试验。

01.872　土工模型试验　geotechnical model test

研究揭示或预测土工建筑物原型的主要物理现象和性态的模型试验。

01.873　脆性材料结构模型试验　brittle material structural model test

用石膏等脆性材料制作的结构模型以观测应力、应变、位移和稳定性等的模型试验。

01.874　电拟试验　electric simulate test

根据渗流达西定律与欧姆定律的相似性，以及拉普拉斯方程式的类同，以电流场模拟渗流场进行的模型试验。

01.875　混凝土坝原型观测　prototype observation for concrete dam

对混凝土坝及其环境进行的仪器量测及巡视检查，以了解和评价其运行性态。观测项目一般有坝体和坝基的变形、应力、应变、温度、渗流、环境条件等。

01.876　土石坝原型观测　prototype observation for earth-rockfill dam

对土石坝及其环境进行的仪器量测及巡视检查，以了解和评价其运行性态。

01.877　地下建筑物原型观测　prototype observation for underground structure

通过埋设在地下建筑物围岩和结构物内的各种仪器，量测其动静态应力、应变、位移、压力和温度等参数随时间与空间的变化。

01.878　泄水/泄洪建筑物原型观测　prototype observation for sluice structure

通过埋设在泄水/泄洪建筑物内部或表面的各种仪器，对泄水/泄洪运行期间的工作性态，以及过流引起的其他现象及水力要素进行原型观测。

01.879　地应力测试　measurement of geostress，measurement of in-situ rock stress

对天然状态下岩体内部应力场进行的测试。

01.880　土的原位测试　in-situ soil test

为测定原位土的工程性态所进行的现场试验。

01.881　岩体原位观测　in-situ instrumentation for rock mass

对岩体表面或内部在开挖、筑坝、水库蓄水等人为因素以及大气降水、地震等自然因素影响下的性态变化及其过程进行的目测和用量具或仪器量测。

01.882　混凝土工程　concrete works

以浇筑混凝土为主的建筑物工程。

01.883　基础工程　foundation works

采用工程措施，改变或改善基础的天然条

件，使之符合设计要求的工程。

01.884 地下工程 underground works
包括隧洞(隧道)、地下空间等建筑物的工程。

01.885 水力机械 hydraulic machinery
将水能转换成机械能输出或将机械能转换成水能输出的机械。如水轮机、水泵水轮机、蓄能泵、水泵和水轮泵等。

01.886 水力资源 hydropower resources, hydroenergy resources
又称“水能资源”。以位能、压能和动能等形式储存于水体中的能量资源。

01.887 水资源 water resources
可供人类直接利用，能不断更新的天然淡水。主要指陆地上的地表水和地下水。

02. 电测与计量

02.001 电[气]测量 electrical measurement
运用电工原理从事电量和(或)非电量测量的一组活动。

02.002 指示[测量]仪器仪表 indicating [measuring] instrument
指示被测量值或其有关值的测量仪器仪表。

02.003 电测量仪器仪表 electrical measuring instrument
用电工或电子方法测量电量或非电量的仪器仪表。

02.004 [测量]标准 [measurement] standard
又称“计量标准”。以给定的不确定度用于定义、物理上体现、保存或复现一个量的单位或其倍数、分数(如标准电阻器)，或一个量的已知值(如标准电池)的实物量具、测量仪器仪表、参考物质或测量系统。

02.005 基准[器] primary standard
又称“原级标准”。指定或广泛承认的具有最高计量学特性的标准器。其值无需参考同类量的其他标准器即可采用。其概念对基本量和导出量同样有效。

02.006 次级标准 secondary standard
又称“副基准”。通过与基准器直接或间接比较确定其值和不确定度的标准器。

02.007 参考标准[器] reference standard
在指定地区或指定机构里具有最高计量学特性的标准器。该地区或机构的测量源于该标准。

02.008 工作标准[器] working standard
经参考标准器校准的标准器。用于日常校准或检验实物量具、测量仪器仪表和参考物质。

02.009 国际标准[器] international standard
经国际协定承认的标准器。作为国际上确定给定量的所有其他标准器的值和不确定度的基础。

02.010 国家标准[器] national standard
由国家官方决定承认的，作为国内确定给定量的所有其他标准的值和不确定度的基础的标准器。一般在一个国家内，国家标准器也就是基准器。

02.011 比对标准 comparison standard
用于同准确度等级的标准器之间相互比对的标准器。

02.012 数字[测量]仪表 digital [measuring]

instrument
以数字方式显示或输出测量结果的仪器仪表。

02.013　记录仪　recorder
将对应被测量值的信息记录在记录媒质上的测量仪器仪表。

02.014　总和仪表　summation instrument
测量不同电路中同时存在的同类量值的和的仪表。

02.015　单量限[测量]仪器仪表　single range [measuring] instrument
只有一个测量范围的测量仪器仪表。

02.016　多量限[测量]仪器仪表　multi-range [measuring] instrument
具有一个以上测量范围的测量仪器仪表。

02.017　电流表　ammeter
又称“安培表”。测量电流值的仪表。

02.018　检流计　galvanometer
检出或测量微小电流的仪表。

02.019　毫安表　milliammeter
测量毫安级电流值的仪表。

02.020　微安表　microammeter
测量微安级电流值的仪表。

02.021　钳形电流表　clip-on ammeter
将可以开合的磁路套在载有被测电流的导体上测量电流值的仪表。

02.022　电压表　voltmeter
又称“伏特表”。测量电压值的仪表。

02.023　毫伏表　millivoltmeter
测量毫伏级电压值的仪表。

02.024　微伏表　microvoltmeter
测量微伏级电压值的仪表。

02.025　静电计　electrometer
吸收能量可忽略的检出或测量电压的仪表。

02.026　峰值电压表　peak voltmeter
测量波动电压最大瞬时值的电压表。

02.027　数字电压表　digital voltmeter
利用模-数转换原理测量电压值，并以数字形式显示测量结果的仪表。

02.028　功率表　wattmeter
又称“瓦特表”。测量有功功率值的仪表。

02.029　无功功率表　varmeter
又称“乏表”。测量无功功率值的仪表。

02.030　视在功率表　apparent power meter, volt-ampere meter
又称“伏安表”。测量视在功率值的仪表。

02.031　电阻表　ohmmeter，resistance meter
又称“欧姆表”。测量电阻值的仪表。

02.032　接地电阻表　earth resistance meter
测量接地电阻值的仪表。

02.033　绝缘电阻表　insulation resistance meter
测量绝缘电阻值的仪表。

02.034　频率计　frequency meter
测量周期量频率值的仪表。

02.035　相位表　phase meter
测量两个同频率交流电量相位差的仪表。其中之一作为参考相位。

02.036　功率因数表　power factor meter
测量有功功率与视在功率比值的仪表。

02.037　电荷表　coulometer
又称“库仑表”。测量电荷量的仪表。

02.038　安时计　ampere-hour meter
应用电流对时间积分的原理测量电量的仪表。

02.039 磁通表 flux meter
测量磁通量的仪表。

02.040 磁强计 magnetometer
测量给定方向磁感应强度的仪表。

02.041 磁导计 permeameter
确定物质磁特性的仪器。

02.042 矢量指示仪 vectorscope
测量和显示电参数矢量相位关系的仪器。

02.043 数字电阻表 digital ohmmeter
又称“*数字欧姆表*”。利用模-数转换原理测量电阻值，并以数字形式显示测量结果的仪表。

02.044 兆欧表 megger，megohmmeter
又称“*摇表*”。测量兆欧姆数量级电阻值的仪表。

02.045 电感表 inductance meter
测量电感值的仪表。

02.046 电容表 capacitance meter
测量电容值的仪表。

02.047 模拟[测量]仪表 analogue [measuring] instrument
标示值是对应被测量的值或输入信号的值的连续函数的测量仪器仪表。

02.048 多用表 multimeter
又称“*万用表*”。测量电压、电流，有的还可以测量其他电量(如电阻、电容等)的多功能、多量限的测量仪表。

02.049 比率表 ratiometer
测量两个量的值的比或商的仪表。

02.050 [测量]电位差计 [measuring] potentiometer
运用被测电压与已知电压反向对接技术原理测量电压的仪器。

02.051 分压器 voltage divider
由电阻器、电感器、电容器、变压器，或这些器件的组合构成的测试设备。在该设备的两个输出点间可以得到所需要的外加电压的分数值。

02.052 频谱分析仪 spectrum analyzer
以频率的函数形式给出信号的振幅或功率分布的仪器。

02.053 存储示波器 storage oscilloscope
采用除正常的荧光屏余辉之外的方式保留被测信号波形信息的示波器。

02.054 取样示波器 sampling oscilloscope
采用信号取样技术，实现用取样点构成连贯显示被测信号波形信息的示波器。

02.055 有功电能表 watt-hour meter
又称“*有功电度表*”。应用有功功率对时间积分的原理测量有功电能的仪表。

02.056 无功电能表 reactive energy meter，var-hour meter
又称“*无功电度表*”。应用无功功率对时间积分的原理测量无功电能的仪表。

02.057 视在电能表 apparent energy meter，volt-ampere-hour meter
又称“*视在电度表*”。应用视在功率对时间积分的原理测量视在电能的仪表。

02.058 静止式有功电能表 static watt-hour meter
由电流和电压作用于固态(电子)器件而产生与被测有功电能量成比例的输出量的仪表。

02.059 电动式电能表 electrodynamic meter
通过电动测量元件动圈的旋转而工作的电能表。

02.060 感应式电能表 induction meter
通过电感应测量元件圆盘的旋转而工作的

电能表。

02.061　最大需量电能表　meter with maximum demand indicator

又称“最大需量电度表”。具有指示各连续相等时间间隔中最大平均有功功率值功能的电能表。

02.062　多费率电能表　multi-rate meter

装有多个计度器的电能表。每一个计度器在规定的时间段内对应不同的费率计量电能。

02.063　预付费电能表　prepayment meter

全部由固态(电子)器件实现电能计量、数据处理和预付费功能的电度表。

02.064　[电能表]基本电流　[energy meter] basic current

确定直接接入式电能表有关特性的电流值。

02.065　[电能表]额定电流　[energy meter] rated current

确定经互感器工作的电能表有关特性的电流值。

02.066　[电能表]最大电流　[energy meter] maximum current

电能表能满足相应标准准确度要求的电流最大值。

02.067　[电能表]参比电压　[energy meter] reference voltage

确定电能表有关特性的电压值。

02.068　[电能表]参比频率　[energy meter] reference frequency

确定电能表有关特性的频率值。

02.069　[电能表]等级指数　[energy meter] class index

仪表在标准所定义的参比条件(包括参比值的允差)下测试时，在 $0.1\,I_b$ 至 I_{max} 或 $0.05\,I_n$ 至 I_{max} 间的全部电流值上、功率因数为 1(多相仪表为平衡负载)时规定的允许百分数误差极限的数字。

02.070　电能表型式　meter type

由某一生产厂专门设计制造的具有相同的计量特性、确定这些特性的相一致的部件结构、最大电流和参比电流的比值相同的电能表。某一型式可以有数个参比电流值和参比电压值。电能表由生产厂用一组或多组字母或数字或其组合命名，每个型式只有一个型号。电能表的某型式是由提交型式试验的样表体现的，其特性值(参比电流值和参比电压值)是从生产厂提供的表中选取的。

02.071　[电能表]常数　[meter] constant

表示电能表记录的电能值与对应测试输出值之间关系的数值。如果该测试输出值是脉冲数，则常数是每千瓦小时的脉冲数或每一脉冲的瓦时数。

02.072　计度器　register

能存储和显示表征被测电能信息的机电或电子器件。

02.073　户内仪表　indoor meter

仅能在对环境影响有附加保护措施的场所中(室内或箱柜内)使用的仪表。

02.074　户外仪表　outdoor meter

能在无附加保护的暴露的环境中使用的仪表。

02.075　开尔文[双]电桥　Kelvin [double] bridge

又称“汤姆孙[双]电桥(Thomson [double] bridge)”。通过与四端标准电阻比较来测量四端电阻器阻值的六臂测量电桥。所有臂都是电阻器，其中至少有一个可调。

02.076　分流器　shunt

电流比率仪器，有时也指电流电压转换器。

常与测量仪器仪表的电流电路并联，以扩大其测量范围；或在其上测量电压，从而间接测量电流。

02.077 仪用电压互感器 instrument voltage transformer

又称“测量用电压互感器”。将电压信号按比例传送给测量仪表、保护装置或控制器件的电压互感器。

02.078 仪用电流互感器 instrument current transformer

又称“测量用电流互感器”。将电流信号按比例传送给测量仪表、保护装置或控制器件的电流互感器。

02.079 标准电阻[器] standard resistor

保存和传递电阻单位欧姆的量值的标准量具。

02.080 标准电感[器] standard inductor

保存和传递电感单位亨利的量值的标准量具。

02.081 标准电容[器] standard capacitor

保存和传递电容单位法拉的量值的标准量具。

02.082 标准电池 standard cell

将化学能转换成电能，能复现并保存电压单位伏特的量值的标准量具。

02.083 直接测量[法] direct [method of] measurement

无需利用被测量与其他实测量之间的函数关系进行额外计算，就可直接得到被测量的值的测量方法。

02.084 间接测量[法] indirect [method of] measurement

通过对与被测量有已知关系的其他量进行直接测量，来确定被测量的值的测量方法。

02.085 组合测量[法] combination [method of] measurement

用直接或间接测量法测量一定数量的某一量值的不同组合，求解这些结果和被测量组成的方程组来确定被测量值的测量方法。

02.086 比较测量[法] comparison [method of] measurement

将被测量与同类已知量进行比较从而得到被测量值的测量方法。

02.087 零值测量[法] null [method of] measurement

将被测量值与做比较用的同类已知量值之间的差值调整到零的测量方法。

02.088 差值测量[法] differential [method of] measurement

用量值已知且与被测量的值仅稍有差异的同类量与被测量进行比较，并测出它们之间代数差的一种比较测量方法。

02.089 替代测量[法] substitution [method of] measurement

用同类已知量替代被测量的比较测量方法。这两个量的值对测量仪表的影响应相同。

02.090 热电系仪表 electrothermal instrument

利用焦耳热效应原理工作的仪表。

02.091 双金属系仪表 bimetallic instrument

通过直接或间接由焦耳效应加热的双金属元件的变形来产生示值的仪表。

02.092 热偶式仪表 thermocouple instrument

利用电流的焦耳效应，加热热电偶，并在热电偶接线端测量原电动势的仪表。

02.093 整流式仪表 rectifier instrument

利用整流器件组成并测量交流电参数的仪表。与整流器件相连的通常是磁电系测量机构。

02.094 振簧系仪表 vibrating reed instrument

利用交流电谐振原理测量频率的仪表。仪表中调谐的一组振动簧片中的一个或多个会与通过一个或多个固定线圈中的交流电的频率发生谐振。

02.095 光标式仪表 instrument with optical index

由光标在标度上移动给出被测量示值的仪表。标度可以是仪表的一部分，或与仪表主体相分离。

02.096 静电系仪表 electrostatic instrument

以固定和可动带电电极的静电力的方式工作的测量电位差的一类仪表。

02.097 磁电系仪表 [permanent magnet] moving-coil instrument

由可动线圈中的电流产生的磁场与固定永久磁铁磁场相互作用而工作的一类仪表。

02.098 电磁系仪表 moving-iron instrument

由软磁材料可动铁心构成的一类仪表。此可动铁心或由固定线圈中的电流驱动，或由一个或多个被固定线圈中电流磁化的软磁材料固定铁心驱动。

02.099 电动系仪表 electrodynamic instrument

通过一个或多个动圈中的电流和固定线圈中电流的相互作用而工作的一类仪表。由一个或多个测量元件组成。一般用于磁路中没有铁磁材料的仪表。

02.100 感应系仪表 induction instrument

由固定电磁铁产生的交流磁场与由其他电磁铁在可动导电元件中的感应电流相互作用工作的一类仪表。

02.101 智能[测量]仪表 intelligent measuring instrument

以内置微处理器为控制单元，由软硬件组合完成对被测量的数据采集、处理、分析、显示的仪器仪表。

02.102 谐波分析仪 harmonic analyzer

测量和分析被测信号中谐波成分的幅值、相角、功率等参量的仪器。

02.103 电平表 level meter

一种特殊形式的电子电压表。常用于测量信号电平和部件的增益或衰减等，刻度有电压电平和功率电平两种。

02.104 选频电平表 selective level meter

在一定频率范围内可以进行选频测量的电平表。

02.105 分贝计 decibelmeter

测量声级的仪器。单位使用 dB。

02.106 检测 test

一系列完整的操作过程。通常包括预处理、初始检测、条件试验、恢复和最后检测。

02.107 修正 correction

又称“校正”。将测量误差用代数方法加到实测结果上，以消除或减小被测仪器仪表的系统误差的处理过程。

02.108 检定 verification

又称“验证”。查明和确认计量器具是否符合法定要求的程序。包括检查、测试、加标记和(或)出具检定证书。

02.109 [仪器仪表]调整 adjustment

对仪器仪表的某些可调部分进行调节，以使其达到正常工作状态和规定准确度要求的一组操作。

02.110 计量单位 unit of measurement

用于表示与其相比较的同种量的大小的约定定义和采用的特定量。约定地赋予计量单位以名称和符号；对于一些同量纲的量，即使它们不是同种量，其单位可有相同的名称和符号。

02.111 观测值 measured value
人工读出的由测量器具提供(显示)的量值。这个量值可以是被测量、测量信号或用于计算被测量值的其他量。

02.112 参比值 reference value
又称“参考值”。参比条件下某一影响量的规定值。

02.113 测量结果 [result of a] measurement
赋予被测量的一组值。①用于“不确定度”方式；②将此组值的中心值选作被测量的值，并用不确定度来描述其分散性；③测量结果与测量仪器仪表的标示值以及经校准和使用一个模型得到的修正量有关；④如果此组值与同一被测量的所有其他测量兼容，则认为该组值可以表示被测量的值；⑤此组值及其不确定度，只能在一定的置信度下给出。

02.114 [测量]不确定度 uncertainty [of measurement]
与测量结果关联的一个参数。用于表征合理赋予被测量的值的分散性。①用于“不确定度”方式；②该参数可以是一个标准偏差(或其给定的倍数)或给定置信度区间的半宽度。测量不确定度的表达(GUM)中定义了获得不确定度的不同方法；③测量不确定度常由很多分量组成。有些分量可由一系列测量结果的统计分布进行估计，并用试验标准偏差表示。另外一些分量可基于经验或其他信息的概率分布加以估计，也可用标准偏差表述。

02.115 基本不确定度 intrinsic uncertainty
又称“固有不确定度”。由于设备固有特性及与设备能力有关因素引起的测量不确定度。

02.116 相对不确定度 relative uncertainty
不确定度与被测量值之比。

02.117 引用不确定度 fiducial uncertainty
不确定度与引用值的比。

02.118 分辨力 resolution
导致标示值发生可观察到的被测量或供给量的最小变化。

02.119 测量范围 measuring range
又称“量限”。由被测量或供给量的两个值限定的范围。在该范围内规定了测量仪器仪表的不确定度限。一个仪器仪表可以有几个测量范围。

02.120 被测量 measurand
被测的特定量。

02.121 [量的]真值 true value [of a quantity]
与所给特定量的定义一致的值。

02.122 [量的]约定真值 conventional true value [of a quantity]
通常根据约定赋予特定量的值，该值具有适用于给定目的的不确定度。①用于“不确定度”方式；②经常用一个量的多次测量结果来确定其约定真值；③基于“真值”论述的传统定义，把约定真值看成或接近该量真值的值，其差别对使用该值的目的而言可以忽略。

02.123 [标]示值 indication
由测量仪器仪表给出的值。

02.124 校准 calibration
在规定条件下，为确定测量仪器仪表或测量系统所指示的量值，或实物量具或参考物质所代表的量值，与对应的由标准所复现的量值之间关系的一组操作。其目的是通过与标准比较确定测量装置的示值。

02.125 溯源性 traceability
测量结果或标准器的值的特性。表明该值可通过不间断的具有指明不确定度的比较链来指明它与(通常是国家的或国际的)参考标准的关系。

02.126 引用值 fiducial value
作为确定引用误差时的参考的一个明确规定的值。该值可以是测量范围的上限、满刻度值或其他明确规定的值。

02.127 误差 error
测量结果与被测量真值之差。

02.128 绝对误差 absolute error
校准示值与比对值的代数差。①用于“真值”方式；②比对值应是该量的真值，但由于真值无法确定，所以一般使用约定真值。

02.129 相对误差 relative error
绝对误差与比对值的比。①用于“真值”方式；②比对值应该是被测量的真值，但由于无法确定真值，一般用约定真值。

02.130 引用误差 fiducial error
绝对误差与引用值的比。

02.131 固有误差 intrinsic error
又称“*基本误差*”。测量仪表在参比条件下使用时的误差。用于“真值”方式。

02.132 平均误差 mean error
在等精度测量条件下进行规定次数的测量中，各次测得的误差值的代数和除以测量次数所得的商。

02.133 极限误差 limiting error
在同一个测试条件下，按给定置信度预期达到的最大误差。

02.134 影响量 influence quantity
测量主体之外的值。其变化会影响标示值与测量结果之间的关系。

02.135 参比条件 reference condition
又称“*参考条件*”。为仪器仪表性能试验或保证测量结果能有效比对而规定的一组带有允差的影响量的值和(或)范围。在该条件下，测量仪器仪表的可容许的不确定度或误差限最小。

02.136 过冲 overshoot
对一个阶跃变化量，最大瞬态标示值与稳态标示值之差。用稳态标示值的百分比表示。

02.137 阶跃响应时间 step response time
从被测量(或供给量)经受一规定突然变化的时刻开始到标示值(或供给量)达到并在规定限内维持其稳态值为止的持续时间。

02.138 [测量仪器仪表的]线性度 linearity [of a measuring instrument]
测量仪器仪表给出与被测量而非影响量有线性关系的标示值的能力。不同种类的仪器仪表对线性的偏离的表示方法不同，每个特例各自确定。

02.139 [测量结果的]重复性 repeatability [of result of measurement]
在同样的测量条件下(如同样测量步骤、同一观测者、同一仪表、场地、时间间隔比较短等)，同一被测量的连续测量结果相符的接近程度。

02.140 [测量的]复现性 reproducibility [of measurement]
在测量原理、测量方法、观测者等不同条件下进行单个测量时，同一量值测量结果相符的接近程度。

02.141 [测量仪器仪表的]准确度 accuracy [of a measuring instrument]
表征测量仪器仪表提供接近被测量真值的标示值的能力的程度。

02.142 准确度等级 accuracy class
测量仪器仪表的分级。各级仪器仪表应符合有关不确定度的一组规范。

02.143 性能 performance
测量仪器仪表实现预期功能的能力的特

性。

02.144 [时间]稳定性 stability
在所有其他条件相同时，测量仪器仪表在规定的时间间隔内保持其性能特征不变的能力。

02.145 非正弦周期电流电路 unsinusoidal periodic current circuit
具有确定的周期性，偏离正弦函数变化的电流电路。

02.146 基波电流 fundamental current
将非正弦周期电流以傅里叶级数形式表征，其中序数为 1 的分量，即和原非正弦周期电流同频率的正弦电流分量。

02.147 谐波电流 harmonic current
非正弦周期电流中以基波以外的频率形式表现的电流分量的统称。

02.148 波形因数 wave factor
周期量的有效值与平均值之比。其中平均值是指周期量的绝对值的平均值。

02.149 总谐波畸变率 total harmonic distortion
非正弦周期性信号的各次谐波有效体系根值与基波有效值的比。一般以百分数表示。

02.150 电接点温度计 electric-contact thermometer
随温度变化引起某一导体(如水银)位移，并由接点输出通断信号的温度计。

02.151 气体温度计 gas thermometer
以气体作为测温介质，以气体状态方程为原理测温的温度计。

02.152 双金属温度计 bimetal thermometer
利用不同膨胀系数的双金属元件来测量温度的温度计。

02.153 贝克曼温度计 Beckmann thermometer
以测温物质水银的移动来测量温度差的温度计。

02.154 电阻温度计 resistance thermometer
利用导体或半导体的电阻随温度变化的特性测量温度的器件或仪器。

02.155 光测高温计 optical pyrometer
通过测量物体在确定波长下的光谱辐射亮度确定物体亮度温度的温度计。

02.156 红外线辐射高温计 infrared radiation pyrometer
利用热辐射体在红外波段的辐射通量来测量亮度温度的温度计。

02.157 热电偶 thermocouple
基于泽贝克效应在电路中产生电动势的一对不同材料的导电体。

02.158 埋入式热电偶 immersion thermocouple
埋置在被测物体内部的热电偶。常用于测量温度。

02.159 管壁热电偶 tube-wall thermocouple
紧固在导热板上的热电偶。通常导热板被焊接或抱箍在管壁上，通过导热板的热传导测量管道的温度。

02.160 热敏电阻 thermistor
对热敏感的半导体电阻。其阻值随温度变化的曲线呈非线性。

02.161 绝对压力计 absolute pressure gauge
根据仪器仪表可测的物理常数计算出校正值的压力计。其校正值适用于所有的理想气体。

02.162 真空[压力]计 vacuum gauge
测量低于一个大气压力的气体或蒸汽压力的仪器。

02.163 皮托压力计 Pitot pressure gauge
测量皮托管的总压取压口与静压取压口之

间压力差的压力计。

02.164 文丘里管 Venturi tube
利用异形管使流经该管流体的速度发生变化从而产生差压的流量检测元件。轴向截面由入口收缩部分、圆筒形喉部和圆锥形扩散段组成。

02.165 感应电桥式流量计 inductance bridge flowmeter
由测量管、受力元件、感应元件、过渡元件、积算器、显示和输出等单元构成的一种流量计。当介质在测量管中流动时，感应元件受力产生微量变化，由应变片组成的电桥因此而产生与被测流量对应的电压信号，由此得到流量。

02.166 磁感应式流量计 magnetic induction flowmeter
利用导电流体在磁场中流动所产生的感应电动势来推算并显示流量的仪器。

02.167 浮子式流量计 float-type flowmeter
在由下向上扩大的圆锥形内孔的垂直管子中，浮子的重量被由下而上的流体所产生的力承受，用管子中浮子的位置表示流量示值的变面积的流量计。

02.168 变截面流量计 variable-area flowmeter
结构设计成当流体通过两个元件之间的间隙时，流体动力以流量随间隙横截面增大而增大的方式使一个元件克服某种阻力(重力或弹性力)做相对于另一元件的运动的一种测量仪表。该仪表的读数是两元件相对运动的度量，但在某些装置中，它是跨越可变面积两侧压力差的度量。

02.169 湿度计 hygrometer
测量潮湿程度的仪表。

02.170 露点计 dew point indicator
根据观测人工冷却表面在露首次出现瞬间的温度确定露点的原理而制成的湿度计。

02.171 检漏仪 leak detector
检测管线或容器中的液体或气体泄漏的仪器。

02.172 黏度计 viscosimeter，viscometer
测定液体的内摩擦力的仪器。

02.173 振动计 vibrometer
测定振动体的位移、速度、加速度等特征量值的仪器。

02.174 转速表 tachometer
测量旋转物体转速的仪器。

02.175 应变仪 strain meter
测量物体在应力作用下发生变化的仪器。

03. 电力规划、设计与施工

03.001 电力系统发展规划 power system planning
从技术、经济和环境保护各方面全面论证，提出电力系统在一定时期内的发展方案。

03.002 电力系统中期发展规划 medium term power system planning
5~15 年内的电力系统发展规划。

03.003 电力系统长期发展规划 long-term power system planning
15~30 年或更长远的电力系统发展规划。

03.004 电网发展规划 power network planning
在用电负荷预测和电源规划的基础上，以保证电网安全为前提，经过全面的经济、技术比较，提出在规定年限内技术、经济最佳的电网发展方案。

03.005 电源发展规划 generation planning
根据预测的负荷和经济合理的备用容量要求，遵循国家能源政策、环境保护政策和合理开发利用能源资源的原则，以提高技术经济效益和符合环境保护政策为前提，对各类电源建设方案进行优化，制定出的在规定年限内全系统电源开发方案。

03.006 电源优化数学模型 optimal mathematical model of generation planning
将电力系统电源发展规划中的电源优化问题用数字形式表达，归结为一组能够求解的数学方程式。其目的是根据电力系统负荷预测，在已知可能开发的待选电源点的基础上，寻求一个或几个满足运行可靠性等条件的最经济的电源开发方案，确定何种类型和容量的发电机组在何时、何处投入运行。通常分为按机组类型进行电源优化和按发电厂进行电源优化两类数学模型。

03.007 城市电网发展规划 urban power network planning
根据城市的总体发展规划，在分析城市电网现状和预测电力负荷的基础上所做的城市各发展期的电力供应和城市电网方案。

03.008 电力系统联网规划 power system interconnection planning
两个或两个以上的电力系统通过联络线实现联网的规划。

03.009 区域发电厂 regional power plant
一个地区内作为主力电源的大型发电厂。

03.010 发电厂接入系统设计 design of power plant interconnection
论证发电厂接入系统的方案，并确定与该发电厂配套的送出工程项目的专题设计。

03.011 电厂接入系统地理接线 geographic diagram of power plant interconnection
发电厂与电网连接接线的地理位置图。

03.012 总装机容量 total installed capacity
系统中在役的所有各类发电机组的额定有功容量之和。

03.013 发电厂容量 power plant capacity
发电厂发电机组总的装机容量。

03.014 电力负荷 power load
地区工业、农业、商业和市政等所需电功率/电量。

03.015 热[力]负荷 heat load
地区所需要的热能。

03.016 负荷预测 load forecast
通过研究国民经济和社会发展的各种相关因素与电力需求之间的关系，预测电力用户的需电量和最大负荷。

03.017 基本建设程序 capital construction procedure
按国家规定的工程投资项目核准和备案要求，建设单位完成各阶段的工作及向主管部门的报批和批准手续。包括从发电厂厂址或变电站站址或电力线路路径等的选择到投入商业运行的全过程。规范有序进行的程序。

03.018 设计程序 engineering design procedure
电力工程设计的初步可行性研究、可行性研究、初步设计、施工图设计等的系列程序。

03.019 初步可行性研究 preliminary feasibility study
根据地区电力负荷增长要求和中、长期电力发展规划，并按电力工程的建设条件编制研究报告、工程项目建议书并提出立项申请。

03.020 可行性研究 feasibility study

初步可行性研究之后，确定本期建设规模和建设期限、落实选用设备和取得环境保护部门的批件、落实工程建设条件及投资控制指标经济分析、资金来源等。最后完成编制研究报告，按规定向政府提交项目申请报告。

03.021 初步设计 preliminary design, conceptual design

又称“概念设计”。根据核准的项目申请报告、批准的电力工程可行性研究报告和设计任务书，按初步设计文件内容深度规定，完成电力工程总说明和各专业作业文件及卷册图纸。

03.022 施工图设计 detail design，working drawing

设计程序的最后阶段。各专业的设计文件和图纸的内容深度必须满足施工、安装的要求。

03.023 竣工图 as-built drawing

工程完成后，符合工程实际状况的施工图。

03.024 规划选厂 site selection at planning stage

初步可行性研究主要工作之一。以中、长期电力规划为依据，分别研究电网结构、电力和热力负荷、燃料供应、水源、交通、燃料及大件设备的运输、环境保护要求、灰渣处理、出线走廊、地质、地震、地形、水文、气象、占地拆迁和施工等条件，拟订初步厂址方案，通过全面的技术经济比较和经济效益分析，对各厂址的建设顺序和规模，提出论证和评价。此阶段的勘测工作，以充分收集、分析已有资料和现场踏勘调查为主。变电站选址的有关项目与发电厂规划选厂不同，应根据实际需要确定。

03.025 工程选厂 site selection at engineering stage

电力工程选厂(包括变电工程选址)应以批准的项目建议书和审定的初步可行性报告为依据，是可行性研究阶段主要工作内容之一。应深化规划选厂的内容，提出推荐的厂址方案；根据厂址的具体情况，有针对性地选用工程地质测绘、勘探、原位测试和室内测试等手段，确定主要岩土工程问题，对厂址的稳定性和地质条件做出评估。变电站选址的有关项目与发电厂工程选厂不同，应根据实际需要确定。

03.026 输电线路初勘 preliminary survey and exploration for transmission line routing

一般在初步设计阶段进行。初勘主要任务是选线，做好路径方案的比选，择优选择路径。应查明地貌、地物、地质、水文、气象等条件，为编制初步设计提供勘测报告和有关基础资料。对特别重要或非常复杂的线路，在初勘前还有可行性研究阶段勘测。

03.027 输电线路终勘 final survey and exploration for transmission line routing

在施工图阶段进行。根据批准的路径方案，进行详细仪器勘测，取得勘测成果，为编制施工图设计提供勘测报告和有关技术资料。

03.028 项目申请报告 project proposal

供国家或地方建设主管部门核准的拟兴建项目的文件。包括规划布局、环境保护、资源利用、对国家技术发展、投资等综合因素进行评价和核准。核准的项目申请报告成为下一阶段开展工作的依据。

03.029 设计任务书 engineering design assignment

电力工程的项目申请报告经过主管部门核准后，建设单位下达给设计单位的原则性规定的文件。

03.030　设计原始资料　basic design data
工程设计所必须的基本资料和原始数据。通常需通过调查、搜集或勘察取得，在可行性研究阶段开始搜集。

03.031　现场踏勘　site survey
在规划选厂(包括变电工程)阶段，对厂址及周围地区的地质情况进行资料收集，在现场踏勘调查，配合少量勘探工作，对拟选厂址区域做出稳定性评估。

03.032　厂区自然条件　site natural condition
现场具备的天然环境因素。如地貌、地震、地形、水文、气象、占地及拆迁情况，周围工厂企业对工程的影响等。

03.033　建厂条件　site construction condition
电力工程拟建厂址应满足电力工程长期安全经济运行、满发稳发和环境保护的要求。在选厂阶段，必须取得有关部门同意或认可的文件，如土地使用、燃料和水源的供应、铁路运输和接轨、水路运输和码头建设、接入系统、电力线路和热力管线走廊、环境保护、水土保持等。

03.034　测量和地质勘探　survey and geological exploration
运用设备和仪器对厂址及其周围区域的地形、地貌和地质进行的测量和勘探工作。

03.035　厂址稳定性评估　site stability evaluation
通过地质勘探等手段，对查明电厂厂址(包括变电站站址)的安全和稳定性情况提出明确的意见。

03.036　地震烈度复核　checkup of seismic intensity
对位于地震烈度区分界线附近、地震地质条件复杂和规划容量较大的发电厂进行的地震危险性分析。

03.037　燃料供应　fuel supply
电厂的燃料来源、燃料品质以及到厂的运输条件。

03.038　水源　water source
工程用水的供水地。其供水能力、供水保障程度、对环境的影响、对当地工农业生产与居民生活的影响等方面应满足工程的要求。

03.039　交通运输　communication and transportation
电厂的燃料、设备材料、厂外交通等运输方式和设施。

03.040　灰渣处理　ash and slag treatment
对火电厂的灰渣收集、运送、储存、综合利用。

03.041　出线走廊　electric outgoing line corridor
发电厂(变电站)外一定范围内的输电线路走廊。

03.042　热力管线走廊　heating outgoing line corridor
热电厂通过相关的热力管线将热能送出的路线。

03.043　劳动安全与工业卫生　labor safety and industrial hygiene
防火、防爆、防电伤、防机械伤害、防坠落伤害、防尘、防毒、防化学伤害、防噪、防震、防暑、防寒、防电离辐射及防电磁辐射等内容，作为可行性研究阶段的内容，经有关行政部门核准。

03.044　水能　hydropower，water power
天然水流蕴藏的位能、压能和动能等能源资源的统称。采用一定的技术措施，可将水能转变为机械能或电能。水能资源是一种自然能源，也是一种可再生资源。

03.045　水能资源蕴藏量　potential hydropower resources, potential water power resources

简称“水能蕴藏量”。河川、湖泊和海洋水体中蕴藏的位能和动能资源量。

03.046　可开发水能资源　available hydropower resources

按现今技术、经济水平，可以开发利用的一部分水能资源。

03.047　[水力资源]技术可开发量　technical available hydroenergy resources

在当前技术水平条件下，可开发利用的水力资源量。系根据各河流已开发和正在开发的水电站、经初步规划与估算过水能指标而拟定可能开发的水电站所统计的这些水电站的装机容量和年发电量。

03.048　[水力资源]经济可开发量　economical available hydroenergy resources

在当前技术、经济条件下，具有经济开发价值的水力资源量。是从技术可开发水电站群中筛选出来的与其他能源相比具有竞争力、且没有制约性环境问题和制约性水库淹没处理问题的水电站所统计的装机容量和年发电量。

03.049　可再生能源　renewable energy resources

具有自我恢复原有特性，并可持续利用的一次能源。包括太阳能、水能、生物质能、氢能、风能、波浪能以及海洋表面与深层之间的热循环等。地热能也可算作可再生能源。

03.050　水能开发　water power development, hydropower development

又称“水电开发”。将河川或海洋的水能资源转换为电能的工程技术。采取集中水头和调节径流等措施，把天然水流中蕴含的位能和动能经水轮发电机组转换为电能，最后通过输变电设施送入电力系统或直接送给用户。

03.051　流域水能开发　river basin water power development

根据地区对能源和水资源利用的要求，在全面研究流域的自然地理条件、环境保护要求、水利水能资源和土地资源的特点和社会经济情况后，提出对该河流的开发方式、除害兴利措施、分期开发方案及相应的指标和效益，并付诸实施。

03.052　水能[利用]规划　water power planning, hydropower planning

又称“水电规划”。一般分两个阶段：首先进行河流水能规划，优选梯级开发方案和推荐近期工程。然后对近期工程进行水能规划，协调综合利用部门对本枢纽兴利除害要求条件，做好移民、环保规划，提出本电站供电方向、范围和规模。

03.053　水能计算　water power calculation, hydropower calculation, hydroenergy computation

确定电站效益与工程规模之间的关系的计算。电站效益通常用保证出力和多年平均电能两指标来衡量，而工程规模则以水库正常蓄水位和相应调节库容、引水道尺寸及电站装机容量为指标。

03.054　流域规划　river basin planning

根据全流域的自然地理条件、环境保护要求、社会经济状况、综合利用水利水能资源和土地资源的原则，统筹兼顾国民经济各有关部门的要求，制定出的河流全流域分期除害兴利的实施措施和水电梯级开发方案。是流域开发过程中的前期工作。

03.055　水资源综合利用　comprehensive utilization of water resources, multipurpose use of water resources

通过多功能措施和合理调配水库的流量及水位，达到多目标地开发利用水资源的措施。包括兴利和除害两方面：兴利有发电、灌溉、供水、航运、植树、漂木、水产、旅游和环保等；除害有防洪、除涝、防凌等。

03.056 流域综合利用规划 comprehensive utilization planning of river basin
在一条河流所处的流域范围内，根据各类能源资源分布、社会经济发展和各部门用水、治水、防洪、排涝等情况，以获得社会经济和环境总体效益最优为原则，确定的河流水资源利用方案。

03.057 水电梯级开发 cascade development of hydropower
为了充分利用河流水力资源，在一般河流规划中，从河流或河段上游到下游，修建一系列呈阶梯形的水电站的水电开发方式。

03.058 跨流域水资源开发 interbasin water resources development
将一个流域的水量引至另一个流域利用的水资源开发。其目的一般是：满足后一流域用水的需求、利用相邻两条河流之间的天然水位差增加发电效益、减少分别在两条河流上建水电站的工程量和投资、沟通两流域的航运。

03.059 河流水电开发规划 river hydropower development planning
又称“流域水电开发规划(basin hydropower development planning)”。为合理利用水资源，任何水电站规划之前，首先要进行该水电站所在河流的水电开发规划，基本查明该流域水能开发条件，明确流域水能开发任务，协调综合利用要求，优选梯级开发方案和推荐近期工程。

03.060 地区水电开发规划 regional hydropower development planning
根据地区国民经济发展要求，对本地区电源合理组成、水电站建设时序和建设规模制定的研究设计工作。

03.061 水力发电站 hydropower station, hydropower project
又称“水力发电枢纽”。由壅(挡)水建筑物(坝、闸、河床式厂房等)、蓄水库、泄水建筑物、引水系统及水电站厂房、变压器场、开关站等组成以水力发电为主要任务的综合体。在有的河流上，还设冲沙建筑物、船只、木材过坝设施以及过鱼设施等。

03.062 水力发电厂 hydropower plant
把水能转换成电能的工厂。

03.063 梯级水电站 cascade hydropower stations
在同一条河流上、下游有水流联系的水电站群。

03.064 抽水蓄能电站 pumped-storage power station
利用电力系统中多余电能，把高程低的水库(通称“下池”)内的水抽到高程高的水库(通称“上池”)内、以位能方式蓄存起来，系统需要电力时，再从上池放水至下池进行发电的水电站。

03.065 大型水电站 large hydropower station
装机容量大的水电站。各国标准不一，我国规定水电站装机容量大于1200 MW者为大1型,在300~1200 MW之间者为大2型。

03.066 中型水电站 medium hydropower station
装机容量为中等规模的水电站。各国标准不一，我国规定装机容量在50~300 MW之间的水电站为中型水电站。

03.067 小型水电站 small hydropower sta-

tion

小容量的水电站。各国标准不一，我国规定装机容量 50 MW 以下的水电站。50~10 MW 之间者为小 1 型,小于 10 MW 为小 2 型。

03.068 微型水电站 mini-hydropower station，microhydropower station

利用农户房前、屋后小溪、小河的势能进行发电，一般不需要输变电设备，直接供农户使用的水电站。其功率在 10 kW 及以下。

03.069 高水头水电站 high head hydropower station

水头大于 200 m 的水电站。这种水电站一般建在河流上的高山地区，多数为引水式或混合式水电站。

03.070 中水头水电站 medium head hydropower station

水头在 40~200 m 之间的水电站。

03.071 低水头水电站 low head hydropower station

通常是指水头在 40 m 以下的水电站。有的将仅有 2~4 m 水头的水电站称为极低水头水电站。

03.072 坝式水电站 dam-type hydropower station

在河道上拦河筑坝壅高水位，形成发电水头的水电站。这种水电站一般修建在比降较缓或流量甚大的河流上，是河流水电开发中广泛采用的一种形式。

03.073 河床式水电站 hydropower station in river channel

发电厂房布置在河床内的水电站。

03.074 径流式水电站 run-off hydropower station

又称“无调节水电站”。天然径流无调节能力的水电站。

03.075 混合式水电站 mixed-type hydropower station

由坝和引水道两种建筑物共同形成发电水头的水电站。即发电水头一部分靠拦河坝壅高水位取得，另一部分靠引水道集中落差取得。这种水电站通常兼有坝式水电站和引水式水电站的优点和工程特点。

03.076 引水式水电站 diversion type hydropower station

用引水道如明渠、隧洞、管道等集中河流的流量和水头的水电站。多建在坡度较陡的河段。

03.077 水电站经济指标 economic indices of hydropower station

用于对水电站经济评价的指标。主要有：水电站的投资、水电站的年运行费、水电站的发电成本等。

03.078 水电站能量指标 energy indices of hydropower station

表示水电站能量的各种指标。主要有：水电站多年平均出力、水库蓄能、多年平均年发电量、保证出力、可靠出力、保证电能、可靠电能、次等电能、倾销电能、装机容量、工作容量、备用容量、重复容量、预想出力、设计保证率、替代容量等。

03.079 水电站经济效益 economic benefit of hydropower station

水电站为国民经济提供物质产品和服务的价值。物质产品为电力和电量，且可承担电网的调峰、调频和事故备用；服务主要是除害、兴利等经济效益和社会效益，如减免洪涝灾害、扩大城乡供水量、增大河道通航能力、发展渔业、开拓旅游等。

03.080 水电站经济评价 economic evaluation of hydropower station

应用工程经济学理论，结合水电站特点分

析、论证水电站经济性和财务可行性的原则和方法。评价方法是在满足同样用电要求的前提下，寻求在计算期内电力系统总费用最小的方案。

03.081 水电站综合利用效益 comprehensive utilization benefit of hydropower station

有一些水电站，除发电效益外，还有其他利用效益。

03.082 综合利用工程费用分摊 construction cost allocation of comprehensive utilization project

综合利用部门所共有设施的建设费用(基建投资和运行费用)由各综合利用部门分摊的原则和计算方法。

03.083 水电站厂内短期经济运行 short-term economical operation among the units at hydropower station

在水电站短期最优运行和电力系统调度对水电厂瞬时给定发电负荷下，使水电站耗水量和附加费用最少的运行方式。是通过水电站的水轮发电机组最优组合和机组之间负荷最优分配实现的。

03.084 水电站单位电能投资 investment per kilowatt-hour of hydropower station

水电站工程总投资除以年平均发电量。水电站工程总投资按形成固定资产的相关性分为枢纽工程投资和水库淹没处理补偿投资两部分。

03.085 水电站年运行费 annual operation cost of hydropower station

又称“水电站年经营成本”。为水电站的维护、管理及运行而支出的年费用。

03.086 水库 reservoir

能拦截一定水量，起径流调节作用的蓄水区域。一般是指河流上建设拦河闸坝后造成的人工蓄水工程。天然湖、泊、洼、淀等可以拦蓄水量为开发水资源服务的，有时又称“天然水库”。

03.087 库区 reservoir region，reservoir area

水库内最高蓄水位的水面所覆盖的区域。

03.088 水库容积 storage capacity，reservoir storage

简称“库容”。水库在一定水位下可储存水量的容积。

03.089 总库容 total storage capacity

水库校核洪水位以下的水库静库容。

03.090 死库容 dead storage capacity

水库死水位以下的水库容积。除特殊情况外，死库容不参与径流调节，即不动用这部分库容内的水量。

03.091 调节库容 regulated storage capacity

又称“兴利库容”。为水力发电、航运、给水、灌溉等兴利事业提供调节径流的水库容积。即正常蓄水位至死水位之间的水库容积。

03.092 发电库容 power storage capacity

可以为水力发电提供调节径流能力的水库容积。一般是指正常蓄水位至死水位之间的水库容积。

03.093 防洪库容 flood control [storage] capacity

为了削减洪峰、防止下游洪水灾害而进行水库径流调节所需的库容。一般是指汛期坝前限制水位以上到设计洪水位之间的库容。

03.094 库容系数 storage rate

水库调节库容与入库多年平均年水量之比。一般以 β 值表示。当 β 值增大时，即表示水库有较大的调节能力。但调节性能除与库容大小有关外，还与水量在年内及多年间分配的均匀程度有关，两者要兼顾。

03.095 库容曲线 storage-capacity curve
水库水位与其容积的关系曲线。

03.096 水库淹没 reservoir inundation
河流上建坝形成水库后，受到水库回水淹没及影响的土地、林场、矿产资源、居民点、城市集镇、工矿企业、交通线路、文物古迹及其他，都属于水库淹没内容。

03.097 浸没 immersion
水库内的水渗入水库周边地层中，以致周边地区的地下水位抬高，使这些地区受到的影响。有的可能造成周围农田的次生盐碱化，形成对农作物生长不利的环境；有的可能导致邻近地区地面建筑物基础沉陷，造成矿井淹没或崩坍。

03.098 水库回水 backwater of reservoir
河渠水流受到坝、闸等挡水建筑物阻挡，使河渠水位抬高，因而形成一条从坝前到水库末端比天然水面线要高的新水面线。

03.099 移民 resettled inhabitant
修建水库，由于蓄水造成一定范围的淹没和浸没，将使库区内及库周边原有耕地、建筑物及矿井等被废弃，住房、工厂、交通线路等被迫迁址改建，居民随之迁移，这些被迫迁移的居民称为移民。

03.100 年调节 annual regulation
在一年期间将丰水期多余水量蓄存库内，在枯水期使用。水库的调节周期为一年。当水库库容可将年内全部来水按用水要求进行重新分配时，即为完全年调节。

03.101 多年调节 over year regulation
多年内完成充满到放空水库的循环，能将多年期间的丰水年份多余水量存在水库中，以补枯水年份水量的不足，这种调节称之为多年调节。

03.102 季调节 seasonal regulation
又称“不完全年调节”。在一个季度内完成充满到放空水库的循环，能承担一个季度内河川径流调节的任务。

03.103 周调节 weekly regulation
可在一周内完成水库充满到放空的循环，即水库[容]具有可调节一周内河川径流的能力。

03.104 日调节 daily regulation
在一昼夜内将天然径流进行重新分配的调节。河川径流在昼夜内基本上是均匀的，而电力系统日夜需水量往往是不均匀的，当用水小于河水来量时，就将多余水量蓄存在水库内，供来水不足时使用。日调节库容调节天然径流的周期为 24 h。

03.105 补偿调节 compensative regulation
又称“水库群补偿径流调节”。在同一电力系统中，水电站间以出力或(和)流量相互补充，从而增加水电站群总发电效益的径流调节方式。

03.106 跨流域补偿调节 interbasin compensative regulation
又称“跨流域电力补偿径流调节”。利用调节性能较好的水电站或梯级水电站(补偿电站)水库对另一流域调节性能较差的水电站或梯级水电站(被补偿电站)进行的补偿调节。这种运行方式用于不同流域而有电力联系的水电站群。

03.107 水库调度图 reservoir operation chart
指导水库合理运行的调度曲线的集合。水电站水库的运行，必须合理利用流量和水头，以获得最大的发电效益。人们统计出水库蓄放水规律，对一年中的各时段，求出水库状态(库容或水位)与出力关系线。在水库运行中人们可以根据面临时段初的水库状态做出面临时段的出力决策，以保证水电站在正常运行下，尽可能增加发电效益。

03.108 梯级水库调节 regulation of cascade

reservoirs

梯级水电站之间有密切的水流联系，其中某一级水电站水库的调节作用，可使其下游的所有梯级水电站受益，上下游水库联合调度，可协调解决发电和其他用水要求的矛盾。

03.109 洪水调节 flood regulation

简称“调洪”。为保证大坝安全及下游防洪，利用水库控制下泄流量，削减洪峰的径流调节。其内容包括调洪库容及其配置、防洪调度（即调洪运行决策）及洪水调节计算。

03.110 多目标水库 multi-purpose reservoir

又称“综合利用水库（comprehensive utilization reservoir）”。除有水力发电效益外，还兼有防洪、防凌、灌溉、航运、供水、养殖、环保、旅游等方面中一两个或更多的综合利用效益的水库。

03.111 梯级水库 cascade reservoirs

一条河流的水利水电开发规划中，为了充分利用水利水力资源，从河流或河段的上游到下游，修建的一系列呈阶梯式的水库和水电站。是开发利用河流的水利水能资源中的一种重要方式。

03.112 地下水库 underground reservoir

利用天然地下洞室如喀斯特溶洞建成的水库。通过埋设的管道引水至洞外发电或供其他水资源用户。

03.113 反调节 reverse regulation，re-regulation

河流上游水电站随电力系统负荷的变动不断地改变下泄流量，河道内的流量时大时小，往往在该枢纽的下游，建立反调节水库，调节下游水库适当的下泄流量以利于其下游河道航运和灌溉。

03.114 水库初期蓄水 reservoir initial filling

水库建成初期，为权衡水电站供水供电的效益，并且协调来水、供水、蓄水以及水资源综合利用各用户之间的矛盾，一般采取边蓄水、边发挥效益的方式进行。

03.115 上池 upper pool

又称“上水库（upper reservoir）”。位于抽水蓄能电站枢纽的高处，蓄存提高了高程的水的水库。

03.116 下池 lower pool

又称“下水库（lower reservoir）”。位于抽水蓄能电站枢纽的低处，蓄存发电下放的水的水库。

03.117 水位流量关系曲线 water-level-discharge relation curve

江河、渠道横断面上的水位与流量之间的对应关系。即以流量 Q 为横坐标、水位 H 为纵坐标的水位流量关系曲线。

03.118 正常蓄水位 normal storage high water level

又称“正常高水位”。水库在正常运用情况下，为满足设计的兴利要求，允许达到的最高水位。

03.119 死水位 dead water level

水电站在正常运行情况下，允许水库消落的最低水位。

03.120 初期发电水位 initial generating level

根据水库初期蓄水的进度、水轮机的最小工作水头，以及其他综合利用和移民方面的要求的水库最低水位，所确定的水电站初期运行的起始水位。

03.121 校核洪水位 check flood level

水库遇到大坝的校核洪水时坝前允许达到的最高库水位。该水位也是设计考虑最不利水文条件下的最高库水位。是确定坝高的依据。

03.122　设计洪水位　designed flood level
水库遇到大坝设计洪水时坝前允许达到的最高库水位。

03.123　防洪限制水位　flood restricted [water] level
汛期为下游防洪及水库安全预留调洪库容而设置的汛期限制水位。汛期限制水位低于正常蓄水位。汛期，在正常运行时，库水位不得超过汛期限制水位。仅当水库洪水超过设计标准时，才允许超过汛期限制水位，而按洪水调度规则调度。

03.124　水电站尾水位　tailwater level of hydropower station
水电站厂房尾水管出口处的河水位。

03.125　净水头　net head
水轮机进口与出口测量断面的位置水头差、压力水头差和速度水头差之和。是总水头扣除引水系统发生的水头损失，用于水轮机做功的有效水头。

03.126　额定水头　rated head，characteristic head
水轮发电机组在额定转速下，发出额定功率所需的最小净水头。

03.127　毛水头　gross head
水电站上游与下游之间的水位高程差。

03.128　总水头　total head
引水管进口与尾水管出口测量断面的水位高程差与速度水头差之和。

03.129　最大水头　maximum head
水电站上下游水位在一定组合下出现的最大净水头。

03.130　最小水头　minimum head
水电站上下游水位在一定组合下出现的最小净水头。

03.131　加权平均水头　average head
水电站按电能加权平均值计算的净水头。通常作为确定水轮机设计水头的依据(即水轮机最高效率应尽可能在此水头附近)。

03.132　保证出力　guaranteed output
与设计保证率相应时段水电站所能发出的平均功率。

03.133　预想出力　expected output
在某一水头时，水轮机最大可能的轴出力。因水轮发电机组的出力，还受发电机容量的限制，因此水轮发电机组的预想出力，应为水轮机水头预想出力与发电机容量两者之较小者。

03.134　受阻容量　disabled capacity
由于工作水头低于额定水头，机组达不到额定出力的不足部分。

03.135　季节性电能　seasonal electric energy
水电站利用丰水季多余水量生产的电能。

03.136　水库调度　reservoir dispatching
指导水库合理运行的决策。水电站水库的运行，必须合理利用流量和水头，以获得最大的发电效益；有综合利用的水库，还要顾及综合利用的各项目标。

03.137　水轮机运行特性曲线　operational characteristic curve of turbine set
反映某一具体原型水轮机综合性能的一组等值曲线。包括等效率曲线、等吸出高度曲线，还有出力限制线、轴流转桨式水轮机的轮叶开度线等。

03.138　发电量　electricity production
在确定的时段内，电站从发电机母线送出的总电量。

03.139　年发电量　annual electricity production
一年内电站从发电机母线送出的总电量。

03.140　年平均发电量　average annual elec-

tricity production
电站在多年期间内各年发电量的平均值。

03.141　检修容量　maintenance capacity
电力系统中按计划进行保养或检修专门装置的容量。

03.142　基荷运行　base load operation
发电机组或发电容量承担负荷曲线基底部分负荷的运行。一般多由大容量、高效率的火电机组及核电厂承担基荷运行，水电厂为避免丰水期弃水，也承担基荷运行。

03.143　调峰运行　peaking operation
发电机组或发电容量承担负荷曲线尖峰部分负荷的运行。一般由有调节性能的水电站或抽水蓄能电站和发电(燃料)成本较高的火电站承担。

03.144　中间负荷运行　intermediate load operation
发电机组或发电容量承担平均负荷至最小负荷之间的负荷的运行。

03.145　热电联产　co-generation of heat and power，CHP
同时向用户供给电能和热能的生产方式。

03.146　生产工艺热负荷　industrial process heat load
生产工艺过程中用热设备的热负荷。一般为常年需要的热负荷。

03.147　供暖热负荷　heating heat load
采暖期内，维持房间要求温度的热负荷。属季节性热负荷。

03.148　通风空调热负荷　ventilation and air conditioning heat load
加热或冷却从通风、空调系统进入建筑物的室外空气的热负荷。

03.149　热水供应热负荷　hot water supply heat load
生活及生产耗用热水的热负荷。

03.150　热负荷持续曲线　heat load duration curve
对收集到的热负荷进行整理和汇总，按热负荷量及持续时间大小排序，绘制成的热负荷曲线。分为典型日(月)和年热负荷持续曲线两种。

03.151　热化系数　coefficient of heat supply
表示供热机组所承担的热负荷在热网最大热负荷中所占的份额。用于确定热电厂供热机组的容量和型式。

03.152　全厂总体规划　overall plot plan
根据电厂规划容量、厂址的自然条件和建厂条件，对环境保护、交通运输、厂区方位、供水、排水、出线、灰场、施工场地、生活区等给出的规划性总体布置。

03.153　厂区规划　site plot plan
根据全厂总体规划，统一规划厂区地上、地下的建筑物、构筑物和各种设施，塑造完整的建筑群体。

03.154　厂区总平面布置　general layout of plant
按照布置合理紧凑、节约用地、利于生产、方便施工、降低造价、缩短工期、具有先进的技术经济指标，满足长期安全、经济运行要求的全厂区的平面布置。

03.155　厂区竖向布置　vertical layout of plant
根据厂区地形地质条件，确定厂区建筑、构筑物的地面标高，降低土石方工程量，减少地基处理和基础工程的投资。根据厂区竖向布置，提出土石方开挖图。

03.156　主厂房远景规划布置　long-term planning arrangement drawing of main power building
根据已批准的发电厂规划容量和拟采用的不同发电机组，统筹考虑主厂房的柱距、跨度和屋架下弦标高等设计数据以及今后安装更大容量机组所需场地的主厂房布置图。

03.157 主厂房平面布置 plan arrangement of main power building
主厂房是安置电厂主要生产设备的建筑物。按照电厂的生产流程和施工、运行、维护、检修等特点对有关设备按平面进行布置。

03.158 主厂房断面布置 sectional arrangement of main power building
主厂房断面布置与平面布置配套，是主厂房布置的一种表示方式。按照电厂的生产流程和施工、运行、维护、检修等特点的对有关设备按断面进行布置。

03.159 主设备选择 selection of main equipment
根据工程具体情况和技术经济论证选择合适容量和性能参数的机组。一般采用的机组应满足节能降耗、污染物减排、节约用水的基本要求。

03.160 主要辅机选择 selection of main auxiliary equipment
根据发电厂主设备选型方案，选择与之相匹配的各工艺系统的主要辅机。

03.161 管道和仪表图 piping and instrument diagram
将全厂按热力系统分解为表示汽、水系统和设备管道的分部热力系统图。分部系统图中，要求详细表示出有关机械设备和管道的连接，管道、操作部件和安全保护装置的具体规范，该分部系统的全部压力、温度等检测仪表。这种分部系统图称为管道和仪表图。

03.162 汽水管道设计 piping design
根据热力系统、厂房结构和设备布置特点，对火电厂内有关设备之间的汽水管道所进行的选择、布置以及有关的计算工作。

03.163 电气主接线 main electrical connection scheme
根据电能输送和分配的要求，表示主要电气设备相互之间的连接关系，以及本变电站(或发电厂)与电力系统的电气连接关系，通常以单线图表示。电气主接线中有时还包括发电厂或变电站的自用电部分，常称作自用电接线。

03.164 厂用电系统 auxiliary power system
为发电厂变电站内部各用电负荷供电的系统。自用电系统由自用电电源、厂(站)用变压器和配电装置组成。

03.165 电气主设备布置 main electrical equipment layout
将电气主接线所确定的各项电气主设备进行合理布置的设计工作。这些设备的布置按区域大致可以分为：主厂房发电机出线间、发电机电压配电装置、主变压器区、升压站配电装置、厂用配电装置等几部分。

03.166 电缆选择和布置 cable selection and routing
根据有关电气设备的运行条件和不同需要，对电缆的绝缘等级、导线截面、总数和保护层材料做出的选择和根据电缆的功能和工作性质，以及连接对象位置和敷设环境，选定安装敷设方式的设计。

03.167 控制中心布置 control center layout
发电厂生产运行指挥中心内监视、控制和保护等装置的布置。控制中心通常有主控制室、单元控制室和网络控制室几种。对煤、灰、水等系统，设单独的车间控制室，或若干个合并的集中控制室。

03.168 不间断电源 uninterrupted power supply，UPS
当正常交流供电中断时，将蓄电池输出的直流变换成交流持续供电的电源设备。

03.169 事故备用电源 emergency power supply

发电厂或变电站内为保证事故照明、通信、保护、自动化等设备基本用电的紧急状态下可快速启动的备用电源。可以是柴油发电机组，也可以是取自与另一电源点相联的高压线路上的备用变压器。对于电网来说，一般由能够快速启动的电厂(如抽水蓄能电厂)做电网事故备用的电源。

03.170 直流[电源]系统 direct current system

发电厂或变电站中用于供给控制、保护、自动装置、事故照明、通信和汽轮机直流油泵等用电的独立的直流系统。此电源在发电厂或变电站完全停电的情况下，也能可靠供电。传统的直流系统均采用带端电池的蓄电池组，以浮充电方式运行。新的直流系统常使用附有蓄电池组的可控硅整流电源。

03.171 供水系统 water supply system

根据水源条件和电厂规划容量，为保证火电厂安全经济运行，能持续稳定地供给数量、质量和温度符合需要的用水，由水源取水口或冷却塔与水泵和管道组合连接的系统。

03.172 外部除灰和贮灰场 outside ash transportation and ash yard

厂区外部的灰渣输送方式，包括压力灰渣管道的敷设，灰渣运输车辆的配备，运输道路的规划，或皮带输送方式。贮灰场包括水灰场、干灰场、周转性临时灰场；灰场型式有山谷型灰场，平原型灰场，江、河、湖、海滩型灰场。

03.173 生活水系统 domestic water supply system

全厂生活用水的取水、水处理、输送、水供应等组成的整个系统。

03.174 消防设计 fire protection design

为保证电力工程安全生产，防止或减少火灾危害，保障人身和财产安全，采取的综合性防火技术措施和应急消防装备的统筹规划和安排。

03.175 建筑与结构 architecture and structure

布置发电厂、变电所主要工艺流程的设备和设施以及其他辅助和附属设备和设施所需的各种建筑物与构筑物。

03.176 发电厂总占地面积 total land area of power plant

厂区占地面积、铁路专用线用地面积、生活区用地面积、厂外道路用地面积、贮灰场用地面积、厂外工程管线用地面积、弃取土场用地面积、施工区及施工生活区用地面积以及不可预计的用地面积的总和。

03.177 厂区占地面积 land area within the boundary of power plant，production area of power plant

厂区围墙内(生产区)用地面积总和。

03.178 单位发电占地面积 total land area of power plant per kW

发电厂总占地面积与总额定发电机组容量之比。单位为 m^2/kW。

03.179 厂区建筑系数 building coverage of production area

厂区内建筑物和构筑物用地面积(不包括地下建筑)与厂区占地面积之比。

03.180 场地利用系数 land utilization factor

厂区内场地利用面积与厂区占地面积之比。

03.181 土石方工程量 volume of earth works

各项土石方工程量(挖方工程量、填方工程量)之总和。

03.182 挖方工程量 volume of excavated earth

works

各建(构)筑物基础开挖、各种沟、管道开挖、厂区铁路及专用铁路线开挖、厂外道路开挖及其他项目开挖的总开挖工程量。

03.183 填方工程量 volume of back filled earth works

经开挖的各项目完成施工后需要回填的土石方量。

03.184 厂区绿化系数 greening factor of plant area

绿化用地面积与厂区占地面积之比。

03.185 发电成本 power generation cost, cost of electricity, COE

发电总成本费用与销售电量之比。单位为元/(kW·h)。

03.186 燃料费 fuel cost

火电厂中用于发电而购入的燃料费用。

03.187 运行维护费 operation and maintenance cost

维持电力企业正常运行的费用。主要包括材料费、修理费、工资福利费及其他费用。

03.188 折旧费 depreciation cost

按固定资产额及其折旧年限，计算出的每年应分摊的费用。

03.189 工程预算 project cost budget

发电厂初步设计阶段(施工图设计阶段)各专业预算费用总计数。

03.190 工程决算 project final account

工程项目竣工后实际发生的全部建设费用。

03.191 建筑安装工程费 civil and erection cost

用于建筑施工及设备安装部分的工程费。

03.192 设备购置费 equipment procurement cost

用于购置设备部分的工程费。

03.193 其他费用 miscellaneous cost

主要包括建设场地费、建设管理费、建设技术服务费、生产准备费，以及大件运输措施费、水土保持补偿费、施工安全措施补助费、工程质量监督检测费等在内的费用。

03.194 静态工程投资概算 static project cost estimate

按概算编制年执行的标准、定额、税法、材料设备价格、收费标准以及工程项目设计工程费计算确定的费用。由建筑工程费、安装工程费、设备购置费、其他费用及基本预备费构成。

03.195 动态工程投资概算 dynamic project cost estimate

在静态工程投资概算的基础上，增加贷款利息、设备材料调价、融资费用、地方性收费等项目后的工程投资总费用。

03.196 工程总投资 total project cost

发电工程投资费用、送出工程投资费用、厂外通信工程、厂外道路以及外部协作项目费用等总计的投资费用。

03.197 发电工程投资 cost of power generation project

发电厂土建、工艺等各专业所需投资费用，即厂区部分的投资费用。

03.198 送出工程投资 cost of transmission line for connecting the power plant to the grid

发电厂通过电力出线把电能输送到各电网所需的投资费用。

03.199 发电工程每千瓦造价 cost of power generation project per kW

发电工程投资费用与发电厂容量之比。单位为元/kW。

03.200 工程国民经济评价 project national economic assessment

从国家整体角度考察项目需国家付出的代价和对国家的贡献，计算、分析项目综合平衡后对国民经济的净贡献，评价项目宏观的经济合理性。它是项目经济评价的核心。国民经济评价不可行的项目，一般应予否定。国民经济评价采用影子价格，重要参数由国民经济主管部门发布。

03.201 工程财务评价 project financial assessment

对电力工程项目的盈利性和财务状况进行评价，以评判建设项目财务上的可行性。

03.202 敏感性分析 sensitivity analysis

在电力工程财务评价时，需对可能的物价总水平变动因素，对项目赢利能力和补偿能力的影响，进行的分析。重点是投资指标、上网电量、安全条件和燃料价格，以合理估计本项目的竞争能力。

03.203 财务净现值 financial net present value，FNPV

按电力行业基准收益率将该项目各年的净现金流量折现到建设起点的现值之和。当财务净现值大于或等于零时，项目是可行的。财务净现值越大，项目的获利水平越高。

03.204 财务内部收益率 financial internal rate of return，FIRR

项目在计算期内净现金流量现值累计等于零时的折现率。是考察项目盈利能力的主要动态评价指标。

03.205 投资回收期 pay back time，PBT

电力项目的净收益抵偿全部投资所需要的时间。是反映项目投资回收能力的主要静态评价指标。

03.206 资金筹集 fund raising

企业为进行生产建设和经营活动而筹措和集中所需资金的工作。

03.207 现金流分析 cash flow analysis

对现金流入、流出的管理和分析。是企业财务管理中的重要内容之一。

03.208 项目管理方式 project management mode

组织实施工程项目建设的管理模式。

03.209 项目法人责任制 responsibility system of project legal person

建设项目出资者根据国家有关法律和法规组建的项目法人，依法对项目的策划、资金筹措、建设实施、生产经营、债务偿还和资本的保值、增值负责，享有相应权利的责任制度。

03.210 工程监理制 supervision system of construction

监理单位受项目法人委托，依据批准的工程项目建设文件、有关法律、法规和工程建设监理合同及其他工程建设合同，对工程建设进行监督、管理和咨询业务的责任制度。

03.211 资本金制 capital fund rule

对有关资本金筹集、管理、核算以及所有专责权利等事项所做的规定。

03.212 合同制 contracting system

电力工程的勘察、设计、施工、管理、设备和材料的采购，在实行招、投标后，中标单位与项目法人签订合同，在合同中明确工作范围、职责权限、质量和进度等，作为合同双方共同遵守的文件，具备法律责任。

03.213 招投标制 bidding and tendering system

项目法人就拟建工程准备指标文件，发布指标公告或信函，以吸引或邀请承包商购买指标文件和进行投标，直至确定中标者，签订招、投标合同的全过程。

03.214　工程投资管理　project investment management

为了实现预期的目标，对一定时间范围内的投资活动进行的计划、组织、复标和控制等工作。

03.215　工程质量管理　project quality management

为实现工程建设的质量方针、目标，进行质量策划、质量控制、质量保证和质量改造的工作。

03.216　工程计划管理　project planning management

以工程施工综合进度表为依据，按施工流程、工序衔接、交叉配合等要求和设计、设备、材料、机具、劳动力、资金等因素，在施工过程中不断调整，使工程顺利进行的管理工作。

03.217　工程技术管理　project technical management

对工程的全部技术活动所进行的管理工作。基本任务是贯彻国家技术政策、执行标准、规范和规章制度，明确划分技术责任，保证工程质量，开发施工新技术，提出施工技术水平。

03.218　施工安全管理　construction safety management

施工管理者运用经济、法律、行政、技术、舆论、决策等手段，对人、物、环境等管理对象施加影响和控制，排除不安全因素，以达到安全生产目的的活动。

03.219　施工组织设计　construction organization design

用以组织工程施工的指导性文件。在工程设计阶段和工程施工阶段分别由设计、施工单位负责编制。

03.220　施工总布置　construction general layout

对工程施工所需的施工用地、施工临时设施、施工区域划分、场地竖向布置、施工运输道路、施工力能供应管线和防洪排水等，用总布置的形式做出的统筹安排。

03.221　施工总进度　construction general schedule

对施工中的相关因素进行多方案比较、选择，按综合进度方案予以实施的进程。

03.222　施工控制性进度　construction critical path schedule

施工过程中关键路线所需的时间。是优化工期、加快施工进度需首先考虑的因素。

03.223　主要施工技术方案　major construction technical scheme

电力工程的主要设备安装、主要土建工程及关键项目施工的技术方案。

03.224　施工临时设施　temporary facilities for construction

为适应工程施工需要而在现场修建的临时建筑物和构筑物。

03.225　施工力能供应　energy and gases supply for construction

对施工所需的水、电、热、氧气、乙炔气、氮气、压缩空气等的供应。

03.226　施工物资供应计划　material supply plan for construction

在施工中所需的材料、机械、工具等，按施工进度要求，组织供应的计划。

03.227　施工机械管理　construction machine management

对施工机械从计划、制造、选购、安装(调试)、租赁(调度)、使用、维修(保管)、改造、更新的全过程所进行的管理活动。

03.228　施工专业化　construction specializa-

tion

发展专业化施工队伍，以利于专业技术的提高，加速专业机械的研发的一种施工方式。

03.229 施工工厂化 construction industrialization

将现场施工工作尽可能地在制造厂中完成的施工方式。

03.230 工程管理信息系统 project management information system

以计算机技术和信息、网络技术为基础，为工程的管理目标(低成本、短工期、高质量)服务的信息技术系统。

03.231 土建施工 civil construction

电力工程中的地基处理、土石方工程、地下工程、混凝土工程、建筑物和构筑物工程、坝体工程等的施工。

03.232 设备安装 equipment erection

在工程施工中，将设备安装就位连接成有机整体的工作。

03.233 调试 commissioning

电厂机组、变电站或某项设备在安装过程中及安装结束后移交生产前，按设计和设备技术文件规定进行调整、整定和一系列试验工作的总称。

03.234 分部试运 commissioning of individual equipment and subsystem

对单项设备或系统进行的动态检查和试验。

03.235 整套启动试运 unit start-up and commissioning

在完成分部试运的基础上，由调试、生产、施工单位共同参加，进行整套设备的启动试运，以达到试生产条件的过程。

03.236 热工保护投入率 utilization factor of thermal protection system

投入热工保护系统套数与热工保护系统设计总套数的百分比。

03.237 热工保护正确动作率 correct actuation ratio of thermal protection system

热工保护系统投运后，当保护条件成立时，保护正确动作的次数与保护动作总次数的百分比。

03.238 达标投产 putting into operation in compliance with standard

在工程建成投产后，在规定的考核期内，按照统一的标准，对投产的各项指标和建设过程中的工程安全、质量、工期、造价、综合管理等进行全面考核和评价的工作。

03.239 试生产 trial production

发电工程投资项目在完成机组整套启动调试和试运行后，至进入商业运行前的一个阶段。试生产的目标是全面完成和考核机组在各种工况下的运行和调试工作。

03.240 机组性能试验 performance test of units

按试验标准及合同中规定的性能要求确定的实际运行性能，以作为考核、验收机组是否达到合同中规定性能的依据，并作为指导机组运行的主要依据。

03.241 工程移交生产验收 project handover for operation

工程移交生产前的准备工作完成后，项目法人单位组织、筹办的工程移交验收。

03.242 工程竣工验收 project final acceptance

完成工程决算审查后，上级部门对工程所做的检查验收工作。

04. 电 力 系 统

04.001 电力系统 electric power system, power system
由发电、变电、输电、配电和用电等环节组成的电能生产、传输、分配和消费的系统。

04.002 交流系统 alternating current system, AC system
由交流提供电力的系统。

04.003 直流系统 direct current system, DC system
由直流提供电力的系统。

04.004 交直流并联输电 AC and DC transmission in parallel
用高压交流线路和高压直流线路并列输送电能的方式。

04.005 一次系统 primary system
由发电机、输电线路、变压器、断路器等发电、输电、变电及配电设备组成的进行电能生产、传输、分配、消费的系统。

04.006 二次系统 secondary system
电力系统中量测、保护、控制、通信及调度自动化等系统的总称。

04.007 互联电力系统 interconnected power systems
若干独立电力系统通过联络线或其他连接设备连接起来的系统。

04.008 电力系统互联 interconnection of power systems
在电力系统之间，通过线路和(或)变流、变电等设备交换电能的连接。

04.009 异步联接 asynchronous link
以直流输电或其他变频设备进行交流系统之间的连接。互联后允许非同步运行。

04.010 联网效益 benefit of interconnection
若干个独立电力系统互联所产生的经济和社会效益。

04.011 电力系统管理 power system management
为保证发电、变电、输电和配电设备以及整个系统有效运行，并充分保证供电的安全、可靠和经济性所采取的技术、行政、法规和经济等措施。

04.012 工频 power frequency
交流电力系统的标称频率值。我国电力系统的工频为 50 Hz。

04.013 系统标称电压 nominal voltage of a system
用于标志或识别系统电压的给定值。

04.014 电压等级 voltage level
在电力系统中使用的标称电压值系列。

04.015 低压 low voltage, LV
配电系统中 1 kV 及以下的交流电压等级。

04.016 高压 high voltage, HV
电力系统中高于 1 kV、并低于 330 kV 的交流电压等级。

04.017 超高压 extra-high voltage, EHV
电力系统中 330 kV 及以上,并低于 1000 kV 的交流电压等级。

04.018 特高压 ultra-high voltage, UHV
电力系统中 1000 kV 及以上的交流电压等级。

04.019 高压直流 high voltage direct current, HVDC

电力系统中±800 kV 以下的直流电压等级。

04.020 特高压直流 ultra-high voltage direct current, UHVDC
电力系统中±800 kV 及以上的直流电压等级。

04.021 系统运行电压 operating voltage in a system
在正常情况下，系统的指定点在指定时间的稳态电压值。

04.022 系统最高运行电压 highest operating voltage of a system
在系统正常运行的任何时间，系统中任何一点所出现的最高运行电压值。瞬态过电压(如由开关操作引起的)及不正常的暂态电压变化均不在内。

04.023 系统最低运行电压 lowest operating voltage of a system
在系统正常运行的任何时间，系统中任何一点所出现的最低运行电压值。瞬态低电压(如由开关操作引起的)及不正常的暂态电压变化均不在内。

04.024 线电压 line-to-line voltage, phase-to-phase voltage
多相交流电路中在给定点的两相[线]导体间的电压。

04.025 相电压 line-to-neutral voltage, phase-to-neutral voltage
多相交流电路中在给定点的相[线]导体与中性导体之间的电压。

04.026 线对地电压 line-to-earth voltage, phase-to-earth voltage
多相交流电路中在给定点的相[线]导体与参考地之间的电压。正常运行时线对地电压与相电压相同。

04.027 电力系统最大可能出力 maximum available output of power system
电力系统在一定时间内所有发电机组最大可能送出电力的总和。

04.028 电力系统最大发电负荷 maximum generation load of power system
电力系统单位时间内的最大负荷与网损值之和。其数值等于在日、月、季、年等单位时段内电力系统总发电功率的最大值再加(减)与该总发电功率最大值同一时刻的电力系统联络线受(送)电功率值。

04.029 电力系统最小发电负荷 minimum generation load of power system
电力系统单位时间内的最小负荷与网损值之和。其数值等于在日、月、季、年等单位时段内电力系统总发电功率的最小值再加(减)与该总发电功率最小值同一时刻的电力系统联络线受(送)电功率值。

04.030 发电机可能出力 generator available output
发电机组在保证连续、安全运行条件下所能达到的最大出力。

04.031 发电厂最小出力 minimum output of power plant
发电厂在保证连续、安全运行条件下所允许的最小出力。

04.032 发电计划 generation schedule
在规定周期内发电设备的运行安排。

04.033 基荷机组 base load generating set
承担电力系统日负荷曲线基底部分负荷的发电机组。

04.034 调节负荷机组 regulating load generating set
承担电力系统的负荷中变化部分的发电机组。

04.035 尖峰负荷机组 peak load generating set

在电网尖峰负荷时迅速带负荷的发电机组。一般不连续运行。

04.036　交流输电　AC power transmission

以交流形式输送电能的方式。

04.037　直流输电　DC power transmission

以直流形式输送电能的方式。

04.038　灵活交流输电　flexible AC transmission system, FACTS

又称"柔性交流输电"。基于电力电子技术对交流输电系统实施灵活、快速调节控制的交流输电方式。

04.039　超导输电　superconducting transmission

以超导材料作为导体输送电能的方式。

04.040　输电容量　transmission capacity

输电线路在规定工作条件下允许输送的最大有功功率。

04.041　输电效率　transmission efficiency

线路受端接受的有功功率占其送端送出有功功率的百分数。

04.042　电[力]网　electric power network, [electric power] grid

由输电、变电和配电三部分组成的整体。

04.043　输电　transmission of electricity, power transmission

从电源向用电地区输送电能。

04.044　变电　transformation of electricity, power transformation

通过电力变压器传输电能。

04.045　供电　power supply

按照诸如频率、电压、连续性、最大需量、供电点及费率等技术标准和商业规则，向消费者提供电力的服务。

04.046　电网结构　network structure, network configuration

电力网中各主要电气元件的电气连接形式。

04.047　电力系统图　power system diagram

电力系统结构的图形表示。

04.048　系统连接方式　system connection pattern

电力系统节点的布局及其连接方式。

04.049　系统运行结线方式　connection scheme of power system operation

表示满足特定运行条件的电力系统中各电气元件的连接方式。

04.050　系统单线图　one-line diagram

对三相交流电力系统中的各种元件，用规定的图形或符号，按它们的实际连接方式，以等效单线表示的系统电气接线图。

04.051　受端系统　receiving-end system

电力系统中以接受电能为主的局部系统。

04.052　送端系统　sending-end system

电力系统中以送出电能为主的局部系统。

04.053　主干电网　main grid

又称"网架(network frame)"。由系统区域性发电厂的变电站、系统负荷中心的枢纽变电站、开关站及连接它们的输电线路组成的电网。是整个电网中最重要的部分。

04.054　电磁环网　electromagnetic looped network

两条或两条以上不同电压等级的输电线路通过变压器的磁回路或电与磁的回路连接构成的环网。

04.055　网格系统　meshed system

由多个网孔组成，其任一节点均有多于一条支路与之相连的电力系统网络结构。

04.056　地下[输电]系统　underground sys-

tem
基本上由地下电缆组成的输电系统。

04.057　架空[输电]系统　overhead system
基本上由架空线路组成的输电系统。

04.058　电力系统联络线　tie line
实现电力系统互联的输电线路。

04.059　单电源供电　single supply
由一个电源向负荷供电。

04.060　双电源供电　duplicate supply
由两个相互独立的电源向负荷供电。

04.061　备用电源　standby supply
工作电源中断或不充足时可投入使用的独立电源。

04.062　馈线　feeder
由配电系统中主变电站向二次变电站供电的电力线路。

04.063　单馈线　single feeder，radial feeder
配电系统中仅从一端受电的电力线路。

04.064　支线　branch line
连接到主干线路中一点上的电力线路。

04.065　T 接线路　tapped line，teed line
带有分支线的线路。

04.066　接户线路　supply service，line connection
从配电系统供电到用户装置的分支线路。

04.067　分界点　delivery point
电力系统与电能用户之间(设备的或计量的)的交界处。

04.068　环形馈线　ring feeder
由单电源供电组成环形网的馈电线路。环形馈线可以开环运行，也可以闭环运行。

04.069　[三相系统]中性点　neutral point
三相交流电力系统中绕组或线圈采用星形连接的电力设备(如发电机、变压器等)各相的公共连接对称点和电压平衡点。其对地电位在电力系统正常运行时为零或接近于零。

04.070　中性点位移电压　neutral point displacement voltage
多相交流系统中，实际的或等效的中性点与参考地之间的电位差。

04.071　中性点接地方式　neutral point treatment，neutral point connection
中性点与参考地的电气连接方式。

04.072　中性点不接地系统　isolated neutral system，ungrounded neutral system
除保护或测量用途的高阻抗接地以外，中性点没有人工接地的非有效接地系统。

04.073　中性点直接接地系统　solidly earthed [neutral] system
中性点经零阻抗接地的有效接地系统。

04.074　中性点阻抗接地系统　impedance earthed [neutral] system
一个或多个中性点经具有阻抗的设备接地的系统。分高阻抗非有效接地和低阻抗有效接地。

04.075　中性点谐振接地系统　resonant earthed [neutral] system，arc-suppression-coil earthed [neutral] system
又称“中性点消弧线圈接地系统”。一个或多个中性点通过具有感抗的设备接地的系统。这些设备在单相对地短路时能大体上补偿线路的容性效应。

04.076　网损　transmission loss
电能经各级电压电网的输变电设备传输到终端电力用户前所产生的总有功传输损耗。

04.077　网损计算　calculation of transmission loss

电能经各级电压电网的输变电设备传输到终端电力用户所产生的传输损耗的计算。

04.078 厂用电率 rate of house power

发电厂直接用于发电生产过程的自用电量占发电量的百分比。

04.079 电力系统储能 energy storage of power system

将电力系统的电能转换成其他形式的能量储存起来，在需要时再转换成电能输入电力系统。如抽水蓄能电站、蓄电池和超导体储能等。

04.080 电力系统升级改造 reinforcement of a system

通过增加设备或更换电力系统某些损伤或老化部件(变压器、线路、发电机等)，以增加带负荷能力、改善供电质量或提高系统的经济性。

04.081 电力系统数学模型 mathematical model of power system

采用合适的数学方程，描述电力系统的物理特性和物理过程，使其达到用数学方法求解要求的数学表达式。

04.082 等效网络 equivalent network

在规定的边界节点上采用的替代网络与给定网络的电气特性表现相似的替代网络。

04.083 有源等效网络 active equivalent network

含有电压源和(或)电流源的等值网络。

04.084 无源等效网络 passive equivalent network

给定网络中的电压源短路、电流源开路，进行网络变换后得出的等值网络。

04.085 网络变换 network transformation, network conversion

将一种网络变换为另一种便于计算(易于处理)的网络。

04.086 星形-三角形变换 star-delta conversion, star-delta transformation

星形接线的网络变换成三角形接线的网络。是一种减少节点数的网络变换。

04.087 三角形-星形变换 delta-wye conversion, delta-star transformation

三角形接线的网络变换成星形接线的网络。是一种减少网络回路数的网络变换。

04.088 系统状态变量 system state variables

确定电力系统运行状态的最小一组变量。

04.089 系统参数 system parameter

表征系统元件特性的量。如电阻、电感、电容、阻抗、导纳、变压器变比等。

04.090 系统阻抗 system impedance

在系统计算(或考虑)点的系统侧等值阻抗。

04.091 故障阻抗 fault impedance

在故障点，故障相导线与地间或者与几个故障相导线间发生的非正常连接的阻抗。如故障电弧电阻等。

04.092 同步电机数学模型 mathematical model of synchronous machine

描述同步电机电枢绕组与磁极、电压、电流、磁势、磁链等电磁量与转矩和转速等机械量之间随时间和空间位置变化的相互关系的方程。

04.093 同步电机参数 parameter of synchronous machine

表征同步电机特性所用的量。如电阻、电抗、时间常数、转动惯量等，通常用标幺值表示，它与电机结构和运行方式有关，制造厂家常提供设计值，也可以通过试验或在线辨识求取。

04.094 同步电机相量图 phasor diagram of synchronous machine

用复数矢量表示随时间正弦变化的各相电压、电动势、电流、磁链(时间相量)以及在空间做正弦分布的磁密与磁通势(空间相量)，并把它们按一定规则画在一起的有相图。

04.095 派克方程 Park equation
在 dq0 坐标系统中表示的同步电机方程。是描述同步电机运行状态的基本方程之一。

04.096 转子运动方程 equation of rotor motion，swing equation
又称“摇摆方程”。描述电机定、转子运动特性的微分方程。表达了转动惯量以及转子角加速度与机械转矩、定子电磁转矩、机械阻尼和运动角速度等物理量之间的相互关系。

04.097 同步电机坐标系统 coordinate system of synchronous machine
利用数学变换将实际绕组中的电磁量转换为另一表达形式的电磁量，与这些表达形式相对应的坐标构成同步电机坐标系统。是建立同步电机数学模型的基础。

04.098 同步电机磁动势方程 magneto motive force equation of synchronous machine
表示同步电机运行中，励磁电流产生的励磁磁动势与电枢电流产生的电枢反应磁动势和气隙中合成磁动势三者之间关系的数学方程。

04.099 同步电机电动势方程 electromotive force equation of synchronous machine
同步电机运行中，励磁磁动势产生的励磁电动势、电枢反应磁动势产生的电枢反应电动势、漏抗电动势和电枢端电压和电枢电流在绕组中产生的阻抗压降等物理量构成的平衡关系方程。

04.100 直轴同步电抗 direct-axis synchronous reactance
同步电机的定子漏抗与电枢反应电抗之和。是基波电动势与基波电流之比。当考虑同步电机直轴和交轴气隙不均匀的影响时，它对应直轴磁阻的电枢反应电抗与漏抗之和。符号“X_d”。

04.101 交轴同步电抗 quadrature-axis synchronous reactance
对应同步电机交轴磁阻的电枢反应电抗与定子漏抗之和。符号“X_q”。

04.102 直轴暂态电抗 direct-axis transient reactance
又称“直轴瞬态电抗”。在同步电机出现突然短路所产生的电磁暂态过程中，忽略转子阻尼绕组作用时所对应的直轴同步电抗。符号“X'_d”。

04.103 交轴暂态电抗 quadrature-axis transient reactance
又称“交轴瞬态电抗”。在同步电机的电磁暂态过程中，忽略转子阻尼绕组作用时所对应的交轴同步电抗。符号“X'_q”。

04.104 直轴超/次暂态电抗 direct-axis subtransient reactance
又称“直轴超/次瞬态电抗”。在同步电机的电磁暂态过程中，对应起始变化时在阻尼绕组起作用下所对应的直轴同步电抗。符号“X''_d”。

04.105 交轴超/次暂态电抗 quadrature-axis subtransient reactance
又称“交轴超/次瞬态电抗”。在同步电机的电磁暂态过程中，对应起始变化时在阻尼绕组起作用下的交轴电抗。符号“X''_q”。

04.106 同步电机的时间常数 time constant of synchronous machine
表征同步电机在暂态及次暂态过程中，各电磁量变化快慢的参数。衰减的时间常数与各绕组的电阻漏感和互感有关，可以用计算和试验方法求得。

04.107 机组惯性常数 inertia constant of a set

表征同步电机转子机械惯性的参数。与转子飞轮力矩和转速的平方成正比，与电机额定视在功率成反比。

04.108 同步发电机暂态电势 voltage behind transient reactance of a synchronous generator

研究同步电机瞬变过程时，为便于计算分析，由磁链方程推导出反映转子磁链的电势量，当不计入转子阻尼绕组的作用时，为暂态电势。

04.109 同步发电机超/次暂态电势 voltage behind subtransient reactance of synchronous generator

研究同步电机瞬变过程时，为便于计算分析，由磁链方程推导出反映转子磁链的电势量，当计入转子阻尼绕组的作用时，为超暂态电势。

04.110 直轴暂态短路时间常数 direct-axis transient short-circuit time constant

同步电机的电枢绕组突然短路，此时转子阻尼绕组开路(或无阻尼绕组)时，电枢电流直轴暂态分量衰减的时间常数。符号“T'_d”。

04.111 直轴超/次暂态短路时间常数 direct-axis subtransient short-circuit time constant

同步电机的电枢绕组突然短路，此时转子阻尼绕组和励磁绕组为闭路时，电枢电流直轴初始暂态分量衰减的时间常数。符号“T''_d”。

04.112 直轴暂态开路时间常数 direct-axis transient open-circuit time constant

同步电机的电枢绕组开路且在额定电压下运行，励磁绕组突然短路(阻尼绕组开路或无阻尼绕组)时，电枢电压的暂态分量衰减的时间常数。符号“T'_{d0}”。

04.113 直轴超/次暂态开路时间常数 direct-axis subtransient open circuit time constant

同步电机的电枢绕组开路且在额定电压下运行，励磁绕组突然短路(阻尼绕组为闭路)时，电枢电流的初始暂态分量衰减的时间常数。符号“T''_{d0}”。

04.114 交轴暂态短路时间常数 quadrature-axis transient short-circuit time constant

同步电机的电枢绕组突然短路时，因交轴阻尼绕组的作用而发生的电枢电流暂态分量衰减的时间常数。符号“T'_q”。

04.115 交轴超/次暂态短路时间常数 quadrature-axis subtransient short circuit time constant

同步电机的电枢绕组突然短路时，因交轴阻尼绕组的作用而发生的电枢电流初始暂态分量衰减的时间常数。符号“T''_q”。

04.116 交轴暂态开路时间常数 quadrature-axis transient open-circuit time constant

同步电机的电枢绕组开路且励磁绕组突然短路时，因交轴阻尼绕组的作用而发生的电枢电压暂态分量衰减的时间常数。符号“T'_{q0}”。

04.117 交轴超/次暂态开路时间常数 quadrature-axis subtransient open-circuit time constant

同步电机的电枢绕组开路且励磁绕组突然短路时，因交轴阻尼绕组的作用而发生的电枢电压初始暂态分量衰减的时间常数。符号“T''_{q0}”。

04.118 电枢时间常数 armature time constant

同步电机的电枢绕组突然短路时，电枢绕组电流的直流分量衰减的时间常数。符号“T_a”。

04.119 保梯电抗 Potier reactance

计及转子漏磁影响的定子漏抗。通过试验可得出空载特性曲线和零功率因数负载特性曲线，并可画出特性三角形求取定子漏磁电抗，考虑转子漏磁影响时的特性三角形为保梯三角形，据此求得的定子漏抗。

04.120 定子[绕组]电阻 stator [winding] resistance

定子单相绕组的电阻值。具体数值可以通过施加直流电压测取。

04.121 短路比 short-circuit ratio

同步发电机空载产生额定电压所需的励磁电流值与三相稳定短路时产生额定电流所需的励磁电流值之比。其计算用标幺值表示的直轴同步电抗不饱和值的倒数与饱和系数的乘积。

04.122 同步发电机功[率]角 power angle of synchronous generator

(1)在时间意义上，为同步发电机电势相量图上空载电势与端电压之间的相位差。(2)在空间意义上，为气隙合成磁场基波分量的轴线与磁极直轴在空间的相位差。

04.123 同步发电机静[态]稳定 steady state stability of synchronous generator

同步发电机受到微小干扰后，不考虑发电机励磁和调速系统作用时，具有恢复到原工作状态的能力。

04.124 同步发电机动[态]稳定 dynamic stability of synchronous generator

同步发电机受到微小干扰后，考虑发电机励磁和调速系统作用时，具有恢复到稳定工作状态的能力。

04.125 同步发电机暂[态]稳定 transient stability of synchronous generator

同步发电机受到大干扰后，例如负荷突变、线路分合闸或发生短路故障，具有维持同步运行的能力。

04.126 同步电机参数测定 measurement of synchronous machine parameter

通过空载试验、稳态短路试验、突然短路试验、零功率因数试验等。试测定同步电机的电阻、电抗和时间常数等。

04.127 同步电机不平衡负荷承受能力 permissible unbalanced loading operation of synchronous machine

同步电机在允许的附加温升值条件下，能承受不平衡负荷运行的能力。

04.128 同步电机的振荡 oscillation of synchronous machine

由于系统干扰或电网和电机配合等问题，导致同步电机机械功率和电磁功率不平衡，使同步电机的转速、电流、电压、功率以及转矩等均发生周期性变化的现象。振荡分自由振荡和强制振荡两类。

04.129 同步电机的突然短路 sudden short-circuit of synchronous machine

同步电机的绕组与绕组之间或绕组与外壳(或地)之间发生的非正常短接。使定、转子绕组内会出现很大的冲击电流，可能造成电机本身结构的损坏，并对电网及相关设备造成不利的冲击。突然短路根据故障现象分为三相突然短路、两相突然短路、单相对中性点突然短路三种。

04.130 同步电机的电枢反应 armature reaction of synchronous machine

同步电机电枢三相绕组电流产生的电枢基波合成旋转磁势与转子磁极在转向和转速上都是一致的，但因相对位置的不同可以产生不同状态的气隙合成磁势，这种电枢电流合成磁势对主极磁场的作用和影响称为电枢反应。

04.131　励磁系统数学模型　mathematical model of excitation system

描述同步发电机励磁系统(包括励磁调节器)物理过程的数学方程。是电力系统机电暂态过程数学模型的重要组成部分，主要应用于电力系统稳定计算。

04.132　静止整流器励磁　stationary rectifier excitation

一种交流励磁机励磁系统。副励磁机经晶闸管整流供主励磁机励磁，在机外有专门的整流柜，对旋转交流主励磁机输出的交流电流经整流后再通过滑环和电刷送入转子励磁绕组。

04.133　无刷励磁　brushless excitation

全称“*旋转整流器励磁系统*”。整流器固定在转子上，其输出端接同步发电机转子励磁绕组，不需要电刷和集电环。

04.134　复合[整流器]励磁　compound rectifier excitation

励磁功率取自发电机机端电流与电压两个电源，经静止换流器整流后再通过滑环和电刷输入到发电机转子励磁绕组。

04.135　自并励静止励磁系统　potential source rectifier excitation

励磁功率取自静止交流电压源，经静止换流器整流后再通过滑环和电刷输入到发电机转子励磁绕组的励磁方式。系统包括励磁变压器和可控或不可控的整流装置。交流励磁功率可以取自发电机端，或厂用变的母线，或同步发电机内的独立绕组。

04.136　谐波励磁　harmonic excitation

全称“*谐波辅助绕组励磁系统*”。通常采用三次谐波励磁。在发电机定子槽中附加一组独立的三次谐波辅助绕组，从定子引出谐波交流电压，经静止换流器整流后再通过滑环和电刷送入发电机励磁绕组。

04.137　强行励磁　forced exciting

简称“*强励*”。在正或负的方向上快速驱动同步发电机励磁电压的一种控制作用。发电机励磁系统通过快速切除励磁回路电阻或改变晶闸管触发角至最小等方法，使励磁系统瞬间输出最大可能的励磁电流。

04.138　顶值电压　ceiling voltage

在规定的条件下励磁系统输出端能够提供的最大直流电压。

04.139　励磁［调节］控制系统　excitation control system

以同步电机电压或无功功率为主要调节对象，采用同步电机、励磁机以及与其联结的电网在内的系统状态量作为反馈信号，调节励磁功率的控制系统。包括同步发电机及其励磁系统的反馈控制系统。

04.140　自动电压调节器　automatic voltage regulator，AVR

维持同步发电机电压在预定值或按照计划改变端电压的一种同步发电机调节器。当同步电机的端电压、无功功率等发生变化时，根据相应的反馈信号自动控制励磁机的输出电流，以达到自动调节同步电机端电压或无功功率的目的。

04.141　高起始响应励磁系统　high initial response excitation system

在规定条件下能够在小于或等于 0.1 s 时间内达到最高电压和额定励磁电压之间差的95%的一种励磁系统。

04.142　系统稳态　steady state of a power system

不考虑系统状态变量变化过程的电网运行状态。

04.143　电力网计算　electric power network calculation

利用电力系统网络拓扑、元件参数和其他已知运行参量对电力网的运行状态进行分析所作的计算。

04.144 潮流 power flow，load flow
电力系统的一个稳态运行状态，给出运行中各发电机、输电线路、变压器等电力设备中发出或输送的功率及各母线上的电压值。

04.145 潮流计算 load flow calculation
在给定电力系统网络拓扑、元件参数和发电、负荷参量条件下，计算有功功率、无功功率及电压在电力网中的分布。

04.146 标幺制 per unit system
又称“相对值”。系统中所有参数和变量都以有名值与同单位基准值的比值来表示的体制。

04.147 有名制 system of unit
系统中所有参数和变量都以其有名值(含单位)表示的体制。

04.148 基准值 base value
为进行标幺值的计算，而选择的作为全系统统一基准的三相功率和线电压的值。

04.149 无限大母线 infinite bus
电网的一个节点，此节点电压的幅值、相位和频率预先设定，在各种运行条件下保持恒定。

04.150 参考节点 reference node
电网计算中设定的一个节点，此节点电压的相位在复数平面上可以任意给定，系统中其他节点电压相位根据该节点电压相位来确定。

04.151 无源节点 passive bus
注入有功功率及无功功率均为零的节点。

04.152 负荷节点 load bus，PQ bus
又称“PQ 节点”。电网计算中设定的预先给定了负荷的有功功率和无功功率注入量的节点。

04.153 电压控制节点 voltage controlled bus，PV bus
又称“PV 节点”。电网计算中设定的预先给定了发电机的有功功率注入量和电压幅值的节点。

04.154 电压中枢点 voltage pilot node
在电力系统中选定的其电压可被调整的发电厂和枢纽变电站的母线。该节点电压变化对其所在区域的电压水平有重要影响。

04.155 平衡节点 balancing bus，Vθ bus
又称“Vθ 节点”，“松弛节点(slack bus)”。电网计算中设定的，其电压幅值和相角预先给定的节点。计算得到的该节点注入功率使电网所有节点注入功率和电网功率损耗总和取得平衡。

04.156 节点导纳矩阵 bus admittance matrix，Y bus matrix
以导纳的形式描述电力网络节点注入电流和节点电压关系的矩阵。它给出了电力网络连接关系和元件特性的全部信息。

04.157 节点阻抗矩阵 bus impedance matrix，Z bus matrix
以阻抗形式描述电力网络节点注入电流和节点电压关系的矩阵。是节点导纳矩阵的逆矩阵。

04.158 高斯-赛德尔法 Gauss-Seidel method
一种非线性代数方程组的迭代解法。最早用于解算电力系统潮流。这种方法具有程序编制简单、占用内存少的优点，但算法收敛性差，计算时间长。

04.159 牛顿-拉弗森法 Newton-Raphson method
一种非线性代数方程组的迭代解法。用于

解算电力系统潮流。这种方法收敛性好，但每次迭代计算时间长，是目前计算潮流分布的常用方法。

04.160 快速分解法 fast decoupled method

又称“PQ 分解法”。由牛顿-拉弗森法派生出来的一种潮流计算方法。它利用高压电网节点的有功注入功率的变化主要与有关节点的电压相位角变化有关、无功注入功率的变化主要与有关节点的电压幅值变化有关的特性，进行有功无功交替迭代，减小了计算规模，加快了计算速度。

04.161 潮流计算直流法 DC method of power flow calculation

计算电力系统有功潮流分布的一种基于线性模型的简化快速算法。

04.162 状态估计 state estimation

在给定网络拓扑结构及元件参数的条件下，利用遥测遥信信息估算电力系统运行状态。

04.163 量测冗余度 measurement redundancy

表征可用于网络状态估计的量测富余程度的一个数值。用公式表示为：$r = m/(2n-1)$。式中：r 表示量测冗余度；m 表示电网中测量量总数；n 表示电网节点总数。电网可观测的必要条件是量测冗余度大于等于 1。

04.164 负荷数学模型 mathematical model of load

负荷特性的数学表达。

04.165 负荷电压特性 voltage characteristics of load

负荷的功率与端电压的关系。

04.166 负荷频率特性 frequency characteristics of load

负荷的功率与系统频率的关系。

04.167 动态负荷特性 dynamic characteristics of load

负荷功率与负荷端电压和/或频率之间的动态关系。通常用微分方程描述。

04.168 静态负荷特性 steady state characteristics of load

负荷的功率与负荷端电压和/或频率之间的静态关系。通常用代数方程描述。

04.169 [系统]短路 short-circuit

电力系统处于正常运行状态时，突然发生相间或相与地间的非正常连接，电力系统的运行状态发生急剧变化的一种故障状态。

04.170 短路计算 short-circuit calculation

电力系统发生短路时，对短路后的电流、电压及其分布的计算。

04.171 短路容量 short-circuit capacity

电力系统中某点的三相稳态短路电流、系统标称电压与系数 $\sqrt{3}$ 三者之乘积。通常以兆伏安(MVA)表示。

04.172 短路电流允许值 short-circuit current capability

在规定的短路持续时间内，电气设备允许通过的短路电流值。

04.173 远端短路 far-from generator short circuit

短路电流的对称交流分量的值在短路过程中基本保持不变的短路。表明作为电源的电机对于短路电流的变化量贡献较小。

04.174 近端短路 near-to generator short-circuit

至少有一台同步发电机供给短路点的对称短路电流初始值超过这台发电机额定电流两倍的短路；或同步和异步电动机反馈到短路点的电流超过不接电动机时该点的对称短路电流初始值的 5%的短路。表明作为电源的电机对于短路电流的变化量贡献较大。

04.175 短路电流 short-circuit current
在电路中，由于短路而在电气元件上产生的不同于正常运行值的电流。

04.176 短路点电流 current at the short-circuit point
电力系统发生短路时，流经短路点的电流。

04.177 故障电流 fault current
由于故障而流经电网给定点或给定元件的电流。

04.178 故障点电流 current at the fault point
由于故障而流经故障点的电流。

04.179 短路电流周期分量 periodic component of short-circuit current
电力系统发生突然短路时，短路电流中所含的工频交流分量。

04.180 预期短路电流 prospective short-circuit current
电源不变，将短路点用阻抗可忽略的理想的金属性连接代替时，流过短路点的电流，即金属短路时的短路电流。

04.181 对称短路电流 symmetrical short-circuit current
三相对称短路时，短路电流中的对称交流分量的有效值。

04.182 对称短路电流初始值 initial symmetrical short-circuit current
三相对称短路时，短路电流中对称交流分量的初始有效值。符号“I_k''”。

04.183 对称短路视在功率初始值 initial symmetrical short-circuit [apparent] power
由对称短路电流交流分量初始值和系统标称电压 U_n 决定的视在功率。用下式计算：$S_k''=\sqrt{3}\,U_n I_k''$。符号“$S_k''$”。

04.184 短路电流非周期分量 aperiodic component of short-circuit current
又称“短路电流直流分量”。短路电流上下包络线间的平均值。该值约在 0.2 s 内从初始值衰减到零值。

04.185 短路电流峰值 peak short-circuit current
又称“短路冲击电流”。短路电流的最大瞬时值(峰值)。在短路发生后半个周期即 0.01 s 出现，约为短路电流周期分量峰值的 1.8~2 倍。

04.186 稳态短路电流 steady state short-circuit current
暂态过程衰减消失后，短路电流的稳态有效值。

04.187 暂态短路电流 transient short-circuit current
突然三相短路瞬间，包含励磁绕组作用的短路电流的周期分量电流。

04.188 次暂态短路电流 subtransient short-circuit current
突然三相短路瞬间，计及转子阻尼绕组作用的短路电流的周期分量。

04.189 短路电流的热效应 heat effect of short-circuit current
短路电流流经电网的导线和设备时所发生的发热现象。

04.190 [电力]系统事故 power system failure
由于电力系统设备故障或错误操作，影响电能供应数量或质量并超过规定范围的事件。引起电力系统事故的原因是多方面的，如自然灾害、设备缺陷、管理维护不当、检修质量不好、外力破坏、运行方式不合理、继电保护误动作和人员工作失误等。

04.191　[电力]系统事故处理　power system emergency control and restoration

消除电力系统事故起因，调整电力系统运行方式和恢复正常运行的过程。

04.192　[电力系统]故障　fault in power system

电力系统中出现的导致系统中设备失灵，危害系统运行的不正常事件。

04.193　绝缘故障　insulation fault

电力系统中由于导体与地之间或导体与导体之间绝缘性能降低或消失而引起的故障。

04.194　损坏性故障　damage fault

一种引起故障点设备损坏，为恢复正常运行需要对其进行修理或更换的故障。

04.195　非损坏性故障　non-damage fault

无需检修或更换故障点设备或其部件的故障。

04.196　永久性故障　permanent fault

一种影响设备运行，不采取措施就不能恢复设备正常运行的故障。

04.197　瞬时故障　transient fault

一种仅短暂影响电气设备的介电性能，且可在短时间内自行恢复的故障。

04.198　金属性短路　dead short

又称“直接短路”。故障点的阻抗为零的故障。

04.199　线路故障　line fault

发生在电力线路上的故障。

04.200　母线故障　busbar fault

发生在变电站母线上的故障。

04.201　负荷转移　load transfer

电网局部故障或存在故障风险时，负荷在电网中的重新分配。

04.202　三相[对称]短路　three phase [symmetrical] fault

回路某一点发生的三相之间绝缘破坏。通常是对地的绝缘破坏。

04.203　不对称短路　unsymmetrical short-circuit

除三相短路外的其他短路故障。

04.204　单相接地故障　phase-to-earth fault, single line-to-ground fault

三相电力系统中，仅在一相导线与地之间出现的绝缘破坏。

04.205　两相相间故障　phase-to-phase fault, line-to-line fault

三相电力系统中出现的对地绝缘良好，但两相导线之间的绝缘破坏。

04.206　两相对地故障　two phase-to-earth fault，double-line-to-ground fault

三相电力系统中的某一点出现的两相导线与地之间的绝缘破坏。

04.207　双重故障　double faults

在一回线路或出自同一电源的多回线路上，两个不同位置同时发生的故障。

04.208　多重故障　multiple faults

在一回线路或自同一电源的多回线路上，两个以上不同位置同时发生的故障。

04.209　发展性故障　developing fault

从单相对地故障(或相间故障)开始，发展成为两相故障或三相故障。

04.210　故障清除　fault clearance

从电力系统中自动或手动断开发生故障的设备以消除该故障对电力系统的影响，维持或恢复供电。

04.211　正序网络　positive sequence network

由电力系统正序网络拓扑和元件的正序参数确定的计算网络。

04.212 负序网络 negative sequence network
由电力系统负序网络拓扑和元件的负序参数确定的计算网络。

04.213 零序网络 zero sequence network
由电力系统零序网络拓扑和元件的零序参数确定的计算网络。

04.214 正序阻抗 positive sequence impedance
应用对称分量法计算时，正序电压与正序电流之比。

04.215 负序阻抗 negative sequence impedance
应用对称分量法计算时，负序电压与负序电流之比。

04.216 零序阻抗 zero sequence impedance
应用对称分量法计算时，零序电压与零序电流之比。

04.217 正序短路电流 positive sequence short-circuit current
不对称短路电流中的正序分量，即对不对称三相电流用对称分量法求得的正序分量电流。

04.218 负序短路电流 negative sequence short circuit current
不对称短路电流中的负序分量，即对不对称三相电流用对称分量法求得的负序分量电流。

04.219 零序短路电流 zero sequence short-circuit current
不对称短路电流中的零序分量，即对不对称三相电流用对称分量法求得的零序分量电流。

04.220 运算曲线法 calculation curve method
利用运算曲线求取短路发生后任意时刻所对应的短路电流周期分量有效值的方法。

04.221 电力系统稳定性 power system stability
给定运行条件下的电力系统，在受到扰动后，重新回复到运行平衡状态的能力。系统中的多数变量可维持在一定的范围，使整个系统能稳定运行。根据性质的不同，电力系统稳定性可分为功角稳定、电压稳定和频率稳定三类。

04.222 系统暂态 transient state of a power system
考虑系统状态变量变化过程(一般是短时的)的电网运行状态。

04.223 暂态过程 transient
当电力系统遭受到大干扰后，电力系统从一种运行状态急剧地向另一种运行状态过渡的过程。

04.224 小扰动 small disturbance
干扰量和干扰变动速率相对较小的扰动。在小扰动时，电力系统发生较小的状态偏移和振荡，描述电力系统动态行为的微分方程可以通过线性化处理进行计算分析。

04.225 大扰动 large disturbance
干扰量和干扰变动速率相对较大的扰动。如输电线路短路、突然开断等。在大扰动时，电力系统发生很大的状态偏移和振荡，描述电力系统动态行为的微分方程不能做线性化处理，需要考虑电力系统的动态变化过程。

04.226 功角稳定 power angle stability
电力系统受到扰动后，系统内所有同步电机保持同步运行的能力。

04.227 电压稳定 voltage stability
电力系统在受到扰动后，凭借系统本身固有的特性和控制设备的作用，维持所有母线电压在可接受范围的能力。

04.228 [电力系统]电压崩溃 voltage collapse

电力系统全局或局部发生电压不可逆转的降低，最终失去电压的现象。电压崩溃期间通常发生发电机组和(或)线路相继停运。

04.229 频率稳定 frequency stability

系统在受到致使发电和负荷功率严重不平衡的大扰动后，维持系统平稳频率的能力。

04.230 [电力系统]频率崩溃 frequency collapse

电力系统整体或被解列后的局部出现较大有功功率缺额，发生不可逆转的频率降低，造成电力系统或局部系统大停电的现象。

04.231 小扰动稳定性 small signal stability, small disturbance stability

又称“小干扰稳定性”。电力系统运行于某一稳态运行方式时，系统经受小扰动后，能恢复到受扰动前状态，或接近扰动前可接受的稳定运行状态的能力。根据性质的不同，小扰动稳定可分为小扰动功角稳定和小扰动电压稳定。其主要特征是可以用线性化的方法来研究。

04.232 大扰动稳定性 large disturbance stability

电力系统运行于某一稳态运行方式时，系统受到大扰动后，系统中各同步发电机能维持同步运行的能力。根据性质的不同，大扰动稳定可分为大扰动功角稳定(暂态功角稳定)和大扰动电压稳定。

04.233 电力系统中长期稳定性 medium and long term stability

电力系统遭受到严重故障后，系统在长过程内维持正常运行的能力。与暂态稳定的几个周波到数秒的过程相区别，中期稳定主要考虑 10 s 至几分钟的动态过程，长期稳定主要考虑几分钟及以上的动态过程。慢速控制元件如负荷频率控制、自动发电控制、系统减负荷控制等都会对其产生影响。

04.234 电力系统静态稳定性 steady state stability of a power system

电力系统受到小扰动后，不发生非周期性的失步，能自动恢复到初始运行状态的能力。属小扰动功角稳定性的一种类型。

04.235 电力系统静态不稳定性 steady state instability of a power system

电力系统受到小干扰后，由于缺乏同步转矩而引起发电机转子角逐步增大的现象。

04.236 电力系统动态稳定性 dynamic stability of a power system

电力系统受到小的或大的干扰后，在自动装置参与调节和控制的作用下，系统保持稳定运行的能力。

04.237 电力系统暂态稳定性 transient stability of a power system

又称“大扰动功角稳定性”。电力系统受到大扰动后，各同步发电机保持同步运行并过渡到新的运行状态或恢复到初始运行状态的能力。通常指保持第一或第二个振荡周期不失步的功角稳定。

04.238 稳定储备系数 stability margin

电力系统实际运行状态离稳定极限远近程度的系数。是衡量整个系统安全运行的重要标志。

04.239 稳定措施 stabilizing measure

保证和提高电力系统稳定性(包括静态、暂态和动态稳定等)的各种技术手段。

04.240 电力系统稳定器 power system stabilizer, PSS

一种安装在发电机自动电压调节装置上用于改善电力系统动态稳定性的附加励磁控制装置。

04.241 快速切除故障 fast fault-clearing

电力系统出现故障后，有关的继电保护和相关装置尽可能快地切除故障，以缩小故障影响并恢复电力系统稳定运行的措施。

04.242 切负荷 load shedding, load rejection
事故情况下，为维持电力系统的功率平衡和稳定性，将部分负荷从电网上断开。

04.243 快速励磁 high response excitation
电力系统发生事故时，为了提高发电机内电动势，加大同步力矩，提高系统暂态稳定性，而快速增加发电机的励磁电流。

04.244 系统稳定计算 system stability calculation
按电力系统的物理过程建立数学模型，利用数学方法求解数学模型，对电力系统的稳定性能进行分析所作的计算。

04.245 直接法 direct method
不依赖全过程数值仿真，直接判断电力系统暂态稳定性的一种快速算法。

04.246 交流电机内角 internal angle of an alternator
交流电机的内电动势和其端电压之间的相角差。

04.247 两电动势间相角差 angle of deviation between two EMF
两台同步发电机内电动势之间的相角差。

04.248 摇摆曲线 swing curve
稳定计算和实测得到的发电机转子间相对角度随时间变化的曲线。

04.249 电力系统模拟装置 power system simulator
又称“电力系统仿真装置”。以研究电力系统及其各种控制装置为目的，应用相似原理或基于数学模型，在实验室中建立原型电力系统的物理或数学模拟的装置。

04.250 电力系统动态模拟 dynamic simulation of power system
根据相似性原理，用小型物理系统模拟实际电力系统动态过程。

04.251 电力系统数字仿真 digital simulation of power system
利用数字处理设备，为电力系统的物理过程建立数学模型，并用数学方法求解所进行的计算研究。

04.252 暂态网络分析仪 transient network analyzer, TNA
研究电力系统内过电压过程的物理或数学模型。

04.253 电力系统振荡 power system oscillation
电力系统中的电磁参量(电流、电压、功率、磁链等)的振幅和机械参量(功角、转速等)的大小随时间发生等幅、衰减或发散的周期性变化的现象。

04.254 自持振荡 self-sustained oscillation
当系统受到干扰时，由于其阻尼不足或负阻尼，发电机转子的功角和其他变量发生导致系统稳定破坏的增幅或等幅振荡现象。

04.255 低频振荡 low frequency oscillation
系统受到干扰后，由于阻尼不足或负阻尼引起发电机的转子角、转速，以及相关电气量(如线路功率、母线电压等)发生近似等幅或增幅的频率较低的振荡。一般在0.1~2.5 Hz。

04.256 同步摇摆 synchronous swing
系统消除干扰后恢复到稳态同步运行的中间过程。当电力系统受到干扰(但电力系统未失步)时，系统中并列运行的发电机因机械输入功率与电磁输出功率间不同程度的不平衡，产生发电机转子间的相对运动，系统中的发电机相对功角发生周期性变动，系统的各运行参数都发生与系统自然振荡频率相应的周期性脉动。

04.257 次同步谐振 subsynchronous resonance

交流输电系统采用串联电容补偿后，其电气系统固有频率可能会与汽轮发电机轴系的自然扭振频率形成谐振关系，此时如系统受到扰动，电气系统与汽轮发电机轴系之间可能会产生的次同步频率功率交换。

04.258 次同步振荡 subsynchronous oscillation

汽轮发电机轴系会与电力系统功率控制设备，如高压直流输电系统，静止无功补偿系统等，发生相互作用，产生的低于同步频率的振荡。

04.259 非同步振荡 asynchronous oscillation

当电力系统受到大的干扰或由于负阻尼而失去同步稳定后，系统中的发电机相对功角将发生在 0°~360°之间的剧烈变化，引起系统的各运行参数发生大幅度振荡，直至故障消除或发电机恢复同步，系统振荡逐步衰减，能达到系统的稳定运行。

04.260 振荡周期 oscillation period

电力系统振荡时，电压、电流、功率幅值等变化一个周期的时间。

04.261 电力系统正常状态 normal state of power system

电力系统能以质量合格的电能满足负荷用电需求，同时系统中的电气设备都运行在其限制值内的运行状态。

04.262 电力系统警戒运行状态 alert state of power system

当前电力系统处于正常运行状态，但是发生 N−1 开断后，会发生电气设备违反运行约束的稳态运行状态。

04.263 电力系统紧急运行状态 emergency state of power system

电力系统静态紧急状态和电力系统动态紧急状态的总称。电力系统静态紧急状态是指系统中存在电气设备违反运行约束的稳态运行状态；电力系统动态紧急状态是指电力系统遭受大干扰后，发生电力供需失去平衡的机电暂态过程，系统中发生违反运行约束的运行状态。

04.264 电力系统恢复状态 restoration state of power system

电力系统在经历紧急状态后，事故已被抑制，力求将系统恢复到正常运行的状态。

04.265 电力系统瓦解 power system collapse

由于电力系统功角稳定破坏、频率崩溃、电压崩溃、事故的连锁反应或自然灾害等原因造成系统分裂并大面积停电的事故状态。

04.266 电力系统黑启动 power system black start

当电力系统发生重大事故，导致系统全停或瓦解、用户供电中断后，依靠部分不需外来电源支持即可启动的机组作为电力系统恢复的动力来源，使电力系统逐步恢复运行、逐步恢复对用户供电。

04.267 电力系统运行 power system operation

在充分和合理地利用能源和运行设备能力条件的前提下，尽可能安全、经济地向电力用户提供持续、数量充足、符合一定质量标准的电力和电能。

04.268 系统运行方式 system operating plan

为电力系统在正常状态及非正常状态下运行而编制的运行方案。

04.269 正常运行方式 normal system operating plan

保障电力系统在正常状态下安全、经济运行的方案。

04.270 稳态运行 steady state operation
电力系统正常的、运行参数可视为不变的运行状态。

04.271 正常检修运行方式 normal maintenance operating plan
电力系统中主要设备检修时的运行方案。

04.272 事故运行方式 emergency operating plan
为电力系统在发生事故时可以暂时维持运行而编制的非正常运行方案。

04.273 事故后运行方式 operating plan after accident
为电力系统在发生事故后可以维持运行而编制的非正常运行方案。

04.274 最小运行方式 minimum operating plan
当系统负荷水平最低时，为电力系统生产和运行编制的运行方案。

04.275 最大运行方式 maximum operating plan
当系统负荷水平最大时，为电力系统生产和运行编制的运行方案。

04.276 季运行方式 seasonal operating plan
为在次季内电力系统生产和运行而编制的运行方案。

04.277 年运行方式 yearly operating plan
为在次年内电力系统生产和运行而编制的运行方案。

04.278 两相运行 two phase operation
单回三相高压输电线路中线路的一相发生故障而跳闸后，另外两相线路继续短时供电的运行方式。

04.279 同步时间 synchronous time
电力系统同步电钟指示的时间。

04.280 同步时间偏差 deviation of synchronous time
电力系统同步时间与标准时间的偏差。

04.281 系统同步运行 synchronous operation of a system
系统中所有的同步电机都以同步转速运行的系统状态。

04.282 发电机组计划运行 scheduled operation of a generating set
在规定的期间内，指定某台发电机组按预先规定的出力曲线或指令运行。

04.283 电机同步运行 synchronous operation of a machine
连接到电网的各同步电机运行的电角速度与电网频率相一致的状态。实际运行条件下，电机的角速度围绕理想值会有微小的变化。

04.284 同步电机异步运行 asynchronous operation of synchronous machine
转子转速不等于同步转速的运行状态。是一种特殊或故障情况下的运行状态，常发生在失磁运行等情况下。

04.285 失步运行 out-of-step operation
并联同步电机运行时，两台或者多台同步电机之间的相角差增大，最后失去同步的运行状态。

04.286 失磁运行 loss of excitation
发电机运行时发生失去励磁的故障，从而使得发电机处在输出有功功率的同时大量吸收无功功率的失磁异步运行状态。

04.287 再同步 resynchronization
当电力系统之间或发电机与电力系统之间因故障失步后，采用调整负荷和发电机输出功率或其他控制措施，使它们之间恢复同步运行的操作及过程。

04.288 并联同步电机振荡 hunting of interconnected synchronous machines

并联运行的各同步电机间的振荡。此时这些电机的相对转子角是在一平均值的上下摇摆，但仍保持同一变化频率。

04.289 两系统同步 synchronization of two systems

使两系统的频率、电压幅值和相位相等，以便使其互联。

04.290 自同步并列 self-synchronization

将未加励磁的空载同步发电机接入电力系统后，立即给发电机加励磁，由系统将其拖入同步的操作和过程。

04.291 准同步并列 quasi-synchronization

将同步发电机并入电网的一种方法。它将运转的发电机先加励磁并待其达到同步条件(电压的频率、相位、幅值接近)时进行并列操作。

04.292 并列 interconnection

电力系统或发电设备按规定的技术要求，相互连接在一起进行同步运行的操作。

04.293 解列 splitting

电力系统或发电设备由于保护或安全自动装置动作或按规定的要求，解开相互连接使其单独运行的操作。

04.294 电网解列 islanding，network splitting

一个电力系统分裂为两个或多个孤立运行系统的过程或操作。电网解列既可能是一种周密计划的紧急措施，也可能是自动保护或调节作用的结果，或是人为错误造成的。

04.295 解列点 splitting point

电网的联络线或设备在电网解列时的预定断开处。

04.296 合环 ring closing

将电力系统中的发电厂、变电站间的输电线路从辐射运行转换为环式运行或形成环式连接。

04.297 解环 ring opening

将电力系统中的发电厂、变电站间的输电线路从环式运行转换为辐射运行或断开环式连接。

04.298 电网局部辐射运行 radial operation of a part of a network

电网局部各点均由一条通道受电的运行方式。

04.299 电网局部环式运行 ring operation of a part of a network

电网局部的每一点都能从一个或两个电源沿两条不同线路供电的运行方式。如果该电网中每一点正常都由两条线路供电，则该运行方式称“闭环”；如果该电网中每一点可以从两条线路中的一条供电，则该运行方式称“开环”。

04.300 孤立系统 isolated power system，island [in a power system]

电力系统中和其他电力系统间失去互联的一部分或独立运行的系统。

04.301 孤立运行 isolated operation

电网解列之后，电力系统某部分短时独立的稳定运行。

04.302 互联运行 interconnected operation

几个通过交流线路、变压器、直流联结线或其他互联装置进行连接的电网能够相互交换电力的运行状态。

04.303 分网运行 separate network operation

一个电力系统与相邻系统解列后的运行状态。

04.304 并联运行 interconnected operation

互联电力系统或电网元件(如线路、变压

器、发电机)间的同步运行。

04.305 电力系统异常运行 abnormal operation of power system

电力系统受到干扰后，可能失去稳定或发生异常情况的不正常运行状态。如设备过负荷、非同步运行、频率和电压异常等。

04.306 电力系统频率异常运行 abnormal frequency operation of power system

电力系统受到干扰后，系统频率发生异常变化的不正常运行状态。

04.307 周期性电压变化 cyclic voltage variation

系统中的某节点电压由于负荷的变化或调压设备的操作而引起的缓慢的、准周期性的变化。

04.308 不平衡运行 unbalanced operation

由于负荷不平衡或其他原因导致电力系统三相电压或电流的幅值或相位不平衡的运行状态。

04.309 异步运行 asynchronous operation

并列运行的同步发电机以不同于同步转速的转速运行的状态。

04.310 非全相运行 open phase operation

又称“断相运行”。交流电力系统中单相或两相断开后的非正常运行状态。

04.311 功率/频率调节 power /frequency control

根据系统频率的变化和联络线交换功率的变化而对发电机组有功功率的调节。

04.312 调频方式 mode of frequency regulation

按照电力系统频率调整准则和方法执行的系统频率调整方式。通常有三种：①按给定运行频率调整；②按给定的联络线交换功率进行调整；③按给定的运行频率和联络线交换功率进行综合调整。

04.313 一次调频 primary control [of the speed of generating sets]

通过各原动机调速器来调节发电机组转速，以使驱动转矩随系统频率而变化的调频方式。一次调频是有差调节，只能将频率控制在一定范围内。负荷的增量由调速器作用使发电机有功出力增加和负荷功率随频率的下降而自动减少两个方面共同调节来平衡。

04.314 二次调频 secondary control [of active power in a system]

由人工或自动调频装置改变某些指定发电厂中发电机调速器的设定值，将频率调整到要求的范围内的调频方式。二次调频既可实现频率的有差调节，又可实现频率的无差调节。

04.315 发电机组[二次]功率调节 [secondary] power control operation of a generating set

发电机组的功率按二次调频装置的指令进行的调节。

04.316 机组频率静特性 droop of a set

描述发电机出力变化和系统频率变化之间关系的量，是系统频率变化标幺值$(\Delta f)/f_n$和发电机输出功率变化标幺值$(\Delta P)/P_n$之比，用公式表示为：$\sigma=(\Delta f/f_n)/(\Delta P/P_n)$。式中：$f_n$为标称频率；$P_n$为原动机的额定有功功率。

04.317 [电力]系统频率静特性 droop of a system

电力系统频率变化标幺值和对应的系统有功功率需量变化标幺值之比。

04.318 系统功率/频率[调节]特性 regulating energy of a system，power/frequency characteristic of a system

在没有二次调频时，电力系统有功功率需量变化与对应的频率变化之比。

04.319 功率调节范围 controlling power range
系统可以控制的各发电机组有功功率调节范围的总和。

04.320 发电机组的调节范围 control range of a generating set
发电机组有功功率的调节范围。

04.321 调频容量 frequency regulating capacity
系统中调频电厂总的最大可调出力与总的最小技术出力之差。

04.322 功[率]角 power angle
同步发电机经交流输电线路向系统输电时，发电机等值电势与受电端系统电压之间的相位角差或电力系统中并联运行的各同步发电机等值电势之间的相位角差。

04.323 传输角 transmission angle
交流输电线路送受两端电压向量相位角间的差值。

04.324 功角特性曲线 power angle characteristics
表示同步发电机向系统输送的有功功率与功率角之间关系的曲线。

04.325 [电力]系统调峰 peak load regulating of power system
为满足电力系统日尖峰负荷需要，对发电机组出力所进行的调整。

04.326 调峰方案 peak load regulating scheme
为满足电力系统日负荷峰谷差的需要，保证电力系统安全、经济运行所进行的调峰容量安排和设备配置计划。

04.327 调峰容量 peak load regulating capacity
系统中调峰电厂总的最大可调出力与总的最小技术出力之差。

04.328 强送电 forced energization
高压线路发生故障跳闸后，为尽早恢复供电，对曾发生故障的设备强行全电压充电的方法。

04.329 线路过负荷能力 overload capacity of transmission line
线路允许超过其额定载流量运行的能力。

04.330 联络线输送容量 transmission capacity of a link
在特定的条件下，根据系统联络线的物理和电气特性以及稳定性要求而确定的该联络线可能输送的最大功率。

04.331 电压监控点 voltage monitoring node
为了对电网的电压进行监视和调整而选取的一些能反映系统电压水平的主要发电厂和具有无功调整设备的变电所母线作为监控的枢纽点。

04.332 调压方式 voltage control method
对电力系统电压和无功功率进行调整的方式。通常有：逆调压、顺调压和常调压三种。

04.333 逆调压 contrary control of voltage
在电压允许偏差值范围内，通过对供电电压的调整，使电网高峰负荷时的电压值高于低谷负荷时的电压值的一种调压方式。

04.334 顺调压 natural control of voltage
在电压允许偏差值范围内，通过对供电电压的调整，使电网高峰负荷时的电压值低于低谷负荷时的电压值的一种调压方式。

04.335 常调压 constant control of voltage
又称“恒调压”。在电压允许偏差值范围内，通过对供电电压的调整，使电网高峰负荷时的电压值和低谷负荷时电压值基本相同的一种调压方式。

04.336 纵向电压调节 in-phase voltage control

通过附加可变纵向电压分量实现的电压调节，即引入与被控电压相位一致的附加电压。

04.337 横向电压调节 quadrature voltage control

通过附加可变横向电压分量实现的电压调节，即引入与被控电压相位垂直的附加电压。

04.338 无功[功率]电压调节 reactive power voltage control

通过调整系统中无功功率分布来调节电压。

04.339 无功[功率]补偿 reactive power compensation

应用各种无功功率调节措施改善电网无功功率分布和电压水平，也是降低系统网损的方法之一。

04.340 快速调节型无功补偿装置 fast response reactive power compensator

基于大功率晶闸管元件等新型电力电子器件实现的能自动、快速调节无功功率输出并实现快速无功补偿的装置。

04.341 串联补偿 series compensation

利用串联接入的电容器组减小线路阻抗的一种无功功率补偿方式。

04.342 并联补偿 shunt compensation

通过将电抗器、电容器或其他补偿设备并联接入电网的一种无功功率补偿方式。

04.343 静止无功补偿装置 static var compensator，SVC

由静止器件构成的并联、可控、无功补偿装置。通过改变其容性和(或)感性等效阻抗来调节输出以维持或快速控制电力系统的特定参数(典型参数是电压、无功功率)。包括晶闸管控制电抗器、晶闸管投切电容器和晶闸管投切电抗器等。

04.344 发电机调相运行 condenser operation of a generator

发电机作为调相机运行的方式。指发电机不发出有功，而是发出感性或者容性的无功。

04.345 供电连续性 continuity of power supply

在给定的时间内，以系统不停电运行的连续时间来表示的供电性能。

04.346 停电 interruption of power supply

中断对用户的供电。

04.347 负荷恢复 load recovery

电压恢复后，系统或用户的负荷以与负荷相关特性的速率恢复正常的过程。

04.348 缺供电量 energy not supplied

在给定时间内，由一个或几个非正常条件而引起电力系统少供的电量。包括通过减负荷或切负荷的作用而造成的负荷中断或负荷缩减。

04.349 每千瓦时停电损失 cost of kWh not supplied，loss of power outage per kW • h

在一个给定的系统中，对由供电中断引起的经济损失除以供电中断少供电量(以kW • h 表示)的评估。

04.350 负荷备用 load reserve

由于用电负荷预测的误差和负荷的可能变化，系统要设置一定的可快速调用的发电备用容量。

04.351 事故备用 emergency reserve

由于发电设备可能发生故障而影响供电，系统必须设置一定的可快速调用的发电容量作为发电设备可能发生故障时的备用。

04.352 检修备用 maintenance reserve

为保证系统内的发电设备进行定期检修而不致影响供电，应根据系统水电、火电配合及年负荷变化等情况设置一定的发电容量作为发电设备进行定期检修时的备用。

04.353 热备用 hot reserve, spinning reserve
又称“旋转备用”。电网需要时，随时可立即动用的备用出力。热备用(包括部分负荷备用和事故备用)容量包括在运行的机组容量内。

04.354 冷备用 cold standby reserve
电网需要时，随时能启动投入的备用机组容量。

04.355 备用容量系数 reserve capacity factor
系统备用容量占系统最高负荷的百分数。

04.356 联络线负荷 connection line load, tie-line load
通过电网联络线的功率。

04.357 自动低频减负荷 automatic under frequency load shedding
当电力系统全系统或解列后的局部系统出现有功功率缺额并引起频率下降时，根据频率下降的幅度，自动切除足够数量的较次要负荷，以保证系统安全运行和重要用户不间断供电的技术措施。

04.358 负荷的功率调节系数 power regulation coefficient of load
静态负荷特性中，负荷有功功率和无功功率分别对电压和频率的一次导数项的系数。包括负荷的有功电压调节系数、有功频率调节系数、无功电压调节系数和无功频率调节系数。

04.359 系统需量控制 system demand control
对电力系统用户的电力需量进行的控制。

04.360 电力系统安全分析 power system security analysis
利用潮流和稳定分析程序等工具，对系列预想事故进行分析和计算，以分析系统的安全性。包括静态安全分析和动态安全分析。

04.361 电力系统安全控制 power system security control
以保持电力系统安全运行为主要目的，同时考虑电能质量和运行经济性的控制。

04.362 电力系统继电保护 power system relay protection
在电力系统事故或异常运行情况下动作，保证电力系统和电气设备安全运行的自动装置。

04.363 电力系统继电保护配置 disposition of power system relay protection
根据电力系统的特性、结构和电力系统事故或异常运行类型，设计、安装、配置技术性能符合要求和相互协调的保护和安全自动装置。

04.364 反事故措施 anti-accident measure
根据电网结构、运行方式、继电保护状况并考虑由于人员过失及恶劣气候造成的系统事故而事先制定的防范对策和紧急处理办法。

04.365 切机和远方切机 tripping of unit and remote tripping of unit
电力系统中发生故障，在继电保护动作切除故障的同时，通过相关装置切除发电厂中部分发电机组，或通过通信通道发送信号至送端发电厂联锁切除部分发电机组，以保证系统的稳定运行。

04.366 电力平衡 power balance
电力系统中发电功率与电力负荷及网络损耗的平衡。

04.367 电量平衡 energy balance
电力系统规划设计和电力生产调度在进行电力平衡后，对规定的时间内(如年、月、日)各类发电设备的发电量与预测需用电量的平衡。

04.368　电力电量综合平衡　comprehensive balance of power and energy
电力系统总发电量与总负荷用电量以及系统联络线交换电量在任何时刻都达到平衡的全部运行调整过程。

04.369　电力系统有功功率平衡　active power balance of power system
维持电力系统总发电和储能设备的有功功率与总负荷有功功率以及系统联络线交换的有功功率在任何时刻都达到平衡的全部运行调整过程。

04.370　电力系统无功功率平衡　reactive power balance of power system
电力系统的所有无功源的无功功率与系统的无功负荷相平衡。其目的在于维持各种运行方式下电力网各点的电压水平，确定系统的无功补偿方案。

04.371　负荷预测模型　load forecasting model，load forecasting method
又称“负荷预测方法”。应用于负荷预测的模型或方法。

04.372　时间序列分析法　time series analysis method
根据历史统计资料，总结出电力负荷发展水平与时间先后顺序关系的需电量预测方法。有简单平均法、加权平均法和移动平均法等。

04.373　用电单耗法　electricity consumption per unit output method
根据生产单位产品的产量或产值所耗用的电量，以及预测期生产的产品产量或产值，来预测预测期用电量的方法。一般分为产品产量单耗法和产品产值单耗法两种预测方法。

04.374　回归分析法　regression analysis method
利用数理统计原理，对大量的统计数据进行数学处理，并确定用电量与某些自变量之间的相关关系，建立一个相关性较好的回归方程，并加以外推，用于预测今后用电量的分析方法。

04.375　弹性系数法　elastic coefficient method
用电力弹性系数预测用电量的方法。用于远期粗略的负荷预测。电力弹性系数是用电量的平均年增长率与国民生产总值(或社会总产值)平均年增长率的比值。

04.376　负荷密度法　load density method
根据不同规模城市的调查，参照城市的发展规划、人口规划、居民收入水平的增长情况等，用每平方千米面积用电千瓦数来测算城乡负荷水平的方法。

04.377　[电力]负荷曲线　[power] load curve
作为时间函数的电力系统负荷变化曲线。分有功负荷曲线和无功负荷曲线。

04.378　日负荷曲线　daily load curve
按一天中0时至24时的时序出现的电力系统负荷大小绘出的曲线。

04.379　周负荷曲线　weekly load curve
表示每天最大负荷变化状况的曲线。常用于可靠性和电源优化计算。

04.380　月[最大]负荷曲线　monthly [peak] load curve
一个月内每天最高负荷连接形成的曲线。

04.381　年最大负荷曲线　annual peak load curve
以一年12个月为序，将每月综合最高(峰值)负荷连接起来的负荷曲线。

04.382　年持续负荷曲线　annual load duration curve

按一年中系统负荷数值大小及其持续小时数顺序排列绘制而成的曲线。据此曲线可求出系统负荷的全年电能消耗量。

04.383 有功负荷 active load
电力系统电能中可以转换为机械能、热能等形式做功的部分功率。

04.384 无功负荷 reactive load
用于电场和磁场之间连续交换电能的电力负荷中不做功部分的功率。包括电力系统中感性元件及电力电子电路中吸收的无功功率等。

04.385 低谷负荷 valley load
在给定的期间(如：一天)系统负荷较低时间段中的负荷值。

04.386 最低负荷 minimum load
在给定的期间(如：一天)系统出现的最小负荷。也是低谷负荷的最低值。

04.387 基本负荷 base load
简称“基荷”。一般指最低负荷以下部分的负荷。

04.388 尖峰负荷 peak load
简称“峰荷”。在给定的期间(如：一天)系统负荷较高时间段的负荷值。一天中可能有多于一个峰荷时间段。

04.389 最高[大]负荷 top load, maximum load
在给定的期间(如：一天)系统出现的最大负荷。也是尖峰负荷的最高值。

04.390 腰荷 shoulder load
日负荷曲线中，介于尖峰负荷与低谷负荷之间的负荷。

04.391 日[平均]负荷率 daily [average] load ratio
一天内的平均负荷与最大负荷的比率。

04.392 日[最小]负荷率 daily [minimum] load ratio
一天内最小负荷与最大负荷的比率。

04.393 负荷同时率 load coincidence factor
在一段规定的时间内，一个电力系统综合最高负荷与所属各个子地区(或各用户、各变电站)各自最高负荷之和的比值。一般是小于 1 的数值。其倒数称为“负荷分散系数(load diversity factor)”。

04.394 有功电能 active energy
电磁能中可以转换为其他形式能量的电能。

04.395 冲击负荷 impact load
相对于系统负荷而言，突然间变化很大的负荷。

04.396 被切负荷 cut-off load
在断电之前正在供电的负荷。

04.397 可控负荷 controllable load
在供电部门要求下，按合同可以限制用电一段时间的特定用户的负荷。

04.398 负荷中心 load center
电力系统中负荷相对集中的地区。

04.399 不对称负荷 unsymmetrical load
三相负荷不均衡的负荷。表现为三相电流不相等、三相电流间的相角差不等于 120°电角度。

04.400 年利用小时数 annual utilization hours
按额定容量计算的，一年中发电设备的等值利用小时数，即发电设备全年发电量与该发电设备以额定功率运行的全年发电量之比值。

04.401 削峰填谷 peak load shaving
通过发电侧或用电侧的调度，将尖峰负荷时段内的部分负荷安排到低谷负荷时段内，以便削减系统的尖峰负荷、增加系统的低谷负荷，提高负荷率。

04.402 电力短缺 power shortage
任何时刻出现的与电力需量相比的可用电力不足。

04.403 电能短缺 energy shortage
在一段时间内与电能需量相比的可用电能不足。

04.404 经济负荷 optimum load，economical load
电网某一元件在规定条件下综合成本最低的负荷。

04.405 功率损耗 power loss
某一时刻电网元件或全网有功输入总功率与有功输出总功率的差值。

04.406 电能损耗 energy loss
功率损耗对时间的积分。

04.407 输电损耗 transmission loss
输电网中设施和设备等引起的功率损耗。

04.408 配电损耗 distribution loss
配电网中设施和设备引起的功率损耗。

04.409 [电能]损耗因数 [energy] loss factor
最大功率损耗等值时间与规定时间之比。

04.410 损耗费用现在值 present value of cost loss
按现值计算的年度损耗费用。

04.411 停电费用 supply interruption costs
由停电造成的社会经济损失费用的估算值。

04.412 电能质量 power quality
关系到供电、用电系统及其设备正常工作(或运行)的电压、电流的各种指标偏离规定范围的程度。

04.413 电能质量监测 power quality monitoring
采用符合规范的测试仪器或设备对电网中所关心节点的电能质量相关指标进行测量并与限值对比分析的过程。

04.414 电能质量评估 power quality evaluation
基于实测数据或通过建模仿真，对电网电能质量各项指标做出的评价。

04.415 电能质量控制 power quality control
通过采用能够对电能质量进行调节和控制的设备改善或提高电能质量的过程。

04.416 供电点 supply terminals
供电(配电)系统与用户电气系统的联结点。

04.417 公共连接点 point of common coupling
电力系统中一个以上用户的连接处。

04.418 供电质量 quality of supply
供电电源的电压质量和供电可靠性。专指用电方与供电方相互作用和影响过程中供电方的责任。

04.419 供电可靠性 power supply reliability，service reliability
供电系统对用户持续提供充足电力的能力。

04.420 用电质量 quality of consumption
用户电力负荷对公用电网的干扰水平。干扰因素包括谐波电流、负序电流、零序电流、用电功率因数、无功功率波动和有功功率冲击等。专指用电方与供电方之间相互作用和影响中用电方的责任。

04.421 频率偏差 deviation of frequency
系统频率的实际值和标称值之差。

04.422 频率合格率 frequency eligibility rate

电网频率在允许偏差内的时间与统计时间的百分比。

04.423 供电电压 supply voltage
供电点处的线电压或相电压。

04.424 电压质量 voltage quality
实际电压各种指标偏离规定值的程度。

04.425 电压偏差 deviation of supply voltage
一种相对缓慢的稳态电压变动。用某一节点的实际电压与系统标称电压之差对系统标称电压的百分数来表示。

04.426 电压合格率 voltage eligibility rate
在电网运行中，一个月内，监测点电压在合格范围内的时间总和与月电压监测总时间的百分比。

04.427 欠电压 undervoltage
一种特定类型的长时间电压持续变化，指被测电压均方根值比额定电压至少低 10%（典型值为 0.8~0.9 p.u.）且持续时间大于 1 min 的电压变化。

04.428 电压恢复 voltage recovery
在发生电压崩溃、消失或下降后，系统电压恢复到额定值的过程。

04.429 电压消失 loss of voltage
供电点电压的均方根值为零或接近零。

04.430 电压调整 voltage regulating
对电压均方根值进行控制或使之稳定的做法。

04.431 三相电压不平衡 three phase voltage unbalance
三相电压在幅值上不同或其相位差不是120°，亦或兼而有之。常用负序或零序电压与正序电压之比的百分数表示。

04.432 三相电流不平衡 three phase current unbalance
三相电流在幅值上不同或其相位差不是120°，亦或兼而有之。常用负序或零序电流与正序电流之比的百分数表示。

04.433 电压波动 voltage fluctuation
电压均方根值一系列的相对快速变动或连续的改变。

04.434 闪变 flicker
由于电压波动引起的人眼对灯光闪烁的主观感觉。由于约定俗成，工程中常常用电压闪变来描述电压波动和闪变两种现象。

04.435 公用电网谐波 harmonics in public supply network
公用电网中某些用电设备的非线性特性或负荷的非线性快速时变，即所加的电压与电流不成线性关系而造成的波形畸变。

04.436 波形畸变 waveform distortion
稳定状态偏离了理想的工频正弦波形（主要由偏离的频谱量表征）。主要有：谐波、间谐波、陷波、直流偏置和噪声五种基本形式。

04.437 基波分量 fundamental component
对周期性交流量进行傅里叶级数分解，得到的频率与工频相同的分量。

04.438 谐波分量 harmonic component
周期性交流量的傅里叶级数中次数高于 1 的分量。其频率为基波频率的整数倍。

04.439 间谐波成分 interharmonic component
周期性交流量中含有非基频频率（非 50 Hz）整数倍的频率分量。

04.440 谐波源 harmonic source
向公用电网注入谐波电流或在公用电网中产生谐波电压的电气设备。

04.441 陷波 notching
又称“电压波形缺口”。电力电子装置进行

正常电流换相时导致的周期性电压波形的局部畸变。

04.442　[直流]偏置　DC offset

交流电力系统中存在的直流电流或者直流电压。

04.443　电压暂降　voltage dip，voltage sag

电力系统中某点工频电压均方根值暂时降低至系统标称电压的 0.01~0.9 p.u.，并在短暂持续 10 ms~1 min 后恢复到正常值附近。

04.444　电压暂升　voltage swell

由供电电源提供的工频电压暂时升高。电压均方根值上升到 1.1~1.8 p.u.之间，持续时间为 10 ms~1 min。

04.445　短时间电压中断　short time interruption of voltage

一相或多相电压瞬时跌落到 0.01 p.u(或 0.1 p.u.)以下，且持续时间为 3 s~1 min。

04.446　微[型]电网　micro-grid

包括分布式电源、储能装置、负荷和监控、保护装置的小型发配电系统。是一个能够实现自我控制、保护和管理的系统。既可以与大电网并网运行，也能以孤立电网独立运行。可向用户提供电能[和热能]。

04.447　低电压过渡能力　low voltage ride through，LVRT，fault ride through，FRT

曾称“低电压穿越”。小型发电系统在确定的时间内承受一定限值的电网低电压而不退出运行的能力。

05.　继电保护与自动化

05.001　继电保护　relay protection

对电力系统中发生的故障或异常情况进行检测，从而发出报警信号，或直接将故障部分隔离、切除的一种重要措施。

05.002　继电保护装置　relay protection equipment

一个或多个保护元件(如继电器)和逻辑元件按要求组配在一起、并完成电力系统中某项特定保护功能的装置。

05.003　继电保护系统　relay protection system

具有继电保护功能的装置与有关电气设备(如互感器、通信联系设备、跳闸电路等)所组成的整个系统。

05.004　继电保护试验　relay protection test

应用测试设备和通电试验的方法研究、考核、设定继电保护装置的动作性能或设计、运行中的问题。

05.005　保护区　protected section，protected zone

电力系统(或网络)中应用规定保护的那部分区域。

05.006　保护范围　reach of protection

预期由保护装置所保护覆盖的范围。超过此范围非单元保护将不动作。

05.007　保护重叠区　overlap of protection

由厂站中不同设备的多套保护所保护的共同区间。

05.008　欠范围　underreach

距离保护的最短保护区段整定值的等效范围短于被保护区范围的状态。

05.009　超范围　overreach

距离保护的最短保护区段整定值的等效范围长于被保护区范围的状态。

05.010　主保护　main protection

满足系统稳定和设备安全要求，能以最快速度有选择地切除被保护设备和线路的保护。

05.011　后备保护　backup protection
主保护设备或断路器拒动时，用于切除故障或结束异常情况的保护。

05.012　辅助保护　auxiliary protection
为补充主保护和后备保护的性能或当主保护和后备保护退出运行而增设的简单保护。

05.013　备用保护　standby protection
通常不处于工作状态、但可切换到工作状态以代替其他保护的保护。

05.014　瞬时保护　instantaneous protection
不带预定延时的保护。

05.015　延时保护　delayed protection，time-delayed protection
带预定延时的保护。

05.016　方向保护　directional protection
预定只对位于继电保护装置安装点一个方向的故障动作的保护。

05.017　电路近后备保护　circuit local backup protection
由激励主保护的仪用互感器或由主保护同一个一次电路中的仪用互感器激励的后备保护。

05.018　变电站近后备保护　substation local backup protection
由与相应的主保护位于同一变电站内、但不共用同一个一次电路的仪用互感器激励的后备保护。

05.019　远后备保护　remote backup protection
位于远离相应的主保护所在变电站的另一变电站内的后备保护。

05.020　断路器失灵保护　circuit-breaker failure protection
预定在相应的断路器跳闸失败的情况下通过启动其他断路器跳闸来切除系统故障的一种保护。

05.021　双重保护　duplicate protection
对被保护的电力元件用功能相同、安装相近但相对独立的两套保护装置进行的保护。

05.022　继电保护可靠性　reliability of relay protection
继电保护装置在给定条件下的给定时间内完成规定保护功能的概率。

05.023　继电保护可信赖性　dependability of relay protection
继电保护装置在给定条件下的给定时间内不拒动的概率。

05.024　继电保护安全性　security of relay protection
继电保护装置在给定条件下的给定时间内不误动的概率。

05.025　继电保护选择性　selectivity of relay protection
继电保护装置检出电力系统故障点(故障区或相)的能力。

05.026　继电保护快速性　rapidity of relay protection
继电保护装置快速切除(或反映)故障元件(设备)或终止异常状态发展的能力。

05.027　继电保护灵敏性　sensitivity of relay protection
继电保护装置对设定范围内的故障或异常状态，能够可靠的进行预定反映和动作的能力。

05.028　电力系统异常　power system abnormality

超出电力系统正常条件以外的电气工作条件。如电压、电流、功率、频率、稳定性等。

05.029 电力系统故障 power system fault
由于偶然事件的发生或电力元件缺陷，引起电力元件本身或其他相关设备的功能失效或危情发生。

05.030 简单故障 simple fault
电力系统中只有一处发生故障的单一故障。

05.031 复合故障 combination faults
电力系统中同时发生的(同一地点或不同地点)两个或更多个的故障。

05.032 短路故障 shunt fault，short-circuit fault
在有关电力系统的频率下，具有电流流过两相或多相之间或者流过相与地之间的特征的故障。

05.033 接地故障 ground fault
由于导体与地连接或对地绝缘电阻变得小于规定值而引起的故障。

05.034 纵向故障 series fault，longitudinal fault
通常由一相或两相断开造成的三相的各相阻抗不相等的故障。

05.035 双回线故障 double circuit fault
在两个并行的回路上的同一地理位置同时发生的两个短路故障。

05.036 系统间故障 intersystem fault
涉及两个不同电压等级电力系统的故障。

05.037 跨线故障 cross country fault，cross circuitry fault
涉及两个或多个电力回路导体的故障。

05.038 区外故障 external fault
保护区外部的电力系统故障。

05.039 连锁故障 cascading faults of complicated
由于电力系统电气量间的相互关联，当某一故障发生时随之引发的其他故障。

05.040 继电器 relay
当输入量(激励量)的变化达到规定要求时，在电气输出电路中使被控量发生预定的阶跃变化的一种电器。

05.041 功率继电器 power relay
具有电流和电压两个输入量(激励量)并按规定对电功率做出相应动作的一种继电器。

05.042 电压继电器 voltage relay
输入量(激励量)是电压并当其达到规定的电压值时做出相应动作的一种继电器。

05.043 电流继电器 current relay
输入量(激励量)是电流并当其达到规定的电流值时做出相应动作的一种继电器。

05.044 电抗继电器 reactance relay
具有电流和电压两个输入量(激励量)并对相应电路电抗值做出响应动作的一种继电器。

05.045 阻抗继电器 impedance relay
具有电流和电压两个输入量(激励量)并对相应电路阻抗值做出响应动作的一种继电器。

05.046 频率继电器 frequency relay
以电压或电流为输入量(激励量)并对输入量的频率做出相应动作的一种继电器。

05.047 同步检查继电器 synchronism detection relay，synchrocheck relay
有两个输入量(激励量)，并按规定对两个交流电源的同步情况进行检查和做出相应动作的一种继电器。

05.048 相位比较继电器 phase comparison

relay

有多个电气输入量(激励量)，并按规定对这些量之间的相位关系做出相应动作的一种继电器。

05.049　方向继电器　directional relay

当电网某处发生故障或异常情况时，能判别其相对于某一给定点(事先给定)方向的一种继电器。

05.050　时间继电器　time relay

当加入(或去掉)输入的动作信号后，其输出电路需经过规定的准确时间才产生跳跃式变化(或触头动作)的一种继电器。

05.051　定时限继电器　specified time relay

动作时间(或表征其特征的其他时限)的延时需符合规定要求(特别是准确度)的一种继电器。

05.052　反时限继电器　inverse time relay

动作时间(或表征其特征的其他时限)的延时随输入量增大而减小的一种继电器。

05.053　极化继电器　polarized relay

状态改变取决于输入量(激励量)极性的一种直流继电器。

05.054　中间继电器　auxiliary relay

又称“辅助继电器”。用于增加控制电路中的信号数量或信号强度的一种继电器。

05.055　气体继电器　gas relay，Buchholz relay

利用变压器内部故障时产生的气体而发出相应动作的一种继电器。

05.056　信号继电器　signal relay

为某些装置或器件所处的状态给出明显信号(声、光、牌等)的一种继电器。

05.057　接地继电器　earth fault relay

当被保护的电力元件发生接地故障时能做出相应动作的一种继电器(一般以零序电流或零序电压为激励量)。

05.058　零序继电器　zero sequence relay，residual current relay

输入量(激励量)是零序电流(或电压，功率)并按规定做出相应动作的一种继电器。

05.059　热继电器　thermal relay

利用输入电流所产生的热效应能够做出相应动作的一种继电器。

05.060　晶体管继电器　transistor relay

以晶体三极管为基础构成的一种继电器。属静态继电器。

05.061　差动继电器　differential relay

特性量是反映多个输入量(激励量)的幅值比较或相位比较结果的一种继电器。

05.062　突变量继电器　sudden change relay

当输入量(激励量)的突然变化量超过规定值时能够做出相应动作的一种继电器。

05.063　单稳态继电器　mono-stable relay

只有一个稳定状态的一种继电器。当它有规定的输入量(激励量)时改变了其状态，但去除输入量时又恢复到原来状态。

05.064　双稳态继电器　bi-stable relay

有两个稳定状态的一种继电器。它有两个输入回路，按规定加入输入量时可以造成两种稳定状态。

05.065　记数继电器　counter relay

将规定输入量的某些特性(如时间，频率等)转化为相应的数据量形式输出的一种继电器。

05.066　整流式继电器　rectifying relay

将输入量(激励量)经整流(用整流片或二极管)变成直流量并由直流反映、处理元件(如极化继电器)执行输出的一种继电器。

05.067　微电子继电器　micro-processing relay

利用电力半导体元件和控制技术为基础而

制造的密封式集成块小型继电器。

05.068 热脱扣器 thermal overload releaser
按照流过脱扣器电流的热效应而动作的一种过载脱扣器。

05.069 瞬时脱扣器 instantaneous releaser
无任何人为的时间延迟而动作的脱扣器。

05.070 过载脱扣器 overload releaser
用作过载保护(被保护电路的电流值或上升率超过预定值时的保护)的一种过电流脱扣器。

05.071 电流元件 current component
装置中反映或检测电流特性的器件或组件。

05.072 阻抗元件 impedance component
装置中反映或检测某一电力线路阻抗的器件或组件。

05.073 功率元件 power component
装置中反映或检测某一设备、线路的电功率的器件或组件。

05.074 启动元件 starting component
装置中对故障或不正常状态首先反映并导致其他元件启动的器件或组件。

05.075 测量元件 measuring component
装置中测量输入量值大小并确定装置如何动作的元件。

05.076 保护元件 protection component
在继电保护系统或装置中执行某些预定保护功能的部件或组件。

05.077 时间元件 time component
装置中产生所需动作时间，用于保证装置工作选择性的元件。

05.078 方向元件 directional component
装置中用于比较有关电量在故障前后的变化以确定故障方向的元件。

05.079 故障元件 fault component
电力系统或保护装置中存在或产生功能故障的器件或组件。

05.080 电压元件 voltage component
装置中反映或检测电压特性的器件或组件。

05.081 执行元件 execute component
装置中将电信号转换为机械位移或可视信息借以执行某种规定动作的器件。

05.082 闭锁元件 blocking component
装置中在规定条件下抑制装置内其他元件动作的元件。闭锁继电器就是一种闭锁元件。

05.083 采样元件 sampling component
在装置中以特定时间观察输入变量值并将其转换成采样输出变量的器件或组件。

05.084 模拟量输入元件 analog input component
装置中将模拟量接入并进行适当处理以利其他部件进行数字或逻辑处理的器件或组件。

05.085 模拟量输出元件 analog output component
装置中将模拟量(可能是转换成的)进行适当处理以利执行部件发出相应动作的器件。

05.086 端子排 jumper board，terminal block
承载多个或多组相互绝缘的端子组件并用于固定支持件的绝缘部件。

05.087 电压回路 voltage circuit
由电压互感器供电的回路。

05.088 电流回路 current circuit
由电流互感器供电的回路。

05.089 操作回路 operation circuit
由操作电源供电的回路。或从控制机构至

操作结构之间的电气回路。

05.090 逻辑回路 logical circuit
设备(装置)中进行逻辑推理使规定的顺序动作得以执行的回路。

05.091 二次回路 secondary circuit
测量回路、继电保护回路、开关控制及信号回路、操作电源回路、断路器和隔离开关的电气闭锁回路等全部低压回路。

05.092 信号回路 signal circuit
信号继电器或操作机构到中央信号(声、光、牌等信号)盘的回路。

05.093 电压形成回路 voltage forming circuit
将被测的输入量变成适合模数变换器工作的电压信号、并实现外部电路与接口部件之间电气隔离的电路。

05.094 机电型继电保护装置 electromechanical protection device
以机电型(包括电磁型、感应型等)继电器为基础构成的一种继电保护装置。

05.095 晶体管继电保护装置 transistor protection device
以晶体三极管及其电路为基础构成的一种继电保护装置。

05.096 集成电路继电保护装置 integrated circuit protection device
以集成运算放大器和集成门电路为基础构成的一种继电保护装置。

05.097 微机继电保护装置 microprocessor based protection device
以微处理器及相关的技术为基础实现预定保护功能的一种继电保护装置。

05.098 微机型继电保护试验装置 microprocessor based equipment for protection relay test
以微机为主体，能给出调试所需的电气变量、按测试项目和条件编制测试程序、自动完成对被测保护装置的特性和整定值的测试的一种装置。

05.099 整定 setting
正确的选择和调整继电保护系统(装置)的动作参数(故障的启动值和动作时间)的工作。

05.100 整定计算 setting calculation
根据对保护装置的要求和电力系统运行的情况，对保护装置的动作值、动作时间等动作参数进行计算以给出其合理值。

05.101 误动作 unwanted operation of protection，mal-operation
在电力系统没有任何故障或异常情况，或虽有故障或异常情况但规定保护装置不应当动作时，保护装置所发生的动作。

05.102 拒[绝]动[作] failure to operation of protection，failure to trip
由于技术性失效或设计缺陷等原因，造成保护装置应当动作而不动作。

05.103 延时动作 delay operation
保护装置在达到动作值或接到动作的指令、信号后，需经过约定的时间间隔(延迟一定的时间)才发生动作。

05.104 潜动 creeping
预定由两个输入量(激励量)共同激励才能启动的继电器，当只有其中的一个激励量输入也启动的不正常现象。

05.105 复归 resetting
继电器(或功能性电器)重新回到初始状态或释放状态。

05.106 退出 disengage
继电保护装置(或功能性电器)停止其预定的保护功能。

05.107　死区　dead zone

在应该保护的范围内但保护装置却无法反映或动作的区域(原因可能是原理上的或其他方面)。

05.108　动触点　moving contact

继电器(或功能电器)中执行机械运动的触点。

05.109　静触点　fixed contact

继电器(或功能电器)中不执行机械运动、位置基本不变的触点。

05.110　动合触点　normally open contact, make contact

又称"常开触点"。继电器(或功能电器)中有预定激励时闭合，无激励时断开的触点。

05.111　动断触点　normally closed contact, break contact

又称"常闭触点"。继电器(或功能电器)中有规定的激励时断开，无规定的激励时闭合的触点。

05.112　触点耐久性　contact endurance

在规定条件下，触点能可靠循环(闭合与断开)的次数(或时间)。

05.113　触点负载　contact load

在规定条件下，触点所承受的开路电压值和闭路电流值。

05.114　触点间隙　contact gap

在规定条件下，触点所在最终断开位置时动、静触点间的最短距离。

05.115　触点抖动　contact chatter

在规定条件下，闭合触点的断开(或断开触点的闭合)的持续跳动现象(可能有多种原因)。

05.116　触点失效　contact failure

触点不能正常(不能满足规定的要求)的闭合或不能正常的断开。

05.117　特性量　characteristic quantity

表明继电器(或其他器件)在给定条件下的性能的变量。

05.118　特性量的整定值　setting value of the characteristic quantity

在规定条件下继电器(或其他器件)应该动作的特性量的门限值。

05.119　特性量的整定范围　setting range of the characteristic quantity

在规定条件下继电器(或其他器件)应该动作的特性量门限值的范围。

05.120　特性角　characteristic angle

继电器两个输入量(激励量)的矢量夹角。

05.121　动作时限　operation time limit

为保证保护装置(或继电器)达到其"四性"要求而对其开始保护动作的时间所提出的限制。

05.122　给定误差　assigned error

在规定的条件下，由继电器制造厂给定的该继电器能够完成工作的误差极限。

05.123　平均误差的变差　variation of the mean error

平均误差与基准平均误差的代数差。可用绝对值、相对值、规定值的百分比表示。

05.124　动作值的变差　variation of operating value

动作的最大值(在 N 次试验中取)与动作的最小值(在 N 次试验中取)之差。也可以此差值被动作平均值除的商来表示。但动作平均值也应是 N 次试验中得出。

05.125　启动值　starting value

在规定条件下使继电器启动(离开初始状态或释放状态的瞬间活动)的输入量(激励量)的值。

05.126 整定值 setting value

经过整定计算和试验，所得出保护装置(或继电器)完成预定保护功能所需的动作参数(动作值、动作时间等)规定值。

05.127 切换值 switching value

在规定条件下使继电器切换(到达动后状态或完成指定动作的瞬间活动)的输入量(激励量)的值。

05.128 释放值 releasing value

在规定条件下使继电器释放(从动后状态改变到释放状态)的输入量的值。

05.129 不释放值 non-releasing value

在规定条件下不使继电器释放(不从动作状态改变到释放状态)的输入量的值。

05.130 复归值 resetting value

在规定条件下使继电器复归(重新回到初始状态或释放状态)的输入量(激励量)的值。

05.131 动作值 operating value

在规定条件下使继电器动作(从初始状态改变到动作状态)的输入量(激励量)的值。

05.132 不动作值 non-operating value

在规定条件下不致使继电器发生规定动作的输入量(激励量)的值。

05.133 动作时间 operate time

处于初始状态的继电器、在规定条件下的输入量(激励量)达到规定值的瞬间至继电器状态切换时的瞬间止的时间间隔。

05.134 过渡时间 bridging time

又称“桥接时间”。在规定条件下激励时，在继电器的组成和形式相同的触点中、动作最快的触点的最小动作时间与动作最慢的触点的最大动作时间之差。

05.135 回跳时间 bouncing time

即将闭合(或断开)的触点在触点第一次闭合(或断开)的瞬间起至触点最后闭合(或断开)的瞬间止的时间间隔。

05.136 返回系数 resetting ratio

又称“复归系数”。继电器复归值与动作值之比。

05.137 动断触点的闭合时间 closing time of a break contact

动作状态的继电器，在规定条件下从除去输入激励量的瞬间起至动断触点第一次有效闭合的瞬间止的时间间隔。

05.138 动合触点的闭合时间 closing time of a make contact

释放状态的继电器，在规定条件下从输入激励量规定值的瞬间起至动合触点(动合输出电路)第一次有效闭合(有效导通)的瞬间止的时间间隔。

05.139 [触点]接触时差 contact time difference

有多组相同类型触点的继电器在受到规定条件激励时，较慢触点的动作(或释放)时间的最大值与较快触点的动作(或释放)时间的最小值之差。

05.140 返回时间 return time

从输入量(激励量)产生规定变化(此变化将引起继电器返回)的瞬间起至继电器返回的瞬间止的时间间隔。

05.141 采样频率 sampling frequency

在模数转换器中采样时间间隔的倒数。是微机型继电保护装置的一个重要参数。

05.142 频率混叠 frequency transfer confusion

由于采样频率过低，造成进行模数转换后的信号频率产生明显失真的现象。

05.143 量化误差 A/D transfer error

由于模数转换后得到的相应数码没有精确的代表被测的模拟量(因采样频率和数码

长度均受限制），由此产生的误差。

05.144 ［算法的］时间窗 time window
从电力元件发生故障起至获得足够的原始采样数据（微机进行计算、判断所需）所需要的时间。

05.145 数据窗 data window
从故障发生到模数转换器将输入的模拟量转换成足够精度的采样数据所需的时间间隔。

05.146 差模干扰电压 differential mode disturbance voltage
由于电路磁场耦合或共模干扰转换所引起的与信号回路串联的干扰电压。

05.147 共模干扰电压 common mode disturbance voltage
由于短路故障或其他异常情况的发生，所引起的电路与地之间电位变化所产生的干扰。

05.148 电磁兼容设计 design of electromagnetic compatibility
在研制或安装、使用保护装置（设备）时，对可能产生电磁干扰的因素、路径进行分析、判断并采取合理、有效的技术措施，使保护装置既能在其电磁环境中正常工作，又不产生危及其他装置（设备）正常工作的电磁干扰。

05.149 容错 toleration error
利用多种技术（如硬件或软件的冗余），使即便出现局部错误也不会导致保护装置的误动或拒动。

05.150 故障自动检测 fault automatic diagnosis
微机保护装置利用调试程序或保护功能程序对装置本身的有关元件进行自动检测。

05.151 校验周期 check cycle
对继电保护装置进行定期校验的间隔时间。

05.152 模数变换器 analog-digital converter
将模拟量的输入进行采样并变换成相应的二进制数据的部件。

05.153 数字滤波器 digital filter
利用程序运算将模数转换后的数据值进行预定要求的处理的运算部件。

05.154 噪声滤波器 noise filter
对威胁装置正常工作的多种电磁干扰进行有效抑制的模拟式电路或器件。

05.155 电流保护 current protection
以保护装置安装处的被测电流为作用量的继电保护方式。

05.156 电压保护 voltage protection
以保护装置安装处的被测电压为作用量的继电保护方式。

05.157 阻抗保护 impedance protection
以被测线路参数（阻抗、电抗、方向）与设定的被保护区段参数的比较结果为作用量的保护方式。

05.158 零序保护 zero sequence protection
利用电力系统或电力元件发生接地故障时出现零序电流、零序电压、零序功率变化的现象而构成的保护方式。

05.159 负序保护 negative sequence protection
利用电力系统或电力元件发生三相不对称运行时出现负序电流、负序电压、负序功率变化的现象而构成的保护方式。

05.160 频率保护 frequency protection
根据被测频率变化情况作为动作判断依据的一种保护。

05.161 温度保护 temperature protection
根据被保护区域中的温度变化情况作为判断依据的一种保护。

05.162 气体保护 gas protection, Buchholz protection

根据被保护区域中的气体变化情况作为判断依据的一种保护。

05.163 工频变化量保护 deviation of power-frequency component protection

利用输电线路发生短路时出现的电压和电流的工频分量特征判别故障、启动保护的一种保护措施。

05.164 行波保护 traveling wave protection

利用输电线路发生短路时出现的电压和电流的行波特征判别故障、启动保护的一种保护措施。

05.165 单元式保护 unit protection

其动作和选择性取决于被保护区各端电量比较的一种保护。

05.166 非单元式保护 non-unit protection

其动作和选择性取决于被保护区一端的电量测量值，及在某些情况下各端之间逻辑信号交换的一种保护。

05.167 分相保护 phase segregated protection

具有相的选择性的保护。一般为单元保护。

05.168 不分相保护 non-phase segregated protection

不具有相的选择性的保护。一般为单元保护。

05.169 允许式保护 permissive protection

收到信号后允许就地保护、启动跳闸的一种保护方式。一般为距离保护。

05.170 闭锁式保护 blocking protection

收到信号后闭锁就地保护、启动跳闸的一种保护方式。一般为距离保护。

05.171 远方跳闸式保护 remote trip-out protection

经通道传输远方跳闸指令使指定对象的断路器跳闸的一种保护方式。

05.172 智能继电保护 intelligent relay protection

能模仿、延伸、扩展人的智能，自行跟踪电力系统运行状态变化并自行调整自身的参数或部件组合，使其保持相应保护功能的新一代继电保护系统(或网络)。

05.173 广域保护 wide-area protection

将电网看作一个整体，利用实时监测、网络通信、快速计算分析等技术和设备，选择最适合的方法隔离或控制发生故障的元件(设备)的电力系统保护措施。

05.174 发电机保护系统 generator protection system

当发电机发生故障或异常运行时，按规定给有关断路器和自动装置发出并执行保护指令或发出报警信号的自动化系统。

05.175 定子接地保护 stator ground fault protection

当发电机定子绕组发生接地故障时即发出警告信号或相应保护动作的一种保护。

05.176 发电机低频率保护 generator under frequency protection

当发电机的频率值低于规定值(大小、时间)时即按规定发出警告信号或相应保护动作的一种保护。

05.177 发电机电动机运行保护 generator motoring protection

由于故障或异常情况使发电机变为电动机运行而危及机组安全时的保护措施。

05.178 发电机负序电流保护 generator protection for negative sequence current

利用发电机在三相负荷不对称时所产生的负序电流大小而发出相应信号和保护动作

的一种保护。

05.179 失步保护 out-of-step protection
预定在电力系统(或发电机)开始失去同步时便动作以防失步加剧的保护措施。

05.180 [发电机]失磁保护 loss-of-field protection
发电机失磁(失去励磁)时的保护措施(一般是将发电机解列)。

05.181 过负荷保护 overload protection
被保护区出现超过规定的负荷时的保护措施。

05.182 零序电流保护 zero sequence current protection
借助电力系统(或元件)发生接地故障时产生零序电流变化(故障电路的零序电流比非故障电路的零序电流大)而做出相应动作的保护措施。

05.183 零序电压保护 zero sequence voltage protection
借助电力系统(或元件)发生接地故障(或匝间短路)时产生零序电压变化而做出相应动作的保护措施。

05.184 [发电机]逆功率保护 reverse power protection
当发电机功率反向时(汽轮机主汽门因故关闭而发电机出口断路器未跳闸时)发出报警信号或动作于跳闸的一种保护。主要是保护汽轮机。

05.185 [发电机]异步运行保护 asynchronous operation protection
当异步运行的影响程度超出所允许的规定值时立即启动相应保护措施的一种保护。

05.186 纵联差动保护 longitudinal differential protection
其动作和选择性取决于被保护区各端电流的幅值比较或相位与幅值比较的一种保护。

05.187 发电机短路保护 generator protection for short-circuit
针对发电机定子绕组及其引出线相间发生短路故障时所采取的保护措施。

05.188 发电机接地保护 generator protection for earthing
针对发电机定子绕组及转子励磁回路发生接地故障时所采取的保护措施。

05.189 外壳漏电保护系统 frame leakage protection, case ground protection
其输入量(激励量)为流过保护区内经指定设备外壳对地通路的电流的一种保护系统。

05.190 过励磁保护 over-excitation protection
为防止发电机过激磁(激磁系统故障或异常)引起铁芯过热使绝缘老化而装设的一种保护。

05.191 发电机-变压器单元保护 generator-transformer unit protection
发电机-变压器组(将其看作一个被保护的统一单元)发生故障或异常时综合考虑、启动相应的保护措施。如逆功率保护、失磁保护、过励磁保护、转子引线接地保护等。

05.192 振荡闭锁 power swing blocking
防止继电保护装置(主要是距离保护装置)在电力系统失去同步(震荡)时发生误动作的一种系统安全装置(措施)。

05.193 微机发电机保护 microprocessor based generator protection
以微处理器(或部件，组件)和数字计算技术为基础，实现对发电机运行故障或异常情况的保护。

05.194 高阻抗型母线差动保护 high-impedance type busbar differential protection

用一阻抗高于饱和的电流互感器二次回路阻抗的电流差动继电器构成的电流差动保护。

05.195 中阻抗型母线差动保护 middle-impedance type busbar differential protection

采用具有比率制动特性的中阻抗型电流差动继电器作为启动元件的电流差动保护。

05.196 内联回路 interconnected circuit

在母线差动保护动作时用于防止双母线倒闸操作中引起误动作的回路。

05.197 微机母线保护 microprocessor based busbar protection

以微处理器(或部件，组件)和数字计算技术为基础，实现对母线运行故障或异常情况的保护。

05.198 变压器电流差动保护 transformer current differential protection

利用比较变压器两侧电流幅值和相位的原理而构成的一种变压器故障保护措施。

05.199 定时限保护 definite time protection, independent time-lag protection

装置启动后其动作时限与作用量大小无关的一种保护措施。与其相配的是定时限保护装置。

05.200 反时限保护 inverse time protection

装置启动后其动作时限随着作用量增大反而减小的一种保护措施。与其相配的是反时限保护装置。

05.201 过电流保护 over-current protection

预定当被测电流增大超过允许值时执行相应保护动作(如使断路器跳闸)的一种措施保护。

05.202 低电压保护 under-voltage protection

预定当被测量点的电压低于规定值时执行相应保护动作的保护方式。

05.203 过电压保护 over voltage protection

预定当被测量点的电压超过规定值时执行相应保护动作的保护方式。

05.204 微机变压器保护 microprocessor based transformer protection

以微处理器(或有关部件，组件)和数字计算技术为基础实现对变压器运行故障或异常情况的保护。

05.205 微机电动机保护 microprocessor base motor protection

以微处理器(或有关部件、组件)和数字计算技术为基础实现对电动机运行故障或异常情况的保护。

05.206 失电压保护 loss-of-voltage protection

预定当电力系统(或电力元件)失去电压时执行相应保护动作(如断路器跳闸)的保护方式。

05.207 功率方向保护 directional power protection

利用功率方向继电器(或功率方向元件)判断短路功率的方向以选择启动相应保护装置动作的一种保护。

05.208 方向比较式纵联保护 direction comparison protection system

综合比较被保护线路各端的故障量方向和各端的高频信号，以确定故障区间并完成预定动作的一种线路纵联保护。

05.209 相位比较式纵联保护 phase comparison protection system

又称“*相差保护*”。利用比较被保护线路两端规定的电流相位差来确定故障区间并完成预定动作的一种线路纵联保护。

05.210 电流差动式纵联保护 current dif-

ferential protection
利用被保护线路各端电流量实现电流差动原理的一种线路纵联保护。

05.211 纵联保护 pilot protection，line longitudinal protection
借助通道(如导引线、载波、微波)传送保护区各端规定的保护信息，并按规定进行综合比较、判别而动作的一种保护。

05.212 横联差动保护 transverse differential protection
应用于并联电路(或双回线)的一种差动保护。其动作取决于这些电路中电流的不平衡分配。

05.213 超范围式纵联保护 overreach pilot protection
各端判定正方向故障的范围超出本线路全长的纵联保护方式。

05.214 欠范围式纵联保护 underreach pilot protection
各端判定正方向故障的范围不足本线路全长的纵联保护方式。

05.215 允许式纵联保护 permissive mode pilot protection
各端须经通道传输允许对端断路器跳闸的指令时保护动作方可产生的纵联保护方式。

05.216 闭锁式纵联保护 blocking mode pilot protection
各端经通道传输闭锁对端断路器跳闸的指令使保护动作不能产生的纵联保护方式。

05.217 多段式距离保护 multi-stage distance protection，multi-zone distance protection
将被保护的输电线路分为多段并分别安装功能和动作时限相互配合的保护装置(元件)，以保证其选择性及后备作用的线路保护方式。

05.218 过范围闭锁式距离保护 overreach blocking distance protection
被保护线路各端在故障时要求经通道传输功能信号的一种线路纵联保护。当检出是保护区外故障时各端便经通道发出闭锁信号，各端收到信号后便闭锁本端的过范围保护启动跳闸。

05.219 过范围允许式距离保护 permissive overreach distance protection
被保护线路各端在故障时要求经通道传输功能信号的一种线路纵联保护。当检出是保护区内故障时各端便经通道发出允许信号，各端收到信号后便允许本端的过范围保护启动跳闸。

05.220 欠范围允许式距离保护 permissive underreach distance protection
被保护线路各端在故障时要求经通道传输功能信号的一种线路纵联保护。当任一端的欠范围保护检出故障后便向其他各端送出允许信号，各端接收到信号后才允许本地欠范围保护启动跳闸。

05.221 光纤纵联保护系统 optical link pilot protection system
利用激光经光导纤维传输被保护线路各端保护信息，并将其按规定进行综合比较作为动作判据的一种线路纵联保护系统。

05.222 微波纵联保护系统 microwave pilot protection system
利用微波终端设备与通道传输被保护线路各端保护信息，并将其按规定进行综合比较作为动作判据的一种线路纵联保护系统。

05.223 线载波纵联保护系统 power line carrier pilot protection system
利用高压输电线路为载波通道传输被保护线路各端保护信息，并将其按规定进行纵合比较作为动作判据的一种线路纵联保护。

05.224 方向电流保护 directional current protection

加装了方向判别元件(如功率方向继电器)以确定故障点方向的一种电流保护方式。

05.225 方向距离保护 directional distance protection

加装了方向判别元件(如方向继电器或方向阻抗继电器)以确定故障点方向的一种距离保护。

05.226 导引线保护 pilot wire protection

以被保护线路两端的电缆(导引线)直接传输规定的相关模拟量信息，并以其相互比较作为动作判据的一种线路纵联保护。

05.227 电流速断保护 instantaneous current protection，current quick-breaking protection

以保护装置的动作电流大于保护区域外短路时的最大短路电流而获得选择性的一种电流保护。

05.228 后加速保护 accelerated protection after fault

当自动重合闸装置动作(断路器重合)后，若故障未消除(如遇到永久性故障)则加速保护动作实现再跳闸(切除故障)的一种保护方式。

05.229 微机线路保护 microprocessor based transmission line protection

以微处理器(或有关部件、组件)和数字计算技术为基础实现对输电线路运行故障或异常情况的保护。

05.230 单相自动重合 single phase automatic reclosing

在电力系统单相故障后，按预定只进行断路器一相的自动重合闸。

05.231 三相自动重合 three phase automatic reclosing

在电力系统故障后，按预定进行重合断路器三相的自动重合闸。

05.232 延时自动重合 delayed automatic reclosing

在故障切除后经延迟规定的时间间隔发生的自动重合闸。

05.233 同步检定 synchronous verification

对准备并列的两个电源进行同步(并列点电压的频率、相位、幅值相同或相近)情况的检查和鉴定。以决定是否可以并列或重合闸。

05.234 同步并列 synchronization

将两个达到同步条件(用准同步或自同步的方法)的交流电源并网运行。

05.235 综合重合 composite auto-reclosing

单相故障时实现单相跳闸和单相重合，多相故障时实现三相跳闸和三相重合的一种自动重合方式。

05.236 快速自动重合 high speed automatic reclosing

只考虑允许故障点可靠熄弧与恢复绝缘所需时限的一种自动重合方式。

05.237 顺序重合 sequential reclosing

为防止重合闸时对主设备和电力系统造成不必要的冲击，线路两侧断路器重合需按事先规定的先后顺序进行的一种重合方式。

05.238 闭锁重合 lockout reclosing

输电线路发生故障而跳闸后，因故不允许重合时即用闭锁信号闭锁重合闸装置，使跳闸不能重合。

05.239 禁止重合 inhibit reclosing

当输电线路故障跳闸后，由于重合条件暂

不具备而不允许进行重合闸。

05.240 重合失败 unsuccessful reclosing

由于故障未消失或最佳重合时间的整定不合理等原因导致被控断路器不能按要求重新合闸。

05.241 一次重合闸 single shot reclosing

如果重合不成功，不再次重合的一种自动重合闸。

05.242 多次重合闸 multiple shot reclosing

如果重合不成功，便重合二次或三次(通常不多于三次)的一种自动重合闸。

05.243 无电压检定 non-voltage verification

对被测对象进行是否具有正常电压值的检查和判断。是双电源线路故障后需要重合闸时的一个检定要求。

05.244 无电压时间 dead time

自动重合闸期间电力线或相未联接任何网络电压的时间。

05.245 自动重合断开时间 auto-reclose open time

自动重合期间有关的断路器的触头断开的时间。

05.246 复归时间 reclaim time

自动重合后，允许自动重合闸装置在电力系统下次故障后能再次重合的时间。

05.247 自动重合中断时间 auto-reclose interruption time

自动重合期间电力线或相不能通电的时间。

05.248 自动切换装置 automatic switching control equipment

在变电站中按照规定程序预定启动操作断路器和(或)隔离开关的自动装置。

05.249 自动重合闸装置 automatic reclosing equipment

在相关回路的保护动作后，预定启动断路器重合的自动装置。

05.250 微机型重合闸装置 microprocessor based auto-reclosing equipment

由微处理器和相应的软件实现时间整定、合闸条件检定并发出合闸或闭锁合闸命令的一种重合闸装置。

05.251 自动控制装置 automatic control equipment

由一个或多个功能部件或元件(如继电器，微机或微机部件等)组合在一起并预定完成某项规定功能的自动化设备。

05.252 自动失步控制装置 automatic out of step control equipment

为了避免失步(发电机与电力系统失去同步)状态的扩大，预定在其开始时就进行制止的自动控制装置。

05.253 电力系统安全自动装置 power system automatic safety control device, special protection system

防止电力系统失去稳定性、防止事故扩大、防止电网崩溃、恢复电力系统正常运行的各种自动装置总称。如稳定控制装置、稳定控制系统、失步解列装置、低频减负荷装置、低压减负荷装置、过频切机装置、备用电源自投装置、自动重合闸、水电厂低频自启动装置等。

05.254 自动同步装置 automatic synchronizing unit

控制和调整发电机实现同步(转速接近同步转速、电压的相位、幅值相等或相近)并网的自动化设备。

05.255 同步装置 synchronizer unit

控制、调整两个交流电源达到同步条件(包括手动、自动)的有关设备。

05.256 备用电源自动投入装置 automatic bus transfer equipment

当主供电源发生故障(电压失去或降低到设定值)时，将备用电源在设定的时间内启动或投入，以保证重要设备(用户)电源的供给的自动化设备。

05.257 预告信号装置 alert signal device，alarm signal device

发电厂和变电站中反映设备和系统异常运行状态，以引起有关人员注意并及时加以处理的声、光或图像报警装置。

05.258 故障自动记录装置 automatic fault recording device

电力系统或电力元件发生故障时自动连续记录有关参量(如电流、电压、功率等)的设备(装置)。

05.259 自动低频减载装置 automatic under frequency load shedding device

当电力系统出现有功功率缺额时，能够依频率下降幅度自动地按规定减少系统负荷的自动控制装置。

05.260 同步检查装置 synchronism detection unit，synchrocheck unit

对被测电源(如被并网的发电机、输电线路)与系统是否同步的情况进行检查、判定的设备。

05.261 自动失压跳闸装置 automatic loss of voltage tripping equipment

被保护对象(区)电压失去(或低至预定值)时自动启动并使断路器跳闸以隔离事故的自动化装置。

05.262 故障定位器 fault locator

输电线路发生故障时用来迅速判断故障点(位置)的一种自动装置。

05.263 故障记录器 fault recorder

一种连续工作并具有记忆功能(可用于记录故障前及故障期间的事件和暂态变量)的仪器。

05.264 故障录波器 fault oscillograph

电力系统发生故障时自动连续记录多路电流、电压模拟量波形的仪器。

05.265 动态系统监测 dynamic system monitoring

采集和监测电力设备运行状态下有关电气、机械的物理、化学特性的实时数据，并建立正确的信息、数据处理系统。

05.266 按电压降低自动减负荷 automatic undervoltage load shedding

简称“低压自动减载”。当电力系统发生事故使电压低于允许值时，能够依电压下降幅度自动地按规定减少系统负荷的自动控制装置。

05.267 自动负荷恢复装置 automatic load restoration equipment

预定在由于一次甩负荷动作而做跳闸后自动启动断路器重合的装置。

05.268 微机型自动准同步装置 micro-processor based auto-quasi-synchronizing equipment

以微处理器(或有关部件、组件)和数字计算技术为基础实现两个交流电源按同步条件并列的自动装置。

05.269 直流输电系统保护 protection of HVDC system

检测发生于直流输电系统中两端换流站及直流输电线路和两端交流系统的故障并发出相应的指令和动作，以保护直流输电系统安全和避免损失扩大的措施(技术)。

05.270 换流器保护 convertor protection

当换流器发生故障(如桥臂短路、桥出口短路、换相失败、误开通等)时，按规定使自动装置发出并执行相应的控制指令(或发出报警信号)，以抑制、防止故障发展的措施。

05.271 直流电压异常保护 DC voltage abnormality protection

当直流电压发生过电压或欠电压时，按预定对换流器和所有需承担直流电压的设备进行的投切或启停。

05.272 直流线路故障定位装置 DC transmission line fault locator

利用测量故障行波到达两端换流站的时间差，并由全球卫星定位系统(GPS)统一定时，用于判定直流线路故障位置的检测装置。

06. 调度与通信、电力市场

06.001 电力系统通信 power system communication

为满足电力系统运行、维修和管理的需要而进行的信息传输与交换。

06.002 电力线载波通信 power line carrier communication

以高频载波信号通过高压电力线传输信息的通信方式。

06.003 光纤通信 optic-fiber communication

以光导纤维为传输介质的通信方式。

06.004 微波[中继]通信 microwave relay communication

利用微波的视距传输特性，采用中继站接力的方法达成的无线电通信方式。

06.005 无线电通信 radio communication

利用无线电磁波在空间传输信息的通信方式。按电磁波波长分为长波通信、中波通信、短波通信、超短波通信、微波通信等；按通信方式分为微波中继通信、移动通信、卫星通信、散射通信等。

06.006 数字通信 digital communication

采用数字信号传输信息的通信方式。数字信号是指其信息由若干明确规定的离散值来表示，而这些离散值的特征量是可以按时间提取的时间离散信号。

06.007 卫星通信 satellite communication

在两个或多个卫星地面站之间利用人造地球卫星转发或反射信号的无线电通信方式。

06.008 电力调度通信系统 power dispatching communication system

应用于电力系统调度工作的通信系统。

06.009 电力系统调度信息 information for power system dispatching

电力系统运行时，各级调度中心及各发电厂、变电站之间传递的反映运行工况和进行控制调节的信息。

06.010 电力系统调度管理 dispatching management of power system

电网调度机构为确保电网安全、优质、经济地运行，依据有关规定对电网的生产运行、电网调度系统及其人员职务活动所进行的管理。其范围一般包括调度运行、运行方式、调度计划、继电保护和安全自动装置、电网调度自动化、电力系统通信、直属水电厂水库调度、调度系统人员培训等方面。

06.011 电力系统分层控制 hierarchical control of power system

根据电力系统管理体制、组织、电网结构和电压等级，各级调度按职责和任务及其管辖范围，对电网的有功-频率、无功-电压、线路潮流进行的控制和管理。

06.012　控制中心　control center
主站所在地。

06.013　调度管理体制　dispatching management institution
统一调度与联合调度两种调度管理体制的统称。通常，统一电网采用统一调度而联合电网采用联合调度。

06.014　电力系统负荷预测　load forecast of power system
利用电力系统实时信息和历史数据对未来电力系统负荷进行的预测。需进行预测的电力系统负荷一般是系统总有功负荷及系统中各节点的有功负荷与无功负荷。

06.015　调度命令　dispatching command
电力系统值班调度员按照规定的权限对其调度范围内的下一级调度机构值班调度员和发电厂、变电站值班人员下达的调度任务和指令。

06.016　电力系统经济调度　economic dispatching of power system
在满足安全、电能质量和备用容量要求的前提下，基于系统有功功率平衡的约束条件和考虑网络损失的影响，以最低的发电(运行)成本或燃料费用，达到机组间发电负荷经济分配且保证对用户可靠供电的一种调度方法。

06.017　互联电力系统经济调度　economic dispatching of interconnected power systems
在满足各电力系统本身需求和不超过互联系统电能交换能力条件下按边际成本确定各电力系统发电和交换功率计划，使整个互联电力系统的总发电费用和交换费用降至最低的一种调度方法。

06.018　电力系统调度模拟屏　power system dispatching mimic board
设立在调度员视线内的一块概括表示所辖电力系统组成情况和设备运行情况的屏幕。

06.019　电力系统调度自动化　automation of power system dispatching
利用计算机、远动、通信等技术实现电力系统调度自动化功能的综合系统。

06.020　电力系统负荷曲线　load curve of power system
电力系统中负荷数值随时间变化的曲线。

06.021　等微增率调度　equal incremental dispatching
按微增率相等原则分配并列运行发电机组(发电厂)之间出力的经济调度方式。

06.022　主站　master station，controlling station
又称“控制站”。对从站实现远程监控的站。

06.023　从站　outstation，controlled station
又称“子站”。受主站监视的或受主站监控的站。远方终端设备也是一种从站形式。

06.024　远动　telecontrol
利用通信技术进行信息传输，实现对远方运行设备的监视和控制。远动可以是命令、告警、指示、仪表、保护和跳闸设备的任意组合，但不包含任何语言信息的使用。

06.025　遥信　teleindication，telesignalization
又称“远程信号”。对诸如告警情况、开关位置或阀门位置等状态信息的远程监视。

06.026　遥测　telemetering
又称“远程测量”。应用通信技术，传输量测变量的值。

06.027　遥控　telecommand
又称“远程命令”。应用通信技术，使运行设备的状态产生变化。

06.028 遥调 teleadjusting
又称“远程调节”。对具有两个以上状态的运行设备进行控制的远程命令。可借助重复传送单命令或双命令，或者传送设定命令来完成。

06.029 远动配置 telecontrol configuration
远动站与连接这些站的传输链路的组合。

06.030 多点共线配置 multipoint-partyline configuration
一种远动配置。控制中心或主站通过一公共链路连接到多于一个从站，因此任何时刻仅仅一个从站可以传输数据到主站；主站可选择一个或多个从站传输数据或向所有从站同时传输全局报文。

06.031 远程监视 telemonitoring
应用通信技术，监视远方运行设备的状态。

06.032 远程切换 teleswitching
对具有两个确定状态的运行设备的远程命令。有些设备可能只有两种确定状态中的一种状态可控，如复归跳闸继电器。

06.033 远程指令 teleinstruction
应用通信技术，传输到站内用于人工操作的切换和(或)调节指令。通常以可视的方式表示。

06.034 电力系统远动技术 telecontrol technique for power system
应用通信技术和计算机技术采集电力系统实时数据和信息，对电力网和远方发电厂、变电站等的运行进行的监视与控制。

06.035 事故追忆 post disturbance review
在主站系统滚动存储若干时段内的电力系统运行工况，包括遥测、遥信等信息。一旦发现电力系统发生满足事故追忆触发条件的事故(如断路器跳闸、遥测越限等)，主站系统软件在继续滚动存储的同时，按设定的事故数据保存时段参数立即自动转储事故发生前后若干时段内的电力系统运行工况到数据库或文件中。这些存储下来的数据，用于在主站系统真实地重现事故前后一段时间内电力系统的运行工况，并进行事故分析。

06.036 调度规程 dispatching regulation
电力系统调度管理的各种规章制度的总称。

06.037 调度自动化计算机系统 computer system of dispatching automation
调度自动化系统的一个子系统，完成信息处理和加工的任务，包含计算机硬件系统、软件系统及专用接口等。

06.038 集中站 concentrator station
分层远动网络中的一种站，它集中从站送来的监视信息并传输到主站；同时将来自主站的命令信息分配发给各从站。

06.039 电力系统状态信息 state information of power system
电力系统运行在正常状态、异常状态、事故状态及恢复状态时的信息总称。

06.040 监控与数据采集系统 supervisory control and data acquisition，SCADA
对地域上分布的过程进行监视和控制的系统。

06.041 数据完整性 data integrity
通信系统以一个可接受的残留差错率，把数据从其源发地传送到其目的地的能力。

06.042 数据通信 data communication
在数据处理机之间按照达成的协议传送数据信息的通信方式。

06.043 启停式远动传输 start-stop telecontrol transmission
又称“异步远动传输(asynchronous telecontrol transmission)”。一种远动传输方式，采用多组同步信号元素，组间由任意宽度时间间隔隔开。

06.044 同步远动传输 synchronous telecontrol transmission
一种远动传输方式。该方式采用了同步信号，同步信号元素之间分为若干时间间隔，间隔的宽度或为单位时间或为其倍数，远动设备以相同速率连续运行于各自的间隔内。

06.045 模拟通信 analogue communication
采用模拟信号传送信息的通信方式。

06.046 远程累计 telecounting, transmission of integrated total
应用通信技术，传输按特定参数(如时间)累计的量测量。累计可发生在传送前或传送后。若累计发生传送前，则用“累计传输”来表达。

06.047 肯定认可 positive acknowledgement
表示监视信息或命令信息已被正确接受的报文。

06.048 否定认可 negative acknowledgement
表示监视信息或命令信息未被正确接受的报文。

06.049 监视信息 monitored information
表示某受监视站的设备状态或设备状态改变，且传输到监视站的信息。

06.050 状态信息 state information
反映运行设备特征状况的监视信息。特征状况可以是两种或多种可能。

06.051 双态信息 binary state information
运行设备状态的监视信息。用两种状态中之一种表示，如，闭合或断开。

06.052 事件信息 event information
关于运行设备状态变化的监视信息。

06.053 返回信息 return information
表明一个命令是否已被执行的监视信息。

06.054 增量信息 incremental information
量值按一个或几个单位量改变的监视信息。这种改变有时可以仅是单向的，如计数。而其余改变可以是双向的，比如高或低，前或后，左或右等。

06.055 单点信息 single-point information
仅用一个比特表示运行设备两个确定状态的监视信息。

06.056 双点信息 double-point information
用两比特表示的监视信息。以表示运行设备两个确定和两个不确定状态。如 10，01 表示确定状态；00，11 表示不确定状态。

06.057 中间状态信息 intermediate state information
运行设备处于可持续一规定时间段的不确定状态的监视信息。如慢动作刀闸处于动作过程中的状态。

06.058 故障状态信息 fault state information
以运行设备的不确定状态为特征，且此状态延续超过规定时间段的监视信息。

06.059 速变信息 fleeting information, transient information
又称“瞬间信息”。持续时间极短的状态的监视信息。为可靠的检测和传输，要求把该信息存储于运动设备的输入部件中。

06.060 持续信息 persistent information
持续时间长得足以可靠地检测和传输而无须存储于运动设备的输入部件中的一种监视信息。

06.061 组合告警 group alarm
若干单独告警组合成的一个告警。

06.062 总告警 common alarm

所有单独告警汇总成的一个告警。

06.063 远动命令 command in telecontrol
使运行设备状态改变的信息。

06.064 单命令 single command
使运行设备状态朝一个方向变化的命令。

06.065 双命令 double command
一对命令，其中每个命令都用来使运行设备改变到两个确定状态中的一个。

06.066 脉冲命令 pulse command
输出到运行设备的信号是预定宽度的单脉冲。脉冲宽度与启动信号的宽度无关的一种命令。

06.067 保持命令 maintained command
一种输出信号到运行设备的命令。它能维持其信号直到状态改变被执行为止，或者到长于最慢运行设备响应的预定延时结束为止。输出信号的持续时间与启动信号的持续时间无关。

06.068 持续命令 persistent command
只要启动信号存在，对运行设备的输出信号就持续存在的命令。

06.069 调节命令 adjusting command
用于改变具有两个以上状态的运行设备状态的命令。

06.070 设定命令 set-point command
向受控站传送运行设备所需状态为某一值的命令。该命令保存在受控站中。

06.071 步进调节命令 regulating step command, step-by-step adjusting command
又称“增量命令(incremental command)”。以预定的步长改变运行设备状态的一种脉冲命令。通常有两个截然不同的命令从两个方向来调节运行设备。

06.072 选择命令 selection command
用于将装置的若干部件之一连接到公用设备上的命令。如在某一时刻将一量测量接到公用显示设备上。

06.073 组命令 group command
发给一个从站的若干运行设备的命令。

06.074 广播命令 broadcast command
发给一个远动网络中若干或所有从站的运行设备的命令。

06.075 指示命令 instruction command, standard command
又称“标准命令”。由控制中心发出的，且对有人站控制室中操作人员表明是一个标准的指示命令。

06.076 功能命令 function command
为达到所要求功能，启动某自动顺序控制装置运行的命令。如为某馈线改变所连母线的命令。

06.077 选择并执行命令 select and execute command
需两个相继的动作才能使运行设备的状态改变的命令。第一个动作为“选择命令”激活部分控制电路，受激控制电路又导致返送一确认返回信息。仅在收到这确认返回信息后，第二个动作即“执行命令”才能传输，该命令导致接收站的控制电路全面激活。

06.078 传输差错警报 transmission error alarm
为已检测出错误的传输信号而报出信息。

06.079 信号质量检测 signal quality detection
为控制差错，检测接收信号质量的恶化程度。如信噪比降至给定阈值以下，或脉冲宽度超过规定值。

06.080 事件分辨力 separating capacity, discrimination
能正确区分事件发生顺序的最小时间间

隔。

06.081 绝对时标 absolute chronology, time tagging

简称"时标"。状态变化的一种传输方式，使传送的信息带有记录状态变化发生时间在某时间分辨率范围内的数据。

06.082 集中绝对时标 centralized absolute chronology

来自有同步时钟的不同地点，带有绝对时标状态变化信息的传输。结果精度指标要考虑分辨能力、绝对时标和各时钟同步误差。

06.083 自发传输 spontaneous transmission

仅当发送站发生事件时才传送报文的一种传输方式。

06.084 循环传输 cyclic transmission

按设定的顺序，报文源被循环地扫描，报文被循环地传输的一种传输方式。

06.085 按请求传输 transmission on demand

仅当有请求(如从控制站或主站来的查询命令的请求)时才送报文的一种传输方式。

06.086 判决反馈传输 transmission with decision feedback

接收站给启动站传送一肯定认可或否定认可的传输方式。

06.087 信息反馈传输 transmission with information feedback

接收站将全部信息返送给启动站，启动站比较校核信息内容是否与原发送一致的一种传输方式。

06.088 静态远动系统 quiescent telecontrol system

设备通常是处于待机状态而不是激活状态，仅在发生事件时才传送信息的一种远动传输系统。

06.089 问答式远动系统 polling telecontrol system, interrogative telecontrol system

又称"查询式远动系统"。由主站请求，从站的监视信息才能传送的远动系统。

06.090 通道可选远动系统 channel selecting telecontrol system, common diagram telecontrol system

又称"共用电路远动系统"。控制中心或主站通过切换接收器选择多个从站中的任何一从站的一种远动系统，如有需要，命令发送器可从一条电路切换到另一条电路。

06.091 比特差错率 bit error rate

接收到的差错比特数与发送比特总数之比。

06.092 块差错率 block error rate

不正确接收到的块数与发送的块的总数之比。

06.093 无功功率与电压最优控制 reactive power and voltage optimized control

在保证电力系统电压要求和设备安全的前提下，综合应用无功和电压的控制手段来改善无功潮流和电压，使系统有功网损达到最小的控制方式。

06.094 信息丢失率 rate of information loss

丢失的报文数与发送的报文总数之比。

06.095 信息传送率 information transfer rate

每秒从数据源传送并被数据宿作为有效信息接收的信息的平均比特数。

06.096 信息传送效率 information transfer efficiency

从数据源传送并被数据宿作为有效信息收到的报文，其信息内容的比特数，与为传送该报文而开销的总比特数之比。

06.097 信息容量 information capacity

远动系统中可在控制中心或主站和在各从

站处理的不同信息的总量。通常表示为命令数和能处理的监视信息总数之和。控制中心或主站的远动设备的信息容量可以由若干从站分担。

06.098 总响应时间 overall response time

发送站从事件启动到同站输出来自接收站的相应响应之间的时间间隔。

06.099 总传送时间 overall transfer time

从发送站事件发生起，到接收站呈现为止的信息延迟的时间。包括由于发送站的外围输入设备的延迟和接收站的相应外围输出设备的延迟。

06.100 远动传送时间 telecontrol transfer time

指信号从发送站的外围设备输入到远动设备的时刻起，至信号从接收站的远动设备输出到外围设备止，所经历的时间。包括远动发送器的信号变换、编码等时延、传输通道的信号时延以及远动接收器的信号反变换、译码和校验等时延。但是，它不包括外围设备如中间继电器、信号灯、变送器和指示仪表等的响应时间。

06.101 平均传送时间 average transfer time

就远动系统而言，原始输入信息在各种情况下传送时间的平均值。

06.102 更新时间 updating time，refresh time

又称“刷新时间”。从站中的状态变化到它在控制中心或主站被登录之间的时间。在循环系统中，平均更新时间等于一半循环时间加上总传送时间。

06.103 安全性 security

远动系统避免被控系统处在潜在危险或不稳定状态的能力。这种能力是针对因设备误动和未检出的信息差错而产生故障的后果。

06.104 安全约束调度 security constrained dispatch

在给定的电力系统运行方式中，在保证有功功率平衡的条件下，通过对发电机组有功出力的控制(必要时降低或切除部分负荷)，来解除支路潮流越限，并使可控机组运行费用最低的调度方式。

06.105 能量管理系统 energy management system，EMS

一种计算机系统，包括提供基本支持服务的软件平台，以及提供使发电和输电设备有效运行所需功能的一套应用，以便用最小成本保证适当的供电安全性。

06.106 自动发电控制 automatic generation control，AGC

又称“负荷频率控制(load-frequency control)”。随着系统频率、联络线所带负荷或者它们相互之间关系的变化，调节指定区域内各发电机的有功出力来维持计划的系统频率或使其与其他区域的既定交换在预定限值内或二者兼顾。

06.107 一致性测试 conformance testing

确定协议的实施是否符合规定的能力和选择，是否满足规定的静态和动态一致性要求的一种试验。

06.108 电力系统元件 power system element

电力系统中所使用的一次电力设备。一个电力设备可以有单端或多端，其各端可以与其他电力设备相连接，如发电机、变压器、电力线路、断路器、隔离开关及母线段等。

06.109 电力系统事故 contingency in power system

电力系统元件或子系统发生意外故障或停运。可能造成多个相互关联元件同时停运。

06.110 状态估计器 state estimator

进行状态估计的计算机软件。它将大量量测到的与电力系统状态有关的数据作为输入量供给一个具体的电力系统模型，以反映电网的实时接线情况，并估算每一母线的电压模和相角以及流经每条线路或变压器的有功及无功值。状态估计器与电力系统安全分析软件一起使用可对电力系统处于某个状态后所发生的事故进行安全评定，进而给出校正对策。

06.111 在线静态安全分析 on-line steady state security analysis

以电力系统状态估计结果作为电力系统的基态，在此基础上进行故障选择的快速潮流计算(如进行模拟故障的 n–1 元件开断潮流)，校核安全约束；按违反安全约束的严重程度排序且提出校正对策。

06.112 告警 alarm

为引起对某些异常状态注意的信息。如从一个正常状态转变为异常状态导致一个需确认的视觉和(或)听觉报警。

06.113 自适应频率控制 adaptive control of frequency

以优化电力系统某些运行状态为目标的二次频率调节。自适应频率控制系统能够根据运行条件的变化自动地调整本身的结构或参数(如自行改变各反馈量的增益)使其运行在最优工况下。

06.114 残留差错率 residual error rate

未检出的错误报文数与发送报文总数之比。

06.115 启动时间 start time

远动系统从加电到全部运行所需的时间。

06.116 再启动时间 restart time

远动系统从供电故障到可进行全部操作所需的时间。

06.117 通信运行管理 operation management of communication

电力企业通信部门为确保通信网运行正常及全程、全网通信畅通而进行的生产管理。

06.118 部分电量竞争模式 partial energy competition

又称“有限电量竞争模式(limited energy competition)”。参与市场竞争的发电企业的部分上网电量通过市场竞争确定的电力市场竞争模式。

06.119 差价合同 contract for difference

为规避现货市场价格波动引起的金融风险，交易双方以事先约定的合同价格与合同交割时的现货价格之差为基础签订的一种金融合同。

06.120 垂直垄断模式 vertically integrated monopoly

由垂直一体化的电力企业垄断发电、输电、配电和售电的结构模式。

06.121 单向差价合同 unidirectional contract for difference

包括买方差价合同和卖方差价合同。

06.122 单一购买者模式 single-buyer

在发电侧市场中，由市场运营机构作为唯一购买方代表的发电竞争模式。其主要特征是没有购买方竞价。

06.123 电力交易 power trading

针对电力商品或服务进行的买卖活动。包括电能交易、辅助服务交易、输电权交易等。

06.124 电力金融交易 financial power trading

利用金融衍生工具，以规避市场风险、套期保值或投机获利为主要目的，交易成交后一般不要求进行实物交割(一般没有或极少实物交割)而只进行财务结算的电力交易。

06.125　电力联营[机构]　power pool
在一个区域内，电力企业自愿参与的、并按协议工作的联合运营机构。负责协调参与成员发电和输电的运行和规划，以改进系统效率和提高系统可靠性，并降低系统成本。在电力市场条件下，通常按有关法规签订协议，开展竞争的电力现货市场，其主要功能是组织现货市场交易，决定市场结算价格，然后按交易价格对进出电力联营的电量进行结算。

06.126　电力实物交易　physical power trading
以实物交割为目的的电力交易。

06.127　电力市场　electricity market
广义的电力市场是指电力生产、传输、使用和销售关系的总和。狭义的电力市场是指竞争性的电力市场，是电能生产者和使用者通过协商、竞价等方式就电能及其相关产品进行交易，通过市场竞争确定价格的机制。

06.128　电力市场模式　electricity market model
电力市场运作的方式。以电力市场结构为基础，涉及电力市场交易价格、结算、监管等内容。

06.129　多边交易　multilateral trading
在由多卖方和多买方共同参与的电力市场中，电力买卖双方不直接接触，而由电力经纪人或电力交易中心进行交易撮合的交易方式。

06.130　发电竞争模式　generation competition
在垂直垄断模式的基础上实施厂、网分开，在发电侧实行竞争上网的结构模式。

06.131　发电权转让交易　generation right transfer trading
发电企业由于燃料或水力等一次能源不足，或机组计划外检修，或由于发电成本高，或环保要求等原因，在同一发电集团公司内部或不同发电公司间转让部分或全部上网合同电量的交易。

06.132　发电市场　generation market
又称“发电侧市场”。在发电领域引入市场竞争机制的电力市场。

06.133　分次竞价　sequential bidding
将竞价空间分成若干部分，并分次公布进行竞价。有总量公布和总量不公布两种实现方式。

06.134　分时竞价　time period bidding
在现货市场中，按负荷曲线对发电和负荷进行逐交易时段竞价(竞卖或竞买)交易。

06.135　合同交易　contract trading
以合同方式确定在未来某段时间(一般为日以上，如周、旬、月、季、年等)内完成的电力交易。

06.136　交易方式　trading manner
交易的成交方式。可分为集中竞价、拍卖、双边协商以及多边撮合等交易方式。

06.137　交易类型　trading classification
按交易周期的不同可分为现货交易和合同交易两大类型；按交易目的和交易标的不同可分为电能交易、辅助服务交易、输电权交易等；按交易标的性质不同可分为电力实物交易和电力金融交易两大类。

06.138　竞价　bidding
通过市场运营机构(或电力交易中心)组织交易的卖方或买方参与市场投标，以竞争方式确定交易量及其价格的过程。在电力市场中，通常用 bidder 表示买方投标者，用 offer 表示卖方投标者。

06.139　可中断远期合同　interruptible forward contract
允许买方或卖方中断合同执行的一种远期

合同。

06.140 灵活电力合同 flexible power contract
由合同的买方或卖方根据自己的需要灵活制定合同交割计划的一种远期合同。

06.141 零售竞争模式 retail competition
在批发竞争模式的基础上进一步开放配电服务、在售电领域引入市场竞争机制的结构模式。

06.142 批发竞争模式 wholesale competition
在发电竞争模式的基础上进一步开放输电服务、大用户和配电商参与市场竞争的结构模式。

06.143 区域电力市场 regional electricity market
在区域层面开展的电力市场。在我国电力市场建设初期，区域电力市场有区域统一市场和区域共同市场等模式。

06.144 全电量竞争模式 whole energy competition
参与市场竞争的发电企业的全部上网电量都通过市场竞争确定的电力市场竞争模式。

06.145 现货交易 spot trading
买卖双方直接对电力商品进行的交易。一旦成交，当即或在一定时期内进行实物交收和货款结算。与期货交易和实时交易相对，分为日前交易和时前交易。

06.146 日前交易 day-ahead trading
又称“日前现货交易”。相对实时运行提前一天进行的次日 24 h 的电能交易。

06.147 时前交易 hour-ahead trading
又称“小时前交易”。在日前交易之后、实时交易前的若干时段进行的电能交易。

06.148 交易时段 trading period
在电力现货市场中，根据电力系统调度运行特点安排现货交易计划(包括交易成交量及其成交价格)的时间区段。

06.149 实时交易 real-time trading
相对实时运行提前 1 h 进行的电能交易。

06.150 授权差价合同 authorized contract for difference
在电力市场建设初期引入的由政府授权签订的一种差价合同。此类合同不允许进行合同的买卖交易。

06.151 双边差价合同 bilateral contract for difference
在电力市场发展到多买方阶段后引入的由合同双方协商签订的一种差价合同。

06.152 双边交易 bilateral trading
买卖双方(或其代理机构)本着自愿、互利原则，通过双方协商，签订双边合同(包括交易量及其价格等)的交易方式。

06.153 双向差价合同 bidirectional contract for difference
同时保证买方和卖方规避市场价格下跌风险的差价合同。

06.154 物理输电权 physical transmission right
其所有者具有实际使用该输电容量的权利。

06.155 大用户 large customer
接入较高电压等级、具备一定购电规模的电力用户。

06.156 电力零售商 power retailer
不拥有电力网络设施，但具有一定资金和计量手段，经核准可从电力市场购电并直接向用户零售电力的企业。

06.157 电力经纪人 power broker

为电力买卖双方进行交易撮合或代其他市场成员进行电力买卖交易的市场中介机构。

06.158 独立发电商 independent power producer，IPP

从事电力生产但与电网经营企业没有资产纽带关系，其拥有的发电机组满足并网运行条件，且参与发电侧电力市场交易的发电企业。

06.159 配电商 power distributor

拥有并管理自己的电力网络设施，提供配电服务，经核准可从事电力购售业务的电力企业。

06.160 市场运营机构 market operator

又称"电力交易中心"。负责电力市场运作(包括交易组织与交易计划制定、计量与结算、市场信息发布与管理等)的机构。

06.161 市场主体 market entity

具有独立经济利益和资产，享有民事权利和承担民事责任的可从事市场交易活动的法人或自然人。

06.162 系统运行机构 power system operator

又称"电力系统调度机构"。执行市场交易计划，进行电力系统正常和事故情况下的运行调度，实现电力系统的有功和无功实时平衡，保证电力系统安全、稳定、优质、经济运行的机构。

06.163 用户 customer

电力市场中的用户与传统电力系统中的用户有所区别，除一般指依法与供电企业建立供、用电关系的电力消费者外，还可以是其他购买电力商品或接受服务的客户。

06.164 报价曲线 bid curve

在交易时段内所申报的交易容量(或电量)段值与其价格的对应关系。电力市场中的报价曲线依市场规则的不同可以分为单段报价曲线和多段报价曲线。

06.165 出清电量 clearing energy

在电力竞价交易中通过市场出清确定的成交电量。根据在交易出清中是否考虑网络安全约束条件，可分为无约束出清电量和有约束出清电量。一般如非特殊说明则指有约束出清电量。

06.166 撮合 make a match

在多边交易中，由市场运营机构或电力经纪人按照市场规则对买卖交易进行的匹配。

06.167 单部投标 single-part bidding

在竞价上网时，发电企业只申报交易时段的容量-电价曲线。

06.168 单次投标 one-off bidding，static bidding

又称"静态投标"。在一个交易时段内，投标者只有一次报价机会，市场交易也只出清一次。一般允许在市场出清前修改申报容量，但不得修改申报价格。

06.169 单段报价 single-block bidding，continuous bidding

又称"连续报价"。在每个交易时段内只能申报一个容量(或电量)段值及其价格。因而报价曲线为一条不分段连续平行线。

06.170 电力转运 power wheeling

从售电方到购电方经由第三方所拥有的输电网络进行的有功和无功功率传输。

06.171 调度价格 dispatching price

每调度时段内的市场均衡价格。

06.172 调度时段 dispatch interval

两次执行调度算法之间的时间间隔，一般为 5 min。

06.173 迭代投标 iterative bidding，dynamic

bidding

又称“动态投标”。在一个交易时段内，投标者有多次报价机会，每轮投标后都进行市场出清，在规定的截止时间前，投标者可以根据上一轮投标的市场出清结果修改下次投标。一般只允许修改申报容量的价格，而不允许修改申报容量的数量。

06.174 多部投标 multi-part bidding

在竞价上网时，发电企业除了要申报交易时段的容量-电价曲线外，还要上报机组爬坡速率、启停约束与相关费用以及各种备用容量报价等参数，以反映机组的成本结构和运行约束。

06.175 多段报价 multi-block bidding

在每个交易时段内可申报多个组(一组)容量(或电量)段值及其价格，因而报价曲线呈分段折线状或在分段点处不连续的阶梯状(一般要求为上升阶梯)。

06.176 发电再计划 generation re-scheduling

又称“发电调整计划”。对于日发电计划与实际负荷之间的较大偏差，系统运行机构对日前交易计划进行调整，重新安排各机组的发电功率。

06.177 非竞价机组 non-bidding units

根据市场规则不参与市场竞价上网的发电机组。

06.178 非竞争电量 non-competition energy

有关部门确定的指令性或指导性计划交易电量。

06.179 高低匹配法 high and low matching method

根据买方和卖方的报价，先将最高的买价与最低的卖价进行比较，若买价高于卖价则匹配成交；再在剩余未匹配的买卖交易中，按以上同样的方法进行交易匹配，直到无报价可比或最高买价低于最低卖价为止。

06.180 合同电量分解 contract energy decomposition

在合同期内将合同电量根据市场规则和有关规定逐步分解到年、月、日，形成可用于调度执行的调度计划的过程。

06.181 机组启动费用 cost of unit start-up

火电机组在启动过程中发生的有关费用。主要由燃料费用、厂用电费用以及由于启动而对机组寿命的折损费用三部分组成。

06.182 计划合同电量 scheduled contract energy

依据政府或其授权部门下达的计划，在购、售电双方签订的合同中约定的非竞争电量。

06.183 竞价机组 bidding unit

根据市场规则需要参与市场竞价上网的发电机组。

06.184 竞价空间 bidding energy

又称“竞价电量”。根据市场规则在预测的市场总需求电量中规定一定比例需要通过竞价方式进行交易的电量。

06.185 竞争电量 competition energy

需要通过协商、撮合、竞价、拍卖等交易方式确定的交易电量。

06.186 可用输电容量 available transfer capacity，ATC

电网在已使用的输电能力的基础上可进一步用于商业活动的剩余输电容量。

06.187 年度合同上网电量 annual contract on-grid energy

电网企业与发电企业在年度合同中约定的上网电量。

06.188 强制运行机组 must-run unit

为满足系统安全、稳定运行的需要，某一

或某些时段不管机组是否竞标成功都必须强制运行的发电机组。相应的发电功率为强制运行出力，其价格依据市场规则确定。

06.189　上网电量　on-grid energy
发电企业在上网电量计量点向系统(电网)输入的电量，即发电企业向市场出售的电量。

06.190　下网电量　off-grid energy
购电方在下网电量计量点从系统(电网)输出的电量，也即购电方从市场购买的电量。

06.191　输电阻塞　transmission congestion
输电网络的输电容量不能满足无约束交易计划的要求。

06.192　阻塞费用　congestion cost
因输电阻塞需要调整电能交易计划而引起的系统总购电费用的增加部分。

06.193　阻塞管理　congestion management
消除输电阻塞的管理和控制措施，以及阻塞费用的分摊等。

06.194　阻塞盈余　congestion surplus
由于输电阻塞引起的交易盈余。

06.195　网络安全校核　grid security check
对无约束交易计划进行的网络安全约束校核。

06.196　网络安全约束　grid security constraint
市场运营机构在制定交易计划时需要考虑的网络线路(包括变压器)和断面传输功率限制，节点电压上、下限和电压稳定等约束。

06.197　网损分摊　loss allocation
按市场规则将网损相关费用分摊给接受网络服务的用户。

06.198　网损系数　loss factor
又称“网损因子”。在特定时段和运行方式下，每单位增量电能的消费或传输而引起的系统网损的增量。

06.199　网损折算　loss conversion
又称“网损换算”。当考虑网损对交易计划或结算费用的影响时，需根据网损系数对投标价格或结算电量进行修正。

06.200　无约束交易计划　un-constrained trading schedule
在满足系统负荷平衡，不考虑网络安全约束(即不考虑电厂和负荷分布的空间特性和电网特性)的条件下制定的交易计划。

06.201　有约束交易计划　constrained trading schedule
在满足系统负荷平衡，考虑网络安全约束的条件下制定的交易计划。

06.202　预调度计划　pre-dispatching schedule
根据当日及未来数日发电商的数据申报和短期负荷预报结果，在考虑机组限值和爬坡速率情况下，按市场购电费用最小原则，编制当日及未来数日的发电计划。

06.203　约束增出力机组　constrained-on unit
相对于无约束交易计划中某机组的发电出力，在有约束交易计划中需增加发电出力的机组。

06.204　约束减出力机组　constrained-off unit
相对于无约束交易计划中某机组的发电出力，在有约束交易计划中需减少发电出力的机组。

06.205　备用服务　reserve service
为保障电能质量和系统安全、稳定运行而保持的有功容量储备服务。

06.206　辅助服务　ancillary service
为保证电力系统安全、稳定运行和电能质

量需要的各种辅助服务功能。包括无功电压支持、频率调整、旋转备用、非旋转备用、负荷调整控制、黑启动服务等。

06.207　黑启动服务　black start service

在系统大停电时，发电机组在无外来电源情况下进行的自启动，是机组为恢复系统供电而向系统提供的辅助服务。

06.208　基本辅助服务　elementary ancillary service

为保证电力系统安全、稳定运行和电能质量需要，根据并网调度协议规定的技术性能要求，发电企业、电网经营企业和电力用户必须无偿提供的辅助服务。包括发电机组一次调频、基本调峰、基本无功调节等。

06.209　可中断服务　interruptible service

电力用户为系统提供的一种辅助服务。它允许系统运行机构在必要时中断对用户的供电，并按合约给予用户相应补偿。

06.210　无功调节服务　reactive power service

又称“*无功支持服务*”。通过优化调度对无功电源(或无功补偿设备)向系统注入或吸收无功功率进行调整，以维持系统正常运行时的节点电压在允许范围内，以及在电力系统故障后提供足够的无功支持以防止系统电压崩溃的服务。

06.211　有偿辅助服务　commercial ancillary service

为保证电力系统安全、稳定运行和电能质量需要，发电企业、电网经营企业和电力用户在基本辅助服务之外所提供的需要给予相应经济补偿的辅助服务。通常以合同或辅助服务竞价等市场手段方式确定，包括自动发电控制、有偿调峰、备用等。

06.212　按报价结算　pay-as-bid settlement, PAB

电力市场中在满足一定的约束条件下实现电力/电量平衡时，按发电商报价由低到高的顺序分配发电负荷，确定机组的出力点和电价，并按中标机组报价由低到高的顺序确定机组的发电出力和发电量，各机组的成交电量分别根据其申报价格进行结算。

06.213　按边际价格结算　settlement based on system marginal price

以系统边际电价作为市场的统一出清价，所有成交电量均根据此价格进行的结算。

06.214　边际成本定价　marginal cost pricing

根据在系统现有状况下新增加单位用电增量而相应增加的系统成本，确定电价的方法。

06.215　长期边际成本定价　long-run marginal cost pricing

根据系统长期边际成本制定电价的方法。

06.216　边界潮流法　boundary flow method

先计算由于输电业务而引起的输电网络边界潮流的变化，并根据该数据计算输电费的一种输、配电价的定价方法。

06.217　短期边际成本定价　short-run marginal cost pricing

根据系统短期边际成本制定电价的方法。

06.218　潮流跟踪法　power flow tracing method

通过潮流计算，跟踪所求出各电源和各用户对输电线路的利用份额，然后根据利用份额和一定的规则进行输电费用及其网损费用的分摊的一种输、配电价的定价方法。

06.219　内部收益率　internal rate of return, IRR

投资项目各年现金流量的折现值之和为项目的净现值，净现值为零时的折现率就是项目的内部收益率。

06.220 电费 electricity fee
电力企业因销售电力产品或提供电力服务而向购买方或服务对象收取的全部费用。

06.221 电网有效资产 valid grid assets
维持电网企业持续、正常生产经营活动所必需的资产。是政府或监管机构计算电网企业准许收入和输、配电价的主要依据。

06.222 电价 electricity price
所有电力商品(产品和服务)价格的总称。是电力生产、输送、分配和销售等各环节价格的集合。

06.223 电量电价 energy price
又称“电度电价”。按照实际发生的交易电量计费的电价。在发电上网电价中，指按发电企业上网电量计费的电价；在输、配电价中，指按实际输、配电量计费的电价；在销售电价中，指按用户所用电度数计费的电价。

06.224 丰枯电价 flood season-dry season price
在丰水和枯水季节分别按照不同的电价水平计费的电价。是一种最常见的季节电价。

06.225 峰谷电价 peak-valley price
又称“峰谷分时电价”。根据电力系统负荷曲线的变化将一天分成多个时间段，对不同时间段的负荷或电量，按不同的价格计费的电价制度。

06.226 辅助服务费 ancillary service charge
有偿辅助服务的提供方向服务对象收取的费用。

06.227 可靠性电价 reliability price
根据用户对供电可靠性的不同要求而制定的差别电价。

06.228 高可靠性电价 high-reliability price
可靠性电价的一种类型。为了提高供电可靠性，必须增加系统的备用容量和备用线路，导致供电成本升高，用户应该承担的较高电价。

06.229 可中断电价 interruptible price
又称“可中断负荷电价”。可靠性电价的一种类型。售电企业预先与用户签订协议，当系统高峰电力供应不足时，售电企业可以按照协议规定的条件暂时减少或中断用户的电力供应，因而相应实行的较低电价。

06.230 共用网络服务价格 common transmission service tariff
我国电力行业在输、配、售分开之前，共用网络服务价格是指电网企业为接入共用网络的电力用户提供输、配电和销售服务的价格。

06.231 合同电价 contract price
又称“合约电价”。在各种电力交易合同中规定的合同电量的结算价格。

06.232 合同路径法 contract-path method
一种输配电价的定价方法。假定在某项输、配电服务中，电能按合同规定的路径流过，只按该路径所包含的输、变电设施所发生的成本计算输、配电价。

06.233 互供电价 interchange price
相互独立的电网，通过联络线相互提供电能的结算价格。

06.234 还本付息电价 capital and interest price
在我国实行集资办电政策后，对于不依靠政府财政拨款而实行负债建设的电厂(独立经营集资电厂、中外合资电厂等)，根据电厂还本付息需要和核定收益水平所确定的发电上网电价。

06.235 会计成本定价 embedded cost pricing
又称“财务成本定价”。一种传统的、也是常用的定价方法。是根据企业会计记录与财务报表中的成本费用来计算电价的方法。

06.236 季节电价 seasonal price
在一年中根据不同季节的特点按不同价格水平计费的电价制度。

06.237 经营期电价 return rate price
根据政府预先规定的经营期内收益率水平和社会平均成本核定的电价。

06.238 加权平均资本成本 weighted average cost of capital，WACC
企业权益资本成本与债务资金成本的加权平均值。

06.239 交易保证金 security deposit
为保证市场结算的顺利实现，有效地规避结算风险，根据市场规则，市场运营机构可以要求参与市场交易的市场主体在结算账户中存入的、并保持一定数量的资金。

06.240 交易服务费 trading service charges
独立市场运营机构向市场主体收取的费用。用于支付市场运营机构的运营管理、运营系统建设与维护等成本费用。

06.241 节点电价法 nodal pricing
以电网中特定的节点上新增单位负荷所产生的新增供电成本为基础核定电价的方法。

06.242 区域电价法 zonal pricing
在实际电网中，人们发现输电阻塞通常只是频繁地、明显地发生在某些区域之间，而在这些区域内，输电阻塞发生的概率较小，情况也比较轻微，为此提出区域电价法来简化、替代节点电价法。

06.243 结算清单 invoice
由市场运营机构出具的结算凭证。以市场主体之间实际发生的交易行为为依据，是市场主体进行资金结算的依据。主要包括结算电量、结算价格、结算电费、支付期限和支付方式等。

06.244 结算账户 settlement account
市场主体在市场运营机构建立的用于结算电费的账户。

06.245 结算质疑 settlement inquiry
各市场主体在收到市场运营机构出具的结算清单以后，有权对结算清单的内容进行查询和质疑，并要求市场运营机构就结算内容做出解释说明的过程。

06.246 结算周期 settlement interval
市场主体两次结算的时间间隔。

06.247 可用发电容量 available capacity
发电机组在某一特定时间段能够向电网提供的实际发电容量和备用容量之和。反映发电机组的发电能力。

06.248 一部制电价 one-part tariff
只按照交易电量或容量计费的一种电价制度。可分为单一电量电价或单一容量电价。

06.249 两部制电价 two-part tariff
分别按容量和电量两部分来计费的电价制度。

06.250 配电电价 distribution price
电网企业通过配电网提供电力服务的价格。通常情况下，配电服务也属于垄断经营业务，配电电价也要受到政府的管制。

06.251 平衡账户 balancing account
为满足区域电力市场建设需要，保持销售电价的相对稳定，妥善处理发电企业、电网经营企业和电力用户的利益关系，规范竞价上网产生的差价资金管理，促进电力市场的健康发展，建立的区域电力市场账户。

06.252 容量电价 capacity price
按容量或需量计费的电价。

06.253 上网电价 on-grid price

发电企业与购电方进行上网电能结算的价格。

06.254 实时电价 real-time price
反映电力商品“瞬时”成本的电价。

06.255 市场出清电价 market clearing price
在竞争定价的电力市场中，能够实现市场供给量和需求量平衡的价格水平。

06.256 输电电价 transmission price
电网企业通过输电网提供电力服务的价格。

06.257 输配电价 transmission-distribution price
电网经营企业提供接入系统、联网电能输送和销售服务的价格总称。

06.258 现货价格 spot price
在电力现货市场中的价格，包括日前市场电价和时前市场电价。电力市场中的现货价格一般由竞争形成。

06.259 销售电价 retail price
电网企业向电力用户或者独立核算的下级电网企业销售电能的价格。

06.260 邮票法 postage stamp method
按整个电网输送的电量或功率平均分摊整个电网的输配电成本的一种输配电价定价方法。

06.261 兆瓦公里法 MW-kilometer method
首先计算电网的所有线路和设备的每兆瓦公里的成本，并针对特定的输配电服务计算电网潮流，进而根据该项服务实际占用的输配电容量分摊输电费的一种输配电价的定价方法。

06.262 逐线计算法 line-by-line calculation method
该法考虑某项输电业务对输电网每条线路潮流的影响，即结合线路的长度，分别计算有、无输电业务时各支路的潮流，并以此为依据计算输电费的一种输配电价的定价方法。

06.263 专项服务价格 exclusive service tariff
电网企业利用专用设施为特定用户提供服务的价格。分为电网接入价、专用输电工程服务价和联网价三类。

06.264 电网接入价 grid access tariff
电网企业为某些发电厂或大用户提供专项接入系统服务的价格。主要用于电网企业回收应由发电企业或大用户支付的接网设备的成本费用。

06.265 专用输电工程服务价 service tariff of exclusive transmission project
电网企业通过专用输电工程提供输送电能服务的价格。

06.266 联网价 interconnection tariff
电网企业利用专用联网工程为电网之间提供联网服务的价格。

06.267 准许收入 permitted revenue
由政府或监管机构预先核定的、用来计算输配电价的电网公司的收入。在成本加收益的监管方式下，电网企业收入总量受政府控制。

06.268 报表及电子杂志服务器 report and electronic magazine server
处理电力系统报表数据及形成数据仓库的服务器。

06.269 报价数据 bidding process data
在电力市场中，市场成员申报的经济参数和技术参数。

06.270 报价员名称 bidder's name
报价员的代码和真实姓名。

06.271 报价员权限 privilege of bidder

报价员在何种范围从事市场交易的权利和义务。

06.272 报价员通信信息 contact information of bidder
报价员在市场的联系信息。

06.273 报价员有效期 bidder's duration of validity
报价员注册的有效期限。

06.274 报价员注册信息 register information of bidder
按市场运行规则，参与电力市场交易报价的人员在注册时需要提供的报价员参数。

06.275 长期交易计划数据 long-term transaction schedule data
一般指年度交易的结果电量和价格。

06.276 长期交易子系统 long-term trade subsystem，LTS
根据相关电力市场信息和电力系统运行数据，针对一年及以上的交易，依据市场规则制定交易计划并对交易过程进行管理的子系统。

06.277 短期交易子系统 short-term trade subsystem，STS
根据相关电力市场信息和电力系统运行数据，针对月、周及多日的交易，制定交易计划并对交易过程进行管理的子系统。

06.278 电力市场运营系统 electricity market operation system，EMOS
基于电力系统及电力市场理论，应用计算机、网络通信、信息处理技术，满足电力市场运行规则要求的技术支持系统。

06.279 电力市场运营系统故障恢复时间 restoration time after system failure
系统受到重大干扰而全停后，重新恢复所需要的时间。

06.280 电能量计量系统 tele-meter reading system，TMRS
对电能量计量数据进行自动采集、远传和存储、预处理的系统。

06.281 调度管理信息系统 dispatching management information system，DMIS
提供对与电力系统调度管理有关的信息进行综合分析、处理和应用的系统。

06.282 FTP 服务器 file transfer protocol server
使用文件传输协议(FTP)的通信服务器。

06.283 合同管理子系统 contract management subsystem，CMS
在电力市场运营系统中，依据市场规则，对市场中的各类合同的执行、变更等进行跟踪管理的子系统。

06.284 结算管理子系统 settlement & billing subsystem，SBS
在电力市场运营系统中，依据市场规则对市场参与者进行考核和结算的子系统。

06.285 竞价机组注册信息 register information of bidding unit
按市场运行规则，参与电力市场竞价的机组在注册时需要提供的机组参数。

06.286 历史数据服务器 historical data server
存储电力系统过去运行数据的服务器。

06.287 日前交易子系统 day-ahead trade subsystem，DATS
根据相关电力市场信息和电力系统运行数据，依据市场规则制定次日的交易计划并对交易过程进行管理的子系统。

06.288 实时交易子系统 real-time trade subsystem，RTS
根据相关电力市场信息和电力系统运行数据，依据市场规则制定当日内的交易计划并对交易过程进行管理的子系统。

06.289　实时数据服务器　real-time data server
处理电力系统实时运行数据的服务器。

06.290　市场成员注册信息　register information of market participant
按市场运行规则，参与电力市场交易的成员在注册时需要提供的市场成员参数。

06.291　市场分析子系统　market analysis subsystem，MAS
在电力市场运营系统中，对市场运作状态进行分析、评估和预测的子系统。

06.292　数据申报子系统　data process subsystem，DPS
在电力市场运营系统中，依据市场规则接受和管理市场参与者注册和申报数据的子系统。

06.293　系统正常情况下备份周期　backup cycle in normal condition of the system
在正常运行的情况下，系统进行一次全数据备份的时间间隔。

06.294　信息发布更新时间　data release update time
电力市场信息发布的更新周期。

06.295　信息发布子系统　information publishing subsystem，IPS
在电力市场运营系统中，依据市场规则对市场成员和公众公布相关电力市场信息和电力系统运行数据的子系统。

06.296　用户接入时间　user connection time
用户登录系统服务器或系统网站所需要的时间。

06.297　用户浏览响应时间　response time for user browsing
用户登录系统网站后，从浏览器发出请求到所需数据响应的时间。

06.298　保密信息　confidential information
按国家法律、法规和市场规则规定，在与市场主体和市场运营机构相关的信息中属于保密的那部分信息。

06.299　贝恩指数　Bain index
衡量行业垄断程度的一个指数。

06.300　被动监管　passive regulation
电力监管机构依据监管对象以往的经营情况分析，监督和审批电价，设定价格和成本基准的一种事后监管方式。根据市场主体和市场运营机构或社会公众的争议、投诉及建议，进行的相关调查及采取的相关措施。

06.301　边际机组形成率　formation rate of marginal generation unit
某个电厂形成边际机组的时段占整个竞价时段的比例。

06.302　单个电厂形成最高限价的比率　formation rate of price cap by single power plant
在市场出清价达到最高限价的时段中某个电厂的边际机组形成率。

06.303　不可抗力　irresistible force
对市场和电力系统有严重影响的不可预期和不可控制的事件及其产生的后果。包括自然灾害和战争等。符号“f”。

06.304　串谋　collusion
电力市场中某几个或者所有发电公司通过事先私下达成的协议进行投标，从而达到占据较大的市场份额，控制出清电价，获取超额利润的目的。

06.305　电力监管机构　power regulation agency
根据有关法律、法规和规章对电力行业实

施监管的行政执法机构。具有独立性、专业性和权威性三大特点。

06.306 电力市场监管 electricity market regulation

根据有关法律、法规和规章，电力监管机构遵循市场规律对市场主体和市场运营机构及其行为进行的监督和管理。以实现电力市场竞争的合理、有序、公正、公平和公开。

06.307 电力业务许可证制度 license system for electric power business

为了维护电力生产运营的正常秩序，电力监管机构规定凡是欲从事电力业务的企业都必须提出申请，经监管机构审查批准，取得电力业务许可证。

06.308 非法投机行为 illegal speculation

某些市场主体违反国家有关法律、法规、政策和条例，为了获取非法利润扰乱市场秩序的投机行为。

06.309 高价中标率 high price winning ratio

通过对供应者的高价申报情况与成交情况的分析，来反映供应者的竞标策略与自身实力的配合情况，评价供应者的策略成功率和具有的市场力。

06.310 公开信息 public information

应当向市场主体、市场运营机构和公众公开提供的数据和信息。

06.311 供给剩余系数 residual supply index，RSI

度量一个发电企业在市场中重要程度的指标。

06.312 价格边际成本指数 price cost margin index

用于衡量市场出清价格和理想的竞争市场价格(即系统边际成本)偏离程度的一个指数。

06.313 价格监管 price regulation

政府或其授权部门依法对电力行业提供的产品和服务的价格实施的监管。

06.314 价格上限监管法 price cap regulation

政府或其授权部门依法确定被监管电力企业所提供产品和服务的最高价格，即所谓价格上限。在价格上限以下，企业可以按照利润最大化的原则确定其产品的价格。

06.315 价格听证 public price hearing

依据《价格法》的规定，政府为了规范定价行为，听取社会意见的行政举措。

06.316 价格指数监管法 price index regulation

将电价与零售物价指数(RPI)或消费者物价指数(CPI)相关，并且电价涨价的速度必须低于物价指数或消费者物价指数。

06.317 勒纳指数 Lerner index

用于衡量一个市场的出清价格与系统边际成本的偏差程度的一个指数。可用来测度市场垄断程度，其计算公式为$(p-mc)/p$，其中p是市场价格，mc是边际成本。

06.318 强制运行率 must-run ratio

(1)为满足某一时段系统负荷需求，一个电厂强制发电的功率。(2)电厂强制运行出力与其可发容量的比值。

06.319 熵系数指标 entropy coefficient

衡量市场集中度和市场力作用程度的一种指标。

06.320 申报充足率 bid sufficiency，BS

市场成员申报的最大供给量之和与需求量之和的比值。它反映了市场供给的富余程度，从一个侧面反映了市场的竞争力度。

06.321 申报价格策略指标 price bidding strategy index

反映一定时期内市场供应者对风险、收益

的偏好。

06.322　申报容量策略指标　capacity bidding strategy index

反映供应者对市场供应量的控制程度。

06.323　申报最高限价时的中标率　bid-winning rate for price cap bidding

某个电厂申报了最高限价后中标(必然形成边际机组)的时段占其申报最高限价的时段的比例。

06.324　市场出清价的上下限　ceiling and floor of market clearing price

依据市场规则在市场交易中由政府强制规定的市场出清的最高限价和最低限价。是限制市场成员滥用市场操纵力的有效措施之一。

06.325　市场干预　market intervention

当系统出现特定情况时，市场运营机构依据市场规则采取一定的措施对市场的运行进行的干预。

06.326　市场供需比　supply-demand ratio

市场总需求量和总供给量的比值。用来检验在何种条件下会引发市场力。

06.327　市场集中度指数　Herfindahl-Hirschman index，HHI

又称“赫氏指数”。衡量市场集中程度的一种指标。

06.328　市场竞争度指标　market competition rate

衡量市场竞争程度的一个指标。

06.329　市场有序性指标　orderly index

衡量市场竞争有序程度的一个指标。

06.330　市场力　market power

又称“市场操纵力”。表示发电商操纵市场价格使之偏离市场充分竞争情况下所具有的价格水平的能力。

06.331　市场中止　market suspension

当系统出现特定情况时，电力监管机构依据市场规则做出电力市场中止交易的指令，在此指令下电力市场停止运作。

06.332　市场准入制度　market entry certification system

政府或其授权机构规定公民和法人进入市场从事商品生产、经营活动所必须满足的条件和必须遵守的制度与规范的总称。是国家为保护社会公共利益而对市场进行监管的基本制度。

06.333　私有信息　private information

只有特定的市场成员和市场运营机构才有权访问的数据和信息。属于保密信息。

06.334　Top-m 份额　Top-m share

由市场中最大的 m 个供应商所占的市场份额。

06.335　投标竞价的上下限　ceiling and floor of bidding price

市场交易中由政府强行规定的投标竞价的最高价格和最低价格。

06.336　投资回报率监管法　regulation of rate of return on investment

使被监管电力企业在获得对企业运营成本和资本成本的补偿以外，还保证以事先确定的回报率获得投资回报。

06.337　信息不对称　information asymmetry

在社会政治、经济等活动中，一些成员拥有其他成员无法拥有的信息，由此造成信息的不对称。能产生交易关系和契约安排的不公平或者市场效率降低问题。

06.338　信息披露　information disclosure

根据电力市场运营规则的要求，市场主体和市场运营机构互相为对方提供相关的数据和信息，同时向社会公众和电力监管机构发布和提供必要的数据和信息。

06.339　质量监管　quality regulation
政府或其授权部门对包括电压和频率的稳定性以及供电的连续性等指标在内的电能质量、包括对计费的及时和准确性和对服务需求和抱怨的反应能力等方面的服务质量的监督和管理。

06.340　最高限价到达率　ceiling price topping ratio
市场出清价达到最高限价的时段占整个竞价时段的比例。

06.341　最小/最大市场份额比　min/max index
供应者的最小市场份额与最大市场份额的比值。

06.342　[市场]风险　risk
风险源于不确定性，但不确定性与风险有明显的区别，不确定性的结果可能高于预期，也可能低于预期。普遍的认识把结果低于预期，甚至遭受损失的情况称为有风险。

06.343　套期保值　hedging
交易者配合在现货市场的买卖，在期货市场买进或卖出与现货市场交易品种、数量相同，但方向相反的期货合同，以期在未来某一时间通过卖出或买进此期货合同来补偿因现货市场价格变动带来的实际价格风险。

06.344　期货合同　futures contract
标准化的金融交易合同。对于要购买或者出售的商品或金融产品，期货合约给出在未来一段时间内的交易量和价格，该合约的内容包括数量、价格、交货地点、交货时间、最后一个交易日或结算日等。

06.345　远期合同　forward contract
与期货合同类似，是在未来一段时间内买卖商品的协议。包括交割细节(总交货量、如何交货)、交割价格或者价格表达式、交货时间和地点等。

06.346　期权交易　option trading
对期权合同的交易。分为交易所交易和柜台交易两种方式。

06.347　期权合同　option contract
一份合同，在此合同中期权的卖方授予期权的买方在规定的时间内(或规定的日期)以确定的价格从卖方处购买或卖给卖方一定电力交易产品的权利。

06.348　保证金制度　margin rule
在期货交易中，结算公司把买卖双方分割开来，使他们都以结算公司为结算对象，从而避免了他们所要承担的信用风险。

06.349　初始保证金　initial margin
期货交易双方在合约成交之后，第二天开市之前在各自经纪人处存入的保证金。以一天的最大潜在损失为最高限度。其数量在不同市场、不同合约是不一样的。

06.350　价格变动保证金　variation margin
在每日结算机制下，每日的损失都必须由客户追加保证金来补平，这种追加的保证金被称为价格变动保证金。

06.351　维持保证金　maintenance margin
维持账户的最低保证金。通常相当于初始保证金的75%。

06.352　基差风险　basis risk
期货价格和现货价格都是波动的，在期货合同的有效期内，基差也是波动的。基差的不确定性被称为基差风险。

06.353　日最大负荷利用小时　daily maximum load utilization hours
日发电量与日最高负荷之比值。

06.354　日最大负荷　maximum daily load
一日记录负荷中，数值最大的一个。

06.355　日最小负荷　minimum daily load

一日记录负荷中，数值最小的一个。

06.356 最大负荷出现时间 occurrence time of maximum load
某一时期内记录到的最大负荷发生的时刻。

06.357 最小负荷出现时间 occurrence time of minimum load
某一时期内记录到的最小负荷发生的时刻。

06.358 检修间隔 maintenance interval
二次相同等级检修之间的相隔时间。

06.359 事故检修 outage repair
设备在使用过程中发生强迫停运，按照《电业生产事故调查规程》规定构成事故时的应急抢修。

06.360 机组经济运行参数 unit economic parameter
发电机组进行经济运行所需要的技术数据。

06.361 机组技术数据 unit technical data
发电机组固有的制造或运行参数。

06.362 机组启停时间 start-up & shutdown time of generation unit
在系统及机组正常状态下，机组启动或停运所需要的时间。

06.363 可调小时 feasible hours
发电机组在一年时间内扣除计划和非计划检修小时数后，余下的运行和备用时间。

06.364 可调出力 feasible capacity
电力系统中一段时期内全部发电设备实际可调出的容量。

06.365 零起升压 stepping up from zero voltage
发电机变压器组、线路、母线以及与之连接的相应设备，自零电压开始，逐步平稳升压，直至额定电压1.05~1.10倍额定电压。

06.366 实际有功出力曲线 actual active power output curve
以固定时间间隔连续记录的实际有功功率变化曲线图。

06.367 实际无功出力曲线 actual reactive power output curve
以固定时间间隔连续记录的实际无功功率变化曲线图。

06.368 备用容量曲线 reserve capacity curve
以固定时间间隔连续记录的备用容量变化曲线图。

07. 火 力 发 电

07.001 火力发电机组 thermal power generating units
燃烧煤、油、气或其他碳氢化合物等燃料，将所得到的热能转变成机械能带动发电机产生电力的发电机组。

07.002 蒸汽动力发电机组 steam power generating units
产生一定参数的蒸汽作为工质，推动汽轮机做功驱动发电机发电的设备。

07.003 低压机组 low pressure units
蒸汽压力不大于2.45 MPa，温度为300℃左右的蒸汽动力发电机组。

07.004 中压机组 medium pressure units
蒸汽压力为2.49~4.90 MPa，温度为450℃左右的蒸汽动力发电机组。

07.005　高压机组　high pressure units
蒸汽压力为 7.84~10.8 MPa，温度为 538℃左右的蒸汽动力发电机组。

07.006　超高压机组　superhigh pressure units
蒸汽压力为 11.8~14.7 MPa，温度为 538℃左右的蒸汽动力发电机组。

07.007　亚临界压力机组　subcritical pressure units
蒸汽压力为 15.7~19.6 MPa，温度为 538℃左右的蒸汽动力发电机组。

07.008　超临界压力机组　supercritical pressure units
蒸汽压力为 24 MPa 左右，温度为 538℃左右的蒸汽动力发电机组。

07.009　超超临界压力机组　ultra-supercritical pressure units
蒸汽参数比超临界压力机组更高，效率比超临界机组更高的蒸汽动力发电机组。

07.010　发电厂　power plant，power station
由建筑物、能量转换设备和全部必要的辅助设备组成的生产电能的工厂。

07.011　火力发电厂　thermal power plant，fossil-fired power plant
简称“火电厂”。装备火力发电机组生产电能的发电厂。

07.012　热电联产电厂　co-generation power plant，combined heat and power station
简称“热电厂”。同时向用户供给电能和热能的火力发电厂。其热能来自汽轮机排汽、抽汽，或者来自燃气轮机排出的余热。

07.013　燃气-蒸汽联合循环发电厂　gas-steam combined cycle power plant
燃气轮机做功后排出的热烟气通过余热锅炉产生蒸汽，推动蒸汽轮发电机组发电的发电厂。

07.014　分散式发电装置　distributed power generation facilities
功率为数 kW 至 MW 级的中、小型模块式直接安置在用户近旁，与环境兼容的独立电源。有风能、太阳能、燃料电池和微型燃气轮机、往复式燃气发动机等装置的高效、低污染发电、供热、制冷等的综合系统，以提高供电可靠性，可在电网崩溃和意外灾害情况下维持重要用户的可靠供电。

07.015　矿口电厂　pithead power plant
俗称“坑口电厂”。建设在煤矿附近的火力发电厂。

07.016　路口电厂　power plant on railway hub
位于燃料产地和负荷中心之间，靠近铁路枢纽的大型火力发电厂。

07.017　港口电厂　port power plant
建设在沿海或沿江、河大型港口附近，所用燃料经海洋或江、河水路运到的火力发电厂。

07.018　垃圾电厂　garbage-burning power plant
利用燃烧城市垃圾所释放的热能发电的火力发电厂。

07.019　基荷电厂　base load power plant
在接近全负荷运行条件下连续运行，运行小时通常较高，以达到电厂和全网最佳经济运行模式为目的的电厂。

07.020　峰荷电厂　peak load power plant
以非连续运行条件运行和快速适应电网尖峰功率需求，运行小时通常在 2000 h 以下的电厂。

07.021　孤立电厂　isolated power plant
不与电网相连、独立供电的发电站。

07.022 移动电站 portable power plant
能够移动到需电地区使用的发电站。

07.023 发电车 truck-mounted power plant
将整套发电设备装在汽车拖车上的发电站。

07.024 船舶电站 ship-mounted power plant，floating power station
将整套发电设备装在船舶上的发电站。

07.025 煤电基地 coal and electricity production base
在动力煤矿区，根据煤的产量和储量，有计划地建设电厂群，以向外输电为主要目的的发电基地。

07.026 煤电联营 coal and electricity production joint venture
在煤矿区，根据统一规划、同步建设煤矿和发电厂，并使两个企业联合经营，以取得最大综合效益。

07.027 发电厂厂用电率 service power rate of power plant，auxiliary power consumption rate of power plant
发电厂电力生产过程中所必需的自用电量占所发电量的百分比。

07.028 标准煤 standard coal
发热量为 29 308 kJ/kg(7000 kcal/kg)的假想煤。

07.029 发电煤耗率 gross coal consumption rate
简称“发电煤耗”。火力发电厂发出 1 kW·h 电能所消耗的标准煤量。

07.030 供电煤耗率 net coal consumption rate
简称“供电煤耗”。火力发电厂扣除自用电量后，向电网供出 1 kW·h 电能所消耗的标准煤量。

07.031 火力发电厂热效率 thermal efficiency of fossil-fired power plant
火力发电厂输出能量与所消耗燃料发热量及其他输入能量之比。

07.032 发电热耗率 heat consumption rate of electricity generation
简称“发电热耗”。发 1 kW·h 电能所消耗的热量。

07.033 发电热效率 thermal efficiency of electricity generation
发电机组的发电量折算成热量与输入热量之比。

07.034 供电热耗率 heat consumption rate of electricity supply
简称“供电热耗”。发电机组向电网供 1 kW • h 电能所消耗的热量。

07.035 供电热效率 thermal efficiency of electricity supply
发电机组向电网供电量折算成热量与输入热量之比。

07.036 发电厂供电成本 cost of power supply of power plant
发电厂向电网供出单位电能所发生的生产费用。

07.037 发电厂供热成本 cost of heat supply of power plant
发电厂为生产、输送和销售单位热力产品而发生的生产费用。

07.038 火力发电机组动态特性 dynamic characteristics of thermal generating unit
火力发电机组运行时，随负荷变化，各项参数及机组各项技术、经济指标变化的特性。

07.039 设计工况 design condition
设备运行时的各项参数与状态均符合设计

数据要求的工况。

07.040　经济工况　economic condition
在满足环境指标的条件下，要求保持火电机组最低一次能源消耗和最佳经济效益时的工况。

07.041　两班制运行　two-shift cycling operation
机组在电网夜间低负荷时停用，次日再启动，属调峰运行的一种方式。

07.042　间断运行　intermittent operation
机组随着电网负荷的变化，低负荷时停用，高负荷时启动运行的方式。

07.043　火力发电厂设计　thermal power plant engineering and design
建设火力发电厂必须进行的前期工作。包括可行性研究、初步设计(或概念设计)和工程建设实施阶段的施工图设计。

07.044　火力发电厂标准设计　standard design of thermal power plant
按有代表性的工程条件或技术条件编制的质量高、适应性强、技术经济指标先进合理的设计。可供接近条件的具体工程套用或参考。

07.045　火力发电厂建厂条件　thermal power plant site condition
建设火力发电厂所必需的场地、燃料、水源、灰场、交通运输、地质、水文、气象、出线、文物保护、环保、施工等条件。

07.046　火力发电厂总体规划　overall plot plan of thermal power plant
对火力发电厂所属范围内的总体布置，即对火力发电厂的厂区、施工区、生活区、水源地、供排水设施、供热管线、贮灰场、灰管线、厂外交通运输、出线走廊、环境保护、综合利用及防灾设施等用地和布局进行统筹合理的安排。

07.047　火力发电厂厂区规划　site plot plan of thermal power plant
配合总体规划，对火力发电厂厂区内(生产区和厂前区两部分)各项建、构筑物和道路、管线的布置进行综合考虑做出的具体安排。

07.048　厂前区　plant front area
位于电厂入口的前段部分，布置有行政办公和生活服务等建筑群的区域。

07.049　火力发电厂总平面布置　general layout of thermal power plant
确定全厂各项生产建筑物、构筑物、辅助厂房和附属建筑以及铁路、道路、管线在平面上的相互位置的布置。是火力发电厂厂区规划的具体化。

07.050　横向布置　transverse arrangement of turbogenerator unit
汽轮机-发电机组的轴线与主厂房轴线垂直的布置方式。

07.051　纵向布置　longitudinal arrangement of turbogenerator unit
汽轮机-发电机组的轴线与主厂房轴线平行的布置方式。

07.052　露天布置　open-air arrangement, outdoor arrangement
不建厂房，不将主设备或附属机械、辅助设备等围护起来的一种布置方式。

07.053　半露天布置　semi-enclosed arrangement, semi-outdoor arrangement
不建厂房，但对设备采取局部封闭或半封闭措施的一种布置方式。

07.054　火力发电厂生产建筑物　power production building of thermal power plant
安装火力发电厂生产设备，且为生产、运行人员提供符合安全、健康、环境要求的工作条件和设施的建筑物。

07.055 火力发电厂主厂房 main power building of thermal power plant
火力发电厂中由汽轮机-发电机组厂房、锅炉房、除氧间、煤仓间、厂用配电装置室、集中控制室及引风机室等部分组成的联合建筑群。

07.056 火力发电厂主厂房布置 main power building arrangement of thermal power plant
火力发电厂锅炉和汽轮机-发电机组等主辅、设备及仪表、管线在主厂房内的布置。主厂房通常按锅炉房、煤仓间、除氧间(或合并的除氧煤仓间)、汽轮机-发电机组房的顺序排列。在技术、经济合理时，也可根据工程具体条件采用其他布置方式。

07.057 主厂房结构设计 structure design of main power building
满足火力发电厂的安全运行和检修方便，以及场地的地质条件和承载力，对主厂房结构、材料和基础选型的设计。火力发电厂主厂房常用结构有钢筋混凝土结构、混凝土外包钢结构、钢管混凝土结构和钢结构等。

07.058 主厂房建筑设计 architecture design of main power building
根据工艺流程、使用要求、自然条件、周围环境、建筑材料和建筑技术等因素，对主厂房建筑造型和围护及厂房内交通、防火、防风、采光等设计工作的总称。

07.059 主厂房基础 foundation of main power building
承受主厂房建筑、结构本身、工艺设备、管道、吊车设备、楼面活荷载、风荷载、地震作用等荷载，并传给地基的土建结构。

07.060 主厂房抗震 anti-seismic design of main power building
根据建厂地区的地震烈度、地基条件、厂房布置、结构强度和延性(抗变形能力)，以及抗震费用等因素，运用地震宏观的调查经验和研究成果，对主厂房设计所采取的抗御地震的技术措施。

07.061 火力发电厂自动化 automation of thermal power plant
采用各种自动化仪表和装置(包括计算机系统)对火力发电厂生产过程进行监视、控制和管理，使之安全、经济、高效运行的技术。

07.062 保温和防冻 thermal insulation and antifreeze
热力设备和管道表面敷设结构完整、导热系数低的绝热层，以减少散热或防止冻结的工艺设计。

07.063 采暖通风和空气调节 heating, ventilation and air-conditioning
为常年保持厂房内需要的温度和湿度，夏季消散设备散热量，冬季补充设备散热量的不足，并为排除运行或事故时产生的有害气体而配置的技术装备和设施。

07.064 母管制系统 common header system
将多台给水和过热蒸汽参数相同的机组分别用公用管道将给水和过热蒸汽联在一起的发电系统。常用于中、小型凝汽式电厂和供热式电厂。

07.065 火力发电厂施工 construction of thermal power plant
按照合同和设计文件完成火力发电厂全部建筑、机械和电气的施工、安装与调整试验，达到正常发电、交付运行的全过程。

07.066 保温混凝土 thermal insulation concrete
覆盖在热力设备和管道的表面，能阻止或减少与外界发生热交换，减少热量耗散的具有一定物理、力学性能的特种混凝土。

07.067　耐火混凝土　refractory concrete
能承受高温，并在高温下保持所需要的物理、力学性能的特种混凝土。

07.068　耐火材料　refractory material
耐火度不低于 1580℃，有较好的抗热冲击和化学侵蚀的能力、导热系数低和膨胀系数低的非金属材料。

07.069　烟囱工程　chimney works
火力发电厂采用的钢筋混凝土烟囱、钢烟囱、套筒多管式烟囱的设计与施工。

07.070　冷却塔工程　cooling tower works
火力发电厂采用的钢筋混凝土结构薄壳双曲线型自然通风冷却塔和框架型机械通风冷却塔的设计与施工。

07.071　起重机械　hoisting machine
吊运或顶举重物或物料的搬运机械。火力发电厂设备和材料的卸车、就位、找正及组装都必须使用它。

07.072　地基处理　subsoil improvement
对建筑物和设备的基础下的受力层进行提高其强度和稳定性的强化处理。

07.073　桩基施工　pile foundation construction
用钢筋混凝土、钢、木材等制成柱状桩体后，用沉桩机械打入或压入地层内直至坚实土壤，或先成孔后再浇筑成混凝土柱状桩体，借此加强桩承台承载力的工艺。

07.074　混凝土施工　concrete work
按照设计图纸的要求，进行钢筋制作绑扎、模板摆放和固定、用符合质量要求的原材料、按规定的配比进行拌制、运输、浇筑、养护等，同时对各个环节进行全过程质量控制和检验。

07.075　主厂房结构施工　main power building structure construction
采用钢筋混凝土结构、钢结构等结构的火力发电厂主厂房的施工工艺、施工方法、质量控制等的总称。

07.076　取水构筑物　water intake structure
位于自然水域水下的采取火力发电厂所需用水的构筑物。一般由取水头和引水管路两部分组成。

07.077　钢筋混凝土循环水管　reinforced concrete circulating water pipe
火力发电厂汽轮机的凝汽器、冷却塔、取水构筑物、岸边水泵房等之间用钢筋混凝土制的循环冷却水管道。

07.078　岸边水泵房　bank side pump house
位于自然水域岸边的安装有供火力发电厂用水的水泵的建筑物。

07.079　输煤建筑物　coal handling structure
翻车机室、卸煤沟(用于铁路运煤的电厂)、上煤码头(用于水运煤的电厂)、输煤控制室、计量室、采样室、输煤皮带的隧道与栈桥、转运站、碎煤机室、储煤场、堆取料机基础及干煤棚或储煤罐等的总称。

07.080　火力发电厂辅助厂房和构筑物　auxiliary building and structure of thermal power plant
安装有辅助生产的检修、试验、配件加工、制造等设施的厂房建筑物或构筑物。包括油处理室、露天油库、乙炔站、制氢站、制氧站、空气压缩机室、修配厂、热工试验室、电气试验室、金属试验室、天桥、排水、污水处理构筑物、各分场检修间、电缆隧道、启动锅炉房等。

07.081　火力发电厂附属建筑物　supplementary buildings of thermal power plant
为生产和管理服务以及为消防、保卫和对外联系需要而设置的建筑物。一般有办公楼、材料库及棚、危险品库、机车库、汽车库、推煤机库、消防站、警卫传达室、自行车棚等。

07.082 集中控制室装修施工 central control room finishing installation

使集中控制室达到吸声、密封、恒温、环境良好而进行的集中控制室内吊顶、墙面、地坪的施工。

07.083 火力发电厂运行 operation of thermal power plant

火力发电厂从燃料的化学能到转换成电能所必需的设备运转和保障行为。其目的是达到连续或按负荷需要向电网供应可靠的、廉价的、符合质量要求的电力和电量，并达到环境指标的要求。

07.084 火力发电厂状态检修 condition based of thermal power plant

根据设备状态监测和设备诊断技术提供的信息，在设备故障前安排的检修，属于预防性检修。检修项目和时间的确定，取决于对设备故障概率的统计和分析。

07.085 火电工程开工条件 condition for starting thermal power construction

能满足国家规定的火电工程项目建设连续施工和顺利实施的各项基本要求。

07.086 火电工程建设准备 preparation for thermal power construction

在工程项目的可行性研究报告书经政府主管部门批准后，为工程项目的开工所进行的各项准备工作。

07.087 火电工程施工准备 preparation for starting thermal power construction

施工单位为创造工程开工条件所进行的各项工作。是保证工程按计划顺利进行的重要基础。

07.088 火力发电厂生产准备 preparation for production of thermal power plant

为使建成的火电工程项目能顺利投入运行而进行的各种准备工作。包括建立生产组织，培训运行、检修人员，制定生产规章制度，管理图纸资料、备品备件，参加设备安装和试运行。

07.089 设备寿命管理 equipment life management

为实现电厂安全、经济运行，以评估被管理对象的使用寿命损耗为基础对设备进行的技术管理工作。

07.090 设备诊断技术 equipment diagnosis technique

在设备基本不解体的情况下，通过对设备及其工作过程的信息检测、辨识和分析，判断设备及其工作过程的状态并进行定量评价的技术。

07.091 设备更新改造 equipment rehabilitation

以新的、先进的设备或工艺对现有的、落后的设备或工艺进行替换或改造工作。

07.092 设备全过程管理 whole process management of equipment

企业对设备从研制、安装、使用、维修直至报废的全过程进行的综合管理。

07.093 电、热产品成本分析 cost analysis of heat and electricity production

利用成本核算及有关资料，对电、热两种产品成本的水平与构成的变动情况，以及影响变动的各项因素和原因，系统地进行研究、剖析、评价、总结，并寻找降低成本潜力的工作。

07.094 电、热产品成本分摊 cost sharing between heat and electricity production

将热电厂生产所发生的全部费用按生产电力和热力产品时分别所消耗的标准煤量的比值进行分配的方法。

08. 燃　　料

08.001 燃料 fuel

广泛用于工农业生产和人民生活，在空气中或在一定的容器中与空气混合燃烧产生光和热，以提供热能或动力为目的的原料。

08.002 化石燃料 fossil fuel

古代生物遗体在特定地质条件下形成的、可作燃料和化工原料的沉积矿产。包括煤、油页岩、石油、天然气等。

08.003 动力燃料 fuel for power generation

用作产生热能以提供动力为目的的化石、生物质燃料及核能燃料。

08.004 固体燃料 solid fuel

呈固态的化石燃料、生物质燃料及其加工处理所得的固态燃料。

08.005 煤 coal

古代植物遗体经成煤作用后转变成的固体可燃矿产。

08.006 原煤 raw coal

从刚开采出来的煤中选出规定粒度的矸石(包括黄铁矿等杂物)以后的煤。

08.007 褐煤 lignite，brown coal

煤化程度低的煤。外观多呈褐色，光泽暗淡，含有较高的内在水分和不同数量的腐殖质。

08.008 烟煤 bituminous coal

煤化程度高于褐煤而低于无烟煤的煤。其特点是挥发分产率范围宽，燃烧时有烟。

08.009 无烟煤 anthracite

煤化程度高的煤。挥发分低、密度大、燃点高、无黏结性，燃烧时多不冒烟。

08.010 贫煤 meager coal

变质程度高、挥发分最低的烟煤，不结焦。

08.011 硬煤 hard coal

欧洲对烟煤、无烟煤的统称。即指恒湿无灰基高位发热量不低于 24 MJ/kg，镜质组平均随机反射率不小于 0.6%的煤。

08.012 油页岩 oil shale

曾称“*油母页岩*”。灰分高于 50%的腐泥型固体可燃矿产。

08.013 煤矸石 gangue，refuse in coal

煤炭生产过程中产生的岩石统称。包括混入煤中的岩石、巷道掘进排出的岩石、采空区中垮落的岩石、工作面冒落的岩石以及选煤过程中排出的碳质岩等。

08.014 精煤 cleaned coal

经分选(干选或湿选)加工生产出来的、符合品质要求的煤。

08.015 中煤 middling coal

经分选后得到的灰分介于精煤与煤矸石之间的煤。

08.016 高品位煤 high grade coal

按国际煤层煤分类，干基灰分小于 10%的煤。

08.017 中品位煤 medium grade coal

按国际煤层煤分类，干基灰分为 10%~20%的煤。

08.018 低品位煤 low grade coal

按国际煤层煤分类，干基灰分为 20%~30%的煤。

08.019 特大块煤 ultra large coal

粒度大于 100 mm 的煤。

08.020 大块煤 large coal

粒度大于 50 mm 的煤。

08.021 中块煤 medium-sized coal
粒度介于 25~50 mm 之间的煤。

08.022 小块煤 small coal
粒度介于 13~25 mm 之间的煤。

08.023 粒煤 pea coal
粒度介于 6~13 mm 之间的煤。

08.024 混块煤 mixed lump coal
粒度大于 13 mm 的煤。

08.025 混中块煤 mixed medium sized coal
粒度介于 13~80 mm 之间的煤。

08.026 混煤 mixed coal
粒度小于 50 mm 的煤。

08.027 末煤 slack coal
粒度在 0~13 mm 之间的煤。

08.028 选煤 washed coal
经过洗选加工的煤。

08.029 筛选煤 screened coal
经过筛选加工的煤。

08.030 煤泥 slime coal
洗煤粒度为 0.5 mm 以下的一种选煤产品。

08.031 煤粉 coal fines
粒度大于 0 ~ 0.5 mm 的干煤。

08.032 含矸率 refuse content
煤中粒度大于 50 mm 矸石的质量百分数。

08.033 燃料管理 fuel management
为保证火力发电厂生产，提供数量充足、质量符合要求、价格合理的燃料而进行的管理工作。

08.034 燃料质量监督 fuel quality supervision
对火力发电厂日常生产使用的燃料的质量(主要是工业分析、发热量、含硫量和灰熔融特性)进行检测、控制及管理的工作。

08.035 煤质分析 coal analysis
对煤炭进行工业分析、元素分析、灰成分分析、可磨性等项测试的总称。

08.036 工业分析 proximate analysis
对煤样的水分、灰分、挥发分和固定碳等四种组分的测定。

08.037 元素分析 ultimate analysis, elementary analysis
对煤中有机质的碳、氢、氧、氮、硫等五种元素含量的测定。

08.038 全水分 total moisture
煤的外在水分和内在水分的总和。

08.039 外在水分 surface moisture
在一定条件下，煤样与周围空气湿度达到平衡时所失去的水分。

08.040 内在水分 inherent moisture
在一定条件下，煤样达到空气干燥状态时所保持的水分。

08.041 最高内在水分 moisture holding capacity
在温度为 30℃、相对湿度为 96%的条件下，煤样与环境气氛达成平衡时所保持的内在水分。

08.042 挥发分 volatile matter
煤中有机质在高温下裂解产生的气态产物。测定时，一般情况下，以煤样在规定条件下隔绝空气加热，并进行水分校正后的质量损失的百分数表示。必要时，还应进行碳酸盐二氧化碳校正，或采用浮选煤样进行测定。

08.043 灰分 ash content
煤样在规定条件下完全燃烧后所得的残留物。包括有机质燃烧后的残渣和无机矿物质在煤燃烧过程中形成的反应产物。

08.044 固定碳 fixed carbon

煤中有机质在高温下裂解，逸出气态产物后的固态产物。主要成分为碳元素。在实验室条件下，可用测定煤样挥发分后的残留物中减去灰分后的残留物表达。工业分析中，通常用 100 −(水分+灰分+挥发分)的百分率计算。

08.045 燃料比 fuel ratio

煤的固定碳和挥发分之比。

08.046 弹筒发热量 bomb calorific value, calorific value determination in a bomb calorimeter

在有过剩氧气的氧弹中，单位质量的煤试样完全燃烧所产生的热量。

08.047 低位发热量 net calorific value, low heating value

煤的高位发热量减去煤燃烧后全部水的蒸发潜热后的热值。

08.048 高位发热量 gross calorific value, high heating value

煤的弹筒发热量减去硫和氮的校正值后的热值。

08.049 灰熔融性 ash fusion characteristic, ash fusibility

在规定的条件下，灰锥随加热温度发生形态变化，呈现变形、软化、呈半球和流动等特征的物理状态。

08.050 变形温度 deformation temperature

在灰熔融性测定中，灰锥的尖端(或棱)开始变圆或变曲时的温度。

08.051 软化温度 softening temperature

在灰熔融性测定下，灰锥弯曲至锥尖触及托板或灰锥变成球形时的温度。

08.052 半球温度 hemispherical temperature

在灰熔融性测定中，灰锥形状变至近半球形，即高约等于底长的一半时的温度。

08.053 流动温度 flow temperature

在灰熔融性测定中，灰锥熔化展开成高度小于 1.5 mm 的薄层时的温度。

08.054 收到基 as received basis

曾称“*应用基*”。以收到状态的煤为表示分析结果的基准。

08.055 空气干燥基 air dried basis

以与空气湿度达到平衡状态的煤为表示分析结果的基准。

08.056 干[燥]基 dry basis

以假想无水状态的煤为表示分析结果的基准。

08.057 干燥无灰基 dry ash-free basis

以假想无水、无灰状态的煤为表示分析结果的基准。

08.058 干燥无矿物质基 dry mineral-free basis

以假想无水、无矿物质状态的煤为表示分析结果的基准。

08.059 恒湿无灰基 moist ash-free basis

以假想含最高内在水分、无灰状态的煤为表示分析结果的基准。

08.060 恒湿无矿物质基 moist mineral matter-free basis

以假想含最高内在水分、无矿物质状态的煤为表示分析结果的基准。

08.061 全硫 total sulfur

煤中无机硫和有机硫的总称。

08.062 有机硫 organic sulfur

与煤中有机质相结合的硫。

08.063 无机硫 inorganic sulfur, mineral sulfur

煤中矿物质内的硫化物硫、硫铁矿硫、单质硫和硫酸盐硫的总称。

08.064　硫酸盐硫　sulfate sulfur
煤中矿物质以硫酸盐的形态存在的硫。

08.065　硫铁矿硫　pyritic sulfur
煤中以黄铁矿或白铁矿等矿物质形态存在的硫。

08.066　煤灰成分分析　ash analysis of coal
煤灰的元素的组成分析。通常指测定煤灰中常量元素硅、铝、铁、钛、钙、镁、钾、钠、磷、锰和硫等元素的含量。测定结果常以其氧化物含量的百分率表示。

08.067　灰黏度　ash viscosity
煤灰在熔融状态下对流动阻力的量度。

08.068　煤质特性分析　coal characteristic analysis
为了解煤的质量和燃烧特性，用物理和化学的方法对煤样进行的化验和测试工作。

08.069　煤可磨性指数　grindability index of coal
将相同质量的煤样在消耗相同的能量下进行磨粉(同样的磨粉时间或磨煤机转数)，所得到的煤粉细度与标准煤的煤粉细度的对数比。表示煤在被研磨时破碎的难易程度。

08.070　哈氏可磨性指数　Hardgrove grindability index
在规定的条件下，用哈氏可磨性测定仪测得的可磨性指数。

08.071　煤非常规[特性]分析　unconventionality analysis of coal
测定表征煤着火、燃尽、磨损、结渣和积灰等特性的专项分析。

08.072　煤磨损指数　coal abrasiveness index
表示煤在被破碎时，煤对研磨件磨损的强弱程度。

08.073　结焦性　coking property
煤经干馏形成焦炭的性能。

08.074　结渣性　clinkering property
在气化或燃烧过程中，煤灰受热、软化、熔融而结渣的性质。

08.075　碱酸比　alkali/acid ratio
煤灰中碱性组分(铁、钙、镁、锰等的氧化物)含量总和与酸性组分(硅、铝、钛的氧化物)含量总和之比。

08.076　着火温度　ignition temperature
在一定条件下，煤受热分解释放出足够的挥发分与周围气体形成可燃混合物的最低燃烧温度。

08.077　堆密度　bulk density
单位体积(包括煤颗粒之间的孔隙和煤颗粒内部的毛细孔)的煤的质量。测定时，为煤样在规定条件下(自然堆积或机械压实)，容器中单位体积的煤的质量。

08.078　视相对密度　apparent relative density
单位体积(不包括煤颗粒之间的孔隙，但包括煤颗粒内部的毛细孔)的煤的质量。测定时，为在 20℃时煤样的质量与和煤样的外观体积同体积的水的质量之比。

08.079　真相对密度　true relative density
单位真实体积(不包括煤颗粒之间的孔隙和煤颗粒内的毛细孔)的煤的质量。测定时，为在 20℃时煤样的质量与和煤样的真实体积同体积的水的质量之比。

08.080　商品煤　commercial coal
作为商品出售的煤。

08.081　商品煤样　sample for commercial coal
代表商品煤平均性质的煤样。

08.082　批　lot
需要进行整体性质测定的一个独立煤体。

一批煤可以是一个或多个采样单元。

08.083　采样单元　sampling unit
为了控制采样的数量，以一定量单一品种的煤作为一个相对独立的考察对象。

08.084　采样　sampling
按规定方法采取有代表性煤样的过程。

08.085　分样　partial coal sample
一个能代表整个采样单元的一部分试样，供制备实验室试样或测试样。

08.086　多份采样　reduplicate sampling
从一个采样单元取出若干子样，依次轮流放入多个容器中的采样方法。每个容器中煤样的质量相互接近，每份煤样都能代表整个采样单元的煤质。通常用于采样精密度检验。

08.087　系统抽样　systematic sampling
按相同的时间、空间或质量的间隔采取子样，但第一个子样在第一个间隔内随机采取，其余的子样按选定的间隔采取的采样方法。

08.088　棋盘法　chessboard
将破碎、筛分和混合均匀后的煤样，铺成厚度不超过煤样最大粒度 3 倍、面积不超过 2 m×2.5 m 的长方块，划分成为不少于 20 个小块，用平底取样勺和插板，交替地从中抽取一定数量的小块作为进一步处理的煤样。

08.089　人工采样　manual sampling
由手工用符合采样要求的工具采取煤样的一种采样方式。

08.090　机械采样　mechanical sampling
用符合采样要求的机械装置采取煤样的一种采样方式。

08.091　发电用煤机械采制样装置　mechanical power coal sampling equipment
又称“机械采制样装置”。用于现场采取和制备煤样的专门器械。通常包括采样器、碎煤机和缩分器三个主要组成部分。

08.092　自动采煤样装置　automatic coal sampling device
在被输送的煤流中按照标准要求的方法，自动采集煤样、破碎、缩分到规定的粒度和样量装入密封容器的煤样制备装置。

08.093　随机采样　random sampling
在采取子样时，对采样的部位或时间均不施加任何人为的意志，能使任何部位的煤都有机会采出的采样方法。

08.094　采样工具　sampling instrument
采样所用的符合规定要求的工具。

08.095　采样器　sampler
机械采制样装置中采样部分。包括采样头及其传动机构。

08.096　煤样　coal sample
为确定煤的某些特性，按规定方法采取的具有代表性的试样。

08.097　总样　gross coal sample
从一个采样单元取出的全部子样合并成的煤样。

08.098　子样　increment
采样器具操作一次或截取一次煤流全断面所采取的一份煤样。

08.099　分析煤样　coal sample for general analysis
按照规定制样程序，将煤粉碎到粒度小于 0.2 mm，在实验室内与空气湿度达到平衡的、用于进行煤的大部分物理性能和化学特性测定的煤样。

08.100　实验室煤样　coal sample for laboratory

从煤总样或分样中缩制出来的，送实验室进一步制备的煤样。粒度一般在 3 mm 以下。

08.101 全水分煤样 coal sample for determining total moisture
专门采取或在同一种煤的总样中按规定缩分出一部分专供测定全水分的煤样。

08.102 入厂煤样 coal sample as received
从入厂煤中采取的煤样。

08.103 入炉煤样 coal sample as fired
从入炉煤中采取的煤样。

08.104 标准煤样 certified reference coal
经过国家专门机构认可的、具有高度均匀性、良好稳定性和准确量值的煤样。

08.105 煤样破碎 coal sample crush
在制样过程中，用机械或人工方法减小煤样粒度的过程。

08.106 煤样筛分 coal sample sieving
用选定孔径的筛子，从煤样中分选出一定粒径煤样的过程。

08.107 煤样缩分 coal sample division
在煤样制备过程中，按照规定的方法，将混合均匀的煤样分割成为性质相同的几份，留下一份作为进一步制备所用的煤样或作为实验室煤样，舍弃其余部分的过程。

08.108 堆锥四分法 coning and quartering
取经过破碎和筛分后粒度在某一定值以下的煤样，从某一固定方向垂直落下，堆成一个分布均匀的圆锥形的煤堆，再压成厚度均匀的圆饼，用十字形分割器分成四个相等的扇形，取其中相对的两块扇形部分作为煤样的过程。

08.109 九点取样法 nine point picking out
用堆锥四分法，将混合后的煤样堆锥后，摊成厚度不超过最大粒度 3 倍的圆饼，分别以圆饼中心为圆心、圆饼半径 1/2 和 7/8 的长度为半径，划两个圆圈，过圆心划 4 条相互角度为 45°直线，在两个圆圈和直线的交叉点交替地各取 4 点及圆心共 9 个取样点上，采取规定质量的煤样。

08.110 条带截取法 strip intercepting
将破碎、筛分和混合均匀后的煤样，铺成长度不少于宽度 10 倍的长方形条带，用宽度大于煤样最大粒度 3 倍、长度大于条带宽度的取样框，沿条带长度每隔一定距离截取一段煤样，合并后即为缩分后的煤样。

08.111 二分器 riffle
由一列上宽下窄、宽度相等、下端开口交替向两边并行排列的格槽所组成的用于煤样缩分的工具。

08.112 煤样制备 coal sample preparation
经过破碎、筛分、混合、缩分和空气干燥等环节，使煤样达到煤质试验所要求状态的过程。

08.113 留样 reserved coal sample
在煤样缩分过程中，按规定要求留做进一步制备的或直接用作试样的煤样。

08.114 存查样 coal sample for back-check
在煤样缩分过程中，按规定要求保留的用作事后备查的煤样。

08.115 弃样 rejected coal sample
在煤样缩分过程中，按规定要求舍弃的煤样。

08.116 煤场 coal yard
燃煤电厂储存并随时向锅炉输送燃煤的场所。

08.117 煤场设备 coal yard equipment
煤场内包括卸煤、堆煤、取煤、输煤、破碎、筛分、采样、计量、消防、环保等及其控制设备的总称。

08.118　输煤系统　coal handling system
从卸煤点至煤场及从煤场至锅炉煤仓之间煤的运送设备及其控制设备。

08.119　翻车机　car tippler
将铁路敞顶运煤车翻转一定角度，使煤靠自重卸下的一种机械。

08.120　螺旋卸车机　screw unloader
伸入敞顶运煤车的旋转螺旋将煤从运煤车侧面推出的卸煤机械。

08.121　卸煤槽　coal discharging chute
用于煤卸载和转运的输煤通道。

08.122　缝式煤槽　slot type coal hopper
底部一侧或两侧有纵向缝隙的长条型煤槽。

08.123　解冻室　thawing room
寒冷天气将发生煤冰冻的运煤车，置于能与外界隔热的、内部设有供暖设备以融化冻煤的空间。

08.124　链斗卸车机　bucket chain unloader
靠螺旋叶轮喂料，以链斗的连续运转提升、卸下煤炭等散货的设备。

08.125　堆取料[煤]机　stacker-reclaimer
一种能送煤进煤场堆存又能从煤场取煤的设备。

08.126　门式抓煤机　gate type coal grab
一种在门型机架上设有可移动小车和操作机构的抓煤机。

08.127　桥式抓煤机　bridge type coal grab
一种具有可行走桥架的抓煤机。

08.128　履带式抓煤机　crawler grab
一种用履带行走的抓煤机。

08.129　带式输送机　belt conveyer，coal conveyer belt
又称“皮带输煤机”。由承载于一长列槽形托辊的橡胶带连续运煤的机械。

08.130　输煤栈桥　coal transporting trestle
内部安装有输煤设备的架空建筑物。

08.131　输煤隧道　coal transporting tunnel
内部安装有输煤设备的地下建筑物。

08.132　干煤棚　indoor coal storage yard，dry coal shed
在多雨地区的燃煤电厂，覆盖在煤场上方、有一定净空高度的防雨大棚。

08.133　落地煤仓　ground coal bin
配合翻车机建造在地下的封闭式钢筋混凝土煤斗。

08.134　全封闭圆形煤场　hermetic circular coal storage
圆形、带有拱顶的封闭式储煤场。中心设置的堆取料机可 360°或接近 360°旋转进行堆料和取料作业。

08.135　圆形煤场堆取料机　stacker-reclaimer for circular coal storage
物料由堆取料机顶部进料，通过能 360°旋转的悬臂堆料机和刮板取料机分别向煤场堆料或把煤采取到中心地下料斗，并通过料斗下的给料机和地下皮带机向外出料的设备。

08.136　筒仓　silo
用钢筋混凝土或钢材制成的垂直圆筒形结构的大型储煤容器。

08.137　储煤　coal storage
又称“存煤”。煤场储放的煤炭。

08.138　振动筛　vibrating screen
依靠机械振动，对煤炭进行筛分的设备。

08.139　碎煤机　coal crusher，crusher
将煤块破碎成要求粒度的设备。

08.140　锤式碎煤机　hammer crusher

采用多个锤状物的高速旋转的撞击将煤块破碎的设备。

08.141 辊式碎煤机 roll crusher
采用两个相对旋转的辊子碾压将煤块破碎的设备。

08.142 环锤式碎煤机 ring hammer crusher
利用旋转的环锤对煤进行冲击破碎，并使煤在环锤和破碎板之间受到挤压、剪切及碾磨作用，使物料达到需要的粒度的破碎设备。铁、木等杂物被环锤拨入除铁室内，定期清除。

08.143 刮板给煤机 scraper feeder
利用可改变运动速度的刮板的运动，定量供煤的设备。

08.144 圆盘给煤机 disc coal feeder
利用可改变转速的圆盘的运动，定量供煤的设备。

08.145 振动给煤机 vibrating coal feeder
利用可改变振幅和频率的倾斜斗，定量供煤的设备。

08.146 磁铁分离器 magnetic separator
又称“电磁分离器”。在煤的输送过程中，将混入煤中的顺磁性杂物分离出去的设备。

08.147 木块分离器 wood block separator
在煤的输送过程中，将混入煤中大于某一尺寸的木块等长条形的、妨碍煤的顺利输送和加工的杂物分离出去的设备。

08.148 木屑分离器 wood scrap separator
在锅炉制粉系统中，用于将木块、采煤炮线等被破碎成纤维丝状的杂物，从气、粉混合物中分离出去的设备。

08.149 入厂煤 coal as received
用运输工具运到火力发电厂的煤。

08.150 入炉煤 coal as fired
进入锅炉房煤仓的含有全水分的煤。

08.151 输煤耗电率 power consumption rate of coal handling
燃煤从入厂到进入锅炉煤仓的输送过程中，输送单位质量的燃煤所消耗的电能。

08.152 煤仓 coal bunker
曾称“原煤仓”。在锅炉房内设置的、存放锅炉使用的燃煤的容器。

08.153 配煤 fuel blending
在储煤场内或在输煤的过程中，将不同煤质的燃煤按锅炉所需煤质特性的要求进行调配，并向锅炉煤仓供煤的过程。

08.154 配煤合格率 qualified rate of coal blending
符合锅炉燃烧要求的煤质配煤量占总配煤量的百分比。

08.155 燃料计量 fuel measurement
对到达火力发电厂的燃料的数量进行测量。

08.156 电子皮带秤 electronic belt scale
能检测皮带输煤机上输送煤流累计重量的燃煤(散货)动态计量装置。

08.157 轨道衡 weigh bridge
以火车轨道一节车厢的长度为计量衡器的承重部件，并与电子传感器相连接(电子轨道衡)或与机械比例杠杆相连接(机械轨道衡)的计量衡器。

08.158 检车率 rate of railway car inspection
实施采样、检验煤质的入厂煤量占总入厂煤量的百分比。

08.159 煤尘 coal dust
在煤炭开采、运输、储存和加工过程中产生的飞逸到大气的固体颗粒。

08.160 煤自燃 spontaneous combustion of coal

煤(尤其是煤化程度低的煤)在储存时与空气接触发生氧化，并放出热量，煤层温度升高，氧化作用愈加剧烈，最终发展成燃烧的现象。

08.161 煤尘爆炸 coal dust explosion
煤在加工过程中产生的煤尘弥漫在空气中，当煤尘浓度达到一定值时，适遇火花等明火发生爆炸的现象。

08.162 燃料系统粉尘治理 dust management of coal handling system
控制火力发电厂燃煤卸、堆存、输送、破碎、筛分、采样各环节产生的煤尘量符合规定的工作场所空气质量标准所采取的措施。

08.163 自卸式底开门车 bottom dump hopper car
底部设有可开启的车门的运煤车辆。

08.164 煤驳 coal barge
非自航的运煤专用的中小型散货船驳。

08.165 管道水力输煤 pipeline transport of coal slurry
将煤破碎成规定的粒度，与水配制成要求浓度的混合物，用泵加压，通过管道输送至用户的方式。

08.166 液体燃料 liquid fuel
在常温下为液态的天然有机燃料及其加工处理所得的液态燃料。

08.167 气体燃料 gas fuel
在常温下为气态的天然有机燃料及气态的人工燃料。

08.168 燃料油 fuel oil
用于燃烧提供热能的石油产品。

08.169 轻质燃料油 light fuel oil
简称“轻油”。石油炼制中低于350℃的馏分的液体燃料。如汽油、柴油等。

08.170 重质燃料油 heavy fuel oil
简称“重油”。石油炼制中黏度较大的黑色黏稠残余物。如重油、渣油等。

08.171 天然气 natural gas
一种主要由甲烷组成的气态化石燃料。主要存在于油田和天然气田，也有少量出于煤层。

08.172 高炉煤气 blast furnace gas
高炉炼铁过程中产生的含有一氧化碳、氢等可燃气体的高炉排气。

08.173 焦炉煤气 coke oven gas
煤炭炼焦过程中产生的煤热解气态产物。主要含有烃类、氢等可燃物。

08.174 液化天然气 liquefied natural gas, LNG
由天然气加压、降温、液化得到的一种无色、挥发性液体。

08.175 水煤浆 coal water slurry，CWS
用一定粒度的煤与水混合成的稳定的高浓度浆状燃料。可泵送、雾化。

08.176 油煤浆 coal oil mixture，COM
用一定粒度的煤与油混合成的稳定的高浓度浆状燃料。可泵送、雾化。

08.177 燃油设备 fuel oil equipment
发电厂所用的燃料油从卸油、储存、泵送至锅炉燃用流程中的全部设备。

08.178 储油罐 oil tank
又称“油库”。储存燃油、脱水、加热的大型容器。

08.179 燃油加热器 fuel oil heater
当燃用重油时，为降低重油黏度，采用蒸汽对重油进行加热的设备。

08.180 燃油过滤器 fuel oil filter
用于滤除燃油中混入的固体杂质的设备。

08.181 回油系统 recirculating system of fuel oil

将供油泵向锅炉供给的高压燃油中未被耗用的油通过管道(回油管)送回储油罐内的系统。

08.182 凝点 solidifying point

在规定的条件下，油品试样冷却至停止流动时的最高温度。

08.183 闪点 flash point

燃油在规定结构的容器中加热挥发出可燃气体与液面附近的空气混合，达到一定浓度时可被火星点燃时的燃油温度。

08.184 燃油燃点 fire point of oil

在规定的条件下，当火陷接近油品表面的蒸汽和空气混合物时，发生着火并持续燃烧 5 s 以上的最低温度。

09. 锅　　炉

09.001 锅炉 boiler

利用燃料燃烧释放的热能或其他热能加热水或其他工质，以生产规定参数(温度、压力)和品质的蒸汽、热水或其他工质的设备。

09.002 蒸汽锅炉 steam boiler，steam generator

生产规定参数和品质的蒸汽的锅炉。

09.003 锅炉机组 boiler unit

由锅炉本体，锅炉范围内管道，烟、风和燃料的管道及其附属设备、测量仪表和其他锅炉附属机械等组成的机械设备。

09.004 电站锅炉 power plant boiler，utility boiler

生产的蒸汽主要用于发电的锅炉。

09.005 固定式锅炉 stationary boiler

安装于固定基础上不可移动的锅炉。

09.006 自然循环锅炉 natural circulation boiler

依靠炉外下降管(不受热)中的水与炉内上升管(受热)中工质之间的密度差来推动水循环的锅筒锅炉。

09.007 锅筒锅炉 drum boiler

又称“汽包锅炉”。带有锅筒并用于构成循环回路的水管锅炉。

09.008 直流锅炉 once-through boiler

在给水泵压头作用下，工质按顺序一次通过加热、蒸发和过热各个受热面而生产出规定参数蒸汽的锅炉。

09.009 控制循环锅炉 controlled circulation boiler

又称“强制循环锅炉(forced circulation boiler)”。曾称“辅助循环锅炉(assisted circulation boiler)”。依靠下降管和上升管之间装设锅水循环泵的压头推动水循环的锅筒锅炉。

09.010 复合循环锅炉 combined circulation boiler

依靠锅水循环泵的压头将蒸发受热面出口的部分或全部工质进行再循环的直流锅炉。包括全部负荷下都需投入锅水循环泵运行的全负荷复合循环锅炉和在低负荷下投入锅水循环泵运行而高负荷时按直流工况运行的部分负荷复合循环锅炉。

09.011 低循环倍率锅炉 low circulation ratio boiler

在整个负荷范围内均有工质再循环的直流锅炉。额定负荷时的循环倍率只有 1.2~2.0。

09.012 低压锅炉 low pressure boiler

出口蒸汽压力不大于 2.45 MPa(25 at)的锅炉。

09.013 中压锅炉 medium pressure boiler

出口蒸汽压力为 2.49~4.90 MPa(25~50 at)的锅炉。

09.014 高压锅炉 high pressure boiler

出口蒸汽压力为 7.84~10.8 MPa(80~110 at)的锅炉。

09.015 超高压锅炉 superhigh pressure boiler

出口蒸汽压力为 11.8~14.7 MPa(120~150 at)的锅炉。

09.016 亚临界压力锅炉 subcritical pressure boiler

出口蒸汽压力低于临界压力，为 15.7~19.6 MPa(160~200 at)的锅炉。

09.017 超临界压力锅炉 supercritical pressure boiler

出口蒸汽压力超过临界压力的锅炉。

09.018 固体燃料锅炉 solid fuel-fired boiler

燃用固体燃料(煤、煤矸石、油页岩、甘蔗渣、木柴、秸秆和固体废料、垃圾等)的锅炉。

09.019 液体燃料锅炉 liquid fuel-fired boiler

燃用液体燃料(如燃料油、乙醇、工业废液等)的锅炉。

09.020 燃煤锅炉 coal-fired boiler

以煤为燃料的锅炉。

09.021 煤粉锅炉 pulverized coal-fired boiler

燃煤经制粉设备干燥、磨制成煤粉，并用热风或磨煤乏气将煤粉通过燃烧器送入炉膛，在悬浮状态下进行燃烧的锅炉。

09.022 燃油锅炉 oil-fired boiler

以油为燃料的锅炉。

09.023 燃气锅炉 gas-fired boiler

燃用气体燃料(如天然气、高炉煤气和焦炉煤气等)的锅炉。

09.024 混烧锅炉 multi-fuel-fired boiler

可以同时燃用两种或两种以上(油、煤、气、油页岩等)不同燃料的锅炉。

09.025 余热锅炉 heat recovery boiler

又称“废热锅炉(waste heat boiler)”。利用各种工业过程中的废气、废料或废液中的显热或(和)其可燃物质燃烧后产生的热量的锅炉。或在燃油(或燃气)的联合循环机组中，利用从燃气轮机排出的高温烟气热量的锅炉。

09.026 固态排渣锅炉 boiler with dry-bottom furnace

燃料燃烧后生成的灰渣呈固态从炉膛排出的锅炉。

09.027 液态排渣锅炉 boiler with slag-tap furnace，wet bottom boiler

燃料燃烧后生成的炉渣在熔渣室的高温下熔化成液态从炉膛排出的锅炉。

09.028 旋风炉 cyclone fired boiler

配置旋风燃烧的旋风筒的锅炉。

09.029 平衡通风锅炉 balanced draft boiler

采用平衡通风方式燃烧的锅炉。通常炉膛内部烟气压力微低于大气压力。

09.030 微正压锅炉 pressurized boiler

燃油和燃气的锅炉只配置送风机而不配置引风机，炉膛中烟气压力高于大气压力(一般为 10 kPa 以下)的锅炉。

09.031 增压锅炉 supercharged boiler

蒸汽-燃气联合循环中，作为燃气轮机燃烧室以产生高压烟气的锅炉。其烟气压力一般大于 294 kPa(三个绝对大气压)。

09.032 Π型锅炉 Π-type boiler，two-pass boiler
由垂直柱体上行炉膛及其出口水平烟道和下行对流烟道三部分组成“Π”形结构的锅炉。

09.033 T 型锅炉 T-type boiler
由垂直柱体上行炉膛及其出口左右两侧对称布置的水平烟道成“T”形结构，再分别和下行对流烟道组成的锅炉。

09.034 塔式锅炉 tower boiler
下部为炉膛、上部为对流烟道，呈塔形结构的锅炉。

09.035 启动锅炉 auxiliary boiler
新建火力发电厂的首台大型火力发电机组，为了得到满足机组启动所需的一定参数(蒸汽压力、温度)和流量的蒸汽，按照该蒸汽参数在厂内配置的、仅在大型火力发电机组启动时运行的锅炉。

09.036 露天锅炉 outdoor boiler
布置在露天的锅炉。

09.037 半露天锅炉 semi-outdoor boiler
置于露天，但在炉顶上部及四周设有轻型围护结构的炉顶小室(包括锅筒锅炉的锅筒小室)的锅炉。

09.038 垃圾锅炉 refuse boiler，garbage-fired boiler
以含有相当数量可燃物的垃圾作为燃料的锅炉。

09.039 U 型火焰锅炉 U-flame boiler
采用拱式燃烧形成 U 形火炬的锅炉。

09.040 W 型火焰锅炉 W-flame boiler
采用双拱燃烧形成 W 形火炬的锅炉。

09.041 基本负荷锅炉 base load boiler
大容量、高效锅炉机组在接近全负荷运行条件下连续运行，运行小时通常较高，以达到电厂和全网最佳经济运行模式为目的的锅炉。

09.042 尖峰负荷锅炉 peak load boiler
以非连续运行条件运转和快速适应电网尖峰功率需求，年运行小时通常在 2000 h 以下的锅炉。

09.043 设计煤种 design coal
设计锅炉时用于确定锅炉各部分结构尺寸，并通过热力计算给出锅炉设计性能各项参数和保证值所依据的计算煤种。

09.044 校核煤种 check coal
设计锅炉时，与设计煤种同时向制造厂提出的一个(有的多于一个)煤种，其某些煤质指标偏离设计煤种的数值，要求制造厂保证当锅炉燃用该煤种时，能在额定蒸汽参数下带锅炉最大连续出力负荷长期、连续、稳定运行。

09.045 煤粉的着火特性 ignition characteristic of pulverized coal，ignitability of coal
煤粉在规定的工艺条件下被引燃着火(迅速氧化、放热并发生火焰)的难易程度。

09.046 煤粉气流着火温度 ignition temperature of pulverized coal-air mixture flow
在试验装置规范条件下实测的煤粉-空气混合物射流温度升高到与试验装置的壁温相等，并即将超过时的温度。能更直接、准确地判别出各种煤采用煤粉燃烧方式时的着火特性。

09.047 煤粉的燃尽特性 burning-out characteristic of pulverized coal
煤粉在炉膛内按规定燃烧条件可能达到的燃尽程度。

09.048 煤灰的结渣特性 slagging characteristics of coal ash

简称“煤的结渣特性”。煤粉燃烧过程中，残留的灰粒在炉膛高温气氛条件下，可能黏附于受热面及炉壁形成结渣的程度。

09.049 炉膛结渣倾向 furnace slagging tendency

炉膛燃用特定煤种时，各区受热面产生结渣的趋势和程度。

09.050 给水温度 feedwater temperature

作为工质的水进入蒸汽锅炉时的温度。额定给水温度为在规定负荷范围内应予保证的给水温度。

09.051 额定蒸汽压力 rated steam pressure

蒸汽锅炉在规定的给水压力和负荷范围内连续运行时应予保证的出口蒸汽压力。

09.052 额定蒸汽温度 rated steam temperature

蒸汽锅炉在规定的负荷范围、额定蒸汽压力和额定给水温度下长期、连续运行所必须保证的出口蒸汽温度。

09.053 锅炉额定出力 boiler rating，boiler rated load，BRL

又称“额定蒸发量(rated capacity)”。锅炉在额定蒸汽参数、额定给水温度、使用设计燃料，并保证锅炉设计效率时所规定的蒸发量。

09.054 锅炉经济连续出力 economical continuous rating，ECR

又称“经济连续蒸发量”。锅炉在额定蒸汽参数、额定给水温度，并使用设计燃料能安全、连续运行，且锅炉效率最高的蒸发量。

09.055 锅炉最大连续出力 boiler maximum continuous rating，BMCR

又称“锅炉最大连续蒸发量”。锅炉在额定蒸汽(包括再热器进口蒸汽)参数、额定给水温度，并使用设计燃料时能安全、连续运行的最大蒸发量。一般相应于汽轮机调节汽阀全开工况时的最大连续蒸发量。

09.056 锅炉输入热功率 boiler heat input

锅炉在额定出力或最大连续出力工况下设计计算的燃煤量与设计燃煤低位发热量的乘积。

09.057 锅炉设计性能 boiler design performance

锅炉制造厂商根据燃料特性和用户的要求，设计时预期锅炉应具有的性能。

09.058 炉膛设计压力 furnace enclosure design pressure

设计炉膛壁面时所规定的结构强度计算压力。

09.059 燃料消耗量 fuel consumption

单位时间内锅炉所消耗的燃料量。

09.060 计算燃料消耗量 calculated fuel consumption

扣除固体未完全燃烧热损失后的燃料消耗量。

09.061 炉膛出口烟气温度 furnace exit gas temperature

炉膛出口截面上的平均烟气温度。

09.062 热风温度 hot air temperature

空气预热器出口的空气温度。

09.063 炉膛 furnace

燃料及空气发生连续燃烧反应直至燃尽的密闭空间。该空间只有燃料及空气入口、烟气出口和排渣口与外界相通。

09.064 炉膛轮廓尺寸 furnace configuration dimension

炉膛边界几何形状及燃烧器布置条件的主要线性量和角度。

09.065 炉膛有效容积 effective furnace

volume

简称“炉膛容积”。炉膛边界范围以内燃料燃烧及有效辐射传热的空间容积。

09.066 炉膛断面积 furnace cross-section area

特指炉膛空间在燃烧器区的横断面面积。

09.067 炉膛特征参数 furnace characteristic parameter

根据锅炉输入热功率及炉膛轮廓尺寸计算确定的一组特征参数。在同容量机组条件下，它们的数值常随燃料特性、燃烧方式的不同而呈现较有逻辑规律的变化。

09.068 燃烧器区炉壁面积 furnace wall area around the burner zone

燃烧器区(规定为燃烧最上与最下一层煤粉喷口中心线垂直距离加 3 m)四周炉膛辐射、吸热壁面面积。

09.069 炉膛容积放热强度 furnace volume heat release rate

又称“炉膛容积热负荷”。单位炉膛有效容积在单位时间内燃料的释热量(热功率)。等于锅炉输入热功率与炉膛有效容积之比。

09.070 炉膛断面放热强度 furnace cross-section heat release rate，furnace plan heat release rate

简称“炉膛断面热强度”。又称“炉膛断面热负荷”。单位炉膛断面积在单位时间内燃料释热量(热功率)。等于锅炉输入热功率与炉膛横断面积之比。

09.071 燃烧器区域壁面放热强度 burner zone wall heat release rate

又称“燃烧器区域壁面热负荷”。锅炉输入热功率与炉膛内燃烧器区域的四周炉壁面积(炉膛水平周界与燃烧器区域高度的乘积，其中燃烧器区域高度为最上、最下排燃烧器煤粉喷口中心线之间的垂直距离加 3 m)之比。

09.072 炉膛辐射受热面放热强度 heat release rate of furnace radiant heating surface

单位炉膛辐射受热面在单位时间内的释热量。等于锅炉输入热功率与炉膛辐射受热面面积之比。

09.073 承压部件 pressure part，pressure element

又称“受压元件”。承受介质压力作用的部件。

09.074 设计压力 design pressure

承压部件强度计算时所规定的计算压力。

09.075 最高允许工作压力 maximum allowable working pressure

承压部件在规定条件下运行时所允许承受的最大压力。

09.076 最高允许壁温 maximum allowable metal temperature

金属材料在规定条件下运行时所允许使用的最高壁温。

09.077 锅炉承压部件强度 strength of pressure part of boiler

锅炉承压部件承受介质压力和温度作用而不破坏的能力。

09.078 炉膛设计瞬态承受压力 furnace enclosure transient design pressure

炉膛结构所能承受非正常情况下出现的瞬态压力。在此压力下，炉膛不应由于任何支撑部件发生弯曲或屈服而导致永久变形。

09.079 一次风率 primary air ratio

又称“一次风份额”。燃料燃烧时，一次风量占进入炉膛总空气量的百分率。

09.080 二次风率 secondary air ratio

又称“二次风份额”。燃料燃烧时，二次风量占进入炉膛总空气量的百分率。

09.081　三次风率　exhaust air rate

又称“三次风份额”。三次风量占进入炉膛总空气量的百分率。

09.082　额定供热量　rated heat capacity

供热设备(锅炉、热水锅炉、汽轮机供热抽汽、热水加热器等)供出的介质(蒸汽、热水)在额定回水温度、额定回水压力和额定循环水量条件下长期、连续运行时应予保证的供热量。

09.083　热水温度　hot water temperature

热水锅炉或热水加热器在额定回水温度、额定回水压力和额定循环水量条件下长期、连续运行时应予保证的出口热水温度。

09.084　回水温度　return water temperature

供热系统中循环水在锅炉或热水加热器进口处的温度。

09.085　锅炉本体　boiler proper，boiler body

由锅筒、受热面及其间的连接管道、烟道、风道、阀门及附件、燃烧设备、构架(包括平台和扶梯)、炉墙等所组成的整体。

09.086　锅炉基础　boiler foundation

承载锅炉全部荷重，并把它均匀地传递给下方岩土的钢筋混凝土结构。

09.087　锅炉炉墙　boiler setting，boiler wall

用耐火和保温材料等所砌筑或敷设的锅炉外壳。

09.088　敷管炉墙　tube-lined boiler wall

在膜式水冷壁的背火侧敷设隔热毡毯、防护板所构成的炉墙。

09.089　锅炉膨胀中心　expansion center of boiler

悬吊式锅炉中人为设置的膨胀零点。

09.090　膨胀指示器　expansion indicator

指示部件受热膨胀量的装置。

09.091　膨胀节　expansion joint，expansion piece

在管道(烟、风管道)中间设置的、能补偿管道长度方向上的热胀冷缩量并保持管道密封性的装置。

09.092　外护板　outer casing

装设在炉墙外壁的金属保护板。

09.093　锅炉构架　boiler structure

用于支承锅炉本体及与锅炉本体相关联的管道、设备和部件的载荷并保持它们之间相对位置，并承受风、雪、地震作用引起的载荷的钢或钢与钢筋混凝土的空间结构。

09.094　支吊架　suspension and support

将管道(汽、水、烟、风管道)产生的载荷用支承或悬吊的方式传递给锅炉构架的装置。

09.095　悬吊式锅炉构架　suspended boiler structure

锅炉部件通过吊杆悬挂在炉顶梁格上的锅炉构架。

09.096　支承式锅炉构架　supported boiler structure

锅炉部件直接支承在横梁上的锅炉构架。

09.097　刚性梁　buckstay

沿炉膛四壁分层布置的梁。对炉膛起箍紧和提高刚度的作用，使锅炉在运行压力或规定的最大允许压力下不致破坏或产生永久变形。

09.098　卫燃带　wall with refractory lining，refractory belt

曾称“燃烧带”。在炉膛内燃烧器区域的部分水冷壁管表面焊接销钉并敷设的耐火涂料覆盖层。可减少该部分水冷壁的吸热量，使燃烧器区域维持较高温度，改善燃料着火条件，增强燃烧稳定性。

09.099 受热面 heating surface

从放热介质中吸收热量并传递给受热介质的表面。

09.100 对流受热面 convection heating surface

布置在锅炉对流烟道中，主要以对流换热方式接受烟气热量并传递给工质的受热面。

09.101 辐射受热面 radiant heating surface

主要以辐射换热方式从放热介质吸收热量的受热面。

09.102 蒸发受热面 evaporating heating surface

将工质加热至产生蒸汽的受热面。

09.103 上升管 riser

蒸发受热面中，管内工质受热，受到与受热较小或不受热管内工质重度差的推动，工质自下向上流动的那些管子。

09.104 水冷壁 water cooled wall

敷设在锅炉炉膛四周，由多根并联管组成的水冷包壳。主要吸收炉膛中高温燃烧产物的辐射热量，工质在其中做上升运动，受热蒸发。

09.105 膜式水冷壁 membrane wall

由轧制或焊接鳍片管或光管加扁钢或光管烧熔焊拼焊成的气密管屏所组成的水冷壁。

09.106 鳍片管 finned tube

管子外表面(横截面的直径方向上)有两条纵向鳍片的无缝钢管。

09.107 内螺纹管 riffled tube

用于锅炉蒸发受热面的、内表面轧制出螺纹状槽道的无缝钢管。

09.108 锅炉管束 boiler tube bundle

由同一进口集箱和出口集箱(或锅筒)之间并联管子所组成的束状对流受热面。

09.109 管屏 tube panel

由同一进口集箱和出口集箱(或锅筒)之间并联管子所组成的屏状受热面。

09.110 垂直上升管屏 riser tube panel

工质一次或多次垂直上升的水冷壁管屏。

09.111 水平围绕管圈 spirally wound tube

多根并联的微倾斜或部分微倾斜、部分水平的管子，沿整个炉膛周壁盘旋上升的水冷壁管屏。

09.112 集箱 header

又称“联箱”。在汽、水系统中用于汇集或分配工质的圆筒形压力容器。向并联管组分配工质的集箱称“分配集箱(distributing header)”；由并联管组汇集工质的集箱称“汇集集箱(collecting header)”。

09.113 下降管 downcomer，downtake pipe

水循环回路中，由锅筒向下集箱的供水管路。

09.114 集中下降管 common downcomer

采用大口径无缝钢管制造的、可向多个水循环回路供水的下降管。

09.115 下降管流动阻力 flow resistance in downcomer

在锅炉额定出力时，下降管内水的流动阻力。

09.116 防渣管 slag screen

又称“凝渣管”。曾称“费斯顿管”。布置在炉膛出口密排受热面之前，具有较大节距的对流蒸发受热面。

09.117 锅筒 drum

又称“汽包”。水管锅炉中用于进行蒸汽净化、组成水循环回路和蓄存锅水的筒形压力容器。

09.118 蛇形管 loops
在一个平面内迂回弯制的受热面管排。

09.119 过热蒸汽系统 superheated steam system
从过热器入口至汽轮机高压缸进口全部管道及其附属部件的总称。

09.120 过热器 superheater, SH
将饱和温度或高于饱和温度的蒸汽加热到规定过热温度的受热面。

09.121 对流过热器 convection superheater
布置在对流烟道中，主要以对流换热方式吸热的过热器。

09.122 辐射过热器 radiant superheater
布置在炉膛中，直接吸收炉膛火焰辐射热的过热器。

09.123 半辐射式过热器 semi-radiant superheater
布置在炉膛出口进入对流烟道之前，既吸收炉膛辐射热，又吸收烟气对流热的过热器。

09.124 包墙管过热器 steam cooled wall superheater
布置在水平烟道和尾部烟道内壁上的过热器。

09.125 顶棚过热器 steam cooled roof superheater
布置在炉顶内壁上的过热器。

09.126 屏式过热器 platen superheater
以管屏形式布置在炉膛上部或炉膛出口处的过热器。

09.127 墙式过热器 wall superheater
又称“壁式过热器”。布置在炉膛内壁上(通常布置在炉膛的前墙或两侧墙上)的辐射过热器。

09.128 再热蒸汽系统 reheating steam system
在汽轮机中做了一部分功的蒸汽送回锅炉再一次加热、重新回到汽轮机做功的过程中的全部管道及其附属部件的总称。

09.129 再热器 reheater, RH
将汽轮机高压缸或中压缸的排汽再次加热到规定温度的锅炉受热面。

09.130 汽温调节 steam temperature control
在锅炉运行中对过热蒸汽温度和再热蒸汽温度进行的调节。使其稳定在规定的数值范围内。

09.131 减温器 attemperator, desuperheater
用水做冷却介质进行蒸汽温度调节的设备。

09.132 面式减温器 surface type attemperator
利用管内流动的锅炉给水冷却管外蒸汽的调节蒸汽温度的设备。

09.133 汽-汽热交换器 biflux heat exchanger
利用过热蒸汽加热再热蒸汽，用于调节再热蒸汽温度的热交换器。

09.134 喷水减温器 spray type attemperator, spray type desuperheater
又称“混合式减温器(contact attemperator)”。将减温水直接喷入过热蒸汽，在容器内进行混合的减温器。

09.135 省煤器 economizer
利用低温烟气加热给水的受热面。

09.136 光管省煤器 plain tube economizer
由无缝钢管弯制成蛇形管的省煤器。

09.137 鳍片管省煤器 finned tube economizer
由钢制鳍片管(焊接鳍片管或轧制鳍片管)制成的省煤器。

09.138 肋板省煤器 plate gilled economizer
在省煤器管上按一定节距焊有矩形肋板的省煤器。

09.139 螺旋肋片省煤器 spiral-finned tube economizer
又称“环状肋片省煤器”。在钢管的直段部分焊上螺旋形(或环状)肋片形成扩展受热面的省煤器。

09.140 膜式省煤器 membrane economizer
同列钢管的直段部分用通长扁钢焊成整体膜式结构的省煤器。

09.141 安全阀 safety valve
进口蒸汽或气体侧介质静压超过其起座压力整定值时能突然全开的自动泄压阀门。是锅炉及压力容器防止超压的重要安全部件。

09.142 旁路挡板 by-pass damper
布置在并联烟道中，用于改变各烟道烟气流量分配的挡板。

09.143 除灰渣系统 ash and slag handling system
将燃料在锅炉中燃烧产生的灰和渣从炉膛下部的渣斗、锅炉烟道集灰斗、除尘器灰斗等灰渣集中点输送出发电厂的全部设备、管道和监控装置。

09.144 吹灰器 soot blower
利用蒸汽、压缩空气或水做介质，在运行中清除受热面烟气侧沉积物的装置。

09.145 冷灰斗 bottom ash hopper
煤粉锅炉炉膛下部由水冷壁所形成的斗状(倾角一般为 50°~55°)结构。用于冷却炉渣，使其呈固态排出。

09.146 锅炉密封 boiler seal
防止炉膛、烟道内的烟气和外部空气从锅炉的非指定部位相互泄漏的结构。

09.147 除渣设备 slag removal equipment
收集由炉膛中或炉排上所落下的灰渣并将其排出的设备。

09.148 锅水循环泵 circulating pump
又称“炉水循环泵”。串联在锅炉水循环系统下降管中，承受高温、高压、使工质做强制流动的一种大流量、低扬程的单级离心泵。

09.149 悬吊管 suspend tube
悬吊受热面并用工质进行冷却的管子。

09.150 双面露光水冷壁 division wall
沿炉高布置，将炉膛分为两个相等的空间、能吸收来自这两个空间的辐射热的水冷壁。

09.151 启动系统 start-up system
在直流锅炉、低循环倍率锅炉或复合循环锅炉上为启动和低负荷运行专门设置的汽水管道。

09.152 启动分离器 start-up flash tank, vapor liquid separator
在直流锅炉启动系统中，设置在蒸发受热面与过热器之间，用作汽、水分离的筒形压力容器。当完成启动进入纯直流工况运行时被切除在汽水系统之外的分离器称“外置汽水分离器”；设置在蒸发受热面与过热器之间，当完成启动进入纯直流工况运行时分离器干态运行，成为蒸汽通道中的一部分，不需切除的分离器称“内置汽水分离器”。

09.153 动力排放阀 power control valve, PCV
安装在过热器出口的电动(或气动)控制阀门。当压力达到一定值时，以自动或手动指令方式开启阀门泄压。

09.154 安全泄放阀 safety relief valve
当阀门进口侧静压超过其起座压力时，根

据使用情况以不同方式自动泄压的器件。用于蒸汽时突然起跳至全开，用于液体时起跳后随压差增加而进一步开大。

09.155 水位计 water level indicator
显示锅筒或其他容器中水位的表计。

09.156 燃烧系统 combustion system
组织燃料在锅炉炉膛内燃烧，至生成的烟气排入大气所需的设备和相应的烟、风、燃料(煤、煤粉、油、气等)管道的组合。通常由燃料制备系统、空气系统及烟气系统等组成。

09.157 燃烧方式 combustion mode
根据燃料特性所采取的力求燃烧完全、稳定的各种方法。

09.158 旋风燃烧 cyclone-furnace firing, cyclone combustion
在圆筒形燃烧室(旋风筒)中，利用空气流的高速旋转作用将煤粒抛向筒壁，煤粒在筒壁和筒壁附近的空间内燃烧，形成一个温度很高的区域，使灰渣溶化，部分熔渣黏在筒壁上，气流与黏附在液态渣膜上的煤粒之间有很高的相对速度，促使燃料与空气充分混合，强烈燃烧的方式。

09.159 角式燃烧 corner firing, tangential firing
又称"切向燃烧"。直流式燃烧器各层喷口射流的几何中心线都与位于炉膛中央的一个或多个同心水平假想圆相切各层射流的旋转方向或相同或相反，这些气流相遇时发生强烈混合，并在炉内形成一个充满炉膛的旋转上升火焰的燃烧方式。极限条件下假想圆直径可以为零，称"四角对冲燃烧"，燃烧器喷口布置在炉膛四角时称"四角切圆燃烧"；也有将直流燃烧器布置成六角或八角射流相切；或将燃烧器布置在四面墙上称"四墙切圆燃烧"。

09.160 悬浮燃烧 suspension combustion
又称"火室燃烧"。燃料以粉状、雾状或气态随同空气经燃烧器喷入锅炉炉膛，在悬浮状态下进行燃烧的方式。

09.161 墙式燃烧 wall firing, horizontally firing
在炉膛一面或前、后墙壁上布置多个旋流燃烧器，旋转的燃烧火焰水平射入炉膛后转折向上的燃烧方式。

09.162 对冲燃烧 opposed firing
燃烧器在两面墙上或在同一条轴线上相对布置，燃料和空气喷入炉膛后各自扩展，并在中心撞击后形成上升火焰的燃烧方式。包括前后墙对冲、侧墙对冲和四角对冲。

09.163 拱式燃烧 arch firing
又称"下射式燃烧(down-shot firing)"。采用直流缝隙式、套筒式或弱旋流式燃烧器成排布置在炉膛的炉拱上，煤粉火焰向下射入炉膛后在中心转折向上形成 U 形火炬的一种燃烧方式。

09.164 双拱燃烧 double-arch firing
又称"W 火焰燃烧(W-flame firing)"。当燃烧器同时布置在前、后墙的炉拱上时，则形成 W 形火炬的一种燃烧方式。

09.165 浓淡燃烧 dense-lean combustion
使燃料在一组燃烧器不同的喷口中以不同的比例和空气混合，一部分燃料在过量空气系数远大于 1 的条件下燃烧，另一部分燃料则在过量空气系数远小于 1 的条件下燃烧(总过量空气系数在合理范围内)，实现燃料浓淡分道的燃烧方式。

09.166 低氧燃烧 low oxygen combustion
在炉内过量空气系数 α 低于常规设定值(对于煤粉锅炉 $\alpha<1.15$，油炉 $\alpha<1.05$)的工况下组织燃烧的方式。

09.167 低氮氧化物燃烧 low NO_x combus-

tion

采用适当的燃烧装置或燃烧工况，以降低燃烧产物(烟气)中的氮氧化物生成量的燃烧方式。

09.168 分级燃烧 staged combustion

组织燃烧所需空气和燃料在燃烧行程的不同部位供人参加燃烧，实现总体抑制 NO_x 生成的燃烧技术。

09.169 空气分级 air staging

将燃料燃烧所需的空气分阶段送入炉膛。先将理论空气量的 80%左右送入主燃烧器，形成缺氧富燃料燃烧区，在燃烧后期将燃烧所需空气的剩余部分以二次风形式送入，使燃料在空气过剩区燃尽，实现总体抑制 NO_x 生成的燃烧技术。

09.170 燃料分级 fuel staging

组织燃料分批、分阶段参加燃烧反应，抑制 NO_x 生成的燃烧技术。

09.171 燃料分级燃烧 fuel staged burning

将炉膛内燃烧过程设计成三个区域：主燃烧区、再燃还原区及完全燃烧区。在主燃区送入大部分燃料，主燃烧区的上部(火焰的下游)喷入二次燃料进行再燃烧并形成还原性气氛，在高温和还原性气氛下产生碳氢基团，将主燃烧区生成的 NO_x 还原成分子 N_2 及中间产物 HCN、CN、NH_i 等基团。在第三区送入燃烧所需其余空气，完成燃尽过程，以此实现燃料和空气分级燃烧的技术。

09.172 炉膛整体空气分级 air staging over burner zone

燃烧过程先在炉膛内主燃烧器区处于过量空气系数较低的富燃料下进行，而后由紧靠燃烧器上部的燃尽风喷口或/和远离主燃烧器上部的燃尽风喷口送入燃烧所需的其余空气，以抑制 NO_x 生成的燃烧技术。

09.173 燃烧器 burner

将燃料和空气，按所要求的浓度、速度、湍流度和混合方式送入炉膛，并使燃料能在炉膛内稳定着火与燃烧的装置。

09.174 主燃烧器 main burner

承担机组负荷的燃烧器。

09.175 煤粉燃烧器 pulverized coal burner

将煤粉制备系统供来的煤粉空气混合物(一次风)和燃烧所需的二次风分别以一定的浓度和速度射入炉膛，在悬浮状态下实现稳定着火与燃烧的装置。

09.176 双调风旋流燃烧器 dual register burner

将二次风分成内二次风和外二次风两股气流，通过调风器和旋流叶片分别控制各自的风量和旋流强度，以调节一、二次风的混合，实现空气分级的旋流燃烧器。

09.177 直流煤粉燃烧器 straight-through pulverized coal burner

出口气流为直流射流或直流射流组的煤粉燃烧器。

09.178 旋流煤粉燃烧器 vortex burner, swirl pulverized coal burner

又称“圆形燃烧器(circular burner)”。出口气流包含有旋转射流的煤粉燃烧器。此时燃烧器出口气流可以是几个同轴旋转射流的组合，也可以是旋转射流和直流射流的组合。

09.179 摆动式燃烧器 tilting burner

喷口可上下摆动一定角度的燃烧器，属直流煤粉燃烧器的一种。

09.180 一次风交换旋流燃烧器 dual register burner with primary air exchange

一次风煤粉气流送入燃烧器时用简单的弯管做惯性分离，将其分成两股，将原来在弯头中心部位约50%的一次风(约含10%煤粉)作为三次风通过开设在燃烧器周围水冷壁上的三次风口喷入炉内；另一股原来靠近一次风管管壁的约 50%的一次风(携带总煤粉量约 90%)，再掺入热风后作为一次风喷出的旋流煤粉燃烧器。

09.181　油燃烧器　oil burner
燃油通过油喷嘴雾化成一圆锥形油雾射流与配风器射出的空气射流在炉膛内强烈混合着火燃烧的燃油装置。

09.182　气体燃烧器　gas burner
由燃气喷嘴与调风器组成的一种燃烧气体燃料的装置。

09.183　假想切圆　imaginary circle
在采用直流燃烧器的锅炉中，以直流燃烧器同一高度喷口的几何轴线作为切线，在炉膛横截面中心部所形成的假想几何圆。

09.184　烟气比例调节挡板　gas proportioning damper，gas-by-pass damper
用膜式壁将锅炉尾部烟道分成前后两部分，分别布置卧式低温再热器和低温过热器、省煤器(视制造厂不同，有的在前、后烟道内同时布置了省煤器)，在前、后烟道出口分别装设烟气调节挡板，利用调节挡板开度改变烟气流量来调节气温的装置。

09.185　燃烧器喷口　burner nozzle
将燃料和空气按燃烧要求的浓度、速度、方向或旋流强度送进炉膛的管口。不同燃烧器喷口具有不同的形状。

09.186　一次风喷口　primary air nozzle
燃烧器中向炉膛喷射煤粉和空气混合物气流的喷口。

09.187　二次风喷口　secondary air nozzle
燃烧器中向炉膛喷射二次风气流的喷口。

09.188　三次风喷口　tertiary air nozzle
又称“乏气喷口(exhaust gas nozzle)”。中间储仓式热风送粉系统中，向炉膛内喷射磨煤乏气的喷口，或在 W 形火焰锅炉中设置在前、后墙上的分级空气喷口。

09.189　宽调节比一次风喷口　wide-range primary air nozzle
喷口内装有三角形或波形钝体扩锥，利用入口弯管和水平隔板或用扭转隔板将一次风煤粉气流分隔成上下或左右浓淡两股气流的一次风喷口。这种一次风喷口，使煤粉锅炉有较高的负荷调节比。

09.190　直[平]流式配风器　jet air register
组织油燃烧所需空气通过矩形或文丘里型通道，形成高速直流射流喷入炉膛参与油雾射流燃烧的配风装置。

09.191　旋流式配风器　swirl air register
组织油燃烧所需空气通过切向或轴向旋流叶片产生旋转射流参与油雾燃烧的配风装置。

09.192　燃尽风　overfire air，OFA
为降低 NO_x 的生成，炉膛内采用分级送风方式在主燃烧器上部单独送入的热风，以使可燃物在后期进一步燃尽。

09.193　燃烧器热功率　burner heat input rate
又称“燃烧器出力”。每只燃烧器单位时间输入锅炉的热量。

09.194　燃烧效率　combustion efficiency
单位燃料可燃质燃烧所放出的热量占单位燃料可燃质发热量的百分比。

09.195　燃烧器调节比　turndown ratio，burner regulation ratio
单只燃烧器的最大燃料量与最小燃料量之比。

09.196　稳燃器　firing stabilizer
在燃烧器出口造成一次风气流有一定程度的扩散或旋转，形成烟气回流，以稳定着火燃烧的装置。

09.197　预燃室　precombustion chamber

燃烧器设计成在一个膨大的腔体内造成高温，当煤粉通过该高温区时被迅速加热而有利于难燃煤种着火的一种燃烧设备。

09.198 氧化性气氛 oxidizing atmosphere
含有空气或过剩氧的气体(烟气)氛围。

09.199 还原性气氛 reducing atmosphere
含有还原性气体(CH_4、CO、H_2 等)而含氧量很低的气体(烟气)氛围。

09.200 燃烧设备 combustion equipment
组织燃料燃烧所必需的设备。通常包括燃料制备、燃烧器、炉膛、点火装置以及相关的设备。

09.201 烟风系统 flue gas and air system
锅炉燃烧系统中将冷空气升压、加热后送往磨煤机和燃烧器的送风机、空气管道和将燃烧产物从炉膛中抽出、经净化后排至烟囱或部分返回磨煤机的引风机、烟气管道、管道附件和相关设备所组成的系统。

09.202 飞灰复燃装置 fly ash reinjection system
将灰斗和对流烟道底部等处收集的飞灰输送并喷入炉膛，使其中的可燃物再次燃烧的装置。

09.203 烟气再循环[调温] gas recirculation
从省煤器烟道或其他烟道中抽取一部分低温烟气送入炉膛，以改变辐射与对流受热面吸热量分配比例及降低炉膛出口烟温，用于汽温调节或防止结渣，或使火焰温度降低以减少热力型 NO_x 的生成。

09.204 风箱 wind box
将来自风道中空气分配给各燃烧器的箱形部件。

09.205 [燃油]雾化 atomization
通过机械能或借助于其他介质的能量将燃料油变成雾状油滴的过程。

09.206 雾化细度 atomized particle size
表征燃料油雾化形成的油滴的细小程度。以油滴总体积与总表面积之比表示。

09.207 压力雾化 pressure atomization, mechanical atomization
又称“机械雾化”。依靠燃料油的压力转化为动能使燃料油雾化的方法。

09.208 喷油嘴 oil atomizer
将油雾化，使其适应燃烧要求的装置。

09.209 回油式喷油嘴 return flow type oil atomizer
采用压力雾化并能使进入雾化室的一部分油分流返回油箱以调节喷油量的喷油嘴。

09.210 介质雾化喷油嘴 medium atomized oil nozzle
利用气体介质(蒸汽、空气等)的膨胀、撞击使油雾化的喷油嘴。

09.211 平衡通风 balanced draft
用送风机压头克服风道阻力，用引风机压头克服烟道阻力，使炉膛内保持负压的通风方式。

09.212 自然通风 natural draft
依靠气流密度不同形成的自生通风压头克服烟、风道阻力的通风方式。

09.213 负压通风 induced draft
用引风机压头克服烟、风道阻力使炉膛内保持负压的通风方式。

09.214 正压通风 forced draft
用送风机压头克服烟、风道阻力使炉膛内保持正压的通风方式。

09.215 调风器 air register
旋流燃烧器中由沿圆周方向设置的可调叶片组成的，用来调节气流分配及旋流强度的装置。用于加强混合，调节火焰形状及实现空气分级等。按气流特性可分为：旋流式调风器、直流式调风器、平流式调风器及交叉混合式旋流调风器。

09.216 送风机 forced draft fan，FDF
供给锅炉燃料燃烧所需空气的风机。

09.217 风道 air duct
输送空气的管道。

09.218 通风阻力 draft loss
在燃烧系统中，气体(空气或烟气)在锅炉本体烟、风道流程中由于流动阻力所造成的压降。

09.219 自生通风压头 stack draft
沿烟道(包括烟囱)高度，由热烟气和外部大气密度差所产生的压头。

09.220 空气预热器 air preheater
利用锅炉尾部烟气的热量加热燃料燃烧所需空气以提高锅炉效率的热交换设备。

09.221 管式空气预热器 tubular air preheater
烟气、空气分别在管内、外流动，通过管壁进行热交换的空气预热器。有立式和卧式两种。

09.222 热管空气预热器 heat pipe air preheater
采用热管传热把烟气的热量传给空气的空气预热器。

09.223 再生式回转空气预热器 regenerative air preheater，rotary air heater
又称“回转式空气预热器”。通过旋转器件使热烟气和冷空气交替通过蓄热元件从而实现热交换的空气预热器。

09.224 受热面回转式空气预热器 rotating-rotor air heater
曾称“容克式空气预热器(Ljungström-type air heater)”。装填蓄热元件的转子旋转使烟气和空气交替通过蓄热元件的再生式回转空气预热器。

09.225 风罩回转式空气预热器 stationary-plate type regenerative air preheater
蓄热元件放在不动的定子之内，上、下方对称布置的两个风罩同步旋转，使烟气和空气交替通过蓄热元件的再生式回转空气预热器。

09.226 三分仓回转式空气预热器 tri-sector air heater
将空气通道分成两部分，分别与一次风、二次风通道相接的再生式回转空气预热器。用于中速磨煤机冷一次风机直吹式制粉系统。

09.227 直接泄漏 direct leakage，infiltration leakage
再生式回转空气预热器中，由于空气和烟气间存在静压差，使空气通过密封间隙流入烟气侧的泄漏现象。

09.228 间接泄漏 by-pass leakage，entrained leakage
又称“携带泄漏”。再生式回转空气预热器中，转子或风罩在旋转时将其中的空气带入烟气中的泄漏现象。

09.229 暖风器 steam air heater，air heater
又称“前置预热器”。用蒸汽加热空气预热器进口空气以防止热空气预热器低温腐蚀和堵塞的热交换器。

09.230 一次风 primary air
(1)燃煤锅炉中输送煤粉进入炉膛燃烧的空气。(2)油燃烧器中从火焰根部送入炉膛的空气。(3)火床燃烧时从炉排下部送入的空气。(4)沸腾床燃烧时从布风板下送入料层的空气。

09.231 一次风机 primary air fan，PAF
单独供给锅炉燃料制备和燃烧所需一次空气的风机。按其在系统中的安装位置，设在空气预热器前的称“冷一次风机”；设在空气预热器出口的称“热一次风机”。

09.232　二次风　secondary air
(1)悬浮燃烧时为进入炉膛的总空气量中扣除一次风、三次风和炉膛漏风以外的部分。(2)火床燃烧时从炉排上部送入的空气。

09.233　三次风　tertiary air
(1)热风送粉的储仓式制粉系统中通过专用喷口送入炉膛的乏气。(2)通过布置在拱式燃烧炉膛前、后墙上的喷口送入炉膛的热风。

09.234　周界风　surrounding air
直流煤粉燃烧器中由一次风煤粉气流外缘四周向炉膛喷射的二次风气流。

09.235　引风机　induced draft fan，IDF
又称“吸风机”。用于克服烟道阻力将烟气送入烟囱的风机。

09.236　热风再循环　hot air recirculation
将部分热空气返送回送风机入口，与冷空气混合后再流经空气预热器，以提高空气预热器低温段管壁温度，防止低温腐蚀的一种措施。

09.237　折焰角　furnace arch，furnace nose
后墙水冷壁在炉膛出口处向内延伸所形成的凸出部分，用于改善炉内气流分布。

09.238　烟道　gas pass，gas flue
用于引导烟气或布置受热面的烟气通道。

09.239　水平烟道　horizontal gas pass
(1)特指Π型、T 型锅炉的炉膛与后部烟气下行烟道之间通常布置高温过热器和高温再热器的水平连接烟道。(2)泛指内部烟气流动方向为水平的烟道。

09.240　垂直烟道　vertical gas pass
(1)又称“锅炉尾部烟道”。特指Π型、T 型锅炉后部通常布置低温过热器、再热器和省煤器(有的还有管式空气预热器)的烟道。(2)泛指内部烟气流动方向为竖直的烟道。

09.241　对流烟道　convection gas pass
内部布置有对流受热面的烟道。

09.242　烟气再循环风机　gas recirculation fan
专用于从省煤器等区域烟道处抽取一部分低温烟气送入炉膛进行烟气再循环的风机。

09.243　锅炉汽水系统　boiler steam and water circuit
由受热面和锅炉范围内的汽水管道所组成的汽水流程系统。

09.244　锅炉水循环　boiler water circulation
锅水在工质回路中的循环流动。

09.245　水循环计算　water circulation calculation
根据工质回路结构尺寸、工质参数和传热特性校核水循环可靠性的计算方法。

09.246　水循环试验　water circulation test
又称“水动力特性试验”。检查锅炉在启动、停炉和各种运行工况下水循环可靠性的试验。

09.247　循环回路　circulation circuit
自然循环锅炉、强制循环锅炉和低循环倍率锅炉中，由下降管、上升管、锅筒(对低循环倍率锅炉为汽水分离器)和集箱(或下锅筒)所组成的工质循环流动的闭合蒸发系统。

09.248　循环水速　circulation water velocity
循环回路中，上升管入口按工作压力下饱和水密度折算的水速。

09.249　质量流速　mass velocity
单位时间内流经单位流通截面的工质质

量。

09.250 汽水阻力 pressure drop
工质在锅炉本体汽、水流程中，由于流动阻力、重位压差所造成的压降。

09.251 有效净压头 available net head
自然循环锅炉中，受热的上升管与下降管中工质密度差产生的运动压头中用于克服下降管阻力的压头。

09.252 运动压头 available static head
自然循环锅炉中，受热的上升管与下降管中工质密度差所产生的压头。用于克服回路的总流动阻力。

09.253 强制循环 forced circulation
除了依靠水与汽、水混合物之间的密度差之外，主要靠在集中下降管上装设锅水循环泵的压头进行的循环。

09.254 热偏差 thermal deviation
并列管组中个别管圈(偏差管)内工质焓增与整个管组工质平均焓增不一的现象。

09.255 管间脉动 pulsation among tubes
锅炉蒸发受热面并列管子间发生工质流量大小交替变化的一种不良工况。

09.256 临界热流密度 critical heat flux density
沸腾传热机制发生变化而使传热系数突然降低时的热流密度。在强迫对流沸腾中它可能是偏离泡核沸腾热流密度，也可能是干涸热流密度。

09.257 水力偏差 hydraulic deviation
又称“流量分配不均匀性”。由于并列蛇形管长度、直径、粗糙度等不同(集中表现为流动阻力系数不同)和蛇形管组的分配及集汽联箱工质的引出、引入方式的不同(表现为各蛇形管两端压差不同)所造成的沿烟道宽度各管间工质流量的差别。

09.258 锅筒内部装置 drum internals
又称“汽包内部装置”。布置在锅筒内部用于进行给水分配、蒸汽净化以及加药和排污的装置。

09.259 汽水分离 steam-water separation
利用离心分离、惯性分离、重力分离和水膜分离等方法，使汽水混合物分离并使饱和蒸汽达到一定干度的过程。

09.260 机械携带 mechanical carry-over
锅筒内饱和蒸汽携带含盐水滴使蒸汽污染的现象。

09.261 溶解携带 vaporous carry-over
锅筒内饱和蒸汽溶解硅酸盐等使蒸汽染污的现象。

09.262 蒸汽净化 steam purification
减少锅筒出口饱和蒸汽中所携带水滴和盐类的含量，使蒸汽品质达到规定的要求的过程。

09.263 蒸汽清洗 steam washing
使饱和蒸汽穿过给水层，使蒸汽中溶解携带的一部分 SiO_2 向给水转移，以降低饱和蒸汽溶解携带的方法。

09.264 给水 feedwater
符合一定质量要求而被送入锅炉作为工质的水。

09.265 补给水 make-up water
热力系统中，因各种汽水损失或因无生产回水而从系统外部补充的给水。

09.266 补给水率 make-up water rate
补给水量占锅炉蒸发量的百分比。

09.267 锅水 boiler water
又称“炉水”。锅炉蒸发受热面(直流锅炉)或循环回路(锅筒锅炉)中的水。

09.268 水位 water level
容器(锅筒和汽水分离器等)中水面的位

置。分为正常水位、控制水位和极限水位。

09.269 锅内过程 inter-boiler process
锅炉汽水系统内工质的流动、传热、热化学等过程的统称。

09.270 炉内过程 combustion process
锅炉炉内燃烧介质的流动、燃烧、传质与传热等过程的统称。

09.271 汽水两相流 steam-water two phase flow
蒸汽和水两相共存状态下的流动。

09.272 水动力特性 hydrodynamic property
一定负荷下，经过锅炉受热面的工质流量与流动压降之间的关系。

09.273 循环倍率 circulation ratio
循环回路中，进入上升管的循环水量与上升管出口蒸汽量之比。

09.274 汽塞 steam binding，steam blanketing
蒸汽泡在蒸发受热面上升管中聚集，阻塞水循环的现象。

09.275 汽水分层 separation of two phase fluid
汽水混合物在水平或倾角较小的管内流动，当流速较低时水在下部、蒸汽在上部分层流动的现象。

09.276 循环倒流 circulation flow reversal
自然循环锅炉循环回路中，接入锅筒水空间的并联管屏中，工质在受热弱的上升管内自上而下流动的状态。

09.277 循环停滞 circulation flow stagnation
自然循环锅炉循环回路中，接入锅筒水空间的并联管屏中，上升管受热弱到一定程度，循环流速已低到进入管中水量等于该管出口蒸汽量的流动停滞状态。

09.278 沸腾换热恶化 boiling crisis
蒸发管内壁面与蒸汽接触，不再受到水的冷却，管壁向工质的放热系数大幅度下降，使壁温急剧上升的现象。包括膜态沸腾和蒸干。

09.279 汽水共腾 priming
锅炉运行中，蒸汽流量突然增大而炉膛内燃烧放热还来不及增大时，由于锅筒内压力急剧下降，导致蒸发管和锅炉水容积中含汽急剧增加的现象。

09.280 膜态沸腾 film boiling
蒸发管内随着汽、水两相流中含汽率的增大，附壁水膜逐渐减薄，当水膜被撕破且汽流核心夹带的散状水滴几乎又不回落到管壁时，管壁便被一层过热蒸汽覆盖，导致管壁对工质放热系数急剧下降，壁温急剧上升的管内传热模式。

09.281 核态沸腾 nucleate boiling
蒸发管内小汽泡不断在管子内壁上的汽化核心上产生和离开的正常传热模式。随着汽泡不断脱离壁面进入主水流，壁面附近的扰动增强，热交换过程强化，锅水及时填补到汽泡脱离的位置而冷却壁面。

09.282 泡沫共腾 foaming
当锅水中含有油脂、悬浮物或锅水浓度过高时，蒸汽泡表面水膜因含有杂质而不易撕破，在锅筒水面上产生大量泡沫的现象。

09.283 质量含汽率 steam quality by mass
汽水混合物中，蒸汽的质量流量与汽水混合物总质量流量之比。

09.284 容积含汽率 steam quality by volume
汽水混合物中，蒸汽的体积流量与汽水混合物总体积流量之比。

09.285 截面含汽率 steam quality by sec-

tion
汽水混合物中，蒸汽所占管子截面积与总截面积之比。

09.286 临界含汽率 critical steam content
在一定的热流密度、工作压力和质量流速下，蒸发管中汽水混合物沸腾换热开始恶化，使壁温急剧升高时的质量含汽率。

09.287 最高壁温处含汽率 steam quality at minimum heat transfer coefficient
在一定的热流密度、工作压力和质量流速下，蒸发管中管壁对汽水混合物的放热系数降低到最小值，使壁温达到最高值处的质量含汽率。

09.288 蒸汽湿度 steam moisture
湿蒸汽中所含水分的质量百分数。

09.289 蒸汽质量 steam quality
蒸汽的纯洁程度。

09.290 蒸汽质量合格率 qualified steam quality ratio
在统计期内采样蒸汽品质检测合格的时间占运行时间的百分比。

09.291 再热蒸汽 reheat steam
在汽轮机中做了一部分功又送回锅炉再加热的蒸汽。

09.292 再热蒸汽温度 reheat steam temperature
再热蒸汽加热达到的温度。

09.293 再热蒸汽压力 reheat steam pressure
进入锅炉加热前的再热蒸汽的压力。

09.294 疏水管道坡度 drainage pipe slope
水平疏水管道向下倾斜度。以管道下降高度占管道长度的百分数表示。

09.295 气固两相流 gas-solid two phase flow
气体中夹带有固体颗粒物料状态下的流动。

09.296 燃料制备系统 fuel preparation system
根据锅炉燃烧要求，将煤碾磨成合格的煤粉所需的设备和有关管道组成的系统。

09.297 煤粉仓 pulverized coal bunker
中间储仓式制粉系统中用于储放磨制出来的合格煤粉，其下部装有给粉机向锅炉供给燃用煤粉的容器。

09.298 中间储仓式热风送粉系统 storage pulverizing system with hot air used as primary air
从磨煤机引出的携带合格细度煤粉的气、粉两相流体，借助细粉分离器将绝大部分煤粉分离出来送入煤粉储仓，再从煤粉仓经给粉机注入一次风管，并用热风作为一次风携带煤粉经燃烧器送入炉膛进行燃烧，分离出煤粉后的乏气经燃烧器的三次风喷口单独进入炉膛的制粉系统。

09.299 中间储仓式乏气送粉系统 storage pulverizing system with exhaust air used as primary air
从磨煤机引出的气粉两相流体，借助细粉分离器将绝大部分煤粉分离出来送入煤粉仓，再从煤粉仓经给粉机注入一次风管，并用分离出煤粉后的乏气携带煤粉经燃烧器送入炉膛进行燃烧的制粉系统。

09.300 开式制粉系统 open pulverizing system
制粉系统中分离出煤粉后的乏气不排入炉膛，而是经过布袋除尘后排放到大气或引风机前的烟道内的制粉系统。主要用于磨制高水分煤，个别用于磨制难燃的低挥发分煤。

09.301 半开式制粉系统 partial open pulverizing system
制粉系统中分离出煤粉后的乏气部分排入

炉膛，其余经过布袋除尘后排放到大气或引风机前的烟道内的制粉系统。主要用于磨制高水分煤。

09.302 直吹式制粉系统 direct-fired pulverizing system
从磨煤机经粗粉分离器引出的携带合格细度煤粉的气、粉两相流体作为一次风，直接经由燃烧器吹入炉膛的制粉系统。

09.303 半直吹式制粉系统 semi-direct-fired pulverizing system
从磨煤机引出的携带合格细度煤粉的气、粉两相流体，借助细粉分离器将绝大部分煤粉分离出来(无煤粉仓)，用热风作为一次风将煤粉经由燃烧器送入炉膛的制粉系统。其分离出煤粉后的乏气经燃烧器相应的喷口吹入炉膛。

09.304 磨煤机基本出力 basic capacity of pulverizer
又称“磨煤机铭牌出力”。磨煤机在规定的煤质条件和煤粉细度下的出力。通常基本出力在磨煤机性能系列参数表中给出。

09.305 磨煤机设计出力 design capacity of pulverizer，calculated mill capacity
又称“磨煤机计算出力”。磨煤机在设计煤质条件下和设计煤粉细度下的最大出力。

09.306 磨煤机通风出力 aerated capacity of pulverizer
由磨煤机的通风条件所决定的磨煤机出力。

09.307 磨煤机干燥出力 drying capacity of pulverizer
由磨煤机的干燥能力所决定的磨煤机出力。

09.308 制粉电耗 power consumption of pulverizing system
磨制每吨煤所消耗的电能。包括磨煤电耗和通风电耗。

09.309 双进双出钢球磨煤机 double-ended ball mill
筒体两端均能进料和出料的筒式磨煤机。

09.310 最大钢球装载量 maximum charge of balls
钢球装到距滚筒中心轴颈下沿 150 mm 时的装载量。

09.311 最佳钢球装载量 optimum charge of balls
在同样的煤粉细度下，制粉电耗最低时的装载量。一般为最大钢球装载量的 0.8~0.88。

09.312 筒式磨煤机 tubular ball mill，ball-tube mill
又称“钢球磨煤机”。在旋转的卧式、钢制圆筒内，利用提升到一定高度钢球所具有的能量将煤磨成煤粉的机械设备。

09.313 中速磨煤机 medium speed mill
又称“立轴式磨煤机(vertical spindle mill)”。运行速度介于筒式磨煤机和风扇磨煤机之间，一般立轴转速为 20~330 r/min，利用碾磨件在一定压力下作相对运动时，煤在碾磨件之间受挤压、碾磨而被粉碎的各种磨煤机的总称。燃煤电厂应用较多的中速磨煤机有：球环式中速磨煤机(E 型)、平盘式中速磨煤机(LM 型)、轮式中速磨煤机(MPS 型或 MBF 型)、碗式中速磨煤机(RP 型或 HP 型)。

09.314 高速磨煤机 attrition mill，high speed pulverizer
叶轮或转子转速高于 420 r/min，利用高速转动的转子的撞击将煤粉碎的磨煤机。

09.315 风扇磨煤机 fan mill
利用高速旋转的风扇式冲击叶轮将煤磨成煤粉的高速磨煤机。

09.316 锤击磨煤机 hammer mill
利用多排高速旋转的金属锤打击、研磨作用将煤磨成煤粉的高速磨煤机。

09.317 给煤机 coal feeder
按锅炉负荷或磨煤机出力要求，将煤连续、均匀并可调节地送往磨煤机的设备。

09.318 粗粉分离器 mill classifier，classifier
将磨煤机送出的煤粉中的不合格粗粉从气、粉混合物中分离出来，送回磨煤机继续磨碎的装置。

09.319 惯性分离器 inertia separator
利用含粉尘气流改变方向，依靠惯性而使粉尘从气流中分离出来的分离器。

09.320 离心分离器 centrifugal separator
利用含粉尘气体的旋转运动，使粉尘在离心力的作用下沿径向移动从气流中分离出来的分离器。

09.321 细粉分离器 cyclone collector
又称“*旋风分离器*”。中间储仓式制粉系统中，置于粗粉分离器之后，将制成的煤粉从气、粉混合物中分离并收集起来的装置。

09.322 回转式分离器 rotary mill classifier，rotating classifier
又称“*动态分离器*(dynamic mill classifier)”。分离器出口设有由多枚叶片制成的叶轮，通过调整叶轮的转速改变输出煤粉细度的分离设备。

09.323 给粉机 pulverized coal feeder
在储仓式制粉系统中，将来自煤粉仓的煤粉连续、稳定并可调地送入一次风管道的设备。

09.324 煤粉分配器 pulverized coal distributor
在直吹式制粉系统中将风和煤粉均匀地分配到其后各一次风管中去的装置。

09.325 密封风机 seal air fan
向正压运行的磨煤机和给煤机供送高压密封风，防止含粉气流外泄的风机。

09.326 锁气器 flap valve，clapper
制粉系统中装设于细粉分离器下部落粉管上，防止卸粉时空气由此漏入细粉分离器的装置。

09.327 煤粉混合器 pulverized coal mixer
保证煤粉自给粉机下的落粉管均匀、连续地落入一次风管而形成气、粉混合物的装置。

09.328 排粉风机 exhauster
煤粉制备系统中用于输送干燥剂和煤粉混合物的风机。

09.329 抽炉烟风机 flue gas fan
三介质(烟气、热风、冷风)干燥的制粉系统中，用于抽取冷(低温)炉烟的风机。

09.330 石子煤 pulverizer rejects，pyrites
磨煤机在运行过程中从下部排出的没有被磨碎的黄铁矿及被夹带的矸石和煤粒。

09.331 煤粉细度 fineness
煤粉中不同直径的颗粒所占的质量百分率。通常按规定方法用标准筛进行筛分。可用留在筛子上的剩余煤粉量与总煤粉量的百分比表示，也可用通过筛子的煤粉量与总煤粉量的百分比表示。

09.332 煤粉均匀性指数 pulverized coal uniformity index
表示煤粉中不同粒度颗粒分布均匀程度的指数。

09.333 流化床 fluidized bed
当空气自下而上地穿过固体颗粒随意填充状态的料层，而气流速度达到或超过颗粒的临界流化速度时，料层中颗粒呈上下翻腾，并有部分颗粒被气流夹带出料层的状态。

09.334 流化床燃烧 fluidized bed combustion，FBC

固体燃料以流化床方式进行的燃烧。

09.335 流化床[燃烧]锅炉 fluidized bed combustion boiler

利用气、固两相流化床工艺，将气流速度控制在临界流化速度(由固定床转变为流化床时的流速)与终端速度(固体颗粒的自由沉降速度)之间，实现湍流流化状态的一种燃用固体燃料的燃烧方式的锅炉。

09.336 循环流化床燃烧 circulating fluidized bed combustion，CFBC

利用气、固两相流化床工艺，在物料平均粒径的终端流速的条件下实现流化床状态并经过分离器将大部分逸出的物料重返床内形成循环的一种燃用固体燃料的燃烧方式。在大气压力下工作的循环流化床燃烧工艺称“常压循环流化床燃烧(ACFBC)”；在几个或十几个大气压力下工作的循环流化床燃烧工艺称“增压循环流化床燃烧(PCFBC)”。

09.337 循环流化床锅炉 circulating fluidized bed boiler，CFBB

简称“循环床锅炉”。采用循环流化床燃烧方式的锅炉。

09.338 常压流化床锅炉 atmospheric fluidized bed boiler，AFBB

在大气压力下工作的流化床燃烧技术的锅炉。分为两类：常压鼓泡流化床锅炉(ABFBB)及常压循环流化床锅炉(ACFBB)。

09.339 增压流化床锅炉 pressurized fluidized bed boiler，PFBB

在压力下工作的流化床燃烧技术的锅炉。分为两类：增压鼓泡流化床锅炉(PBFBB)及增压循环流化床锅炉(PCFBB)。

09.340 密相区 dense-phase zone，emulsion zone

在流化床燃烧室的下部，气、固两相流中含有固相颗粒浓度高的区段。

09.341 稀相区 lean-phase zone，splash zone

在流化床燃烧室的上部(通常为二次风喷口以上)，气、固两相流中含有固体颗粒浓度低的区段。

09.342 循环倍率 circulation ratio

循环流化床锅炉中，由分离器分离下来且返送回炉内的物料量与给进的燃料量之比。

09.343 临界流化速度 critical fluidized velocity

从固定床开始转化为流化床状态时空床截面最小风速。此时床层向上膨胀，床层阻力不变。

09.344 流化速度 fluidized velocity

流化床燃烧中从固定床转变为流化床时的空床截面气流速度。

09.345 炉底布风板 air distributor

构成流化床锅炉炉底支承床料、均布空气、保证正常流化状态的装置。

09.346 风帽 air button，bubbling cap

使进入流化床的空气产生第二次分流并具有一定的动能，以减少初始气泡的生成并使床料底部粗颗粒产生强烈扰动、避免粗颗粒沉积、减少冷渣含碳损失的布风装置构件。

09.347 流化床点火装置 warm-up facility for FBC boiler

为流化床锅炉(包括鼓泡流化床锅炉和循环流化床锅炉)启动提供热源，将点火床料加热并引燃给煤，使之达到正常燃烧的加热装置。

09.348 回料控制阀 loop seal

循环流化床锅炉灰循环回路中，将分离器

收集下来的灰可控而稳定地送回压力较高的炉膛下部，并阻止炉底气固流体反向进入分离器的装置。

09.349　排渣控制阀　bottom ash discharge valve

当流化床锅炉的排渣器设置在炉膛侧墙底部时，在排渣口处用于控制底渣排放速率的装置。

09.350　惯性分离器　inertia separator

将U形槽钢件多排错列倾斜布置于循环流化床锅炉炉膛上部，利用惯性将颗粒从气流中分离并回落床内循环燃烧的一种分离器。

09.351　高温分离器　high temperature separator

循环流化床锅炉的飞灰分离装置中工作温度在850℃左右的分离器。

09.352　中温分离器　medium temperature separator

循环流化床锅炉的飞灰分离装置中工作温度在500℃左右的分离器。

09.353　低温分离器　low temperature separator

循环流化床锅炉的飞灰分离装置中工作温度在300℃以下的分离器。

09.354　水冷旋风分离器　water cooled cyclone separator

壳体由水冷膜式壁构成，并与锅炉本体水冷壁相连接，利用旋转含灰气流在其内所产生的离心力将灰颗粒从气流中分离出来的循环流化床锅炉灰分离器。

09.355　汽冷旋风分离器　steam cooled cyclone separator

圆形壳体由蒸汽冷膜式壁构成，作为锅炉蒸汽回路的一部分，利用旋转含灰气流在其内所产生的离心力将灰颗粒从气流中分离出来的循环流化床锅炉灰分离器。

09.356　外置床热交换器　external heat exchanger，EHE

简称“外置床”。又称“外置流化床热交换器(external fluidized bed heat exchanger，EFBHE)”。布置在循环流化床锅炉炉膛外部灰循环回路上的一种流化床式热交换器。其作用是将循环灰载有的一部分热量传递给一组或数组受热面，并兼有循环灰回送功能。

09.357　整体化循环物料热交换器　integrated recycle heat exchanger bed，INTREX

循环流化床锅炉中，一种外置床热交换器向炉膛靠拢并合为一体的热交换器。

09.358　冷渣器　bottom ash cooler

流化床锅炉中用于底渣的冷却并回收其物理热的设备。主要有水冷螺旋冷渣器、风冷式流化床冷渣器及风水共冷流化床冷渣器三种。

09.359　锅炉机组安装　erection of boiler unit

锅炉范围内的构架，平台扶梯，汽、水、烟、风和燃料系统及其所属附件，辅助设备，控制设备和仪表等整套装置的安装。

09.360　锅炉组合安装　erection of boiler with pre-assembled pieces

锅炉部件起吊安装之前，在地面把设备零件在组合场地预先组合拼装成便于安装的组合件，然后再运到安装地点起吊就位、安装。

09.361　锅炉安装组合率　rate of pre-assembled pieces in boiler erection

锅炉各组合件金属重量之和与锅炉金属总重量之比。以百分率表示。

09.362　通球试验　ball-passing test

锅炉受热面管在组合安装之前，为检查管内部畅通、清洁、内径值符合要求，用规定直径的球，由压缩空气压送通过管子进行的试验。

09.363　锅炉钢架安装　erection of boiler steel structure
锅炉钢架构件组合、吊装、就位、找正、连接、固定的施工作业。

09.364　锅炉本体安装　erection of boiler proper
锅炉本体架构和受热面设备的安装。锅炉受热面设备包括锅筒、各部联箱、水冷壁、下降管在内的燃烧室部分，以及过热器、再热器、省煤器、空气预热器、联络管道等。

09.365　锅炉组件吊装[开]口　lift opening of assembled pieces
确定锅炉设备或组合件的吊装方案中，为满足设备或组合件外形尺寸的要求，在不影响结构整体稳定的条件下，部分组件缓装所预留的设备吊装就位空间。

09.366　锅炉受热面组合件吊装　lifting and erection of assembled pieces of boiler heating surface
将锅炉的水冷壁、顶棚过热器、墙式过热器、对流过热器、再热器和省煤器受热面组合件，按吊装方案规定的顺序，起吊、就位、安装。

09.367　锅筒就位　drum erection
锅筒锅炉本体安装中，在锅炉构架验收合格之后，将锅筒运到安装地点起吊到锅筒安装位置上、找正校水平和定位。

09.368　保温施工　construction of thermal insulation
为减少设备、管道及其附件向周围环境散热，在其外表采取的增设保温层和保护层措施的施工。

09.369　锅炉化学清洗　chemical cleaning of boiler
采用化学方法清除锅炉内部各种沉积物、金属氧化物和其他污物，并使金属表面形成保护膜的技术。

09.370　锅炉蒸汽严密性试验　steam leakage test of boiler
新安装的锅炉在整套启动前或锅炉大修后，在热态下，蒸汽升压到工作压力的过程中，在一个中间压力和工作压力两点，对锅炉各承压部件进行全面检查，以确认不存在泄漏、膨胀过度或受阻等缺陷的试验。

09.371　燃烧系统调整　testing of combustion system
为使燃料在炉膛内充分燃烧并使产生的热量在锅炉各受热面有效地分配和传热所进行的各燃烧器燃料量分配和一、二、三次风空气量分配，燃烧器摆角或旋流强度等的调整。

09.372　输灰管线　ash transportation piping line
采用管道输送灰渣方案，其沿途敷设的管道及中间泵房等。

09.373　锅炉运转层　operation level of boiler
大型锅炉运行控制室所在的标高层。

09.374　［锅炉］启动　［boiler］start-up
锅炉由点火、升压、向汽轮机供汽至带规定负荷的过程。

09.375　启动流量　start-up flow rate
直流锅炉、低循环倍率锅炉和复合循环锅炉启动时，为保证蒸发受热面良好冷却所必须建立的给水流量(不包括再循环流量)。

09.376　启动压力　start-up pressure
直流锅炉、低循环倍率锅炉和复合循环锅

炉启动时，为保证蒸发受热面的水动力稳定性所必须建立的给水压力。

09.377 冷态启动 cold start-up
锅炉内为零表压，温度接近环境温度时的启动。

09.378 热态启动 hot start-up
锅炉停运时间较短(2~8 h)，还保持有一定的压力和温度情况下的启动方式。

09.379 温态启动 warm start-up
锅炉停运 8~48 h 的启动。

09.380 极热态启动 very hot start-up
锅炉停运 2 h 内的启动。

09.381 上水 filling with water
在点火前将符合给水品质要求和一定温度的水送入锅炉的过程。

09.382 炉膛吹扫 furnace purge
锅炉点火前，启动引/送风机，将规定流量的空气通入炉膛或烟道，以有效清除其中所聚积的可燃物的过程。用于防止炉膛爆炸。

09.383 锅炉点火 boiler lighting up, ignition
采用电能或其他热源，使易燃的辅助燃料(燃料油、气体燃料等)着火燃烧，对燃烧室加热升温，直至将喷入锅炉燃烧室的主燃料点燃，或不用辅助燃料而直接点燃主燃料，并保持稳定燃烧的过程。

09.384 点火能量 ignition energy
在规定的点火条件下，为稳定点燃单只燃烧器，通过点火器所应输入的必要能量。

09.385 点火器 igniter
能在一瞬间提供足够的能量点燃煤粉、油(气)燃料并能稳定火焰的装置。

09.386 电火花点火器 electric spark igniter
利用高电压产生火花点燃油(气)燃料的装置。

09.387 点火装置 flame igniter
由点火器、点火油枪、煤粉锅炉点火油系统(包括前部供油系统和炉前油系统)及点火自动控制仪表系统构成的全套装置，或由等离子等高能点火装置作为点火器组成的系统。

09.388 等离子点火 plasma igniting
利用高能量的电弧使周围气体电离形成高温等离子体，使煤粉瞬间加热着火的方法。

09.389 点火油枪 torch oil gun
供煤粉燃烧锅炉点火及稳燃用的燃油装置。

09.390 启动油枪 warm-up oil gun
用于锅炉启动过程中升压、冲管和带低负荷，热功率较点火油枪大的油枪。

09.391 点火水位 initial water level
上水时锅筒中应建立的水位。根据点火后锅水膨胀和汽水混合物使水位上升的数值来确定的水位。

09.392 升压 raising pressure
点火后工质受热汽化，锅炉压力按规定速度升至工作压力的过程。

09.393 滑参数启动 sliding pressure/temperature start-up
单元制机组在电动主汽阀全开状态下，随着锅炉点火及不断升压、升温而完成机组启动的方式。此时，电动主闸阀前的蒸汽参数随机组负荷升高而升高。

09.394 定压启动 constant pressure start-up
保持汽轮机进汽参数不变，通过改变进汽调节汽阀的个数和开度来改变进汽量，使汽轮机升速、定速、与电网并列，并满足电网对负荷要求的运行方式。

09.395 定压-滑压复合运行 modified sliding pressure operation
在锅炉不同负荷范围内，分别采用定压或

滑压的变负荷运行方式。如高负荷时采用定压运行，低于某一负荷时采用滑压运行方式。

09.396 升压速度 rate of pressure rise
锅炉启动过程中，过热器出口蒸汽压力每分钟内升高值占额定蒸汽压力的百分比。

09.397 升温速度 temperature rise rate
又称“升温率”。锅筒锅炉启动过程中，为使锅筒内、外壁温差和上、下壁温差引起的应力控制在允许范围内，要求的每分钟锅筒内锅水温度的升高值。

09.398 暖管 pipe warm-up
重要的蒸汽管道投入运行前，通入部分一定参数的蒸汽，使其管壁温度按规定速度逐渐升高，直至接近正常运行时的管壁温度的过程。

09.399 锅炉负荷调节范围 load range of boiler
锅炉在规定工况下安全运行所允许的最低和最高负荷的范围。

09.400 锅炉经济运行 economic operation of boiler
锅炉机组在规定负荷及参数下保持最高效率及最低辅助动力消耗的运行方式。

09.401 最低不投油稳燃负荷 boiler minimum stable load without auxiliary fuel support
锅炉不投辅助燃料助燃而能长期、连续、稳定运行的最低负荷。

09.402 最低稳燃负荷率 boiler minimum combustion stable load rate，BMLR
最低不投油稳燃负荷与锅炉最大连续出力或额定出力之比。

09.403 喷水量 injection flow［rate］
喷水减温器的减温水流量。

09.404 锅炉排污 boiler blowdown
锅筒锅炉运行中将含较多盐类、沉渣和铁锈的锅水排放到锅炉外的过程。

09.405 定期排污 periodical blowdown
锅筒锅炉运行中，将锅水中的沉渣和铁锈从汽水系统的较低处定期排出的过程。

09.406 连续排污 continuous blowdown
锅筒锅炉运行中，为了保证锅水含盐量在规定的限度内，将部分含盐较浓的锅水从锅筒中连续不断排出的过程。

09.407 排污量 blowdown flow rate
连续排污和定期排污的排污水总流量。

09.408 疏水 drain
将受热面或蒸汽管道中所产生的凝结水放出的过程。

09.409 吹灰 soot blowing
锅炉运行时利用蒸汽或水、压缩空气、声波等的能量清除锅炉受热面烟气侧的积灰和结渣的过程。

09.410 安全阀校验 safety valve operating test，safety valve adjustment
用升压方法检测安全阀起座压力是否准确、可靠和符合有关规程要求的检验项目。

09.411 整定压力 set pressure
按有关规程规定所整定的安全阀起座压力。

09.412 起座压力 popping pressure
安全阀瞬时开启，蒸汽开始强烈泄放时的进口侧静压。

09.413 回座压力 reseating pressure
安全阀阀瓣重新与阀座接触、升程为零时的进口侧静压。

09.414 回座压差 blowdown
安全阀起座压力与回座压力之差。一般以整定压力的百分数表示。

09.415 前泄压力 start-to-discharge pressure
安全阀动作前已有微量蒸汽流出时的进口侧静压。

09.416 排汽量 discharge capacity
按有关规程规定通过试验所确定的安全阀或安全泄压阀的排汽量。

09.417 停炉 boiler shutdown
按规定程序切断燃料和水，停止送、引风机，使锅炉停止运行的过程。分为正常停炉、故障停炉及紧急停炉三种情况。

09.418 滑参数停运 sliding pressure shutdown
在汽轮机调节汽阀全开的情况下，锅炉逐渐减弱燃烧，降低蒸汽压力和温度，汽轮机负荷逐渐降低，直到机组停运的过程。

09.419 停炉保护 laying-up protection of boiler
锅炉停用期间，为防止汽水系统金属内表面受到空气或水中溶解氧的腐蚀而采取的保护措施。

09.420 充气法养护 gas filled boiler protection
采用向锅炉内充入氮气或气相缓蚀剂，将氧从锅炉汽水系统内驱赶出来，使金属表面与空气隔绝的停炉保护方法。

09.421 干法养护 dried out boiler protection
在锅炉停运时，当锅炉压力降至 0.5~0.8 MPa 时，把汽水尽快放尽，并利用锅炉余热烘干(也可以放入干燥剂)、密闭隔绝空气的停炉保护方法。

09.422 湿法养护 water filled boiler protection
锅炉停用期间，锅炉内部充满有一定压力的除氧水或蒸汽，并在水中加入缓蚀剂的停炉保护方法。

09.423 煮炉 boiling-out
使用氢氧化钠与磷酸三钠混合溶液注入锅炉汽水系统，在 0.5~2 MPa 压力下经 24~48 h 加热，以清除锅炉受热面内部的油污和积垢的方法。

09.424 烘炉 drying-out
用点火或其他加热方法以一定的温升速度和保温时间烘干炉墙的过程。

09.425 钝化 passivating
在经酸洗后的金属表面上用化学的方法进行流动清洗或浸泡清洗以形成一层致密的氧化铁保护膜的过程。

09.426 放水 blow-off
将锅炉中的水放出的过程。

09.427 冲管 flushing
用具有一定流速的清水清除汽水系统和管道内表面上杂物的方法。

09.428 蒸汽吹管 steam line blowing
用具有一定参数的蒸汽清除过热器、再热器和蒸汽管道内表面上杂物的方法。

09.429 蒸汽加氧吹洗 steam purging with oxygen
在高温汽流和氧气的共同作用下，使锅炉蒸汽管路及设备中在制造、运输、保管、安装过程中产生的污物和大气腐蚀产物从管路中排出，并在金属表面形成保护膜的方法。

09.430 给水质量 feedwater condition
给水中的 pH 值、硬度、含氧量、铜铁含量及电导率和杂质含量等的总称。

09.431 锅水浓度 boiler water concentration
又称“炉水浓度”。单位容积锅水盐和二氧化硅的含量。

09.432 液态排渣临界负荷 slag tapping critical load in wet bottom furnace
液态排渣炉运行中的炉膛温度随负荷降低

而降低，能保证顺利流渣时的最低负荷。

09.433　水灰比　water ash ratio
水力除灰系统中输送每吨灰渣所消耗的水量。

09.434　锅炉[热]效率　boiler efficiency, boiler thermal efficiency
单位时间内锅炉有效利用热量占锅炉输入热量的百分比，或相应于每千克燃料(固体和液体燃料)，或每标准立方米(气体燃料)所对应的输入热量中有效利用热量所占百分比。

09.435　锅炉[热]效率试验　boiler efficiency test
确定锅炉(热)效率的试验。包括锅炉正平衡试验和锅炉反平衡试验。

09.436　锅炉正平衡试验　boiler direct heat balance test
采用测量输入热量和锅炉有效利用热量的方法来确定锅炉热效率的试验。

09.437　锅炉反平衡试验　boiler indirect heat balance test
采用测量输入热量和锅炉各项热损失的方法来确定锅炉热效率的试验。

09.438　锅炉输入热量　boiler heat input
随每千克或每标准立方米燃料输入锅炉的总热量。包括燃料收到基低位发热量和显热，以及用外来热源加热燃料或空气时所带入的热量。

09.439　锅炉有效利用热量　heat output of boiler, effective heat utilization of boiler
相对每千克固体、液体燃料或每标准立方米气体燃料，工质在锅炉能量平衡系统中所吸收的总热量。包括水和蒸汽吸收的热量、排污水和其他外用和自用蒸汽所消耗的热量等。

09.440　热损失　heat loss
输入热量中未能为工质所吸收利用的部分。一般用所损失的热量占输入热量的百分率表示。

09.441　排烟温度　exhaust gas temperature
锅炉范围内最后一个受热面出口排出烟气的平均温度。

09.442　散热损失　heat loss due to radiation
炉墙、锅炉范围内管道和烟风道向周围环境散热所造成的热损失。

09.443　排烟热损失　heat loss due to exhaust gas, sensible heat loss in exhaust flue gas
锅炉排出烟气的显热所造成的热损失。

09.444　气体未完全燃烧热损失　heat loss due to unburned gas, unburned gas heat loss in flue gas
又称“化学未完全燃烧热损失”。由于排烟中残留的可燃气体(如 CO 等)未放出其燃烧热所造成的热损失。

09.445　固体未完全燃烧热损失　heat loss due to unburned carbon, unburned carbon heat loss in residue
又称“机械未完全燃烧热损失”。由于飞灰、炉渣和漏煤中未燃炭所造成的热损失。

09.446　灰渣物理热损失　heat loss due to sensible heat in slag, sensible heat loss in residue
锅炉排出灰渣的显热所造成的热损失。

09.447　飞灰可燃物含量　unburned combustible in fly ash, unburned carbon in fly ash
又称“飞灰含碳量”。锅炉对流烟道飞灰中可燃物(碳)含量。

09.448　炉渣可燃物含量　unburned combustible in slag, unburned carbon in slag

又称“炉渣含碳量”。锅炉从冷灰斗或出渣口处排出炉渣中的可燃物(碳)含量。

09.449　漏煤可燃物含量　unburned combustible in sifting

炉排下漏煤的可燃物含量。

09.450　燃烧调整试验　boiler combustion adjustment test

又称“燃烧优化试验(combustion optimization test)”。通过对锅炉燃料供给和配风参数的调整，以及对其控制方式的改变等，保证送入锅炉炉内的燃料及时、完全、稳定和连续燃烧，并在满足机组负荷需要前提下，获得最佳燃烧工况的试验。

09.451　锅炉性能试验　boiler performance test

新机组投运后一定期限内，按合同规定的试验规程(标准)进行的，考核卖方在商务合同中所规定的锅炉各项性能指标是否达到保证值的试验。针对罚款保证值项目进行的称“性能考核试验(guaranteed performance test)”；针对非罚款保证值项目进行的称“性能验收试验(performance acceptance test)”。

09.452　锅炉性能鉴定试验　boiler performance certificate test

对新型机组或改造后的机组，按照现行的国家标准进行的锅炉全面的运行性能试验。为该机组的设计(或改造)与运行性能做出鉴定，作为该型机组定型生产或进一步改进的依据。

09.453　炉膛空气动力场试验　furnace aerodynamic test

根据冷、热态空气动力场相似理论的要求，计算室温下各次喷口的风量和风速，并在此工况条件下测定炉膛内的空气流动速度场的分布，以便掌握和评价炉内气流的流动特性的试验。该项试验可在实际炉膛内进行，也可在按几何相似缩小的模型上进行。

09.454　制粉系统冷态风平衡试验　cold air flow test of pulverizing system

直吹式制粉系统在冷态下调节磨煤机出口一次风管上的缩孔或挡板，使各一次风管间风量均衡(相对偏差值不大于±5%)的试验。

09.455　漏风试验　air leakage test

检查锅炉炉膛、烟风道、空气预热器或制粉系统漏风的试验。

09.456　风压试验　pressure decay test

按规定的压力和保持时间对炉膛或烟道用空气进行的压力试验。以检查其严密性是否符合要求。

09.457　水压试验　hydrostatic test

按规定的压力和保持时间对锅炉受压元件、受压部件或整台锅炉机组用水进行的压力试验。以检查其有无泄漏和残余变形。

09.458　过热器、再热器试验　thermal test of superheater & reheater

确定过热器和再热器的热偏差与管壁温度等热力特性、汽温调节特性以及阻力特性等的试验。

09.459　负荷试验　load test

为确定锅炉的经济负荷、最低负荷以及相应于机组各种负荷的效率特性所进行的试验。

09.460　烟气分析　flue gas analysis

取样测定烟气中气相成分容积比例的定量分析。

09.461　飞灰　fly ash

燃料在锅炉炉膛内燃烧产生的随烟气一起从炉膛上部烟窗逸出的灰粒。

09.462　飞灰取样器　fly ash sampler

按规定的方法和要求，从锅炉烟道中采取飞灰样品的设备。

09.463 奥氏[烟气]分析仪 Orsat gas analyzer

用化学选择性吸收法测定干烟气试样中气相成分容积比例的仪器。

09.464 翼型测风装置 aerofoil flow measuring element

采用机翼型结构，用于测量锅炉的矩形风道内空气流量的装置。

09.465 文丘里测风装置 Venturi flow measuring element

利用平行气流绕流文丘里管的节流作用，测量气流流量的装置。

09.466 理论空气量 theoretical air

每千克固体、液体燃料或每标准立方米气体燃料在化学当量比之下完全燃烧所需的空气量。

09.467 理论燃烧温度 theoretical combustion temperature，adiabatic combustion temperature

假设燃料在绝热条件下以理论空气量完全燃烧时燃烧产物所能达到的温度。

09.468 过量空气系数 excess air ratio

燃料燃烧时实际供给的空气量与理论空气量之比。

09.469 漏风系数 air leakage factor

锅炉受热面所在烟道漏入烟气的空气量与理论空气量之比，亦即该烟道出、进口处烟气中过量空气系数之差。

09.470 锅炉灰平衡 boiler ash balance

测量锅炉本体各部位灰渣量(炉底渣、各部烟道沉降灰及漏煤的含灰)，计算各自所占入炉煤灰量的百分比。

09.471 漏风率 air leakage rate

漏入某段烟道烟气侧的空气质量占进入该段烟道的烟气质量的百分率。

09.472 沉降灰 saltation ash

沉降于锅炉尾部烟道及灰斗的飞灰。

09.473 炉底渣 bottom ash

燃料在锅炉炉膛中燃烧产生的从炉底排渣口排出的灰渣。

09.474 炉膛爆燃 furnace puff

炉膛内局部聚集可燃混合物瞬时着火发生小爆炸，使炉内气体压力瞬时产生较大幅度波动但尚不足以使炉膛结构损坏的现象。

09.475 炉膛爆炸 furnace explosion

炉膛内可燃混合物发生爆炸时炉内气体压力瞬时剧增，所产生的爆炸力超过结构强度而造成向外爆破的事故。

09.476 炉膛内爆 furnace implosion

平衡通风锅炉由于炉膛负压非正常增大，致使内外气体压差骤增，超过炉膛结构瞬态承压强度而造成的向内爆破事故。

09.477 熄火 flameout，furnace loss of fire

又称“灭火”。炉膛变暗，看不到火焰、炉膛压力剧烈变化、蒸汽压力下降的现象。

09.478 脱火 blow-off

由于燃烧器出口处可燃混合物的法向速度大于火焰的燃烧速度，使火焰远离燃烧器被吹灭的现象。

09.479 锅炉满水 high drum water level

运行中锅筒内水位超过最高允许水位的故障。

09.480 锅炉缺水 boiler water shortage

运行中锅筒内水位低于最低允许水位的故障。

09.481 超温 overtemperature

运行中锅炉出口蒸汽温度或受热面管管壁

温度超过其规定值的现象。

09.482 爆管 tube burst

又称“四管爆漏”。锅炉各金属受热面的管子在运行中因损伤失效而爆漏的现象。锅炉的主要受热面是水冷壁、过热器管、再热器管和省煤器管。

09.483 积灰 ash deposition

低温黏结灰或松灰附着、聚集在受热面上的现象。

09.484 堵灰 ash clogging

对流受热面的烟气侧沉积物厚度不断增加，造成烟气通道堵塞的现象。

09.485 结焦 coking

在燃煤和燃油锅炉中，局部积聚在燃烧器喷口、燃料床或受热面上的燃料，在高温缺氧的情况下析出挥发分后形成结积的焦块。

09.486 结渣 slagging

熔渣和高温黏结灰黏附在炉膛或高温对流受热面上的现象。

09.487 制粉系统爆炸 explosion of pulverized coal preparation system

制粉系统内可燃混合物(可燃气体、煤粉和空气混合物)遇到适当的火源，发生强力燃烧并迅速传播，导致压力急剧上升使设备损坏的现象。

09.488 尾部烟道再燃烧 flue dust reburning，flue dust secondary combustion

又称“尾部二次燃烧”。锅炉炉膛燃烧延迟导致未燃尽的燃料积存于尾部烟道和受热面上发生再燃烧的现象。

09.489 析铁 formation of iron

液态排渣炉膛(包括旋风炉)运行中，在炉底上形成积铁或积铁熔化后经渣口流出的现象。

09.490 氢爆 hydrogen explosion

液态排渣炉运行中炉底上积铁在高温下熔化，铁水经渣口流入粒化水箱产生氢气，发生爆燃的现象。

09.491 烟气侧沉积物 external deposit

从烟气中沉积到受热面外表面或炉墙内壁上的物质。包括烟炱、熔渣、高温黏结灰、低温沉积灰和疏松灰等。

09.492 汽水侧沉积物 internal deposit

从水或蒸汽中沉积到受热面和管道内表面或汽轮机叶片上的矿物质或盐类。包括水渣、水垢和积盐等。

09.493 结垢 scale formation

在锅炉受热面和热交换设备水侧生成固态附着物的现象。

09.494 炉膛出口烟气能量不平衡 gas side energy imbalance at furnace exit

又称“炉膛出口烟气热偏差”。沿锅炉炉膛出口截面上烟气能量分布的不均匀。包括烟气温度、速度和粉尘浓度分布的不平衡。

09.495 风机叶轮腐蚀 corrosion of draft fan impeller

锅炉引风机、烟气再循环风机等处在低温烟气氛围中受到烟气中腐蚀性物质的腐蚀损坏的现象。

09.496 风机叶轮积灰 ash deposit on draft fan impeller

锅炉引风机、烟气再循环风机等在烟气中工作，烟气中的飞灰沉积在风机叶轮上，引起风机效率降低、发生振动等故障的现象。

09.497 余热锅炉节点温差 heat recovery boiler node difference in temperature

又称“窄点温差”。余热锅炉换热过程中蒸发器出口烟气与被加热的饱和水汽之间的最小温差。对于双压/三压余热锅炉应分别计算各压力等级换热面相应的节点温差。

09.498 余热锅炉接近点温差 heat recovery boiler approach point difference in temperature

余热锅炉省煤器出口压力下饱和水温度和出口水温之间的温差。对于多压余热锅炉应分别计算各压力等级相应的接近点温差。

10. 汽轮机、燃气轮机

10.001 汽轮机 steam turbine

将蒸汽的热能转换为机械能的叶轮式旋转原动机。

10.002 凝汽式汽轮机 condensing steam turbine

蒸汽在汽轮机本体中膨胀做功后排入凝汽器的汽轮机。

10.003 背压式汽轮机 back pressure steam turbine

排汽压力高于大气压力的汽轮机。排汽用于供热或其他用途。

10.004 调节抽汽式汽轮机 regulated extraction steam turbine

抽汽压力可以调节的抽汽式轮机。

10.005 中间再热式汽轮机 reheating steam turbine

蒸汽在膨胀做功的过程中，中途被引出，进入锅炉的再热器中再加热，然后再返回继续膨胀做功的汽轮机。

10.006 冲动式汽轮机 impulse steam turbine

蒸汽主要在喷嘴或静叶片中进行膨胀的汽轮机。

10.007 反动式汽轮机 reaction steam turbine

蒸汽在喷嘴(或静叶片)和动叶片中进行的膨胀大体相等的汽轮机。

10.008 轴流式汽轮机 axial flow steam turbine

蒸汽基本上沿轴向流动的汽轮机。

10.009 辐流式汽轮机 radial flow steam turbine

蒸汽基本上沿径向流动的汽轮机。

10.010 单轴[系]汽轮机 tandem compound steam turbine

多缸汽轮机各汽缸中的转子串接为一个轴系共同驱动一台发电机的汽轮机。

10.011 双轴[系]汽轮机 cross compound steam turbine

多缸汽轮机的汽缸分列为两组，两组汽缸中的转子分别串接成两个轴系，各自驱动一台发电机的汽轮机。

10.012 前置式汽轮机 topping steam turbine

排汽作为另一汽轮机进汽的背压式汽轮机。

10.013 高压汽轮机 high pressure steam turbine

主蒸汽压力为 7.84~10.8 MPa 的汽轮机。

10.014 超高压汽轮机 superhigh pressure steam turbine

主蒸汽压力为 11.8~14.7 MPa 的汽轮机。

10.015 亚临界压力汽轮机 subcritical pressure steam turbine

主蒸汽压力接近于临界压力(一般为 15.7~19.6 MPa)的汽轮机。

10.016 超临界压力汽轮机 supercritical pressure steam turbine

主蒸汽压力高于临界压力(一般高于 24 MPa)的汽轮机。

10.017 空冷式汽轮机组 dry [air] cooling steam turbine

采用空气冷却排汽或排汽冷却水的汽轮机。

10.018 饱和蒸汽汽轮机 saturated steam turbine, wet steam turbine

又称"湿蒸汽汽轮机"。主蒸汽为饱和或接近饱和状态的汽轮机。

10.019 多压式汽轮机 multi-pressure steam turbine

有几种压力的蒸汽分别注入相应级中进行膨胀做功的汽轮机。

10.020 热电联产汽轮机 steam turbine for co-generation

能同时承担供热和发电两项任务的汽轮机。

10.021 地热汽轮机 geothermal steam turbine

利用地热能产生的蒸汽作为工质的汽轮机。

10.022 联合循环汽轮机 combined cycle steam turbine

在燃气-蒸汽联合循环中使用的汽轮机。

10.023 额定蒸汽参数 rated steam condition

合同中规定的蒸汽参数。通常包括主蒸汽、再热蒸汽、排汽、抽汽参数等。

10.024 再热蒸汽参数 reheated steam condition

再热蒸汽主汽阀进口处的蒸汽参数。

10.025 排汽参数 exhaust steam condition

又称"蒸汽终参数"。蒸汽膨胀做功后从汽轮机排出时的压力、温度和湿度。

10.026 额定功率 rated power, rated output

又称"额定出力"。汽轮机在规定的热力系统和补水率、额定参数(含转速、主蒸汽和再热蒸汽的压力、温度)及规定的对应于夏季高循环水温度的排汽压力等终端参数条件下，保证在寿命期内任何时间，在额定功率因数、额定气压下，发电机出线端能安全、连续地输出的功率。

10.027 经济功率 economic output

在额定的蒸汽参数条件下，热耗率或汽耗率达到最低时的功率。

10.028 汽轮机最大连续功率 turbine maximum continuous rating, TMCR

汽轮机在制造厂给定的蒸汽初、终参数，热力系统，补水率等条件下，可在发电机出线端长时间输出的保证功率。

10.029 汽阀全开容量 valves wide open capability, VWO

调节汽阀全开时的进汽量下所能发出的功率。

10.030 最大过负荷容量 maximum overload capability

在规定的过负荷条件下，调节汽阀全部开启时，发电机出线端能发出的最大功率。

10.031 汽轮机汽耗率 steam rate, specific steam consumption

汽轮机-发电机组输出每单位电功率的汽耗量。

10.032 汽轮机净热耗率 net heat rate

汽轮机-发电机组输出每单位净电功率的热耗量。常指包括汽动给水泵耗功在内的半净热耗率。

10.033 汽轮机-发电机组热效率 turbine-generator thermal efficiency

扣除励磁功率后的发电机的输出功率与输

入汽轮机的热功率之比。

10.034 主蒸汽流量 initial steam flow rate
通过汽轮机主汽阀的蒸汽流量。

10.035 变工况 off-design condition
不同于设计工况的其他工况。

10.036 汽轮机通流部分 flow passage of steam turbine
汽轮机本体中做功汽流的通道。主要由进汽机构、各级通流部分叶栅及排汽缸三大部分组成。

10.037 通流部分热力计算 flow passage thermodynamic calculation
为了保证能量转换过程的高效率，对汽轮机通流部分气动、热力特性进行的设计计算。

10.038 热力过程曲线 thermodynamic process curve, steam turbine condition line
又称“汽轮机膨胀过程线”。流经通流部分膨胀做功的蒸汽，在焓熵图或温熵图上所表示的热力状态点的轨迹。

10.039 级的热力计算 thermodynamic calculation of stage
确定汽轮机每一级动、静叶栅热力参数，几何尺寸，功率和效率的设计计算。

10.040 焓降分配 distribution of enthalpy drop
汽轮机做功蒸汽的等熵焓降在各级之间的分配。

10.041 等熵焓降 isentropic enthalpy drop, ideal enthalpy drop
又称“理想焓降”。蒸汽等熵膨胀时，从初始滞止热力状态点到终止热力状态点的比焓差值。

10.042 理想功率 ideal power
在单位时间内蒸汽的等熵焓降转换成的机械功率。

10.043 实际焓降 actual enthalpy drop
蒸汽实际膨胀时，蒸汽从初始滞止热力状态点到终止热力状态点的比焓差值。

10.044 速度三角形 velocity triangle
将动叶片进、出口的汽流速度和动叶轮周速度按一定比例绘出的向量图。

10.045 轮周功率 wheel power
蒸汽在动叶片上产生的功率。

10.046 轴端功率 shaft power
汽轮机轴端输出的功率。

10.047 内功率 internal power
单位时间内在汽轮机(或级)中蒸汽实际焓降全部转换成的机械功。

10.048 内效率 internal efficiency
实际焓降与等熵焓降之比。

10.049 机械效率 mechanical efficiency
汽轮机轴端功率与内功率之比。

10.050 级 stage
汽轮机中由静叶栅和动叶栅组成的实现蒸汽能量转换的基本工作单元。

10.051 反动度 degree of reaction
蒸汽在动叶栅中的等熵焓降与级的等熵焓降之比。

10.052 冲动级 impulse stage
蒸汽只在静叶栅中膨胀加速，而在动叶栅中不再膨胀的级。但一般应用的冲动级都带有少量反动度。

10.053 反动级 reaction stage
蒸汽在静叶栅和动叶栅中都膨胀加速的级。

10.054 调节级 governing stage
采用汽流降压增速喷嘴调节的汽轮机第一

级。

10.055　复速级　velocity compounded stage, Curtis stage
有一排喷嘴和两排动叶栅，在两排动叶栅之间还有一排转向导叶的焓降较大的速度级。常用作小汽轮机的第一级。

10.056　压力级　pressure stage
汽轮机中除调节级以外的其余各级。

10.057　调节级的热力计算　thermodynamic calculation of governing stage
确定调节级通流部分尺寸、叶片型线和配汽机构等，同时确定调节级性能和变工况性能的计算。

10.058　配汽机构　steam distributing gear
分配进入汽轮机进汽量的调节汽阀及其提升机构。

10.059　全周进汽　full-arc admission
蒸汽通过布置在整个圆周上的喷嘴或静叶进汽的方式。

10.060　部分进汽　partial-arc admission
蒸汽通过布置在部分圆周上的喷嘴或静叶进汽的方式。

10.061　部分进汽度　partial-arc admission degree
蒸汽通过的喷嘴或静叶栅在平均直径处所占的弧段长度与平均直径处圆周长度之比。

10.062　理想速度　ideal velocity
与级的等熵焓降对应的汽流速度。

10.063　速比　velocity ratio
汽轮机级规定截面处的动叶片圆周速度与静叶栅(喷嘴)的出口汽流速度或级理想速度之比值。

10.064　最佳速比　optimum velocity ratio
级内效率最高时的速比。

10.065　流量系数　flow coefficient
汽流通过叶栅时的实际流量与理论流量之比值。

10.066　汽轮机级内损失　steam turbine stage loss
蒸汽在级内流动产生的能量损失。主要包括叶栅损失、余速损失、叶轮摩擦损失、鼓风损失、漏汽损失、湿汽损失等。

10.067　叶栅损失　blade cascade loss
叶栅中动、静叶型面损失和端部损失。

10.068　型面损失　profile loss
由于叶片型面上的摩擦、涡流、尾迹和冲波等现象引起的能量损失。

10.069　端部损失　blade end loss
由于叶栅汽道上、下两个端面附面层中的摩擦和二次流引起的能量损失。

10.070　余速损失　leaving velocity loss
蒸汽从动叶出口流出时尚有一定的速度，其动能不能再利用时所造成的损失。

10.071　叶轮摩擦损失　disc friction loss
叶轮转动时，与其周围的蒸汽产生摩擦，并带动这部分蒸汽运动所消耗的一部分有用功。

10.072　鼓风损失　windage loss
在部分进汽级中，由于动叶栅在不进汽部分中运动时发生的一种风扇作用所消耗掉的一部分有用功。

10.073　弧端损失　arc end loss
在部分进汽级中，在动叶栅进入进汽弧段时汽流排斥和加速呆滞在汽道中的蒸汽造成的损失，以及在进汽弧段两端汽流因周向流动所消耗的能量损失之和。

10.074　漏汽损失　leakage loss
蒸汽通过转子与静子部件之间的间隙产生漏汽而引起的损失。分为隔板漏汽损失、轴端漏汽损失和叶顶及叶根漏汽损失等。

10.075 湿汽损失 moisture loss

汽轮机级在湿蒸汽区工作产生的附加损失。一般包括过饱和损失、汽流阻力损失、制动损失和疏水损失。

10.076 汽轮机热力系统 steam turbine thermodynamic system，steam turbine thermal power system

使汽轮机的热功转换过程得以连续进行的所有设备和管道的组合。

10.077 主蒸汽系统 main steam system

来自锅炉过热器出口的蒸汽经过主蒸汽管道、主汽阀、调节汽阀和汽轮机的蒸汽室，至进入高压缸的设备和管道的组合。

10.078 单元制系统 unit system

每台汽轮机-发电机组和锅炉组成独立的单元连接，单元之间无横向联系。

10.079 切换母管制系统 transfer piping main system

加装在每台锅炉与其相应的汽轮机组成的单元之间的主蒸汽母管系统。在此种系统中，每个单元与切换母管相连处装有三个切换阀门，机组可以单元制运行，亦可以切换成母管制运行。

10.080 抽汽系统 extraction steam system

以汽轮机抽汽加热主凝结水和给水的回热系统中，从汽轮机抽汽口到加热器和除氧器的相应管道系统。

10.081 汽轮机旁路系统 steam turbine by-pass system

中间再热机组设置的与汽轮机并联的蒸汽减压、减温系统。

10.082 整体旁路系统 integral by-pass system，one-stage by-pass system

又称"一级旁路系统"。蒸汽旁通整台汽轮机，直接从主蒸汽管道引至凝汽器的汽轮机旁路系统。

10.083 高压旁路系统 high pressure by-pass system

蒸汽旁通汽轮机高压缸，把蒸汽从主蒸汽管引入高压缸排汽管道的汽轮机旁路系统。

10.084 低压旁路系统 low pressure by-pass system

蒸汽旁通汽轮机中、低压缸，把再热蒸汽从再热汽管引入凝汽器的汽轮机旁路系统。

10.085 二级旁路系统 two-stage by-pass system

由高压和低压旁路通过锅炉再热器连接组成的串联旁路系统。

10.086 高压或整体旁路系统容量 capacity of high pressure or integral by-pass system

蒸汽在额定参数下通过高压或整体旁路的最大流量与锅炉最大连续蒸发量或额定蒸发量的比值。以百分比表示。

10.087 低压旁路系统容量 capacity of low pressure by-pass system

再热蒸汽在额定的参数下通过低压旁路(旁路阀全开时)的最大流量与中压缸最大或额定进汽流量的比值。以百分比表示。

10.088 主凝结水系统 main condensate system

汽轮机凝汽器中的凝结水经凝结水泵抽出、升压，再经化学水精处理、轴封加热器、低压加热器输送至除氧器的管道系统。

10.089 给水系统 feedwater system

除氧器给水箱中的给水经给水泵升压并经过高压加热器加热后送到锅炉省煤器进口的管道系统。

10.090 辅助蒸汽系统 auxiliary steam system

又称“厂用蒸汽系统”。火力发电厂主要汽水循环以外，与锅炉和汽轮机及其辅助设备启动、停机和正常运行有关的加热和备用汽的供汽系统。

10.091 抽空气系统 air extraction system

抽去凝汽器内不凝结气体以维持凝汽器内真空的设备和管道组成的系统。

10.092 供热系统 heating supply system

电厂向热力用户提供蒸汽或热水并回收其返回水的设备和厂内管道连接的系统。

10.093 汽轮机本体疏水系统 drainage system of steam turbine main body

排除汽轮机内积水，防止汽轮机上下汽缸温差过大而受损的系统。

10.094 汽水管道 steam and water piping

火电厂内由管子、管道附件、热力测量装置、支吊架和保温设施等组成的汽水管道的总称。

10.095 汽水管道附件 steam and water pipe fittings

保证汽水管道正常工作的连接件。如接头、三通、大小头、弯头、法兰、螺栓等零配件。

10.096 汽轮机本体 steam turbine main body

主要由静子和转子两大部分组成，与回热加热系统(包括抽汽、给水、凝结水及疏水系统等)、调节保安系统、油系统以及其他辅助设备共同组成的汽轮机组件。

10.097 汽轮机汽缸 steam turbine cylinder

汽轮机本体的外壳，蒸汽在其间完成能量转换的重要部件。它还具有支承其他静止部件，如隔板、隔板套(反动式汽轮机为静叶环或静叶环套)、喷嘴汽室等的功能。

10.098 排汽缸 steam exhaust chamber, steam exhaust hood

又称“排汽室”。引导排汽进入凝汽器的腔室。

10.099 筒形汽缸 barrel type cylinder

呈筒形的无水平法兰的汽缸。

10.100 汽缸的配置 cylinder configuration

大容量中间再热式汽轮机根据高、中、低压汽缸的容量，特别是末级叶片的通流能力和机组的输出功率，设置汽缸的个数及其排列、组合。

10.101 汽缸铸件 cylinder casting

用铸造的方法制造的大容量汽轮机的高、中压汽缸，是汽轮机加工中的最大铸造件。

10.102 汽缸组装 assembly of cylinder

组装分段制造、法兰连接的汽缸，并保证汽缸各接合面的严密性和汽缸洼窝相对位置的正确性。

10.103 汽缸找正 alignment of cylinder

使汽缸和轴承座的纵向中心线处在同一个垂直平面，并使各中心线在垂直平面中形成一连续轴线的安装工艺。

10.104 汽缸载荷分配 load distribution of cylinder

为防止由于个别支承面不受力或少受力而产生运行时汽缸不稳定变形的现象，在安装时用锚爪垂弧法或测力计对汽缸支承面的载荷重新分配。

10.105 汽缸螺栓热紧 heating tightening of cylinder flange bolts

拧紧汽缸法兰螺栓时对螺栓进行加热，使之获得足够的预紧力。

10.106 汽轮机进汽部分 steam turbine admission part

蒸汽进入汽轮机的部位和部件。

10.107 高压进汽部分 high pressure admis-

sion part
由高压主汽阀、调节汽阀、高压进汽管、蒸汽室及喷嘴组组成的部分。

10.108 中压进汽部分 intermediate pressure admission part
由再热主汽阀、再热调节汽阀、中压缸进汽管及汽室组成的部分。

10.109 低压进汽部分 low pressure admission part
由中压缸排汽，中、低压连通管，伸缩节，以及低压缸进汽管组成的部分。

10.110 蒸汽室 steam chest
蒸汽通过主汽阀后进入调节汽阀前，为均衡汽流而设置的腔室。

10.111 喷嘴 nozzle
汽轮机第一级的静叶片。

10.112 喷嘴室 nozzle chamber
调节汽阀后喷嘴组前的腔室。

10.113 主汽阀 main stop valve
使主蒸汽进入汽轮机并能快速关闭的阀门。用作汽轮机运行危急时的保护机构。

10.114 调节[汽]阀 governing valve, control valve
位于主汽阀后，调节进汽流量以控制汽轮机转速和功率的阀门。

10.115 再热主汽阀 reheat stop valve
使再热蒸汽进入汽轮机并能快速关闭的阀门。与主汽阀功能相同。

10.116 再热调节[汽]阀 intercept valve
位于再热主汽阀之后，控制再热蒸汽流量的阀门。

10.117 联合汽阀 combined valve
主汽阀与调节汽阀组合成一体的阀门。

10.118 调节抽汽阀 regulating extraction steam valve
用来控制、调节抽汽汽轮机抽汽量以维持抽汽压力的阀门。

10.119 再热联合汽阀 combined reheat valve
再热主汽阀与再热调节阀组合成一体的阀门。

10.120 预启阀 equalizing valve
为减轻阀门提升力而设置的可预先开启的旁通阀。

10.121 抽汽逆止阀 extraction check valve
如遇蒸汽和(或)水由抽汽管向汽轮机本体倒流时即自动关闭的阀。

10.122 隔板 diaphragm
冲动式汽轮机汽缸中用来固定喷嘴或导叶，并形成汽轮机各级之间压力差的分隔部件。

10.123 焊接式隔板 welded diaphragm
静叶片与隔板体焊接在一起的组件。

10.124 旋转式隔板 rotating diaphragm
通过转动安置在静叶前的旋转环改变静叶通流面积，以控制抽汽量的隔板。

10.125 隔板套 diaphragm carrier ring
外缘嵌装在汽缸槽内，安装多级隔板的中间支撑体。

10.126 去湿装置 moisture removal device, moisture catcher
汽轮机中处于湿蒸汽区域工作的通流部分，采用分离、抽吸等方法降低蒸汽湿度的装置。

10.127 静叶环 stator blade ring
反动式汽轮机中，全级静叶片沿周向分成若干弧段的环状组合体。

10.128 静叶环套 stator blade carrier ring
外缘嵌装在汽缸槽内，安装多级静叶环的

中间支撑体。

10.129 动静部分碰磨 collision between rotary and static parts

汽轮机在运行中因受温度、外力、振动等因素影响，转子和汽缸之间的径向间隙或轴向间隙消失，使动、静部分发生碰磨的现象。

10.130 隔板损坏 diaphragm damage

隔板被磨损或断裂，丧失工作能力的失效现象。

10.131 汽缸法兰结合面变形处理 repair of deformed surface of turbine cylinder flange

汽缸变形造成法兰结合面(上、下汽缸中分面)之间不能密合。一般规定，合缸检查时，在紧上 1/2 数量的螺栓后，汽缸结合面如有 0.05 mm 以上间隙，深度超过密封面的 1/3 时，应及时进行处理。

10.132 汽缸裂纹处理 repair of cylinder cracks

汽轮机在检修中必须对汽缸进行仔细的检查，主要目的是查清汽缸各部位是否产生裂纹。一旦发现裂纹，必须加以处理。

10.133 支承方式 type of supports

为防止动、静部分碰磨而设置的轴承座与内外汽缸、隔板和隔板套，转子与轴承座，轴承座与基础台板等部件的支承结构型式。

10.134 滑销系统 sliding key system

为使汽轮机的汽缸定向自由膨胀或收缩，并保持机组各部件正确的相对位置，在汽缸与基座或轴承座之间所设置的一系列滑键。

10.135 死点 anchor point，dead point

又称“固定点”。转子和汽缸在热胀和冷缩过程中的基准点。

10.136 绝对死点 absolute anchor point

又称“机组死点”。汽缸相对于基础的热胀和冷缩基准点。

10.137 相对死点 relative anchor point

转子相对于汽缸的热胀和冷缩基准点。

10.138 汽轮机转子 steam turbine rotor

由主轴、叶轮或转鼓、动叶片和联轴器等汽轮机旋转部件组成的组合体。

10.139 转子体 rotor without blades

未装动叶片的转子。

10.140 套装转子 shrunk-on rotor

转子体的轮盘采用热套方式装配的转子。

10.141 整锻转子 integral rotor，monoblock rotor

转子体为整体锻造的转子。

10.142 焊接转子 welded disc rotor

转子体由几个锻体焊接而成的转子。

10.143 鼓形转子 drum rotor

又称“转鼓”。反动式汽轮机采用的呈鼓形的转子体。

10.144 刚性转子 rigid rotor

第一阶临界转速高于工作转速的转子。

10.145 挠性转子 flexible rotor

第一阶临界转速低于工作转速的转子。

10.146 转子临界转速 rotor critical speed

与转子及其支承系统的固有振动频率相对应的转子转速。

10.147 转子共振转速 rotor vibration resonance speed

当转子不平衡力产生的激振频率与转子及其支承系统的固有频率一致引起共振时相对应的转子转速。

10.148 转子轴向推力 rotor axial thrust

蒸汽作用在汽轮机转子上的各种轴向力的

总和。

10.149 振动频谱 vibration spectrum
复杂振动可以分解为许多不同频率和不同振幅的谐振，这些谐振的幅值按频率排列的图形。

10.150 转子寿命 life of rotor
汽轮机从初次投入运行至转子出现第一条微小裂纹时所经历的总的工作时间。

10.151 转子温度场 rotor temperature field
汽轮机启停、负荷变动和稳定负荷工况下转子内的温度分布状态。

10.152 转子应力场 rotor stress field
汽轮机启停、负荷变动和稳定负荷工况下转子内的应力分布状态。

10.153 动频系数 dynamic frequency factor
转子转动状态下叶片离心力对叶片固有频率的影响系数。

10.154 汽轮机-发电机组轴系 turbine-generator shaft system
用联轴器连接在同一中心线的汽轮机和发电机的各转子构成的整体回转体。

10.155 轴系扭振 torsional vibration of shaft system
当汽轮机-发电机组轴系传递转矩时，在其各个断面上因所受转矩的不同而产生不同的角位移。当转矩受到瞬时干扰而突然卸载或加载时，轴系按固有扭振频率产生的扭转振动。

10.156 轴系稳定性 shafting stability
汽轮机-发电机组轴系在工作中能否稳定运行的性能。

10.157 汽轮机-发电机组振动 vibration of turbine-generator set
发生在汽轮机-发电机组轴系上的弯曲和扭转振动。通常的机组振动或轴系振动都是指弯曲振动(径向振动)。振幅测量时常以轴振动和轴承振动两种方式指示。

10.158 油膜振荡 oil whip
因汽轮机-发电机组转子受滑动轴承油膜反作用力而引起的自激振动。

10.159 蒸汽激振 steam flow excited vibration，steam whirl
又称“汽流涡动”。蒸汽通过动、静间隙流动时激励转子发生的低频自激振动。

10.160 转子静平衡 rotor static balancing
调整转子的质量分布，使其在静止状态下测得的质心相对于几何中心的偏移量处于允许范围的工艺。

10.161 转子动平衡 rotor dynamic balancing
调整转子的质量分布，使其在旋转状态下测得的质心偏移回转中心引起的力与力矩的不平衡量处于允许范围的工艺。

10.162 热跑试验 hot running test，heat indication test
为验证汽轮机转子受热后的变形情况，在制造过程中所进行的使主轴、转子体边旋转边加热的试验。

10.163 转子找中心 alignment of rotor
考虑各转子的自然垂弧和各轴承在运行后的温差及联轴器自重对中心的影响，合理选择轴颈扬度，使轴系中心在运行状况下呈一匀滑的曲线和轴承负载符合设计要求的转子对中连接工艺。通常要求运行中各联轴器连接断面所承受的额外弯矩和剪切力为零。

10.164 转子裂纹处理 treatment of crack in rotor
对于转子所出现裂纹的处理方法。如转子外表面发生微小裂纹，可用砂布打磨。中心孔表面裂纹和缺陷，可进行镗孔。对于转子应力集中区域出现较大裂纹(深度10 mm左右)，必须采用车削的方法加以处理。

10.165 超速 overspeed
发电机突然甩负荷或其他原因使机组转速飞升达到超速保护动作值的现象。

10.166 水冲击 water induction
因水或冷蒸汽进入汽轮机而引起的事故。

10.167 主轴弯曲 shaft distortion
汽轮机主轴在热应力和机械力作用下发生的永久挠曲变形。

10.168 断轴 rupture and wreck of rotor
高速运行的转子，在轴的薄弱环节因裂纹扩展或超载塑性失稳，使轴突然折断或转子飞逸的灾难性事故。

10.169 直轴 shaft straightening
对发生永久弯曲的汽轮机、给水泵等旋转机械的主轴进行矫正，将其调直的工艺。

10.170 叶轮 bladed disk
装有动叶的轮盘，是冲动式汽轮机转子的组成部分。

10.171 叶轮强度 strength of bladed disk
叶轮承受汽轮机各种工况下的离心力、蒸汽力、热应力、振动应力以及加工、装配过程中引起额外应力的强度。

10.172 叶轮振动 bladed disk vibration
又称“轮系振动”。作为弹性系统的叶轮与叶片的耦合振动。

10.173 平衡孔 balancing hole
为了减少冲动式汽轮机的轴向推力而均匀分布在轮盘上的圆孔。

10.174 平衡盘 balance piston，dummy piston
又称“平衡活塞”。反动式汽轮机中设置在调节级叶轮与前轴封之间，用于平衡转子轴向推力的等直径的凸起台阶。

10.175 叶轮裂飞 disk cracking and bursting-off
在运行中汽轮机叶轮产生裂纹，并进一步发展酿成叶轮破断和飞逸的灾难性事故。

10.176 叶轮应力腐蚀 stress corrosion of disk
由于静态拉力和腐蚀介质共同作用于低压转子套装叶轮的键槽圆角处，引起的应力腐蚀。常发生在蒸汽干湿交变的过渡区，严重时可能导致叶轮裂飞。

10.177 叶轮脆性断裂 brittle cracking of disk
受叶轮材料的断裂韧性低和内部存在密集性的夹杂物或白点等缺陷的影响，运行中发生的叶轮突然断裂。

10.178 叶栅 blade cascade
由叶片按一定规律排列形成汽流通道的组合体。

10.179 直叶片 straight blade
沿叶高的叶型相同或相似、安装角不变且横截面形心连线与径向线一致的叶片。

10.180 扭叶片 twisted blade
叶型和安装角(或只是安装角)沿叶高按一定规律变化的叶片。

10.181 弯曲叶片 bowed blade
横截面形心连线按一定规律偏离径向位置的叶片。

10.182 复合弯扭叶片 compound bowed and twisted blade
兼有弯曲叶片和扭叶片特性的叶片。

10.183 斜置叶片 sideling placed blade
又称“倾斜叶片”。出汽边沿周向相对径向线倾斜一定角度的静叶片。

10.184 后加载叶片 aft-loading blade

工质能量转换主要在叶栅通道后半部分完成的叶片。可以减弱通道二次流强度，减少叶栅通道的总损失。

10.185 锁口叶片 locking blade，final blade
又称“末叶片”。叶根沿轮槽周向安装时，最后装入轮盘或转子体以某种特殊方法固定，并对整圈叶片起锁紧作用的叶片。

10.186 拉筋 lacing wire
又称“拉金”。位于叶片中部起调频和阻尼作用的连接件。

10.187 围带 shroud
又称“覆环”。位于叶片顶部，用于改善叶片振动特性和应力水平并减少叶顶漏汽的覆盖件。

10.188 自由叶片 free-standing blade
叶轮上不用围带或拉筋连接的叶片。

10.189 整体围带叶片 integral shroud blade
又称“自带冠叶片”。围带与叶片一体加工构成的总体。

10.190 叶片振动 blade vibration
叶片在汽轮机运行时不断受到周期性汽流激振力作用而产生的振动。

10.191 叶片振动类型 mode of blade vibration
叶片振动的不同形式。包括切向弯曲振动、轴向弯曲振动和扭转振动。

10.192 叶片切向弯曲振动 blade tangential bending vibration
绕截面最小主惯性轴的振动。

10.193 叶片轴向弯曲振动 blade axial bending vibration
绕截面最大主惯性轴的振动。

10.194 叶片扭转振动 blade twist vibration
围绕沿叶片长度方向各截面重心轴线的振动。

10.195 叶片静频率和动频率 static frequency and dynamic frequency of blade
指叶片在静止和运行状态(受离心力影响)时的固有振动频率。

10.196 汽轮机叶片振动强度安全准则 safety criteria of blade vibration strength of steam turbine
判别汽轮机叶片工作中抗振安全性的设计和考核依据。

10.197 叶片强度 strength of blade
叶片在设计条件下长期、安全、可靠工作的力学性能。

10.198 叶片振动强度 vibration strength of blade
在动应力和静应力复合作用下叶片的抗振强度。

10.199 蒸汽[静]弯应力 steam [static] bending stress
蒸汽流过叶片产生的汽流力在叶片横截面上所引起的弯应力。

10.200 叶片[离心]拉应力 blade centrifugal tensile stress
由动叶片、围带及拉筋质量所产生的离心力在叶片中引起的拉应力。

10.201 叶片偏心弯应力 blade centrifugal bending stress
当动叶片工作部分的质心与径向基准面不重合时，离心力在叶片中引起的弯应力。

10.202 叶片调频 blade vibration frequency tuning
对叶片的基本振型、固有振动频率或激振力频率进行调整，使它们避开一定频率范围，处于安全区域的工艺。

10.203 叶片共振 blade resonant vibration
当作用于叶片上的激振力频率与叶片固有

振动频率相等或相近时，叶片产生的剧烈振动。

10.204 叶片疲劳 blade fatigue

叶片材料在交变应力的作用下，某些部位的微观结构逐渐产生了不可逆变化，导致在一定的循环次数以后，形成宏观裂纹或发生断裂的过程。

10.205 叶片高周疲劳 high cycle fatigue of blade

运行时叶片振动产生的交变应力所引起的疲劳。

10.206 叶片低周疲劳 low cycle fatigue of blade

机组启动-运行-停机作为一次循环的循环次数对叶片产生的疲劳。

10.207 叶片腐蚀疲劳 corrosion fatigue of blade

叶片材料在腐蚀性介质中承受交变载荷产生的疲劳破坏。

10.208 叶片疲劳寿命预估 fatigue life prediction of blade

预先估计叶片萌生疲劳裂纹前所经历的运行时间的方法。

10.209 末级叶片强度与振动 last stage blade strength and vibration

末级叶片在承受最大离心应力并具有强烈的弯、扭耦合特性，且受到湿蒸汽水滴的冲刷侵蚀等最苛刻条件下的强度与振动性能。

10.210 叶片损坏及处理 blade failure and repair

叶片工作部分、叶片连接件(拉筋、围带)、铆钉头、叶根、叶根销钉及叶轮轮缘等，常有在运行中产生裂纹甚至断落的情况。对这些情况所做的原因分析、对策和修复。以防止叶片损坏事件扩大。

10.211 汽封 gland and steam sealing system

装设在汽轮机动、静部分之间，减少或防止蒸汽外泄及真空侧空气漏入的装置。

10.212 叶片汽封 blade seal

减少转子与静叶环或动叶片与静子之间漏汽的汽封。

10.213 隔板汽封 diaphragm seal

隔板内圆面或静叶片环内圆面与转子或轮毂外圆面之间用来限制级与级之间漏汽的汽封。

10.214 轴端汽封 shaft gland, shaft end seal

又称“轴封”。在转子两端穿过汽缸的部位设置的用控制蒸汽压力来阻止机内蒸汽外泄或空气漏入的成组汽封。

10.215 梳齿状迷宫汽封 labyrinth gland, labyrinth seal

又称“曲径汽封”。形成曲折密封通道的汽封。

10.216 蜂窝式汽封 beehive gland, beehive seal

利用蜂窝状元件减少漏汽的汽封。

10.217 自调整汽封 self-adjusting gland

利用蒸汽压差变化，自动调整漏汽间隙的汽封。

10.218 轴封冷却器 gland steam condenser

冷却凝结轴封漏汽的装置。

10.219 轴封抽汽器 gland steam exhauster

将轴封漏汽及吸入的空气抽入轴封冷却器使漏汽凝结，并将空气抽出的装置。现常以轴封风机代替。

10.220 支承轴承 journal bearing

又称“轴颈轴承”。支承转子轴颈，并利用旋转形成油膜以减少其转动摩擦阻力的部件。

10.221 多油楔轴承 multi-oil wedge bearing

油楔数在三个及以上的支承轴承。

10.222 可倾瓦轴承 tilting bearing
又称"米切尔式径向轴承"。由三块以上带支持点支撑的能自动调整油楔的可倾弧形瓦块组成的滑动轴承。

10.223 轴承座 bearing pedestal, bearing housing
又称"轴承箱"。装在汽轮机汽缸本体或基础上用来支撑轴承的构件。

10.224 推力轴承 thrust bearing
又称"止推轴承"。汽轮机中承受转子轴向推力并限制其轴向位移的具有斜面瓦块的滑动轴承。

10.225 可倾瓦块推力轴承 tilting pad thrust bearing
又称"米切尔推力轴承(Michell thrust bearing)"。具有8~12块可自行调整油楔的可倾瓦块的推力轴承。

10.226 推力-轴颈联合轴承 thrust journal bearing
又称"推力径向轴承"。同时承受汽轮机转子轴向载荷和径向载荷的滑动轴承。

10.227 推力盘 thrust collar
将转子轴向推力传递给推力轴承的圆盘。

10.228 盘车装置 turning gear
汽轮机启动前和停机后，为避免转子弯曲变形，用外力使转子连续转动的装置。

10.229 螺旋轴式盘车装置 screw spindle type turning gear
电动机通过齿轮传动系统，由啮合齿轮带动盘车齿轮使主轴转动的盘车装置。

10.230 链轮-蜗轮蜗杆盘车装置 sprocket-worm gear type turning gear
主要由电动机、传动齿轮系统、操纵杆及连锁装置等组成的盘车装置。

10.231 高压油顶轴装置 high pressure oil jacking equipment
当盘车装置投入前或退出后，用高压油将汽轮机转子轴颈顶起的装置。

10.232 联轴器 coupling
俗称"靠背轮"。连接汽轮机-发电机组各转子，能传递力矩并使之成为一个整体轴系的对轮。

10.233 刚性联轴器 rigid coupling
须严格对中而且没有挠性的联轴器。

10.234 半挠性联轴器 semi-flexible coupling
在两半刚性联轴器间加装一个波形节所构成的联轴器。

10.235 挠性联轴器 flexible coupling
允许转子有单独的轴向位移，且相连两转子对中可有一定的偏差的联轴器。

10.236 联轴器螺栓 coupling bolt
轴系中两半联轴器之间的、能承受电网非正常运行所引起的冲击扭矩的连接螺栓。

10.237 汽轮机调节系统 steam turbine governing system
控制汽轮机旋转速度和输出功率(或包括抽汽压力)以维持机组正常运行的设备。

10.238 凝汽式汽轮机调节系统 condensing steam turbine governing system
用于凝汽式汽轮机的仅设转速和电负荷控制的调节系统。

10.239 调节抽汽式汽轮机调节系统 regulated extraction turbine governing system
除控制转速和输出功率之外，还要根据抽汽负荷的需要来控制抽汽压力在一定范围之内的调节系统。

10.240 背压式汽轮机调节系统 back pres-

sure turbine governing system
可以分别以电功率为主或热负荷为主的调节系统。不能同时满足电、热两种负荷需要。

10.241 变速汽轮机调节系统 variable speed turbine governing system
用于驱动给水泵、高速风机和压缩机等，具有转速高，调速范围宽，以及多参量调节等特点的调速系统。

10.242 再热式汽轮机调节系统 reheating steam turbine governing system
除具有一般汽轮机调节系统功能之外，还能限制机组甩负荷动态超调量和提高负荷适应性的，用于再热式汽轮机的调节系统。

10.243 机械液压调节系统 mechanical hydraulic control system，MHC
由按机械、液压原理设计的敏感组件、放大组件和液压执行机构等部件组成的汽轮机调节系统。

10.244 电气液压调节系统 electro-hydraulic control system，EHC
表示汽轮机的功率、转速等参数的电信号经综合与放大后，通过电子控制器、电液转换器来操纵液压执行机构，以控制汽轮机运行的调节、保安系统。

10.245 电液转换器 electro-hydraulic servo valve
将电信号转换为液压信号的装置。

10.246 数字式电液调节系统 digital electro-hydraulic control system，DEH
将模拟电信号转换为数字电信号、实现综合与放大，再将电信号转换为液压信号，以控制汽轮机运行的调节、保安系统。

10.247 模拟式电液调节系统 analogical electro-hydraulic control system，AEH
直接将模拟信号综合与放大，并将其转换为液压信号，以控制汽轮机运行的调节、保安系统。

10.248 汽轮机调速器 steam turbine speed governor
感知汽轮机转速变化，并输出相应物理量变化信号使调节阀动作的转速敏感元件。

10.249 机械离心式调速器 mechanical-centrifugal speed governor
利用由主轴带动旋转飞锤的离心力来感知汽轮机转速变化的调速器。

10.250 液压式调速器 hydraulic speed governor
利用由主轴带动旋转的压力油输送装置的出口油压或进出口油压压差来感知汽轮机转速变化的调速器。

10.251 调速泵 governor impeller
又称“脉冲泵”。由主轴直接带动的一种离心泵式液压式调速器。

10.252 旋转阻尼 rotating damper
又称“旋转阻尼调速器”。由主轴直接带动的，利用油柱离心力产生随转速变化的阻尼作用来感知汽轮机转速变化的液压式调速器。

10.253 电气式调速器 electrical speed governor
利用电气组件产生主轴转速变化电信号的调速器。

10.254 磁阻发生器 speed pulser
利用磁阻变化产生转速变化电信号的电气式测速敏感元件。

10.255 放大器 amplifier
将调节系统某一环节输出的位移、油压或电量等变化信号加以放大的装置。

10.256 油动机 hydraulic servo-motor
又称“液压伺服装置”。调速系统中用来开、关主汽阀，控制调节阀开度的液压执行机构。

10.257 错油门 pilot valve

又称“滑阀”。改变通往油动机油流路径的阀。

10.258 同步器 synchronizer, speed changer

又称“转速变换器”。可在一定范围内平移调节系统静态特性曲线，以整定汽轮机-发电机组转速或改变负荷的装置。

10.259 同步器电动机 synchronizer motor

又称“调速马达”。可以远距离操作同步器的电动机。

10.260 自复位装置 automatic runback device

汽轮机甩负荷，用同步器将转速自动调整到额定转速位置的装置。

10.261 负荷限制器 load limiter

又称“功率限制器”。控制调节阀开度，使汽轮机-发电机组功率不超过给定值的装置。

10.262 调压器 pressure regulator

感受蒸汽压力变化并调整汽压的装置。

10.263 主蒸汽压力调节器 main steam pressure regulator

当主蒸汽压力变化到一定值时，调整调节阀开度的装置。

10.264 抽汽压力调节器 extraction pressure regulator

将调整抽汽压力控制在规定范围内，并维持汽轮机-发电机组功率不变的装置。

10.265 背压调节器 back pressure regulator

通过控制调节阀以维持汽轮机背压稳定的装置。

10.266 进汽节流调节 steam admission throttle governing

全部由一个调节阀或几个同时开闭的调节阀改变开度来调节汽轮机的进汽量的调节方式。

10.267 进汽喷嘴调节 steam admission nozzle governing

把第一级喷嘴隔成几组，每组喷嘴由一个调节阀供汽，通过顺序开闭这些调节阀来调节进汽量的调节方式。

10.268 调节特性 governing characteristics

汽轮机调节系统的性能。分静态特性和动态特性两种。

10.269 静态特性 static characteristics

汽轮机稳定运行时，转速变化与输出功率变化的对应关系。

10.270 动态特性 dynamic characteristics

调节系统从一个稳定状态过渡到另一稳定状态的过渡过程的特性。主要指汽轮机突然甩去满负荷后的转速飞升变化过程。

10.271 转速不等率 speed governing droop

当机组调速系统的整定值不变，在额定参数下，输出功率从零到额定值所对应的以额定转速的百分率表示的转速变化。

10.272 局部转速不等率 incremental speed governing droop

在调节系统静态特性曲线上给定输出功率处的斜率。

10.273 迟缓率 dead-band

由于调速系统各部件连接之间存在间隙、摩擦等原因，以致在静态特性曲线上出现转速微量变化而不会引起负荷变化的迟缓现象，此转速微量变化的总量与额定转速的百分比称为迟缓率。

10.274 汽轮机油系统 steam turbine oil system

供给汽轮机-发电机组工作用油的成组设备和相应管道组成的系统。

10.275　调节油系统　control oil system

采用液压调节或电液调节系统的汽轮机中，提供调节系统和保护系统等设备的油动机所用压力油的供油系统。

10.276　润滑油系统　lubricating oil system

向汽轮机-发电机组轴承等设备提供润滑油的成组设备和相应管道组成的系统。

10.277　高压抗燃油系统　high-pressure fire resistant oil system

在大型汽轮机中，为防止高压油系统因泄漏造成火灾事故而采用抗燃油作为工质的调节油系统。

10.278　主油泵　main oil pump

汽轮机运行时，为调节油系统和润滑油系统提供压力油的泵。

10.279　启动油泵　start-up oil pump，AC stand-by oil pump

在机组启停或主油泵发生故障时，为调节油系统和润滑油系统提供压力油的交流电动油泵或汽动油泵。

10.280　交流辅助油泵　AC auxiliary oil pump

用作主油泵停用时供给润滑油系统的备用油泵。

10.281　直流事故润滑油泵　DC emergency oil pump

在厂用电消失，或主油泵发生故障，交流备用油泵无法启动时，由直流电动机驱动供给润滑用油的备用油泵。

10.282　顶轴油泵　jacking oil pump

启动和停机时，为减轻转子的旋转摩擦力并保护轴颈和轴瓦而向轴承注入高压油的泵。

10.283　增压油泵　booster oil pump

又称“油涡轮泵”。用压力油驱动的油透平带动的向主油泵供给压力油的泵。

10.284　液压蓄能器　hydraulic accumulator

为满足汽轮机调节系统瞬时动作大量用油的需要，而在抗燃油系统中设有的蓄能器。

10.285　注油器　oil ejector

为保证离心式主油泵工作的可靠性和润滑油的可靠供给，在油箱内设有的向主油泵入口和润滑油系统供油的喷射泵。

10.286　油箱　oil tank

汽轮机调节油系统及润滑油系统中储存一定油量的容器。

10.287　油箱排气装置　oil tank gas exhauster

排除油箱中的空气、湿汽、油气等气体的装置。

10.288　油位指示器　oil level indicator

油箱上标明存油量位置的装置。

10.289　冷油器　oil cooler

降低润滑油和抗燃油温度的表面式热交换器。

10.290　套装油管　set of oil piping

为防止压力油管破裂时向外漏油引起火灾，套装在回油管内的润滑油压力油管。

10.291　危急油箱　emergency tank

又称“事故油箱”。布置在汽轮机房外，当厂房着火无法控制或危及油箱时，用来储存紧急排放的润滑油的油箱。

10.292　汽轮机保安系统　steam turbine protection system

对汽轮机实行安全保护的系统。

10.293　自动主汽阀　automatic main stop valve

控制汽轮机进汽并能在紧急状态下快速关闭、截断进汽的专用阀门。

10.294　危急保安器　overspeed governor，emergency governor

又称“危急遮断器”。汽轮机转速超过额定转速一定值时立即动作，切断进汽，使汽轮机-发电机组紧急停机的保护装置。

10.295 手动跳闸装置 manual tripping device

汽轮机运行中发生异常情况时，直接手动停机的保安装置。

10.296 电超速保护装置 electric overspeed tripping device

汽轮机转速超过额定转速一定值时，利用电磁力作用使汽轮机调节阀迅速关闭，以改善调节系统动态特性的装置。

10.297 微分加速器 differential accelerator

以转子加速度作为信号，使汽轮机-发电机组调节阀迅速关闭，以改善调节系统动态特性的装置。

10.298 窜轴保护 axial shaft displacement protection

又称“轴向位移保护”。防止因推力轴承磨损或推力过大引起汽轮机损伤的保护装置。

10.299 低油压保护 oil failure trip

防止因润滑油压过低使轴承缺油乃至汽轮机损坏的装置。

10.300 低真空保护 low vacuum trip

凝汽器真空降低到一定值后，使汽轮机减负荷运行或停机的装置。

10.301 真空破坏器 vacuum breaker

汽轮机紧急停机时，为了缩短惰走时间，破坏凝汽器真空而向排汽缸或凝汽器导入空气的装置。

10.302 轴向位移监视器 axial shaft displacement monitor

监视主轴推力盘位移的装置。

10.303 胀差监视器 differential expansion monitor

监视汽轮机动、静部分相对膨胀的装置。

10.304 转子偏心度监视器 rotor eccentricity monitor

监视转子主轴的偏心度从而感知转子的弯曲程度的装置。

10.305 轴/轴承振动监视器 shaft/bearing vibration monitor

监视主轴承或轴振动的装置。

10.306 防进水保护 anti-water protection

运行中收集、分析进水和进冷蒸汽的各种迹象的逻辑监视保护系统。

10.307 低压缸喷水装置 low pressure casing spray

为防止低压缸因鼓风发热使排汽温度超过一定值而设置的向排汽缸喷水的冷却装置。

10.308 给水回热系统 regenerative feedwater heating system

利用汽轮机抽汽来加热给水以提高机组热效率的一组设备和管道系统。

10.309 给水加热器 feedwater heater

给水回热系统中由汽轮机抽汽加热给水或凝结水的热交换器。

10.310 混合式加热器 mixing heater，direct contact heater

又称“接触式加热器”。汽轮机抽汽与给水直接混合接触的给水加热器。

10.311 表面式加热器 surface heater

加热介质通过传热组件的壁面与被加热介质进行热量交换的加热器。

10.312 管板式加热器 tube-in-sheet heater

由直管或 U 形管组成的传热管与管板连接，并有水室作为给水进口和出口腔室的表面式加热器。

10.313 联箱式加热器 header type heater
由给水进、出口联箱和与其相连的传热管组成的表面式加热器。

10.314 螺旋管联箱式加热器 coil-tube header type heater
传热面由水平螺旋管圈组成，按垂直方向排列成若干管组，布置在立式壳体内的联箱式加热器。

10.315 蛇形管联箱式加热器 serpentine-tube header type heater
传热面由若干平行的蛇形管屏组成的联箱式加热器。

10.316 加热器过热蒸汽冷却区 heater desuperheating zone
在给水加热器中过热蒸汽冷却成为饱和蒸汽之前把热量传给给水的区域。

10.317 加热器凝汽区 heater condensing zone
在给水加热器中饱和蒸汽凝结时把热量传给给水的区域。

10.318 加热器疏水冷却区 heater drain cooling zone
进入给水加热器的抽汽凝结成水继续将热量传给给水的区域。

10.319 低压加热器 low pressure feedwater heater
在回热给水系统中位于凝汽器至除氧器之间的加热器。

10.320 高压加热器 high pressure feedwater heater
在回热给水系统中位于给水泵至锅炉之间的加热器。

10.321 加热器保护系统 protective system of heater
防止因加热器故障或失效引起事故扩大的设施。

10.322 疏水调节阀 regulated drain valve
调整疏水流量以控制加热器水位的阀门。

10.323 危急疏水系统 emergency drain system
当加热器水位异常升高到设定值时，紧急排出疏水的系统。

10.324 给水自动旁路系统 automatic feedwater by-pass system
当某加热器出现事故时，自动切断给水进入该事故加热器(或组)，并且使给水直接进入后一级(或组)加热器或锅炉的系统。

10.325 超压保护装置 overpressure protection device
防止给水加热器管侧和壳侧压力超过许可值的装置。一般为压力释放阀。

10.326 加热器疏水系统 heater drain system
将各加热器疏水按不同压力与相邻加热器等外部设备和系统相连的系统。

10.327 除氧器 deaerator
给水回热系统中，使给水加热到饱和温度，能去除给水中溶解气体的混合式加热器。

10.328 大气式除氧器 atmospheric deaerator
工作压力(表压)为 0.12 MPa 左右，接近大气压的除氧器。

10.329 高压式除氧器 high pressure deaerator
又称“压力式除氧器”。工作压力(表压)为 0.6 MPa 及以上的除氧器。

10.330 喷雾填料式除氧器 spray stuffing type deaerator
具有喷嘴和填料的除氧器，上部为喷淋区，中下部为填料层。用于中、高压机组，有立式和卧式两种。

10.331 无除氧头喷雾沸腾式除氧器 spray-bubbling [without deaerating head] type deaerator

储水箱上部设置雾化喷嘴，凝结水经喷嘴后被蒸汽一次加热，然后送入水箱底部的蒸汽进行二次加热，达到沸腾，从而实现除去给水中气体的目的的除氧器。

10.332 除氧器定压运行 fixed pressure operation of deaerator

无论机组负荷高低，除氧器压力始终维持为定值的运行方式。

10.333 除氧器滑压运行 sliding pressure operation of deaerator

除氧器运行压力随机组负荷的变化而变化的运行方式。

10.334 除氧器额定出力 deaerator rated output

在额定条件下运行时的除氧器输出符合规定溶解氧含量的给水量。

10.335 除氧器瞬时运行工况 transient operation condition of deaerator

在机组甩负荷时，除氧器内压力突然降低，水箱内热水沸腾，使经过给水泵的给水有可能汽化的工况。

10.336 给水泵 feedwater pump

将给水从除氧器水箱中抽出，升压输送到锅炉的泵。

10.337 电动调速给水泵 motor-driven variable speed feedwater pump

电动机与泵之间加装调速用的液力联轴器，或采用变频调速电动机驱动的给水泵。

10.338 汽动给水泵 steam turbine-driven feedwater pump

由可变速的汽轮机驱动的给水泵。

10.339 前置泵 booster pump

用来提高给水泵进口压力，防止给水泵汽蚀，安置在给水泵之前的离心式泵。

10.340 汽蚀余量 net positive suction head

给水泵进口处具有的总压头高出进口处汽化压头的值。

10.341 液力联轴器 hydraulic coupling, fluid drive coupling

又称“液力耦合器”。利用液力传递转矩的变速装置。

10.342 最小流量再循环系统 minimum flow recirculating system

防止给水泵因进口流量低于最小流量引起过热而设置的从给水泵出口回至给水泵进口并设有缩孔限流的再循环系统。

10.343 热网 heating network

集中供热条件下用于输送和分配载热介质(蒸汽或热水)的管道系统。

10.344 热网加热器 heater for heating network

加热供热用水的热交换器。

10.345 凝汽器 condenser

又称“冷凝器”。使汽轮机排汽冷却凝结成水，并在其中形成真空的热交换器。

10.346 表面式凝汽器 surface condenser

汽轮机的排汽与在管内流动的冷却水进行热交换的凝汽器。

10.347 混合式凝汽器 mixing condenser

又称“接触式凝汽器”。汽轮机排汽与冷却水直接接触并使之凝结的凝汽器。

10.348 多压式凝汽器 multi-pressure condenser

将同一台汽轮机多个排汽口排出的不同压力的排汽，引入相对应的凝汽室，被同一股串行流过的冷却水冷却，凝结成不同温度凝结水的凝汽器。

10.349 排热系统 heat sink, cool end system

又称“冷端系统”。由汽轮机低压排汽缸、凝汽器、冷却水系统等组成的系统。

10.350 凝汽器喉部 condenser throat
凝汽器接受汽轮机排汽的进口部分。

10.351 冷却水管 cooling water tube
表面式凝汽器中通过冷却水并形成凝汽器冷却表面的管子。

10.352 管束 tube bundle
又称“管簇”。一定数量的冷却水管按规定方式排列在一起的组合体。

10.353 水室 water chamber
表面式凝汽器中管束两端汇集冷却水的腔室。

10.354 热井 hot well
又称“凝结水汇集箱”。表面式凝汽器底部汇集凝结水的容器。

10.355 凝汽区 condensing zone，cooling zone
又称“凝结区”。表面式凝汽器中使汽轮机排汽和从其他方面排来的蒸汽绝大部分凝结为水的区域。

10.356 空气冷却区 air cooling zone
凝汽器中空气抽出前专门设置的冷却汽-气混合物的管束区域。

10.357 冷却面积 cooling surface area
表面式凝汽器中两端管板内侧面之间冷却水管外表面积的总和。

10.358 流程数 number of pass
冷却水在凝汽器同一壳体中通过管子的次数。

10.359 冷却倍率 cooling rate
冷却水流量与进入凝汽器的蒸汽流量之比。

10.360 管板 tube plate
安装与固定冷却水管并将冷却水与蒸汽隔开的部件。

10.361 胀管 tube expanding
用扩管器扩大冷却水管端部的直径，使管子在胀口处与管板紧密接触，并固定在管板上的方法。

10.362 真空 vacuum
大气压力与凝汽器压力的差值。

10.363 真空度 vacuum degree
以百分数表示的真空与大气压力之比值。

10.364 凝汽器初始温差 initial temperature difference of condenser
凝汽器中汽轮机排汽温度与冷却水进口温度之差。

10.365 凝汽器终端温差 terminal temperature difference of condenser
简称“凝汽器端差”。凝汽器中汽轮机排汽温度与冷却水出口温度之差。

10.366 过冷度 supercooling degree
凝汽器中汽轮机排汽饱和温度与凝结水温度之差。

10.367 凝汽器热力特性 thermal characteristics of condenser
凝汽器压力与排汽量、冷却水量及冷却水入口温度之间的相互关系。

10.368 凝汽器胶球清洗装置 sponge ball cleaning device of condenser
装设在凝汽器循环水入口和出口管段上的、用特制海绵橡胶小球连续通过凝汽器冷却管以清洗管子内壁污垢的装置。

10.369 凝汽器检漏 condenser leakage detection
检测凝汽器的空气泄漏和冷却水漏入的措施。

10.370 抽气设备 air extraction equipment

将凝汽器中不凝结气体不断地抽出并排入大气以保持凝汽器真空的装置。

10.371 射汽抽气器 steam jet air ejector
在喷管中喷射高速蒸汽来抽吸空气的装置。

10.372 射水抽气器 water jet air ejector
在喷管中喷射高速水流来抽吸空气的装置。

10.373 水环式真空泵 water ring vacuum pump
带有叶片的叶轮偏心安装在装水的泵壳中，叶轮在泵壳中旋转形成水环，其作用相当于一个活塞，依靠改变体积抽出空气形成真空的真空泵。

10.374 真空系统严密性检查 tightness inspection of vacuum system
机组安装后对运行时处于真空状态下的凝汽器、低压缸、凝结水泵进口、低压加热器等系统一起做灌水试验，对其严密性所做的检查。

10.375 循环水泵 circulating water pump
为凝汽器提供循环冷却水的水泵。

10.376 集中供水 centralized water supply
多台循环水泵并联安装在中央水泵房内，通过供水母管分配到各个机组凝汽器的供水方式。

10.377 单元供水 unit system water supply
循环水泵直接与需要冷却水的汽轮机组成单元的供水方式。

10.378 凝结水泵 condensate pump
从凝汽器下部热井中将凝结水抽出并将其升压送往回热加热系统的水泵。

10.379 凝结水升压泵 condensate booster pump
抽吸低压凝结水经除盐装置处理后的凝结水，并将其压力提升的泵。

10.380 冷却水系统 cooling water system
向凝汽器、冷油器、氢冷却器及其他各种需要进行冷却的附属设备供给数量、质量和温度符合要求的冷却水的一组设备及其相应管道的系统。

10.381 直流冷却水系统 once-through cooling water system
从江河、湖泊、水库、海湾等水源取水，利用管、渠和水泵等将水输送至凝汽器，经热交换后排弃的贯流式冷却系统。

10.382 循环冷却水系统 recirculating cooling water system
汽轮机凝汽器热交换后的冷却水经冷却设施冷却降低温度后，又输送至凝汽器循环使用的供水系统。

10.383 冷却塔 cooling tower
将循环冷却水在其中喷淋，使之与空气直接接触，通过蒸发和对流把携带的热量散发到大气中去的冷却装置。

10.384 自然通风冷却塔 natural draft cooling tower
一般塔体为双曲线旋转型壳体，内装有喷淋散热填料，水流向下，利用塔筒的自生通风力使空气向上自然对流，以冷却循环水的冷却塔。

10.385 横流式冷却塔 transverse flow cooling tower
喷淋散热填料装设在塔筒四周，水流向下，而空气横向穿过淋水填料后再向上经塔筒排出的自然通风冷却塔。

10.386 机械通风冷却塔 mechanical draft cooling tower
采用风机强制抽风，使空气和冷却水进行热、质交换的塔形建筑物。

10.387 冷却池 cooling pond

通过水池水面与大气间的热交换，将冷却水携带的汽轮机排汽的热量散发到大气中去的冷却设施。

10.388 取[地表]水设施 surface water intake facilities
汲取地表水的取水构筑物。一般分为岸边式、河床式和低坎式等。

10.389 岸边式取水 riparian type water intake
沿江、河、湖、海等水源岸边设立的开敞式或进水孔式岸边泵房的直接取水方式。

10.390 河床式取水 riverbed type water intake
取水头部伸入河床取水并经引水管将水引入岸边泵房进水间内的取水方式。

10.391 低坎式取水 low dam type water intake
当河流取水深度不够，或取水量占河流枯水期流量比例较大时，需在河床修建低坎用来抬高水位并截留足够水量的取水建筑物。

10.392 取地下水设施 groundwater intake facilities
汲取地下水的取水构筑物。取地下水设施类型一般有管井、大口井(包括辐射大口井)、渗渠和泉室等。

10.393 取水构筑物施工 water intake structure construction
取水构筑物由取水头和引水管路两部分组成。取水头常用浮运下沉法施工，引水管常用水中沉管法、顶管法或盾构法施工。

10.394 旋转滤网 revolving filter screen
在循环水泵进水口处安装的，能旋转的过滤循环水中的漂浮物，防止其进入循环水冷却系统的装置。

10.395 二次滤网 secondary filter screen
循环冷却水的二次过滤装置。用于自动过滤和清除冷却水中可能堵塞凝汽器管板与胶球清洗装置收球网栅格的杂物。

10.396 反冲洗装置 backwashing device
为避免凝汽器管经常被垃圾堵塞管口，在循环冷却水进水口处装有四通阀，可定期使凝汽器内循环冷却水反向运行，冲走冷却管板上垃圾的装置。

10.397 干式冷却系统 dry cooling system
用翅片管组成的表面式换热器，以空气为冷却剂，来冷却汽轮机的排汽或凝结排汽的冷却水的整套设施。

10.398 直接干式冷却系统 direct dry cooling system
又称“直接空冷系统”。汽轮机排汽直接排入布置在厂房外的空气冷却凝汽器，以空气直接冷却排汽的冷却系统。

10.399 间接干式冷却系统 indirect dry cooling system
又称“间接空冷系统”。凝汽器利用循环水冷却排汽，升温后的循环冷却水被送入布置在自然通风冷却塔进风口四周或塔内的翅片管组成的表面式换热器中，被空气冷却后再流回凝汽器重复使用的冷却系统。

10.400 带混合式凝汽器的间接干式冷却系统 indirect dry cooling system with mixed condenser
又称“海勒系统(Heller system)”。采用混合式凝汽器的间接干式冷却系统。

10.401 带表面式凝汽器的间接干式冷却系统 indirect dry cooling system with surface condenser
采用表面式凝汽器的间接干式冷却系统。

10.402 干湿式联合冷却系统 dry/wet hybrid cooling system
以一定比例冷却能力配置的干式冷却系统

和湿式冷却系统的组合，借以达到合理利用资源、降低造价和消除湿式冷却塔出口雾羽的冷却系统。

10.403 启动调整试验 commissioning test
机组投产前，对安装完毕的设备和系统进行的启动、调整、试验和试运行。消除并解决发现的缺陷和问题，使新安装机组经过试运行考验合格后移交生产。

10.404 汽轮机首次通汽启动 initial start-up of steam turbine
汽轮机组安装结束后，第一次用锅炉蒸汽冲动转子，使汽轮机从静止状态进入到运行状态，以对机组安装质量和设备制造质量进行整体考核。

10.405 整套启动试运行 commissioning and trial operation of complete unit
从炉、机、电等第一次整套启动时的锅炉点火开始，到完成满负荷试运行移交生产为止的全部过程。包括空负荷试运行、带负荷试运行和满负荷试运行三个阶段。

10.406 暖机 warm-up
送入少量蒸汽使汽轮机在一定转速或一定负荷下维持一段时间运行，使其各部件均匀受热膨胀的操作过程。

10.407 [汽轮机]启动 [turbine] start-up
汽轮机从开始盘车、冲转、暖机、升速、定速、并网带负荷至额定值的全部运行过程。

10.408 [汽轮机]冷态启动 cold start-up
汽轮机停机 5 天及以上，或某些部件如调节级后下缸内壁金属温度已下降至 150℃(或 180℃)以下时的启动。

10.409 [汽轮机]温态启动 warm start-up
汽轮机停机时间在 48 h 左右，调节级后下缸内壁金属温度在 180~350℃之间的重新启动。

10.410 [汽轮机]热态启动 hot start-up
汽轮机停机 8 h 后，调节级后下缸内壁金属温度在 350℃以上时的重新启动。

10.411 [汽轮机]极热态启动 very hot start-up
汽轮机停机在 8 h 以内，金属温度仍维持或接近满负荷时的温度值时的重新启动。

10.412 高、中压缸联合启动 hybrid start-up of high-medium pressure cylinders complex
汽轮机启动时，高、中压缸同时控制进汽、冲转、升速、带负荷的过程。

10.413 中压缸启动 start-up through intermediate pressure cylinder
中压缸进汽启动汽轮机的方式。一般指带负荷到 10%~15%额定出力时切换到高压缸进汽的启动方式。

10.414 汽轮机启动特性曲线 starting characteristic curve of steam turbine
表示启动过程中汽轮机各种参数(如蒸汽参数、汽缸金属温度、胀差、转速和负荷变化等)与时间的关系曲线。

10.415 胀差 differential expansion
随着温度上升，转子和汽缸以各自的死点为基准膨胀时两者产生的相对膨胀差。转子膨胀大于汽缸膨胀的为正胀差，反之为负胀差。

10.416 真空试验 vacuum test
80%额定负荷以上，抽气设备停运后，按规定的方法测量单位时间内真空变化，以确定真空系统严密性的试验。

10.417 空负荷试运行 trial no-load operation
机组初次启动至额定转速下空负荷试运行时进行规定的调试后，机组并网带 10%~15%负荷运行 4~6 h 使转子充分加热后解列，空负荷下进行汽轮机超速试验，停机后测惰走曲线。

10.418 带负荷试运行 trial load operation
超速试验后机组再次并网，按规定程序升负荷至25%、30%、50%额定出力，在不同出力下进行调试、切换以及辅机和控制系统投入等试验。

10.419 满负荷试运行 trial full load operation
在带负荷试运行达到设计要求后进行满负荷试运行。其间，机组须连续运行不得中断，平均负荷率应按有关验收规程考核。

10.420 汽轮机定期运行试验 periodic operating test of steam turbine
对与汽轮机安全紧密相关而运行中又长期不动作或处于备用状态的设备，为使其经常保持良好状态，而定期进行的试验和检查工作。

10.421 汽轮机超速试验 overspeed test of steam turbine
用提升转速的方法进行危急保安器动作转速的测定与调整工作。

10.422 汽轮机甩负荷试验 load rejection test of steam turbine，load dump test of steam turbine
为测取汽轮机调节系统动态特性，突然甩去汽轮机-发电机组部分和全部负荷所进行的全部检测工作。

10.423 汽轮机停运 shutdown of steam turbine
汽轮机从运行状态转变为静止状态的过程。包括减负荷、打闸停机、发电机解列、转子惰走、盘车等操作过程。

10.424 冷却停机 cooling shutdown
降低蒸汽的压力、温度，使汽轮机边冷却边停机的过程。

10.425 破坏真空停机 vacuum break shutdown
打开真空破坏门，使空气进入凝汽器，以缩短汽轮机停机时惰走时间的操作过程。

10.426 汽轮机滑参数启停 sliding parameter start-up and shutdown of steam turbine
汽轮机启动或停运过程中，使主汽阀和调节汽阀几乎处于全开状态，用汽阀前的主蒸汽压力变化来控制机组状态的方式。

10.427 惰转时间 idle time
汽轮机在额定转速下，自截断向汽轮机送汽时开始，至转子完全停止转动所需的时间。

10.428 惰走曲线 idle curve
停机时汽轮机转子转速下降与时间的关系曲线。与以往标准惰走曲线对比，查清机组是否存在缺陷，如动静部分摩擦、汽门不严密等。

10.429 停机保养 maintenance of shutdown steam turbine
汽轮机从运行状态转变为静止状态后所实施的保养。

10.430 机组运行方式 operating mode of units
汽轮发电机组的调节方式和在电网中承担负荷的方式。如定压运行、变压运行、调峰运行等。

10.431 定压运行 constant pressure operation
汽轮机组的一种传统运行方式，它是保持汽轮机进汽参数不变，通过改变进汽调节阀的个数和开度来改变进汽量，以满足电网对调整负荷的要求。

10.432 变压运行 variable pressure operation

保持汽轮机进汽调节阀全开或部分全开，通过改变锅炉出口蒸汽压力(温度不变)来满足电网负荷要求的运行方式。

10.433　[汽轮机]基本负荷运行　base load operation
汽轮机-发电机组长期以额定或接近额定功率运行。

10.434　寿命　life
构件或设备从投运直至由于损伤失效或经济性等原因，而不能继续服役所经历的总时间。

10.435　安全运行寿命　safe operation life
构件或设备在安全运行条件下的实际运行时间。

10.436　老化　ageing
纯粹由于运行时间的积累，汽轮机运行热力性能及构件材料性能逐渐降低的过程。

10.437　汽轮机寿命预测　life prediction of steam turbine
采用科学方法分析构件、系统或机组寿命消耗情况，预测汽轮机可能的安全运行时间。

10.438　罩壳　cover enclosure，lagging enclosure
又称“化装板”。在汽轮机和辅助设备外面加设的金属罩，或装有隔音材料的金属罩。以起到隔音和装饰作用。

10.439　保温层　lagging，heat insulation layer
又称“隔热层”。为防止和减少汽轮机的热量向环境散失，在汽轮机及管道等外表面敷设的保温材料层。

10.440　燃气轮机　gas turbine
由压气机、加热工质的设备(如燃烧室)、透平、控制系统和辅助设备组成，将气体压缩、加热后送入透平中膨胀做功，把一部分热能转变为机械能的旋转原动机。

10.441　燃气轮机发电机组　gas turbine-generator set
用燃气轮机联轴驱动发电机的成套设备。

10.442　燃气轮机安装　gas turbine erection
燃气轮机各组合部件在基础上的整体装配工作。

10.443　开式循环燃气轮机　open-cycle gas turbine
热力循环工质从大气中吸入，做功后排回大气的燃气轮机。

10.444　闭式循环[燃]气轮机　closed-cycle gas turbine
热力循环的工质与大气隔离的燃气轮机。

10.445　简单循环燃气轮机　simple cycle gas turbine
仅由工质压缩、一次加热、膨胀做功后排入大气的过程组成热力循环的燃气轮机。

10.446　复杂循环燃气轮机　complex cycle gas turbine
在简单循环的各过程中再增加回热、中间冷却、再热三种过程中的一种或几种组成复杂热力循环的燃气轮机。

10.447　单轴燃气轮机　single-shaft gas turbine
仅用一根由联轴器把压气机、透平机和被驱动设备(如发电机)连成旋转轴的燃气轮机。

10.448　多轴燃气轮机　multi-shaft gas turbine
在一个热力循环中由两根或两根以上旋转轴组成的燃气轮机。

10.449　固定式燃气轮机　stationary gas turbine
安装在固定基础之上，不便移动的燃气轮机。

10.450 重型燃气轮机 heavy-duty gas turbine

部件较厚重，有较长检修周期和运行寿命并能燃用多种燃料的固定式燃气轮机。

10.451 箱装式燃气轮机 packaged gas turbine

又称“快装式燃气轮机”。主要部件组装在整体底板上，并可安装在便于运输的包装箱内的燃气轮机。

10.452 注蒸汽燃气轮机 steam injection gas turbine，SIGT

利用燃气轮机余热产生蒸汽，再回注燃烧室或透平中形成燃气、蒸汽混合工质的燃气轮机。

10.453 湿空气透平循环燃气轮机 humid air turbine cycle gas turbine，HAT

具有中间冷却、回热并对压气机出口空气加湿的燃气轮机。

10.454 压缩空气蓄能燃气轮机 compressed air energy storage gas turbine，CAES

利用废矿井或岩穴储存压缩空气用于调峰的燃气轮机。

10.455 自由活塞燃气轮机机组 free piston gas turbine

以自由活塞作燃气发生器用来驱动动力透平的燃气轮机。

10.456 微型燃气轮机 micro gas turbine

输出功率在数百千瓦及以下乃至小于 1 kW 的燃气轮机。数百、数十千瓦的微型燃气轮机直接驱动高速发电机可用作分布式电源，可形成分布式热、电甚至冷、热、电联产系统。

10.457 先进燃气轮机系统 advanced turbine system，ATS

美国能源部与燃机制造厂、大学、天然气公司、发电公司合作开发推行高效、低污染、低发电成本、高可靠性和高可维护性的燃气轮机系统。

10.458 燃气-蒸汽联合循环机组 gas-steam combined cycle unit

以燃气轮机循环为前置循环和以蒸汽轮机循环为后置循环组成的联合循环发电机组。

10.459 无补燃式联合循环机组 un-fired combined cycle unit

燃气轮机排气排入余热锅炉时无需补充燃料加热的联合循环机组。

10.460 补燃式联合循环机组 supplementary fired combined cycle unit

燃气轮机排气排入余热锅炉时需补充燃料燃烧加热蒸汽的联合循环机组。

10.461 排气全燃式联合循环机组 fully fired combined cycle unit

燃气轮机排气全部排入蒸汽循环的普通锅炉助燃，充分利用乏气中的剩余氧气和热能的联合循环机组。

10.462 给水加热式联合循环机组 feedwater heating type heat recovery combined cycle unit

燃气轮机排气主要用于蒸汽循环给水加热的联合循环机组。

10.463 增压锅炉式联合循环机组 supercharged boiler and gas turbine combined cycle unit

把蒸汽循环的增压锅炉作为燃气轮机燃烧室的联合循环机组。

10.464 增压流化床燃烧联合循环机组 pressurized fluidized bed combustion combined cycle units，PFBC-CC

以燃煤的增压流化床锅炉作为燃气轮机燃烧室的联合循环机组。

10.465 单轴联合循环机组 single-shaft type combined cycle unit

燃气轮机与蒸汽轮机在一根轴上共同驱动一台发电机的联合循环机组。

10.466 多轴联合循环机组 multi-shaft type combined cycle unit

燃气轮机与蒸汽轮机分别驱动各自发电机的联合循环机组。

10.467 单压蒸汽循环联合循环机组 combined cycle unit with single pressure level steam cycle

蒸汽循环中只有一种压力等级的蒸汽进入汽轮机中做功的联合循环机组。

10.468 多压蒸汽循环联合循环机组 combined cycle unit with multi-pressure level steam cycle

蒸汽循环中有一种以上压力等级的蒸汽进入汽轮机的相应部位做功的联合循环机组。

10.469 整体煤气化联合循环机组 integrated gasification combined cycle, IGCC

将煤气化与燃气-蒸汽联合循环组成整体的清洁煤发电机组。

10.470 老厂的联合循环增容改造 retrofitting and repowering old steam power plant with combined cycle

用燃气轮机与老厂的蒸汽发电设备组成联合循环以改善性能和提高输出功率的老厂改造措施。

10.471 蒸汽空气比 steam-air ratio

燃气-蒸汽联合循环中或蒸汽回注燃气轮机中，参与做功的蒸汽质量流量与燃气轮机压气机进口空气质量流量之比。

10.472 蒸燃功比 steam-gas power ratio

燃气-蒸汽联合循环中，蒸汽循环输出功率与燃气循环输出功率之比。

10.473 燃气轮机额定输出功率 rated output of gas turbine

燃气轮机在额定工况并处于新和清洁状态下运行时的标称或保证的输出功率。

10.474 新和清洁状态 new and clean condition

燃气轮机处于新的(正常运行少于 100 h，没有可测到的损伤)状态，或对发现的任何明显缺陷已立即进行检查和校正，使所有相关零件处于良好状态时的状态。

10.475 标准参考条件 standard reference condition

燃气轮机的额定值应采用的下列假定：①在压气机进气口和在透平排气法兰处的大气温度为 15℃、大气压力为 101.3 kPa、大气相对湿度为 60%；②用来冷却工质的冷却水或冷却空气的温度为 15℃；③标准气体燃料(CH_4)，其 H/C 重量比为 0.333，净比能为 50 000 kJ/kg；④标准燃料油($CH_{1.684}$-蒸馏油)，其 H/C 重量比为 0.1417，净比能为 42 000 kJ/kg。

10.476 燃气轮机标准额定输出功率 standard rated output of gas turbine

燃气轮机在标准参考条件及额定负荷工况下，并处于新和清洁状态下运行时的标称或保证的输出功率。

10.477 燃气轮机最大连续功率 maximum continuous power of gas turbine

在规定条件下燃气轮机保持连续输出的最大功率。

10.478 燃气轮机现场额定输出功率 site rated output of gas turbine

燃气轮机在规定的现场条件及额定负荷工况下，并处于新和清洁状态下运行时的标称或保证的输出功率。

10.479　燃气轮机尖峰负荷额定输出功率　peak load rated output of gas turbine

燃气轮机在规定的条件和在透平尖峰负荷的额定温度下，并处于新和清洁状态下运行时的标称或保证的输出功率。

10.480　燃气轮机备用尖峰负荷额定输出功率　reserve peak load rated output of gas turbine

燃气轮机在规定的条件和在透平备用尖峰负荷的额定温度下，并处于新和清洁状态下运行时的标称或保证的输出功率。

10.481　燃气轮机基本负荷额定输出功率　base load rated output of gas turbine

燃气轮机在规定的条件和在透平基本负荷的额定温度下，并处于新和清洁状态下运行时的标称或保证的输出功率。

10.482　燃气轮机半基本负荷额定输出功率　semi-base load rated output of gas turbine

燃气轮机在规定的条件和在透平半基本负荷的额定温度下，并处于新和清洁状态下运行时的标称或保证的输出功率。

10.483　燃气轮机输出功率限制　output limit of gas turbine

燃气轮机在任何状态下的最大允许输出功率的限制值。

10.484　燃气轮机修正输出功率　corrected output of gas turbine

按规定条件修正燃气轮机的试验输出功率后的输出功率。

10.485　燃气轮机热力性能试验　gas turbine thermodynamic performance test

对燃气轮机功率、热耗率和效率等热力性能指标进行的考核试验。

10.486　燃气轮机输出功率性能图　gas turbine output performance diagram

在不同压气机进口温度条件下的燃气轮机基本负荷输出功率性能曲线。

10.487　燃气轮机运行点　gas turbine operating point

压气机、燃烧室和透平等部件联合运行的工况点。

10.488　燃气轮机变工况　gas turbine off-design condition

偏离设计工况或额定工况的其他运行工况。

10.489　燃气轮机关键部位检查　gas turbine major parts inspection

对燃气轮机燃烧室、热通道和所有关键部件进行的检查。以确定燃气轮机是否能在规定的期间内继续正常运行，或是否需要修理和(或)更换零部件以满足规定要求。

10.490　燃气轮机启动　gas turbine start

使燃气轮机及其驱动的发电机从准备启动状态逐步升速到准备加载状况的操作过程。

10.491　正常启动　normal start

在正常的维修间隔期内，按照制造厂推荐的方式启动燃气轮机的操作过程。

10.492　快速启动　fast start

比正常启动方式更快的启动方式。这种方式可能对燃气轮机的维护和(或)寿命产生不良影响。

10.493　黑启动　black start

不利用外部电源使燃气轮机启动的过程。

10.494　清吹　purging

在准备启动或重新启动燃气轮机之前，对燃气轮机气流通道和排气系统中的可燃产物进行的吹扫清除。

10.495　[燃气轮机]点火　ignition

给燃烧室燃料点火器通电的操作。

10.496 点火转速 ignition speed
在点火器通电时的燃气轮机转子的转速。

10.497 着火 light-off
又称“起燃”。在燃烧系统内建立正常燃烧的过程。

10.498 热悬挂 thermal blockage
燃气轮机在启动过程中，由于燃气温度上升过快，与机组升速率不协调而造成压气机严重失速，即使再增加燃料量，也不能使机组正常升速的现象。

10.499 自持转速 self-sustaining speed
启动过程中，燃气轮机升速到无需外力就能维持旋转的最低转速。

10.500 启动机脱扣 starter cut-off
在启动过程中，当燃气轮机超过自持转速后，启动器脱开的现象。

10.501 空负荷转速 idling speed
允许燃气轮机保持空转而不对外输出功率的规定转速。

10.502 临界转速 critical speed
相当于燃气轮机和相联发电机的轴系固有频率的转速。

10.503 启动特性试验 starting characteristic test
确定从零转速开始到带满负荷运行的正常启动过程中，各项操作和燃气轮机各项参数变化与时间关系的试验。

10.504 启动特性图 starting characteristic diagram
根据启动特性试验绘制的启动时间与机组转速、燃气温度等特性关系的曲线图。

10.505 燃气轮机应急运行 gas turbine emergency operation
燃气轮机在紧急情况下的运行。此种运行方式一般年运行时间<500 h，年启动次数>500 次，连续运行时间<1 h 次，启动和加载时间<5 min。

10.506 燃气轮机尖峰负荷运行 gas turbine peak load operation
燃气轮机带尖峰负荷的运行。此种运行方式一般年运行时间 500~2000 h，年启动次数 100~500 次，连续运行时间 1~20 h/次，启动和加载时间<25 min。

10.507 燃气轮机基本负荷运行 gas turbine base load operation
燃气轮机带基本负荷的运行。此种运行方式一般年运行时间>6000 h，年启动次数<20 次，连续运行时间>300 h/次，启动和加载时间<40 min。

10.508 燃气轮机恒温运行 constant temperature operation
燃气温度保持不变的燃气轮机运行方式。

10.509 燃气轮机恒功率运行 constant power operation
输出功率保持不变的燃气轮机运行方式。

10.510 燃气轮机控制和保护 gas turbine control and protection
燃气轮机启、停和各种正常运行方式的控制、调节、监视以及各种异常运行情况的保护措施。

10.511 燃气温度控制 gas temperature control
调整燃料量或空气质量流量，以获得所设定的透平进气温度。

10.512 启停自动控制 start and stop automatic control
燃气轮机的自动启动和停机的程序控制。

10.513 超温保护 overtemperature protection
防止关键透平进气温度超过设定的最大值，如达到或超过即自动报警乃至停机的措施。

10.514 燃料压力过低保护 low fuel pressure protection

防止燃料压力低于最低规定值，如达到或低于即自动报警乃至停机的措施。

10.515 点火失败 ignition failure

点火后在规定的时间内没有点燃，应使启动过程中止的情况。

10.516 熄火保护 flameout protection

当燃烧室火焰熄灭时，立即切断燃料并停机。

10.517 [燃气]透平 [gas] turbine

又称"涡轮"。利用具有一定温度、压力的工质在其中膨胀并使之旋转产生机械能的燃气轮机部件。

10.518 轴流式透平 axial flow turbine

工质流动的主方向与其旋转轴线平行的透平。

10.519 径流式透平 radial flow turbine

工质流动的主方向与其旋转轴线垂直的透平。

10.520 冲动式透平 impulse turbine

工质主要在静叶(喷嘴)中进行膨胀的透平。

10.521 反动式透平 reaction turbine

工质在静叶(喷嘴)和动叶中的膨胀大体相等的透平。

10.522 透平进口温度 turbine entry temperature

透平静叶进口处工质的质量流量加权平均总温。

10.523 透平转子进口温度 turbine rotor inlet temperature

相应在第一级动叶进口前沿的静止平面处工质的质量流量加权平均总温。

10.524 透平进气压力 turbine inlet pressure

进入透平第一级工质的质量流量加权平均总压。

10.525 透平出口参数 turbine outlet parameter

在透平出口法兰处静止平面的工质质量流量加权平均总压和总温。

10.526 透平膨胀[压]比 turbine pressure ratio

透平进口总压与透平出口总压之比。

10.527 透平排气流量 turbine exhaust gas flow

在透平出口法兰处排气的质量流量。

10.528 压气机透平 compressor turbine

驱动压气机的透平。

10.529 气体膨胀透平 gas expander turbine

利用气体较高压力膨胀做功从而回收部分能量的透平。

10.530 动力透平 power turbine

接受由燃气发生器供给的燃气进行膨胀做功以驱动发电机的透平。

10.531 燃气发生器 gas generator

能够独立生产具有一定温度和压力的燃气，供给动力透平膨胀做功的燃气轮机组件。

10.532 透平输出功率 turbine power output

未扣除轴承、鼓风摩擦和抽吸损失的透平毛输出功率。

10.533 扩压器 diffuser

紧随透平或压气机叶片之后的通流面积逐渐扩大的，使工质流速降低以提高工质静压的通道结构。

10.534 可调静叶片 variable stator blade

在运行中可以进行调整出口角的静叶片。

10.535　空心叶片　hollow blade

为了冷却、减少应力、调频等目的而制成的具有内部空腔的透平叶片。

10.536　冷却叶片　cooled blade

具有内部通道，从而可用冷却介质来降低材质温度的叶片。

10.537　对流冷却　convection cooling

冷却介质流经被冷却部件表面并带走热量的冷却方式。

10.538　气膜冷却　air film cooling

冷却介质从被冷却部件表面的一排或几排小孔或缝隙流出形成气膜，以遮护部件表面的冷却方式。

10.539　发散冷却　transpiration cooling

冷却介质从被冷却部件的内部透过整个细微多孔壁面，形成气膜以遮护部件表面的冷却方式。

10.540　冲击冷却　impingement cooling

冷却介质以射流形式喷向被冷却部件表面以带走热量的冷却方式。

10.541　透平冷却系统　turbine cooling system

提供冷却介质用于冷却透平气缸、转子和叶片的系统。

10.542　透平特性线　turbine characteristic curve

表示透平在不同工况下各性能参数(转速、膨胀比、流量、效率、功率等)之间关系的曲线。

10.543　热冲击　thermal shock

工作部件在非稳定工况时，因温度急剧变化而产生过大热应力的现象。

10.544　热疲劳　thermal fatigue

工作部件在温度反复变化时产生较大交变热应力，从而导致裂纹萌生和扩展的过程。

10.545　[燃气轮机]燃烧室　[gas turbine] combustion chamber

燃料在其中发生剧烈氧化反应并燃烧，生成高温工质的燃气轮机部件。

10.546　筒形燃烧室　silo combustor

仅有一个或两个体积较大形如圆桶构件组成的燃烧室。

10.547　分管形燃烧室　can-type combustor

由多个单管燃烧室组成的燃烧室。每个单管燃烧室分别具有燃烧器、承压外壳和火焰筒。

10.548　环形燃烧室　annular combustor

横截面为环形的燃烧室。安装在压气机与透平之间，并完全围绕燃气轮机轴线。

10.549　环管燃烧室　can annular combustor

在压气机与透平之间的环形截面的外壳中，由环形排列的多个燃烧器、火焰筒组成的燃烧室。

10.550　顺流式燃烧室　straight flow combustor

火焰筒外侧空气的流动方向与火焰筒中燃气主流方向一致的燃烧室。

10.551　逆流式燃烧室　counter flow combustor

火焰筒外侧空气的流动方向与火焰筒中燃气主流方向相反的燃烧室。

10.552　干式低氮燃烧室　dry low NO_x combustor，DLN

无需注水或注蒸汽来降低 NO_x 排放的燃烧室。

10.553　浓掺稀燃烧室　rich quench lean combustor，RQL

利用燃料浓、稀的分级掺混燃烧以降低 NO_x 排放的燃烧室。

10.554　再热[燃烧]室　reheat combustor

对在透平中已部分膨胀降温的工质进行再(燃烧)加热的燃烧室。

10.555 燃烧室检修 combustor overhaul
拆下燃烧室各部件进行检查、修理或更换，以恢复原有功能的工作。

10.556 高温燃气通道检修 high temperature gas path overhaul
对燃烧室及透平通流部分进行修理或更换部件，以恢复原有功能的工作。

10.557 积炭 carbon deposit
燃料受热分解出的未燃炭粒或油垢在热通道部件上的沉积物。

10.558 火焰稳定器 flame holder
使燃烧区燃料与空气的混合气体流速与火焰传播速度相匹配，以稳定火焰的部件。

10.559 旋流器 swirler
使空气做旋转运动，形成局部回流区的火焰稳定器。

10.560 燃气轮机燃料 gas turbine fuel
燃气轮机燃烧室燃用的液体和气体燃料。

10.561 燃油雾化喷嘴 fuel oil atomizer
将燃料油雾化并喷射到燃烧区的部件。

10.562 气体燃料喷嘴 gas fuel nozzle
向燃烧室喷入气体燃料的部件。

10.563 双燃料喷嘴 dual fuel nozzle
具有液体和气体两种燃料通道，可并行或单独向燃烧室喷射燃料的喷嘴。

10.564 火焰检测 flame detecting
检测燃烧室中火焰是否正常的工作。

10.565 燃料空气比 fuel-air ratio
燃料与空气的混合物中，燃料与空气的质量比。

10.566 容积热强度 volumetric heat release rate
又称“热容强度”。单位时间内在燃烧室的单位容积中燃料燃烧释放的热量。

10.567 面积热强度 area heat release rate
单位时间内在燃烧室的单位通流截面上燃料燃烧释放的热量。

10.568 燃烧稳定性 combustion stability
不发生强烈的火焰脉动或熄火，能维持稳定燃烧的性能。

10.569 熄火极限 flame failure limit
保持燃烧室稳定燃烧的燃料-空气比的上、下极限。

10.570 蒸汽和/或水的喷注 steam and/or water injection
向燃气轮机工质喷注蒸汽和/或水，以增加功率和/或减少氮氧化合物的排放。

10.571 钒腐蚀的抑制 inhibition of vanadium corrosion
燃料油中添加镁盐等阻化剂来抑制钒盐对燃气轮机叶片的腐蚀。

10.572 压气机 compressor
以机械动力提高工质压力并伴有温升的，向燃气轮机燃烧室输送工质的旋转叶轮机械。

10.573 轴流[式]压气机 axial flow compressor
工质流动的主方向是轴向的压气机。

10.574 离心[式]压气机 radial flow compressor
又称“径流[式]压气机”。工质流动的主方向是沿径向向外流出的压气机。

10.575 压气机进气参数 compressor inlet parameter
压气机进口法兰处按工质的质量流量加权平均的绝对总压和总温。

10.576 压气机排气参数 compressor outlet

parameter
压气机出口法兰处按工质的质量流量加权平均的绝对总压和总温。

10.577　压比　pressure ratio
压气机的出口总压与进口总压之比。

10.578　进口空气流量　inlet air flow
压气机进口法兰处的空气质量流量。

10.579　进气道　air intake duct
空气进入压气机进口法兰的管道。

10.580　排气道　exhaust duct
将燃气轮机排气引向大气或热回收装置或预冷器的管道。

10.581　比功率　specific power
燃气轮机的净输出功率与压气机进气质量流量之比。

10.582　抽气　bleed air，extraction air
在空气的压缩过程中从主气流中抽出的空气。

10.583　放气　blow-off
在空气的压缩过程中放出的空气。用于防止超速或喘振。

10.584　阻塞极限　choking limit
在压气机特性线图中各等转速线上阻塞起始点的连线。

10.585　进气缸　inlet casing
透平或压气机进气部位的壳体。

10.586　排气缸　exhaust casing，discharge casing
透平或压气机排气部位的壳体。

10.587　通流部分清洗　flow path washing
用水与溶剂配制的清洗液对叶片上的积垢进行的清洗。

10.588　在线清洗　on-line washing
机组带低负荷运行时的清洗。但只适用于清洗压气机较前几级叶片的积垢。

10.589　离线清洗　off-line washing
机组停机后再用启动机带动燃气轮机转子旋转的条件下进行的清洗。

10.590　空气过滤器　air filter
滤除压气机进口空气中的尘粒、盐分等杂质的设备。

10.591　进气处理　inlet air treatment
除一般的空气过滤器之外，在多沙尘地区、海洋或近海地区以及湿冷和炎热地区，还要分别加装惯性分离式过滤器，滤除空气中沙尘、盐分水滴，以及防冰或空气降温等设施。

10.592　防喘装置　surge-preventing device
为了扩大压气机稳定工作范围以防发生喘振的装置。如防喘放气阀等。

10.593　压气机输入功率　compressor input power
驱动压气机所需的功率。包括轴承和鼓风的损失。

10.594　压气机等熵功率　compressor isentropic power
在绝热和可逆过程的条件下，压缩工质所需的功率。

10.595　[压气机]等熵效率　isentropic efficiency
压气机等熵功率与实际压缩工质所需功率之比。

10.596　失速　stall
由于气流冲角过大而造成压气机叶片背弧上附面层严重分离，以致压气机性能严重下降甚至丧失功能的现象。

10.597　喘振　surge
由于严重失速导致在压气机和连接管道中，出现工质流量以较低的频率振荡为特征的不稳定流动的有害工况。

10.598 喘振裕度 surge margin
压气机的运行点离开该转速下的喘振点的裕量。

10.599 压气机特性线 compressor characteristic curve
表示压气机在不同工况下各性能参数(转速、压比、流量、效率等)之间关系的一组曲线。

10.600 回热器 regenerator, recuperator
回收透平排气中的余热用于加热压气机出口空气的再生式或表面式热交换器。

10.601 回转[再生]式回热器 rotating [regenerative] regenerator
利用热交换器中的蓄热体交替从高温工质吸热和向低温工质放热的回热器。

10.602 预冷器 precooler
在工质开始被压缩之前，降低其温度的热交换器或蒸发冷却器。

10.603 中间冷却器 intercooler
工质在压气机的压缩过程的中途抽出，使之降低温度的热交换器或蒸发冷却器。

10.604 蓄热体 matrix
在再生式热交换器中，交替从高温工质吸热和向低温工质放热的物料。

10.605 温度有效度 temperature effectiveness
被加热流体的温升与热、冷流体初始温差之比。

10.606 回热度 regenerator effectiveness
在回热器中空气所吸收的热量，与燃气温度降低到空气进口温度时燃气所释放的理论热量之比。

10.607 紧凑系数 compactness factor
热交换器单位体积所拥有的传热面积。

11. 汽轮发电机

11.001 汽轮发电机 turbine-generator
火力发电厂或核能发电厂中以汽轮机或燃气轮机驱动作为发电机运行的圆柱形转子同步电机。

11.002 永磁发电机 permanent magnet generator
以永久磁铁励磁代替电励磁的发电机。没有励磁绕组、电刷和集电环。永磁体一般设置在转子上，通常采用永磁发电机做汽轮发电机的副励磁机。

11.003 发电机定子 generator stator
电机的静止部分，是汽轮发电机的关键部件之一。由导磁的定子铁心、导电的定子的绕组、具有冷却介质通道的机座结构(包括机座、端盖、铁心压板、电、磁屏蔽和固定绕组的绝缘支架等)三部分组成。

11.004 铁心 core
电机承载磁通和固定定子绕组的重要部件。由硅钢片叠装成的铁心本体、压指和端部压板(压圈)以及防止周向移动的定位筋及拉紧螺杆等组成。

11.005 [铁心]压板 pressure plate, core end plate
在电机定子铁心两端为保持叠片轴向压力而放置的端板或端圈等无磁性或反磁性金属构件。

11.006 [铁心]压指 pressure finger
又称“齿压板”。在电机定子铁心两端对齿

部施加轴向压力的无磁性或反磁性金属构件。

11.007　定子绕组　stator winding
电机定子的主要组成部分。由线圈组在端部以一定方式连接起来构成定子电路，与转子磁通相对运动产生感应电势，实现机械能-电能转换。

11.008　定子线圈　stator coil
嵌入定子槽内的绝缘导体，是组成绕组的元件。

11.009　定子线棒　stator coil bar
整个线圈的任何一半。各自具有一个线圈边和相应的端部，拼起来就成为一个完整的线圈。

11.010　电枢绕组　armature winding
发电机的定子绕组。在旋转的转子磁通的作用下产生感应电势和多相电流产生的合成旋转磁场。它是与外部电力系统联接，用于吸收或送出有功和无功功率的电路部件。

11.011　叠绕组　lap winding
定子绕组的一种绕制型式。组成绕组的元件分别放置在不同槽的上层和下层，前后的线棒在端部上下相叠。

11.012　绕组绝缘　winding insulation
除导体绝缘或线匝绝缘之外，绕在线圈(线棒)上的对地或相间主绝缘。

11.013　绕组固定结构　winding fixed construction
运行中的电机定子绕组需承受发热和持续的强烈电磁振动以及短路故障时数倍于额定工况的电磁力冲击，为防止定子线棒和端部绕组因此产生的径向和切向振动位移并导致绝缘磨损和腐蚀而采取的对整个绕组(包括槽部和端部)进行加强紧固的措施。

11.014　电磁屏蔽　electromagnetic shield
利用导电材料或铁磁材料制成的部件对大容量汽轮发电机定子铁心端部进行屏蔽，以降低由定子绕组端部漏磁在结构件中引起的附加损耗与局部发热的措施。

11.015　电屏蔽　electrical shield
用良好的导电材料制成的环形屏蔽。对铁心压板(压圈)表面进行覆盖或装在压板与铁心之间，以利用感应的涡流削弱定子绕组端部的漏磁通，并同时起到隔断电磁波进入压板内圆和铁心的双重作用，防止压板和其他端部构件产生局部高温。

11.016　磁屏蔽　magnetic shield
为减少齿部和压板(压圈)上漏磁通集中现象，以降低齿压板和边端铁心的温度，在铁心外侧和铁心压板之间设有的阶梯形的锥形叠片铁心。用来吸收漏磁通的磁分路。

11.017　定子机座　stator frame
支承定子铁心或铁心组件以及定子绕组的构件。由两端机盖、环形中隔板、外罩板、通风道、支撑件等焊接而成。

11.018　空心导线　hollow conductor
内冷发电机中组成可引入冷却介质的线圈、线棒。

11.019　罗贝尔换位　Roebel transposition
大型交流电机定子绕组线圈因采用多股并绕方式，为降低股线间的循环电流引起的附加损耗，需要对股线进行编织换位，汽轮发电机广泛采用的这种换位方式称为罗贝尔换位。

11.020　罗贝尔线棒　Roebel coil bar
采用罗贝尔换位方式制成的线棒。

11.021　埋入式测温计　embedded temperature detector
安装于定子铁心(包括端部压板和压指等结构)上和上下层线棒间的电阻型或热偶

型测温装置。

11.022 接头焊接 joint soldering
线圈的导体相互连接的工艺过程。将熔化了的焊料渗入填满铜接头的间隙而达到连接的目的。

11.023 真空浸渍 vacuum impregnation
部件或在组装和绕组接线之后的整个内定子，在真空状态下浸渍绝缘漆成为一整体的绝缘处理工艺。

11.024 固化 curing
线棒的股线经过编织换位后，通过环氧树脂在一定的温度下进行浸渍和热烘压制，使多股导线束和绝缘成为一整体的一种工艺过程。

11.025 电晕防护 corona protection
为降低沿线圈表面的电位梯度而采取的防止电晕的措施。

11.026 防电晕层 anti-corona coating
在线圈表面施以半导体涂料为主要材料制作的防晕层结构。

11.027 起晕电压试验 corona inception test
对电机定子绕组递加工频交流电压，以检验绕组绝缘层外表面在规定电压以下是否出现金黄色亮点或明显辉光放电的试验。

11.028 端盖式轴承 end bracket type bearing
以端盖为支承构件，并且轴瓦或滚动轴承安装在端盖内的轴承。

11.029 座式轴承 pedestal bearing
包括支承座在内的整套轴承组装体。

11.030 轴承绝缘 bearing insulation
为了切断轴电流，在励磁机侧包括发电机轴承、氢冷发电机的油密封、水内冷发电机转子的进出水支架和进出水管法兰、励磁机和副励磁机轴承与机座底板之间加装的绝缘垫。

11.031 发电机转子 generator rotor
电机的转动部分。主要由导电的转子绕组、导磁的铁心以及转子轴伸、护环、中心环和风扇等组成。

11.032 凸极电机 salient pole generator
磁极由机座轭部或转子轮毂部向气隙方向凸出的电机。适用于极数较多、转速较低的电机，如水轮发电机。

11.033 隐极电机 non-salient pole generator
采用分布绕组励磁，磁极不凸出的电机。适用于极数少、转速高的电机，如汽轮发电机。

11.034 圆柱形转子电机 cylindrical rotor generator
具有圆柱形转子的隐极电机。

11.035 转子轴及本体 rotor shaft and proper
具有足够的机械强度，能承受原动机传来的转矩和发电机出口突然短路的巨大电磁转矩，并有良好的导磁性能的锻件，为发电机主磁极的承载体。

11.036 励磁绕组 excitation winding, rotor winding
又称“转子绕组”。产生磁场的绕组。在原动机带动下，磁场随转子转动，切割定子绕组感应出交流电动势。

11.037 集电环 collector ring, slip ring
又称“滑环”。与电刷相接触、使电流从电路的一部分通过滑动接触流到另一部分的导电金属环。

11.038 护环 retaining ring
又称“套箍”。汽轮发电机的重要部件之一。用于防止转子部件和励磁绕组端部在电磁力和高速的离心力作用下发生变形、位移和偏心的高强度、非磁性、金属环状构件。

11.039　中心环　center ring

对护环起固定和支撑作用，保持与转轴同心以及防止励磁绕组端部轴向位移作用的刚性机械构件。

11.040　风扇　rotor fan

安装于转子一端或两端轴上，鼓动冷却气体冷却发电机绕组和铁心等的机械构件。

11.041　阻尼绕组　damping winding，amortisseur winding

在汽轮发电机中，用于抑制与该绕组匝链的磁通的快速变化，提高发电机承担不平衡负荷能力的笼形的短路绕组。

11.042　全阻尼绕组　integral damping winding

转子各槽的槽楔下都压有全长的阻尼条，大齿浅槽内也放有阻尼条，所有阻尼条在端部联接在一起构成鼠笼形短路环的结构。

11.043　半阻尼绕组　incomplete dàmping winding

转子两端设梳齿形阻尼环，梳齿伸入槽内槽楔下，槽内无阻尼条，护环直接压在短路环上的结构。另一种结构是在转子槽内放阻尼铜条和铝槽楔连成一体起阻尼作用的结构。

11.044　本体半月形平衡槽　groove for balancing rotor

为了使转子大齿区域和小齿区域直轴和交轴两个方向的刚度接近相等，以降低转子双频振动，在大容量汽轮发电机转子本体大齿表面上沿轴长铣出一定数量的圆弧形的横向月牙槽。

11.045　本体上风斗　bucket type gas duct on rotor body

在气隙取气方式冷却的汽轮发电机定、转子通风系统中，转子进风区的槽楔上带有进风斗，气流沿斜流通风道反向后，从出风区槽楔上排出系统的设置。

11.046　转子用钢　steel for rotor

有足够高的屈服强度以承受旋转时强大的离心力，并尽可能高的塑性及韧性、较低的脆性转变温度以及良好的导磁性的锻件用钢。

11.047　护环用钢　steel for generator retaining ring

护环用的具有很高的强度、良好的塑性和最小的残余应力且低的导磁率和较强的抗应力腐蚀性的锻件用钢。应选用高强度非磁性奥氏体钢。

11.048　铁心用钢　steel for stator core

定子铁心用的具有高磁感应强度、低铁损、冲切性能好且双面涂绝缘漆的薄硅钢片。

11.049　感应电动势　induced electromotive force，induced voltage

穿过导电回路所环绕的面积内的磁通发生变化时，在该回路中产生的电动势；或当导线切割磁力线时，在导线两端产生的电动势。

11.050　旋转磁动势　rotating magnetomotive force

电机内部以恒定速度旋转的磁势。汽轮发电机正常运行时，内部旋转磁动势有两个：一个是随转子旋转由转子励磁电流产生的主磁极磁动势；另一个是电枢绕组在转子磁动势的作用下产生的三相合成旋转磁动势。当两个旋转磁动势在空间相对静止时，相互作用产生平稳电磁转矩。

11.051　电枢反应　armature reaction

电枢绕组电流所产生的基波磁势对转子主极磁场基波的作用和影响。同步电机正常对称运行时，按所带负荷-性质(感性或容性)的不同，产生去磁或助磁作用的电枢反应。

11.052　特性曲线　characteristic curve

用来表示在规定条件下发电机某一对变量之间函数关系的曲线。

11.053 电磁制动转矩 electromagnetic braking torque

由同步发电机定、转子磁场相互作用形成的作用于转子上与旋转方向相反的转矩。其大小和发电机励磁感应电动势超前于发电机端电压的时间相位角(功率角)有关。

11.054 电磁负荷 electromagnetic loading

电负荷和磁负荷的总称。电负荷(电枢线负荷)表示沿电枢表面单位周长的安培导体数，磁负荷(气隙磁密)表示气隙表面单位面积的平均磁通量。

11.055 电磁功率 electromagnetic power

原动机克服电磁转矩所做的机械功率后转换为电枢电路中的电功率。其减去电枢绕组的电阻损耗就等于发电机的输出功率。

11.056 整步功率 synchronizing power

全称“比整步功率”。在恒定励磁、恒定频率和恒定电网电压下某一功率角对称运行时，发电机电磁功率微小增量与对应的功率角微小增量之比值。整步功率大表示发电机保持同步运行能力强。

11.057 不平衡电流 unbalanced current

同步发电机定子三相绕组输出数值或相角不相等的电流。

11.058 电压正弦波畸变率 voltage waveform aberration

电压波形中不包括基波在内的所有各次谐波有效值平方和的平方根值与该波形基波有效值的百分比。

11.059 电话谐波因数 telephone harmonic factor

电压波形中基波及各次谐波有效值加权平方和的平方根值与整个波形有效值的百分比。

11.060 极化指数 polarization index

评价发电机绕组绝缘干燥程度的主要指标。通常指对绕组绝缘施加规定的直流电压，连续测量 10 min 所得到的绝缘电阻值与测量 1 min 所得到的绝缘电阻值之比。

11.061 机械稳定性 mechanical stability against short circuit

电气设备能够承受短路电流电动力的作用而不会导致设备永久变形和损坏的能力。

11.062 热稳定性 thermal stability against short circuit

电气设备能够承受短路电流的热作用而不会导致设备损坏的能力。

11.063 绝缘耐热等级 thermal class for electric machine insulation

电机在规定工况下长期、连续运行不影响绕组绝缘寿命的最高温度。

11.064 [发电机]额定容量 rated capacity

发电机在制造厂规定的额定转速、电压、功率因数以及额定的冷却条件下运行时，在出线端以千伏安表示的连续输出容量。

11.065 最大连续容量 maximum continuous capacity

制造厂对发电机在所规定的条件下允许做长期运行的最大千伏安容量。

11.066 发电机出力图 generator capability diagram，generator P-Q chart

俗称“发电机 P-Q 曲线”。在额定转速和额定电压下，汽轮发电机在各种不同的功率因数和其他规定条件时可能输出的有功和无功功率的关系曲线。

11.067 饱和特性 saturation characteristics

在规定的负载和转速等条件下，发电机电枢的电压与励磁安匝或励磁电流之间的关系曲线。

11.068 V 形曲线特性 V-curve characteristics

电机以额定转速运行，在有功负载和电枢绕组电压恒定的情况下，同步电机的电枢绕组电流与励磁电流之间的关系。曲线形如同字母“V”，最低点对应正常励磁，右侧为过励磁，即发出无功功率；左侧为欠励磁，即吸收无功功率。

11.069　铁心及机座振动　stator core and frame vibration

在运行中的发电机铁心主要有基频和倍频振动，机座除了有本身的固有振动外，还要承受来自铁心的倍频振动。如机组采用端盖式轴承时，还要承受来自转子振动的激振力。

11.070　定子端部绕组振动　vibration of stator end winding

发电机在运行中主要是绕组本身的电磁振动和定子铁心的椭圆振动共同构成了定子端部绕组的倍频振动。

11.071　发电机效率　generator efficiency

发电机有功输出功率对有功输入功率之比。通常以百分数表示。

11.072　铜损耗　copper loss

发电机绕组中的损耗包括基本铜损耗和附加铜损耗两部分。基本铜损耗是电流流过定子绕组和转子绕组在导线电阻上产生的损耗；附加铜损耗为交流电在定子绕组上因趋肤效应和邻近效应作用引起的额外损耗以及定子绕组各股线之间的循环电流引起的杂散铜损耗。

11.073　铁耗　iron loss

发电机铁心和端部铁件的损耗。由定子铁心磁滞及涡流损耗、齿部磁通脉振损耗以及气隙磁通脉动在转子和定子表面产生的损耗三部分构成。

11.074　杂散负载损耗　stray load loss

发电机在负载状态下产生的杂散铜损耗和杂散铁损耗。前者包括由槽部漏磁引起定子绕组导体中的电流趋肤现象而增加的铜损耗和因绕组中各股线间的循环电流而增加的杂散铜损耗；后者包括由定、转子磁势高次谐波和齿部谐波分别在转子和定子表面产生的磁滞涡流损耗以及定子绕组漏磁场引起的磁滞涡流损耗。

11.075　摩擦通风损耗　friction and windage loss

在额定转速下的轴承摩擦损耗、集电环摩擦损耗、风扇损耗和通风系统损耗的总损耗。

11.076　负序电流承载能力　negative sequence current carrying capacity

同步发电机转子在允许的温升值条件下，能承受由不平衡负载引起的负序电流标幺值和持续时间的限额。

11.077　发电机冷却　generator cooling

发电机在工作时因内部损耗而产生热量，冷却介质对其绕组和铁心进行的冷却。以维持各部分的温度在允许的限额内。

11.078　冷却介质　coolant

传递热量的气体或液体介质。通常发电机采用空气或氢气以及水作为冷却介质来传递热量。

11.079　冷却方式　cooling technique

发电机主要的冷却方式有全空冷、全氢冷、全水冷、定子和转子绕组以及定子铁心分别以水、氢、氢或水、水、空或水、水、氢冷却。其中全水冷目前很少采用。

11.080　密闭式冷却　closed circuit cooling

一种发电机冷却方式。回路中的冷却介质在闭合环路中循环，该环路位于电机内或通过电机，还可能通过冷却器，热量从此种介质通过电机的表面或冷却器传递给次一级冷却介质。现代的发电机均采用密闭式冷却方式。

11.081　开启式冷却　open circuit cooling

一种发电机冷却方式。回路中的冷却介质直接取自电机周围介质或远方介质，流经或通过电机或冷却器，直接排放到周围或远方。

11.082　定子绕组冷却　cooling of stator winding

定子绕组冷却有气体表面冷却、氢内冷和水内冷三种方式。大型发电机通常采用氢内冷或水内冷的定子绕组。

11.083　转子绕组冷却　cooling of rotor winding

大型发电机主要采用空气内冷、氢内冷和水内冷三种冷却转子绕组的方式。

11.084　铁心冷却　cooling of iron core

空气和氢气是定子铁心常用的冷却介质，水冷铁心只是在个别发电机上采用。

11.085　径向通风　radial ventilation

按径向多路或单路通风的不同，冷却气体在进风区从铁心背部径向流向气隙，然后从相邻的出风区流回背部的通风方式。

11.086　轴向通风　axial ventilation

按全轴向或半轴向通风的不同，气体从一端流入铁心冲片上冲制的轴向孔从另一端流出，或气体从两端分别流进铁心轴向孔，然后经中部的径向风道排出的通风方式。

11.087　氢气系统　hydrogen system

为保证氢冷发电机正常运行，向发电机充氢和排氢，并对关键参数进行分析和监控的所有设备和装置的组合。由制氢站、储气罐、气体控制站、氢母管以及干燥装置等组成。

11.088　氢爆炸　hydrogen explosion

氢和氧接触时极易形成具有爆炸浓度的氢氧混合气体，当空气中的氢气含量为 4%~74%之间时极易发生的爆炸现象。

11.089　氢气置换　hydrogen substitution

为了保证不发生氢爆炸，在向发电机内从空气状态充入氢气或从氢气状态排氢转为空气状态时，必须避免氢气和空气接触，而应经过中间介质进行的置换。中间介质一般为二氧化碳或氮气等惰性气体。

11.090　氢气监测控制　hydrogen system monitoring and control

设有对氢压、气体纯度和湿度以及氢温监控并能自动补氢等的监控系统。

11.091　氢气干燥　hydrogen drying

发电机内一部分氢气借助于风扇压差或自循环风机通过氢气干燥器并返回机内，连续循环，使氢气湿度维持在规定范围内的过程。

11.092　氢干燥器　hydrogen dryer

发电机在运行中为保持冷却的氢气干燥而采用的干燥装置。

11.093　氢站　hydrogen plant

向氢冷发电机提供合格氢气的设施。

11.094　氢气来源　hydrogen source

电厂所需的氢气一般可由三种方式获得：由邻近工厂通过管道送、用氢气瓶外购及自设制氢设备。

11.095　氢气罐　hydrogen container

氢冷发电机所需的氢气储存装置。

11.096　机座隔振　vibration isolation for stator frame

为了防止铁心的剧烈振动损害机座焊缝和机组基础，在铁心和机座之间采用弹性连接，使发电机的振源与机座隔离的隔振措施。主要有弹性定位筋结构和切向弹簧板结构两种形式。采用任一种结构的机座和铁心，其固有振动频率均必须满足避开工频和倍频的要求。

11.097　低频谐振　low frequency resonance

同步发电机的电磁转矩呈周期性变动，当其某次谐波的频率与发电机固有的自振荡频率相接近时所发生的频率很低的共振现象。通常该频率只有几个赫兹，甚至低于1个赫兹。

11.098 次同步谐振 subsynchronous resonance

当有串联电容补偿的电力系统受到扰动发生电感电容谐振时，其谐振频率与汽轮发电机组的轴系扭振某一振型的频率之和接近或等于系统的同步频率时发生的谐振。调整直流输电的功率，或有串联补偿装置的电力系统重合闸时也有可能引起次同步谐振。

11.099 超同步谐振 super-synchronous resonance

又称“倍频共振”。当发电机三相负荷不平衡时，发电机每旋转一周，轴系扭矩有两次变化，即受两倍工频的干扰。如果轴系的固有扭振频率或转子上的部件振动频率也是两倍工频，则可能引起轴系超同步共振的危害。

11.100 轴电流 shaft current

由于发电机磁场不对称，发电机大轴被磁化，静电充电等原因在发电机轴上感应出轴电压，引起的从发电机组轴的一端经过油膜绝缘破坏了的轴承、轴承座及机座底板，流向轴的另一端的电流。

11.101 接地电刷 grounding brush

为了消除汽轮机低压段静电荷产生的轴电压，在汽轮机侧的发电机轴上加装接地装置采用的电刷。对用可控硅整流励磁的电机，在电机轴伸末端加装电刷连接阻容滤波接地装置，以降低轴电压幅值和改善轴电压波形。

11.102 电腐蚀 electro-erosion

由于定子线棒主绝缘外表面防电晕层与槽壁间接触不良而产生的电火花放电，使发电机绝缘材料表面造成烧损和严重腐蚀的现象。

11.103 定子端部绕组绝缘磨损 wearing of stator end winding insulation

由于定子绕组的电流作用和铁心的椭圆电磁振动引起的端部绕组振动而导致绝缘的磨损。

11.104 铁心松弛 loosening of core lamination

铁心的正常椭圆电磁振动和发电机发生短路时的铁心轴向双频振动以及特别严重的铁心和机座共振使铁心出现松动的现象。

11.105 [发电机]引出线和有关设备 main leads and associated equipment

从发电机出线端子到升压变压器或发电机电压配电装置之间的电气主回路引线和设备以及发电机中性点设备。主要包括发电机分相隔离母线、发电机断路器、发电机出线侧和中性点侧的电流互感器、发电机出线侧的电压互感器及过电压保护装置、中性点侧接地设施或过电压保护装置等。

11.106 [发电机]中性点消弧线圈接地方式 neutral point grounding with arc-suppression coil

当发电机电压系统的单相接地电容电流大于规定数值时，发电机中性点应采用消弧线圈接地以补偿电容电流。

11.107 允许启动次数 permissible number of starting times for generator

转子在其使用寿命期限内，在机械上应能承受的启动次数。一般情况下，汽轮发电机不少于3000次；对两班制运行的汽轮发电机，应能承受的启动次数不少于 10 000次。

11.108 [发电机]并网运行 paralleling operation

同步发电机在完成加速过程后，与另一同步电机或电源进入同步运行的一系列步骤，即发电机的相序、频率和电压值均应与系统相同时才允许并网运行。

11.109 定相同步试验 phasing and synchronizing test

确认发电机电压相序与系统电压相序一致，并检查同步回路接线正确，调节发电机电压与系统电压接近相等，发电机与系统频率差小于 0.1~0.25 Hz 时合闸并网。

11.110 允许的频率和电压偏离额定值运行 permissible operation with frequency and voltage deviated from rated value

当发电机的端电压变化 ± 5%和频率变化 ± 2%时允许发电机正常运行。

11.111 频率异常情况下的运行 operation with frequency abnormally deviated from rated value

当发电机的端电压变化为 ± 5%，但频率的变化为–5% ~ +3%时，仍然允许的运行。但应对发电机容量、运行时间和运行次数加以限制。

11.112 空载特性 no-load characteristics，open circuit characteristics

在额定的转速或频率条件下电机在空载状态时，调节励磁电流录制的发电机定子电势和转子电流之间的关系曲线。

11.113 短路特性 short-circuit characteristics

在额定的转速下，发电机电枢绕组三相稳态短路时，电枢电流与励磁电流之间的关系曲线。

11.114 负载特性 load characteristics

在规定的恒定负载及额定转速状态下，电机电枢电压和励磁电流之间的关系曲线。

11.115 调相运行 phasing operation

按照电网对无功功率的需求，发电机随时调整功率因数。从正常的迟相运行变化到进相运行的运行方式。

11.116 过励磁运行 over-excitation operation

发电机在运行中为了满足系统对无功功率的要求而增加励磁电流，将功率因数降低到低于额定值的运行方式。但增加励磁电流无功功率输出将受到励磁绕组发热的限制。

11.117 欠励磁运行 under excitation operation

发电机在运行中为了满足系统调整电压过高的要求而降低励磁电流使功率因数高于额定值的运行方式。但励磁电流不能低于该发电机静态稳定极限所要求的最小励磁电流。

11.118 进相运行 leading power factor operation

按照电力系统降低系统电压的要求，发电机的励磁电流继续减少，出现发出的无功功率为负值(即从电网吸收无功功率)，发电机功率因数超前(即定子电流超前电压)的运行方式。进相运行程度主要受发电机静态稳定极限、发电机定子铁心端部发热的限制，还要受厂用电压下降允许程度的限制。

11.119 迟相运行 lagging power factor operation

发电机的功率因数为迟相，这时发电机既发出有功功率也发出无功功率的运行方式。迟相运行程度受转子绕组发热的限制。

11.120 空-空冷却发电机 air to air cooled generator

带内装式或外装式冷却器，使用空气作为定子绕组、转子绕组和定子铁心的初级和次级冷却介质的封闭式电机。

11.121 空-水冷却发电机 air to water

cooled generator
带冷却器，以空气作为初级冷却介质，水作为次级冷却介质的封闭式电机。

11.122 空气冷却系统 air cooling system
利用空气作为冷却介质向发电机定子和转子绕组以及定子铁心进行冷却的系统。该系统通常有开式通风和闭式循环两种冷却方式。

11.123 空气冷却器 air cooler
以空气作为初级冷却介质，水作为次级冷却介质的冷却器。

11.124 灭火装置 fire-extinguishing device
空气冷却的发电机内部，在定子绕组端部附近装有的灭火水管或二氧化碳管装置。

11.125 水直接冷却发电机 direct water cooled generator，water inner cooled generator
又称“水内冷发电机”。采用定子或转子绕组内部通水冷却的发电机。

11.126 双水内冷发电机 dual water cooled generator
在定子和转子绕组中均采用内部通水冷却的发电机。

11.127 水冷却系统 cooling water system for water cooled generator
向水内冷发电机不间断地供应水温和水质符合标准的冷却水并具有自动监控功能的所有设备和装置的组合。

11.128 水-水冷却器 water to water cooler
以水作为初级和次级冷却介质的冷却器。

11.129 内冷水水质 quality of inner cooling water
透明纯净，无机械混杂物，水的 pH 值、电导率、含铜量以及硬度等主要指标均应符合规定要求的水质。发电机的内冷水应采用除盐水或凝结水。

11.130 [内冷]水电导率 conductivity of inner cooling water
为了限制内冷水的泄漏电流而要求的以 μS/cm 表示的电阻率倒数。

11.131 [内冷]水的pH值 pH value of inner cooling water
为了控制铜的氧化和沉淀而要求的内冷水的酸碱度。

11.132 转子汇水箱[环] water distributor for inner cooling rotor
水内冷转子将静止的内冷水引入高速旋转的转子，然后进入绕组各线圈的主要构件。

11.133 聚四氟乙烯管 teflon tube
水内冷定子绕组的汇流母管与绕组端部的水电接头之间的绝缘引水管。具有耐水压、耐腐蚀、耐温和耐老化等性能。

11.134 复合绝缘引水管 composite insulated water leads
水内冷转子绕组与进出水的水箱之间的绝缘引水管。除了耐水压、耐电压、耐腐蚀、耐温和耐老化之外，还必须耐高速旋转引起的巨大离心应力。现采用外层不锈钢丝补强的聚四氟乙烯管作为复合绝缘引水管。

11.135 水电接头 composite water-electric joint
水内冷定子线圈端部结构的关键部件。它不仅是上下层间或极间连接线的电联结，而且同时还必须是一个可靠的水接头，使定子线圈既能接通电路又能方便地从外部水系统引入冷却水或从线圈内排出。

11.136 检漏器 water leakage detector
监测水内冷发电机漏水的装置。最新的装置是湿度差动检漏仪。主要是通过测量水内冷发电机内部空气的绝对湿度和环境空气的绝对湿度，将两者进行对比，以判断发电机内是否漏水。

11.137　水冷系统密封性试验　tightness test for inner water cooling system

对水内冷发电机定子和转子水冷系统的密封情况在制造、机组交接以及大修过程的检验。按各部件的不同，分别对它们采用充水或充气到规定的检漏压力和持续时间。在试验过程中压力表应无明显下降和 24 h 内的气体泄漏压降应符合规定要求。

11.138　水冷系统水流通试验　water flow test for inner water cooling system

对水内冷发电机定子和转子水冷系统的水流通情况在制造、机组交接以及大修过程中的检验。分别对它们充水和充气到规定压力，并根据各水路的流量来检验电机的空心导线和各绝缘引水管有无堵塞情况。

11.139　氢冷发电机　hydrogen cooled generator

定子和(或)转子采用氢气冷却的发电机。主要有全氢冷以及定子绕组为水内冷，转子绕组和定子铁心为氢气冷却(水氢氢)，以及定子绕组和转子绕组为水内冷，定子铁心为氢冷却(水水氢)。

11.140　氢气压力　hydrogen pressure

制造厂规定的发电机在额定工况运行能发出最大连续容量时的氢气绝对压力。

11.141　氢水冷却器　hydrogen-water cooler

以氢气为初级冷却介质，以水为次级冷却介质的冷却器。

11.142　氢气纯度　hydrogen purity

氢气在氢气-空气混合物中以体积百分数表示的含量。

11.143　氢气湿度　hydrogen humidity

用露点温度来表示的不饱和的湿气体在总压力和混合比保持不变的情况下，使其冷却达到饱和状态的温度。

11.144　漏氢量　hydrogen leakage value

评价发电机本体密封程度优劣的指标。通常以一昼夜(24 h)内氢气的漏泄量(m^3)来表示。

11.145　出线套管　lead-out bushing

将发电机定子电流从发电机内部引到机外的重要部件。除应能承受一定的氢气压力外，还应能承受高电压、大电流并具有密封、抗振和防潮的良好性能。

11.146　气隙隔板　air gap diaphragm

氢内冷发电机中，隔开冷热风区，避免冷、热风混合，以提高转子冷却效果的设施。

11.147　氢密封性试验　hydrogen tightness test

为验证氢冷发电机的密封水平，将漏氢量控制在允许范围内，在安装和大修后都需用高于额定氢压的压缩空气进行试验。以一昼夜(24 h)的漏气量来考核，并按照我国行业标准将漏空气量折合成漏氢量。

11.148　密封油系统　sealing oil system

为防止氢气从转轴和机座之间的间隙漏出发电机，也防止空气进入发电机内，氢冷发电机采用压力油来密封氢气的所有设备和装置的组合。该系统主要由密封瓦、调节阀、平衡阀、压差阀、回油密封箱、油泵及管道及相应的调节控制装置和仪器等组成。

11.149　单流环密封油系统　sealing oil ring system with single oil flow

进入密封轴瓦的密封环中起密封作用的油流只有一股的密封油系统。

11.150　双流环密封油系统　sealing oil ring system with dual oil flow

流向轴瓦密封环起密封作用的油流有空侧和氢侧两股的密封油系统。

11.151　三流环密封油系统　sealing oil ring system with triple oil flow

在原来的双流密封油系统的密封环的空侧油和氢侧油中间，引进第三股经过真空处理的压力油以彻底隔绝空侧油和氢侧油的接触和交换的密封油系统。

11.152 [油压]平衡阀 oil pressure equalizing valve

在双流环密封系统中，空侧油为主密封油，使氢侧油压力跟踪空侧油压力以达到空、氢侧油压平衡的自动调节装置。

11.153 [氢油]压差阀 hydrogen-oil differential pressure valve

为调节密封环上的氢油压差，在密封油系统中采用的旁路式密封油压力调节装置。

11.154 水氢氢冷发电机 water-hydrogen-hydrogen cooled generator

定子绕组采用水内冷，转子绕组采用氢内冷，定子铁心和其他构件为氢冷的发电机。

11.155 气隙取气 hydrogen intake from air gap

转子绕组内冷的一种通风冷却系统。一般采用定、转子的进出风区相互对应的结构。冷却转子绕组所需的氢气由气隙从转子槽楔上的进风口进入铜线的内部风道，然后从另一风区的槽楔上的出风口进入气隙。

11.156 副槽通风 sub-slot ventilation

转子绕组内冷的一种通风冷却系统。在这种冷却系统中，冷却转子绕组所需的气体由转子本体两端进入槽底的副槽中，经过铜线上的径向直风道，从槽楔上的出风孔排入气隙。

11.157 发电机异常运行 abnormal operation of generator

发电机异于额定正常工况的运行状态。包括定子、转子绕组的过电流、过电压、频率过高或过低、失步振荡等。

11.158 发电机特殊运行 special operation of generator

发电机为了满足电网运行的需要而采取的不寻常的运行方式。包括进相运行、不平衡负荷或非全相运行、低励或失励运行、温度异常、调峰运行等。

11.159 定子短时过电流 stator over-current for a short time

当电力系统发生扰动或其他原因引起系统电压严重下降时，发生短时性的定子过电流。

11.160 功率因数偏离额定值运行 operation with power factor deviated from rated value

根据电网电压变化，发电机随时改变无功功率的输出而偏离额定功率因数的运行方式。

11.161 带不平衡负荷运行 unbalanced loading operation

发电机带系统中一定限度的不平衡负荷的运行方式。

11.162 低励及失磁运行 under excitation and loss of excitation

发电机的励磁电流低于该发电机静态极限所要求的最小励磁电流及发电机在运行中失去励磁的运行方式。

11.163 冷却条件偏离额定值 cooling condition deviated from normal

发电机因冷却系统异常导致定子绕组、转子绕组、定子铁心等温度偏离额定值。

11.164 带励磁失步运行 out-of-step operation with excitation

发电机在正常运行时，由于某种扰动引起发电机失去同步，同时仍保持全部或部分励磁的运行方式。发电机应具有一定的抗失步振荡能力。

11.165 水冷发电机断水 loss of cooling

water supply

水内冷定子或转子绕组因外部水系统故障或异常，造成内冷水压力降低，流量减小以至断水的现象。

11.166 发电机故障 generator failure

发电机在运行中或在预防性试验中发生或发现的严重问题，不能继续运行，必须进行修理或更换部件的事件。

11.167 定子绕组绝缘故障 stator winding insulation failure

运行中或预防性试验时定子绕组的绝缘被击穿的现象。起因是绝缘老化、局部过热、外部短路或非同步合闸的过电流冲击、制造工艺不良、线槽中或端部留有金属异物、绕组固定不紧产生振动、磨损绝缘等。

11.168 定子线棒接头开焊 soldering joint failure

绕组线棒接头焊接质量不良导致运行中的开焊。

11.169 定子线棒导线断股 broken conductor strand of stator coil bar

绕组线棒导线由于铜线上有裂纹或损伤，铜的质量差，或因振动过大而疲劳等原因，在运行中发生导线断股的现象。

11.170 定子端部绕组匝间短路 inter-turn short circuit in stator end winding

定子端部绕组的同相线圈之间由于电磁倍频振动，导致线圈绝缘磨损损伤而发生匝间短路的故障。

11.171 水冷电机定子绕组漏水 water leakage from water cooled stator winding

由于定子绕组端部聚四氟乙烯引水管和接头质量差，材质老化，或由于固定不当导致在运行中互相摩擦而磨破引起的漏水现象，少数是因空心铜线质量不良造成。

11.172 空心导线堵塞 clogging-up of hollow conductor

由于异物进入内冷水系统，内冷水质不良，混有空气，使空心导线内壁产生氧化铜而造成的通道堵塞现象。

11.173 铁心故障 core failure

定子的有效铁心在运行期间承受强烈的电磁振动，当铁心的齿或齿高部位的绝缘损坏或因摩擦、碰撞造成并齿现象时，就形成电流闭合回路，在磁场作用下形成的涡流，可能达到很高的温度，发展成定子绕组绝缘破坏，接地短路，甚至有效铁心局部熔化的严重事故。

11.174 负序电流烧坏转子 rotor damaged by negative sequence current

发电机三相电流不平衡会在定子绕组中产生负序电流，在转子本体表面，槽楔及阻尼绕组感应出两倍频率的电流。这些电流会在转子本体上的各嵌装面处产生局部过热，负序电流过大而使护环，小齿或槽楔以及转子本体烧坏现象。

11.175 机组主轴磁化 main shaft magnetized

发电机在运行中有轴电压，如原有绝缘隔离措施失效，可能产生较大的轴电流，使主轴和机组其他部件发生磁化的现象。

11.176 护环开裂 retaining ring fracture

由于应力腐蚀裂纹、氢致裂纹，水冷转子长期微漏造成等原因造成护环出现裂纹的现象。

11.177 水冷转子漏水 water leakage from water cooled rotor

由于转子引水导线拐角断裂或转子绕组绝缘引水管断裂以及其他如转子空心导线断裂，进水箱漏等原因而出现的漏水现象。

11.178 转子绕组接地 rotor winding earth fault

由于转子绕组过热绝缘损坏，或转子绕组至滑环的引线和励磁系统的零部件故障接地以及制造不良形成的缺陷等原因，使转子绕组与地接触的现象。

11.179 转子绕组匝间短路 rotor winding inter-turn short circuit

由于制造工艺不良和运行方面的原因引起的转子绕组匝间的短路。

11.180 氢内冷转子通风孔堵塞 blocking of ventilation hole on hydrogen inner cooled rotor

由于制造工艺不良、设计不当、导线运行变形、通风孔错位等使风路堵塞的现象。

11.181 励磁系统故障 excitation system fault

由于低励、误强励以及励磁系统元件故障等使励磁系统出现的异常现象。

11.182 氢系统故障 hydrogen system trouble

由于制造加工质量不高、密封设计不当、氢纯度过低、氢湿度过高、安装水平及检修工艺不良等原因使氢系统出现异常现象。

11.183 水系统故障 cooling water system trouble

由于外部水系统断水、水系统泄漏、异物进入水回路或水质恶化、氧化铜沉淀堵塞冷却水流等原因使水系统出现的异常现象。

11.184 油系统故障 oil system trouble

油系统中出现的断油烧损轴瓦，压差阀和平衡阀的不能正常工作，发电机严重漏氢的现象。

11.185 发电机运行监测 operational monitoring of generator

采集和监测设备在运行状态下有关电气、机械的物理、化学特性的实时数据，从而建立正确的信息、数据处理系统。

11.186 温度监测 temperature monitoring

采用各种埋入式测温装置对发电机定子绕组和有效铁心以及各种冷却介质的温度进行的运行监测。

11.187 发电机工况监测器 generator condition monitor，GCM

利用分解氢冷却介质中的热分解物来发现发电机绝缘部件的过热情况，可提供绝缘过热报警的监测装置。

11.188 轴电压监测器 shaft grounding monitor

与接地装置相配，测量轴电压及轴电流，可监测轴接地不良情况或转子绝缘故障的监测装置。

11.189 定子槽放电监测器 stator slot [partial discharge] coupler

用于监测定子绕组的高频放电，可发现定子槽内部绕组绝缘的早期局部放电故障的监测装置。

11.190 无线电频率监测器 radio frequency [partial discharge] monitor，RFM

用于监测定子绕组绝缘的局部放电，可发现定子绕组绝缘的早期故障的监测装置。

11.191 转子匝间短路监测器 rotor shorted turn detector

装在定子上的气隙侧的测量转子磁场波形的设备。通过转子磁场波形的不规则性的检测来发现转子绕组的匝间短路。

11.192 轴系扭振监测器 shaft torsional oscillation monitor

用于估计在发电机负荷突然变化，误并列和电网事故等情况下发电机大轴疲劳损伤程度的设施。

11.193 电刷工况监测器 brush condition

monitor
测量电刷和滑环间的压降以监测电刷和滑环工况的监测装置。

11.194 定子绕组端部振动监测器 stator end winding vibration monitor
利用光学振动传感器或其他加速计监测定子绕组端部振动幅值的装置。

11.195 氢气露点监测器 hydrogen dew point monitor，HDM
测量发电机内氢气湿度的设备。用于保证氢气的干燥程度。

11.196 定子冷却水电导率计 stator cooling water conductivity cell
通过测量定子冷却水的电导率，监测内冷水质量的设备。

11.197 定子铁心机座振动监测器 stator core/frame vibration monitor
装在铁心或机座上，测量振动幅值的加速度传感器。用来监测铁心或结构部件有无松动或损坏。

11.198 定子铁心叠片振动声频监测器 audio detector for core lamination vibration
利用测量声频来判定铁心的振动是否是由铁心的松动引起的设施。

11.199 补氢量测量器 hydrogen make-up rate monitor
用于测量氢气溶解入密封油，进入定子冷却水和由机座外漏程度的传感系统。

11.200 定子内冷水含氢量监测器 hydrogen into water leakage monitor
用于监视氢气漏入定子冷却水系统的设备。

11.201 氢气纯度分析仪 hydrogen purity analyzer
用于指示氢气纯度的设备。

11.202 轴颈振动分析仪 journal vibration [orbit] analyzer
装在汽轮发电机组每一轴承上的双传感器。通过观察轴的轨迹和平均位置的幅值和性质来诊断其振动问题。

11.203 二极管击穿探测仪 diode breakdown detector
通过磁通波形的不规则性的检测来判断无刷励磁系统旋转整流器故障的设备。可用于监测转子回路特别是整流元件本身因过热引起的断路故障。

11.204 负序电流监测报警装置 alarm annunciator for negative sequence current monitoring
通过测量发电机定子绕组的三相不平衡电流来监测负序电流值的大小，并可报警的装置。

11.205 发电机电气预防性试验 electrical preventive test for generator
在机组检修时，为了发现隐性缺陷并及时处理，避免在运行中发生事故而进行的一系列电气试验。

11.206 定、转子绕组直流电阻测量 DC resistance measurement for stator and rotor winding
用直流电源对定子的三相绕组和转子绕组的直流电阻进行的测量。

11.207 定、转子绕组绝缘电阻测量 insulation resistance measurement for stator and rotor winding
通常采用 2.5~10 kV 兆欧表测量发电机定子绕组绝缘电阻，采用 500~1000 V 兆欧表测量转子绕组绝缘电阻。除绝缘电阻的绝对值外，对于定子绕组还要根据绝缘电阻的极化指数来综合判断绕组是否受潮。

11.208 铁心故障探测 stator core fault detection，ELCD

需要专门的仪器进行定子铁心检查试验的方法。

11.209 定子绕组直流耐压试验和泄漏电流试验 DC withstand voltage test and leakage current measurement for stator winding

对定子的三相绕组逐相地施加规定的直流高电压，并在升压的每一阶段分别测定其泄漏电流，对各相每一阶段的电流数值进行自身比较和三相之间互相比较，以发现绝缘局部缺陷的电气试验。

11.210 定、转子绕组交流耐压试验 AC withstand voltage test for stator and rotor winding

对定子绕组和转子绕组分别施加规定的正弦波工频高电压，持续时间为 1 min，以确定绝缘适于运行能力的电气试验。

11.211 转子绕组交流阻抗测定 AC impedance test for rotor winding

判断转子绕组匝间短路的主要方法。通过测量转子绕组的交流阻抗和功率损耗，将测定数值与同一电压下的正常数值相比较。如阻抗明显降低，损耗明显增加则表明绕组有匝间短路。

11.212 转子绕组匝间短路测定 inter-turn short circuit test for rotor winding

判断转子匝间短路的测定方法。测量方法有直流电阻法，交流阻抗和功率损耗法，空载和短路特性测量法，转子匝间短路监测器测定法，不同转速下测量转子的交流阻抗进行比较等方法。

11.213 氢内冷转子通风孔试验 test of ventilation hole on hydrogen inner cooled rotor

为了检验转子内部各风道的畅通情况而进行的氢内冷转子的一项特殊试验。将专用涡壳式进风室安装在转子一端的护环及转轴上或安装在槽部某进风区，用风速仪在转子相应的各个出风口进行风速测量，对各风道的风速进行比较，以发现有无堵塞情况。

11.214 发电机性能试验 generator performance test

用于考核卖方在合同中规定的各项性能指标保证值是否达到发电机性能的试验。

11.215 定子铁心的损耗发热试验 stator core loss and temperature rise test

采用规定的磁通密度和加热的持续时间，测量铁心损耗和各齿的温度，检查铁心有无局部发热情况、铁心比损耗和最热齿的温度升高以及冷热齿的最大温差均不得超过规定值。在出厂前，局部和全部更换定子绕组前后发现铁心有缺陷时应进行本试验.

11.216 转子动平衡及超速试验 dynamic balance and over speed test for rotor

调整转子的质量分布，使其在旋转状态下测得的力与力偶的不平衡量小于允许范围的校正过程。平衡后各轴承在工作转速下的振幅应低于规定值。转子在出厂前应按规定要求进行超速试验。

11.217 耐电压试验 withstand voltage test

对定子三相绕组或转子绕组分别按规定进行的交流耐压试验，持续时间均为 1 min。

11.218 空载特性的测定 measurement of open circuit [no-load] characteristics

发电机的转速维持在额定转速和电枢开路的条件下，从零逐步增大励磁电流，使电枢的电压逐步上升到规定电压，然后再逐步减少励磁电流到零，使电压降到剩磁电压。在此过程中测录励磁电流和对应的电枢电压的上升和下降关系曲线。

11.219 稳态短路特性的测定 measurement of short circuit characteristics under stable condition

发电机的转速为额定转速和电枢绕组三相短路的情况下，励磁绕组通入一定的电流，测量电枢绕组的短路电流与励磁绕组电流之间的关系。

11.220 效率测定 efficiency test

为求出发电机的输出功率与输入功率之比而进行的试验。

11.221 突然短路机械强度试验 mechanical strength verification under sudden short circuit

试验在发电机空载运行时进行，励磁电流相应于规定定子电压下进行，通过三相断路器将发电机的出线端短接。试验后，发电机不应产生有害变形且能承受耐电压试验。

11.222 正弦性畸变率测定 sinuousness aberration test for generator voltage wave form

为求出电压波形中不包括基波在内的所有各次谐波有效值平方和的平方根值与该波形基波有效值的百分比而进行的试验。

11.223 电压波形电话谐波因数测定 telephone harmonic factor test for generator voltage

为求出电压波形中基波及各次谐波有效值加权平方和的平方根值与整个波形有效值的百分比而进行的试验。

11.224 发电机主要电抗测定 measurement of principal reactance for generator

为求出发电机的主要电抗值而进行的试验。主要电抗包括直轴与交轴同步电抗、直轴与交轴瞬态电抗、直轴与交轴次瞬态电抗、负序电抗、零序电抗、定子漏电抗等。

11.225 发电机时间常数测定 measurement of generator time constant

为求出发电机的主要时间常数而进行的试验。主要时间常数包括定子绕组直流分量衰减时间常数、定子绕组短路时直轴瞬态时间常数、定子绕组短路时直轴次瞬态时间常数、定子绕组开路时直轴瞬态时间常数等。

11.226 短时电压升高试验 short time voltage rising test

发电机在空载条件下，在额定励磁电流时产生的定子电压(但不超过 130%U_n)下进行的试验。发电机有多匝线圈时，试验时间为 1 min；为单匝式线棒时为瞬时。

11.227 噪声测定 noise level measurement

为确定电机噪声级而进行的试验。试验应在规定的运行条件下，选在距噪声源一定距离和高度处，并按规定的测试方法进行。

11.228 温升试验 temperature rise test

在规定的运行条件下，确定电机定子绕组、铁心和转子绕组温升的试验。试验的目的是检查电机各有效部件的温升是否符合标准的规定。

11.229 短时过电流试验 short time over-current test

保持转速和电压为额定值，迅速调节电枢电流到规定倍数并持续规定时间的试验。

11.230 额定励磁电流及电压调整率测定 measurement of rated excitation current and voltage regulation

通过调节励磁使在额定负载电流及额定功率因数时发电机的端电压为额定值，测定此时的励磁电流即为额定励磁电流及通过发电机的外特性求出电压调整率的两项测定方法。

11.231 定子铁心和机座振动测定 vibration measurement for core and stator frame

为了解发电机的制造环节对定子机座和铁心模态的影响，对定子机座的椭圆固有频率和振型，在叠装铁心和总装后进行的测试。

11.232 定子绕组端部模态及固有振动频率测定 test of modal and natural vibration frequency for stator end winding

为了解定子绕组端部结构的动态特性所做的试验。试验按规定要求分别对定子绕组整体进行模态试验，对定子绕组鼻部接头固有频率测量和定子绕组引出线及过渡引线固有频率测量，测得的数值应符合规定的要求。

11.233 安装后交接试验 acceptance test

发电机安装时，按规定进行的一系列试验的总称。

11.234 发电机冷却系统试验 generator cooling system test

为验证发电机冷却系统符合设计要求的试验。试验包括通风系统试验和在规定条件下定子、转子绕组以及铁心的温升试验。

11.235 轴电压测定 shaft voltage measurement

在电机带电情况下，为测定电机可能产生轴电流的电压而进行的试验。被试电机在额定电压和额定转速下空载运行，测量转子两端轴上的电压以及轴承与机座之间的电压。

11.236 发电机的特殊继电保护 special relay protection for generator

针对发电机的特点和安全运行的要求而设置的继电保护和自动化装置。主要有断路器误合闸保护、启停机保护、轴电流保护和水冷发电机断水保护等。

11.237 断路器误合闸保护 breaker malclosing protection

防止发电机在停机或盘车时意外合闸造成发电机异步运行的保护。

11.238 启停机保护 protection of generator during starting and shut-down

为了防止发电机在启动或停机过程中，由于超低频运行不能保证机组内部故障时正确动作，为大机组增设在低频下能可靠动作的接地保护和电流保护。

11.239 轴电流保护 shaft current protection

为了防止励磁侧轴端的对地绝缘垫损坏而产生的轴电流损坏轴瓦和轴颈，大机组设有能反映工频或三次谐波分量的保护装置。动作于信号或跳闸以保护机组。

11.240 水冷发电机断水保护 protection of loss of cooling water supply for water cooled generator

为保护发电机不致因断水而损坏的保护装置。当内冷水的水压和流量降低到预定数值且持续一定的时间时，动作于跳闸。

11.241 高电压发电机 high voltage generator

不需用升压变压器而直接与电网联结的发电机。

11.242 超导发电机 superconducting generator

转子绕组采用以液氦或液氮做冷却介质的超导导线构成，而定子电枢则采用无槽铁心，定子绕组置于气隙中或采用水内冷的发电机。

11.243 全液冷发电机 liquid cooled generator

定、转子及铁心全部采用单一液体冷却介质的发电机。

11.244 蒸发冷却发电机 evaporation cooled generator

由全液冷演化出来的一种冷却方式的发电机。这种冷却方式是利用低沸点介质蒸发时的吸热能力来提高冷却效能。

11.245　无槽发电机　generator without coil slot

因大机组的气隙大，其绕组可固定在无槽的定、转子的铁心表面上，转子直径可增大、气隙磁密可提高的发电机。

11.246　核电站用发电机　generator for nuclear power station

容量大、安全可靠性要求高的核电站专用发电机。

11.247　超临界机组发电机　generator with supercritical turbine sets

容量为 600 MW 及以上与超临界汽轮机配套的发电机。

12.　热工自动化、电厂化学与金属

12.001　火力发电厂热工自动化　thermal process automation of thermal power plant

采用并通过各种自动化仪表和装置(包括计算机系统)对火力发电厂的热力生产过程进行开环的和(或)闭环的监视、控制，使之安全、经济、高效运行的技术。

12.002　自动化水平　automation level

一个电厂实时生产过程实现自动控制所达到的程度。其中包括参数检测、数据处理、自动控制、顺序控制、报警和联锁保护及其系统的完善程度，最终应体现在值班员的数量和过程安全、经济运行的实际效果上。

12.003　控制方式　control mode

值班员监视和控制机组或其他辅助系统运行所采取的形式。主要包括监控地点和所能完成的监控任务两方面内容。

12.004　单元控制室　unit control room

集中布置值班人员监视控制单元机组运行直接需要的监控装置的建筑物。是单元制机组的控制中心、值班员进行监视操作以保证机组安全、经济运行的场所。

12.005　电缆夹层　cable vault

供敷设进入控制室和(或)电子设备间内仪表、控制装置、盘、台、柜电缆的结构层。

12.006　电子设备间　electronics room

安装除值班人员监视、控制直接需要的监控装置外的电子(电气)设备(包括计算机、控制保护机柜及相关电源配供装置等)的房间。

12.007　热工配电箱　power supply cabinet for electric-drive valve

又称“热工配电柜”。为工艺系统中电动阀门提供电源的配电箱。

12.008　保温箱　warm-box

箱内有加热设备，能保持箱内温度在规定范围内并具有一定密封、防尘、防雨性能的结构装置。无加热设备的称“防护箱”。

12.009　控制盘台　control panel and console

布置监控过程所需的仪表、控制设备(包括键盘和(或)鼠标)、信号装置和屏幕显示器等的结构装置。

12.010　单元集中控制　unit centralized control

将锅炉、汽轮发电机组的控制盘台按单元机组集中组合布置在控制室内，并把单元机组作为一个整体进行监视和控制的一种方式。

12.011　就地控制　local control

控制盘台布置在被控设备或系统附近，值

班员对控制对象进行就近监视和控制的方式。

12.012　车间无人值班控制　non-operator control for department

车间不设值班员，仅依靠自动化系统对车间的生产过程进行的控制。必要时，可将少量重要故障信息发送到远方的某个兼管控制中心。

12.013　热工检测　thermal parameter measurement

以确定热工过程有关参数量值为目的的一组操作。热工参数通常是指温度、压力(差压)、流量、物位(液位及料位)、化学成分(包括烟气成分)以及热力设备必须检测的机械量。

12.014　热工检测仪表　thermal parameter measuring instrument

专供采集和测量与热工过程有关的参数的仪表。根据功能可划分为传感器、转换器、变送器、显示仪表或自身兼有检测元件和显示装置的仪表等类型。

12.015　一次仪表　primary instrument

直接安装在工艺管道或设备上，或者安装在测量点附近但与被测介质有接触，测量并显示过程工艺参数或者发送参数信号至二次仪表的仪表。

12.016　二次仪表　secondary instrument

接受由变送器、转换器、传感器(包括热电偶、热电阻)等送来的电或气信号，并指示所检测的过程工艺参数量值的仪表。

12.017　炉膛火焰检测　furnace flame scanning

通过火焰检测装置对锅炉燃烧室或燃烧器的火焰进行的采集和测量。用于判别锅炉的燃烧状况。

12.018　火焰检测器　flame detector

检测燃烧室或燃烧器火焰强度的装置。主要由探头和信号处理器两部分组成，输出表示火焰强度的模拟量信号、表示有无火焰的开关量信号和(或)表示火焰强度的视频信号。

12.019　工业电视　industrial television

用于监视工业生产过程及其环境的电视系统。该系统主要由摄像机、传输通道、控制器和监视器组成。应用在电力生产过程实时监视(如锅炉汽包水位监视、燃烧室火焰监视)、安全和消防等方面。

12.020　炉管泄漏监测系统　monitoring system of boiler tube leakage

利用声学监测原理实时检测炉内水冷壁、过热器、再热器、省煤器受热面管道的早期泄漏的监测系统。主要由声波导管、声波传感器和监测报警系统(主机系统)组成。

12.021　烟气连续监测系统　continuous emission monitoring system of flue gas，CEMS

通过采样方式或直接测量方式实时、连续地测定火电厂排放的烟气中各种污染物浓度的监测系统。锅炉烟气连续监测系统主要由烟尘监测子系统、气态污染物监测子系统、烟气排放参数监测子系统、系统控制及数据采集处理子系统组成。

12.022　煤量检测　coal weight measurement

用轨道衡、电子吊钩秤、电子散料秤及电子皮带秤等对由铁路、公路或水路运入发电厂的煤量以及由皮带送入锅炉房的煤量进行的测量。

12.023　水、汽品质监测仪表　water and steam quality monitoring instrument

又称“在线化学监测仪表”。设置于火力发电厂水、汽系统，用来连续采样、自动检测其性能和杂质含量的仪表。

12.024　模拟量控制系统　modulating control system，MCS

又称“自动调节系统”，“闭环控制系统”。对锅炉、汽轮机及辅助系统的有关模拟量参数进行连续闭环控制，使被控模拟量参数值维持在设定范围或按预期目标变化的自动控制系统的总称。

12.025　自动调度系统　automatic dispatch system，ADS

根据电网负荷、被控机组微增率、线损以及其他安全因素，实现全网机组安全、经济调度(负荷分配)的自动控制系统。

12.026　单元机组协调控制系统　unit coordinated control system，CCS

将单元机组的锅炉控制和汽轮机控制两个子系统作为一个整体、互相协调配合地进行控制，使锅炉和汽轮机尽快地共同适应电网负荷变化的需要，又共同保持机组安全、稳定运行的控制系统。有锅炉跟踪、汽轮机跟踪和协调控制三种控制方式。

12.027　锅炉跟踪方式　boiler follow mode，BF

汽轮机控制功率，锅炉控制汽压，使锅炉的负荷适应汽轮机负荷变化需要的一种控制方式。

12.028　汽轮机跟踪方式　turbine follow mode，TF

锅炉控制功率，汽轮机控制汽压，使机前汽压保持稳定的一种控制方式。

12.029　协调控制方式　coordinated control mode

协调控制系统中控制负荷的子系统接受汽压变化的限制，控制汽压的子系统超前接受反映负荷变化需要的指令，使锅炉、汽轮机互相协调配合地控制功率和汽压的控制方式。

12.030　锅炉模拟量控制系统　boiler modulating control system

使锅炉适应负荷需要，或者维持锅炉各主要模拟量参数在要求范围内的各个模拟量控制系统的总称。

12.031　直流锅炉模拟量控制系统　modulating control system of once-through boiler

使直流锅炉适应负荷需要，或者维持直流锅炉各主要模拟量参数在要求范围内的各个模拟量控制系统的总称。

12.032　给水控制系统　feedwater control system

使给水流量适应锅炉的蒸发量，并维持汽包水位在设定范围内(汽包锅炉)的模拟量控制系统。

12.033　过热汽温度控制系统　superheat steam temperature control system

使过热蒸汽温度维持在设定范围内的模拟量控制系统。

12.034　再热汽温度控制系统　reheat steam temperature control system

使再热蒸汽温度维持在设定范围内的模拟量控制系统。

12.035　燃烧控制系统　combustion control system

使炉膛内燃料燃烧的能量适应锅炉负荷的需要，同时维持锅炉安全、经济运行的模拟量控制系统的总称。通常由燃料量控制系统、送风量控制系统、氧量校正系统和炉膛压力控制系统组成。

12.036　燃料量控制系统　fuel control system

控制进入炉膛的燃料量，使锅炉适应负荷需要的模拟量控制系统。

12.037　送风量控制系统　air flow control system

控制进入锅炉的风量，使之与燃料量相匹

配，以维持安全、经济燃烧的模拟量控制系统的总称。通常包括总风量和一、二次风量等控制系统。

12.038 炉膛压力控制系统 furnace pressure control system

控制引风量使炉膛压力维持在设定范围内的模拟量控制系统。

12.039 磨煤机出口温度控制系统 pulverizer outlet temperature control system

使磨煤机出口风、粉混合物温度维持在设定范围内的模拟量控制系统。

12.040 一次风压力控制系统 primary air pressure control system

使一次风压力稳定在设定范围内的模拟量控制系统。

12.041 石灰石量控制系统 limestone control system

控制进入循环流化床锅炉的石灰石量，使锅炉排烟中 SO_2 含量满足环保要求的模拟量控制系统。

12.042 床温控制系统 furnace temperature control system

使循环流化床锅炉床层温度维持在设定范围内的模拟量控制系统。

12.043 床压控制系统 furnace pressure difference control system

使循环流化床锅炉床料厚度维持在设定范围内的模拟量控制系统。

12.044 汽轮机控制系统 steam turbine control system

使汽轮机适应各种运行工况的控制系统的总称。包括汽轮机调节系统、液压伺服系统，还包括超速保护、热应力计算、自启停和负荷自动控制、操作监视等子系统。

12.045 数字式电液控制系统 digital electro-hydraulic control system，DEH

又称“数字电调”。由按电气原理设计的敏感元件、数字电路(计算机)以及按液压原理设计的放大元件和液压伺服机构构成的汽轮机控制系统。

12.046 给水泵汽轮机数字式电液控制系统 micro-electro-hydraulic control system，MEH

用微型计算机及液压伺服机构实现给水泵汽轮机各项功能的一种数字式电液控制系统。

12.047 转速控制 speed control

汽轮机控制系统的一种功能，即在汽轮机启动、升速和定速运行过程中，按照设定的目标转速和升速率改变和(或)维持汽轮机转速。

12.048 负荷控制 load control，load governing

汽轮机控制系统的一种功能，即在机组并网后，按照设定的目标负荷和升负荷率改变或维持机组负荷。

12.049 负荷限制 load limit

汽轮机控制系统的一种功能，即当机组的运行工况或蒸汽参数出现异常时，通过限制汽轮机调速汽门的开度来限制机组出力，以避免机组损坏和尽快使机组恢复正常运行。

12.050 主汽压力控制 main steam pressure control

汽轮机控制系统的一种功能，即根据主汽阀前汽压与主汽压力设定值之间的偏差控制调节汽门开度，以维持主汽压力在设定值。

12.051 阀门管理 valve management

又称“进汽方式切换”。根据运行方式(定压、滑压)和负荷变化的要求，对汽轮机高压调节阀两种运行方式(节流调节方式和喷嘴调节方式)进行选择和切换。

12.052 旁路控制系统 by-pass control system, BPC

汽轮机旁路系统的自动投、切控制及旁路出口蒸汽压力、温度自动控制系统的总称。

12.053 汽轮机背压控制系统 turbine back pressure control system

在直接空冷系统中，使空冷汽轮机的背压维持在设定范围内的模拟量控制系统。

12.054 冷却水温度控制系统 circulating water temperature control system

在间接空冷系统中，使循环冷却水温度维持在设定范围内的模拟量控制系统。

12.055 总压力控制系统 circulating water pressure control system

在间接空冷系统中，使循环冷却水系统压力维持在设定范围内的模拟量控制系统。

12.056 燃气轮机控制系统 gas turbine unit control system

使燃气轮机适应各种运行工况的控制系统的总称。包括燃气轮机转速、负荷、温度控制系统和液压伺服系统，还包括自启停、报警、保护和监视操作等子系统。

12.057 联合循环机组协调控制 coordinated control of combined cycle unit

将联合循环机组的燃气轮机、余热锅炉、汽轮机作为一个整体进行控制，使它们共同适应电网负荷的需要又同时保持联合循环机组安全、稳定运行的控制方式。适应负荷需求的控制有：①燃气轮机接受负荷指令，余热锅炉跟踪燃气轮机，汽轮机跟踪余热锅炉；②燃气轮机、汽轮机同时接受负荷指令，余热锅炉自动控制主蒸汽压力，该方式适用于补燃型余热锅炉。

12.058 燃气温度控制系统 gas temperature control system

使燃气轮机排气温度维持在设定范围内的模拟量控制系统。

12.059 压气机入口导叶控制 air compressor inlet stator blade control

控制压气机入口可调导叶角度以防止启、停或低速运行时压气机发生喘振，且在部分负荷工况时控制压气机入口可调导叶角度以提高联合循环机组的热效率。

12.060 自动调节装置 automatic regulating equipment

当被调量受到扰动作用出现偏离时，能自动做相应调节，使被调量维持在设定范围内或按预定规律变化的仪表及装置。

12.061 基地式调节仪表 local control device

能同时进行生产过程参数的测量、指示、调节乃至记录的单参数现场安装型自动调节仪表。

12.062 单元组合式调节仪表 aggregated unit control instrument

由具有不同功能的若干单元仪表按调节系统具体要求组合而成的自动调节仪表。

12.063 组装式调节仪表 packaged electronic modular control instrument

采用机柜安装形式，由各种功能插件按调节系统要求组装而成，或者由计算机主机板与其他通道、接口、通信板配置而成的自动调节装置。

12.064 数字式调节仪表 digital regulating instrument

使用数字计算机实现过程控制的一种工业自动化仪表。由硬件和软件两部分组成。

12.065 开关量控制系统 on-off control system, OCS, binary control system

采用二进制控制方式实现生产过程中主设备、辅助设备启、停或开、关操作的控制系统的总称。

12.066 联锁控制 interlock control

某一参数达到规定值或某一设备启、停或开、关时，联动或闭锁对另一设备的控制。

12.067　顺序控制系统　sequence control system

按照规定的时间或逻辑的顺序，对某一工艺系统或主要辅机的多个终端控制元件进行一系列操作的控制系统。

12.068　单元机组自启停控制　automatic control for unit start-up and shutdown

对包括锅炉、汽轮发电机组及相应辅助系统和辅助设备的单元机组，按启停的操作规律实现自动启动和停止的控制。

12.069　功能组级控制　function group control

把工艺上互相联系并具有连续不断的顺序控制特征的设备作为一个整体的控制。如锅炉通风控制。

12.070　子功能组级控制　function subgroup control

把某一辅机及其附属设备或某一局部工艺系统看作一个整体的控制。如送风机、引风机、给水泵等的控制。

12.071　单个操作　one-to-one control

每个控制开关（或按钮）对应一个被控对象（执行机构、电动门或辅机电动机等），并由它直接对其进行的操作。

12.072　汽轮机热应力监控系统　turbine stress supervisory system

采用建立数学模型或物理模型的方法连续监测汽轮机转子特定部位的热应力，将结果供给汽轮机控制系统，用于限制升速过程中的升速率和升负荷过程中的升负荷率，保证转子应力在允许范围内的自动监控系统。

12.073　汽轮机自启停控制系统　automatic turbine start-up or shutdown control system

根据汽轮机的热应力或其他设定参数，指挥汽轮机控制系统完成汽轮机的启动、并网带负荷或停止运行的自动控制系统。

12.074　给水泵顺序控制　sequence control of boiler feedwater pump

按照电动给水泵及其辅助系统在启、停过程中的时序和逻辑关系，对它们进行的顺序控制。

12.075　锅炉点火系统顺序控制　sequence control of boiler ignition system

按照锅炉点火系统中相关设备在投、切过程中的时序和逻辑关系，对它们进行的顺序控制。

12.076　煤粉制备系统顺序控制　sequence control of pulverizing coal system

按照煤粉制备系统中相关设备在启停过程中的时序和逻辑关系，对它们进行的顺序控制。

12.077　辅机顺序控制　sequence control of auxiliary equipment

按照电厂辅机及相关设备和系统在启动（投入）、停止（切除）过程中的时序和逻辑关系，将它们分组进行的顺序或逻辑控制。

12.078　水处理系统顺序控制　sequence control of water treatment system

对电厂中各种水处理系统的工艺过程实施顺序控制的总称。包括锅炉补给水处理系统顺序控制、凝结水处理系统顺序控制、循环水处理系统顺序控制、工业废水处理系统顺序控制以及生活污水处理系统顺序控制等。

12.079　锅炉吹灰系统顺序控制　sequence control of boiler soot blowing system

按照锅炉吹灰系统中相关设备在启、停过程中的时序和逻辑关系，对它们进行的顺序控制。

12.080 输煤系统顺序控制 sequence control of coal handling system

按照输煤工艺流程对火力发电厂进厂煤送锅炉房或储煤场、储煤场的煤送锅炉房等燃煤输送过程进行的顺序控制。

12.081 热工报警系统 alarm system

具有声、光信号输出，以表明热力设备或控制系统不正常或工艺系统参数超出规定值的自动化系统。

12.082 信号器 annunciator

又称“光字牌”。接收到启动信号时由内部照明显示图形符号或文字代号的指示装置。

12.083 首出原因 first-out

引起保护动作的第一原因。保护动作后，可通过信号处理装置发出声、光信号。

12.084 报警抑制 alarm cut out

对报警信息的一种处理方法，如在某些工况(如启动)下，介质参数虽然达到报警限值，但并不属于异常现象，为不影响正常监视而闭锁报警的措施。

12.085 热工保护 thermal process protection, thermal equipment protection

热力生产过程中出现异常情况或事故时，根据事故的性质和程度，按照预定的处理程序自动地对相关设备进行的操作。以消除异常和防止事故扩大，保证人身和设备安全。

12.086 单元机组保护 boiler-turbine-generator unit protection

当单元机组运行过程中锅炉或汽轮发电机组发生紧急事故时，根据事故情况迅速将单元机组按预定的保护程序减负荷或停机。

12.087 炉膛安全监控系统 furnace safety supervisory system，FSSS

使锅炉燃烧系统中各设备按规定的操作顺序和条件安全启(投)、停(切)，并能在危急工况下迅速切断进入锅炉炉膛的全部燃料(包括点火燃料)，防止爆燃、爆炸等破坏性事故发生，以保证炉膛安全的保护和控制系统。包括炉膛安全系统和燃烧器控制系统。

12.088 炉膛安全系统 furnace safety system，FSS

防止炉膛内燃料和空气混合物产生不安全工况，并能在危急工况下迅速切断进入锅炉炉膛的全部燃料(包括点火燃料)，防止爆燃、爆炸等破坏性事故发生，以保证炉膛安全的保护系统。

12.089 燃烧器控制系统 burner control system，BCS

根据指令或锅炉负荷变化的要求，按照规定的操作顺序和条件启(投)、停(切)锅炉点火系统和(或)燃烧器的控制系统。在中间储仓式制粉系统中是单个或成对地投切燃烧器；在直吹式制粉系统中是一台磨煤机及辅助设备的启停。

12.090 炉膛外爆保护 furnace explosion protection

防止炉膛或与炉膛相连的后部烟道受限空间内由于燃料和空气混合物产生爆燃，压力瞬间升高，乃至损坏炉膛及烟道的保护措施。

12.091 炉膛内爆保护 furnace implosion protection

防止因炉膛负压过大使炉墙内、外的压差超过炉墙所能承受的压力，导致炉墙向内爆裂的保护措施。

12.092 全炉膛火焰丧失保护 loss-of-all flame protection

当送入锅炉炉膛的燃料和空气不能燃烧转化为燃烧产物，发生全炉膛火焰丧失的异常情况时，迅速切断进入炉膛的全部燃料(包括点火燃料)，防止爆燃、爆炸等破坏性事故发生的保护措施。

12.093　点火失败保护　ignition failure protection

在接到点火指令后的规定时间内燃料未被证实点燃(燃烧室点火失败)时，迅速关断燃料、退出该点火系统，并禁止在规定时间内再次点火的保护措施。

12.094　总燃料跳闸　master fuel trip，MFT

由人工操作或保护信号动作，切除进入锅炉炉膛的所有燃料。

12.095　油燃料跳闸　oil fuel trip，OFT

快速关闭燃油阀，切除进入锅炉炉膛的所有燃料油。

12.096　稳定火焰　stable flame

在锅炉负荷某个运行范围内和大变化率下，始终保持其连续性的火焰包络。

12.097　火焰　flame

燃料和空气混合后迅速转变为燃烧产物的化学过程中出现的可见光或其他物理表现形式。

12.098　火焰包络　flame envelope

将燃料和空气转变为燃烧产物过程中可见与不可见的边界。

12.099　单燃烧器火焰检测　individual burner flame detection

每一个燃烧器都配置有用于检测各自燃烧状况的火焰检测方式。

12.100　全炉膛火焰检测　full furnace flame detection

在最上一层燃烧器的上方布置火焰检测器，检测全炉膛燃烧状况的火焰检测方式。

12.101　临界火焰　critical flame

在运行的燃烧器中，有 50%或以上的燃烧器火焰在一定的时间间隔(如 15 s)内相继消失时的火焰状况。

12.102　角火焰消失　loss of flame to a corner

四角喷燃切圆燃烧炉膛的任何一角中有三个以上的燃烧器在运行，出现若干个燃烧器(数量可整定)的火焰消失现象。

12.103　全炉膛火焰丧失　loss of all flame

表示火室燃烧锅炉炉膛熄火的一种指令。根据炉膛结构，有不同的定义。①对于四角喷燃炉膛：若采用单燃烧器火焰检测方式，当每一层火焰检测器检测到的灭火信号大于 2/4 时为全炉膛火焰丧失；若采用全炉膛火焰检测方式，当 2/4 或以上的火焰检测器检测不到火焰信号时为全炉膛火焰丧失。②对于墙式燃烧或 W 型燃烧式炉膛：当检测到灭火信号大于某一数量时(可根据燃烧器数量及制造厂要求确定)为全炉膛火焰丧失。

12.104　吹扫风量　purge rate

满足吹扫过程所需的空气流量。用百分数表示，不低于额定负荷时空气容积流量的 25%，同时又不高于 40%的恒定流量。

12.105　吹洗　scavenging

在油燃烧器或点火器停用后，使用许可的蒸汽或空气来清洗留在管道和燃烧器中剩余的液体燃料。

12.106　锅炉汽包水位保护　boiler drum water level protection

防止汽包锅炉发生因汽包水位过高或过低造成过热蒸汽带水或水冷壁管干烧等事故的保护措施。

12.107　直流锅炉给水流量过低保护　low feedwater flow protection of once-through boiler

防止发生因给水流量过低造成直流锅炉受热面严重超温事故的保护措施。

12.108　辅机故障减负荷　runback，RB
当主要辅机(如给水泵、送风机、引风机)发生故障部分退出工作使机组不能带额定负荷时，快速降低机组负荷的控制措施。

12.109　机组快速切负荷　fast cutback，FCB
当汽轮机或发电机甩负荷时，使锅炉不停运的一种控制措施。根据机组快速切负荷后机组的不同运行要求，可分为：5% FCB，为机组带厂用电单独运行的方式；0%FCB，为停机不停炉的运行方式。

12.110　瞬间甩负荷快控保护　fast valving protection during transient load cutback
在电网故障甩负荷的瞬间，利用汽轮机进汽调节阀快速控制来提高电力系统暂态稳定的保护措施。

12.111　超速保护控制　overspeed protection control，OPC
当汽轮机转速或转子加速度达到或超过规定值时，自动控制调节汽阀关闭、开启直至正常转速控制回路可以维持额定转速的抑制超速控制功能。

12.112　超速跳闸保护　overspeed protection trip，OPT
防止汽轮机因转速过高使转动零部件承受过大的离心力造成损坏的紧急停机保护措施。

12.113　汽轮机紧急跳闸系统　emergency trip system，ETS
当汽轮机运行过程中出现异常时，能采取必要措施进行处理，并在异常情况继续发展到可能危及设备安全时，采取紧急措施停止汽轮机运行的保护系统。

12.114　润滑油压力过低保护　lubricating oil excessive low pressure protection
防止因润滑油压力过低使轴承供油量不足造成轴瓦乃至汽轮机损坏的保护措施。

12.115　凝汽器真空过低保护　excessive low vacuum protection of condenser
防止汽轮机因真空过低造成损伤的保护措施。

12.116　发电机冷却系统故障保护　generator cooling system failure protection
防止因冷却系统故障使发电机定子线圈过热造成绝缘破坏的保护措施。

12.117　汽轮机监视仪表　turbine supervisory instrument，TSI
监视汽轮机转速、振动、膨胀、位移等机械参数的仪表的总称。

12.118　瞬态数据管理系统　transient data management system，TDM
采集汽轮机(旋转机械)各轴承振动等数据，通过专家系统软件综合分析汽轮机(旋转机械)运行状况，对存在的隐患进行判断、预告或处理的专用装置。

12.119　分散控制系统　distributed control system，DCS
又称“集散控制系统”。由多个(对)以微处理器为核心的过程控制采集站，分别分散地对各部分工艺流程进行数据采集和控制，并通过数据通信系统与中央控制室各监控操作站联网，对生产过程进行集中监视和操作的控制系统。

12.120　工程师站　engineer station
供工业过程控制工程师使用的，对计算机系统进行组态、编程、修改等的工作站。

12.121　操作员站　operator station
在分散控制系统中，作为操作员操作台使用的人机接口设备。包括显示器、主机、键盘、鼠标或光笔等。

12.122　历史数据存储　historical data memory
将重要的运行参数定期地存入存储器中保

存的操作。在必要时，可以随时调出显示或打印。

12.123 定时打印 periodic logging

按预定的格式和时间打印计算机检测、处理的数据。

12.124 追忆打印 post-trip logging

打印机组发生事故前、后一定时间内指定的相关参数和数据。

12.125 事件顺序记录 sequence of event, SOE

在发生事故时，记录开关动作的时间和顺序，并可按动作的顺序打印。

12.126 扫描速率 scan rate

以每秒输入通道数表示的一系列输入通道的访问速率。

12.127 采样周期 sampling period

周期性采样控制系统中两次采样之间的时间间隔。

12.128 过程控制级 process control level

分散控制系统结构中的基础级。由各种形式的数据采集站、控制站组成并直接与检测仪表和执行机构相连，完成工艺过程数据的采集、处理和(或)控制。

12.129 监控级 supervision level

分散控制系统结构中过程控制级的上一级。由人机接口、外围设备等组成，主要完成集中监视、操作处理、制作报表、优化控制等功能。

12.130 厂级信息系统 information system for plant level

厂级监控信息系统和管理信息系统的总称。是电厂内机组级和辅助车间级自动化系统的上一级信息系统。

12.131 厂级监控信息系统 supervisory information system for plant level, SIS

为火力发电厂建立全厂生产过程实时/历史数据库平台，并为全厂实时生产过程综合优化服务的实时生产过程监控和管理信息系统。

12.132 厂级监控信息系统功能站和客户机 function computer and client computer

完成厂级监控信息系统应用功能和管理功能的计算机或服务器，包括数据库服务器、应用软件功能计算机或服务器、系统备份服务器、防病毒服务器及维护管理计算机。系统内的其他计算机工作站称为客户机。

12.133 寿命在线监测 on-line residual life monitoring

在运行中利用安全状态检测系统对火力发电机组的设备或构件进行剩余寿命实时监测的技术。

12.134 工艺设备状态监测 status monitoring of process equipment

采集和监视主机及主要辅机设备运行状态及参数，并将其存入数据库，作为实现电厂状态检修功能和设备故障诊断的基础数据。

12.135 机组性能计算 unit performance calculation

用数据采集系统中检测和处理的数据，按预定的公式对机组运行性能进行的计算。如厂用电率、锅炉效率、汽轮机效率、机组效率、煤耗、热耗等。

12.136 厂级性能计算 plant performance calculation

用电厂各机组和各辅助生产车间仪表控制系统采集、处理和计算的相关数据，按预定的公式对全厂生产运行各项经济性能进行的计算。如全厂供电煤耗、全厂发电煤耗、全厂用电率、全厂供电量、全厂发电量、全厂燃煤量、全厂燃油量、全厂补给水量、全厂辅助用汽量等。

12.137　机组运行优化指导　guidance of unit optimized operation

依据厂级和机组级性能计算和分析结果，以运行效率最高、煤耗率最低为目标，提出的机组优化运行方式、优化运行参数等指导意见。使机组运行在最佳工况。

12.138　负荷优化分配　optimization of dispatching load

根据全厂主、辅机投运状况和各台机组运行效率及煤耗，在保证电网安全的条件下，以全厂最大收益为目标，进行最优化的负荷分配。

12.139　管理信息系统　management information system，MIS

由人和计算机网络集成，能提供企业管理所需信息以支持企业的生产经营和决策的人机系统。主要功能包括经营管理、资产管理、生产管理、行政管理和系统维护等。

12.140　工业控制系统用现场总线　field bus

用于控制系统和工业现场传感器、执行器等设备之间进行数字、串行通信的通信系统。

12.141　自动化系统电源　power supply of automation system

为自动化系统中需要用电的所有设备提供的各种类型电源。包括交流不间断电源、直流电源、交流电源、保安电源和低压电源等。

12.142　自动化系统气源　air supply of automation system

为自动化系统中需要用气的所有设备提供的气源。根据用气设备对气源品质的不同要求，分为仪用气源和厂用气源，后者主要用于防堵吹扫。

12.143　热工自动化设计　design of thermal process automation

火力发电厂热力生产过程的控制方式、仪表控制系统及设备安装、布置设计的总称。

12.144　仪表控制系统安装　installation of instrument and control system

与热力设备及其系统有关的热工仪表和控制装置的校验、安装、调试工作的总称。

12.145　仪表管路敷设　instrument tube routing

仪表测量管、取样管、气源和气信号管、蒸汽伴热管、排污管等的弯管、铺放、连接和固定工作的总称。

12.146　仪表管连接　connection of instrument tube

采用焊接、螺纹连接、法兰连接或可拆卸的接管件将两根仪表管对口接通。可拆卸的接管件有卡套式管接头、压垫式管接头、胀圈式管接头和扩口式管接头。

12.147　仪表管固定　fixing of instrument tube

采用可拆卸的管卡将仪表管固定在支架上。

12.148　伴热　heat tracing

为防止仪表和管道中的介质冻结，在其旁敷设加热源进行加热的措施。

12.149　管路严密性试验　leakage test for instrument tube

仪表管路敷设完毕后，随同主设备或单独施加规定的压力和保压时间，对管路、阀门、附件等进行的泄漏检验。

12.150　顺序控制系统调整试验　commissioning test for sequence system

按照规定的转移条件，如时间和(或)被控系统状态对顺序控制系统的各终端控制元件进行一系列控制操作的调整试验。

12.151　联锁保护试验　testing of interlock protection

根据联锁保护条件，对联锁保护装置特性

及回路动作正确性所进行的一系列调整试验。

12.152 模拟量控制系统调整试验 commissioning test of modulating control system

根据模拟量控制装置的特性，使其与控制对象的特性相匹配，以实现在无人直接干预下控制系统自动维持生产过程在规定工况下运行的调整试验。

12.153 调节品质 control quality

对模拟量控制系统工作质量的一种评价。根据热力生产过程的要求，评价调节品质主要有稳定性、准确性和快速性三个指标。

12.154 模拟量控制系统投入率 operational rate of modulating control system

满足规定投入时间要求的模拟量控制系统套数与设计的模拟量控制系统总套数之比。通常用百分数表示。

12.155 保护系统投入率 operational rate of protection system

已投人使用的保护系统套数与设计的保护系统总套数之比。通常用百分数表示。

12.156 输入输出点接入率 installation rate of input/output point

已安装的输入、输出点数与设计的输入、输出点数之比。通常用百分数表示。

12.157 输入输出点完好率 availability of input/output point

抽样检查的输入、输出点中合格的点数与抽样检查的总点数之比。通常用百分数表示。

12.158 仪表完好率 instrument availability

在各工艺系统和设备所安装的仪表中，一、二类仪表数量与安装的仪表总数之比。通常用百分数表示。一类仪表指：系统综合误差在允许范围内，指示和记录清晰，信号动作正确，附属设备安装牢固，绝缘良好，管路和阀门不堵补漏，表牌和标志明显，技术资料及校验记录齐全的仪表；二类仪表指：系统中个别点超差但经调校后即符合要求，个别附件有缺陷但并未妨碍仪表正常使用，其他均符合一类仪表要求的仪表。

12.159 仪表准确率 percentage of instrument with allowable accuracy

在规定期限内，对电厂投运的测量仪表进行定期校验、大修前校验、抽查校验的仪表总数中，未经任何调整，系统测量综合误差在允许范围内的仪表数量与上述三项被校验仪表总数之比。通常用百分数表示。

12.160 仪表故障率 instrument fault rate

在规定时段内仪表故障停用时间与这一时段之比。通常用百分数表示。

12.161 周期检验率 percentage of instrument undergone periodical calibration

在规定周期内已检验的仪器仪表数与应检验的仪器仪表数之比。通常用百分数表示。

12.162 热工技术监督 technical supervision of instrument and control

电力行业的九项技术监督之一。主要任务是：执行有关技术标准、法规；建立计量标准，做好量值传递和建标考核；对标准计量器周期检定，对热工仪表及控制装置周期校验和质量管理；组织专业技术交流和专业技术培训；对仪表准确率和自动投入率进行统计评比等。

12.163 热工量值传递 dissemination of the value of a mechanical quantity

温度、压力等热工量值通过国家的最高计量基准器来分度工作基准器，再由工作基准器校验或分度一等标准仪器（仪表），并由一等标准仪器（仪表）校验二等标准仪器（仪表），二等标准仪器（仪表）校验实验室仪器(仪表)和工业用仪表的逐级传递量值的过程。

12.164 标准计量仪器 standard measuring instrument

对计量仪表及装置进行标准计量检定以确定其性能(准确度、稳定度、灵敏度、可靠性等)是否合格所用的仪器。

12.165 标准计量设备 standard measuring device

产生检定、校准或检验条件，或者既能产生检定、校准或检验条件，又能进行标准计量检定、校准或检验的设备。

12.166 [计量器具的]检验 inspection [of a measuring instrument]

为查明计量器具的检定标记或检定证书是否有效，保护标记是否损坏，检定后计量器具是否遭到明显改动，以及其误差是否超过使用中最大允许误差所进行的一种检查。

12.167 火电厂仿真机 simulator for thermal power plant

利用计算机仿真技术，演示与真实情况相同或相近的发电机组各种运行方式的状态，并可对其进行离线控制，为机组运行值班员进行培训的计算机系统。

12.168 全范围高逼真度仿真机 full scope, high realism simulator

简称“全仿真”。针对具体电厂、具体机组的仿真机，即仿真机与电厂单元控制室内控制盘台及其上的设备和布置完全一样，模仿真实电厂过程控制计算机的功能和全部运行范围内的自动控制系统的动态和逻辑，建立0~100%负荷的物理过程模型以及各种故障模型。

12.169 通用型仿真机 generic simulator

不以某一实际电厂为目标，而是模拟某类型、某容量机组的设备和系统。仿真基本原理与实际电厂完全一致，但控制盘台上的设备作了简化，仿真范围有所缩小。

12.170 教练员台 instructor station

教练员用于控制仿真机运行和监视受训人员的监控设备。一般由屏幕显示器、键盘和操作台组成，还可根据需要配置无线遥控装置等设备以实现更多功能。

12.171 就地操作站 local operating station

对机组启、停或事故处理过程中所需就地操作设备的仿真。一般包括一台屏幕显示器和一个键盘，也可以是就地操作模拟盘。

12.172 天然水 natural water

存在于自然界的未经人工处理的水。

12.173 水质分析 water quality analysis

用定量分析方法测定单位体积水溶液中各种物质的含量。

12.174 悬浮物 suspended substance

悬浮于水溶液中，其直径大于 1×10^{-4} mm 的颗粒物。

12.175 胶体物 colloidal substance

在水中其粒径在 10^{-6}~10^{-4} mm 之间的许多分子和离子的集合物。

12.176 有机物 organic matter, organic compound

通常指碳氢化合物。

12.177 浊度 turbidity

水的透明程度的量度。指水溶液中所含颗粒物对光的散射情况。

12.178 沉积物 deposit

从水中沉淀出的各种固体物质。

12.179 沉渣 sludge

水的沉积物中的较大颗粒物。

12.180 碱度 alkalinity

单位体积水中能与强酸发生中和反应的物

质总量，是水对酸的缓冲能力的一种度量。通常以酚酞碱度、甲基橙碱度等表示。

12.181 酸度 acidity
单位体积水中所含能提供(解离出)氢离子与强碱(如 NaOH、KOH)等发生中和反应的物质总量。

12.182 溶解氧 dissolved oxygen
在一定条件下，溶解于水中分子状态的氧的含量。

12.183 化学需氧量 chemical oxygen demand，COD
在一定条件下，氧化 1 L 水样中还原性物质所消耗的氧化剂的量。以水中含有机物(还原性物质)的量表示，其单位为 mg/L。

12.184 钠度计 sodium ion analyzer
又称"pNa 计"。测定单位体积水中钠离子含量的仪器。

12.185 电导仪 conductometer，conductivity meter
测量物质导电能力的仪器。

12.186 水预处理 pretreatment of water
将含有杂质的原水处理到符合后续水处理装置所允许的进水水质指标的处理工艺。

12.187 D 值 D value
杀灭水中 90%的微生物所需要的时间。

12.188 pH 值 pH value
表示水溶液呈酸性或碱性及其强度的水中氢离子浓度的负对数。水的 pH=7 时为中性，pH>7 时为碱性，pH<7 时为酸性。

12.189 加氯处理 chlorination
通过向水中投加含有活性氯(Cl_2)的药剂，如漂白粉、次氯酸钠、液氯、二氧化氯等进行杀菌灭藻的水处理过程。

12.190 除有机物 organic matter removal
用加药混凝或吸附剂吸附等方法除去水中的有机物的处理过程。

12.191 污染密度指数 silt density index，SDI
在规定压力下，用 0.45μm 的微滤膜过滤一定量被测水所需要的时间。

12.192 澄清预处理 clarifying pretreatment
通过向水中投加混凝剂所进行的一系列混合、混凝、沉淀的预处理过程。

12.193 澄清器 clarifier
一种将水和凝聚剂等药剂的快速混合、混凝、沉淀三种过程合一的装置。

12.194 过滤预处理 filtering pretreatment
在规定条件下，用颗粒状、纤维状或成型滤材去除被过滤的水中的悬浮物的过程。

12.195 过滤器 filter
进行过滤预处理的装置。

12.196 覆盖过滤器 precoated filter
在普通过滤器的滤元上覆盖一层纸浆、硅藻土或阴阳混合离子交换树脂膜的过滤器。

12.197 电磁过滤器 electromagnetic filter
利用电磁吸附存在于水中的颗粒状的磁性氧化铁进行过滤的过滤器。

12.198 离子交换技术 ion exchange technology
离子交换树脂官能团上的离子与水中同符号的离子相互交换，失效后的树脂用再生剂再生恢复交换能力，可继续使用的技术。

12.199 离子交换树脂 ion exchange resin
带有官能团(有交换离子的活性基团)、具有网状结构、不溶性的高分子化合物。通常是球形颗粒物。

12.200 阴离子交换树脂 anion exchange resin
离子交换树脂官能团上的离子只能与水中

阴离子相互交换的树脂。

12.201 阳离子交换树脂 cation exchange resin

离子交换树脂官能团上的离子只能与水中阳离子相互交换的树脂。

12.202 树脂传输系统 resin transfer system

将新树脂或已再生的树脂输送到各个工艺设备，并将失效的树脂输送到树脂储存罐或再生罐的系统。

12.203 树脂再生 resin regeneration

离子交换器所装载的离子交换树脂运行至失效后，用专门配制的再生液进行处理，使其转变成所需要的树脂型态，恢复交换能力的工艺。

12.204 对流再生 counter current regeneration

离子交换树脂再生过程中再生液的流向与运行时水流方向相反的再生方法。

12.205 碱耗 alkaline consumption

用碱作为再生剂进行阴离子交换树脂再生时，获得 1 mol 的交换量所需的再生剂 NaOH 的量。其单位用 g/mol 表示。

12.206 酸耗 acid consumption

用酸作为再生剂进行阳离子交换树脂再生时，获得 1 mol 的交换量所需的再生剂 HCl 或 H_2SO_4 的量。其单位用 g/mol 表示。

12.207 再生剂用量 regenerant consumption

再生一台离子交换器所装载失效的树脂时，所需再生剂的总量。其单位为 kg。

12.208 氨化混床 aminate mixed bed

用 NH_4OH 溶液循环清洗混入阴树脂(阴塔)中 Na^+型阳树脂，使之生成 NH_4^+型，从而保证提高混床运行时出水质量和较长的运行周期。

12.209 总硬度 total hardness

单位体积水中钙、镁离子的含量总和。硬度单位为 mol/L、mmol/L 或 μmol/L。测硬度时，基本单元为 $(1/2\ Ca^{2+}+1/2\ Mg^{2+})$。

12.210 软化 water softening

运用阳离子交换的原理，将水中能形成水垢的硬度组分(钙、镁离子)转换为不生成水垢的钠离子等组分的过程。

12.211 软化器 softener

采用阳离子交换技术，能将水中的硬度组分(钙、镁离子)去除掉的设备。

12.212 软化水 softened water

经软化处理后的水，即除去了部分或全部钙、镁离子的水。

12.213 苏打石灰法 soda lime process

向水中加入 CaO、Na_2CO_3 后，与水中的 $Ca(HCO_3)_2$ 和 $Mg(HCO_3)_2$ 反应后分别生成 $CaCO_3$ 和 $Mg(OH)_2$ 沉淀，从而将水中 Ca^{2+}和 Mg^{2+}除去的方法。

12.214 反洗 backwashing

当设备停用后，采用具有一定压力的水，与运行时水流方向相反来清除设备及其系统内在运行时积集的污物的过程。

12.215 浮动床 floating bed

简称“浮床”。采用床层(树脂层)浮动(被水流托起)方式运行的离子交换器。

12.216 混合床 mixed bed

简称“混床”。将阴、阳离子交换树脂按 2∶1 或一定的比例装在同一个交换器中，均匀混合后运行时能形成许多级阳、阴离子交换的离子交换器。

12.217 双层床 stratified bed

在一个离子交换器内装入密度不同的弱型(处于上层)和强型(处于下层)树脂，采用逆流再生，正流运行的离子交换器。分为阳双层床和阴双层床两种。

12.218 三层床 tribed

双层床加上一层没有活性基团的惰性树脂(没有交换能力的白球树脂)构成的离子交换器。

12.219 双室床 lifted bed，double cell bed

在离子交换设备中部加装一多孔隔板，将该设备分隔为上下两室的离子交换器。有双室浮床和双室逆流再生床两种形式。

12.220 除硅 desiliconization

工业水处理中依据不同要求(SiO_2 残留值)用药剂(石灰、镁剂)法或离子交换法除去水中 SiO_2 的过程。

12.221 超滤 ultrafiltration

以压力差为推动力，截留水中粒径在 1~20 nm 之间的颗粒物的膜分离技术。

12.222 微滤 microfiltration

以压力差为推动力，截留水中粒径在 0.02~10 μm 之间的颗粒物的膜分离技术。

12.223 纳滤 nanofiltration

以压力差为推动力，介于反渗透和超滤之间的截留水中粒径为纳米级颗粒物的一种膜分离技术。

12.224 总含盐量 total dissolved salt，TDS

单位体积水中所含盐类的总量，即单位体积水中总阳离子的含量和总阴离子的含量之和。

12.225 除盐水 demineralized water

水中盐类被全部除去或除到一定程度的水。

12.226 海水淡化 sea water desalination

去除海水的含盐量生产出符合要求的淡水的过程。

12.227 反渗透 reverse osmosis，RO

一种以高于渗透压的压力作为推动力，利用选择性膜只能透过水而不能透过溶质的选择透过性，从水体中提取淡水的膜分离过程。

12.228 透过性 permeability

反渗透膜元件的透水性能。

12.229 卷式反渗透膜元件 spiral-wound RO cartridge

两个膜片中间夹一层高孔隙率的支撑网形成膜袋，把膜袋-隔网-膜袋-隔网依次叠合，然后绕中心产品淡水收集管紧密地卷起来形成一个膜卷，装到圆柱形压力容器内，组装成的一个螺旋卷式的反渗透膜元件。

12.230 复合膜 thin film composite

先用一种聚合物制成多孔支撑膜，然后用另一种聚合物在支撑膜表面形成一层极薄的致密分离层的方法制成的反渗透膜。

12.231 中空纤维渗透器 hollow fiber permeator

把反渗透膜做成中空纤维丝并组装成反渗透膜元件的装置。

12.232 电渗析 electrodialysis，ED

以电位差为推动力，利用离子交换膜的选择透过性，将带电组分的盐类与非带电组分的水分离的技术。可实现溶液的淡化、浓缩、精制或纯化等工艺过程。

12.233 电除盐 electrodeionization，EDI

将电渗析与离子交换技术结合，在电渗析器的淡水室中填充离子交换剂，在直流电场的作用下，实现电渗析、离子交换除盐和离子交换连续电再生的过程。

12.234 倒极电渗析 electrodialysis reversal，EDR

能自动倒换电极极性并同时自动改变浓、淡水流动方向的电渗析。

12.235 蒸馏法海水淡化 distillation seawater desalination

使海水受热汽化，再使蒸汽冷凝，从而得

到淡水的方法。

12.236 闪蒸 flash distillation
又称“扩容蒸发”。水在一定压力下加热到一定温度，然后注入下级压力较低的容器中，突然扩容使部分水汽化为蒸汽的过程。多个这样的过程组成的系统称“多级闪蒸(multi-stage flash distillation)”。

12.237 多效蒸发 multiple effect distillation，MED
将一个蒸发器蒸发出来的蒸汽引入下一蒸发器，利用其凝结放出的热加热蒸发器中的水，两个或多于两个串联以充分利用热能的蒸发系统。

12.238 压汽蒸馏 vapor compression distillation
将蒸发过程中所产生的二次蒸汽，经压缩提高温度，再作为加热蒸汽使用的蒸发装置。

12.239 太阳能蒸馏 solar distillation
利用太阳热能加热海水使其蒸发并将水蒸气冷凝、收集生产淡水的方法。

12.240 锅炉给水处理 boiler feedwater treatment
采用除氧或加氧，以及加入药剂的方法调节锅炉给水水质符合要求，以防止给水系统金属腐蚀的处理过程。

12.241 锅内水处理 internal boiler water treatment，internal boiler water conditioning
通过向锅炉汽包加入适量的化学药剂并适量排污，调节锅水水质达到规定标准，以防止或减轻受热面腐蚀及积集沉积物的处理过程。

12.242 联氨处理 hydrazine treatment
向锅炉给水中加入 N_2H_4 以除去热力除氧后的残留氧，防止给水系统氧腐蚀的处理过程。

12.243 磷酸盐处理 phosphate treatment
通过向锅水中加入磷酸盐以去除水中残留硬度并调节锅水 pH 值符合规定要求的水处理过程。

12.244 零固形物处理 zero solid matter treatment，all volatile conditioning
把水中的总含盐量(TDS)全部除去的水处理过程。

12.245 凝结水精处理 condensate polishing
采用前置过滤及高速混床离子交换处理除去凝结水中金属氧化物颗粒和各种其他离子，提高凝结水纯度的处理过程。

12.246 化学监督 chemical supervision
水汽监督、油务监督和燃料监督的总称。对电力建设、生产中的水、汽、油、气、燃料等的质量、性能与指标进行监视、测量、试验、检查、调整、评价和相关分析管理。

12.247 化学监督仪表 instrument for chemical supervision
在化学监督活动中，所使用的在线和离线的各种仪器仪表。

12.248 排污率 blowdown rate
锅筒锅炉运行中排出含较多盐类、沉渣的锅水量与锅炉蒸发量的比值。常用百分数来表示。

12.249 汽水损失 loss of steam and water
热力循环系统中汽、水的损失量。

12.250 选择性携带 selective carryover
锅炉蒸汽在不同压力下能选择性地溶解携带锅水中某些盐类的现象。

12.251 锅水质量 boiler water quality
锅水的二氧化硅(SiO_2)、总含盐量(TDS)和电导率、氯离子、磷酸根以及 pH 值等符合规定要求的程度。

12.252 水垢 scale
水受热后从中沉淀出的化合物和杂质的混合物。

12.253 水垢分析 scale analysis
采用规定的定量分析方法测定水垢的各种化学成分所占的质量百分比。

12.254 防垢处理 scale prevention treatment
向水中加入适量化学药剂以防止水垢生成的处理过程。

12.255 化学清洗 chemical cleaning
用规定浓度的化学清洗剂，并加入缓蚀剂、表面活性剂等的混合溶液去除热力设备及管路中沉积物的方法。

12.256 化学清洗介质 chemical cleaning medium
用于化学清洗的物质，即化学清洗药品。

12.257 酸洗 acid cleaning
采用规定浓度的酸性化学药剂去除热力设备或其他设备及管路中的沉积物的过程。

12.258 酸洗缓蚀剂 inhibitor in acid cleaning
能减少由酸洗介质引起的金属腐蚀的化学药剂。

12.259 钝化剂 passivator
在一定条件下，能通过其作用在金属表面形成一层致密氧化膜(钝化膜)，以增强金属的防腐能力的化学药剂。

12.260 水汽取样 water and steam sampling
为检测水、蒸汽的质量，从热力系统中取出有代表性的水或蒸汽(经冷凝)样品的过程。

12.261 盐类暂时消失 hideout of salts
又称“盐类隐藏现象”。当锅炉负荷增加时，锅水中的磷酸盐浓度明显下降，而锅炉负荷降低或停运时，锅水中的磷酸盐浓度又升高的现象。

12.262 氧腐蚀 oxygen corrosion
热力设备及其系统中，由氧引起的电化学腐蚀。

12.263 防腐蚀处理 anti-corrosion treatment
用化学、电化学或人工涂层的办法，使金属得到保护，免遭腐蚀的方法。

12.264 油务监督 oil management
对电力用油的质量实施全过程的监视、试验、检查、评价和相关分析管理。

12.265 变压器油 transformer oil
适用于变压器等电器(电气)设备、起冷却和绝缘作用的低黏度油品。

12.266 汽轮机油 steam turbine oil
曾称“透平油”。具有抗乳化能力，用于润滑蒸汽轮机的润滑油。

12.267 油样分析 analysis of oil sample
对电力设备用油样品进行检测和相关试验，以判断油品质量是否符合使用要求的工作。

12.268 界面张力 interfacial tension
沿着不相溶的两相(液-固、液-液、液-气)间界面垂直作用在单位长度液体表面上的表面收缩力。其单位是N/m。

12.269 游离碳 free carbon
电器设备用油在高温下分解产生的悬浮于油中的细小碳粒物质。

12.270 机械杂质 mechanical impurities
存在于油中的不溶于规定溶剂的不溶物。

12.271 酸值 acid value
在规定条件下，中和1 g油品中的酸性组分所消耗的氢氧化钾的毫克数。

12.272 [油中]水溶性酸 water soluble acid

in oil

存在于油品中可溶于水的无机酸、低分子有机酸等酸性物质。

12.273 抗氧化剂 oxidation inhibitor

一种能延长油品氧化反应的诱导期，减缓油品氧化速度，延长油品使用寿命的抑制剂。

12.274 氧化稳定性 oxidation stability

石油产品抵抗大气(或氧气)的作用而保持其性质不发生永久变化的能力。

12.275 油质老化 oil ageing

油品的氧化过程。

12.276 油质老化试验 ageing test of oil

在规定条件下，一种加速油品氧化过程的试验方法。

12.277 可燃气体分析 analysis of combustible gas

对因充油电气设备故障而产生并溶解于油中可燃气体进行的定量分析。

12.278 连续再生装置 continuous regeneration set

一种安装在汽轮机油系统中，内装吸附剂或其他滤材，使油连续过滤净化的装置。

12.279 薄膜密封 elastic membrane seal

借助于一种耐油的橡胶隔膜，把油与氧及水分隔绝，防止油质劣化的保护措施。

12.280 充氮保护 nitrogen filled protection

向变压器系统中充入氮气，使油与空气隔绝，防止变压器油被氧化的保护措施。

12.281 防锈剂 anti-rust additive，rust inhibitor

能防止油系统中金属氧化生锈的化学药剂。

12.282 油净化 oil purification

除去油中水分、气体及固体颗粒，使油品的理化指标达到要求的处理过程。

12.283 油再生 oil regeneration

用规定方法除去油中的有害物质，恢复或改善油品理化指标的处理工艺过程。

12.284 油中含气量 dissolved gas content of oil

电气设备用油中溶解的气体(主要指 O_2、N_2等气体)含量。以体积百分比表示。

12.285 油析气性 gassing properties of insulating oil

电器用油在高压电场下，烃分子发生化学变化时放出或吸收气体的性能。

12.286 红外光谱分析 infrared spectrum analysis

简称“红外分析”。用红外光谱仪器吸收光谱法定性或定量分析有机物和无机物含量。

12.287 油中水分 water content in oil

油品在运输、储存、注油、运行中带入和从大气中吸收的水分以及油老化产生的水分。

12.288 高压液相色谱分析 high pressure liquid chromatographic analysis

以溶剂为流动相，高压泵为动力，输送样品通过色谱柱使混合组分分离，最后以紫外吸收、示差折光等手段进行检测的一种色谱分析方法。

12.289 油净化装置 oil polishing device

用于除去油中的水分、油泥、游离碳、纤维及其他机械杂质的装置。

12.290 油中颗粒度 particle counting and size distribution in oil

存在于单位体积油品中不同粒径的固体微粒的数目。

12.291 油系统泄漏试验 leakage test of oil

system

对油系统管道内充压力油，将进出口油阀迅速关闭后的一段时间内视油压变化的状况来判断这些阀门严密程度的试验。

12.292 油压装置 oil pressure supply unit

提供汽轮机系统各液压操作元件压力油源的专用设备。

12.293 油系统清洗 oil system cleaning

用汽轮机油大流量循环清洗油系统的油污及其他杂质，直至系统中油品符合要求的过程。

12.294 金属性能 performance of metal

金属的力学性能、物理性能、化学性能和工艺性能等的总称。

12.295 抗拉强度 tensile strength

材料在拉伸断裂前所能够承受的最大拉应力。

12.296 屈服强度 yield strength

材料开始产生宏观塑性变形时的应力。

12.297 金属韧性 toughness of metal

金属材料断裂前在塑性变形和裂纹扩展时吸收能量的能力。

12.298 断裂韧度 fracture toughness

含裂纹的构件抵抗裂纹失稳扩展的能力。

12.299 冲击韧性 impact toughness

冲击试样的冲击吸收功除以试样缺口底部处横截面积的商。用“a_K”表示。

12.300 断面收缩率 contraction of cross sectional area

金属材料试样在拉断后，断口截面积的缩小值与试样原来截面积比值的百分比。用“ψ”表示。

12.301 缺口敏感性 notch sensitivity

由于缺口存在，改变了金属材料原来的受力状态，增加了脆性倾向，引起材料抗力变化的现象。

12.302 脆性转变温度 fracture appearance transition temperature，FATT

又称“韧脆转化温度(ductile-brittle transition temperature)”。温度降低时金属材料由韧性状态变化为脆性状态的温度区域。

12.303 金属硬度 metal hardness

金属的相对软硬程度。硬度的单位因试验方法而异。常用的方法有压入法、动力法和划痕法三种。

12.304 蠕变 creep

金属在高温和低于屈服强度的应力作用下，材料塑性变形量随时间延续而增加的现象。

12.305 蠕变变形 creep deformation

在恒定温度和低于材料屈服极限的恒定应力下，随着时间的延长材料发生不可恢复的塑性变形。

12.306 蠕变断裂 creep fracture

金属材料在高温与低载荷的长期作用下因蠕变损伤而产生的断裂。

12.307 蠕变试验 creep test

检测材料在一定温度和压力作用下所发生的蠕变变形和蠕变速度等数据的试验。

12.308 蠕变速度 creep rate

蠕变试样单位时间内的蠕变变形量，即蠕变曲线的斜率。

12.309 持久强度 rupture life strength

又称“持久强度极限”。在指定的温度下、规定的时间内刚好发生断裂的拉应力。

12.310 持久塑性 rupture ductility

材料在一定温度及恒定试验力作用下的塑性变形。用蠕变断裂后试样的延伸率和断面收缩率表示。

12.311 应力松弛 stress relaxation

金属在高温和应力作用下，如维持总变形量不变，则随着时间的延长，弹性变形逐渐转变为塑性变形，从而逐渐使应力减小的现象。常见于高温汽轮机汽缸和阀门的法兰紧固螺栓上。

12.312　疲劳　fatigue
材料或构件在长期交变载荷持续作用下产生裂纹，直至失效或断裂的现象。

12.313　疲劳断裂　fatigue fracture
材料或构件在交变应力作用下，因疲劳而发生的断裂。

12.314　低周疲劳　low cycle fatigue
又称“*应变疲劳*”。金属材料在超过其屈服强度的低频率循环应力或超过其屈服应变作用下，经 10^2~10^5 次循环而产生的疲劳。在火电厂应用中一般指机组启停时因热应力或离心力施加和释放的循环所导致的疲劳。

12.315　疲劳曲线　stress endurance curve, fatigue curve
又称“*σ-N 曲线*”。反映加载应力幅度和材料失效周次关系的曲线。

12.316　疲劳极限　fatigue limit
材料能长久经受的最大交变应力。符号“N_f”。对于钢材，一般规定 $N_f \geqslant 10^7$ 次时的应力为疲劳极限；对于铝合金等有色金属，其疲劳曲线无明显水平段，一般规定 $N_f \geqslant (5\sim10)\times10^7$ 次时的应力为疲劳极限。

12.317　[金属]热疲劳　thermal fatigue
金属构件由于温度的循环变化而产生的循环热应力所导致的疲劳。

12.318　腐蚀疲劳　corrosion fatigue
金属构件在交变应力和腐蚀性介质的交互作用所导致的疲劳。

12.319　蠕变疲劳　creep fatigue
金属构件在蠕变条件下并伴有交变应力作用所导致的疲劳。

12.320　金属宏观检验　macroscopic structure inspection of metal
用肉眼或低倍放大镜检验金属组织和缺陷的技术。

12.321　金属电子显微技术　electron microscopic examination
利用电子显微仪器研究金属显微组织等的技术。

12.322　光学金相显微分析　optical microscopic structure inspection
用光学显微镜观察、鉴别和分析金属的显微组织及显微缺陷的方法。

12.323　定量金相技术　quantitative metallography technique
在金相分析中对显微组织的特征参数做几何学测定，研究组织和性能定量关系的分析技术。

12.324　合金相分析　alloy phase analysis
分析合金中合金相的数量、结构、组成、大小、形态、分布及合金元素在相间分配的试验方法。

12.325　金属化学成分分析　chemical composition analysis of metal
查明金属材料化学成分的试验方法。

12.326　金属碳化物分析　carbide analysis
对钢中碳化物相的组成、数量、结构、形态、大小、分布状态及合金元素在相间的分布进行分析的试验方法。

12.327　X 射线衍射技术　X-ray diffraction technique
用 X 射线照射晶体产生衍射从而测定晶体结构的技术。

12.328　金属热处理　heat treatment of metal
利用固态金属相变规律，采用加热、保温、

冷却的方法，改善并控制金属所需组织与性能(物理、化学及力学性能等)的技术。

12.329 退火 annealing
将金属构件加热到高于或低于临界点，保持一定时间，随后缓慢冷却，从而获得接近平衡状态的组织与性能的金属热处理工艺。

12.330 正火 normalizing
将钢件加热到上临界点(A_{C3} 或 A_{cm})以上40~60℃或更高的温度，保温达到完全奥氏体化后，在空气中冷却的简便、经济的热处理工艺。

12.331 淬火 hardenning，quenching
将钢件加热到奥氏体化温度并保持一定时间，然后以大于临界冷却速度冷却，以获得非扩散型转变组织，如马氏体、贝氏体和奥氏体等的热处理工艺。

12.332 回火 tempering
将淬火后的钢，在 A_{C1} 以下加热、保温后冷却下来的热处理工艺。

12.333 调质 hardening and tempering
调整钢综合力学性能的热处理工艺，即淬火后又高温回火的双重热处理。

12.334 形变热处理 thermomechanical treatment
与热加工成形过程结合的热处理工艺。

12.335 金属化学热处理 thermo-chemical treatment of metal
用化学反应方法，有时兼用物理方法(渗入)改变金属表面层化学成分及组织结构从而获得表层特殊物理、化学和力学性能的热处理技术。

12.336 表面处理 surface treatment
改进构件表面性能的处理工艺。

12.337 金属监督 metal supervision
对火电厂运行中的高温大应力金属部件进行监视和督察，以保证其安全使用的技术管理工作。

12.338 蠕胀测点 creep measurement point
监视金属管材在高温高压运行条件下的蠕变速度的测量点。是火电厂金属监督工作中的重要内容之一。

12.339 蠕胀监察段 creep supervision section
为了监督长期运行的高温蒸汽管道在运行过程中发生的变化，通常在选择一段温度最高管壁最薄的蒸汽管道安装测点作为监察段，以便监督蠕变和材质变化。

12.340 石墨化 graphitization
钢中渗碳体分解成为游离碳并以石墨形式析出，在钢中形成石墨夹杂的现象。

12.341 珠光体球化 spheroidization of pearlite
钢中片层状珠光体组织，在高温下运行时，随时间增长所发生的形状与尺寸改变，由片层状逐步变化为球状的现象。

12.342 时效 ageing
耐热钢或耐热合金制的高温构件在长期的运行过程中从过饱和固溶体内析出一些强化相质点而使金属的性能(主要是力学性能和蠕变极限等)随时间发生变化的现象。即固溶体脱溶过程或脱溶分解过程。

12.343 新相形成 precipitation
时效过程中耐热钢或耐热合金在过饱和固溶体内析出新相的现象。

12.344 失效分析 failure analysis
又称“损坏分析”。对运行中丧失原有功能的金属构件或设备进行损坏原因分析研究的技术。

12.345 断口分析 fractography
对故障金属构件断裂面进行检查并分析其

断裂原因的技术。

12.346 断裂力学 fracture mechanics
应用线弹性和弹塑性力学，研究带裂纹的结构或部件在外部及内部因素作用下，裂纹再萌生、扩展直至断裂的条件和规律，并研究部件材料抗裂纹扩展、抗断裂能力，做出部件安全性和寿命估算的学科。

12.347 断裂力学试验 fracture mechanics test
测量材料的平面应变断裂韧度(K_{IC})、J 积分临界值(J_{IC})、应力腐蚀开裂临界应力强度因子(K_{ISCC})等断裂性能指标的试验方法。

12.348 脆性断裂 brittle fracture
金属材料受力后没有发生明显的塑性变形就突然发生的断裂。

12.349 韧性断裂 ductile fracture
金属材料发生明显的宏观塑性变形后产生的断裂。

12.350 氢脆 hydrogen embrittlement
又称“白点”。钢材在冶炼、加工和使用中溶解于钢中的原子氢，在重新聚合成分子氢时产生的巨大应力超过钢的强度极限时，可以在钢内产生微裂纹，导致材料的韧性或塑性下降的现象。

12.351 氢脆断裂 hydrogen embrittlement fracture
发生氢脆的钢材在低应力静载荷下产生的脆性断裂。

12.352 应力腐蚀断裂 stress corrosion fracture
金属材料在拉应力和腐蚀介质联合作用下产生的断裂。

12.353 [金属]磨损 wear of metal
金属部件与其他部件互相接触并做相对运动时，由于机械作用或伴有化学作用所造成的金属表面位移或分离的损伤现象。

12.354 腐蚀 corrosion
金属与周围环境发生化学、电化学反应和物理作用引起的变质和破坏现象。

12.355 低温腐蚀 low temperature corrosion
当锅炉尾部受热面(省煤器、空气预热器等)金属壁温低于烟气露点时，烟气中含有硫酸酐的水蒸气在壁面凝结所造成的腐蚀。

12.356 高温腐蚀 high temperature corrosion
金属高温受热面(水冷壁、屏式过热器、高温过热器和再热器等)在高温烟气环境下在管壁温度较高处所发生的烟气侧金属腐蚀。

12.357 应力腐蚀 stress corrosion
材料在拉应力集中和特定的腐蚀环境共同作用下发生腐蚀裂纹扩展的现象。

12.358 点腐蚀 pitting attack
又称“孔蚀”。金属的某一部分被腐蚀成为一些小而深的点孔，腐蚀产物及介质在蚀点底部越浓缩，作用越厉害，蚀洞越深，有时甚至发生穿孔的现象。

12.359 垢下腐蚀 underdeposit corrosion
当锅炉蒸发受热面附着沉积物时，金属管壁温度升高，使渗透在沉积物下面的锅水急剧蒸发浓缩，导致各种杂质浓度升高所造成的腐蚀。

12.360 无损检测 nondestructive testing, NDT, nondestructive evaluating, NDE
在不损伤构件性能和完整性的前提下，检测构件金属的某些物理性能和组织状态，以及查明构件金属表面和内部各种缺陷的技术。

12.361 无损探伤 nondestructive examination
在不损伤构件性能和完整性的前提下，探

出构件内部或表面的缺陷，并测定缺陷的性质、尺寸及其在构件中位置的技术。

12.362 射线探伤 radiography testing，RT
利用X射线、γ射线等电磁辐射检测物体内部缺陷的方法。

12.363 超声波检测 ultrasonic testing，UT
利用超声波在金属构件中传播和反射的原理，以探测构件内部缺陷的大小、性质、位置以及材质的某些物理性能的方法。

12.364 磁粉探伤 magnetic particle testing，MT
将待测磁性金属构件加以磁化，再用润湿铁粉涂其表面以显示构件表面和邻近表面下裂纹的探伤方法。

12.365 涡流探伤 eddy current test
利用交流电磁线圈在金属构件表面感应产生的涡流遇到缺陷会产生变化的原理，来检测构件缺陷的无损探伤技术。

12.366 渗透探伤 penetrant testing，PT
利用液体荧光染料渗入构件表面裂纹等缺陷处，然后用紫外线照射以显示缺陷的无损探伤技术。

12.367 超声测厚 ultrasonic thickness measurement
采用超声波反射的方法测定材料本身的厚度或材料表面覆盖层厚度的方法。

12.368 红外线检测 infrared inspection
采用测量构件红外辐射的办法，取得其表面温度或温度分布，以确定其运行状态或是否存在内部缺陷的无损检测技术。

12.369 裂纹深度测量 crack depth measurement
采用超声、漏磁或电位等方法，测量构件中裂纹深度、侵入角等有关参量的无损检测技术。

12.370 焊接 welding
通过加热或加压，或两者并用，也可能用填充材料，使工件达到结合的方法。通常有熔焊、压焊和钎焊三种。

12.371 熔焊 fuse welding
将待焊处的母材金属熔化以形成焊缝的焊接方法。

12.372 压焊 press welding
焊接过程中，必须对焊接件施加压力(加热或不加热)以完成焊接的方法。

12.373 钎焊 braze welding
用比母材熔点低的钎料和焊件一同加热，使钎料熔化(焊件不熔化)后润湿并填满母材连接的间隙，钎料与母材相互扩散形成牢固连接的方法。

12.374 电弧焊 electric arc welding
简称“弧焊”。利用电弧作为热源的熔焊方法。

12.375 氩弧焊 argon arc weld
钨极氩气保护焊和熔化极氩气保护焊的统称。前者是用钍钨或铈钨棒作电极，氩气做保护气体的电弧焊；后者是用焊丝做熔化电极，氩气做保护气体的电弧焊。

12.376 焊接接头 welding joint
两个或两个以上零件要用焊接组合的接点。

12.377 焊缝 weld
焊件经焊接后所形成的结合部分。

12.378 焊接材料 welding material
焊接时消耗的材料的统称。如焊条、焊剂、焊丝、气体等。

12.379 焊缝金属 welding metal
熔化的母材和填充金属凝固后所形成的构成焊缝的金属。

12.380 焊接工艺 welding procedure

焊接过程中的一整套技术规定。包括焊接方法、焊前准备、焊接材料、焊接设备、焊接顺序、焊接操作、工艺参数以及焊后热处理等。

12.381 焊接残余应力 welding residual stress
焊件焊后的热应力超过弹性极限，以致冷却后焊件中留有未能消除的应力。

12.382 焊后热处理 postweld heat treatment
焊后为改善焊接接头的组织和性能或消除残余应力而进行的热处理。

12.383 焊接缺陷 welding defect
焊接过程中在焊接接头中产生的未焊透、未熔合、夹渣、气孔、咬边、焊瘤、烧穿、偏析、未填满、焊接裂纹等金属不连续、不致密或连接不良的现象。

12.384 焊接裂纹 welding crack
焊接后焊口的冷却过程产生的热应力超过材料强度所导致的裂纹。

12.385 焊接网 network for arc welding
设置在施工现场的、由焊接电源装置和低压电缆构成的集中焊接电力网。供焊工就近使用，以方便施工。

12.386 寿命管理 life management
以评估被管理对象的寿命损耗为基础而进行的使电厂以最低成本安全运行的技术和管理方法。

12.387 设计寿命 design life
金属部件在设计参数下能保证安全、经济运行的最小预计运行小时数。

12.388 寿命预测 life prediction
采用分析计算、物理检验、非破坏金相检查和力学性能试验等方法分析预测构件、组件或机组安全运行寿命的技术。

12.389 寿命诊断技术 diagnosis technique for residual life
为实现寿命预测而采用的实验、监测和判断的技术。

12.390 电厂延寿 power plant life extension
火力发电厂运行时间超过设计寿命后，利用寿命诊断技术或更换关键部件，继续延长运行期限的技术措施。

12.391 高温蒸汽管道寿命 lifetime of steam piping
高温蒸汽管道从开始运行至失效时的累计运行时间。

12.392 珠光体耐热钢 pearlitic heat resistant steel
正火后的组织为铁素体加珠光体，包括部分贝氏体或马氏体组织的低合金耐热钢。工作温度可达 500~600℃，广泛用于火电厂锅炉受热面、管道和汽轮机构件。

12.393 奥氏体耐热钢 austenitic heat resistant steel
在常温下为奥氏体组织或只含少量铁素体的奥氏体-铁素体双相组织的高合金耐热钢。工作温度可达 600~650℃，火电厂中主要用于温度超过 600℃的高应力部件。

12.394 马氏体耐热钢 martensitic heat resistant steel
热处理正火后得到马氏体组织或马氏体加贝氏体(包括少量铁素体)组织的中高合金耐热钢。含铬量在 5%~13%之间，有较好的综合性能。火电厂中主要用于 550~650℃高温、高应力的锅炉受热面、蒸汽管道和汽轮机叶片等部件。

12.395 铁素体耐热钢 ferritic heat resistant steel
在常温下呈铁素体组织且在高温下不发生奥氏体转变的耐热钢。含有较多铁素体形成元素，一般含铬量在 13%~27%之间，用于锅炉吹灰器管等处。

13. 核　电

13.001　原子核物理学　atomic nuclear physics
简称“核物理”。探索原子核结构和性质、原子核相互之间及原子核与其他粒子之间作用规律的一门关于物质微观结构的物理学分支学科。

13.002　原子　atom
组成元素的最小单元。由原子核和围绕原子核运动的电子组成。

13.003　原子核　atomic nucleus
简称“核”。原子中带正电的核心。由质子和中子两种粒子组成的量子多体系统。

13.004　质子　proton
一种稳定的、自旋为 1/2 的核子，是原子核的重要成分。质量为 $1.672\,65\times10^{-24}$ g，带有 $1.602\,19\times10^{-19}$ C 的正电荷(数值上与电子电荷相等)。即氢核 $_1H^1$。符号“p”。

13.005　中子　neutron
一种电中性的、自旋为 1/2、质量为 $1.674\,954\,3\times10^{-24}$ g 的核子。自由中子以半衰期 10.6 min 衰变为质子，同时放出一个 β 粒子(即电子)和一个反中微子。符号“n”。

13.006　质量亏损　mass defect
组成原子核的所有单个质子与单个中子质量的总和与原子核质量之差。

13.007　结合能　binding energy
把原子核完全分解成组成该核的核子需要添加的能量。

13.008　比结合能　specific binding energy
原子核结合能对其中所有核子的平均值，亦即若把原子核全部拆成自由核子，平均对每个核子所要添加的能量。用于表示原子核结合松紧程度。

13.009　核能　nuclear energy
俗称“原子能”。由于原子核内部结构发生变化而释放出的能量。

13.010　[核]裂变　nuclear fission
可裂变重核裂变成两个、三个或更多个中等质量核的核反应。在裂变过程中有大量能量释放出来，且相伴放出 2~3 个次级中子。裂变反应包括用中子轰击引起的裂变和自发裂变两种。

13.011　自发裂变　spontaneous fission
处于基态或同质异能态的重核在没有外部粒子参与或外加能量的情况下仍能发生裂变的现象。

13.012　[核]聚变　nuclear fusion
由轻原子核熔合生成较重的原子核，同时释放出巨大能量的核反应。为此，轻核需要能量来克服库仑势垒，当该能量来自高温状态下的热运动时，聚变反应又称“热核反应”。

13.013　核素　nuclide
具有特定原子序数、质量数和核能态，且其平均寿命长得足以被观测的一类原子。现已知的核素分为稳定核素和放射性核素两类。

13.014　同位素　isotope
具有相同原子序数(即质子数相同，因而在元素周期表中的位置相同)，但质量数不同，亦即中子数不同的一组核素。

13.015　同位素丰度　isotopic abundance
元素中某种同位素的含量。

13.016　放射性　radioactivity

某些核素的原子核具有的自发放出带电粒子流或 γ 射线，或在俘获轨道电子后放出 X 射线或自发裂变的特性。

13.017 放射性同位素 radioactive isotope
具有放射性特性的不稳定同位素。分为天然的和人造的两类。

13.018 放射性衰变 radioactive decay
简称“衰变”。放射性核素自发放射出 α 粒子(即氦核)或 β 粒子(即电子)或 γ 光子，而转变成另一种核素的现象。放射出 α 粒子的衰变称“α 衰变”；放射出 β 粒子的衰变称“β 衰变”；放射出 γ 光子的衰变称“γ 衰变”。放射性衰变通常还包括同质异能跃迁、自发裂变。

13.019 同质异能跃迁 isometric transition
具有相同质量数和原子序数、但处在不同核能态的同质异能素的原子核通过放出 γ 光子而回到基态的跃迁现象。

13.020 [放射性]衰变常数 [radioactive] decay constant
放射性核素的一个原子核在单位时间内进行自发衰变的概率。是放射性核素的固有特性，不会随外部因素而改变。

13.021 半衰期 half-life
放射性原子核数衰变掉一半所需要的统计期望时间。是放射性核素的固有特性，不会随外部因素而改变。

13.022 衰变链 decay chain
放射性核素通过多次连续衰变，直到转变成稳定核素或发生裂变为止的整个过程。自然界存在的衰变链是钍系、铀系和锕系三个天然放射系，可用人工方法制备出镎系等新放射系。

13.023 衰变热 decay heat
放射性核素衰变时最终以热的形式释放出的能量。对反应堆而言，衰变热是裂变产物和中子俘获产物的放射性衰变所产生的热量。

13.024 射线 ray
由各种放射性核素发射出的、具有特定能量的粒子或光子束流。反应堆工程中常见的有 α 射线、β 射线、γ 射线和中子射线。

13.025 α 射线、β 射线与物质的相互作用 interaction between α，β ray and material
α 射线、β 射线主要通过使其穿行物质的原子激发或电离与物质相互作用，直至被吸收。

13.026 γ 射线与物质的相互作用 interaction between γ-ray and material
γ 射线主要通过光电效应、康普顿效应和产生电子对三种方式与物质相互作用。

13.027 核反应 nuclear reaction
核子、核或其他粒子与靶核碰撞，导致靶核质量、电荷或能态发生变化的现象。反应前后的核子数、电荷数、能量和动量都守恒。

13.028 (n，α)反应 (n，α)reaction
原子核吸收中子后放出一个 α 粒子、同时形成新原子核的核反应。

13.029 (n，p)反应 (n，p)reaction
原子核吸收中子后放出一个质子 p、同时形成新原子核的核反应。

13.030 活化产物 activation products
低能中子与一些稳定同位素发生核反应生成的放射性核素。

13.031 反应堆物理 reactor physics
在对核物理学中子截面实验结果整理、编辑和评价的基础上，建立和改进理论的数学模型，编制相应计算程序并结合实验来研究和定量描述反应堆等介质系统中子群体能量和时空输运及增殖等物理特性的物理学分支学科。

13.032 [核裂变]反应堆 nuclear [fission] reactor

能实现可控自持裂变链式反应的装置。主要由核燃料、慢化剂(快中子堆无此成分)、冷却剂、控制组件及其驱动机构、反射层(或快中子堆中的外围转换区)、屏蔽、堆内构件与反应堆压力容器等组成。

13.033 反应堆分类 classification of reactor

按中子能量、冷却剂种类、用途以及发展阶段等不同属性对反应堆进行的分类。

13.034 裂变中子 fission neutron

裂变反应过程中放出的新的次级中子。其平均能量约为 2 MeV。每次裂变反应放出的裂变中子平均数与可裂变核的种类及引起裂变的中子能量有关。裂变中子又可分为瞬发中子和缓发中子两类。

13.035 瞬发中子 prompt neutron

核裂变过程中放出的中子中 99%以上在 10^{-14} s 的裂变瞬间释放出来的中子。其能量分布在 0.05~10 MeV 范围内，平均能量约 2 MeV，相应速度 2000 km/s，属快中子。

13.036 缓发中子 delayed neutron

重核裂变后，由六种裂变碎片经过 β 衰变而处于激发态，分别陆续放出的中子。其能量分布在 250~560 keV 范围内。

13.037 缓发中子份额 delayed neutron fraction

六组缓发中子在全部裂变中子中所占的总份额。常用 β 表示。对 ^{235}U 的裂变而言，β=0.0065。虽然缓发中子份额不大，但正是有了它，裂变链式反应才易于控制。

13.038 链式反应 chain reaction

核反应产物之一又引起同类核反应继续发生、并逐代延续进行下去的过程。

13.039 可裂变核素 fissionable nuclide

能通过某种途径发生裂变反应的核素。习惯上指铅、铋以后的重核，主要有易裂变核素 ^{233}U、^{235}U 和 ^{239}Pu 以及可转换核素 ^{232}Th 和 ^{238}U 两类。

13.040 易裂变核素 fissile nuclide

用任意能量的中子轰击都能引起其原子核裂变的可裂变核素。天然的易裂变核素为 ^{235}U，人造的易裂变核素有 ^{233}U 和 ^{239}Pu。

13.041 可转换核素 fertile nuclide

俘获中子后经过放射性衰变能生成人造易裂变核素的天然核素。包括能转换成 ^{239}Pu 的 ^{238}U 和能转换成 ^{233}U 的 ^{232}Th 两类。

13.042 中子核反应微观截面 nuclear reaction microscopic cross section of neutron

入射中子与靶核发生核反应概率的度量。根据散射、吸收或裂变等不同核反应分为该核素的中子散射、吸收或裂变微观截面等。其大小与入射中子能量和核素特性相关。单位是巴(barn，1 b=10^{-24} cm^2)。

13.043 中子核反应宏观截面 nuclear reaction macroscopic cross section of neutron

核素的核密度和其中子核反应(散射、吸收或裂变等)微观截面之乘积。表示一个中子在靶核中穿行单位距离与核发生该种核反应的概率。单位是 cm^{-1}。

13.044 中子数密度 neutron number density

单位体积介质内的自由中子数。单位是 n/cm^3。

13.045 中子注量率 neutron fluence rate

曾称“中子通量”。单位时间内进入以空间某点为中心的适当小球体的中子数除以该球体的最大截面积的商。也等于该空间点中子数密度与中子平均速度之乘积。常用单位为 $n/(cm^2 \cdot s)$。

13.046 中子注量率分布 neutron fluence rate distribution

反应堆堆芯各处中子注量率的水平。由于堆芯尺寸有限和布置不均匀性、燃耗以及运行等因素的影响，堆芯内中子注量率的分布并不均匀。通常用中子注量率径向和轴向两个不均匀因子来表示其不均匀度。

13.047 中子注量率分布测量 measurement of neutron fluence rate distribution

选择堆芯内有代表性的位置，用小型裂变室、自给能探测器等，或者利用中子注量率测量丝或片来测量中子注量率，从而获得有关堆芯中子注量率分布的整体信息，以验证反应堆核设计和校验核仪表的操作。

13.048 中子注量 neutron fluence

曾称“中子积分通量”。在给定时间间隔内进入以空间某点为中心的适当小球体的中子数除以该球体的最大截面积的商。常用单位为 n/cm^2。

13.049 中子与核反应率密度 reaction rate density of neutron with nuclide

核素和某能量中子发生某种核反应的宏观截面与该能量中子的注量率之乘积。表示单位时间、单位体积内的自由中子与原子核发生该种核反应的数目。

13.050 快中子 fast neutron

能量大于 0.1 MeV 的中子。

13.051 中能中子 moderate energy neutron

能量在 1 eV ~ 0.1 MeV 之间的中子。

13.052 热中子 thermal neutron

与所在介质处于热平衡状态的中子，也经常泛指能量小于 0.1 eV 的中子。标准的热中子能谱是麦克斯韦谱。标准中子温度为 293.58 K(室温 20 ℃)，对应的中子最概然能量和速度分别为 0.0253 eV 和 2200 m/s。

13.053 放射性中子源 radioactive neutron source

利用放射性核素产生中子的部件。在反应堆中常用能自发裂变产生中子的锎源或其衰变放出的 α 粒子与铍发生 $^{8}Be(\alpha,n)^{11}C$ 反应产生中子的镭-铍、钋-铍和镅-铍源。

13.054 次级中子源 secondary neutron source

又称“二次中子源”。主要利用 ^{123}Sb 与中子发生(n, γ)反应生成的 ^{124}Sb 衰变放出的 γ 光子和铍发生 $^{8}Be(\gamma, n)^{7}Li$ 反应而产生中子。^{124}Sb 半衰期短，只有 60.9 天，但其在反应堆内可以通过照射而获再生。

13.055 中子吸收 neutron absorption

中子与原子核反应后被吸收，不再作为自由中子存在的现象。包括(n, α)反应、(n, p)反应、辐射俘获(n, γ)反应和裂变反应四种类型。

13.056 辐射俘获 radioactive capture

原子核吸收中子后并不分裂，而以 γ 射线的形式将激发态的过剩能量释放出来，最终返回到基态的核反应，也可表示成(n, γ)反应。

13.057 共振吸收 resonance absorption

又称“共振俘获”。某些核素(如 ^{238}U)的核与具有某些特定能量的中子相互作用时，发生辐射俘获反应的截面特别大(出现共振吸收峰)，致使很多中子被吸收的现象。

13.058 中子散射 neutron scattering

中子与原子核发生碰撞后，原子核的同位素成分不发生变化，而中子的能量和运动方向在大多数情况下发生改变的现象。有弹性散射和非弹性散射两种类型。

13.059 非弹性散射 inelastic scattering

又称“非弹性碰撞”。中子与原子核碰撞后，中子将大部分动能传递给原子核，使其内能增加而处于激发态，但核的同位素成分没有变化的现象。

13.060 弹性散射 elastic scattering
核与任意能量的中子碰撞后，其同位素成分和内能均无变化的现象。是热中子反应堆内中子慢化过程最主要的核反应。大多数情况下，入射中子将损失能量并改变飞行方向，但散射前后中子与核组合系统的动能和动量都守恒。

13.061 平均自由程 mean free path
中子在介质内与原子核连续两次相互作用之间穿行的平均距离。

13.062 总截面 total cross section
中子与原子核之间可能发生的所有类型核反应的截面之总和。

13.063 中子慢化 neutron moderation
中子与介质原子核碰撞，引起中子能量减少而减速的现象。是热中子反应堆内中子运动的基本过程之一。

13.064 费米年龄方程 Fermi age equation
又称“年龄扩散方程”。连续慢化模型与中子扩散模型结合求得的、描述伴随中子动能降低(被慢化)过程中中子慢化密度、空间位置与中子年龄关系的方程。

13.065 慢化面积 slowing-down area
在无限均匀介质内，中子从裂变中子产生点到慢化至某一特定能量(通常为热能区上限)时所在点的直线距离均方值的 1/6。是普遍意义下的中子年龄，与费米年龄理论是否适用无关。

13.066 慢化长度 slowing-down length
慢化面积(费米年龄)的平方根。热中子慢化长度的大小与裂变中子从产生点到慢化至热能区上限时所在地点的平均直线距离成正比。

13.067 平均对数能降 average logarithmic energy loss
又称“平均对数能量损失”。中子每次与核碰撞后，其能量的自然对数减少的平均值。

13.068 慢化剂 moderator
热中子堆内用于降低快中子能量的材料。对其主要要求是：慢化能力强，中子吸收弱，与冷却剂和燃料棒包壳以及其他结构材料的相容性好，热和辐照稳定性好等。

13.069 慢化能力 moderation power
慢化剂的宏观散射截面与中子和该慢化剂核碰撞的平均对数能降之乘积。

13.070 慢化比 moderation ratio
介质的慢化能力与其热中子宏观吸收截面之比。常用来综合衡量慢化剂性能。慢化比越大，快中子在介质内慢化到热能区的速率和份额越大，中子能谱越软。

13.071 中子扩散 neutron diffusion
中子通过与介质原子核的逐次碰撞而散射，从高中子密度区向低中子密度区迁移的现象。可近似认为与气体扩散类似，也服从斐克定律。

13.072 中子扩散方程 neutron diffusion equation
由已知的中子在介质中任一小体积元内的产生和消失的数值，根据中子守恒原理和斐克定律得到的描述中子注量率随时间变化的二阶偏微分方程。

13.073 扩散长度 diffusion length
介质的热中子扩散系数与其热中子宏观吸收截面之比。单位为 cm。其物理意义是：扩散长度的平方等于中子从产生点到被吸收点间直线飞行距离均方值的 1/6。

13.074 每次吸收的中子产额 neutron yield per absorption
又称“有效裂变中子产额(effective fission neutron yield)”。核燃料吸收一个中子后瞬发和缓发的一次裂变中子的平均数。符号

"η"。由于并不是中子被吸收都能发生裂变，所以 η 小于每次裂变的中子产额 ν。

13.075 快中子增殖因数 fast neutron breeding factor

曾称"快中子裂变因数"。在无限介质中，由各种不同能量中子引起裂变产生的平均中子数与仅由热中子引起裂变产生的平均中子数之比值。其值略大于 1。符号"ε"。

13.076 逃脱共振俘获概率 resonance escape probability

又称"逃脱共振吸收概率"。快中子慢化过程中，没有被 ^{238}U 共振俘获而慢化成热中子的快中子数占其总数的份额。其值恒小于 1。符号"p"。

13.077 热中子利用因数 thermal neutron utilization factor

又称"热中子利用因子"。热中子反应堆内，核燃料吸收的热中子数占所有被吸收热中子数的份额。其值恒小于 1。符号"f"。

13.078 四因子公式 four-factor formula

早期反应堆物理将热中子堆无限介质中子增殖因数 k_∞ 表达成四个因子乘积的公式：$k_\infty = pf\eta\varepsilon$。式中，$p$ 为逃脱共振俘获概率，f 为热中子利用因数，η 为每次吸收的中子产额，ε 为快中子增殖因数。

13.079 中子循环 neutron cycle

又称"中子寿命循环"。中子在反应堆中首次由裂变产生开始，直到引起新的裂变、产生下一代裂变中子的全过程。包括散射、慢化、泄漏、吸收和裂变。这样一代代延续的中子循环即形成裂变链式反应。

13.080 无限介质[中子]增殖因数 infinite medium [neutron] multiplication factor

在无限扩展增殖介质内的中子增殖过程中，某代中子数与相邻前一代中子数之比。符号"k_∞"。

13.081 中子不泄漏概率 neutron non-leakage probability

中子未从介质系统表面泄漏出去，而是继续留在该介质系统中参与后续反应的概率。

13.082 有效[中子]增殖因数 effective [neutron] multiplication factor

在有限大小的增殖介质的中子增殖过程中，某代中子数与相邻前一代中子数之比。符号"k_{eff}"。其数值等于相同组成的无限介质中子增殖因数 k_∞ 与中子不从该有限介质系统泄漏的概率之乘积。

13.083 中子输运方程 neutron transport equation

根据中子守恒原则，即在一定体积内中子密度随时间的变化率为其产生率与消失率之差，导出的精确表示中子的空间、能量和运动方向分布随时间变化的线性微分-积分方程。因难求其解析解，常用中子扩散方程或离散纵标法来近似求解。

13.084 [中子]能量分群法 neutron energy grouping method

将中子整个能区分成 n 个相连的能群，每群内中子假定具有单一能量，采用一些平均参数(即群参数)表述群内中子相应特性的近似方法。这样原来能量连续变化的中子运动方程简化成 n 个不出现能量变量的中子运动方程组。

13.085 多群扩散法 multi-group diffusion method

将能量分群法应用于中子扩散方程，得到一 n(能群数)个联立中子扩散方程组。各方程只出现空间变量和描述中子特性的群参数，能群间通过中子迁移截面耦合，然后求解该方程组的近似方法。

13.086 反应堆物理计算 reactor physics calculation

根据需要提出数学模型(多群扩散方程或中子输运方程)，再据此选择适当的数值算法、确定计算步骤、编制或选用计算程序，利用计算机定量研究反应堆内中子群体运动和增殖的过程。

13.087 反应堆临界方程 reactor critical equation

达到临界状态的中子增殖介质系统的参数必须满足的关系式：$k_{eff}=k_{\infty}p=1$。式中，k_{eff}为有效中子增殖因数，k_{∞}为无限介质中子增殖因数，p为中子不泄漏概率。

13.088 反应堆临界 reactor criticality

反应堆内中子的产生率和消失率保持严格平衡，使裂变链式反应将以恒定速率持续不断地进行下去的工作状态。临界状态下的中子有效增殖因数 k_{eff} 正好等于 1。

13.089 临界质量 critical mass

在一定的材料组成和几何布置下，系统达到临界所需易裂变物质的最小质量。

13.090 临界尺寸 critical dimension

在一定的材料组成和几何布置状下，堆芯恰好达到临界时的尺寸。相应的体积称为“临界体积(critical volume)”。

13.091 反应堆超临界 reactor super-criticality

反应堆的有效中子增殖因数 $k_{eff}>1$ 的状态。这种状态下，裂变链式反应将趋于发散，反应堆裂变率和功率都将不断增加，必须及时加以控制，以免酿成事故。

13.092 次临界 sub-criticality

反应堆的有效中子增殖因数 $k_{eff}<1$ 的状态。这种状态下，裂变链式反应将趋于停止，反应堆的裂变率和功率都将不断减小，直至为零。

13.093 反应堆栅格 reactor lattice

在非均匀反应堆堆芯中，按照某种规则图形布置的燃料组件、冷却剂和慢化剂以及其他材料的阵列。栅格的组成成分、几何布置和栅格大小决定了反应堆的特性。

13.094 稠密栅格 tight lattice，dense lattice

反应堆内燃料棒间距不但小于中子在慢化剂内平均自由程，而且将栅格的慢化剂燃料比从目前轻水堆的 2.0 左右降低到 0.5~0.6 左右，即进一步减少燃料棒间距，提高堆芯功率密度的栅格设计。

13.095 慢化剂-燃料比 moderator-to-fuel ratio

反应堆堆芯的慢化剂与燃料的体积之比。在以水为慢化剂、铀为燃料的反应堆中，该比值称“水-铀比”。由于水中的氢核对中子慢化起主要作用，因此又常采用 ^{1}H 和 ^{235}U 的核密度之比来表示，称“氢-铀比”。

13.096 中子能谱 neutron spectrum

中子注量率随能量分布的规律。在热中子反应堆内，可近似地认为能量大于 1 MeV 为裂变谱，能量在 1 eV~1 MeV 之间为 $1/E$ 费米谱，而能量在 1 eV 以下为麦克斯韦谱。

13.097 [中子]能谱硬化 neutron spectral hardening

通过调减反应堆堆芯慢化剂-燃料比，使得反应堆中维持裂变链式反应的中子能量向高能区方向移动的现象。

13.098 栅元 lattice cell

堆芯栅格的基本单元，也是堆芯物理计算中要处理的基本单元。一个完整堆芯可以根据分析的需要划分成多种栅元，如燃料栅元、可燃毒物栅元、控制栅元等。

13.099 栅距 lattice distance

通常指反应堆堆芯中两个相邻的燃料组件栅元的中心距。

13.100 [反应堆]堆芯 reactor core

反应堆压力容器内进行裂变链式反应的区

域。堆芯通常由燃料组件、中子源、可燃毒物、慢化剂(根据需要)和控制棒组件等组成。它们之间流过冷却剂，以带出裂变反应产生的热量。

13.101 初始堆芯 initial reactor core

又称“初装堆芯”。全部装载首次入堆的新燃料组件的堆芯，也就是新建核电厂反应堆装入的第一个堆芯。在反应堆整个寿期内初始堆芯的后备反应性最大。

13.102 堆芯等效直径 equivalent core diameter

与反应堆堆芯实际截面面积相等的圆的直径。

13.103 堆芯高度 core height

装入堆芯的燃料组件的活性段高度，亦即燃料棒内芯块的垒高。

13.104 反应堆动态学 reactor kinetics

研究反应堆内中子注量率随时间变化的规律和引起这些变化的原因，重点研究反应堆的启动、功率调节、停堆以及各种事故等所引起的瞬变过程的物理学分支学科。

13.105 单组点堆动态学 one group point reactor kinetics

将核裂变通常放出的六组缓发中子等效为一个平均缓发中子组，用该组来近似求解点堆动态方程以及中子密度时间响应的瞬态过程，使问题得到进一步简化。

13.106 点堆模型 point reactor model

假定堆内各处的中子密度随时间的变化规律相同，与具体位置无关，即可以用堆内任意一点代表整个反应堆进行动态研究的一种近似模型。对中子注量率空间分布发生显著改变的瞬变过程并不适用。

13.107 反应性 reactivity

反应堆的中子有效增殖因数 k_{eff} 与 1 之差相对 k_{eff} 之比。用此无量纲数(符号“ρ”)来衡量增殖介质系统偏离临界状态的程度。单位可用百分数、pcm(10^{-5})；也可用缓发中子总份额 β 作单位，称“元($)”。

13.108 后备反应性 build-in reactivity, excess reactivity

又称“剩余反应性”。在没有任何控制毒物的条件下反应堆超临界的正反应性数值。用于调节功率、补偿负的反应性系数、运行燃耗和裂变产物的积累等，其大小与反应堆的类型、运行工况和换料周期有关。

13.109 停堆深度 shutdown margin

又称“停堆裕量”。全部控制毒物投入堆芯时反应堆所达到的次临界度。等于全部控制毒物的价值与反应堆的后备反应性之差。

13.110 反应性仪 reactivity meter

与一个或多个探测器相连、用于测定反应堆反应性和控制棒刻度等的电子仪器。其原理是将核功率测量值作为输入，用计算机求解中子动态学方程，得出堆内综合的反应性，关键的是要修正控制棒干涉效应。

13.111 堆周期 reactor period

又称“反应堆时间常数”。反应堆中子注量率按指数规律变化 e 倍所需的时间。符号“T”。

13.112 反应堆倍增周期 reactor double period

反应堆中子注量率按指数规律变化 1 倍所需的时间。

13.113 倒时方程 in-hour equation

又称“反应性方程”。表示反应堆渐近(或稳定)周期与反应性关系的方程。是反应堆物理实验中通过测量反应堆周期来确定反应性的理论根据。“倒时”表示使堆功率以 1 h 的稳定周期增长的反应性。

13.114 反应堆传递函数 reactor transfer

function

在线性动力学系统零值初始条件下，系统输出的拉普拉斯变换与输入的拉普拉斯变换之比。

13.115 中子微扰理论 neutron perturbation theory

在反应堆参数的微小或局部变化并未引起中子注量率明显畸变的条件下，直接从微扰前的中子注量率和相关参数的扰动直接求得微扰后的反应性增量的理论。它比分别计算扰动前、后反应性再求差值的方法更为准确。

13.116 中子平均寿命 neutron mean life

将每代裂变中子的瞬发中子和缓发中子各自的寿命分别按其份额加权得出，从裂变产生开始，慢化、扩散、直至被吸收或泄漏出去所经历时间的平均值。

13.117 超瞬发临界 super prompt criticality

中子增殖因数 $k_{eff}\geqslant 1+\beta$，即反应性 $\rho\geqslant\beta$(β 为缓发中子份额)时，系统仅仅依靠瞬发中子就可维持裂变链式反应的状态。此时缓发中子失去控制作用，堆功率会急剧上升，在运行中必须绝对防止。

13.118 缓发临界 delayed criticality

反应堆的正反应性 $\rho<\beta$，依靠缓发中子的参与，使得裂变链式反应可控地达到临界状态的现象。

13.119 反应性系数 reactivity coefficient

反应性相对于单个相关参量的变化率。有反应性温度系数、反应性空泡系数、反应性功率系数等。反应堆的反应性系数是各相关参量的反应性系数之总和。

13.120 反应性温度系数 reactivity temperature coefficient

简称“*温度系数*”。温度变化 1 K 引起的反应性的变化。堆芯中各种成分的温度及其温度系数均不相同，分别为燃料温度系数、慢化剂温度系数等。反应堆温度系数则为上述各温度系数之总和。

13.121 燃料温度系数 fuel temperature coefficient

又称“*多普勒反应性系数*”。燃料温度变化 1 K 所引起的反应性的变化。在天然铀或低富集铀反应堆中，燃料温度升高，^{238}U 中子共振俘获增加，形成快速响应的瞬发负燃料温度系数。

13.122 多普勒效应 Doppler effect

又称“*多普勒展宽*”。共振能区内的中子与靶核相互作用时，靶核的热运动引起中子截面的共振峰峰值降低，但宽度展宽，从而使更多的中子能量处于共振能附近，而被共振俘获吸收的现象。

13.123 慢化剂温度系数 moderator temperature coefficient

慢化剂温度变化 1 K 引起的反应性变化。慢化剂温度升高时，其密度及中子微观截面都发生变化，导致中子吸收减少、慢化能力减弱及中子能谱趋硬。其数值还与慢化剂中有无化学毒物有关。

13.124 反应性压力系数 reactivity pressure coefficient

反应堆系统压力变化单位压力(1 MPa)引起的反应性变化。系统压力增大，慢化剂密度增加，致使慢化能力增强和慢化剂中子吸收增多。

13.125 反应性空泡系数 reactivity void coefficient

反应堆液体冷却剂内的气泡体积份额每变化 1%所引起的反应性变化。冷却剂的沸腾(包括局部沸腾)产生的气泡将导致慢化剂的中子吸收减少、中子泄漏增加、慢化能力减小和中子能谱趋硬。

13.126 反应性功率系数 reactor power coefficient

又称“反应性微分功率系数”。反应堆热功率每变化1%引起的反应性变化。是一个综合参数，涉及与运行功率水平有关的燃料温度、慢化剂温度、气泡份额、随功率变化的中毒效应等因素。

13.127 功率亏损 power defect

又称“反应性积分功率系数”。由反应性功率系数在起始功率到终止功率区间的定积分确定的反应性变化值。由于功率升高导致反应性损失，故名。

13.128 反应堆自稳定性 reactor self-stability

稳定运行的反应堆在受到某种扰动偏离原来平衡状态后，能自动达到新的平衡状态的属性。是反应堆固有安全性的重要标志。负的反应性系数将导致良好的自稳定性。

13.129 氙中毒 xenon poisoning

反应堆运行时，由于热中子吸收截面最大的裂变产物核素 ^{135}Xe 浓度逐渐增加，从而吸收中子增多引起反应性减少的现象。当反应堆起堆后稳定功率运行约2~3天，^{135}Xe 浓度达到饱和，其相应的反应性损失称“平衡氙毒”。

13.130 碘坑 iodine well

反应堆长期运行后停堆或降功率，^{135}Xe 浓度先增后减，从而使反应性出现先减后增的凹陷。因为该现象与 ^{135}Xe 的先驱核 ^{135}I 直接相关，故名。反应性降低的最大值称“碘坑深度”。

13.131 氙振荡 xenon oscillation

由于 ^{135}Xe 核密度空间分布和中子注量率空间分布的时间特性之间的耦合，大型热中子堆中局部区域中子注量率的变化可能引起堆内 ^{135}Xe 浓度、从而反应堆功率分布的空间振荡。

13.132 钐中毒 samarium poisoning

反应堆运行时，热中子吸收截面较大的裂变产物毒物核素 ^{149}Sm 在堆内逐渐积累、吸收中子而引起反应性减少的现象。

13.133 裂变产物中毒 fission products poisoning

在反应堆运行过程中产生的所有裂变产物吸收中子所引起的反应性亏损。

13.134 燃耗 burn up

反应堆运行期间堆内原子核的感生变换，即易裂变核素减少、可裂变核素转化生成新易裂变核素的过程。燃料燃耗的程度称“燃耗深度”。常用单位有：比燃耗、兆瓦天/吨铀(MW·d/tU)、燃耗份额、百分比。

13.135 卸料燃耗[深度] discharge burn up

从核电厂换料时卸出的、并不再在该反应堆继续使用的燃料组件的燃耗深度的平均值。

13.136 堆芯寿期 reactor core lifetime

又称“换料周期”。在满功率连续运行条件下，堆芯从开始运行直到其有效中子增殖因数降到1的时间跨度。

13.137 堆芯燃料管理 reactor core fuel management

在确保反应堆安全可靠性的前提下，为获得最佳燃耗深度、降低燃料成本和改善运行性能以及尽可能降低反应堆压力容器所受的快中子注量而进行的技术经济分析和堆芯装换料方案设计管理工作。

13.138 反应性控制 reactivity control

为控制反应堆后备反应性以满足长期运行的需要、在整个堆芯寿期内保持较平坦的功率分布、自动调节反应性以响应负荷的变化、紧急情况时能迅速停堆并保持适当的停堆深度而选取的合适方法。

13.139 控制棒 control rod

采用热中子强吸收材料、用来控制反应性的可移动部件。通过调节其插入堆芯的深度，可简便、快捷地实施启动、停堆和功率调整。根据其功能，控制棒可分为安全棒、补偿棒、调节棒等。

13.140 安全棒 safety control rod

专用于紧急工况下迅速停堆的控制棒组。经常置于堆芯以外，紧急情况下靠重力或其他外力在1~2 s内自动快速插入堆芯，中止裂变链式反应，以确保安全。

13.141 补偿棒 compensation control rod

在反应堆每一个运行周期之初，插在堆芯内，以补偿后备反应性的控制棒组。随着燃料的燃耗和裂变产物的积累，后备反应性逐渐减少，补偿棒逐渐抽到堆外，直到完全抽出。

13.142 调节棒 regulation control rod

在整个运行周期中始终插在堆芯内，根据反应堆控制系统的指令自动调节插入堆芯深度、以快速补偿运行时各种因素引起的反应性波动的控制棒组。

13.143 灰棒 gray control rod

调节棒的一种，其芯体采用不锈钢等弱吸收材料，在堆芯中移动时不会引起中子注量率的明显畸变，专用于大型压水堆核电厂负荷跟踪模式(G 模式)运行的功率调节棒组。

13.144 控制棒价值 control rod worth

在给定条件下，将一根完全提出的控制棒(组件)快速全部插入处于临界状态的堆芯所引起的反应性变化的绝对值。是对控制棒补偿反应性效率的一种度量。

13.145 控制棒自屏效应 control rod shielding effect

控制棒吸收体内层的中子吸收率由于外层中子吸收体的屏蔽而减小的现象。

13.146 控制棒干涉效应 control rod interference

反应堆内某一控制棒(组件)的价值因其他控制棒(组件)插入状态的影响而改变的现象。该影响可正可负，取决于与其他控制棒的相对位置。

13.147 化学补偿控制 chemical shimming control

在压水堆核电厂反应堆冷却剂中加入吸收中子的化学物质硼酸，用来参与控制反应性缓慢变化(如启停堆、燃耗和氙中毒等)的方法。

13.148 可燃毒物 burnable poison

布置在堆芯内，主要用来吸纳较大的初始后备反应性、加深燃耗和展平中子注量率分布的固体中子毒物。如硼、钆和铒的化合物。随着反应堆运行，可燃毒物因吸收中子逐渐减少，被其吸纳的后备反应性将又逐渐释放出来。

13.149 控制毒物的价值 control poison worth

又称“控制毒物反应性当量”。控制毒物投入堆芯所引起的反应性变化的绝对值。

13.150 反应性控制方法 reactivity control approach

根据不同堆型，为保证反应堆安全运行，用来对反应性进行有效控制和调节的各种部件、机构、过程和方法。主要有控制棒、化学补偿毒物、固体可燃毒物、移动反射层、改变堆芯局部区域慢化剂组成等。

13.151 中子注量率分布不均匀因子 neutron fluence distribution peaking factor

堆芯内中子注量率的最大值与全堆芯平均值之比。整个堆芯的中子注量率不均匀因子等于类似分别定义的中子注量率径向不均匀因子与轴向不均匀因子之乘积。

13.152 中子注量率展平 neutron fluence flattening

通过使用可燃毒物、燃料富集度径向分区

与轴向分段装载等方法，使堆芯中子注量率尽可能分布均匀，以延长堆芯寿期、提高反应堆的安全性和经济性的措施。

13.153　反射层　reflector
为减少堆芯的中子泄漏、降低临界质量和临界尺寸、提高并展平堆芯中子注量率而布置在堆芯四周的材料或物体。应具有大的中子散射截面和小的中子吸收截面。

13.154　反射层节省　reflector economy
与同样成分和结构的裸堆芯相比，外设反射层后堆芯临界尺寸的减小量。

13.155　反应堆物理实验　reactor physics experiment
研究中子介质系统中子增殖和运动规律的实验。分为在临界状态下以测量稳态中子注量率为基础的静态实验、在非临界状态下测量中子注量率瞬态变化以确定动态参数的动态实验以及噪声分析三类。

13.156　零功率反应堆　zero power reactor
功率低于几十瓦、中子注量率只有 10^6~10^7 n/(cm^2 • s)，主要用于测定临界质量、控制棒效率、中子注量率分布、各种栅格特性等的反应堆。其可接近性强、结构灵活可变，也不必设置专门的冷却。

13.157　临界装置　critical assembly
专门用于设计阶段对构成堆芯的核燃料和其他材料的各种布置方式和组成进行临界实验测量、确定其临界特性，为校验理论计算提供依据的物理实验装置。其结构灵活可变，功率低，无需专门冷却。

13.158　反应堆物理启动　reactor physical start-up
反应堆正式运行前，从次临界状态达到临界、直至满功率过程中所有物理实验的统称。主要包括首次临界和测量中子注量率分布、控制棒价值、反应性温度系数、功率系数、压力系数、中毒效应等。

13.159　零功率试验　zero power experiment
为了掌握反应堆的物理性能，反应堆临界后在极低功率水平下进行的反应堆物理实验。主要测定控制棒价值、硼价值、反应性以及临界硼浓度等。

13.160　首次临界实验　first critical experiment
初始和后续堆芯进行的第一次确定临界条件的物理实验。实验时选用适当的方法使堆芯中子数在外中子源作用下逐渐增多并测量其变化，分析确认其接近临界的程度。经多次重复、逐步渐近，最终达到临界。

13.161　临界棒栅　control rod lattice for criticality
利用控制棒移动使反应堆达到临界时，各组控制棒位置的组合状态。若控制棒数目少且不分组，则称“临界棒位”。

13.162　［反应堆］无源启动　reactor start-up without neutron source
又称“盲区启动”。反应堆长期停堆后，原来装入的一次和二次中子源均不再起作用，仅靠燃料的自发裂变引起中子增殖的反应堆启动。其特征为中子信号弱、盲区大，安全问题尤需注意。

13.163　控制棒刻度　control rod calibration
在特定条件下，采用适合的方法对控制棒价值的测定。分为微分和积分价值刻度两种。前者是控制棒逐段长度的反应性价值测定；后者指控制棒全长总价值的测定。

13.164　硼微分价值　boron differential worth
堆芯冷却剂中单位硼浓度变化所引起的反应性变化。是对硼酸溶液补偿反应堆后备反应性效率的一种度量，该值与堆芯硼浓度、冷却剂温度等因素有关。

13.165　停堆硼浓度　shutdown boron concentration
在使用可溶硼控制反应性的反应堆中，为

使反应堆具有设定的停堆深度，除所有的控制棒全部插入堆芯外，冷却剂中需要添加的硼的浓度。

13.166　临界硼浓度　critical boron concentration

在使用可溶硼控制反应性的反应堆中，当所有的控制棒全部提出堆芯后，为使反应堆达到临界，冷却剂中需要添加的硼的浓度。

13.167　反应堆噪声　reactor noise

夹杂在堆运行参数信号中的随机信号。分为核和非核噪声两类。前者源于每次裂变中子产生数的随机性，后者源于流量、温度、压力和含汽率的随机波动及燃料变形、结构振动、松脱部件撞击和局部沸腾等。

13.168　中子探测器　neutron detector

利用中子与硼或铀等相互作用产生的带电粒子使气体电离后测量气体电离量，或利用中子照射使材料本身活化后测量其活度等方法，间接确定中子注量率水平的器件。

13.169　自给能探测器　self-powered detector

无需外加电源即可探测中子或 γ 射线的探测器。其原理是发射体原子核俘获中子生成的活化核发射缓发 β 粒子，或俘获瞬发 γ 射线而发射电子，从而在收集体产生与中子注量率或 γ 射线强度成正比的电流信号。

13.170　核功率测量　nuclear power instrumentation

通过测量反应堆中子注量率，再换算成功率的间接测量方法。反应堆从临界至满功率状态的中子注量率水平一般变化十多个数量级，因而通过测量其分源区、中间区和功率区三个交界处相互叠加的测量区段来实现。

13.171　燃料转换　fuel conversion

可转换核素(如 ^{238}U、^{232}Th)吸收中子转变为易裂变核素(如 ^{239}Pu、^{233}U)的过程。通常用转换比来描述转换效率。

13.172　转换比　conversion ratio，CR

燃料转换过程中，产生的易裂变核与同一时间内由于俘获和裂变而消耗的易裂变核之比。

13.173　燃料增殖　fuel breeding

产生的易裂变核多于消耗掉的易裂变核的转换过程。快中子增殖堆可以实现增殖，热中子堆只有以 ^{233}U 作为燃料才在理论上可以实现增殖。

13.174　增殖比　breeding ratio，BR

燃料增殖过程中，每消耗一个易裂变核能产生的新易裂变核数，其值大于 1。

13.175　倍增时间　doubling time

又称“加倍时间”。通过燃料增殖使易裂变核素的数量比初始装载量增加一倍所需的时间。通常以年为单位。有简单(线性)倍增时间与指数倍增时间两种计算方法。

13.176　核燃料　nuclear fuel

含有易裂变核素(^{235}U、^{239}Pu 或 ^{233}U)，能够在反应堆里实现自持裂变链式反应、释放核能的材料。广义的核燃料还包括可转换核素 ^{238}U 和 ^{232}Th。

13.177　铀资源　uranium resources

天然储存于地壳的铀的富集体，即在当前或可以预见的将来能成为经济和技术上可以开采和提取的铀矿产品。包括现在就可以开发的储量和由于可预见的经济技术进步将来可以开发的预测铀资源两类。

13.178　钍资源　thorium resources

天然储存于地壳内或地壳上的钍的富集体。世界上探明可用的钍资源仅相当于铀资源的 1/3。

13.179　聚变能资源　fusion energy resources

天然储存于地壳内或地壳上，可供发生聚

变反应、释放出聚变能的轻核(如氘、氚、氦和锂)富集体。

13.180　钚的同位素　isotopes of plutonium

迄今已发现的化学元素钚的同位素有 15 种(^{232}Pu~^{246}Pu)，全部具有放射性和极大的毒性。其中，^{239}Pu 和 ^{241}Pu 是人造易裂变核素；^{240}Pu 具有自发裂变性；^{238}Pu 可作为空间领域和心脏起搏器的能源。

13.181　天然铀　natural uranium

成为矿床存在于自然界中的铀。含三种同位素：^{238}U(99.28%)、^{235}U(0.71%)及 ^{234}U(0.006%)，其半衰期分别为 4.51×10^9 年、7.09×10^8 年和 2.35×10^5 年。其中 ^{235}U 是天然易裂变核素，^{238}U 是可转换核素。

13.182　铀的富集　uranium enrichment

采用专门的同位素分离方法，使 ^{235}U 的丰度从天然铀的 0.71%提高的过程。提高后的 ^{235}U 丰度称“富集度”。

13.183　低富集铀　slightly enriched uranium

燃料中 ^{235}U 的富集度<20%的铀。

13.184　高富集铀　highly enriched uranium

燃料中 ^{235}U 的富集度≥20%的铀。

13.185　铀同位素分离　uranium isotope separation

采用特殊工艺方法将铀元素中 ^{235}U 的丰度提高的生产过程。同位素分离的方法主要有气体扩散法、离心分离法、激光分离法等。

13.186　气体扩散法　gaseous diffusion method

混合气体流过分离单元的多孔膜时，由于轻、重分子的过膜流动速度不同，造成轻、重气体分离的过程。铀同位素气体扩散分离法是通过多级级联逐步实现气态 UF_6 中 ^{238}U 和 ^{235}U 的分离。

13.187　气体离心法　gas centrifugation method

混合气体随高速离心机转动时，受离心力作用，轻、重分子分别在近轴处、近壁处富集，从而达到两者分离的方法。铀同位素气体离心分离法是多极级联离心分离气态 UF_6 中的 ^{238}U 与 ^{235}U。

13.188　激光分离法　laser separation method

根据元素同位素原子或由其组成的分子质量之差引起吸收光谱的微差，用线宽极窄的激光将某种同位素原子或分子有选择地激发到特定的激发态或电离态，再设法将其与未被激发的原子或分子分离的方法。

13.189　分离功　separative work

一段时间内(通常以年计)全厂分离功率的总和。是对分离单元、分离级，乃至分离工厂分离能力的度量，是进行分离单元的性能研究、级联设计和工厂经济分析的目标函数。

13.190　分离功率　separative power

分离单元或级联单位时间所能提供的分离能力。等于定常态下一定量的同位素混合物通过分离系统后，输出流相对于输入流的价值增率，即单位时间内输出的同位素混合物价值总和与输入的价值之差。

13.191　分离功单位　separative work unit, SWU

以年为单位的分离功率，其量纲与质量流量相同。可写作千克分离功单位/年(kg SWU/a)，或吨分离功单位/年(t SWU/a)。

13.192　贫[化]铀　depleted uranium

铀同位素的混合物经分离或在反应堆内“烧过”以后，其中 ^{235}U 丰度低于其天然丰度(0.714%)的尾料。

13.193　反应堆燃料性能要求　performance requirement for reactor fuel

为使燃料元件在使用寿期内能经受各种预

期作用而不损坏，对其性能提出的要求。主要有：高热导率、良好的辐照与化学稳定性、良好的冷却剂和包壳相容性、高熔点、热膨胀系数低、燃料核素原子密度高等。

13.194　金属燃料　metallic fuel
铀、钚及其合金冶炼成的燃料。其燃料原子密度高、导热性好且易于加工，但在低于熔点时多次同素异形体相转变会导致密度的急剧变化、低温下呈各向异性，辐照生长严重；化学性质活泼，抗腐蚀性差。

13.195　氧化物陶瓷燃料　ceramic oxide fuel
可裂变核素的氧化物烧结成的燃料。可分为铀或钚的单一氧化物燃料以及铀与钚（或钍与铀）的同种氧化物互熔混合物燃料。它们的熔点高、热和辐照稳定性好、与包壳及冷却剂相容性好，但导热性差。

13.196　碳化物和氮化物燃料　fissionable nuclide carbide and nitride fuel
可裂变核素的各种碳、氮化物烧结陶瓷燃料。其主要优点是高密度、高热导率、裂变气体释放量低，增殖比较高、允许较高的线功率和较深的燃耗，但目前均还处于研究试验阶段。

13.197　弥散体燃料　dispersion fuel
将直径约 50~500 μm 的金属互熔物或陶瓷氧化铀、碳化铀颗粒均匀分布在非燃料结构材料基体中形成的燃料。其主要优点是高燃耗、高传热效率和高强度、塑性和耐蚀性良好。

13.198　燃料芯块　fuel pellet
封装叠置于燃料包壳管内的圆柱体燃料小块。轻水堆燃料芯块的 ^{235}U 富集度通常为 3%~5%，但一般以 5%为上限。重水堆普遍采用天然铀芯块。

13.199　燃料包壳　fuel cladding
包容并封装燃料芯块，避免其受冷却剂的腐蚀与机械冲蚀、包容裂变产物以及为燃料元件提供结构支撑的金属管。对其主要要求是热中子吸收截面小，感生放射性低，耐蚀性与机械稳定性好，与燃料及裂变产物相容性好。

13.200　燃料棒　fuel rod
将燃料芯块封装于包壳管内，两端用锆合金端塞封焊而形成的细长棒。构成燃料组件的基本结构单元。

13.201　燃料元件　fuel element
主要由燃料芯体和包壳组成、结构上独立的部件。形状有棒、管、板和球等，其相应燃料元件被称为燃料棒、燃料管、燃料板和燃料球等。

13.202　可燃毒物棒　burnable poison rod
以某种材料为基体，加入可燃毒物制成的棒或管。压水堆可燃毒物棒有两种：一种是与燃料分开、外加包壳的离散型可燃毒物棒；另一种是与燃料结合在一起的一体化可燃毒物棒。

13.203　燃料组件　fuel assembly
由若干根燃料棒按一定的排列方式组成、在反应堆装卸燃料时无需拆开的整体组合构件。其结构形式因堆型而异。

13.204　压水堆燃料组件　pressurized water reactor fuel assembly
通常由燃料棒、控制棒导向管、定位格架以及上、下管座和滤网等部件组成，一般不带外盒、但具有足够刚度、燃料棒通常按 17×17 正方形排列的整体组合构件。

13.205　板形燃料组件　plate type fuel assembly
由若干块弥散体燃料板、（连接）侧板、组件插头（下管座）、抓取部件（上管座）等组成的燃料组件。板的形状有平板、弧板和渐开线等几种。燃料常用 UAl_4-Al、U_3O_8-Al 或 U_3Si_2-Al 等。

13.206　包覆燃料颗粒　coated fuel particle

由陶瓷燃料芯粒和沉积于其外的包覆层构成的球状细粒，是高温气冷堆燃料元件的重要组成部分。包覆层从里到外为疏松热解碳吸附缓冲层、致密热解碳承压密封层和碳化硅或碳化锆坚实外层。

13.207　球形燃料元件　spherical fuel element

球床型高温气冷堆用的燃料球。基本结构为无燃料的石墨球壳内填满由包覆燃料颗粒和石墨基体组成的弥散体燃料。基体石墨用来慢化中子和导出裂变热，石墨球壳和基体石墨一起承受外压、冲击、腐蚀和磨损。

13.208　棱柱形燃料元件　prismatic fuel element

柱床型高温气冷堆使用的六角形立柱式燃料组件。将包覆燃料颗粒同石墨粉和其他辅材制成环状芯块，装入石墨套管，用石墨端塞密封成燃料棒，再将燃料棒插满六角形石墨立柱中的燃料孔道，即构成一个燃料组件。

13.209　CANDU 型重水堆燃料组件　CANDU type HWR fuel assembly

专用于 CANDU 型重水堆的燃料组件。典型的 CANDU-6 型燃料组件是由天然 UO_2 烧结陶瓷芯块、Zr-4 合金包壳管、石墨中间层、端塞、隔离块、支承垫和端板组成的四层同心圆排列的 37 根短棒束组件。

13.210　快中子增殖堆燃料组件　FBR fuel assembly

用于快中子增殖堆的燃料组件。现代快堆均采用铀钚混合氧化物(MOX)燃料和上、下贫铀转换段，带不锈钢盒的组件。所用材料要承受远高于热堆的热和辐照负荷。

13.211　MOX 燃料组件　mixed oxide fuel assembly

用 UO_2, PuO_2 混合固溶体制成的燃料组件。其热物理性能和力学性能随 PuO_2 的含量和氧/金属比而异，其特点是熔点高、同包壳和冷却剂的相容性好、卸料燃耗高、能较好地保持裂变产物。

13.212　铀钚燃料循环　uranium-plutonium fuel cycle

由天然铀开始，利用 ^{235}U 作为核燃料，使 ^{238}U 在堆内吸收中子后转换成 ^{239}Pu，再以 ^{239}Pu 作为新核燃料的循环。

13.213　钍铀燃料循环　thorium-uranium fuel cycle

又称“钍基核燃料循环”。由核纯 ThO_2 制成燃料组件置于反应堆内，^{232}Th 转换为 ^{233}U，取出进行处理后分离回收铀和钍，再以 ^{233}U 作为新核燃料的循环。

13.214　燃料组件堆外性能试验　out-of-reactor test of fuel assembly

为研究燃料组件的力学和热工、水力等性能，模拟反应堆内的安装和使用条件、在堆外无辐照的冷态和热态工况下进行的各种燃料组件性能试验的统称。

13.215　燃料组件辐照考验　fuel assembly irradiation test

在大量的小样品与单棒辐照试验的基础上，利用研究试验堆的堆内辐照回路或燃料元件位置，采用提高了燃料富集度的缩比模型、甚至全尺寸燃料组件进行辐照，以进一步研究燃料组件各种性能的试验研究工作。

13.216　先导组件随堆考验　irradiation test of leading assemblies in existing power reactor

将完全根据新设计制造的原型燃料组件(即先导组件)，放入动力堆中参与运行，待其燃耗至指定水平后卸出，运至热室对其进行全面检查，以评判组件性能，为改进和优化组件设计提供试验依据的考验方法。

13.217 辐照容器 irradiation capsule

安装在研究试验堆的试验孔道内、进行燃料或结构材料辐照性状考验的容器。它应能提供试验件所需的辐照和传热条件以及相应的测量仪表。根据充填介质可分为压水型、钠钾型和充气型辐照容器等。

13.218 辐照考验回路 irradiation test loop

装在研究试验堆试验孔道内、专为研究动力堆燃料的稳态和瞬态性状而设置、本身具有独立的专设安全系统、冷却系统和其他辅助系统的试验设施。其参数应尽可能接近受考验燃料的实际工作参数，并与反应堆有安全联锁。

13.219 辐照后检验 post-irradiation examination

在屏蔽、密封的热实验室内，对辐照完毕的燃料和材料进行观察、测量和分析等检验，以评估其辐照后性能及变化规律、验证或改进设计和制造工艺的工作统称。检验项目分无损检验和破坏性检验两类。

13.220 芯块与包壳相互作用 pellet-cladding interaction，PCI

燃料棒在使用过程中，芯块与包壳之间可能发生的机械相互作用和燃料棒内的裂变产物与包壳的化学相互作用的总称。它可能导致包壳应力腐蚀开裂，甚至造成燃料破损。

13.221 材料检验热实验室 hot laboratory for material examination

简称“热室”。由多个屏蔽良好的密封小室组成，专为操作强放射性物质、燃料组件和部件解体检验、无损检测、力学性能测试、化学分析和燃料制备等的实验室。操作在室外透过铅玻璃窗用机械手远距离进行。

13.222 屏蔽工作箱 shielded box

采用结构和动作均较简单的工具操作放射性物质、具有强 γ 射线和中子屏蔽层以及窥视窗的密封箱式装置。

13.223 手套箱 glove box

广泛用于工厂、实验室、分析室中主要操作 α 和 β 放射性物质或其他有毒物质、装有窥视窗和操作用手套的密封箱式设备。

13.224 新燃料组件运输容器 new fuel assembly transport cask

专为运输刚从核燃料厂生产的燃料组件而设计的容器。其设计需考虑妥善的固定、缓冲、防震和防火等措施，还必须确保临界安全。

13.225 新燃料组件储存 new fuel assembly storage

新燃料组件运抵核电厂后直至装堆前的存放。通常是干法松散式垂直悬挂在新燃料储存间内，装堆前才转存到水下的乏燃料储存格架内。必须保证在任何情况下储存的燃料组件均处于次临界状态。

13.226 核燃料循环 nuclear fuel cycle

由铀矿勘探、开采、精制和化学转化、铀富集和燃料组件制造组成的前段，燃料组件使用，以及由乏燃料组件储存、运输、后处理和复用回收的易裂变核素、放射性废物处理和处置组成的后段三阶段组成的全过程。

13.227 一次通过式核燃料循环 once-through nuclear fuel cycle

又称“开式循环”。核电厂乏燃料组件不进行回收铀、钚再利用的后处理而直接储存起来的核燃料使用方式。对铀资源利用来说它是不经济的。

13.228 核燃料闭合循环 closed nuclear fuel cycle

简称“闭合循环”。对核电厂乏燃料组件进

行后处理，从中回收铀、钚重复利用的核燃料使用方式。在快中子增殖堆中多次重复使用回收的铀、钚，可使铀的总利用率提高到60%~70%。

13.229 乏燃料 spent fuel，irradiated fuel

燃耗深度已达到设计卸料燃耗，从堆中卸出且不再在该反应堆中使用的核燃料组件(即乏燃料组件)中的核燃料。其中有未裂变和新生成的易裂变核素、未用完的可裂变核素、许多裂变产物和超铀元素。

13.230 乏燃料组件运输容器 spent fuel assembly transport cask

专门管理、专用于运输乏燃料组件的容器。由作为结构件兼有中子屏蔽、γ屏蔽、导出衰变热及防火隔热功能的容器本体，限制燃料组件移动的组件格架，确保次临界安全的中子吸收体，屏蔽密封盖和缓冲减震器等组成。

13.231 乏燃料组件运输 spent fuel assembly transport

严格按照国家有关规定，用专门的乏燃料运输容器和运输工具，采用安全防护措施，将乏燃料从一地运到另一地的过程。可根据实际情况选择公路、铁路或海上运输。

13.232 乏燃料组件储存设施 irradiated fuel assembly storage facility

核电厂和后处理厂储存乏燃料组件的专用设施。由不锈钢覆面的乏燃料卸料池和储存池、池水净化和冷却系统、池水监漏系统、吊运装置及乏燃料储存格架等组成。重水堆乏燃料组件最后放入干式空冷储存仓。

13.233 [乏燃料]后处理 irradiated fuel reprocessing

回收、纯化乏燃料中的铀和钚并加以复用，将裂变产物最终处置的处理。也有只回收铀加以复用，而将钚和裂变产物一起最终处置的不完全后处理。分为湿法和干法两类。

13.234 反应堆材料 material for nuclear reactor

用于建造反应堆本体，主要包括核燃料、燃料包壳、堆内构件、冷却剂与慢化剂、压力容器、管道和结构、控制与屏蔽等的材料。除一般工程性能外，还应有良好的核物理性能、耐辐照损伤及与反应堆环境的相容性。

13.235 反应堆材料辐照效应 irradiation effect of reactor material

在辐射环境下，射线(主要是中子)与反应堆材料发生相互作用而引起后者微观组织和宏观尺寸、物理和力学性能改变的现象。

13.236 反应堆控制材料 material for reactor control

能显著吸收中子、对反应性进行控制的材料。其主要要求是吸收中子能力强、熔点高、力学强度好、同冷却剂相容性好、良好的热和辐照稳定性、高热导率、易于制造、成本低廉。

13.237 反应堆压力容器材料 material for reactor pressure vessel

反应堆压力容器母材、焊接材料以及螺栓、螺母等部件材料的统称。反应堆压力容器在核电厂寿期内不考虑更换，故要求其具有良好的常温与高温力学性能、加工和焊接性能、抗中子辐照脆化性能等。

13.238 辐照监督管 irradiation monitoring tube

将压力容器的母材和焊缝材料制成试样，装入不锈钢管，沿堆芯活性段高度固定在堆内构件吊篮筒体外侧，在反应堆寿期内按计划抽出进行性能测试和分析，以监督和预示压力容器辐照后材质变化的部件。

13.239 无延性转变温度 temperature of

nil-ductility transition，TND

又称“脆性转变温度”。材料由延性断裂完全转变为脆性断裂时的温度。对于压力容器铁素体钢，长期强中子辐照可使该值升高。温度低于该值时，钢材在破断前无变形，且起始裂纹极易传播，十分危险。

13.240 反应堆结构材料 structural material for reactor

反应堆燃料组件结构材料和堆内构件材料的统称。要求其热中子吸收截面小、与燃料相容性好、抗腐蚀性好、辐照损伤与感生放射性小、合适的强度和延性、热膨胀系数小、导热性与加工性能好等。

13.241 反应堆结构断裂力学 fracture mechanics in reactor structure

广泛应用于反应堆结构设计、建造、运行、退役等方面，研究带裂纹反应堆结构部件的应力应变分析、裂纹扩展规律以及结构抗断裂性能的力学分支学科。

13.242 主管道材料 material for main pipe

用于制造反应堆主冷却剂回路管道(即主管道)的材料。要求其具有良好的常温与高温力学性能、加工和焊接性能、抗晶间腐蚀和应力腐蚀性能等。

13.243 蒸汽发生器传热管材料 material for steam generator tube

用于制造压水堆蒸汽发生器传热管的材料。主要要求其具有抗均匀腐蚀性、抗氯离子应力腐蚀性、抗苛性应力腐蚀性、导热性、机械加工与焊接性等。

13.244 晶间腐蚀 intergranular corrosion

又称“晶界腐蚀”。因金属中晶界组分在介质中的溶解速率远高于晶粒本体的溶解速率而产生的局部腐蚀。是使金属强度、塑性和韧性大大降低的危害性很大的腐蚀类型。

13.245 反应堆冷却剂材料 material for reactor coolant

用于冷却反应堆堆芯、带出裂变释热的工质。对其主要要求是良好的热物性、中子吸收截面小、感生放射性弱、黏度低、良好的热和辐照稳定性、与燃料包壳和结构材料相容性好等。

13.246 反应堆屏蔽材料 reactor shielding material

用于屏蔽反应堆以中子和 γ 射线为主的核辐射的结构材料。其主要要求是：密度大，氢元素含量高，足够的力学强度、机械稳定性、热稳定性和化学稳定性，价格低廉，容易加工和建造等。

13.247 反应堆核设计 reactor nuclear design

反应堆堆芯物理设计和反应堆辐射屏蔽设计的统称。前者包括确定堆芯临界条件和功率分布、反应性分析、燃耗分析和燃料管理；后者包括确定反应堆屏蔽要求、选取屏蔽材料和布置方案、分析屏蔽层内热源和温度分布。

13.248 技术规格书 technical specification

说明向核电厂提供的产品、服务、材料或工艺必须满足的要求，以及验证这些要求得到满足的程序的书面规定。核电机组在各种运行工况下均必须遵守的运行限值和条件、监督要求等运行规定，则称“运行技术规格书”。

13.249 核设计准则 nuclear design criterion

核电厂核设计中必须遵循的基本原则。包括在任何情况下都不能发生瞬发临界、不允许有正的反应性系数、尽量展平中子注量率分布以减小不均匀因子、最合理的换料方案等。

13.250 反应堆热功率 reactor thermal power

反应堆输出的可利用热能所对应的功率。

13.251　[核电厂]额定电功率　rated electrical power

在设计规定条件下，核电厂主发电机产生的电功率。

13.252　[核电厂]热效率　thermal efficiency

核电厂发电功率与核反应堆热功率之比。

13.253　设计基准地震　design basis earthquake, DBE

在核电厂抗震设计时用作设计依据的地震。通常分为两类：对应于美国运行安全地震的 SL-1，以及对应于美国极限安全地震的 SL-2。现在的趋势是仅按照 SL-2 设计，同时加强对低等级地震的监测。

13.254　堆芯功率密度　power density in-core

堆芯释热功率与堆芯体积之比。

13.255　[燃料元件]线功率　[fuel element] linear power

燃料元件单位长度产生和传出的热功率。

13.256　堆芯布置方案　core configuration pattern

堆芯内将不同富集度的燃料元件、可燃毒物和控制棒布置在不同位置以获得最高安全性和最佳经济性的方案。

13.257　堆芯功率分布　core power distribution

堆芯内各个位置的功率(释热率)。

13.258　换料方案　refueling scheme

将乏燃料组件从堆芯取出、装入新燃料组件，并按尽可能展平堆芯功率分布的原则，与继续使用的燃料组件一起在堆芯重新布置的方案。

13.259　平衡堆芯　equilibrium core

在换料循环中加入燃料和卸出燃料的组成分别保持不变时的堆芯。表示换料数量、富集度和周期(频度)处于相对稳定时期的堆芯。

13.260　低泄漏堆芯　refueling core for low neutron leakage

采用能够减少中子径向泄漏的燃料管理方案所构成的堆芯。

13.261　[堆芯]首次铀装量　first uranium inventory [of core]

新堆芯装入的铀量。通常要表明装入铀的富集度和 ^{235}U 的总量。

13.262　核电厂抗震设计　seismic design of nuclear power plant

核电厂所有构筑物、系统和部件抵御地震所采取措施的总称。就安全设计而言，必须考虑极限安全地震或 SL-2 震动水平，同时加强对低等级地震的监测。

13.263　地震响应分析　analysis of structural response to seismic excitation

又称“地震反应分析”。对于核电厂物项在地震作用下的动力响应的计算分析。经常采用的方法有响应谱法和时间历程法，少数简单情况还可采用等效静力法。

13.264　楼层响应谱　floor response spectrum

又称“楼层反应谱”。建筑物各楼层对于特定地震的震动频率的响应曲线。通常取为具有不同自振频率的单自由度系统的最大响应的包络线，可作为坐落在各层楼板上的设备和管道抗震分析的地震震动输入。

13.265　运行安全地震　operational safety earthquake, SL-1

又称“运行基准地震(operating basis earthquake, OBE)”。预期严重性较低、发生可能性较大的地震载荷条件。该种地震发生时和震后，核电厂的系统和部件应仍能维持正常运行功能。其地面运动最大加速度不得小于极限安全地震地面运动最大加速度的 1/2。

13.266 时间历程 time history

简称“时程”。又称“时程曲线”。地震地面运动随时间变化的过程曲线。是实际地震地面运动记录或根据法规规定的厂址设计响应谱计算出的有代表性和工程应用价值的“人工”时程曲线。

13.267 极限安全地震 ultimate safety earthquake，SL-2

又称“安全停堆地震(safe shutdown earthquake, SSE)”。一种对应于极限安全要求，作为设计基准地震而假想的厂区可能遭遇的最大地震。其计算出的最小地面水平加速度峰值不得低于 0.15 g。核电厂在此地震作用下必须能安全停堆并保持之。

13.268 零周期加速度 zero period acceleration，ZPA

又称“最大地面加速度”。地震设计响应谱中的高频(≥33 Hz)、周期约等于 0 的区段的加速度。

13.269 核安全技术原则 technical principles for nuclear safety

为达到核安全目标在技术上必须遵循的指导原则。包括安全相关活动中贯彻纵深防御概念，采用经验证的技术，辐射防护中合理可行尽量低的原则，实施质量保证活动、设计及运行中重视人因工程学和运行经验反馈和安全研究等。

13.270 安全系统设计准则 design criteria of safety system

为在设计基准事故下核电厂安全系统都能执行其安全功能而在设计中必须满足的设计准则。包括单一故障准则、冗余性准则、多样性准则、故障安全准则和可靠性准则等。

13.271 卡棒准则 stuck rod criteria

为确保反应堆安全停堆、并且具有足够停堆深度而在设计中必须遵循的一项准则。它规定当要求所有控制元件全部插入堆芯时，即使反应性当量最大的一根控制棒被卡在堆外，反应堆仍具有足够的停堆深度。

13.272 锆水反应 zirconium-water reaction

在压水堆丧失冷却剂事故的某个阶段，燃料元件棒束未被冷却剂液体浸没而处于裸露状态时，高温锆合金包壳与蒸汽发生的伴随有放热并产生氢气的剧烈化学反应。

13.273 钠水反应 sodium-water reaction

钠冷快中子堆核电厂蒸汽发生器传热管破损后，钠与水或蒸汽接触时伴随有升温、爆燃和发光等现象的剧烈化学反应。

13.274 设计基准外部事件 design basis external event

选定用于核电厂设计的某个外部事件或几个外部事件的组合。既要考虑自然现象，又要考虑人为事件。

13.275 设计基准事故 design basis accident

根据确定的设计准则，在设计中采取了针对性措施的一组有代表性的事故，并且该类事故中燃料的损坏和放射性物质的释放保持在管理限值以内。

13.276 最大可信事故 maximum credible accident，MCA

预期在反应堆寿期内可能发生的最严重的单一事故。如轻水反应堆冷管段双端剪切断裂失水事故。实际上，由多重故障及多种失误造成的严重事故才是核电厂风险的主要来源。

13.277 极限事故工况 limiting accident condition

核电厂设计中必须考虑的、发生概率 $\leqslant 1\times10^{-4}$/(堆·年)的一组事故的集合。

13.278 系统和部件的可靠性设计 reliability design of system and component

为使核电厂系统和部件在规定时间内和设

定条件下完成预定功能而进行的设计工作。包括可靠性预计、可靠性分配、元器件应用、热设计等一系列特殊设计。

13.279 反应堆热工分析 reactor thermal analysis

为确保核电厂安全和良好经济性而对反应堆堆芯及整个热传输系统的冷却剂压力、温度、流量等参数进行的计算分析工作。

13.280 反应堆释热 heat release in reactor

反应堆内核裂变产生的、可供冷却剂带出的热量。裂变能的 90%以上在燃料元件内转变为热能，其余在慢化剂、冷却剂、控制棒及反应堆结构部件内转变为热能。

13.281 裂变碎片 fission fragment

全称“原始裂变碎片”。简称“裂片”。核裂变直接产生的、在发射中子前的产物。

13.282 裂变产物 fission products

核裂变生成的裂变碎片及其衰变产物的总称。

13.283 [反应堆]余热 residual heat of reactor

停堆后反应堆内残存的总热量。包括剩余释热和堆内各部件残存的显热。

13.284 [反应堆]剩余释热 residual heat release of reactor

反应堆停闭后堆芯内的释热。由剩余中子继续引起少量裂变产生的热量以及由裂变产物和中子俘获反应产物的放射性衰变释出的热量两部分组成。

13.285 积分热导率 integrated heat conductivity

为便于计算燃料芯块中心温度使用的一个参量。是随温度变化的燃料芯块的热导率从表面温度到中心温度的积分，其单位为 W/cm。

13.286 反应堆内热传输 heat transfer in reactor

从反应堆内的释热部件通过热传导、对流和辐射等方式，借助冷却剂将热量传输出堆外的过程。

13.287 元件表面热流密度 heat flow density of fuel element surface

燃料元件单位面积通过的热流量。

13.288 热工裕量 thermal margin

反应堆热工设计在满足安全限值要求后，额外留出的运行裕度。以利于减少在中等频度预期运行事件中安全系统的动作次数、提高反应堆的可运行性。

13.289 反应堆平均温升 average temperature rise of reactor

从反应堆堆芯各燃料组件流出的具有不同温度的冷却剂充分交混后的温度与堆芯进口温度之差。

13.290 反应堆降温速率 cooling rate of reactor

反应堆停运后温度下降的速率。它不能太快，以免产生过大的热应力。

13.291 [冷却剂]欠热度 degree of subcooling

曾称“过冷度”。冷却剂在工作压力下的饱和温度与其实际温度之差。

13.292 反应堆热工实验 reactor thermal experiment

模拟反应堆冷却剂系统在正常运行和假想事故过程中可能出现的各种传热和流体动力学现象，研究其内在规律、建立和发展数学模型、确定换热基本关系式和经验常数的实验研究工作。

13.293 池式沸腾 pool boiling

在大容器内冷却剂没有受外力影响而完全自然对流时在加热面上产生蒸汽的现象。

13.294 流动沸腾 flow boiling

在流体流动系统内流道加热壁面产生蒸汽的现象。

13.295 膜态沸腾 film boiling

在加热壁面上生成一层连续的蒸汽膜覆盖壁面产生蒸汽的现象。

13.296 欠热沸腾 subcooled boiling

液体整体温度比其所受压力对应的饱和温度低、但在加热表面上产生蒸汽的现象。

13.297 饱和沸腾 saturation boiling

液体整体处于与系统压力相应的饱和温度下，在加热表面上产生蒸汽的现象。

13.298 表面沸腾 surface boiling

在加热表面上产生蒸汽的现象。

13.299 整体沸腾 bulk boiling

由于化学反应或核反应使液体内部释热，或者由于系统压力突然降低使液体过热，从而使液体整体内部同时产生蒸汽的现象。

13.300 两相流 two phase flow

系统内有两种物相同时存在的流动。在核电厂内最常遇到的是气-液两相流。

13.301 两相流模型 two phase flow model

描述两相流动特性的物理图像和数学方程。简单的两相流模型是均相流模型和分离流模型。

13.302 气-液两相流参量 parameter of gas-liquid two phase flow

描述气-液两相流动特性的一些物理量。主要有真实含气率、体积含气率、空泡份额、表观速度、滑移速度、滑速比、漂移速度等。

13.303 交混 mixing

反应堆燃料组件内各子通道之间流体横向流动使温度(单相)或含汽率(两相)均匀化的现象。

13.304 平均含气率 average void content

又称“流动干度”。气-液两相流中气体的真实流动份额。

13.305 蒸汽发生器循环倍率 circulation ratio for steam generator

核电厂进入蒸汽发生器的给水流量与蒸发量的比值。

13.306 泡核沸腾 nucleate boiling

围绕加热壁面上的或者液体里面的起泡核心的小汽泡不断生成和离开的过程。

13.307 偏离泡核沸腾 departure from nucleate boiling，DNB

在加热壁面高热流密度下，在欠热或低含汽率饱和泡核沸腾工况下，气泡产生率高到在气泡脱离壁面之前就形成一层汽膜覆盖在壁面上的现象。此时液体不能接触壁面，传热恶化，壁温会大幅度升高，甚至使壁面烧毁。

13.308 烧毁热流密度 burnout heat flux

受热壁面发生熔化(破坏)时的热流密度。通常偏离泡核热流密度与它相接近，而干涸热流密度却比它低得多。

13.309 偏离泡核沸腾比 departure from nucleate boiling ratio，DNBR

燃料元件包壳上给定点的偏离泡核热流密度与实际热流密度之比。水冷反应堆内发生偏离泡核沸腾往往导致燃料元件烧毁，因此常将它与“烧毁比”混用。

13.310 烧毁[热流密度]比 burnout heat flux ratio

受热壁面给定点的烧毁热流密度与实际热流密度之比。

13.311 临界流 critical flow

又称“壅塞流”。容器内流体向外流动时，背压降低到某个值后，流速达到声速，从而流量再不会因背压进一步降低而增加的现象。

13.312　烧毁点　burnout point
燃料元件发生烧毁的位置。

13.313　烧毁含汽率　burnout quality
燃料元件发生烧毁的截面上蒸汽的真实流动份额。

13.314　瞬态工况　transient condition
流动系统内随时间变化的热工和流体力学参量。

13.315　干涸　dryout
在高含汽率环状两相流工况下，附在受热壁面上的液膜因夹带、蒸发或撕破而消失，从而导致壁面变干的现象。

13.316　再湿温度　rewetting temperature
又称“最低膜态沸腾温度”。水沿炽热表面流动时开始能与表面直接接触的最高壁面温度。达到该温度后，传热方式由膜态沸腾转回泡核沸腾，表面温度急剧下降。

13.317　流道　flow channel
冷却剂在其中流动的通道。

13.318　子通道　subchannel
为了精确计算反应堆堆芯内热工、水力特性，将燃料组件内冷却剂流道假想划分成的一些更小的并联流道。

13.319　热通道　hot channel
堆芯内最逼近热工安全参数限值的冷却剂通道。通常也是堆芯内受热最大的冷却剂通道。

13.320　热点　hot spot
堆芯内最逼近热工安全参数限值的位置。通常此处释热率最高。

13.321　堆芯比焓升　core specific enthalpy rise
反应堆冷却剂堆芯出口比焓与进口比焓之差。

13.322　热通道因子　hot channel factor
考虑了核的和工程的各种不利因素后，热通道中反应堆冷却剂平均比焓升或轴向平均热流密度与相应的堆芯平均比焓升或平均热流密度的比值。

13.323　热点因子　hot point factor
考虑了核的和工程的各种不利因素后，热点的热流密度与堆芯平均热流密度的比值。

13.324　工程因子　engineering factor
又称“工程不确定因子”。由于燃料组件(元件)制造和安装等工程因素引起的热工不确定性。

13.325　轴向[释热率]不均匀因子　axial heat generation peaking factor
燃料元件(或组件)轴向最大释热率与该燃料元件(或组件)轴向平均释热率之比。

13.326　径向[释热率]不均匀因子　radial heat generation peaking factor
堆芯内最热燃料元件(或组件)释热率与堆芯平均燃料元件(或组件)释热率之比。

13.327　两相流动不稳定性　two phase flow instability
两相流受到扰动后发生的流量漂移或流量振荡现象。分为稳态流动(静力学)不稳定性和瞬态流动(动力学)不稳定性两类。

13.328　堆芯流量分配　core flow distribution
进入堆芯的冷却剂流入堆芯内相互并联的各个燃料组件内的不同流量。

13.329　子通道间横流　lateral flow between subchannels
燃料组件各子通道之间冷却剂的横向流动。它有助于各子通道冷却剂参量趋向均匀。

13.330　流量惰走　lateral flow, flow coast-down

泵失去电源后，流量依靠转子惰转和流体流动惯性逐渐下降的过程。

13.331 [反应堆]自然循环 natural circulation in reactor
在反应堆闭合回路内依靠冷段(向下流)和热段(向上流)中的流体密度差在重力作用下所产生的驱动压头来实现的循环流动。

13.332 反应堆热工流体力学 reactor thermo-hydraulics
简称“反应堆热工学”。研究反应堆内热能的释放、传递以及通过冷却剂系统带出堆外的学科。

13.333 反应堆水力实验 reactor hydraulic experiment
研究反应堆冷却剂系统在各种工况下冷却剂的流动规律以及流体与结构件之间相互作用的试验研究工作。

13.334 反应堆整体水力模拟试验 reactor integral mock-up hydraulic test
通常用缩小比例的模型研究整个反应堆内部冷却剂流动特性的试验。主要研究各燃料组件之间的流量分配、堆内某些构件的漏流、燃料组件和堆内构件的流动阻力特性、下腔室和上腔室内的流场和流体交混等。

13.335 堆芯压降 core pressure loss
冷却剂流过反应堆堆芯的压力损失。

13.336 流动压降 flow pressure drop
冷却剂流过通道的压力损失。

13.337 两相压降 two phase pressure drop
两相流从通道的一个截面到另一个截面的静压差。包括摩擦压降、提升压降、加速压降以及形阻压降等。

13.338 两相压降倍率 two phase pressure drop multiplier
气-液两相流压降与同一质量流密度下液相流动时的压降之比。

13.339 提升压降 elevation pressure drop
又称“重力压降”。流体自一个截面流至另一个截面时由流体位能改变而引起的静压变化。

13.340 限流器 flow restrictor
设置于管道可能破口的上游以便一旦发生破裂时限制流体流失速率的装置。

13.341 反应堆结构力学 structural mechanics in reactor technology
应用工程力学一般原理和方法研究分析反应堆结构部件力学性状的分支学科。

13.342 反应堆结构热应力 thermal stress in reactor structure
在外部或内部约束下反应堆结构部件由于温度变化引起的热胀冷缩受到限制而产生的应力。

13.343 反应堆结构热冲击 thermal shock in reactor structure
反应堆结构部件在突然冷却或迅速加热过程中所经受的急剧的热应力瞬时变化。

13.344 核动力装置结构减震器 damper in nuclear power structure
减少或消除由于介质的不规则流动、风阻、流态瞬变(水锤或汽锤)、地震或机械等原因引起的管道和设备的周期性的振动、摆动或瞬时冲击载荷的机械装置。通常有弹簧式和轮鼓式两种。

13.345 核动力装置结构阻尼器 snubber in nuclear power structure
防止管道和设备在突然载荷条件下遭受损坏的装置。它允许管道和设备由于温度变化造成的缓慢位移，但在突然载荷(交变的、周期的或恒定的)作用下变为“刚性”，从而限制管道和设备的运动。

13.346 流-固耦合 fluid-structure interac-

tion, FSI
在某种激励下，浸没于流体之中或包容流体的结构部件的响应和流体的响应，由于流体与固体界面处存在反复的动量和能量交换而产生相互作用和相互影响的现象。

13.347 流致振动 flow-induced vibration, FIV
浸没于流体之中或包容流体的结构部件的表面被流体流动产生的交替变化激振力所诱发的结构振动。

13.348 核能发电 nuclear electricity generation
利用核反应堆中链式核裂变反应所释放的能量发电。

13.349 核能供热 nuclear heat
利用核反应堆中链式核裂变反应所释放的能量作为热源，向用户供热。

13.350 核电机组 nuclear power unit
用铀、钚等作为燃料，将其在裂变反应中产生的能量转变为电能的发电机组。主要包含核反应堆和汽轮发电机组。

13.351 核动力 nuclear power
核裂变或核聚变产生能量的工业应用。

13.352 核电规划 nuclear power development program
根据对未来一段时间能源及电力需求的预测、电力结构和环保要求，由国家主管部门主持、有关单位参加编制，最后由最高行政机构颁布实施的专业规划。主要内容有战略目标、技术路线、规模布局和配套条件建设等。

13.353 核电基础结构 infrastructure to a nuclear power program
适应核电规划的特定要求并借以实现规划预定目标的立法依据、工业基础、科技基础、教育体系、筹资渠道及核安全监管机构等一系列基本条件的总和。

13.354 核电人力资源开发 manpower resource development for nuclear power
基于核电营运、建设和发展的需要，制定出以各类学校培养为主，加之各核电建设参与单位培养、在职培训和再培训的核电人力资源开发规划，并投入相应的人力和财力，以利于该规划顺利实施的工作。

13.355 核电厂 nuclear power plant
又称“核电站”。用铀、钚等做核燃料，将其在可控链式裂变反应中产生的能量转变为电能的工厂。

13.356 第一代[核电]反应堆 first generation of nuclear power reactor
20 世纪 50、60 年代开发的发电用的原型反应堆和示范反应堆。

13.357 第二代[核电]反应堆 second generation of nuclear power reactor
20世纪70年代以来运行的大部分商用发电的反应堆。其中包括已标准化、系列化和批量建设的压水堆、沸水堆、重水堆和石墨水冷堆等。

13.358 原型[核电]反应堆 prototype [nuclear power] reactor
简称“原型堆”。核电技术发展初期设计基本相同的批量中的第一座反应堆。有时也指主要特点与最终系列相同但功率规模较小的首座反应堆。

13.359 示范[核电]反应堆 demonstration [nuclear power] reactor
简称“示范堆”。为证明新研发的反应堆在技术上可行性和其经济潜力而设计和运行的反应堆。

13.360 商用[核电]反应堆 commercial [nuclear power] reactor
简称“商用堆”。用于商业目的(如供电、

供热、海水淡化等)的反应堆。

13.361 参考核电厂 reference nuclear power plant

在总体性能、系统构成等方面可以作为拟建核电厂基本参考的已投运核电厂。

13.362 第三代[核电]反应堆 third generation of nuclear power reactor

一般指 20 世纪 90 年代初开始设计、建造的，符合美国电力公司要求文件(URD)或欧洲电力公司要求文件(EUR)的先进核电机组。

13.363 [美国]电力公司要求文件 utility requirement document，URD

曾称“*用户要求文件*”。美国电力研究所(EPRI)在美国核管会(NRC)的支持下制定并被供货商、投资方、业主和公众各方都能接受的，为提高轻水核电机组安全性和改善经济性的有关其主要性能指标的一套设计导向性文件。

13.364 欧洲电力公司要求文件 European Utility Requirement，EUR

欧洲共同体国家共同制定的类似于《美国电力公司要求文件》的文件。

13.365 第四代[核电]反应堆 fourth generation of nuclear power reactor

各国专家达成初步共识、应该在 21 世纪大力研发和应用的核能机组。其除了有更高的安全性和经济性、更好的核燃料裂变利用率、更少的放射性废物产生量外，还应不易通过商用核燃料循环产生军用核材料，有利于防止核扩散。

13.366 核电厂安全性 safety of nuclear power plant

核电厂正确运行、预防事故或缓解事故后果，从而保护厂区人员、公众和环境免遭过量辐射危害的性能。

13.367 核电厂可靠性 reliability of nuclear power plant

在规定的寿期内和保护人和环境不受过量电离辐射照射的前提下，核电厂持续向电网正常供电的能力。

13.368 核电厂采购控制 nuclear power plant procurement control

核电厂营运单位对其采购的物项、服务或其组合所实施的一整套组织和管理活动。主要包括：对潜在供应商的资格审查、采购技术规格书的编审、招投标、设备监造及出厂验收、物项验收和储存管理等。

13.369 核电厂厂区 site of nuclear power plant

具有确定的边界，在核电厂营运单位有效控制下的核电厂所在区域。按实物保护要求，厂区通常由外向内依次分为控制区、保护区和要害区，其保安要求依次加强。

13.370 核电厂建设进度控制 scheduling in construction of nuclear power plant

根据核电厂建设总工期目标，科学分解建设各阶段的任务，并按逻辑顺序、相互接口和资源(人力、资金、材料)状况等因素做出最优化安排，并据此推动实施、跟踪检查、协调分析和动态调整的整套工程管理工作。

13.371 核电厂建设网络进度 network schedule for construction of nuclear power plant

以单项工作为基础，将项目各阶段的各项任务按流程有向、有序、合乎逻辑地连接成网络状计划。通常再用关键路径法，将各阶段的关键路径及时间要求、关键控制点等突出地表示在网络图上，作为建设进度动态控制的重要依据。

13.372 人因事件 human event

由于人员不恰当的操作行为引发的事件。

13.373　蒸汽排放控制　steam discharge control

汽轮发电机甩负荷时按预定程序打开或关闭蒸汽排放阀，为反应堆提供热阱，带走堆芯剩余释热，避免造成紧急停堆的措施。

13.374　蒸汽发生器水分夹带试验　moisture carry over test of steam generator

测定蒸汽发生器出口蒸汽中所含水分平均值，以验证饱和蒸汽品质是否满足汽轮机要求的试验。

13.375　冰塞检修法　maintenance method by ice plug

在重水系统中，为了检修无法局部隔离的部件，利用液氮或干冰等对需要隔离的系统管道进行局部冷却，使该管段内的液体介质冻结成一段能承受相当高压的冰塞。

13.376　核保障现场视察　on-site inspection for safeguard

国际原子能机构为了核实受保障的核材料的使用是否符合核保障协定的规定，在现场进行的一系列活动。包括对设计资料的审查、对核材料记录的检查、对存量和物流的核实、封隔和监视装置的安装和运行。

13.377　原子能法　Atomic Energy Law

为了促进核能的研究、开发和利用，推动核能事业的发展，保护资源、环境和公众健康，加速本国现代化建设而制定的法律。是发展核能事业的基本法。

13.378　核电项目策划　nuclear power project planning

业主在核电工程申请立项和开展初步可行性研究前进行的市场分析、总进度设计、堆型选择、主要技术参数的确定、项目管理模式选择、工程保险、融资方式、总投资估算、投资效益及上网电价等分析研究工作。

13.379　核电厂建设单位　construction unit of nuclear power plant

负责组织和管理核电厂前期工作、设计、土建安装等建设全过程，持有相应核安全许可证的具有法人资格的组织。

13.380　核电厂营运单位　operating unit of nuclear power plant

持有相应核安全许可证件，可以建设和营运核电厂并对其核安全承担法律责任、具有法人资格的组织。

13.381　核电厂选址　siting of nuclear power plant

依据国家有关法律、法规、标准和规范，通过普选(区域性选址)和终选，筛选和评定核电厂厂址的过程。

13.382　轻水反应堆　light water reactor, LWR

以水或汽水混合物作为冷却剂和慢化剂的反应堆。包括压水反应堆和沸水反应堆。

13.383　压水反应堆　pressure water reactor, PWR

简称“压水堆”。以加压欠热轻水作为慢化剂和冷却剂的核动力反应堆。

13.384　沸水反应堆　boiling water reactor, BWR

简称“沸水堆”。以沸腾轻水作慢化剂和冷却剂并在反应堆压力容器内直接产生饱和蒸汽的反应堆。

13.385　先进压水反应堆　advanced pressurized water reactor, APWR

为提高安全性、改善经济性，使设计寿命更长等而进行重大改进后的压水堆。

13.386　重水反应堆　heavy water reactor

简称“重水堆”。以重水作慢化剂、重水或轻水作冷却剂的核反应堆。广泛用作动力堆、核燃料生产堆和研究试验堆。

13.387　先进 CANDU 堆　advanced CANDU

reactor, ACR

加拿大原子能公司(AECL)正在研发的新重水堆型。燃料用1.65%的低富集铀代替天然铀，冷却剂用轻水代替重水。

13.388 石墨水冷反应堆 graphite water-cooled reactor

原苏联开发的用石墨作慢化剂、水做冷却剂的反应堆，属于压力管式沸水堆。

13.389 石墨气冷反应堆 graphite gas-cooled reactor

用石墨作慢化剂和结构材料、二氧化碳做冷却剂、金属天然铀为核燃料以及镁诺克斯合金(MAGNOX)作为燃料棒包壳材料的反应堆。现在已不再建造。

13.390 高温气冷反应堆 high temperature gas cooled reactor, HTGR

采用耐高温的陶瓷型涂敷颗粒燃料、用化学惰性和热工性能良好的氦作冷却剂、用耐高温的石墨作慢化剂和结构材料、冷却剂出口温度可达750~950 ℃的核反应堆。

13.391 柱状型高温气冷堆 prismatic high temperature gas cooled reactor

用六角形燃料元件棱柱块叠置成一根立柱、再用几百根立柱组成堆芯的高温气冷堆。

13.392 球床型高温气冷堆 high temperature gas cooled reactor of pebble bed, PBMR

将几十万个直径60 mm的燃料球装入大容器内达到临界的高温气冷堆。燃料球由堆顶部连续装入堆芯，同时从堆芯底部卸料管连续卸出。测量卸出燃料球的燃耗，如果没有达到预定燃耗深度，则再次送回堆内使用。

13.393 熔盐反应堆 molten salt reactor

用熔融的氟化铀与氟化钍等的混合物组成堆芯的反应堆。其理论上有许多优点，但有许多工程问题至今无法解决，至今停留在概念设计阶段。

13.394 快中子增殖反应堆 fast breeder reactor

由快中子引起裂变链式反应的反应堆。其在运行时，能在消耗易裂变核素的同时生产易裂变核素，且能使所产多于所耗，实现易裂变核素的增殖。

13.395 超临界水冷反应堆 supercritical water-cooled reactor

冷却剂参数超过热力学临界值(22.1 MPa，647 K)的轻水反应堆，属于第四代反应堆。

13.396 动力反应堆 power reactor

简称“动力堆”。用于生产动力的核反应堆。按具体用途可分为发电堆、推进动力堆(已实现舰船推进)和供热堆(如用于城镇供热、工业供汽、海水淡化等)。

13.397 船用反应堆 ship reactor

用作军用舰艇(核潜艇、核航空母舰)和商用船动力的反应堆。一般采用压水堆。

13.398 移动式核电厂 mobile nuclear power plant

装在浮船或车辆上可以移动的小型核电厂。装在浮船上的称“浮动式核电厂”，装在车辆上的称“车载式核电厂”。这类装置必须紧凑、重量轻、系统简单、固有安全性好，可用于向交通不便、人烟稀少的岛屿或边远地区供电。

13.399 托卡马克聚变实验装置 Tokamak

利用等离子体电流产生的极向场与外加纵向磁场的组合形成的闭合环形磁面约束等离子体的装置。

13.400 激光聚变实验装置 laser fusion experimental device

以激光作为驱动源的惯性约束核聚变装置。分直接驱动和间接驱动两种方式。

13.401　加速器驱动次临界反应堆系统　accelerator driven subcritical reactor system，ADS

利用中能强流质子加速器产生的散裂中子源驱动次临界反应堆，以维持其链式反应而获得裂变能的一种构想。

13.402　国际热核实验堆　international thermonuclear experimental reactor，ITER

由美国、俄罗斯、欧洲共同体、中国、日本等国合作研发的实验性聚变堆。目前尚处于设计阶段。其总目标是演示聚变能和平利用的科学与技术可行性。

13.403　聚变-裂变混合堆　fusion-fission hybrid reactor

利用聚变反应堆芯部产生的大量中子在含有可裂变物质的聚变堆包裹层中引起裂变、生产易裂变燃料或嬗变长寿命放射性核废物并获得能量的装置。目前还处于构想阶段。

13.404　空间核电源　space nuclear power

用核裂变能或核衰变能作热源，通过静态转换或动态转换，为空间飞行器提供电力的装置。

13.405　热离子能量转换器　thermionic energy converter

又称"热离子二极管"。利用热离子发射现象将热能直接转换为电能的装置。是目前静态热电转换效率最高的转换器。

13.406　空间核推进动力装置　space nuclear propulsion unit

利用核能作为航天器推进初级能源的核动力装置。可以分为核热火箭发动机和核电火箭发动机两类，目前均处于概念设计阶段。

13.407　供热反应堆　nuclear heating reactor

专用于产生热能向城市建筑物供暖或向工业企业供给热水和蒸汽的核反应堆。其大多为轻水堆，压力和温度较低，功率较小，但因要建在靠近人口密集区域，因而对安全性的要求更高。

13.408　热电联供反应堆装置　nuclear heat and electricity co-generation unit

利用核反应堆的裂变能发电的同时向用户供应热能的装置。供热分为排汽(背压)式和抽汽式两类。

13.409　海水淡化反应堆装置　nuclear desalination unit

利用核反应堆产生的热能使海水脱盐转化为淡水的装置。其大多是压力和温度较低的轻水堆，但对安全性的要求更高。

13.410　高注量率试验堆　high fluence test reactor

俗称"高通量堆"。为了进行动力堆燃料元(组)件的长期辐照试验和材料的辐照损伤研究专门建造的中子注量率≥1×10^{14} n/($cm^2\cdot s$)的反应堆。

13.411　核蒸汽供应系统　nuclear steam supply system，NSSS

利用核燃料的裂变能转变为蒸汽热能以供给汽轮机做功的系统。泛指核电厂汽轮机进汽阀之前的部分。由反应堆本体、反应堆冷却剂系统以及整套核辅助系统和安全系统等组成。

13.412　[冷却剂]循环环路　coolant circulation loop

与反应堆压力容器相连的反应堆冷却剂循环回路的若干条并联流道。每条环路由一台蒸汽发生器、一台冷却剂泵和主管道组成。

13.413　反应堆冷却剂系统　reactor coolant system，RCS

又称"一次冷却剂系统"。使反应堆冷却剂在规定压力、温度的条件下正常进行循环、并载出堆芯热量的系统。

13.414 承压边界 pressure boundary
又称“压力边界”。在运行温度和压力条件下包容反应堆冷却剂的边界。包括压力容器、管道、泵和阀门外壳等承压部件。所有设备和部件都属于核安全 1 级、抗震 1 类。

13.415 反应堆本体 reactor proper
反应堆本身的结构。主要包括堆芯、堆内构件、反应堆容器和控制棒驱动机构等部件。

13.416 反应堆压力容器 reactor pressure vessel
简称“压力容器”。包容和支承堆芯核燃料组件、控制组件、堆内构件和反应堆冷却剂的钢制承压容器。

13.417 反应堆压力容器水位测量 water level measurement of reactor pressure vessel
对反应堆压力容器内水位的测量。用于监测在发生失水事故后堆芯是否裸露来判断事故后果。

13.418 堆内构件 reactor internal
反应堆压力容器内除燃料组件及其相关组件以外的所有其他结构件的总称。包括堆芯上部支承构件、堆芯下部支承构件、堆芯测量支承结构。

13.419 堆顶一体化结构 integrated reactor pressure vessel head structure
为简化反应堆换料操作、减少换料时间，将堆顶屏蔽、防飞射物装置和反应堆压力容器顶盖(上封头)起吊装置设计成不需拆散的一体化结构。

13.420 控制棒组件 control rod assembly
又称“棒束控制组件”。控制反应堆的核裂变反应速率，以实施反应堆启动、停运和调整功率的部件。分为调节棒组件、补偿棒组件和安全棒组件三种。

13.421 初级中子源组件 primary neutron source assembly
又称“点火中子源”。主要用于提高新建反应堆初次启动时的中子注量率水平，使源量程核测仪器能可靠测出中子注量率，避开测量盲区，从而保证反应堆启运过程安全的固定式中子源组件。

13.422 次级中子源组件 secondary neutron source assembly
又称“二次中子源组件”。换料停堆后反应堆重新启动时，提高中子注量率水平，使核测仪器能可靠测出中子注量率变化，从而保证反应堆启动过程安全的固定式可再生中子源组件。

13.423 阻流塞组件 thimble plug assembly, flow restrictor
装在压水堆燃料组件中未装控制棒组件、可燃毒物组件和中子源组件的导向管内，以限制导向管旁流量而设置的固定式专用部件。由开有流水孔的连接板、压紧弹簧部件及阻流塞棒等组成。

13.424 控制棒驱动机构 control rod drive mechanism，CRDM
带动控制棒组件在堆芯内上下移动或保持在某一高度的部件。有磁阻电机驱动机构、磁力提升驱动机构和水力传动机构等几种形式，都具有全密封、快速落棒可靠等特点。

13.425 先进沸水反应堆 advanced boiling water reactor，ABWR
由美国通用电气公司和日本东芝、日立公司合作设计，单机电功率 1356 MW，采用能动安全系统的沸水堆。

13.426 主循环泵 primary coolant pump, circulating pump

简称“主泵”。迫使反应堆冷却剂在一回路中循环流动、连续不断把堆芯产生的热量传送给蒸汽发生器的泵。

13.427　屏蔽泵　canned pump

用将定子绕组和转子绕组分别置于密封金属筒体内的屏蔽电动机驱动、泵壳与驱动电机外壳用法兰密封相连，取消了泵轴动密封结构的泵。适于输送贵重液体或带放射性的液体。

13.428　蒸汽发生器　steam generator，SG

采用间接循环的反应堆动力装置中把反应堆冷却剂从堆芯获得的热能传给二回路工质使其变为蒸汽的热交换设备。有产生过热蒸汽的直流式蒸汽发生器和带汽水分离器、干燥器的饱和蒸汽发生器两类。

13.429　稳压器　pressurizer

在压水堆核电厂一回路中提供气相空间来调节和稳定系统工作压力的装置。是由容器、电加热元件、波动管座、喷雾器、卸压阀和安全阀等组成的电加热设备。

13.430　余热排出系统　residual heat removal system，RHRS

又称“停堆冷却系统”。在反应堆停堆后冷却剂系统温度和压力达到一定值时，用于排出反应堆余热、以长期保持反应堆处于冷停堆状态的系统。

13.431　冷却剂净化系统　clean-up system of coolant

将部分冷却剂从反应堆冷却剂系统中引出、去除其中杂质后再送回使用的系统。

13.432　化学和容积控制系统　chemical and volume control system

压水堆核电厂中主要为补充和保持反应堆承压边界内装水量并对之连续净化、调节反应堆冷却剂中硼浓度以补偿反应性缓慢变化、提供主泵轴封水并收集轴封回流水、以及提供换料水箱和乏燃料池含硼水的系统。

13.433　硼回收系统　boron recycle system

又称“硼再生系统”。用蒸发和离子交换的方法处理反应堆冷却剂并回收浓硼酸的系统。

13.434　设备冷却水系统　component cooling water system

在反应堆正常运行时和事故工况下，向需投入使用的一回路带放射性介质的设备提供冷却水、将其热量传至最终热阱、并避免放射性流体向环境泄漏的闭式水回路。

13.435　专设安全设施　engineered safety feature，ESF

核电厂在事故工况下投入使用并执行安全功能，以控制事故后果，使反应堆在事故后达到稳定的、可接受状态而专门设置的各种安全系统的总称。

13.436　能动安全系统　active safety system

依赖外来的触发和动力源(电、压缩空气等)来实现安全功能的系统。

13.437　非能动安全系统　passive safety system

不依赖外来的触发和动力源，而靠自然对流、重力、蓄压势等自然本性来实现安全功能的系统。

13.438　安全注射系统　safety injection system

又称“应急堆芯冷却系统(emergency core cooling system，ECCS)”。反应堆发生事故导致堆芯失去冷却时，将水应急注入反应堆以持续导出堆芯余热的系统。对于压水堆核电厂，通常由安全注射箱、高压安全注射和低压安全注射三个子系统组成。

13.439　高压安全注射系统　high pressure safety injection system

安全注射系统中利用高压注射泵将含硼水

注入反应堆的子系统。

13.440 安全注射箱 safety injection tank, accumulator

简称“安注箱”。与一回路相连、装有浓度2000~2400 μg/g 的含硼水并充氮加压到2.4~5.0 MPa的水箱。反应堆发生冷却剂丧失事故导致堆芯失去冷却、一回路压力降到低于其压力时，其非能动地向堆芯注入含硼水。

13.441 低压安全注射系统 low pressure safety injection system

安全注射系统中利用低压注射泵(通常也用作余热排出泵)将含硼水注入反应堆和进行地坑水再循环的子系统。

13.442 安全注射泵 safety injection pump

简称“安注泵”。在反应堆失水事故时向反应堆注水以保证堆芯冷却的泵。可分高压安注泵和低压安注泵两类。它们均须满足单一故障准则，其驱动电机由核电厂的应急母线供电。

13.443 反应堆停堆系统 reactor trip system

又称“第一停堆系统”。将控制棒快速插入堆芯或将毒物溶液快速注入慢化剂，迫使反应堆处于有足够深度的次临界状态，迅速减少中子注量率，最终停闭反应堆的系统。

13.444 备用停堆系统 complementary shutdown system

又称“第二停堆系统”。作为反应堆停堆系统的后备和补充、采用与其不同的控制原理来停闭反应堆的另一套独立控制系统。

13.445 应急给水系统 emergency feedwater system

在蒸汽发生器主给水系统失效时，为防止蒸汽发生器烧干和堆芯失去冷却而向蒸汽发生器应急供水的系统。有的设计中将该系统与辅助给水系统合二而一。

13.446 应急柴油发电机组 emergency diesel generator set

核电厂失去正常电源后向厂内安全系统和其他指定的重要安全设备紧急提供可靠电力，以保证在假设始发事件后能将电厂维持在安全状态的厂内自备应急发电系统。需具有快速启动和优良的加、卸载性能。

13.447 重要厂用水系统 essential service water system

为将与安全相关设备的热负荷传输至最终热阱而设置的冷却水系统。是专设安全设施的支持系统之一。

13.448 反应堆取样系统 sampling system of reactor

从一回路主、辅系统选定的取样点以及蒸汽发生器排污水中取得液体和气体样品进行分析的系统。

13.449 燃料组件装卸和储存系统 fuel assembly handling and storage system

核电厂中用于新燃料接收、检查、储存和入堆，燃料组件在堆芯中位置倒换，乏燃料出堆、储存、检查和装运出厂，已辐照燃料组件的检查和修复等项操作的一系列设备和装置的总称。

13.450 核燃料装卸料机 charging machine

简称“换料机”。将新燃料组件装入反应堆堆芯、将乏燃料组件卸出堆芯以及在堆芯内倒换燃料组件的设备。

13.451 乏燃料储存水池 spent fuel storage pool

储存和冷却乏燃料组件和破损燃料组件，以及对燃料组件进行检查、修复、运输等水下操作的场地。

13.452 乏燃料组件储存格架 spent fuel assembly storage rack

乏燃料储存水池中储存乏燃料组件的设施。其必须能使储存的乏燃料组件保持次临界的几何排列，并为乏燃料组件的冷却水构成自然循环流动通道。地震时，其必须稳定，结构保持完整。

13.453 燃料破损监测系统 fuel rupture detection system

监测反应堆燃料元件破损并确定破损位置的系统。分为反应堆运行期间的实时监测和停堆后的破损燃料定位监测两类。

13.454 松动件监测系统 loose parts monitoring system

检测和诊断反应堆内部金属零部件松动和脱落的系统。

13.455 安全壳 containment

包容反应堆冷却剂系统和一些重要的安全系统、防止在反应堆失水事故和严重事故下放射性物质向环境释放、并保护反应堆冷却剂承压边界和安全系统抗御外部事件的构筑物。

13.456 安全壳钢衬里 containment steel liner

为提高安全壳密封性，防止放射性介质向环境泄漏而在安全壳预应力混凝土内部表面设置的一层钢制密封衬里。

13.457 双层安全壳 double containment

具有内、外两层的安全壳。内层为主要承受事故压力的钢结构或预应力混凝土结构，外层为主要承受外部事件产生载荷的钢筋混凝土结构。两层间保持负压，将从内层安全壳漏出的放射性气体经过滤后由排气烟囱排出。

13.458 包容壳 confinement

对于事故工况下不会产生较大压力的核设施(如研究反应堆)，用于限制含放射性物质的气体向外部环境的非控释放而设置的外壳。壳内保持负压。

13.459 安全壳贯穿件 containment penetration

为工艺管道、电缆穿过安全壳时保持安全壳屏障的完整性和密封性而设置在安全壳壁上的穿墙连接部件。

13.460 安全壳闸门 containment airlock

进出安全壳的密封通道。可分为供工作人员和小型设备进出的人员闸门和供反应堆重型设备进出的设备闸门两类。

13.461 安全壳喷淋系统 containment spray system

在核电厂安全壳内发生失水事故或主蒸汽管道破裂时，向安全壳内喷出含硼水，限制安全壳内压力急剧增加和缩短高压持续时间、降低峰值压力和温度以防止安全壳超压失效的系统。

13.462 安全壳隔离系统 containment isolation system

在核电厂安全壳内发生失水事故或主蒸汽管道破裂时，将安全壳内各个系统向安全壳外一切可能的联系通道关闭、以阻止或限制放射性物质向环境释放的各种装置的总称。

13.463 安全壳氢复合系统 containment hydrogen recombination system

又称“安全壳消氢系统”。反应堆失水事故后使安全壳内大气中由于燃料组件金属包壳与水反应及水的辐射分解反应产生的氢气浓度不超过最低可燃极限，以防止发生氢爆的系统。

13.464 安全壳通风和净化系统 containment ventilation and purge system

为创造反应堆运行和停堆换料期间人员进入安全壳所需的环境、排出安全壳中空气热量并去除其中有害物质以及参与失水事故后将空气冷却而设置的若干系统的总称。

13.465 反应堆厂房环形吊车 polar crane in

reactor building

简称“环吊”。用于反应堆建造及换料、维修期间设备的吊装运输、位于反应堆大厅上部的带有环形大车轨道的桥式吊车。

13.466 二回路系统 secondary circuit system

又称“蒸汽和能量转换系统(steam and power conversion system)”。带出一回路冷却剂热量的二次冷却剂循环系统。

13.467 [核电用]饱和蒸汽汽轮机 saturated steam turbine

曾称“核电汽轮机”。使用新蒸汽湿度为0.4%~0.5%的饱和蒸汽或过热度为25~30℃的微过热蒸汽做功的汽轮机。

13.468 核电厂配套设施 balance of plant, BOP

核电厂中核岛和常规岛以外的配套建筑物、构筑物及其设施的统称。包括辅助核厂房、生产辅助厂房、厂前区建筑物、仓库类建筑物、厂区附近建筑物、厂区工程设施、厂外工程设施、环境监测工程设施、生活区及其他有关建筑项目。

13.469 给水-蒸汽回路 feedwater-steam circuit

核电厂内产生蒸汽以驱动汽轮机做功的汽水循环系统。对于压水堆核电厂称“二回路系统”；对于三个回路的钠冷堆核电厂称“三回路系统”。

13.470 给水调节系统 feedwater control system

通过调节给水流量将蒸汽发生器水位维持在设定范围内的系统。

13.471 核电厂供电系统 power supply system of nuclear power plant

在核电厂正常运行和事故工况下提供所需电源的系统。分为正常供电系统和应急供电系统两大部分。

13.472 核电厂供水系统 water supply system of nuclear power plant

在核电厂正常运行和事故工况下提供所需水源的系统。核电厂的用水主要有循环冷却水、工艺补水、消防水和生活用水四类。

13.473 核电厂消防系统 fire protection system of nuclear power plant

核电厂各个厂房火灾探测、报警、灭火和缓解火灾后果的系统。分为能动的和非能动的两大部分。

13.474 火荷载 fire load

核电厂各防火区内所含可燃物料的发热潜热以及燃烧产物的总量。据此进行核电厂防火与消防设计。

13.475 地震监测系统 earthquake monitoring system

测量和记录地震时地面运动和重要的大型构筑物及设备的地震响应运动的仪表和系统。

13.476 预应力混凝土反应堆压力容器 prestressed concrete reactor pressure vessel

某些高温气冷堆设计采用的预应力混凝土结构的反应堆压力容器。其结构包括隔热层、钢衬里及其冷却水系统、预应力系统、钢筋混凝土结构以及贯穿件等部分。

13.477 高温气冷堆球状燃料装卸系统 spherical fuel handling system of HTGR

球床型高温气冷反应堆中新燃料球、再循环燃料球和石墨元件在堆芯内装卸、运输和在堆外储存等设备的总称。

13.478 [高温气冷堆]热气导管 hot gas duce of HTGR

高温气冷堆的高温氦气出入反应堆容器的套管型管道。热气导管有内、外两层管壁，内管壁接触高温氦气；外管壁起密封作用，承受管内、外的压差，同时也作为内管壁的支撑。

13.479 氦气轮机 helium gas turbine
用高温高压氦作为工质把热能转换成机械能的设备。

13.480 重水堆主热传输系统 primary heat transport system for HWR，PHTS
CANDU 型重水堆核电厂用于导出堆芯产生的热量并稳定反应堆运行压力的系统。

13.481 重水堆排管容器 calandria vessel for HWR
简称“排管容器”。CANDU 型重水堆的反应堆容器。由一卧式圆筒外壳、两端的屏蔽端板和内部数百根排管组成。其主要功能是包容重水慢化剂、支承燃料管组件和反应性控制机构及提供端部屏蔽。

13.482 重水堆压力管 pressure tube for HWR
CANDU 型重水堆堆芯内支承和定位燃料组件并形成冷却剂流道的部件。其与一回路热传输系统相连，是反应堆承压边界的一部分。

13.483 重水堆慢化剂系统 moderator system of HWR
CANDU 型重水堆的独立慢化剂的系统。由冷却回路、覆盖气体系统、净化系统、液体毒物添加系统等组成。功能为慢化快中子、冷却和净化慢化剂、按需将液体毒物注入慢化剂、失水事故且应急堆芯冷却系统失效时作为热阱。

13.484 慢化剂液体毒物添加系统 moderator liquid poison system
CANDU 型重水堆用于向慢化剂中添加毒物以控制反应性的系统。

13.485 液体区域控制系统 liquid zone control system
CANDU 型重水堆中通过改变 14 个液体区域控制隔舱内的轻水水位，对反应堆总功率和区域功率进行调节的系统。

13.486 重水堆重水收集系统 heavy water collection system for HWR
CANDU 型重水堆用于收集主热传输系统及各辅助系统的正常回流和异常泄漏的重水的系统。

13.487 重水堆重水净化与升级 purification and upgrading of heavy water for HWR
对 CANDU 型重水堆冷却剂重水进行连续净化，并利用蒸馏分离原理把重水回收系统收集的一般已被污染和降级的重水，经过净化和升级后复用。

13.488 重水除氚 detritiation
采用特殊的工艺将重水经辐照后产生的氚去除以减轻放射性危害的操作。

13.489 重水堆燃料装卸系统 refueling system of HWR
CANDU 型重水堆核电厂不停堆装卸燃料的系统。包括新燃料的接收、储存和转运、装卸料机以及乏燃料转运和储存等系统。

13.490 重水堆装卸料机 refueling machine of HWR
从新燃料口接受新燃料棒束、并在反应堆功率运行时将其装入反应堆燃料通道内，从反应堆接受乏燃料棒束、并将其卸入乏燃料口内的装置。

13.491 快中子堆转换区 conversion zone of fast reactor
快中子反应堆堆芯周围装有贫铀燃料组件以便吸收中子转换成易裂变燃料 ^{239}Pu 的区域。

13.492 钠冷却剂系统 sodium coolant system

将钠冷快中子反应堆的冷却剂钠在规定压力、温度的条件下进行循环、并载出堆芯热量的系统。

13.493 快中子堆钠设备清洗系统 cleaning system for sodium equipment of fast reactor

将钠冷快中子堆中与钠接触且需检修更换的机械设备中残留的钠清洗干净的系统。

13.494 快中子堆钠火消防系统 sodium fire protection system of fast reactor

监测和扑灭钠冷快堆装置钠火的专用设施和系统的总称。钠火监测系统包括光电感烟探测系统、钠管道泄漏探测系统、气温测量系统和放射性气溶胶监测系统。灭钠火系统包括接钠盘系统、氮气淹没系统和膨胀石墨喷撒系统。

13.495 中间冷却回路 intermediate cooling circuit

又称“中间回路”。快中子堆核电厂中为将具有放射性的一回路钠与给水-蒸汽回路隔开、又将一回路的热量传给给水-蒸汽回路而设置的非放射性钠循环系统。

13.496 中间热交换器 intermediate heat exchanger

钠冷快堆一回路与二回路(中间回路)之间进行钠-钠热交换的设备。

13.497 钠-水蒸气发生器 sodium-water steam generator

钠冷快中子反应堆核电厂将中间回路钠的热能传输给给水-蒸汽回路的水使之转变成高压过热蒸汽的热交换设备。

13.498 旋转屏蔽塞 rotating shield plug

简称“旋塞(rotating plug)”。钠冷快堆换料时利用其复合旋转运动使换料机抓手对准堆芯内任一组件位置、以便实现在高温密闭状态下换料的设备。同时作为反应堆容器的顶盖。

13.499 转运机 transfer machine

钠冷快中子堆核电厂中在充钠高温密闭状态下装卸和运输核燃料组件的设备。

13.500 空间辐射散热器 space heat radiator

简称“空间辐射器”。空间核电源中由高温热管和散热片组成的将热电转换后的余热向空间辐射的部件。

13.501 高温热管 high temperature heat pipe

以钠、钾、锂等为工质，依靠一端蒸发、另一端冷凝，实现高效传热的元件。由壳体、吸液芯和工作液体三部分组成。

13.502 核电厂安全级电气设备 safety related electrical equipment for NPP

又称“1E 级电气设备”。用于反应堆紧急停堆、安全壳隔离、堆芯应急冷却、从安全壳排出热量以及其他主要用于防止放射性物质向环境过量释放的各类电器设备。包括电动机、电器、电缆、蓄电池、充电器、控制保护器件等。

13.503 反应堆仪表和控制系统 reactor instrumentation and control system, I&C

简称“仪控系统”。在正常运行和事故工况下监测和控制反应堆工作状况的仪表设备和系统的总称。分为安全级(1E 级)和非安全级两类。

13.504 数字化控制系统 digital control system

由微处理机的模数转换、功能控制、系统通信、在线诊断、实时显示和控制输出(数模转换)等软、硬件功能模块组成的仪表控制系统。

13.505 功率调节系统 power control system

根据汽轮机负荷和反应堆冷却剂的平均温度，操纵控制棒在堆芯中的位置，以调节反应堆的功率，使其与汽轮发电机组的出力相匹配的系统。

13.506 反应堆保护系统 reactor protection system

产生与保护功能有关的信号以防止反应堆状态超过规定的安全限值或缓解超过安全限值后果的系统。

13.507 核电厂报警系统 alarm system for nuclear power plant

在核电厂偏离正常运行工况时，以灯光、音响、屏幕显示或其组合的方式，向操纵员提供警告信息，使操纵员能在出现异常事件之前作出有效反应的系统。

13.508 核电厂安全联锁 safety interlock for nuclear power plant

使有关设备、部件的动作相互关联，每个设备、部件均必须处于规定状态或工况，否则不能投入运行或立即停运，以确保安全的核电厂控制与保护系统中的一种措施。

13.509 未能紧急停堆预期瞬变保护系统 protection system for anticipated transient without scram

为缓解由于共模失效造成不能紧急停堆的预期瞬变的后果而冗余设置的保护系统。其从信号采集到执行机构均独立于反应堆保护系统。

13.510 安全参数显示系统 safety parameter display system，SPDS

将表征核电厂安全的重要参数，如反应性控制、反应堆冷却剂系统的完整性、堆芯冷却和从反应堆冷却剂系统排出的热量、放射性控制、安全壳的完整性等集中显示的系统。

13.511 安全监督盘系统 safety panel

法国核电厂设置的由安全工程师管理的系统。具有与安全参数显示系统类似的功能，以监督和支持操纵员对事故的判断和处理。

13.512 核电厂计算机控制 computer control of nuclear power plant

利用计算机对核电厂运行参数进行监督和处理，以协助操纵员操作；或对核电厂常规的控制操纵系统进行协调控制，以确定控制参数整定值或控制操纵顺序；或给出控制指令，触发相应的执行机构，直接对核电厂进行控制。

13.513 人机接口 man-machine interface

方便而及时地将计算机处理和控制的情况显示出来，同时操作人员也可对计算机输入各种数据和命令并进行操作控制的界面。

13.514 控制棒位置测量 control rod position measurement

对控制棒在堆芯中的实际位置的测量。该系统由棒位探测器、探测器供电、测量数据处理系统和棒位显示器等组成。

13.515 反应堆冷却剂活度监测 activity surveillance of reactor coolant

为及时发现燃料元件破损而对反应堆冷却剂放射性活度进行的连续测定。

13.516 回路水质监督 circuit water quality surveillance

在轻水反应堆启动、正常运行和停堆期间，根据反应堆设计要求的水质监测项目和频度，以手动取样或在线化学仪表测量方式对一回路和二回路各系统水介质实时进行的化学分析测量。

13.517 反应堆堆内构件振动监测装置 vibration monitoring device of reactor internal

根据压力容器外的中子噪声特征及压力容器的振动特征来监测反应堆内构件和燃料组件振动状态的系统。

13.518 承压边界完整性监督 integrity monitoring of pressure boundary

在核电厂运行期间，通过安全壳厂房和相关工艺系统的放射性监测、冷却剂收集容器和疏水系统的过程量测量和报警以及反应堆冷却剂系统泄漏率测量等手段，对反应堆冷却剂系统承压边界的完整性进行的有效监督。

13.519 安全壳完整性监督 integrity monitoring of containment

为确保安全壳具备事故工况下包容放射性物质的功能，对安全壳的密封性和强度进行的监测。包括密封性试验、强度试验、日常泄漏监测以及安全壳结构形变监测等。

13.520 [核电厂]厂区布置 layout [of nuclear power plant]

结合厂址特征和条件，对满足生产所必需的各类建筑物、构筑物、室外工程及辅助配套设施的平面位置和竖向布置进行统筹安排的设计优化活动。其成果是总平面布置图。

13.521 核岛 nuclear island，NI

核电厂中核蒸汽供应系统及其配套设施和它们所在厂房的总称。主要包括反应堆厂房、核燃料厂房、控制辅助厂房、电气厂房(含应急柴油发电机厂房)等。

13.522 核燃料厂房 nuclear fuel building

核电厂中进行新燃料接受、储存、检查、运输和乏燃料搬运、倒换、储存、检查、修理和发运的建筑物。

13.523 核电厂定期试验 periodic test of nuclear power plant

按运行技术规格书和定期试验监督大纲的要求，对核电装置、系统、设备或构筑物定期进行的性能参数的测定或其可用性的检查。

13.524 反应堆主控制室 reactor main control room

为操纵员提供对核电厂进行监督、控制和操纵所需的人机接口和有关信息设备并进行操作的房间。其设计要贯彻人因工程原则，并要有保护主控室人员的措施。

13.525 应急控制室 emergency control room

在主控室不可停留或失去执行基本安全功能时，为使反应堆停闭并将其保持在停闭状态、排出堆芯余热、并监测核电厂重要参数而设置的应急操作控制室。

13.526 核辅助厂房 nuclear auxiliary building

核岛中除反应堆厂房、核燃料厂房和电气厂房以外的所有包含核岛运行所必需的核配套系统与设备的厂房的总称。

13.527 常规岛 conventional island，CI

核电厂的汽轮发电机组及其配套设施和它们所在厂房的统称。

13.528 核电厂生产准备 operation preparation for nuclear power plant

核电厂投产运行前需完成的准备工作。包括建立生产机构、组建和培训生产运行队伍、建立运行维修技术管理规程和文件管理体系、备品备件采购和相关实验室准备、运行执照和许可证申领、系统设备验收与接产等。

13.529 核电厂调试 commissioning test of nuclear power plant

使核电厂已安装完毕的部件和系统试运转并进行各种无核反应和带核反应的试验，以全面检验土建安装的质量，验证核电厂构筑物、系统和设备的性能是否全面达到正常和事故工况下的设计要求的过程。

13.530 冷态功能试验 cold functional test

在冷态下对主系统、辅助系统高压部分进

行首次水压试验、水力特性测试的振动测量，并在反应堆压力容器未打开、核蒸汽供应系统带压工况下进行功能试验，以获得设备的初始运行数据及验证相连系统之间运行相容性的一系列工作。

13.531 冷态水压试验 cold hydrostatic test
验证反应堆冷却剂系统承压边界在冷态高压下的严密性所进行的水压试验。

13.532 运行许可证 operation license
国家核安全监管机构颁发的允许核电厂正式运行的书面批准文件。

13.533 首次装料 first loading
又称“*初装料*”。第一次将核燃料装入反应堆的操作过程。因为是引入正反应性，必须有计数率或功率仪表的连续监测及相应的安全措施。

13.534 装料方案 loading scheme
核电厂在确保安全的前提下，为提高经济性，根据物理计算，在堆芯内各个位置放置不同富集度燃料组件的布置方式。

13.535 控制棒驱动机构试验 test of control rod drive mechanism
对控制棒驱动机构(CRDM)进行的功能试验和质量鉴定试验。对新设计或新型的控制棒驱动机构应进行热态寿命试验、抗地震试验、产品出厂试验。在反应堆首次装料后和每次换料后都要进行控制棒驱动机构落棒试验。

13.536 控制棒落棒时间 control rod drop time
控制棒从其最高位置靠重力下落到控制棒导向管缓冲口所需的时间。其决定停堆的速率，是一个对安全十分重要的参量。

13.537 非核蒸汽冲转试验 start-up test of non-nuclear steam
用调试锅炉生产的蒸汽对常规岛进行的试验。包括对主蒸汽系统的温度调节试验、汽轮发电机冲转试验、给水系统试验、电动和汽动给水泵试验等。

13.538 临界前试验 pre-critical test
反应堆装料后、临界前证明所有设备和系统在冷态和热态工况下均能正确、安全地运行，已为核功率运行做好准备的一系列试验的总称。

13.539 反应堆启动 reactor start-up
通过从堆芯内相继提升控制棒和稀释冷却剂(慢化剂)毒物浓度等方法，将反应堆由次临界状态逐步达到临界的操作。

13.540 反应堆冷[态]启动 reactor cold start-up
反应堆处于冷停堆状态下的启动。

13.541 反应堆热[态]启动 reactor hot start-up
反应堆从热停堆状态下开始的启动。包括处在碘坑过程中的启动。

13.542 热态功能试验 hot functional test
利用主冷却剂泵和稳压器将核蒸汽供应系统升温升压，在从冷态到热态停堆状态的整个温度和压力范围内验证有关设备和系统的功能响应、耐久性和安全性，以保证它们能按设计要求运行所进行的工作。

13.543 低功率物理试验 low power physical test
反应堆首次达到临界后在稍高于零功率时进行的堆物理特性试验。其目的是取得试验数据为运行服务和校核理论计算。

13.544 功率提升试验 power ascension test
在反应堆低功率物理试验后，在不同功率水平(通常在15%、25%、50%、75%、90%、100%额定功率)下进行的试验。

13.545 三区循环 three-zone cycling
压水堆换料方案之一种。初始堆芯沿径向

分三区装载不同富集度的燃料，每经一个运行周期卸出 1/3 燃耗深度达到规定要求的燃料、同时装入 1/3 新燃料的燃料循环方式。

13.546 逆功率运行 motoring operation
发电机从电网吸收有功带动汽轮机运行，即发电机以电动机方式运行。是重水堆核电厂在事故停堆后要求在 40 min 内重新启动的特有运行方式。

13.547 热[态]停堆 hot shutdown
反应堆冷却剂温度和压力均处于热态的短期暂时性停堆。其特征是：反应堆维持在次临界状态；一回路维持在热态零功率的压力和温度；二回路维持在热备用工况，随时准备功率运行。

13.548 冷[态]停堆 cool shutdown
反应堆处于次临界并有足够停堆深度、反应堆冷却剂已冷却到远低于运行温度的停堆状态。

13.549 安全停堆[状态] safe shutdown
反应堆处于足够次临界深度，并以可控速率排出堆芯余热，安全壳的密封得到保证，从而使放射性产物的释放保持在允许范围内以及为维持这些条件所必需的系统处在其正常范围内工作的停堆状态。

13.550 手动停堆 manual shutdown
操纵员用手触动停堆按钮导致控制棒下落使反应堆停运。

13.551 自动停堆 automatic shutdown
核电厂运行时发生设计规定的异常情况触发保护系统动作导致控制棒下落使反应堆停运。

13.552 紧急停堆 scram
当发生危及反应堆安全的事件时，为减轻或防止危险状态，安全保护自动动作，使反应堆立即停运的动作。

13.553 倒料 shuffling
压水堆核电厂为在整个堆芯中得到更加均匀的燃耗分布或功率密度分布，在停堆换料期间对留用的燃料组件重新进行布置的操作过程。

13.554 计划停运 planned outage
核电厂机组因需要进行检查、试验、换料、预定检修或电网调度安排所处的非可用状态。其应事先安排好进度，并有规定的期限。

13.555 非计划停运 non-planned outage
核电厂机组不是按照事先的计划、而是由于出现异常情况被迫转入的非可用状态。

13.556 换料 refueling
将乏燃料组件从堆芯取出，将新燃料装入堆芯的操作过程。有停堆换料和不停堆换料两种方式。

13.557 换料水池 refueling pool
压水堆在换料时充以含硼水、用于存放堆内构件并进行换料操作的水池。

13.558 不停堆换料 on-power refueling
特定类型的反应堆，如重水反应堆在稳定功率运行过程中定期用一定数量的新燃料元件替换堆芯内达到预定燃耗深度的燃料元件的操作。可减少停堆时间，提高反应堆利用率。

13.559 硼稀释 boron dilution
在反应堆启动时或反应堆运行中，用降低冷却剂或慢化剂中硼浓度的方法引入正反应性的操作。稀释速率要严格计算和控制，以防止发生瞬发超临界、超功率事故。

13.560 核电厂验收 acceptance of nuclear power plant
核电厂业主和总承包商或供货商之间为澄清双方就完成合同规定的有关供货责任而达成协议并通过证书的形式予以确认的过

程。一般分为临时验收和最终验收两个阶段。

13.561 ［核电厂］关闭 close down [of nuclear power plant]

核电厂运行已经停止、核材料已被移走、但尚未退役的状态。

13.562 核电厂运行特点 operation feature of nuclear power plant

核电厂发电的同时会产生放射性产物，故其主要运行特点是：适宜基本负荷运行、停堆后仍需继续冷却、严密防范放射性、乏燃料和放射性废物需处理和处置、对各种可能发生的事故都有应对措施、运行人员要求高等。

13.563 世界核电营运者协会运行性能指标 WANO operation performance indicator of nuclear power plant

世界核电营运者协会规定的衡量核电厂运行业绩的定量指标。包括：机组容量因子、非计划能力损失因子、强迫损失率、临界运行 7000 h 非计划自动停堆次数、安全系统性能、化学指标、燃料可靠性、集体辐照剂量以及工业安全事故率。

13.564 核电厂操纵人员执照 operator license of nuclear power plant

核电厂操纵人员的备选人经过足够时间的正规培训和严格的考核(笔试、模拟机考试、口试)，成绩合格后，经资格认可，再经国家核安全管理局批准获得的允许上岗工作的书面文件。

13.565 运行限值图 operational limit diagram

简称“运行图”。又称“运行梯形图”。在以轴向功率偏差为横坐标、反应堆相对功率为纵坐标的平面上所定义的允许运行区域。

13.566 运行限值和条件 operating limits and conditions

经国家核安全监管部门认可的、为核电厂的安全运行列举的参数限值、设备的功能和性能以及人员执行任务的水平等的一整套规定。

13.567 核电厂水化学 water chemistry of nuclear power plant

研究核电厂系统内水或重水的水质以及相关的材料腐蚀、水的辐射化学和水的放射化学等问题的一门综合性学科。

13.568 核电厂运行工况 operating condition of nuclear power plant

又称“运行状态”。核电厂正常运行工况和异常运行工况(预计运行事件)的总称。

13.569 核电厂正常运行工况 normal operating condition of nuclear power plant

核电厂运行技术规格书中规定的限值都没有被超过的运行工况。包括功率运行、标准停堆状态、过渡运行、换料停堆、启动与停运、升降负荷、基本负荷运行、负荷跟踪、调频、延伸运行等。

13.570 核电厂异常运行工况 abnormal operating condition of nuclear power plant

核电厂偏离运行技术规格书中规定的运行限值、达到或超过安全系统整定值，触发保护系统动作而停堆，但尚未造成事故的工况。一般不会导致设备损坏，但如处理不当可能发展成事故工况。

13.571 堆芯捕集器 core catcher

为防止核电厂发生严重事故时，堆芯熔融物熔穿压力容器下封头后，与安全壳底板混凝土发生反应，导致安全壳失效或对环境造成污染而预先埋设在安全壳底板内的装置。可以收集、冷却泄漏出的堆芯熔融物。

13.572 硼注入 boron injection

压水堆核电厂出现堆芯失水或地震等重大事故时，为确保反应堆达到深度次临界，除紧急停堆外，将高浓度硼溶液紧急注入堆芯的过程。

13.573 运行方式参数范围 parameter range of operating mode

对每一种运行模式由运行技术规格书规定的反应堆冷却剂系统压力和平均温度的允许运行范围。在此范围内运行可保证一回路承压边界完整。

13.574 运行模式 operational mode

又称“运行方式”。在运行技术规格书中按照反应堆功率水平、反应性状态(临界或某一停堆深度)、反应堆冷却剂平均温度和压力等条件规定的正常运行工况下反应堆可维持的各种状态。

13.575 基本负荷运行方式 base load operating mode

核电厂在满功率或接近满功率下长期运行、承担电网中恒定功率的运行方式。核电机组设备投资大，燃料费用低，适于基本负荷运行。

13.576 负荷跟踪运行方式 load following operating mode

核电厂输出功率随负荷的要求或频率的变化而变化的运行方式。

13.577 象限功率倾斜比 quadrant power tilt ratio，QPTR

将反应堆分为若干象限，在某象限测得的最大功率值与所有象限测得的功率平均值之比。是表示堆芯功率分布是否均匀的一个重要参数。

13.578 运行技术规格书 operating technical specification

核电厂处于正常运行工况下操纵员必须遵守的技术规定。包括安全限值、安全系统整定值、正常运行的限值和条件、监督要求以及在某些安全相关系统的功能不可用时操纵员所要遵循的运行规定。

13.579 核电厂运行规程 operating procedure of nuclear power plant

核电厂运行人员对核电厂装置、系统和设备进行各种操作、处理系统和设备故障及各种事故所必须遵守的书面文件。

13.580 核电厂事故处理规程 accident procedure of nuclear power plant

核电厂在偏离正常运行工况或事故时，用于指导运行人员判断情况、在保护系统触发紧急停堆、停机或专设安全设施动作后采取规定后续行动以缓解或限制事故后果的书面操作规程。

13.581 状态导向应急操作规程 state oriented emergency operational procedure

不要求先做事故诊断，也不以特定事故为对象，而是根据与安全相关参量的当前值及所有安全功能受冲击的程度确定核电厂状态，将不同的事故状态转入长期安全状态的应急操作规程。

13.582 事件导向应急操作规程 event oriented emergency operational procedure

根据已被确定的单一始发事件或至多是根据已被确定的同时重叠发生的始发事件编制的、用于处理特定的事件或事故的应急操作规程。由于不可能覆盖各种事件的全部组合，故可能会影响事故诊断和正确处理。

13.583 核电厂严重事故处理规程 severe accident procedure of nuclear power plant

当核电厂无法执行所有事故处理规程，事故工况有可能演化成为可能导致反应堆堆芯严重损坏，甚至破坏安全壳完整性、造成环境放射性污染及公众人身伤亡的严重事故时所执行的一种特殊事故处理规程。

13.584 反应性引入事故 reactivity-insertion accident，RIA

核反应堆在各种设计工况下意外引入正反应性导致堆功率剧增的事故。其原因可能是：控制棒意外抽出(提棒事故)、控制棒弹出(弹棒事故)、冷却剂中硼意外稀释(硼失控稀释事故)、主系统过度冷却(冷水事故)。

13.585 控制棒弹出事故 control rod ejection accident

简称“*弹棒事故*”。压水堆控制棒驱动机构承压壳损坏时，在堆内压力作用下控制棒迅速弹出堆芯使反应性迅速增加的事故。是设计基准反应性事故中最严重的一种，属Ⅳ类工况(极限事故)。

13.586 反应堆功率猝增 reactor power burst

又称“*反应堆功率剧增*(reactor power excursion)”。反应堆功率上升速率超过正常运行水平的增加。

13.587 流量丧失事故 loss of flow accident，LOFA

又称“*失流事故*”。反应堆功率运行时由于冷却剂流量减少引发的事故。其原因可能是部分主泵失去电源、全部主泵失去电源、主泵轴卡死、主泵轴断裂。

13.588 冷却剂丧失事故 loss of coolant accident，LOCA

又称“*失水事故*”。一回路有较大破口，冷却剂补充能力不足以弥补从破口的流失，使堆芯逐渐失去冷却，导致燃料棒包壳升温甚至烧毁的事故。

13.589 大破口失水事故 large break LOCA，LBLOCA

简称“*大破口*”。压水堆核电厂中反应堆冷却剂主管道双端剪切断裂并完全错位，导致反应堆冷却剂大量失去的事故。是一种假想的设计基准事故，属Ⅳ类工况(极限事故)。

13.590 燃料中心熔化 fuel pellet melting

燃料芯块中心温度超过熔点导致液化的现象。

13.591 堆芯熔化事故 core melt accident

反应堆堆芯熔化导致大量放射性释放的严重事故。分为低压熔堆和高压熔堆两种。

13.592 包壳破损 cladding failure

由于氢化引起的局部侵蚀穿孔和脆断、功率剧增引起的芯块-包壳机械和化学相互作用、弹簧松弛引起包壳的振动磨蚀和腐蚀引起的壁厚度减薄以及由于结垢引起包壳局部过热穿孔等破坏包壳结构完整性的现象。

13.593 包壳熔化 cladding meltdown

燃料包壳由于失去冷却使温度超过熔点导致液化的现象。

13.594 主蒸汽管道破裂事故 main steam line break accident，MSLB

压水堆核电厂中蒸汽发生器出口主蒸汽管道破裂造成大量蒸汽外喷的事故。是二回路系统引起的排热增加类事故(冷水事故)中最严重的一种，属Ⅳ类工况(极限事故)。

13.595 主给水管道破裂事故 main feed line break accident，MFLB

压水堆核电厂中蒸汽发生器与给水逆止阀之间的主给水管道破裂引起的事故。是二回路系统引起的排热减少类事故(失去热阱事故)中最严重的一种，属Ⅳ类工况(极限事故)。

13.596 蒸汽发生器传热管破裂事故 steam generator tube rupture accident，SGTR

压水堆核电厂中由于蒸汽发生器传热管破

裂、一次侧具有放射性的水进入二次侧，使二回路污染的事故。该事故是核电厂设计基准事故之一，在国际核电史上已发生多起，成为发生频率最高的极限事故。

13.597 未能紧急停堆的预期运行瞬变 anticipated operational transient without scram，ATWS

曾称“未能紧急停堆的预期运行瞬态”。核电厂发生预计运行瞬变引起的物理参数变化达到触发保护动作的阈值，但因某种原因未能紧急停堆造成的事故。是一种超设计基准事故。

13.598 全厂断电事故 station black-out accident

核电厂失去两路外电源、失去厂内电源、加上两台柴油发电机启动失效形成的事故，或由于厂内两个配电盘同时失效使全部安全设备得不到交流电源形成的事故。属于发生频率较高的超设计基准事故。

13.599 [核电厂]厂外电源 off-site power [of nuclear power plant]

核电厂启动、运行及反应堆停堆和事故工况下所需的厂外电源。其必须不少于两路，且彼此相互独立和实体分隔，以尽可能降低同一故障引起两路电源同时断电的概率。

13.600 [核电厂]失去正常给水 loss of normal feed water [of nuclear power plant]

由于给水泵故障、阀门误动作或失去外部电源等造成蒸汽发生器正常给水丧失的事故。

13.601 安全壳失效模式 containment failure mode

安全壳包容物向环境的释放率显著大于其设计泄漏率、形成放射性物质不可控释放的严重事故的机理与方式。

13.602 核电厂维修 nuclear power plant maintenance

为了确保核电厂构筑物、系统和设备在设计寿期内保持、恢复和实现其设计功能和质量所进行的一切维修活动。包括保养、修理以及更换零件，还包括试验、标定、检查以及构筑物、系统和设备的修改。

13.603 役前检查 pre-service inspection

在核电厂投入运行前，按照在役检查大纲规定的检查范围进行的一系列无损检测和试验。采用的方法主要包括目视、渗透、超声、射线和涡流检测等。

13.604 在役检查 in-service inspection

按国家核安全法规的要求，在核电厂运行期间为确保核安全相关设备的结构和承压边界的完整性所进行的一系列无损检测和试验工作。采用的方法主要包括目视、渗透、超声、射线和涡流检测等。

13.605 停堆检查 shutdown inspection

核电厂根据计划或因意外事件停止反应堆运行后进行的检查工作。

13.606 燃料组件现场检验 on-site examination of spent fuel assembly

在反应堆换料水池或乏燃料储存水池中，采用多种水下探测技术和手段，对已使用过的燃料组件进行的质检(目视检测、泄漏检测、超声检测或涡流检测等)和测量(燃耗、外形尺寸)。

13.607 运行安全管理体系 operational safety management system

核电厂营运单位为贯彻国家法律和法规、为推进高水准的安全文化并确保实现安全目标所采取的使所有动作有章可循的一整套组织措施和行政管理制度。

13.608 技术支持中心 technical support center

核电厂营运单位设置的用于在应急状态下

为应急指挥和运行操作人员提供技术支持的部门。其功能侧重于应急状态下的机组状态分析、事故诊断和预测以及事故后果评价，并提供相应建议。

13.609 ［核电厂主控室］人因工程 human factor engineering [of nuclear power plant main control room]

研究核电厂中人机关系，使主控室操纵人员发挥最佳作用的科学。包括主控室功能分配、主控室布置、主控室环境以及主控室信息系统等。

13.610 运行人员培训、考核与取执照 training, assessment and licensing of operating personnel

核电厂操纵员和高级操纵员掌握相应知识和技能及对他们进行考核，并获取相应资格证书的过程、方式和手段。培训考核内容分为核电厂基础理论和专业知识、运行现场有关岗位技能、全范围模拟机操作训练三大部分。

13.611 核电厂培训模拟机 training simulator of nuclear power plant

利用仿真技术培训和考核核电厂操纵和管理人员的装置。按其功能可分成：全范围培训模拟机（主控制室全复制培训模拟机）、有限范围培训模拟机（紧凑型培训模拟机）和部分任务培训模拟机（基本原理培训模拟机）。

13.612 核电厂工程仿真机 engineering simulator of nuclear power plant

又称“核电厂分析机”。利用计算机仿真技术对核电厂的正常运行和事故过程进行仿真分析和实验研究的设备。

13.613 核电厂全范围仿真机 full scope simulator of nuclear power plant

与核电厂主控制室的尺寸、颜色、位置、设备及部件的规格型号都完全一样，并配以计算机及必要的软件，使其操作及显示屏、仪表的显示值基本和主控制室一样的用作培训核电厂操纵人员和运行管理人员的设施。

13.614 运行经验反馈 operating experience feedback

将核电厂在运行和维修、生产过程中出现的设备故障和人因失效界定为不同级别的事件，对其进行根本原因分析、吸取经验教训和采取纠正行动，以防止类似事件重复发生，使运行业绩持续提高的工作。

13.615 运行安全评估组 Operation Safety Assessment and Review Team, OSART

国际原子能机构应成员国要求，从机构内部或成员国选聘专家前往提出请求的成员国以对其核电厂运行安全进行评估的工作组。

13.616 运行安全评估 operational safety review

核电厂为持续改进运行安全所实施的主要以安全管理为主题的自我评估活动或由外部机构主持的评估活动。

13.617 同行评估 peer review

应核电厂营运单位的申请，由世界核电营运者协会（WANO）在成员核电厂中选聘有经验的专家组成同行评议小组，对其核电厂运行活动进行评议，以发现可供其他核电厂学习和共享的经验或良好实践，同时找出有待改进的方面，并提出具体的改进建议。

13.618 核电厂经济分析 economic analysis of nuclear power plant

应用工程经济学的一般原理，对某个核电厂工程建设项目作投资概算、发电成本和经济效益分析的工作。或通过对核电厂的多个建设方案的投资概算、发电成本和经济效益分析，进行对比，研究并确定核电厂最佳工程建设方案和改进的方向。

13.619　核电厂比投资　specific investment of nuclear power plant
核电厂每千瓦装机容量的固定资产投资。有基础价比投资、固定价比投资和建成价比投资三种表征方式。

13.620　核电厂设计寿期　design life of nuclear power plant
核电厂在设计参数下能保证安全、经济、运行的最小预计运行小时数。

13.621　[核电厂]容量因子　capability factor [of nuclear power plant]
又称“核电厂能量可用率”。给定时间内扣除起因于核电厂的发电量损失的实际发电量与按额定负荷运行所能发出的电量之比。用百分数表示。

13.622　寿期管理　life management
使核电厂达到设计预期寿期或得以延长所采取的一切措施。寿期管理要使机组运行业绩、维修等措施所花费的代价以及系统、构筑物和部件的服务寿期三者的综合效果达到最佳，使核电厂全寿期内的投资回报最大。

13.623　[核电厂]负荷因子　load factor of nuclear power plant
给定时间内核电厂扣除起因于核电厂和电网造成的发电量损失的实际发电量与按额定负荷运行所能发出的电量之比。用百分数表示。

13.624　[核电厂]可用因子　availability factor of nuclear power plant
又称“核电厂可用率”。给定时间内核电机组并网发电的小时数与这段时间内的日历小时数之比，用百分数表示。

13.625　[核电厂]运行维护费　operation and maintenance cost
核电厂运行和维护所需的费用。

13.626　燃料和后处理费用　fuel and reprocessing cost
核电厂使用的铀原料、铀富集、燃料组件制造、乏燃料储存和处理以及最终处置等所需的费用，即核燃料循环各个环节的费用。

13.627　核电厂发电成本　electricity generation cost of nuclear power plant
核电厂每发出 1 kW•h 电量的花费。即把某段时间间隔内为发电而在基本建设、核燃料、运行维修、放射性废物处置、乏燃料处理和退役等方面投入资金的总和除以该段时间间隔内的上网发电量。

13.628　核电厂退役　decommissioning of nuclear power plant
核电厂在商业运行结束后，经过去污、拆除和解体、环境整治等若干阶段，达到厂址有限制或无限制开放和重新利用。各阶段均要对产生的放射性废物和其他有害物质进行处理和处置。

13.629　核安全　nuclear safety
在核设施和核活动中，保持正常的运行工况，采取各种防护措施，保护工作人员、公众和环境免受不适当的辐射危害。

13.630　核安全目标　nuclear safety goal
对核活动期望并力求达到的安全水平。制定和贯彻安全目标是国家对核安全监督管理的重要部分。其与相应的核安全政策、法规、标准体系、许可证制度以及检查、执法等措施共同保证核设施和核活动的安全。

13.631　核安全基本原则　fundamental principle for nuclear safety
为达到核安全目标所必须遵循的、具有普遍应用意义的规则。其可归纳为国家监督管理、营运组织核安全管理和核安全技术原则三大类。

13.632 核安全管理原则 principle for nuclear safety management
为保证核设施达到和保持既定安全目标而采取各种控制措施所必须遵循的基本规则。

13.633 安全优先 priority to safety
从事核活动的单位和个人都必须牢固树立并贯彻的给予核安全事务以最高优先权的意识。

13.634 安全文化 safety culture
存在于单位和人员中的特征和态度的总和。它确定安全第一的观念，使防护与安全问题由于其重要性而保证得到应有的重视。

13.635 核安全监管 nuclear safety regulation
为保证核设施和核活动的安全，由国家核安全监管机构实施的国家监督管理。

13.636 核安全监管机构 nuclear safety regulatory body
代表政府对核设施和核活动的安全实施国家监督管理的机构。

13.637 核安全监督检查 nuclear safety regulatory inspection
国家核安全监管机构对核设施选址、设计、建造、调试、运行和退役各阶段工作的监督性检查。

13.638 核安全执法 nuclear safety enforcement
核安全监管机构对许可证持有者违反核安全法规和(或)核设施许可证条件所采取的强制性措施。包括责令立即停止危及核安全的活动、警告、罚款、限期改进、停工或者停业整顿直至中止或吊销核安全许可证件。

13.639 核安全法规体系 nuclear safety regulation system
由国家立法机构或行政部门颁布的与核安全有关的法律、法令、条例、章程等文件的总称。

13.640 核安全许可证制度 nuclear safety licensing system
国家核安全监管机构对特定的核设施、核活动、核材料通过颁发许可证的办法实行核安全监控的制度。

13.641 核安全许可证 nuclear safety license
国家核安全监管部门在安全审评基础上颁发的、并附有特定要求和条件的许可证书。对核电厂颁发的核安全许可证件包括厂址选择安全审查意见书、建造许可证、首次装料批准书、运行许可证、退役批准书、操纵员执照、高级操纵员执照等。

13.642 核承压设备监督管理 regulation for nuclear pressure retaining component
国家对核设施中执行核安全功能或包容放射性物质的承压设备及其支撑件的监督管理。

13.643 核承压设备 nuclear pressure retaining component
核设施中用于执行核安全功能、承受压力和包容放射性物质的容器或设备。

13.644 核设施 nuclear facility
核动力厂和其他反应堆，核燃料生产、加工、储存和后处理设施，放射性废物的处理和处置设施等的总称。

13.645 核设施选址安全要求 safety requirement for nuclear installation siting
核设施选址中必须考虑的、可能影响核设施安全、或与核设施影响有关的周围自然和人文环境的特性，以及执行应急计划的可行性等方面的要求。

13.646 核设施设计安全要求 safety requirement for nuclear installation design

为达到安全目标，贯彻核安全技术原则，保证高度安全的核设施设计必须满足的要求。这些要求是国际上公认的，在核设施设计及运行经验积累过程中总结完善并已反映在各国的核安全法规中。

13.647 核设施运行安全要求 safety requirement for nuclear installation operation

核设施运行必须遵循根据设计、安全分析和调试结果确定的运行规程、运行限值和条件，必须保证有足够的合格人员和工程技术支援力量，必须执行报告制度和经验反馈。

13.648 核电厂防火 fire protection for nuclear power plant

核电厂火灾可能导致放射性物质释放到环境，因此核电厂必须具备足够的防火能力，包括设置早期探测火警、灭火或限制火灾蔓延设施等。并在设计中采用非可燃材料或阻燃材料、设置防火区实施区域隔离等。

13.649 核安全等级 nuclear safety classification

核设施的构筑物、系统和部件按其是否执行安全功能及该功能的重要性而划分的等级。凡执行安全功能的物项均属核安全级，不执行安全功能的则属非安全级。

13.650 固有安全 inherent safety

核反应堆在运行参数偏离正常时能依靠自然物理规律趋向安全状态的性能。是保证安全首选的重要方法。

13.651 能动部件 active component

依靠触发、机械运动或动力源等外部输入而行使功能的部件。

13.652 非能动部件 passive component

无须依靠触发、机械运动或动力源等外部输入而能行使功能的部件。

13.653 核电厂事件分级 nuclear power plant event scale

为了用统一的标准和用语向公众及时报道核电厂事件的严重程度，根据核事件的厂外影响、厂内影响和对纵深防御能力削弱三个方面，把核电厂发生的核事件分成七级，1~3 级为事件，4~7 级为事故。

13.654 纵深防御 defence in depth

使核设施和核活动置于多重保护之中，即使一种手段失效，亦将得到补偿或纠正，而不致危及工作人员、公众和环境。纵深防御原则是核安全技术的基础，必须贯彻于核安全有关的全部活动。

13.655 单一故障准则 single failure criterion

对某一安全组合或特定的安全系统要求在其任何部位发生可信的单个不能执行其预定安全功能的随机故障及其所有继发性故障时仍能执行其正常功能的准则。

13.656 共因故障 common cause failure

由特定的单一事件或起因导致两个或多个构筑物、系统或部件失效的故障。

13.657 故障安全原则 fail-safe principle

系统或部件发生故障时，核设施能在无需任何触发动作的条件下进入有利于安全的状态的设计原则。在设计核设施的安全重要系统和部件时应尽可能贯彻这个原则。

13.658 先漏后破准则 criterion of leaking before break，LBB

要求结构设计和选材必须保证：裂纹在扩展至贯穿壁厚时，先导致可探测到的泄漏，而不会发生不稳定扩展(结构脆性断裂)的准则。

13.659 三道屏障 three barriers
抵御核反应堆中放射性物质事故外泄的后果而设置的多重密封屏障。一般有三道：燃料包壳、一回路承压边界、单层安全壳或双层安全壳。

13.660 多样性 diversity
为执行某一确定功能设置两个或多个多重部件或系统，这些不同部件或系统具有不同属性，从而减少了共因故障的可能性。

13.661 多重性 redundancy
为完成一项特定安全功能而采用多于最低必需量的设备，达到安全重要系统高可靠性和满足单一故障准则的重要设计原则。在此条件下，至少在一套设备出现故障或失效时，不致于导致功能的丧失。

13.662 功能隔离 function isolation
防止一个线路或一个系统的运行模式或故障影响到另一个线路或系统。

13.663 安全重要物项 safety important item
属于某一安全组合的一部分和(或)其失效或故障可能导致对厂区人员或公众过量辐射照射的物项。

13.664 实体隔离 physical isolation
由几何分隔(距离、方位等)、适当的屏障或二者结合形成的隔离。

13.665 事故工况 accident state
比预计运行事件更严重的工况。包括设计基准事故和严重事故。

13.666 事故管理 accident management
在超设计基准事故发展过程中所采取的一系列行动。防止事件升级为严重事故，减轻严重事故的后果，实现长期稳定的安全状态。

13.667 预计运行事件 anticipated operation event
在核动力厂运行寿期内预计至少发生一次的偏离正常运行的各种运行过程。由于设计中已采取相应措施，这类事件不至于引起安全重要物项的严重损坏，也不至于导致事故工况。

13.668 安全系统 safety system
安全上重要的系统，用于保证反应堆安全停堆、从堆芯排出余热或限制预计运行事件和设计基准事故的后果。

13.669 最终热阱 ultimate heat sink
即使所有其他的排热手段已经丧失或不足以排出热量时，总能接受核设施所排出余热的一种介质。

13.670 飞射物 projectile
核设施内具有动能并已离开其设计位置的物体。

13.671 堆芯熔化概率 core melt probability
导致反应堆堆芯严重损坏并熔化的严重事故的发生概率。单位为(堆·年)$^{-1}$。

13.672 安全壳泄漏率 leaking rate of containment
24 h 内安全壳泄漏气体质量占安全壳内气体总质量的百分比。

13.673 安全分析报告 safety analysis report
核设施营运单位为申请核安全许可证件而向国家核安全监管机构提交的论述该核设施安全性能及确保核安全、保障工作人员和公众健康、保护环境措施的技术文件。

13.674 核安全评价 nuclear safety assessment
对核安全重要事项的分析和论证。以判明是否满足核安全目标和要求，是否会对工作人员、公众和环境造成不适当的放射性危害。

13.675 安全验证 safety verification

通过分析、监视、测试和检查等方法证实核设施、核活动或其安全重要事项的状态符合安全要求，其运行可持续符合许可限值和条件。

13.676 核电厂环境影响评价 environmental impact assessment for nuclear power plant

对核能利用可能对环境造成的影响所进行的评估。包括对辐射源或实践的规模与特性的概述、对厂址或场所环境现状的分析、以及对正常条件下和事故情况下可能造成的环境影响或后果的分析。

13.677 环境影响报告 environmental impact report

营运单位在申请核电厂许可证时，就核电厂的环境影响提交给国家环保部门审批的必要文件。

13.678 确定论安全评价 deterministic safety assessment

以一系列公认或规定的具有包络性质的事件或事故为对象，采用经过论证的、具有一定保守性的假设及计算方法，分析计算整个核设施已设置的安全系统对这些事件或事故的响应，评价核设施的安全性。

13.679 概率安全评价 probabilistic safety assessment，PSA

又称“概率风险评价(probabilistic risk assessment，PRA)”。以概率论为基础的风险量化评价技术。它把整个系统的失效概率通过结构的逻辑性推理与其各个层次的子系统、部件及外界条件等的失效概率联系起来，从而找出各种事故发生频率并进行安全评价。

13.680 假设始发事件 postulated initiating event

设计期间确定的可能导致预计运行事件或事故工况的事件。

13.681 事件树分析 event tree analysis

一种利用图形来进行演绎的逻辑分析方法。可用来识别某假设始发事件发生后各种可能的结果。事件树概括了假设始发事件下全部可能的事件序列。

13.682 安全系统整定值 set value for safety system

为防止出现超过安全限值的状态，而对相关自动保护装置预先设置的、在发生预计运行事件或事故工况时该装置启动的触发点。

13.683 事件序列 incident sequence

在核设施安全分析时，从各种假设始发事件开始，根据设计，按照逻辑顺序分析其系统部件和运行人员可能的动作及其后果，直至最终安全状态或事故状态的一系列事件。如最后导致事故状态则称“事故序列”。

13.684 风险告知 risk-informed

又称“风险指引”。在传统工程分析的基础上补充概率安全分析结果所形成的一种涵盖风险信息的分析、决策和管理的方法。

13.685 严重事故 severe accident

严重性超过设计基准事故，造成堆芯损坏甚至可能有放射性物质向环境失控外泄后果的事故工况。

13.686 核电厂实体保卫 physical protection for nuclear power plant

为防止非法盗取核材料以及针对核电厂的人为破坏和恐怖活动而采取的特殊保护措施。

13.687 核保障 nuclear safeguards

根据《国际原子能机构规约》、《不扩散核武器条约》等的规定，授权国际原子能机构建立的一种确保核能用于和平目的的核实系统。

13.688　核材料　nuclear material

《国际原子能机构规约》中，核材料定义为任何源材料或特种可裂变材料。在我国，核材料系指源材料、特种可裂变材料、氚及含氚的材料和制品、^{6}Li 及含^{6}Li 的材料和制品。

13.689　核材料衡算　nuclear material accounting

为了确定在规定区域内具有的核材料数量以及在规定的时间周期内这些数量所发生的变化而进行的活动。

13.690　核材料实物保护　physical protection for nuclear material

对存有核材料的建筑物和车辆(指运输过程)等建立安全防范系统，以阻止盗窃、抢劫或非法转移核材料以及破坏核设施的行为。

13.691　实物保护系统　physical protection system

利用实体屏障、探测延迟技术及人员的响应能力，阻止盗窃、抢劫或非法转移核材料以及破坏核设施行为的安全防范系统。

13.692　核材料实物保护分区　physical protection section for nuclear material

对存有核材料的场所，划分为要害区、保护区和控制区。要害区在保护区内，保护区在控制区内。

13.693　核保安　nuclear security

预防、探测与应对破坏、盗窃以及非授权接触或非法转运核材料和其他放射性物质以及相关设施的所有手段与方法。

13.694　[核]临界安全　nuclear criticality safety

含易裂变材料系统的肯定不能维持自持链式核反应的状态或保证这种状态的措施。

13.695　几何安全　geometrically safe

在含易裂变材料的系统中，依靠设备的形状、尺寸或几何布置使自持链式反应不可能维持。

13.696　双偶然事件原则　double contingency principle

核临界安全设计的基本原则之一。工艺设计应留有足够大的安全系数，使得在各有关工艺条件中，至少必须同时或相继发生两种独立的、不大可能的改变，才有可能导致核临界事故。

13.697　质量保证　quality assurance

为使物项或服务符合规定的质量要求，并提供足够的置信度所必须进行的一切有计划的、系统的活动。

13.698　质量保证大纲　quality assurance program

为贯彻质量保证制度、达到既定质量要求而制定的总体计划。其是一种管理工具，为保证所有的工作都能进行适当地计划、正确地执行和评价提供一种系统的方法。

13.699　物项　item

材料、零件、部件、系统、构筑物以及计算机软件等的通称。

13.700　质量计划　quality plan

针对特定的产品、项目或合同，规定专门的质量措施、资源和活动顺序的文件。

13.701　质量控制　quality control

为使人们确信某一物项或服务的质量满足规定要求而必须进行的有计划的系统化的活动。

13.702　合格人员　qualified person

就核安全管理和质量保证领域而言，符合特定要求、具备一定条件、而且指定执行规定任务和承担责任的人员。

13.703　人员差错　human failure

由于操作人员本身的过失造成的故障。属

于人员差错范畴的有：错误的和不良的维修、控制限值的错误整定和操纵员的其他错误行动或疏忽(执行差错和疏忽差错)。

13.704 不符合项 non-conformance term
不符合既定要求的物项、服务或过程。因性能、文件或程序方面的缺陷，使某一物项、服务或过程的质量变得不可接受或不能确定。

13.705 见证点 witness point
又称“W 点”。在相应文件(通常为质量计划)中规定的对某操作的监督点。制造厂或安装单位应在该点之前通知监督方，只要按规定正式通知了监督方，即使监督方指定人员不在操作现场，见证点时限过后也可进行操作。

13.706 停工待检点 hold point
又称“H 点”。在相应文件(通常为质量计划)中规定的对某操作的监督点。制造厂或安装单位应在该点之前通知监督方，只有经监督方指定人员到场监督检查并给予放行后，才能进行该停工待检点以后的工作。

13.707 纠正行动 corrective action
建造或运行中的核电厂针对物项缺陷、文件和设计缺陷或管理缺陷所采取的纠正措施。

13.708 独立验证 independent verification
按有关法规、标准或管理规程的要求，由具备资格并对被验证活动不负操作责任的独立人员对重要运行操作(如系统或设备的状态设置、隔离或解除隔离)所进行的独立核实工作。

13.709 电离辐射 ionizing radiation
在辐射防护领域能在生物物质中产生离子对的辐射。

13.710 辐射防护 radiation protection
防止电离辐射对人和非人类物种产生有害作用的科学技术。

13.711 实践 practice
任何引入新的照射源或照射途径、或扩大受照人员范围、或改变现有源的照射途径网络，从而使人们受到的照射或受到照射的可能性或受到照射的人数增加的人类活动。

13.712 辐射源 radiation source
可以通过发射电离辐射或释放放射性物质而引起辐射照射的一切物质或实体。

13.713 天然辐射源 natural radiation source
天然存在的辐射源，包括宇宙辐射和地球上的辐射源。它们产生的辐射称为“天然本底辐射”。全球居民所受天然照射的年平均有效剂量约为 2.4 mSv。

13.714 照射 exposure
受照的行为或状态。可以是外照射，也可以是内照射；可以分为正常照射或潜在照射；也可以分为职业照射、医疗照射或公众照射；在干预情况下，还可以分为应急照射或持续照射。

13.715 外照射 external exposure
来自人体外的辐射源对人体的照射。

13.716 内照射 internal exposure
进入体内的放射性核素对人体所产生的照射。

13.717 职业照射 occupational exposure
除了国家有关法规和标准所排除的照射以及根据国家有关法规和标准予以豁免的实践或辐射源所产生的照射以外，工作人员在其工作过程中所受的所有照射。

13.718 公众照射 public exposure
公众成员所受的辐射源的照射。包括获准的源和实践所产生的照射和在干预情况下受到的照射，但不包括职业照射、医疗照射和当地正常天然本底辐射的照射。

13.719　辐射防护最优化　radiation protection optimization

在考虑了经济和社会因素之后，个人受照剂量的大小、受照射的人数以及受照射的可能性均保持在可合理达到的尽量低水平(ALARA)。

13.720　剂量限值　dose limit

受控实践使个人所受到的有效剂量或当量剂量不得超过的值。

13.721　职业照射剂量限值　dose limit for occupational exposure

根据国家标准 GB18871 的有关规定，应对任何工作人员的职业照射水平进行控制，使之不超过规定限值：①由审管部门决定的连续 5 年的年平均有效剂量(但不可作任何追溯性平均)，20 mSv；②任何一年中的有效剂量，50 mSv；

13.722　公众照射剂量限值　dose limit for public exposure

根据国家标准 GB18871 的有关规定，实践对公众关键人群组成员产生的年平均有效剂量不得超过 1 mSv；特殊情况下，如果 5 个连续年的年平均剂量不超过 1 mSv，则某单一年份的有效剂量可提高到 5 mSv。

13.723　剂量约束　dose constraint

对辐射源可能造成的个人剂量预先确定的一种限制。是与辐射源相关的、被用作对所考虑的辐射源进行防护和安全最优化时的约束条件。

13.724　[放射性]活度　radioactive activity

在给定时刻处于一给定能态的一定量的某种放射性核素的活度 $A = \mathrm{d}N/\mathrm{d}t$，其中 $\mathrm{d}N$ 是在时间间隔 $\mathrm{d}t$ 内该核素从该能态发生自发核跃迁数目的期望值。活度的 SI 单位是秒的倒数(s^{-1})，即贝可[勒尔](Bq)。

13.725　剂量　dose

某一对象所接受或“吸收”的辐射的一种度量。根据上下文，可以指吸收剂量、器官剂量、当量剂量、有效剂量、待积当量剂量或待积有效剂量等。

13.726　吸收剂量　absorbed dose

电离辐射授与某一体积元中的物质的总能量除以该体积的质量的商。吸收剂量的 SI 单位是焦耳每千克(J/kg)，即戈瑞(Gy)。

13.727　辐射权重因数　radiation weighting factor

为辐射防护目的，对吸收剂量乘的因数。用于考虑不同类型(能量)辐射的相对危害效应(包括对健康的危害效应)。

13.728　组织权重因数　tissue weighting factor

为辐射防护的目的，器官或组织的当量剂量所乘的因数。用以考虑不同器官或组织对发生辐射随机性效应的不同敏感性。

13.729　比释动能　kerma

比释动能 $K = \dfrac{\mathrm{d}E_{\mathrm{tr}}}{\mathrm{d}m}$，$\mathrm{d}E_{\mathrm{tr}}$ 是不带电电离粒子在质量为 $\mathrm{d}m$ 的某一物质内释出的全部带电电离粒子的初始动能的总和。比释动能的 SI 单位是焦耳每千克(J/kg)。

13.730　当量剂量　equivalent dose

辐射在器官或组织内产生的平均吸收剂量与辐射权重因数的乘积。单位是 J/kg，即希沃特(Sv)。

13.731　有效剂量　effective dose

人体各组织或器官的当量剂量乘以相应的组织权重因数后的积。单位是 J/kg，即希沃特(Sv)。

13.732　集体有效剂量　collective effective dose

对于一给定的辐射源受照群体所受的总有效剂量 S，定义为：

$$S = \sum_i E_i \times N_i$$

式中，E_i是群体分组 i 中成员的平均有效剂量，N_i是该分组的成员数。

13.733　待积当量剂量　committed equivalent dose

待积当量剂量 $H_T(\tau)=\int_{t_0}^{t_0+\tau}\dot{H}_T(t)\mathrm{d}t$，式中 t_0 是摄入放射性物质的时刻，$\dot{H}_T(\tau)$是 t 时刻器官或组织 T 的当量剂量率，τ是摄入放射性物质之后经过的时间。未对 τ 加以规定时，对成年人 τ取 50 年，对儿童的摄入要算至 70 岁。

13.734　待积有效剂量　committed effective dose

待积有效剂量 $E(\tau)=\sum_T W_T \cdot H_T(\tau)$，式中 $H_T(\tau)$是积分至 τ 时间时组织 T 的待积当量剂量，W_T是组织 T 的组织权重因数。未对 τ加以规定时，对成年人 τ取 50 年，对儿童的摄入则要算至 70 岁。

13.735　剂量当量　dose equivalent

国际辐射单位与测量委员会(ICRU)使用的一个量。组织中某点处的剂量当量是该点处的吸收剂量、辐射品质因数和其他修正因数的乘积。其单位是希沃特(Sv)。

13.736　个人剂量当量　personal dose equivalent

人体某一指定点下面适当深度 d 处的软组织内的剂量当量。用“$H_p(d)$”表示。既适用于强贯穿辐射，也适用于弱贯穿辐射。对强贯穿辐射，推荐深度 $d=10$ mm；对弱贯穿辐射，推荐深度 $d=0.07$ mm。

13.737　摄入　intake

放射性核素通过吸入、食入，或经由皮肤、伤口进入人体内的过程；也指经由这些途径进入人体内的放射性核素的量。

13.738　放射性污染　radioactive contamination

由于人类活动造成物料、人体、场所、环境介质表面或内部出现超过国家标准的放射性物质或射线的现象。

13.739　[放射性]去污　radioactive decontamination

采用某种物理或化学方法去除或降低放射性污染的操作。

13.740　清洁解控水平　clearance level

由国家审管部门规定的，以放射性活度浓度和(或)总活度表示的一组值。凡是物料或材料中的放射性活度浓度和(或)总活度低于该组值时，经批准后就可以不再受审管部门监管。

13.741　辐射工作场所分区　classification for radiation working area

将放射性工作场所划分为控制区和监督区，必要时可对控制区进一步划分为若干子区。

13.742　控制区　controlled area

对辐射工作场所划分的一种区域，在这种区域内要求或可能要求采取专门的防护手段和安全措施，以便在正常工作条件下控制正常照射或防止污染扩散及防止潜在照射或限制其程度。

13.743　监督区　supervised area

未被确定为控制区、通常不需要采取专门防护手段和安全措施、但要不断对其职业照射条件状况进行检查的任何区域。

13.744　非居住区　non-residential area

为限制事故风险，核电厂周围设置非居住的区域。其半径(以反应堆为中心)不得小于 0.5 km。

13.745　限制区　restrictive area

核电厂非居住区周围设置的限制发展区域。其半径(以反应堆为中心)一般不得小于 5 km。

13.746　辐射生物效应　biological effect of radiation

电离辐射作用于机体后，其传递的能量对机体的分子、细胞、组织和器官所造成的形态和(或)功能方面的后果。

13.747　随机性效应　stochastic effect

发生概率与剂量成正比而严重程度与剂量无关的辐射效应。一般认为，在辐射防护感兴趣的低剂量范围内，这种效应的发生不存在剂量阈值。

13.748　确定性效应　deterministic effect

通常情况下存在剂量阈值的一种辐射效应。超过阈值时，剂量越高则效应越严重。

13.749　生物半排期　biological half life

某个生物系统，例如一个组织区域或全身，通过自然排泄过程而不是放射性衰变，使该元素在此系统中的量减少一半所需的时间。

13.750　过量照射　over exposure

应急和事故情况下，所受剂量超过职业性照射剂量限值的照射。

13.751　急性放射病　acute radiological sickness

由于在短时间内全身或身体的大部分受到较大剂量照射而导致的急性病症。依剂量大小和照射条件的不同，可表现为骨髓型、肠型和脑型三类。

13.752　辐射流行病学　radiation epidemiology

研究特定辐射受照人群中与辐射健康效应相关事件的空间与时间分布及其影响因素，用于评价受照人群辐射效应的学科。

13.753　电离辐射屏蔽　ionizing radiation shielding

简称“辐射屏蔽”。在电离辐射源和受其照射的某一区域之间，采用能减弱辐射的材料来降低此区域内的辐射水平。

13.754　一次屏蔽　primary shielding

习惯上指反应堆堆芯的屏蔽。其将反应堆在功率运行时产生的中子和 γ 辐射降低到周围设备、材料辐照损伤所允许的水平，或者在工作人员需要进入的部位使辐射降低到相应辐射分区所要求达到的水平。

13.755　二次屏蔽　secondary shielding

习惯上指围绕反应堆主冷却剂系统的屏蔽。其作用是降低二次屏蔽体外场所由主冷却剂以及贯穿一次屏蔽体的堆芯辐射产生的辐射水平，以达到相应辐射分区的要求。

13.756　防护衣具　protective clothing

为了防止工作人员体表和体内被有毒有害物质污染所使用的衣服及保护用品。

13.757　辐射监测　radiation monitoring

为了评价和控制辐射或放射性物质照射而进行的辐射测量或放射性测量，及对测量结果的分析和解释。

13.758　辐射监测分类　classification of radiation monitoring

辐射监测按照性质和目的可分为常规监测、与工作任务相关的监测以及特殊监测；根据监测对象则可分为个人监测、场所监测、环境监测以及流出物监测。

13.759　辐射监测仪分类　category of radiation instrument

按照监测的辐射类型分类，通常有 α、β、γ、X 和中子等监测仪；按使用方式可分为固定式和可携式两种；按监测对象可分为表面污染监测仪、场所监测仪、个人监测仪、空气污染监测仪、流出物监测仪和环境监测仪等。

13.760　表面污染监测仪　surface contamination monitoring meter

用于监测各类表面放射性物质(α、β 发射体)沾污水平的仪表。如控制区出入口的门式全身污染监测仪。

13.761 γ/X 射线巡测仪 γ/X-ray survey meter
用于测量工作场所和环境的 γ/X 辐射水平的仪表。主要有电离室型、GM 计数管型、闪烁计数器型和半导体型等。

13.762 热释光剂量计 thermoluminescent dosimeter，TLD
以热释光材料为敏感元件的剂量计。由于它具有组织等效性好、响应的线性好、量程较宽、可重复使用等优点而得到广泛应用。

13.763 报警个人剂量计 alarm personal dosimeter
当累积剂量达到某设定值时，能发出报警音响的个人剂量计。除了报警功能外，还具有数字显示照射剂量(或剂量率)的功能。

13.764 全身计数器 whole body counter
从人体外直接测量摄入体内的放射性物质所发射出的 X 射线或 γ 射线，由此进行放射性核素的定性及定量分析的装置。

13.765 肺部计数器 lung counter
在胸部测量摄入体内的 Pu 和 Am 发出的低能 X 射线及 γ 射线，从而测定 Pu 或 Am 在肺部沉积量的装置。

13.766 气体和气溶胶监测仪 gas and aerosol monitoring meter
对伴有电离辐射的设施和实验室等排入工作场所或环境中的放射性气体或气溶胶浓度或核素进行监测的装置。

13.767 环境本底调查 environmental background survey
在新建核设施装料运行前，对特定区域的环境本底放射性进行的系统调查。主要测定环境辐射水平和环境介质中放射性核素的含量等。

13.768 环境辐射监测 environmental radiation monitoring
为评价和控制核设施对周围环境和居民产生的辐射影响，对设施周边环境中的辐射水平和环境介质、生物样品中的放射性浓度进行的监视性测量。

13.769 线性无阈 linear non-threshold
在辐射防护中，对低剂量范围内的剂量-效应关系所做的偏保守假定。在这种模式下，认为发生辐射生物效应的概率与剂量成正比，且不存在剂量阈值。

13.770 辐射防护评价 radiation protection assessment
根据源项和(或)辐射监测的结果，选择恰当的模式和参数，计算工作人员和公众所受的和可能所受的个人剂量和集体剂量，对辐射防护状况进行评价，并提出改进辐射防护及防护资源最佳分配方案，使工作人员和公众所受剂量达到可合理达到的最低水平。

13.771 放射性流出物 radioactive effluent
核设施以气体、气溶胶、粉尘或液体等形态排入环境的放射性物质。

13.772 核电厂流出物大气扩散 atmospheric diffusion of effluent from nuclear power plant
核电厂产生的气态放射性物质经过净化处理并在符合国家规定的条件下通过烟囱排入大气进行稀释扩散的过程。

13.773 核电厂流出物水体扩散 diffusion in water body of effluent from nuclear power plant
核电厂产生的液态放射性物质经过净化处理并在符合国家规定的条件下通过槽(罐)

排入接纳水体进行输运与扩散的过程。

13.774 放射性流出物监测 radioactive effluent monitoring

为了控制和评价放射性流出物对周围环境和居民产生的辐射影响而对其进行的监视性测量。

13.775 放射性气溶胶 radioactive aerosol

悬浮在空气或其他气体中含有放射性核素的固体或液体微粒。

13.776 食物链 food chain

在生态系统中，植物摄入某种物质后，制造出或本身就是另一种生物的营养食物而被其食入，通过这种一系列的植物、动物、捕食与被捕食等的食物营养纽带依次连锁转移关系，最终被人食入的途径。

13.777 核应急 nuclear emergency

必须立即采取某些超出正常工作程序的行动，以控制核或辐射事故发生或减轻事故后果的状态。

13.778 核[事故]应急计划与准备 nuclear accident emergency planning and preparedness

为控制核电厂事故的发展、减轻和缓解事故后果、保护工作人员及公众的健康和安全、保护环境而预先制定的应急行动计划及为此而做的准备工作。

13.779 核电厂应急状态分级 emergency classification for nuclear power plant

我国核电厂的应急状态分为四级：应急待命、厂房应急、场区应急和场外应急(总体应急)。

13.780 应急待命 notification of unusual event，emergency standby

出现可能危及核电厂安全的工况或事件的状态。宣布应急待命后，应迅速采取措施缓解后果和进行评价，加强营运单位的响应准备，并视情况加强地方政府的响应准备。

13.781 厂房应急 emergency alert，plant emergency

放射性物质的释放已经或者可能即将发生，但实际的或者预期的辐射后果仅限于场区局部区域的状态。宣布厂房应急后，营运单位应迅速采取行动缓解事故后果和保护现场人员。

13.782 场区应急 site emergency

事故的辐射后果已经或者可能扩大到整个场区，但场区边界处的辐射水平没有或者预期不会达到干预水平的状态。宣布场区应急后，应迅速采取行动缓解事故后果和保护场区人员，并根据情况做好场外采取防护行动的准备。

13.783 场外应急 off-site emergency

又称“*总体应急*(general emergency)”。事故的辐射后果已经或者预期可能超越场区边界，场外需要采取紧急防护行动的状态。宣布场外应急后，应迅速采取行动缓解事故后果，保护场区人员和受影响的公众。

13.784 应急演习 emergency exercise

为检验应急计划的有效性、应急准备的完善性、应急响应能力的适应性和应急人员的协同性而进行的一种模拟应急响应的实践活动。可以分为单项演习、综合演习以及场内、场外应急组织合作进行的联合演习。

13.785 应急计划区 emergency planning zone

为在核设施发生事故时能及时有效地采取保护公众的防护行动，事先在核设施周围建立的、制定有应急预案并做好应急准备的区域。我国核电厂的应急计划区分为烟羽应急计划区和食入应急计划区。

13.786 烟羽应急计划区 plume emergency

planning zone
针对照射途径为放射性烟羽产生的直接外照射、吸入放射性烟羽中放射性核素产生的内照射和沉积在地面的放射性核素产生外照射而建立的应急计划区。其以核电厂反应堆为中心、半径一般不大于10 km。

13.787 食入应急计划区 ingestion emergency planning zone
针对主要照射途径为摄入被事故释放的放射性物质污染的食物和水而产生内照射而建立的应急计划区。其以核电厂反应堆为中心、半径一般为30~50 km。

13.788 碘预防 iodine prophylaxis
紧急防护行动之一。通过服用稳定碘以减少甲状腺对摄入体内的放射性碘的吸收，从而降低甲状腺摄入剂量。

13.789 隐蔽 sheltering
紧急防护行动之一。使用建筑物(或构筑物)来减弱气载放射性烟羽和(或)沉积的放射性物质的照射。

13.790 撤离 evacuation
紧急防护行动之一。人员从事故中心区域中迅速撤出，以避免或减少来自放射性烟羽和(或)地面沉积放射性物质高水平、短期的照射。

13.791 核应急决策支持系统 decision support system for nuclear emergency
借助于模型和算法，将放射性、气象数据和环境测量等信息处理成能反映环境中辐射照射情景的图像，为决策者进行应急响应决策提供信息和支持的技术分析工具。

13.792 辐射警告标志 radiation precaution sign
在实际或可能发射电离辐射的物质、材料(及其容器)和设备(及其所在区域)上附有一定规格和颜色的三叶型符号标志。

13.793 高架排放 elevated release
释放高度等于或大于附近能影响烟羽扩散的构筑物高度的2.5倍，或者，释放地点离开能影响烟羽扩散的任一构筑物足够远而使烟羽整体扩散受到较小影响的释放。

13.794 计划外排放 unplanned release
有组织排放之外的排放。包括正常工况下的计划外排放和在事故工况下的计划外排放。

13.795 事故排放 accident release
核设施在非正常工况下放射性流出物向环境排放的行为。是一种非计划、难以控制的排放。

13.796 事故源项 accident source term
在事故情况下广泛使用的、用于表示从给定的源中放射性物质实际的或潜在的释放信息。包括放射性物质的数量、同位素组成、释放率和释放方式等。

13.797 热污染 thermal pollution
核电厂冷却回路排出的热量使受纳水体温度升高的环境污染问题。

13.798 放射性废物 radioactive waste
含有放射性核素或被放射性核素所污染，其浓度或活度大于国家规定的清洁解控水平，并且预期不再利用的物质。

13.799 放射性废物最小化 radioactive waste minimization
放射性废物的体积和活度减少到可合理达到的尽可能小。最小化应贯穿从核设施设计开始到退役终止的全过程。包括减少源项、再循环、再利用、对二次废物和一次废物的处理等。

13.800 高放废物 high level radioactive waste
活度浓度 $>4\times10^{10}$ Bq/L 的放射性废液；活度浓度 $>4\times10^{11}$ Bq/kg 或释热率 >2 kW/m^3

(5 年<半衰期≤30 年)和活度浓度 $>4\times10^{10}$ Bq/kg 或释热率 >2 kW/m^3(半衰期 > 30 年，不包括 α 废物)的放射性固体废物。

13.801 中放废物 intermediate level radioactive waste

放射性核素的含量或浓度及释热量低于高放废物而高于低放废物、在操作和运输过程中需要采取屏蔽措施的放射性废物。

13.802 低放废物 low level radioactive waste

活度浓度 $\leq4\times10^7$ Bq/m^3 的放射性气载废物；活度浓度 $\leq4\times10^6$ Bq/L 的放射性废液；活度浓度 $\leq4\times10^6$ Bq/kg 的放射性固体废物。

13.803 α 废物 α bearing waste

含有半衰期 > 30 年的 α 发射体的废物。其 α 放射性活度浓度在单个包装中 $>4\times10^6$ Bq/kg（对于近地表处置设施，多个包装中的平均 α 放射性活度浓度 $>4\times10^5$ Bq/kg）的放射性废物。

13.804 放射性废气处理 radioactive gases waste treatment

放射性废气的净化处理。主要方法有加压储存衰变、洗涤、吸附和过滤等。

13.805 放射性废液处理 radioactive liquid waste treatment

对放射性废液进行净化和浓缩处理。主要方法有化学沉淀、离子交换、蒸发、过滤和膜分离等。

13.806 放射性固体废物处理 radioactive solid waste treatment

对固体废物进行焚烧、压缩、去污、固化或固定等处理。

13.807 放射性废物就地储存 on-site storage of radioactive waste

又称“*放射性废物现场储存*”。放射性废物在其科研、生产设施的场址区域内储存。

13.808 放射性废物焚烧 incineration of radioactive waste

利用专门设计的焚烧炉处理可燃放射性废物。通过焚烧能使体积缩小到 1/15~1/10，特殊情况下缩小到 1/100~1/40。

13.809 放射性废物固化 solidification of radioactive waste

将放射性废液、渣灰等进行固化处理，形成性能指标满足处置要求的稳定性固体块。主要方法有水泥固化、沥青固化、塑料固化、玻璃固化和陶瓷固化等。

13.810 放射性废物处置 radioactive waste disposal

把放射性废物放置在一个经批准的、专门的设施中，使之与人类生存环境隔离的行政和技术活动的总称。处置还包括经批准后将气态和液态流出物直接排放到环境中进行弥散。

13.811 近地表处置 near surface disposal

将废物置于地表上或地表下，设置或不设置工程屏障，最后加几米厚的防护覆盖层，或者将废物置于地表下几十米深的洞穴中的处置方式。

13.812 地质处置 geological disposal

在深几百米的稳定地层中，采用工程屏障和天然屏障相结合的多重屏障隔离体系将高放射性废物和α废物与人类生物圈长期、安全隔离的处置方式。

13.813 玻璃固化 vitrification，glass solidification

将放射性废液与玻璃基材按一定比例混合，通过高温熔融、退火，成为包容废物的稳定固化体。

13.814 天然屏障 natural barrier

天然存在的能阻滞放射性核素迁移的屏障。如各类地质体和土壤等。

13.815　工程屏障　engineering barrier

人工建造的用于包容放射性废物和阻滞放射性核素迁移的屏障。如罐体、外包装和回填材料等。

13.816　分离-嬗变　partitioning and transmutation，P&T

通过化学分离把高放射性废物中的次锕系元素和长寿命裂变产物分离出来，称分离；而利用核反应装置(反应堆，加速器)把长寿命核素转变成短寿命核素或稳定核素，称嬗变。

13.817　放射性核素迁移　radionuclide migration

放射性核素在各种介质(水、岩石、裂隙、土壤和生物体等)中的运动行为。如溶解、吸附、解吸、扩散、弥散和随水流迁移等。

13.818　深海处置　deep sea disposal

把包装好的放射性废物放在深海底部的一种处置方法。但是根据《伦敦倾倒公约》规定，1982年起禁止这种处置方法。

13.819　宇宙处置　space disposal

又称“太空处置”。用宇宙火箭把高放废物送到外层空间的一种设想的处置方法。

13.820　地下实验室　underground laboratory

为开展放射性废物处置系统可行性研究而模拟地下处置库建造的地下研究设施。

13.821　设计基准威胁　design basis threat，DBT

潜在的内部和外部或内外勾结等不法分子的属性和特征，他们有可能试图对核设施实施破坏或偷盗，实物保护系统要以此为依据进行设计和评价。

13.822　干预　intervention

任何旨在减小或避免不属于受控实践的或因事故而失控的辐射源所致的照射或照射可能性的行动。

14. 可再生能源

14.001　地热能　geothermal energy

地球内部蕴藏的能量。

14.002　地热资源　geothermal resources

在可以预见的未来时间内能够经济开发和利用的地球内部热能资源。包括地热流体及其有用部分。

14.003　储热层　thermal reservoir

又称“热储”。热流体相对富集，具有一定渗透性，并含载热流体的岩层或岩体破碎带。分为孔隙热储和裂隙热储。

14.004　地热流体　geothermal fluid

温度高于25℃的地下热水、地热蒸汽和热气体的总称。

14.005　地温　ground temperature

全称“地中温度”。主要热储代表性温度。分为高温($t\geqslant$150℃)、中温(90℃$<t<$150℃)和低温($t\leqslant$90℃)三种。

14.006　地热资源评价　assessment for geothermal resources

对地热田内赋存的地热能与地热流体的数量作出估计，并对其在一定经济条件下可被开发利用的储量及开发可能造成的影响做出评价。

14.007　地热田　geothermal field

目前技术经济条件下可以采集深度内，富含可经济开发和利用的地热能及地热流体的地域。

14.008　地热能利用　utilization for geothermal energy

地热能利用可分为发电利用和直接利用。一般用高于150℃的地热流体发电，中低温地热资源直接利用。

14.009　地热利用率　rate of geothermal utilization

全年有效利用的热量与全年地热水可供热量的比值。

14.010　地热发电　geothermal power generation

利用150℃以上的高温地热发电。包括闪蒸系统和双循环系统两种。

14.011　双循环系统　binary cycle system

又称“中间介质法”。用地下水间接加热某些低沸点物质(如氟利昂等)，使之变成蒸气，推动汽轮机发电。

14.012　闪蒸系统　flashed steam system

又称“减压扩容法”。根据热水饱和温度与压力有关的原理设计。当热水进入扩容器减压后，其相应的饱和温度降至热水温度以下，使部分热水汽化变成蒸汽，然后通入汽轮发电机发电。

14.013　地热直接利用　geothermal direct use

又称“地热非电利用”。直接利用中、低温地热资源的各种地热流体。

14.014　风能　wind energy

空气流动所具有的能量。

14.015　风能资源　wind energy resources

大气沿地球表面流动而产生的动能资源。

14.016　空气的标准状态　standard atmospheric state

空气压力为101 325 Pa，温度为15℃(或绝对288.15 K)，空气密度为1.225 kg/m^{3}时的空气状态。

14.017　风速　wind speed

空间任一点的空气在单位时间内所流过的距离。

14.018　平均风速　average wind speed

给定时间内瞬时风速的平均值。

14.019　年平均风速　annual average wind speed

时间间隔为一整年的瞬时风速的平均值。

14.020　最大风速　maximum wind speed

10 min平均风速的最大值。

14.021　极大风速　extreme wind speed

瞬时风速的最大值。

14.022　阵风　gust

超过平均风速的突然和短暂的风。

14.023　年际变化　inter-annual variation

从第1年到第30年的年平均风速变化。

14.024　［风速或风功率密度］年变化　annual variation

以年为基数发生的变化。风速(或风功率密度)年变化是从1月到12月的月平均风速(或风功率密度)变化。

14.025　［风速或风功率密度］日变化　diurnal variation

以日为基数发生的变化。月或年的风速(或风功率密度)日变化是求出一个月或一年内，每日同一钟点风速(或风功率密度)的月平均值或年平均值，得到0点到23点的风速(或风功率密度)变化。

14.026　风切变　wind shear

风速在垂直于风向平面内的变化。

14.027　风切变指数　wind shear exponent

用于描述风速剖面线形状的幂定律指数。

14.028　风速廓线　wind speed profile，wind shear law

又称“风切变律”。风速随离地面高度变化的关系曲线。

14.029 湍流强度 turbulence intensity
标准风速偏差与平均风速的比率。用同一组测量数据和规定的周期进行计算。

14.030 年风速频率分布 annual wind speed frequency distribution
在观测点一年时间内，相同的风速发生小时数之和占全年总小时数的百分比与对应风速的概率分布函数。

14.031 韦布尔分布 Weibull distribution
经常用于风速的概率分布函数。分布函数取决于两个参数：控制分布宽度的形状参数和控制平均风速分布的尺度参数。

14.032 瑞利分布 Rayleigh distribution
控制分布宽度的形状参数值为 2 的韦布尔分布。该分布函数取决于一个调节参数——尺度参数。

14.033 风功率密度 wind power density
与风向垂直的单位面积中风所具有的功率。

14.034 风能密度 wind energy density
在设定时段与风向垂直的单位面积中风所具有的能量。

14.035 风向 wind direction
在风速超过 2 m/s 时测量的风的流动方向。

14.036 风向玫瑰图 wind rose
用极坐标表示不同风向相对频率的图解。

14.037 风能玫瑰图 wind energy rose
用极坐标来表示不同方位风能相对大小的图解。

14.038 主风向 prevailing wind direction
在风能玫瑰图中风能最大的方位。

14.039 [风能资源评估]代表年 representative year for wind energy resources assessment
分析过去多年测风资料得到的一个典型年。其风能资源参数是未来风电场经营期内的预测平均值，作为估算风电机组年发电量的依据。

14.040 测风塔 wind measurement mast
安装风速、风向等传感器以及风数据记录器，用于测量风能参数的高耸结构。

14.041 风数据记录器 wind data logger
记录并初步处理测风数据的电子装置。

14.042 风场 wind site
进行风能资源开发利用的场地、区域或范围。

14.043 复杂地形带 complex terrain
风场的周围属地形显著变化的地带或有能引起气流畸变的障碍物的地带。

14.044 风力机 wind turbine
将风的动能转换为另一种形式能的旋转机械。

14.045 叶片 blade
风力机的部件。其上的每个剖面设计成翼型，从叶根到叶尖，其厚度、扭角和弦长有一定分布规律，具有良好的空气动力外形。

14.046 翼型 airfoil
风轮叶片横截面的轮廓。

14.047 叶片长度 length of blade
叶片在展向上沿压力中心连线测得的最大长度。

14.048 [叶片]叶根 root of blade
叶片上与轮毂连接的部位。

14.049 [叶片]叶尖 tip of blade
叶片上在展向上与叶根距离最大的部位。

14.050 [叶片]扭角 twist angle of blade
叶片各剖面弦线和风轮旋转平面的夹角。

14.051 [叶片]桨距角 pitch angle of blade
叶尖剖面的弦线与风轮旋转平面的夹角。

14.052 [叶片]安装角 setting angle of blade
将叶片安装到轮毂上时设定的桨距角。

14.053 顺桨 feather
将桨距角变化到风轮叶片处于零升力或升力很小条件的状态。

14.054 叶尖速度 tip speed
风轮旋转时叶尖的线速度。

14.055 叶尖速比 tip speed ratio
叶尖速度与风速之比。

14.056 风轮 rotor
将风能转化为机械能的风力机部件。由叶片和轮毂组成。

14.057 风轮直径 rotor diameter
叶尖旋转圆的直径。

14.058 风轮扫掠面积 swept area of rotor
与风向垂直的平面上，风轮旋转时叶尖运动所生成圆的投影面积。

14.059 风轮轴 rotor shaft
风力机部件，与风轮连接传递机械能的旋转轴。

14.060 轮毂 hub
将叶片固定到旋转轴上的连接部件。

14.061 轮毂高度 hub height
从地面到风轮扫掠面中心的高度。

14.062 水平轴风轮 horizontal axis rotor
风轮轴线基本上平行于水平面的风轮。

14.063 垂直轴风轮 vertical axis rotor
风轮轴线与水平面垂直的风轮。

14.064 失速调节 stall regulated
利用叶片的气动力失速原理改变叶片升阻力，调节风电机组输出功率。

14.065 桨距调节 pitch regulated
利用叶片桨距角的变化改变叶片升阻力，调节风电机组输出功率。

14.066 定桨距 fixed pitch
叶片与轮毂固定连接，桨距角不可改变。

14.067 变桨距 variable pitch
叶片与轮毂通过轴承连接，桨距角可改变。

14.068 定转速风轮 constant speed rotor
风电机组运行时转速基本保持不变的风轮。

14.069 变转速风轮 variable speed rotor
风电机组运行时转速可以在一定范围内变化的风轮。

14.070 整流罩 nose cone
装在轮毂上呈流线型的罩子。

14.071 功率系数 power coefficient
风轮所输出的功率与通过风轮扫掠面积从未扰动气流得到的功率之比。

14.072 推力系数 thrust coefficient
风作用在风轮上产生的轴向力与未扰动气流的动压和风轮扫掠面积的乘积之比。

14.073 空气动力刹车 aerodynamic brake
风轮旋转时增加叶片运动方向上的空气阻力，达到降低转速目的的制动装置。

14.074 风力发电 wind power generation, wind power
简称“风电”。将风所蕴含的动能转换成电能的工程技术。

14.075 风力发电机组 wind turbine generator system, WTGS
简称“风电机组”。将风的动能转换为电能的系统。

14.076　上风向式风电机组　upwind WTGS

风先通过风轮再经过塔架的风电机组。

14.077　下风向式风电机组　downwind WTGS

风先通过塔架再经过风轮的风电机组。

14.078　机舱　nacelle

在水平轴风电机组顶部容纳发电机、传动系统和其他装置的部件。

14.079　[风电机组]传动系统　drive train

将风轮的机械能传递到发电机的系统。

14.080　[风电机组]异步发电机　asynchronous generator，induction generator

又称"感应发电机"。转速超过同步转速时，由定子绕组形成的旋转磁场与转子绕组中感应电流的磁场相互作用，输出电能的交流发电机。

14.081　恒速恒频风电机组　constant speed-constant frequency WTGS

并网运行后风轮转速不能随风速改变，由电网频率决定的风轮转速和电能频率在运行时基本保持不变的风电机组。

14.082　变速恒频风电机组　variable speed-constant frequency WTGS

风轮转速可以随风速在较宽的范围内改变，机组输出的电能频率与电网频率保持同步的风电机组。

14.083　直驱式风电机组　direct drive WTGS，gearless WTGS

又称"无齿轮箱式风电机组"。风轮直接驱动多级低速发电机的风电机组。

14.084　半直驱式风电机组　multibrid technology WTGS

风轮经过一级齿轮增速驱动多级中速发电机的风电机组。

14.085　偏航机构　yawing mechanism

使水平轴风电机组的风轮轴绕塔架垂直中心线旋转的机构。

14.086　[风电机组]塔架　tower [for WTGS]

支撑机舱和风轮的风电机组部件。

14.087　桁架式塔架　lattice tower

由钢管或角钢等组成的框架式结构的塔架。

14.088　圆筒式塔架　tubular tower

由钢板弯曲焊接成圆筒形结构的塔架。

14.089　[风电机组]基础　foundation [for WTGS]

与塔架连接支撑风电机组的构筑物。

14.090　功率特性　power performance

风电机组发电能力的表述。

14.091　净电功率输出　net electric power output

风电机组输送给电网的电功率值。

14.092　功率曲线　power curve

描绘风电机组净电功率输出与风速的函数关系图和表。

14.093　测量功率曲线　measured power curve

描绘用正确方法测得并经修正或标准化处理的风力发电机组净电功率输出与测量风速的函数关系的图和表。

14.094　[风电机组]额定功率　rated power [for WTGS]

正常工作条件下，风力发电机组所能达到的设计最大连续输出电功率。

14.095　[风电机组]最大功率　maximum power [for WTGS]

正常工作条件下，风电机组输出的最大净电功率。

14.096 切入风速 cut-in wind speed

风电机组开始发电时，轮毂高度处的最低风速。

14.097 额定风速 rated wind speed

风电机组达到额定功率输出时，轮毂高度处的设计风速。

14.098 切出风速 cut-out wind speed

风电机组保持额定功率输出时，轮毂高度处的最高风速。

14.099 安全风速 survival wind speed

风电机组结构所能承受的最大设计风速。

14.100 年理论发电量 annual energy production

利用功率曲线和轮毂高度代表年的风速频率分布，估算得到的一台风电机组一年时间内生产的全部电能。计算中假设可利用率为100%。

14.101 [风电机组]关机 shutdown [for WTGS]

从发电到静止或空转之间的风电机组过渡状态。

14.102 [风电机组]正常关机 normal shutdown [for WTGS]

全过程都是在控制系统控制下进行的关机。

14.103 [风电机组]紧急关机 emergency shutdown [for WTGS]

保护装置系统触发或人工干预下，使风电机组迅速关机。

14.104 [风电机组]空转 idling [for WTGS]

风电机组缓慢旋转但不发电的状态。

14.105 [风电机组]可利用率 availability [for WTGS]

在评估期间内，风电机组处于能够运行(发电、启动、停车)或能够发电的待机状态的时间与这一期间内总时间的比值。用百分比表示。

14.106 [风电机组]控制系统 control system [for WTGS]

接受风电机组信息和(或)环境信息，调节风电机组，使其保持在工作要求范围内的系统。

14.107 [风电机组]保护系统 protection system [for WTGS]

确保风电机组运行在设计范围内的系统。

14.108 风电场 wind power plant，wind farm

由多台风力发电机组构成的发电厂。

14.109 近海风电场 offshore wind farm

距离海岸比较近，而且风电机组基础与海底连接的风电场。

14.110 尾流效应损失 wake effect loss

在风电场中，气流经过上游风电机组风轮后所形成的尾流对下游风电机组性能产生的影响和能量损失。

14.111 [风电机组]电力汇集系统 power collection system [for WTGS]

汇集风电机组输出电能的电力连接系统。包括风电机组电能输出端与电网连接点之间的所有电气设备。

14.112 [风电场]电网连接点 grid connection point for wind farm

风电场电力汇集系统与电网输电线路的连接点。

14.113 太阳能 solar energy

又称“太阳辐射能”。太阳以电磁辐射形式向宇宙空间发射的能量。

14.114 太阳辐射 solar radiation

太阳发射的电磁辐射。

14.115 [太阳]直射辐射 direct radiation

又称“直接日射”。由太阳直接发射出而没有被大气散射改变投射方向的太阳辐射。

14.116 散射辐射 diffuse radiation
直接辐射通过大气时被空气和其他悬浮颗粒所散射的部分。

14.117 [太阳]总辐射 total radiation
又称“总日射”。直射辐射和散射辐射的总和。

14.118 直射辐射表 pyrheliometer
测量直接辐射的仪器。

14.119 总日射表 pyranometer
测量总辐射的仪器。其可测量斜面上的辐照度、天空的散射辐射和反射辐射。

14.120 辐射通量 radiant flux
又称“辐射功率”。以辐射形式发射、传播或接受的功率，或者是单位时间内发射、传播或接受的辐射能。单位为 W/s。

14.121 辐射强度 radiation intensity
照射到面元上的辐射通量与该面元面积之比。单位为 W/m^2。

14.122 辐照度 irradiance
物体在单位时间、单位表面上接受到的辐射能。单位为 W/m^2。

14.123 辐照量 insolation
辐照度对时间的积分，即在一定时间内单位面积接受到的辐射能。单位为 $kW \cdot h/m^2$。

14.124 日照时数 sunshine duration
日出与日落之间的时间间隔。某地的日照时数和该地的地理位置与季节有关。

14.125 年平均日照时间 annual average sunshine
若干年的年日照时间与年份数的比值。是太阳能利用价值的评估指标之一。

14.126 太阳能转换 solar energy conversion
利用能量转换器件或装置将太阳能转换成其他形式能量。分为直接转换和间接转换两类。

14.127 太阳能收集 solar energy collection
又称“太阳能采集”。利用一定器件或装置接收太阳辐射。

14.128 太阳能储存 solar energy storage
将地面上接收到的太阳能转换成其他形式能量(热能、电能、化学能等)进行存储。

14.129 太阳能利用 solar energy utilization
将太阳能直接转换成热能、电能、化学能等加以利用。如太阳热水、太阳采暖、太阳干燥、太阳发电等。

14.130 太阳能集热器 solar collector
简称“集热器”。用来吸收太阳辐射使之转换为热能并传递给热介质的装置。常见的有平板型、真空管型和聚光型太阳能集热器。

14.131 传热介质 heat transfer medium
传输热量的液体或气体。

14.132 聚光型[太阳能]集热器 concentrator collector
聚集太阳直接辐射使之转换为热能并传递给传热介质的装置。主要由聚光器、吸收体和跟踪机构三部分组成。

14.133 聚焦比 concentration ratio
太阳光照射在抛物面聚光镜上的能量与聚焦点收集的能量的比值。

14.134 集热效率 collecting efficiency
在稳态(准态)条件下，集热器传热工质在规定时段内输出的能量与规定的集热器面积和同一时段内入射在集热器上的太阳辐照量的乘积之比。

14.135 太阳[能]吸收率 solar absorptivity
被物体吸收的辐射量和投射到该物体表面

的辐射量之比值。

14.136 太阳[能]反射率 solar reflectivity
从物体表面反射的辐射量和投射到该物体表面的辐射量之比值。

14.137 太阳[能]透射率 solar transmission rate
又称"透过率"。透过物体的辐射量和投射到该物体表面的辐射量之比值。

14.138 抛物面聚光器 parabolic concentrator
反射聚光面为旋转抛物面的聚光装置。能将平行于旋转抛物面主轴的入射太阳直接辐射会聚于焦点，在焦点处获得高温。

14.139 太阳炉 solar furnace
用于高温试验的太阳能装置。

14.140 太阳能热水器 solar water heater
把太阳能转换为热能以实现加热水为目的的装置。

14.141 太阳能灯具 solar lamp
具备太阳能电池供电的灯具。

14.142 太阳能制冷 solar cooling
将太阳能转化为热能或电能进行制冷的方式。

14.143 太阳热发电 solar thermal power generation
利用太阳辐射能产生热能，再转换成机械能的发电方式。

14.144 塔式太阳热发电系统 solar thermal power generation system with tower and heliostat plant
又称"集中型太阳能电站"。利用建造在定日镜场中高塔顶上的接收器(锅炉)，将汇聚的太阳辐射能转换为热能进行发电的系统。

14.145 槽式太阳热发电系统 parabolic trough solar thermal power generation system
利用槽型抛物面聚光集热器将太阳能转换为热能进行发电的系统。

14.146 碟式太阳热发电系统 parabolic dish solar thermal power generation system
又称"盘式太阳热发电系统"。利用旋转抛物面聚光集热器将太阳能转换为热能进行发电的系统。

14.147 太阳能温差发电 solar temperature difference power generation
利用温差热电堆将太阳能转换为电能。

14.148 太阳池发电 solar pool power generation
利用太阳池吸收和储存的太阳能进行发电。

14.149 太阳能磁流体发电 solar magnetic fluid power generation
利用液态导电金属经太阳集热器加热后迅速通过磁场进行发电。

14.150 太阳能热离子发电 solar thermoionic power generation
利用热离子能量转换器将聚集的太阳能直接转换成电能。

14.151 光伏效应 photovoltaic effect
以出现电动势为特征的光电效应。

14.152 太阳能光电转换效率 solar photovoltaic conversion efficiency
入射到光电组件表面的能量与其输出能量之比。

14.153 太阳能电池 solar cell
将太阳辐射直接转换成电能的器件。

14.154 硅太阳能电池 silicon solar cell
以硅为基体材料的太阳能电池。按硅材料的结晶形态，可分为单晶硅太阳能电池、多晶硅太阳能电池和非晶硅太阳能电池。

14.155 单晶硅太阳能电池 single crystalline silicon solar cell
以单晶硅为基体材料的太阳能电池。

14.156 多晶硅太阳能电池 polycrystalline silicon solar cell
以多晶硅为基体材料的太阳能电池。

14.157 非晶硅太阳能电池 amorphous silicon solar cell
简称“a-Si 太阳能电池”。又称“无定型硅太阳能电池”。用沉积在导电玻璃或不锈钢衬底上的非晶硅薄膜制成的太阳能电池。

14.158 硫化镉太阳能电池 cadmium sulphide solar cell
以硫化镉为基体材料的太阳能电池。

14.159 砷化镓太阳能电池 gallium arsenide solar cell
以砷化镓为基体材料的太阳能电池。

14.160 聚光太阳能电池 concentrator solar cell
通过聚光器将阳光聚在小面积上形成“焦斑”或“焦带”，并将其置于“焦斑”或“焦带”上，从而获得更多的电能输出的太阳能电池。

14.161 硒铟铜太阳能电池 copper indium selenide solar cell
以硒铟铜三元化合物半导体为基本材料制成的太阳能电池。

14.162 薄膜太阳能电池 thin film solar cell
用硅、硫化镉、砷化镓等薄膜为基体材料的太阳能电池。

14.163 太阳能电池组件 solar cell module
简称“组件”。具有封装及内部连接的、能单独提供直流电输出的、不可分割的最小太阳能电池组合装置。

14.164 太阳能电池板 solar cell panel
由若干个太阳能电池组件按一定方式组装在一块板上的组装件。

14.165 太阳能电池方阵 solar cell array
由若干个太阳能电池组件或太阳能电池板在机械和电气上按一定方式组装在一起并且有固定的支撑结构而构成的直流发电单元。

14.166 光伏发电系统 photovoltaic system，PV system
利用太阳能电池直接将太阳能转换成电能的发电系统。其特点是可靠性高、使用寿命长、不污染环境、能独立发电又能并网运行，具有广阔发展前景。

14.167 并网光伏发电系统 grid-connected PV system
光电组件发出的直流电通过逆变器变换为交流电后直接并入低压输电网中的发电系统。

14.168 独立光伏发电系统 off-grid PV system，stand-along PV system
与公共电网没有连接的光伏发电系统。

14.169 风-光互补电站 wind-PV hybrid power system
风力发电机组和太阳能电池联合发电系统。

14.170 太阳能屋顶 solar roof
可分别安装在每座独立住宅建筑上的并网光伏发电系统。

14.171 光伏建筑材料 special PV panel for building construction
太阳能电池组件与普通建筑材料结合成一体的新型建筑材料。如光伏瓦、光伏玻璃等。

14.172 峰瓦 watts peak
在标准测试条件下太阳能电池组件或方阵

的额定最大输出功率。

14.173 生物质 biomass
一切直接或间接利用绿色植物光合作用形成的有机物质。包括除化石燃料外的植物、动物和微生物及其排泄与代谢物等。

14.174 生物质能 biomass energy，bioenergy
绿色植物通过叶绿素将太阳能转化为化学能存储在生物质内部的能量。是太阳能以化学能形式存储在生物质中的能量。

14.175 生物质能转换 biomass energy conversion
利用物理、热化学或生物化学的方法将生物质能转换成二次能源和高品位能源，对生物质能进行深加工，使之成为高效的固态、气态和液态燃料的过程。

14.176 生物质液化 biomass liquefaction
通过热化学或生物化学的方法将生物质全部或部分转换成液态燃料的过程。主要有直接热解液化法、间接液化法、水解发酵法和植物油脂法等。

14.177 生物质热分解 biomass pyrolysis
在隔绝空气或只有少量空气的条件下，使生物质受热而发生分解，产生气相、液相、固相三种产品的方法。

14.178 化学转换技术 chemistry conversion technology
用热分解或化学反应方法将生物质转换成高品位燃料。常用的有气化法、热解法和有机溶剂提取法等。

14.179 生化转换技术 biochemistry conversion technology
用微生物发酵方法，将生物质转换成高品位燃料。主要分两类：一类是采用厌氧消化法制取沼气，另一类是采用发酵技术和制酶技术制取乙醇、甲醇等液体燃料。

14.180 生物质气化技术 biomass gasification technology
生物质燃料在高温及缺氧条件下，热解产生一氧化碳与气化介质(通常有空气、氧气、水蒸气或氢气)，在一定条件下发生热化学反应，产生以 CO、H_2 或 CH_4 为主要成分的可燃气体的转化过程。

14.181 生物质气化发电 biomass gasification power generation
利用气化炉把生物质转化为可燃气体，经过除尘、除焦等净化工序后，再通过内燃机或燃气轮机进行的发电。

14.182 燃料乙醇 fuel bioethanol
俗称“酒精”。未加变性剂的、可作为燃料的无水乙醇。其分子式为 C_2H_5OH。

14.183 生物柴油 biodiesel fuel
以动植物油脂为原料，用甲醇或乙醇在催化剂作用下经脂交换制成的柴油。

14.184 能源植物 energy plant
经专门种植，含糖类(碳氢化合物)较高，用于提供能源原料的草本和木本植物。

14.185 生物质发电 biomass power generation
利用生物质资源进行的发电。一般分直接燃烧发电技术和气化发电技术。

14.186 沼气 biogas
有机物质在一定温度、湿度、酸碱度和厌氧条件下，经各种微生物发酵及分解作用而产生的一种以甲烷为主要成分的混合可燃气体。

14.187 沼气池 biogas digester
用于制取沼气的厌氧消化装置。

14.188 沼气厌氧发酵 biogas anaerobic fermentation
又称“沼气厌氧消化”。在无氧条件下，微生物分解有机物并产生沼气的过程。

14.189 沼气工程 biogas engineering

以规模化厌氧消化为主要技术，集污水处理、沼气生产、资源化利用为一体的系统工程。

14.190 沼气供应系统 biogas supply system

沼气的净化、存储、输配和利用的系统工程。

14.191 沼气脱硫 biogas desulphurizing

采用物理化学方法或生物方法脱除沼气中硫化氢气体的过程。

14.192 沼气脱水 biogas dewatering

分离沼气中水蒸气的过程。

14.193 气化效率 gasification efficiency

又称"冷气体热效率"。单位生物质燃料转换成气体燃料的化学能(热值)与生物质原料的热值之比。是衡量气化过程的主要指标。气化效率 = [冷气体热值(kJ/m^3)×干冷气体产率(m^3/kg)]/干原料热值(kJ/kg)。

14.194 沼气发电 biogas power generation

用燃气发动机或燃料发动机以沼气作为燃料产生动力来驱动发电机产生电能。

14.195 垃圾发电 municipal solid waste power generation

通过特殊的焚烧锅炉燃烧城市固体垃圾，再通过蒸汽轮机发电机组发电。

14.196 生物液体燃料 biology liquid fuel

利用生物质资源生产的甲醇、乙醇和生物柴油等液体燃料。

14.197 海洋能 ocean energy

蕴藏在海洋中的可再生能源。包括潮汐能、波浪能、海流及潮流能、海洋温差能和海洋盐度差能。

14.198 潮汐能 tidal energy

从海水面昼夜间的涨落中获得的能量。

14.199 潮汐发电 tidal power generation

利用潮差和潮流量发电。如建筑拦潮坝，利用潮水涨落的水能推动水轮发电机组发电。

14.200 波浪能 wave energy

波浪运动所产生的能量(包括动能和势能)。

14.201 波浪发电 wave power generation

利用波浪能发电。一般有空气活塞式波浪发电、点头鸭式波浪发电、沿岸固定式波浪发电和沉钟式波浪发电等方式。

14.202 海洋温差 ocean temperature difference

海洋表层海水温度与深层海水温度之间存在的温度差。

14.203 海洋温差发电 ocean thermal power generation

利用海水表层及深层间的温度差进行发电。

14.204 氢能发电 hydrogen power generation

用氢作载能体产生电力。

14.205 氢化物电池 hydride battery

用高容量的金属氢化物储氢材料作为镍氢电池的阳极，使之连续供氢，制成可充式的镍氢电池。

14.206 氢氧燃料电池 hydrogen oxygen fuel cell

将氢和氧经过电化学反应转变成电能的装置。

14.207 燃料电池 fuel cell

将燃料具有的化学能直接变为电能的发电装置。

14.208 磁流体发电 magnetohydrodynamic power generation

又称"等离子体发电"。将极高温度并高度电离的气体高速流经强磁场直接发电。

15. 变　电

15.001　变电站　substation
又称“变电所”。电力系统的一部分，其功能是变换电压等级、汇集配送电能，主要包括变压器、母线、线路开关设备、建筑物及电力系统安全和控制所需的设施。

15.002　枢纽变电站　key substation
汇集多个电源和联络线或连接不同电力系统的重要变电站，是电力系统中的枢纽点。

15.003　区域变电站　regional substation
向数个地区或大城市供电的变电站。

15.004　地区变电站　district substation
向一个地区或大、中城市供电的变电站。

15.005　终端变电站　terminal substation
处于电力网末端、包括分支线末端的变电站。

15.006　用户变电站　consumer substation
向工矿企业，交通、邮电部门，医疗机构和大型建筑物等较大负荷或特殊负荷供电的变电站。

15.007　地下变电站　underground substation
将主变压器、高压配电装置和主控制室等主要设施布置在地下的变电站。

15.008　有人值班变电站　manned substation
有运行操作人员的变电站。

15.009　无人值班变电站　unmanned substation
没有运行操作人员的变电站。

15.010　遥控变电站　remote control substation
用遥控装置控制的无人值班变电站。

15.011　主控变电站　master substation
可以控制遥控变电站的有人值班变电站。

15.012　子变电站　satellite substation
一种由主控变电站控制的遥控变电站。

15.013　牵引变电站　traction substation
主要向牵引系统供电的变电站。

15.014　敞开式变电站　open-type substation
相对地绝缘及相间绝缘主要靠大气压下的空气间隙，而且某些带电部分未加封闭的变电站。可分为户内式和户外式。

15.015　气体绝缘金属封闭变电站　gas insulated metal enclosed substation
全部采用气体绝缘金属封闭开关设备的变电站。

15.016　户内变电站　indoor substation
为了避免室外气象条件的影响，将设备安装在建筑物内的变电站。

15.017　户外变电站　outdoor substation
设计和安装时考虑了能承受室外气象条件影响的变电站。

15.018　升压变电站　step-up substation
变压器输出电压高于输入电压的变电站。

15.019　降压变电站　step-down substation
变压器输出电压低于输入电压的变电站。

15.020　开关站　switching substation
有开关设备，通常还包括母线，但没有电力变压器的变电站。

15.021　变电站总布置　layout of substation
变电站内各级电压的配电装置之间以及各建筑物、构筑物之间的空间位置关系。

15.022　联相布置　associated phase layout

变电站内同一回路的三相导体并排布置。

15.023　分相布置　separated phase layout
变电站内不同回路的同相导体并排布置。

15.024　混相布置　mixed phase layout
变电站内母线按分相布置，但分支回路按联相布置。

15.025　高型布置　high-profile layout
变电站内母线分上下两层重叠布置。

15.026　半高型布置　semi-high profile layout
母线架设在电气设备上方，母线隔离开关与其他电气设备双层布置。

15.027　中型布置　medium-profile layout
所有电气设备都安装在地面设备支架或较高基础上。

15.028　变电站构架　substation structure
用于悬挂导体、支撑导体或开关设备及其他电气设备的刚性构架组合。

15.029　单母线接线　single-bus configuration
线路和变压器连接到仅有一组母线上的电气主接线。

15.030　单母线分段接线　sectionalized single-bus configuration
以分段断路器将单母线分成两段，将线路和变压器分别连接到两段母线上的电气主接线。

15.031　单母线分段带旁路接线　sectionalized single-bus with transfer bus configuration
由一组分段的主母线和一组旁路母线组成的电气主接线。

15.032　双母线接线　double-bus configuration
线路和变压器通过选择开关可连接到两组母线的电气主接线。

15.033　双母线分段接线　sectionalized double-bus configuration
在双母线接线中的一组母线或两组母线上设置分段断路器的电气主接线。

15.034　双母线带旁路接线　double-bus with transfer bus configuration
线路和变压器通过选择开关可连接到两组母线和一组旁路母线的电气主接线。

15.035　双母线分段带旁路接线　sectionalized double-bus with transfer configuration
在双母线分段接线中增加一组旁路母线的电气主接线。

15.036　桥形接线　bridge-scheme configuration
由一台断路器和两组隔离开关组成连接桥，将两回路变压器-线路组横向连接起来的电气主接线。连接桥连接在变压器-线路组的断路器和变压器之间称“内桥接线”。连接桥连接在变压器-线路组的断路器和线路之间称“外桥接线”。

15.037　一个半断路器接线　one-and-a-half breaker configuration
又称“二分之三断路器接线”。对双回路而言，三台断路器串联跨接在两组母线之间，且两个回路分别连接到中间断路器两端的双母线接线。

15.038　双断路器接线　two-breaker configuration
选择开关是断路器的双母线变电站。

15.039　三分之四断路器接线　4/3 breaker configuration
三个引出回路通过四台串联断路器分别接到两组主母线上的电气主接线。

15.040　环形母线变电站　ring substation
用单母线构成闭合回路，在闭合回路内仅串联若干台隔离开关的变电站。

15.041　多角形母线变电站　mesh substation
用单母线构成闭合回路，在闭合回路内串联若干台断路器的变电站。

15.042　三母线变电站　triple-busbar substation
线路和变压器通过选择开关可连接到三组母线的变电站。

15.043　母线　busbar
可以连接多个电气回路的低阻抗导体。

15.044　母线排　busbars
变电站内将几个回路构成公共连接所必需的母线组。如三相系统中的三组母线。

15.045　工作母线　main busbar
双母线或三母线变电站中正常情况下运行的任意一组母线。

15.046　备用母线　reserve busbar
双母线或三母线变电站中非正常情况下运行的任意一组母线。一般不如工作母线完善。

15.047　旁路母线　transfer busbar
能与任何回路独立连接的一种备用母线。其回路间隔设备(断路器、互感器)适用任何回路，此回路的控制由另一专用间隔确保。

15.048　有载分段母线　on-load switchable busbar
包括一个用于连接或断开母线段的串接开关(或断路器)的一种母线。

15.049　无载分段母线　non-load switchable busbar
包括一个或多个用于无载连接的，或断开该母线两段的串接隔离开关的一种母线。

15.050　母线段　busbar section
在两个开关设备(或隔离开关)之间串接或开关设备与母线端部之间的部分母线。

15.051　硬母线　rigid busbar
由金属管或金属型材组成并用支柱绝缘子支撑的母线。母线可以是自支持的桥形结构。

15.052　软母线　flexible busbar
由柔性导体组成的母线。

15.053　封闭母线　metal enclosed busbar
用金属外壳将导体连同绝缘等封闭起来的母线。

15.054　[变电站]间隔　bay [in a substation]
变电站的一部分，其中装有与所包含的指定回路相关的开关设备和控制装置等。按回路类型，变电站可包含馈线间隔、变压器间隔和母联间隔等。

15.055　馈线间隔　feeder bay
变电站内馈线用的或连接发电机、变压器或另一变电站的间隔。

15.056　出线馈线　outgoing feeder
变电站内通常用于向电力系统供电的馈线。

15.057　进线馈线　incoming feeder
变电站内通常用于从电力系统受电的馈线。

15.058　相间净距　phase-to-phase clearance
考虑了各种运行情况下的两个邻相带电部分之间的最小距离。

15.059　相对地净距　phase-to-earth clearance
带电部分与地电位的所有构架之间的最小距离。

15.060　作业净距　working clearance
正常暴露的带电部分与变电站内作业人员之间应保持的最小安全距离。

15.061　[变电站]电缆槽道　cable trough [in a substation]

变电站内敷设二次电缆、辅助电缆的通道。

15.062　[变电站]电缆管道　cable duct [in a substation]
变电站内敷设在地下的导管。从管内可以穿过二次电缆、辅助电缆和控制电缆。

15.063　电缆隧道　cable tunnel
用于容纳大量敷设在电缆支架上的电缆的走廊或隧道式构筑物。

15.064　电缆架　cable rack
放置电缆的支架。电缆通常并排布置在支架上。

15.065　电缆托架　cable tray
由工厂制造，在现场组装的敷设电缆用的金属桥架。

15.066　泄油池　oil leakage sump
容纳变压器或其他充油设备所漏油的油池。

15.067　防火墙　fire protection wall
变电站内，在两台充油设备间所建立的防止火焰从一台设备蔓延至另一台设备的隔墙。

15.068　接地回路连接器　earth circuit connector
将变电站接地系统各部分连接在一起的装置。该装置有时还包括工作接地用的端子。

15.069　变电站控制室　substation control room
设置有所需的监视和控制设备的变电站的监测控制中枢，是变电站与调度中心的联系纽带。

15.070　变电站继电保护室　substation relay room
集中设置有保护和自动化设备的房间。

15.071　变电站继电保护小室　substation relay building
靠近间隔开关设备和控制设备的小室或配电箱。其中设置有与该间隔相关的保护装置和自动化装置。

15.072　变电站自动化系统　substation automation system
通过计算机网络和现代通信技术实现变电站运行管理自动化的系统。

15.073　电力变压器　power transformer
通过电磁感应将一个系统的交流电压和电流转换为另一个系统的电压和电流的电力设备。由铁心和套于其上的两个或多个绕组组成。

15.074　主变压器　main transformer
在变电站正常运行条件下承担变电功能的变压器。

15.075　备用变压器　standby transformer
在变电站异常运行条件下或主变压器因故退出运行时承担变电功能的变压器。

15.076　厂用变压器　auxiliary transformer
为发电厂的辅助设备供电的变压器。而为变电站的辅助设备供电的变压器称“站用变压器”。

15.077　联络变压器　system interconnection transformer
在发电厂升压变电站中连接有交换功率的两种电压等级母线的变压器。

15.078　升压变压器　step-up transformer
在变电站中输出电压高于输入电压的变压器。

15.079　降压变压器　step-down transformer
在变电站中输出电压低于输入电压的变压器。

15.080　油浸式变压器　oil immersed transformer
铁心和绕组浸在绝缘液体中的变压器。

15.081 干式变压器 dry type transformer
铁心和绕组不浸在绝缘液体中的变压器。

15.082 密封式变压器 sealed transformer
一种能避免变压器内部物质与外部大气之间相互交换的非呼吸式变压器。

15.083 六氟化硫绝缘变压器 SF_6 gas insulated transformer
充以六氟化硫气体的密封型干式变压器。

15.084 单相变压器 single phase transformer
一次绕组和二次绕组均为单相绕组的变压器。

15.085 三相变压器 three phase transformer
一次绕组和二次绕组均为三相绕组的变压器。

15.086 独立绕组变压器 separate winding transformer
所有绕组均无公共部分的变压器。

15.087 双绕组变压器 two winding transformer
具有两个独立绕组的变压器。

15.088 三绕组变压器 three winding transformer
具有三个独立绕组的变压器。

15.089 自耦变压器 autotransformer
至少有两个绕组具有公共部分的变压器。

15.090 增压变压器 booster transformer
具有一个能改变线路电压和(或)相位的串联绕组以及一个励磁绕组的变压器。

15.091 接地变压器 three phase earthing transformer
一种接到无中性点的系统，以对该系统提供一个人工的中性点的三相变压器，还可附带地对局部的辅助电网供电。

15.092 有载调压变压器 transformer on-load voltage regulating
可以在带负荷的条件下调节变比的变压器。

15.093 壳式变压器 shell type transformer
由叠片组构成的铁心和磁轭围绕着绕组(一般情况下包围着绕组的大部分)的一种变压器。

15.094 芯式变压器 core type transformer
由柱状铁心构成的变压器。

15.095 户内变压器 indoor type transformer
安装在建筑物内，不受外部气候条件影响的变压器。

15.096 户外变压器 outdoor type transformer
能耐受户外气候条件的变压器。

15.097 移动变压器 movable type transformer
安装在车上或船舶上，可灵活、方便地移动到需要地方使用的变压器。

15.098 柱上变压器 pole-mounted transformer
安装在电杆上的户外式配电变压器。

15.099 绕组 winding
构成与变压器(电抗器)标注的某一电压值相应的电气线路的线匝组合。

15.100 高压绕组 high voltage winding
具有最高额定电压值的绕组。

15.101 低压绕组 low voltage winding
具有最低额定电压值的绕组。

15.102 中压绕组 intermediate-voltage winding
其额定电压值在最高额定电压值与最低额定电压值之间的多绕组变压器中的一个绕组。

15.103 附加绕组 auxiliary winding
只承担比变压器额定容量小得多的负载的变压器的一个绕组。

15.104　稳定绕组　stabilizing winding

专为在星形-星形或星形-曲折形联结绕组的变压器中减少星形联结绕组的零序阻抗的一种辅助的采取三角形联结的绕组。只在该绕组不是做成与外部线路相连的三相接线时才认为它是稳定绕组。

15.105　串联绕组　series winding

对于自耦变压器，是指与线路串联连接的绕组部分；对于增压变压器，则指与线路串联连接的绕组。

15.106　[变压器]励磁绕组　energizing winding

增压变压器中向串联绕组供给电能的绕组。

15.107　初级绕组　primary winding

在运行条件下，从电源处接受电能的绕组。

15.108　次级绕组　secondary winding

向负载线路供给电能的绕组。

15.109　公共绕组　common winding

自耦变压器绕组的公共部分。

15.110　相绕组　phase winding

构成多相绕组的一个相的线匝组件。

15.111　全绝缘绕组　uniform insulated winding

所有与端子相连接的出线端都具有相同的额定绝缘水平的绕组。

15.112　分级绝缘绕组　non-uniform insulated winding

具有直接或间接接地端，其接地端或中性点端的绝缘水平低于出线端的绕组。

15.113　变压器冷却　transformer cooling

通过冷却介质把电力变压器运行中产生的热量散发出去，使各指定部位的温升不超过规定限值的措施。

15.114　自冷　natural cooling

变压器运行时产生的热量靠周围冷却介质的自然循环散发掉。

15.115　风冷　forced air cooling

变压器运行时产生的热量靠吹风装置来散发掉。

15.116　强迫油循环水冷　forced oil water cooling

用变压器油泵强迫油循环，使油流经水冷却器进行散热的冷却方式。

15.117　强迫油循环风冷　forced oil and air cooling

用变压器油泵强迫油循环，使油流经风冷却器进行散热的冷却方式。

15.118　强迫油循环导向冷却　directed forced oil cooling

以强迫油循环的方式，使冷油沿指定路径通过绕组内部以提高散热效率的冷却方式。

15.119　强迫油循环导向水冷却　directed forced oil water cooling

以强迫油循环的方式，使冷油沿指定路径通过绕组内部以提高散热效率，并以水冷却器进行散热的冷却方式。

15.120　分接　tapping，tap

为改变电压比而在线圈上引出的抽头。

15.121　主分接　principal tapping

又称“额定分接”。与额定参数相对应的分接。

15.122　变比　transformation ratio

变压器初级绕组和次级绕组上的电压之比值。

15.123　变压器额定电压比　rated voltage ratio

一个绕组的额定电压对另一个绕组的额定电压之比。

15.124 阻抗电压 impedance voltage [at rated current]

双绕组变压器中一个绕组短路，以额定频率的电压施加于另一个绕组上，并使其中流过额定电流时的施加电压值。对多绕组变压器，除试验的一对绕组外，其余绕组开路，并使其中流过与该对绕组中的额定容量较小的绕组相对应的额定电流时的施加电压值。各对绕组的阻抗电压是指相应的参考温度下的数值且用施加电压绕组的额定电压值的百分数来表示。

15.125 [变压器]额定容量 rated capacity

绕组的视在功率。和绕组的额定电压一起决定额定电流值。

15.126 空载损耗 no-load loss

当以额定频率的额定电压施加于一个绕组的端子上，其余绕组开路时，变压器所吸取的有功功率。

15.127 空载电流 no-load current

当以额定频率的额定电压施加于一个绕组的端子上，其余绕组开路时，流过线路端子的电流。通常用该绕组额定电流的百分数表示。

15.128 负载损耗 load loss [for the princepal tapping]

对双绕组变压器，带分接的绕组接在主分接位置下，当额定电流流过一个绕组且另一个绕组短路时，变压器在额定频率下所吸取的有功功率。对多绕组变压器，除被试的一对绕组外，其余绕组开路。负载损耗值通常是指相应参考温度下的数值。

15.129 附加损耗 supplementary load loss

从负载损耗中减去 $I^2 R$ 损耗(折算到相应的参考温度)后所得到的那部分损耗值。I 为绕组电流有效值，R 为折算到相应温度的绕组直流电阻。

15.130 总损耗 total losses

空载损耗和负载损耗之和。对于多绕组变压器，是指指定的负载组合。辅助设备中的损耗不包括在总损耗内，它应另外单独列出。

15.131 温升 temperature rise

变压器中某一部位的温度与冷却介质温度之差。对于空气冷却式，系指周围空气的温度；对于水冷却方式，则指冷却设备入口处的水温。

15.132 星形联结 star connection

多相(一般为三相)变压器每个相绕组的一端或组成多相(一般为三相)组的单相变压器具有同一额定电压绕组的一端接到一个公共点(中性点)，另一端接到相应的线路端子。

15.133 三角形联结 delta connection

三相变压器的三个相绕组，或者组成三相组的三台单相变压器的三个具有同一额定电压的绕组相互串联，形成一个闭合的回路。

15.134 开口三角形联结 open delta connection

三相变压器的三个相绕组，或组成三相组的三台单相变压器的三个具有同一额定电压的绕组，相互串联，但三角形的一个角不闭合。

15.135 斯柯特联结 Scott connection

两台单相变压器的绕组进行 T 形联结的一种方法。以使三相电压变为两相电压或两相电压变为三相电压。

15.136 变压器相位移 phase difference for a transformer

当正序电压系统施加于按字母或数字顺序标志的高压端子时，中性点(真实的或假想的)与低压(中压)绕组线路端子的电压相量对该中性点与高压绕组对应线路端子间的电压相量的角度差。相量均假定为逆时针方向旋转。

15.137 变压器联结组别 connection of transformer winding

又称“联结组标号”。用一组字母和时序数指示高压、中压(如果有)及低压绕组的联结方式，且表示中压、低压绕组对高压绕组相位移关系的通用符号。

15.138 变压器调压装置 voltage regulator of transformer

又称“变压器分接开关”。控制变压器输出电压在指定范围内变动的调节组件。利用分接开关对变压器绕组的分接头逐级切换来改变其变比来实现调压。

15.139 有载分接开关 on-load tap-changer

一种适合在变压器励磁或负载下进行操作的、用来改变变压器绕组分接连接位置的调压装置。

15.140 无励磁分接开关 off-circuit tap-changer

只能在变压器无励磁下改变变压器绕组分接连接位置的调压装置。

15.141 分接选择器 tap selector

按能够承载电流但不能接通和开断电流的技术要求设计的一种装置。与切换开关配合使用。

15.142 切换开关 diverter switch

与分接选择器配合使用，以承载、通断电路中电流的一种装置。

15.143 选择开关 selector switch

又称“复合开关”。把分接选择器和切换开关的功能结合在一起，能承载、通断电流的一种开关装置。

15.144 转换选择器 change-over selector

按承载电流但不按接通或开断电流设计的一种装置。它与分接选择器或选择开关配合使用。当从一个极限位置到另一个极限位置时，能使分接选择器或选择开关的触头和接于其上的分接头不止一次地被使用。

15.145 套管 bushing

用于带电导体穿过或引入与其电位不同的墙壁或电气设备的金属外壳，起绝缘和支持作用的一种绝缘装置。

15.146 瓷套管 porcelain bushing

使用陶瓷作绝缘的单一绝缘材料套管。

15.147 油浸纸套管 oil impregnated paper bushing

以绝缘油浸渍纸作绝缘的复合绝缘材料套管。

15.148 电容型套管 condenser bushing

以油纸、胶纸为主要绝缘，并以电容均压极板来均匀径向和轴向电场分布的复合绝缘材料套管。

15.149 油气套管 oil-SF_6 immersed bushing

一端浸入于六氟化硫(SF_6)气体，另一端浸入于绝缘油介质中，将 SF_6 气体绝缘封闭式组合电器的高压带电导体连接至油绝缘变压器高压引线的一种套管。

15.150 电抗器 reactor

电力系统中用于限制短路电流、无功补偿和移相等的电感性高压电器。按其绕组内有无主铁心分为铁心式电抗器和空心式电抗器。

15.151 串联电抗器 series reactor

串联在电网中用于限制故障电流或在并联电路中用于负载分配的电抗器。

15.152 并联电抗器 shunt reactor

并联连接在电网中，用于补偿电容电流的电抗器。

15.153 消弧电抗器 arc suppression reactor

又称“消弧线圈”。接在不接地系统的中性

点与地之间的单相电抗器。用于补偿单相接地故障时的对地电容工频电流。

15.154 三相中性点电抗器 three phase neutral reactor

一种接到无中性点系统，以对该系统提供一个人工中性点的三相电抗器。

15.155 滤波电抗器 filter reactor

与高压并联电容器组串联用于抑制电网波形畸变的电抗器。

15.156 油浸式电抗器 oil immersed reactor

绕组和铁心(如果有)均浸渍于绝缘油中的电抗器。

15.157 干式电抗器 dry type reactor

绕组和铁心(如果有)不浸于绝缘液体中的电抗器。

15.158 密封式电抗器 sealed reactor

一种能避免电抗器内部物质和外部大气之间相互交换的一种非呼吸式电抗器。

15.159 自饱和并联电抗器 saturated shunt reactor

利用铁磁材料的饱和特性，自动调节其无功补偿功率的并联电抗器。

15.160 可控饱和并联电抗器 controllable saturated shunt reactor

可以通过改变并联电抗器控制绕组中的直流电流来控制铁心饱和程度的并联电抗器。

15.161 电容器 capacitor，condenser

由两片接近并相互绝缘的导体制成的电极组成的储存电荷和电能的器件。

15.162 电力电容器 power capacitor

用于电力网中的电容器。

15.163 电力电子电容器 power electronic capacitor

用于电力电子设备中，能在非正弦电流或电压下连续运行的电力电容器。

15.164 纸介[质]电容器 paper capacitor

以经过浸渍的纸作介质的电容器。

15.165 金属箔电容器 metal foil capacitor

以金属箔为电极的电容器。

15.166 金属化电容器 metalized capacitor

以介质上的金属沉积物作为电极的电容器。

15.167 并联电容器 shunt capacitor

并联连接于电力网中，用来补偿感性无功功率以改善功率因数的电容器。

15.168 并联电容补偿装置 shunt capacitive compensator

并联电容器组与其投切开关、控制、保护装置等配套设备组装成一体的无功补偿装置。

15.169 静止无功补偿装置 static var compensator，SVC

由电容器、各种电抗元件及晶闸管等构成，与系统并联并向系统供应或从系统吸收无功功率的装置。其输出或吸收的无功功率可以通过晶闸管快速改变以达到维持或控制电力系统某些参数的目的。

15.170 晶闸管投切电容器 thyristor switched capacitor，TSC

由电容器及晶闸管等构成，与系统并联并向系统供应无功功率的静止无功补偿装置。通过晶闸管的开通或关断使其等效容抗成级差式变化。

15.171 晶闸管控制电抗器 thyristor controlled reactor，TCR

由电抗器及晶闸管等构成，与系统并联并从系统吸收无功功率的静止无功装置。通过控制晶闸管阀的导通角使其等效感抗连续变化。

15.172 晶闸管控制变压器 thyristor controlled transformer，TCT

由变压器及晶闸管等构成，与系统并联并从系统吸收无功功率的静止无功补偿装置。通过对安装在变压器二次侧晶闸管导通角的控制，使其等效电抗可以连续变化。

15.173 静止同步补偿装置 static synchronous compensation，STATCOM

由并联接入系统的电压源换流器构成，能够发出或吸收无功功率的静止型同步无功电源。可以不受系统连接点电压的影响，通过改变其输出可以对电力系统的某些参数(如电压)进行控制。

15.174 同步调相机 synchronous condenser

在无动力也无机械负载下运行的、能提供或吸收无功功率的同步电机。

15.175 滤波器 filter

减少或消除谐波对电力系统影响的电气部件。

15.176 无源滤波器 passive filter

由电容器、电抗器和电阻器适当组合而成，并兼有无功补偿和调压功能的滤波器。

15.177 有源滤波器 active power filter，APF

利用可关断电力电子器件，产生与负荷电流中谐波分量大小相等、相位相反的电流来抵消谐波的滤波装置。

15.178 串联电容补偿装置 series capacitive compensator，SC

串联在输配电线路中，由电容器及其保护、控制等设备组成用于补偿线路感抗的装置。

15.179 可控串联补偿装置 thyristor controlled series compensator，TCSC

简称“可控串补”。在输电线路串联补偿电容器两端并联上由晶闸管控制的电抗器及其保护控制等设备组成的装置。可以在相当广的范围内快速平滑地调节串联的电抗值。主要用于提高系统输送能力、改善系统电压和无功平衡条件、阻尼低频振荡与抑制次同步谐振等。

15.180 静止移相器 static phase shifter

又称“晶闸管控相角调节器”。利用电力电子器件，通过改变输电线路电压的相位角来控制线路有功功率潮流的装置。

15.181 相间功率控制器 interphase power controller，IPC

利用不同相位的电源，分别经过串联电感和电容器组向输电线受端供电的有功功率控制装置。将一端(如送端)的某相与另一端(如受端)的其他两相通过电感或电容相连，从而产生相位移以控制线路的有功功率。

15.182 统一潮流控制器 unified power flow controller，UPFC

由两套共用直流电容器组的电压源换流器分别以并联和串联的方式接入输电系统，可以同时调节线路阻抗、控制电压的幅值和相角的装置。

15.183 断路器 circuit-breaker

能够关合、承载和开断正常回路条件下的电流，并能关合、在规定的时间内承载和开断异常回路条件(包括短路条件)下的电流的开关装置。

15.184 变压器断路器 transformer circuit-breaker

变电站内变压器各侧的断路器之一。通常，其电压水平与变压器对应侧电压水平相同。

15.185 馈线断路器 feeder circuit-breaker

装在变电站馈线间隔内，并通过它给馈线供电的断路器。

15.186 母联断路器 bus tie circuit-breaker

变电站中，位于两组母线之间连接两组母线的断路器。在多于两组母线的情况下，母联断路器可与选择开关联合使用。

15.187 母线转换断路器 switched busbar circuit-breaker
变电站中，串联在一组母线中并且在两个母线段之间的断路器。

15.188 分段断路器 section circuit-breaker
连接两段母线的断路器。可将两段母线分段运行，也可实现单母线运行。

15.189 联络断路器 network interconnecting circuit-breaker
联结两个不同电力系统，或联结发电厂与电力系统之间的断路器。该断路器在分闸位置时，其两端电压相位可能出现不同期现象。

15.190 柱上断路器 pole-mounted circuit-breaker
在电杆上安装和操作的断路器。

15.191 外壳带电断路器 live tank circuit-breaker
灭弧室在一个与大地绝缘的箱壳中的断路器。

15.192 落地罐式断路器 dead tank circuit-breaker
灭弧室处在一个接地金属箱中的断路器。

15.193 真空断路器 vacuum circuit-breaker
触头在高真空的泡内分合的断路器。

15.194 空气断路器 air circuit-breaker
触头在大气压力下的空气中分合的断路器。

15.195 压缩空气断路器 air-blast circuit-breaker
触头在压缩空气中关合、开断的断路器。

15.196 六氟化硫断路器 sulfur hexafluoride circuit-breaker，SF_6 circuit-breaker
又称“SF_6 断路器”。触头在六氟化硫气体中分合的断路器。

15.197 ［固体］产气断路器 gas evolving circuit-breaker
在电弧作用下，由固体产气材料产生的气体作为灭弧介质的断路器。

15.198 油断路器 oil circuit-breaker
触头在油中分合的断路器。

15.199 少油断路器 low oil circuit-breaker
仅在触头间的绝缘和灭弧介质用油，而对地绝缘采用固体绝缘件的油断路器。

15.200 多油断路器 bulk oil circuit-breaker
灭弧介质与对地、相间绝缘都用油的落地罐式油断路器。

15.201 磁吹断路器 magnetic blow-out circuit-breaker
在空气中主要由磁场使电弧运动而促使灭弧的断路器。

15.202 自脱扣断路器 self-tripping circuit-breaker
由主回路中的电流而不借助任何形式的辅助电源脱扣的断路器。

15.203 隔离开关 disconnector，isolating switch
在分闸位置能够按照规定的要求提供电气隔离断口的机械开关装置。

15.204 单极隔离开关 single pole disconnector
按单极配置的隔离开关。用于线路电压互感器、结合滤波器及变压器中性点接地设备上。

15.205 三极隔离开关 three pole disconnector
按三极配置用于三相交流系统的隔离开

关。既可以是共基础共操动机构，也可以由三个基础三个操动机构组成。

15.206 单柱式隔离开关 single-column disconnector

每极的静触头悬挂于母线或独立的支座上，其动触头都用单独的底座或框架支撑，其断口方向与底座平面垂直的隔离开关。

15.207 双柱式隔离开关 double-column disconnector

每极有两个可转动的触头，分别安装在单独的瓷柱上，且在两支柱之间接触，其断口方向与底座平面平行的隔离开关。按不同的导电结构可分成水平旋转式和垂直伸缩式两种类型。

15.208 三柱式隔离开关 three-column disconnector

由三个垂直布置的绝缘支柱及其他部件组成的隔离开关。中间支柱的顶部安装水平导电臂，导电臂旋转形成两个相互串联的断口，其断口方向与底座平面平行，使回路在两处断开。

15.209 水平旋转式隔离开关 center rotating disconnector

分合闸时两边闸刀水平旋转形成隔离间隙的隔离开关。

15.210 双臂伸缩式隔离开关 pantograph disconnector

又称“剪刀式隔离开关”。只有一个绝缘支柱，双臂垂直伸缩单断口的隔离开关。

15.211 单臂伸缩式隔离开关 semi-pantograph disconnector

又称“半剪刀式隔离开关”。与双臂伸缩式隔离开关的区别在于其活动臂为非对称的偏折式结构，而其导电部分是一个固定在绝缘支柱顶上的偏折式可伸缩活动臂，沿垂直方向起落与悬挂于母线上的静触头合闸与分闸。

15.212 V 型隔离开关 V-type disconnector

由两个呈 V 形布置的绝缘支柱转动来完成合闸和分闸的隔离开关。

15.213 破冰式隔离开关 ice-breaking disconnector

具有较好破冰能力的隔离开关。

15.214 馈线隔离开关 feeder disconnector

安装在变电站的馈线间隔内，与某一馈线的一端串联，用于将馈线与系统隔离的开关。

15.215 母线段隔离开关 busbar section disconnector

串联在两母线段之间，用于将它们彼此隔离的开关。

15.216 柱上隔离开关 pole-mounted disconnector

在电杆上安装和操作的隔离开关。

15.217 接地开关 earthing switch, grounding switch

用于将回路接地的一种机械式开关装置。在异常条件(如短路)下，可在规定时间内承载规定的异常电流；但在正常回路条件下，不要求承载电流。

15.218 快速接地开关 high speed grounding switch

又称“人工接地刀闸”。具有关合短路电流能力的一种特殊用途的接地开关。当线路接地故障被切除后，由相邻运行线路供电形成故障线路的潜供电流，利用快速接地开关关合，可消除潜供电流，再快速开断接地开关，确保线路自动重合闸能成功。

15.219 母线接地开关 grounding switch for busbar

母线检修时，将母线接地用的隔离开关。主要用于 220 kV 及以上铝管母线和多分裂导线母线上。

15.220 负荷开关 load break switch，load switch

能在正常的导电回路条件或规定的过载条件下关合、承载和开断电流，也能在异常的导电回路条件(例如短路)下按规定的时间承载电流的开关设备。按照需要，也可具有关合短路电流的能力。

15.221 通用负荷开关 general purpose switch

能够进行配电系统中发生的包括不大于额定电流的所有关合、承载和开断操作的负荷开关。

15.222 专用负荷开关 limited purpose switch

只有通用负荷开关的一种或几种功能，而非全部功能的负荷开关。

15.223 负荷隔离开关 load-disconnector switch

具有关合、开断正常导电回路电流能力并在开断后形成明显断开点的组合开关设备。

15.224 自动配电开关 automatic distribution switch

安装在配电线路电杆上的一种配电开关设备。由柱上负荷开关及相应的控制器和操作电源构成，能关合故障短路电流和开断负荷电流。与自动重合的断路器配合，能自动切除故障线段，从而保证线路非故障区段继续供电。

15.225 自动重合器 automatic circuit recloser

能够按照预定的顺序，在导电回路中进行开断和重合操作，并在其后自动复位、分闸闭锁或合闸闭锁的自具(不需外加能源)控制保护功能的开关设备。

15.226 分段器 sectionalizer

一种能够自动判断线路故障和记忆线路故障电流开断的次数，并在达到整定的次数后，在无电压或无电流下自动分闸的开关设备。

15.227 高压开关[装置] high voltage switching device

额定电压为 1 kV 及以上主要用于开断和关合导电回路的电器。

15.228 高压开关设备和控制设备 high voltage switchgear and controlgear

高压开关装置及其相关的控制、测量、保护和调节设备的组合，以及与该组合有关的电气联结、辅件、外壳和支持构件组成的总装的总称。

15.229 户外开关设备和控制设备 outdoor switchgear and controlgear

适合于安装在露天，能够耐受风、雨、雪、淀积的尘埃、凝露、冰和白霜等作用的开关设备和控制设备。

15.230 户内开关设备和控制设备 indoor high switchgear and controlgear

设计仅安装在建筑物或其他遮蔽物内的开关设备和控制设备。

15.231 金属封闭开关设备和控制设备 metal enclosed switchgear and controlgear

又称“开关柜”。除外部连接外，全部装配完成并封闭在接地金属外壳内的开关设备和控制设备。

15.232 铠装式金属封闭开关设备和控制设备 metal clad switchgear and controlgear

主要组成部件(如每一台断路器、互感器、母线等)分别装在接地的用金属隔板隔开的隔室中的金属封闭开关设备和控制设备。

15.233 间隔式金属封闭开关设备和控制设

备 compartmented switchgear and controlgear
与铠装式金属封闭开关设备和控制设备一样，其某些元件也分别装于单独的隔室内，但具有一个或多个符合一定防护等级的非金属隔板。

15.234 箱式金属封闭开关设备和控制设备 cubicle switchgear and controlgear
除铠装式、间隔式金属封闭开关设备和控制设备以外的金属封闭开关设备和控制设备。

15.235 充气式金属封闭开关设备和控制设备 gas filled switchgear and controlgear
隔室具有某种压力系统来保持气体压力的金属封闭开关设备和控制设备。

15.236 绝缘封闭开关设备和控制设备 insulation enclosed switchgear and controlgear
除进出线外，其余完全被绝缘外壳封闭的开关设备。此绝缘外壳应不仅能防止内部带电体或运动部分触及设备人员造成伤害，还能使内部设备免受外部影响。

15.237 气体绝缘金属封闭开关设备 gas insulated metal enclosed switchgear and controlgear，GIS
又称“封闭式组合电器”。至少有一部分采用高于大气压的气体作为绝缘介质的金属封闭开关设备和控制设备。

15.238 混合式气体绝缘金属封闭开关设备 hybrid gas insulated metal enclosed switchgear，HGIS
由户外开关设备和气体绝缘金属封闭开关设备混合构成的开关设备。其中断路器及其相关的隔离开关等设备为气体绝缘金属封闭开关设备，母线等相关部分为户外开关设备。

15.239 气体电弧 gaseous arc
气体自持放电的一种形式。由阴极压降区、弧柱(电弧正柱)和阳极压降区组成。一般将电弧所处的压力为大气压数量级的称“高气压电弧”，小于大气压的称“低气压电弧”。

15.240 真空电弧 vacuum arc
真空间隙放电后主要依靠触头电极的金属蒸气维持燃弧的电弧。

15.241 扩散型真空电弧 diffused vacuum arc
弧柱在较小电流(数千安以下)下，呈现扩散形状，即从阴极斑点区射出蒸气及带电粒子流，向着阳极，在轴向和径向运动，形成从阴极向阳极逐渐加粗的锥形弧柱的真空电弧。

15.242 集聚型真空电弧 fully constricted vacuum arc
弧柱在大电流下，因电弧能量增大等原因使阳极表面严重发热，形成能量密集的阳极斑点的真空电弧。

15.243 电弧长度 arc length
电弧中心线的长度。

15.244 电弧电压 arc voltage
电弧两端间的电压降。

15.245 弧后电流 post arc current
电弧电流过零后，在瞬态恢复电压作用期间流经高压开关弧隙的电流。

15.246 畸变电流 distortion current
预期电流与电弧电流(即受电弧电压影响之后流经弧隙的实际电流)的数值和(或)波形之差。

15.247 截断电流 cut-off current，let through current
电流在自然零点前被截断突然降至零时截断点的电流。

15.248 电流零点 current zero
电流波上电流值为零的时刻。

15.249 [电弧]电流零区 [arc] current zero period
电弧电流零点前后的一段时间。通常指从电弧电压开始显著变化起到弧后电流过零瞬间的时间。

15.250 复燃 reignition
开关在开断过程中，在电流过零且熄弧后，在 1/4 工频周期以内触头间非剩余电流的电流重现。

15.251 重击穿 restrike
开关在开断过程中，在电流过零且熄弧后，在 1/4 工频周期及以上时间内触头间非剩余电流的电流重现。

15.252 [开关设备的]极 pole [of a switchgear]
仅与电气上分离的主回路导电路径之一相连的各开关部件，而不包括用来一起安装和操作所有极的那些部件。

15.253 主回路 main circuit
又称“*主电路*”。包含在传送电能的开关回路中的所有导电回路。

15.254 控制回路 control circuit
又称“*控制电路*”。控制开关合、分操作回路中的所有导电回路。

15.255 辅助回路 auxiliary circuit
又称“*辅助电路*”。除主回路和控制回路以外的所有导电回路。某些辅助回路用于附加功能，如信号、联锁等。因此，这些回路可能是其他开关的一部分。

15.256 电接触 electric contact
导体相互接触，可以使电流通过的状态。

15.257 固定电接触 stationary electric contact
在操作过程中，导体间无相对运动的电接触。

15.258 可动电接触 movable electric contact
在操作过程中，导体间有相对运动的电接触。

15.259 [单柱式隔离开关]接触区 contact zone [for single-column disconnector]
为使动触头与静触头正常接触而限定动、静触头相同位置的空间区域。

15.260 接触行程 contacting travel, overtravel
又称“*超行程*”。合闸操作中，开关触头接触后动触头继续运动的距离。对某些结构如对接式触头，为触头接触后产生闭合力的动触头部件继续运动的距离。

15.261 触头开距 clearance between open contacts
处于分位置的开关装置的一极的各触头间或任何与其相连接的导电部件间的总间距。

15.262 [触头的]行程 travel [of contacts]
在分、合操作中，开关动触头起始位置到任一位置的距离。

15.263 时间行程特性 time travel diagram
在分、合操作中，开关动触头的行程与时间的关系。

15.264 脱扣 tripping
释放保持装置以使开关分或合。

15.265 分励脱扣器 shunt release
又称“*并联脱扣器*”。由电压源激励的脱扣器。该电压源可与主回路电压无关。

15.266 灭弧管 arc-extinguishing tube
由产气材料制成主要用于灭弧的管形零件。

15.267　灭弧室　arc-extinguishing chamber, arc-control device

又称"灭弧装置"。围绕开关的触头，用于限制电弧空间位置并加速电弧熄灭的装置。

15.268　纵吹灭弧室　axial blast interrupter

灭弧介质的吹弧方向基本与电弧轴向平行的灭弧室。

15.269　横吹灭弧室　cross blast interrupter

灭弧介质的吹弧方向基本与电弧轴向垂直的灭弧室。

15.270　纵横吹灭弧室　mixed blast interrupter

灭弧介质的吹弧方向兼有纵吹与横吹的灭弧室。

15.271　自能灭弧室　self energy interrupter

主要利用电弧本身能量灭弧的灭弧室。

15.272　外能灭弧室　external energy interrupter

主要利用外加能量灭弧的灭弧室。

15.273　真空灭弧室　vacuum interrupter, vacuum arc-extinguishing tube

又称"真空灭弧管"。用真空做灭弧介质的灭弧室。

15.274　主触头　main contact

在合闸位置承载主回路电流的开关主回路中的触头。

15.275　静触头　fixed contact

操作中位置基本不变的触头。

15.276　动触头　moving contact

操作中作运动的触头。

15.277　弧触头　arcing contact

用于形成电弧的触头。应与主触头配合动作，使其先合和后开断，以保护主触头免受电弧的伤害。

15.278　控制触头　control contact

接在开关的控制回路中并由该开关用机械方式操作的触头。

15.279　控制开关　control switch

用于控制开关设备并控制设备操作(包括信号、电气联锁等)目的的开关。

15.280　开断触头　break contact, b-contact

又称"常闭触头"。当开关的主触头合闸时断开而主触头分闸时闭合的控制触头或辅助触头。

15.281　关合触头　make contact, a-contact

又称"常开触头"。当开关的主触头合闸时闭合而主触头分闸时断开的控制触头或辅助触头。

15.282　动力操动机构　dependent power operating mechanism

需要用人手力以外的其他能源(如电磁、电动机、弹簧、气压、液压等)使开关分、合的操动机构。其操作速度和力取决于动力源的特性及其供应的连续性。

15.283　电动机操动机构　motor operating mechanism

利用电动机经减速装置做能源的动力操动机构。

15.284　气动操动机构　air operating mechanism

将空气压缩为高压压缩空气做能源的动力操动机构。

15.285　液压操动机构　hydraulic operating mechanism

利用液压油作动力传递介质的操动机构。液压油的储能可利用压缩氮气蓄压，也可利用弹簧蓄压。

15.286　储能操动机构　stored energy operating mechanism

借助于开合操作前储存在机构自身中的且

足以完成预定条件下规定的操作循环的能量进行操作的机构。

15.287　人[手]力储能操动机构　independent-manual operating mechanism
能源来自人手力，能量在一次连续操作中储存和快速释放，操作速度和力不取决于操作者的储能操动机构。

15.288　人[手]力操动机构　dependent manual operating mechanism
仅用人手力就可直接使开关分、合，开关的运动速度取决于操作者的动力的操动机构。

15.289　关合　making
又称“接通”。用于建立回路通电状态的合操作。

15.290　关合时间　make time
从接到合闸指令瞬间起到任意一极中首先通过电流瞬间的时间间隔。包括开关合闸所必需的并与开关组成一整体的任何辅助设备的动作时间。对装有合闸电阻的断路器，需把通过合闸电阻首先建立电流瞬间前的关合时间和建立全电流瞬间前的关合时间两者之间加以区别。

15.291　[峰值]关合电流　[peak] making current
关合操作时，端子流过短路电流或故障电流的瞬态过程中，断路器一极中电流的第一个大半波的峰值。

15.292　开断　breaking
又称“分断”。在通电状态下，用于回路的分操作。

15.293　开断时间　break time
机械开关装置分闸时间起始时刻到燃弧时间终了时刻的时间间隔。

15.294　开断电流　breaking current
开断操作时，电弧起始瞬间流过开关的电流。

15.295　关合-开断时间　make-break time
关合时，从某极首先通过电流瞬间起到随后的开断时各极均熄弧瞬间的时间间隔。除非另有说明，即认为断路器分闸脱扣器是在关合时主回路开始通过电流后半周波通电。关合-开断时间可以由于预击穿时间的变化而不同。

15.296　合闸　closing
开关从分位置转换到合位置。

15.297　合闸位置　closed position
保证开关装置主回路的预定连续性(通电)的位置。

15.298　合闸时间　closing time
从接到合闸指令瞬间起到所有极触头都接触瞬间的时间间隔。

15.299　合闸速度　closing speed
开关合闸过程中，动触头的运动速度。

15.300　分闸　opening
开关从合位置转换到分位置。

15.301　分闸位置　opening position
保证开关装置主回路中分闸的触头间具有预定电气间隙的位置。

15.302　分闸时间　opening time
从接到分闸指令瞬间起到所有极触头都分离瞬间的时间间隔。

15.303　分闸速度　opening speed
开关分闸过程中，动触头的运动速度。

15.304　合-分时间　close-open time
又称“金属短接时间”。合闸操作中第一极触头接触瞬间起到随后的分闸操作中所有极中弧触头都分离瞬间的时间间隔。

15.305　合-分操作　close-open operation
开关合后，无任何有意延时就立即进行分

的操作。

15.306 分-合时间 open-close time
重合操作时，从所有极的弧触头都分离瞬间起到首合极弧触头重新接触瞬间的时间间隔。

15.307 自动重合闸 auto-reclosing
断路器分后经预定时间自动再次合的操作。

15.308 重合时间 reclosing time
重合闸循环过程中，分闸时间的起始时刻到所有各极触头都接触时刻的时间间隔。

15.309 无电流时间 dead time
断路器分闸操作中各极的电弧熄弧时刻到随后重新合闸操作中任一极首先重新出现电流时刻的时间间隔。无电流时间可能随预击穿时间和燃弧时间的变化而不同。

15.310 操作循环 operating cycle，cycle of operation
从一个位置转换到另一个位置再返回到初始位置的连续操作。如有多位置，则需通过所有的其他位置。

15.311 操作顺序 operating sequence
具有规定时间间隔和顺序的一连串操作。

15.312 防跳跃装置 anti-pumping device
在合-分操作后，只要其启动合闸的装置保持在供合闸的位置就能防止重合闸的装置。

15.313 隔离断口 isolating distance
符合对隔离开关所规定的安全要求的断开的触头间的电气间隙。

15.314 密度继电器 density monitor
又称“带有温度补偿的压力继电器”。一种监视密封容器漏气的继电器。

15.315 断路器断口并联电容 grading capacitor between open contacts of circuit-breaker
并联于断路器断口的各个断口上的电容器。

15.316 断路器合闸电阻 closing resistor of circuit-breaker
在断路器断口间通过辅助触头接入的电阻。

15.317 [断路器]恢复电压 recovery voltage [of circuit-breaker]
开断电流熄灭后，出现于开关一个极两端子间的电压。该电压可以认为是连续的两段，起初是瞬态恢复电压，接着是工频恢复电压。

15.318 [断路器]瞬态恢复电压 transient recovery voltage [of circuit- breaker]，TRV
具有显著瞬态特性的恢复电压。该电压取决于回路和断路器特性，可以是振荡的或非振荡的或两者的组合。在三相回路中，若无另外说明，该电压指首开极上的电压。

15.319 [回路的]预期瞬态恢复电压 prospective transient recovery voltage [of a circuit]
理想断路器开断无直流分量的预期对称电流之后的瞬态恢复电压。定义假定获取瞬态恢复电压的断路器以理想断路器代替，即其零电流(即“自然”电流零点)瞬间弧隙阻抗由零突变至无穷大。对三相回路，定义还假定理想断路器中电流的开断仅发生在首开极上。

15.320 [断路器]工频恢复电压 power frequency recovery voltage [of circuit-breaker]
瞬态电压现象消失后的恢复电压。

15.321 起始瞬态恢复电压 initial transient recovery voltage，ITRV
瞬态恢复电压刚起始的部分。此时由于波

沿母线上从第一个主要不连续点反射而引起小幅值的振荡，是与近区故障相似的物理现象。

15.322　瞬态恢复电压上升率　rate of rise of TRV，RRRV

瞬态恢复电压与时间的比值。即通过原点对恢复电压曲线(起始瞬态恢复电压部分除外)所做诸切线斜率的最大值。

15.323　[断路器]首开极因数　first-pole-to-clear factor [of circuit-breaker]

断路器在开断短路故障时，其首先开断极两端的工频恢复电压与正常额定电压相电压的比值。

15.324　[隔离开关]快速瞬态过电压　very fast transient overvoltage [of disconnector]，VFTO

由 GIS 中隔离开关操作引起的过电压。隔离开关合分过程中，因速度较慢使电弧多次发生复燃和重击穿而产生过电压。其幅值较高、频率较高(300 kHz~100 MHz)，对变压器绝缘危害大。

15.325　六氟化硫含水量　moisture content of SF_6

六氟化硫气体中含有的水分。单位有重量比和体积比两种。

15.326　年漏气率　yearly gas leakage rate

一年内泄漏掉的气体重量占整个容器内一年开始时气体总重量的百分数。是一种表示密闭容器内气体泄漏状况的指标。

15.327　高压开关设备联锁装置　high voltage switchgear interlocking device

使开关的操作取决于设备的一个或几个另外的部件的位置或操作的装置。

15.328　高压带电显示装置　high voltage presence indicating device

能将高压带电体带电与否的信号传递到发光或音响元件上，显示或同时闭锁高压开关设备的装置。包括传感器和显示器两个部件。

15.329　[再点燃]延弧装置　reignition device

使电流在电流零点不熄灭而持续到预定燃弧时间的装置。

15.330　[开断和关合能力的]直接试验　direct test [of breaking and making capacity]

其外施电压、电流、瞬态和工频恢复电压均取自一个单电源回路的一种短路试验。

15.331　[开断和关合能力的]短路发电机回路试验　short-circuit generator circuit test [of breaking and making capacity]

其外施电压、电流、瞬态和工频恢复电压全部由短路发电机提供的一种短路试验。

15.332　[开断和关合能力的]网络试验　network test [of breaking and making capacity]

其外施电压、电流、瞬态和工频恢复电压全部由电力系统(网络)提供的一种短路试验。

15.333　[开断和关合能力的]振荡回路试验　oscillating circuit test [of breaking and making capacity]

其外施电压、电流、瞬态和工频恢复电压全部取自由电容器和电抗器构成的振荡回路的一种单相短路试验。

15.334　[开断和关合能力的]合成试验　synthetic test [of breaking and making capacity]

其大部分或全部电流取自一个电源(电流回路)，外施电压和恢复电压全部或部分取自另一个或几个电源(电压回路)的一种短路试验。

15.335 电流引入回路 current injection circuit

其电压源在工频电流零点前接至被试断路器，并在电流零区提供流经受试断路器的电流的一种合成试验回路。

15.336 电压引入回路 voltage injection circuit

其电压源在工频电流零点后接至被试断路器，电流源为受试断路器提供瞬态恢复电压的初始部分的一种合成试验回路。

15.337 [电流的]半波 loop [of current]

两个相邻的电流零点间所包括的电流波部分。

15.338 大半波 major loop

两个相邻的电流零点间的时间间隔比电流的对称交流分量的半周期长的半波。

15.339 小半波 minor loop

两个相邻的电流零点间的时间间隔比电流的对称交流分量的半周期短的半波。

15.340 电寿命试验 electrical endurance test

在规定的工作条件下，验证开关设备能否按规定次数开断、关合一定电负载的试验。

15.341 机械寿命试验 mechanical endurance test

又称“机械稳定性试验”。在不更换、不调整、不修理零件及规定的机械特性条件下，验证开关设备能否承受规定的空载分、合操作次数的试验。

15.342 [额定瞬态恢复电压的]四参数法 representation [of rated TRV] by four parameters

用瞬态恢复电压的第一波峰(第一参考电压)、第一波峰值时间、峰值(第二参考电压)及峰值时间等四个参数表示瞬态恢复电压的方法。

15.343 [额定瞬态恢复电压的]两参数法 representation [of rated TRV] by two parameters

用瞬态恢复电压的峰值、峰值时间等两个参数表示瞬态恢复电压的方法。

15.344 [断路器的]燃弧时差 difference of arcing time [of circuit-breaker]

在规定的工作条件下，断路器能有效熄弧的最长燃弧时间和最短燃弧时间之差。

15.345 互感器 instrument transformer

又称“仪用变压器”。电流互感器和电压互感器的统称。将高电压变成低电压、大电流变成小电流，用于量测或保护系统。

15.346 自耦式互感器 instrument autotransformer

一次绕组与二次绕组有公共部分的一种互感器。

15.347 组合式互感器 combined instrument transformer

由电流互感器和电压互感器组成并装在同一外壳内的互感器。

15.348 电子式互感器 electronic instrument transformer

俗称“光电式互感器”。由连接到传输系统和二次转换器的一个或多个电流或电压传感器组成，采用光电子器件用于传输正比于被测量的量，供给测量仪器、仪表和继电保护或控制设备的一种装置。在数字接口的情况下，一组电子式互感器共用一台合并单元完成此功能。

15.349 电流互感器 current transformer

将大电流变成小电流的互感器。在正常使用情况下其比差和角差都应在允许范围内。

15.350 母线式电流互感器 bus type current transformer

直接套装在导线或母线上使用的一种电流

互感器。

15.351 电缆式电流互感器 cable type current transformer

直接套装在绝缘的电缆上使用的一种电流互感器。

15.352 套管式电流互感器 bushing type current transformer

直接套装在绝缘的套管上或绝缘的导线上的一种电流互感器。

15.353 钳式电流互感器 split type current transformer

没有一次导体和一次绝缘，其磁路可以以铰链方式打开(或分为两个部分)，能套在载有被测电流的绝缘导线上，然后闭合的一种电流互感器。

15.354 棒式电流互感器 bar-type current transformer

一次导体是由一根或多根并联的棒形导体构成的电流互感器。

15.355 支柱式电流互感器 support type current transformer

兼作一次电路导体支柱用的电流互感器。

15.356 总加电流互感器 summation current transformer

用于测量电力系统中具有同一频率的诸电流瞬时值之和的电流互感器。

15.357 匹配式电流互感器 current matching transformer

又称“中间式电流互感器”。一种用来使主电流互感器的额定二次电流与负荷的额定电流相匹配或者用来降低仪表安全系数的电流互感器。

15.358 保护用电流互感器 protective current transformer

给保护继电器传递信息的电流互感器。

15.359 电流误差 current error

电流互感器在测量电流时由于实际电流比不等于额定电流比所产生的误差。

15.360 变流比 rated current transformation ratio

又称“额定电流比”。电流互感器的额定一次电流与额定二次电流之比。

15.361 准确级 accuracy class

对互感器所标出的误差等级。其电流(或电压)误差和相位差，在规定使用条件下应在规定的限值内。

15.362 互感器负荷 burden of instrument transformer

二次电路的阻抗(电流互感器)或导纳(电压互感器)。不包括互感器内部(二次绕组自身)的阻抗或导纳。负荷通常以视在功率伏安值来表示。

15.363 互感器额定负荷 rated burden of instrument transformer

确定互感器准确级所依据的负荷值。

15.364 电压互感器 voltage transformer, potential transformer

将高电压变成低电压的互感器。在正常使用情况下，其比差和角差都应在允许范围内。

15.365 电容式电压互感器 capacitive voltage transformer

一种由电容分压器和电磁单元组成的电压互感器。其设计和内部接线使电磁单元的二次电压实质上与施加到电容分压器上的一次电压成正比，且在连接方法正确时其相位差接近于零。

15.366 电磁式电压互感器 inductive voltage transformer

利用绕组之间的电磁感应原理制成的一种电压互感器。常用的有树脂浇注绝缘式、

油浸式及 SF_6 气体绝缘式电压互感器。

15.367 接地[式]电压互感器 earthed voltage transformer

一次绕组的一端供直接接地的单相电压互感器，或者是一次绕组的星形连接点供直接接地的三相电压互感器。

15.368 不接地电压互感器 unearthed voltage transformer

一次绕组的各个部分包括接线端子在内，都是按额定绝缘水平对地绝缘的一种电压互感器。

15.369 保护用电压互感器 protective voltage transformer

将信息传递给电气保护继电器的电压互感器。

15.370 双功能电压互感器 dual purpose voltage transformer

既作测量又作保护用的共用一个铁心的电压互感器。通常有多个二次绕组。

15.371 匹配式电压互感器 voltage matching transformer

一种用来使主电压互感器的额定二次电压与负载的额定电压相匹配的电压互感器。

15.372 电容分压器 capacitive voltage divider

由电容器组成的分压器。为电容式电压互感器的一个组件，一次电压施加其上。

15.373 分压比 rated voltage ratio

又称“额定电压比”。电压互感器的额定一次电压与额定二次电压之比。

15.374 电压误差 voltage error

电压互感器在测量电压时由于实际电压比不等于额定电压比所产生的误差。

15.375 避雷器 surge arrester, surge diverter

又称“过电压限制器”。一种能释放过电压能量、限制过电压幅值的设备。当过电压出现时，避雷器两端子间的电压不超过规定值，使电气设备免受过电压损坏；过电压作用后，又能使系统迅速恢复正常状态。

15.376 阀式避雷器 valve type arrester

由若干非线性电阻片(阀片)组成，并可能串联(或并联)有放电间隙的避雷器。包括碳化硅和金属氧化物避雷器。

15.377 碳化硅阀式避雷器 silicon carbide valve type surge arrester

由碳化硅阀片与放电间隙串联组成的避雷器。

15.378 金属氧化物避雷器 metal oxide arrester，MOA

又称“氧化锌避雷器”。由金属氧化物阀片组成，并可能串联(或并联)有放电间隙的避雷器。其保护性能优于普通阀式避雷器和磁吹避雷器。

15.379 无间隙金属氧化物避雷器 gapless metal oxide arrester

没有串联(或并联)间隙的金属氧化物避雷器。由于没有串联间隙，避雷器对过电压响应快，便于和六氟化硫气体绝缘电器以及其他伏秒特性平坦的电器的绝缘特性相配合。

15.380 管式避雷器 tube type arrester

利用具有可产生气体的材料的灭弧管腔，在电弧高温作用下产气熄灭续流电弧的避雷器。

15.381 击穿保护器 sparkover protective device

应用于低压电网中的一种保护间隙。使用时直接和被保护设备并联，用于限制设备上的过电压。

15.382 [避雷器]阀片 valve disc of arrester

用于阀式避雷器的一种具有非线性伏安特

性的工作电阻片。

15.383 避雷器内部均压系统 internal grading system of arrester

对于串联间隙组较多的避雷器，在间隙组上并联连接的高阻值电阻；对于金属氧化物阀片数目较多的避雷器，在阀片组上并联连接的专用均压电容器。其作用是使电压沿间隙组或阀片组分布均匀。

15.384 避雷器均压环 grading ring of arrester

安装在避雷器外部，用于改善避雷器静电场下的电压分布的一种金属部件。通常为圆环形。

15.385 避雷器压力释放装置 pressure-relief device of arrester

释放避雷器内部压力的装置。用于防止避雷器在流过故障(短路)电流或内部闪络后，外壳发生剧烈的粉碎性爆炸。

15.386 避雷器脱离器 disconnector of arrester

在避雷器故障时，使避雷器引线与系统断开，以排除系统持续故障，并给出故障避雷器的可见标志的一种装置。没有切断故障电流的能力，故不一定能防止避雷器爆炸。

15.387 避雷器额定电压 rated voltage of arrester

允许施加于避雷器端子间的最大工频电压有效值。该电压是避雷器的一个重要参数，一般等于避雷器的工频参考电压但高于所在系统的标称电压。按照此电压所设计的避雷器能在所规定的动作负载试验中确定的暂态过电压下正确地工作。对无间隙金属氧化物避雷器，其阀片应在该试验中能保证热稳定。

15.388 避雷器工频参考电压 power frequency reference voltage of arrester

无间隙金属氧化物避雷器通过工频参考电流时测出的避雷器的工频电压最大峰值除以$\sqrt{2}$。多元件串联组成的避雷器的电压是每个元件工频参考电压之和。

15.389 避雷器直流参考电压 direct current reference voltage of arrester

无间隙金属氧化物避雷器通过直流参考电流时测出的避雷器的直流电压值。

15.390 避雷器持续运行电压 continuous operating voltage of arrester

允许在运行中持久地施加于避雷器两端的最大工频电压有效值。

15.391 [避雷器]残压 residual voltage

放电电流通过避雷器时其两端的最大电压值。

15.392 避雷器工频放电电压 power frequency sparkover voltage of arrester

施加于有串联间隙避雷器两端使其全部串联间隙放电的最小工频电压的有效值。

15.393 避雷器标准雷电冲击放电电压 standard lightning impulse sparkover voltage of arrester

施加标准雷电冲击电压于有串联的间隙避雷器上，每次都能使避雷器放电的最小冲击电压峰值。

15.394 避雷器标称放电电流 nominal discharge current of arrester

用于划分避雷器等级的、具有 8/20 μs 波形的雷电冲击放电电流峰值。

15.395 避雷器的保护特性 protective characteristics of arrester

表征避雷器保护作用的特性参数。包括冲击放电伏秒特性曲线(有间隙的避雷器)、标称放电电流下的残压和操作冲击放电电流下的残压。

15.396 避雷器电导电流 conducting current

of arrester
对带均压电阻的有串联间隙的避雷器施加规定的直流电压时，流过避雷器的电流。

15.397 避雷器泄漏电流 leakage current of arrester
对不带均压电阻的有串联间隙的避雷器施加规定的电压时，流过避雷器的电流。

15.398 电力线载波耦合装置 coupling device of power line carrier
将载波信号耦合到电力线上所需设施的总称。包括阻波器、耦合电容器和结合滤波器。

15.399 线路阻波器 line trap
串联在变电站母线和耦合电容器之间阻止载波信号进入变电站母线的部件。阻波器对载波频率呈现高阻抗，而对工频则阻抗很小。

15.400 耦合电容器 coupling capacitor
连接在电力线上的高压电容器。与结合滤波器共同构成载波信号的通道，并阻止工频高压进入电力线载波机。

15.401 结合滤波器 line coupling device
能调谐耦合，与耦合电容器共同构成高通或带通的滤波器。可补偿耦合电容器的容抗，使载波电流的耦合衰减降至最小。

15.402 变电站二次回路电源 power supply for secondary circuit in substation
变电站中供给控制、信号、测量、继电保护和断路器分合的电源。常见的有蓄电池直流电源、交流不停电电源、交流二次电源、复式整流电源和电容储能电源等。

15.403 蓄电池组 storage battery
一种具有可逆的电化学能量转换功能，并能进行充电、放电多次循环使用的直流电源设备。

15.404 充电装置 charging device
将交流电源转换为直流电源，供蓄电池充电用的变流设备。

15.405 浮充电 floating charge
将蓄电池和充电装置并联，负荷由充电装置供给，同时以较小的电流向蓄电池充电，使蓄电池经常处于满充电状态。

15.406 电力电子变相器 electronic phase converter
用来传递电能并改变相位的电力电子交流变流器。

16. 高电压技术

16.001 高电压技术 high voltage technology
以试验研究为基础的研究高电压及其相关问题的应用技术。其内容主要涉及在高电压作用下各种绝缘介质的性能和不同类型的放电现象，高电压设备的绝缘结构设计，高电压试验和测量的设备及方法，电力系统的过电压与绝缘配合、高电压或大电流环境影响和防护措施，以及高电压、大电流的应用等。

16.002 高电压试验设备 high voltage testing equipment
进行高电压试验的设备。包括冲击电压发生器、冲击电流发生器、工频试验变压器、串级工频试验变压器、工频谐振试验变压器等。

16.003 工频试验变压器 power frequency testing transformer
产生工频高电压的试验用变压器。

16.004 串级工频试验变压器 cascade power-frequency testing transformer

由几台工频试验变压器串接以获得较高试验电压的变压器组。

16.005 工频谐振试验变压器 power frequency resonant testing transformer

改变变压器的励磁电抗，可与负载电容发生谐振的试验变压器。

16.006 高压整流器 high voltage rectifier

能耐受反向高电压的单方向导电的器件。

16.007 直流高压发生器 high voltage DC generator

产生直流高电压的设备。

16.008 串级直流高压发生器 cascade high voltage DC generator

由串级整流回路产生直流高电压的设备。

16.009 冲击电压发生器 impulse voltage generator

用于产生雷电冲击或操作冲击的高电压设备。

16.010 冲击电流发生器 impulse current generator

用于产生冲击电流的设备。

16.011 保护电阻器 protective resistor

为保护高压试验设备和试品而采用的电阻器。

16.012 冲击电流分流器 impulse current shunts

将被测冲击电流按比例转化为适于示波器等记录仪器测量的电压信号的装置。

16.013 冲击电压分压器 impulse voltage divider

由高压臂和低压臂串联组成的转换装置，能将被测(输入)冲击高电压转化为低压信号(冲击低电压)的测量设备。

16.014 串联谐振试验装置 series resonant testing equipment

采用可调电感、电容或可变频电源，使回路发生串联谐振，以获得工频或接近于工频高电压的试验设备。

16.015 大功率试验站 high power test station，high power test laboratory

又称“高电压强电流试验站”。进行大功率试验的专用高电压、强电流和大功率试验场所。

16.016 直流耐压试验 DC voltage withstand test

利用直流电压对绝缘(物体)进行耐压能力考核的试验。

16.017 交流耐压试验 AC voltage withstand test

利用交流电压对绝缘(物体)进行耐压能力考核的试验。

16.018 冲击耐压试验 impulse voltage withstand test

施加规定次数和规定值的冲击电压，对绝缘耐受冲击电压能力进行考核的试验。

16.019 操作冲击耐压试验 switching impulse voltage withstand test

通过人工模拟电力系统操作冲击过电压波形，对绝缘耐受操作冲击电压能力进行考核的试验。

16.020 短时工频耐压试验 short duration power frequency voltage withstand test

通过施加一次相应额定耐受电压(有效值)到几分钟，对绝缘耐受短时工频电压能力进行考核的试验。

16.021 长时工频耐压试验 long duration power frequency voltage withstand test

用于检验电气设备在持续工频电压升高和暂时过电压下电气设备绝缘耐受能力的试验。

16.022 联合电压试验 combined voltage test

将两个独立的电源分别对试品的两端加对地电压的试验。在这种试验中可以是冲击电压、直流电压、交流电压的任意联合。

16.023 合成电压试验 composite superimposed voltage test

在被试品一端与地之间施加由两个合成电压叠加的试验。

16.024 冲击电流试验 impulse current test

用于检验避雷器残压和冲击电流耐受能力或检验其他电气设备、器件和材料在冲击电流作用下电气性能，测定冲击接地电阻等目的的试验。

16.025 雷电冲击截波试验 chopped lightning impulse test

利用高压设备产生的雷电冲击截波对绝缘(物体)进行耐压能力考核的试验。

16.026 非破坏性绝缘试验 nondestructive test

在较低电压下或用其他不损伤绝缘的措施，测量和判断绝缘的各种特性，以判断绝缘内部缺陷的试验方法。

16.027 破坏性放电试验 disruptive discharge voltage test

通过测量绝缘介质在丧失介质强度时所施加的电压值来考察其绝缘性能的试验。

16.028 介质损耗试验 dielectric dissipation test

通过测量介质损耗因数来判断设备绝缘性能的试验。一般使用西林电桥、电流比较型电桥、M 型介质试验器等仪器进行试验。

16.029 绝缘老化试验 insulation ageing test

在不改变绝缘老化机理的条件下，人为增强导致老化的因素，使绝缘加速出现绝缘劣化的试验，用于估算和预期绝缘老化行为。

16.030 升降法 up-and-down test

在某一电压级 U_i 下施加 m 次基本相同的电压，下一级电压组施加的电压依据上一级电压组的结果为闪络或耐受而降低或增高一个小的电压增量 ΔU。施加 n 个电压等级，根据其试验结果，按规定统计方法得出放电特性。

16.031 人工污秽试验 artificial pollution test

按规定条件，使试品表面受到人工污染和充分湿润，并对试品施加高电压的试验。按试品污染、受潮和施加电压的程序不同，有多种试验方法。

16.032 盐雾法 saline fog method

把试品置于充满盐雾的雾室内进行人工污秽试验的方法。

16.033 固体层法 solid layer method，pre-deposited pollution test

又称“*预沉积污层法*”。在试品表面涂以均匀导电污层，然后在规定条件下施加电压的一种人工污秽试验方法。

16.034 干试验 dry test

试品在干燥和清洁状态下，按照规定条件进行的高电压试验。

16.035 湿试验 wet test

按规定条件，清洁试品在淋雨情况下进行的高电压试验。

16.036 匝间试验 inter-turn test，turn-to-turn test

在同一线圈相邻匝间施加高电压以检验其绝缘强度的试验。

16.037 试验线段 testing line

研究架空输电线路导线结构和电气特性等问题的专用试验线路。

16.038　绝缘隔离装置　insulated isolated device
用绝缘材料制成的隔离设备。

16.039　高电压试验测量系统　measuring system for high voltage testing
用于高电压或冲击电流等测量的整套装置。包括转换装置、连接试品或试验回路所需的连线、转换装置与测量仪器之间备有衰减、终端、匹配等阻抗或网络的传输系统、指示或记录和测量仪器、接地回路、连接电源的回路等。

16.040　方波电压发生器　square wave voltage generator
产生方波电压的装置。

16.041　高压电桥　high voltage bridge
在高电压下测量绝缘材料试样和电气设备绝缘的介质损耗因数和电容值的电桥。如西林电桥或电流比较仪式电桥。

16.042　高压示波器　high voltage oscilloscope
适用于高电压试验的示波器。

16.043　电阻式分压器　resistive divider
由电阻元件串联构成的分压器。

16.044　电容式分压器　capacitive divider
由电容元件串联构成的分压器。

16.045　阻容分压器　resistance-capacitance voltage divider
高压和低压臂均由电阻和电容组成的分压器。

16.046　数字记录仪　digital recorder
以数字序列形式记录和存储被测信号波形，能以数字或模拟形式输出结果的仪器。

16.047　高压标准电容器　high voltage standard capacitor
能耐受高电压，在规定条件下电容值稳定，介质损耗小的用作标准元件的电容器。

16.048　高压耦合电容器　high voltage coupling capacitor
能耐受高电压，将测量设备和高压电源隔离的电容器，用于测量局部放电和无线电干扰。

16.049　局部放电检测仪　partial discharge detector
检测电气设备和绝缘材料试样的局部放电特性参数的仪器。

16.050　旋转电压表　rotary voltmeter
利用旋转叶片使极间电容发生周期性变化而形成的交变电容电流来测量电压的仪表。

16.051　无线电干扰测试仪器　radio interference meter
测量无线电干扰水平的仪器。

16.052　标准球隙　standard sphere gap
按标准要求所制造和安装的一种专用于高压测量的球间隙。

16.053　球间隙　sphere gap
由一对相同直径的金属球电极构成的稍不均匀电场的空气间隙。主要用来测量高电压的峰值，也可用作保护间隙。

16.054　火花检测器　spark tester
利用在气体或液体间隙击穿放电测量其电压值的器件。

16.055　电场测量探头　electric-field probe
测量电场强度等参量的传感器。

16.056　屏蔽室　shielding room
又称“屏蔽笼(shielding cage)”，“屏蔽柜(shielding cabinet)”。为防止电磁干扰的影响，由金属板或金属网构成的封闭室。

16.057 高压电源滤波器 high voltage source filter

接在高电压试验回路中的低通滤波器。

16.058 泄流计 leakage tester

当在直流电压作用下，测量绝缘中流过传导电流的计量仪器。

16.059 雷暴日 thunderstorm day

一天内，人耳只要听到雷声，无论次数多少，均记为一个雷暴日。

16.060 雷暴小时 thunderstorm hour

一小时内，人耳只要听到雷声，无论次数多少，均记为一个雷暴小时。

16.061 雷电流 lightning current

用于防雷计算的雷电(雷电流)直击于低接地阻抗物体时流过雷击点的电流。

16.062 雷电流峰值 peak value of lightning current

在一次雷闪中雷电流的最大值。

16.063 雷电流总电荷 total charge of lightning current

雷电流在整个雷闪持续时间内的时间积分。

16.064 雷电流平均陡度 average steepness of lightning current

在指定的时间间隔内，起点与终点雷电流的差值被指定的时间间隔相除所得的数值。

16.065 地面落雷密度 ground flash density, GFD

在局部地区单位时间内单位面积雷击地面平均次数。

16.066 雷电电磁脉冲 lightning electromagnetic pulse, LEMP

与雷电放电相联系的电磁辐射。所产生的电场和磁场能够耦合到电气和电子系统中，产生破坏性的暂态过电压和过电流。

16.067 绕击率 shielding failure rate due to lightning stroke

雷电绕过避雷线(针)击于导线(设备)上的次数与雷击总次数之比。

16.068 反击率 risk of flashback

处于地电位部件遭受雷击时电位升高到某一数值而引起的相对地绝缘或部件之间闪络次数与遭受雷击总次数之比。

16.069 建弧率 arc over rate

线路绝缘子串和空气间隙在冲击闪络之后，转变为稳定工频电弧的概率。其值与绝缘子串和空气间隙的平均运行梯度电压有关。

16.070 雷击跳闸率 lightning outage rate

架空输电线路在规定长度和规定雷暴日下因雷击引起的事故跳闸次数。我国有关标准规定采用每百公里每40个雷暴日下的跳闸次数。

16.071 直[接]击雷 direct lightning strike

雷电击中电网的某一部件或地面物体。如导线、杆塔和变电站设备等。

16.072 感应雷[击] indirect lightning strike

雷电并未击中电网的任何部分(雷击导线或电气设备附近时)，由于静电和电磁感应而在导线或电气设备上形成过电压的现象。

16.073 避雷线 overhead grounding wire

又称“架空地线”。悬于线路相导线、变电站设备或建筑物之上，用于屏蔽相导线直接拦截雷击并将雷电流迅速泄入大地的架空导线。

16.074 避雷针 lightning rod

由截闪器、引下线和接地装置组成的防雷保护装置。截闪器安装在构架上并高于被保护物，用于拦截雷击使之不落在避雷针保护范围内的物体上，通过引下线和接地装置将雷电流释放到地中。

16.075 电气几何模型 electro-geometric model，EGM

对于一个设施采用适当的解析表达式将其尺寸与雷电流相联系，能够预测雷是否击在屏蔽系统、大地和被保护设施构件上的几何模型。

16.076 雷电冲击全波 full lightning impulse

不为破坏性放电截断的雷电冲击，波形如下图。

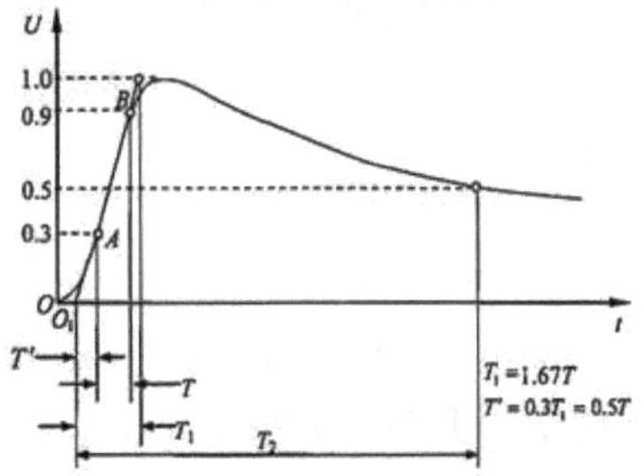

16.077 雷电冲击波前时间 front time of a lightning impulse

视在参数，雷电冲击 30%峰值与 90%峰值(见 16.076 图的 A、B 两点)时刻之间时间间隔 T 的 1.67 倍，即 T_1。如波前有振荡，则首先做出振荡波的平均曲线，再确定 A、B 两点。

16.078 视在原点 virtual origin

超前于相当 A 点时刻 0.3 T_1 的瞬间(如 16.076 图中的 O_1 点)。对于具有线性时间刻度的波形，它为通过 A、B 两点所画直线与时间轴的交点。

16.079 雷电冲击半峰值时间 time to half value of a lightning impulse

雷电冲击的视在原点与电压下降到峰值一半的瞬间之间的时间间隔(如 16.076 图所示的 T_2)。

16.080 标准雷电冲击全波 standard full lightning impulse

又称“1.2/50 冲击”。波前时间等于 1.2 μs，半峰时间等于 50 μs 的雷电冲击全波。

16.081 标准雷电冲击截波 standard chopped lightning impulse

经过 2~5 μs 被截断的标准雷电冲击波，有关设备标准可以规定不同的截断时间。

16.082 雷电冲击[波]保护比 protection ratio against lightning impulse

保护装置的雷电冲击保护水平与被保护设备的额定雷电冲击耐受电压之比。

16.083 操作冲击波前时间 time to peak of switching impulse

操作冲击从实际原点 O 到电压达到峰值时刻的时间间隔，如下图所示的 T_p。

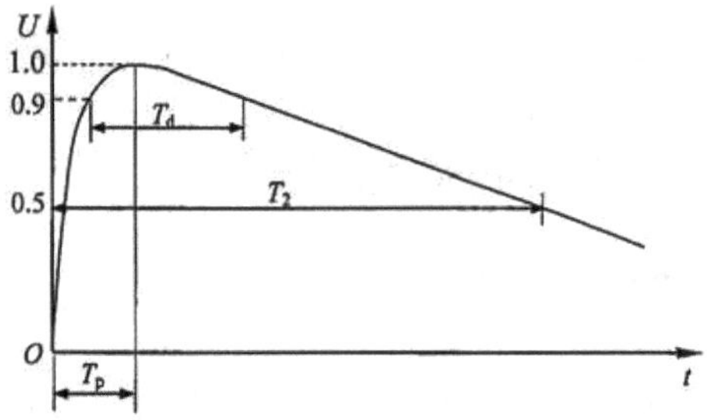

16.084 操作冲击半峰值时间 time to half value of switching impulse

操作冲击从实际原点 O 到第一次下降至半峰值时刻的时间间隔(如 16.083 图所示的 T_2)。

16.085 操作冲击波 90%值以上时间 time above 90% of switching impulse

操作冲击波超过峰值 90%的持续时间(如 16.083 图所示的 T_d)。

16.086 标准操作冲击波 standard switching impulse

又称“250/2500 μs 冲击”。波前时间 T_p 为 250 μs，半峰值时间 T_2 为 2500 μs 的冲击电压。

16.087 冲击电流 impulse current

非周期性瞬态电流。通常使用的有两种波形：第一种为电流从零值以很短时间上升到峰值，然后以近似指数规律或阻尼正弦波形下降至零，这种冲击电流的波形用波前时间 T_1 和半峰值时间 T_2 表示，记为 T_1/T_2，如下图(a)所示。第二种波形近似为矩形，称为方波冲击电流(波)，如下图(b)所示。

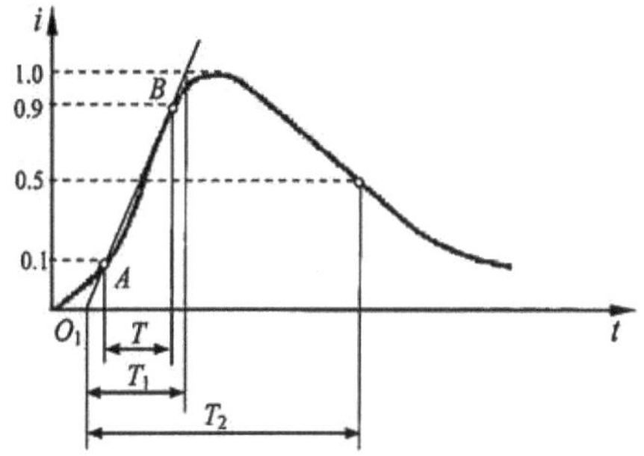

(a)

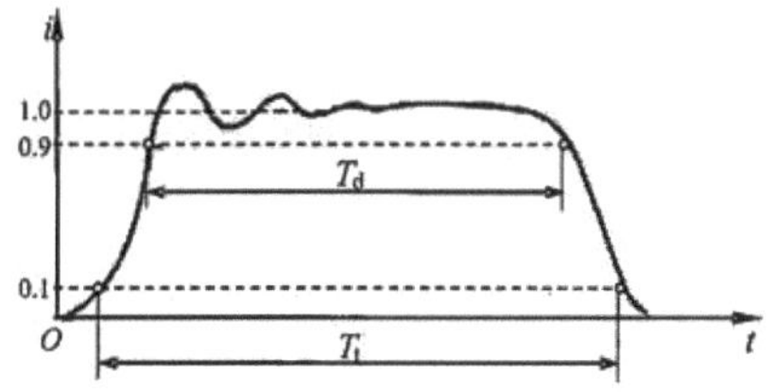

(b)

16.088 冲击电流视在原点 virtual origin of impulse current

对于线性时间刻度，为通过波前上 *A* 点(10%冲击电流峰值)和 *B* 点(90%冲击电流峰值)做一条直线交于时间轴上的点(见16.087 图(a)中的 O_1 点)。

16.089 冲击电流波前时间 front time of impulse current

视在参数，电流峰值的 10%到 90%的时间间隔乘以 1.25(见 16.087 图(a)中的 T_1)。如波前有振荡应在通过这些振荡所画平均线上取 10%和 90%点。

16.090 冲击电流半峰值时间 time to half value of impulse current

从视在原点 O_1 到电流下降至半峰值的(持续)时间间隔(如 16.087 图(a)所示的 T_2)。

16.091 方波冲击电流峰值持续时间 duration of peak value of rectangular impulse current

视在参数，电流超过 90%峰值的持续时间(见 16.087 图(b)中的 T_d)。

16.092 方波冲击电流总持续时间 total duration of a rectangular impulse current

视在参数，电流超过 10%峰值的持续时间(见 16.087 图(b)中的 T_t)。如果波前有振荡，可用平均曲线来确定 10%峰值的时刻。

16.093 标准冲击电流 standard impulse current

在冲击电流试验时，采用的人工冲击电流标准值。标准冲击电流有两种类型：第一种标准冲击电流峰值持续时间为：1/20、4/10、8/20 和 30/80 μs；第二种类型为方波冲击电流，峰值持续时间为：500、1000、2000 μs 或 2000~3000 μs。

16.094 操作冲击截断时间 time to chopping of switching impulse

操作冲击的实际原点与截断瞬间(之间)的时间间隔。

16.095 波头截断冲击波 impulse chopped on the front

在峰值之前截断的冲击波。

16.096 波尾截断冲击波 impulse chopped on the tail

在峰值之后截断的冲击波。

16.097 破坏性放电 disruptive discharge

固体、液体或气体介质及其组合介质在高电压作用下发生介质强度丧失的现象。在破坏性放电时，电极之间的电压迅速下降到零或接近于零。

16.098 破坏性放电电压 disruptive discharge voltage

使介质发生破坏性放电的电压值，按试验类型可以用峰值、有效值和算术平均值来表示。

16.099 冲击放电电压 impulse sparkover voltage

绝缘介质在冲击电压作用下发生击穿时的电压。

16.100 冲击波波前放电电压 impulse front discharge voltage

绝缘介质受冲击电压作用时，在冲击波波前发生击穿的电压。

16.101 污秽闪络电压 pollution flashover voltage

含污秽被试品在工频或直流试验电压下发生沿面闪络时的电压值。

16.102 耐受电压 withstand voltage

对于给定参考放电概率，绝缘可耐受的具有代表性波形的电压。

16.103 标准操作冲击耐受电压 standard switching impulse withstand voltage

在标准操作冲击作用下设备绝缘电压的耐受。

16.104 操作冲击[波]保护比 protection ratio against switching impulse

保护装置的操作冲击保护水平与被保护设备的额定操作冲击耐受电压之比。

16.105 标准雷电冲击耐受电压 standard lightning impulse withstand voltage

在标准雷电冲击作用下，设备绝缘的耐受电压。

16.106 雷电冲击截波耐受电压 withstand voltage of chopped lightning impulse

在雷电冲击截波作用下，设备绝缘的耐受电压。

16.107 工频耐受电压 power frequency withstand voltage

在工频电压作用下，设备绝缘的耐受电压。

16.108 标准短时工频耐受电压 standard short duration power-frequency withstand voltage

在短时工频电压作用下，设备绝缘的耐受电压。

16.109 保护装置的保护水平 protection level of protective device

在规定条件下，保护装置两端可能出现的最高电压峰值。

16.110 标准大气条件 standard reference atmospheric condition

统一规定的大气条件，其值为：温度 t_0=20°C，气压 b_0=101.3 kPa，绝对湿度 h_0=11 g/m^3。

16.111 空气湿度校正系数 humidity correction factor

又称“空气湿度校正因数”。校正空气湿度对试验电压影响的系数。湿度校正系数可以表达为：$k_2 = k^w$。式中 k 为取决于试验电压类型的参数，w 为取决于试验电压类型、极性、电极形状、空气密度和放电距离的参数。

16.112 空气密度校正系数 air density correction factor

又称“空气密度校正因数”。校正空气密度对试验电压影响的系数。空气密度校正系数 k_1 取决于相对空气密度δ，其表达式为：$k_1 = \delta^m$。当空气温度 t 和 t_0 以摄氏温度表示，且大气压力 b 和 b_0 也以同一单位表示时，相对空气密度为：$\delta = [b(273 + t_0)]/$

[$b_0(273+t)$]。式中 m 值与试验电压类型、极性、电极形状、试品类型和放电距离等有关。

16.113 大气条件校正系数 atmospheric correction factor

又称“大气条件校正因数”。校正大气条件对试验电压影响的数据，其值 K_t 为空气密度校正系数 k_1 与湿度校正系数 k_2 的乘积，即 $K_t = k_1 k_2$。

16.114 介质损耗因数 dielectric loss factor

表征介质损耗的数据，即介质损耗角正切 $\text{tg}\delta$，是绝缘品质的重要指标。介质损耗因数表示为：$\text{tg}\delta = P/S$。式中的 P 为有功功率，S 为视在功率。

16.115 尖端放电 point discharge

在高电压作用下，电极尖端部位的电场强度超过一定数值后产生的电晕放电现象。

16.116 气体放电 gas discharge

气体中流通电流的各种形式的统称。包括电晕放电、辉光放电、电弧放电、火花放电等。

16.117 保护[火花]间隙 protective spark gap

由带电电极和接地电极所构成的敞开式空气间隙保护装置。

16.118 电子崩 electron avalanche

在电场作用下，气体由于碰撞电离发生倍增而形成的电子“雪崩”式增加的过程。

16.119 流注放电 streamer discharge

在强电场作用下发生碰撞电离，伴随着空间电荷引起的电场畸变和光电离，形成的游离电位波动。流注传播的速度为 1 m/μs 的量级。分为正流注放电和负流注放电。

16.120 先导放电 leader discharge

长气体间隙中，在流注放电通道后面因热电离过程形成高速运动高导电率通道的一种放电。

16.121 气体介质击穿 gas dielectric breakdown

当加在间隙上的电压超过气体介质绝缘强度时，发生贯穿性放电、气体介质短时间丧失绝缘性能的现象。

16.122 局部放电 partial discharge

电气设备绝缘中发生的局部、非贯穿性放电，这种放电一般发生在导体附近高场强区域或绝缘材料中的空气穴中。

16.123 局部放电量 magnitude of partial discharge

在一定条件下测出的试品发生局部放电视在电荷量的值。

16.124 局部放电起始电压 partial discharge inception voltage

试品上出现可观测到的局部放电的最低电压值。

16.125 局部放电熄灭电压 partial discharge extinction voltage

当加于试品上的电压从观测到局部放电的较高值缓慢下降到观测不到局部放电的最高电压值。

16.126 局部放电重复率 repetition rate of partial discharge

平均每秒钟局部放电脉冲的次数。

16.127 局部放电平均放电电流 average current of partial discharge

一定的时间间隔内，视在放电量绝对值的总和与时间间隔的比值。

16.128 局部放电超声定位法 ultrasonic detection method for partial discharge location

用检测放电产生的超声信号对局部放电源定位的方法。

16.129 电晕放电 corona discharge

导线或电极表面的电场强度超过碰撞游离阈值时发生的气体局部自持放电现象。因在黑暗中形同月晕而得名。

16.130 电晕效应 corona effect

伴随着电晕放电的气体电离、复合等过程，出现声、光、热等现象的放电效应。电晕放电会产生无线电干扰、可听噪声、能量损耗、化学反应和静电效应等。

16.131 电晕试验笼 corona cage

研究交直流输电线路分裂导线电晕特性的专用试验装置。

16.132 电晕损失 corona loss

电晕放电而引起的功率损耗，线路上的电晕损失以 w/m 表征。

16.133 电晕屏蔽 corona shielding

为防止高电压设备带电部分产生电晕而采用均压环或屏蔽罩使其电场均匀的措施。

16.134 火花放电 sparkover

在大气压或高气压下的一种气体放电形式，因发电通道似火花而得名。

16.135 辉光放电 glow discharge

在低气压下的一种气体放电，放电电流密度较低，放电区域呈现辉光。

16.136 电弧放电 arc discharge

在电源能持续提供大电流的条件下，因热电离在间隙中形成明亮、高电导、高温通道的一种强烈自持放电。

16.137 空气间距 air clearance

电气装置和输电线路带电导体与接地部分或相对相之间的净空距离。

16.138 磁间隙 air gas of a magnetic circuit

在磁路中，两个磁性材料之间很短的空气间距。

16.139 气体绝缘介质 insulating gas

具有一定电气性能可起绝缘作用的天然和合成气体的统称。

16.140 液体绝缘介质 insulating liquid

电气设备中的起绝缘作用的液体电介质。如变压器油等。

16.141 液体电介质电击穿 electric breakdown in dielectric liquid

在电场作用下，液体电介质由绝缘状态突变为导电状态的过程。

16.142 液体电介质气泡击穿 bubble breakdown in dielectric liquid

在电场作用下，因纯净液体电介质中出现气泡，气泡中气体发生电离并最终导致液体电介质由绝缘状态转变为导电状态的过程。

16.143 液体电介质小桥击穿 breakdown in dielectric liquid caused by impurity bridge

在电场作用下，工程用液体电介质中因杂质形成小桥，导致液体电介质由绝缘状态转变为导电状态的过程。

16.144 沿面放电 discharge along dielectric surface

沿不同聚集态电介质分界面的放电现象。通常出现较多的是气体或液体电介质中沿固体介质表面的放电。

16.145 吸收比 absorption ratio

衡量绝缘受潮程度的一个指标，用施加直流电压后 60 s 时的绝缘电阻 $R_{60\,\mathrm{s}}$ 和 15 s 时的绝缘电阻 $R_{15\,\mathrm{s}}$ 之比来表示。

16.146 绝缘配合 insulation coordination

考虑所采用的过电压保护措施后，根据可能作用的过电压、设备的绝缘特性及可能影响绝缘特性的因素，合理选择设备绝缘水平的方法。

16.147 绝缘配合惯用法 conventional pro-

cedure of insulation coordination
根据过电压保护装置特性，并考虑一些不利因素(如距离、波形的影响等)以决定可能作用于设备上的最大雷电过电压、操作过电压。再将这一电压乘上惯用配合因数以决定设备的绝缘水平，据此在标准数列中选取设备的标准耐受电压。

16.148　绝缘配合统计法　statistical procedure of insulation coordination
在允许一定绝缘故障率的前提下，从过电压幅值和绝缘闪络电压的概率分布入手，用统计方法计算出绝缘闪络和线路跳闸率，并在技术经济比较的基础上正确确定绝缘水平。该方法一般仅适用于自恢复绝缘。

16.149　绝缘配合因数　insulation coordinating factor
设备的标准耐受电压与保护装置相应的保护水平之比。

16.150　伏-秒特性[曲线]　volt-time characteristics
绝缘间隙在冲击电压作用下击穿电压值和放电时间的关系特性。

16.151　安-秒特性　ampere-time characteristics
熔断器或直流开关遮断电流值与时间的关系曲线。

16.152　线路耐雷水平　line lightning resisting level
雷击线路时不致引起线路绝缘闪络的最大雷电流值，以 kA 为单位。

16.153　基本冲击绝缘水平　basic impulse insulation level
又称“基准冲击绝缘水平”。以规定雷电冲击电压波的峰值来表示的电力设备绝缘水平。

16.154　操作冲击绝缘水平　basic switching impulse insulation level
又称“基准操作冲击绝缘水平”。以规定操作冲击电压波的峰值表示的电力设备绝缘水平。

16.155　惯用雷电冲击耐受电压　conventional lightning impulse withstand voltage
绝缘在规定条件下，承受一定次数而不发生任何破坏性放电或损坏的雷电冲击耐受电压标准值。这一概念特别适用于非自恢复绝缘。

16.156　惯用操作冲击耐受电压　conventional switching impulse withstand voltage
绝缘在规定条件下，承受一定次数而不发生任何破坏性放电或损坏的操作冲击耐受电压标准值。这一概念特别适用于非自恢复绝缘。

16.157　统计雷电冲击耐受电压　statistical lightning impulse withstand voltage
在同一种波形、不同幅值的雷电冲击电压作用下，绝缘发生破坏性放电概率等于某一参考概率 P'时所对应的雷电冲击电压峰值。

16.158　统计操作冲击耐受电压　statistical switching impulse withstand voltage
在同一种波形，不同幅值的操作冲击电压作用下，绝缘发生破坏性放电概率等于某一参考概率 P'时所对应的操作冲击电压峰值。

16.159　海拔校正系数　sea level altitude correction factor
拟用于高海拔地区电气设备外绝缘及干式变压器绝缘在非高海拔地区进行试验时，应施加的试验电压与其额定耐受电压的比值。

16.160 标准绝缘水平 standard insulation level
与最高电压标准值相应的额定绝缘水平。

16.161 绝缘故障率 failure rate of insulation
按统计方法算出绝缘遭受某一波形过电压所引起的破坏性放电概率。

16.162 绝缘性能指标 performance criterion of insulation
在经济上和运行上认为可以接受的基准。通常用可接受的绝缘故障指标(每年故障数、平均无故障时间、故障率等)来表示。

16.163 内绝缘 internal insulation
设备内部绝缘的固体、液体、气体部分，基本不受大气、污秽、潮湿、异物等外界条件影响。

16.164 外绝缘 external insulation
暴露在大气环境中的空气间隙及设备固体绝缘的外露表面(的绝缘)。其绝缘耐受强度随大气环境条件(如气压、温度、湿度、淋雨、污秽、覆冰等)的变化而变化。

16.165 主绝缘 main insulation
各绕组对芯柱间的绝缘，绕组对地(油箱、芯柱和铁轭)的绝缘，不同相的绕组间的绝缘，引线对地和对其他绕组的绝缘，分接开关对地和其他绕组及异相触头间的绝缘。

16.166 自恢复绝缘 self restoring insulation
在贯穿性放电之后，能完全恢复其绝缘特性的绝缘。如空气绝缘。

16.167 非自恢复绝缘 non-self restoring insulation
在贯穿性放电之后，丧失或不能完全恢复其绝缘特性的绝缘。如设备的固体绝缘。

16.168 户内外绝缘 indoor external insulation
设计用于建筑物内运行，不处于露天的外绝缘。

16.169 户外外绝缘 outdoor external insulation
设计用于建筑物外运行，处于露天的外绝缘。

16.170 绝缘老化 ageing of insulation
电气设备中的绝缘材料，在长期运行中受各种因素影响和应力作用，其物理、化学、电气和机械等性能逐渐发生不可逆的劣化。

16.171 绝缘击穿 insulation breakdown
设备绝缘发生破坏性的放电。

16.172 爬距 creepage distance
又称“泄漏距离”。两个导电部分之间沿固体绝缘体表面的等值距离。

16.173 爬电比距 specific creepage distance
设备外绝缘的爬距与其两端承受的最高运行电压(对于交流系统，为最高线电压)之比，单位为 mm/kV。

16.174 耐受概率 probability of withstand
绝缘在一定波形和幅值的电压作用下能耐受而不发生破坏性放电的概率。等于 $1-p$，p 为绝缘发生破坏性放电的概率。

16.175 相对地过电压标幺值 per unit of phase-to-earth overvoltage
相对地过电压与相对地电压基准值的比值。

16.176 相间过电压标幺值 per unit of phase-to-phase overvoltage
相间过电压与相间电压基准值的比值。

16.177 过电压 overvoltage
在相对地或导线之间出现的，峰值超过设备最高电压峰值的电压。

16.178 内过电压 internal overvoltage
电力系统内部由于故障、断路器操作或其

他原因引起的回路中电磁能相互转换或传递而引起的电压升高。包括暂时过电压、操作过电压。

16.179 雷电过电压 lightning overvoltage

又称“大气过电压”。由电力系统外部雷电引起的过电压。

16.180 操作过电压 switching overvoltage

由于操作(如断路器的合闸和分闸)、故障或其他原因，使系统参数突然变化，系统由一种状态转换为另一种状态，在此过渡过程中系统本身的电磁能振荡而产生的过电压。

16.181 合闸过电压 closing overvoltage

由于断路器合闸操作引起系统状态转换而产生的过电压。

16.182 分闸过电压 breaking overvoltage

由于断路器断开操作引起系统状态转换而产生的过电压。

16.183 重合闸过电压 reclosing overvoltage

由于重合闸引起系统状态转换而产生的过电压。

16.184 惯用最大操作过电压 conventional maximum switching overvoltage

在绝缘配合惯用法中，用作最大过电压的操作过电压峰值。

16.185 惯用最大雷电过电压 conventional maximum lightning overvoltage

在绝缘配合惯用法中，用作最大过电压的雷电过电压峰值。

16.186 统计操作过电压 statistical switching overvoltage

操作过电压超过某一幅值的概率等于某一特定参考概率时所对应的操作过电压峰值。在绝缘配合中，这一参考概率一般取为2%。

16.187 统计雷电过电压 statistical lightning overvoltage

雷电过电压超过某一幅值的概率等于某一特定参考概率时所对应的雷电过电压峰值。

16.188 感应过电压 induced overvoltage

由于雷闪放电，在其通道周围电磁场剧烈变化而在邻近线路上或电力设备上感应出的过电压。包括静电感应和电磁感应两个分量。

16.189 谐振过电压 resonance overvoltage

在电力系统中，由于操作或故障形成的线性谐振和由于非线性设备的饱和、参数周期性变化等引起的非线性谐振所产生的过电压。

16.190 暂时过电压 temporary overvoltage

持续时间较长的无阻尼或弱阻尼的工频过电压。在某些情况下，其频率可能高于或低于工频。

16.191 瞬态过电压 transient overvoltage

持续时间为数毫秒或更短，通常带有强阻尼振荡或非振荡的一种过电压。可叠加于暂时过电压上。包括缓波前过电压、快波前过电压和陡波前过电压。

16.192 工频过电压 power frequency overvoltage

电力系统在正常或故障运行时可能出现的幅值超过最大工作电压、频率为工频或接近于工频的电压升高。

16.193 振荡解列操作过电压 oscillation overvoltage due to system splitting

在多电源系统中，因出现异步运行或非对称短路而使系统解列后形成的单端供电空载长线上出现的过电压。

16.194 土壤电阻率 soil resistivity

表征土壤导电性能的参数。其值等于单位

立方体土壤相对两面间测得的电阻，通常单位为Ω·m。

16.195　接地体　earthing electrode
一根或一组与大地土壤密切接触并提供与大地之间电气连接的导体。

16.196　自然接地体　natural earthing substance
直接埋入地下或水中的可用作接地装置的金属管道、金属结构以及钢筋混凝土基础等。

16.197　人工接地体　artificial earthing electrode
人为埋入地下用作接地装置的导体。如水平接地电极、垂直接地电极和放射形接地体。

16.198　接地网　earthing grid
埋于地下一定深度，由导体相互连接成网格状的接地体总称。

16.199　接地引下线　down conductor，down lead
连接电气设备与接地体的金属导体。如防雷接地引流线。

16.200　接地装置　earth-termination system
由接地连接线和接地体构成的总和。

16.201　接地汇流排　main earthing conductor
在建筑物、控制室、配电总接地端子板内设置的公共接地母线。可以敷设成环形或条形，所有接地线均由接地汇流排引出。

16.202　接地装置对地电位　potential of earthing connection
电流经接地体注入大地时，接地装置与大地零电位点之间的电位差。

16.203　工频接地电阻　power frequency earthing resistance
工频电流流过接地装置时，接地装置与远方大地之间的电阻。其数值假定等于接地装置对地电位最大值与通过接地装置流入地电流最大值的比值。

16.204　冲击接地电阻　impulse earthing resistance
冲击电流流过接地装置时，假定接地装置对地电位峰值与通过接地体流入地中电流的峰值(冲击电流峰值)的比值。

16.205　防静电接地　static electricity protection earthing
为防止静电危害影响而设置的接地。

16.206　保护接地　protective earthing
为防止电气装置的金属外壳、配电装置的构架和线路杆塔等带电危及人身和设备安全而进行的接地。

16.207　降阻剂　resistance reducing agent
人工配置的用于降低接地电阻的制剂。

16.208　污秽等级　gradation for surface pollution
根据变电站、架空线路环境污秽程度所划分的等级。我国将变电站的现场污秽度分成四个等级，将线路的现场污秽分为五个等级。

16.209　屏蔽效能　shielding efficiency，SE
又称“*屏蔽效率*”。在有屏蔽体时，被屏蔽空间内某点的场强与没有屏蔽体时该点场强的比值。以 dB 为单位表示。

16.210　带电作业　live working
工作人员接触带电部分的作业或工作人员用操作工具、设备或装置在带电区域的作业。

16.211　带电部分近旁作业　working in the vicinity of live part
工作人员采用工具或任何其他物件进入带电作业区域近旁，但还未进入带电作业区域进行的作业。

16.212 带电作业区域 live working zone
带电部分周围的空间。需依靠适当方法防止发生触电，即使熟练工作人员也应保持合适的空气距离并采用工具进行带电作业。

16.213 带电作业邻近区域 vicinal zone of live working
带电作业区域之外，但还存在触电危险的有限空间。

16.214 带电作业位置 live working location
将进行、正在进行或曾经进行过带电作业的场所。

16.215 绝缘杆作业 hot stick working, indirect working
又称"间接作业"。作业人员与带电部件保持一定的距离，用绝缘杆进行的作业。

16.216 绝缘手套作业 insulation glove working
作业人员通过绝缘手套和其他绝缘器材进行电气防护而与带电部分直接接触所进行的作业。

16.217 等电位作业 bare hand working, equal potential working
作业人员通过电气连接，使自己身体的电位上升至带电部件电位，且与周围不同电位适当隔离，直接对带电部分进行的作业。

16.218 作业距离 working distance
距带电部分的一段空气距离。由带电作业所要求的绝缘水平确定，使工作人员在实际操作或靠详细指南能保证安全的距离。

16.219 最小安全距离 minimum approach distance, minimum working distance
又称"最小作业距离"。工作人员身体各部位，包括手持导电工具与不同电位任何部件之间所需保持的最小空气距离。

16.220 电气距离 electrical distance
带电作业时，带电部分之间和(或)带电部分与接地部件之间，发生放电概率很小的空气间隙距离。

16.221 人机操纵距离 ergonomic distance, ergonomic component distance
考虑到在作业过程中无意识的移动和距离判断上误差的空气距离。

16.222 带电作业工具 tools for live working
经过特殊设计或改制的用于带电作业的工具、装置和设备，必须进行专项试验和特殊保管。通常包括包覆绝缘材料的工具，由绝缘材料制成的工具，用于低电压采用绝缘手套作业方法进行操作，通常指螺丝刀、钳子、扳手、刀具等手工工具。

16.223 绝缘杆 insulating stick
由带端部配件的绝缘管或棒制成的工具。通常包括操作杆、扎线杆、钩头杆、通用操作杆。

16.224 绝缘遮蔽罩 insulating protective cover
由绝缘材料制成，用来罩住带电或不带电部件或邻近的接地部件的硬质或软质的罩。以防止接触这些部件。通常包括端帽、导线罩、悬垂串遮蔽罩、针式绝缘子遮蔽罩。

16.225 带电作业可装配通用工具 attachable universal tool for live working
通用操作杆的端部装有通用附件的工具。

16.226 带电作业通用工具附件 attachment of universal tool for live working
通用操作杆端部安装的工具附件。通常包括通用连接器、挂钩杆连接器、绕线器、绑线器。

16.227 带电作业旁路器具 by-passing

equipment for live working
用来旁路保险器或带负荷断开或接通电路的器具。通常指分流叉、负荷接触跳线。

16.228 带电作业个人防护器具 personal protective equipment for live working, PPE for live working
个人穿戴，用来防护或抵御电气危险的服装、器具或装备。通常指安全帽、防护眼镜、安全风镜、面罩、防护面屏、屏蔽服、等电位联线、绝缘服、绝缘手套、绝缘手套护套、机械防护手套、绝缘袖套、绝缘鞋、安全靴、安全鞋、绝缘套鞋等。

16.229 带电作业攀登就位机具 equipment for climbing and positioning for live working
由可移动式升降工作台、能移动位置的工作平台、使工作平台移动的伸缩结构、以及绝缘斗臂车组成的带电作业机具。

16.230 带电作业手持设备 handling equipment for live working
用于带电作业手持操作的器具和设备。通常包括由绝缘材料制成的绳索、绝缘子卡具、塔臂吊轭、带链条的提升式支座、绳缓冲托架、链接器、自动卡线钳、绝缘子叉等。

16.231 带电作业检测试验设备 detecting and testing equipment for live working
通常包括测量长度或间距的绝缘测杆、表面泄漏电流计、湿度计、验电器、电压检测系统、电压指示装置、确定供电电源相位的核相仪、指示工作电压的指示器、与被测试电路元件形成电气连接的接触电极等装置。

16.232 接地和短路装置 grounding and short-circuiting equipment
为了接地和短路，通过绝缘工具连接到电气设备上的接地装置。通常有便携式接地

短路装置，以及用于接地和短路的枪状导电棒。

16.233 短路装置 short-circuiting device
短接回路用的连接装置。包括短路绞线、短路条、连接组、地线线夹和导线线夹。

16.234 带电作业永久连接点 permanent connection point for live working
导线线夹连接件的特定部位，连接件通常有圆形销、圆形螺钉、蝶形、马镫形双头螺栓。

16.235 带电作业接地棒 grounding stick for live working
带有固定的或可拆卸的联接器的绝缘棒。用来安装导线线夹、短路条或导电元件。

16.236 接地和短路装置的额定电流和额定时间 rated current and rated time for grounding and short-circuiting equipment
接地和短路装置承受的电流有效值及焦耳值的规定值。

16.237 带电作业支撑装配设备 support assembly equipment for live working
用于带电作业导线的机械支撑设备。包括导线支撑装置、紧线器、绝缘子双拉杆、绝缘子单拉杆、悬垂绝缘子工具、绝缘子支撑工具、辅助臂装置、托瓶架、滑轮组件、绝缘起重机具、非绝缘起重工具等。

16.238 带电作业牵引设备 stringing equipment for live working
用于架线作业牵引导线的设备。包括张力机、移动接地、架线滑轮组、牵引机、牵引机卷筒。

16.239 带电作业固定式清洗系统 fixed washing system for live working
安装在被清洗的绝缘子附近，供水管和喷嘴为固定安装，能在清洗区域之外的地方

操作的清洗系统。

16.240 带电作业移动式清洗系统 mobile washing system for live working

供水管和带喷嘴的喷嘴管等部件均为完全活动式，需要时，可移至被清洗的绝缘子附近，且可手工操作控制的清洗系统。

16.241 带电作业清洗区域 washing area for live working，washing zone for live working

带电清洗水喷射范围内的区域。

16.242 直接喷射 full jet

带电清洗时，水从喷嘴以柱状且以一定距离单独落下的喷射。

16.243 发散喷射 spray jet

带电清洗时，水从喷嘴以清晰的发散状且以雾状杂乱落下的喷射。

17. 高压直流输电

17.001 高压直流输电系统 high voltage direct current transmission system，HVDC transmission system

以高压直流的形式输送电能的系统。包括换流站、输电线路、接地极等。主要用于长距离、大容量输电、不同频率电网或异步电网互联等。

17.002 两端高压直流输电系统 two-terminal HVDC transmission system，TTDC transmission system

由两个高压直流输电换流站和连接它们的高压直流线路组成的高压直流输电系统。

17.003 多端高压直流输电系统 multi-terminal HVDC transmission system

由两个以上高压直流输电换流站和连接它们的高压直流线路组成的高压直流输电系统。

17.004 背靠背换流站 back-to-back converter station

在同一地点的交流母线之间传输电能的高压直流换流站。

17.005 高压直流背靠背系统 HVDC back-to-back system

在同一地点的交流母线之间传输能量的高压直流系统。

17.006 单向高压直流系统 unidirectional HVDC system

仅向一个方向传输能量的高压直流系统。

17.007 双向高压直流系统 bidirectional HVDC system

能双向传输电能的高压直流系统。如果是多端高压直流系统，有一个或多个换流站双向，即是双向高压直流系统。

17.008 高压直流系统极 pole of HVDC system

在正常运行时，其直流部分对地处于共同的直流电压极性的高压直流系统的一部分。包括各换流站的部分设备和互相连接的输电线路。

17.009 单极高压直流系统 mono-polar HVDC system

仅有一个极的高压直流系统。

17.010 双极高压直流系统 bipolar HVDC system

两个对地处于相反极性的极组成的高压直流系统。

17.011 单极大地回线高压直流系统 mono-

polar ground return HVDC system
以大地作为高压直流换流站中性点之间电流返回通路的单极系统。

17.012　双极大地回线高压直流系统　bipolar ground return HVDC system
以大地作为高压直流系统中性点之间电流返回通路的双极系统。

17.013　单极金属回线高压直流系统　monopolar metallic return HVDC system
以金属回路作为高压直流换流站中性点之间电流返回通路的单极系统。

17.014　双极金属回线高压直流系统　bipolar metallic return HVDC system
以金属回路作为高压直流系统中性点之间电流返回通路的双极系统。

17.015　高压直流换流站　HVDC converter station
具有整流站、逆变站功能或同时具有整流站和逆变站功能的高压直流系统设施。由安装在一个地点的一个或多个换流器，与相应的建筑物、变压器、电抗器、滤波器、无功补偿设备、控制、监视、保护、测量设备和辅助设备等组成。

17.016　变频站　frequency conversion station
在同一地点与两个不同频率的交流系统相连的高压直流换流站。

17.017　高压直流输电线路　HVDC transmission line
高压直流输电系统的一部分，由架空线路和(或)电缆线路、或部分架空线路和部分电缆线路组成，其终端在换流站。

17.018　高压直流输电线路极线　HVDC transmission line pole
高压直流输电线路的一部分，属于高压直流系统的同一极。

17.019　接地极　earth electrode
放置在大地或海水中的导电元件组。提供直流电路的一点与大地之间的低阻通路，有在一定时间内连续通过电流的能力。

17.020　接地极线路　earth electrode line
连接换流站直流中性母线与接地极的绝缘线路。

17.021　换流站主接线　converter station scheme
换流站的接线方式。包括换流器接线，换流变压器与换流器的连接方式，交流滤波器接入系统方式，直流开关场接线以及交流开关场接线方式。

17.022　换流变压器　converter transformer
简称“换流变”。又称“变流变压器”。将电能从交流系统传输给一个或多个换流桥，或者相反传输的变压器。

17.023　网侧绕组　line side winding
换流变压器连接交流系统的绕组。

17.024　阀侧绕组　valve side winding
换流变压器连接一个或多个换流桥交流端子的绕组。

17.025　直流电抗器　DC reactor
又称“平波电抗器(smoothing reactor)”。在直流侧与换流器或换流器组串联，用于平滑直流电流和降低暂态电流的电抗器。

17.026　直流电抗器避雷器　DC reactor arrester
连接在直流电抗器端子间的避雷器。

17.027　直流接地开关　DC grounding switch
装设于中性母线与换流站接地网之间的接地开关。

17.028　直流电流互感器　DC current transformer
装设于换流站高压直流线路端以及换流站内中性母线和接地极线路处的直流电流测

量装置。

17.029 直流分压器 DC voltage divider
直流电压测量装置。由电阻分压器和直流放大器组成。

17.030 直流冲击电容器 DC surge capacitor
装设于直流线路与换流站接地网之间，用于降低施加到换流站设备上的雷电冲击波的幅值和陡度的电容器。

17.031 直流阻尼电路 DC damping circuit
用于降低直流线路上暂态电压和(或)改变谐振条件的电路。

17.032 直流母线避雷器 DC bus arrester
在直流电抗器与直流线路隔离开关之间的直流母线与换流站接地网之间连接的避雷器。

17.033 直流线路避雷器 DC line arrester
在高压直流换流站内的高压直流线路与换流站接地网之间连接的避雷器。

17.034 直流滤波器 DC filter
与直流电抗器和直流冲击电容器配合，主要用于降低高压直流输电线路上和/或接地极线路上的电流或电压波动的滤波器。

17.035 交流滤波器 AC filter
用于降低交流母线上的谐波电压和降低注入相连交流系统的谐波电流而设计的滤波器。

17.036 高压直流换流站接地网 HVDC converter station ground mat
换流站内的大型网状接地装置。提供从高压直流换流站设备的接地部分到大地的低阻抗通路，有承受瞬间大冲击电流的能力。

17.037 [直流]中性母线电容器 [DC] neutral bus capacitor
在直流中性母线与换流站接地网之间连接的电容器组。

17.038 [直流]中性母线避雷器 [DC] neutral bus arrester
在直流中性母线与换流站接地网之间连接的避雷器。

17.039 直流断路器 DC circuit breaker
用于直流系统运行方式转换或故障切除的断路器。如金属回线转换断路器(MRTB)，大地回线转换开关(GRTS)。

17.040 金属回线转换断路器 metallic return transfer breaker，MRTB
用于将直流电流从大地回线通路转换到金属回线通路的开关设备。

17.041 大地回线转换开关 ground return transfer switch，GRTS
用于将直流电流从金属回线通路转换到大地回线通路的开关设备。

17.042 低压高速开关 low voltage high speed switch，LVHSS
接于极中性线侧，用于当换流器内发生除接地故障以外的故障时，进行隔离操作的开关设备。

17.043 金属回线 metallic return
单极或双极高压直流系统为了避免直流电流流经大地而专门采用的地电位电流返回通路；或双极高压直流系统单极运行时，由其一条极线构成的地电位电流返回通路。

17.044 大地回线 ground return
单极高压直流系统或双极高压直流系统单极运行时，由大地构成的电流返回通路。

17.045 换流 conversion
将交流电转换为直流电或将直流电转换为交流电的过程。

17.046 换流器 converter

又称“变流器”。由单个或多个换流桥组成的进行交、直流转换的设备。

17.047 整流器 rectifier

将交流转换成直流的换流器。

17.048 逆变器 inverter

将直流转换成交流的换流器。

17.049 电网换相换流器 line commutated converter, LCC

由交流系统提供换相电压进行换相的换流器。

17.050 电容换相换流器 capacitor commutated converter, CCC

由阀侧电压和换相电容器上的电压之和提供换相电压进行换相的换流器。换相电容器串联在换流器和换流变压器之间。

17.051 电压源换流器 voltage source converter, VSC

由具有关断能力的器件(如绝缘栅双极晶体管(IGBT))组成的换流器。

17.052 换流器单元 converter unit

由一个或多个换流桥，一台或多台换流变压器、换流器控制装置、基本保护和开关，以及用于换流的辅助设备组成的单元。

17.053 换流臂 converter arm

换流电路的一部分，连接在交、直流端子之间，具有单向导电能力，由在换流中起主要作用的阀及其辅助部件构成。

17.054 可控换流臂 controllable converter arm

由外部施加的信号决定正向导通的换流臂。

17.055 不可控换流臂 non-controllable converter arm

由加在端子上的电压决定正向导通的换流臂。

17.056 旁通臂 by-pass arm

仅在换流器单元的直流端子之间连接的单向导通的旁通通路。通常用于采用汞弧阀的换流技术。

17.057 旁通通路 by-pass path

单个或多个换流桥直流端子间的低阻通路。既可由单向通路(如旁通臂或旁通对)，也可由双向通路(如旁通开关)构成。

17.058 旁通对 by-pass pair

换流桥中连接同一相交流端子的两个换流臂所形成的旁通通路。

17.059 换流器联结 converter connection

构成换流器主电路功能所必须的桥臂和其他部件的电气联结。

17.060 换流桥 converter bridge

用于实现桥式换流联结的装置。也可包括旁通臂在内。

17.061 脉动数 pulse number

在交流线电压一个周期内所出现的非同时对称换相次数。是换流器联结的一个特征。

17.062 六脉动桥 six-pulse bridge

由六个换流臂组成的桥式换流联结单元。

17.063 十二脉动桥 twelve-pulse bridge

由交流侧电压相位差为 30°的两个六脉动桥组成的单元。

17.064 阳极半桥 anode half bridge

各换流臂的阳极端子互相连接构成换流桥一个换相组的设备。

17.065 阴极半桥 cathode half bridge

各换流臂的阴极端子互相连接构成换流桥一个换相组的设备。

17.066 全控联结 fully controllable connection

由可控换流臂组成的联结。

17.067 不可控联结 non-controllable connection

由不可控换流臂组成的联结。

17.068 [换流]阀 [converter] valve

实现可控或不可控单向导电的设备。在换流桥中，实现换流臂的功能。

17.069 [换流]主阀 [converter] main valve

用作换流臂的阀。

17.070 旁通阀 by-pass valve

用作旁通臂的阀。

17.071 可控阀 controllable valve

具有栅极或门极的阀。必须施加栅极或门极脉冲使其开通。

17.072 单阀单元 single valve unit

仅由一个阀组成的单元。

17.073 多重阀单元 multiple valve unit, MVU

由多个阀叠装而成的单元。通常有分别用二个、四个、八个阀串联构成的双重阀、四重阀和八重阀。

17.074 汞弧阀 mercury arc valve

具有冷阴极的汞蒸气离子阀。

17.075 半导体阀 semiconductor valve

由带有辅助设备的半导体器件组成的阀。

17.076 二极管阀 diode valve

以二极管作为主要半导体器件的半导体阀。

17.077 晶闸管阀 thyristor valve

以晶闸管作为主要半导体器件的半导体阀，由多个晶闸管及其辅助部件组成。

17.078 晶闸管级 thyristor valve level

由单个晶闸管或若干晶闸管并联，与紧靠它们的辅助设备组成的阀部件。

17.079 冗余晶闸管级 redundant thyristor level

在晶闸管阀中被短接后仍能满足阀所规定的型式试验要求的晶闸管级。

17.080 晶闸管组件 thyristor module

由晶闸管和紧靠它们的辅助设备组装在一起的阀部件。

17.081 阀组件 valve module

由若干晶闸管及其触发、保护、均压和阀电抗器等组成的部件。

17.082 阀结构 valve structure

组装成阀的晶闸管级实体结构。对地电位有相应的绝缘。

17.083 阀电子电路 valve electronics

在阀电位上执行控制功能的电子电路。

17.084 阀接口单元 valve interface unit, valve base electronics, VBE

又称"阀基电子设备"。地电位控制设备与换流阀电子电路之间接口的电子设备。

17.085 阀支架 valve support

对阀组件安装起机械支撑和对地电气绝缘作用的部件。

17.086 阀基 valve base

阀的一部分，起支持作用，并使阀的带电部分对地绝缘。

17.087 阀电抗器 valve reactor

在阀的内部与晶闸管串联的电抗器。

17.088 阳极端子 anode terminal

正向电流由外电路流向此端子的阀的一个主端子。

17.089 阴极端子 cathode terminal

正向电流由此流向外电路的阀的一个主端子。

17.090 阀保护性触发 valve protective firing

在预定的电压下触发晶闸管，防止其过电压的保护方法。

17.091　桥避雷器　bridge arrester

在换流桥的直流正、负端子间跨接的避雷器。

17.092　阀避雷器　valve arrester

在阀两端跨接的避雷器。

17.093　换流器避雷器　converter unit arrester

在换流器的直流正、负端子间跨接的避雷器。

17.094　换流器直流母线避雷器　converter unit DC bus arrester

在换流器的高压直流母线和换流站接地网间跨接的避雷器。

17.095　旁路开关　by-pass switch

跨接在一个或多个换流桥直流端子间的开关装置。

17.096　换相　commutation

在换流器同一换相组的两个换流臂之间的电流转换。此过程中两个通路同时流过电流。

17.097　换相电路　commutation circuit

由两个换流臂和换相电压源组成的电路。

17.098　换相电抗　commutating reactance

换相电路中与换相电压串联的全部电抗。

17.099　换相电压　commutation voltage

进行换相的两个换流臂之间的交流电压。

17.100　换相组　commutating group

换流桥中与同一直流端子相连的换流臂。

17.101　阳极阀换相组　anode valve commutating group

换流桥臂的阳极端子互连的换相组。

17.102　阴极阀换相组　cathode valve commutating group

换流桥臂的阴极端子互连的换相组。

17.103　换相数　commutation number

在交流线电压一个周期内，发生在每个换相组的换相次数。在桥式换流器联结中，每个换相组的换相数 $q=3$。

17.104　整流运行　rectifier operation, rectification

又称“整流”。换流器或高压直流换流站将电能从交流转换成直流的运行方式。

17.105　逆变运行　inverter operation, inversion

简称“逆变”。换流器或高压直流换流站将电能从直流转换成交流的运行方式。

17.106　触发　triggering

使阀或换流臂正向导通的控制作用。

17.107　[阀]触发脉冲　[valve] firing pulse

使阀或换流臂由关断变为导通的控制脉冲。

17.108　[延迟]触发角　[delay] trigger angle

又称“延迟角”。从理想的正弦换相电压正向过零点至正向导通开始时刻的时间，以电角度表示。符号“α”。

17.109　换相角　overlap angle

又称“重叠角”。两个换流桥臂之间换相的持续时间，以电角度表示。符号“μ”。

17.110　超前[触发]角　advance [trigger] angle

从逆变器触发脉冲出现时刻至理想正弦换相电压负向过零点的时间，以电角度表示。符号“β”。超前角 β 与触发角 α 的关系为：$\beta=\pi-\alpha$。

17.111　关断角　extinction angle, margin angle

又称“熄弧角”。从可控阀的正向电流减小

到零的时刻至加在阀上的理想正弦换相电压的正向过零点的时间，以电角度表示。符号“γ”。关断角 γ 与超前角 β 及换相角 μ 的关系为：$\gamma=\beta-\mu$。

17.112 关断间隔 hold-off interval
从可控阀的正向电流减小到零的时刻到同一阀开始承受正向电压时刻的时间。关断间隔以电角度表示时，通常认为是关断角。

17.113 临界关断间隔 critical hold-off interval
使逆变器能够维持工作的最小关断间隔。

17.114 导通间隔 conducting interval
阀或臂在运行周期内处于导通状态的时间。

17.115 阻断间隔 blocking interval，idle interval
又称“空闲间隔”。阀或臂在运行周期内处于阻断状态的时间。

17.116 导通 conducting
阀或臂呈现低电阻流过正向电流的状态。

17.117 导通比 conducting ratio
导通时间对导通与不导通时间之和的比。

17.118 正向阻断间隔 forward blocking interval
阻断期间的一部分，在此期间阀处于正向阻断状态。

17.119 反向阻断间隔 reverse blocking interval
阻断期间的一部分，在此期间阀处于反向阻断状态。

17.120 正向 forward direction，conducting direction
又称“导通方向”。电流从阀的阳极端子流向阀的阴极端子的方向。

17.121 反向 reverse direction，non-conducting direction
又称“非导通方向”。从阀的阴极端子向阀的阳极端子的方向。

17.122 正向电流 forward current
沿低阻方向流过阀的电流。

17.123 反向电流 reverse current
当施加反向电压时流过阀的电流。

17.124 正向电压 forward voltage
阳极相对于阴极为正时，施加在阀或桥臂的阳极与阴极端子间的电压。

17.125 反向电压 reverse voltage
阳极相对于阴极为负时，施加在阀或桥臂的阳极与阴极端子间的电压。

17.126 导通状态 conducting state，on-state
又称“通态”。阀呈现低电阻时的状态。

17.127 阀电压降 valve voltage drop
在导通状态期间，阀两端的电压。

17.128 非导通状态 non-conducting state，blocking state
又称“阻断状态”。阀呈现高电阻时的状态。

17.129 正向阻断状态 forward blocking state，off-state
又称“断态”。当在可控阀的两个主端子上施加正向电压时的非导通状态。

17.130 反向阻断状态 reverse blocking state
当在阀的两个主端子上施加反向电压时的非导通状态。

17.131 换流器闭锁 converter blocking
通过停发阀的控制脉冲，停止换流器换相的操作。

17.132 换流器解锁 converter deblocking
通过发出阀的控制脉冲，解除换流器闭锁，使其开始换相的操作。

17.133 阀闭锁 valve blocking

通过停发阀的控制脉冲，停止可控阀工作的操作。

17.134 阀解锁 valve deblocking

通过发出阀的控制脉冲，解除可控阀的闭锁，使其导通的操作。

17.135 换流器故障 converter fault

发生在换流变压器阀侧与直流电抗器阀侧之间的故障。

17.136 换相失败 commutation failure

换相过程中，电流未能从导通的换流臂转换至相继导通的换流臂使换相不成功的故障。

17.137 穿通 break-through

阀或换流臂暂时失去正向阻断能力，使可控阀或换流臂在正向阻断间隔内仍能流过正向电流。

17.138 逆燃 back-fire

阀或换流臂失去反向阻断能力，使反向电流通过的现象。

17.139 开通 firing

在阀或换流臂的导通方向建立电流的过程。使其从阻断状态变为导通状态。

17.140 触发失败 triggering failure

在正向电压期间，阀或换流臂未能在要求的瞬间开通的现象。

17.141 误开通 false firing

阀或换流臂在不应开通的时刻触发开通的现象。

17.142 正向击穿 forward breakdown

阀永远失去正向阻断能力的故障。

17.143 反向击穿 reverse breakdown

阀永远失去反向阻断能力的故障。

17.144 断续流通 intermittent flow

直流电流间断流通。

17.145 连续流通 continuous flow

直流电流不间断流通。

17.146 熄灭 quenching

换流臂在换相期以外终止导通的现象。

17.147 断态工作峰值电压 peak working off-state voltage

阀或换流臂上出现的断态电压最大瞬时值。不包括重复和不重复瞬变电压。

17.148 断态重复峰值电压 repetitive peak off-state voltage

阀或换流臂上出现的重复断态电压最大瞬时值。

17.149 断态不重复峰值电压 non repetitive peak off-state voltage

阀或换流臂上出现的任何不重复断态电压最大瞬时值。

17.150 反向工作峰值电压 peak working reverse voltage

阀或换流臂上出现的反向电压最大瞬时值。不包括重复和不重复瞬变电压。

17.151 反向重复峰值电压 repetitive peak reverse voltage

阀或换流臂上出现的重复反向电压最大瞬时值。

17.152 反向不重复峰值电压 non repetitive peak reverse voltage

阀或换流臂上出现的不重复反向电压最大瞬时值。

17.153 门极触发电压 gate trigger voltage

产生门极触发电流所必需的最小门极电压。

17.154 门极不触发电压 gate non-trigger voltage

不致使阀从断态转至通态的最大门极电

压。

17.155 门极触发电流 gate trigger current

使阀从断态转至通态所必需的最小门极电流。

17.156 门极不触发电流 gate non-trigger current

不致使阀从断态转至通态的最大门极电流。

17.157 维持电流 holding current

使阀维持通态所必需的最小电流。

17.158 擎住电流 latching current

使阀从断态转至通态并在去除触发信号时，维持通态所必需的最小电流。

17.159 断态电压临界上升率 critical rate of rise of off-state voltage

在规定条件下，不导致阀从断态转至通态的最大电压上升率。

17.160 通态电流临界上升率 critical rate of rise of on-state current

在规定条件下，阀能承受的最大通态电流上升率。

17.161 直流系统保护 DC system protection

直流输电系统的保护。通常包括换流器保护、直流开关场保护、直流线路保护、接地极线路和接地极保护、换流变压器保护及交流滤波器保护。

17.162 换流器短路保护 converter short circuit protection

通过比较换流变压器阀侧电流和直流电流，检测换流桥内部短路，闭锁换流器单元并断开相关的交流断路器的保护。

17.163 直流过电流保护 DC overcurrent protection

通过测量换流器直流侧电流的幅值，当发生故障电流超过给定值时闭锁换流器的保护。

17.164 换相失败保护 commutation failure protection

通过测量交/直流电流之差检测换相失败的保护。若故障不能自然恢复，立即提前触发故障的逆变器，若仍不能恢复，则闭锁换流器。

17.165 直流谐波保护 DC harmonic protection

直流侧基波和谐波频率分量在规定的时间内超过给定的阈值，使相关的极闭锁的保护。

17.166 电压应力保护 voltage stress protection

通过连锁换流变压器分接开关，避免交流电压对换流设备产生过高的电气应力，避免阀避雷器过应力以及换流变压器过励磁的保护。

17.167 触发角过大保护 excessive delay angle protection

检查和限制主回路设备在触发角过大运行时所受应力的保护。

17.168 直流过电压保护 DC overvoltage protection

防止直流线路过电压的保护。通过测量直流电压，直流电流和触发角来防止直流线路过电压。

17.169 直流线路保护 DC line protection

直流线路故障的保护。包括直流线路行波保护、微分欠压保护、直流线路纵差保护等。

17.170 高压直流输电控制系统 HVDC transmission control system

包括高压直流输电换流站和高压直流输电线路全部控制功能的分层结构的控制系

统。

17.171 两端高压直流输电控制系统 two-terminal HVDC control system
控制两端直流输电系统的控制系统。

17.172 多端直流输电控制系统 MTDC control system
控制多端直流输电系统的控制系统。

17.173 高压直流系统主控制 HVDC system master control
高压直流输电控制系统的系统控制级，向换流站控制系统，如功率控制系统和电流控制系统提供基准信号。

17.174 高压直流换流站控制 HVDC converter station control
高压直流输电控制系统的换流站内的控制级。包括站内的控制、保护和监测系统。

17.175 高压直流系统双极控制 HVDC system bipolar control
高压直流输电控制系统中同时协调控制双极运行的控制层次。

17.176 高压直流系统极控制 HVDC system pole control
高压直流输电控制系统中一个极的控制层次。通常换流站每个极均需配备一个极控制，包括使该极稳定运行所要求的基本控制功能。

17.177 换流器单元控制 converter unit control
高压直流输电系统中一个换流单元的控制层次。控制换流器的触发相位。

17.178 换流器单元顺序控制 converter unit sequence control
换流器单元控制的一个组成部分，在换流器单元运行条件发生变化时，控制换流器的动作顺序。

17.179 换流器单元触发控制 converter unit firing control
换流器单元控制的一个组成部分，按所需时间间隔产生阀控制脉冲。

17.180 换流器单元分接开关变换控制 converter unit tap changer control
换流器单元控制的一个组成部分，控制换流变压器分接开关变换。

17.181 换流器单元监测 converter unit monitoring
换流器单元控制的一个组成部分，监测换流器单元的电气参数、机械参数和热参数。

17.182 换流器单元保护 converter unit protection
换流器单元控制的一个组成部分，保护换流器单元各部分免受异常的电气、机械或热的因素造成的危害。

17.183 换流阀控制 valve control
简称“阀控”。换流阀的触发、监测、保护和控制部分。是高压直流输电控制系统中对各换流阀分别设置的一个控制层次。

17.184 阀控制脉冲 valve control pulse
由换流器单元触发控制产生的脉冲。其发出时间确定每个换流阀或旁通阀的开通时刻。

17.185 阀触发 valve firing
阀控的一部分，启动阀的触发。

17.186 阀监测 valve monitoring
阀控的一部分，监测阀的状态。

17.187 阀保护 valve protection
阀控的一部分，通过启动或停止阀触发来保护阀。

17.188 高压直流输电控制方式 HVDC transmission control mode
为保持一个或多个电参数与整定值而对换

流器、极或高压直流系统进行控制的方法。

17.189　相位控制　phase control
控制换流阀正向电流周期导通时刻的控制方法。

17.190　分相控制　individual phase control
控制换流阀正向电流周期导通时刻的一种方法。无论交流电压是否平衡，主要保持换流器内各换流阀的触发角基本相等。

17.191　对称相控　symmetrical phase control
各换流阀触发角均相等的相位控制方法。

17.192　非对称相控　asymmetrical phase control
各换流阀具有不同触发角的相位控制方法。

17.193　顺序相位控制　sequential phase control
按一定顺序确定各换流阀触发角的相位控制方法。

17.194　等间隔控制　equidistant control
保持换流器内各换流阀的控制脉冲在时间上等距的控制方式。

17.195　电流裕度控制　current margin control
保持整流器电流调节器定值与逆变器电流调节器定值有一定差值的控制方式。

17.196　电压控制方式　voltage control mode
高压直流输电系统交流侧或直流侧电压的控制方式。

17.197　电流控制方式　current control mode
高压直流输电系统直流电流的控制方式。

17.198　功率控制方式　power control mode
高压直流输电系统输送功率的控制方式。

17.199　无功功率控制方式　reactive power control mode
换流器或高压直流换流站和与其连接的交流电网之间交换无功功率的控制方式。

17.200　频率控制方式　frequency control mode
利用改变直流输送功率，控制相连接的一个或多个交流电网频率的控制方式。

17.201　阻尼控制方式　damping control mode
对连接一个或多个交流电网中的电网不稳定或次同步振荡等机电振荡阻尼的辅助控制方式。

17.202　低压限流控制　voltage dependent current limit control，VDCLC
在某些故障情况下，当直流电压低于某一值时，自动降低直流电流调节器的整定值，使直流电流降低，待直流电压恢复后又自动恢复其整定值，使直流电流恢复的控制功能。

17.203　等触发角控制　equal delay angle control，individual phase control
又称“按相控制”。阀控制脉冲的一种控制方式，无论交流电压是否平衡，保持换流器内各换流阀的触发角基本相等。

17.204　等距触发控制　equidistant firing control
阀控制脉冲的一种控制方式，无论交流电压是否畸变或不平衡，保持换流器内各换流阀的控制脉冲在时间上是等距的。

17.205　触发角控制　α control
将触发角保持在设定值的换流器的一种控制方式。

17.206　最小触发角控制　minimum α control
防止触发角减小到低于最小设置值的控制。

17.207　关断角控制　γ control

将关断角保持在设定值的一种逆变器的控制方式。

17.208 最小关断角控制 minimum γ control
防止关断角减小到低于设置的最小值的控制。

17.209 控制指令 control order
在控制方式中，期望的控制参量的定值。

17.210 电流指令 [DC] current [control] order
直流电流调节器的电流定值。

17.211 电压指令 [DC] voltage [control] order
直流电压调节器的电压定值。

17.212 极电流平衡 pole current balancing
在双极系统中，控制两个极电流的平衡。用于限制高压直流系统中性点之间流过的电流幅值。

18. 输 电 线 路

18.001 [电力]线路 [electric] line
用于电力系统两点之间输电的导线、绝缘材料和各种附件组成的设施。

18.002 输电线路 transmission line
又称“送电线路”。一般指 110 kV 及以上电压等级的电力线路。

18.003 架空线路 overhead line
用绝缘子及电力金具将导线架设于杆塔上的电力线路。某些架空线路也可能采用绝缘导线。

18.004 交流线路 AC line
接至交流电源或连接两个交流电网的线路。

18.005 直流线路 DC line
接在换流站之间以直流传输电力的线路。

18.006 [交流线路的]相 phase [of an AC line]
正常状态下通电的多相交流线路的任何导线或分裂导线的标识符号。

18.007 [架空线路的]回路 circuit [of an overhead line]
通过电流的导线或导线系统。

18.008 紧凑型输电线路 compact transmission line
采用缩小相间距离、优化导线排列、增加相分裂子导线根数等改变线路几何结构的方法设计的输电线路。

18.009 气体绝缘线路 gas insulated line, GIL
将导体封装在充以压缩绝缘气体管道中的电力线路。

18.010 单回路 single circuit line
同一个杆塔上只安装有一个回路的线路。

18.011 双回路 double circuit line
同一杆塔上安装有电压与频率不一定相同的两个回路的线路。

18.012 多回路 multiple circuit line
同一杆塔上安装有电压与频率不一定相同的若干回路的线路。

18.013 单极线 mono-polar line
仅一极连接电源和负荷通过大地形成返回电路的直流线路。

18.014 双极线 bipolar line
有两极连接电源和负荷的直流线路。

18.015　居民区　residential area

工业企业地区、港口、码头、火车站、城镇等人口密集区。

18.016　非居民区　non-residential area

除居民区以外的一般区域。虽常有人、车辆或农业机械到达，但未建房屋或房屋稀少的区域，也属于非居民区。

18.017　交通困难地区　difficult transport area

非居民区中，车辆、农业机械难以到达的地区。

18.018　架空线路保护区　shelter area [of an overhead line]

为保证已建架空线路的安全运行和保障人民生活的正常供电而设置的安全区域。在居民区，架空线路保护区为两侧边相导线在最大计算风偏时的水平距离和带电导线距建筑物的水平安全距离之和所形成的两平行线内的区域。

18.019　线路自然功率　surge impedance load，SIL

由线路电容和电感引起的无功功率相平衡而使线路呈现纯电阻性时，该线路所输送的功率。

18.020　线路波阻抗　surge impedance of a line

等同于所给定线路参数的一条无限长线路上的行波的电压与电流比值。

18.021　[架空线路的]导线　conductor [of an overhead line]

通过电流的单股线或不相互绝缘的多股线组成的绞线。

18.022　导线振动　conductor vibration

导线的周期性运动。

18.023　微风振动　aeolian vibration

一种由风引起的主要在垂直方向的导线振动，其振动频率相对较高，为十赫兹至数十赫兹，幅值为导线直径的数量级。

18.024　次档距振动　subspan oscillation

一根或多根子导线主要在水平方向的振动。其振动频率为几赫兹，幅值为子导线的直径的数量级。

18.025　导线舞动　conductor galloping

导线在垂直平面以几分之一赫兹的低频和高振幅的振动。其振幅最大值可达初始弧垂值的数量级。

18.026　导线[脱冰]跳跃　sleet jump of conductor

因附着于导线的冰雪突然脱落而发生的导线弹跳。

18.027　输电线路巡视检查　inspection and survey of transmission line

为掌握线路的运行状况、及时发现设备缺陷和威胁线路安全运行的情况，工作人员用眼睛或望远镜以及其他工具和仪器对线路的各个部件进行观察、检查和测量。

18.028　输电线路维修　transmission line maintenance

为消除输电线路的缺陷和异常情况，维持线路设施的正常使用寿命而进行的维护检修工作。

18.029　输电线路[力学]试验　test of transmission line

通常指对线路及其构件进行的力学性能试验。

18.030　工频电场　power frequency electric field

电荷量随时间作工频周期变化产生的电场。表示工频电场强度的物理量为电场强度，其单位为伏/米(V/m)，工程上常用千伏/米(kV/m)。

18.031　工频磁场　power frequency magnetic

field

随时间作工频周期变化的磁场。表示工频磁场的物理量为磁感应强度，其单位为特斯拉(T)，工程上常用微特斯拉(μT)。

18.032 畸变场 distortion field

由于物体的介入，场的幅值、方向发生改变，或者两种兼有之的场。

18.033 民房 residence

长时间有人居住的建筑物。包括经规划批准建设的医院、幼儿园、学校、办公楼等长时间有人居住或工作的建筑物的房间、平台。

18.034 公众暴露 public exposure

各种年龄阶段及不同健康状况的个人受到的电场、磁场暴露，不包括受控环境中的暴露。

18.035 [电晕]无线电干扰 corona interference

架空电力线路发生电晕放电时，向外发射电磁波，对附近的无线电、通信设备等的干扰和沿线路传播的干扰信号对高频载波通道正常工作的影响。

18.036 可听噪声 audible noise

架空电力线路发生电晕放电时，产生的人能够听见的噪声。

18.037 荷载组合 loading assumption

根据国家标准、法规、当地气象数据等确定的用于线路设计的荷载条件的组合。

18.038 荷载状态 loading case

加在一个线路元件上的一组荷载组合。

18.039 工作荷载 working load

未计及安全因数或过载因数规定的荷载组合所构成的荷载。

18.040 标称荷载 normal load, primary load

由风、导线及绝缘子重量和杆塔合成的荷载。包括无冰和覆冰状态。

18.041 专用荷载 special load

由安装、上人维修或线路元件故障所产生的荷载。

18.042 法定荷载 legislative load

在地方或国家法规中所规定的荷载。

18.043 试验荷载 test load

加于架空线的一个部件或若干部件做试验用的荷载。

18.044 破坏荷载 failure load

在规定的试验条件下，导致任何部件破坏的荷载。

18.045 [金具]标称破坏荷载 nominal failure load

由买方指定的或由供方公布的，金具所具有的最小破坏荷载。

18.046 基本设计荷载 ultimate design load

所有部件在任何规定期间不发生破坏而承受的荷载。

18.047 垂直荷载 vertical load

加在与杆塔同一纵坐标的三维系统的杆塔指定点的任何荷载的垂直分量。

18.048 纵向荷载 longitudinal load

加在与杆塔同一纵坐标的三维系统的杆塔指定点的任何荷载的纵向分量。

18.049 横向荷载 transverse load

加在与杆塔同一纵坐标的三维系统的杆塔指定点的任何荷载的横向分量。

18.050 风荷载 wind load

加于架空线路任何部件上由风压产生的水平荷载。包括无冰或覆冰时状态。

18.051 冰荷载 ice loading

线路任何元件上由覆冰而引起的附加荷载。

18.052 均布冰荷载 uniform ice loading
线路段全部跨内，导线和地线上沿长度均匀分布的冰荷载。

18.053 非均布冰荷载 non-uniform ice loading
沿线路一段内，导线或地线上非均匀分布的冰荷载。包括沿导线或地线冰的非均匀积累或非均匀脱落。

18.054 风压不均匀系数 uneven factor of wind speed
反映档距中风压沿线路分布不均匀程度的系数。

18.055 架空输电线路绝缘水平 insulation level of transmission overhead line
架空输电线路绝缘体耐受各种电压的能力。

18.056 风偏 wind deflection
架空输电线受风力的作用偏离其垂直位置的现象。

18.057 风偏角 angle of wind deflection
架空输电线受风力的作用偏离其垂直位置时，与其垂直位置所形成的夹角。

18.058 覆冰厚度 radial thickness of ice
线路元件的覆冰层的厚度。

18.059 覆冰区 ice coverage area
可能发生线路覆冰的地区。

18.060 重冰区 heavy icing area
可能发生线路覆冰厚度在 20 mm 及以上的地区。

18.061 污秽区 polluted area
按典型电气绝缘设计，且按常规清扫周期不能保证安全运行的地区。

18.062 设计气象条件 meteorology condition for design
根据沿线气象资料和附近已有线路的运行经验，按规定的重现期，为线路各种设计工况选定的气象要素组合。由温度、湿度、风速和覆冰厚度等要素组成。

18.063 设计风速 designing wind speed
根据沿线气象资料和附近已有线路的运行经验，按规定的重现期，为线路各种设计工况选定的计算风速。

18.064 临界档距 critical span
两个气象控制条件同时起作用的档距。

18.065 ［输电］线路走廊 transmission line corridor
沿高压架空电力线路边导线，向两侧伸展规定宽度的线路下方带状区域。在该区域内，允许公众进入或从事基本农业及其他受限的生产活动。

18.066 跨越 crossing
一条架空线路从另一条架空线路、道路、铁路、河流等的一侧上方穿越到另一侧。

18.067 上拔 uplift
杆塔受到导线的垂直向上荷载分量作用，使绝缘子串上扬的现象。

18.068 经济电流密度 economic current density
为取得最大的综合经济效益，统一规定的长导体经济截面的电流密度。

18.069 导线允许载流量 conductor permissive carrying current
在最高允许工作温度下，能长期持续通过导线的电流值。

18.070 平均运行张力 everyday tension
导线或地线在年平均气温计算情况下的弧垂最低点的张力。

18.071 综合拉断力 comprehensive breaking strength，UTS
在导线设计条件下的整根导线的拉断力。

18.072 计算拉断力 rated tensile strength, RTS

又称“额定拉断力”。按绞线结构计算的拉断力。其值为各承载构件的承载截面积、最小抗拉强度和绞合系数的乘积的总和。

18.073 集中荷载 centralized load

加在导线某一点上的荷载。

18.074 导线对塔净空距离 clearance between conductor and structure

在一定气象条件下，线路的导线对塔的最短距离。

18.075 [档距中间]导线对架空地线净空距离 [midspan] clearance between conductors and overhead ground wires

在一定气象条件下，线路档距中间的导线对架空地线的最短距离。

18.076 预绞丝 preformed armor rods

用作护线条、补修条或防振线夹部件的螺旋状弹性铝合金丝组。

18.077 杆塔 support, structure [of an overhead line]

通过绝缘子悬挂导线的支持结构的统称。

18.078 塔 tower

用钢材、木材、混凝土等材料构成的支持结构。通常由塔身和横担组成。

18.079 铁塔 steel tower

用钢材构成的支持结构。通常由塔身和横担组成。

18.080 塔高 tower height

塔头顶端到塔脚与基础交界处的总高度。

18.081 耐张塔 tension support, angle support

用耐张绝缘子串(组)悬挂导线或分裂导线的承受导线张力的杆塔。

18.082 直线杆塔 intermediate support

用于架空线路直线段的杆塔。其导线用悬垂线夹、针型或支柱型绝缘子悬挂。

18.083 换位杆塔 transposition support

允许导线在沿线路方向变换相对位置的杆塔。

18.084 终端杆塔 terminal support, dead end tower

用于线路一端承受导线张力的杆塔。

18.085 转角杆塔 angle support

用于改变线路水平方向的杆塔。

18.086 跨越杆塔 crossover tower

用来支承导线及架空地线，跨越江河、湖泊、海峡或山谷等的杆塔。

18.087 拉线杆塔 guyed support, stayed support

由拉线保持稳定性的杆塔。

18.088 自立杆塔 self-supporting support

不用拉线，本身具有稳定性的杆塔。

18.089 猫头塔 cat-head type tower

三相导线三角方式布置、塔头的整体轮廓像猫头的铁塔。

18.090 酒杯塔 cup type tower

三相导线水平方式布置、塔的整体轮廓像酒杯的铁塔。

18.091 拉线 V 型塔 guyed V tower

用两个成 V 形的柱体支持导线及架空地线并由拉线提高稳定性的杆塔。

18.092 拉线门型塔 guyed portal tower

用两个垂直柱体支持导线及架空地线并由拉线提高稳定性的杆塔。

18.093 钢管塔 steel tube tower

主要由钢管构成、通过绝缘子及电力金具悬挂导线的杆塔。

18.094 悬链塔 catenary tower, trapeze

tower

采用钢索和绝缘子串悬挂导线的杆塔。

18.095 单回路塔 single circuit steel tower

支持单回架空输电线的杆塔。

18.096 双回路塔 double circuit steel tower

支持双回架空输电线的杆塔。

18.097 多回路塔 multi-circuit steel tower

支持多回架空输电线的杆塔。

18.098 格构式塔 lattice tower

用构件组装成的塔结构。

18.099 腹杆系 bracing system, lacing system

格构构件的布置方式。

18.100 塔头 top hamper, super structure

塔的上部结构。

18.101 地线支架 earth wire peak

塔头用于挂地线的部件。

18.102 中横担 beam gantry, bridge

门型杆或塔挂导线的水平部件。

18.103 横担 crossarm

塔头挂导线部分。

18.104 曲臂 fork, K frame

塔头支撑横担的部件。

18.105 横隔 plan bracing

某一水平断面的结构部件。

18.106 塔身 tower body

又称“塔体”。塔的垂直区段。

18.107 平口 waist

塔身和塔头之间水平面分界处。

18.108 节点 node, panel point

塔的若干部件的汇合点。

18.109 防爬装置 anti-climbing guard, anti-climbing device

安装或附加在杆塔、结构、拉线等上，增加未经许可的人上爬困难的装置。

18.110 塔脚 foot, footing

塔在塔身与基础交界处的部分。

18.111 加长腿 hill-side extension, leg extension

加在塔基础上的一段塔身。用于补偿塔在山坡处的高差，保持水平，或调整塔的高度。

18.112 塔身加长段 body extension

加在塔最低部位用于增加高度的一段塔身。

18.113 杆塔挠度 support deflection

在水平荷载作用下，杆塔顶端发生位移后的位置与在杆塔不承受水平荷载时的顶端位置的偏离距离(即位移)。

18.114 杆塔偏移 support deviation

由制造、安装误差引起的杆塔顶端偏离杆塔中心线的距离。

18.115 杆 pole

由单根竖直柱子做成的线路支撑结构。可以用木、混凝土、钢或其他材料构成。其一端直接或采用基础埋入土中。

18.116 钢筋混凝土杆 steel reinforced concrete pole

又称“水泥杆”。普通钢筋混凝土杆、部分预应力混凝土杆及预应力钢筋混凝土杆的统称。

18.117 档 span

导线两个相邻悬挂点间的线路部分。

18.118 档距 span length

两相邻杆塔导线悬挂点间的水平距离。

18.119 次档距 sub-span

分裂导线间隔棒之间的距离。

18.120　代表档距　equivalent span，ruling span

由于荷载或温度变化引起张力变化的规律与耐张段实际变化规律几乎相同的假设档距。

18.121　等高档　level span

两相邻杆塔导线悬挂点几乎在同一水平面上的档。

18.122　不等高档　sloping span，inclined span

两相邻杆塔导线悬挂点不在同一水平面上的档。

18.123　斜档距　sloping span length

两相邻不等高档杆塔导线悬挂点之间的直线距离。

18.124　大跨越　large crossing

档距较大(1000 m 以上)或杆塔较高(100 m 以上)的跨越江河、湖泊、海峡或山谷的架空线路的耐张段。

18.125　风载档距　wind span

曾称“水平档距”。杆塔两侧档中点之间的水平距离。

18.126　重力档距　weight span

曾称“垂直档距”。杆塔两侧导线最低点之间的水平距离。

18.127　弧垂　sag

又称“弛度”。一档架空线内，导线与导线悬挂点所连直线间的最大垂直距离。

18.128　导线最大弧垂　maximum sag of conductor

又称“导线最大弛度”。一档架空线内，导线在某种设计条件下出现的最大的弧垂。

18.129　弧垂观测　visual of sag

在档距内紧线时，利用视线或通过仪器测量判断导线弧垂的大小，使架空线的弧垂符合设计要求。

18.130　高差　difference in levels

不等高档内，通过导线悬挂点的两个水平面间的垂直距离。

18.131　[架空线路的]耐张段　section [of an overhead line]

两耐张杆塔间的线路部分。

18.132　悬链线　catenary

两端悬挂的理想柔性软索的曲线。工程计算中，可近似用抛物线计算。

18.133　悬链线常数　catenary constant

悬链线和抛物线方程中的常数。用档中最低点曲率半径表示。

18.134　纵断面　longitudinal profile

通过线路轴线的垂直平面显示的地面轮廓图形。

18.135　x 米处边断面　side slope at x meters，offset profile

在距线路中心线 x(m)处，与中心线平行的垂直平面上，显示的地面轮廓线。

18.136　横断面　transverse profile，section profile

垂直于线路轴线的断面。

18.137　线路转角　line angle

杆塔处线路方向改变的角度(θ)。

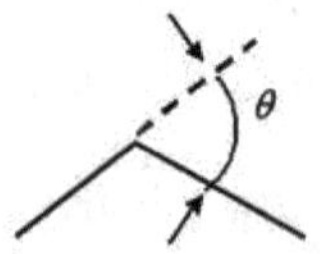

18.138　导线排列　conductor configuration

各相导线在杆塔上的几何布置方式。

18.139　水平排列　horizontal configuration

各相导线在杆塔上同一水平面的布置方式。

18.140　半水平排列　semi-horizontal con-

figuration
中相稍高或稍低于边相的水平布置方式。

18.141 三角形排列 triangular configuration
一个回路的导线位于三角形顶点的布置方式。其底边不一定水平。

18.142 倒三角排列 delta configuration
一个回路的导线位于等腰三角形的顶点的布置方式。其底边不一定水平。

18.143 垂直排列 vertical arrangement
一个回路的导线位于同一垂直平面内的布置方式。

18.144 半垂直排列 semi-vertical configuration
中相导线和/或下相导线稍有水平偏离的垂直排列布置方式。可分为鼓形排列和伞形排列。

18.145 双回路垂直排列 double circuit vertical configuration
杆塔两侧各布置一回路，每一回路均为垂直排列的布置方式。

18.146 双回路半垂直排列 double circuit semi-vertical configuration
杆塔两侧各布置一回路，每一回路均为半垂直排列的布置方式。

18.147 换位 transposition
变换输电线路三相导线的空间位置。

18.148 换位段 transposition interval
两个连续换位处之间的线路长度。

18.149 对地净距 ground clearance
在规定条件下，任何带电部分与地之间的最小距离。

18.150 对障碍物的净距 clearance to obstacles
在规定条件下，任何带电部分与地电位障碍物之间的最小距离。

18.151 相间距离 phase-to-phase spacing
相邻两相导线或分裂导线轴线间的距离。

18.152 保护角 angle of shade
又称“遮蔽角”。通过地线的垂直平面与通过地线和被保护受雷击的导线的平面之间的夹角。

18.153 预期保护角 minimum angle of shade
为了达到预期的防雷保护要求，输电线路的导线必须位于其内的保护角。

18.154 跳线 jumper
电力线路两段之间不承受张力的电气连接用短导线和电力金具的组合。

18.155 根开 foot distance
一基杆塔中相邻两底脚中心之间的距离。

18.156 杆塔基础 foundation
埋设在地下，与杆塔底部连接，稳定承受所作用荷载的一种结构。

18.157 整体基础 block foundation
由单块混凝土组成，塔脚或地脚螺栓埋在混凝土内的基础。

18.158 分开式基础 separate footing foundation
每个塔脚荷载由一个基础承受的基础。

18.159 重力式基础 weighting foundation
自重大于上拔力的基础。

18.160 现浇墩型基础 pad and chimney foundation
包括垫层的基础埋入土壤内，细长的墩型基础柱确保与杆塔插入式主材或地脚螺栓的固定联结。

18.161 基础立柱 chimney [of a foundation]
基础的收缩部分。杆塔的插入式主材与地脚螺栓埋设其中。

18.162　格栅式基础　grillage foundation
插入式主材或塔腿主材连接到埋在土中的格栅式结构的基础。

18.163　桩基础　pile foundation
不用开挖而施工的一种细长型基础。

18.164　打入桩　driven pile
不用预先开挖，用重锤或振动方法打入土中的桩基础。

18.165　灌注桩　augered pile，bored pile
先在地上钻一个长的圆筒型孔，然后灌入混凝土，并预埋杆塔与基础连接件的桩基础。

18.166　压注桩　pressure injected pile
在压力下将混凝土灌注入钻好的孔，使混凝土与原状土接触较好，形成的桩基础。

18.167　扩孔桩　expanded pile，bulb pile
下端扩大的灌注桩。

18.168　拉线　guy，stay
承受张力的钢索或杆。连接杆塔上一点与地锚或连接杆塔上两点。

18.169　拉线棒　anchor rod
将拉线连接到地锚上的杆件或其他金属部件。

18.170　拉线盘　anchor
提供防止上拔的固定点的通常埋在土中的装置。

18.171　金具　fitting
连接和组合电力系统中各类装置，以传递机械、电气负荷或起某种防护作用的金属附件。

18.172　线夹　clamp
能固定在导线上的金具。

18.173　耐张线夹　tension clamp，dead-end clamp
将导线挂至耐张绝缘子串或杆塔并承受导线张力的线夹。

18.174　悬垂线夹　suspension clamp
悬挂导线至悬垂绝缘子串的金具。

18.175　连接金具　link fitting，insulator set clamp
将绝缘子、悬垂线夹、耐张线夹及保护金具等连接组合成悬垂或耐张串组的金具。

18.176　接触金具　contact tension fitting
用于导线或电气设备端子之间的连接，以传递电气负荷为主要目的的金具。

18.177　保护金具　protective fitting
对各类电气装置、导线或金具本身起电气性能或机械性能保护作用的金具。

18.178　母线金具　busbar fitting
固定、悬挂及支撑母线等的金具。

18.179　压缩型金具　compression-type fitting
对金具自身全部或部分，需要施加压力使其产生永久变形才能完成安装工作的金具。

18.180　非压缩型金具　non-compression-type fitting
与压缩型金具相对，在安装时，自身的任何部位都不产生永久变形的金具。

18.181　挂环　link，eye
两端均为环形连接件的连接金具。

18.182　挂板　clevis，tongue
使用螺栓组装的板形（单片或双片）连接件，或两端均为板形连接件的连接金具。

18.183　球头　ball
球扦形状的连接件（相配的连接件为碗头）。

18.184　碗头　socket

帽窝形状的连接件(相配的连接件为球头)。

18.185　挂钩　hook

吊钩形状的连接件。

18.186　U 型挂环　shackle

两端分别由挂环与挂板连接件组合构成的 U 形金具。

18.187　U 型螺丝　U-bolt

两端分别由挂环与螺纹杆构成，与杆塔连接的 U 形金具。

18.188　U 型挂板　U-clevis

由带状钢板弯曲而成，一端为挂板连接件，另一端配置承受剪力的螺栓，与金具或杆塔连接的 U 形金具。

18.189　联板　yoke plate

连接若干绝缘子串或将多个受力分支组装成整体的板形连接金具。

18.190　调整板　adjusting plate

可调节连接长度的板形连接金具。

18.191　花篮螺丝　turn buckle

两端用左右旋螺纹来调节被连接物连接长度的连接金具。

18.192　接续管　splicing sleeve，mid-span tension joint

连接导线上能保持其电气、机械性能的接续金具。

18.193　补修管　repair sleeve

修补受损导线以恢复其电气和机械性能的接续金具。

18.194　预绞式金具　preformed helical fitting

用预成型螺旋条状物缠绕于导线或地线上，用于承受机械或电气荷载的金具。

18.195　并沟线夹　parallel groove clamp

平行接续导线，以传递电气负荷的接触金具。

18.196　跳线线夹　jumper flag，jumper lug

连接两根导线(跳线)，以传递电气负荷的接触金具。

18.197　防振锤　vibration damper

挂在导线或地线上，抑制或减小微风振动的装置。

18.198　均压环　grading ring

改善绝缘子串上电压分布的圆环状金具。

18.199　屏蔽环　shielding ring

使屏蔽范围内的其他金具或部件不出现电晕的圆环状金具。

18.200　招弧角　arcing horn

防止电弧沿绝缘子表面闪络的角型保护金具。

18.201　引弧环　arcing ring

一种环型的保护金具。

18.202　间隔棒　spacer

使分裂导线的子导线之间保持一定几何布置的装置。

18.203　相间间隔棒　phase-to-phase spacer

使各相导线之间保持一定几何布置的装置。

18.204　阻尼间隔棒　spacer damper

能降低分裂导线微风振动或次档距振荡的柔性或半刚性间隔棒。

18.205　护线条　armour rod

绕于悬垂线夹等金具与导线连接处的保护用螺旋形金属条。

18.206　铝包带　aluminium armour tape

缠绕在外层铝线股的导线上，保护其表面的铝带。

18.207　重锤　counterweight，suspension set

weight
挂在悬垂线夹或跳线下端，增加线夹垂直荷重的重物。

18.208 设备线夹 terminal connector
使导线与电气设备端子相连接，以传递电气负荷用的金具。

18.209 T 型线夹 T-connector
使导线与分支线相连接，以传递电气负荷用的金具。

18.210 补修条 patch rods
绕于受损导线以恢复导线电气和机械性能的螺旋形金属条。

18.211 绝缘子保护金具 insulator protect-tive fitting
安装在线路端部、地线端部或绝缘子串两端，用于电气保护的一种金具附件。

18.212 铜铝过渡板 copper to aluminium adapter board
防止铜质端子与铝质端子相连接产生电化学腐蚀作用的过渡接触板件。

18.213 母线固定金具 busbar support clamp
固定和悬挂母线用的金具。

18.214 母线间隔垫 busbar separator
保持母线间一定间隔用的支撑件。

18.215 母线伸缩节 busbar expansion joint
补偿母线因温度变化引起的变形和振动变形的伸缩性连接件。

18.216 封端球[盖] corona bar，cap
防止管母线终端部位产生电晕的球状(半圆状)元件。

18.217 [导线的]夜间警告灯 night warning light [for conductor]
附在导线上，由带电导线容性耦合作用而发光的装置。

18.218 [导线和地线的]航空警告标志 aircraft warning marker [for conductor and earth wire]
安装于导线或地线上，昼夜可见的警告装置。

18.219 终端接续 dead-end tension joint
固定导线端部并与耐张绝缘子串连接，能承受导线的全电流，并有导线机械连接端子的连接金具。

18.220 [金具的]型式试验 type test
对按照一定技术条件设计制造的金具产品，为验证其设计特性是否符合规定的标准所进行的试验。

18.221 [金具的]抽样试验 sampling test
在同一条件下生产的一批产品中，随机提取一定数量，为检验制造材料质量及工艺质量所进行的试验。

18.222 [金具的]例行试验 routine test
为淘汰有缺陷的产品，采用适当方法，对逐个金具所进行的试验。

18.223 [金具的]定期试验 regular test
按照规定的周期或停产一定时间后，检验制造过程中所用的模具及定位装置有无变形、磨损或位移，以及镀锌质量是否符合标准所进行的试验。

18.224 绝缘子 insulator
安装在不同电位的导体之间或导体与地电位构件之间，能够耐受电压和机械应力作用的器件。

18.225 瓷绝缘子 porcelain insulator
由电工陶瓷制成的绝缘子。

18.226 支持绝缘子 supporting insulator
刚性固定在架构上支持带电导体或设备的绝缘子。

18.227 棒式绝缘子 rod insulator

由实心的圆柱形或圆锥形绝缘件和两端的连接金具组成的支持绝缘子。

18.228 玻璃绝缘子 glass insulator
绝缘件由钢化玻璃构成的绝缘子。

18.229 复合绝缘子 composite insulator
又称“合成绝缘子”。绝缘件由玻璃纤维树脂芯棒、合成材料护套、伞裙和两端的连接金具组成的绝缘子。

18.230 耐污绝缘子 anti-pollution flashover insulator
增加爬距及优化伞形结构，提高耐污闪性能的绝缘子。

18.231 绝缘子串 insulator string
两个或多个绝缘子元件组合在一起，柔性悬挂导线的组件。

18.232 悬垂绝缘子串 suspension insulator string
带有全部金具和附件，悬挂一条导线或分裂导线的绝缘子串。

18.233 耐张绝缘子串 tension insulator string
带有全部金具和附件，承受一条导线或分裂导线张力的绝缘子串。

18.234 V 形绝缘子串 V string of insulator
下端悬挂导线，上端挂于杆塔的成 V 形的两串绝缘子串。

18.235 绝缘子串组 insulator set
两串及以上的绝缘子串的组合，高压情况下通常带有运行需要的保护金具。

18.236 悬垂绝缘子串组 suspension insulator set
带有全部金具和附件，悬挂一条导线或分裂导线的绝缘子串组。

18.237 耐张绝缘子串组 tension insulator set
带有全部金具和附件，承受一条导线或分裂导线张力的绝缘子串组。

18.238 污闪 pollution flashover
电气设备外绝缘表面由于积污而在一定气候条件下发生的闪络现象。

18.239 绝缘子清扫 clearing insulator
清除线路绝缘子伞裙表面的污垢。

18.240 雾闪 fog flashover
由雾引起的电气设备外绝缘表面污秽闪络现象。

18.241 泄漏比距 leakage distance per unit withstand voltage
电气设备外绝缘的泄漏距离与所在电力系统额定线电压的比值。

18.242 等值盐密 equivalent salt deposit density，ESDD
外绝缘单位表面积上的等值盐量。是表征电气设备外绝缘污秽程度的等价参数。

18.243 股线 wire，strand
构成金属绞线的单根金属线。

18.244 绞线 stranded conductor
由若干条单根金属线按照一定的规律绞合成的导线。

18.245 铝绞线 all aluminium conductor，AAC
所有股线为铝线的绞线。

18.246 钢绞线 steel strand wire
所有股线为钢线的绞线。

18.247 钢芯铝绞线 aluminium conductor steel reinforced，ACSR
单层或多层铝股线绞合在镀锌钢芯线外的加强型导线。

18.248 全铝合金绞线 all aluminium alloy conductor，AAAC

所有股线为铝合金线的绞线。

18.249 钢芯铝合金绞线 aluminium alloy conductor steel reinforced，AACSR

单层或多层铝合金单线绞合在镀锌钢芯线外的加强导线。

18.250 铝包钢芯铝绞线 aluminium conductor aluminium clad steel reinforced，ACSR/AC

在常规绞合结构内，对称配置一层或多层铝包钢股线制成的加强型绞线。

18.251 [加强型绞线的]芯 core [of a reinforced conductor]

加强型绞线中高强度金属或非金属(如碳纤维)材料的中心单线或内层。

18.252 绞向 direction of lay

从末端看时，绞线的单股线的绞合方向。“右向绞合”为顺时针方向，“左向绞合”为逆时针方向。

18.253 光滑导线 smooth body conductor，segmental/locked coil conductor

径向为环形或具有阻止导线产生任何径向运动的外层相对较光滑的导线。

18.254 扩径导线 expanded conductor

在常规导线结构中适当抽取或用非金属股线替换一些内部股线以加大直径的导线。

18.255 单导线 single conductor

由一根导线组成的线路的一相或一极。

18.256 分裂导线 conductor bundle

一组平行导线按一定的几何排列连接的导线束。为线路的一相或一极。

18.257 子导线 sub-conductor

分裂导线中的任何一根单独的导线。

18.258 电缆 [electric] cable

由一根或多根相互绝缘的导体外包绝缘和保护层制成，将电力或信息从一处传输到另一处的导线。

18.259 油浸纸绝缘电缆 oil impregnated paper insulated cable

以油浸纸作为绝缘的电缆。

18.260 挤包绝缘电缆 cable with extruded insulation

又称“橡塑电缆”。以高分子聚合物作为绝缘的电力电缆。

18.261 聚氯乙烯电缆 polyvinyl chloride insulated cable

简称“PVC 电缆”。以聚氯乙烯聚合材料作为绝缘和护套的一种挤包绝缘电缆。

18.262 交联聚乙烯绝缘电缆 cross-linked polyethylene insulated cable

简称“XLPE 电缆”。将聚乙烯材料分子链从线型结构转变为体型结构(三维网状结构)后作为绝缘的一种挤包绝缘电缆。

18.263 自容式充油电缆 self-contained oil-filled cable

利用补充浸渍原理消除绝缘层中形成的气隙以提高工作场强的一种电力电缆。

18.264 钢管电缆 pipe type cable

将在工厂中制造好的三根电缆缆芯在现场拉入钢管中，并在钢管内充以高压力的油或气体的电力电缆。

18.265 地下电缆 underground cable

敷设于地面下的电力电缆。

18.266 海底电缆 submarine cable

敷设于江河、湖泊、海域水底下的电力电缆。

18.267 超导电缆 superconducting cable

利用在超低温下出现失阻现象(超导状态)的某些金属及其合金作为导体的电力电缆。

18.268 耐火电缆 fire resistant cable

在火焰高温作用下，在一定时间内仍能维持通电能力的电力电缆。

18.269 阻燃电缆 flame retardant cable
在电缆护层火焰燃烧后，仅延燃有限距离而能自熄的电力电缆。

18.270 铠装电缆 armoured cable
为防止受到机械损伤，而在外层加装钢甲保护层的电力电缆。

18.271 无铠装电缆 non-armoured cable
无钢甲保护层的电缆。

18.272 控制电缆 control cable
主要用于传送控制、测量信号等的电缆。

18.273 不滴流电缆 non-draining cable
用高黏度浸渍剂浸渍成的油浸纸做绝缘的电缆。

18.274 单芯电缆 single core cable
只有一根绝缘线芯的电缆。

18.275 多芯电缆 multicore cable
有一根以上绝缘线芯的电缆。

18.276 电缆护层 cable sheath
为防止水分浸入在电缆外层所包的一层密封的金属包皮。

18.277 护套 sheath
包覆在电缆芯外面保护电缆免受水分及其他有害物质侵入和机械损伤的保护包覆层。

18.278 导体屏蔽 conductor screen
紧靠电缆导体包的一层电阻率很低的薄层。

18.279 绝缘屏蔽 insulation shielding
贴靠电缆芯线绝缘层外面包的一层电阻率很低的薄层。

18.280 电缆故障 cable fault
电缆在预防性试验时发生绝缘击穿或在运行中因绝缘击穿、导线烧断等而使电缆线路停止供电的事件。

18.281 电缆故障定位 cable fault locating
利用仪器测定电缆故障的位置。

18.282 电缆接头 cable joint
连接两根电缆形成连续电路的电缆附件。

18.283 塞止接头 stop joint
能使油浸纸绝缘电缆的浸渍剂或充油电缆的电缆油在接头的两侧相互隔离的电缆接头。

18.284 分支接头 branch joint
将三根电缆相互连接在一起的电缆接头。

18.285 过渡接头 transition joint
实现两种不同型号的电缆相互连接的电缆接头。

18.286 T 型接头 tee joint，T joint
电缆相互连接成 T 形的电缆分支接头。

18.287 Y 型接头 breeches joint，Y joint
电缆相互连接成 Y 形的电缆分支接头。

18.288 电缆终端头 cable terminal
电力电缆线路两端与其他电气设备连接的装置。

18.289 压力箱 pressure tank
供给充油电缆线路油压的一种设备。

18.290 连接箱 link box
用于连接两个配电电缆终端的封闭箱。

18.291 分配箱 distributor box
用于连接两个以上配电电缆终端的封闭箱。

18.292 直埋敷设 cable direct burial laying
将电缆线路直接埋设在地面下 0.7~1.5 m 深的电缆安装方式。

18.293 电缆沟 cable trough

用于敷设电缆，盖板可以开启的地下沟道。

18.294 电缆竖井 cable shaft
基本垂直方向的电缆通道，电缆固定在竖井内的支架上。

18.295 电缆排管 cable duct bank
预先埋设于地下用于穿电缆的一组管子。

18.296 电力电缆间水平净距 horizontal clearance between power cables
已敷设的电力电缆外皮之间水平方向的最短距离。

18.297 电缆架层间垂直净距 vertical clearance between cable racks
电缆架层间垂直方向的距离。

18.298 架间水平净距 horizontal clearance between cable racks
电缆架之间水平方向的最短距离。

18.299 架与壁间水平净距 horizontal clearance between rack and wall
电缆架外边与壁之间的最短距离。

18.300 埋置深度 buried depth
地面至埋设于地面下的电缆的垂直方向的距离。

18.301 电缆线路路径选择 cable route selection
确定从电源点到受电点的电缆线路地下通道在技术上、经济上最合理的方案。

18.302 电缆线路巡视检查 cable line inspection
运行人员对管辖范围内的电缆线路按照现场运行标准的规定进行的经常性巡视检查。

18.303 电缆线路运行维护 cable line operating and maintenance
电缆线路投入运行后，为保持电缆设备始终处于良好状态和防止电缆事故发生所做的具体工作。

18.304 电缆试验 testing of power cable
检查电缆质量、绝缘状况和对电缆线路所做的各种测试。

18.305 电缆交接试验 test after installation of cable line
电力电缆线路安装完毕后，施工单位为了向运行单位验证电缆线路的电气性能达到设计要求和满足安全运行的需要而做的电气试验。

18.306 光纤 optical fiber
全称“光导纤维”。一种传输光能的波导介质，一般由纤芯和包层组成。

18.307 光缆 optical fiber cable
以光纤为传输元件的缆(有时含有若干电线)，一般都含有加强元件及必要的护套。

18.308 电力特种光缆 special optical fiber for electric power
用于高压电力通信系统的电力光缆。

18.309 全介质自承式光缆 all dielectric self-supporting optical fiber cable, ADSS
一种全部由介质材料组成、自身包含必要的支撑系统、可直接悬挂于电力杆塔上的非金属光缆。

18.310 光纤复合架空地线 optical fiber composite overhead ground wire, OPGW
具有电力架空地线和光纤通信能力双重功能的金属光缆。

18.311 光纤复合相线 optical fiber phase conductor, OPPC
具有电力架空相线和光纤通信能力双重功能的金属光缆。

18.312 金属自承光缆 metal aerial self

supporting, MASS
一种由金属和介质材料组成、自身包含必要的支撑系统、可直接悬挂于电力杆塔上的金属光缆。

18.313 附挂式光缆 optical attached cable, OPAC
固定于架空线上的非金属光缆。固定方式通常有缠绕式、捆绑式和悬挂式三种。

18.314 光单元 optical unit
与光纤元件直接接触并提供保护的单元。比如含有光纤元件的金属管、塑料管或骨架芯。

18.315 光纤元件 optical element
光缆中传输光信号的光学元件。如预涂覆光纤、紧包光纤或光纤带。

18.316 缆芯 cable core
光缆中内护套及其以内的部分。包含一个或多个光单元的内绞层、金属管或骨架芯等。

18.317 光缆护套 cable jacket
光缆内部所有元件共有的外层保护套。

18.318 内垫层 inner jacket
层绞式光缆的缆芯外挤包的非金属保护层。

18.319 松套管 buffer tuber
光缆中可以松散地放置光纤，保护光纤免受内部应力与外部侧压力影响的聚丙烯或尼龙制成的套管。

18.320 [光纤]软线 optical fiber cord
一种具有柔软结构的光缆，适于室内及机内使用。

18.321 配线尾纤 distribution pigtail of optical fiber
一端带有光纤连接器插头的单芯光缆。

18.322 [光纤]包层 fiber cladding
光纤的外层部分。其折射率一般低于纤芯，以提供反射面或光隔离，同时也起一定的机械保护作用。

18.323 [光纤一次]涂覆层 [primary] coating
光纤拉出后立即被覆在包层上，主要用来保持光纤的机械性能的第一个保护层。

18.324 单模光纤 mono-mode fiber
只能在指定波长下传插一种模式的光纤。

18.325 多模光纤 multi-mode fiber
能传插多种模式的光纤。

18.326 [光纤]模场直径 mode field diameter
单模光纤的导模横向宽度的量度。

18.327 [光纤]几何尺寸参数 geometrical parameter
光纤的尺寸参数包括包层、包层中心、包层直径、包层直径偏差、包层容差范围、包层不圆度、纤芯直径、涂覆层直径、缓冲层直径、芯/包层同心度、包层/涂覆层同心度、光纤长度变化等光纤的特征参数。

18.328 纤芯直径 core diameter
确定纤芯中心的圆的直径。

18.329 纤芯不圆度 non-circularity of core
确定纤芯容差区的两个圆的直径之差除以纤芯直径。

18.330 光纤/包层同心度误差 core/cladding concentricity error
对于多模光纤，它是纤芯中心与包层中心之间的距离除以纤芯直径。对于单模光纤，它是纤芯中心与包层中心之间的距离。

18.331 数值孔径 numerical aperture
子午光线能进入或离开纤芯(光学系统或挂光学器件)的最大圆锥的半顶角之正弦，乘以圆锥顶所在介质的折射率。

18.332 [光纤的]截止波长 cut-off wavelength [of an optical fiber]
包含高阶模发射的总功率和基模功率之比降低到一规定值，各模基本均匀激发下的波长。当工作波长大于截止波长时，光纤将单模运行，否则会存在多个传导模式。

18.333 [光纤]色散 fiber dispersion
由于光纤的特性引起的光信号畸变，包括模式色散、材料色散和波导色散。是单模光纤的重要参数之一。

18.334 差分群时延 differential group delay，DGD
在特定时间和波长下，光缆末端两个基态偏振模(主偏振态)之间的相对时延。

18.335 [光纤]偏振模色散 polarization mode dispersion，PMD
整个波长段的差分群时延。

18.336 光衰减 light attenuation，light loss
又称"光损耗"。平均光功率在光纤或光学波导及其连接件中的衰减。

18.337 [光纤]衰减系数 fiber attenuation coefficient
在稳态条件下，均匀光纤的单位长度光衰减。

18.338 [光纤]应变 fiber strain
光纤受试长度中的纵向变化长度与受试长度的比值。

18.339 应变限量 strain margin
光纤无应变时光缆能承受的最大拉伸应变量。

18.340 光学连续性 attenuation uniformity
表征光纤段传导光功率的能力。在特定注入和检测条件下，光纤输出端实际测得的光功率比注入光纤的光功率小一个约定值。

18.341 光测下张力试验 tension under optic test
检查光缆承受张力时耐张线夹的机械性能及对光学信号影响的试验。

18.342 垂直荷载试验 vertical load test
检查安装在光缆上的悬垂线夹承受垂直荷载极限能力的试验。

18.343 转向角试验 turning angle test
检查悬垂线夹承受垂直于光缆的荷载时的机械性能及对光学信号影响的试验。

18.344 消振试验 anti-vibration test
制定导线防止微风振动方案或验证防振金具防振性能与效果的试验。

18.345 握力试验 grip strength test
检查金具对光缆握着性能的试验。

18.346 光缆接头盒 optical cable connect，joint box
相邻光缆间提供光学、密封和机械强度连续性的接续保护装置。

18.347 [光缆接头盒]化学腐蚀试验 chemical erode test
检查光缆接头盒在规定条件下抗腐蚀性能的试验。

18.348 [光缆接头盒]密封性能试验 seal performance test
检查光缆接头盒封装后密封性能的试验。

18.349 [光缆接头盒]再封装性能试验 reseal performance test
检查光缆接头盒重复封装后密封性能变化的试验。

18.350 [光缆接头盒]持续高温试验 continuous hot test
检查光缆接头盒在持续高温条件下性能变化的试验。

18.351 光纤接头 optical fiber splice

将两根光纤永久地或可分离开地联结在一起，并有保护部件的接续部分。

18.352　光缆接头　cable splice
两根或多根光缆之间的保护性连接部分。

18.353　光缆段　cable section
单盘光缆。

18.354　链路　link
由几个单独光缆段组成的光缆线路。

18.355　光缆终端　optical fiber cable terminal
光缆与配线尾纤的保护性连接部分。

18.356　[光纤复合架空地线]雷击　lighting [of OPGW]
雷电对光纤复合架空地线的放电冲击。

18.357　[全介质自承式光缆]电腐蚀　electric erosion [for ADSS]
感应电场引起的接地漏电流和干带电弧引起的放电对全介质自承式光缆外护套造成的老化和损伤。

18.358　杆塔组立　tower erection
输电线路施工中对杆塔构件进行组合和起立的工序。

18.359　分解组立杆塔　split tower erection
将整基铁塔分解成段、片或各个单肢，然后利用起重机械等机具按分段、分片或单肢起吊方式，自下而上逐段完成整基铁塔的组装工作。

18.360　整体组立杆塔　assembled tower erection
将杆塔的全部或大部分构件，在地面组装后，利用起重机械等机具，把整基杆塔竖立到预定的位置。

18.361　倒装组塔　inversive tower erecting
简称"倒装塔"。利用外装支架或铁塔塔腿作为支承，将铁塔自上而下地逐段吊装组立。

18.362　定位　spotting，locating
根据已经选好并审定通过的线路路径进行定线和断面测绘，并合理地配置杆塔的位置。

18.363　抱杆　derrick
由杆及其附件组成，主要通过牵引机和钢丝绳起吊杆塔等的起吊机具。

18.364　架线施工　installation of overhead conductors and ground wires
将架空线路的导线、绝缘子串和电力金具等架设在已组立的杆塔上的施工安装工序。

18.365　张力放线　tension stringing
在架线全过程中，使被展放的导线保持一定的张力而脱离地面处于架空状态的架设施工方法。

18.366　人力放线　manual stringing
用人力将架空线沿线路方向牵引展放的架设施工方法。

18.367　放线滑轮　pulley block
挂于放线段内各杆塔上，用于支承导线使之顺利展放的工具。

18.368　紧线　tense line
牵引架空线，使架空线的弛度符合设计要求。

18.369　紧线段　tension stringing section
在紧线施工时，牵引机侧的耐张杆塔与悬挂被牵引导线的另一耐张杆塔之间的耐张段。

18.370　飞车　boatswain' chair，dirigible chair on overhead line
又称"高空作业车"。载承人员、装运工具材料、在架空线路上滑行、便利安装和维修的运载工具。

18.371 牵引机 winch

又称"绞车"。通过牵引钢丝绳牵引导线的机械。

18.372 卷线机 reel winder

将导线卷在导线盘上的机械。

18.373 张力[放线]机 tensioner

放线时，使导线保持一定张紧力，从而避免触及地面及跨越物的机械。

18.374 紧线器 tension puller, dead end tool

又称"耐张拉力器"。用来承受导线的机械张力，以便安装、检修导线或绝缘子的拉力装置。

19. 配电与用电

19.001 配电 distribution of electricity

在一个用电区域内向用户供电。

19.002 配电网 power distribution network

从输电网或地区发电厂接受电能，通过配电设施就地分配或按电压逐级分配给各类用户的电力网。

19.003 配电网电压等级 voltage level of distribution network

在配电网中使用的标称电压值系列。

19.004 配电所 distribution substation

变电所母线的延伸，以满足特定地区中压配电的需要，兼有降低中压配电电压至低压的功能。

19.005 低压线路 distribution line

作为配电网的线路。

19.006 接户线 service mains

从配电系统供电到用户装置的分支线路。由供电部门负责运行维护。

19.007 进户线 service tails

向用户设备供电并由用户负责运行维护的线路。

19.008 配电网结构 configuration of distribution network

配电网中各主要电气元件的电气连接方式。包括放射式、多回线式、环式、网络式等。

19.009 配电网容载比 capacity-to-load ratio of distribution network

配电网设备的额定容量与所供年平均最高有功功率之比。反映配电网的容量与负荷的适配性。

19.010 配电网中性点接地方式 neutral grounding mode of distribution network

三相交流配电网中性点与参考地之间的电气连接方式。

19.011 [配电]电能质量 power quality

关系到配电系统及其设备正常工作(或运行)的电压、电流的各种指标偏离规定范围的程度。

19.012 配电网通信系统 communication for distribution system

为实现对配电网内的配电设备实时远程监控、调整和运行，以及行政通信等建立的通信体系。

19.013 配电网安全监控和数据采集系统 security supervisory control and data acquisition in distribution system, DSCADA

针对配电网进行实时数据采集和在线监控，事故处理与分析，以实现配电网安全经济运行的计算机监控系统。

19.014 配电自动化 distribution automation
利用计算机、电力和通信技术对配电网设备进行数据采集、分析、控制、调节和管理的技术。

19.015 自动读表系统 automatic meter reading, AMR
使用通信技术读取远方用户电能表的各类数据，将其传送至控制中心，并存储及分析，产生报表及曲线，支持分时电价和用户实时数据管理的系统。

19.016 供电方式 scheme of electric power supply
供电部门向用户提供的电源特性和类型。包括电源的频率、额定电压、电源相数和电源容量等。

19.017 低压架空线路 low voltage overhead line
将导线架设在电杆上的低压线路。

19.018 低压架空绝缘线路 low voltage overhead insulated line
由架设在电杆上或沿墙敷设的低压绝缘导线组成的线路。

19.019 低压电缆线路 low voltage cable line
采用电缆的低压线路。

19.020 配电网负荷密度 load density of distribution system
供电区域内最高负荷时单位面积的平均负荷值。用于配电网负荷预测，配电电源布局和容量的规划，供电半径的确定和供电方式的选择。

19.021 配电网负荷特性 load characteristics of distribution system
配电网负荷的固有性质和变化规律。用于分析地区负荷的增长规律及其对供电质量和安全可靠性的要求。

19.022 配电网负荷预测 load forecast of distribution system
对配电网未来一定时期内负荷的功率和用电量的预测。

19.023 环网开关柜 ring main unit
能实现环网供电的一种组合式开关柜。包括负荷开关柜和负荷开关-熔断器组合电器柜。最适用于短路容量不大的城市电缆线路配电网。

19.024 配电小间 kiosk substation
由某些配电设备元件固定集装而成的间隔单元。通常仅用于配电的成套、紧凑型变电站。

19.025 柱上配电台 pole-mounted substation
安装在一根或多根电杆上的户外配电装置。

19.026 站用配电柜 auxiliary switchboard
装有控制、保护设备的供变电站用电的配电柜。

19.027 专用低压接线 dedicated low-voltage wiring
变电站二次设备和二次接线的一部分，与指定的一次回路(线路、变压器等)实质上相关联。

19.028 低压电器 low voltage apparatus
在额定电压 1 kV 及以下的电路中起通断、保护、控制或调节作用的电器。

19.029 熔断器 fuse
当电流超过规定值时，以本身产生的热量使熔体熔断，断开电路的一种电器。

19.030 跌落式熔断器 drop-out fuse
熔体熔断后，载熔件可自动跌落以提供隔离断口的熔断器。

19.031 真空熔断器 vacuum fuse
其熔体连接真空中的两个电极将电流导通，在过载或短路故障时，熔体熔化蒸发形成真空电弧，熄弧后断开电路的非限流型高压熔断器。

19.032 限流式熔断器 current-limiting fuse
在规定的电流范围内，在其动作过程中可将电流限制到远低于预期电流峰值的熔断器。

19.033 喷射式熔断器 expulsion fuse
由电弧能量产生气体的喷射而熄灭电弧的熔断器。

19.034 六氟化硫熔断器 SF_6 fuse
在过载或短路故障时，熔体熔化蒸发形成电弧，利用在六氟化硫气体中旋弧的熄弧原理将电弧熄灭，使电路断开的非限流型高压熔断器。

19.035 电阻器 resistor
在电路中限制电流或将电能转变为热能等的电器。其阻抗为电阻。

19.036 变阻器 rheostat
可在不断开电路的情况下分级地或均匀地改变阻值的电阻器。

19.037 接触器 contactor
能频繁关合、承载和开断正常电流及规定的过载电流的开断和关合装置。

19.038 控制器 controller
按照预定顺序改变主电路或控制电路的接线和改变电路中电阻值来控制电动机的启动、调速、制动和反向的主令装置。

19.039 主令开关 master switch
用于接通、分断及转换控制电路，并发布控制命令的低压电器。

19.040 无触点开关 non-contact switch
靠改变电路阻抗值，阶跃地改变负荷电流，而完成电路通断的一种电器。

19.041 电压不稳定 voltage instability
由整个或部分电力系统无功供给的不足而引起的电压降低及波动的过程。

19.042 供电连续性判据 supply continuity criterion
在给定时间内，由停电时偏离连续供电的理想状态的特征量(如停电次数、持续时数、电量丧失)累计导出的量值。

19.043 偶然事件 incident
起因于内部或外部的、影响设备或供电系统，并干扰其正常运行的事件。

19.044 断续故障 intermittent fault
在同一地点、由于同一原因，重复再现的瞬时故障。

19.045 模干扰 common mode interference
出现在电路往、返线与规定参考点(通常是地或机壳)之间，使整个电路对参考点的电位一起升高的电磁干扰。

19.046 模干扰抑制器 common mode rejector，CMR
通过增大接地回路连线的阻抗以减小干扰电流的装置。

19.047 谐波电压源 source of harmonic voltage
电动势中包含有谐波分量的供电系统的设备或连接到系统的装置。

19.048 谐波电流源 source of harmonic current
非线性阻抗或/和导纳引起的电流波形畸变的供电系统的设备或连接到系统的装置。

19.049 谐波谐振 harmonic resonance
设备中邻接元件的电感、电容之间的持续振荡所引起的电压或电流谐波放大现象。

19.050　铁磁谐振　ferro-resonance
设备的电容与邻接设备磁饱和电感之间的振荡。

19.051　意外电压转移　accidental voltage transfer
在有不同电压的系统中，元件间的接触或闪络所引起的工频过电压。

19.052　杂散电流　stray current
通过工作接地极或其他途径无规律地流向大地或接地金属件的电流。

19.053　用电　electric power utilization
按预定目的使用电能的行为。

19.054　[电力]用户　[power] consumer
又称“[电力]客户”。从供电企业接受电力供应的一方。

19.055　终端用户　ultimate consumer, end-user
为自身需要而使用电能的用户。

19.056　用电分析　electricity consumption analysis
对用电变化态势和成因做出判断的工作。主要用于协助电力发展规划的制定，电力成本分析及制定或修订电价等。

19.057　用电构成　electricity consumption structure
在一个国家或地区内，各类用户在某一个统计期内消费电能总量的组成。可反映其经济发展的过程及趋势。

19.058　需求侧管理　demand side management, DSM
在政府法规和政策的支持下，采取有效的激励和引导措施以及适宜的运作方式，通过发电公司、电网公司、能源服务公司、社会中介组织、产品供应商、电力用户等共同协力，提高终端用电效率和改变用电方式，在满足同样用电功能的同时减少电量消耗和电力需求，达到节约资源和保护环境，实现社会效益最好、各方受益、最低成本能源服务所进行的管理活动。

19.059　计划用电　planned power utilization
对电力的生产、分配和使用进行综合平衡后，对用电进行计划管理的方法。

19.060　用电管理与服务　management and service of power utilization
对电力消费进行管理与服务，包括负荷管理、节约用电、用电安全及营业管理与客户服务等。

19.061　负荷率　load factor
用数值或百分比表示的，在规定时间(年、月、日等)内，实际用电量与假定连续使用设备的最大需量或其他规定需量的用电量的比值。

19.062　需量　demand
电力供应的量值。以 kW 或 kVA 为单位。

19.063　电量　[electrical] energy
电能的供应的量值，以 kW·h 为单位。

19.064　约定需量　subscribed demand
按协议约定的用户可使用的最大需量。

19.065　最大要求需量　maximum demand required
用户要求的需量上限值。

19.066　最大允许需量　authorized maximum demand
供电企业供电容量能够满足用户要求的最大需量，由供电协议确认。

19.067　实供需量　actual demand
在特定时段内，用户实际使用的需量。

19.068　每小时需量　demand per hour
电价表中规定的，作为需量积分区间的一小时(半小时、1/4 小时、几分钟等)内时间段内的平均需量。

19.069 年最大需量 annual maximum demand

在一年(季、月、周、日)内记录所得的一小时(半小时、1/4 小时、几分钟)的需量最高值。

19.070 可停电负荷 interruptible load

按合同规定可以被停供的电力需量，或按合同规定供电部门可以将其电源断开一段时间的特定用户的负荷。

19.071 可缓供负荷 deferrable load

一天内不必严格按预定时间供电的非全日负荷。如加热和泵类负荷。

19.072 用户特定电力 customer power

又称“定制电力”。符合用户对供电可靠性和电能质量特定要求的电力。

19.073 电加热 electric heating

将电能直接转变为热能实现加热的过程。

19.074 电解 electrolysis

在电解槽中，直流电通过电极和电解质，在两者接触的界面上发生电化学反应，以制备所需产品的过程。

19.075 电镀 electroplating

利用电解工艺，将金属或合金沉积在镀件表面，形成金属镀层的表面处理技术。

19.076 电焊 electric welding

利用电能，通过加热加压，使两个或两个以上的焊件熔合为一体的工艺。

19.077 电光源 electric light source

将电能转化为光能的设备。

19.078 电照明 electrical lighting

利用电能转换为光能，照亮物体及周围环境的技术。

19.079 白炽灯 incandescent lamp

电流加热发光体至白炽状态而发光的电光源。

19.080 荧光灯 fluorescent lamp

利用低压汞蒸气放电产生的紫外线激发涂在灯管内壁的荧光粉而发光的电光源。

19.081 气体放电灯 gaseous discharge lamp

灯内两个电极在电场作用下，电流通过一种或几种气体或金属蒸气而放电发光的电光源。

19.082 卤钨灯 tungsten-halogen lamp

发光体为钨丝及卤族元素的白炽灯。

19.083 电炉 electric furnace

用电加热实现预期工艺目的(如物料的冶炼、熔化、加热、热处理、烧结、烘干等)的电热设备。

19.084 电弧炉 electric arc furnace

利用电弧加热实现预期工艺目的(如物料的冶炼、熔化、加热、烧结等)的电热设备。

19.085 电化学 electrochemistry

研究电能与化学能之间相互直接转换的学科。

19.086 电化学工业 electrochemical industry

以电化学反应过程为基础的工业。主要可分为电解工业、电热化学工业、化学电源工业三大类。

19.087 电力牵引 electric traction

通过牵引电动机将电能转换为机械能，以驱动机车运行。

19.088 轻轨交通 light rail transit

采用接触网馈电，电压经过变换而驱动轻型结构有轨电车的运输系统。

19.089 电气化铁路 electric railway

地区与地区间或城市间采用电力牵引的铁路。不包括以轨道为导向、以电力为牵引能源的城市轨道交通或工况企业内部运输线路。

19.090 电气化铁路接触网 overhead contact system of electric railway

沿电气化铁路架设的向电力机车或电动车组供电的线路。

19.091 电气化铁路串联电容补偿 voltage compensation with series capacitors for electric railway

将电容器串联接入牵引网供电回路，利用牵引负荷通过电容器时产生的电位升高，抵消电力牵引系统中的电感产生的电压损失的电压补偿装置。

19.092 电动机 motor

应用电磁感应原理运行的旋转电磁机械。用于实现电能向机械能的转换。运行时从电系统吸收电功率，向机械系统输出机械功率。

19.093 厂用电动机 station electric motor

特指电厂、电站内部发、变电设备主机的辅助电动机。用于驱动风机或水泵等动力设备。

19.094 感应电动机 induction motor

又称“异步电动机”。由定子绕组形成的旋转磁场与转子绕组中感应电流的磁场相互作用而产生电磁转矩驱动转子旋转的交流电动机。

19.095 调速电动机 adjustable speed motor

转速可以按照被驱动设备的要求在一定范围内进行调节变化的电动机。

19.096 同步电动机 synchronous motor

由直流供电的励磁磁场与电枢的旋转磁场相互作用而产生转矩，以同步转速旋转的交流电动机。

19.097 异步电动机转矩特性 torque characteristics of asynchronous motor

当电压和电源频率不变时，电动机的转矩与转速或转差率之间的关系。

19.098 异步电动机运行特性 operating characteristics of asynchronous motor

在额定电压和额定频率下运行时，电动机的转子转速、电磁转矩、功率因数、效率、定子电流等与输出功率之间的关系。

19.099 异步电动机的效率 efficiency of asynchronous motor

异步电动机的输出功率与输入功率之比。通常用百分数表示。

19.100 全封闭式电动机 totally enclosed type motor

采用全封闭式防护外壳，通常带冷却器的电动机。外壳防护等级等于 IP44 或 IP54 甚至更高级别。

19.101 防滴式电动机 drip-proof type motor

采用防滴式防护外壳、垂直滴水应无有害影响的电动机。

19.102 防爆电动机 explosion-proof motor

爆炸性气体环境或爆炸性粉尘环境中使用的电动机。根据使用条件的不同，主要分为隔爆型、增安型、无火花型和正压型等。

19.103 隔爆型电动机 flameproof motor

采用隔爆外壳及相关措施防爆的电动机。应能承受通过外壳任何接合面或间隙渗透到外壳内部的可燃性混合物在内部爆炸而不损坏，并且不会引起外部爆炸性环境的点燃。

19.104 增安型防爆电动机 increased safety type motor

对在正常运行时不会产生火花、电弧或危险高温的电动机，再采取一些机械、电气和热的保护措施，使其进一步提高安全程度，防止在正常或允许的过载条件下出现危险高温、电弧和火花的可能性。

19.105 无火花型防爆电动机 non-sparking motor

在正常运行时，或在相关标准规定的异常状态下，不会点燃周围的爆炸性气体环境，并且一般也不会发生点燃故障的电动机。

19.106 正压型防爆电动机 overpressure type motor

密闭的外壳内通入大量洁净的空气或者惰性气体作内部保护气体，并使该气体压力相对于周围爆炸性环境的压力维持在规定过压值，从而防止有爆炸性的危险气体或粉尘进入电动机内部，实现防爆的电动机。

19.107 鼠笼式转子 squirrel cage rotor

由置于转子槽中的导条及两端的端环组成闭合回路。槽型上分单笼、深槽单笼和双笼。工艺上分铸铝笼和焊接笼。

19.108 深槽式转子 deep slot type rotor

采用深槽结构以提高启动性能的电动机。

19.109 全电压启动 full voltage starting

在工作电压下直接启动。适用于电源容量足够大时，启动电流的冲击不会产生有害的系统电压波动的情况。

19.110 异步电动机启动转矩 starting torque of asynchronous motor

用堵转转矩、最小转矩及最大转矩分别与额定转矩之比(标幺值)表示，是异步电动机主要技术性能指标之一。

19.111 异步电动机堵转视在功率 apparent power by locked-rotor of asynchronous motor

用输入视在功率与额定功率之比(标幺值)表示，是表达电动机启动性能的指标之一。

19.112 过载能力 overload ability

异步电动机用过载倍数表示，即最大转矩标幺值与额定转矩标幺值之比。

19.113 异步电动机运行性能 operating performance of asynchronous motor

综合考虑异步电动机运行特性各参数和过载能力、温升、振动、噪声以及电压和/或频率发生偏差情况下运行特性的变化等指标，是分析异步电动机设备质量的重要内容。

19.114 降低电压启动 reduced voltage starting

解决异步电动机启动冲击电流大的措施之一。常见的有：星-角接线转换方法启动，串联电抗器启动，自耦变压器启动(补偿启动法)。

19.115 串联电抗启动 series reactor starting

降低电压启动的方法之一。适用于高压异步电动机。

19.116 转子串联电阻启动 wound rotor series resistor starting

绕线式转子异步电动机通过转子绕组串联电阻改善启动特性。启动过程中随转速上升逐渐减小电阻值，最后切除串接的电阻，达到减小启动电流并提高启动转矩的目的。

19.117 最低启动转矩 pull-up torque

由负载阻力矩决定的最低启动转矩值。电动机的启动转矩须大于最低启动转矩才能启动起来。

19.118 转速调整 speed adjustment

根据需要调整电动机的转速。这种需要有时是负载对转速有特殊变速要求，有时是为了节能和经济运行。

19.119 变极调速 pole changing [speed] control

通过改变绕组的连接方式，改变电机的极数，从而获得两种或两种以上转速的分级调速方法。这种调速方法多用于鼠笼型异步电动机。变极方法包括反向法、换相法和多套绕组法。

19.120 变频调速 variable frequency [speed]

control

通过改变电源频率调整电动机转速的连续平滑调速方法。主要用于同步电动机和鼠笼型异步电动机。

19.121 异步电动机的外壳防护等级 class of protection and enclosure

外壳防护等级根据对人身和设备安全的不同要求分级。按照有关标准旋转电机外壳防护等级的标志由表征字母"IP"及附加在后的两个表征数字组成。

19.122 [电动机]失速 stall [of motor]

电动机运行中因电磁功率不足以克服负载力矩而停转的现象。

19.123 慢速 creep speed

可调速电动机的低速运行状态。

19.124 空转 idling

电动机带动拖动设备旋转而不加载工作。

19.125 滑差 slip

又称"转差[率]"。转子转速和同步转速的差额与同步转速的比值。表示异步电动机转速，用"s"表示。

19.126 慢行 crawl

又称"徐行"。常特指变频调速电动机低负荷下的节能运行。

19.127 失电制动器 power-off brake

须自制动的电动机内部安装的制动装置。当电动机断电时，其控制制动闸的电磁线圈失去磁力，在弹簧的作用下推动制动闸使电动机停转。

19.128 电磁[滑差耦合]离合器 electromagnetic [slip] coupling

采用电磁调速的电动机，轴伸端与负载之间通过电磁离合器联结，主要作用是实现感应电动机的无级平滑调速、改善启动性能和自动过载保护。

19.129 断续[周期]工作制 intermittent duty

电动机按一系列相同的工作周期运行的一种标准工作制。每个周期包括一段恒定负载运行时间和一段停机和断能时间。这种工作制，每一周期的启动电流不致对温升有显著影响。

19.130 直流电机 direct current machine, DC machine

将直流电能转换成机械能(直流电动机)或将机械能转换成直流电能(直流发电机)的旋转电机。

19.131 复励直流电机 compound DC machine

主磁极上装有并励绕组和串励绕组的直流电机。

19.132 串励绕组 series winding

直流电机主磁极上与电枢电路串联的励磁绕组。

19.133 并励绕组 shunt winding

直流电机主磁极上与电枢电路并联的励磁绕组。

19.134 单波绕组 simplex wave winding

直流电机电枢绕组的一种绕制形式。组成一条支路的各个串联元件，其对应边处于所有相同极性的主极下。元件展开成波浪形。槽内元件边按双层布置。

19.135 单叠绕组 simplex lap winding

直流电机电枢绕组的一种绕制形式。组成一条支路的各个串联元件，其对应边处于同一主极下。元件前后相叠。槽内元件边按双层布置。

19.136 补偿绕组 compensating winding

大、中型直流电机中分散布置在主极极靴上抵消主极下电枢反应所需匝数的换向极绕组。补偿绕组内电枢电流的方向与主极极靴下电枢绕组元件内的电流方向相反。

19.137 换向器 commutator
直流电机转子上由换向片、云母片、V 形绝缘环、压圈和紧固件组成的电流换向装置。

19.138 换向片 commutator segment
换向器上面的梯形铜排。

19.139 换向极 commutating pole
又称“附加极”，“中间极”。直流电机定子的组成部分。通常沿圆周方向在每相邻的两个主极之间布置一个换向极，与主极成 90 °电角度。换向极绕组与电枢绕组串联，产生的换向极磁场可以改善换向器上由电流换向引起的火花现象。

19.140 电刷 brush
在电机旋转部分与静止部分之间传导电流的主要部件之一。具有良好的滑动接触特性(如摩擦系数、耐磨性等)，对电阻率和接触电阻等也有特殊要求，通常以石墨为主要原材料。

19.141 电刷冒火 sparking of brushes
直流电机运行时电刷与换向器的接触面上因换向不良产生火花，微弱的火花不影响运行，但当火花超过一定程度时，电刷会冒火，属于故障现象。可引起换向器和电刷的电腐蚀和加重机械磨损，严重时可使电机损坏。

19.142 电刷磨损 wear of brush
电刷在正常使用过程中是在逐渐磨损的。磨损速度(即耐磨性)是电刷的主要性能指标之一。

19.143 环火 ring fire
正负极性电刷之间形成的一股强烈的环形电弧。相当于电枢绕组通过电刷直接短路，具有很大的破坏性，可能灼伤换向器表面与电刷，甚至烧坏电枢绕组，或造成其他损坏和伤害运行人员。

19.144 无火花运行 sparkless operation
换向良好，电刷与换向器间不产生换向火花的运行状态。

19.145 均压线 equalizer
在多极叠绕组中，各并联支路的感应电势可能不同，为消除由此引起的电流环流，将各对支路在理论上的等电位点连接起来的导线。

19.146 绕线转子感应电动机 wound-rotor induction motor，slip-ring induction motor
定子连接于电源，转子上有与集电环连接的多相绕组的感应电动机。其启动电流小，转矩大，通过集电环可外接启动设备，因而能平滑调速。

19.147 笼型感应电动机 cage induction motor，squirrel cage induction motor
转子绕组为笼型绕组的感应电动机。

19.148 单相感应电动机 single phase induction motor
又称“单相异步电动机”。定子通常含有两个绕组，转子为笼型，定子主绕组一直接在单相交流电源上，辅助绕组只在启动时通电的感应电动机。

19.149 直流电动机 direct current motor，DC motor
将直流电能转换为机械能的转动装置。电动机定子提供磁场，直流电源向转子的绕组提供电流，换向器使转子电流与磁场产生的转矩保持方向不变。

19.150 直线电动机 linear motor
一种将电能直接转换成直线运动的机械能的电动机。在原理上，直流电动机、同步电动机和异步电动机都可做成直线电动机，实际应用上大多为直线异步电动机。

19.151 自整角机 selsyn
一种发送、接收、转换角位移信息的交流控制电机。

19.152 伺服电动机 servomotor
输出参数(如位置、速度、加速度或力矩等)可被控制的交流或直流电动机。

19.153 伺服系统 servomechanism
又称“伺服机械装置”。实现输出变量精确地跟随或复现输入变量的控制系统。

19.154 启动器 starter
用于电机启动和停止并同适当过载保护元件组合在一起的所需的所有开合方式的组合体。

19.155 星-三角启动 star-delta starting
启动时先将电机绕组接成星形，使每相绕组上的供电电压为相电压，待电机转速升高到一定值后，再将电机绕组的接线方式改为三角形，使每相绕组的供电电压为线电压，完成电机启动。

19.156 电磁启动 electromagnetic starting
通过交流接触器和热电继电器等实现交流笼型异步电动机的启动。可分为不可逆电磁启动与可逆电磁启动两类。

19.157 自耦变压器启动 autotransformer starting
启动时先将电动机绕组接至自耦变压器的抽头上，其电压为额定电压的60%~80%，经过一定时间后自动或手动将电动机绕组转换为全电压供电，提高了启动电压，增大了启动转矩，同时也减少了启动电流的冲击。

19.158 频敏启动 frequency-sensitive starting
使用频敏变阻器和其他控制电器启动交流线绕型大中容量的异步电动机。频敏电阻器接于转子绕组回路，电动机启动时转子速度从零逐步增加，转子绕组上的感应电动势频率由工频逐步降低至很低的转差频率，频敏变阻器的阻抗值由大减小，满足了启动过程的要求，启动结束后，频敏变阻器仍可接在转子绕组回路中。

19.159 综合启动 combined starting
使用接触器、熔断器、过载保护元件等控制三相笼式感应电动机的启动和停止。根据需要可以做成可逆式的。

19.160 成本分类 cost classification
成本各组成部分的区分、分类和分组。目的是按支出的性质，或按其功能(发电、输电、配电等)，或按其是固定的还是可变的，把总成本分成各组成部分。

19.161 成本分摊 cost allocation
在用户及各类用户间分摊成本，或按照认定发生费用的成本条目分摊成本。分摊时可以包括或不包括那些严格讲不可分摊的，即相关联的成本。

19.162 峰荷分摊方法 peak responsibility method
按照各类用户在系统的峰荷期间的实际需量，将与需量有关的成本在他们之间进行分摊的方法。

19.163 非一致性分摊方法 non-coincident peak method
按照各类用户的最大需量占该类最大需量的比例，将与需量有关的成本在他们之间进行分配，不管这些最大需量彼此相互发生的时间或相对系统峰荷发生的时间。

19.164 联网费用分摊 capital contribution to connection costs
为了建设或加强用户装置与供电网络之间的连线而支付给供电企业之金额。

19.165 电网费用分摊 capital contribution

to network costs

为保持电网备用容量或加强及扩展配电网以满足用户需量而支付给供电企业的金额。

19.166　[确定各类用户成本的]边际成本法　marginal cost method [of determining consumer class costs]

按照各类用户在规定时间内(如峰时、冬日、夏日、夜间)所消费的电能数值(kW或kW·h)与对应边际成本的乘积来计算此类用户的成本。

19.167　短期边际成本　short-run marginal cost

不考虑电厂容量变化情况下的边际成本。

19.168　长期边际成本　long-run marginal cost

需要修订电厂容量情况下的边际成本。

19.169　高峰容量成本　peak capacity cost

专门安装的或主要在系统的高峰负荷时段运行的电厂容量所产生的容量成本。

19.170　可避免成本　avoidable cost

在给定时期内，如采取适当措施，即可避免，但不采取措施则将会发生的成本。

19.171　[电力]价格　[electric] price

在一定的供电方式和供电特性的条件下，购买一定数量的电力(如1 kW·h、1 kW、1 kVA)或接受一项服务应支付的金额。

19.172　[电力]费率　[electric] rate

购买单位电力(如1 kW·h、1 kW、1 kVA)应支付的金额。

19.173　电量费率　energy rate，kilowatt hour rate

使用单位电能(kW·h)应支付的电费。

19.174　需量电费　demand charge

根据电价表或供电协议的有关条款，按需量列入账单的总金额。

19.175　需量费率　demand rate

又称“每千瓦价格(price per kilowatt)”，“每千伏安价格(price per kilovolt-ampere)”。在规定的供电时期内，单位计费需量(kW、kVA)应支付的电费。

19.176　备用电费　standby charge

凡属热备用状态或未加封的，不论用户是否使用备用电源，都需为其可用而支付电费。

19.177　单一制电价　flat rate tariff

直接由抄见的用电量乘以电量费率的电价。

19.178　需量电价　demand tariff

由一种或几种需量电费率和一种或几种kW·h电费率组成的电价。

19.179　固定费用　standing charge tariff

按容量计费或按需量计费的基本电费。

19.180　分档电价　block tariff

在规定的供电期内，按给定的kW·h用电量的多少逐级分档，并分别按不同的kW·h电费率计费的电价。

19.181　阶梯电价　step tariff

在电价表中规定的期间内，kW·h电费率随用电量多少而变化的电价。

19.182　负荷/等级电价　load/rate tariff

当用户负荷超过协议规定的限额，费率就相应提高的电价。

19.183　分时电价　time-of-day tariff

一天中24 h按不同时段而不同的电价。

19.184　限定时段电价　restricted hour tariff

适用于只在规定时段内供电的电价。

19.185　非峰时电价　off-peak tariff

又称“低负荷时电价(low-load tariff)”。只

允许在低负荷时间内用电的限定时段电价。

19.186 峰负荷电价 peak load tariff
只在峰负荷内供电的限定时段电价。

19.187 低负荷率电价 low load factor tariff
适用于低负荷率用户的电价。

19.188 高负荷率电价 high load factor tariff
适用于高负荷率用户的电价。

19.189 居民生活电价 domestic tariff
适用于城镇、乡村居民家庭生活用电(包括照明、家用电器用电)的电价。

19.190 商业电价 commercial tariff
适用于从事商品交换或提供商业性、金融性、服务性的非公益性有偿服务所需电力的电价。

19.191 大工业电价 industrial tariff
适用于用工业方法从事物质生产及直接为生产服务，受电变压器在某规定容量及以上用电的电价。

19.192 农业生产电价 agricultural tariff
适用于农田排涝、灌溉、电犁、打井、打场、脱粒、饲料加工等(非经营性)防汛临时照明用电的电价。

19.193 普通工业电价 motive power tariff
适用于用工业方法从事物质生产及直接为生产服务，受电变压器在某规定容量以下用电的电价。

19.194 非居民照明电价 lighting tariff
适用于除城镇、乡村居民家庭生活用电以外的照明用电。

19.195 供热电价 heating tariff
适用于房间供热及其他供热用途的电价。

19.196 公用事项电价 catering tariff
为抽、灌水，公共照明等特定用途的公用事项供电的电价。

19.197 功率因数调整电费 power factor clause
根据用户功率因数的水平高低减收或增收的电费。

19.198 最低付费条款 minimum payment clause
在规定期间内，根据用户付给供电企业至少一定数量(不论是否完全使用)的电量或规定的最低金额的条款。

19.199 最低计费需量 minimum demand
协议或电价表中规定的，无论用户是否用尽都必须付款的需量。

19.200 利用小时数 utilization time
在规定时间内(如年、月、日等)电力消费量和该期间内出现的最大需量或其他规定需量之比与该期间小时数的乘积。

19.201 一致性因数 coincidence factor
又称“同时率”。用数值或百分比表示的，在规定期间内一组电器或一批用户同时发生的最大需量与在同一时期内他们各自的最大需量的总和之比。

19.202 差异性因数 diversity factor
一致性因数的倒数。

19.203 需量因数 demand factor
用数值或百分比表示的，在规定期间内一台或一组装置的最大需量与该装置的总安装容量之比。

19.204 有效需量 effective demand
在供电系统高峰需量期间或假定的潜在高峰需量期间内，由某个用户、某类用户或某类负荷构成的需量。

19.205 有效需量因数 effective demand factor
某个用户、一组用户或一组设施的有效需

量与总设施负荷之比。

19.206 峰荷分担因数 peak responsibility factor
在同一级电网，某种类型的一个或一组用户，或一组给定类型设施的有效需量与当时系统高峰需量的比值。

20. 环境保护

20.001 烟气 flue gas
燃料燃烧生成的气态燃烧产物。

20.002 温室气体 greenhouse gases
破坏大气层与地面间红外线辐射正常关系，吸收地球释放出来的红外线辐射，阻止地球热量的散失，使地球发生可感觉到的气温升高的气体。

20.003 煤清洁燃烧技术 clean coal combustion technology，CCCT
从煤炭开采到火电站利用，旨在减少污染排放与提高利用效率的加工、燃烧、转化及污染控制的全过程。包括煤燃烧前的处理和净化技术，燃烧中的净化技术、燃烧后的净化技术和煤的气化与液化技术以及煤的高效、低污染燃烧技术。

20.004 烟气净化 gas cleaning
烟气除尘、脱硫和脱氮氧化物等措施。使排放的烟气中这些污染物含量达到有关标准要求。

20.005 氮氧化物 nitrogen oxides，NO_x
氮与氧的多种化合物。如氧化亚氮(N_2O)、一氧化氮(NO)、二氧化氮(NO_2)、三氧化二氮(N_2O_3)、四氧化二氮(N_2O_4)和五氧化二氮(N_2O_5)等。除二氧化氮以外，其他氮氧化物均极不稳定，遇光、湿或热变成二氧化氮及一氧化氮，一氧化氮又变为二氧化氮。因此，职业环境中接触的是几种气体的混合物，常称为“硝”，主要为一氧化氮和二氧化氮，并以二氧化氮为主。

20.006 硫氧化物 sulfur oxides，SO_x
二氧化硫(SO_2)和三氧化硫(SO_3)及两者的混合物的总称。

20.007 热力型氮氧化物 thermal NO_x
燃烧用空气中的N_2在高温下氧化而生成的氮氧化物NO_x。

20.008 燃料型氮氧化物 fuel NO_x
燃料中含氮有机化合物热裂解产生N、CN、HCN、NH_i等中间产物基团，然后氧化而生成的NO_x。

20.009 快速型氮氧化物 prompt NO_x
又称“瞬态型氮氧化物”。燃烧过程中，空气中的氮和碳氢燃料先在高温下反应生成中间产物N、HCN、CN等，然后快速和氧反应生成的NO_x。

20.010 烟气污染物 flue gas pollutant
烟气中对大气及环境、人类健康等能造成危害的物质的统称。主要有硫氧化物、氮氧化物、粉尘和二氧化碳。

20.011 烟气污染物排放量 pollutant quantity in flue gas
单位时间内随烟气排放的污染物质量。

20.012 烟气排放控制 flue gas emission control
应用物理、化学或物理化学的方法，以减少烟气中的污染物质，使其符合有关排放标准的环境保护措施。

20.013 污染物地面浓度 ground level pollutant concentration
地面呼吸带高度的单位体积空气中污染物

的量。

20.014　污染物日平均浓度　daily average pollutant concentration
地面上某一特定点大气中污染物在 24 h 内的平均浓度。

20.015　污染物瞬时浓度　pollutant instantaneous concentration
某特定地区在某一时刻的环境污染物浓度。

20.016　固体废物　solid waste
被当作无用的废物丢弃的固体物质。

20.017　放射性固体废物　radioactive solid waste
具有对大气及生态环境、人类健康等能造成损害或危害的放射性的固体废物。

20.018　粉尘治理　dust pollution control
对生产过程中产生的扬尘(煤尘、灰尘等)采取防止、抑制、滤除等措施，使工作场所的空气质量符合标准要求。

20.019　粉煤灰　fly ash
煤在锅炉中燃烧后形成的被烟气携带出炉膛的细灰。

20.020　微珠　cenosphere
粉煤灰中实心的和虽空心但沉于水的玻璃珠。

20.021　漂珠　floater
粉煤灰中所含的空心能漂于水面的玻璃珠。

20.022　炉渣　boiler slag and bottom ash
燃煤锅炉从炉底排出的熔渣和粗灰。

20.023　粉煤灰物理特性　physical properties of fly ash
粉煤灰的粒度或粒径分布、密度、磨损性、比表面积、孔隙率等特性。

20.024　粉煤灰化学成分　chemical composition of fly ash
粉煤灰中所含的各种化学元素的氧化物占粉煤灰质量的百分数。

20.025　飞灰粒径　particle size of fly ash
又称“飞灰粒度”。飞灰颗粒尺寸的大小。以通过某种尺寸的筛孔目的飞灰质量占飞灰总筛分样质量百分比表示。

20.026　飞灰粒径分布　particle size distribution of fly ash
飞灰样中各种飞灰粒径与该粒径的飞灰质量占飞灰样质量百分比之间的关系。

20.027　飞灰比电阻　fly ash resistivity
单位面积、单位厚度粉煤灰的电阻值。常以其电阻率表示，单位为 Ω/cm。

20.028　粉煤灰综合利用　comprehensive utilization of fly ash
根据其化学、物理特性把粉煤灰作为再生资源合理利用。

20.029　粉煤灰游离氧化钙　free calcium oxide in fly ash
粉煤灰中以石灰形态存在的氧化钙。

20.030　粉煤灰选炭　separation of carbon residue from fly ash
从火力发电厂的煤灰中分选出未燃尽的炭粒。

20.031　粉煤灰选铁　separation of ferro oxides from fly ash
从火力发电厂的煤灰中分选出铁和氧化铁。

20.032　贮灰场　ash storage yard
储存燃煤电厂排出的粉煤灰和炉渣的场地。

20.033　贮灰库　ash silo
用于储放火力发电厂排出的干粉煤灰，并

配置有防止扬尘的除尘和进灰、卸灰设备的密闭容器。

20.034 烟气含尘量 dust content in flue gas
单位体积烟气中所含的飞灰质量。

20.035 烟气除尘 flue gas dust removal
除去或降低烟气中飞灰含量的措施。

20.036 除尘器 dust precipitator，dust collector
除去或降低烟气中飞灰含量的设备。

20.037 干式除尘器 dry precipitator
将从烟气中除下来的灰以干态排出的除尘器。

20.038 湿式除尘器 wet dust scrubber
利用水的作用进行除尘，将灰以潮湿状态排出的除尘器。

20.039 静电除尘器 electrostatic precipitator，ESP
利用强电场使尘粒带电，并在静电场的作用下将尘粒分离、捕集的装置。

20.040 收尘板 dust collection plate
又称“集尘极”。静电除尘器中，荷电粉尘最终沉积其上的电极板(通常是阳极)。

20.041 放电极 discharge electrode
又称“电晕极”。静电除尘器中线状的带有大量尖端结构的电极(通常是阴极)。

20.042 收尘面积 specific collection area
收尘板的有效投影面积。由于极板的两个侧面均起收尘作用，所以两面均应计入。

20.043 有效驱进速度 effective migration velocity
根据静电除尘器实际结构、处理烟气量、电场内的烟气流速以及实测除尘效率等计算出来的荷电悬浮尘粒在电场力作用下向收尘极板表面运动的速度。

20.044 气流分布 gas flow distribution
气流通过的通道截面上各点气流速度和方向、浓度和密度以及温度等的分布状况。

20.045 袋式除尘器 bag filter，baghouse，BH
采用织物袋滤除气体中尘粒的设备。

20.046 机械振动布袋清灰 mechanical shake cleaning
采用机械振动的方法清除袋式除尘器过滤布袋上沉积的尘粒。

20.047 脉冲布袋清灰 pulse jet cleaning
采用断续地向布袋喷吹有一定压力的气流的方法清除袋式除尘器过滤布袋沉积上的灰。

20.048 反吹式布袋清灰 reverse flow cleaning
采用从与过滤气流相反的方向对布袋喷吹有一定压力的气流的方法清除袋式除尘器过滤布袋上沉积的灰。

20.049 气布比 air cloth ratio
单位时间内通过袋式除尘器的烟气量与整个过滤面积之比。单位为 $m^3/(m^2 \cdot min)$。

20.050 水膜除尘器 water film scrubber
通过在除尘器器壁表面上形成自上向下流动的水膜，并利用烟气旋转的惯性力将尘粒抛向水膜而被水流带走，从而达到除尘的目的的除尘器。

20.051 斜棒栅水膜除尘器 inclined rod grid water film scrubber
在水膜除尘器烟气进口管道上安装一组倾斜的棒栅，并且喷入密集的水雾，含湿灰烟气通过棒栅区时发生绕流，把湿尘粒抛向棒栅而被水流带走，从而达到除尘的目的的除尘器。被水喷湿凝聚的尘粒在水膜除尘器内更容易被捕集下来，从而提高了除尘效率。

20.052　文丘里除尘器　Venturi scrubber
在水膜除尘器烟气进口管道上安装一个文丘里流道，在文丘里喉口喷水，因吸水凝聚成较大颗粒的尘粒，部分在扩张段沉降下来并被水带走，从而达到除尘目的的除尘器。被水喷湿凝聚的尘粒在水膜除尘器内更容易被捕集下来，从而提高了除尘效率。

20.053　旋风除尘器　cyclone dust collector
利用烟气高速旋转进行惯性分离除尘的设备。

20.054　除尘器性能　performance of precipitator
除尘器的除尘效率、阻力、电耗、水耗等的总称。

20.055　除尘效率　dust removal efficiency
被除尘器收集下来的尘粒量占进入除尘器烟气含尘量的百分比。

20.056　等速取样器　isokinetic sampler
能够控制取样器的取样口内的气体流速使之与主气流的流速相等的粉尘取样装置。

20.057　炉烟处理灰水　flue treatment of ash sluicing water
采用抽取部分锅炉排烟通过冲灰系统中的灰水，使烟气中的 CO_2 溶解于水中，产生 H^+，以中和灰水的碱性，防止灰管结垢的方法。

20.058　烟气抬升　plume rise
又称“烟羽抬升”。烟气离开烟囱排放口后，由于受到浮力和惯性力作用而发生的上升。

20.059　烟气露点　flue gas dew point
又称“烟气酸露点”。烟气中酸性物质(如硫酸蒸气等)开始凝结时的温度。

20.060　烟气脱硫　flue gas desulfurization, FGD
从烟气中脱除硫氧化物的工艺过程。

20.061　燃料脱硫　desulfurization of fuel
在燃料燃烧前去除燃料中硫分的工艺过程。

20.062　烟气脱氮　flue gas denitrification, $deNO_x$
又称“烟气脱硝”。从烟气中脱除氮氧化物的工艺过程。

20.063　燃烧脱氮　$deNO_x$ during combustion
在燃料燃烧的过程中，采取减少氮氧化物生成和把氮氧化物还原成氮气的燃烧方法。

20.064　石灰石-石灰/石膏湿法烟气脱硫　limestone-lime/gypsum wet FGD
用经水消化的石灰或磨细的石灰石粉配制的浆液在吸收塔内洗涤烟气，吸收烟气中的硫氧化物生成亚硫酸钙，并氧化为硫酸钙(石膏)的脱硫工艺。

20.065　喷雾干燥法烟气脱硫　spray drying FGD
在干燥吸收塔内，石灰浆液经喷雾轮或压力喷嘴雾化成细滴喷入烟气中，与硫氧化物接触并发生反应，生成亚硫酸钙和少量的硫酸钙，烟气的热量将石灰浆液的水分蒸干，反应物呈干态的脱硫工艺。

20.066　亚钠法烟气脱硫　Wellman-Lord FGD
采用亚硫酸钠(Na_2SO_3)溶液对烟气进行洗涤，使 Na_2SO_3 与 SO_2 反应，生成 $NaHSO_3$，经脱析系统进行再生和回收 SO_2，脱析系统回收的 Na_2SO_3 可再循环使用。

20.067　炉内喷吸收剂脱硫　sorbent injection into furnace desulfurization process
将磨碎的脱硫剂(石灰石、白云石等)喷入煤粉锅炉炉膛适当的温度区域，使烟气中

一部分 SO_2 和几乎全部 SO_3 与钙、镁氧化物反应进行脱硫的方法。向锅炉炉膛喷石灰石粉脱硫称“*炉内喷钙脱硫*(desulfurization with limestone injection into the furnace)”。

20.068 增湿活化 activation of calcium
为提高炉内喷钙脱硫法的脱硫效率，使烟气在活化反应器中喷水增湿，烟气中未反应的 CaO 与水反应生成 $Ca(OH)_2$，$Ca(OH)_2$ 与烟气中未反应的 SO_2 进一步发生反应，从而提高脱硫效率。

20.069 氨洗涤法烟气脱硫 ammonia scrubbing flue gas desulfurization
用氨作为吸收剂对烟气进行洗涤吸收的脱硫工艺。

20.070 电子束烟气脱硫脱氮 electronic beam flue gas desulfurization and $deNO_x$
利用电子束照射烟气所产生的自由基等强活性基团氧化烟气中的 SO_2 和 NO_x，并与加入的氨进行反应，生成硫酸铵和硝酸铵的脱硫工艺。

20.071 副产物的脱水率 by-product dewater ratio
烟气脱硫工艺的副产物经脱水设备脱水后，副产物的含水量与副产物饱和液含水量之比。

20.072 副产物的氧化率 by-product oxidation fraction
脱硫副产物固体物中亚硫酸钙氧化成硫酸钙的程度。数值上等于脱硫副产物固体物料中硫酸根离子的摩尔数除以硫酸根离子的摩尔数与亚硫酸根摩尔数之和。

20.073 钙硫摩尔比 limestone/sulfur mole ratio
脱硫系统中投人有效氧化钙的摩尔数与二氧化硫的摩尔数之比。

20.074 脱硫效率 sulfur removal efficiency
单位时间内脱硫系统脱除的二氧化硫量占进入脱硫系统烟气中二氧化硫量的百分比。

20.075 海水洗涤法烟气脱硫 sea water scrubbing desulfurization
利用海水的天然碱度的中和作用进行脱硫的工艺。

20.076 活性炭烟气脱硫 activated carbon flue gas desulfurization
依靠活性炭的吸附作用，将烟气中硫氧化物吸附在活性炭表面进行脱硫的工艺。

20.077 联合脱硫脱硝技术 combined SO_x/NO_x control technology
对烟气同时进行脱硫和脱硝的一体化工艺。

20.078 脱硫废水 desulfurization waste water
烟气脱硫工艺过程中产生的废水。

20.079 双碱法烟气脱硫 dual alkali scrubbing FGD process
用可溶碱液(如钠碱或氨碱等)吸收烟气中的 SO_2，生成酸式盐，然后将部分溶液分流进另一个系统，用碱土化合物对其进行处理，生成难溶的 $CaSO_3 \cdot 0.5\,H_2O$ 并使可溶碱再生，重复使用的工艺。

20.080 脱硫产物 FGD by product，end product
烟气脱硫产生的固硫副产物。

20.081 [烟气脱硫]气-气加热器 gas-gas heater，GGH
用脱硫前温度较高的烟气加热脱硫后温度较低的烟气的换热器。

20.082 液气比 liquid/gas ratio
脱硫系统单位体积烟气量所需的碱性浆液

量之比，即单位时间内吸收剂混合物浆液喷淋量与标准状态湿烟气流量之比。

20.083 选择性催化还原 selective catalytic reduction，SCR

在催化剂的作用下，喷入氨把烟气中的NO_x还原成N_2和H_2O。还原剂以NH_3为主，催化剂有贵金属和非贵金属两类。

20.084 选择性非催化还原 selective non-catalytic reduction，SNCR

将含有NH_3基的还原剂，喷入炉膛温度为800~1100℃的区域，该还原剂迅速热分解成NH_3，无须经过催化剂的催化，直接与烟气中的NO_x进行反应生成N_2的工艺。

20.085 循环流化床锅炉脱硫 circulating fluidized bed boiler desulfurization

向循环流化床中加入脱硫剂(如石灰石等)，在固体燃料燃烧的同时，燃烧产生的SO_x与脱硫剂反应进行脱硫。

20.086 金属催化剂 metal catalyzer

在选择性催化还原法中，采用的金属氧化物(如用TiO_2基催化剂加入V_2O_5、WO_3、MoO_3及Cr_2O_3等)。在NO_x与氨反应还原成N_2和水时，能起促进作用。

20.087 废水 waste water

工艺过程中排出的不符合使用质量标准要求的水。

20.088 废水处理 waste water treatment

采用物理、化学、生物等方法对排放的废水进行处理，使其水质符合国家(或地区)规定的排放标准或达到再利用要求的工艺。

20.089 煤场废水 waste water from coal pile

储煤场排出的废水。

20.090 水力除灰 hydraulic ash handling

用水力在管道内或灰渣沟内输送细灰和灰渣的除灰方式。

20.091 灰水处理 ash-sluicing water treatment

将水力除灰系统灰场排出的冲灰水中所含的污染物去除，使之达到排放标准或回收利用要求的工艺。

20.092 脱水仓 dewatering bin

在水力除灰渣系统中，将灰渣浆脱水，在8 h内使灰渣的含水率降到12%~14%，装车或装船运走的存储灰渣的设备。

20.093 灰管防垢 anti-scaling in ash-sluicing piping

用于防止或减缓水力输灰系统结垢和沉积物的措施。

20.094 灰水闭路循环系统 closed circulating system of ash-sluicing water

将燃煤电厂水力冲灰系统中的灰水经灰场或浓缩沉淀池澄清后，再返回冲灰系统重复使用的灰水系统。

20.095 干除灰 dry ash handling

在收集、输送和储存锅炉中燃料燃烧产生的灰和渣的过程中不加入水，而保持干燥状态的除灰方法。

20.096 干灰分排 separated transport of fly ash

又称“粗细灰分排”。将电除尘器各电场收集的飞灰，根据干灰综合利用的要求，按细灰、粗灰分开输送，各自入库的措施。

20.097 油污水处理 oily waste water treatment

将含油污水中的油分去除，使水质达到排放标准的工艺。

20.098 酸碱废水 acidic and alkaline waste water

呈酸性或碱性的废水。

20.099 酸碱废水处理 treatment of acid and alkaline waste water

用化学的方法将含酸、含碱废水的 pH 值调整到符合排放标准的工艺。

20.100 废水零排放 waste water zero discharge

工艺过程中产生的废水经过处理后再循环使用，不向外排放。

20.101 废水再利用 waste water reuse

采用物理的、化学的、生物的方法对废水进行处理，使水质达到工艺要求，重新使用。

20.102 温排水 warm water discharge

大量排入自然水体的温度高于自然水体水温的水。

20.103 灰场排水 ash-sluicing water

燃煤电厂采用水力除灰时在贮灰场中经沉淀分离的排水。

20.104 生活污水处理 treatment of sanitary sewage

采用物理的、化学的、生物的方法清除生活污水中含有的有机和无机杂质，使水质达到排放标准或重复使用要求的过程。

20.105 节水 water conservation

提高水的利用效率、减少水的使用量、增加废水的处理回用量、防止和杜绝水的浪费。

20.106 水务管理 water management

对企业用水的取、用、消耗、处理回用及排放的全过程进行计划、实施和监督。

20.107 水取样 water sampling

按照标准规定的方法，从要求进行水质分析的水中采集水样。

20.108 水取样器 water sampler

符合标准规定的用于采取水质分析样品的设备。

20.109 [声学]噪声 noise

对人类的生活和工作起干扰作用的嘈杂声。

20.110 火力发电厂噪声 noise from thermal power plant

火力发电厂各种设备运行时所产生的电磁噪声、机械噪声、管道噪声、燃烧噪声等混合作用形成的噪声。

20.111 电磁噪声 electromagnetic noise

电气设备(如旋转电机、变压器等)在交流电磁场励磁下，铁心和绕组因电磁效应产生振动而发射的噪声。

20.112 机械噪声 machinery noise

机械设备及其部件在运转和能量传递过程中产生振动而发射的噪声。

20.113 管道噪声 flow noise in pipings

管道运行时因振动、内部介质流动摩擦、碰撞和扰动发生的噪声。

20.114 燃烧噪声 noise by combustion

燃料燃烧时气流扰动发出的噪声。

20.115 噪声控制 noise control

控制噪声源的声输出和噪声的传播，以获得良好声学环境所采取的措施。

20.116 消声器 muffler silencer

安装在进、排气系统用于降低噪声的装置。

20.117 吸声降噪 noise reduction by absorption

采用吸声的材料吸收噪声、降低噪声强度的方法。

20.118 隔声 sound insulation

利用隔声材料和隔声结构阻挡声能的传播，把声源产生的噪声限制在局部范围内，或在噪声的环境中隔离出相对安静的场所。

20.119 隔声罩 acoustic enclosure

用来阻隔设备向外辐射噪声的罩子。

20.120 环境监测 environmental monitoring
对影响环境质量的各种因素进行实时或定期采样、分析测量以发现异常的因素。

20.121 锅炉排烟监测 boiler flue gas monitoring
用国家规定的方法测定和监视锅炉排烟中污染物浓度的工作。

20.122 大气污染监测 atmospheric pollution monitoring
用国家规定的方法测定和监视大气污染物浓度、来源和分布，研究、分析大气污染现状和变化趋势的工作。

20.123 水质监测 water quality monitoring
用国家规定的方法测定和监视水中污染物浓度的工作。

20.124 噪声测量 measurement of noise
对各种噪声源、噪声场的物理量的测量。

20.125 污染 pollution
环境中出现的因其化学成分或数量而阻碍自净过程并产生有害于环境和健康的物质。

20.126 污染物 pollutant
在引入环境后，能对有用资源或人类健康、生物或生态系统产生不利影响的物质。

20.127 大气污染 air pollution
大气中污染物浓度达到危害人和生态平衡程度的现象。

20.128 水污染 water pollution
水体因某种物质的介入，而导致其化学、物理、生物或者放射性等方面特征的改变，从而影响水的有效利用，危害人体健康或者破坏生态环境，造成水质恶化的现象。

20.129 噪声污染 noise pollution
噪声对人和环境产生的影响。

20.130 水体热污染 water body thermal pollution
工业生产过程中大量废热水排入江、河、湖、海等水体，使水温上升到影响鱼类等水生物正常生长；或者因水温升高，刺激浮游生物迅速繁殖，加重水体缺氧、富营养化，使水质变劣的现象。

20.131 电磁污染 electromagnetic pollution
电磁辐射对环境造成的各种电磁干扰和对人体有害的现象。

20.132 多氯联苯污染 pollution by polychlorinated biphenyle
由于生产和使用中产生的多氯联苯废弃物，能经皮肤、呼吸道、消化道而被人体吸收，并在人体组织中富集，严重时危及人的健康和生命安全的污染。

20.133 地下水污染 groundwater pollution
由于人类的活动产生的污染物渗入地下，使地下水水质恶化的现象。

20.134 重金属污染 pollution of heavy metal
含有汞、镉、铬、铅及砷等生物毒性显著的重金属元素及其化合物对环境的污染。

20.135 污染源 pollutant source
产生并排出污染物的源头。

20.136 环境 environment
影响生物机体生命、发展与生存的所有外部条件的总体。

20.137 环境背景值 environmental background value
又称“环境本底”。在未受人类活动干扰的情况下，各环境要素(大气、水、土壤、生物、光、热等)的物质组成或能量分布的正常值。

20.138 环境保护 environmental protection
防止环境破坏或变质的方法和控制措施。

20.139 环境影响评价 environmental impact assessment

依据国家有关环境保护的法律、法规和标准，对拟建工程项目在建设中和投产后排出的废气、废水、灰渣、噪声及排水对环境的影响以及需要采取的措施进行预测和评估，并提出书面报告。

20.140 电力环境保护 environmental protection for electric power

对电力建设和电力生产过程中产生的废气、废水、废渣、噪声等污染物进行治理及回收利用，以达到国家环境保护法规、标准的要求。

20.141 环境管理 environmental management

运用法律、经济、行政、技术和宣传教育等手段，限制人类损害环境质量的行为。通过全面规划和有效监督，使经济发展与环境协调，达到可持续发展的目标。

20.142 环境规划 environmental planning

对一定时期内环境保护目标和措施所做出的规划。

20.143 环境统计 environmental statistics

用统计数字反映人类活动与环境变化之间的相互影响。

20.144 环境污染 environmental pollution

人类活动中向水、空气、土壤等自然环境排入化学物质、放射性物质、病原体、噪声、废热等污染物，当数量和浓度达到一定程度，可危害人类健康，影响生物正常生长和生态平衡的现象。

20.145 环境质量 environmental quality

某一区域性或局部自然环境要素的优劣程度。

20.146 排污收费 pollution charge

环境保护行政主管部门对企业向外排放污染物按数量进行的收费。

20.147 排放权交易 emission trading

在一定范围内满足环境质量要求的条件下，授予排污单位以一定数量合法的污染物排放权，允许对排放权视同商品进行买卖，调剂余缺，实现污染物排放总量控制。

20.148 生态平衡 ecological balance

一个生物群落及其生态系统之中，各种对立因素互相制约而达到的相对稳定的平衡。

20.149 大气 atmosphere

围绕地球的空气总体。

20.150 大气扩散 atmospheric dispersion

排入大气的污染物在大气中传输与扩展的现象。

20.151 大气稳定度 atmospheric stability

空中某大气团由于与周围空气存在密度、温度和流速等的强度差而产生的浮力使其产生加速度而上升或下降的程度。

20.152 大气层结 atmospheric stratification

地面上方对流层中大气温度和湿度的垂直方向分布状况。

20.153 大气扩散模式 atmospheric dispersion model

对排入大气的污染物在大气中传输与扩展的一种数学描述。

20.154 水体 water body

海洋、江河、湖泊、沼泽、水库、地下水、冰川等，包括其中的悬浮物、底泥、水生生物在内的总称。

20.155 烟囱 chimney

将烟气导向高空的管状建筑物。

20.156 钢筋混凝土烟囱 reinforced concrete chimney

筒壁材质为钢筋混凝土的烟囱。

20.157　多筒式烟囱　multitube chimney

由多个钢烟囱组成的集束烟囱。可供多台锅炉排放烟气，可提高烟气抬升高度。

20.158　污染物排放总量控制　pollutant cap control

根据不同区域、不同时期的环境质量要求，推算出达到该目标的污染物最大允许排放量，然后将污染物排放量作为指标合理分配给各个污染源。

20.159　烟塔合一　cooling water in place of chimney combining tower

取消烟囱而将锅炉排烟经过烟气净化处理后排入汽轮机冷却水冷却塔，在冷却塔内部热空气作用下使烟气及其所携带的残余污染物得到更大的抬升的一种烟气排放方式。

21.　电气安全与电力可靠性

21.001　[电力]安全系统工程　[electric] security system engineering

应用系统工程的原理和方法对电力系统中的安全问题从规划、建设、运行维护等多角度进行系统的分析、评价、预测并采取预防性措施，从而使系统达到最佳安全状态。

21.002　电气安全信息系统　information system for electrical safety

为保证电气设施安全而建立的一套影像传输，信息收集，数据分析、处理、存储和传递的系统。

21.003　电气安全控制系统　electrical safety control system

为保证电气设备安全运行，接受电气安全系统的信息后，可发出相应控制指令的软件和硬件系统。

21.004　电气安全管理　electrical safety management

以电气安全为目的，对安全生产工作进行有预见性的管辖和控制。

21.005　电气安全标准　electrical safety standard

为保证电气安全运行，根据电气设备属性和电气事故教训为电气设备制定的要求。

21.006　电气安全规程　electrical safety regulation，safety code

为保证电气安全运行，根据电气设备属性和电气事故教训为生产人员制定的制度。

21.007　电气安全试验　electrical safety test

为检测电气设备、元器件和绝缘工、器具性能而进行的一系列相关试验。

21.008　电气安全措施　electrical safety measure

为保证电气作业安全而采取的系列措施。

21.009　电气事故　electrical accident

由电气设备故障直接或间接造成设备损坏、人员伤亡、环境破坏等后果的事件。

21.010　电气事故报警　electrical accident alarming

为防止电气事故扩大，能在发生事故时自动投入运行并发出声、光报警信号的系统。

21.011　电气事故抢修　electrical accident rush repair

发生电气事故后，立即组织人员、设备紧急修理，最大限度地恢复原运行状态。

21.012　电气事故分析　electrical accident analysis

发生电气事故后，对事故的起因、形成、

扩大进行调查、研究、分析后得出结论的过程。

21.013　电气安全　electrical safety
不因电气事故引起人员伤亡、设备损坏、财产损失或环境损害。

21.014　安全电压　safety voltage
为防止人身电击事故，采用由特定电源供电的电压系列。这个系列的上限值为在任何情况下，加在身体不同部位之间的电压不得超过交流有效值 50 V 或直流 36 V。

21.015　跨步电压　step voltage
人在有不同电位的大地上行走，两脚之间承受的电压。

21.016　接触电压　touch voltage
人体同时触及具有不同电位的部位时承受的电压。

21.017　危险电压　dangerous voltage
危及人身安全或电气设备安全的电压。

21.018　安全电流　safety current
通过人体不会对人身产生危险的电流。一般为 30 mA。

21.019　对地泄漏电流　earth leakage current
在正常绝缘状况下，从设备或线路的带电部件流入大地的电流。

21.020　接地电流　earth fault current
由于故障而流入大地的电流。

21.021　电击电流　shock current
由于触电通过人体或动物身体并可能引起病理、生理效应特征的电流。

21.022　摆脱电流　threshold of let-go current
在给定条件下，手握电极时能摆脱的最大电流值。

21.023　致颤电流　fibrillating current
在给定条件下，引起心室纤维性乱颤的最小电流值。

21.024　感知电流　threshold of perception current
在给定条件下，电流通过人体，可引起任何最小感觉的电流值。

21.025　心脏电流系数　heart current factor
电流通过某一通路在心脏内所产生的电场强度与该电流通过左手到双脚时，在心脏内产生的电场强度之比。

21.026　安全阻抗　safety impedance
连接于带电部分与可触及的可导电部分之间的阻抗。其值可在设备正常使用时和可能发生故障时，把电流限制在安全值以内，并在设备的整个寿命期间保证可靠性。

21.027　电气安全距离　electrical safe distance，safe range
为防止人体触及或接近带电体，确保作业者和电气设备不发生事故的电气距离。

21.028　电气防火间距　electrical interval of fire prevention
为有效防止火灾蔓延，在建筑物(设备)之间留有的适当距离。

21.029　电气故障　electrical fault，failure
电力系统或电气设备不能正常运行的状态。

21.030　自熄弧故障　self-extinguishing fault
引起短路的电弧能自行熄灭的故障。

21.031　高阻故障　high resistive fault
故障时呈现高阻抗的接地故障。

21.032　非导电环境　non-conducting environment
人或动物可触及的高阻抗性物体(如绝缘的墙或地板)环境。

21.033　电气保护阻挡物　electrical protective obstacle

为防止人体无意的直接接触带电体而提供的防护物。

21.034 电气保护遮栏 electrical protective barrier

为防止人或动物从任何方向接近带电体而设置的防护物。

21.035 电气保护外壳 electrical protective enclosure

为防止从任何方向触及危险带电体，将带电体用绝缘体或附加一定厚度空气层的金属护罩包围住的电器外壳。

21.036 伸臂范围 arm's reach

人体上臂伸展时，手在任何方向能达到的最大范围。

21.037 电气保护屏蔽体 electrical protective screen

将电气元件和／或导体包围、隔离，其本身可靠接地但不作为导电回路的部件。

21.038 加强的防护措施 enhanced protective provision

比正常防护所需要的等级更高的防护措施。

21.039 基本绝缘 basic insulation

能够对带电部分提供基本防护的绝缘。

21.040 附加绝缘 supplementary insulation

基本绝缘之外使用的独立绝缘。可在基本绝缘损坏的情况下更好的防止电击。

21.041 双重绝缘 double insulation

同时具有基本绝缘和附加绝缘的绝缘。

21.042 加强绝缘 reinforced insulation

相当于双重绝缘保护程度的单独绝缘结构。

21.043 简单分隔 simple separation

采用基本绝缘使导体之间或导体与地之间分隔。

21.044 故障点 fault point

引发非正常运行的位置。

21.045 故障相 fault phase

三相或多相回路中发生故障的相。

21.046 故障区段 fault section

发生故障的范围或区域。

21.047 电气保护分隔 protective separation

借助于双重绝缘、加强绝缘或基本绝缘与电气保护屏蔽，将一个电气回路与另一个电气回路做电气分隔。

21.048 监护制度 supervisory institution

工作人员在电气作业过程中，设置监护人并受其指导与监督，及时纠正作业中的一切不安全因素，达到安全作业目的的一整套制度。

21.049 电气安全色 electrical safety color

表达电气安全信息的颜色。如表示禁止、警告、指令、提示等。

21.050 电气安全标志 electrical safety marking

用于表达特定的安全信息，由电气安全色、几何图形或图形符号与文字组成的标志。

21.051 电气警告牌 electrical alarm plate

提醒电气工作人员避免发生误操作或误入带电区域，避免非工作人员误碰电气设备或误入电气工作现场的警告牌处。

21.052 电气标示牌 electrical indication plate

标示电气设备属性，避免工作人员误操作或误入带电区域，避免非工作人员误碰电气设备或误入电气工作现场的标示牌处。

21.053 操作票 operation order

为保证电气设备倒闸操作遵守正确的顺序，必须先由操作人填写倒闸操作的内容和顺序的票据。

21.054 停电操作 outage switching
将电气设备从带电运行状态转换到停电状态的操作。

21.055 紧急操作 emergency operation
在紧急情况下进行的未填写操作票的操作。

21.056 电气误操作 electrical miss operation
违反电气操作规程和操作票要求的内容和程序进行的操作。

21.057 电气紧急事故处理 electrical manipulating emergency
对可能造成人身电击、电气火灾、设备严重损坏及引发系统重特大事故和大面积停电的紧急情况进行的处理。

21.058 电气安全寿命 electrical safe life
电气设备保持或基本保持原有性能的时间。

21.059 安全防护照明 safety protective lighting
使用安全电压照明或有可靠防护的普通照明。

21.060 电气潜伏故障[隐患] potential electric hazard
电气设备或系统中存在的未被发现的可能引发事故的缺陷。

21.061 电气防火 electrical fire prevention
防止电气设备或线路因本身缺陷导致温度升高或产生电弧将周围物体点燃。

21.062 电气消防设施 electrical fire protection equipment
防止或扑救电气火灾的设备和装置。

21.063 电气防火隔墙 electrical fire compartment wall
建筑物内部或相邻建筑物之间用于防止电气火灾蔓延而设置的不可燃烧的隔墙。

21.064 电气防爆隔墙 electrical explosion resistant separating wall
建筑物内部或相邻建筑物之间用于减小电气爆炸的影响而设置的限制或阻挡爆炸的隔墙。

21.065 电气防爆门 electrical explosion preventing gate
为减小或隔断电气爆炸的影响而设置的门。

21.066 保安电源 emergency power supply
为避免停电造成某些重要设备失控而设置的向保安负荷供电的专用电源。

21.067 保安备用电源 emergency standby electricity
正常电源故障时，为保证向重要负荷连续供电而设置的备用电源。

21.068 电气消防通道 electrical fire fighting passageway
为扑救电气火灾，保证运送消防器材、提供消防水源、通行消防车辆而设置的专用通道。

21.069 电磁场伤害 injury due to electromagnetic field
人体在电磁场作用下因吸收电磁波辐射而受到的伤害。

21.070 电灼伤 electric burn
发生电气事故时，电气设备与人体间产生电弧对人体皮肤的烧伤。

21.071 电击 electric shock
电流通过人体或动物躯体而产生的化学效应、机械效应、热效应及生理效应而导致的伤害。

21.072 外部导电部分 extraneous conductive part

电气装置的金属外壳、支架等易引入电位(通常是地电位)的导电部分。

21.073　外露可接近导体　exposed approachability conductive part

能触及到的电气设备的可导电部分。在正常时不带电，在故障情况下有可能带电。

21.074　验电　verification of live part

验证停电设备是否确无电压。是保证电气安全作业的基本安全措施之一。

21.075　遮栏　barrier

在电气工作地点的四周用绝缘支架或绝缘绳索做成的围栏。以防止工作人员误入带电区域。

21.076　临时接地　temporary grounding

因电气工作安全需要，临时将线路或电气设备接地。

21.077　定期巡视　periodical inspection

按照季节性工作或特定工作要求，对电气设备和电力线路在规定时间内进行的外观检查。

21.078　故障巡视　fault inspection

故障发生后对相关设备增加的外观检查。

21.079　夜间巡视　night inspection

在夜间进行的对设备和环境的检查。

21.080　直接接触　direct contact

人体、动物直接触及带电导体。

21.081　间接接触　indirect contact

正常时人体、动物触及不带电、故障情况下带电的导体。

21.082　剩余电流　residual current

低压配电线路中各相(含中性线)电流矢量和不为零的电流。

21.083　剩余动作电流　residual operating current

能启动剩余电流保护装置的剩余电流。

21.084　额定剩余动作电流　rated residual operating current

制造厂对剩余电流动作保护装置规定的最小剩余动作电流值。在达到或超过该电流值时，剩余电流保护装置应可靠动作。

21.085　剩余不动作电流　residual non-operating current

在小于或等于该电流时，剩余电流动作保护装置可靠不动作的剩余电流值。

21.086　额定剩余不动作电流　rated residual non-operating current

制造厂规定的，在等于或小于该值时，剩余电流保护装置应可靠不动作的最大剩余不动作电流值。

21.087　剩余电流动作保护装置　residual current operated device，RCD

具有剩余电流保护功能的系列低压保护电器的总称。

21.088　剩余电流动作继电器　residual current operated relay

在规定的条件下，当剩余电流达到一个规定值时发出动作指令的电器。

21.089　剩余电流动作断路器　residual current operated circuit-breaker

用于接通、承载和分断正常工作条件下电流，以及在规定条件下，当剩余电流达到一个规定值时，使触头断开的开关电器。

21.090　AC 型剩余电流动作断路器　RCBO of type AC

当出现突然增大或缓慢上升的剩余正弦交流电流时能可靠动作的剩余电流动作断路器。

21.091　A 型剩余电流动作断路器　RCBO of type A

当出现突然增大或缓慢上升的剩余正弦交

流电流和剩余脉动直流电流时能可靠动作的剩余电流动作断路器。

21.092　延时型剩余电流动作断路器　time lagged RCBO

达到整定的剩余电流动作值时，可按预先调整的延缓动作时间动作的剩余电流动作断路器。

21.093　电气火灾监控设备　alarm and control unit for electric fire protection

能接收来自电气火灾监控探测器的报警信号，发出声、光报警信号和控制指令，指示报警部位，记录并保存报警信息，自动启动灭火系统的装置。

21.094　剩余电流动作断路器的分断时间　break time of residual operated protection

从突然施加剩余动作电流的瞬间起到所有极间电弧熄灭瞬间为止所经过的时间。

21.095　脉动直流电流　pulsating direct current

方向保持不变、在角度至少为 150 °的一段时间间隔内，幅值为 0 或不超过直流 0.006 A，不断变化的脉动波形电流。

21.096　平滑直流电流　smooth direct current

将脉动直流电流经滤波电路滤波后形成的没有纹波(或可忽略)的直流电流。

21.097　剩余电流动作保护装置分级保护　selective protection of RCBO

剩余电流动作保护装置分别装设在电源端、负荷群首端、负荷端，构成两级或两级以上的保护系统，各级保护在动作原理、额定电流值、额定剩余电流动作值与动作时间协调配合，实现具有选择性的保护。

21.098　剩余电流动作电气火灾监控系统　residual current operated electric fire monitor system

采用剩余电流动作原理构成的电气火灾实时监控并可发出声、光警报或切断电源的成套装置。

21.099　电气火灾监控探测器　detector for electric fire protection

探测被保护线路剩余电流、温度等可能引发电气火灾的参数变化的探测器。

21.100　0 类设备　class 0 equipment

仅依靠基本绝缘作为防止电击的电气设备。其可触及的导电部分不与电气装置的 PE 线连接。如果基本绝缘失效，其安全性能只能靠环境条件来保证。

21.101　Ⅰ类设备　class Ⅰ equipment

除具有基本绝缘外，还将外露导电部分与电气装置的 PE 线接线端子连接的电气设备。

21.102　Ⅱ类设备　class Ⅱ equipment

具有双重绝缘(基本绝缘加附加绝缘)或加强绝缘的电气设备。

21.103　Ⅲ类设备　class Ⅲ equipment

采用安全电压供电的设备。

21.104　等电位连接　equal potential bonding

将具有相同对地电位的各个可导电部分做电气连接。

21.105　总等电位连接　main equal potential bonding

在建筑物内将电气装置总配电箱内的PE母线排以及建筑物内的外露可接近导体、电气装置外露可接近导体，在靠近总配电箱处用连接线连通。使电气装置及建筑物内的外露可接近导体各导电部分电位相等。

21.106　局部等电位连接　local equal potential bonding

在建筑物局部范围内，将电气装置外露可接近导体和其他外露可接近导体互相连接，使建筑物在局部范围内发生电气故障时没有电位差或电位差小于接触电压限值。

21.107 辅助等电位连接 supplementary equal potential bonding

将可同时触及的导电体直接连通，使可同时触及的导电体在故障情况下电位相等。

21.108 保护导体 protective conductor

为防电击，用来与外露可导电部分、外部可导电部分、主接地端子、接地极、电源接地点或人工中性点任一部分作电气连接的导体。符号“PE”。

21.109 保护中性导体 combined protective and neutral conduct

同时具有中性点连接导体和保护导体两种功能的接地导体。符号“PEN”。

21.110 TT 系统 TT system

中性点直接接地，电气装置的外露可接近导体通过保护接地线接至与电力系统接地点无关的接地极的低压配电系统。

21.111 TN 系统 TN system

中性点直接接地，电气装置的外露可接近导体通过保护接地线与该接地点相连接，即设备不单独接地，只系统接地的低压配电系统。

21.112 TN-C 系统 TN-C system

整个系统的中性线与保护线合一的 TN 系统。

21.113 TN-S 系统 TN-S system

整个系统的中性线与保护线分开的 TN 系统。

21.114 TN-C-S 系统 TN-C-S system

系统中有一部分线路的中性线与保护线合一的 TN 系统。

21.115 IT 系统 IT system

电源端的中性点不接地或有一点通过阻抗接地，电气装置的外露可导电部分直接接地的配电系统。

21.116 防止设备事故措施 equipment measure against accident

根据生产经验和设备事故教训而制定的防止设备事故再次发生的安全技术和组织措施。

21.117 防爆安全措施 flameproof safety

为防止可燃气体、可燃蒸气、可燃粉尘或危险化学品等有爆炸危险的物质或混合物发生爆炸而采取的安全措施。

21.118 电气事故预想 electrical premeditated simulation of accident

根据电气设备运行环境、运行方式和运行状态的变化，有针对性地预先分析、设想可能发生的异常和故障并提出防止和处理的对策。

21.119 电气事故直接原因 direct reason of electrical accident

电气设备、运行环境或人的不安全行为等直接导致发生电气事故的原因。

21.120 电气事故间接原因 indirect cause of electric fault

电气设备设计、制造缺陷等导致发生电气事故的间接原因。

21.121 电气事故直接经济损失 direct economic loss of electric fault

因人身伤亡善后处理和电气设备损坏所需修理、购置新品支出费用的总和。

21.122 电气事故间接经济损失 indirect economic loss of electric fault

电气设备发生事故、障碍后引起用户停电、限电、电能质量降低，使用户设备损坏，产量降低，质量下降，数据丢失甚至人员伤亡造成的经济损失。

21.123 电气事故率 electrical failure rate

在一定时间周期内每千人平均发生的电气事故次数。

21.124　电气事故频次　electrical failure frequency

在单位时间或周期内发生的电气事故次数。

21.125　电气设备缺陷　electrical equipment defect

电气设备发生的影响运行的指标异常、部件损坏或介质泄漏等的不正常现象。

21.126　可靠性　reliability

元件或系统在规定的条件下和规定的时间内完成规定功能的能力。用概率量度表示完成规定功能的能力时通常称为"可靠度"。

21.127　可用性　availability

在要求的外部资源得到保证的前提下，元件或系统在规定的条件下和规定的时刻或时间内处于可执行规定功能状态的能力。用概率量度表示可执行规定功能状态的能力时通常称为"可用度"。

21.128　可维修性　maintainability

元件或系统在规定的使用条件下和规定的时间内，按规定的程序和方法实施维修时，保持或恢复能执行规定功能状态的能力。用概率量度表示保持或恢复能执行规定功能状态的能力时通常称为"可维修度"。

21.129　维修保障性　maintenance support ability

维修机构在规定的条件下，按照规定的维修策略提供维修元件或系统所需资源的能力。

21.130　平均首次失效前时间　mean time to first failure，MTTFF

可修复元件首次失效前工作时间的期望值。

21.131　平均无故障工作时间　mean time to failure，mean time to outage，MTTF

元件或系统失效前工作时间的期望。

21.132　平均失效间隔时间　mean time between failures，MTBF

元件或系统相继两次失效间隔时间的期望。

21.133　瞬时可用度　instantaneous availability

在要求的外部资源得到保证的前提下，元件或系统在规定的条件下和规定的时刻处于能执行规定功能状态的概率。

21.134　瞬时不可用度　instantaneous unavailability

在要求的外部资源得到保证的前提下，元件或系统在规定的条件下和规定的时刻处于不能执行规定功能状态的概率。

21.135　平均可用度　mean availability

给定时间内瞬时可用度的均值。

21.136　平均不可用度　mean unavailability

给定时间内瞬时不可用度的均值。

21.137　稳态可用度　steady state availability

稳态条件下，给定时间内的瞬时可用度的均值。如失效率与修复率均为恒定时，稳态可用度可简称"可用率"。符号"*A*"。

21.138　稳态不可用度　steady state unavailability

稳态条件下，给定时间内的瞬时不可用度的均值。如失效率与修复率均为恒定时，稳态不可用度可简称"不可用率"。符号"*U*"。

21.139　预防性维修　preventive maintenance

为降低元件失效的概率或防止功能退化，按预定时间间隔或按规定准则实施的维修。

21.140　计划性维修　scheduled maintenance

按预定的进度计划实施的预防性维修。

21.141 非计划性维修 unscheduled maintenance

不是按预定的进度计划，而是在发现元件或系统状态的异常迹象后实施的维修。

21.142 瞬时修复率 instantaneous repair rate

元件在时刻 t 处于未修复状态的条件下，在时间区间 $(t,\ t+\Delta t)$ 内能修复的条件概率与该区间长度 Δt 之比，当 Δt 趋近于 0 时的极限(如果存在)。

21.143 平均修复率 mean repair rate

给定时间内的瞬时修复率的均值。

21.144 平均修复时间 mean time to restoration，mean time to repair，MTTR

又称"平均恢复前时间"。修复时间的期望值。

21.145 以可靠性为中心的维修 reliability-centered maintenance，RCM

按可靠性工程原理组织维修的一种科学管理策略。即按最少维修资源消耗，保持设备固有可靠性和安全性的预防性维修的原理逻辑或系统性方法。

21.146 状态检修 condition based maintenance，CBM

在设备状态评价(状态监测、寿命预测和可靠性评价)的基础上，根据设备状态和分析诊断结果，安排检修项目和时间，并主动实施的检修。

21.147 可靠性工程 reliability engineering

为了达到元件或系统的可靠性要求而进行的一套设计、研制、生产和试验工作。

21.148 可靠性评估 reliability evaluation，reliability assessment

对元件或系统的工作或固有能力或性能改进措施的效果是否满足规定的可靠性准则而进行分析、预计和认定的过程。

21.149 可靠性评价 historical reliability assessment

对现有系统或系统组成部分的可靠性所达到的水平进行分析和确认的过程。

21.150 可靠性准则 reliability criteria

为使元件或系统的可靠性达到一定的要求而应当执行的标准、规范或应遵循的指导规则。

21.151 可靠性管理 reliability management

为确定和满足元件或系统的可靠性要求所进行的一系列组织、计划、规划、控制、协调、监督、决策等活动和功能的管理。

21.152 可靠性改进 reliability improvement

有目的地通过消除系统性失效的原因和(或)降低其他失效的发生概率，使元件或系统的可靠性得到提高的过程。

21.153 可靠性和可维修性保证 reliability and maintainability assurance

为使人们确信元件满足规定的可靠性和可维修性要求所进行的有计划、有组织、有系统的全部活动。应包括必要的计划和措施，通过检验、评审和评估以确保目标的实现。

21.154 可靠性和可维修性控制 reliability and maintainability control

使元件或系统满足规定的可靠性和可维修性要求所采取的操作技术与活动。

21.155 失效模式与影响分析 failure mode and effect analysis，FMEA

研究系统中每一个组成部分可能的失效模式，确定各个失效模式的后果或对系统可靠性的影响，并按其影响的严重程度进行分类的分析方法。

21.156 电力系统可靠性 electric power system reliability

电力系统按可接受的质量标准和所需数量，不间断地向电力用户提供电力和电量的能力的量度。包括充裕性和安全性两个方面。

21.157 [电力系统的]充裕性 adequacy [of an electric power system]

电力系统稳态运行时，在系统元件额定容量、母线电压和系统频率等的允许范围内，考虑系统中元件的计划停运以及合理预期的非计划停运条件下，向用户提供全部所需的电力和电量的能力。

21.158 [电力系统的]安全性 security [of an electric power system]

电力系统在运行中承受突然扰动(如短路或系统中元件意外退出运行等)的能力。通常适用于大电力系统，可用一个或几个适当的指标度量。

21.159 [电力系统的]正常状态 normal state [of an electric power system]

当任何一个常见单一故障扰动的发生均不造成电力系统失稳并能正常供电时的一种运行状态。

21.160 [电力系统的]运行工况 operation condition

电力系统在不同运行条件(系统接线、出力配置、负荷水平、故障等)下的工作状况。

21.161 [电力系统事故的]联锁反应 cascading [of an electric power system], cascade failure [of an electric power system]

由于元件的过负荷或事故跳闸引起其他输变电设施和发电机组的相继跳闸。包括为防止设备损坏进行的人员操作。

21.162 [电力系统的]警戒状态 alert state [of an electric power system]

当一个常见单一故障扰动的发生将造成电力系统失稳的一种状态。

21.163 [电力系统的]紧急状态 emergency state [of an electric power system]

当电力系统处于警戒状态下，一个不常见的严重故障扰动的发生将造成失稳、电压崩溃或联锁反应等后果时的一种状态。

21.164 [电力系统的]严重事故状态 extreme emergency state [of an electric power system]

电力系统的部分元件过负荷或部分母线电压或系统频率超出允许范围而未能有效控制的一种失稳状态。

21.165 [电力系统的] 恢复过程 restoration process [of an electric power system]

重新建立电力系统正常状态的一系列活动。这个过程可能包括发电机组的启动、再同步(重新并网)、输电线路重新投运、负荷恢复供电，以及系统中解列部分的重新并网等工作。

21.166 [电力系统的] 缺电概率 loss of load probability [of an electric power system], LOLP

给定时间内系统不能满足负荷需求的概率。

21.167 [电力系统的] 缺电时间期望 loss of load expectation [of an electric power system], LOLE

给定时间内系统不能满足负荷需求的小时或天数的期望值。

21.168 [电力系统的] 缺电频次 loss of load frequency [of an electric power system], LOLF

给定时间内系统不能满足负荷需求的次数。

21.169 [电力系统的] 缺电持续时间 loss of load duration [of an electric power system], LOLD

给定时间内系统不能满足负荷需求的平均每次持续时间。

21.170 **［电力系统的］期望缺供电力** expected demand not supplied，EDNS
系统在给定时间内因发电容量短缺或电网约束造成负荷需求电力削减的期望数。

21.171 **［电力系统的］期望缺供电量** expected energy not supplied，EENS
系统在给定时间内因发电容量短缺或电网约束造成负荷需求电量削减的期望数。

21.172 **电力系统可靠性准则** electric power system reliability criteria
在电力系统规划、设计、运行及技术改造中为使系统可靠性达到一定的要求而应当满足的指标条件或规定。

21.173 **［电力系统可靠性］技术性准则** technical criteria [for electric power system reliability]
为保证系统供电质量和供电连续性，系统应承受的考核和检验条件。

21.174 **［电力系统可靠性］*n*–1 准则** *n*–1 criteria [for electric power system reliability]
正常运行方式下的电力系统中任一元件故障或因故障断开，系统应能保持稳定运行和正常供电，其他元件不过负荷，电压和频率均在允许范围内。

21.175 **［电力系统可靠性］经济性准则** economic criteria [for electric power system reliability]
按事故停电损失、固定费用和运行费用等总费用最小为目标的最优化。

21.176 **［电力系统可靠性］确定性准则** deterministic criteria [for electric power system reliability]
电力系统连续运行应能承受的一组性能检验条件。

21.177 **［电力系统可靠性］概率性准则** probabilistic criteria [for electric power system reliability]
规定电力系统可靠度目标水平或不可靠度上限的一组概率数值参量。

21.178 **电力系统可靠性评估** reliability evaluation for electric power system
对电力系统设施或网架结构的静态或动态性能，或各种性能改进措施的效果是否满足规定的可靠性准则进行分析、预计和认定的系列工作。

21.179 **电力系统可靠性价值评估** reliability worth assessment of an electric power system
运用成本-效益分析对电力系统可靠性进行经济分析的一种评估方法。可靠性价值通常用提高可靠性取得的效益或降低可靠性增加的损失来体现。

21.180 **电力系统可靠性经济学** reliability economics of an electric power system
研究电力系统可靠性水平与经济效益之间合理关系的分支学科。主要内容包括：可靠性投资与可靠性效益分析、停电损失调查统计和估计方法。

21.181 **停电损失** outage cost，cost of interruption
缺电或停电对用户造成的经济和社会损失。包括直接停电损失和间接停电损失。

21.182 **工作状态** operating state
元件或系统正在执行规定功能时的状态。

21.183 **工作时间** operating time
元件或系统处于工作状态的时间。

21.184 **不工作状态** non-operating state
元件或系统处于不执行规定功能时的状态。

21.185 不工作时间 non-operating time
元件或系统处于不工作状态的时间。

21.186 可用状态 available state，up state
在要求的外部资源得到保证的条件下，元件或系统能够执行规定功能的状态。

21.187 可用时间 available time
又称“可用小时(available hours)”。元件或系统处于可用状态的时间或小时数。

21.188 备用状态 standby state，reserve state
在需求时间内元件处于可用状态，但不处于执行规定功能的状态。

21.189 备用时间 reserve time，standby time
又称“备用小时(reserve hours，standby hours)”。元件或系统处于备用状态的时间或小时数。

21.190 不可用状态 unavailable state，down-state
元件或系统出现故障或在维修期间不能执行规定功能的状态。

21.191 不可用时间 unavailable time，down time
又称“不可用小时(unavailable hours，down hours)”。元件或系统处于不可用状态的时间或小时数。

21.192 降额状态 derated state
又称“降低出力状态”。元件低于额定值执行规定功能的状态或只能执行部分规定功能的状态。

21.193 运行状态 state in service，in-service state
元件与系统连接并处于带电的工作状态。

21.194 运行时间 service time
又称“运行小时(service hours)”。元件或系统处于运行状态的时间或小时数。

21.195 停运状态 outage state
元件或系统完全或部分与系统断开的非运行状态。

21.196 部分停运状态 partial outage state
元件或系统部分断电或(和)其出线端未全部接入系统，不执行其在系统中的某些规定功能的状态。

21.197 完全停运状态 complete outage state
元件或系统完全断电，或不执行其在电力系统中的任何规定功能。

21.198 预安排停运 scheduled outage
不会引起人身、设备和资产损害风险的、可延迟的、人为预先安排的停运。

21.199 计划停运状态 planned outage state
检查、试验、维修或其他目的预先安排的停运状态。

21.200 计划停运小时 planned outage hours
元件或系统处于计划停运状态的小时数。

21.201 计划停运次数 planned outage times
元件或系统在给定时间内预先安排的计划停运次数。

21.202 统计期间小时 period hours
元件或系统处于在使用状态下统计评价需要选取的给定时间小时数。该值通常取用年日历小时(8760 h；闰年为 8784 h)。

21.203 计划停运系数 planned outage factor
计划停运小时与统计期间小时比值的百分数。

21.204 非计划停运状态 unplanned outage state
元件或系统处于不可用而又不是计划停运的状态。

21.205 非计划停运小时 unplanned outage hours
元件或系统处于非计划停运状态的小时

数。

21.206 非计划停运次数 unplanned outage times

元件或系统在给定时间内发生非计划停运事件的次数。

21.207 非计划停运系数 unplanned outage factor

非计划停运小时与统计期间小时之比值的百分数。

21.208 强迫停运状态 forced outage state

不能延迟的、或不能延迟超过规定时间的停运状态。

21.209 强迫停运小时 forced outage hours, FOH

元件或系统处于强迫停运状态时间的小时数。

21.210 强迫停运次数 forced outage times, FOT

元件或系统在给定时间内发生强迫停运事件的次数。

21.211 强迫停运系数 forced outage factor, FOF

元件或系统在给定时间内的强迫停运小时数与该给定时间小时数比值的百分数。

21.212 可用系数 availability factor, AF

元件或系统在给定时间内的可用小时数与该给定时间小时数比值的百分数。

21.213 运行系数 service factor, SF

元件或系统在给定时间内的运行小时数与该给定时间小时数比值的百分数。

21.214 暴露率 exposure rate, EXR

元件或系统的运行时间与可用时间之比的百分数。

21.215 故障率 failure rate

元件或系统在单位暴露时间内因故障不能执行规定的连续功能的次数。

21.216 停运率 outage rate

元件或系统在单位运行时间的停运次数。

21.217 发电设备可靠性评估 reliability evaluation for generating equipment

对发电机组和辅助设备的运行可靠性所达到的水平进行分析和确认的过程。

21.218 发电容量可靠性评估 reliability evaluation for generating capacity

对电力系统中发电装机容量满足系统综合最大负荷需求的能力的评估。

21.219 毛最大容量 gross maximum capacity, GMC

发电机组在给定时间内能够连续承载的最大容量。一般可取机组的铭牌额定容量(INC)，或经验证性试验并正式批准确认的容量。.

21.220 机组降低出力量 unit derated capacity, UDC

机组在降低出力状态时，实际达到的最大连续出力(AC)与毛最大容量(GMC)的差值。

21.221 降低出力等效停运小时 equivalent unit derated hours, EDH

机组降低出力小时数折合成按毛最大容量计算的停运小时数。

21.222 机组降低出力系数 unit derated factor, UDF

给定时间内机组降低出力等效停运小时与该给定时间比值的百分数。

21.223 等效可用系数 equivalent available factor, EAF

给定时间内考虑降低出力影响的机组可用小时与该给定时间比值的百分数。

21.224 强迫停运率 forced outage rate, FOR

对发电设备，为发电设备发生强迫停运的时间概率，其值为强迫停运小时与强迫停运小时和运行小时之和的比值；对输变电设施，为输变电设施发生强迫停运的次数概率，其值为强迫停运次数与统计台(段)年数的比值。

21.225 [发电机组的] 平均无故障可用小时 mean time between failures [of a unit], MTBFU

机组的相继两次失效间工作时间的期望。其值为可用小时与强迫停运次数的比值。

21.226 [辅助设备的] 平均无故障可用小时 mean time between failures of auxiliary equipment, MTBFA

辅助设备相继两次失效间工作时间的期望。其值为可用小时与非计划停运次数的比值。

21.227 启动可靠度 starting reliability, SR

给定时间内机组按规定启动成功的概率。其值为启动成功次数与启动成功次数、启动失败次数之和的比值。

21.228 系统黑启动发电机 system black-start generator

全网停电时能向系统提供发电机启动电源和系统恢复运行所需电源的发电机(包括可安全地将负荷降至自用电负荷的发电机)。.

21.229 系统黑启动容量 system blackstart capacity

系统黑启动发电机能提供的可用容量。

21.230 利用小时 utilization hours, UTH

机组毛实际发电量折合成毛最大容量(或额定容量)时的运行小时数。

21.231 利用系数 utilization factor, UTF

利用小时与统计期间小时比值的百分数。

21.232 输变电设施可靠性评估 reliability evaluation for transmission and distribution installation

对输变电设施(包括变压器、电抗器、断路器、电流互感器、电压互感器、隔离开关、避雷器、耦合电容器、阻波器、架空线路、电缆线路、全封闭组合电器、母线等)运行可靠性所达到的水平进行分析和确认的过程。

21.233 输电可靠性裕度 transmission reliability margin, TRM

在系统工况各种不确定性影响的条件下用于保证系统安全性所必需的传输容量。

21.234 容量效益裕度 capacity benefit margin, CBM

供电实体用于为满足规定的发电可靠性应保证的互联系统与发电系统间的备用通过容量。

21.235 系统相关停运 system related outage

输变电元件因受系统工况影响造成非自身原因的强迫停运。

21.236 运行相关停运 operations related outage

为改善系统运行工况，安排元件退出运行的一种预安排停运。

21.237 继电保护误动作率 protective system false operation rate

保护系统在单位暴露时间的误动作次数。

21.238 [保护系统] 拒动概率 probability of failure to operate on command

保护系统不能按命令(信号)执行规定动作的概率。

21.239 [保护系统] 误动概率 false operation probability

保护系统不按整定要求动作的概率。

21.240 [开闭型设备] 拒分闸概率 probability of failure to open on command

开闭型设备不能按操作命令完成断开电路动作的概率。

21.241 ［开闭型设备］拒合闸概率 probability of failure to close on command
开闭型设备不能按操作命令完成闭合电路动作的概率。

21.242 ［电力系统］等效平均停电持续时间 equivalent mean interruption duration
电力系统缺供电量与年平均负荷之商。通常用分钟表示。

21.243 ［电力系统］等效峰荷停电持续时间 equivalent peak interruption duration
电力系统中给定事故引起的系统缺供电量除以年峰荷之商。

21.244 ［电力系统］等效峰荷累计停电持续时间 aggregate equivalent peak interruption duration
给定时间内等效峰荷停电持续时间之和。

21.245 ［直流输电］能量可用率 energy availability [concepts related to HVDC transmission system]，EA
给定时间内直流输电系统能够输送能量的能力。

21.246 ［直流输电］能量不可用率 energy unavailability [concepts related to HVDC transmission system]，EU
给定时间内由于计划停运、非计划停运或降额运行造成的直流输电系统的输送能量能力的降低。

21.247 ［直流输电］能量利用率 energy utilization [concepts related to HVDC transmission system]
给定时间内直流输电系统实际输送能量的能力。符号“U”。

21.248 用户供电可靠性 service reliability of customers
供电系统对用户持续供电的能力。

21.249 供电系统元件故障 failure of a component [power supply system]
引发供电系统故障事件的供电系统元件本身的功能障碍。

21.250 供电状态 supply system in service
用户随时可从供电系统获得所需电能的状态。

21.251 停电状态 interruption
用户不能从供电系统获得所需电能的状态。包括与供电系统失去电的联系和未失去电的联系。用户的不拉闸限电，视为等效停电状态；自动重合闸重合成功或备用电源自动投入成功，不应视为对用户停电。

21.252 故障停电 failure interruption，FI
供电系统无论何种原因未能按规定程序向调度提出申请并在 6 h(或按供电合同要求的时间)前得到批准且通知主要用户的停电。分为内部故障停电和外部故障停电两类。

21.253 限电 shortage，S
在电力系统计划运行方式下，根据电力的供求关系，对于求大于供的部分进行限量的供应。

21.254 系统电源不足限电 system shortage，SS
因电力系统电源容量不足，由调度命令对用户以拉闸或不拉闸的方式限电。

21.255 供电网限电 distribution limited，DL
由于供电系统本身设备容量不足，或供电系统异常，不能完成预定的计划供电而对用户的拉闸或不拉闸限电。

21.256 短路故障率 rate of occurrence of short-circuit events
供电系统元件在单位时间内发生短路事故的平均次数。

21.257 **［开闭型设备］误分闸故障率** rate of occurrence of opening without proper command

开闭型设备在无命令情况下发生分闸事故的故障率。

21.258 **［开闭型设备］误合闸故障率** rate of occurrence of closing without proper command

开闭型设备在无命令的情况下发生合闸事故的故障率。

21.259 **越级误分闸故障概率** probability of incorrect trip due to fault outside protection zone

保护装置越过本身保护区发生不正确跳闸事故的概率。

21.260 **用户平均停电时间** average interruption hours of customer，AIHC

供电用户在给定时间内的平均停电小时数。

21.261 **用户平均停电次数** average interruption times of customer，AITC

供电用户在给定时间内的平均停电次数。其值为用户停电总次数与总用户数的比值。

21.262 **故障停电平均持续时间** average interruption duration，AID

故障停电的每次平均停电小时数。其值为用户停电持续时间总和与用户停电总次数之商。

21.263 **停电用户平均停电次数** average interruption times of customer affected AICA

在给定时间内，发生停电用户的平均停电次数。其值为用户停电总次数与停电总用户数的比值。

21.264 **［用户］平均停电缺供电量** average energy supplied，AENS

在给定时间内，平均每一户用户因停电缺供的电量。其值为总缺电量与总用户数的比值。

21.265 **供电可靠率** reliability on service in total，RS-1

在给定时间内用户用电需求得到满足的时间百分比。亦即对用户有效供电时间总小时数与统计期间小时数比值的百分数。

21.266 **不计外部影响时的供电可靠率** reliability on service except external influence，RS-2

在给定时间内不计外部影响时用户用电需求得到满足的时间百分比。亦即不计外部影响时对用户有效供电时间总小时数与统计期间小时数比值的百分数。

21.267 **不计系统电源不足限电时的供电可靠率** reliability on service except limited power supply due to generation shortage of system，RS-3

在给定时间内不计系统电源不足限电时用户用电需求得到满足的时间百分比。亦即不计系统电源不足限电时对用户有效供电时间总小时数与统计期间小时数比值的百分数。

22. 水 工 建 筑

22.001 **水工建筑物** hydraulic structure

为开发、利用和保护水资源，减免水害而修建的承受水作用的建筑物。

22.002 **坝** dam

截断河流用于拦蓄调节水流、抬高水位的挡(壅)水及沿岸设置用于挑挡水流的建筑物。

22.003 混合坝 mixed dam
具有两种以上坝型连接而成的坝。

22.004 混凝土坝 concrete dam
用混凝土浇筑、碾压或用预制混凝土构件装配而成的坝。

22.005 重力坝 gravity dam
主要依靠自身重量抵抗外力作用，以保持稳定的混凝土坝或砌石坝。

22.006 宽缝重力坝 slotted gravity dam
将重力坝坝段间横缝的中间部分拓宽形成宽缝的重力坝。

22.007 支墩坝 buttress dam
由一系列支墩和挡水面板组成的坝。

22.008 大头坝 massive head buttress dam
由扩大的支墩头部挡水的坝。头部上游面有直线式、折线式和弧线式。

22.009 平板坝 flat slab buttress dam
挡水结构为钢筋混凝土平板的支墩坝。

22.010 拱坝 arch dam
在平面上呈拱形，外荷载主要通过拱的作用传递至两山岩体的坝。

22.011 连拱坝 multiple arch dam
具有多个支撑于支墩的拱形面板组成的支墩坝。

22.012 双曲拱坝 double curvature arch dam
水平剖面和竖向剖面都是弯曲的拱坝。

22.013 薄拱坝 thin arch dam
坝体最大厚度与坝高之比小于 0.2 的拱坝。

22.014 重力拱坝 gravity arch dam
又称“厚拱坝”。坝体最大厚度与坝高之比大于 0.35 的拱坝。

22.015 三心拱坝 three-centered arch dam
拱圈线型为三心圆的多圆心拱坝。

22.016 抛物线拱坝 parabolic arch dam
拱圈线型为抛物线，曲率连续自拱冠向两岸逐渐展开的一种扁平化拱坝。可增加坝肩岩体稳定性，并使坝体应力合理分布。

22.017 对数螺旋拱坝 logarithmic spiral arch dam
拱圈布置针对河谷地形及利用岩面，选取适当指数参数 k 及长度参数 a，按对数螺旋线极坐标方程式 $\rho=ae^{k}$ 建立极半径 ρ 及极角 ϕ 关系的一种扁平拱型拱坝。有利于将拱端推力转向山体，改善坝肩基岩稳定性，还可达到坝体应力合理分布。

22.018 空腹坝 hollow dam
在重力坝和重力拱坝坝体内设置大尺寸空腔(空腹)的坝。

22.019 碾压混凝土坝 roller compacted concrete dam
用振动碾分层碾压干硬性混凝土筑成的坝。

22.020 装配式坝 precast dam
将预制的混凝土构件或钢筋混凝土构件运至坝址，装配后再用胶结材料连成整体的坝。

22.021 土石坝 earth-rockfill dam
以土石等当地材料填筑的坝。

22.022 加筋土石坝 reinforced earth-rockfill dam
用钢筋网、扁钢、铅丝、竹木笼、或土工织物等加强的土石坝。

22.023 土坝 earth dam
以土砂、砂砾等当地材料填筑，其中土质材料占坝体积 50%以上的坝。

22.024　均质土坝　homogeneous earth dam

由单一土、砂料填筑的坝。不设斜墙、心墙等防渗体，常在下游坝脚设排水棱体，降低浸润线，提高坝体稳定。

22.025　心墙土坝　earth dam with central core

在坝体中心设直立的或略偏上游设倾斜的防渗体(用黏土、钢筋混凝土、沥青混凝土或土工织物等)的土石坝。

22.026　斜墙坝　earth dam with inclined core

靠近坝体上游坡面设有倾斜的防渗体(用黏土、钢筋混凝土、沥青混凝土或土工织物等)的土石坝。

22.027　土工膜防渗坝　geomembrane seepage protection dam

用塑料或合成橡胶等制成的不透水薄膜做防渗体的坝。

22.028　水力冲填坝　hydraulic fill dam

一般用绞吸式挖泥船抽送河床泥沙，也有用水枪冲刷土场土料造成泥浆沉入泥浆池，再用泥浆泵经输泥管将泥浆压送到坝址，经过沉淀固结形成的土坝。

22.029　水中填土坝　earth dam by dumping soil into water

将土分层填入静水中，借助土在水中崩解和土自重压实作用下得到脱水固结的土坝。

22.030　水坠坝　sluicing-siltation earth dam

将高于坝顶的岸坡土料用水力冲刷形成高浓度泥浆自流到筑坝位置，靠土体自重脱水固结而形成的土坝。

22.031　堆石坝　rock-fill dam

坝体由堆石和防渗体组成，堆石占坝体积的 50%以上，经抛填或碾压而成的土石坝。

22.032　面板堆石坝　rock-fill dam with face slab

以堆石为主体材料，上游面用钢筋混凝土面板、沥青混凝土面板等作防渗体的堆石坝。

22.033　定向爆破堆石坝　directed blasting rockfill dam

利用炸药定向爆破作用，将两岸或一岸爆碎的岩石按预定方向抛落在坝体位置堆筑成坝，再在上游筑黏土或沥青混凝土斜墙等防渗层的堆石坝。

22.034　橡胶坝　rubber dam

向锚固于底板上的坝袋内充水(气)形成的坝。一般坝高仅几米，坝袋是由若干层高强力合成纤维织物及橡胶等构成。

22.035　砌石坝　masonry dam

用石料砌筑而成并在上游面设防渗体的坝。分为干砌和浆砌两类，前者有重力坝，后者有重力坝、拱坝和支墩坝。

22.036　自溃坝　fuse plug spillway

作为非常泄洪设施，设置在非常溢洪道溢流堰上，能在设定水位泄洪时自行溃决的土石坝。

22.037　防浪墙　wave protection wall

为防止波浪翻越坝顶而设置在坝顶上游侧并与大坝防渗体连接的挡水墙。可起到安全超高作用，适当降低坝顶高程，节省坝体工程量。

22.038　坝轴线　dam axis

简称“坝线”。坝顶横河上游边线(混凝土坝)或坝体中心线(土石坝)。

22.039　坝址　dam site

坝的地址。一般每个规划利用的河段上可有几个坝址，每个坝址包含有几条适于布置的坝线，经技术经济比较先选定坝址后，再选坝线。

22.040　坝段　dam block

两横缝间的坝块。

22.041　坝基　dam foundation
建坝的地基。包括河床和两岸放置坝体的部位，及其邻近承受坝体及水体等作用的部位。

22.042　坝肩　dam shoulder
坝两岸放置坝体及其邻近受力部位的坝基。

22.043　坝顶　dam crest
坝的顶部。包括路面、防浪墙、栏杆、排水沟、灯柱等建筑物。

22.044　坝坡　dam slope
坝的迎水坡面或下游坡面。

22.045　坝型　dam type
坝的型式。按坝体材料、结构及传力方式、泄洪方式、施工方法、坝的位置等分成不同坝型。

22.046　坝高　dam height
按坝型规定部位的坝的最低建基面到坝顶面的高差。

22.047　坝趾　dam toe
下游坝面与坝基的交接处。

22.048　坝踵　dam heel
上游坝面与坝基的交接处。

22.049　马道　berm
又称“戗道”。在土石坝坝坡上每隔一定高度设置的平台。

22.050　坝内廊道　gallery in dam
设置在坝体内的通道。

22.051　观测廊道　observation gallery
设置在坝体内用于观测的通道。

22.052　灌浆廊道　grouting gallery
设置在坝体内用于灌浆的通道。

22.053　检查廊道　inspection gallery
设置在坝体内用于检查的通道。

22.054　交通廊道　access gallery
设置在坝体内供交通用的通道。

22.055　排水廊道　drainage gallery
设置在坝体内供排水用的通道。

22.056　集水廊道　collection gallery
设置在坝体内供集中渗水用的通道。

22.057　施工廊道　construction gallery
设置在坝体内供施工用的通道。

22.058　尾水廊道　tailwater gallery
设置在坝体内供尾水闸门启闭设备安置和运作的通道。

22.059　结构缝　structural joint
由于结构需要而设置的缝。

22.060　伸缩缝　contraction joint
又称“收缩缝”。为适应温度变化而设置的接缝。

22.061　沉降缝　settlement joint
为适应地基不均匀沉降而设置的接缝。

22.062　横缝　transverse joint
垂直于水工建筑物轴线方向，每隔一定距离设置的接缝。

22.063　纵缝　longitudinal joint
平行水工建筑物轴线方向在坝段浇筑块之间设置的结构接缝。

22.064　施工缝　construction joint
分层分块浇筑混凝土时，在各浇筑层块之间设置的临时性的水平缝或斜缝。

22.065　斜缝　diagonal joint，inclined joint
混凝土坝在分层分块浇筑混凝土时，大致沿坝的主应力方向设置的施工缝。

22.066　错缝　staggered joint
混凝土坝分层分块浇筑混凝土时，分层交错设置的缝。

22.067 拱坝周边缝 peripheral joint of arch dam

在拱坝坝体与其周边座垫之间设置的永久结构缝。

22.068 键槽 key

为保证施工横缝、纵缝的缝面在灌浆后能形成整体或不灌浆也能有效地传递剪力而在缝面上设置的三角形或梯形的槽。

22.069 止水 waterstop，sealing

水工建筑物永久缝内设置的防止漏水的结构(金属片、塑料片、塑料棒、黏性与无黏性材料、反滤料)。

22.070 沥青井 asphalt well

在伸缩缝或沉降缝内充填沥青的圆形、棱形或矩形的井式结构。

22.071 重力墩 gravity abutment

又称“推力墩”。设在拱端部，弥补地形地质不足，承担拱端推力，将其传到后面山体的重力式墩体结构。

22.072 反滤层 filter bed，reversed filter

设在土砂层与排水设施之间或细土料与粗砾料之间，保持土、砂层或细土料的抗渗稳定，防止发生管涌现象的滤水设施。

22.073 减压井 relief well

用于降低作用在闸和坝下游或堤内覆盖层中的承压水头及渗透压力，以防止发生管涌与流土的井。

22.074 排水管 drainage pipe

排除渗入坝体、坝基及岩体内的水流的孔管。以降低坝内浸润线，减小坝体渗透压力或建筑物和岩体的外水压力，保持建筑物、基础和山体的稳定。

22.075 铺盖 blanket

将不透水土料、混凝土或土工织物等水平铺设在透水地基上的闸、坝上游，以增加渗流的渗径长度，减小渗透坡降，防止地基渗透变形并减小渗透流量的防渗体。

22.076 护坦 apron

闸、坝泄水槽消力池下游河床的保护段。用来保护水跃范围内的河床免受冲刷，一般用混凝土或浆砌块石做成。

22.077 海漫 riprap

在泄水建筑物的下游护坦或消力池下游，为保护河床免受水流冲刷而设置的具有一定柔韧性的护底消能防冲结构。

22.078 心墙 core wall，central core

在土石坝坝体中部垂直或偏向上游倾斜设置的防渗墙体。

22.079 斜墙 inclined core，sloping core

在土石坝迎水面设置的倾斜的防渗墙体。

22.080 防渗面板 impervious face slab

在坝的上游坝坡面或其他需防渗的部位，用防渗材料铺筑的面板。

22.081 地下防渗墙 underground impervious wall

在软基中造孔或挖槽，灌注混凝土建成的地下连续式防渗墙体。

22.082 抽水蓄能电站上池防渗 impervious barrier of upper reservoir for pumped storage station

为减少抽水蓄能电站上池渗漏和地基恶化，在坝面和库盆(部分或全部)设置的防渗体。工程上已采用的有钢筋混凝土面板和沥青混凝面板，以及黏土或土工织物铺盖。当库盆地下水位较高时，可仅对局部渗漏通道进行帷幕灌浆。

22.083 坝基排水 drainage of dam foundation

为降低坝基扬压力，在坝基防渗帷幕后设排水幕或排水孔构成坝基排水系统，通过排水廊道将水排到下游。

22.084 贴坡式排水 drainage on embankment slope

又称“表面排水”。铺设在土石坝下游坡面下部的表面排水。防止在渗透水流逸出表面时出现管涌与流土。

22.085 褥垫式排水 blanket drainage

铺设在土石坝下游坝体与坝基之间的水平排水。以便有效降低坝体浸润线，防止渗流由下游坝坡逸出。

22.086 上昂式排水 chimney drainage

将埋设在坝内的竖向(或稍向上下游倾斜)排水结构，与铺设在坝底的水平排水体(或透水地基)结合在一起所形成的排水。

22.087 竖直排水 vertical drainage

在土坝内靠近坝体中央或偏下游处，竖向埋设和坝基排水相接的排水，也可视为上昂式排水的一种。

22.088 棱体排水 prism drainage

又称“堆石排水”。在土石坝坝趾处用块石堆砌成棱形体的排水。

22.089 排渗沟 drainage trench

在坝趾处开沟，以降低坝下游覆盖层内的承压水头和渗透压力，防止发生管涌、流土、浸没和沼泽化等现象的一种排渗措施。

22.090 土工织物 geotextile

用于岩土工程的合成纤维材料。一般用于排水、反滤、防渗、隔离和补强。主要原料为涤纶、丙纶或锦纶。

22.091 闸 sluice

修建在河道和渠道上，利用闸门控制流量和调节水位，泄水底板接近河床的低水头水工建筑物。

22.092 拦河闸 barrage，sluice

为拦河修建的闸。

22.093 节制闸 regulating sluice

调节上游水位，控制下泄流量的闸。

22.094 进水闸 intake sluice

设在渠系首部，控制入渠流量的闸。

22.095 冲沙闸 scouring sluice

用于排沙和冲刷淤沙的闸。

22.096 挡潮闸 tide sluice

建于滨海地段或感潮河口附近，用于挡潮、蓄洪、泄洪、排涝的闸。

22.097 分洪闸 flood diversion sluice

建于河道一侧蓄洪区或分洪道的首部，分泄河道洪水的闸。

22.098 排水闸 drainage sluice

排泄涝洪渍水的闸。

22.099 闸室 sluice chamber

装设闸门、控制水位和流量的闸的主体部分。

22.100 闸墩 pier

分隔闸孔和支持闸门，并修建有胸墙、工作桥或交通桥的墩式结构。

22.101 闸底板 sluice floor slab

闸室底部的承重或防护地基的基础板。

22.102 边墙 side wall

连接水工建筑物与岸边的岸边挡土墙。

22.103 胸墙 breast wall

位于闸门孔口上方，支承于闸墩的挡水墙。

22.104 翼墙 wing wall

设于过水建筑物进出口两侧，用于挡土和导流的边墙。其平面上成两翼形布置。

22.105 刺墙 keywall，lateral keywall

从闸、坝和溢洪道等挡水建筑物的侧面，沿垂直水流方向插入土体(河岸、土坝)的截水墙。

22.106 挡土墙 retaining wall

抵挡土压力、防止土体塌滑的建筑物。常见的挡土墙有重力式、悬臂式、扶壁式、空箱式和板桩式等。

22.107 堤 dike，levee
又称“堤防”。为防御河水向两岸漫溢而沿岸修筑的挡水建筑物。

22.108 干堤 stem dike，main levee
在河道干流两侧所建的保护两岸地区安全的堤。

22.109 支堤 branch dike
在河流支流两岸所建的堤。

22.110 子堤 small dike on levee crown
又称“子埝”。为防止洪水漫溢堤顶，在邻近水面的堤顶修建的临时小堤。

22.111 堰 weir
一般指较低的溢流坝。分为固定堰和活动堰。

22.112 薄壁堰 sharp crested weir
堰顶厚度与堰上水头之比值小于 0.67，对自由水舌没有影响的堰。

22.113 实用堰 practical weir
堰顶厚度与堰上水头之比值在 0.67~2.5 之间的堰。

22.114 宽顶堰 broad crested weir
堰顶厚度与堰上水头之比值在 2.5~10 之间的堰。

22.115 驼峰堰 hump weir
堰面由不同半径的圆弧复合而成，用于改善泄量的低溢流堰。

22.116 侧堰 side weir
堰顶轴线与渠道水流方向平行或近于平行的堰。

22.117 溢流堰 overflow weir
较低的溢流坝。

22.118 量水堰 flow measurement weir
设在明槽中量测流量的溢流堰。

22.119 筏道 logway，raft sluice
利用水流或机械输送木排(或竹排)过坝的建筑物。

22.120 漂木道 log sluice
以水力浮运散漂原木过坝的水槽式木材过坝建筑物。

22.121 过木机 log passage equipment
将坝上游的木材输送过坝至下游所用的机械。

22.122 鱼道 fish way
供鱼类溯河洄游过坝的人工水道。

22.123 升鱼机 fish lift，fish elevator
利用专门设备提升，输送鱼类过坝的过鱼机械。

22.124 鱼梯 fish ladder
利用隔板将水槽上、下游的总水位差分成若干梯级的池室过鱼道。

22.125 鱼闸 fish lock
采用与船闸类似的工作原理与运行方式，将鱼输送过坝的建筑物。

22.126 鱼泵 fish pump
通过拦截、诱导大坝上游水域中的下行鱼类，用泵吸转运至坝下的一种运鱼设施。

22.127 集运鱼船 boat for collection and transportation of fish
以船体集运鱼群过坝的一种过鱼设施。

22.128 船闸 navigation lock
利用调整闸室水位的方法，使船舶(队)通过航道上集中水位落差的一种过坝通航建筑物。

22.129 单级船闸 single [lift] lock
顺水流方向只有一个闸室的船闸。

22.130　多级船闸　multi-stage lock，lock flight

顺水流方向有两个或两个以上闸室的船闸。

22.131　双线船闸　double [way] lock

在同一个枢纽内承受相同的水位落差，连接相同上、下游河段平行设置的两座(单级或多级)船闸。

22.132　引航道　approach channel

连接船闸与河流主航道的一段过渡性航道。

22.133　导航墙　guide wall

又称“导航建筑物”。位于船闸引航道内，直接和闸首相连，引导船舶进出闸室的建筑物。

22.134　船闸输水系统　lock filling and emptying system [of navigation lock]

为船闸闸室灌水或泄水的设施系统。由进水口、输水廊道、阀门段、出水口及消能工等构成。

22.135　[船闸]闸室　lock chamber

又称“闸厢”。位于船闸上、下闸首之间，供过闸船舶靠泊升降的区间。

22.136　直立式闸室　vertical-wall chamber

两侧闸墙的墙面直立或接近直立、横断面基本呈矩形的船闸闸室。

22.137　斜坡式闸室　sloping-wall chamber

两侧闸墙的墙面为斜坡、横断面呈梯形的船闸闸室。

22.138　整体式闸室　dock type lock chamber

又称“坞式闸室”。两侧闸墙与闸室底板刚性连接构成“U”形断面的钢筋混凝土结构的船闸闸室。

22.139　分离式闸室　separate-wall lock chamber

两侧闸墙与闸室底板在结构上分离，不形成刚性连接的船闸闸室。

22.140　[船闸]闸首　lock head

将闸室与上、下游引航道或相邻两级闸室隔开，并设置闸门的挡水结构。

22.141　升船机　ship lift

用升降承船厢的方法使船舶通过航道上集中落差的一种过船机械。

22.142　垂直升船机　vertical ship lift

载运船舶的承船厢(车)沿垂直方向升降的升船机。

22.143　斜面升船机　inclined ship lift

载运船舶的承船厢(车)沿斜坡轨道升降的升船机。

22.144　溢洪道　spillway

为宣泄超过水库调蓄能力的洪水或降低库水位，保证工程安全而设置的泄水建筑物。

22.145　开敞式溢洪道　open spillway，free over flow spillway

具有自由水面的进水口和明槽泄流的溢洪道。

22.146　陡槽式溢洪道　chute spillway

建基设在岸坡上具有陡坡泄槽的溢洪道。

22.147　侧槽式溢洪道　side channel spillway

具有侧进水口和明槽泄流的溢洪道。

22.148　滑雪道式溢洪道　ski-jump spillway

通过坝身堰顶或孔口下泄的水流过坝后，经由设置在坝体轮廓外支承结构上的泄槽挑向下游的溢洪道。

22.149　[竖]井式溢洪道　shaft spillway

首部为喇叭口溢流堰，下接竖井和泄洪隧洞的溢洪道。

22.150　虹吸式溢洪道　siphon spillway

利用倒“U”形管路产生虹吸作用的溢洪道。

22.151 非常溢洪道 emergency spillway
用于宣泄超过设计标准的洪水，以保证大坝安全的泄洪建筑物或临时设施。

22.152 表孔 crest outlet
在坝顶开设的开敞式孔口或带胸墙具有自由水面的孔口。

22.153 中孔 mid-level outlet
设在坝体中部的孔口。

22.154 深孔 bottom outlet
设在坝体底部或深水区的孔口。

22.155 泄水管道 sluice pipe
又称"泄水涵管"。设在坝体或坝基的泄水管道。

22.156 泄量 discharge capacity
单位时间内通过过流断面的过水体积。

22.157 溢流 overflow，overfall
过水或放水。

22.158 单宽流量 unit discharge
单位溢流宽度上通过的流量。

22.159 孔口出流 orifice flow
从容器壁上的孔口或从部分开启的闸孔流出液体的现象。

22.160 进水口 intake
控制水电厂进水量的进水建筑物。

22.161 竖井式进水口 vertical shaft intake
在邻近引水隧洞进口的岩体中开凿竖井，与隧洞连接并设闸门以控制水流的进水口。

22.162 塔式进水口 tower intake
在引水隧洞或坝内孔口的首部修建竖立于岸边或水库中的塔形结构、内部设有闸门以控制水流的进水口。

22.163 斜坡式进水口 inclined intake
设置在引水隧洞或坝内孔口的首部、闸门及轨道直接斜卧在经平整开挖和衬砌的岩坡或坝坡上的进水口。

22.164 开敞式进水口 open intake
具有自由水面引水的进水口。

22.165 分层式进水口 multi-level intake
从水库不同深度引水的进水口。

22.166 卧管式进水口 inclined pipe intake
斜置于土石坝上游坝坡或水库岸坡上的，在水库水位变动范围内不同高程处设有控制闸门的管式进水口。

22.167 人工环流装置 intake with artificial transverse circulation
使水流产生横向环流的工程设施。

22.168 沉沙池 silting basin，sedimentation basin
设于渠道首部，用于沉淀引进水流中泥沙的水工建筑物。

22.169 导[流]墙 guide wall
用来引导或分隔水流的墙式结构。

22.170 拦污栅 trash rack
设在引水隧洞或压力和抽水管道进口，用于拦阻水流挟带的杂木、杂草等污物，保证水工建筑物和水轮发电机或水泵安全运行的结构。

22.171 拦污埂 trash boom
在进水口外的水面或水中横河设置的用于拦截漂浮物的拦污浮排和悬挂式拦污网。

22.172 清污机 trash-removal machine
清除堵塞在拦污栅上污物的机械。

22.173 水工隧洞 water tunnel，hydraulic tunnel
用于输水、引水或泄水的隧洞。

22.174 引水隧洞 diversion tunnel
自水源地引水的水工隧洞。

22.175　压力隧洞　pressure tunnel

洞内充满水流，全部洞壁都承受内水压力的水工隧洞。

22.176　无压隧洞　free-flow-tunnel

洞内水流呈明流状态的水工隧洞。

22.177　压力前池　head pond，forebay

连接水电厂引水渠道与压力管道，在上游设置的对水位和流量起调节作用的建筑物。

22.178　压力管道　penstock

在水电厂前引水到水轮机并承受内水压力的管道建筑物。

22.179　伸缩节　extension element

在压力钢管道上，具有能自由伸缩和微量角变位及良好密封性能的管段。装设在两镇墩间或厂房蝶阀前，用于适应钢管因受温度影响产生轴向位移和因建筑物不均匀沉陷等原因发生的角位移，并便于安装钢管。

22.180　镇墩　anchored pier

固定支撑明压力管道的墩座。

22.181　岔管　manifold penstock，bifurcated penstock

水电厂压力管道中连接主管与支管的岔形短管。

22.182　球形岔管　spherical manifold penstock

在分岔部位设置一个球壳，主管和支管均直接和球壳相接的岔管。

22.183　坝内埋管　penstock inside dam

埋设于坝体内(混凝土坝)的水电厂压力管道。

22.184　坝后背管　penstock on downstream dam surface

敷设在混凝土坝体下游坝面上的水电厂压力管道。

22.185　浅埋式管　penstock in the shallow zone of dam，semi-embedded penstock

介于坝内埋管和坝后背管之间半埋半背的水电厂压力管道。

22.186　虹吸管　siphon

具有虹吸作用的输水管。

22.187　倒虹吸管　inverted siphon

敷设在地面或地下用于输送渠道水流穿过河渠、溪谷、洼地、道路的下凹式(U 形)压力管道。

22.188　挑坎　flip bucket

建在泄水槽末端能将水流抛向下游的反弧状坎。

22.189　窄缝挑坎　slit-type flip bucket

将泄水槽末端挑坎处缩成窄缝(由宽尾墩尾部形成收缩出口)式的挑坎。迫使水流收缩形成窄而立面扩散的射流，抛向空中消能，再跌入下游河床。

22.190　差动式挑坎　slotted flip bucket

变化各孔槽挑坎的高程、位置、挑角和体型，布置多孔(或多槽)泄水道，使水舌扩散并射入下游河床合适的区域，同时要避免本身发生空蚀破坏的挑坎。

22.191　连续式挑坎　continuous flip bucket

设在泄水槽末端的连续挑坎。

22.192　扭曲挑坎　skew bucket

底侧面扭曲、坎顶不等高并与水流成一定夹角的挑坎。

22.193　消能　energy dissipation

在泄水建筑物中，为消耗、分散水流落差的能量，防止或减轻水流对水工建筑物及其下游河床、河岸等冲刷破坏而采取的措施。

22.194　面流消能　energy dissipation by surface flow

利用设在泄水槽末端挑坎，使下泄水流与下游水垫呈面流流态衔接，以消耗、分散下泄水流的能量。

22.195 底流消能 energy dissipation by bottom flow

坝下设消力池，利用底流流态衔接的水跃，以消耗、分散泄水槽下泄水流的能量。

22.196 挑流消能 trajectory bucket energy dissipation, flip bucket energy dissipation

通过泄槽末端挑坎，将下泄水流挑向空中，达到立面扩散分布或碰撞后均匀跌入下游河床，以消耗下泄水流的能量。

22.197 掺气消能 energy dissipation by aeration

高速水流与空气接触的界面，因水质点的紊动而导致气、水两相掺混的现象。常被用作挑流掺气消能，以提高消能效果。

22.198 戽斗消能 submerged bucket energy dissipation

又称“消力戽消能”。利用淹没于水下的挑坎形成的戽流，消耗、分散下泄水流的能量。

22.199 跌流消能 overfall energy dissipation

下泄水流自由跌落至下游水垫中的消能。

22.200 消能工 energy dissipator

在泄水建筑物中，为消耗、分散下泄水流的能量，防止或减轻水流对水工建筑物及其下游河床、河岸等的冲刷破坏而修建的工程。其类型有：底流消能工、挑流消能工、面流消能工、戽斗消能工、沿程消能工、自由跌落式消能工、宽尾墩消能工和洞内消能工以及混合型式消能工等。

22.201 裙板消能工 energy dissipator by shirt

在低水头闸、坝底板或护坦末端设有的用于促成面流消能并防止地基淘刷的挑流平板。

22.202 沿程消能工 energy dissipator through friction loss

在过水途径中设置阻流墩、多级阶梯或采取加糙底面等措施，逐步消耗、分散下泄水流的能量的消能工。

22.203 洞内消能工 energy dissipator within the tunnel

设于隧洞内的一种消能工。常见的洞内消能工有：突缩突扩式(孔板、洞塞等)、涡流式(竖井、平洞等)、塔内式和混合式。

22.204 消力池 stilling pool, stilling basin

又称“水跃消能塘”。设于泄水槽末端有一定水垫深度的池塘，对过坝急流进行底流水跃消能的建筑物。

22.205 消力墩 baffle block

设置在消力池中起辅助消能作用的小墩。

22.206 消力戽 bucket

设于泄水槽末端的对过坝急流进行戽流消能的淹没式戽斗。

22.207 宽尾墩 flaring gate pier, wide-flange pier

将常规采用的闸墩尾部沿程逐渐加宽呈“鱼尾状”的闸墩。

22.208 折流墙 deflection wall

具有折线以改变水流方向的墙。

22.209 尾槛 baffle sill

又称“消力槛”。设置在消力池底板末端的槛。

22.210 导气槽 air slot

又称“掺气槽”。为使高速水流掺气，在泄水槽过流表面设置的用来通气的坎槽。

22.211 通气孔 air vent hole

又称“通气管”。向深式引(泄)水道闸门门后补、排气的孔管。

22.212　水垫塘　cushion pool
在自由跌挑式消能中，为使跌挑落水流不淘刷坝址和两岸，开挖下游河床并建二道坝，形成一定水垫深度的水塘。

22.213　二道坝　auxiliary weir
采用挑坎或自由跌落等泄洪方式，将过坝急流跌挑至下游河床，并在离泄水建筑物下游河床适当位置修建的壅水建筑物。能够抬高水位，增加水垫深度，消耗下泄水流的能量。

22.214　调压室　surge chamber
减少压力管道和有压尾水道水击作用的建筑物。

22.215　调压井　surge shaft
位于地面以下的调压室。

22.216　调压塔　surge tower
位于地面以上的调压室。

22.217　尾水调压室　tailrace surge chamber
为保护机组和限制尾水洞内水击压力，设置在有压长尾水道内的调压室。

22.218　差动式调压室　differential surge chamber
由带有阻抗孔口的升管和外室组成的调压室。

22.219　双室式调压室　double chamber surge tank
由断面较大的上室及下室和连接上、下室断面较小的竖井组成的调压室。

22.220　溢流式调压室　spilling surge chamber
顶部设有溢流堰的调压室。当弃荷时，调压室的水位迅速上升，溢出的水量可排至下游，也可储存于上室或邻室。当竖井水位下降时，上室的水量经溢流堰底部的回流孔道流回竖井。

22.221　圆筒式调压室　cylindrical surge chamber
又称“单式调压室”。自上而下断面为圆形的调压室。

22.222　阻抗式调压室　throttled surge chamber
为减小室内水位波动振幅，在圆筒式调压室底部设立的有阻抗设施的调压室。

22.223　压气式调压室　pneumatic surge chamber
又称“气垫式调压室”。顶部完全封闭，内部充以压缩空气的调压室。

22.224　尾水隧洞　tailwater tunnel
将发电尾水从尾水管或下游调压室的出口排至下游河道的隧洞。

22.225　尾水渠　tailwater channel
将发电尾水从尾水管或隧洞的出口排至下游河道的渠道。

22.226　主厂房　power house
安装水电机组及其各种辅助设备的用房。

22.227　副厂房　auxiliary power house, auxiliary room
布置各种电气设备、控制设备、配电装置、公用辅助设备和为生产调度、检修、测试等的用房。

22.228　[全]地下式厂房　underground power house
主厂房位于地表以下岩体硐室内，发电机出线路、对外交通、通风等依靠隧洞、竖井或斜井与外界联系，副厂房通常也全部或部分布置在地下的厂房。

22.229　半地下式厂房　semi-underground power house

主厂房或主厂房的下部结构布置于山体明挖的深槽(井)内(竖井式或堑壕式)，相应的上部结构为室内式或半敞露式的厂房。

22.230 半露天式厂房 semi-outdoor power house
厂房上部结构没有墙壁和屋顶，水轮发电机组露天安装，加盖活动金属防护罩的厂房。

22.231 坝后式厂房 power house at dam toe
位于紧靠挡水坝下游，引水压力钢管通过坝体进入的厂房。

22.232 岸边式厂房 power house on river bank
位于坝下游河岸边地面上的厂房。

22.233 坝内式厂房 power house within the dam
布置在混凝土坝(或砌石坝)体空腹内的厂房。

22.234 溢流式厂房 overflow type power house
位于坝后并经厂顶或厂前挑坎挑越厂顶溢流的厂房。

22.235 河床式厂房 water-retaining power house
引水建筑物与厂房连成整体，厂房段又连同拦河坝段一起，共同组成拦断河床的挡水建筑物。

22.236 闸墩式厂房 pier head power house
水轮发电机组设置在溢流坝段闸墩内的厂房。

22.237 双排机组布置 layout for double row of hydraulic turbine
厂房内机组采用平行双排布置的方式。

22.238 压缩地下厂房硐室宽度 reduced span of cave for underground hydro-power house
将进厂引水管道与厂房机组纵轴线夹角由常规的90°改为60°左右(最优化值范围)，采用岩壁吊车梁、阀室改为半窑洞式，厂房运行通道改为下游一侧，尺寸小的新型机组等措施后，使硐室宽度显著缩小。

22.239 发电机层 generator floor
立式机组主厂房的发电机楼板以上的空间。

22.240 水轮机层 hydraulic turbine floor
立式机组主厂房中的水轮机蜗壳顶板至出线层或发电机层楼板之间的空间。

22.241 机墩 turbine pier
承受水轮发电机结构传来的全部静和动的荷载并将其传到厂房下部结构的水轮发电机的支承结构。

22.242 安装间 erection bay，assembly bay
在机组安装和检修时摆放、组装和检修主要部件的场地。

22.243 岩壁式吊车梁 rock-bolted crane beam
地下厂房中设置的无柱吊车梁。分为岩锚式和岩台式。

22.244 叠合式吊车梁 composite crane beam
将装配式吊车梁的下半部预制、吊装就位后，再在其上浇筑上半部混凝土的一种吊车梁结构型式。

22.245 牛腿 corbel
又称“支托”。承受集中荷载的短悬臂。

22.246 尾水平台 draft tube deck
设置尾水闸门启闭设备的平台。

22.247 [水电厂]中央控制室 central control room
对发电、输配电设备和仪表等进行操作、

控制、监测的场所。

22.248　闸门　gate
设置在水工建筑物过水孔口上，用于控制水流的通、断或调节流量的设备。

22.249　薄壳闸门　shell gate
面板为薄壳结构的闸门。

22.250　叠梁闸门　stoplog gate
用若干单独的横梁叠放在门槽内，为封闭孔口的简易闸门。

22.251　定轮闸门　fixed roller gate
又称“滚轮闸门”。闸门边柱上装置固定轮子的平面闸门。

22.252　翻板闸门　balanced wicket，tumble gate
借助水力使门叶绕水平轴或竖直轴旋转启闭的平面闸门。

22.253　浮动闸门　floating gate
又称“浮体闸”。借助浮力和水重启闭并可浮运的闸门。

22.254　鼓形闸门　drum gate
闸门与铰设在上游，门体三面及两端都镶有面板，形成一个封闭体的一种扇形闸门。

22.255　链轮闸门　roller-chain gate
又称“履带式闸门(caterpillar gate)”。装置滚轮或履带组成链条环绕两侧边柱滚动启闭的平面闸门。

22.256　弧形闸门　radial gate
具有弧形挡水面板，并绕水平铰轴旋转启闭的闸门。

22.257　滑动闸门　slide gate
闸门边柱上装置滑道作为支承行走部件的平面闸门。

22.258　平面闸门　plain gate
又称“平板闸门”。具有平面挡水面板的闸门。

22.259　人字闸门　mitre gate
由两扇绕垂直轴转动的平面门叶构成的闸门。闸门关闭挡水时，两扇门叶构成“人”字形，多用于船闸。

22.260　扇形闸门　sector gate
横断面呈扇形，门体表面镶有面板，以水平支铰支撑于堰顶的一种水力操作的浮箱式闸门。

22.261　舌瓣闸门　flap gate
绕门叶底部水平轴旋转启闭的闸门。过水时闸门倾倒到一定位置，水流从闸门上部溢过；挡水时用启闭机提升并加以固定，可部分启闭以控制泄量。

22.262　双扉闸门　double-leaf gate
由上、下两扇闸门搭接而成，并可分别启闭的闸门。由两扇平面闸门或一扇平面闸门和一扇弧形闸门组成。

22.263　液压闸门　hydraulic gate
通过液体传递压力推动活塞或柱塞牵引升降的闸门。

22.264　圆筒闸门　cylinder gate
提升后水流可沿圆筒下缘进入孔口的竖直式圆筒形闸门。

22.265　圆辊闸门　rolling gate
水平设置的圆筒形闸门。

22.266　环形闸门　ring seal gate
由内外环形面板做成的竖直空心浮筒式闸门。用于井式溢洪道。

22.267　船闸闸门　lock gate
装置在船闸闸首上，用于挡水的闸门。

22.268　高压闸门　high pressure gate
又称“深孔闸门”。深孔式进水口承受高水头压力的闸门。

22.269 工作闸门 main gate, operating gate
水工建筑物正常运行时经常工作、可以在动水中启闭，以完成挡水、泄水、取水和输水等各项任务的闸门。

22.270 检修闸门 bulkhead gate
检修水工建筑物各种泄流孔口、进出水道以及工作闸门和门槽时，在平压静水中启闭，用于临时挡水的闸门。

22.271 事故闸门 emergency gate
在出现事故情况下，能在动水中截断水流关闭，平压静水开启，以便处理或防止事故扩大的闸门。

22.272 泄洪闸门 flood discharge gate
用于宣泄洪水并调节控制水库水位的工作闸门。

22.273 尾水闸门 tail gate
尾水(洞)管出口设置的闸门。

22.274 快速闸门 rapid operating gate
当引水钢管破裂或机组发生飞逸等异常情况时，为避免事故扩大需在规定的时间内快速动水关闭以截断水流的闸门。

22.275 门库 gate chamber
在闸、坝顶设置的供闸门吊起后放置的空间。

22.276 闸门锁定器 gate holder
闸门开启后用来持住并固定门叶在某一位置的装置。

22.277 阀门 valve
装置在管道中用来控制流量的设备。

22.278 针形阀 needle valve
安装在压力管道出口，具有形似针头的活动阀芯的阀门。

22.279 锥形阀 howel-bunger valve
安装在压力管道出口的锥形体出流段，由滑动套管控制启闭的阀门。

22.280 球形阀 spherical valve
阀芯为一旋转球体的阀门。

22.281 空注阀 hollow jet valve
安装在压力管道出口，出水水流呈空心柱状的阀门。

22.282 充水阀 filling valve
设置在闸门门叶上，用于向门后充水，使闸门上、下游水压力平衡的阀门。

22.283 闸门槽 gate groove
在闸墩上设置的供平板闸门放人、支承和固定的槽。

22.284 闸门止水 gate seal
又称“水封”。封闭闸门门叶与门槽和底槛或分段闸门间缝隙，防止漏水的装置。

22.285 支臂 supporting arm
支承弧门门叶的传力结构部件。形如“两臂”。

22.286 铰座 hoisting holder, hinged supporter
弧门的支承铰。通过支臂端的铰旋转启闭并承受水压力传到闸墩。

22.287 胶木滑道 laminated-wood slide track
以胶合层压木嵌入夹槽制成的闸门支承部件。

22.288 自动抓梁 auto clawing beam, auto pick-up beam
启闭机在水下与闸门门叶自动挂钩时使用的梁式吊具。

22.289 闸门启闭机 gate hoist
控制、开启和关闭闸门的起重机械。

22.290 卷扬式启闭机 winch hoist
用齿轮转动，使卷筒卷绕钢丝绳进行牵引的闸门启闭机。

22.291 螺杆式启闭机 screw hoist

用蜗轮、蜗杆或齿轮带动螺杆，牵引闸门升降的闸门启闭机。

22.292 门式启闭机 portal hoist，gantry crane

门式的可移动式启闭机。

22.293 液压式启闭机 hydraulic hoist

通过液体传递压力推动活塞或柱塞牵引闸门升降的闸门启闭机。

22.294 台车式启闭机 platform hoist

安装在台车上、能够移动的卷扬式启闭机。

22.295 启闭力 hoisting capacity

开启、关闭或保持闸门在一定开度时所需的力。

22.296 金属结构安装 metal structure installation

将金属结构部件装配，安置在设计确定部位。

22.297 混凝土 concrete

由胶凝材料(如水泥)、水和骨料等按适当比例配制，经混合搅拌，硬化成型的一种人工石材。

22.298 水工混凝土 concrete for hydraulic structure

能满足水工建筑物结构要求的混凝土。

22.299 大体积混凝土 mass concrete

一般为一次浇筑量大于 1000 m^3 或混凝土结构实体最小尺寸等于或大于 2 m，且混凝土浇筑需研究温度控制措施的混凝土。

22.300 碾压混凝土 roller compacted concrete

一种高比例掺加粉煤灰并以碾压密实的干硬性混凝土。

22.301 干硬性混凝土 dry concrete，low-slump concrete

坍落度为零的混凝土拌和物。其流动性用工作度(VB 值)表示，即拌和物在测定仪内摊平振实所需时间的秒数表示，一般为 30 s 以上。

22.302 自密实混凝土 self-compacting concrete

又称“高流态混凝土”。既有高度流动度，又不离析，具有均匀性、稳定性，浇筑依靠自重流动，无需振捣而达到密实的混凝土。

22.303 钢纤混凝土 string-wire concrete

在水泥沙浆或小骨料混凝土拌和物中加入适量钢纤维制成的混凝土。

22.304 沥青混凝土 asphalt concrete

经过加热的骨料、填料和沥青、按适当的配合比所拌和成的均匀混合物，经压实后为沥青混凝土。

22.305 聚合物混凝土 polymer concrete

用有机高分子材料来代替或改善水泥胶凝材料所得到的高强、高质混凝土。

22.306 预应力混凝土 prestressed concrete

通过张拉钢筋(索)，使钢筋混凝土结构在承受外荷载之前，受拉区的混凝土预先受到一定压应力的混凝土。

22.307 低热微膨胀水泥混凝土 concrete with low-heat and micro-expansion cement

水泥水化热低，早期强度高，具有自生体积微膨胀，可补偿混凝土收缩、加大浇筑仓面、减少纵缝、简化温控措施，达到加快施工进度，降低工程造价的混凝土。

22.308 钢筋混凝土 reinforced concrete

由钢筋和混凝土两种材料结合成整体共同受力的混凝土。

22.309 少筋混凝土 lightly reinforced concrete

配筋率低于普通钢筋混凝土结构的最小配筋率，介于素混凝土与钢筋混凝土之间的配筋混凝土。

22.310 轻混凝土 lightweight concrete, light concrete
容重小于 18 kN/m^3 的混凝土。包括轻骨料混凝土、多孔混凝土和大孔混凝土三类，其特性为：容重越轻，保温、隔热性能越好，但强度也越低。

22.311 无砂混凝土 no-fines concrete
配料中只有水泥、水和粗骨料，而无砂子的多孔透水混凝土。可作为排水层用。

22.312 水下不分散混凝土 underwater non-dispersing concrete
在普通混凝土中加入具有特定性能的抗分散剂，使之与水泥颗粒发生反应，提高其黏聚力，在水中不分散、自流平、自密实、不泌水的混凝土。可广泛用于水下混凝土施工和建筑物的水下修补。

22.313 泵送混凝土 pump concrete, pumpcrete
在泵的作用下，经管道运输混凝土。

22.314 喷射混凝土 shotcrete
借助喷射机械，利用压缩空气或其他动力，将按一定配比的拌和料，通过管道运输并以高速喷射到受喷面上，迅速凝结固化而成的混凝土。

22.315 混凝土标号 concrete mark
标志混凝土的抗压强度和抗冻、抗渗等物理力学性能的指标。

22.316 大坝水泥 cement for dam
水化过程中释放水化热量较低的适用于浇筑坝体等大体积结构的硅酸盐类水泥。

22.317 混凝土骨料 concrete aggregate
用于拌制混凝土的砂、砾石或碎石的总称。在混凝土中起骨架作用。

22.318 骨料级配 grading of aggregate
混凝土或沙浆所用骨料颗粒粒径的分级和组合。

22.319 天然骨料 natural aggregate
采集大自然产生的砂砾石，经筛选分级后制成的混凝土骨料。

22.320 人工骨料 artificial aggregate
将天然石料进行破碎、筛分和磨细，制成混凝土骨料的砂石料。

22.321 预冷骨料 precooled aggregate
在混凝土浇筑和拌制前，用人工措施冷却的混凝土骨料。以控制混凝土入仓温度，减少温度回升值，防止开裂。

22.322 混凝土掺和料 concrete admixture, concrete addition
在工地拌制混凝土或沙浆时，为改善性能、节省水泥、降低成本而掺加的矿物质粉状材料。

22.323 混凝土外加剂 concrete additive
为改善混凝土性能，在拌制混凝土时掺加的物质。

22.324 碱活性骨料反应 alkali-aggregate reaction
简称“*碱骨料反应*”。某些混凝土骨料中含有一些特殊的盐类成分，能与水泥中的碱产生化学反应，其反应的生成物自身或吸水后体积膨胀，将导致混凝土开裂破坏。

22.325 混凝土抗裂性 crack resistance of concrete
混凝土抵抗开裂的能力。

22.326 混凝土耐久性 concrete durability
混凝土在所处环境条件下经久耐用的性能。

22.327 和易性 workability
混凝土拌和物在拌和、运输、浇筑过程中，

便于施工的技术性能。包括流动性、黏聚性和保水性。

22.328 坍落度 slump
测定混凝土拌和物和易性的一种指标，用拌和物在自重作用下向下坍落的高度表示。其单位为 cm。

22.329 混凝土配合比 mix proportion of concrete
混凝土中水泥、水、粗细骨料及掺和料、外加剂之间的比例关系。

22.330 混凝土拌合 mixing of concrete
将水泥、砂石骨料、水以及掺和料、外加剂等按一定比例混合后进行搅拌成混凝土的工序。

22.331 混凝土浇筑 pouring of concrete, placing of concrete
修建混凝土工程时，将混凝土拌和物运到浇筑地点，浇入指定部位，经平仓、振捣和养护等的施工全过程。

22.332 混凝土平仓 concrete spreading
将卸入浇筑仓内的混凝土拌和物按一定厚度铺平的工序。

22.333 混凝土振捣 vibrating of concrete
对卸入仓内的混凝土拌和物进行振动捣实的混凝土浇筑工序。

22.334 混凝土养护 curing of concrete
混凝土浇筑后，在一定时间内采取措施对外露面保持适当温度和湿度，使混凝土有良好硬化条件。

22.335 混凝土冷却 cooling of concrete
混凝土浇筑后内部初始温度和水化热温升，经自然和强迫措施而降温。

22.336 混凝土平整度 evenness of concrete
对混凝土表面按各种情况规定允许的突变尺度和渐变坡度表示的不平整程度。

22.337 预制混凝土构件 precast concrete element
预先制作供现场装配的混凝土构件制品。

22.338 预制混凝模板 precast concrete form
以混凝土或钢筋混凝土的预制板，装在结构表面，用于浇筑成型而不拆除的模板。

22.339 悬臂模板 cantilever form
依靠支承体系的悬臂作用，保持浇筑大体积混凝土结构稳定和外部形状的模板。

22.340 顶升模板 jack-raising form
在悬臂模板的背后设有提升柱和提升机构，浇筑混凝土时使其自行提升的模板。

22.341 定型模板 typified form
由定型单元平面模板、内角和外角模板以及连接件组成，可在施工现场拼装成多种形式的浇筑混凝土模板。

22.342 钢模板 steel form, sheet steel form
用于混凝土浇筑成型的钢制模板。

22.343 滑动模板 slide form, slip form
借助机械牵引，随着混凝土浇筑逐步滑动的模板。一次立模即可连续浇筑，滑动方向可垂直、倾斜或水平。

22.344 真空模板 vacuum form
具有密封与反滤性能，并能借助真空设备吸取混凝土表层一定深度内部多余水分的模板。用于特殊部位，能提高混凝土强度和抗冲耐磨能力。

22.345 有轨滑模 rail slip form
在混凝土面板堆石坝浇筑面板混凝土的滑模两端设滚轮，滚轮支承在重型轨道上，由牵引设备向上滑升的模板。其优点是浇筑的面板表面比较平直，起伏度较小。

22.346 无轨滑模 railless slip form
在浇筑混凝土面板堆石坝的面板混凝土时，利用新浇混凝土的浮托力支承滑模的法向重量，由设在坝顶的卷物机牵引与控制，依靠侧模保持滑模面平直的模板。其优点是使用方便，浇筑速度较快，对面板变宽度、变坡角的适应性强。

22.347　脱模剂　release agent for form work
涂于模板表面以减少模板与混凝土的黏结力，便于脱模的涂料。

22.348　溜槽　chute slipway
短距离输送混凝土拌和物并防止其分离的木制或钢制的槽形设备。

22.349　混凝土温度控制　temperature control of concrete
大体积混凝土在拌制和浇筑过程中，为控制混凝土温度升高，保持规定温差，防止混凝土产生裂缝而采取的措施。

22.350　混凝土温度应力　temperature stress of concrete
由于温度变化使混凝土内部产生的应力。当拉应力超过混凝土抗裂能力时，即会出现裂缝。

22.351　水泥水化热　hydration heat of cement
水泥遇水化合，发生放热反应，在整个水化、凝结、硬化过程中释放出来的热量。

22.352　混凝土绝热温升　adiabatic temperature rise of concrete
假定边界处于隔热的条件下，水泥硬化过程中所产生的混凝土温度上升，即累积水化热产生的温度上升。

22.353　混凝土基础温差　temperature difference on dam foundation
在基础面约束范围内，混凝土的最高温度和稳定温度之间的差值。

22.354　混凝土浇筑温度　temperature of concrete during construction
混凝土拌和物进入浇筑仓时的温度。

22.355　坝体混凝土稳定温度　stable temperature of concrete dam
经过人工冷却或长期天然冷却，坝内混凝土的初始温度和水化热影响完全消失之后，在上游面水库水温及下游面气温和尾水温度影响下的坝体混凝土温度。

22.356　坝体分缝分块　joint spacing
为了温度控制和便于施工，将混凝土坝用纵、横缝和施工缝分成坝块、坝段，分层进行浇筑。

22.357　柱状浇筑　prismatic pouring, columnar pouring
浇筑混凝土的仓面为垂直纵横缝切割，形成独立的垂直柱体状坝块，后期按坝型进行相应接缝灌浆，将各柱体连成整体坝或整坝段。

22.358　连续浇筑　continuous placing
不分纵缝，不分坝段的整体薄层浇筑。

22.359　通仓浇筑　pouring without longitudinal joint, concreting without longitudinal joint
只分块段不分坝块的薄层浇筑。

22.360　斜缝浇筑　diagonal pouring
上、下游块的接合面呈倾向下游的斜面，必须先浇上游块再浇下游块，为斜柱体浇筑。斜缝施工比纵缝麻烦，因缝面的剪力很小，故有的斜缝不做灌浆处理。

22.361　滑模浇筑　slip form concreting
用滑动模板进行混凝土浇筑的一种施工方法。

22.362　浇筑强度　placing intensity
在指定的时段内(年、月或日)浇筑的混凝土量。

22.363　水管冷却　pipe cooling
为加速散热，降低混凝土内部最高温度，在坝块内埋设水管，在混凝土浇筑后通冷水冷却。

22.364　土料压实　soil compaction
用机械方法使土粒挤紧，密度增大的措施。

22.365　土料场　borrow pit
在修建工程附近的适宜合格的土料产地。

22.366　水力开挖　hydraulic excavation
利用高压水冲击开挖松散岩土。

22.367　截水墙　cut-off wall
用人工挖槽或立模浇注、打桩构筑等方式，设置于坝基或防渗体中的隔墙。用于加长渗径、控制渗流。

22.368　混凝土防渗墙　concrete cut-off wall，concrete diaphragm wall
在软基中用机械造孔或挖槽，灌注混凝土建成的地下连续式混凝土防渗隔墙。

22.369　沉井　open caisson
又称“开口沉箱”。对横断面为圆形、方形或矩形，顶底都敞开的井筒，在井筒内挖土，并靠井筒自重下沉后接长井筒，继续挖土和浇筑混凝土建成的基础工程。

22.370　沉箱　pneumatic caisson
又称“气压沉箱”。沉放下端设有密闭工作室的圆形或方形井筒，把压缩空气压人工作室，阻止水和土从底部进人，工人可直接在工作室内开挖，建设基础工程。

22.371　地下硐室　underground chamber
挖筑在地面下的空间。

22.372　盾构法　shielding method
用带防护罩的特制机械（即盾构）在破碎岩层或土层中掘进隧洞的施工方法。可同时有序进行掘进、出碴、拼装预制混凝土衬砌块。

22.373　顶管法　pipe jacking method
用千斤顶将管子逐渐顶入土层中，将土从管内挖出修建涵管的施工方法。

22.374　掘进机施工法　tunneling machine method
用掘进机开挖隧洞的施工方法。

22.375　钻爆施工法　drilling and blasting method
通过钻孔、装药、引爆、出碴的开挖硐室的方法。

22.376　新奥地利隧洞施工法　New Austrian Tunneling Method，NATM
简称“新奥法”。在隧洞设计和施工中，根据岩石力学理论，结合现场围岩变形资料，及时采取一定措施，以充分发挥围岩自身承载能力，进行隧洞开挖和支护的工程方法。

22.377　硐室围岩　surrounding rock of chamber
地下空间周边的岩体。

22.378　硐探　exploratory tunneling
挖硐（平峒、竖井、斜井）做地质勘探。可直接查明有关地质情况。

22.379　导洞　pilot adit
隧洞全断面开挖之前，在开挖断面范围内先开挖的一个小型施工洞。

22.380　施工支洞　construction adit
开挖长隧洞和深埋的地下硐室时，为了增加施工工作面，常开挖的一些从地面的合适位置通向需要开挖的主隧洞和硐室的辅助隧洞。

22.381　硐室支护　chamber support
开挖后为保障施工和运行安全按硐室围岩情况进行的支护。分为临时支护和永久支护两类。

22.382　衬砌隧洞　lined tunnel
具有围岩衬护结构的隧洞。

22.383　无衬砌隧洞　unlined tunnel

围岩坚硬完整，透水性小，能自身保持稳定，无需进行衬护的隧洞。

22.384 装配式衬砌 fabricated lining
由预制厂或工场预制构件在现场组装的一种混凝土衬砌。

22.385 混凝土衬砌 concrete lining
用混凝土作隧洞、硐室的衬砌。

22.386 预应力混凝土衬砌 prestressed concrete lining
素混凝土高压灌浆衬砌和预应力锚索混凝土衬砌的总称。前者是通过高压灌浆对隧洞围岩和衬砌与围岩间隙用高压灌浆挤压，使混凝土衬砌和围岩产生预压应力。后者是在混凝土衬砌内放有环形高强度锚索，通过对锚索张拉，使混凝土衬砌产生预压应力。

22.387 钢衬砌 steel lining
用钢板作衬砌。其外回填混凝土。

22.388 隧洞渐变段 tunnel transition
在断面形状和尺寸不同的两段隧洞之间设置的断面呈逐渐变化的过渡段。

22.389 隧洞分岔段 tunnel fork
隧洞的主管和支管交叉段。

22.390 排水流量 drainage discharge
单位时间内排水的体积。

22.391 [水电厂]排水系统 drainage system of hydropower plant
为集排水电厂房内各种弃水、渗水和积水，由水泵、控制阀件、相应管槽网以及监测和自动化元件等组成的系统。分为检修排水和渗漏排水两个系统。

22.392 施工排水 construction drainage
将施工期间有碍施工作业和影响工程质量的水，排到施工场地以外。

22.393 电渗排水 electro-osmotic drainage
在软基作井点排水时，增设一些电极(钢筋或其他金属材料)与井点管分别连成电路，接至直流电源，以加速地下水向井点管渗透并进行抽水。

22.394 岩基处理 treatment of rock foundation
为满足水工建筑物对基岩的整体性、稳定、安全和防渗等要求，对天然地基存在的各种缺陷进行的处理。

22.395 岩溶处理 treatment of solution cavern，karst treatment
在岩溶发育的碳酸盐类岩石地区修建水工建筑物时，为防止水库和坝基渗漏、保证地基坚固稳定，对岩石溶蚀缺陷进行的处理。

22.396 防渗 seepage prevention
防止水渗漏及渗透稳定。

22.397 坝基防渗 seepage prevention of dam foundation
为防止坝基渗水和渗透稳定而修建的处理工程。主要包括筑混凝土防渗墙，基岩灌浆(帷幕和固结灌浆)，或设置铺盖等，是大坝整体结构不可分的部分。

22.398 围堰防渗 seepage prevention of cofferdam
防止施工导流时围堰的渗漏和渗透稳定。

22.399 闸基防渗 seepage prevention of sluice foundation
防止闸基渗水和渗透，与坝基防渗做相似处理。

22.400 薄膜防渗 membrane seepage prevention
用土工薄膜材料做防渗层。

22.401 沥青混凝土防渗 asphalt concrete seepage prevention
用沥青混凝土材料做防渗层。

22.402 防渗帷幕 seepage proof curtain
通过灌注浆液而形成的连续防渗幕。

22.403 冻结帷幕 freezing curtain
在含水的饱和土中采用人工冻结地下土壤形成的冻结壁防渗幕。

22.404 板桩 sheet pile
打入地基内，以抵抗水平方向土压力及水压力以及延长渗径或防止冲刷的板型桩。

22.405 锚杆 anchor rod
一般由单根钢筋或高强度钢管制成，用于锚固岩层的钢构件。

22.406 锚固 anchoring
在岩石或土壤钻孔或挖井后灌入混凝土，也有在底部用高压灌浆的固定方法。锚固后，被锚固体的承载力决定周边的剪力和锚底的阻抗力。

22.407 锚喷 anchoring and shotcreting
用锚杆、钢丝网和喷射混凝土作为加固岩层或支护围岩。

22.408 预应力锚索 prestress anchorage cable
加有预应力的锚索。

22.409 灌浆 grouting
利用灌浆泵或浆液自重，经钻孔把浆液压送到岩石、砂砾石层、混凝土或土体的裂隙、接缝或空洞内的过程。

22.410 灌浆孔 grouting hole
为灌浆打的孔。

22.411 固结灌浆 consolidation grouting
将浆液灌入基岩浅层裂隙，以改善岩体力学性能的灌浆方式。

22.412 帷幕灌浆 curtain grouting
在岩石或砂砾石地基中，用深孔灌浆方法建造一道连续防渗幕。

22.413 接触灌浆 contact grouting
为密实混凝土对其由于收缩产生的与岩石、钢板之间的缝隙进行的灌浆。

22.414 回填灌浆 backfill grouting
填充混凝土与围岩或钢板之间空隙的灌浆。

22.415 化学灌浆 chemical grouting
灌注化学溶液的灌浆。

22.416 基础灌浆 foundation grouting
对基础做灌浆处理。

22.417 接缝灌浆 joint grouting
填充混凝土建筑物结构缝(如纵、横缝等)的灌浆。

22.418 水泥灌浆 cement grouting
用水泥浆液进行的灌浆。

22.419 黏土灌浆 clay grouting
用黏土浆液进行的灌浆。适用于土坝裂缝修复加固及临时性的砂砾石层地基灌浆。

22.420 压力灌浆 pressure grouting
利用灌浆泵把浆液压送到需要部位进行一定压力下的灌浆。

22.421 高压喷射灌浆 high pressure injection grouting
在砂砾石、砂土等地层钻孔内，用高压水、气、水泥浆射流冲击，扰动孔壁周围介质，使浆液充填并与地层土石颗粒掺混，凝固后成整体，使地基防渗或提高承载力。

22.422 劈裂灌浆 hydrofracture grouting
利用水力劈裂原理，以灌浆压力劈开土体，灌入泥浆形成防渗帷幕或加固土体。

22.423 自流灌浆 gravitational grouting
用浆液自重压力，压送到需要部位进行的灌浆。

22.424 耗浆量 grout consumption

对灌浆孔段(或进尺)、坝段等注入的浆量。

22.425 耗灰量 cement consumption
对灌浆孔段(或进尺)、坝段等注入的水泥量。

22.426 堵漏 seepage plugging
堵塞工程的渗漏通道。

22.427 水泥浆液 cement grout
用水泥和水，按一定配比拌制而成的浆液。

22.428 止浆片 grout stop
在浇筑混凝土块的每个接缝灌浆区四周，设置的防止浆液外漏的金属(塑料)片。

22.429 套管护壁法 sleeve protection method of pipe wall
将钢管(套管)下入土中，边拔出管，边灌注混凝土。

22.430 涌浆 grout emerging
地面冒浆现象。

22.431 跑浆 grout runout
外漏浆现象。

22.432 进浆量 grout absorption, grout intake
灌浆孔或灌浆泵的浆液注入率。

22.433 注浆堵水技术 grouting and sealing technique
利用灌浆堵塞缝隙渗水的技术。

22.434 坝基渗漏 seepage of dam foundation
坝基发生漏失水量的现象。

22.435 不透水地基 impermeable foundation
不发生或发生不超过允许渗漏水量的地基。

22.436 岩基 rock foundation
岩石基础。

22.437 冻结加固 stabilization by freezing
用降温冰冻固结措施作加固处理。

22.438 化学加固 chemical stabilization
用化学材料作加固处理。

22.439 夯实加固 stabilization by ramming
用夯板自重和重力加速度产生的冲击力使土石料达到密实。

22.440 压实加固 stabilization by compaction
对土石料施加重力、冲击力或振动，使土石颗粒产生位移以减少孔隙，增加容重。

22.441 振冲桩加固 stabilization by vibrosinking pile
利用机械的强烈振动冲击造孔并填入碎石成桩，以加固松软地基。

22.442 旋喷桩加固 stabilization by rotary churning pile, stabilization by jet grouting pile
将带有喷嘴的注浆管下入钻孔内旋转，并以高压喷射水泥浆，使之与周围土颗粒混掺，凝结，硬化而成桩。以加固松软地基。

22.443 振动加固 stabilization by vibrating
利用机械和爆破的强烈振动加密松软地基。

22.444 防冻措施 freeze protection measures
在低温季节施工时，为保证混凝土达到浇筑质量要求，并防止混凝土发生裂缝，需要采取的保温和养护措施。

22.445 明挖法施工 open cut method
露天开挖土石方工程。

22.446 泥浆固壁法施工 construction by slurry reinforced wall
在防渗墙槽孔施工的过程中，注入泥浆使之渗入槽壁保持稳定的施工方法。

22.447 施工方案 construction plan
施工的具体实施计划和所用的技术。

22.448 施工程序 construction procedure
对施工的各个环节及其先后程序的规定。大致分为工程筹建、工程准备、主体工程施工和工程完建四个阶段。

22.449 施工规范 construction specification
对施工条件、程序、方法、工艺、质量、机械操作等的技术指标，以文字形式做出规定的文件。

22.450 施工用地 construction land tenure
为工程建设而占用的施工场地。属临时占用，施工结束后可恢复。

22.451 施工网络进度 construction network schedule
将工程施工全过程的各项活动，按项目之间与工序之间的有机联系与逻辑控制条件，用节点和矢线组合成网络，然后通过计算机进行数学模型表达、数字方法定量处理和施工进度分析和优化。是施工进度表示形式之一。

22.452 施工交通运输 construction transportation
工程施工期内运输方式、运输路线和运输管理工作的统称。分为对外交通和场内交通两部分。

22.453 施工对外交通 construction access
施工工地与外部联系的主要交通方式和路线。通常指从已建铁路站场、城镇或港口码头运输物资设备至工地的专用交通运输干线。

22.454 施工场内交通 jobsite transportation for construction
施工期间衔接施工对外交通，联系工地内部各工区、生产及生活区之间和为施工需要临时设置的交通运输线路。

22.455 施工工厂设施 construction plant and facilities
又称“施工辅助企业”。为施工服务的生产系统、工厂、车间和辅助设施。

22.456 施工供电 power supply for construction
供应工程施工生产、生活用电的系统。

22.457 [水电工程]完建期 period of construction finishing
从第一台水电机组投入运行或工程开始受益起，至工程竣工止的工期。是水电工程建设的施工阶段之一，也是施工总工期的一个组成部分。

22.458 控制性进度 key work schedule
在工程施工总进度中决定施工程序、速度及各期工程形象面貌的各项关键工程阶段的工期计划。

22.459 施工期防汛 flood control during construction period
施工期间安全渡过汛期的防汛规划及其实施措施。包括防洪准备、工程保护和基坑渡汛等。

22.460 施工期通航 navigation during construction period
工程建设过程中的临时通航措施。

22.461 冬季施工 winter construction
工程在低温季(日平均气温低于 5℃或最低气温低于-3℃)修建。需要采取防冻保暖措施。

22.462 夏季施工 summer construction
工程在高温季修建。需要采取温控措施。

22.463 雨季施工 rain season construction
工程在雨季修建。需要采取防雨措施。

22.464 水下混凝土施工 underwater concrete construction

将混凝土直接浇筑到水下指定部位的施工技术。常用于修筑围堰、混凝土防渗墙、桥墩基础以及水下建筑物的局部修补等工程。

22.465　采石场　quarry
开采建筑石料的场所。

22.466　开挖　excavation
钻孔、装药、引爆和出碴的全过程。

22.467　高边坡稳定　stability of high slope
水电工程涉及的自然边坡和开挖边坡高达百米以上，常有滑坡，崩塌，松弛张裂，蠕动(又分扭曲、倾倒、松动、塑流型)和剥落等失稳问题，对此需专题研究处理稳定的措施。

22.468　清基　foundation cleaning
清除建基面以上开挖的岩土。

22.469　控制爆破　controlled blasting
严格控制爆炸能量和爆破规模，使爆破的声响、振动、破坏区域以及破碎物的散塌范围在规定限度以内的爆破。

22.470　浅孔爆破　shorthole blasting，chip blasting
炮孔深度小于 5 m 的爆破。

22.471　深孔爆破　deephole blasting
炮孔深度大于 5 m 的爆破。

22.472　松动爆破　loose blasting
利用爆破作用，使介质原地破裂或散落在原地及附近(爆破作用指数 $n<0.75$)的爆破。

22.473　预裂爆破　presplit blasting
沿设计开挖轮廓面先行爆破而形成一定宽度的贯穿裂缝，以防止开挖区以外岩体受到破坏的爆破。

22.474　硐室爆破　chamber blasting
将大量炸药按设计要求装填在专门挖掘的硐室和巷道内进行的爆破。

22.475　梯段爆破　bench blasting
将开挖面造成台阶，以一排或多排深孔爆破进行石方开挖流水作业的爆破。

22.476　毫秒爆破　millisecond delay blasting
将炸药包分组，以毫秒级的时间间隔顺序起爆的爆破。

22.477　光面爆破　smooth blasting
爆破开挖时，沿设计开挖轮廓钻孔装药，在开挖区主爆破孔之后起爆，以获得比较平整壁面的爆破。

22.478　水下爆破　underwater blasting
爆破药包完全或大部分被浸入水中的爆破。

22.479　岩塞爆破　rock plug blasting
在湖泊或水库的水下修建进水口时，用爆破的方法将隧洞进口预留的岩石塞一次炸除的爆破。

22.480　拆除爆破　demolition blasting
对拆除建筑物及其邻近地区，严格控制爆破能量、规模和影响范围的爆破。

22.481　定向爆破　directional blasting
将被爆介质沿着预定方向抛掷堆积成一定形状的爆破。

22.482　基坑　foundation pit
用围堰挡水围住需要修建水工建筑物的部分河床，抽水闭气后进行旱地施工的场地。

22.483　基坑开挖　excavation of foundation pit
按设计要求在基坑内挖除岩土到建基面高程。

22.484　基坑排水　drainage of foundation pit
把围堰内的积水、渗水抽走以进行旱地施工。

22.485　施工导流　construction diversion
为在河道中修建水工建筑物，挡水围护基坑，在基坑外引导河水下泄，创造旱地施工条件。可分为一次导流或分期导流。

22.486　底孔导流　bottom outlet diversion
在坝体(混凝土坝或浆砌石坝)内预留临时或永久泄水孔洞，施工期引导河水下泄的施工导流。

22.487　分期导流　stage diversion
在河道中修建纵向围堰(或利用河中洲坝)将河流一分为二，先在一侧修筑围堰，形成一期基坑，待一期基坑内修建的永久和临时泄水建筑可以引导河水时，再在另一侧修筑围堰，形成二期基坑的施工导流。有时为封堵一期中的临时导流建筑物，尚须进行三期导流。

22.488　明渠导流　open channel diversion
在河边滩地和缓坡中开挖明渠(或部分利用纵向围堰)，然后修筑拦河围堰，使河水通过明渠下泄，围成基坑的施工导流。

22.489　梳齿导流　comb diversion
在重力式混凝土坝施工过程中，采用坝体低部预留梳齿状的缺口，使河水交替通过缺口导向下游的施工导流。

22.490　隧洞导流　tunnel diversion
在施工基坑的上下游修筑围堰挡水，使河水通过岸边导流隧洞导向下游的施工导流。

22.491　围堰　cofferdam
围护水工建筑物施工基坑，为旱地施工而修建的临时挡水建筑物。

22.492　土石围堰　earth-rockfill cofferdam
用土石材料修建的围堰。

22.493　草土围堰　straw and earth cofferdam，straw soil cofferdam
以麦草、稻草和土互层为主要材料修建的围堰。

22.494　木笼围堰　timber crib cofferdam
在由木(竹)组成的框格中填石堆筑，并在堆筑体中设有防渗体的围堰。

22.495　混凝土围堰　concrete cofferdam
用混凝土修建的围堰。

22.496　钢板桩围堰　steel sheet piling cofferdam
用特制钢板桩组成的围堰。

22.497　过水围堰　overflow cofferdam
在一定条件下允许堰顶溢流过水的围堰。可降低防洪标准和围堰高度。

22.498　纵向围堰　longitudinal cofferdam
采用分期导流或明渠导流时，沿河床顺水流方向修建的围堰。

22.499　横向围堰　transversal cofferdam
导流时沿河床垂直水流方向修建的上下游围堰。

22.500　截流　river closure
施工导流中截断河道，迫使河水流向预留导流的通道。

22.501　混合法截流　combined closure method
立堵法截流与平堵法截流结合的截流。

22.502　立堵法截流　vertical closure method
由龙口一端向另一端，或由龙口两端向中间抛投截流材料进占的截流。

22.503　平堵法截流　horizontal closure method
沿龙口全线抛投截流材料，使戗堤均匀上升的截流。

22.504　合龙　closure
截流或堵口时，达到最终闭合龙口，截断水流。

22.505 龙口 closure gap
施工导流中截流时和防洪抢险中堵口时过流的口门。

22.506 闭气 sealing of closure
截流合龙后封堵戗堤渗流的通道。

22.507 进占 advance
堵口工程节节进堵的实施过程。

22.508 库底清理 clean-up of reservoir site
在水库蓄水前对淹没范围地面上原有的建筑物、构筑物、漂浮物、障碍物、污染源、传染源及其传播生物的孳生物做清理。

22.509 多臂钻车 multi-beam jumbo
又称“掘进台车”。主要用于地下岩石硐室掘进时钻凿炮孔和锚杆孔等孔眼的一种凿岩台车。每个台车可配置多台钻臂和凿岩机，可根据开挖断面的大小来选择不同等级的钻臂和臂数，并配以相同等级的凿岩机。

22.510 潜孔钻车 drill rig
一种回转冲击式钻机。其冲击器是直接潜入孔底钻凿岩石，冲击功的传递损失很小，钻进效率高，噪声较低，适用于钻凿孔径较大的中、深炮孔。

22.511 反井钻机 raise-bore machine
用于反向开挖竖井或斜井的导井专用施工设备。导孔孔径和扩挖孔径根据工程需要来选定。该机施工导井安全性好，井壁较光滑，对地层的适应性也较强。

22.512 爬罐 alimak sift
用于开挖竖井或斜井的反向导井的专用施工设备。其罐笼爬升和悬挂的轨道随导井的上升而逐节安装上升。人员在罐笼内作业，待爬罐升至工作面钻孔装药后，即退回井底一侧避炮。此后进行爆破，石渣会自动溜至井底。适用于长度 300 m 内的导井开挖。通常指阿立马克风动爬罐。

22.513 塔式起重机 tower crane
简称“塔机”。机身为塔形刚架，能沿轨道行走，配有全围转臂的一种起重机。在大型塔机的塔架下部可通行混凝土运输车辆。

22.514 缆索式起重机 cable crane
以在两端支架间的柔性承载索上移动的起重小车吊运混凝土罐的起重机械。支架分设在河流两岸，有固定式、平行移动式和辐射式三种类型。

22.515 带式输送机 belt conveyer
简称“皮带机”。由橡胶输送带、钢支架、辊筒、驱动装置和张紧装置组成的一种构造简单的连续运输设备。

22.516 塔带机 tower-belt machine
在塔式起重机增设一套悬吊皮带输送机系统而成的联合体。是一种新的混凝土现场运输浇筑设备。其覆盖范围大，机动灵活，混凝土入仓能力强，适用于混凝土浇筑方量大、强度高的大型工程。

22.517 挖泥船 dredger
采用各种斗、铲或水枪等装置，挖掘并从水中提取泥沙的工程船舶。

22.518 混凝土拌和楼 concrete bathing and mixing plant
可连续进行混凝土拌制过程中的进料、分储、称量、搅拌及出料作业的大型专用设备。

22.519 设备完好率 equipment perfectness
设备完好台日数与制度台日数的比值。是反映设备技术状况的指标，按百分率表示：设备完好率=(报告期内制度台日数中的完好台日数/报告期内制度台日数) × 100%。

22.520 水电工程造价 cost of hydropower engineering
水电工程固定资产的建设投资扣除回收费

用后的建设费用。

22.521 设计概算 primary cost estimate
可行性研究设计报告阶段的工程造价。

22.522 标底 bid
工程标的的价格，是项目建设法人对划入标内的全部项目实施的期望价。水电站建设根据工程特点划分“标的”，一个“标的”只能有一个标底。

22.523 承包合同 contract
买卖双方在经济活动中对基建产品约定的价格。由双方通过谈判，以合同形式确定。

22.524 工程价款结算 settlement of project payment
承包合同双方的货币结算。是承包合同价的具体实施。主要包括预付款、保留金和工程进度款。

22.525 竣工决算 final settlement of account
项目完工后的财务总报告。全面反映竣工项目的建设时间、生产能力、建设资金来源和使用、交付使用财产等情况。

22.526 静态投资 static storage investment
按照国家法律、条例、行业制度和市场行情，以规范的计价方法、采集某一时期(一般以某年某月)价格水平所计算出的项目投资。

22.527 动态投资 dynamic storage investment
在项目建设期间，一部分随市场或随政策变动而发生变化的投资，与其他未变动部分之和的总投资。

22.528 定额 norm
单位产品或单位工作中人工、材料、机械和资金消耗量的规定额度。

22.529 基础价格 basic price
人工、材料、施工机械台时、施工用电、风、水、砂石料等进入计价的资源的价格。是计算建筑安装工程单价的基础。

22.530 造价指数 cost index
某一时期的工程造价比另一时期工程造价上升或下降的百分比。是说明不同时期工程造价的相对变化趋势和程度的指标，是工程造价动态结算的重要依据。

22.531 坝的运行管理 management for dam operation
监控和监测横跨河床的所有永久性的挡水建筑物(包括水库周围垭口的挡水建筑物)、泄水/泄洪建筑物，及其地基和附属设施的性态变化，及时维修、消灭隐患、延长坝的寿命。

22.532 坝的安全监测 monitoring for dam safety
对坝体的状态变化进行系统性监测、监视，并将其结果与表征坝的安全状态的特征值不断进行比较，据此了解和评价坝的安全状态，并有可能及时采取措施，防止事故发生。

22.533 坝的安全性评价 assessment for dam safety
定期对坝及其主要附属建筑物进行安全大检查，分析观测资料，对坝的安全性做出全面评价。

22.534 坝的全风险分析 risk analysis for dam safety
分析意外事件或事故发生的原因及其影响大小，作为研究、确定对策的依据。

22.535 统计模型 statistical model
将坝的各项已有历史观测数据看作随机变量，用数理统计方法建立起定量描述大坝监测值变化规律的数学方程，将大坝实际工作性态加以抽象和简化的经验模型。

22.536 确定性模型 deterministic model

基于结构的几何形状及材料的变形规律，通过物理理论计算(如用有限单元法)建立起任何外部作用(起因量)与结构效应(效应量)之间的确定性函数关系。

22.537 无人值班水电厂 unmanned hydropower plant

平时无现场运行值班人员，一切操作都在远方控制中心进行遥控的水电厂。

22.538 水工建筑物在线监测 on-line monitoring of hydraulic structure

通过数据自动采集系统及人工巡视，充分利用现代计算机软件技术，对水工建筑物实行计算机采集、分析和辅助决策，及时监控建筑物安全运行。

22.539 水电站管理信息系统 management information system of hydropower station

对水电站行政和生产方面实现现代化管理的网络系统。具有不同的子系统：水库和水工建筑物管理；水情测报实时数据查询；水电工程事件专家系统查询；水电机电设备状态月、季、年趋势分析查询。

22.540 水电站防火 fire protection in hydropower station

为防止火灾发生，阻止火灾蔓延和及时消灭火灾，对水电站各类建筑物、构筑物和主要机电设备采取的消防措施。

23. 水力机械及辅助设备

23.001 水轮机 hydroturbine

把水能转换成机械能的水力机械。

23.002 反击式水轮机 reaction hydroturbine

利用转轮，通过水流与叶片的相互作用，将水流的压能与动能转换成机械能输出的水轮机。主要有混流式、轴流式、斜流式、贯流式等类型。

23.003 混流式水轮机 radial-axial flow hydroturbine

又称“法兰西斯水轮机(Francis turbine)”。水流从径向流入转轮，在转轮中改变方向后从轴向流出的水轮机。其叶片固定，不能转动调节。

23.004 轴流式水轮机 axial flow hydroturbine

水流在导叶至转轮间由径向转为轴向，然后轴向进入转轮，再从轴向流出的反击式水轮机。主要用于低水头水电站。

23.005 轴流转桨式水轮机 axial flow hydroturbine with movable blade

又称“卡普兰水轮机(Kaplan turbine)”。叶片可以转动调节的轴流式水轮机。叶片角度通过调速器与导叶开度协联调节，通常为立轴和肘形尾水管。

23.006 轴流定桨式水轮机 axial flow hydroturbine with fixed blade，Nagler turbine

简称“定桨式水轮机”。叶片被固定在某一角度，不能调节的轴流式水轮机。但有的定桨式水轮机在停机或拆出后可以调整其角度。通常为立轴和肘形尾水管。

23.007 斜流式水轮机 diagonal [flow] hydroturbine

又称“对角式水轮机”。转轮区水流的通道与主轴呈某一角度，水流斜向流入流出转轮的水轮机。导叶采用通常的径向式布置或圆锥式布置在斜流区内。

23.008　斜流转桨式水轮机　diagonal Kaplan hydroturbine

又称“德列阿兹水轮机(Deliaz turbine)”。叶片可以转动调节的斜流式水轮机。

23.009　贯流式水轮机　tubular turbine，through flow turbine，Straflo hydroturbine

从进口到尾水管出口的全部过流通道都呈直线形或 S 形，进口没有蜗壳的轴流式水轮机。主要有全贯流式、灯泡式、竖井式和轴伸式等类型。

23.010　全贯流式水轮机　rim generator hydroturbine

发电机转子直接安装在叶片外缘上的贯流式水轮机。发电机的旋转是通过水轮机叶片的转动直接带动，因此发电机没有主轴。

23.011　灯泡式水轮机　bulb turbine

发电机(及变速装置)置于流道内灯泡体中的一种贯流式水轮机。水流由灯泡体四周流入转轮后从直锥形尾水管流出。其导水叶一般采用圆锥式。

23.012　竖井式水轮机　pit turbine

发电机装设在通入厂房的竖井中的贯流式水轮机。在安装、检修时可通过竖井吊装发电机，在运行中可以进入竖井检查。

23.013　轴伸式水轮机　S-type hydroturbine

具有 S 形流道，主轴可以自流道伸出与装在厂房内的发电机相连的贯流式水轮机。

23.014　冲击式水轮机　impulse hydroturbine

利用水流的动能改变做功的水轮机。其转轮敞开置于空气中，利用压力管道末端装设的喷嘴将全部水压力转化为高速射流射向水轮机转轮。主要有水斗式、双击式、斜击式等类型。

23.015　水斗式水轮机　Pelton turbine

又称“佩尔顿水轮机”。转轮叶片由多个双勺形的水斗组成的冲击式水轮机。

23.016　双击式水轮机　cross flow hydroturbine，Banki turbine

转轮叶片呈圆柱状布置在轮盘四周，水流穿过首排叶片后又从对面叶片流出，两次做功的冲击式水轮机。有少许反击作用。

23.017　斜击式水轮机　inclined jet hydroturbine，Turgo impulse turbine

转轮由多个单勺形叶片组成，射流斜向冲击叶片的冲击式水轮机。

23.018　埋入部件　fixed components，embedded components

反击式水轮机结构中埋入混凝土内固定不动的部件。主要有蜗壳、座环、基础环、转轮室(轴流式)和尾水管等。

23.019　蜗壳　spiral case

装设在压力钢管或引水室的末端，将水流从圆周方向均匀导入座环，外形像蜗牛壳的圆形构件。水头较高时采用金属圆形蜗壳，水头较低时常采用梯形混凝土蜗壳。后者因包角较小又称“半蜗壳”。

23.020　[蜗壳]包角　nose angle

蜗壳从进口起到鼻端(末端)为止的环绕水轮机座环的总角度。

23.021　蜗壳埋设方式　spiral casing embedded forme

蜗壳周围混凝土的浇筑方式。有直埋、保压浇筑、加弹性垫层等方法。

23.022　座环　stay ring

由两块环形部件与若干片固定导叶组成，构成从蜗壳到导水机构间通道的结构部件。在立式机组中，座环还起支撑与承受上部机墩及机组重量、蜗壳内水压力及水轮机轴向水推力等的作用，并将它们传递到厂房混凝土基础。

23.023 固定导叶 stay vane

固定于座环上下环，将从蜗壳来的水流均匀地导向导水机构的流线型结构部件。固定导叶的叶片不能转动。对于没有导水机构的水力机械，其作用相当于固定开度的导水叶。

23.024 顶盖 head cover

将流道与外部隔离开并形成导水机构上部过流表面的环状结构部件。顶盖支撑导叶上部轴及主轴的导轴承与主轴密封，有时还支撑推力轴承。

23.025 底环 bottom ring

位于导叶下部形成导水机构下部过流表面的环状结构部件，底环支撑导叶的下轴颈。

23.026 基础环 foundation ring，discharge ring

混流式水轮机转轮下环外侧埋入混凝土内的环形金属构件。与底环及尾水管锥管相连接，也可以是座环的一部分。

23.027 尾水管 draft tube

紧接反击式水轮机转轮出口的管状导水部件。引导从水轮机转轮流出的水流与下游尾水相连接，并能回收从转轮流出水流的一部分动能。

23.028 尾水管锥管 draft tube cone

尾水管进口紧接转轮出口的圆锥形构件。与基础环(或转轮室)及尾水管肘管相连。

23.029 尾水管肘管 elbow of draft tube

紧接尾水管锥管后连接锥管与扩散段的弯肘形部件。引导水流从垂直方向转变到水平方向并通过尾水管扩散段将水流导向下游。

23.030 转轮室 runner chamber

在轴流、斜流式水轮机中连接底环与尾水管形成水力通道，并与转轮叶片外缘形成适当间隙，埋入混凝土内的环状壳体。

23.031 [水轮机]转轮 runner of hydroturbine

水轮机构件中可以旋转的轮子。是水轮机中把水能转换成机械能的核心部件。混流式水轮机的转轮主要由叶片、上冠、下环和泄水锥组成；轴流式水轮机的转轮主要由叶片、转轮体和泄水锥组成；冲击式水轮的转轮主要由叶片、轮盘组成(在蓄能泵与水泵中称“叶轮”)。

23.032 上冠 crown

混流式水轮机转轮上部用于固定叶片上端并与主轴进行机械连接的结构部件。

23.033 下环 band

混流式水轮机转轮下部固定叶片下端的圆环形构件。

23.034 [水轮机转轮]叶片 hydroturbine blade

反击式水轮机转轮中进行能量转换的叶形部件。在蓄能泵与水泵中称“轮叶”。

23.035 叶片转角 blade rotating angle

轴流、斜流与贯流式水轮机叶片轴线的角度。叶片的角度用相对于某一角度时的角度算起，向大开度时的方向为正，反之为负。

23.036 [导叶或转轮]叶片开口 blade opening

导叶或转轮叶片出水边至相邻导叶或转轮叶片背面的最短距离。活动导叶的开口随导叶开度变化。开口越大，过流量也越大。

23.037 转轮体 hub，runner hub

轴流、斜流与贯流式水轮机安装叶片的圆柱形构件。叶片可转动的水轮机在转轮体内还安装有叶片接力器等部件。转轮体随叶片一起转动并将力矩传送到与之相连的主轴上。

23.038　泄水锥　runner cone

安装在混流式水轮机转轮上冠下面或轴流式与斜流式水轮机转轮体下面的锥形构件。用于引导从转轮叶片出口的水流平顺流入尾水管。

23.039　导水机构　distributor

又称"导水装置"。反击式水力机械中引导水流从高压侧流入转轮或从叶轮流向高压侧、并改变环量的结构部件。包括顶盖、底环、导叶及导叶调节装置。

23.040　活动导叶　wicket gate，guide vane

简称"导叶"。又称"导水叶"。装设在反击式水轮机转轮前方、沿圆周方向均匀分布、可转动调节的叶片。用来引导与截断水流和调节通过水轮机的流量。水泵中的导叶装设在泵轮之后，往往不能转动而仅起导向的作用。

23.041　接力器　servomotor

利用液压传递操作力矩进行机械操作的液压装置。在水轮机中采用接力器液压操作的部件主要有活动导水叶、转桨式水轮机的叶片、冲击式水轮机的喷针和折向器等。

23.042　抗磨板　wearing plate，facing plate

设置在顶盖与底环表面的耐磨的护面板。

23.043　控制环　regulating ring，control ring

又称"调速环"。由设置在水轮机机坑内的接力器连杆带动，操作导叶的连杆与导叶臂使各个导叶同步动作的环状构件。

23.044　限位块　guide vane end stop

又称"限位销"。安装在底环或顶盖上，当某个导叶与控制环脱开后阻止导叶旋转和开启过大的突起的金属小块。

23.045　剪断销　shear pin

装设在导叶臂上易于剪断的圆柱销。当某一导水叶动作发生故障或被异物卡住时，剪断销就会剪断而使该导叶与连臂断开，避免影响其他导叶动作。

23.046　止漏环　seal ring，labyrinth

设置在混流式水轮机转轮与顶盖及底环间用于减小漏水并可更换的密封结构。按其结构形式可分成直缝式、迷宫式、梳齿式、阶梯式等。设置在转轮侧的称"转动止漏环"，设置在顶盖与底环(及基础环)侧的称"固定止漏环"。

23.047　[水轮机]导轴承　guide bearing

又称"水导"。承受水轮机主轴的径向力，使主轴保持中心位置的轴承。

23.048　人孔　manhole

又称"进人孔"。在蜗壳与尾水管管壁上开设的有密封装置的门。在安装与停机放水后可打开进人工作或进行检查。

23.049　[水轮机]主轴　hydroturbine main shaft

将水轮机转轮与发电机转子相连，传递扭矩的轴。大型水电机组的主轴常分成水轮机轴和发电机轴两段，通过连接法兰连接在一起。

23.050　主轴密封　main shaft sealing

设置在水轮机主轴与顶盖间防止漏水的密封装置。分工作密封与检修密封两种。

23.051　水斗　bucket

冲击式水轮机转轮中外形如瓢的叶片。是将射流转换成机械能的主要部件。

23.052　喷针　needle

装在喷嘴内腔，头部似针状的部件。喷针的行程可通过接力器进行操作，从而调节与喷嘴所构成的过流断面而调节、控制喷嘴射流的流量。

23.053　[冲击式水轮机]喷嘴　nozzle of action turbine

装在冲击式水轮机压力管道末端的圆锥形收缩管。可将高压水变成高速射流射向冲击式水轮机的转轮旋转做功。

23.054 折向器 deflector

又称“偏流器”。装在喷嘴出口处分流的装置。当停机或甩负荷时由调速器协联操作，可偏转全部或部分射流使之不射向水斗。

23.055 制动喷嘴 brake nozzle

其射流方向与水斗的转动方向相反，从而可以产生逆向的旋转力而对水斗式水轮机起到制动作用的喷嘴。

23.056 ［水轮机］比转速 specific speed

简称“比速”。表征某一水头下水轮机参数高低的一个综合性参数。其值相当于水头1 m、输出功率为1 kW时的转速，常用符号为“n_S”。几何相似的水轮机在相似的工况下具有相同的比转速。

23.057 比速系数 coefficient of specific speed

比转速乘上水头的根。常用于对不同水头段水轮机参数的比较与评价。

23.058 额定流量 rated discharge

水轮机在额定水头下发出额定功率时的流量。

23.059 协联工况 on-cam operating condition

叶片可调节的反击式水轮机，当导叶的开度与叶片角度的组合使效率达到该条件下的最优状态时的运行工况。

23.060 定桨工况 propeller operating condition

叶片不能调节的反击式水轮机(不包括混流式)或叶片可调节的水轮机叶片固定不动时的运行工况。

23.061 最优工况 optimum operating condition

水轮机效率达到最高值时的运行工况。在最优工况时，水轮机中水流的状况最为良好，稳定性最好。

23.062 额定工况 rated operating condition

水轮机在额定水头下发额定出力时的运行工况。

23.063 水轮机综合特性曲线 performance curve, hill diagram

以模型试验结果为基础，用单位流量、单位转速、或单位出力等参数为坐标所绘制出的水轮机各项特性的曲线。通常包括水轮机效率、导叶开度、叶片角度(叶片可调式水轮机)、空化系数、压力脉动等值线等。用水轮机模型综合特性曲线可换算出真机的特性。

23.064 水轮机运转特性曲线 hydraulic turbine operating performance curve

以水电站的水头和水轮机的输出功率为坐标所绘制出的水轮机特性曲线。通常包括导叶开度、叶片转角(对叶片可调式水轮机)、原型水轮机效率、空化系数或吸出高度、等压力脉动线以及其他一些感兴趣的特性曲线等。

23.065 模型水轮机 model turbine

为了了解真机的水力性能而制作的与真机的通流部分(包括蜗壳与尾水管)几何相似的水轮机装置。供在水轮机模型试验台上试验之用。

23.066 水轮机模型试验台 hydroturbine model test stand

为进行水轮机模型试验专门设计的试验装置。其中可以达到进行水轮机模型验收试验标准的称为“水轮机模型验收试验台”。

23.067 ［水轮机模型］中立试验台 neutral model test stand

在工程招投标中，为了确保水轮机模型试验的公正性与可靠性，模型试验通常选择在与投标方竞争无关的试验台上进行，该试验台通常称之为中立试验台。

23.068 模型验收试验 acceptance model tests of hydroturbine
有需方参加的对合同保证的水轮机性能值进行全面检验的模型试验。进行模型验收试验时，首先要对试验台的试验条件与试验精度等按照合同或相应规程的规定进行试验检验。

23.069 模型见证试验 model witness test
有需方参加，只对模型的部分试验结果或部分性能重点进行观测检验的模型试验。

23.070 同台复核试验 checking model test on the same stand
在同一试验台上对不同厂家或投标方提出的模型水轮机的特性进行的复核性试验。必要时可对试验结果进行对比，试验结果具有公正性，并可用于对比。

23.071 ［水轮机转轮］公称直径 runner diameter of hydroturbine
简称“水轮机直径”。曾称“名义直径”。表征水轮机结构特征参数的水轮机转轮特征部位的直径。符号“D”。

23.072 单位流量 unit discharge
水轮机转轮公称直径为 1 m，水头为 1 m 时的流量，符号“Q_{11}”。几何相似的水轮机不论其大小，在相同的工况下单位流量值是相等的，故可以用模型试验得出的单位流量值换算出真机的流量。

23.073 单位转速 unit speed
水轮机转轮公称直径为 1 m，水头为 1 m 时的转速，符号“n_{11}”。

23.074 单位出力 unit output
水轮机转轮公称直径为 1 m，在 1 m 水头下的出力。符号“P_{11}”。几何相似的水轮机不论其大小，在相同的工况下单位出力是相等的。故可以用从模型试验得出单位出力值(加以效率修正后)换算出真机的出力。

23.075 水轮机效率损失 loss of hydroturbine efficiency
水轮机能量转换过程中因各种损失造成的效率损失。主要有水力损失、容积损失和机械损失等。

23.076 尺度效应 scale effect
由于模型水轮机尺寸与原型(真机)尺寸不同所引起的对水轮机特性的影响。

23.077 效率修正公式 efficiency step-up formula
由模型试验所获得的效率换算到真机效率时所采用的修正公式。

23.078 轴向水推力 hydraulic thrust
简称“水推力”。水流作用在水轮机转轮轴向上的力。

23.079 水压脉动 water pressure pulsation
又称“压力脉动”。水流在水轮机流道中因紊动、旋涡、脱流等原因而引起的水压力的波动。脉动的幅值通常以 $\Delta H/H$ 表示。

23.080 水轮机空化与空蚀 cavitation and cavitation erosion of hydroturbine
在水轮机流道中局部压力降低到临界压力(通常接近汽化压力)时，水流中的气核开始发育与膨胀，空化是气泡产生、成长、积聚、流动、分裂和溃灭等现象的统称。空泡溃灭时打击到流道边壁上对材料造成的损害称之为空蚀。

23.081 进口边空化 inlet edge cavitation
混流式水轮机偏离最优工况水头后，在转轮叶片靠下环的进口边后将出现由脱流旋涡形成的空化。可分为(叶片)正面进口边空化和(叶片)背面进口边空化。

23.082 空化系数 cavitation coefficient
又称“托马系数(Thoma factor)”。表征水轮机空化条件的无量纲系数。其值等于吸出高度除以水头值。符号“σ”。

23.083 临界空化系数 critical cavitation coefficient

通过水轮机模型试验，可以绘制出能量特性(效率、流量、出力、转速等)与空化系数σ的关系曲线。在上述曲线上当某一能量特性的数值开始发生改变或达到某一临界值时的空化系数σ值称“临界空化系数(σ_C)”。这种以水轮机外部能量特性的变化确定临界系数的方法称“能量法”或“外特性法”。

23.084 初生空化系数 cavitation inception coefficient

模型水轮机试验中通过目测等方法观测在水轮机流道中开始发生空泡时的空化系数值。符号“σ_i”。目前对初生空化系数的检验已代替过去习惯采用的外特性法(确定临界空化系数)，成为验收水轮机空化性能的主要判据。

23.085 电站空化系数 plant cavitation coefficient，plant sigma

又称“装置空化系数”。相应于电站某个水头与下游水位时的空化系数值。符号“σ_P”。

23.086 安装高程 setting elevation

又称“装机高程”。水轮机安装时作为基准面的海拔高程。混流式水轮机取导叶中心线作为基准面。轴流式水轮机取叶片转轴中心线作为基准面。

23.087 吸出高度 suction height

下游水位与水轮机安装高程的水位差值。常用符号“H_s”。高于安装高程时为负值，低于安装高程时为正值。

23.088 泥沙磨损 sand erosion

水流中所含的泥沙对水轮机过流部件表面材料所造成的损坏。

23.089 磨蚀 combined erosion by sand and cavitation

又称“空蚀磨损联合破坏”。当空蚀与泥沙磨损同时存在，两者联合作用时对水轮机流道表面材料所发生的损坏。

23.090 现场试验 field test

对水轮机真机进行的各种试验。如效率试验、过渡过程试验、力特性试验、稳定性试验、应力试验和其他技术问题的试验。

23.091 流速仪法 current meter method

真机效率试验中，采用流速仪测量流量的方法。

23.092 水锤法 pressure-time method，Gibson method

又称“压力-时间法”。在真机效率试验中，通过计算甩负荷后压力钢管的压力变化图而得出流量的一种方法。

23.093 指数法 index method，Winter-Kennedy method

又称“蜗壳压差法”。通过对装设在蜗壳内外圆管壁上测压管压差的测量，求出压差指数与流量的关系来计算流量的方法。按此法算得的流量为相对流量，由此求出的效率为相对效率。

23.094 超声波法 ultrasonic method

利用接受超声波辐射的时差来计算流量的方法。

23.095 热力学法 thermodynamic method

用测量水轮机进出口水流温差的办法，计算出通过水轮机的水力效率的方法。

23.096 ［水力］稳定性 hydraulic stability

水力机组流道各部分以及结构部件等在运行中因水力原因所发生的水压脉动、振动、摆度、噪声等。当其幅值超过规定值时称为不稳定。

23.097 无涡区 zone without scroll

水轮机运行工况区内观察不到尾水管涡带的区域。此区通常位于最优工况区附近，在该区内运行时水轮机的水力稳定性最为良好，压力脉动幅值最小。

23.098 ［尾水管］涡带 scroll，part load vortex

又称“部分负荷涡带”。反击式水轮机偏离最优工况带部分负荷时，在尾水管中央出现一条频率约为水轮机转速的1/5~1/2螺旋状摆动的涡带。是造成很多混流式水轮机不稳定的主要原因之一。

23.099 高部分负荷压力脉动 higher part load vortex

曾称“特殊水压脉动”。尾水管涡带逐渐衰减到接近最优工况前，在水轮机整个流道中(从蜗壳到尾水管)又突然出现一个频率较涡带要高(约为转速的一至数倍)，压力脉动幅值较高的陡峰区。按其出现的工况位置被称之为高部分负荷压力脉动。

23.100 叶道涡 channel vortex

混流式水轮机偏离最优工况时，在叶片靠上冠进口处将出现脱流旋涡，涡流从叶道间下泄流入尾水管。是近代水轮机模型稳定性检验的重要内容之一。

23.101 无叶区 vaneless space

活动导叶与转轮间没有叶片的区域。是近代水轮机模型和原型水力稳定性验收中进行压力脉动考核的重点部位之一。

23.102 卡门涡 Karman vortex

紧接导叶或转轮叶片出口后所发生的脱流旋涡涡列。涡列与叶片产生共振时可引起水轮机的激烈振动和噪声，并可诱发叶片产生裂纹。

23.103 补气 air admission

通常是在水轮机带部分负荷，尾水管涡带或其他水压脉动波动较激烈时，有时在过渡过程中，为了保持水轮机的正常稳定运行向水轮机转轮或尾水管通入空气(自然补气)或压缩空气(强迫补气)的措施。

23.104 飞逸转速 runaway speed

当水电机组与系统解列、水轮机失去负荷而导叶不能正常关闭时所升高到的最大转速。水头越高，导叶开度越大，所达到的飞逸转速值越高。

23.105 过渡过程 transient

机组从一种工况变化到另一种工况时的暂态过程。主要发生在变负荷、开、停机、水电机组突然失去负荷(甩负荷)，水泵机组断电等工况。

23.106 四象限特性曲线 four-quadrant characteristic curve

又称“全特性曲线”。以流量、转速为坐标，在四个象限内分别给出的水轮机、水泵和制动工况等各种工况的特性曲线。是进行水轮机和水泵过渡过程计算的基础资料。

23.107 甩负荷 load rejection

机组在运行中突然失去负荷。由于导叶来不及迅速关闭，导致机组的转速与蜗壳压力升高，而尾水管的压力则降低或真空度加大。

23.108 调节保证计算 calculation of regulating guarantee

简称“调保计算”。对机组甩负荷时所引起水轮机前后流道中的压力(真空)和机组转速变化值等进行的计算，以检验是否满足合同或有关规程的要求。

23.109 速率上升 speed rise

甩负荷时机组转速的升高值。通常在合同中规定出最大允许的升高值。

23.110 压力上升 pressure rise

在甩负荷时由于水流被导叶或针阀快速截断而造成的水压上升。在合同中通常对蜗壳(反击式水轮机)或压力钢管末端(冲击式水轮机)最大允许的压力升高值做出规定。

23.111　可逆式水轮机　reversible turbine, pump-turbine

又称“水泵水轮机”。兼有水轮机和水泵两种功能的水力机械。转轮正向旋转时为水轮机工况，反向旋转时为水泵工况；两种状况下水流流动的方向也相反。

23.112　混流可逆式水轮机　Francis pump-turbine

流道和结构形式与常规混流式水轮机相似的可逆式水轮机。

23.113　斜流可逆式水轮机　diagonal pump-turbine

流道和结构形式与常规斜流式水轮机相似的可逆式水轮机。通常采用转桨式。

23.114　轴流可逆式水轮机　propeller pump-turbine

流道和结构形式与常规轴流式水轮机相似的可逆式水轮机。

23.115　贯流可逆式水轮机　tubular pump-turbine

流道和结构形式与贯流式水轮机相似的可逆式水轮机。主要用于潮汐发电站或低水头抽水蓄能电站。

23.116　单级可逆式水轮机　single stage pump-turbine

一根轴上只装有一个转轮的可逆式水轮机。

23.117　多级可逆式水轮机　multi-stage pump-turbine

一根轴上装有多个串联在一起的转轮的可逆式水轮机。工作时水流依次通过多个转轮。

23.118　抽水蓄能机组　pump storage unit

发电电动机与可逆式水轮机或发电电动机与水轮机、水泵的组合。

23.119　二机式抽水蓄能机组　binary unit

由发电电动机与可逆式水轮机串联在一根轴上组成的机组。

23.120　三机式抽水蓄能机组　tertiary units

由发电电动机与水轮机、水泵串联组成的机组。发电时由水轮机带动电动发电机做发电机运行，抽水时由发电电动机做电动机带动水泵抽水运行。

23.121　蓄能泵　storage pump

抽水蓄能电站中将下池中的水抽吸到上池中储蓄起来供发电用的水泵。蓄能泵只起水泵抽水的作用，不用作水轮机。

23.122　离心式蓄能泵　centrifugal storage pump

水流从轴向流进叶轮，径向流出的蓄能泵。

23.123　斜流式蓄能泵　diagonal storage pump

轴面水流与主轴成一斜角流入与流出叶轮的蓄能泵。

23.124　轴流式蓄能泵　axial flow storage pump

水流从轴向流入叶轮，又从轴向流出的蓄能泵。

23.125　单级式蓄能泵　single stage storage pump

一根轴上只有一个叶轮的蓄能泵。

23.126　多级式蓄能泵　multi-stage storage pump

一根轴上串联有多个叶轮的蓄能泵。

23.127　［水泵］叶轮　pump impeller

水泵中装有叶片的轮子。是水泵中将机械能转换成水能的主要部件。

23.128　吸入管　suction pipe

引导水流流向水泵叶轮的管道。

23.129　扩散室　diffuser chamber

水泵叶轮出口后的扩散段，能将叶轮出口

的一部分动能转化为压能。

23.130 流量比转速 discharge specific speed
输出流量为 1 m^3/s，扬程为 1 m 时水泵的转速。是表征在同一扬程下水泵参数高低的综合性系数。几何相似的水泵，在相似的工作条件下具有相同的流量比转速。

23.131 扬程 water raising capacity
水泵出口测量断面与进口断面之间的水位(压力水柱高度)差。

23.132 吸上高度 suction height
水泵第一级叶轮的基准面与进口水面间的高差。

23.133 空化余度 cavitation margin
又称“吸上余量”。蓄能泵的第一级叶轮中所规定的基准面处的绝对压力与汽化压力的差值。

23.134 进水阀 inlet valve，main shut-off valve
又称“主阀”。设置在水轮机蜗壳前或压力管道进口处的阀门。在发生事故时能迅速关闭切断水流，在机组检修或停机时能减少漏水。主要的进水阀有球形阀、蝴蝶阀、双平板蝶阀、圆筒阀等。

23.135 球[形]阀 spherical valve，rotary valve
活门为球形，中间开有与管道直径相同的中空的圆筒形管，采用旋转启闭的阀。全开时活门与管道形成直通流道，因此通过活门的水力损失最小。作为水轮机主阀，主要用于水头较高的场合。

23.136 蝴蝶阀 butterfly valve
简称“蝶阀”。用于水轮机前的引水管道上，活门扁平呈蝶形的阀门。按活门的结构可分成饼式、菱形与双平板式。一般用于中等水头的水轮机前。

23.137 双平板蝶阀 through flow valve
活门由支架连接两块钢板组成的一种蝴蝶阀。开启时水流可穿过平板间流出，故可减小对水流的排挤作用。

23.138 圆筒阀 cylindrical valve，ring gate
设置在固定导叶与活动导叶间、呈圆筒状、可沿轴向上下升降的阀门。全开时阀体提升至水轮机顶盖上。

23.139 调压阀 relief valve
在过渡过程中可用来减小压力上升，在发生事故时可以排出压力管道中水流的阀门。

23.140 [水轮机]调速器 hydroturbine governor
由实现水轮机调节和响应的控制机构和指示仪表等组成的一个或几个装置的总称。主要有机械液压调速器、电子液压调速器、微机调速器、电子负荷调节器和电动机调速器等。

23.141 电气液压调速器 electro-hydraulic governor
简称“电调”。用电气元件实施检测和操作信号，然后通过机械液压元件操作的调速器。

23.142 机械液压调速器 mechanical hydraulic governor
简称“机调”。用机械与液压元件实施检测与操作的调速器。

23.143 微机调速器 microcomputer governor
采用微机与计算机技术作为基础的新型调速器。目前已在大中型水电机组中代替机调与电调而得到广泛使用。

23.144 调速器调节规律 regulation law of governor
调速器输出信号与输入信号之间的关系。

实用上主要可分成两种：一种为比例、积分(PI)调节规律，主要为机调等所采用；另一种为比例、积分与微分(PID)调节规律，主要为电调所采用。目前微机调速器的出现又进一步为实施更为完善的调节规律创造了可能。

23.145 双调节 double regulation
调速器同时对两个对象进行调节。在叶片可调的反击式水轮机中，主要是指对转轮叶片的角度和导叶开度进行协联操作，在冲击式水轮机中主要指对喷针和折向器进行协联操作。

23.146 单调节 single regulation
调速器只具有对导叶开度进行调节的单项功能，主要用于叶片不能转动的混流式及定桨式水轮机。

23.147 配压阀 distributing valve
调速器中将油压提供给水轮机接力器的液压装置。

23.148 事故配压阀 emergency distributing valve
装设在调速器中，发生事故时能紧急关闭导叶的配压阀。

23.149 协联装置 on-cam device
调速器中用来调节可调式水轮机的叶片与导叶以及冲击式水轮机中喷针与折向器使之达到最优组合的操作装置。

23.150 分段关闭 sequence closing
为了降低过渡过程中的压力上升或速率上升的幅度，将导叶的直线关闭过程分成速率不同的几段过程的关闭方式。

23.151 水电厂油系统 oil pressure system of hydropower plant
一般由油泵、储油罐、供油管路和测量控制元件等组成的供油系统。主要分成透平油系统和绝缘油系统两大部分。透平油系统主要供给推力轴承、上下导、调速器、进水阀的操作机构等装置；绝缘油系统主要供给变压器、油断路器等设备。

23.152 水电厂厂房起重设备 lifting equipment of hydropower plant
装设在主厂房内、用于检修、安装和吊运机电设备的大型起重装置。架设在厂房两侧横梁上的称“桥机”，用两条支腿支撑的称“门机”。桥机主要用于厂房内，门机主要用于露天或半露天厂房。

23.153 [水电厂]技术供水系统 technical water supply system of hydropower plant
为机电设备的运行提供冷却、润滑和操作用水所设置的取水、过滤、调节设备、管道系统、阀门和控制装置等所组成的供水系统。

23.154 [水电厂]技术排水系统 technical water drainage system of hydropower plant
为厂房内生产用水，机组检修时的排水与厂房渗漏水的积水所设置的由集水井、水泵、管道、阀门和控制装置等所组成的排水系统。

23.155 集水井 water collecting well
电站厂房中收集渗漏水以及机组检修时排空水轮机中积水的水池。较大的水电站渗漏集水井与检修用集水井常分开设置。

23.156 [水电厂]压缩空气系统 compressed air system of hydropower plant
简称“水电厂气系统”。为机组制动、调相压水、维护检修、油压装置、配电装置及风动工具等供应压缩空气的系统。

23.157 水力监测系统 hydraulic monitor system
为了监测水轮机水力系统的有关参数，如

水头、上下游水位、流量、压力、水温、振动、摆度以及其他需要检测的项目而设置的量测系统，包括量测仪器、管路、阀门等。

24. 水轮发电机

24.001 水轮发电机 hydrogenerator
由水轮机驱动将水能转化成电能的交流同步发电机。由定子、转子、机架和轴承(推力轴承、导轴承)等组成。

24.002 立式水轮发电机 vertical hydrogenerator
主轴垂直布置的水轮发电机。

24.003 卧式水轮发电机 horizontal hydrogenerator
主轴水平布置的水轮发电机。

24.004 伞式水轮发电机 umbrella hydrogenerator
立式水轮发电机中的一种。其推力轴承位于转子下方，支撑在下机架上，或支撑在水轮机顶盖面上的推力支架上。是近代大型水轮发电机主要采用的形式。其中有下导无上导的称为全伞式(极少采用)。而有上导(下导可能有或无)的称为半伞式(广泛采用)。

24.005 悬式水轮发电机 suspended hydrogenerator
立式水轮发电机中的一种，其推力轴承位于转子上方，支撑在上机架上。

24.006 灯泡式水轮发电机 bulb type hydrogenerator
与贯流式水轮机直接连接且置于外形如灯泡的灯泡体内的卧式水轮发电机。

24.007 上机架 upper bracket
位于立式水轮发电机转子上部，并与定子相连接的支撑部件。通常用于装设上导轴承。

24.008 下机架 lower bracket
位于立式水轮发电机转子下部与基础相连接的支撑部件。通常用于装设推力轴承和下导轴承。

24.009 上导[轴承] upper guide bearing
设置在立式水轮发电机上机架，用于承受机组转动部分径向不平衡力(机械、电磁)，使机组轴线能在规定的数值范围内旋转摆动的轴承。

24.010 下导[轴承] lower guide bearing
设置在立式发电机下机架，承受机组转动部分径向不平衡力，使机组的轴线能在规定的数值范围内旋转摆动的轴承。

24.011 [水轮发电机]定子 hydrogenerator stator
水轮发电机结构中不转动部分。用于电磁转换发出交流电。定子由铁心、绕组、机座等部件组成。水轮发电机的转速一般较低，定子的径向尺寸比轴向大。大容量发电机的定子受运输条件限制，常采用分瓣结构或在工地叠片、下线组装。

24.012 [水轮发电机]转子 hydrogenerator rotor
水轮发电机结构中的转动部分。转子由转轴、支架、磁轭、磁极集电装置等组成，用于传递扭矩，产生磁场。大容量水轮发电机的转子，由于运输条件等的限制，常分成部件运至工地组装。

24.013 转子中心体 hydrogenerator rotor

hub

分段轴结构转子的中心部分，与主轴或推力头采用法兰连接。

24.014　轮臂　rotor arm

又称“支臂”。水轮发电机转子中连接轮毂(转子中心体)、支撑磁轭的部件。

24.015　磁轭　magnetic yoke

水轮发电机转子中固定磁极的结构部件，发电机磁路的组成部分。发电机的飞轮力矩(GD^2)主要由磁轭产生。大容量、中低速水轮发电机的磁轭大多采用叠片式结构，在工地组装。高转速水轮发电机有采用实心磁轭的结构。

24.016　[水轮发电机]推力轴承　hydrogenerator thrust bearing

应用液体润滑承载原理承受轴向负荷的装置。立式水轮发电机组的轴向力包括所有转动部件(水轮机和发电机)重量和轴向水推力，卧式机组主要为正、反向水推力。推力轴承主要由推力头、镜板、轴瓦、支撑部件和油冷却器等组成。

24.017　推力头　thrust block

用于安装镜板，将轴向力从主轴传递给推力轴承镜板的部件。高速水轮发电机或发电电动机的推力头与镜板铸成一体称“推力头镜板”，或用推力头、镜板与主轴铸成一体。

24.018　镜板　thrust runner collar

推力轴承中与推力瓦构成动压油膜润滑、承受轴向荷载的结构部件。

24.019　[水轮发电机]机坑　hydrogenerator pit

安放水轮发电机定子和转子等的圆筒形、正方形或多边形的钢筋混凝土构筑物。

24.020　[水轮发电机]制动系统　braking system of hydrogenerator

为强迫机组在规定时间内停止转动而设置施加制动力矩的成套装置。常用的制动方式有机械制动、电气制动及组合制动等。

24.021　[水轮发电机]机械制动　mechanical brake of hydro unit

用机械方法强迫转动部件停止转动的措施。一般采用活塞式制动器。在机组停机过程中，当转速下降到某一规定值，通入压缩空气使制动块顶起紧压在发电机转子的制动环上，形成摩擦力，使机组受到制动而停机。

24.022　[水轮发电机]电气制动　electrical brake of hydrogenerator

又称“电气刹车”。用电磁力使转动部件停止转动的措施。在发电机解列停机时，用三相短路开关使定子外部三相短路，由专用励磁电源向转子回路输入恒定的励磁电流，使定子绕组产生的电流形成力矩对转子制动。

24.023　高压油顶起装置　high pressure oil lifting device

向推力轴承瓦面注入高压油，形成油膜润滑承载的设备。用于机组启动、停机和盘车。

24.024　[水轮发电机]水灭火装置　water extinguishing system of hydrogenerator

由装设在水轮发电机定子绕组的端部附近的带有两排或多排交错分布喷孔的上下环管，双路进水管，以及自动(手动)进水控制机构组成的灭火设施。利用高压喷射水雾来灭火。

24.025　[水轮发电机]二氧化碳灭火装置　CO_2 extinguishing system of hydrogenerator

向水轮发电机密封机坑或舱体内喷射液态的二氧化碳进行灭火的设施。一般由二氧化碳储存压力容器、存量监测仪表、快速给气阀、输送管路、喷嘴和机坑或舱体二氧化碳浓度探测、气体释放及进入安全机构等组成。

24.026 推力瓦 thrust bearing shoe
推力轴承中可在固定支承体上自由灵活摆动，与镜板构成动压油膜润滑、承载，由摩擦面层和瓦坯体构成的扇形部件。

24.027 导轴瓦 guide bearing shoe，guide bearing segment
导轴中与滑转子构成动压液体润滑、有摩擦面层和瓦坯体的环形块状部件。

24.028 巴氏合金瓦 babbitt bearing shoe
又称“钨金瓦”。瓦面材料采用铅基合金制成的瓦，是推力轴承和导轴承中使用得最多的一种轴瓦。

24.029 弹性金属塑料瓦 elastic metal-plastic segment
又称“氟塑料瓦”。由氟塑料面、金属弹性层和钢质瓦体构成的瓦。表层摩擦面主体成分为聚四氟乙烯，具有摩擦系数小，热稳定性高、不黏和自润滑特性。是一种新型的使用于水轮发电机的推力瓦，或导轴瓦。

24.030 水轮发电机冷却系统 hydrogenerator cooling system
把水轮发电机运行时产生的热量带走，使发电机能在允许的温度范围内持续运行的冷却系统。主要有空冷、水冷、蒸发冷却等。

24.031 机械制动器 mechanical brake equipment
由耐热、抗磨性能好的制动块及其固定与移动机构组成的，能对水轮发电机转子进行摩擦制动的装置。

24.032 [水轮发电机] 空气冷却 air cooling of hydrogenerator
简称“空冷”。用空气作为介质，对水轮发电机定子和转子绕组及定子铁心表面进行冷却的一种冷却方式，是水轮发电机应用得最多最为普遍的一种冷却方式。

24.033 [水轮发电机]水[内]冷 water internal cooling of hydrogenerator
用不导电的纯水通过水轮发电机绕组中空心的导线或用专用管道进行冷却的一种冷却方式。定子和转子绕组及定子铁心同时采用水冷却称“全水冷”；定子和转子绕组采用水冷却，定子铁心采用空气冷却称“双水冷”；单对发电机定子绕组进行水冷却称“半水冷”。

24.034 [水轮发电机]蒸发冷却 evaporative cooling of hydrogenerator
在空心的导线中通过绝缘强度高、流动性能好的低沸点冷却介质的蒸发潜热、吸收热量对水轮发电机进行冷却的一种冷却方式。

24.035 水轮发电机转动惯量 rotating inertia of hydrogenerator，flywheel effect
又称“飞轮力矩”。水轮发电机的转动部分在旋转时所产生的惯性力矩。工程上常用转动部分的重力 G 与惯量直径 D 的平方的乘积 GD^2 表示，单位为 $t \cdot m^2$ 或 $kN \cdot m^2$。

24.036 [水轮发电机组]动平衡试验 dynamic balancing test of hydro unit
为了校正水电机组转动部件质量分布是否存在不允许的不均衡状况，通过测量在转子加与未加试重运行时转轴或机架、轴承的振动，找出不平衡力的大小和方位，进行配重处理所做的试验。

24.037 盘车 turning machine for alignment
用人工或机械、电气方法推动机组缓慢转动，以便检查和调整机组的轴线。

24.038 定子测圆架 roundness measuring devicement of stator
由底板、中心轴和转臂组成的用于定子装配过程中测量机座、定位筋、铁心等圆度的装置。

24.039 水轮发电机组 hydrogenerator set
由水轮机、水轮发电机及其附属设备(调速、励磁装置)组成的水力发电设备。

24.040 电动发电机 motor generator
同时具有发电机与电动机两种功能的电机。既可作为发电机由水轮机带动发电，又可转换成电动机带动水泵进行抽水。主要用于抽水蓄能电站中代替常规的发电机与电动机。

24.041 变极式电动发电机 pole change motor generator
可以切换磁极对数的电动发电机。切换磁极对数后可以允许水轮机(发电机)和水泵(电动机)具有两种不同的转速。水泵(电动机)工况时的转速要高于水轮机(发电机)的转速。

24.042 发电工况 generator operation mode
又称“水轮机工况”。抽水蓄能电站利用上池中的水进行发电，机组按水轮机运行时的工况。

24.043 抽水工况 pumping operation mode
又称“水泵工况”。抽水蓄能电站机组按水泵方式运行，进行抽水运行时的工况。

24.044 水泵启动 starting mode of pumping
抽水蓄能机组抽水时，启动电动机的方法。

24.045 背靠背同步启动 back-to-back synchronous starting
又称“同步拖动启动”。抽水蓄能电站水泵工况启动方式的一种。利用本电站或附近电站另一台容量足够的水轮发电机作为电源，在静止状态下对所需启动的机组输入励磁拖动其启动，直至同期并入电网。

24.046 变频启动 variable frequency starting
抽水蓄能电站水泵工况启动方式的一种。用专用的变频装置输出频率逐渐上升的交流电源，将抽水蓄能机组驱动起来。

24.047 异步启动 asynchronous starting
抽水蓄能电站水泵工况启动方式的一种。由电网以全压或降压供电，利用转子磁极上的阻尼线圈产生异步力矩来启动机组。接近同步转速时，投入励磁把机组拉入同步。

24.048 小电机启动 pony motor starting
在抽水蓄能机组主轴上直接串联一台感应电动机带动机组转动，达到额定转速后投入励磁使其并入电网，再将电动机切除。

24.049 半电压启动 half voltage starting
抽水蓄能电站水泵工况启动方式的一种。电网以半电压方式供电实现的异步启动方式。这种启动方式对电网的冲击较小，但接线较复杂，启动时间较长，设备投资也较多。

24.050 静止变频器 static frequency convertor
利用晶闸管将工频交流电输入变成连续可调的变频交流电输出的装置。主要用于抽水蓄能电站中启动机组按水泵工况投入运行。

24.051 水轮发电机组试运行 trial starting of hydrogenerator set
机组安装完毕，在正式并网发电投入商业运行前所进行的各种试验和检验性工作。主要包括充水试验、空载试运行、并网带负荷试验和 72 h 带负载连续运行。有的机组还按合同要求约定进行一定期限(一般为 30 天)的考核试运行。

24.052 72 小时带负载运行 72 h trial running
机组试运行时通过各个单项规定的调整检验性试验后，需带额定负荷或当时条件下尽可能的大负载连续运行 72 h，进行整体连续运行的考验。

英 汉 索 引

A

AAAC 全铝合金绞线 18.248
AAC 铝绞线 18.245
AACSR 钢芯铝合金绞线 18.249
abnormal frequency operation of power system 电力系统频率异常运行 04.306
abnormal operating condition of nuclear power plant 核电厂异常运行工况 13.570
abnormal operation of generator 发电机异常运行 11.157
abnormal operation of power system 电力系统异常运行 04.305
abrasion 磨损 01.827
absolute anchor point 绝对死点，* 机组死点 10.136
absolute chronology 绝对时标，* 时标 06.081
absolute error 绝对误差 02.128
absolute humidity 绝对湿度，* 比湿度 01.594
absolute permeability 绝对磁导率 01.084
[absolute] permittivity [绝对]电容率 01.036
absolute pressure 绝对压力 01.486
absolute pressure gauge 绝对压力计 02.161
absorbed dose 吸收剂量 13.726
absorption ratio 吸收比 16.145
absorption refrigeration system 吸收式制冷系统 01.599
absorptivity 吸收率 01.630
ABWR 先进沸水反应堆 13.425
AC and DC transmission in parallel 交直流并联输电 04.004
AC auxiliary oil pump 交流辅助油泵 10.280
accelerated protection after fault 后加速保护 05.228
accelerator driven subcritical reactor system 加速器驱动次临界反应堆系统 13.401
acceptance model tests of hydroturbine 模型验收试验 23.068
acceptance of nuclear power plant 核电厂验收 13.560
acceptance test 安装后交接试验 11.233
access gallery 交通廊道 22.054
accidental voltage transfer 意外电压转移 19.051
accident management 事故管理 13.666
accident procedure of nuclear power plant 核电厂事故处理规程 13.580
accident release 事故排放 13.795
accident source term 事故源项 13.796
accident state 事故工况 13.665
accumulator 安全注射箱，* 安注箱 13.440
accuracy class 准确度等级 02.142，准确级 15.361
accuracy [of a measuring instrument] [测量仪器仪表的]准确度 02.141
AC filter 交流滤波器 17.035
acid cleaning 酸洗 12.257
acid consumption 酸耗 12.206
acidic and alkaline waste water 酸碱废水 20.098
acidity 酸度 12.181
acid rain 酸雨 01.855
acid value 酸值 12.271
AC impedance test for rotor winding 转子绕组交流阻抗测定 11.211
AC line 交流线路 18.004
a-contact 关合触头，* 常开触头 15.281
acoustic enclosure 隔声罩 20.119
AC power transmission 交流输电 04.036
ACR 先进 CANDU 堆 13.387
ACSR 钢芯铝绞线 18.247
ACSR/AC 铝包钢芯铝绞线 18.250
AC stand-by oil pump 启动油泵 10.279
AC system 交流系统 04.002
activated carbon flue gas desulfurization 活性炭烟气脱硫 20.076
activation of calcium 增湿活化 20.068
activation products 活化产物 13.030
active component 能动部件 13.651
active energy 有功电能 04.394
active equivalent network 有源等效网络 04.083
active fault 活断层，* 活动性断裂 01.703

active load 有功负荷 04.383
active power 有功功率 01.322
active power balance of power system 电力系统有功功率平衡 04.369
active power filter 有源滤波器 15.177
active safety system 能动安全系统 13.436
activity surveillance of reactor coolant 反应堆冷却剂活度监测 13.515
actual active power output curve 实际有功出力曲线 06.366
actual demand 实供需量 19.067
actual enthalpy drop 实际焓降 10.043
actual reactive power output curve 实际无功出力曲线 06.367
acute radiological sickness 急性放射病 13.751
AC voltage withstand test 交流耐压试验 16.017
AC withstand voltage test for stator and rotor winding 定、转子绕组交流耐压试验 11.210
adaptive control of frequency 自适应频率控制 06.113
adequacy [of an electric power system] [电力系统的]充裕性 21.157
adiabatic combustion temperature 理论燃烧温度 09.467
adiabatic exponent 绝热指数 01.536
adiabatic process 绝热过程 01.535
adiabatic temperature rise of concrete 混凝土绝热温升 22.352
adiabatic thermodynamic system 绝热热力系 01.451
adiabatic throttling 绝热节流 01.608
adjustable speed motor 调速电动机 19.095
adjusting command 调节命令 06.069
adjusting plate 调整板 18.190
adjustment [仪器仪表]调整 02.109
admittance 导纳 01.226
admittance matrix of two-point network 二端口网络导纳矩阵 01.272
ADS 自动调度系统 12.025，加速器驱动次临界反应堆系统 13.401
ADSS 全介质自承式光缆 18.309
A/D transfer error 量化误差 05.143
advance 进占 22.507
advanced boiling water reactor 先进沸水反应堆 13.425
advanced CANDU reactor 先进 CANDU 堆 13.387
advanced pressurized water reactor 先进压水反应堆 13.385
advanced turbine system 先进燃气轮机系统 10.457
advance [trigger] angle 超前[触发]角 17.110
AEH 模拟式电液调节系统 10.247
AENS [用户]平均停电缺供电量 21.264
aeolian erosion 风力侵蚀 01.849
aeolian vibration 微风振动 18.023
aerated capacity of pulverizer 磨煤机通风出力 09.306
aerodynamic brake 空气动力刹车 14.073
aerofoil flow measuring element 翼型测风装置 09.464
AF 可用系数 21.212
AFBB 常压流化床锅炉 09.338
aft-loading blade 后加载叶片 10.184
AGC 自动发电控制 06.106
ageing 老化 10.436，时效 12.342
ageing of insulation 绝缘老化 16.170
ageing test of oil 油质老化试验 12.276
aggregated unit control instrument 单元组合式调节仪表 12.062
aggregate equivalent peak interruption duration [电力系统]等效峰荷累计停电持续时间 21.244
agricultural tariff 农业生产电价 19.192
AICA 停电用户平均停电次数 21.263
AID 故障停电平均持续时间 21.262
AIHC 用户平均停电时间 21.260
air admission 补气 23.103
air-blast circuit-breaker 压缩空气断路器 15.195
air button 风帽 09.346
air circuit-breaker 空气断路器 15.194
air clearance 空气间距 16.137
air cloth ratio 气布比 20.049
air compressor inlet stator blade control 压气机入口导叶控制 12.059
air cooler 空气冷却器 11.123
air cooling of hydrogenerator [水轮发电机]空气冷却，* 空冷 24.032
air cooling system 空气冷却系统 11.122
air cooling zone 空气冷却区 10.356
aircraft warning marker [for conductor and earth wire] [导线和地线的]航空警告标志 18.218
air density correction factor 空气密度校正系数，* 空气密度校正因数 16.112
air distributor 炉底布风板 09.345

air dried basis 空气干燥基 08.055
air duct 风道 09.217
air extraction equipment 抽气设备 10.370
air extraction system 抽空气系统 10.091
air film cooling 气膜冷却 10.538
air filter 空气过滤器 10.590
air flow control system 送风量控制系统 12.037
airfoil 翼型 14.046
air gap diaphragm 气隙隔板 11.146
air gas of a magnetic circuit 磁间隙 16.138
air heater 暖风器，* 前置预热器 09.229
air intake duct 进气道 10.579
air leakage factor 漏风系数 09.469
air leakage rate 漏风率 09.471
air leakage test 漏风试验 09.455
air operating mechanism 气动操动机构 15.284
air pollution 大气污染 20.127
air preheater 空气预热器 09.220
air register 调风器 09.215
air slot 导气槽，* 掺气槽 22.210
air staging 空气分级 09.169
air staging over burner zone 炉膛整体空气分级 09.172
air supply of automation system 自动化系统气源 12.142
air temperature 气温 01.648
air to air cooled generator 空-空冷却发电机 11.120
air to water cooled generator 空-水冷却发电机 11.121
air vent hole 通气孔，* 通气管 22.211
AITC 用户平均停电次数 21.261
alarm 告警 06.112
alarm and control unit for electric fire protection 电气火灾监控设备 21.093
alarm annunciator for negative sequence current monitoring 负序电流监测报警装置 11.204
alarm cut out 报警抑制 12.084
alarm personal dosimeter 报警个人剂量计 13.763
alarm signal device 预告信号装置 05.257
alarm system 热工报警系统 12.081
alarm system for nuclear power plant 核电厂报警系统 13.507
alert signal device 预告信号装置 05.257
alert state [of an electric power system] [电力系统的]警戒状态 21.162
alert state of power system 电力系统警戒运行状态 04.262
alignment of cylinder 汽缸找正 10.103
alignment of rotor 转子找中心 10.163
alimak sift 爬罐 22.512
alkali/acid ratio 碱酸比 08.075
alkali-aggregate reaction 碱活性骨料反应，* 碱骨料反应 22.324
alkaline consumption 碱耗 12.205
alkalinity 碱度 12.180
all aluminium alloy conductor 全铝合金绞线 18.248
all aluminium conductor 铝绞线 18.245
all dielectric self-supporting optical fiber cable 全介质自承式光缆 18.309
alloy phase analysis 合金相分析 12.324
all volatile conditioning 零固形物处理 12.244
alternating current 交流电流 01.164
alternating current system 交流系统 04.002
alternating electric field 交变电场 01.020
alternating voltage 交流电压 01.165
aluminium alloy conductor steel reinforced 钢芯铝合金绞线 18.249
aluminium armour tape 铝包带 18.206
aluminium conductor aluminium clad steel reinforced 铝包钢芯铝绞线 18.250
aluminium conductor steel reinforced 钢芯铝绞线 18.247
aminate mixed bed 氨化混床 12.208
ammeter 电流表，* 安培表 02.017
ammonia scrubbing flue gas desulfurization 氨洗涤法烟气脱硫 20.069
amorphous magnetic substance 非晶磁性物质 01.112
amorphous silicon solar cell 非晶硅太阳能电池，* a-Si 太阳能电池，* 无定型硅太阳能电池 14.157
amortisseur winding 阻尼绕组 11.041
ampere 安[培] 01.419
ampere-hour 安[培小]时 01.434
ampere-hour meter 安时计 02.038
ampere-time characteristic 安-秒特性 16.151
ampere-turn 安匝 01.068
amplifier 放大器 10.255
amplitude 振幅 01.181
AMR 自动读表系统 19.015
analog-digital converter 模数变换器 05.152

analogical electro-hydraulic control system 模拟式电液调节系统 10.247
analog input component 模拟量输入元件 05.084
analog output component 模拟量输出元件 05.085
analogue communication 模拟通信 06.045
analogue [measuring] instrument 模拟[测量]仪表 02.047
analysis of combustible gas 可燃气体分析 12.277
analysis of oil sample 油样分析 12.267
analysis of structural response to seismic excitation 地震响应分析，* 地震反应分析 13.263
ancestral river course 古河道 01.732
anchor 拉线盘 18.170
anchored pier 镇墩 22.180
anchoring 锚固 22.406
anchoring and shotcreting 锚喷 22.407
anchor point 死点，* 固定点 10.135
anchor rod 拉线棒 18.169，锚杆 22.405
ancillary service 辅助服务 06.206
ancillary service charge 辅助服务费 06.226
angle of deviation between two EMF 两电动势间相角差 04.247
angle of shade 保护角，* 遮蔽角 18.152
angle of wind deflection 风偏角 18.057
angle support 耐张塔 18.081，转角杆塔 18.085
angular frequency 角频率 01.168
anion exchange resin 阴离子交换树脂 12.200
annealing 退火 12.329
annual average sunshine 年平均日照时间 14.125
annual average wind speed 年平均风速 14.019
annual contract on-grid energy 年度合同上网电量 06.187
annual electricity production 年发电量 03.139
annual energy production 年理论发电量 14.100
annual load duration curve 年持续负荷曲线 04.382
annual maximum demand 年最大需量 19.069
annual operation cost of hydropower station 水电站年运行费，* 水电站年经营成本 03.085
annual peak load curve 年最大负荷曲线 04.381
annual regulation 年调节 03.100
annual utilization hours 年利用小时数 04.400
annual variation [风速或风功率密度]年变化 14.024
annual wind speed frequency distribution 年风速频率分布 14.030
annular combustor 环形燃烧室 10.548
annunciator 信号器，* 光字牌 12.082
anode half bridge 阳极半桥 17.064
anode terminal 阳极端子 17.088
anode valve commutating group 阳极阀换相组 17.101
anthracite 无烟煤 08.009
anti-accident measure 反事故措施 04.364
anticipated operational transients without scram 未能紧急停堆的预期运行瞬变，* 未能紧急停堆的预期运行瞬态 13.597
anticipated operation event 预计运行事件 13.667
anti-climbing device 防爬装置 18.109
anti-climbing guard 防爬装置 18.109
anti-corona coating 防电晕层 11.026
anti-corrosion treatment 防腐蚀处理 12.263
anti-ferromagnetism 反铁磁性 01.108
antinode 波腹 01.414
anti-pollution flashover insulator 耐污绝缘子 18.230
anti pumping device 防跳跃装置 15.312
anti-rust additive 防锈剂 12.281
anti-scaling in ash-sluicing piping 灰管防垢 20.093
anti-seismic design of main power building 主厂房抗震 07.060
anti-vibration test 消振试验 18.344
anti-water protection 防进水保护 10.306
aperiodic component of short-circuit current 短路电流非周期分量，* 短路电流直流分量 04.184
APF 有源滤波器 15.177
apparent energy meter 视在电能表，* 视在电度表 02.057
apparent power 视在功率，* 表观功率 01.324
apparent power by locked-rotor of asynchronous motor 异步电动机堵转视在功率 19.111
apparent power meter 视在功率表，* 伏安表 02.030
apparent relative density 视相对密度 08.078
approach channel 引航道 22.132
approach velocity 行近流速 01.751
apron 护坦 22.076
APWR 先进压水反应堆 13.385
aquiclude 隔水层 01.714
aquifer 含水层 01.713
arc-control device 灭弧室 15.267
[arc] current zero period [电弧]电流零区 15.249
arc discharge 电弧放电 16.136

arc end loss　弧端损失　10.073
arc-extinguishing chamber　灭弧室，* 灭弧装置　15.267
arc-extinguishing tube　灭弧管　15.266
arch dam　拱坝　22.010
arch firing　拱式燃烧　09.163
architecture and structure　建筑与结构　03.175
architecture design of main power building　主厂房建筑设计　07.058
arcing contact　弧触头　15.277
arcing horn　招弧角　18.200
arcing ring　引弧环　18.201
arc length　电弧长度　15.243
arc over rate　建弧率　16.069
arc-suppression-coil earthed [neutral] system　中性点谐振接地系统，* 中性点消弧线圈接地系统　04.075
arc suppression reactor　消弧电抗器，* 消弧线圈　15.153
arc voltage　电弧电压　15.244
area heat release rate　面积热强度　10.567
argon arc weld　氩弧焊　12.375
armature reaction　电枢反应　11.051
armature reaction of synchronous machine　同步电机的电枢反应　04.130
armature time constant　电枢时间常数　04.118
armature winding　电枢绕组　11.010
armoured cable　铠装电缆　18.270
armour rod　护线条　18.205
arm's reach　伸臂范围　21.036
artesian water　承压水　01.719
artificial aggregate　人工骨料　22.320
artificial earthing electrode　人工接地体　16.197
artificial pollution test　人工污秽试验　16.031
as-built drawing　竣工图　03.023
aseismatic test of hydraulic structure　水工结构抗震试验　01.869
ash analysis of coal　煤灰成分分析　08.066
ash and slag handling system　除灰渣系统　09.143
ash and slag treatment　灰渣处理　03.040
ash clogging　堵灰　09.484
ash content　灰分　08.043
ash deposition　积灰　09.483
ash deposit on draft fan impeller　风机叶轮积灰　09.496
ash fusibility　灰熔融性　08.049
ash fusion characteristic　灰熔融性　08.049
ash silo　贮灰库　20.033
ash-sluicing water　灰场排水　20.103
ash-sluicing water treatment　灰水处理　20.091
ash storage yard　贮灰场　20.032
ash transportation piping line　输灰管线　09.372
ash viscosity　灰黏度　08.067
asphalt concrete　沥青混凝土　22.304
asphalt concrete seepage prevention　沥青混凝土防渗　22.401
asphalt well　沥青井　22.070
as received basis　收到基，* 应用基　08.054
assembled tower erection　整体组立杆塔　18.360
assembly bay　安装间　22.242
assembly of cylinder　汽缸组装　10.102
assessment for dam safety　坝的安全性评价　22.533
assessment for geothermal resources　地热资源评价　14.006
assigned error　给定误差　05.122
assisted circulation boiler　* 辅助循环锅炉　09.009
associated phase layout　联相布置　15.022
asymmetrical phase control　非对称相控　17.192
asynchronous generator　[风电机组]异步发电机，* 感应发电机　14.080
asynchronous link　异步联接　04.009
asynchronous operation　异步运行　04.309
asynchronous operation of synchronous machine　同步电机异步运行　04.284
asynchronous operation protection　[发电机]异步运行保护　05.185
asynchronous oscillation　非同步振荡　04.259
asynchronous starting　异步启动　24.047
asynchronous telecontrol transmission　* 异步远动传输　06.043
ATC　可用输电容量　06.186
atmosphere　大气　20.149
atmospheric correction factor　大气条件校正系数，* 大气条件校正因数　16.113
atmospheric deaerator　大气式除氧器　10.328
atmospheric diffusion of effluent from nuclear power plant　核电厂流出物大气扩散　13.772
atmospheric dispersion　大气扩散　20.150
atmospheric dispersion model　大气扩散模式　20.153
atmospheric fluidized bed boiler　常压流化床锅炉

09.338
atmospheric pollution monitoring 大气污染监测 20.122
atmospheric pressure 大气压[力] 01.484
atmospheric stability 大气稳定度 20.151
atmospheric stratification 大气层结 20.152
atmospheric temperature 气温 01.648
atom 原子 13.002
Atomic Energy Law 原子能法 13.377
atomic nuclear physics 原子核物理学，* 核物理 13.001
atomic nucleus 原子核，* 核 13.003
atomization 雾化 01.838，[燃油]雾化 09.205
atomized particle size 雾化细度 09.206
ATS 先进燃气轮机系统 10.457
attachable universal tool for live working 带电作业可装配通用工具 16.225
attachment of universal tool for live working 带电作业通用工具附件 16.226
attemperator 减温器 09.131
attenuation uniformity 光学连续性 18.340
attitude 产状 01.694
attrition mill 高速磨煤机 09.314
ATWS 未能紧急停堆的预期运行瞬变，* 未能紧急停堆的预期运行瞬态 13.597
audible noise 可听噪声 18.036
audio detector for core lamination vibration 定子铁心叠片振动声频监测器 11.198
augered pile 灌注桩 18.165
austenitic heat resistant steel 奥氏体耐热钢 12.393
authorized contract for difference 授权差价合同 06.150
authorized maximum demand 最大允许需量 19.066
auto clawing beam 自动抓梁 22.288
automatic bus transfer equipment 备用电源自动投入装置 05.256
automatic circuit recloser 自动重合器 15.225
automatic coal sampling device 自动采煤样装置 08.092
automatic control equipment 自动控制装置 05.251
automatic control for unit start-up and shutdown 单元机组自启停控制 12.068
automatic dispatch system 自动调度系统 12.025
automatic distribution switch 自动配电开关 15.224
automatic fault recording device 故障自动记录装置 05.258
automatic feedwater by-pass system 给水自动旁路系统 10.324
automatic generation control 自动发电控制 06.106
automatic load restoration equipment 自动负荷恢复装置 05.267
automatic loss of voltage tripping equipment 自动失压跳闸装置 05.261
automatic main stop valve 自动主汽阀 10.293
automatic meter reading 自动读表系统 19.015
automatic out of step control equipment 自动失步控制装置 05.252
automatic reclosing equipment 自动重合闸装置 05.249
automatic regulating equipment 自动调节装置 12.060
automatic runback device 自复位装置 10.260
automatic shutdown 自动停堆 13.551
automatic switching control equipment 自动切换装置 05.248
automatic synchronizing unit 自动同步装置 05.254
automatic turbine start-up or shutdown control system 汽轮机自启停控制系统 12.073
automatic under frequency load shedding 自动低频减负荷 04.357
automatic under frequency load shedding device 自动低频减载装置 05.259
automatic under voltage load shedding 按电压降低自动减负荷，* 低压自动减载 05.266
automatic voltage regulator 自动电压调节器 04.140
automation level 自动化水平 12.002
automation of power system dispatching 电力系统调度自动化 06.019
automation of thermal power plant 火力发电厂自动化 07.061
auto pick-up beam 自动抓梁 22.288
auto-reclose interruption time 自动重合中断时间 05.247
auto-reclose open time 自动重合断开时间 05.245
auto-reclosing 自动重合闸 15.307
autotransformer 自耦变压器 15.089
autotransformer starting 自耦变压器启动 19.157
auxiliary boiler 启动锅炉 09.035
auxiliary building and structure of thermal power plant

火力发电厂辅助厂房和构筑物 07.080
auxiliary circuit 辅助回路，＊辅助电路 15.255
auxiliary power consumption rate of power plant 发电厂厂用电率 07.027
auxiliary power house 副厂房 22.227
auxiliary power system 厂用电系统 03.164
auxiliary protection 辅助保护 05.012
auxiliary relay 中间继电器，＊辅助继电器 05.054
auxiliary room 副厂房 22.227
auxiliary steam system 辅助蒸汽系统，＊厂用蒸汽系统 10.090
auxiliary switchboard 站用配电柜 19.026
auxiliary transformer 厂用变压器 15.076
auxiliary weir 二道坝 22.213
auxiliary winding 附加绕组 15.103
availability 可用性 21.127
availability factor 可用系数 21.212
availability factor of nuclear power plant ［核电厂］可用因子，＊核电厂可用率 13.624
availability [for WTGS] ［风电机组］可利用率 14.105
availability of input/output point 输入输出点完好率 12.157
available capacity 可用发电容量 06.247
available hours ＊可用小时 21.187
available hydropower resources 可开发水能资源 03.046
available net head 有效净压头 09.251
available state 可用状态 21.186
available static head 运动压头 09.252
available time 可用时间 21.187
available transfer capacity 可用输电容量 06.186
average annual electricity production 年平均发电量 03.140
average current of partial discharge 局部放电平均放电电流 16.127
average energy supplied ［用户］平均停电缺供电量 21.264
average head 加权平均水头 03.131
average interruption duration 故障停电平均持续时间 21.262
average interruption hours of customer 用户平均停电时间 21.260
average interruption times of customer affected 停电用户平均停电次数 21.263
average interruption times of customer 用户平均停电次数 21.261
average logarithmic energy loss 平均对数能降，＊平均对数能量损失 13.067
average steepness of lightning current 雷电流平均陡度 16.064
average temperature rise of reactor 反应堆平均温升 13.289
average transfer time 平均传送时间 06.101
average void content 平均含气率，＊流动干度 13.304
average wind speed 平均风速 14.018
Avogadro law 阿伏伽德罗定律 01.490
avoidable cost 可避免成本 19.170
AVR 自动电压调节器 04.140
axial blast interrupter 纵吹灭弧室 15.268
axial flow compressor 轴流[式]压气机 10.573
axial flow hydroturbine 轴流式水轮机 23.004
axial flow hydroturbine with fixed blade 轴流定桨式水轮机，＊定桨式水轮机 23.006
axial flow hydroturbine with movable blade 轴流转桨式水轮机 23.005
axial flow steam turbine 轴流式汽轮机 10.008
axial flow storage pump 轴流式蓄能泵 23.124
axial flow turbine 轴流式透平 10.518
axial heat generation peaking factor 轴向[释热率]不均匀因子 13.325
axial shaft displacement monitor 轴向位移监视器 10.302
axial shaft displacement protection 窜轴保护，＊轴向位移保护 10.298
axial ventilation 轴向通风 11.086

B

babbitt bearing shoe 巴氏合金瓦，＊钨金瓦 24.028
back electromotive force 反电动势 01.033
backfill grouting 回填灌浆 22.414
back-fire 逆燃 17.138

back pressure 背压 01.581
back pressure regulator 背压调节器 10.265
back pressure steam turbine 背压式汽轮机 10.003
back pressure turbine governing system 背压式汽轮机调节系统 10.240
back-to-back converter station 背靠背换流站 17.004
back-to-back synchronous starting 背靠背同步启动，* 同步拖动启动 24.045
backup cycle in normal condition of the system 系统正常情况下备份周期 06.293
backup protection 后备保护 05.011
backwashing 反洗 12.214
backwashing device 反冲洗装置 10.396
backwater of reservoir 水库回水 03.098
baffle block 消力墩 22.205
baffle sill 尾槛，* 消力槛 22.209
bag filter 袋式除尘器 20.045
baghouse 袋式除尘器 20.045
Bain index 贝恩指数 06.299
balanced draft 平衡通风 09.211
balanced draft boiler 平衡通风锅炉 09.029
balanced two-terminal network 平衡二端对网络 01.268
balanced wicket 翻板闸门 22.252
balance of plant 核电厂配套设施 13.468
balance piston 平衡盘，* 平衡活塞 10.174
balancing account 平衡账户 06.251
balancing bus 平衡节点，* Vθ节点 04.155
balancing hole 平衡孔 10.173
ball 球头 18.183
ball-passing test 通球试验 09.362
ball-tube mill 筒式磨煤机，* 钢球磨煤机 09.312
band 下环 23.033
band pass filter 带通滤波器 01.338
band stop filter 带阻滤波器 01.339
Banki turbine 双击式水轮机 23.016
bank side pump house 岸边水泵房 07.078
bare hand working 等电位作业 16.217
barrage 拦河闸 22.092
barrel type cylinder 筒形汽缸 10.099
barrier 遮栏 21.075
bar-type current transformer 棒式电流互感器 15.354
base load 基本负荷，* 基荷 04.387
base load boiler 基本负荷锅炉 09.041
base load generating set 基荷机组 04.033
base load operating mode 基本负荷运行方式 13.575
base load operation 基荷运行 03.142，[汽轮机]基本负荷运行 10.433
base load power plant 基荷电厂 07.019
base load rated output of gas turbine 燃气轮机基本负荷额定输出功率 10.481
base value 基准值 04.148
basic capacity of pulverizer 磨煤机基本出力，* 磨煤机铭牌出力 09.304
basic design data 设计原始资料 03.030
basic impulse insulation level 基本冲击绝缘水平，* 基准冲击绝缘水平 16.153
basic insulation 基本绝缘 21.039
basic price 基础价格 22.529
basic switching impulse insulation level 操作冲击绝缘水平，* 基准操作冲击绝缘水平 16.154
basin hydropower development planning * 流域水电开发规划 03.059
basis risk 基差风险 06.352
bay [in a substation] [变电站]间隔 15.054
b-contact 开断触头，* 常闭触头 15.280
BCS 燃烧器控制系统 12.089
beam gantry 中横担 18.102
bearing housing 轴承座，* 轴承箱 10.223
bearing insulation 轴承绝缘 11.030
bearing pedestal 轴承座，* 轴承箱 10.223
α bearing waste α 废物 13.803
beat 拍，* 差拍 01.378
beat frequency 拍频 01.379
Beckmann thermometer 贝克曼温度计 02.153
bedding 层理，* 层面 01.699
bed load 推移质 01.682
bed material load 床沙质 01.684
beehive gland 蜂窝式汽封 10.216
beehive seal 蜂窝式汽封 10.216
belt conveyer 带式输送机，* 皮带输煤机 08.129，带式输送机，* 皮带机 22.515
bench blasting 梯段爆破 22.475
bend loss 局部损失 01.776
benefit of interconnection 联网效益 04.010
berm 马道，* 戗道 22.049
BF 锅炉跟踪方式 12.027
BH 袋式除尘器 20.045

bid 标底 22.522
bid curve 报价曲线 06.164
bidder's duration of validity 报价员有效期 06.273
bidder's name 报价员名称 06.270
bidding 竞价 06.138
bidding and tendering system 招投标制 03.213
bidding energy 竞价空间，＊竞价电量 06.184
bidding process data 报价数据 06.269
bidding unit 竞价机组 06.183
bidirectional contract for difference 双向差价合同 06.153
bidirectional HVDC system 双向高压直流系统 17.007
bid sufficiency 申报充足率 06.320
bid-winning rate for price cap bidding 申报最高限价时的中标率 06.323
biflux heat exchanger 汽-汽热交换器 09.133
bifurcated penstock 岔管 22.181
bilateral contract for difference 双边差价合同 06.151
bilateral trading 双边交易 06.152
bimetallic instrument 双金属系仪表 02.091
bimetal thermometer 双金属温度计 02.152
binary control system 开关量控制系统 12.065
binary cycle system 双循环系统，＊中间介质法 14.011
binary state information 双态信息 06.051
binary unit 二机式抽水蓄能机组 23.119
binding energy 结合能 13.007
biochemistry conversion technology 生化转换技术 14.179
biodiesel fuel 生物柴油 14.183
biodiversity 生物多样性 01.844
bioenergy 生物质能 14.174
biogas 沼气 14.186
biogas anaerobic fermentation 沼气厌氧发酵，＊沼气厌氧消化 14.188
biogas desulphurizing 沼气脱硫 14.191
biogas dewatering 沼气脱水 14.192
biogas digester 沼气池 14.187
biogas engineering 沼气工程 14.189
biogas power generation 沼气发电 14.194
biogas supply system 沼气供应系统 14.190
biological effect of radiation 辐射生物效应 13.746
biological half life 生物半排期 13.749
biology liquid fuel 生物液体燃料 14.196
biomass 生物质 14.173
biomass energy 生物质能 14.174
biomass energy conversion 生物质能转换 14.175
biomass gasification power generation 生物质气化发电 14.181
biomass gasification technology 生物质气化技术 14.180
biomass liquefaction 生物质液化 14.176
biomass power generation 生物质发电 14.185
biomass pyrolysis 生物质热分解 14.177
Biot-Savart law 毕奥-萨伐尔定律 01.145
bipolar ground return HVDC system 双极大地回线高压直流系统 17.012
bipolar HVDC system 双极高压直流系统 17.010
bipolar line 双极线 18.014
bipolar metallic return HVDC system 双极金属回线高压直流系统 17.014
bi-stable relay 双稳态继电器 05.064
bit error rate 比特差错率 06.091
bituminous coal 烟煤 08.008
black body 黑体 01.633
black body radiation 黑体辐射 01.637
blackness 黑度 01.636
black start 黑启动 10.493
black start service 黑启动服务 06.207
blade 叶片 14.045
blade axial bending vibration 叶片轴向弯曲振动 10.193
blade cascade 叶栅 10.178
blade cascade loss 叶栅损失 10.067
blade centrifugal bending stress 叶片偏心弯应力 10.201
blade centrifugal tensile stress 叶片[离心]拉应力 10.200
bladed disk 叶轮 10.170
bladed disk vibration 叶轮振动，＊轮系振动 10.172
blade end loss 端部损失 10.069
blade failure and repair 叶片损坏及处理 10.210
blade fatigue 叶片疲劳 10.204
blade opening [导叶或转轮]叶片开口 23.036
blade resonant vibration 叶片共振 10.203
blade rotating angle 叶片转角 23.035
blade seal 叶片汽封 10.212

blade tangential bending vibration　叶片切向弯曲振动　10.192
blade twist vibration　叶片扭转振动　10.194
blade vibration　叶片振动　10.190
blade vibration frequency tuning　叶片调频　10.202
blanket　铺盖　22.075
blanket drainage　褥垫式排水　22.085
blast furnace gas　高炉煤气　08.172
bleed air　抽气　10.582
block error rate　块差错率　06.092
block foundation　整体基础　18.157
blocking component　闭锁元件　05.082
blocking interval　阻断间隔，＊空闲间隔　17.115
blocking mode pilot protection　闭锁式纵联保护　05.216
blocking of ventilation hole on hydrogen inner cooled rotor　氢内冷转子通风孔堵塞　11.180
blocking protection　闭锁式保护　05.170
blocking state　非导通状态，＊阻断状态　17.128
block tariff　分档电价　19.180
blow　涌水　01.717
blowdown　回座压差　09.414
blowdown flow rate　排污量　09.407
blowdown rate　排污率　12.248
blow-off　放水　09.426，脱火　09.478，放气　10.583
BMCR　锅炉最大连续出力，＊锅炉最大连续蒸发量　09.055
BMLR　最低稳燃负荷率　09.402
boat for collection and transportation of fish　集运鱼船　22.127
boatswain' chair　飞车，＊高空作业车　18.370
body extension　塔身加长段　18.112
boiler　锅炉　09.001
boiler ash balance　锅炉灰平衡　09.470
boiler blowdown　锅炉排污　09.404
boiler body　锅炉本体　09.085
boiler combustion adjustment test　燃烧调整试验　09.450
boiler design performance　锅炉设计性能　09.057
boiler direct heat balance test　锅炉正平衡试验　09.436
boiler drum water level protection　锅炉汽包水位保护　12.106
boiler efficiency　锅炉[热]效率　09.434
boiler efficiency test　锅炉[热]效率试验　09.435
boiler feedwater treatment　锅炉给水处理　12.240
boiler flue gas monitoring　锅炉排烟监测　20.121
boiler follow mode　锅炉跟踪方式　12.027
boiler foundation　锅炉基础　09.086
boiler heat input　锅炉输入热功率　09.056，锅炉输入热量　09.438
boiler indirect heat balance test　锅炉反平衡试验　09.437
boiler lighting up　锅炉点火　09.383
boiler maximum continuous rating　锅炉最大连续出力，＊锅炉最大连续蒸发量　09.055
boiler minimum combustion stable load rate　最低稳燃负荷率　09.402
boiler minimum stable load without auxiliary fuel support　最低不投油稳燃负荷　09.401
boiler modulating control system　锅炉模拟量控制系统　12.030
boiler performance certificate test　锅炉性能鉴定试验　09.452
boiler performance test　锅炉性能试验　09.451
boiler proper　锅炉本体　09.085
boiler rated load　锅炉额定出力　09.053
boiler rating　锅炉额定出力　09.053
boiler seal　锅炉密封　09.146
boiler setting　锅炉炉墙　09.087
boiler shutdown　停炉　09.417
boiler slag and bottom ash　炉渣　20.022
[boiler] start-up　[锅炉]启动　09.374
boiler steam and water circuit　锅炉汽水系统　09.243
boiler structure　锅炉构架　09.093
boiler thermal efficiency　锅炉[热]效率　09.434
boiler tube bundle　锅炉管束　09.108
boiler-turbine-generator unit protection　单元机组保护　12.086
boiler unit　锅炉机组　09.003
boiler wall　锅炉炉墙　09.087
boiler water　锅水，＊炉水　09.267
boiler water circulation　锅炉水循环　09.244
boiler water concentration　锅水浓度，＊炉水浓度　09.431
boiler water quality　锅水质量　12.251
boiler water shortage　锅炉缺水　09.480
boiler with dry-bottom furnace　固态排渣锅炉　09.026
boiler with slag-tap furnace　液态排渣锅炉　09.027

boiling 沸腾 01.626
boiling crisis 沸腾换热恶化 09.278
boiling heat transfer 沸腾换热 01.627
boiling-out 煮炉 09.423
boiling water reactor 沸水反应堆，* 沸水堆 13.384
bomb calorific value 弹筒发热量 08.046
booster oil pump 增压油泵，* 油涡轮泵 10.283
booster pump 前置泵 10.339
booster transformer 增压变压器 15.090
BOP 核电厂配套设施 13.468
bored pile 灌注桩 18.165
boron differential worth 硼微分价值 13.164
boron dilution 硼稀释 13.559
boron injection 硼注入 13.572
boron recycle system 硼回收系统，* 硼再生系统 13.433
borrow pit 土料场 22.365
bottom ash 炉底渣 09.473
bottom ash cooler 冷渣器 09.358
bottom ash discharge valve 排渣控制阀 09.349
bottom ash hopper 冷灰斗 09.145
bottom dump hopper car 自卸式底开门车 08.163
bottoming cycle 后置循环 01.560
bottom outlet 深孔 22.154
bottom outlet diversion 底孔导流 22.486
bottom ring 底环 23.025
bouncing time 回跳时间 05.135
boundary 边界 01.454
boundary flow method 边界潮流法 06.216
boundary layer 边界层，* 附面层 01.777
bound charge 束缚电荷 01.008
bowed blade 弯曲叶片 10.181
BPC 旁路控制系统 12.052
BR 增殖比 13.174
bracing system 腹杆系 18.099
brake nozzle 制动喷嘴 23.055
braking system of hydrogenerator ［水轮发电机］制动系统 24.020
branch 支路 01.243
branch admittance matrix 支路导纳矩阵 01.248
branch current vector 支路电流矢量 01.244
branch dike 支堤 22.109
branch impedance matrix 支路阻抗矩阵 01.247
branch joint 分支接头 18.284
branch line 支线 04.064
branch voltage vector 支路电压矢量 01.246
Brayton cycle 布雷敦循环 01.551
braze welding 钎焊 12.373
break contact 动断触点，* 常闭触点 05.111，开断触头，* 常闭触头 15.280
breakdown in dielectric liquid caused by impurity bridge 液体电介质小桥击穿 16.143
4/3 breaker configuration 三分之四断路器接线 15.039
breaker mal-closing protection 断路器误合闸保护 11.237
breaking 开断，* 分断 15.292
breaking current 开断电流 15.294
breaking overvoltage 分闸过电压 16.182
break-through 穿通 17.137
break time 开断时间 15.293
break time of residual operated protection 剩余电流动作断路器的分断时间 21.094
breast wall 胸墙 22.103
breeches joint Y 型接头 18.287
breeding ratio 增殖比 13.174
bridge 中横担 18.102
bridge arrester 桥避雷器 17.091
bridged T-network 桥接 T 形网络 01.280
bridge-scheme configuration 桥形接线 15.036
bridge type coal grab 桥式抓煤机 08.127
bridging time 过渡时间，* 桥接时间 05.134
British thermal unit 英热单位 01.513
brittle cracking of disk 叶轮脆性断裂 10.177
brittle fracture 脆性断裂 12.348
brittle material structural model test 脆性材料结构模型试验 01.873
BRL 锅炉额定出力 09.053
broadcast command 广播命令 06.074
broad crested weir 宽顶堰 22.114
broken conductor strand of stator coil bar 定子线棒导线断股 11.169
brown coal 褐煤 08.007
brush 电刷 19.140
brush condition monitor 电刷工况监测器 11.193
brushless excitation 无刷励磁，* 旋转整流器励磁系统 04.133
BS 申报充足率 06.320

bubble breakdown in dielectric liquid　液体电介质气泡击穿　16.142
bubbling cap　风帽　09.346
Buchholz protection　气体保护　05.162
Buchholz relay　气体继电器　05.055
bucket　消力戽　22.206，水斗　23.051
bucket chain unloader　链斗卸车机　08.124
bucket type gas duct on rotor body　本体上风斗　11.045
buckstay　刚性梁　09.097
buffer tuber　松套管　18.319
building coverage of production area　厂区建筑系数　03.179
build-in reactivity　后备反应性，＊剩余反应性　13.108
bulb pile　扩孔桩　18.167
bulb turbine　灯泡式水轮机　23.011
bulb type hydrogenerator　灯泡式水轮发电机　24.006
bulk boiling　整体沸腾　13.299
bulk density　堆密度　08.077
bulkhead gate　检修闸门　22.270
bulk oil circuit-breaker　多油断路器　15.200
buoyancy　浮力　01.746
buoyant force　浮力　01.746
burden of instrument transformer　互感器负荷　15.362
buried depth　埋置深度　18.300
buried river courese　古河道　01.732
burnable poison　可燃毒物　13.148
burnable poison rod　可燃毒物棒　13.202
burner　燃烧器　09.173
burner control system　燃烧器控制系统　12.089
burner heat input rate　燃烧器热功率，＊燃烧器出力　09.193
burner nozzle　燃烧器喷口　09.185
burner regulation ratio　燃烧器调节比　09.195
burner zone wall heat release rate　燃烧器区域壁面放热强度，＊燃烧器区域壁面热负荷　09.071
burning-out characteristic of pulverized coal　煤粉的燃尽特性　09.047
burnout heat flux　烧毁热流密度　13.308
burnout heat flux ratio　烧毁[热流密度]比　13.310
burnout point　烧毁点　13.312
burnout quality　烧毁含汽率　13.313
burn up　燃耗　13.134
bus admittance matrix　节点导纳矩阵　04.156
busbar　母线　15.043
busbar expansion joint　母线伸缩节　18.215
busbar fault　母线故障　04.200
busbar fitting　母线金具　18.178
busbars　母线排　15.044
busbar section　母线段　15.050
busbar section disconnector　母线段隔离开关　15.215
busbar separator　母线间隔垫　18.214
busbar support clamp　母线固定金具　18.213
bushing　套管　15.145
bushing type current transformer　套管式电流互感器　15.352
bus impedance matrix　节点阻抗矩阵　04.157
bus tie circuit-breaker　母联断路器　15.186
bus type current transformer　母线式电流互感器　15.350
butterfly valve　蝴蝶阀，＊蝶阀　23.136
buttress dam　支墩坝　22.007
BWR　沸水反应堆，＊沸水堆　13.384
by-pass arm　旁通臂　17.056
by-pass control system　旁路控制系统　12.052
by-pass damper　旁路挡板　09.142
by-passing equipment for live working　带电作业旁路器具　16.227
by-pass leakage　间接泄漏，＊携带泄漏　09.228
by-pass pair　旁通对　17.058
by-pass path　旁通通路　17.057
by-pass switch　旁路开关　17.095
by-pass valve　旁通阀　17.070
by-product dewater ratio　副产物的脱水率　20.071
by-product oxidation fraction　副产物的氧化率　20.072

C

cable core　缆芯　18.316
cable crane　缆索式起重机　22.514
cable direct burial laying　直埋敷设　18.292
cable duct bank　电缆排管　18.295
cable duct [in a substation]　[变电站]电缆管道　15.062

cable fault 电缆故障 18.280
cable fault locating 电缆故障定位 18.281
cable jacket 光缆护套 18.317
cable joint 电缆接头 18.282
cable line inspection 电缆线路巡视检查 18.302
cable line operating and maintenance 电缆线路运行维护 18.303
cable rack 电缆架 15.064
cable route selection 电缆线路路径选择 18.301
cable section 光缆段 18.353
cable selection and routing 电缆选择和布置 03.166
cable shaft 电缆竖井 18.294
cable sheath 电缆护层 18.276
cable splice 光缆接头 18.352
cable terminal 电缆终端头 18.288
cable tray 电缆托架 15.065
cable trough 电缆沟 18.293
cable trough [in a substation] [变电站]电缆槽道 15.061
cable tunnel 电缆隧道 15.063
cable type current transformer 电缆式电流互感器 15.351
cable vault 电缆夹层 12.005
cable with extruded insulation 挤包绝缘电缆，* 橡塑电缆 18.260
cadmium sulphide solar cell 硫化镉太阳能电池 14.158
CAES 压缩空气蓄能燃气轮机 10.454
cage induction motor 笼型感应电动机 19.147
calandria vessel for HWR 重水堆排管容器，* 排管容器 13.481
calculated fuel consumption 计算燃料消耗量 09.060
calculated mill capacity 磨煤机设计出力，* 磨煤机计算出力 09.305
calculation curve method 运算曲线法 04.220
calculation of regulating guarantee 调节保证计算，* 调保计算 23.108
calculation of transmission loss 网损计算 04.077
calibration 校准 02.124
calorie 卡 01.512
calorific value determination in a bomb calorimeter 弹筒发热量 08.046
can annular combustor 环管燃烧室 10.549
candela 坎[德拉] 01.442
CANDU type HWR fuel assembly CANDU 型重水堆燃料组件 13.209
canned pump 屏蔽泵 13.427
cantilever form 悬臂模板 22.339
can-type combustor 分管形燃烧室 10.547
cap 封端球[盖] 18.216
capability factor [of nuclear power plant] [核电厂]容量因子，* 核电厂能量可用率 13.621
capacitance meter 电容表 02.046
capacitance [of an ideal capacitor] 电容 01.219
capacitive divider 电容式分压器 16.044
capacitive reactance 容抗 01.220
capacitive susceptance 容纳 01.230
capacitive voltage divider 电容分压器 15.372
capacitive voltage transformer 电容式电压互感器 15.365
capacitor 电容器 15.161
capacitor commutated converter 电容换相换流器 17.050
capacity benefit margin 容量效益裕度 21.234
capacity bidding strategy index 申报容量策略指标 06.322
capacity of high pressure or integral by-pass system 高压或整体旁路系统容量 10.086
capacity of low pressure by-pass system 低压旁路系统容量 10.087
capacity price 容量电价 06.252
capacity-to-load ratio of distribution network 配电网容载比 19.009
capital and interest price 还本付息电价 06.234
capital construction procedure 基本建设程序 03.017
capital contribution to connection costs 联网费用分摊 19.164
capital contribution to network costs 电网费用分摊 19.165
capital fund rule 资本金制 03.211
carbide analysis 金属碳化物分析 12.326
carbon deposit 积炭 10.557
Carnot cycle 卡诺循环 01.545
Carnot principle 卡诺原理 01.519
car tippler 翻车机 08.119
cascade development of hydropower 水电梯级开发 03.057
cascade failure [of an electric power system] [电力系统

事故的]联锁反应 21.161
cascade high-voltage DC generator 串级直流高压发生器 16.008
cascade hydropower stations 梯级水电站 03.063
cascade power frequency testing transformer 串级工频试验变压器 16.004
cascade reservoirs 梯级水库 03.111
cascading faults of complicated 连锁故障 05.039
cascading [of an electric power system] [电力系统事故的]联锁反应 21.161
case ground protection 外壳漏电保护系统 05.189
cash flow analysis 现金流分析 03.207
category of radiation instrument 辐射监测仪分类 13.759
catenary 悬链线 18.132
catenary constant 悬链线常数 18.133
catenary tower 悬链塔 18.094
catering tariff 公用事项电价 19.196
caterpillar gate ＊履带式闸门 22.255
cat-head type tower 猫头塔 18.089
cathode half bridge 阴极半桥 17.065
cathode terminal 阴极端子 17.089
cathode valve commutating group 阴极阀换相组 17.102
cation exchange resin 阳离子交换树脂 12.201
cavitation 空化 01.835
cavitation and cavitation erosion of hydroturbine 水轮机空化与空蚀 23.080
cavitation coefficient 空化系数 23.082
cavitation erosion 空蚀，＊汽蚀 01.836
cavitation inception coefficient 初生空化系数 23.084
cavitation margin 空化余度，＊吸上余量 23.133
cavitation model test 空化试验 01.871
cavity pocket 空腔 01.834
CBM 状态检修 21.146，容量效益裕度 21.234
CCC 电容换相换流器 17.050
CCCT 煤清洁燃烧技术 20.003
CCS 单元机组协调控制系统 12.026
ceiling and floor of bidding price 投标竞价的上下限 06.335
ceiling and floor of market clearing price 市场出清价的上下限 06.324
ceiling price topping ratio 最高限价到达率 06.340
ceiling voltage 顶值电压 04.138
Celsius temperature 摄氏温度 01.479
cement consumption 耗灰量 22.425
cement for dam 大坝水泥 22.316
cement grout 水泥浆液 22.427
cement grouting 水泥灌浆 22.418
CEMS 烟气连续监测系统 12.021
cenosphere 微珠 20.020
center ring 中心环 11.039
center rotating disconnector 水平旋转式隔离开关 15.209
central control room [水电厂]中央控制室 22.247
central control room finishing installation 集中控制室装修施工 07.082
central core 心墙 22.078
centralized absolute chronology 集中绝对时标 06.082
centralized load 集中荷载 18.073
centralized water supply 集中供水 10.376
centrifugal separator 离心分离器 09.320
centrifugal storage pump 离心式蓄能泵 23.122
ceramic oxide fuel 氧化物陶瓷燃料 13.195
certified reference coal 标准煤样 08.104
CFBB 循环流化床锅炉，＊循环床锅炉 09.337
CFBC 循环流化床燃烧 09.336
chain reaction 链式反应 13.038
chamber blasting 硐室爆破 22.474
chamber support 硐室支护 22.381
change-over selector 转换选择器 15.144
channel selecting telecontrol system 通道可选远动系统，＊共用电路远动系统 06.090
channel vortex 叶道涡 23.100
characteristic angle 特性角 05.120
characteristic curve 特性曲线 11.052
characteristic head 额定水头 03.126
characteristic impedance 特性阻抗 01.402
characteristic quantity 特性量 05.117
charge carrier 载流子 01.010
charging device 充电装置 15.404
charging machine 核燃料装卸料机，＊换料机 13.450
check coal 校核煤种 09.044
check cycle 校验周期 05.151
check flood level 校核洪水位 03.121
checking model test on the same stand 同台复核试验 23.070
checkup of seismic intensity 地震烈度复核 03.036

chemical and volume control system　化学和容积控制系统　13.432
chemical cleaning　化学清洗　12.255
chemical cleaning medium　化学清洗介质　12.256
chemical cleaning of boiler　锅炉化学清洗　09.369
chemical composition analysis of metal　金属化学成分分析　12.325
chemical composition of fly ash　粉煤灰化学成分　20.024
chemical erode test　[光缆接头盒]化学腐蚀试验　18.347
chemical grouting　化学灌浆　22.415
chemical oxygen demand　化学需氧量　12.183
chemical shimming control　化学补偿控制　13.147
chemical stabilization　化学加固　22.438
chemical supervision　化学监督　12.246
chemical thermodynamics　化学热力学　01.603
chemistry conversion technology　化学转换技术　14.178
Cheng's dual fluid cycle　程氏双流体循环，＊程氏循环　01.556
chessboard　棋盘法　08.088
chimney　烟囱　20.155
chimney drainage　上昂式排水　22.086
chimney [of a foundation]　基础立柱　18.161
chimney works　烟囱工程　07.069
chip blasting　浅孔爆破　22.470
chlorination　加氯处理　12.189
choking limit　阻塞极限　10.584
chopped lightning impulse test　雷电冲击截波试验　16.025
CHP　热电联产　03.145
chute slipway　溜槽　22.348
chute spillway　陡槽式溢洪道　22.146
CI　常规岛　13.527
circle diagram　圆图　01.180
circuit-breaker　断路器　15.183
circuit-breaker failure protection　断路器失灵保护　05.020
circuit diagram　电路图　01.195
circuit element　电路元件　01.196
circuit local backup protection　电路近后备保护　05.017
circuit model　电路模型　01.194
circuit [of an overhead line]　[架空线路的]回路　18.007
circuit water quality surveillance　回路水质监督　13.516
circular burner　＊圆形燃烧器　09.178
circulating fluidized bed boiler　循环流化床锅炉，＊循环床锅炉　09.337
circulating fluidized bed boiler desulfurization　循环流化床锅炉脱硫　20.085
circulating fluidized bed combustion　循环流化床燃烧　09.336
circulating pump　锅水循环泵，＊炉水循环泵　09.148，主循环泵，＊主泵　13.426
circulating water pressure control system　总压力控制系统　12.055
circulating water pump　循环水泵　10.375
circulating water temperature control system　冷却水温度控制系统　12.054
circulation circuit　循环回路　09.247
circulation flow reversal　循环倒流　09.276
circulation flow stagnation　循环停滞　09.277
circulation ratio　循环倍率　09.273，09.342
circulation ratio for steam generator　蒸汽发生器循环倍率　13.305
circulation water velocity　循环水速　09.248
civil and erection cost　建筑安装工程费　03.191
civil construction　土建施工　03.231
cladding failure　包壳破损　13.592
cladding meltdown　包壳熔化　13.593
clamp　线夹　18.172
clapper　锁气器　09.326
clarifier　澄清器　12.193
clarifying pretreatment　澄清预处理　12.192
class 0 equipment　0类设备　21.100
class Ⅰ equipment　Ⅰ类设备　21.101
class Ⅱ equipment　Ⅱ类设备　21.102
class Ⅲ equipment　Ⅲ类设备　21.103
classification for radiation working area　辐射工作场所分区　13.741
classification of radiation monitoring　辐射监测分类　13.758
classification of reactor　反应堆分类　13.033
classifier　粗粉分离器　09.318
class of protection and enclosure　异步电动机的外壳防

护等级 19.121
clay grouting 黏土灌浆 22.419
clean coal combustion technology 煤清洁燃烧技术 20.003
cleaned coal 精煤 08.014
cleaning system for sodium equipment of fast reactor 快中子堆钠设备清洗系统 13.493
clean-up of reservoir site 库底清理 22.508
clean-up system of coolant 冷却剂净化系统 13.431
clearance between conductor and structure 导线对塔净空距离 18.074
clearance between open contacts 触头开距 15.261
clearance level 清洁解控水平 13.740
clearance to obstacles 对障碍物的净距 18.150
clearing energy 出清电量 06.165
clearing insulator 绝缘子清扫 18.239
cleavage 劈理 01.700
clevis 挂板 18.182
clinkering property 结渣性 08.074
clip-on ammeter 钳形电流表 02.021
clogging-up of hollow conductor 空心导线堵塞 11.172
closed circuit cooling 密闭式冷却 11.080
closed circulating system of ash-sluicing water 灰水闭路循环系统 20.094
closed-cycle gas turbine 闭式循环[燃]气轮机 10.444
closed nuclear fuel cycle 核燃料闭合循环，* 闭合循环 13.228
close down [of nuclear power plant] [核电厂]关闭 13.561
closed position 合闸位置 15.297
closed thermodynamic system 闭式热力系 01.450
close-open operation 合-分操作 15.305
close-open time 合-分时间，* 金属短接时间 15.304
closing 合闸 15.296
closing overvoltage 合闸过电压 16.181
closing resistor of circuit-breaker 断路器合闸电阻 15.316
closing speed 合闸速度 15.299
closing time 合闸时间 15.298
closing time of a break contact 动断触点的闭合时间 05.137
closing time of a make contact 动合触点的闭合时间 05.138
closure 合龙 22.504
closure gap 龙口 22.505
CMR 模干扰抑制器 19.046
CMS 合同管理子系统 06.283
coal 煤 08.005
coal abrasiveness index 煤磨损指数 08.072
coal analysis 煤质分析 08.035
coal and electricity production base 煤电基地 07.025
coal and electricity production joint venture 煤电联营 07.026
coal as fired 入炉煤 08.150
coal as received 入厂煤 08.149
coal barge 煤驳 08.164
coal bunker 煤仓，* 原煤仓 08.152
coal characteristic analysis 煤质特性分析 08.068
coal conveyer belt 带式输送机，* 皮带输煤机 08.129
coal crusher 碎煤机 08.139
coal discharging chute 卸煤槽 08.121
coal dust 煤尘 08.159
coal dust explosion 煤尘爆炸 08.161
coal feeder 给煤机 09.317
coal fines 煤粉 08.031
coal-fired boiler 燃煤锅炉 09.020
coal handling structure 输煤建筑物 07.079
coal handling system 输煤系统 08.118
coal oil mixture 油煤浆 08.176
coal sample 煤样 08.096
coal sample as fired 入炉煤样 08.103
coal sample as received 入厂煤样 08.102
coal sample crush 煤样破碎 08.105
coal sample division 煤样缩分 08.107
coal sample for back-check 存查样 08.114
coal sample for determining total moisture 全水分煤样 08.101
coal sample for general analysis 分析煤样 08.099
coal sample for laboratory 实验室煤样 08.100
coal sample preparation 煤样制备 08.112
coal sample sieving 煤样筛分 08.106
coal storage 储煤，* 存煤 08.137
coal transporting trestle 输煤栈桥 08.130
coal transporting tunnel 输煤隧道 08.131
coal water slurry 水煤浆 08.175
coal weight measurement 煤量检测 12.022
coal yard 煤场 08.116

coal yard equipment 煤场设备 08.117
coated fuel particle 包覆燃料颗粒 13.206
COD 化学需氧量 12.183
COE 发电成本 03.185
coefficient of heat supply 热化系数 03.151
coefficient of mutual inductance 互感系数 01.073
coefficient of performance 性能系数，* 制冷系数 01.600
coefficient of self-inductance 自感系数 01.070
coefficient of specific speed 比速系数 23.057
coercive force 矫顽力 01.095
CO_2 extinguishing system of hydrogenerator [水轮发电机]二氧化碳灭火装置 24.025
cofferdam 围堰 22.491
co-generation of heat and power 热电联产 03.145
cogeneration power plant 热电联产电厂，* 热电厂 07.012
coil-tube header type heater 螺旋管联箱式加热器 10.314
coincidence factor 一致性因数，* 同时率 19.201
coke oven gas 焦炉煤气 08.173
coking 结焦 09.485
coking property 结焦性 08.073
cold air flow test of pulverizing system 制粉系统冷态风平衡试验 09.454
cold functional test 冷态功能试验 13.530
cold hydrostatic test 冷态水压试验 13.531
cold standby reserve 冷备用 04.354
cold start-up 冷态启动 09.377，[汽轮机]冷态启动 10.408
collecting efficiency 集热效率 14.134
collecting header * 汇集集箱 09.112
collection gallery 集水廊道 22.056
collective effective dose 集体有效剂量 13.732
collector ring 集电环，* 滑环 11.037
collision between rotary and static parts 动静部分碰磨 10.129
colloidal substance 胶体物 12.175
collusion 串谋 06.304
columnar pouring 柱状浇筑 22.357
COM 油煤浆 08.176
comb diversion 梳齿导流 22.489
combination faults 复合故障 05.031
combination [method of] measurement 组合测量[法] 02.085
combined circulation boiler 复合循环锅炉 09.010
combined closure method 混合法截流 22.501
combined cycle steam turbine 联合循环汽轮机 10.022
combined cycle unit with multi-pressure level steam cycle 多压蒸汽循环联合循环机组 10.468
combined cycle unit with single pressure level steam cycle 单压蒸汽循环联合循环机组 10.467
combined erosion by sand and cavitation 磨蚀，* 空蚀磨损联合破坏 23.089
combined heat and power station 热电联产电厂，* 热电厂 07.012
combined instrument transformer 组合式互感器 15.347
combined protective and neutral conduct 保护中性导体 21.109
combined reheat valve 再热联合汽阀 10.119
combined SO_x/NO_x control technology 联合脱硫脱硝技术 20.077
combined starting 综合启动 19.159
combined valve 联合汽阀 10.117
combined voltage test 联合电压试验 16.022
combustion control system 燃烧控制系统 12.035
combustion efficiency 燃烧效率 09.194
combustion equipment 燃烧设备 09.200
combustion mode 燃烧方式 09.157
combustion optimization test * 燃烧优化试验 09.450
combustion process 炉内过程 09.270
combustion stability 燃烧稳定性 10.568
combustion system 燃烧系统 09.156
combustor overhaul 燃烧室检修 10.555
command in telecontrol 远动命令 06.063
commercial ancillary service 有偿辅助服务 06.211
commercial coal 商品煤 08.080
commercial [nuclear power] reactor 商用[核电]反应堆，* 商用堆 13.360
commercial tariff 商业电价 19.190
commissioning 调试 03.233
commissioning and trial operation of complete unit 整套启动试运行 10.405
commissioning of individual equipment and subsystem 分部试运 03.234
commissioning test 启动调整试验 10.403
commissioning test for sequence system 顺序控制系统

调整试验　12.150
commissioning test of modulating control system　模拟量控制系统调整试验　12.152
commissioning test of nuclear power plant　核电厂调试　13.529
committed effective dose　待积有效剂量　13.734
committed equivalent dose　待积当量剂量　13.733
common alarm　总告警　06.062
common cause failure　共因故障　13.656
common diagram telecontrol system　通道可选远动系统，＊共用电路远动系统　06.090
common downcomer　集中下降管　09.114
common header system　母管制系统　07.064
common mode disturbance voltage　共模干扰电压　05.147
common mode interference　模干扰　19.045
common mode rejector　模干扰抑制器　19.046
common transmission service tariff　共用网络服务价格　06.230
common winding　公共绕组　15.109
communication and transportation　交通运输　03.039
communication for distribution system　配电网通信系统　19.012
commutating group　换相组　17.100
commutating pole　换向极，＊中间极，＊附加极　19.139
commutating reactance　换相电抗　17.098
commutation　换相　17.096
commutation circuit　换相电路　17.097
commutation failure　换相失败　17.136
commutation failure protection　换相失败保护　17.164
commutation number　换相数　17.103
commutation voltage　换相电压　17.099
commutator　换向器　19.137
commutator segment　换向片　19.138
compactness factor　紧凑系数　10.607
compact transmission line　紧凑型输电线路　18.008
comparison [method of] measurement　比较测量[法]　02.086
comparison standard　比对标准　02.011
compartmented switchgear and controlgear　间隔式金属封闭开关设备和控制设备　15.233
compensating winding　补偿绕组　19.136
compensation control rod　补偿棒　13.141
compensative regulation　补偿调节，＊水库群补偿径流调节　03.105
competition energy　竞争电量　06.185
complementary shutdown system　备用停堆系统，＊第二停堆系统　13.444
complete outage state　完全停运状态　21.197
complete response　全响应　01.315
complex cycle gas turbine　复杂循环燃气轮机　10.446
complex frequency　复频率　01.169
complex power　复功率　01.325
complex terrain　复杂地形带　14.043
component cooling water system　设备冷却水系统　13.434
composite auto-reclosing　综合重合　05.235
composite crane beam　叠合式吊车梁　22.244
composite insulated water leads　复合绝缘引水管　11.134
composite insulator　复合绝缘子，＊合成绝缘子　18.229
composite superimposed voltage test　合成电压试验　16.023
composite water-electric joint　水电接头　11.135
compound bowed and twisted blade　复合弯扭叶片　10.182
compound DC machine　复励直流电机　19.131
compound rectifier excitation　复合[整流器]励磁　04.134
comprehensive balance of power and energy　电力电量综合平衡　04.368
comprehensive breaking strength　综合拉断力　18.071
comprehensive development of reservoir　库区综合开发　01.853
comprehensive utilization benefit of hydropower station　水电站综合利用效益　03.081
comprehensive utilization of fly ash　粉煤灰综合利用　20.028
comprehensive utilization of water resources　水资源综合利用　03.055
comprehensive utilization planning of river basin　流域综合利用规划　03.056
comprehensive utilization reservoir　＊综合利用水库　03.110
compressed air energy storage gas turbine　压缩空气蓄能燃气轮机　10.454

compressed air system of hydropower plant ［水电厂］压缩空气系统，＊水电厂气系统 23.156
compression-type fitting 压缩型金具 18.179
compressor 压气机 10.572
compressor characteristic curve 压气机特性线 10.599
compressor inlet parameter 压气机进气参数 10.575
compressor input power 压气机输入功率 10.593
compressor isentropic power 压气机等熵功率 10.594
compressor outlet parameter 压气机排气参数 10.576
compressor turbine 压气机透平 10.528
computer control of nuclear power plant 核电厂计算机控制 13.512
computer system of dispatching automation 调度自动化计算机系统 06.037
concentration ratio 聚焦比 14.133
concentrator collector 聚光型［太阳能］集热器 14.132
concentrator solar cell 聚光太阳能电池 14.160
concentrator station 集中站 06.038
conceptual design 初步设计，＊概念设计 03.021
concrete 混凝土 22.297
concrete addition 混凝土掺和料 22.322
concrete additive 混凝土外加剂 22.323
concrete admixture 混凝土掺和料 22.322
concrete aggregate 混凝土骨料 22.317
concrete bathing and mixing plant 混凝土拌和楼 22.518
concrete cofferdam 混凝土围堰 22.495
concrete cut-off wall 混凝土防渗墙 22.368
concrete dam 混凝土坝 22.004
concrete diaphragm wall 混凝土防渗墙 22.368
concrete durability 混凝土耐久性 22.326
concrete for hydraulic structure 水工混凝土 22.298
concrete lining 混凝土衬砌 22.385
concrete mark 混凝土标号 22.315
concrete spreading 混凝土平仓 22.332
concrete with low-heat and micro-expansion cement 低热微膨胀水泥混凝土 22.307
concrete work 混凝土施工 07.074
concrete works 混凝土工程 01.882
concreting without longitudinal joint 通仓浇筑 22.359
condensate booster pump 凝结水升压泵 10.379
condensate polishing 凝结水精处理 12.245
condensate pump 凝结水泵 10.378
condensation 凝结 01.624
condensation heat transfer 凝结换热 01.625
condenser 凝汽器，＊冷凝器 10.345，电容器 15.161
condenser bushing 电容型套管 15.148
condenser leakage detection 凝汽器检漏 10.369
condenser operation of a generator 发电机调相运行 04.344
condenser throat 凝汽器喉部 10.350
condensing steam turbine 凝汽式汽轮机 10.002
condensing steam turbine governing system 凝汽式汽轮机调节系统 10.238
condensing zone 凝汽区，＊凝结区 10.355
condition based maintenance 状态检修 21.146
condition based of thermal power plant 火力发电厂状态检修 07.084
condition for starting thermal power construction 火电工程开工条件 07.085
conductance 电导 01.212
conducting 导通 17.116
conducting current of arrester 避雷器电导电流 15.396
conducting direction 正向，＊导通方向 17.120
conducting interval 导通间隔 17.114
conducting ratio 导通比 17.117
conducting state 导通状态，＊通态 17.126
conduction current 传导电流 01.050
conductivity 电导率 01.213
conductivity meter 电导仪 12.185
conductivity of inner cooling water ［内冷］水电导率 11.130
conductometer 电导仪 12.185
conductor 导体 01.208
conductor bundle 分裂导线 18.256
conductor configuration 导线排列 18.138
conductor galloping 导线舞动 18.025
conductor［of an overhead line］［架空线路的］导线 18.021
conductor permissive carrying current 导线允许载流量 18.069
conductor screen 导体屏蔽 18.278
conductor vibration 导线振动 18.022
confidential information 保密信息 06.298
configuration of distribution network 配电网结构 19.008
confined water 承压水 01.719
confinement 包容壳 13.458

conformance testing　一致性测试　06.107
congestion cost　阻塞费用　06.192
congestion management　阻塞管理　06.193
congestion surplus　阻塞盈余　06.194
coning and quartering　堆锥四分法　08.108
connection line load　联络线负荷　04.356
connection of instrument tube　仪表管连接　12.146
connection of transformer winding　变压器联结组别，＊联结组标号　15.137
connection scheme of power system operation　系统运行结线方式　04.049
consolidation grouting　固结灌浆　22.411
constant control of voltage　常调压，＊恒调压　04.335
constant flow　恒定流动，＊定常流动　01.755
constant power operation　燃气轮机恒功率运行　10.509
constant pressure operation　定压运行　10.431
constant pressure start-up　定压启动　09.394
constant speed-constant frequency WTGS　恒速恒频风电机组　14.081
constant speed rotor　定转速风轮　14.068
constant temperature operation　燃气轮机恒温运行　10.508
constrained-off unit　约束减出力机组　06.204
constrained-on unit　约束增出力机组　06.203
constrained trading schedule　有约束交易计划　06.201
construction access　施工对外交通　22.453
construction adit　施工支洞　22.380
construction by slurry reinforced wall　泥浆固壁法施工　22.446
construction cost allocation of comprehensive utilization project　综合利用工程费用分摊　03.082
construction critical path schedule　施工控制性进度　03.222
construction diversion　施工导流　22.485
construction drainage　施工排水　22.392
construction gallery　施工廊道　22.057
construction general layout　施工总布置　03.220
construction general schedule　施工总进度　03.221
construction industrialization　施工工厂化　03.229
construction joint　施工缝　22.064
construction land tenure　施工用地　22.450
construction machine management　施工机械管理　03.227
construction network schedule　施工网络进度　22.451
construction of thermal insulation　保温施工　09.368
construction of thermal power plant　火力发电厂施工　07.065
construction organization design　施工组织设计　03.219
construction plan　施工方案　22.447
construction plant and facilities　施工工厂设施，＊施工辅助企业　22.455
construction procedure　施工程序　22.448
construction safety management　施工安全管理　03.218
construction specialization　施工专业化　03.228
construction specification　施工规范　22.449
construction transportation　施工交通运输　22.452
construction unit of nuclear power plant　核电厂建设单位　13.379
consumer substation　用户变电站　15.006
contact attemperator　＊混合式减温器　09.134
contact chatter　触点抖动　05.115
contact endurance　触点耐久性　05.112
contact failure　触点失效　05.116
contact gap　触点间隙　05.114
contact grouting　接触灌浆　22.413
contact information of bidder　报价员通信信息　06.272
contacting travel　接触行程，＊超行程　15.260
contact load　触点负载　05.113
contactor　接触器　19.037
contact potential difference　接触电位差　01.158
contact tension fitting　接触金具　18.176
contact time difference　[触点]接触时差　05.139
contact zone [for single-column disconnector]　[单柱式隔离开关]接触区　15.259
containment　安全壳　13.455
containment airlock　安全壳闸门　13.460
containment failure mode　安全壳失效模式　13.601
containment hydrogen recombination system　安全壳氢复合系统，＊安全壳消氢系统　13.463
containment isolation system　安全壳隔离系统　13.462
containment penetration　安全壳贯穿件　13.459
containment spray system　安全壳喷淋系统　13.461
containment steel liner　安全壳钢衬里　13.456
containment ventilation and purge system　安全壳通风和净化系统　13.464
contingency in power system　电力系统事故　06.109
continuity of power supply　供电连续性　04.345

continuous bidding　单段报价，* 连续报价　06.169
continuous blowdown　连续排污　09.406
continuous emission monitoring system of flue gas　烟气连续监测系统　12.021
continuous equation　连续方程　01.760
continuous flip bucket　连续式挑坎　22.191
continuous flow　连续流通　17.145
continuous hot test　[光缆接头盒]持续高温试验　18.350
continuous medium　连续介质　01.737
continuous operating voltage of arrester　避雷器持续运行电压　15.390
continuous placing　连续浇筑　22.358
continuous regeneration set　连续再生装置　12.278
continuous spectrum　连续[频]谱　01.388
contract　承包合同　22.523
contract energy decomposition　合同电量分解　06.180
contract for difference　差价合同　06.119
contracting system　合同制　03.212
contraction joint　伸缩缝，* 收缩缝　22.060
contraction of cross sectional area　断面收缩率　12.300
contract management subsystem　合同管理子系统　06.283
contract-path method　合同路径法　06.232
contract price　合同电价，* 合约电价　06.231
contract trading　合同交易　06.135
contrary control of voltage　逆调压　04.333
α control　触发角控制　17.205
γ control　关断角控制　17.207
control cable　控制电缆　18.272
control center　控制中心　06.012
control center layout　控制中心布置　03.167
control circuit　控制回路，* 控制电路　15.254
control contact　控制触头　15.278
controllable converter arm　可控换流臂　17.054
controllable load　可控负荷　04.397
controllable saturated shunt reactor　可控饱和并联电抗器　15.160
controllable valve　可控阀　17.071
controlled area　控制区　13.742
controlled blasting　控制爆破　22.469
controlled circulation boiler　控制循环锅炉　09.009
controlled current source　受控电流源　01.206
controlled station　从站，* 子站　06.023
controlled voltage source　受控电压源　01.205
controller　控制器　19.038
controlling power range　功率调节范围　04.319
controlling station　主站，* 控制站　06.022
control mode　控制方式　12.003
control oil system　调节油系统　10.275
control order　控制指令　17.209
control panel and console　控制盘台　12.009
control poison worth　控制毒物的价值，* 控制毒物反应性当量　13.149
control quality　调节品质　12.153
control range of a generating set　发电机组的调节范围　04.320
control ring　控制环，* 调速环　23.043
control rod　控制棒　13.139
control rod assembly　控制棒组件，* 棒束控制组件　13.420
control rod calibration　控制棒刻度　13.163
control rod drive mechanism　控制棒驱动机构　13.424
control rod drop time　控制棒落棒时间　13.536
control rod ejection accident　控制棒弹出事故，* 弹棒事故　13.585
control rod interference　控制棒干涉效应　13.146
control rod lattice for criticality　临界棒栅　13.161
control rod position measurement　控制棒位置测量　13.514
control rod shielding effect　控制棒自屏效应　13.145
control rod worth　控制棒价值　13.144
control switch　控制开关　15.279
control system [for WTGS]　[风电机组]控制系统　14.106
control valve　调节[汽]阀　10.114
convection　对流　01.619
convection cooling　对流冷却　10.537
convection current　运流电流　01.051
convection gas pass　对流烟道　09.241
convection heating surface　对流受热面　09.100
convection superheater　对流过热器　09.121
convective heat transfer　对流换热　01.620
conventional island　常规岛　13.527
conventional lightning impulse withstand voltage　惯用雷电冲击耐受电压　16.155
conventional maximum lightning overvoltage　惯用最大雷电过电压　16.185

conventional maximum switching overvoltage　惯用最大操作过电压　16.184
conventional procedure of insulation coordination　绝缘配合惯用法　16.147
conventional switching impulse withstand voltage　惯用操作冲击耐受电压　16.156
conventional true value [of a quantity]　[量的]约定真值　02.122
conversion　换流　17.045
conversion ratio　转换比　13.172
conversion zone of fast reactor　快中子堆转换区　13.491
converter　换流器，* 变流器　17.046
converter arm　换流臂　17.053
converter blocking　换流器闭锁　17.131
converter bridge　换流桥　17.060
converter connection　换流器联结　17.059
converter deblocking　换流器解锁　17.132
converter fault　换流器故障　17.135
[converter] main valve　[换流]主阀　17.069
converter short circuit protection　换流器短路保护　17.162
converter station scheme　换流站主接线　17.021
converter transformer　换流变压器，* 变流变压器，* 换流变　17.022
converter unit　换流器单元　17.052
converter unit arrester　换流器避雷器　17.093
converter unit control　换流器单元控制　17.177
converter unit DC bus arrester　换流器直流母线避雷器　17.094
converter unit firing control　换流器单元触发控制　17.179
converter unit monitoring　换流器单元监测　17.181
converter unit protection　换流器单元保护　17.182
converter unit sequence control　换流器单元顺序控制　17.178
converter unit tap changer control　换流器单元分接开关变换控制　17.180
[converter] valve　[换流]阀　17.068
convertor protection　换流器保护　05.270
convolution　卷积　01.386
coolant　冷却介质　11.078
coolant circulation loop　[冷却剂]循环环路　13.412
cooled blade　冷却叶片　10.536
cool end system　排热系统，* 冷端系统　10.349
cooling condition deviated from normal　冷却条件偏离额定值　11.163
cooling of concrete　混凝土冷却　22.335
cooling of iron core　铁心冷却　11.084
cooling of rotor winding　转子绕组冷却　11.083
cooling of stator winding　定子绕组冷却　11.082
cooling pond　冷却池　10.387
cooling rate　冷却倍率　10.359
cooling rate of reactor　反应堆降温速率　13.290
cooling shutdown　冷却停机　10.424
cooling surface area　冷却面积　10.357
cooling technique　冷却方式　11.079
cooling tower　冷却塔　10.383
cooling tower works　冷却塔工程　07.070
cooling water in place of chimney combining tower　烟塔合一　20.159
cooling water system　冷却水系统　10.380
cooling water system for water cooled generator　水冷却系统　11.127
cooling water system trouble　水系统故障　11.183
cooling water tube　冷却水管　10.351
cooling zone　凝汽区，* 凝结区　10.355
cool shutdown　冷[态]停堆　13.548
coordinated control mode　协调控制方式　12.029
coordinated control of combined cycle unit　联合循环机组协调控制　12.057
coordinate system of synchronous machine　同步电机坐标系统　04.097
COP　性能系数，* 制冷系数　01.600
copper indium selenide solar cell　硒铟铜太阳能电池　14.161
copper loss　铜损耗　11.072
copper to aluminium adapter board　铜铝过渡板　18.212
corbel　牛腿，* 支托　22.245
core　铁心　11.004
core catcher　堆芯捕集器　13.571
core/cladding concentricity error　光纤/包层同心度误差　18.330
core configuration pattern　堆芯布置方案　13.256
core diameter　纤芯直径　18.328
core end plate　[铁心]压板　11.005
core failure　铁心故障　11.173
core flow distribution　堆芯流量分配　13.328

core height　堆芯高度　13.103
core melt accident　堆芯熔化事故　13.591
core melt probability　堆芯熔化概率　13.671
core [of a reinforced conductor]　[加强型绞线的]芯　18.251
core power distribution　堆芯功率分布　13.257
core pressure loss　堆芯压降　13.335
core specific enthalpy rise　堆芯比焓升　13.321
core type transformer　芯式变压器　15.094
core wall　心墙　22.078
corner firing　角式燃烧，* 切向燃烧　09.159
corona bar　封端球[盖]　18.216
corona cage　电晕试验笼　16.131
corona discharge　电晕放电　16.129
corona effect　电晕效应　16.130
corona inception test　起晕电压试验　11.027
corona interference　[电晕]无线电干扰　18.035
corona loss　电晕损失　16.132
corona protection　电晕防护　11.025
corona shielding　电晕屏蔽　16.133
correct actuation ratio of thermal protection system　热工保护正确动作率　03.237
corrected output of gas turbine　燃气轮机修正输出功率　10.484
correction　修正，* 校正　02.107
corrective action　纠正行动　13.707
corrosion　腐蚀　12.354，[金属]腐蚀　01.828
corrosion fatigue　腐蚀疲劳　12.318
corrosion fatigue of blade　叶片腐蚀疲劳　10.207
corrosion of draft fan impeller　风机叶轮腐蚀　09.495
cost allocation　成本分摊　19.161
cost analysis of heat and electricity production　电、热产品成本分析　07.093
cost classification　成本分类　19.160
cost index　造价指数　22.530
cost of electricity　发电成本　03.185
cost of heat supply of power plant　发电厂供热成本　07.037
cost of hydropower engineering　水电工程造价　22.520
cost of interruption　停电损失　21.181
cost of kWh not supplied　每千瓦时停电损失　04.349
cost of power generation project　发电工程投资　03.197
cost of power generation project per kW　发电工程每千瓦造价　03.199
cost of power supply of power plant　发电厂供电成本　07.036
cost of transmission line for connecting the power plant to the grid　送出工程投资　03.198
cost of unit start-up　机组启动费用　06.181
cost sharing between heat and electricity production　电、热产品成本分摊　07.094
coulomb　库[仑]　01.425
Coulomb law　库仑定律　01.056
Coulomb-Lorentz force　库仑-洛伦兹力　01.148
coulometer　电荷表，* 库仑表　02.037
counter current regeneration　对流再生　12.204
counter flow combustor　逆流式燃烧室　10.551
counter relay　记数继电器　05.065
counterweight　重锤　18.207
coupling　耦合　01.076，联轴器，* 靠背轮　10.232
coupling bolts　联轴器螺栓　10.236
coupling capacitor　耦合电容器　15.400
coupling coefficient　耦合系数　01.077
coupling device of power line carrier　电力线载波耦合装置　15.398
cover enclosure　罩壳，* 化装板　10.438
CR　转换比　13.172
crack depth measurement　裂纹深度测量　12.369
crack resistance of concrete　混凝土抗裂性　22.325
crawl　慢行，* 徐行　19.126
crawler grab　履带式抓煤机　08.128
CRDM　控制棒驱动机构　13.424
creep　蠕变　12.304
creepage distance　爬距，* 泄漏距离　16.172
creep deformation　蠕变变形　12.305
creep fatigue　蠕变疲劳　12.319
creep fracture　蠕变断裂　12.306
creeping　潜动　05.104
creeping of rock mass and soil mass　岩土体蠕动　01.725
creep measurement point　蠕胀测点　12.338
creep rate　蠕变速度　12.308
creep speed　慢速　19.123
creep supervision section　蠕胀监察段　12.339
creep test　蠕变试验　12.307
crest outlet　表孔　22.152
criterion of leaking before break　先漏后破准则　13.658
critical assembly　临界装置　13.157

critical boron concentration　临界硼浓度　13.166
critical cavitation coefficient　临界空化系数　23.083
critical depth　临界水深　01.786
critical dimension　临界尺寸　13.090
critical flame　临界火焰　12.101
critical flow　临界流，＊壅塞流　13.311
critical fluidized velocity　临界流化速度　09.343
critical heat flux density　临界热流密度　09.256
critical hold-off interval　临界关断间隔　17.113
critical mass　临界质量　13.089
critical pressure　临界压力　01.574
critical rate of rise of off-state voltage　断态电压临界上升率　17.159
critical rate of rise of on-state current　通态电流临界上升率　17.160
critical span　临界档距　18.064
critical speed　临界转速　10.502
critical steam content　临界含汽率　09.286
critical temperature　临界温度　01.575
crossarm　横担　18.103
cross blast interrupter　横吹灭弧室　15.269
cross circuitry fault　跨线故障　05.037
cross compound steam turbine　双轴[系]汽轮机　10.011
cross country fault　跨线故障　05.037
crossflow hydroturbine　双击式水轮机　23.016
crossing　跨越　18.066
cross-linked polyethylene insulated cable　交联聚乙烯绝缘电缆，＊XLPE 电缆　18.262
crossover tower　跨越杆塔　18.086
crown　上冠　23.032
crusher　碎煤机　08.139
cubicle switchgear and controlgear　箱式金属封闭开关设备和控制设备　15.234
cup type tower　酒杯塔　18.090
Curie point　居里温度　01.117
Curie temperature　居里温度　01.117
curing　固化　11.024
curing of concrete　混凝土养护　22.334
curl　旋度　01.138
curl field　有旋场　01.139
current at the fault point　故障点电流　04.178
current at the short-circuit point　短路点电流　04.176
current circuit　电流回路　05.088
current component　电流元件　05.071
current control mode　电流控制方式　17.197
current differential protection　电流差动式纵联保护　05.210
current element　电流元　01.097
current error　电流误差　15.359
current injection circuit　电流引入回路　15.335
current-limiting fuse　限流式熔断器　19.032
current margin control　电流裕度控制　17.195
current matching transformer　匹配式电流互感器，＊中间式电流互感器　15.357
current meter method　流速仪法　23.091
current protection　电流保护　05.155
current quick-breaking protection　电流速断保护　05.227
current relay　电流继电器　05.043
current transformer　电流互感器　15.349
current velocity　流速　01.750
current zero　电流零点　15.248
curtain grouting　帷幕灌浆　22.412
Curtis stage　复速级　10.055
cushion pool　水垫塘　22.212
customer　用户　06.163
customer power　用户特定电力，＊定制电力　19.072
cut-in wind speed　切入风速　14.096
cut off current　截断电流　15.247
cut-off load　被切负荷　04.396
cut-off wall　截水墙　22.367
cut-off wavelength [of an optical fiber]　[光纤的]截止波长　18.332
cut-out wind speed　切出风速　14.098
cut-set　割集　01.285
CWS　水煤浆　08.175
cycle of operation　操作循环　15.310
cyclic transmission　循环传输　06.084
cyclic voltage variation　周期性电压变化　04.307
cyclone collector　细粉分离器，＊旋风分离器　09.321
cyclone combustion　旋风燃烧　09.158
cyclone dust collector　旋风除尘器　20.053
cyclone fired boiler　旋风炉　09.028
cyclone-furnace firing　旋风燃烧　09.158
cylinder casting　汽缸铸件　10.101
cylinder configuration　汽缸的配置　10.100
cylinder gate　圆筒闸门　22.264

cylindrical rotor generator 圆柱形转子电机 11.034
cylindrical surge chamber 圆筒式调压室，* 单式调压室 22.221
cylindrical valve 圆筒阀 23.138

D

daily [average] load ratio 日[平均]负荷率 04.391
daily average pollutant concentration 污染物日平均浓度 20.014
daily load curve 日负荷曲线 04.378
daily maximum load utilization hours 日最大负荷利用小时 06.353
daily [minimum] load ratio 日[最小]负荷率 04.392
daily regulation 日调节 03.104
Dalton law of additive pressure 道尔顿分压定律 01.489
dam 坝 22.002
damage fault 损坏性故障 04.194
dam axis 坝轴线，* 坝线 22.038
dam block 坝段 22.040
dam-breach flood 溃坝洪水 01.665
dam-break flood 溃坝洪水 01.665
dam crest 坝顶 22.043
dam foundation 坝基 22.041
dam heel 坝踵 22.048
dam height 坝高 22.046
damped oscillation 阻尼振荡 01.318
damper in nuclear power structure 核动力装置结构减震器 13.344
damping control mode 阻尼控制方式 17.201
damping winding 阻尼绕组 11.041
dam shoulder 坝肩 22.042
dam site 坝址 22.039
dam slope 坝坡 22.044
dam toe 坝趾 22.047
dam type 坝型 22.045
dam-type hydropower station 坝式水电站 03.072
dangerous voltage 危险电压 21.017
data communication 数据通信 06.042
data integrity 数据完整性 06.041
data process subsystem 数据申报子系统 06.292
data release update time 信息发布更新时间 06.294
data window 数据窗 05.145
DATS 日前交易子系统 06.287
day-ahead trade subsystem 日前交易子系统 06.287
day-ahead trading 日前交易，* 日前现货交易 06.146
DBE 设计基准地震 13.253
DBT 设计基准威胁 13.821
DC bus arrester 直流母线避雷器 17.032
DC circuit breaker 直流断路器 17.039
DC component 直流分量 01.367
[DC] current [control] order 电流指令 17.210
DC current transformer 直流电流互感器 17.028
DC damping circuit 直流阻尼电路 17.031
DC emergency oil pump 直流事故润滑油泵 10.281
DC filter 直流滤波器 17.034
DC grounding switch 直流接地开关 17.027
DC harmonic protection 直流谐波保护 17.165
DC line 直流线路 18.005
DC line arrester 直流线路避雷器 17.033
DC line protection 直流线路保护 17.169
DC machine 直流电机 19.130
DC method of power flow calculation 潮流计算直流法 04.161
DC motor 直流电动机 19.149
[DC] neutral bus arrester [直流]中性母线避雷器 17.038
[DC] neutral bus capacitor [直流]中性母线电容器 17.037
DC offset [直流]偏置 04.442
DC overcurrent protection 直流过电流保护 17.163
DC overvoltage protection 直流过电压保护 17.168
DC power transmission 直流输电 04.037
DC reactor 直流电抗器 17.025
DC reactor arrester 直流电抗器避雷器 17.026
DC resistance measurement for stator and rotor winding 定、转子绕组直流电阻测量 11.206
DCS 分散控制系统，* 集散控制系统 12.119
DC surge capacitor 直流冲击电容器 17.030
DC system 直流系统 04.003
DC system protection 直流系统保护 17.161
DC transmission line fault locator 直流线路故障定位装

置　05.272
DC voltage abnormality protection　直流电压异常保护　05.271
[DC] voltage [control] order　电压指令　17.211
DC voltage divider　直流分压器　17.029
DC voltage withstand test　直流耐压试验　16.016
DC withstand voltage test and leakage current measurement for stator winding　定子绕组直流耐压试验和泄漏电流试验　11.209
dead-band　迟缓率　10.273
dead-end clamp　耐张线夹　18.173
dead-end tension joint　终端接续　18.219
dead end tool　紧线器，* 耐张拉力器　18.374
dead end tower　终端杆塔　18.084
dead point　死点，固定点　10.135
dead short　金属性短路，* 直接短路　04.198
dead storage capacity　死库容　03.090
dead tank circuit-breaker　落地罐式断路器　15.192
dead time　无电压时间　05.244，无电流时间　15.309
dead water level　死水位　03.119
dead zone　死区　05.107
deaerator　除氧器　10.327
deaerator rated output　除氧器额定出力　10.334
debris flow　泥石流　01.854
decay chain　衰变链　13.022
decay heat　衰变热　13.023
decibelmeter　分贝计　02.105
decision support system for nuclear emergency　核应急决策支持系统　13.791
decommissioning of nuclear power plant　核电厂退役　13.628
dedicated low voltage wiring　专用低压接线　19.027
deep hole blasting　深孔爆破　22.471
deep sea disposal　深海处置　13.818
deep slot type rotor　深槽式转子　19.108
defence in depth　纵深防御　13.654
deferrable load　可缓供负荷　19.071
definite time protection　定时限保护　05.199
deflection wall　折流墙　22.208
deflector　折向器，* 偏流器　23.054
deformation temperature　变形温度　08.050
degradation of energy　能量贬值　01.522
degree of reaction　反动度　10.051
degree of subcooling　[冷却剂]欠热度，* 过冷度　13.291
DEH　数字式电液调节系统　10.246，数字式电液控制系统，* 数字电调　12.045
dehydrated section of river　脱水段　01.860
delayed automatic reclosing　延时自动重合　05.232
delayed criticality　缓发临界　13.118
delayed neutron　缓发中子　13.036
delayed neutron fraction　缓发中子份额　13.037
delayed protection　延时保护　05.015
delay operation　延时动作　05.103
[delay] trigger angle　[延迟]触发角，* 延迟角　17.108
Deliaz turbine　* 德列阿兹水轮机　23.008
delivery point　分界点　04.067
delta configuration　倒三角排列　18.142
delta connection　Δ形接线　01.239，三角形联结　15.133
delta-star transformation　三角形-星形变换　04.087
delta-wye conversion　三角形-星形变换　04.087
demagnetization　退磁　01.096
demand　需量　19.062
demand charge　需量电费　19.174
demand factor　需量因数　19.203
demand per hour　每小时需量　19.068
demand rate　需量费率　19.175
demand side management　需求侧管理　19.058
demand tariff　需量电价　19.178
demineralized water　除盐水　12.225
demolition blasting　拆除爆破　22.480
demonstration [nuclear power] reactor　示范[核电]反应堆，* 示范堆　13.359
deNO_x　烟气脱氮，* 烟气脱硝　20.062
deNO_x during combustion　燃烧脱氮　20.063
dense lattice　稠密栅格　13.094
dense-lean combustion　浓淡燃烧　09.165
dense-phase zone　密相区　09.340
density　密度　01.495
density current　异重流，* 密度流　01.686
density monitor　密度继电器，* 带有温度补偿的压力继电器　15.314
departure from nucleate boiling　偏离泡核沸腾　13.307
departure from nucleate boiling ratio　偏离泡核沸腾比　13.309
dependability of relay protection　继电保护可信赖性　05.023

dependent manual operating mechanism 人[手]力操动机构 15.288
dependent power operating mechanism 动力操动机构 15.282
depleted uranium 贫[化]铀 13.192
deposit 沉积物 12.178
depreciation cost 折旧费 03.188
derated state 降额状态，* 降低出力状态 21.192
derrick 抱杆 18.363
design basis accident 设计基准事故 13.275
design basis earthquake 设计基准地震 13.253
design basis external event 设计基准外部事件 13.274
design basis threat 设计基准威胁 13.821
design capacity of pulverizer 磨煤机设计出力，* 磨煤机计算出力 09.305
design coal 设计煤种 09.043
design condition 设计工况 07.039
design criteria of safety system 安全系统设计准则 13.270
designed flood level 设计洪水位 03.122
design flood 设计洪水 01.664
designing wind speed 设计风速 18.063
design life 设计寿命 12.387
design life of nuclear power plant 核电厂设计寿期 13.620
design of electromagnetic compatibility 电磁兼容设计 05.148
design of environmental protection [水电工程]环境保护设计 01.858
design of power plant interconnection 发电厂接入系统设计 03.010
design of thermal process automation 热工自动化设计 12.143
design pressure 设计压力 09.074
desiliconization 除硅 12.220
desulfurization of fuel 燃料脱硫 20.061
desulfurization waste water 脱硫废水 20.078
desuperheater 减温器 09.131
detached shock wave 脱体激波 01.766
detail design 施工图设计 03.022
detecting and testing equipment for live working 带电作业检测试验设备 16.231
detector for electric fire protection 电气火灾监控探测器 21.099
deterministic criteria [for electric power system reliability] [电力系统可靠性] 确定性准则 21.176
deterministic effect 确定性效应 13.748
deterministic model 确定性模型 22.536
deterministic safety assessment 确定论安全评价 13.678
detour flow 绕流 01.762
detritiation 重水除氚 13.488
developing fault 发展性故障 04.209
deviation of frequency 频率偏差 04.421
deviation of power-frequency component protection 工频变化量保护 05.163
deviation of supply voltage 电压偏差 04.425
deviation of synchronous time 同步时间偏差 04.280
dewatering bin 脱水仓 20.092
dew point indicator 露点计 02.170
dew point of moist air [湿]空气露点 01.598
DGD 差分群时延 18.334
diagnosis technique for residual life 寿命诊断技术 12.389
diagonal [flow] hydroturbine 斜流式水轮机，* 对角式水轮机 23.007
diagonal joint 斜缝 22.065
diagonal Kaplan hydroturbine 斜流转桨式水轮机 23.008
diagonal pouring 斜缝浇筑 22.360
diagonal pump-turbine 斜流可逆式水轮机 23.113
diagonal storage pump 斜流式蓄能泵 23.123
diamagnetic substance 抗磁性物质 01.111
diamagnetism 抗磁性 01.110
diaphragm 隔板 10.122
diaphragm carrier ring 隔板套 10.125
diaphragm damage 隔板损坏 10.130
diaphragm seal 隔板汽封 10.213
dielectric 电介质 01.034
dielectric constant [介]电常数 01.035
dielectric dissipation test 介质损耗试验 16.028
dielectric loss factor 介质损耗因数 16.114
Diesel cycle 狄塞尔循环 01.546
difference in levels 高差 18.130
difference of arcing time [of circuit-breaker] [断路器的]燃弧时差 15.344
differential accelerator 微分加速器 10.297
differential circuit 微分电路 01.394

differential expansion　胀差　10.415
differential expansion monitor　胀差监视器　10.303
differential group delay　差分群时延　18.334
differential [method of] measurement　差值测量[法]　02.088
differential mode disturbance voltage　差模干扰电压　05.146
differential relay　差动继电器　05.061
differential surge chamber　差动式调压室　22.218
difficult transport area　交通困难地区　18.017
diffused vacuum arc　扩散型真空电弧　15.241
diffuser　扩压管　01.607，扩压器　10.533
diffuse radiation　散射辐射　14.116
diffuser chamber　扩散室　23.129
diffusion in water body of effluent from nuclear power plant　核电厂流出物水体扩散　13.773
diffusion length　扩散长度　13.073
digital communication　数字通信　06.006
digital control system　数字化控制系统　13.504
digital electro-hydraulic control system　数字式电液调节系统　10.246，数字式电液控制系统，＊数字电调　12.045
digital filter　数字滤波器　05.153
digital [measuring] instrument　数字[测量]仪表　02.012
digital ohmmeter　数字电阻表，＊数字欧姆表　02.043
digital recorder　数字记录仪　16.046
digital regulating instrument　数字式调节仪表　12.064
digital simulation of power system　电力系统数字仿真　04.251
digital voltmeter　数字电压表　02.027
dike　堤，＊堤防　22.107
diode breakdown detector　二极管击穿探测仪　11.203
diode valve　二极管阀　17.076
direct-axis subtransient open circuit time constant　直轴超/次暂态开路时间常数　04.113
direct-axis subtransient reactance　直轴超/次暂态电抗，＊直轴超/次瞬态电抗　04.104
direct-axis subtransient short-circuit time constant　直轴超/次暂态短路时间常数　04.111
direct-axis synchronous reactance　直轴同步电抗　04.100
direct-axis transient open-circuit time constant　直轴暂态开路时间常数　04.112
direct-axis transient reactance　直轴暂态电抗，＊直轴瞬态电抗　04.102
direct-axis transient short-circuit time constant　直轴暂态短路时间常数　04.110
direct contact　直接接触　21.080
direct contact heater　混合式加热器，＊接触式加热器　10.310
direct current　直流电流　01.162
direct current machine　直流电机　19.130
direct current motor　直流电动机　19.149
direct current reference voltage of arrester　避雷器直流参考电压　15.389
direct current system　直流[电源]系统　03.170，直流系统　04.003
direct drive WTGS　直驱式风电机组，＊无齿轮箱式风电机组　14.083
direct dry cooling system　直接干式冷却系统，＊直接空冷系统　10.398
direct economic loss of electric fault　电气事故直接经济损失　21.121
directed blasting rockfill dam　定向爆破堆石坝　22.033
directed forced oil cooling　强迫油循环导向冷却　15.118
directed forced oil water cooling　强迫油循环导向水冷却　15.119
direct-fired pulverizing system　直吹式制粉系统　09.302
directional blasting　定向爆破　22.481
directional component　方向元件　05.078
directional current protection　方向电流保护　05.224
directional distance protection　方向距离保护　05.225
directional power protection　功率方向保护　05.207
directional protection　方向保护　05.016
directional relay　方向继电器　05.049
direction comparison protection system　方向比较式纵联保护　05.208
direction of lay　绞向　18.252
direct leakage　直接泄漏　09.227
direct lightning strike　直[接]击雷　16.071
direct method　直接法　04.245
direct [method of] measurement　直接测量[法]　02.083
direct radiation　[太阳]直射辐射，＊直接日射　14.115
direct reason of electrical accident　电气事故直接原因

21.119
direct test [of breaking and making capacity] [开断和关合能力的]直接试验 15.330
direct voltage 直流电压 01.163
direct water cooled generator 水直接冷却发电机，* 水内冷发电机 11.125
direct wave 正向行波 01.406
dirigible chair on overhead line 飞车，* 高空作业车 18.370
disabled capacity 受阻容量 03.134
discarding dregs of hydropower engineering 水电工程弃渣 01.845
disc coal feeder 圆盘给煤机 08.144
disc friction loss 叶轮摩擦损失 10.071
discharge along dielectric surface 沿面放电 16.144
discharge burn up 卸料燃耗[深度] 13.135
discharge capacity 排汽量 09.416，泄量 22.156
discharge casing 排气缸 10.586
discharge electrode 放电极，* 电晕极 20.041
discharge ring 基础环 23.026
discharge specific speed 流量比转速 23.130
disconnector 隔离开关 15.203
disconnector of arrester 避雷器脱离器 15.386
discrete spectrum 离散[频]谱 01.389
discrimination 事件分辨力 06.080
disengage 退出 05.106
disk cracking and bursting-off 叶轮裂飞 10.175
dispatching command 调度命令 06.015
dispatching management information system 调度管理信息系统 06.281
dispatching management institution 调度管理体制 06.013
dispatching management of power system 电力系统调度管理 06.010
dispatching price 调度价格 06.171
dispatching regulation 调度规程 06.036
dispatch interval 调度时段 06.172
dispersion fuel 弥散体燃料 13.197
displacement current 位移电流 01.053
displacement factor 位移因数，* 基波功率因数 01.370
disposition of power system relay protection 电力系统继电保护配置 04.363
disruptive discharge 破坏性放电 16.097
disruptive discharge voltage 破坏性放电电压 16.098
disruptive discharge voltage test 破坏性放电试验 16.027
dissemination of the value of a mechanical quantity 热工量值传递 12.163
dissolved gas content of oil 油中含气量 12.284
dissolved oxygen 溶解氧 12.182
distillation seawater desalination 蒸馏法海水淡化 12.235
distortion current 畸变电流 15.246
distortion factor 谐波因数，* 畸变因数 01.372
distortion field 畸变场 18.032
distributed circuit 分布参数电路 01.198
distributed control system 分散控制系统，* 集散控制系统 12.119
distributed power generation facilities 分散式发电装置 07.014
distributing header * 分配集箱 09.112
distributing valve 配压阀 23.147
distribution automation 配电自动化 19.014
distribution limited 供电网限电 21.255
distribution line 低压线路 19.005
distribution loss 配电损耗 04.408
distribution of electricity 配电 19.001
distribution of enthalpy drop 焓降分配 10.040
distribution pigtail of optical fiber 配线尾纤 18.321
distribution price 配电电价 06.250
distribution substation 配电所 19.004
distributor 导水机构，* 导水装置 23.039
distributor box 分配箱 18.291
district substation 地区变电站 15.004
diurnal variation [风速或风功率密度]日变化 14.025
dive 潜水 01.718
divergence 散度 01.137
diversion structure 分水建筑物 01.820
diversion tunnel 引水隧洞 22.174
diversion type hydropower station 引水式水电站 03.076
diversity 多样性 13.660
diversity factor 差异性因数 19.202
diverter switch 切换开关 15.142
division wall 双面露光水冷壁 09.150
DL 供电网限电 21.255

DLN 干式低氮燃烧室 10.552
DMIS 调度管理信息系统 06.281
DNB 偏离泡核沸腾 13.307
DNBR 偏离泡核沸腾比 13.309
dock type lock chamber 整体式闸室，* 坞式闸室 22.138
domestic tariff 居民生活电价 19.189
domestic water supply system 生活水系统 03.173
Doppler effect 多普勒效应，* 多普勒展宽 13.122
dose 剂量 13.725
dose constraint 剂量约束 13.723
dose equivalent 剂量当量 13.735
dose limit 剂量限值 13.720
dose limit for occupational exposure 职业照射剂量限值 13.721
dose limit for public exposure 公众照射剂量限值 13.722
double-arch firing 双拱燃烧 09.164
double-bus configuration 双母线接线 15.032
double-bus with transfer bus configuration 双母线带旁路接线 15.034
double cell bed 双室床 12.219
double chamber surge tank 双室式调压室 22.219
double circuit fault 双回线故障 05.035
double circuit line 双回路 18.011
double circuit semi-vertical configuration 双回路半垂直排列 18.146
double circuit steel tower 双回路塔 18.096
double circuit vertical configuration 双回路垂直排列 18.145
double-column disconnector 双柱式隔离开关 15.207
double command 双命令 06.065
double containment 双层安全壳 13.457
double contingency principle 双偶然事件原则 13.696
double curvature arch dam 双曲拱坝 22.012
double-ended ball mill 双进双出钢球磨煤机 09.309
double faults 双重故障 04.207
double insulation 双重绝缘 21.041
double-leaf gate 双扉闸门 22.262
double-line-to-ground fault 两相对地故障 04.206
double-point information 双点信息 06.056
double regulation 双调节 23.145
double [way] lock 双线船闸 22.131
doubling time 倍增时间，* 加倍时间 13.175
downcomer 下降管 09.113
down conductor 接地引下线 16.199
down hours * 不可用小时 21.191
down lead 接地引下线 16.199
down-shot firing * 下射式燃烧 09.163
downtake pipe 下降管 09.113
down time 不可用时间 21.191
downwind WTGS 下风向式风电机组 14.077
DPS 数据申报子系统 06.292
draft loss 通风阻力 09.218
draft tube 尾水管 23.027
draft tube cone 尾水管锥管 23.028
draft tube deck 尾水平台 22.246
drain 疏水 09.408
drainage discharge 排水流量 22.390
drainage gallery 排水廊道 22.055
drainage of dam foundation 坝基排水 22.083
drainage of foundation pit 基坑排水 22.484
drainage on embankment slope 贴坡式排水，* 表面排水 22.084
drainage pipe 排水管 22.074
drainage pipe slope 疏水管道坡度 09.294
drainage sluice 排水闸 22.098
drainage system of hydropower plant [水电厂]排水系统 22.391
drainage system of steam turbine main body 汽轮机本体疏水系统 10.093
drainage trench 排渗沟 22.089
dredger 挖泥船 22.517
dried out boiler protection 干法养护 09.421
drilling and blasting method 钻爆施工法 22.375
drill rig 潜孔钻车 22.510
drip-proof type motor 防滴式电动机 19.101
driven pile 打入桩 18.164
drive train [风电机组]传动系统 14.079
droop of a set 机组频率静特性 04.316
droop of a system [电力]系统频率静特性 04.317
drop-out fuse 跌落式熔断器 19.030
drum 锅筒，* 汽包 09.117
drum boiler 锅筒锅炉，* 汽包锅炉 09.007
drum erection 锅筒就位 09.367
drum gate 鼓形闸门 22.254
drum internals 锅筒内部装置，* 汽包内部装置 09.258

drum rotor 鼓形转子，* 转鼓 10.143
dry [air] cooling steam turbine 空冷式汽轮机组 10.017
dry ash-free basis 干燥无灰基 08.057
dry ash handling 干除灰 20.095
dry basis 干[燥]基 08.056
dry bulb temperature 干球温度 01.596
dry coal shed 干煤棚 08.132
dry concrete 干硬性混凝土 22.301
dry cooling system 干式冷却系统 10.397
drying capacity of pulverizer 磨煤机干燥出力 09.307
drying-out 烘炉 09.424
dry low NO_x combustor 干式低氮燃烧室 10.552
dry mineral-free basis 干燥无矿物质基 08.058
dryout 干涸 13.315
dry precipitator 干式除尘器 20.037
dry test 干试验 16.034
dry type reactor 干式电抗器 15.157
dry type transformer 干式变压器 15.081
dry/wet hybrid cooling system 干湿式联合冷却系统 10.402
dry year 枯水年 01.670
DSCADA 配电网安全监控和数据采集系统 19.013
DSM 需求侧管理 19.058
dual alkali scrubbing FGD process 双碱法烟气脱硫 20.079
dual cycle 混合加热循环 01.548
dual fuel nozzle 双燃料喷嘴 10.563
dual purpose voltage transformer 双功能电压互感器 15.370
dual register burner 双调风旋流燃烧器 09.176
dual register burner with primary air exchange 一次风交换旋流燃烧器 09.180
dual water cooled generator 双水内冷发电机 11.126
ductile-brittle transition temperature * 韧脆转化温度 12.302
ductile fracture 韧性断裂 12.349
dummy piston 平衡盘，* 平衡活塞 10.174
duplicate protection 双重保护 05.021
duplicate supply 双电源供电 04.060
duration of peak value of rectangular impulse current 方波冲击电流峰值持续时间 16.091
dust collection plate 收尘板，* 集尘极 20.040
dust collector 除尘器 20.036
dust content in flue gas 烟气含尘量 20.034
dust management of coal handling system 燃料系统粉尘治理 08.162
dust pollution control 粉尘治理 20.018
dust precipitator 除尘器 20.036
dust removal efficiency 除尘效率 20.055
D value D 值 12.187
dynamic balance and over speed test for rotor 转子动平衡及超速试验 11.216
dynamic balancing test of hydro unit [水轮发电机组]动平衡试验 24.036
dynamic bidding 迭代投标，* 动态投标 06.173
dynamic characteristics 动态特性 10.270
dynamic characteristics of load 动态负荷特性 04.167
dynamic characteristics of thermal generating unit 火力发电机组动态特性 07.038
dynamic frequency factor 动频系数 10.153
dynamic mill classifier * 动态分离器 09.322
dynamic project cost estimate 动态工程投资概算 03.195
dynamic simulation of power system 电力系统动态模拟 04.250
dynamic stability of a power system 电力系统动态稳定性 04.236
dynamic stability of synchronous generator 同步发电机动[态]稳定 04.124
dynamic storage investment 动态投资 22.527
dynamic system monitoring 动态系统监测 05.265

E

EA [直流输电]能量可用率 21.245
EAF 等效可用系数 21.223
earth circuit connector 接地回路连接器 15.068
earth dam 土坝 22.023
earth dam by dumping soil into water 水中填土坝 22.029
earth dam with central core 心墙土坝 22.025
earth dam with inclined core 斜墙坝 22.026

earthed voltage transformer 接地[式]电压互感器 15.367
earth electrode 接地极 17.019
earth electrode line 接地极线路 17.020
earth fault current 接地电流 21.020
earth fault relay 接地继电器 05.057
earthing electrode 接地体 16.195
earthing grid 接地网 16.198
earthing switch 接地开关 15.217
earth leakage current 对地泄漏电流 21.019
earth potential 地电位 01.029
earth pressure [土体]土压力 01.790
earthquake intensity 地震烈度 01.709
earthquake load 地震荷载 01.804
earthquake magnitude 地震震级 01.710
earthquake monitoring system 地震监测系统 13.475
earth resistance meter 接地电阻表 02.032
earth-rockfill cofferdam 土石围堰 22.492
earth-rockfill dam 土石坝 22.021
earth-termination system 接地装置 16.200
earth wire peak 地线支架 18.101
ECCS * 应急堆芯冷却系统 13.438
ecological balance 生态平衡 20.148
economical available hydroenergy resources [水力资源]经济可开发量 03.048
economical continuous rating 锅炉经济连续出力，* 经济连续蒸发量 09.054
economical load 经济负荷 04.404
economic analysis of nuclear power plant 核电厂经济分析 13.618
economic benefit of hydropower station 水电站经济效益 03.079
economic condition 经济工况 07.040
economic criteria [for electric power system reliability] [电力系统可靠性] 经济性准则 21.175
economic current density 经济电流密度 18.068
economic dispatching of interconnected power systems 互联电力系统经济调度 06.017
economic dispatching of power system 电力系统经济调度 06.016
economic evaluation of hydropower station 水电站经济评价 03.080
economic indices of hydropower station 水电站经济指标 03.077
economic operation of boiler 锅炉经济运行 09.400
economic output 经济功率 10.027
economizer 省煤器 09.135
ECR 锅炉经济连续出力，* 经济连续蒸发量 09.054
ED 电渗析 12.232
eddy current 涡流 01.121
eddy current loss 涡流损耗 01.122
eddy current test 涡流探伤 12.365
EDH 降低出力等效停运小时 21.221
EDI 电除盐 12.233
EDNS [电力系统的]期望缺供电力 21.170
EDR 倒极电渗析 12.234
EENS [电力系统的]期望缺供电量 21.171
EFBHE * 外置流化床热交换器 09.356
effective demand 有效需量 19.204
effective demand factor 有效需量因数 19.205
effective dose 有效剂量 13.731
effective fission neutron yield * 有效裂变中子产额 13.074
effective furnace volume 炉膛有效容积，* 炉膛容积 09.065
effective heat utilization of boiler 锅炉有效利用热量 09.439
effective migration velocity 有效驱进速度 20.043
effective [neutron] multiplication factor 有效[中子]增殖因数 13.082
effective stress [土体]有效应力 01.792
effective value 有效值 01.188
efficiency [水轮机]效率 01.833
efficiency of asynchronous motor 异步电动机的效率 19.099
efficiency step-up formula 效率修正公式 23.077
efficiency test 效率测定 11.220
EGM 电气几何模型 16.075
EHC 电气液压调节系统 10.244
EHE 外置床热交换器，* 外置床 09.356
EHV 超高压 04.017
elastic coefficient method 弹性系数法 04.375
elastic membrane seal 薄膜密封 12.279
elastic metal-plastic segment 弹性金属塑料瓦，* 氟塑料瓦 24.029
elastic scattering 弹性散射 13.060
elbow of draft tube 尾水管肘管 23.029
ELCD 铁心故障探测 11.208

electrical 电气 01.445
electrical accident 电气事故 21.009
electrical accident alarming 电气事故报警 21.010
electrical accident analysis 电气事故分析 21.012
electrical accident rush repair 电气事故抢修 21.011
electrical alarm plate 电气警告牌 21.051
electrical brake of hydrogenerator ［水轮发电机］电气制动，＊电气刹车 24.022
electrical distance 电气距离 16.220
electrical endurance test 电寿命试验 15.340
[electrical] energy 电量 19.063
electrical equipment defect 电气设备缺陷 21.125
electrical explosion preventing gate 电气防爆门 21.065
electrical explosion resistant separating wall 电气防爆隔墙 21.064
electrical failure frequency 电气事故频次 21.124
electrical failure rate 电气事故率 21.123
electrical fault 电气故障 21.029
electrical fire compartment wall 电气防火隔墙 21.063
electrical fire fighting passageway 电气消防通道 21.068
electrical fire prevention 电气防火 21.061
electrical fire protection equipment 电气消防设施 21.062
electrical indication plate 电气标示牌 21.052
electrical interval of fire prevention 电气防火间距 21.028
electrical lighting 电照明 19.078
electrically neutral 电中性 01.011
electrical manipulating emergency 电气紧急事故处理 21.057
electrical measurement 电［气］测量 02.001
electrical measuring instrument 电测量仪器仪表 02.003
electrical miss operation 电气误操作 21.056
electrical power and equipment 电气 01.445
electrical premeditated simulation of accident 电气事故预想 21.118
electrical preventive test for generator 发电机电气预防性试验 11.205
electrical protective barrier 电气保护遮栏 21.034
electrical protective enclosure 电气保护外壳 21.035
electrical protective obstacle 电气保护阻挡物 21.033
electrical protective screen 电气保护屏蔽体 21.037
electrical safe distance 电气安全距离 21.027
electrical safe life 电气安全寿命 21.058
electrical safety 电气安全 21.013
electrical safety color 电气安全色 21.049
electrical safety control system 电气安全控制系统 21.003
electrical safety management 电气安全管理 21.004
electrical safety marking 电气安全标志 21.050
electrical safety measure 电气安全措施 21.008
electrical safety regulation 电气安全规程 21.006
electrical safety standard 电气安全标准 21.005
electrical safety test 电气安全试验 21.007
electrical shield 电屏蔽 11.015
electrical speed governor 电气式调速器 10.253
electric arc furnace 电弧炉 19.084
electric arc welding 电弧焊，＊弧焊 12.374
electric breakdown in dielectric liquid 液体电介质电击穿 16.141
electric burn 电灼伤 21.070
[electric] cable 电缆 18.258
electric charge 电荷，＊电［荷］量 01.002
electric circuit 电路 01.193
electric contact 电接触 15.256
electric-contact thermometer 电接点温度计 02.150
[electric] current 电流 01.049
electric dipole 电偶极子 01.043
electric dipole moment 电偶极矩 01.045
electric erosion [for ADSS] ［全介质自承式光缆］电腐蚀 18.357
electric field 电场 01.015
electric field intensity 电场强度 01.016
electric-field probe 电场测量探头 16.055
electric field strength 电场强度 01.016
electric flux 电通［量］ 01.022
electric flux density 电通密度，＊电位移 01.021
electric furnace 电炉 19.083
electric heating 电加热 19.073
electric hysteresis 电滞 01.046
electric hysteresis loop 电滞回线 01.047
electricity 电 01.001
electricity consumption analysis 用电分析 19.056
electricity consumption per unit output method 用电单耗法 04.373

electricity consumption structure　用电构成　19.057
electricity fee　电费　06.220
electricity generation cost of nuclear power plant　核电厂发电成本　13.627
electricity market　电力市场　06.127
electricity market model　电力市场模式　06.128
electricity market operation system　电力市场运营系统　06.278
electricity market regulation　电力市场监管　06.306
electricity price　电价　06.222
electricity production　发电量　03.138
electric light source　电光源　19.077
[electric] line　[电力]线路　18.001
electric outgoing line corridor　出线走廊　03.041
electric overspeed tripping device　电超速保护装置　10.296
electric polarization　电极化　01.038
electric polarization curve　电极化曲线　01.042
electric polarization intensity　电极化强度　01.039
electric potential　电位，* 电势　01.024
[electric] potential difference　电位差，* 电势差　01.025
electric power　电力　01.444
[electric power] grid　电[力]网　04.042
electric power network　电[力]网　04.042
electric power network calculation　电力网计算　04.143
electric power system　电力系统　04.001
electric power system reliability　电力系统可靠性　21.156
electric power system reliability criteria　电力系统可靠性准则　21.172
electric power utilization　用电　19.053
[electric] price　[电力]价格　19.171
electric railway　电气化铁路　19.089
[electric] rate　[电力]费率　19.172
[electric] security system engineering　[电力]安全系统工程　21.001
electric shock　电击　21.071
electric simulate test　电拟试验　01.874
electric spark igniter　电火花点火器　09.386
electric susceptibility　电极化率　01.041
electric traction　电力牵引　19.087
electric welding　电焊　19.076
electrochemical industry　电化学工业　19.086
electrochemistry　电化学　19.085
electrodeionization　电除盐　12.233
electrodialysis　电渗析　12.232
electrodialysis reversal　倒极电渗析　12.234
electrodynamic instrument　电动系仪表　02.099
electrodynamic meter　电动式电能表　02.059
electro-erosion　电腐蚀　11.102
electro-geometric model　电气几何模型　16.075
electro-hydraulic control system　电气液压调节系统　10.244
electro-hydraulic governor　电气液压调速器，* 电调　23.141
electro-hydraulic servo valve　电液转换器　10.245
electrolysis　电解　19.074
electromagnet　电磁体　01.134
electromagnetic braking torque　电磁制动转矩　11.053
electromagnetic compatibility　电磁兼容　01.131
electromagnetic energy　电磁能　01.126
electromagnetic field　电磁场　01.125
electromagnetic filter　电磁过滤器　12.197
electromagnetic force　电磁力　01.128
electromagnetic induction　电磁感应　01.129
electromagnetic interference　电磁干扰　01.130
electromagnetic loading　电磁负荷　11.054
electromagnetic looped network　电磁环网　04.054
electromagnetic noise　电磁噪声　20.111
electromagnetic pollution　电磁污染　20.131
electromagnetic power　电磁功率　11.055
electromagnetic radiation　电磁辐射　01.132
electromagnetic screen　电磁屏　01.133
electromagnetic shield　电磁屏蔽　11.014
electromagnetic [slip] coupling　电磁[滑差耦合]离合器　19.128
electromagnetic starting　电磁启动　19.156
electromagnetic wave　电磁波　01.127
electromechanical protection device　机电型继电保护装置　05.094
electrometer　静电计　02.025
electromotive force　电动势　01.032
electromotive force equation of synchronous machine　同步电机电动势方程　04.099
electron　电子　01.004
electron avalanche　电子崩　16.118
electronic beam flue gas desulfurization and $deNO_x$　电子

束烟气脱硫脱氮 20.070
electronic belt scale 电子皮带秤 08.156
electronic instrument transformer 电子式互感器，* 光电式互感器 15.348
electronic phase converter 电力电子变相器 15.406
electronics room 电子设备间 12.006
electron microscopic examination 金属电子显微技术 12.321
electronvolt 电子伏[特] 01.440
electro-optic effect 电-光效应 01.155
electro-osmotic drainage 电渗排水 22.393
electroplating 电镀 19.075
electrostatic field 静电场 01.017
electrostatic induction 静电感应 01.018
electrostatic instrument 静电系仪表 02.096
electrostatic precipitator 静电除尘器 20.039
electrostatics 静电学 01.003
electrostriction 电致伸缩 01.048
electrothermal instrument 热电系仪表 02.090
elementary analysis 元素分析 08.037
elementary ancillary service 基本辅助服务 06.208
elementary electric dipole 基本电偶极子 01.044
elementary magnetic dipole 基本磁偶极子 01.099
elevated release 高架排放 13.793
elevation head 位置水头 01.822
elevation pressure drop 提升压降，* 重力压降 13.339
embedded components 埋入部件 23.018
embedded cost pricing 会计成本定价，* 财务成本定价 06.235
embedded temperature detector 埋入式测温计 11.021
emergency alert 厂房应急 13.781
emergency classification for nuclear power plant 核电厂应急状态分级 13.779
emergency control room 应急控制室 13.525
emergency core cooling system * 应急堆芯冷却系统 13.438
emergency diesel generator set 应急柴油发电机组 13.446
emergency distributing valve 事故配压阀 23.148
emergency drain system 危急疏水系统 10.323
emergency exercise 应急演习 13.784
emergency feedwater system 应急给水系统 13.445
emergency gate 事故闸门 22.271
emergency governor 危急保安器，* 危急遮断器 10.294
emergency operating plan 事故运行方式 04.272
emergency operation 紧急操作 21.055
emergency planning zone 应急计划区 13.785
emergency power supply 事故备用电源 03.169，保安电源 21.066
emergency reserve 事故备用 04.351
emergency shutdown [for WTGS] [风电机组]紧急关机 14.103
emergency spillway 非常溢洪道 22.151
emergency standby 应急待命 13.780
emergency standby electricity 保安备用电源 21.067
emergency state [of an electric power system] [电力系统的]紧急状态 21.163
emergency state of power system 电力系统紧急运行状态 04.263
emergency tank 危急油箱，* 事故油箱 10.291
emergency trip system 汽轮机紧急跳闸系统 12.113
EMF 电动势 01.032
EMI 电磁干扰 01.130
emission trading 排放权交易 20.147
emissive power 辐射力 01.634
EMOS 电力市场运营系统 06.278
EMS 能量管理系统 06.105
emulsion zone 密相区 09.340
end bracket type bearing 端盖式轴承 11.028
end product 脱硫产物 20.080
end-user 终端用户 19.055
energizing winding [变压器]励磁绕组 15.106
energy 能量，* 能 01.514
energy and gases supply for construction 施工力能供应 03.225
energy availability [concepts related to HVDC transmission system] [直流输电]能量可用率 21.245
energy balance 电量平衡 04.367
energy dissipation 消能 22.193
energy dissipation by aeration 掺气消能 22.197
energy dissipation by bottom flow 底流消能 22.195
energy dissipation by surface flow 面流消能 22.194
energy dissipatoer by shirt 裙板消能工 22.201
energy dissipatoer through friction loss 沿程消能工 22.202
energy dissipator 消能工 22.200
energy dissipator within the tunnel 洞内消能工 22.203

energy indices of hydropower station 水电站能量指标 03.078
energy loss 电能损耗 04.406
[energy] loss factor [电能]损耗因数 04.409
energy management system 能量管理系统 06.105
[energy meter] basic current [电能表]基本电流 02.064
[energy meter] class index [电能表]等级指数 02.069
[energy meter] maximum current [电能表]最大电流 02.066
[energy meter] rated current [电能表]额定电流 02.065
[energy meter] reference frequency [电能表]参比频率 02.068
[energy meter] reference voltage [电能表]参比电压 02.067
energy not supplied 缺供电量 04.348
energy plant 能源植物 14.184
energy price 电量电价，* 电度电价 06.223
energy rate 电量费率 19.173
energy shortage 电能短缺 04.403
energy storage of power system 电力系统储能 04.079
energy unavailability [concepts related to HVDC transmission system] [直流输电]能量不可用率 21.246
energy utilization [concepts related to HVDC transmission system] [直流输电]能量利用率 21.247
engineered safety feature 专设安全设施 13.435
engineering barrier 工程屏障 13.815
engineering design assignment 设计任务书 03.029
engineering design procedure 设计程序 03.018
engineering factor 工程因子，* 工程不确定因子 13.324
engineering geology 工程地质 01.690
engineering simulator of nuclear power plant 核电厂工程仿真机，* 核电厂分析机 13.612
engineering thermodynamics 工程热力学 01.446
engineer station 工程师站 12.120
enhanced protective provision 加强的防护措施 21.038
enthalpy 焓 01.517
enthalpy drop 焓降 01.518
enthalpy-entropy chart 焓-熵图 01.583
enthalpy of reaction 反应焓 01.604
entrained leakage 间接泄漏，* 携带泄漏 09.228
entropy 熵 01.520
entropy coefficient 熵系数指标 06.319
environment 环境 20.136
environmental background survey 环境本底调查 13.767
environmental background value 环境背景值，* 环境本底 20.137
environmental component 环境组成 01.840
environmental factor 环境因子 01.841
environmental impact 环境影响 01.839
environmental impact assessment 环境影响评价 20.139
environmental impact assessment for nuclear power plant 核电厂环境影响评价 13.676
environmental impact report 环境影响报告 13.677
environmental management 环境管理 20.141
environmental monitoring [水电工程]环境监测 01.859，环境监测 20.120
environmental planning 环境规划 20.142
environmental pollution 环境污染 20.144
environmental protection 环境保护 20.138
environmental protection for electric power 电力环境保护 20.140
environmental quality 环境质量 20.145
environmental radiation monitoring 环境辐射监测 13.768
environmental statistics 环境统计 20.143
epicenter 震中 01.708
equal delay angle control 等触发角控制，* 按相控制 17.203
equal incremental dispatching 等微增率调度 06.021
equalizer 均压线 19.145
equalizing valve 预启阀 10.120
equal potential bonding 等电位连接 21.104
equal potential working 等电位作业 16.217
equation of rotor motion 转子运动方程，* 摇摆方程 04.096
equidistant control 等间隔控制 17.194
equidistant firing control 等距触发控制 17.204
equilibrium core 平衡堆芯 13.259
equipment diagnosis technique 设备诊断技术 07.090
equipment erection 设备安装 03.232
equipment for climbing and positioning for live working 带电作业攀登就位机具 16.229
equipment life management 设备寿命管理 07.089

equipment measure against accident 防止设备事故措施 21.116
equipment perfectness 设备完好率 22.519
equipment procurement cost 设备购置费 03.192
equipment rehabilitation 设备更新改造 07.091
equipotential line 等位线 01.026
equipotential surface 等位面 01.027
equipotential volume 等位体 01.028
equivalent available factor 等效可用系数 21.223
equivalent core diameter 堆芯等效直径 13.102
equivalent dose 当量剂量 13.730
equivalent mean interruption duration [电力系统]等效平均停电持续时间 21.242
equivalent network 等效网络 04.082
equivalent peak interruption duration [电力系统]等效峰荷停电持续时间 21.243
equivalent salt deposit density 等值盐密 18.242
equivalent span 代表档距 18.120
equivalent unit derated hours 降低出力等效停运小时 21.221
erection bay 安装间 22.242
erection of boiler proper 锅炉本体安装 09.364
erection of boiler steel structure 锅炉钢架安装 09.363
erection of boiler unit 锅炉机组安装 09.359
erection of boiler with pre-assembled pieces 锅炉组合安装 09.360
ergonomic component distance 人机操纵距离 16.221
ergonomic distance 人机操纵距离 16.221
Ericsson cycle 爱立信循环 01.549
error 误差 02.127
ESDD 等值盐密 18.242
ESF 专设安全设施 13.435
ESP 静电除尘器 20.039
essential service water system 重要厂用水系统 13.447
ETS 汽轮机紧急跳闸系统 12.113
EU [直流输电]能量不可用率 21.246
EUR 欧洲电力公司要求文件 13.364
European Utility Requirement 欧洲电力公司要求文件 13.364
evacuation 撤离 13.790
evaporating heating surface 蒸发受热面 09.102
evaporation 蒸发 01.563，01.650
evaporation cooled generator 蒸发冷却发电机 11.244
evaporative cooling of hydrogenerator [水轮发电机]蒸发冷却 24.034
evenness of concrete 混凝土平整度 22.336
event information 事件信息 06.052
event oriented emergency operational procedure 事件导向应急操作规程 13.582
event tree analysis 事件树分析 13.681
everyday tension 平均运行张力 18.070
excavation 开挖 22.466
excavation of foundation pit 基坑开挖 22.483
excess air ratio 过量空气系数 09.468
excessive delay angle protection 触发角过大保护 17.167
excessive low vacuum protection of condenser 凝汽器真空过低保护 12.115
excess reactivity 后备反应性，* 剩余反应性 13.108
excitation 激励 01.311
excitation control system 励磁[调节]控制系统 04.139
excitation system fault 励磁系统故障 11.181
excitation winding 励磁绕组，* 转子绕组 11.036
exclusive service tariff 专项服务价格 06.263
execute component 执行元件 05.081
exergy 㶲 01.525
exergy balance 㶲平衡 01.527
exergy destroyed 㶲损耗 01.526
exhaust air rate 三次风率，* 三次风份额 09.081
exhaust casing 排气缸 10.586
exhaust duct 排气道 10.580
exhauster 排粉风机 09.328
exhaust gas nozzle * 乏气喷口 09.188
exhaust gas temperature 排烟温度 09.441
exhaust steam condition 排汽参数，* 蒸汽终参数 10.025
expanded conductor 扩径导线 18.254
expanded pile 扩孔桩 18.167
expansion center of boiler 锅炉膨胀中心 09.089
expansion indicator 膨胀指示器 09.090
expansion joint 膨胀节 09.091
expansion piece 膨胀节 09.091
expected demand not supplied [电力系统的]期望缺供电力 21.170
expected energy not supplied [电力系统的]期望缺供电量 21.171
expected output 预想出力 03.133
exploratory tunnelling 硐探 22.378

explosion of pulverized coal preparation system 制粉系统爆炸 09.487
explosion-proof motor 防爆电动机 19.102
exposed approachability conductive part 外露可接近导体 21.073
exposure 照射 13.714
exposure rate 暴露率 21.214
expulsion fuse 喷射式熔断器 19.033
EXR 暴露率 21.214
extension element 伸缩节 22.179
extensive parameter 广延参数 01.473
external deposit 烟气侧沉积物 09.491
external energy interrupter 外能灭弧室 15.272
external exposure 外照射 13.715
external fault 区外故障 05.038
external fluidized bed heat exchanger ＊外置流化床热交换器 09.356
external heat exchanger 外置床热交换器，＊外置床 09.356
external insulation 外绝缘 16.164
extinction angle 关断角，＊熄弧角 17.111
extraction air 抽气 10.582
extraction check valve 抽汽逆止阀 10.121
extraction pressure regulator 抽汽压力调节器 10.264
extraction steam system 抽汽系统 10.080
extra-high voltage 超高压 04.017
extraneous conductive part 外部导电部分 21.072
extreme emergency state [of an electric power system] [电力系统的]严重事故状态 21.164
extreme wind speed 极大风速 14.021
eye 挂环 18.181

F

fabricated lining 装配式衬砌 22.384
facing plate 抗磨板 23.042
FACTS 灵活交流输电，＊柔性交流输电 04.038
Fahrenheit temperature 华氏温度 01.480
fail-safe principle 故障安全原则 13.657
failure 电气故障 21.029
failure analysis 失效分析，＊损坏分析 12.344
failure interruption 故障停电 21.252
failure load 破坏荷载 18.044
failure mode and effect analysis 失效模式与影响分析 21.155
failure of a component [power supply system] 供电系统元件故障 21.249
failure rate 故障率 21.215
failure rate of insulation 绝缘故障率 16.161
failure to operation of protection 拒[绝]动[作] 05.102
failure to trip 拒[绝]动[作] 05.102
false firing 误开通 17.141
false operation probability [保护系统]误动概率 21.239
fan mill 风扇磨煤机 09.315
farad 法[拉] 01.426
Faraday effect 法拉第效应 01.161
Faraday law 法拉第定律 01.147
far-from generator short circuit 远端短路 04.173
fast breeder reactor 快中子增殖反应堆 13.394
fast cutback 机组快速切负荷 12.109
fast decoupled method 快速分解法，＊PQ 分解法 04.160
fast fault-clearing 快速切除故障 04.241
fast neutron 快中子 13.050
fast neutron breeding factor 快中子增殖因数，＊快中子裂变因数 13.075
fast response reactive power compensator 快速调节型无功补偿装置 04.340
fast start 快速启动 10.492
fast valving protection during transient load cutback 瞬间甩负荷快控保护 12.110
fatigue 疲劳 12.312
fatigue curve 疲劳曲线，＊σ-N 曲线 12.315
fatigue fracture 疲劳断裂 12.313
fatigue life prediction of blade 叶片疲劳寿命预估 10.208
fatigue limit 疲劳极限 12.316
FATT 脆性转变温度 12.302
fault 断层 01.702
fault automatic diagnosis 故障自动检测 05.150
fault clearance 故障清除 04.210

fault component 故障元件 05.079
fault current 故障电流 04.177
fault impedance 故障阻抗 04.091
fault in power system [电力系统]故障 04.192
fault inspection 故障巡视 21.078
fault locator 故障定位器 05.262
fault oscillograph 故障录波器 05.264
fault phase 故障相 21.045
fault point 故障点 21.044
fault recorder 故障记录器 05.263
fault ride through 低电压过渡能力，* 低电压穿越 04.447
fault section 故障区段 21.046
fault state information 故障状态信息 06.058
FBC 流化床燃烧 09.334
FBR fuel assembly 快中子增殖堆燃料组件 13.210
FCB 机组快速切负荷 12.109
FDF 送风机 09.216
feasibility study 可行性研究 03.020
feasible capacity 可调出力 06.364
feasible hours 可调小时 06.363
feather 顺桨 14.053
feeder 馈线 04.062
feeder bay 馈线间隔 15.055
feeder circuit-breaker 馈线断路器 15.185
feeder disconnector 馈线隔离开关 15.214
feedwater 给水 09.264
feedwater condition 给水质量 09.430
feedwater control system 给水控制系统 12.032，给水调节系统 13.470
feedwater heater 给水加热器 10.309
feedwater heating type heat recovery combined cycle unit 给水加热式联合循环机组 10.462
feedwater pump 给水泵 10.336
feedwater-steam circuit 给水-蒸汽回路 13.469
feedwater system 给水系统 10.089
feedwater temperature 给水温度 09.050
Fermi age equation 费米年龄方程，* 年龄扩散方程 13.064
ferrite 铁氧体 01.114
ferritic heat resistant steel 铁素体耐热钢 12.395
ferromagnetic substance 铁磁性物质 01.109
ferromagnetism 铁磁性 01.107
ferro-resonance 铁磁谐振 19.050
fertile nuclide 可转换核素 13.041
FGD 烟气脱硫 20.060
FGD by product 脱硫产物 20.080
FI 故障停电 21.252
fiber attenuation coefficient [光纤]衰减系数 18.337
fiber cladding [光纤]包层 18.322
fiber dispersion [光纤]色散 18.333
fiber strain [光纤]应变 18.338
fibrillating current 致颤电流 21.023
fiducial error 引用误差 02.130
fiducial uncertainty 引用不确定度 02.117
fiducial value 引用值 02.126
field bus 工业控制系统用现场总线 12.140
field test 现场试验 23.090
file transfer protocol server FTP 服务器 06.282
filling valve 充水阀 22.282
filling with water 上水 09.381
film boiling 膜态沸腾 09.280，13.295
filter 过滤器 12.195，滤波器 15.175
filter bed 反滤层 22.072
filtering pretreatment 过滤预处理 12.194
filter reactor 滤波电抗器 15.155
final blade 锁口叶片，* 末叶片 10.185
final settlement of account 竣工决算 22.525
final survey and exploration for transmission line routing 输电线路终勘 03.027
financial internal rate of return 财务内部收益率 03.204
financial net present value 财务净现值 03.203
financial power trading 电力金融交易 06.124
fineness 煤粉细度 09.331
finned tube 鳍片管 09.106
finned tube economizer 鳍片管省煤器 09.137
fire-extinguishing device 灭火装置 11.124
fire load 火荷载 13.474
fire point of oil 燃油燃点 08.184
fire protection design 消防设计 03.174
fire protection for nuclear power plant 核电厂防火 13.648
fire protection in hydropower station 水电站防火 22.540
fire protection system of nuclear power plant 核电厂消防系统 13.473
fire protection wall 防火墙 15.067

fire resistant cable 耐火电缆 18.268
firing 开通 17.139
firing stabilizer 稳燃器 09.196
FIRR 财务内部收益率 03.204
first critical experiment 首次临界实验 13.160
first generation of nuclear power reactor 第一代[核电]反应堆 13.356
first law of thermodynamics 热力学第一定律，* 能量守恒和转换定律 01.505
first loading 首次装料，* 初装料 13.533
first order circuit 一阶电路 01.303
first-out 首出原因 12.083
first-pole-to-clear factor [of circuit-breaker] [断路器]首开极因数 15.323
first uranium inventory [of core] [堆芯]首次铀装量 13.261
fish elevator 升鱼机 22.123
fish ladder 鱼梯 22.124
fish lift 升鱼机 22.123
fish lock 鱼闸 22.125
fish pass structure 过鱼建筑物 01.818
fish pump 鱼泵 22.126
fish way 鱼道 22.122
fissile nuclide 易裂变核素 13.040
fissionable nuclide 可裂变核素 13.039
fissionable nuclide carbide and nitride fuel 碳化物和氮化物燃料 13.196
fission fragment 裂变碎片，* 裂片，* 原始裂变碎片 13.281
fission neutron 裂变中子 13.034
fission products 裂变产物 13.282
fission products poisoning 裂变产物中毒 13.133
fissure 裂隙 01.696
fissured water 裂隙水 01.721
fitting 金具 18.171
FIV 流致振动 13.347
fixed carbon 固定碳 08.044
fixed components 埋入部件 23.018
fixed contact 静触点 05.109，静触头 15.275
fixed pitch 定桨距 14.066
fixed pressure operation of deaerator 除氧器定压运行 10.332
fixed roller gate 定轮闸门，* 滚轮闸门 22.251
fixed washing system for live working 带电作业固定式清洗系统 16.239
fixing of instrument tube 仪表管固定 12.147
flame 火焰 12.097
flame detecting 火焰检测 10.564
flame detector 火焰检测器 12.018
flame envelope 火焰包络 12.098
flame failure limit 熄火极限 10.569
flame holder 火焰稳定器 10.558
flame igniter 点火装置 09.387
flameout 熄火，* 灭火 09.477
flameout protection 熄火保护 10.516
flameproof motor 隔爆型电动机 19.103
flameproof safety 防爆安全措施 21.117
flame radiation 火焰辐射 01.639
flame retardant cable 阻燃电缆 18.269
flap gate 舌瓣闸门 22.261
flap valve 锁气器 09.326
flaring gate pier 宽尾墩 22.207
flash distillation 闪蒸，* 扩容蒸发 12.236
flashed steam system 闪蒸系统，* 减压扩容法 14.012
flash point 闪点 08.183
flat rate tariff 单一制电价 19.177
flat slab buttress dam 平板坝 22.009
fleeting information 速变信息，* 瞬间信息 06.059
flexible AC transmission system 灵活交流输电，* 柔性交流输电 04.038
flexible busbar 软母线 15.052
flexible coupling 挠性联轴器 10.235
flexible power contract 灵活电力合同 06.140
flexible rotor 挠性转子 10.145
flicker 闪变 04.434
flip bucket 挑坎 22.188
flip bucket energy dissipation 挑流消能 22.196
floater 漂珠 20.021
floating bed 浮动床，* 浮床 12.215
floating charge 浮充电 15.405
floating dregs 漂浮物 01.846
floating gate 浮动闸门，* 浮体闸 22.253
floating power station 船舶电站 07.024
float-type flowmeter 浮子式流量计 02.167
flood 洪水 01.661
flood control during construction period 施工期防汛 22.459
flood control [storage] capacity 防洪库容 03.093

flood discharge gate 泄洪闸门 22.272
flood diversion sluice 分洪闸 22.097
flood regulation 洪水调节，* 调洪 03.109
flood releasing structure 泄洪建筑物 01.814
flood restricted [water] level 防洪限制水位 03.123
flood season-dry season price 丰枯电价 06.224
floor response spectrum 楼层响应谱，* 楼层反应谱 13.264
flow 流量 01.832
flow boiling 流动沸腾 13.294
flow channel 流道 13.317
flow coastdown 流量惰走 13.330
flow coefficient 流量系数 10.065
flow field 流场 01.744
flow-induced vibration 流致振动 13.347
flow measurement weir 量水堰 22.118
flow noise in pipings 管道噪声 20.113
flow passage of steam turbine 汽轮机通流部分 10.036
flow passage thermodynamic calculation 通流部分热力计算 10.037
flow path washing 通流部分清洗 10.587
flow pattern 流谱 01.748
flow pressure drop 流动压降 13.336
flow resistance in downcomer 下降管流动阻力 09.115
flow restrictor 限流器 13.340，阻流塞组件 13.423
flow survey 流谱 01.748
flow temperature 流动温度 08.053
flow velocity 流速 01.750
flow with hyper-concentration of sediment 高含沙水流 01.687
flue dust reburning 尾部烟道再燃烧，* 尾部二次燃烧 09.488
flue dust secondary combustion 尾部烟道再燃烧，* 尾部二次燃烧 09.488
flue gas 烟气 20.001
flue gas analysis 烟气分析 09.460
flue gas and air system 烟风系统 09.201
flue gas denitrification 烟气脱氮，* 烟气脱硝 20.062
flue gas desulfurization 烟气脱硫 20.060
flue gas dew point 烟气露点，* 烟气酸露点 20.059
flue gas dust removal 烟气除尘 20.035
flue gas emission control 烟气排放控制 20.012
flue gas fan 抽炉烟风机 09.329
flue gas pollutant 烟气污染物 20.010
flue treatment of ash sluicing water 炉烟处理灰水 20.057
fluid 流体 01.736
fluid drive coupling 液力联轴器，* 液力耦合器 10.341
fluidized bed 流化床 09.333
fluidized bed combustion 流化床燃烧 09.334
fluidized bed combustion boiler 流化床[燃烧]锅炉 09.335
fluidized velocity 流化速度 09.344
fluid kinematics 流体运动学 01.743
fluid mechanics 流体力学 01.735
fluid particle 流体质点 01.738
fluid-structure interaction 流-固耦合 13.346
fluorescent lamp 荧光灯 19.080
flushing 冲管 09.427
fluvial process 河床演变 01.688
flux meter 磁通表 02.039
fly ash 飞灰 09.461，粉煤灰 20.019
fly ash reinjection system 飞灰复燃装置 09.202
fly ash resistivity 飞灰比电阻 20.027
fly ash sampler 飞灰取样器 09.462
flywheel effect 水轮发电机转动惯量，* 飞轮力矩 24.035
FMEA 失效模式与影响分析 21.155
FNPV 财务净现值 03.203
foaming 泡沫共腾 09.282
focus 震源 01.707
FOF 强迫停运系数 21.211
fog flashover 雾闪 18.240
FOH 强迫停运小时 21.209
fold 褶皱 01.695
food chain 食物链 13.776
foot 塔脚 18.110
foot distance 根开 18.155
footing 塔脚 18.110
FOR 强迫停运率 21.224
forced air cooling 风冷 15.115
forced circulation 强制循环 09.253
forced circulation boiler * 强制循环锅炉 09.009
forced convective heat transfer 强制对流换热 01.622
forced draft 正压通风 09.214
forced draft fan 送风机 09.216
forced energization 强送电 04.328

forced exciting　强行励磁，＊强励　04.137
forced oil and air cooling　强迫油循环风冷　15.117
forced oil water cooling　强迫油循环水冷　15.116
forced oscillation　强制振荡　01.317
forced outage factor　强迫停运系数　21.211
forced outage hours　强迫停运小时　21.209
forced outage rate　强迫停运率　21.224
forced outage state　强迫停运状态　21.208
forced outage times　强迫停运次数　21.210
forebay　压力前池　22.177
fork　曲臂　18.104
formation of iron　析铁　09.489
formation rate of marginal generation unit　边际机组形成率　06.301
formation rate of price cap by single power plant　单个电厂形成最高限价的比率　06.302
forward blocking interval　正向阻断间隔　17.118
forward blocking state　正向阻断状态，＊断态　17.129
forward breakdown　正向击穿　17.142
forward contract　远期合同　06.345
forward current　正向电流　17.122
forward direction　正向，＊导通方向　17.120
forward voltage　正向电压　17.124
fossil-fired power plant　火力发电厂，＊火电厂　07.011
fossil fuel　化石燃料　08.002
FOT　强迫停运次数　21.210
foundation　杆塔基础　18.156
foundation cleaning　清基　22.468
foundation [for WTGS]　[风电机组]基础　14.089
foundation grouting　基础灌浆　22.416
foundation of main power building　主厂房基础　07.059
foundation pit　基坑　22.482
foundation ring　基础环　23.026
foundation works　基础工程　01.883
four-factor formula　四因子公式　13.078
Fourier integral　傅里叶积分　01.381
Fourier law　傅里叶定律　01.613
Fourier series　傅里叶级数　01.380
Fourier transform　傅里叶变换　01.384
four-quadrant characteristic curve　四象限特性曲线，＊全特性曲线　23.106
fourth generation of nuclear power reactor　第四代[核电]反应堆　13.365
fractography　断口分析　12.345
fracture appearance transition temperature　脆性转变温度　12.302
fracture mechanics　断裂力学　12.346
fracture mechanics in reactor structure　反应堆结构断裂力学　13.241
fracture mechanics test　断裂力学试验　12.347
fracture toughness　断裂韧度　12.298
frame leakage protection　外壳漏电保护系统　05.189
Francis pump-turbine　混流可逆式水轮机　23.112
Francis turbine　＊法兰西斯水轮机　23.003
free calcium oxide in fly ash　粉煤灰游离氧化钙　20.029
free carbon　游离碳　12.269
free charge　自由电荷　01.007
free energy　自由能　01.523
free enthalpy　自由焓　01.524
free-flow-tunnel　无压隧洞　22.176
free oscillation　自由振荡　01.319
free over flow spillway　开敞式溢洪道　22.145
free piston gas turbine　自由活塞燃气轮机机组　10.455
free-standing blade　自由叶片　10.188
freeze protection measures　防冻措施　22.444
freezing　凝固　01.592
freezing curtain　冻结帷幕　22.403
freezing-thaw erosion　冰融侵蚀　01.850
frequency　频率　01.167
frequency band　频带　01.335
frequency characteristics　频率特性　01.332
frequency characteristics of load　负荷频率特性　04.166
frequency collapse　[电力系统]频率崩溃　04.230
frequency control mode　频率控制方式　17.200
frequency conversion station　变频站　17.016
frequency eligibility rate　频率合格率　04.422
frequency meter　频率计　02.034
frequency protection　频率保护　05.160
frequency regulating capacity　调频容量　04.321
frequency relay　频率继电器　05.046
frequency-sensitive starting　频敏启动　19.158
frequency spectrum　频谱　01.387
frequency stability　频率稳定　04.229
frequency transfer confusion　频率混叠　05.142
friction and windage loss　摩擦通风损耗　11.075
front time of a lightning impulse　雷电冲击波前时间　16.077

front time of impulse current　冲击电流波前时间　16.089
frost heave　冻胀力　01.802
Froude number　弗劳德数　01.768
FRT　低电压过渡能力，＊低电压穿越　04.447
FSI　流-固耦合　13.346
FSS　炉膛安全系统　12.088
FSSS　炉膛安全监控系统　12.087
fuel　燃料　08.001
fuel-air ratio　燃料空气比　10.565
fuel and reprocessing cost　燃料和后处理费用　13.626
fuel assembly　燃料组件　13.203
fuel assembly handling and storage system　燃料组件装卸和储存系统　13.449
fuel assembly irradiation test　燃料组件辐照考验　13.215
fuel bioethanol　燃料乙醇，＊酒精　14.182
fuel blending　配煤　08.153
fuel breeding　燃料增殖　13.173
fuel cell　燃料电池　14.207
fuel cladding　燃料包壳　13.199
fuel consumption　燃料消耗量　09.059
fuel control system　燃料量控制系统　12.036
fuel conversion　燃料转换　13.171
fuel cost　燃料费　03.186
fuel element　燃料元件　13.201
[fuel element] linear power　[燃料元件]线功率　13.255
fuel for power generation　动力燃料　08.003
fuel management　燃料管理　08.033
fuel measurement　燃料计量　08.155
fuel NO_x　燃料型氮氧化物　20.008
fuel oil　燃料油　08.168
fuel oil atomizer　燃油雾化喷嘴　10.561
fuel oil equipment　燃油设备　08.177
fuel oil filter　燃油过滤器　08.180
fuel oil heater　燃油加热器　08.179
fuel pellet　燃料芯块　13.198
fuel pellet melting　燃料中心熔化　13.590
fuel preparation system　燃料制备系统　09.296
fuel quality supervision　燃料质量监督　08.034
fuel ratio　燃料比　08.045
fuel rod　燃料棒　13.200
fuel rupture detection system　燃料破损监测系统　13.453
fuel staged burning　燃料分级燃烧　09.171
fuel staging　燃料分级　09.170
fuel supply　燃料供应　03.037
fuel temperature coefficient　燃料温度系数，＊多普勒反应性系数　13.121
full-arc admission　全周进汽　10.059
full furnace flame detection　全炉膛火焰检测　12.100
full jet　直接喷射　16.242
full lightning impulse　雷电冲击全波　16.076
full scope, high realism simulator　全范围高逼真度仿真机，＊全仿真　12.168
full scope simulator of nuclear power plant　核电厂全范围仿真机　13.613
full voltage starting　全电压启动　19.109
fully constricted vacuum arc　集聚型真空电弧　15.242
fully controllable connection　全控联结　17.066
fully fired combined cycle unit　排气全燃式联合循环机组　10.461
function command　功能命令　06.076
function computer and client computer　厂级监控信息系统功能站和客户机　12.132
function group control　功能组级控制　12.069
function isolation　功能隔离　13.662
function subgroup control　子功能组级控制　12.070
fundamental component　基波分量　04.437
fundamental current　基波电流　02.146
fundamental cut-set　基本割集　01.286
fundamental cut-set matrix　基本割集矩阵　01.288
fundamental factor　基波因数　01.371
fundamental frequency　基频　01.368
fundamental loop　基本回路　01.287
fundamental loop matrix　基本回路矩阵　01.289
fundamental power　基波功率　01.369
fundamental principle for nuclear safety　核安全基本原则　13.631
fundamental wave　基波　01.363
fund raising　资金筹集　03.206
furnace　炉膛　09.063
furnace aerodynamic test　炉膛空气动力场试验　09.453
furnace arch　折焰角　09.237
furnace characteristic parameter　炉膛特征参数　09.067
furnace configuration dimension　炉膛轮廓尺寸　09.064
furnace cross-section area　炉膛断面积　09.066

furnace cross-section heat release rate 炉膛断面放热强度，* 炉膛断面热负荷，* 炉膛断面热强度 09.070
furnace enclosure design pressure 炉膛设计压力 09.058
furnace enclosure transient design pressure 炉膛设计瞬态承受压力 09.078
furnace exit gas temperature 炉膛出口烟气温度 09.061
furnace explosion 炉膛爆炸 09.475
furnace explosion protection 炉膛外爆保护 12.090
furnace flame scanning 炉膛火焰检测 12.017
furnace implosion 炉膛内爆 09.476
furnace implosion protection 炉膛内爆保护 12.091
furnace loss of fire 熄火，* 灭火 09.477
furnace nose 折焰角 09.237
furnace plan heat release rate 炉膛断面放热强度，* 炉膛断面热负荷，* 炉膛断面热强度 09.070
furnace pressure control system 炉膛压力控制系统 12.038
furnace pressure difference control system 床压控制系统 12.043
furnace puff 炉膛爆燃 09.474
furnace purge 炉膛吹扫 09.382
furnace safety supervisory system 炉膛安全监控系统 12.087
furnace safety system 炉膛安全系统 12.088
furnace slagging tendency 炉膛结渣倾向 09.049
furnace temperature control system 床温控制系统 12.042
furnace volume heat release rate 炉膛容积放热强度，* 炉膛容积热负荷 09.069
furnace wall area around the burner zone 燃烧器区炉壁面积 09.068
fuse 熔断器 19.029
fuse plug spillway 自溃坝 22.036
fuse welding 熔焊 12.371
fusion 熔化 01.591
fusion energy resources 聚变能资源 13.179
fusion-fission hybrid reactor 聚变-裂变混合堆 13.403
futures contract 期货合同 06.344

G

gallery in dam 坝内廊道 22.050
gallium arsenide solar cell 砷化镓太阳能电池 14.159
galvanometer 检流计 02.018
gangue 煤矸石 08.013
gantry crane 门式启闭机 22.292
gapless metal oxide arrester 无间隙金属氧化物避雷器 15.379
garbage-burning power plant 垃圾电厂 07.018
garbage-fired boiler 垃圾锅炉 09.038
gas and aerosol monitoring meter 气体和气溶胶监测仪 13.766
gas burner 气体燃烧器 09.182
gas-by-pass damper 烟气比例调节挡板 09.184
gas centrifugation method 气体离心法 13.187
gas cleaning 烟气净化 20.004
gas constant 气体常数 01.491
gas dielectric breakdown 气体介质击穿 16.121
gas discharge 气体放电 16.116
gaseous arc 气体电弧 15.239
gaseous diffusion method 气体扩散法 13.186
gaseous discharge lamp 气体放电灯 19.081
gaseous radiation 气体辐射 01.638
gas evolving circuit-breaker [固体]产气断路器 15.197
gas expander turbine 气体膨胀透平 10.529
gas filled boiler protection 充气法养护 09.420
gas filled switchgear and controlgear 充气式金属封闭开关设备和控制设备 15.235
gas-fired boiler 燃气锅炉 09.023
gas flow distribution 气流分布 20.044
gas flue 烟道 09.238
gas fuel 气体燃料 08.167
gas fuel nozzle 气体燃料喷嘴 10.562
gas-gas heater [烟气脱硫]气-气加热器 20.081
gas generator 燃气发生器 10.531
gasification efficiency 气化效率，* 冷气体热效率 14.193
gas insulated line 气体绝缘线路 18.009
gas insulated metal enclosed substation 气体绝缘金属封闭变电站 15.015

gas insulated metal enclosed switchgear and controlgear 气体绝缘金属封闭开关设备，＊封闭式组合电器 15.237
gas mixture 混合气体 01.465
gas pass 烟道 09.238
gas phase 气相 01.588
gas proportioning damper 烟气比例调节挡板 09.184
gas protection 气体保护 05.162
gas recirculation 烟气再循环[调温] 09.203
gas recirculation fan 烟气再循环风机 09.242
gas relay 气体继电器 05.055
gas side energy imbalance at furnace exit 炉膛出口烟气能量不平衡，＊炉膛出口烟气热偏差 09.494
gassing properties of insulating oil 油析气性 12.285
gas-solid two phase flow 气固两相流 09.295
gas-steam combined cycle 燃气-蒸汽联合循环 01.558
gas-steam combined cycle power plant 燃气-蒸汽联合循环发电厂 07.013
gas-steam combined cycle unit 燃气-蒸汽联合循环机组 10.458
gas temperature control 燃气温度控制 10.511
gas temperature control system 燃气温度控制系统 12.058
gas thermometer 气体温度计 02.151
gas turbine 燃气轮机 10.440
[gas] turbine [燃气]透平，＊涡轮 10.517
gas turbine base load operation 燃气轮机基本负荷运行 10.507
[gas turbine] combustion chamber [燃气轮机]燃烧室 10.545
gas turbine control and protection 燃气轮机控制和保护 10.510
gas turbine emergency operation 燃气轮机应急运行 10.505
gas turbine erection 燃气轮机安装 10.442
gas turbine fuel 燃气轮机燃料 10.560
gas turbine-generator set 燃气轮机发电机组 10.441
gas turbine major parts inspection 燃气轮机关键部位检查 10.489
gas turbine off-design condition 燃气轮机变工况 10.488
gas turbine operating point 燃气轮机运行点 10.487
gas turbine output performance diagram 燃气轮机输出功率性能图 10.486
gas turbine peak load operation 燃气轮机尖峰负荷运行 10.506
gas turbine start 燃气轮机启动 10.490
gas turbine thermodynamic performance test 燃气轮机热力性能试验 10.485
gas turbine unit control system 燃气轮机控制系统 12.056
gate 闸门 22.248
gate chamber 门库 22.275
gate groove 闸门槽 22.283
gate hoist 闸门启闭机 22.289
gate holder 闸门锁定器 22.276
gate non-trigger current 门极不触发电流 17.156
gate non-trigger voltage 门极不触发电压 17.154
gate seal 闸门止水，＊水封 22.284
gate trigger current 门极触发电流 17.155
gate trigger voltage 门极触发电压 17.153
gate type coal grab 门式抓煤机 08.126
gauge pressure 表压力 01.487
gauss 高斯 01.436
Gauss-Seidel method 高斯-赛德尔法 04.158
Gauss theorem 高斯定理 01.057
GCM 发电机工况监测器 11.187
gearless WTGS 直驱式风电机组，＊无齿轮箱式风电机组 14.083
general emergency ＊总体应急 13.783
[general] impedance converter [通用]阻抗变换器 01.398
general layout of plant 厂区总平面布置 03.154
general layout of thermal power plant 火力发电厂总平面布置 07.049
general purpose switch 通用负荷开关 15.221
generation competition 发电竞争模式 06.130
generation market 发电市场，＊发电侧市场 06.132
generation planning 电源发展规划 03.005
generation re-scheduling 发电再计划，＊发电调整计划 06.176
generation right transfer trading 发电权转让交易 06.131
generation schedule 发电计划 04.032
generator available output 发电机可能出力 04.030
generator capability diagram 发电机出力图，＊发电机 P-Q 曲线 11.066
generator condition monitor 发电机工况监测器

11.187
generator cooling 发电机冷却 11.077
generator cooling system failure protection 发电机冷却系统故障保护 12.116
generator cooling system test 发电机冷却系统试验 11.234
generator efficiency 发电机效率 11.071
generator failure 发电机故障 11.166
generator floor 发电机层 22.239
generator for nuclear power station 核电站用发电机 11.246
generator motoring protection 发电机电动机运行保护 05.177
generator operation mode 发电工况，* 水轮机工况 24.042
generator performance test 发电机性能试验 11.214
generator P-Q chart 发电机出力图，* 发电机 P-Q 曲线 11.066
generator protection for earthing 发电机接地保护 05.188
generator protection for negative sequence current 发电机负序电流保护 05.178
generator protection for short-circuit 发电机短路保护 05.187
generator protection system 发电机保护系统 05.174
generator rotor 发电机转子 11.031
generator stator 发电机定子 11.003
generator-transformer unit protection 发电机-变压器单元保护 05.191
generator under frequency protection 发电机低频率保护 05.176
generator without coil slot 无槽发电机 11.245
generator with supercritical turbine sets 超临界机组发电机 11.247
generic simulator 通用型仿真机 12.169
geographic diagram of power plant interconnection 电厂接入系统地理接线 03.011
geological age 地质年代 01.691
geological disposal 地质处置 13.812
geological structure 地质构造 01.692
geomechanical model test 地质力学模型试验 01.865
geomembrane seepage protection dam 土工膜防渗坝 22.027
geometrically safe 几何安全 13.695
geometrical parameter [光纤]几何尺寸参数 18.327
geostress 地应力 01.705
geotechnical model test 土工模型试验 01.872
geotectonic hypothesis 大地构造学说 01.712
geotextile 土工织物 22.090
geothermal direct use 地热直接利用，* 地热非电利用 14.013
geothermal energy 地热能 14.001
geothermal field 地热田 14.007
geothermal fluid 地热流体 14.004
geothermal heat pump 地源热泵 01.602
geothermal power generation 地热发电 14.010
geothermal resources 地热资源 14.002
geothermal steam turbine 地热汽轮机 10.021
GFD 地面落雷密度 16.065
GGH [烟气脱硫]气-气加热器 20.081
Gibbs function * 吉布斯函数 01.524
Gibson method 水锤法，* 压力-时间法 23.092
GIC [通用]阻抗变换器 01.398
GIL 气体绝缘线路 18.009
GIS 气体绝缘金属封闭开关设备，* 封闭式组合电器 15.237
glacier 冰川 01.733
gland and steam sealing system 汽封 10.211
gland steam condenser 轴封冷却器 10.218
gland steam exhauster 轴封抽汽器 10.219
glass insulator 玻璃绝缘子 18.228
glass solidification 玻璃固化 13.813
glove box 手套箱 13.223
glow discharge 辉光放电 16.135
GMC 毛最大容量 21.219
governing characteristics 调节特性 10.268
governing stage 调节级 10.054
governing valve 调节[汽]阀 10.114
governor impeller 调速泵，* 脉冲泵 10.251
gradation for surface pollution 污秽等级 16.208
gradient 梯度 01.141
grading capacitor between open contacts of circuit-breaker 断路器断口并联电容 15.315
grading of aggregate 骨料级配 22.318
grading ring 均压环 18.198
grading ring of arrester 避雷器均压环 15.384
graphite gas-cooled reactor 石墨气冷反应堆 13.389
graphite water-cooled reactor 石墨水冷反应堆 13.388

graphitization 石墨化 12.340
gravitational erosion 重力侵蚀 01.847
gravitational grouting 自流灌浆 22.423
gravity abutment 重力墩，＊推力墩 22.071
gravity arch dam 重力拱坝，＊厚拱坝 22.014
gravity dam 重力坝 22.005
gray control rod 灰棒 13.143
greenhouse gases 温室气体 20.002
greening factor of plant area 厂区绿化系数 03.184
grey body 灰体 01.642
grid access tariff 电网接入价 06.264
grid-connected PV system 并网光伏发电系统 14.167
grid connection point for wind farm [风电场]电网连接点 14.112
grid security check 网络安全校核 06.195
grid security constraint 网络安全约束 06.196
grillage foundation 格栅式基础 18.162
grindability index of coal 煤可磨性指数 08.069
grip strength test 握力试验 18.345
groove for balancing rotor 本体半月形平衡槽 11.044
gross calorific value 高位发热量 08.048
gross coal consumption rate 发电煤耗率，＊发电煤耗 07.029
gross coal sample 总样 08.097
gross head 毛水头 03.127
gross maximum capacity 毛最大容量 21.219
ground clearance 对地净距 18.149
ground coal bin 落地煤仓 08.133
ground fault 接地故障 05.033
ground flash density 地面落雷密度 16.065
grounding and short-circuiting equipment 接地和短路装置 16.232
grounding brush 接地电刷 11.101
grounding stick for live working 带电作业接地棒 16.235
grounding switch 接地开关 15.217
grounding switch for busbar 母线接地开关 15.219
ground level pollutant concentration 污染物地面浓度 20.013
ground return 大地回线 17.044
ground return transfer switch 大地回线转换开关 17.041
ground-source heat pump 地源热泵 01.602
ground temperature 地温，＊地中温度 14.005
groundwater 地下水 01.716
groundwater intake facilities 取地下水设施 10.392
groundwater pollution 地下水污染 20.133
group alarm 组合告警 06.061
group command 组命令 06.073
grout absorption 进浆量 22.432
grout consumption 耗浆量 22.424
grout emerging 涌浆 22.430
grouting 灌浆 22.409
grouting and sealing technique 注浆堵水技术 22.433
grouting gallery 灌浆廊道 22.052
grouting hole 灌浆孔 22.410
grout intake 进浆量 22.432
grout runout 跑浆 22.431
grout stop 止浆片 22.428
GRTS 大地回线转换开关 17.041
guaranteed output 保证出力 03.132
guaranteed performance test ＊性能考核试验 09.451
guidance of unit optimized operation 机组运行优化指导 12.137
guide bearing [水轮机]导轴承，＊水导 23.047
guide bearing segment 导轴瓦 24.027
guide bearing shoe 导轴瓦 24.027
guide vane 活动导叶，＊导叶，＊导水叶 23.040
guide vane end stop 限位块，＊限位销 23.044
guide wall 导航墙，＊导航建筑物 22.133，导[流]墙 22.169
gust 阵风 14.022
guy 拉线 18.168
guyed portal tower 拉线门型塔 18.092
guyed support 拉线杆塔 18.087
guyed V tower 拉线 V 型塔 18.091

H

half-life 半衰期 13.021
half voltage starting 半电压启动 24.049
Hall effect 霍尔效应 01.159
hammer crusher 锤式碎煤机 08.140

hammer mill 锤击磨煤机 09.316
handling equipment for live working 带电作业手持设备 16.230
hard coal 硬煤 08.011
hardening and tempering 调质 12.333
hardenning 淬火 12.331
Hardgrove grindability index 哈氏可磨性指数 08.070
harmonic analysis 谐波分析 01.366
harmonic analyzer 谐波分析仪 02.102
harmonic component 谐波分量 04.438
harmonic content 谐波含量 01.373
harmonic current 谐波电流 02.147
harmonic excitation 谐波励磁，* 谐波辅助绕组励磁系统 04.136
harmonic factor 谐波因数，* 畸变因数 01.372
harmonic number 谐波次数，* 谐波序数 01.374
harmonic order 谐波次数，* 谐波序数 01.374
harmonic resonance 谐波谐振 19.049
harmonics in public supply network 公用电网谐波 04.435
harmonic source 谐波源 04.440
HAT 湿空气透平循环燃气轮机 10.453
HAT cycle 湿空气透平循环 01.557
HDM 氢气露点监测器 11.195
head cover 顶盖 23.024
header 集箱，* 联箱 09.112
header type heater 联箱式加热器 10.313
head loss 水头损失 01.774
head pond 压力前池 22.177
heart current factor 心脏电流系数 21.025
heat 热 01.510
heat capacity 热容[量] 01.503
heat conduction 导热，* 热传导 01.612
heat consumption rate of electricity generation 发电热耗率，* 发电热耗 07.032
heat consumption rate of electricity supply 供电热耗率，* 供电热耗 07.034
heat effect of short-circuit current 短路电流的热效应 04.189
heat engine 热机 01.539
heater condensing zone 加热器凝汽区 10.317
heater desuperheating zone 加热器过热蒸汽冷却区 10.316
heater drain cooling zone 加热器疏水冷却区 10.318
heater drain system 加热器疏水系统 10.326
heater for heating network 热网加热器 10.344
heat exchanger 热交换器，* 换热器 01.645
heat flow density of fuel element surface 元件表面热流密度 13.287
heat flux 热流密度，* 热通量 01.611
heat indication test 热跑试验 10.162
heating 采暖通风和空气调节 07.063
heating heat load 供暖热负荷 03.147
heating network 热网 10.343
heating outgoing line corridor 热力管线走廊 03.042
heating supply system 供热系统 10.092
heating surface 受热面 09.099
heating tariff 供热电价 19.195
heating tightening of cylinder flange bolts 汽缸螺栓热紧 10.105
heating，ventilation and air-conditioning 采暖通风和空气调节 07.063
heat insulation layer 保温层，* 隔热层 10.439
heat load 热[力]负荷 03.015
heat load duration curve 热负荷持续曲线 03.150
heat loss 热损失 09.440
heat loss due to exhaust gas 排烟热损失 09.443
heat loss due to radiation 散热损失 09.442
heat loss due to sensible heat in slag 灰渣物理热损失 09.446
heat loss due to unburned carbon 固体未完全燃烧热损失，* 机械未完全燃烧热损失 09.445
heat loss due to unburned gas 气体未完全燃烧热损失，* 化学未完全燃烧热损失 09.444
heat output of boiler 锅炉有效利用热量 09.439
heat pipe air preheater 热管空气预热器 09.222
heat pump 热泵 01.601
heat recovery boiler 余热锅炉 09.025
heat recovery boiler approach point difference in temperature 余热锅炉接近点温差 09.498
heat recovery boiler node difference in temperature 余热锅炉节点温差，* 窄点温差 09.497
heat release in reactor 反应堆释热 13.280
heat release rate of furnace radiant heating surface 炉膛辐射受热面放热强度 09.072
heat sink 排热系统，* 冷端系统 10.349
heat tracing 伴热 12.148

heat transfer 传热 01.610
heat transfer in reactor 反应堆内热传输 13.286
heat transfer medium 传热介质 14.131
heat treatment of metal 金属热处理 12.328
heat tube 热管 01.644
heavy-duty gas turbine 重型燃气轮机 10.450
heavy fuel oil 重质燃料油，＊重油 08.170
heavy icing area 重冰区 18.060
heavy water collection system for HWR 重水堆重水收集系统 13.486
heavy water reactor 重水反应堆，＊重水堆 13.386
hedging 套期保值 06.343
helium gas turbine 氦气轮机 13.479
Heller system ＊海勒系统 10.400
Helmholtz function ＊亥姆霍兹函数 01.523
hemispherical temperature 半球温度 08.052
henry 亨[利] 01.427
Herfindahl-Hirschman index 市场集中度指数，＊赫氏指数 06.327
hermetic circular coal storage 全封闭圆形煤场 08.134
hertz 赫[兹] 01.428
Hess law 赫斯定律 01.605
HGIS 混合式气体绝缘金属封闭开关设备 15.238
HHI 市场集中度指数，＊赫氏指数 06.327
hideout of salts 盐类暂时消失，＊盐类隐藏现象 12.261
hierarchical control of power system 电力系统分层控制 06.011
high and low matching method 高低匹配法 06.179
high cycle fatigue of blade 叶片高周疲劳 10.205
high drum water level 锅炉满水 09.479
higher part load vortex 高部分负荷压力脉动，＊特殊水压脉动 23.099
highest operating voltage of a system 系统最高运行电压 04.022
high fluence test reactor 高注量率试验堆，＊高通量堆 13.410
high grade coal 高品位煤 08.016
high head hydropower station 高水头水电站 03.069
high heating value 高位发热量 08.048
high-impedance type busbar differential protection 高阻抗型母线差动保护 05.194
high initial response excitation system 高起始响应励磁系统 04.141
high level radioactive waste 高放废物 13.800
high load factor tariff 高负荷率电价 19.188
highly enriched uranium 高富集铀 13.184
high order harmonic component 高次谐波 01.365
high power test laboratory 大功率试验站，＊高电压强电流试验站 16.015
high power test station 大功率试验站，＊高电压强电流试验站 16.015
high pressure admission parts 高压进汽部分 10.107
high pressure boiler 高压锅炉 09.014
high pressure by-pass system 高压旁路系统 10.083
high pressure deaerator 高压式除氧器，＊压力式除氧器 10.329
high pressure feedwater heater 高压加热器 10.320
high-pressure fire resistant oil system 高压抗燃油系统 10.277
high pressure gate 高压闸门，＊深孔闸门 22.268
high pressure injection grouting 高压喷射灌浆 22.421
high pressure liquid chromatographic analysis 高压液相色谱分析 12.288
high pressure oil jacking equipment 高压油顶轴装置 10.231
high pressure oil lifting device 高压油顶起装置 24.023
high-pressure safety injection system 高压安全注射系统 13.439
high pressure steam turbine 高压汽轮机 10.013
high pressure units 高压机组 07.005
high price winning ratio 高价中标率 06.309
high-profile layout 高型布置 15.025
high-reliability price 高可靠性电价 06.228
high resistive fault 高阻故障 21.031
high response excitation 快速励磁 04.243
high speed automatic reclosing 快速自动重合 05.236
high speed grounding switch 快速接地开关，＊人工接地刀闸 15.218
high speed pulverizer 高速磨煤机 09.314
high temperature corrosion 高温腐蚀 12.356
high temperature gas cooled reactor 高温气冷反应堆 13.390
high temperature gas cooled reactor of pebble bed 球床型高温气冷堆 13.392
high temperature gas path overhaul 高温燃气通道检修 10.556

high temperature heat pipe 高温热管 13.501
high temperature separator 高温分离器 09.351
high voltage 高压 04.016
high voltage bridge 高压电桥 16.041
high voltage coupling capacitor 高压耦合电容器 16.048
high voltage DC generator 直流高压发生器 16.007
high voltage direct current 高压直流 04.019
high voltage direct current transmission system 高压直流输电系统 17.001
high voltage generator 高电压发电机 11.241
high voltage oscilloscope 高压示波器 16.042
high voltage presence indicating device 高压带电显示装置 15.328
high voltage rectifier 高压整流器 16.006
high voltage source filter 高压电源滤波器 16.057
high voltage standard capacitor 高压标准电容器 16.047
high voltage switchgear and controlgear 高压开关设备和控制设备 15.228
high voltage switchgear interlocking device 高压开关设备联锁装置 15.327
high voltage switching device 高压开关[装置] 15.227
high voltage technology 高电压技术 16.001
high voltage testing equipment 高电压试验设备 16.002
high voltage winding 高压绕组 15.100
hill diagram 水轮机综合特性曲线 23.063
hill-side extension 加长腿 18.111
hinged supporter 铰座 22.286
historical data memory 历史数据存储 12.122
historical data server 历史数据服务器 06.286
historical flood 历史洪水 01.663
historical reliability assessment 可靠性评价 21.149
hoisting capacity 启闭力 22.295
hoisting holder 铰座 22.286
hoisting machine 起重机械 07.071
holding current 维持电流 17.157
hold-off interval 关断间隔 17.112
hold point 停工待检点，*H 点 13.706
hole 空穴 01.006
hollow blade 空心叶片 10.535
hollow conductor 空心导线 11.018
hollow dam 空腹坝 22.018
hollow fiber permeator 中空纤维渗透器 12.231
hollow jet valve 空注阀 22.281
homogeneous earth dam 均质土坝 22.024
hook 挂钩 18.185
horizontal axis rotor 水平轴风轮 14.062
horizontal clearance between cable racks 架间水平净距 18.298
horizontal clearance between power cables 电力电缆间水平净距 18.296
horizontal clearance between rack and wall 架与壁间水平净距 18.299
horizontal closure method 平堵法截流 22.503
horizontal configuration 水平排列 18.139
horizontal gas pass 水平烟道 09.239
horizontal hydrogenerator 卧式水轮发电机 24.003
horizontally firing 墙式燃烧 09.161
hot air recirculation 热风再循环 09.236
hot air temperature 热风温度 09.062
hot channel 热通道 13.319
hot channel factor 热通道因子 13.322
hot functional test 热态功能试验 13.542
hot gas duce of HTGR [高温气冷堆]热气导管 13.478
hot laboratory for material examination 材料检验热实验室，* 热室 13.221
hot point factor 热点因子 13.323
hot reserve 热备用，* 旋转备用 04.353
hot running test 热跑试验 10.162
hot shutdown 热[态]停堆 13.547
hot spot 热点 13.320
hot start-up 热态启动 09.378，[汽轮机]热态启动 10.410
hot stick working 绝缘杆作业，* 间接作业 16.215
hot water supply heat load 热水供应热负荷 03.149
hot water temperature 热水温度 09.083
hot well 热井，* 凝结水汇集箱 10.354
hour-ahead trading 时前交易，* 小时前交易 06.147
howel-bunger valve 锥形阀 22.279
HTGR 高温气冷反应堆 13.390
72h trial running 72 小时带负载运行 24.052
hub 轮毂 14.060，转轮体 23.037
hub height 轮毂高度 14.061
human event 人因事件 13.372
human factor engineering [of nuclear power plant main control room] [核电厂主控室]人因工程 13.609

human failure　人员差错　13.703
humid air　湿空气　01.466
humid air turbine cycle　湿空气透平循环　01.557
humid air turbine cycle gas turbine　湿空气透平循环燃气轮机　10.453
humidity　湿度　01.651
humidity correction factor　空气湿度校正系数，* 空气湿度校正因数　16.111
hump weir　驼峰堰　22.115
hunting of interconnected synchronous machines　并联同步电机振荡　04.288
HV　高压　04.016
HVDC　高压直流　04.019
HVDC back-to-back system　高压直流背靠背系统　17.005
HVDC converter station　高压直流换流站　17.015
HVDC converter station control　高压直流换流站控制　17.174
HVDC converter station ground mat　高压直流换流站接地网　17.036
HVDC system bipolar control　高压直流系统双极控制　17.175
HVDC system master control　高压直流系统主控制　17.173
HVDC system pole control　高压直流系统极控制　17.176
HVDC transmission control mode　高压直流输电控制方式　17.188
HVDC transmission control system　高压直流输电控制系统　17.170
HVDC transmission line　高压直流输电线路　17.017
HVDC transmission line pole　高压直流输电线路极线　17.018
HVDC transmission system　高压直流输电系统　17.001
hybrid gas insulated metal enclosed switchgear　混合式气体绝缘金属封闭开关设备　15.238
hybrid start-up of high-medium pressure cylinders complex　高、中压缸联合启动　10.412
hydration heat of cement　水泥水化热　22.351
hydraulic accumulator　液压蓄能器　10.284
hydraulic ash handling　水力除灰　20.090
hydraulic coupling　液力联轴器，* 液力耦合器　10.341
hydraulic deviation　水力偏差，* 流量分配不均匀性　09.257
hydraulic excavation　水力开挖　22.366
hydraulic fill dam　水力冲填坝　22.028
hydraulic gate　液压闸门　22.263
hydraulic hoist　液压式启闭机　22.293
hydraulic machinery　水力机械　01.885
hydraulic model test　水工模型试验，* 水力学模型试验　01.864
hydraulic monitor system　水力监测系统　23.157
hydraulic operating mechanism　液压操动机构　15.285
hydraulic servo-motor　油动机，* 液压伺服装置　10.256
hydraulic speed governor　液压式调速器　10.250
hydraulic structural model test　水工结构模型试验　01.868
hydraulic structure　水工建筑物　22.001
hydraulic thrust　轴向水推力，* 水推力　23.078
hydraulic tunnel　水工隧洞　22.173
hydraulic turbine floor　水轮机层　22.240
hydraulic turbine operating performance curve　水轮机运转特性曲线　23.064
hydraulity stability　[水力]稳定性　23.096
hydrazine treatment　联氨处理　12.242
hydride battery　氢化物电池　14.205
hydrodynamic pressure　动水压力　01.789
hydrodynamic property　水动力特性　09.272
hydroenergy computation　水能计算　03.053
hydroenergy resources　水力资源，* 水能资源　01.886
hydroenergy utilization　水能利用　01.811
hydrofracture grouting　劈裂灌浆　22.422
hydrogen container　氢气罐　11.095
hydrogen cooled generator　氢冷发电机　11.139
hydrogen dew point monitor　氢气露点监测器　11.195
hydrogen dryer　氢干燥器　11.092
hydrogen drying　氢气干燥　11.091
hydrogen embrittlement　氢脆，* 白点　12.350
hydrogen embrittlement fracture　氢脆断裂　12.351
hydrogenerator　水轮发电机　24.001
hydrogenerator cooling system　水轮发电机冷却系统　24.030
hydrogenerator pit　[水轮发电机]机坑　24.019
hydrogenerator rotor　[水轮发电机]转子　24.012
hydrogenerator rotor hub　转子中心体　24.013
hydrogenerator set　水轮发电机组　24.039

hydrogenerator stator [水轮发电机]定子 24.011
hydrogenerator thrust bearing [水轮发电机]推力轴承 24.016
hydrogen explosion 氢爆 09.490，氢爆炸 11.088
hydrogen humidity 氢气湿度 11.143
hydrogen intake from air gap 气隙取气 11.155
hydrogen into water leakage monitor 定子内冷水含氢量监测器 11.200
hydrogen leakage value 漏氢量 11.144
hydrogen make-up rate monitor 补氢量测量器 11.199
hydrogen-oil differential pressure valve [氢油]压差阀 11.153
hydrogen oxygen fuel cell 氢氧燃料电池 14.206
hydrogen plant 氢站 11.093
hydrogen power generation 氢能发电 14.204
hydrogen pressure 氢气压力 11.140
hydrogen purity 氢气纯度 11.142
hydrogen purity analyzer 氢气纯度分析仪 11.201
hydrogen source 氢气来源 11.094
hydrogen substitution 氢气置换 11.089
hydrogen system 氢气系统 11.087
hydrogen system monitoring and control 氢气监测控制 11.090
hydrogen system trouble 氢系统故障 11.182
hydrogen tightness test 氢密封性试验 11.147
hydrogen-water cooler 氢水冷却器 11.141
hydrological computation 水文计算，* 水文分析计算 01.677
hydrological forecasting 水文预报 01.678
hydrological investigation 水文调查 01.676
hydrological survey 水文勘测 01.675
hydrology 水文学 01.657
hydrology of land 陆地水文学 01.658
hydropower 水力发电 01.810，水能 03.044
hydropower calculation 水能计算 03.053
hydropower development 水能开发，* 水电开发 03.050
hydropower planning 水能[利用]规划，* 水电规划 03.052
hydropower plant 水力发电厂 03.062
hydropower project 水力发电站，* 水力发电枢纽 03.061
hydropower resources 水力资源，* 水能资源 01.886
hydropower station 水力发电站，* 水力发电枢纽 03.061
hydropower station in river channel 河床式水电站 03.073
hydrostatic pressure 静水压力 01.788
hydrostatic test 水压试验 09.457
hydroturbine 水轮机 23.001
hydroturbine blade [水轮机转轮]叶片 23.034
hydroturbine governor [水轮机]调速器 23.140
hydroturbine main shaft [水轮机]主轴 23.049
hydroturbine model test stand 水轮机模型试验台 23.066
hygrometer 湿度计 02.169
hypocenter 震源 01.707

I

I&C 反应堆仪表和控制系统，* 仪控系统 13.503
ice 冰凌 01.672
ice-breaking disconnector 破冰式隔离开关 15.213
ice coverage area 覆冰区 18.059
ice dam 冰坝 01.674
ice-formation period 结冰期 01.671
ice jam 冰塞 01.673
ice loading 冰荷载 18.051
ice pressure 冰压力 01.796
ideal current source 理想电流源 01.202
ideal enthalpy drop 等熵焓降，* 理想焓降 10.041
ideal fluid 理想流体 01.741
ideal gas 理想气体 01.462
ideal gas equation of state 理想气体状态方程 01.469
ideal power 理想功率 10.042
ideal transformer 理想变压器 01.397
ideal velocity 理想速度 10.062
ideal voltage source 理想电压源 01.201
IDF 引风机，* 吸风机 09.235
idle curve 惰走曲线 10.428
idle interval 阻断间隔，* 空闲间隔 17.115
idle time 惰转时间 10.427

idling　空转　19.124
idling [for WTGS]　[风电机组]空转　14.104
idling speed　空负荷转速　10.501
IGCC　整体煤气化联合循环机组　10.469
ignitability of coal　煤粉的着火特性　09.045
igniter　点火器　09.385
ignition　锅炉点火　09.383，[燃气轮机]点火　10.495
ignition characteristic of pulverized coal　煤粉的着火特性　09.045
ignition energy　点火能量　09.384
ignition failure　点火失败　10.515
ignition failure protection　点火失败保护　12.093
ignition speed　点火转速　10.496
ignition temperature　着火温度　08.076
ignition temperature of pulverized coal-air mixture flow　煤粉气流着火温度　09.046
illegal speculation　非法投机行为　06.308
imaginary circle　假想切圆　09.183
immersion　浸没　03.097
immersion thermocouple　埋入式热电偶　02.158
immittance　导抗　01.232
impact load　冲击负荷　04.395
impact toughness　冲击韧性　12.299
impedance　阻抗　01.221
impedance component　阻抗元件　05.072
impedance earthed [neutral] system　中性点阻抗接地系统　04.074
impedance matching　阻抗匹配　01.231
impedance matrix of two-point network　二端口网络阻抗矩阵　01.273
impedance protection　阻抗保护　05.157
impedance relay　阻抗继电器　05.045
impedance voltage [at rated current]　阻抗电压　15.124
impermeable foundation　不透水地基　22.435
impervious barrier of upper reservoir for pumped storage station　抽水蓄能电站上池防渗　22.082
impervious face slab　防渗面板　22.080
impingement cooling　冲击冷却　10.540
impulse chopped on the front　波头截断冲击波　16.095
impulse chopped on the tail　波尾截断冲击波　16.096
impulse current　冲击电流　16.087
impulse current generator　冲击电流发生器　16.010
impulse current shunts　冲击电流分流器　16.012
impulse current test　冲击电流试验　16.024
impulse earthing resistance　冲击接地电阻　16.204
impulse front discharge voltage　冲击波波前放电电压　16.100
impulse hydroturbine　冲击式水轮机　23.014
impulse sparkover voltage　冲击放电电压　16.099
impulse stage　冲动级　10.052
impulse steam turbine　冲动式汽轮机　10.006
impulse turbine　冲动式透平　10.520
impulse voltage divider　冲击电压分压器　16.013
impulse voltage generator　冲击电压发生器　16.009
impulse voltage withstand test　冲击耐压试验　16.018
incandescent lamp　白炽灯　19.079
incidence matrix　关联矩阵　01.251
incident　偶然事件　19.043
incident sequence　事件序列　13.683
incident wave　入射波　01.408
incineration of radioactive waste　放射性废物焚烧　13.808
inclined core　斜墙　22.079
inclined intake　斜坡式进水口　22.163
inclined jet hydroturbine　斜击式水轮机　23.017
inclined joint　斜缝　22.065
inclined pipe intake　卧管式进水口　22.166
inclined rod grid water film scrubber　斜棒栅水膜除尘器　20.051
inclined ship lift　斜面升船机　22.143
inclined span　不等高档　18.122
incoming feeder　进线馈线　15.057
incomplete damping winding　半阻尼绕组　11.043
incompressible fluid　不可压缩流体　01.742
increased safety type motor　增安型防爆电动机　19.104
increment　子样　08.098
incremental command　＊增量命令　06.071
incremental information　增量信息　06.054
incremental speed governing droop　局部转速不等率　10.272
independent current source　独立电流源　01.204
independent-manual operating mechanism　人[手]力储能操动机构　15.287
independent power producer　独立发电商　06.158
independent time-lag protection　定时限保护　05.199
independent verification　独立验证　13.708
independent voltage source　独立电压源　01.203
index method　指数法，＊蜗壳压差法　23.093

indicating [measuring] instrument 指示[测量]仪器仪表 02.002
indication [标]示值 02.123
indirect cause of electric fault 电气事故间接原因 21.120
indirect contact 间接接触 21.081
indirect dry cooling system 间接干式冷却系统，* 间接空冷系统 10.399
indirect dry cooling system with mixed condenser 带混合式凝汽器的间接干式冷却系统 10.400
indirect dry cooling system with surface condenser 带表面式凝汽器的间接干式冷却系统 10.401
indirect economic loss of electric fault 电气事故间接经济损失 21.122
indirect lightning strike 感应雷[击] 16.072
indirect [method of] measurement 间接测量[法] 02.084
indirect working 绝缘杆作业，* 间接作业 16.215
individual burner flame detection 单燃烧器火焰检测 12.099
individual phase control 等触发角控制，* 按相控制 17.203
individual phase control 分相控制 17.190
indoor coal storage yard 干煤棚 08.132
indoor external insulation 户内外绝缘 16.168
indoor high switchgear and controlgear 户内开关设备和控制设备 15.230
indoor meter 户内仪表 02.073
indoor substation 户内变电站 15.016
indoor type transformer 户内变压器 15.095
induced draft 负压通风 09.213
induced draft fan 引风机，* 吸风机 09.235
induced electromotive force 感应电动势 11.049
induced overvoltage 感应过电压 16.188
induced voltage 感应电压 01.075，感应电动势 11.049
inductance bridge flowmeter 感应电桥式流量计 02.165
inductance meter 电感表 02.045
inductance [of an ideal inductor] 电感 01.215
induction generator [风电机组]异步发电机，* 感应发电机 14.080
induction instrument 感应系仪表 02.100
induction meter 感应式电能表 02.060
induction motor 感应电动机，* 异步电动机 19.094
inductive reactance 感抗 01.218
inductive susceptance 感纳 01.229
inductive voltage transformer 电磁式电压互感器 15.366
inductor 电感器 01.216
industrial process heat load 生产工艺热负荷 03.146
industrial tariff 大工业电价 19.191
industrial television 工业电视 12.019
inelastic scattering 非弹性散射，* 非弹性碰撞 13.059
inertia constant of a set 机组惯性常数 04.107
inertia head 惯性水头 01.825
inertia separator 惯性分离器 09.319，09.350
infiltration leakage 直接泄漏 09.227
infinite bus 无限大母线 04.149
infinite medium [neutron] multiplication factor 无限介质[中子]增殖因数 13.080
influence quantity 影响量 02.134
information asymmetry 信息不对称 06.337
information capacity 信息容量 06.097
information disclosure 信息披露 06.338
information for power system dispatching 电力系统调度信息 06.009
information publishing subsystem 信息发布子系统 06.295
information system for electrical safety 电气安全信息系统 21.002
information system for plant level 厂级信息系统 12.130
information transfer efficiency 信息传送效率 06.096
information transfer rate 信息传送率 06.095
infrared inspection 红外线检测 12.368
infrared radiation pyrometer 红外线辐射高温计 02.156
infrared spectrum analysis 红外光谱分析，* 红外分析 12.286
infrastructure to a nuclear power program 核电基础结构 13.353
ingestion emergency planning zone 食入应急计划区 13.787
inherent moisture 内在水分 08.040
inherent safety 固有安全 13.650
inhibition of vanadium corrosion 钒腐蚀的抑制 10.571

inhibitor in acid cleaning 酸洗缓蚀剂 12.258
inhibit reclosing 禁止重合 05.239
in-hour equation 倒时方程，* 反应性方程 13.113
initial condition 初始条件 01.305
initial generating level 初期发电水位 03.120
initial magnetization curve 起始磁化曲线 01.088
initial margin 初始保证金 06.349
initial reactor core 初始堆芯，* 初装堆芯 13.101
initial start-up of steam turbine 汽轮机首次通汽启动 10.404
initial steam flow rate 主蒸汽流量 10.034
initial symmetrical short-circuit [apparent] power 对称短路视在功率初始值 04.183
initial symmetrical short-circuit current 对称短路电流初始值 04.182
initial temperature difference of condenser 凝汽器初始温差 10.364
initial transient recovery voltage 起始瞬态恢复电压 15.321
initial water level 点火水位 09.391
injection flow [rate] 喷水量 09.403
injury due to electromagnetic field 电磁场伤害 21.069
inlet air flow 进口空气流量 10.578
inlet air treatment 进气处理 10.591
inlet casing 进气缸 10.585
inlet edge cavitation 进口边空化 23.081
inlet valve 进水阀，* 主阀 23.134
inner jacket 内垫层 18.318
inorganic sulfur 无机硫 08.063
in phase 同相 01.178
in-phase voltage control 纵向电压调节 04.336
input admittance 输入导纳 01.227
input impedance 输入阻抗 01.223
in quadrature 正交 01.176
in-service inspection 在役检查 13.604
in-service state 运行状态 21.193
in-situ instrumentation for rock mass 岩体原位观测 01.881
in-situ rock stress 地应力 01.705
in-situ soil test 土的原位测试 01.880
insolation 辐照量 14.123
inspection and survey of transmission line 输电线路巡视检查 18.027
inspection gallery 检查廊道 22.053
inspection [of a measuring instrument] [计量器具的]检验 12.166
installation of instrument and control system 仪表控制系统安装 12.144
installation of overhead conductors and ground wires 架线施工 18.364
installation rate of input/output point 输入输出点接入率 12.156
instantaneous availability 瞬时可用度 21.133
instantaneous current protection 电流速断保护 05.227
instantaneous power 瞬时功率 01.321
instantaneous protection 瞬时保护 05.014
instantaneous releaser 瞬时脱扣器 05.069
instantaneous repair rate 瞬时修复率 21.142
instantaneous unavailability 瞬时不可用度 21.134
instantaneous value 瞬时值 01.186
instruction command 指示命令，* 标准命令 06.075
instructor station 教练员台 12.170
instrument auto-transformer 自耦式互感器 15.346
instrument availability 仪表完好率 12.158
instrument current transformer 仪用电流互感器,* 测量用电流互感器 02.078
instrument fault rate 仪表故障率 12.160
instrument for chemical supervision 化学监督仪表 12.247
instrument transformer 互感器，* 仪用变压器 15.345
instrument tube routing 仪表管路敷设 12.145
instrument voltage transformer 仪用电压互感器，* 测量用电压互感器 02.077
instrument with optical index 光标式仪表 02.095
insulated isolated device 绝缘隔离装置 16.038
insulating gas 气体绝缘介质 16.139
insulating liquid 液体绝缘介质 16.140
insulating protective cover 绝缘遮蔽罩 16.224
insulating stick 绝缘杆 16.223
insulation ageing test 绝缘老化试验 16.029
insulation breakdown 绝缘击穿 16.171
insulation coordinating factor 绝缘配合因数 16.149
insulation coordination 绝缘配合 16.146
insulation enclosed switchgear and controlgear 绝缘封闭开关设备和控制设备 15.236
insulation fault 绝缘故障 04.193
insulation glove working 绝缘手套作业 16.216
insulation level of transmission overhead line 架空输电

线路绝缘水平 18.055
insulation resistance measurement for stator and rotor winding 定、转子绕组绝缘电阻测量 11.207
insulation resistance meter 绝缘电阻表 02.033
insulation shielding 绝缘屏蔽 18.279
insulator 绝缘子 18.224
insulator protective fitting 绝缘子保护金具 18.211
insulator set 绝缘子串组 18.235
insulator set clamp 连接金具 18.175
insulator string 绝缘子串 18.231
intake 摄入 13.737，进水口 22.160
intake sluice 进水闸 22.094
intake structure 引水建筑物，* 取水建筑物 01.815
intake with artificial transverse circulation 人工环流装置 22.167
integral by-pass system 整体旁路系统，* 一级旁路系统 10.082
integral damping winding 全阻尼绕组 11.042
integral rotor 整锻转子 10.141
integral shroud blade 整体围带叶片，* 自带冠叶片 10.189
integrated circuit protection device 集成电路继电保护装置 05.096
integrated gasification combined cycle 整体煤气化联合循环机组 10.469
integrated heat conductivity 积分热导率 13.285
integrated reactor pressure vessel head structure 堆顶一体化结构 13.419
integrated recycle heat exchanger bed 整体化循环物料热交换器 09.357
integrating circuit 积分电路 01.395
integrity monitoring of containment 安全壳完整性监督 13.519
integrity monitoring of pressure boundary 承压边界完整性监督 13.518
intelligent measuring instrument 智能[测量]仪表 02.101
intelligent relay protection 智能继电保护 05.172
intensive parameter 强度参数 01.472
interaction between α, β ray and material α 射线、β 射线与物质的相互作用 13.025
interaction between γ-ray and material γ 射线与物质的相互作用 13.026
inter-annual variation 年际变化 14.023
interbasin compensative regulation 跨流域补偿调节，* 跨流域电力补偿径流调节 03.106
interbasin water resources development 跨流域水资源开发 03.058
inter-boiler process 锅内过程 09.269
intercept valve 再热调节[汽]阀 10.116
interchange price 互供电价 06.233
interconnected circuit 内联回路 05.196
interconnected operation 互联运行 04.302，并联运行 04.304
interconnected power systems 互联电力系统 04.007
interconnection 互联 01.237，并列 04.292
interconnection of power systems 电力系统互联 04.008
interconnection tariff 联网价 06.266
intercooler 中间冷却器 10.603
interfacial tension 界面张力 12.268
intergranular corrosion 晶间腐蚀，* 晶界腐蚀 13.244
interharmonic component 间谐波成分 04.439
interlock control 联锁控制 12.066
intermediate cooling circuit 中间冷却回路，* 中间回路 13.495
intermediate heat exchanger 中间热交换器 13.496
intermediate level radioactive waste 中放废物 13.801
intermediate load operation 中间负荷运行 03.144
intermediate pressure admission parts 中压进汽部分 10.108
intermediate state information 中间状态信息 06.057
intermediate support 直线杆塔 18.082
intermediate-voltage winding 中压绕组 15.102
intermittent duty 断续[周期]工作制 19.129
intermittent fault 断续故障 19.044
intermittent flow 断续流通 17.144
intermittent operation 间断运行 07.042
internal angle of an alternator 交流电机内角 04.246
internal boiler water conditioning 锅内水处理 12.241
internal boiler water treatment 锅内水处理 12.241
internal deposit 汽水侧沉积物 09.492
internal efficiency 内效率 10.048
internal energy 内能 01.515
internal exposure 内照射 13.716
internal grading system of arrester 避雷器内部均压系统 15.383
internal insulation 内绝缘 16.163

internal overvoltage　内过电压　16.178
internal power　内功率　10.047
internal rate of return　内部收益率　06.219
international standard　国际标准[器]　02.009
international system of units　国际单位制，* SI 制　01.416
international temperature scale　国际温标　01.476
international thermonuclear experimental reactor　国际热核实验堆　13.402
interphase power controller　相间功率控制器　15.181
interrogative telecontrol system　问答式远动系统，* 查询式远动系统　06.089
interruptible forward contract　可中断远期合同　06.139
interruptible load　可停电负荷　19.070
interruptible price　可中断电价，* 可中断负荷电价　06.229
interruptible service　可中断服务　06.209
interruption　停电状态　21.251
interruption of power supply　停电　04.346
intersystem fault　系统间故障　05.036
inter-turn short circuit in stator end winding　定子端部绕组匝间短路　11.170
inter-turn short circuit test for rotor winding　转子绕组匝间短路测定　11.212
inter-turn test　匝间试验　16.036
intervention　干预　13.822
INTREX　整体化循环物料热交换器　09.357
intrinsic error　固有误差，* 基本误差　02.131
intrinsic uncertainty　基本不确定度，* 固有不确定度　02.115
inverse Fourier transform　傅里叶逆变换　01.385
inverse Laplace transform　拉普拉斯逆变换　01.383
inverse time protection　反时限保护　05.200
inverse time relay　反时限继电器　05.052
inversion　逆变运行，* 逆变　17.105
inversive tower erecting　倒装组塔，* 倒装塔　18.361
inverted siphon　倒虹吸管　22.187
inverter　逆变器　17.048
inverter operation　逆变运行，* 逆变　17.105
investment per kilowatt-hour of hydropower station　水电站单位电能投资　03.084
invoice　结算清单　06.243
iodine prophylaxis　碘预防　13.788
iodine well　碘坑　13.130
ion　离子　01.005
ion exchange resin　离子交换树脂　12.199
ion exchange technology　离子交换技术　12.198
ionic current　离子电流　01.052
ionizing radiation　电离辐射　13.709
ionizing radiation shielding　电离辐射屏蔽，* 辐射屏蔽　13.753
IPC　相间功率控制器　15.181
IPP　独立发电商　06.158
IPS　信息发布子系统　06.295
iron loss　铁耗　11.073
IRR　内部收益率　06.219
irradiance　辐照度　14.122
irradiated fuel　乏燃料　13.229
irradiated fuel assembly storage facility　乏燃料组件储存设施　13.232
irradiated fuel reprocessing　[乏燃料]后处理　13.233
irradiation capsule　辐照容器　13.217
irradiation effect of reactor material　反应堆材料辐照效应　13.235
irradiation monitoring tube　辐照监督管　13.238
irradiation test loop　辐照考验回路　13.218
irradiation test of leading assemblies in existing power reactor　先导组件随堆考验　13.216
irresistible force　不可抗力　06.303
irreversible cycle　不可逆循环　01.544
irreversible process　不可逆过程　01.531
irrotational field　无旋场　01.140
isentropic efficiency　[压气机]等熵效率　10.595
isentropic enthalpy drop　等熵焓降，* 理想焓降　10.041
isentropic process　等熵过程　01.537
island [in a power system]　孤立系统　04.300
islanding　电网解列　04.294
isobaric process　等压过程　01.532
isokinetic sampler　等速取样器　20.056
isolated neutral system　中性点不接地系统　04.072
isolated operation　孤立运行　04.301
isolated power plant　孤立电厂　07.021
isolated power system　孤立系统　04.300
isolated thermodynamic system　孤立热力系　01.452
isolating distance　隔离断口　15.313
isolating switch　隔离开关　15.203
isometric process　等体积过程，* 等容过程　01.533

isometric transitioon 同质异能跃迁 13.019
isothermal process 等温过程 01.534
isotope 同位素 13.014
isotopes of plutonium 钚的同位素 13.180
isotopic abundance 同位素丰度 13.015
item 物项 13.699
ITER 国际热核实验堆 13.402
iterative bidding 迭代投标，* 动态投标 06.173
ITRV 起始瞬态恢复电压 15.321
IT system IT 系统 21.115

J

jacking oil pump 顶轴油泵 10.282
jack-raising form 顶升模板 22.340
jet air register 直[平]流式配风器 09.190
jobsite transportation for construction 施工场内交通 22.454
joint 节理 01.697
joint box 光缆接头盒 18.346
joint grouting 接缝灌浆 22.417
joint soldering 接头焊接 11.022
joint spacing 坝体分缝分块 22.356
joule 焦[耳] 01.421
Joule effect 焦耳效应 01.149
Joule law 焦耳定律 01.150
journal bearing 支承轴承，* 轴颈轴承 10.220
journal vibration [orbit] analyzer 轴颈振动分析仪 11.202
jumper 跳线 18.154
jumper board 端子排 05.086
jumper flag 跳线线夹 18.196
jumper lug 跳线线夹 18.196

K

Kalina cycle 卡林那循环 01.554
Kaplan turbine * 卡普兰水轮机 23.005
Karman vortex 卡门涡 23.102
karst 喀斯特，* 岩溶 01.731
karstic water 喀斯特水，* 岩溶水 01.722
karst treatment 岩溶处理 22.395
KCL 基尔霍夫电流定律 01.296
Kelvin [double] bridge 开尔文[双]电桥 02.075
kerma 比释动能 13.729
Kerr effect 克尔效应 01.156
key 键槽 22.068
key substation 枢纽变电站 15.002
keywall 刺墙 22.105
key work schedule 控制性进度 22.458
K frame 曲臂 18.104
kilowatt hour rate 电量费率 19.173
kiosk substation 配电小间 19.024
Kirchhoff current law 基尔霍夫电流定律 01.296
Kirchhoff voltage law 基尔霍夫电压定律 01.297
KVL 基尔霍夫电压定律 01.297

L

labor safety and industrial hygiene 劳动安全与工业卫生 03.043
labyrinth 止漏环 23.046
labyrinth gland 梳齿状迷宫汽封，* 曲径汽封 10.215
labyrinth seal 梳齿状迷宫汽封，* 曲径汽封 10.215
lacing system 腹杆系 18.099
lacing wire 拉筋，* 拉金 10.186
ladder network 梯形网络 01.281
lagging 保温层，* 隔热层 10.439
lagging enclosure 罩壳，* 化装板 10.438
lagging power factor operation 迟相运行 11.119
laminar flow 层流 01.769
laminated-wood slide track 胶木滑道 22.287
lamination 片理，* 片状构造 01.698
land area within the boundary of power plant 厂区占地面积 03.177
land slide 滑坡 01.730
land slide surge 滑坡涌浪 01.809

land utilization factor 场地利用系数 03.180
Laplace transform 拉普拉斯变换 01.382
Laplacian 拉普拉斯算子 01.143
lap winding 叠绕组 11.011
large break LOCA 大破口失水事故,* 大破口 13.589
large coal 大块煤 08.020
large crossing 大跨越 18.124
large customer 大用户 06.155
large disturbance 大扰动 04.225
large disturbance stability 大扰动稳定性 04.232
large hydropower station 大型水电站 03.065
laser fusion experimental device 激光聚变实验装置 13.400
laser separation method 激光分离法 13.188
last stage blade strength and vibration 末级叶片强度与振动 10.209
latching current 擎住电流 17.158
latent heat 潜热 01.593
lateral flow 流量惰走 13.330
lateral flow between subchannels 子通道间横流 13.329
lateral keywall 刺墙 22.105
lattice cell 栅元 13.098
lattice distance 栅距 13.099
lattice tower 桁架式塔架 14.087, 格构式塔 18.098
laying-up protection of boiler 停炉保护 09.419
layout for double row of hydraulic turbine 双排机组布置 22.237
layout [of nuclear power plant] [核电厂]厂区布置 13.520
layout of substation 变电站总布置 15.021
LBB 先漏后破准则 13.658
LBLOCA 大破口失水事故, * 大破口 13.589
LCC 电网换相换流器 17.049
leader discharge 先导放电 16.120
leading power factor operation 进相运行 11.118
lead-out bushing 出线套管 11.145
leakage current of arrester 避雷器泄漏电流 15.397
leakage distance per unit withstand voltage 泄漏比距 18.241
leakage flux 漏磁通 01.344
leakage loss 漏汽损失 10.074
leakage tester 泄流计 16.058
leakage test for instrument tube 管路严密性试验 12.149
leakage test of oil system 油系统泄漏试验 12.291
leak detector 检漏仪 02.171
leaking rate of containment 安全壳泄漏率 13.672
lean-phase zone 稀相区 09.341
leaving velocity loss 余速损失 10.070
leg extension 加长腿 18.111
legislative load 法定荷载 18.042
LEMP 雷电电磁脉冲 16.066
length of blade 叶片长度 14.047
Lenz law 楞次定律 01.146
Lerner index 勒纳指数 06.317
let through current 截断电流 15.247
levee 堤, * 堤防 22.107
level meter 电平表 02.103
level span 等高档 18.121
license system for electric power business 电力业务许可证制度 06.307
life 寿命 10.434
life management 寿命管理 12.386, 寿期管理 13.622
life of rotor 转子寿命 10.150
life prediction 寿命预测 12.388
life prediction of steam turbine 汽轮机寿命预测 10.437
lifetime of steam piping 高温蒸汽管道寿命 12.391
lifted bed 双室床 12.219
lifting and erection of assembled pieces of boiler heating surface 锅炉受热面组合件吊装 09.366
lifting equipment of hydropower plant 水电厂厂房起重设备 23.152
lift opening of assembled pieces 锅炉组件吊装[开]口 09.365
light attenuation 光衰减, * 光损耗 18.336
light concrete 轻混凝土 22.310
light fuel oil 轻质燃料油, * 轻油 08.169
lighting [of OPGW] [光纤复合架空地线]雷击 18.356
lighting tariff 非居民照明电价 19.194
light loss 光衰减, * 光损耗 18.336
lightly reinforced concrete 少筋混凝土 22.309
lightning current 雷电流 16.061
lightning electromagnetic pulse 雷电电磁脉冲 16.066
lightning outage rate 雷击跳闸率 16.070
lightning overvoltage 雷电过电压, * 大气过电压

16.179
lightning rod 避雷针 16.074
light-off 着火，＊起燃 10.497
light rail transit 轻轨交通 19.088
light water reactor 轻水反应堆 13.382
lightweight concrete 轻混凝土 22.310
lignite 褐煤 08.007
limestone control system 石灰石量控制系统 12.041
limestone-lime/gypsum wet FGD 石灰石-石灰/石膏湿法烟气脱硫 20.064
limestone/sulfur mole ratio 钙硫摩尔比 20.073
limited energy competition ＊有限电量竞争模式 06.118
limited purpose switch 专用负荷开关 15.222
limiting accident condition 极限事故工况 13.277
limiting error 极限误差 02.133
line angle 线路转角 18.137
linear charge density 线电荷密度 01.012
linear circuit 线性电路 01.199
linearity［of a measuring instrument］［测量仪器仪表的］线性度 02.138
linear loss 沿程损失 01.775
linear motor 直线电动机 19.150
linear non-threshold 线性无阈 13.769
line-by-line calculation method 逐线计算法 06.262
line commutated converter 电网换相换流器 17.049
line connection 接户线路 04.066
line coupling device 结合滤波器 15.401
lined tunnel 衬砌隧洞 22.382
line fault 线路故障 04.199
line lightning resisting level 线路耐雷水平 16.152
line longitudinal protection 纵联保护 05.211
line of force 力线 01.023
line of saturation 浸润线 01.724
line side winding 网侧绕组 17.023
line-to-earth voltage 线对地电压 04.026
line-to-line fault 两相相间故障 04.205
line-to-line voltage 线电压 04.024
line-to-neutral voltage 相电压 04.025
line trap 线路阻波器 15.399
link 挂环 18.181，链路 18.354
link box 连接箱 18.290
link branch 连支 01.284
linked flux 磁通链，＊磁链 01.066
link fitting 连接金具 18.175
liquefaction 液化 01.564
liquefaction of soil mass 土体液化 01.727
liquefied natural gas 液化天然气 08.174
liquid cooled generator 全液冷发电机 11.243
liquid fuel 液体燃料 08.166
liquid fuel-fired boiler 液体燃料锅炉 09.019
liquid/gas ratio 液气比 20.082
liquid phase 液相 01.586
liquid zone control system 液体区域控制系统 13.485
live steam 新蒸汽，＊主蒸汽 01.576
live tank circuit-breaker 外壳带电断路器 15.191
live working 带电作业 16.210
live working location 带电作业位置 16.214
live working zone 带电作业区域 16.212
Ljungström-type air heater ＊容克式空气预热器 09.224
L-network L形网络 01.274
LNG 液化天然气 08.174
load 负荷，＊负载 01.207
load break switch 负荷开关 15.220
load bus 负荷节点，＊PQ 节点 04.152
load center 负荷中心 04.398
load characteristics 负载特性 11.114
load characteristics of distribution system 配电网负荷特性 19.021
load coincidence factor 负荷同时率 04.393
load control 负荷控制 12.048
load curve of power system 电力系统负荷曲线 06.020
load density method 负荷密度法 04.376
load density of distribution system 配电网负荷密度 19.020
load-disconnector switch 负荷隔离开关 15.223
load distribution of cylinder 汽缸载荷分配 10.104
load diversity factor ＊负荷分散系数 04.393
load dump test of steam turbine 汽轮机甩负荷试验 10.422
load factor 负荷率 19.061
load factor of nuclear power plant ［核电厂］负荷因子 13.623
load flow 潮流 04.144
load flow calculation 潮流计算 04.145
load following operating mode 负荷跟踪运行方式 13.576

load forecast　负荷预测　03.016
load forecasting method　负荷预测模型，* 负荷预测方法　04.371
load forecasting model　负荷预测模型，* 负荷预测方法　04.371
load forecast of distribution system　配电网负荷预测　19.022
load forecast of power system　电力系统负荷预测　06.014
load-frequency control　* 负荷频率控制　06.106
load governing　负荷控制　12.048
load immittance　负载导抗　01.234
loading assumption　荷载组合　18.037
loading case　荷载状态　18.038
loading scheme　装料方案　13.534
load limit　负荷限制　12.049
load limiter　负荷限制器，* 功率限制器　10.261
load loss [for the principal tapping]　负载损耗　15.128
load range of boiler　锅炉负荷调节范围　09.399
load/rate tariff　负荷/等级电价　19.182
load recovery　负荷恢复　04.347
load rejection　切负荷　04.242，甩负荷　23.107
load rejection test of steam turbine　汽轮机甩负荷试验　10.422
load reserve　负荷备用　04.350
load shedding　切负荷　04.242
load switch　负荷开关　15.220
load test　负荷试验　09.459
load transfer　负荷转移　04.201
LOCA　冷却剂丧失事故，* 失水事故　13.588
local control　就地控制　12.011
local control device　基地式调节仪表　12.061
local equal potential bonding　局部等电位连接　21.106
localized loss　局部损失　01.776
local operating station　就地操作站　12.171
locating　定位　18.362
lock chamber　[船闸]闸室，* 闸厢　22.135
lock filling and emptying system [of navigation lock]　船闸输水系统　22.134
lock flight　多级船闸　22.130
lock gate　船闸闸门　22.267
lock head　[船闸]闸首　22.140
locking blade　锁口叶片，* 末叶片　10.185
lockout reclosing　闭锁重合　05.238
LOFA　流量丧失事故，* 失流事故　13.587
logarithmic spiral arch dam　对数螺旋拱坝　22.017
logical circuit　逻辑回路　05.090
log passage equipment　过木机　22.121
log pass structure　过木建筑物　01.817
log sluice　漂木道　22.120
logway　筏道　22.119
LOLD　[电力系统的] 缺电持续时间　21.169
LOLE　[电力系统的] 缺电时间期望　21.167
LOLF　[电力系统的] 缺电频次　21.168
LOLP　[电力系统的] 缺电概率　21.166
long duration power frequency voltage withstand test　长时工频耐压试验　16.021
longitudinal arrangement of turbogenerator unit　纵向布置　07.051
longitudinal cofferdam　纵向围堰　22.498
longitudinal differential protection　纵联差动保护　05.186
longitudinal fault　纵向故障　05.034
longitudinal joint　纵缝　22.063
longitudinal load　纵向荷载　18.048
longitudinal profile　纵断面　18.134
long-run marginal cost　长期边际成本　19.168
long-run marginal cost pricing　长期边际成本定价　06.215
long-term planning arrangement drawing of main power building　主厂房远景规划布置　03.156
long-term power system planning　电力系统长期发展规划　03.003
long-term trade subsystem　长期交易子系统　06.276
long-term transaction schedule data　长期交易计划数据　06.275
loop　回路，* 环路　01.241
loop analysis　回路法　01.258
loop current　回路电流　01.242
loop current vector　回路电流矢量　01.245
loop impedance matrix　回路阻抗矩阵　01.254
loop matrix　回路矩阵　01.252
loop [of current]　[电流的]半波　15.337
loops　蛇形管　09.118
loop seal　回料控制阀　09.348
loose blasting　松动爆破　22.472
loosening of core lamination　铁心松弛　11.104
loose parts monitoring system　松动件监测系统　13.454

loss allocation　网损分摊　06.197
loss conversion　网损折算，＊网损换算　06.199
loss factor　网损系数，＊网损因子　06.198
loss of all flame　全炉膛火焰丧失　12.103
loss-of-all flame protection　全炉膛火焰丧失保护　12.092
loss of coolant accident　冷却剂丧失事故，＊失水事故　13.588
loss of cooling water supply　水冷发电机断水　11.165
loss of excitation　失磁运行　04.286
loss-of-field protection　[发电机]失磁保护　05.180
loss of flame to a corner　角火焰消失　12.102
loss of flow accident　流量丧失事故，＊失流事故　13.587
loss of hydroturbine efficiency　水轮机效率损失　23.075
loss of load duration [of an electric power system]　[电力系统的]缺电持续时间　21.169
loss of load expectation [of an electric power system]　[电力系统的]缺电时间期望　21.167
loss of load frequency [of an electric power system]　[电力系统的]缺电频次　21.168
loss of load probability [of an electric power system]　[电力系统的]缺电概率　21.166
loss of normal feed water [of nuclear power plant]　[核电厂]失去正常给水　13.600
loss of power outage per kWh　每千瓦时停电损失　04.349
loss of steam and water　汽水损失　12.249
loss of voltage　电压消失　04.429
loss-of-voltage protection　失电压保护　05.206
lot　批　08.082
low circulation ratio boiler　低循环倍率锅炉　09.011
low cycle fatigue　低周疲劳，＊应变疲劳　12.314
low cycle fatigue of blade　叶片低周疲劳　10.206
low dam type water intake　低坎式取水　10.391
lower bracket　下机架　24.008
lower guide bearing　下导[轴承]　24.010
lower pool　下池　03.116
lower reservoir　＊下水库　03.116
lowest operating voltage of a system　系统最低运行电压　04.023
low feedwater flow protection of once-through boiler　直流锅炉给水流量过低保护　12.107
low frequency oscillation　低频振荡　04.255
low frequency resonance　低频谐振　11.097
low fuel pressure protection　燃料压力过低保护　10.514
low grade coal　低品位煤　08.018
low head hydropower station　低水头水电站　03.071
low heating value　低位发热量　08.047
low level radioactive waste　低放废物　13.802
low load factor tariff　低负荷率电价　19.187
low-load tariff　＊低负荷时电价　19.185
low NO_x combustion　低氮氧化物燃烧　09.167
low oil circuit-breaker　少油断路器　15.199
low oxygen combustion　低氧燃烧　09.166
low power physical test　低功率物理试验　13.543
low pressure admission parts　低压进汽部分　10.109
low pressure boiler　低压锅炉　09.012
low pressure by-pass system　低压旁路系统　10.084
low pressure casing spray　低压缸喷水装置　10.307
low pressure feedwater heater　低压加热器　10.319
low pressure safety injection system　低压安全注射系统　13.441
low pressure units　低压机组　07.003
low-slump concrete　干硬性混凝土　22.301
low temperature corrosion　低温腐蚀　12.355
low temperature separator　低温分离器　09.353
low vacuum trip　低真空保护　10.300
low voltage　低压　04.015
low voltage apparatus　低压电器　19.028
low voltage cable line　低压电缆线路　19.019
low voltage high speed switch　低压高速开关　17.042
low voltage overhead insulated line　低压架空绝缘线路　19.018
low voltage overhead line　低压架空线路　19.017
low voltage ride through　低电压过渡能力，＊低电压穿越　04.447
low voltage winding　低压绕组　15.101
LTS　长期交易子系统　06.276
lubricating oil excessive low pressure protection　润滑油压力过低保护　12.114
lubricating oil system　润滑油系统　10.276
lumen　流[明]　01.441
luminance temperature　亮度温度　01.481
lumped circuit　集中参数电路　01.197
lung counter　肺部计数器　13.765

lux　勒[克斯]　01.443
LV　低压　04.015
LVHSS　低压高速开关　17.042
LVRT　低电压过渡能力，＊低电压穿越　04.447
LWR　轻水反应堆　13.382

M

machinery noise　机械噪声　20.112
macroscopic structure inspection of metal　金属宏观检验　12.320
magnet　磁体　01.102
magnetically hard material　永磁材料　01.115
magnetically soft material　软磁材料　01.116
magnetic area moment　磁矩　01.079
magnetic axis　磁轴　01.104
magnetic blow-out circuit-breaker　磁吹断路器　15.201
magnetic circuit　磁路　01.340
magnetic constant　磁常数，＊真空[绝对]磁导率　01.083
magnetic dipole　磁偶极子　01.098
magnetic dipole moment　磁偶极矩　01.100
magnetic domain　磁畴　01.101
magnetic field　磁场　01.059
magnetic field strength　磁场强度　01.060
magnetic flux　磁通[量]　01.064
magnetic flux density　磁感应强度，＊磁通密度　01.065
magnetic hysteresis　磁滞　01.090
[magnetic] hysteresis loop　磁滞回线　01.091
[magnetic] hysteresis loss　磁滞损耗　01.092
magnetic induction flowmeter　磁感应式流量计　02.166
magnetic particle testing　磁粉探伤　12.364
magnetic pole　磁极　01.103
magnetic potential difference　磁位差　01.063
magnetics　磁学　01.058
magnetic saturation　磁饱和　01.093
magnetic screen　磁屏　01.120
magnetic separator　磁铁分离器，＊电磁分离器　08.146
magnetic shield　磁屏蔽　11.016
magnetic susceptibility　磁化率　01.086
magnetic yoke　磁轭　24.015
magnetism　磁学　01.058
magnetization　磁化　01.080
magnetization curve　磁化曲线　01.087
magnetization intensity　磁化强度　01.078
magnetizing current　磁化电流　01.081
magnetizing field　磁化场　01.082
magnetohydrodynamic power generation　磁流体发电，＊等离子体发电　14.208
magnetometer　磁强计　02.040
magnetomotive force　磁动势，＊磁通势　01.067
magneto motive force equation of synchronous machine　同步电机磁动势方程　04.098
magneto-optic effect　磁-光效应　01.160
magnetostriction　磁致伸缩　01.119
magnitude of partial discharge　局部放电量　16.123
main burner　主燃烧器　09.174
main busbar　工作母线　15.045
main circuit　主回路，＊主电路　15.253
main condensate system　主凝结水系统　10.088
main contact　主触头　15.274
main earthing conductor　接地汇流排　16.201
main electrical connection scheme　电气主接线　03.163
main electrical equipment layout　电气主设备布置　03.165
main equal potential bonding　总等电位连接　21.105
main feed line break accident　主给水管道破裂事故　13.595
main flow　主流区　01.779
main flux　主磁通　01.343
main gate　工作闸门　22.269
main grid　主干电网　04.053
main insulation　主绝缘　16.165
main leads and associated equipment　[发电机]引出线和有关设备　11.105
main levee　干堤　22.108
main oil pump　主油泵　10.278
main power building arrangement of thermal power plant　火力发电厂主厂房布置　07.056
main power building of thermal power plant　火力发电厂

主厂房　07.055
main power building structure construction　主厂房结构施工　07.075
main protection　主保护　05.010
main shaft magnetized　机组主轴磁化　11.175
main shaft sealing　主轴密封　23.050
main shut-off valve　进水阀，＊主阀　23.134
main steam line break accident　主蒸汽管道破裂事故　13.594
main steam pressure control　主汽压力控制　12.050
main steam pressure regulator　主蒸汽压力调节器　10.263
main steam system　主蒸汽系统　10.077
main stop valve　主汽阀　10.113
maintainability　可维修性　21.128
maintained command　保持命令　06.067
maintenance capacity　检修容量　03.141
maintenance interval　检修间隔　06.358
maintenance margin　维持保证金　06.351
maintenance method by ice plug　冰塞检修法　13.375
maintenance of shutdown steam turbine　停机保养　10.429
maintenance reserve　检修备用　04.352
maintenance support ability　维修保障性　21.129
main transformer　主变压器　15.074
major construction technical scheme　主要施工技术方案　03.223
major loop　大半波　15.338
make a match　撮合　06.166
make-break time　关合-开断时间　15.295
make contact　动合触点，＊常开触点　05.110，关合触头，＊常开触头　15.281
make time　关合时间　15.290
make-up water　补给水　09.265
make-up water rate　补给水率　09.266
making　关合，＊接通　15.289
mal-operation　误动作　05.101
management and service of power utilization　用电管理与服务　19.060
management for dam operation　坝的运行管理　22.531
management information system　管理信息系统　12.139
management information system of hydropower station　水电站管理信息系统　22.539
manhole　人孔，＊进人孔　23.048
manifold penstock　岔管　22.181
man-machine interface　人机接口　13.513
manned substation　有人值班变电站　15.008
manpower resource development for nuclear power　核电人力资源开发　13.354
manual sampling　人工采样　08.089
manual shutdown　手动停堆　13.550
manual stringing　人力放线　18.366
manual tripping device　手动跳闸装置　10.295
marginal cost method [of determining consumer class costs]　[确定各类用户成本的]边际成本法　19.166
marginal cost pricing　边际成本定价　06.214
margin angle　关断角，熄弧角　17.111
margin rule　保证金制度　06.348
market analysis subsystem　市场分析子系统　06.291
market clearing price　市场出清电价　06.255
market competition rate　市场竞争度指标　06.328
market entity　市场主体　06.161
market entry certification system　市场准入制度　06.332
market intervention　市场干预　06.325
market operator　市场运营机构，＊电力交易中心　06.160
market power　市场力，＊市场操纵力　06.330
market suspension　市场中止　06.331
martensitic heat resistant steel　马氏体耐热钢　12.394
MAS　市场分析子系统　06.291
masonry dam　砌石坝　22.035
MASS　金属自承光缆　18.312
mass concrete　大体积混凝土　22.299
mass defect　质量亏损　13.006
mass flow rate　质量流量　01.493
massive head buttress dam　大头坝　22.008
mass specific heat　质量比热　01.500
mass transfer　质量传递，＊传质　01.646
mass velocity　质量流速　09.249
master fuel trip　总燃料跳闸　12.094
master station　主站，＊控制站　06.022
master substation　主控变电站　15.011
master switch　主令开关　19.039
material for main pipe　主管道材料　13.242
material for nuclear reactor　反应堆材料　13.234
material for reactor control　反应堆控制材料　13.236

material for reactor coolant 反应堆冷却剂材料 13.245
material for reactor pressure vessel 反应堆压力容器材料 13.237
material for steam generator tube 蒸汽发生器传热管材料 13.243
material supply plan for construction 施工物资供应计划 03.226
mathematical model of excitation system 励磁系统数学模型 04.131
mathematical model of load 负荷数学模型 04.164
mathematical model of power system 电力系统数学模型 04.081
mathematical model of synchronous machine 同步电机数学模型 04.092
matrix 蓄热体 10.604
maximum allowable metal temperature 最高允许壁温 09.076
maximum allowable working pressure 最高允许工作压力 09.075
maximum available output of power system 电力系统最大可能出力 04.027
maximum charge of balls 最大钢球装载量 09.310
maximum continuous capacity 最大连续容量 11.065
maximum continuous power of gas turbine 燃气轮机最大连续功率 10.477
maximum credible accident 最大可信事故 13.276
maximum credible earthquake 最大可信地震 01.711
maximum daily load 日最大负荷 06.354
maximum demand required 最大要求需量 19.065
maximum generation load of power system 电力系统最大发电负荷 04.028
maximum head 最大水头 03.129
maximum load 最高[大]负荷 04.389
maximum operating plan 最大运行方式 04.275
maximum overload capability 最大过负荷容量 10.030
maximum power [for WTGS] [风电机组]最大功率 14.095
maximum sag of conductor 导线最大弧垂，* 导线最大弛度 18.128
maximum wind speed 最大风速 14.020
maxwell 麦克斯韦 01.438
MCA 最大可信事故 13.276
MCE 最大可信地震 01.711
MCS 模拟量控制系统，* 自动调节系统，* 闭环控制系统 12.024
meager coal 贫煤 08.010
mean availability 平均可用度 21.135
mean error 平均误差 02.132
mean free path 平均自由程 13.061
mean repair rate 平均修复率 21.143
mean time between failures 平均失效间隔时间 21.132
mean time between failures [of a unit] [发电机组的]平均无故障可用小时 21.225
mean time between failures of auxiliary equipment [辅助设备的] 平均无故障可用小时 21.226
mean time to failure 平均无故障工作时间 21.131
mean time to first failure 平均首次失效前时间 21.130
mean time to outage 平均无故障工作时间 21.131
mean time to repair 平均修复时间，* 平均恢复前时间 21.144
mean time to restoration 平均修复时间，* 平均恢复前时间 21.144
mean unavailability 平均不可用度 21.136
mean value 平均值 01.187
measurable parameter of state 可测状态参数 01.474
measurand 被测量 02.120
measured power curve 测量功率曲线 14.093
measured value 观测值 02.111
measurement of generator time constant 发电机时间常数测定 11.225
measurement of geostress 地应力测试 01.879
measurement of in-situ rock stress 地应力测试 01.879
measurement of neutron fluence rate distribution 中子注量率分布测量 13.047
measurement of noise 噪声测量 20.124
measurement of open circuit [no-load] characteristics 空载特性的测定 11.218
measurement of principal reactance for generator 发电机主要电抗测定 11.224
measurement of rated excitation current and voltage regulation 额定励磁电流及电压调整率测定 11.230
measurement of short circuit characteristics under stable condition 稳态短路特性的测定 11.219
measurement of synchronous machine parameter 同步电机参数测定 04.126
measurement redundancy 量测冗余度 04.163
[measurement] standard [测量]标准，* 计量标准 02.004

measuring component　测量元件　05.075
[measuring] potentiometer　[测量]电位差计　02.050
measuring range　测量范围，* 量限　02.119
measuring system for high voltage testing　高电压试验测量系统　16.039
mechanical atomization　压力雾化，* 机械雾化　09.207
mechanical brake equipment　机械制动器　24.031
mechanical brake of hydro unit　[水轮发电机]机械制动　24.021
mechanical carry-over　机械携带　09.260
mechanical-centrifugal speed governor　机械离心式调速器　10.249
mechanical draft cooling tower　机械通风冷却塔　10.386
mechanical efficiency　机械效率　10.049
mechanical endurance test　机械寿命试验，* 机械稳定性试验　15.341
mechanical equivalent of heat　热功当量　01.508
mechanical hydraulic control system　机械液压调节系统　10.243
mechanical hydraulic governor　机械液压调速器，* 机调　23.142
mechanical impurities　机械杂质　12.270
mechanical power coal sampling equipment　发电用煤机械采制样装置，* 机械采制样装置　08.091
mechanical sampling　机械采样　08.090
mechanical shake cleaning　机械振动布袋清灰　20.046
mechanical stability against short circuit　机械稳定性　11.061
mechanical strength verification under sudden short circuit　突然短路机械强度试验　11.221
MED　多效蒸发　12.237
medium and long term stability　电力系统中长期稳定性　04.233
medium atomized oil nozzle　介质雾化喷油嘴　09.210
medium grade coal　中品位煤　08.017
medium head hydropower station　中水头水电站　03.070
medium hydropower station　中型水电站　03.066
medium pressure boiler　中压锅炉　09.013
medium pressure units　中压机组　07.004
medium-profile layout　中型布置　15.027
medium-sized coal　中块煤　08.021
medium speed mill　中速磨煤机　09.313
medium temperature separator　中温分离器　09.352
medium-term power system planning　电力系统中期发展规划　03.002
megger　兆欧表，* 摇表　02.044
megohmmeter　兆欧表，* 摇表　02.044
MEH　给水泵汽轮机数字式电液控制系统　12.046
melting　熔化　01.591
membrane economizer　膜式省煤器　09.140
membrane seepage prevention　薄膜防渗　22.400
membrane wall　膜式水冷壁　09.105
mercury arc valve　汞弧阀　17.074
mesh　网孔　01.255
mesh current　网孔电流　01.256
meshed system　网格系统　04.055
mesh substation　多角形母线变电站　15.041
metal aerial self supporting　金属自承光缆　18.312
metal catalyzer　金属催化剂　20.086
metal clad switchgear and controlgear　铠装式金属封闭开关设备和控制设备　15.232
metal enclosed busbar　封闭母线　15.053
metal enclosed switchgear and controlgear　金属封闭开关设备和控制设备，* 开关柜　15.231
metal foil capacitor　金属箔电容器　15.165
metal hardness　金属硬度　12.303
metalized capacitor　金属化电容器　15.166
metallic fuel　金属燃料　13.194
metallic return　金属回线　17.043
metallic return transfer breaker　金属回线转换断路器　17.040
metal oxide arrester　金属氧化物避雷器，* 氧化锌避雷器　15.378
metal structure installation　金属结构安装　22.296
metal supervision　金属监督　12.337
meteorological element　气象要素　01.647
meteorology condition for design　设计气象条件　18.062
[meter] constant　[电能表]常数　02.071
meter type　电能表型式　02.070
meter with maximum demand indicator　最大需量电能表，* 最大需量电度表　02.061
method of symmetrical component　对称分量法　01.358
MFLB　主给水管道破裂事故　13.595
MFT　总燃料跳闸　12.094
MHC　机械液压调节系统　10.243

Michell thrust bearing ＊米切尔推力轴承 10.225
microammeter 微安表 02.020
microcomputer governor 微机调速器 23.143
micro-electro-hydraulic control system 给水泵汽轮机数字式电液控制系统 12.046
microfiltration 微滤 12.222
micro gas turbine 微型燃气轮机 10.456
micro-grid 微[型]电网 04.446
microhydropower station 微型水电站 03.068
microprocessing relay 微电子继电器 05.067
microprocessor based auto-quasi-synchronizing equipment 微机型自动准同步装置 05.268
microprocessor based auto-reclosing equipment 微机型重合闸装置 05.250
microprocessor based busbar protection 微机母线保护 05.197
microprocessor based equipment for protection relay test 微机型继电保护试验装置 05.098
microprocessor based generator protection 微机发电机保护 05.193
microprocessor based protection device 微机继电保护装置 05.097
microprocessor based transformer protection 微机变压器保护 05.204
microprocessor based transmission line protection 微机线路保护 05.229
microprocessor base motor protection 微机电动机保护 05.205
microvoltmeter 微伏表 02.024
microwave pilot protection system 微波纵联保护系统 05.222
microwave relay communication 微波[中继]通信 06.004
middle-impedance type busbar differential protection 中阻抗型母线差动保护 05.195
middling coal 中煤 08.015
mid-level outlet 中孔 22.153
[midspan] clearance between conductors and overhead ground wires [档距中间]导线对架空地线净空距离 18.075
mid-span tension joint 接续管 18.192
mill classifier 粗粉分离器 09.318
milliammeter 毫安表 02.019
millisecond delay blasting 毫秒爆破 22.476
millivoltmeter 毫伏表 02.023
mini-hydropower station 微型水电站 03.068
minimum angle of shade 预期保护角 18.153
minimum approach distance 最小安全距离，＊最小作业距离 16.219
minimum α control 最小触发角控制 17.206
minimum γ control 最小关断角控制 17.208
minimum daily load 日最小负荷 06.355
minimum demand 最低计费需量 19.199
minimum flow recirculating system 最小流量再循环系统 10.342
minimum generation load of power system 电力系统最小发电负荷 04.029
minimum head 最小水头 03.130
minimum load 最低负荷 04.386
minimum operating plan 最小运行方式 04.274
minimum output of power plant 发电厂最小出力 04.031
minimum payment clause 最低付费条款 19.198
minimum working distance 最小安全距离，＊最小作业距离 16.219
min/max index 最小/最大市场份额比 06.341
minor loop 小半波 15.339
MIS 管理信息系统 12.139
miscellaneous cost 其他费用 03.193
mitre gate 人字闸门 22.259
mixed bed 混合床，＊混床 12.216
mixed blast interrupter 纵横吹灭弧室 15.270
mixed coal 混煤 08.026
mixed dam 混合坝 22.003
mixed lump coal 混块煤 08.024
mixed medium sized coal 混中块煤 08.025
mixed oxide fuel assembly MOX 燃料组件 13.211
mixed phase layout 混相布置 15.024
mixed-type hydropower station 混合式水电站 03.075
mixing 交混 13.303
mixing condenser 混合式凝汽器，＊接触式凝汽器 10.347
mixing heater 混合式加热器，＊接触式加热器 10.310
mixing of concrete 混凝土拌合 22.330
mix proportion of concrete 混凝土配合比 22.329
MMF 磁动势，＊磁通势 01.067
MOA 金属氧化物避雷器，＊氧化锌避雷器 15.378
mobile nuclear power plant 移动式核电厂 13.398

mobile washing system for live working 带电作业移动式清洗系统 16.240
mode field diameter [光纤]模场直径 18.326
model test 模型试验 01.863
model turbine 模型水轮机 23.065
model witness test 模型见证试验 23.069
mode of blade vibration 叶片振动类型 10.191
mode of frequency regulation 调频方式 04.312
moderate energy neutron 中能中子 13.051
moderation power 慢化能力 13.069
moderation ratio 慢化比 13.070
moderator 慢化剂 13.068
moderator liquid poison system 慢化剂液体毒物添加系统 13.484
moderator system of HWR 重水堆慢化剂系统 13.483
moderator temperature coefficient 慢化剂温度系数 13.123
moderator-to-fuel ratio 慢化剂-燃料比 13.095
modified sliding pressure operation 定压-滑压复合运行 09.395
modulating control system 模拟量控制系统，* 自动调节系统，* 闭环控制系统 12.024
modulating control system of once-through boiler 直流锅炉模拟量控制系统 12.031
modulus of impedance 阻抗模 01.222
moist ash-free basis 恒湿无灰基 08.059
moist mineral matter-free basis 恒湿无矿物质基 08.060
moisture carry over test of steam generator 蒸汽发生器水分夹带试验 13.374
moisture catcher 去湿装置 10.126
moisture content of SF_6 六氟化硫含水量 15.325
moisture holding capacity 最高内在水分 08.041
moisture loss 湿汽损失 10.075
moisture removal device 去湿装置 10.126
molar specific heat 摩尔比热 01.501
mole 摩尔 01.494
Mollier diagram * 莫里尔图 01.583
molten salt reactor 熔盐反应堆 13.393
monitored information 监视信息 06.049
monitoring for dam safety 坝的安全监测 22.532
monitoring system of boiler tube leakage 炉管泄漏监测系统 12.020
monoblock rotor 整锻转子 10.141
mono-chromatic emissive power 单色辐射力 01.635
mono-mode fiber 单模光纤 18.324
mono-polar ground return HVDC system 单极大地回线高压直流系统 17.011
mono-polar HVDC system 单极高压直流系统 17.009
mono-polar line 单极线 18.013
mono-polar metallic return HVDC system 单极金属回线高压直流系统 17.013
mono-stable relay 单稳态继电器 05.063
monthly [peak] load curve 月[最大]负荷曲线 04.380
motive power tariff 普通工业电价 19.193
motor 电动机 19.092
motor-driven variable speed feedwater pump 电动调速给水泵 10.337
motor generator 电动发电机 24.040
motoring operation 逆功率运行 13.546
motor operating mechanism 电动机操动机构 15.283
movable electric contact 可动电接触 15.258
movable type transformer 移动变压器 15.097
moving contact 动触点 05.108，动触头 15.276
moving-iron instrument 电磁系仪表 02.098
MRTB 金属回线转换断路器 17.040
MSLB 主蒸汽管道破裂事故 13.594
MT 磁粉探伤 12.364
MTBF 平均失效间隔时间 21.132
MTBFA [辅助设备的]平均无故障可用小时 21.226
MTBFU [发电机组的]平均无故障可用小时 21.225
MTDC control system 多端直流输电控制系统 17.172
MTTF 平均无故障工作时间 21.131
MTTFF 平均首次失效前时间 21.130
MTTR 平均修复时间，* 平均恢复前时间 21.144
muffler silencer 消声器 20.116
multi-beam jumbo 多臂钻车，* 掘进台车 22.509
multi-block bidding 多段报价 06.175
multibrid technology WTGS 半直驱式风电机组 14.084
multi-circuit steel tower 多回路塔 18.097
multicore cable 多芯电缆 18.275
multi-fuel-fired boiler 混烧锅炉 09.024
multi-group diffusion method 多群扩散法 13.085
multilateral trading 多边交易 06.129
multi-level intake 分层式进水口 22.165
multimeter 多用表，* 万用表 02.048
multi-mode fiber 多模光纤 18.325

multi-oil wedge bearing 多油楔轴承 10.221
multi-part bidding 多部投标 06.174
multiphase system 多相制 01.348
multiple arch dam 连拱坝 22.011
multiple circuit line 多回路 18.012
multiple effect distillation 多效蒸发 12.237
multiple faults 多重故障 04.208
multiple shot reclosing 多次重合闸 05.242
multiple valve unit 多重阀单元 17.073
multipoint-partyline configuration 多点共线配置 06.030
multi-pressure condenser 多压式凝汽器 10.348
multi-pressure steam turbine 多压式汽轮机 10.019
multi-purpose reservoir 多目标水库 03.110
multi-purpose use of water resources 水资源综合利用 03.055
multi-range [measuring] instrument 多量限[测量]仪器仪表 02.016
multi-rate meter 多费率电能表 02.062
multi-shaft gas turbine 多轴燃气轮机 10.448
multi-shaft type combined cycle unit 多轴联合循环机组 10.466
multi-stage distance protection 多段式距离保护 05.217
multi-stage flash distillation ＊多级闪蒸 12.236
multi-stage lock 多级船闸 22.130
multi-stage pump-turbine 多级可逆式水轮机 23.117
multi-stage storage pump 多级式蓄能泵 23.126
multi-terminal HVDC transmission system 多端高压直流输电系统 17.003
multitube chimney 多筒式烟囱 20.157
multi-zone distance protection 多段式距离保护 05.217
municipal solid waste power generation 垃圾发电 14.195
must-run ratio 强制运行率 06.318
must-run unit 强制运行机组 06.188
mutual induced EMF 互感电动势 01.074
mutual induction 互感应 01.072
MVU 多重阀单元 17.073
MW-kilometer method 兆瓦公里法 06.261

N

nacelle 机舱 14.078
Nagler turbine 轴流定桨式水轮机，＊定桨式水轮机 23.006
nanofiltration 纳滤 12.223
national standard 国家标准[器] 02.010
NATM 新奥地利隧洞施工法，＊新奥法 22.376
natural aggregate 天然骨料 22.319
natural barrier 天然屏障 13.814
natural circulation boiler 自然循环锅炉 09.006
natural circulation in reactor [反应堆]自然循环 13.331
natural control of voltage 顺调压 04.334
natural convective heat transfer 自然对流换热 01.621
natural cooling 自冷 15.114
natural draft 自然通风 09.212
natural draft cooling tower 自然通风冷却塔 10.384
natural earthing substance 自然接地体 16.196
natural environment 自然环境 01.842
natural frequency 固有频率 01.334
natural gas 天然气 08.171
natural radiation source 天然辐射源 13.713
natural uranium 天然铀 13.181
natural water 天然水 12.172
navigation during construction period 施工期通航 22.460
navigation lock 船闸 22.128
navigation structure 通航建筑物，＊过船建筑物 01.819
n-1 criteria [for electric power system reliability] [电力系统可靠性] *n*-1 准则 21.174
NDE 无损检测 12.360
NDT 无损检测 12.360
near surface disposal 近地表处置 13.811
near-to generator short-circuit 近端短路 04.174
needle 喷针 23.052
needle valve 针形阀 22.278
Néel temperature 奈耳温度 01.118
negative acknowledgement 否定认可 06.048

negative sequence component　负序分量　01.360
negative sequence current carrying capacity　负序电流承载能力　11.076
negative sequence impedance　负序阻抗　04.215
negative sequence network　负序网络　04.212
negative sequence protection　负序保护　05.159
negative sequence short circuit current　负序短路电流　04.218
neper　奈培　01.439
net calorific value　低位发热量　08.047
net coal consumption rate　供电煤耗率，* 供电煤耗　07.030
net electric power output　净电功率输出　14.091
net head　净水头　03.125
net heat rate　汽轮机净热耗率　10.032
net positive suction head　汽蚀余量　10.340
network　网络　01.260
Γ-network　Γ形网络　01.275
Π-network　Π形网络　01.277
network configuration　电网结构　04.046
network conversion　网络变换　04.085
network for arc welding　焊接网　12.385
network frame　* 网架　04.053
network function　网络函数　01.261
network interconnecting circuit-breaker　联络断路器　15.189
network schedule for construction of nuclear power plant　核电厂建设网络进度　13.371
network splitting　电网解列　04.294
network structure　电网结构　04.046
network synthesis　网络综合　01.263
network test [of breaking and making capacity]　[开断和关合能力的]网络试验　15.332
network transformation　网络变换　04.085
neutral conductor　中性导体　01.350
neutral grounding mode of distribution network　配电网中性点接地方式　19.010
neutral model test stand　[水轮机模型] 中立试验台　23.067
neutral point　中性点　01.351，[三相系统]中性点　04.069
neutral point connection　中性点接地方式　04.071
neutral point displacement　中性点位移　01.357
neutral point displacement voltage　中性点位移电压　04.070
neutral point grounding with arc-suppression coil　[发电机]中性点消弧线圈接地方式　11.106
neutral point treatment　中性点接地方式　04.071
neutron　中子　13.005
neutron absorption　中子吸收　13.055
neutron cycle　中子循环，* 中子寿命循环　13.079
neutron detector　中子探测器　13.168
neutron diffusion　中子扩散　13.071
neutron diffusion equation　中子扩散方程　13.072
neutron energy grouping method　[中子]能量分群法　13.084
neutron fluence　中子注量，* 中子积分通量　13.048
neutron fluence distribution peaking factor　中子注量率分布不均匀因子　13.151
neutron fluence flattening　中子注量率展平　13.152
neutron fluence rate　中子注量率，* 中子通量　13.045
neutron fluence rate distribution　中子注量率分布　13.046
neutron mean life　中子平均寿命　13.116
neutron moderation　中子慢化　13.063
neutron non-leakage probability　中子不泄漏概率　13.081
neutron number density　中子数密度　13.044
neutron perturbation theory　中子微扰理论　13.115
neutron scattering　中子散射　13.058
neutron spectral hardening　[中子]能谱硬化　13.097
neutron spectrum　中子能谱　13.096
neutron transport equation　中子输运方程　13.083
neutron yield per absorption　每次吸收的中子产额　13.074
new and clean condition　新和清洁状态　10.474
New Austrian Tunneling Method　新奥地利隧洞施工法，* 新奥法　22.376
new fuel assembly storage　新燃料组件储存　13.225
new fuel assembly transport cask　新燃料组件运输容器　13.224
newton　牛[顿]　01.420
Newton cooling law　牛顿冷却定律　01.623
Newtonian fluid　牛顿流体　01.739
Newton-Raphson method　牛顿-拉弗森法　04.159
NI　核岛　13.521
night inspection　夜间巡视　21.079
night warning light [for conductor]　[导线的]夜间警告

灯　18.217
nine point picking out　九点取样法　08.109
nitrogen filled protection　充氮保护　12.280
nitrogen oxides　氮氧化物　20.005
nodal pricing　节点电价法　06.241
node　结点　01.249，节点　18.108
node admittance matrix　结点导纳矩阵　01.253
node analysis　结点法　01.257
node potential vector　结点电压矢量　01.250
no-fines concrete　无砂混凝土　22.311
noise　[声学]噪声　20.109
noise by combustion　燃烧噪声　20.114
noise control　噪声控制　20.115
noise filter　噪声滤波器　05.154
noise from thermal power plant　火力发电厂噪声　20.110
noise level measurement　噪声测定　11.227
noise pollution　噪声污染　20.129
noise reduction by absorption　吸声降噪　20.117
no-load characteristics　空载特性　11.112
no-load current　空载电流　15.127
no-load loss　空载损耗　15.126
nominal discharge current of arrester　避雷器标称放电电流　15.394
nominal failure load　[金具]标称破坏荷载　18.045
nominal voltage of a system　系统标称电压　04.013
non-armoured cable　无铠装电缆　18.271
non-bidding units　非竞价机组　06.177
non-circularity of core　纤芯不圆度　18.329
non-coincident peak method　非一致性分摊方法　19.163
non-competition energy　非竞争电量　06.178
non-compression-type fitting　非压缩型金具　18.180
non-conducting direction　反向，＊非导通方向　17.121
non-conducting environment　非导电环境　21.032
non-conducting state　非导通状态，＊阻断状态　17.128
non-conformance term　不符合项　13.704
non-contact switch　无触点开关　19.040
non-controllable connection　不可控联结　17.067
non-controllable converter arm　不可控换流臂　17.055
non-damage fault　非损坏性故障　04.195
nondestructive evaluating　无损检测　12.360
nondestructive examination　无损探伤　12.361
nondestructive test　非破坏性绝缘试验　16.026
nondestructive testing　无损检测　12.360
non-draining cable　不滴流电缆　18.273
non linear circuit　非线性电路　01.200
non-load switchable busbar　无载分段母线　15.049
non-operating state　不工作状态　21.184
non-operating time　不工作时间　21.185
non-operating value　不动作值　05.132
non-operator control for department　车间无人值班控制　12.012
non-phase segregated protection　不分相保护　05.168
non-planned outage　非计划停运　13.555
non-pressure flow　无压流　01.783
non-releasing value　不释放值　05.129
non repetitive peak off-state voltage　断态不重复峰值电压　17.149
non repetitive peak reverse voltage　反向不重复峰值电压　17.152
non-residential area　非居住区　13.744，18.016
non-salient pole generator　隐极电机　11.033
non-self restoring insulation　非自恢复绝缘　16.167
non-sparking motor　无火花型防爆电动机　19.105
non-uniform ice loading　非均布冰荷载　18.053
non-uniform insulated winding　分级绝缘绕组　15.112
non-unit protection　非单元式保护　05.166
non-voltage verification　无电压检定　05.243
norm　定额　22.528
normalizing　正火　12.330
normal load　标称荷载　18.040
normally closed contact　动断触点，＊常闭触点　05.111
normally open contact　动合触点，＊常开触点　05.110
normal magnetization curve　正常磁化曲线　01.089
normal maintenance operating plan　正常检修运行方式　04.271
normal operating condition of nuclear power plant　核电厂正常运行工况　13.569
normal shutdown [for WTGS]　[风电机组]正常关机　14.102
normal start　正常启动　10.491
normal state [of an electric power system]　[电力系统的]正常状态　21.159
normal state of power system　电力系统正常状态　04.261
normal storage high water level　正常蓄水位，＊正常高水位　03.118

normal system operating plan　正常运行方式　04.269
normal year　平水年，＊中水年　01.669
Norton theorem　诺顿定理　01.299
nose angle　[蜗壳]包角　23.020
nose cone　整流罩　14.070
notching　陷波，＊电压波形缺口　04.441
notch sensitivity　缺口敏感性　12.301
notification of unusual event　应急待命　13.780
NO_x　氮氧化物　20.005
nozzle　[气流]喷管　01.606，喷嘴　10.111
nozzle chamber　喷嘴室　10.112
nozzle of action turbine　[冲击式水轮机]喷嘴　23.053
n-port network　*n*端口网络　01.271
(n, p) reaction　(n, p)反应　13.029
(n, α) reaction　(n, α)反应　13.028
NSSS　核蒸汽供应系统　13.411
nuclear accident emergency planning and preparedness　核[事故]应急计划与准备　13.778
nuclear auxiliary building　核辅助厂房　13.526
nuclear criticality safety　[核]临界安全　13.694
nuclear desalination unit　海水淡化反应堆装置　13.409
nuclear design criterion　核设计准则　13.249
nuclear electricity generation　核能发电　13.348
nuclear emergency　核应急　13.777
nuclear energy　核能，＊原子能　13.009
nuclear facility　核设施　13.644
nuclear fission　[核]裂变　13.010
nuclear [fission] reactor　[核裂变]反应堆　13.032
nuclear fuel　核燃料　13.176
nuclear fuel building　核燃料厂房　13.522
nuclear fuel cycle　核燃料循环　13.226
nuclear fusion　[核]聚变　13.012
nuclear heat　核能供热　13.349
nuclear heat and electricity co-generation unit　热电联供反应堆装置　13.408
nuclear heating reactor　供热反应堆　13.407
nuclear island　核岛　13.521
nuclear material　核材料　13.688
nuclear material accounting　核材料衡算　13.689
nuclear power　核动力　13.351
nuclear power development program　核电规划　13.352
nuclear power instrumentation　核功率测量　13.170
nuclear power plant　核电厂，＊核电站　13.355
nuclear power plant event scale　核电厂事件分级　13.653
nuclear power plant maintenance　核电厂维修　13.602
nuclear power plant procurement control　核电厂采购控制　13.368
nuclear power project planning　核电项目策划　13.378
nuclear power unit　核电机组　13.350
nuclear pressure retaining component　核承压设备　13.643
nuclear reaction　核反应　13.027
nuclear reaction macroscopic cross section of neutron　中子核反应宏观截面　13.042
nuclear reaction microscopic cross section of neutron　中子核反应微观截面　13.043
nuclear safeguards　核保障　13.687
nuclear safety　核安全　13.629
nuclear safety assessment　核安全评价　13.674
nuclear safety classification　核安全等级　13.649
nuclear safety enforcement　核安全执法　13.638
nuclear safety goal　核安全目标　13.630
nuclear safety license　核安全许可证　13.641
nuclear safety licensing system　核安全许可证制度　13.640
nuclear safety regulation　核安全监管　13.635
nuclear safety regulation system　核安全法规体系　13.639
nuclear safety regulatory body　核安全监管机构　13.636
nuclear safety regulatory inspection　核安全监督检查　13.637
nuclear security　核保安　13.693
nuclear steam supply system　核蒸汽供应系统　13.411
nucleate boiling　核态沸腾　09.281，泡核沸腾　13.306
nuclide　核素　13.013
null [method of] measurement　零值测量[法]　02.087
number of pass　流程数　10.358
numerical aperture　数值孔径　18.331

O

OBE * 运行基准地震 13.265
oblique shock wave 斜激波 01.765
observation gallery 观测廊道 22.051
occupational exposure 职业照射 13.717
occurrence time of maximum load 最大负荷出现时间 06.356
occurrence time of minimum load 最小负荷出现时间 06.357
ocean energy 海洋能 14.197
ocean temperature difference 海洋温差 14.202
ocean thermal power generation 海洋温差发电 14.203
OCS 开关量控制系统 12.065
oersted 奥斯特 01.437
OFA 燃尽风 09.192
off-circuit tap-changer 无励磁分接开关 15.140
off-design condition 变工况 10.035
off-grid energy 下网电量 06.190
off-grid PV system 独立光伏发电系统 14.168
off-line washing 离线清洗 10.589
off-peak tariff 非峰时电价 19.185
offset profile *x* 米处边断面 18.135
offshore wind farm 近海风电场 14.109
off-site emergency 场外应急 13.783
off-site power [of nuclear power plant] [核电厂]厂外电源 13.599
off-state 正向阻断状态，* 断态 17.129
OFT 油燃料跳闸 12.095
ohm 欧[姆] 01.424
Ohm law 欧姆定律 01.295
ohmmeter 电阻表，* 欧姆表 02.031
oil ageing 油质老化 12.275
oil atomizer 喷油嘴 09.208
oil burner 油燃烧器 09.181
oil circuit-breaker 油断路器 15.198
oil cooler 冷油器 10.289
oil ejector 注油器 10.285
oil failure trip 低油压保护 10.299
oil-fired boiler 燃油锅炉 09.022
oil fuel trip 油燃料跳闸 12.095
oil immersed reactor 油浸式电抗器 15.156
oil immersed transformer 油浸式变压器 15.080
oil impregnated paper bushing 油浸纸套管 15.147
oil impregnated paper insulated cable 油浸纸绝缘电缆 18.259
oil leakage sump 泄油池 15.066
oil level indicator 油位指示器 10.288
oil management 油务监督 12.264
oil polishing device 油净化装置 12.289
oil pressure equalizing valve [油压]平衡阀 11.152
oil pressure supply unit 油压装置 12.292
oil pressure system of hydropower plant 水电厂油系统 23.151
oil purification 油净化 12.282
oil regeneration 油再生 12.283
oil-SF_6 immersed bushing 油气套管 15.149
oil shale 油页岩，* 油母页岩 08.012
oil system cleaning 油系统清洗 12.293
oil system trouble 油系统故障 11.184
oil tank 储油罐，* 油库 08.178，油箱 10.286
oil tank gas exhauster 油箱排气装置 10.287
oil whip 油膜振荡 10.158
oily waste water treatment 油污水处理 20.097
on-cam device 协联装置 23.149
on-cam operating condition 协联工况 23.059
once-through boiler 直流锅炉 09.008
once-through cooling water system 直流冷却水系统 10.381
once-through nuclear fuel cycle 一次通过式核燃料循环，* 开式循环 13.227
one-and-a-half breaker configuration 一个半断路器接线，* 二分之三断路器接线 15.037
one group point reactor kinetics 单组点堆动态学 13.105
one-line diagram 系统单线图 04.050
one-off bidding 单次投标，* 静态投标 06.168
one-part tariff 一部制电价 06.248
one-port network 一端口网络，* 二端网络 01.266
one-stage by-pass system 整体旁路系统，* 一级旁路系统 10.082
one-to-one control 单个操作 12.071

on-grid energy　上网电量　06.189
on-grid price　上网电价　06.253
on-line monitoring of hydraulic structure　水工建筑物在线监测　22.538
on-line residual life monitoring　寿命在线监测　12.133
on-line steady state security analysis　在线静态安全分析　06.111
on-line washing　在线清洗　10.588
on-load switchable busbar　有载分段母线　15.048
on-load tap-changer　有载分接开关　15.139
on-off control system　开关量控制系统　12.065
on-power refueling　不停堆换料　13.558
on-site examination of spent fuel assembly　燃料组件现场检验　13.606
on-site inspection for safeguard　核保障现场视察　13.376
on-site storage of radioactive waste　放射性废物就地储存，* 放射性废物现场储存　13.807
on-state　导通状态，* 通态　17.126
OPAC　附挂式光缆　18.313
OPC　超速保护控制　12.111
open-air arrangement　露天布置　07.052
open caisson　沉井，* 开口沉箱　22.369
open channel diversion　明渠导流　22.488
open circuit characteristics　空载特性　11.112
open circuit cooling　开启式冷却　11.081
open-close time　分-合时间　15.306
open cut method　明挖法施工　22.445
open-cycle gas turbine　开式循环燃气轮机　10.443
open delta connection　开口三角形联结　15.134
opening　分闸　15.300
opening position　分闸位置　15.301
opening speed　分闸速度　15.303
opening time　分闸时间　15.302
open intake　开敞式进水口　22.164
open phase operation　非全相运行，* 断相运行　04.310
open pulverizing system　开式制粉系统　09.300
open spillway　开敞式溢洪道　22.145
open thermodynamic system　开式热力系　01.449
open-type substation　敞开式变电站　15.014
operate time　动作时间　05.133
operating basis earthquake　* 运行基准地震　13.265
operating characteristics of asynchronous motor　异步电动机运行特性　19.098
operating condition of nuclear power plant　核电厂运行工况，* 运行状态　13.568
operating cycle　操作循环　15.310
operating experience feedback　运行经验反馈　13.614
operating gate　工作闸门　22.269
operating limits and conditions　运行限值和条件　13.566
operating mode of units　机组运行方式　10.430
operating performance of asynchronous motor　异步电动机运行性能　19.113
operating plan after accident　事故后运行方式　04.273
operating procedure of nuclear power plant　核电厂运行规程　13.579
operating sequence　操作顺序　15.311
operating state　工作状态　21.182
operating technical specification　运行技术规格书　13.578
operating time　工作时间　21.183
operating unit of nuclear power plant　核电厂营运单位　13.380
operating value　动作值　05.131
operating voltage in a system　系统运行电压　04.021
operational admittance　运算导纳　01.392
operational amplifier　运算放大器　01.396
operational characteristic curve of turbine set　水轮机运行特性曲线　03.137
operational circuit　运算电路　01.390
operational impedance　运算阻抗　01.391
operational limit diagram　运行限值图，* 运行图，* 运行梯形图　13.565
operational modes　运行模式，* 运行方式　13.574
operational monitoring of generator　发电机运行监测　11.185
operational rate of modulating control system　模拟量控制系统投入率　12.154
operational rate of protection system　保护系统投入率　12.155
operational safety earthquake　运行安全地震　13.265
operational safety management system　运行安全管理体系　13.607
operational safety review　运行安全评估　13.616
operation and maintenance cost　[核电厂]运行维护费　13.625
operation and maintenance cost　运行维护费　03.187

operation circuit 操作回路 05.089
operation condition [电力系统的]运行工况 21.160
operation feature of nuclear power plant 核电厂运行特点 13.562
operation level of boiler 锅炉运转层 09.373
operation license 运行许可证 13.532
operation management of communication 通信运行管理 06.117
operation of thermal power plant 火力发电厂运行 07.083
operation order 操作票 21.053
operation preparation for nuclear power plant 核电厂生产准备 13.528
Operation Safety Assessment and Review Team 运行安全评估组 13.615
operations related outage 运行相关停运 21.236
operation time limit 动作时限 05.121
operation with frequency abnormally deviated from rated value 频率异常情况下的运行 11.111
operation with power factor deviated from rated value 功率因数偏离额定值运行 11.160
operator license of nuclear power plant 核电厂操纵人员执照 13.564
operator station 操作员站 12.121
OPGW 光纤复合架空地线 18.310
OPPC 光纤复合相线 18.311
opposed firing 对冲燃烧 09.162
opposite phase 反相 01.177
OPT 超速跳闸保护 12.112
optical attached cable 附挂式光缆 18.313
optical cable connect 光缆接头盒 18.346
optical element 光纤元件 18.315
optical fiber 光纤，* 光导纤维 18.306
optical fiber cable 光缆 18.307
optical fiber cable terminal 光缆终端 18.355
optical fiber composite overhead ground wire 光纤复合架空地线 18.310
optical fiber cord [光纤]软线 18.320
optical fiber phase conductor 光纤复合相线 18.311
optical fiber splice 光纤接头 18.351
optical link pilot protection system 光纤纵联保护系统 05.221
optical microscopic structure inspection 光学金相显微分析 12.322
optical pyrometer 光测高温计 02.155
optical unit 光单元 18.314
optic-fiber communication 光纤通信 06.003
optimal mathematical model of generation planning 电源优化数学模型 03.006
optimization of dispatching load 负荷优化分配 12.138
optimum charge of balls 最佳钢球装载量 09.311
optimum load 经济负荷 04.404
optimum operating condition 最优工况 23.061
optimum velocity ratio 最佳速比 10.064
option contract 期权合同 06.347
option trading 期权交易 06.346
orderly index 市场有序性指标 06.329
organic compound 有机物 12.176
organic matter 有机物 12.176
organic matter removal 除有机物 12.190
organic sulfur 有机硫 08.062
orifice flow 孔口出流 22.159
Orsat gas analyzer 奥氏[烟气]分析仪 09.463
OSART 运行安全评估组 13.615
oscillating circuit test [of breaking and making capacity] [开断和关合能力的]振荡回路试验 15.333
oscillation of synchronous machine 同步电机的振荡 04.128
oscillation overvoltage due to system splitting 振荡解列操作过电压 16.193
oscillation period 振荡周期 04.260
Otto cycle 奥托循环 01.547
outage cost 停电损失 21.181
outage rate 停运率 21.216
outage repair 事故检修 06.359
outage state 停运状态 21.195
outage switching 停电操作 21.054
outdoor arrangement 露天布置 07.052
outdoor boiler 露天锅炉 09.036
outdoor external insulation 户外外绝缘 16.169
outdoor meter 户外仪表 02.074
outdoor substation 户外变电站 15.017
outdoor switchgear and controlgear 户外开关设备和控制设备 15.229
outdoor type transformer 户外变压器 15.096
outer casing 外护板 09.092
outgoing feeder 出线馈线 15.056
out-of-reactor test of fuel assembly 燃料组件堆外性能

试验 13.214
out-of-step operation 失步运行 04.285
out-of-step operation with excitation 带励磁失步运行 11.164
out-of-step protection 失步保护 05.179
output impedance 输出阻抗 01.224
output limit of gas turbine 燃气轮机输出功率限制 10.483
outside ash transportation and ash yard 外部除灰和贮灰场 03.172
outstation 从站，* 子站 06.023
overall plot plan 全厂总体规划 03.152
overall plot plan of thermal power plant 火力发电厂总体规划 07.046
overall response time 总响应时间 06.098
overall transfer time 总传送时间 06.099
over-current protection 过电流保护 05.201
over-excitation operation 过励磁运行 11.116
over-excitation protection 过励磁保护 05.190
over exposure 过量照射 13.750
overfall 溢流 22.157
overfall energy dissipation 跌流消能 22.199
overfire air 燃尽风 09.192
overflow 溢流 22.157
overflow cofferdam 过水围堰 22.497
overflow type power house 溢流式厂房 22.234
overflow weir 溢流堰 22.117
overhead contact system of electric railway 电气化铁路接触网 19.090
overhead grounding wire 避雷线，* 架空地线 16.073
overhead line 架空线路 18.003
overhead system 架空[输电]系统 04.057
overlap angle 换相角，* 重叠角 17.109
overlap of protection 保护重叠区 05.007
overload ability 过载能力 19.112
overload capacity of transmission line 线路过负荷能力 04.329
overload protection 过负荷保护 05.181
overload releaser 过载脱扣器 05.070
overpressure protection device 超压保护装置 10.325
overpressure type motor 正压型防爆电动机 19.106
overreach 超范围 05.009
overreach blocking distance protection 过范围闭锁式距离保护 05.218
overreach pilot protection 超范围式纵联保护 05.213
overshoot 过冲 02.136
overspeed 超速 10.165
overspeed governor 危急保安器，* 危急遮断器 10.294
overspeed protection control 超速保护控制 12.111
overspeed protection trip 超速跳闸保护 12.112
overspeed test of steam turbine 汽轮机超速试验 10.421
overtemperature 超温 09.481
overtemperature protection 超温保护 10.513
overtravel 接触行程，* 超行程 15.260
overvoltage 过电压 16.177
overvoltage protection 过电压保护 05.203
over year regulation 多年调节 03.101
oxidation inhibitor 抗氧化剂 12.273
oxidation stability 氧化稳定性 12.274
oxidizing atmosphere 氧化性气氛 09.198
oxygen corrosion 氧腐蚀 12.262

P

PAB 按报价结算 06.212
packaged electronic modular control instrument 组装式调节仪表 12.063
packaged gas turbine 箱装式燃气轮机，* 快装式燃气轮机 10.451
pad and chimney foundation 现浇墩型基础 18.160
PAF 一次风机 09.231
panel point 节点 18.108
pantograph disconnector 双臂伸缩式隔离开关，* 剪刀式隔离开关 15.210
paper capacitor 纸介[质]电容器 15.164
parabolic arch dam 抛物线拱坝 22.016
parabolic concentrator 抛物面聚光器 14.138
parabolic dish solar thermal power generation system 碟式太阳热发电系统，* 盘式太阳热发电系统 14.146
parabolic trough solar thermal power generation system

槽式太阳热发电系统　14.145
parallel connection　并联　01.236
parallel groove clamp　并沟线夹　18.195
paralleling operation　[发电机]并网运行　11.108
parallel resonance　并联谐振，* 电流谐振　01.329
paramagnetic substance　顺磁性物质　01.106
paramagnetism　顺磁性　01.105
parameter of gas-liquid two phase flow　气-液两相流参量　13.302
parameter of synchronous machine　同步电机参数　04.093
parameter of thermodynamic state　热力状态参数　01.471
parameter range of operating mode　运行方式参数范围　13.573
Park equation　派克方程　04.095
partial-arc admission　部分进汽　10.060
partial-arc admission degree　部分进汽度　10.061
partial coal sample　分样　08.085
partial discharge　局部放电　16.122
partial discharge detector　局部放电检测仪　16.049
partial discharge extinction voltage　局部放电熄灭电压　16.125
partial discharge inception voltage　局部放电起始电压　16.124
partial energy competition　部分电量竞争模式　06.118
partial open pulverizing system　半开式制粉系统　09.301
partial outage state　部分停运状态　21.196
particle counting and size distribution in oil　油中颗粒度　12.290
particle size distribution of fly ash　飞灰粒径分布　20.026
particle size of fly ash　飞灰粒径，* 飞灰粒度　20.025
partitioning and transmutation　分离-嬗变　13.816
part load vortex　[尾水管]涡带，* 部分负荷涡带　23.098
pass band　通带　01.336
passivating　钝化　09.425
passivator　钝化剂　12.259
passive bus　无源节点　04.151
passive component　非能动部件　13.652
passive equivalent network　无源等效网络　04.084
passive filter　无源滤波器　15.176
passive regulation　被动监管　06.300
passive safety system　非能动安全系统　13.437
patch rods　补修条　18.210
path line　迹线　01.749
pay-as-bid settlement　按报价结算　06.212
pay back time　投资回收期　03.205
PBMR　球床型高温气冷堆　13.392
PBT　投资回收期　03.205
PCI　芯块与包壳相互作用　13.220
PCV　动力排放阀　09.153
pea coal　粒煤　08.023
peak capacity cost　高峰容量成本　19.169
peak distortion factor　峰值纹波因数　01.377
peaking operation　调峰运行　03.143
peak load　尖峰负荷，* 峰荷　04.388
peak load boiler　尖峰负荷锅炉　09.042
peak load generating set　尖峰负荷机组　04.035
peak load power plant　峰荷电厂　07.020
peak load rated output of gas turbine　燃气轮机尖峰负荷额定输出功率　10.479
peak load regulating capacity　调峰容量　04.327
peak load regulating of power system　[电力]系统调峰　04.325
peak load regulating scheme　调峰方案　04.326
peak load shaving　削峰填谷　04.401
peak load tariff　峰负荷电价　19.186
[peak] making current　[峰值]关合电流　15.291
peak responsibility factor　峰荷分担因数　19.206
peak responsibility method　峰荷分摊方法　19.162
peak ripple factor　峰值纹波因数　01.377
peak short-circuit current　短路电流峰值，* 短路冲击电流　04.185
peak-to-peak value　峰-峰值　01.183
peak-to-valley value　峰-谷值　01.185
peak-valley price　峰谷电价，* 峰谷分时电价　06.225
peak [value]　峰值　01.182
peak value of lightning current　雷电流峰值　16.062
peak voltmeter　峰值电压表　02.026
peak working off-state voltage　断态工作峰值电压　17.147
peak working reverse voltage　反向工作峰值电压　17.150
pearlitic heat resistant steel　珠光体耐热钢　12.392
pedestal bearing　座式轴承　11.029

peer review　同行评估　13.617
pellet-cladding interaction　芯块与包壳相互作用　13.220
Pelton turbine　水斗式水轮机，＊佩尔顿水轮机　23.015
penetrant testing　渗透探伤　12.366
penstock　压力管道　22.178
penstock inside dam　坝内埋管　22.183
penstock in the shallow zone of dam　浅埋式管　22.185
penstock on downstream dam surface　坝后背管　22.184
percentage of instrument undergone periodical calibration　周期检验率　12.161
percentage of instrument with allowable accuracy　仪表准确率　12.159
performance　性能　02.143
performance acceptance test　＊性能验收试验　09.451
performance criterion of insulation　绝缘性能指标　16.162
performance curve　水轮机综合特性曲线　23.063
performance of metal　金属性能　12.294
performance of precipitator　除尘器性能　20.054
performance requirement for reactor fuel　反应堆燃料性能要求　13.193
performance test of units　机组性能试验　03.240
period　周期　01.166
period hours　统计期间小时　21.202
periodical blowdown　定期排污　09.405
periodical inspection　定期巡视　21.077
periodic component of short-circuit current　短路电流周期分量　04.179
periodic logging　定时打印　12.123
periodic operating test of steam turbine　汽轮机定期运行试验　10.420
periodic test of nuclear power plant　核电厂定期试验　13.523
period of construction finishing　[水电工程]完建期　22.457
peripheral joint of arch dam　拱坝周边缝　22.067
permanent connection point for live working　带电作业永久连接点　16.234
permanent fault　永久性故障　04.196
permanent magnet　永久磁体　01.113
permanent magnet generator　永磁发电机　11.002
[permanent magnet] moving-coil instrument　磁电系仪表　02.097
permeability　透过性　12.228
permeable rate　透水率　01.715
permeameter　磁导计　02.041
permeance　磁导　01.342
permissible number of starting times for generator　允许启动次数　11.107
permissible operation with frequency and voltage deviated from rated value　允许的频率和电压偏离额定值运行　11.110
permissible unbalanced loading operation of syachronous machine　同步电机不平衡负荷承受能力　04.127
permissive mode pilot protection　允许式纵联保护　05.215
permissive overreach distance protection　过范围允许式距离保护　05.219
permissive protection　允许式保护　05.169
permissive underreach distance protection　欠范围允许式距离保护　05.220
permitted revenue　准许收入　06.267
perpetual-motion machine of the first kind　第一类永动机　01.540
perpetual-motion machine of the second kind　第二类永动机　01.541
persistent command　持续命令　06.068
persistent information　持续信息　06.060
personal dose equivalent　个人剂量当量　13.736
personal protective equipment for live working　带电作业个人防护器具　16.228
per unit of phase-to-earth overvoltage　相对地过电压标幺值　16.175
per unit of phase-to-phase overvoltage　相间过电压标幺值　16.176
per unit system　标幺制，＊相对值　04.146
PFBB　增压流化床锅炉　09.339
PFBC-CC　增压流化床燃烧联合循环机组　10.464
phase　相[位]，＊相角　01.170
phase comparison protection system　相位比较式纵联保护，＊相差保护　05.209
phase comparison relay　相位比较继电器　05.048
phase constant　相位常数　01.401
phase control　相位控制　17.189
phase diagram of water　水的相图　01.585
phase difference　相位差，＊相角差　01.172

phase difference for a transformer　变压器相位移　15.136
[phase] lag　[相位]滞后　01.175
[phase] lead　[相位]超前　01.174
phase meter　相位表　02.035
phase [of an AC line]　[交流线路的]相　18.006
phase segregated protection　分相保护　05.167
phase sequence　相序　01.349
phase shift　相位移　01.173
phase-to-earth clearance　相对地净距　15.059
phase-to-earth fault　单相接地故障　04.204
phase-to-earth voltage　线对地电压　04.026
phase-to-neutral voltage　相电压　04.025
phase-to-phase clearance　相间净距　15.058
phase-to-phase fault　两相相间故障　04.205
phase-to-phase spacer　相间间隔棒　18.203
phase-to-phase spacing　相间距离　18.151
phase-to-phase voltage　线电压　04.024
phase velocity　相速　01.404
phase winding　相绕组　15.110
phasing and synchronizing test　定相同步试验　11.109
phasing operation　调相运行　11.115
phasor　相[矢]量　01.171
phasor diagram　相量图　01.179
phasor diagram of synchronous machine　同步电机相量图　04.094
phosphate treatment　磷酸盐处理　12.243
photoconductor　光电导体　01.210
photoelectric effect　光电效应　01.153
photoelectric emission　光电发射　01.154
photovoltaic effect　光伏效应　14.151
photovoltaic system　光伏发电系统　14.166
phreatic water　潜水　01.718
PHTS　重水堆主热传输系统　13.480
pH value　pH 值　12.188
pH value of inner cooling water　[内冷]水的 pH 值　11.131
physical isolation　实体隔离　13.664
physical power trading　电力实物交易　06.126
physical properties of fly ash　粉煤灰物理特性　20.023
physical protection for nuclear material　核材料实物保护　13.690
physical protection for nuclear power plant　核电厂实体保卫　13.686
physical protection section for nuclear material　核材料实物保护分区　13.692
physical protection system　实物保护系统　13.691
physical transmission right　物理输电权　06.154
pier　闸墩　22.100
pier head power house　闸墩式厂房　22.236
piezoelectric effect　压电效应　01.152
piezometric head　测压管水头　01.826
pile foundation　桩基础　18.163
pile foundation construction　桩基施工　07.073
pilot adit　导洞　22.379
pilot protection　纵联保护　05.211
pilot valve　错油门，* 滑阀　10.257
pilot wire protection　导引线保护　05.226
pipe cooling　水管冷却　22.363
pipe jacking method　顶管法　22.373
pipeline loss　沿程损失　01.775
pipeline transport of coal slurry　管道水力输煤　08.165
pipe type cable　钢管电缆　18.264
pipe warm-up　暖管　09.398
piping　管涌　01.723
piping and instrument diagram　管道和仪表图　03.161
piping design　汽水管道设计　03.162
pitch angle of blade　[叶片]桨距角　14.051
pitch regulated　桨距调节　14.065
pithead power plant　矿口电厂，* 坑口电厂　07.015
Pitot pressure gauge　皮托压力计　02.163
pitting attack　点腐蚀，* 孔蚀　12.358
pit turbine　竖井式水轮机　23.012
placing intensity　浇筑强度　22.362
placing of concrete　混凝土浇筑　22.331
plain gate　平面闸门，* 平板闸门　22.258
plain tube economizer　光管省煤器　09.136
plan arrangement of main power building　主厂房平面布置　03.157
plan bracing　横隔　18.105
planned outage　计划停运　13.554
planned outage factor　计划停运系数　21.203
planned outage hours　计划停运小时　21.200
planned outage state　计划停运状态　21.199
planned outage times　计划停运次数　21.201
planned power utilization　计划用电　19.059
plant cavitation coefficient　电站空化系数，* 装置空化系数　23.085

plant emergency　厂房应急　13.781
plant front area　厂前区　07.048
plant performance calculation　厂级性能计算　12.136
plant sigma　电站空化系数，＊装置空化系数　23.085
plasma igniting　等离子点火　09.388
plate gilled economizer　肋板省煤器　09.138
platen superheater　屏式过热器　09.126
plate type fuel assembly　板形燃料组件　13.205
platform hoist　台车式启闭机　22.294
plume emergency planning zone　烟羽应急计划区　13.786
plume rise　烟气抬升，＊烟羽抬升　20.058
PMD　[光纤]偏振模色散　18.335
PMF　可能最大洪水　01.662
pneumatic caisson　沉箱，＊气压沉箱　22.370
pneumatic surge chamber　压气式调压室，＊气垫式调压室　22.223
Pockels effect　泡克耳斯效应　01.157
point discharge　尖端放电　16.115
point of common coupling　公共连接点　04.417
point reactor model　点堆模型　13.106
polar crane in reactor building　反应堆厂房环形吊车，＊环吊　13.465
polarization current　极化电流　01.055
polarization index　极化指数　11.060
polarization mode dispersion　[光纤]偏振模色散　18.335
polarized relay　极化继电器　05.053
pole　杆　18.115
pole change motor generator　变极式电动发电机　24.041
pole changing [speed] control　变极调速　19.119
pole current balancing　极电流平衡　17.212
pole-mounted circuit-breaker　柱上断路器　15.190
pole-mounted disconnector　柱上隔离开关　15.216
pole-mounted substation　柱上配电台　19.025
pole-mounted transformer　柱上变压器　15.098
pole [of a switchgear]　[开关设备的]极　15.252
pole of HVDC system　高压直流系统极　17.008
polling telecontrol system　问答式远动系统，＊查询式远动系统　06.089
pollutant　污染物　20.126
pollutant cap control　污染物排放总量控制　20.158
pollutant instantaneous concentration　污染物瞬时浓度　20.015
pollutant quantity in flue gas　烟气污染物排放量　20.011
pollutant source　污染源　20.135
polluted area　污秽区　18.061
pollution　污染　20.125
pollution by polychlorinated biphenyle　多氯联苯污染　20.132
pollution charge　排污收费　20.146
pollution flashover　污闪　18.238
pollution flashover voltage　污秽闪络电压　16.101
pollution of heavy metal　重金属污染　20.134
polycrystalline silicon solar cell　多晶硅太阳能电池　14.156
polygon connection　多边形联结　01.240
polymer concrete　聚合物混凝土　22.305
[polyphase circuit] line current　[多相电路]线电流　01.355
[polyphase circuit] line voltage　[多相电路]线电压，＊相间电压　01.353
[polyphase circuit] phase current　[多相电路]相电流　01.354
[polyphase circuit] phase voltage　[多相电路]相电压　01.352
polyphase system　多相制　01.348
polytropic process　多方过程，＊多变过程　01.538
polyvinyl chloride insulated cable　聚氯乙烯电缆，＊PVC电缆　18.261
pony motor starting　小电机启动　24.048
pool boiling　池式沸腾　13.293
popping pressure　起座压力　09.412
porcelain bushing　瓷套管　15.146
porcelain insulator　瓷绝缘子　18.225
pore air pressure　[土体]孔隙气压力　01.795
pore pressure　[土体]孔隙压力　01.793
pore water　孔隙水　01.720
pore water pressure　[土体]孔隙水压力　01.794
port　端口　01.265
portable power plant　移动电站　07.022
portal hoist　门式启闭机　22.292
port power plant　港口电厂　07.017
positive acknowledgement　肯定认可　06.047
positive pressure flow field　正压流场　01.745
positive sequence component　正序分量　01.359

positive sequence impedance　正序阻抗　04.214
positive sequence network　正序网络　04.211
positive sequence short-circuit current　正序短路电流　04.217
postage stamp method　邮票法　06.260
post arc current　弧后电流　15.245
post disturbance review　事故追忆　06.035
post-irradiation examination　辐照后检验　13.219
post-trip logging　追忆打印　12.124
postulated initiating event　假设始发事件　13.680
postweld heat treatment　焊后热处理　12.382
potential drop　电压降，＊电位降　01.031
potential electric hazard　电气潜伏故障[隐患]　21.060
potential flow　势流，＊无旋运动　01.753
potential hydropower resources　水能资源蕴藏量，＊水能蕴藏量　03.045
potential of earthing connection　接地装置对地电位　16.202
potential source rectifier excitation　自并励静止励磁系统　04.135
potential transformer　电压互感器　15.364
potential water power resources　水能资源蕴藏量，＊水能蕴藏量　03.045
Potier reactance　保梯电抗　04.119
pouring of concrete　混凝土浇筑　22.331
pouring without longitudinal joint　通仓浇筑　22.359
power　功率　01.320
power angle　功[率]角　04.322
power angle characteristics　功角特性曲线　04.324
power angle of synchronous generator　同步发电机功[率]角　04.122
power angle stability　功角稳定　04.226
power ascension test　功率提升试验　13.544
power balance　电力平衡　04.366
power broker　电力经纪人　06.157
power capacitor　电力电容器　15.162
power coefficient　功率系数　14.071
power collection system [for WTGS]　[风电机组]电力汇集系统　14.111
power component　功率元件　05.073
[power] consumer　[电力]用户，＊[电力]客户　19.054
power consumption of pulverizing system　制粉电耗　09.308
power consumption rate of coal handling　输煤耗电率　08.151
power control mode　功率控制方式　17.198
power control system　功率调节系统　13.505
power control valve　动力排放阀　09.153
power curve　功率曲线　14.092
power defect　功率亏损，＊反应性积分功率系数　13.127
power density in-core　堆芯功率密度　13.254
power dispatching communication system　电力调度通信系统　06.008
power distribution network　配电网　19.002
power distributor　配电商　06.159
power electronic capacitor　电力电子电容器　15.163
power factor　功率因数　01.326
power factor clause　功率因数调整电费　19.197
power factor meter　功率因数表　02.036
power factor of the fundamental wave　位移因数，＊基波功率因数　01.370
power flow　潮流　04.144
power flow tracing method　潮流跟踪法　06.218
power frequency　工频　04.012
power /frequency control　功率/频率调节　04.311
power/frequency control characteristic of a system　系统功率/频率调节特性　04.318
power frequency earthing resistance　工频接地电阻　16.203
power frequency electric field　工频电场　18.030
power frequency magnetic field　工频磁场　18.031
power frequency overvoltage　工频过电压　16.192
power frequency recovery voltage [of circuit-breaker]　[断路器]工频恢复电压　15.320
power frequency reference voltage of arrester　避雷器工频参考电压　15.388
power frequency resonant testing transformer　工频谐振试验变压器　16.005
power frequency sparkover voltage of arrester　避雷器工频放电电压　15.392
power frequency testing transformer　工频试验变压器　16.003
power frequency withstand voltage　工频耐受电压　16.107
power generation cost　发电成本　03.185
power house　主厂房　22.226
power house at dam toe　坝后式厂房　22.231

power house on river bank 岸边式厂房 22.232
power house within the dam 坝内式厂房 22.233
power line carrier communication 电力线载波通信 06.002
power line carrier pilot protection system 线载波纵联保护系统 05.223
power load 电力负荷 03.014
[power] load curve [电力]负荷曲线 04.377
power loss 功率损耗 04.405
power network planning 电网发展规划 03.004
power-off brake 失电制动器 19.127
power performance 功率特性 14.090
power plant 发电厂 07.010
power plant boiler 电站锅炉 09.004
power plant capacity 发电厂容量 03.013
power plant life extension 电厂延寿 12.390
power plant on railway hub 路口电厂 07.016
power pool 电力联营[机构] 06.125
power production building of thermal power plant 火力发电厂生产建筑物 07.054
power quality 电能质量 04.412，[配电]电能质量 19.011
power quality control 电能质量控制 04.415
power quality evaluation 电能质量评估 04.414
power quality monitoring 电能质量监测 04.413
power reactor 动力反应堆，* 动力堆 13.396
power regulation agency 电力监管机构 06.305
power regulation coefficient of load 负荷的功率调节系数 04.358
power relay 功率继电器 05.041
power retailer 电力零售商 06.156
power shortage 电力短缺 04.402
power station 发电厂 07.010
power storage capacity 发电库容 03.092
power supply 供电 04.045
power supply cabinet for electric-drive valve 热工配电箱，* 热工配电柜 12.007
power supply for construction 施工供电 22.456
power supply for secondary circuit in substation 变电站二次回路电源 15.402
power supply of automation system 自动化系统电源 12.141
power supply reliability 供电可靠性 04.419
power supply system of nuclear power plant 核电厂供电系统 13.471
power swing blocking 振荡闭锁 05.192
power system 电力系统 04.001
power system abnormality 电力系统异常 05.028
power system automatic safety control device 电力系统安全自动装置 05.253
power system black start 电力系统黑启动 04.266
power system collapse 电力系统瓦解 04.265
power system communication 电力系统通信 06.001
power system diagram 电力系统图 04.047
power system dispatching mimic board 电力系统调度模拟屏 06.018
power system element 电力系统元件 06.108
power system emergency control and restoration [电力]系统事故处理 04.191
power system failure [电力]系统事故 04.190
power system fault 电力系统故障 05.029
power system interconnection planning 电力系统联网规划 03.008
power system management 电力系统管理 04.011
power system operation 电力系统运行 04.267
power system operator 系统运行机构，* 电力系统调度机构 06.162
power system oscillation 电力系统振荡 04.253
power system planning 电力系统发展规划 03.001
power system relay protection 电力系统继电保护 04.362
power system security analysis 电力系统安全分析 04.360
power system security control 电力系统安全控制 04.361
power system simulator 电力系统模拟装置，* 电力系统仿真装置 04.249
power system stability 电力系统稳定性 04.221
power system stabilizer 电力系统稳定器 04.240
power trading 电力交易 06.123
power transformation 变电 04.044
power transformer 电力变压器 15.073
power transmission 输电 04.043
power turbine 动力透平 10.530
power wheeling 电力转运 06.170
Poynting vector 坡印亭矢量 01.144
PPE for live working 带电作业个人防护器具 16.228
PQ bus 负荷节点，* PQ 节点 04.152

PRA　* 概率风险评价　13.679
practical weir　实用堰　22.113
practice　实践　13.711
precast concrete element　预制混凝土构件　22.337
precast concrete form　预制混凝模板　22.338
precast dam　装配式坝　22.020
precipitation　降水　01.649
precipitation　新相形成　12.343
precoated filter　覆盖过滤器　12.196
precombustion chamber　预燃室　09.197
precooled aggregate　预冷骨料　22.321
precooler　预冷器　10.602
pre-critical test　临界前试验　13.538
pre-deposited pollution test　固体层法，* 预沉积污层法　16.033
pre-dispatching schedule　预调度计划　06.202
preformed armor rods　预绞丝　18.076
preformed helical fitting　预绞式金具　18.194
preliminary design　初步设计，* 概念设计　03.021
preliminary feasibility study　初步可行性研究　03.019
preliminary survey and exploration for transmission line routing　输电线路初勘　03.026
preparation for production of thermal power plant　火力发电厂生产准备　07.088
preparation for starting thermal power construction　火电工程施工准备　07.087
preparation for thermal power construction　火电工程建设准备　07.086
prepayment meter　预付费电能表　02.063
present value of cost loss　损耗费用现在值　04.410
pre-service inspection　役前检查　13.603
presplit blasting　预裂爆破　22.473
pressure　压力　01.482
pressure atomization　压力雾化，* 机械雾化　09.207
pressure boundary　承压边界，* 压力边界　13.414
pressure decay test　风压试验　09.456
pressure drop　汽水阻力　09.250
pressure element　承压部件，* 受压元件　09.073
pressure finger　[铁心]压指，* 齿压板　11.006
pressure flow　有压流　01.782
pressure grouting　压力灌浆　22.420
pressure head　压力水头　01.824
pressure injected pile　压注桩　18.166
pressure part　承压部件，* 受压元件　09.073
pressure plate　[铁心]压板　11.005
pressure ratio　压比　10.577
pressure regulator　调压器　10.262
pressure-relief device of arrester　避雷器压力释放装置　15.385
pressure rise　压力上升　23.110
pressure stage　压力级　10.056
pressure tank　压力箱　18.289
pressure-time method　水锤法，* 压力-时间法　23.092
pressure tube for HWR　重水堆压力管　13.482
pressure tunnel　压力隧洞　22.175
pressure unit　压力单位　01.483
pressure water reactor　压水反应堆，* 压水堆　13.383
pressurized boiler　微正压锅炉　09.030
pressurized fluidized bed boiler　增压流化床锅炉　09.339
pressurized fluidized bed combustion combined cycle units　增压流化床燃烧联合循环机组　10.464
pressurized water reactor fuel assembly　压水堆燃料组件　13.204
pressurizer　稳压器　13.429
press welding　压焊　12.372
prestress anchorage cable　预应力锚索　22.408
prestressed concrete　预应力混凝土　22.306
prestressed concrete lining　预应力混凝土衬砌　22.386
prestressed concrete reactor pressure vessel　预应力混凝土反应堆压力容器　13.476
pretreatment of water　水预处理　12.186
prevailing wind direction　主风向　14.038
preventive maintenance　预防性维修　21.139
price bidding strategy index　申报价格策略指标　06.321
price cap regulation　价格上限监管法　06.314
price cost margin index　价格边际成本指数　06.312
price index regulation　价格指数监管法　06.316
price per kilovolt-ampere　* 每千伏安价格　19.175
price per kilowatt　* 每千瓦价格　19.175
price regulation　价格监管　06.313
primary air　一次风　09.230
primary air fan　一次风机　09.231
primary air nozzle　一次风喷口　09.186
primary air pressure control system　一次风压力控制系统　12.040
primary air ratio　一次风率，* 一次风份额　09.079

[primary] coating [光纤一次]涂覆层 18.323
primary control [of the speed of generating sets] 一次调频 04.313
primary coolant pump 主循环泵，* 主泵 13.426
primary cost estimate 设计概算 22.521
primary heat transport system for HWR 重水堆主热传输系统 13.480
primary instrument 一次仪表 12.015
primary load 标称荷载 18.040
primary neutron source assembly 初级中子源组件,* 点火中子源 13.421
primary shielding 一次屏蔽 13.754
primary standard 基准[器]，* 原级标准 02.005
primary system 一次系统 04.005
primary winding 初级绕组 15.107
priming 汽水共腾 09.279
principal tapping 主分接，* 额定分接 15.121
principle for nuclear safety management 核安全管理原则 13.632
principle of entropy increase 熵增原理 01.521
priority to safety 安全优先 13.633
prismatic fuel element 棱柱形燃料组件 13.208
prismatic high temperature gas cooled reactor 柱状型高温气冷堆 13.391
prismatic pouring 柱状浇筑 22.357
prism drainage 棱体排水，* 堆石排水 22.088
private information 私有信息 06.333
privilege of bidder 报价员权限 06.271
probabilistic criteria [for electric power system reliability] [电力系统可靠性] 概率性准则 21.177
probabilistic risk assessment * 概率风险评价 13.679
probabilistic safety assessment 概率安全评价 13.679
probability of failure to close on command [开闭型设备] 拒合闸概率 21.241
probability of failure to open on command [开闭型设备] 拒分闸概率 21.240
probability of failure to operate on command [保护系统] 拒动概率 21.238
probability of incorrect trip due to fault outside protection zone 越级误分闸故障概率 21.259
probability of withstand 耐受概率 16.174
probable maximum flood 可能最大洪水 01.662
process control level 过程控制级 12.128
production area of power plant 厂区占地面积 03.177
profile loss 型面损失 10.068
project cost budget 工程预算 03.189
project final acceptance 工程竣工验收 03.242
project final account 工程决算 03.190
project financial assessment 工程财务评价 03.201
project hand-over for operation 工程移交生产验收 03.241
projectile 飞射物 13.670
project investment management 工程投资管理 03.214
project management information system 工程管理信息系统 03.230
project management mode 项目管理方式 03.208
project national economic assessment 工程国民经济评价 03.200
project planning management 工程计划管理 03.216
project proposal 项目申请报告 03.028
project quality management 工程质量管理 03.215
project technical management 工程技术管理 03.217
prompt neutron 瞬发中子 13.035
prompt NO_x 快速型氮氧化物，* 瞬态型氮氧化物 20.009
propagation constant 传播常数 01.400
propeller operating condition 定桨工况 23.060
propeller pump-turbine 轴流可逆式水轮机 23.114
prospective short-circuit current 预期短路电流 04.180
prospective transient recovery voltage [of a circuit] [回路的]预期瞬态恢复电压 15.319
protected section 保护区 05.005
protected zone 保护区 05.005
protection component 保护元件 05.076
protection level of protective device 保护装置的保护水平 16.109
protection of generator during starting and shut-down 启停机保护 11.238
protection of HVDC system 直流输电系统保护 05.269
protection of loss of cooling water supply for water cooled generator 水冷发电机断水保护 11.240
protection ratio against lightning impulse 雷电冲击[波]保护比 16.082
protection ratio against switching impulse 操作冲击[波]保护比 16.104
protection system for anticipated transient without scram 未能紧急停堆预期瞬变保护系统 13.509

protection system [for WTGS] [风电机组]保护系统 14.107
protective characteristics of arrester 避雷器的保护特性 15.395
protective clothing 防护衣具 13.756
protective conductor 保护导体 21.108
protective current transformer 保护用电流互感器 15.358
protective earthing 保护接地 16.206
protective fitting 保护金具 18.177
protective resistor 保护电阻器 16.011
protective separation 电气保护分隔 21.047
protective spark gap 保护[火花]间隙 16.117
protective system false operation rate 继电保护误动作率 21.237
protective system of heater 加热器保护系统 10.321
protective voltage transformer 保护用电压互感器 15.369
proton 质子 13.004
prototype [nuclear power] reactor 原型[核电]反应堆, * 原型堆 13.358
prototype observation for concrete dam 混凝土坝原型观测 01.875
prototype observation for earth-rockfill dam 土石坝原型观测 01.876
prototype observation for sluice structure 泄水/泄洪建筑物原型观测 01.878
prototype observation for underground structure 地下建筑物原型观测 01.877
proximate analysis 工业分析 08.036
proximity effect 邻近效应 01.124
PSA 概率安全评价 13.679
PSS 电力系统稳定器 04.240
PT 渗透探伤 12.366
P&T 分离-嬗变 13.816
public exposure 公众暴露 18.034
public exposure 公众照射 13.718
public information 公开信息 06.310
public price hearing 价格听证 06.315
pulley block 放线滑轮 18.367
pull-up torque 最低启动转矩 19.117
pulsating direct current 脉动直流电流 21.095
pulsating pressure 脉动压力 01.803
pulsation among tubes 管间脉动 09.255
pulsation factor 脉动因数 01.375
pulse 脉冲 01.189
pulse command 脉冲命令 06.066
pulse jet cleaning 脉冲布袋清灰 20.047
pulse number 脉动数 17.061
pulverized coal bunker 煤粉仓 09.297
pulverized coal burner 煤粉燃烧器 09.175
pulverized coal distributor 煤粉分配器 09.324
pulverized coal feeder 给粉机 09.323
pulverized coal-fired boiler 煤粉锅炉 09.021
pulverized coal mixer 煤粉混合器 09.327
pulverized coal uniformity index 煤粉均匀性指数 09.332
pulverizer outlet temperature control system 磨煤机出口温度控制系统 12.039
pulverizer rejects 石子煤 09.330
pump concrete 泵送混凝土 22.313
pumpcrete 泵送混凝土 22.313
pumped-storage power station 抽水蓄能电站 03.064
pump impeller [水泵]叶轮 23.127
pumping operation mode 抽水工况, * 水泵工况 24.043
pump storage unit 抽水蓄能机组 23.118
pump-turbine 可逆式水轮机, * 水泵水轮机 23.111
pure substance 纯物质 01.460
purge rate 吹扫风量 12.104
purging 清吹 10.494
purification and upgrading of heavy water for HWR 重水堆重水净化与升级 13.487
putting into operation in compliance with standard 达标投产 03.238
PV bus 电压控制节点, *PV 节点 04.153
PV system 光伏发电系统 14.166
PWR 压水反应堆, * 压水堆 13.383
pyranometer 总日射表 14.119
pyrheliometer 直射辐射表 14.118
pyrites 石子煤 09.330
pyritic sulfur 硫铁矿硫 08.065

Q

Q factor 品质因数 01.333
QPTR 象限功率倾斜比 13.577
quadrant power tilt ratio 象限功率倾斜比 13.577
quadrature-axis subtransient open-circuit time constant 交轴超/次暂态开路时间常数 04.117
quadrature-axis subtransient reactance 交轴超/次暂态电抗，* 交轴超/次瞬态电抗 04.105
quadrature-axis subtransient short circuit time constant 交轴超/次暂态短路时间常数 04.115
quadrature-axis synchronous reactance 交轴同步电抗 04.101
quadrature-axis transient open-circuit time constant 交轴暂态开路时间常数 04.116
quadrature-axis transient reactance 交轴暂态电抗，* 交轴瞬态电抗 04.103
quadrature-axis transient short-circuit time constant 交轴暂态短路时间常数 04.114
quadrature voltage control 横向电压调节 04.337
qualified person 合格人员 13.702
qualified rate of coal blending 配煤合格率 08.154
qualified steam quality ratio 蒸汽质量合格率 09.290
quality assurance 质量保证 13.697
quality assurance program 质量保证大纲 13.698
quality control 质量控制 13.701
quality factor 品质因数 01.333
quality of consumption 用电质量 04.420
quality of inner cooling water 内冷水水质 11.129
quality of supply 供电质量 04.418
quality plan 质量计划 13.700
quality regulation 质量监管 06.339
quantitative metallography technique 定量金相技术 12.323
quarry 采石场 22.465
quasi-equilibrium process 准静态过程 01.529
quasi-synchronization 准同步并列 04.291
quenching 淬火 12.331，熄灭 17.146
quiescent telecontrol system 静态远动系统 06.088

R

radial-axial flow hydroturbine 混流式水轮机 23.003
radial feeder 单馈线 04.063
radial flow compressor 离心[式]压气机，* 径流[式]压气机 10.574
radial flow steam turbine 辐流式汽轮机 10.009
radial flow turbine 径流式透平 10.519
radial gate 弧形闸门 22.256
radial heat generation peaking factor 径向[释热率]不均匀因子 13.326
radial operation of a part of a network 电网局部辐射运行 04.298
radial thickness of ice 覆冰厚度 18.058
radial ventilation 径向通风 11.085
radiant flux 辐射通量，* 辐射功率 14.120
radiant heating surface 辐射受热面 09.101
radiant superheater 辐射过热器 09.122
radiation epidemiology 辐射流行病学 13.752
radiation heat transfer 辐射换热 01.628
radiation intensity 辐射强度 14.121
radiation monitoring 辐射监测 13.757
radiation precaution sign 辐射警告标志 13.792
radiation protection 辐射防护 13.710
radiation protection assessment 辐射防护评价 13.770
radiation protection optimization 辐射防护最优化 13.719
radiation source 辐射源 13.712
radiation weighting factor 辐射权重因数 13.727
radiative angle factor 辐射角系数 01.643
radioactive activity [放射性]活度 13.724
radioactive aerosol 放射性气溶胶 13.775
radioactive capture 辐射俘获 13.056
radioactive contamination 放射性污染 13.738
radioactive decay 放射性衰变，* 衰变 13.018
[radioactive] decay constant [放射性]衰变常数 13.020
radioactive decontamination [放射性]去污 13.739

radioactive effluent 放射性流出物 13.771
radioactive effluent monitoring 放射性流出物监测 13.774
radioactive gases waste treatment 放射性废气处理 13.804
radioactive isotope 放射性同位素 13.017
radioactive liquid waste treatment 放射性废液处理 13.805
radioactive neutron source 放射性中子源 13.053
radioactive solid waste 放射性固体废物 20.017
radioactive solid waste treatment 放射性固体废物处理 13.806
radioactive waste 放射性废物 13.798
radioactive waste disposal 放射性废物处置 13.810
radioactive waste minimization 放射性废物最小化 13.799
radioactivity 放射性 13.016
radio communication 无线电通信 06.005
radio frequency [partial discharge] monitor 无线电频率监测器 11.190
radiography testing 射线探伤 12.362
radio interference meter 无线电干扰测试仪器 16.051
radionuclide migration 放射性核素迁移 13.817
raft sluice 筏道 22.119
railless slip form 无轨滑模 22.346
rail slip form 有轨滑模 22.345
rainfall intensity 降雨强度 01.654
rain making 人工降水，* 人工降雨 01.652
rain season construction 雨季施工 22.463
rainstorm 暴雨 01.653
raise-bore machine 反井钻机 22.511
raising pressure 升压 09.392
random sampling 随机采样 08.093
Rankine cycle 兰金循环，* 朗肯循环 01.550
rapidity of relay protection 继电保护快速性 05.026
rapid operating gate 快速闸门 22.274
rated burden of instrument transformer 互感器额定负荷 15.363
rated capacity * 额定蒸发量 09.053，[发电机]额定容量 11.064，[变压器]额定容量 15.125
rated current and rated time for grounding and short-circuiting equipment 接地和短路装置的额定电流和额定时间 16.236
rated current transformation ratio 变流比，* 额定电流比 15.360
rated discharge 额定流量 23.058
rated electrical power [核电厂]额定电功率 13.251
rated head 额定水头 03.126
rated heat capacity 额定供热量 09.082
rated operating condition 额定工况 23.062
rated output 额定功率，* 额定出力 10.026
rated output of gas turbine 燃气轮机额定输出功率 10.473
rated power 额定功率，* 额定出力 10.026
rated power [for WTGS] [风电机组]额定功率 14.094
rated residual non-operating current 额定剩余不动作电流 21.086
rated residual operating current 额定剩余动作电流 21.084
rated steam condition 额定蒸汽参数 10.023
rated steam pressure 额定蒸汽压力 09.051
rated steam temperature 额定蒸汽温度 09.052
rated tensile strength 计算拉断力，* 额定拉断力 18.072
rated voltage of arrester 避雷器额定电压 15.387
rated voltage ratio 变压器额定电压比 15.123，分压比，* 额定电压比 15.373
rated wind speed 额定风速 14.097
rate of geothermal utilization 地热利用率 14.009
rate of house power 厂用电率 04.078
rate of information loss 信息丢失率 06.094
rate of occurrence of closing without proper command [开闭型设备] 误合闸故障率 21.258
rate of occurrence of opening without proper command [开闭型设备] 误分闸故障率 21.257
rate of occurrence of short-circuit events 短路故障率 21.256
rate of pre-assembled pieces in boiler erection 锅炉安装组合率 09.361
rate of pressure rise 升压速度 09.396
rate of railway car inspection 检车率 08.158
rate of rise of TRV 瞬态恢复电压上升率 15.322
ratiometer 比率表 02.049
raw coal 原煤 08.006
ray 射线 13.024
Rayleigh distribution 瑞利分布 14.032
RB 辅机故障减负荷 12.108

RCBO of type A　A 型剩余电流动作断路器　21.091
RCBO of type AC　AC 型剩余电流动作断路器　21.090
RCD　剩余电流动作保护装置　21.087
RCM　以可靠性为中心的维修　21.145
RCS　反应堆冷却剂系统，* 一次冷却剂系统　13.413
reach of protection　保护范围　05.006
reactance　电抗　01.217
reactance relay　电抗继电器　05.044
reaction hydroturbine　反击式水轮机　23.002
reaction rate density of neutron with nuclide　中子与核反应率密度　13.049
reaction stage　反动级　10.053
reaction steam turbine　反动式汽轮机　10.007
reaction turbine　反动式透平　10.521
reactive energy meter　无功电能表，* 无功电度表　02.056
reactive load　无功负荷　04.384
reactive power　无功功率　01.323
reactive power and voltage optimized control　无功功率与电压最优控制　06.093
reactive power balance of power system　电力系统无功功率平衡　04.370
reactive power compensation　无功[功率]补偿　04.339
reactive power control mode　无功功率控制方式　17.199
reactive power service　无功调节服务，* 无功支持服务　06.210
reactive power voltage control　无功[功率]电压调节　04.338
reactivity　反应性　13.107
reactivity coefficient　反应性系数　13.119
reactivity control　反应性控制　13.138
reactivity control approach　反应性控制方法　13.150
reactivity-insertion accident　反应性引人事故　13.584
reactivity meter　反应性仪　13.110
reactivity pressure coefficient　反应性压力系数　13.124
reactivity temperature coefficient　反应性温度系数，* 温度系数　13.120
reactivity void coefficient　反应性空泡系数　13.125
reactor　电抗器　15.150
reactor cold start-up　反应堆冷[态]启动　13.540
reactor coolant system　反应堆冷却剂系统，* 一次冷却剂系统　13.413
reactor core　[反应堆]堆芯　13.100
reactor core fuel management　堆芯燃料管理　13.137
reactor core lifetime　堆芯寿期，* 换料周期　13.136
reactor critical equation　反应堆临界方程　13.087
reactor criticality　反应堆临界　13.088
reactor double period　反应堆倍增周期　13.112
reactor hot start-up　反应堆热[态]启动　13.541
reactor hydraulic experiment　反应堆水力实验　13.333
reactor instrumentation and control system　反应堆仪表和控制系统，* 仪控系统　13.503
reactor integral mock-up hydraulic test　反应堆整体水力模拟试验　13.334
reactor internals　堆内构件　13.418
reactor kinetics　反应堆动态学　13.104
reactor lattice　反应堆栅格　13.093
reactor main control room　反应堆主控制室　13.524
reactor noise　反应堆噪声　13.167
reactor nuclear design　反应堆核设计　13.247
reactor period　堆周期，* 反应堆时间常数　13.111
reactor physical start-up　反应堆物理启动　13.158
reactor physics　反应堆物理　13.031
reactor physics calculation　反应堆物理计算　13.086
reactor physics experiment　反应堆物理实验　13.155
reactor power burst　反应堆功率猝增　13.586
reactor power coefficient　反应性功率系数，* 反应性微分功率系数　13.126
reactor power excursion　* 反应堆功率剧增　13.586
reactor pressure vessel　反应堆压力容器，* 压力容器　13.416
reactor proper　反应堆本体　13.415
reactor protection system　反应堆保护系统　13.506
reactor self-stability　反应堆自稳定性　13.128
reactor shielding material　反应堆屏蔽材料　13.246
reactor start-up　反应堆启动　13.539
reactor start-up without neutron source　[反应堆]无源启动，* 盲区启动　13.162
reactor super-criticality　反应堆超临界　13.091
reactor thermal analysis　反应堆热工分析　13.279
reactor thermal experiment　反应堆热工实验　13.292
reactor thermal power　反应堆热功率　13.250
reactor thermo-hydraulics　反应堆热工流体力学，* 反应堆热工学　13.332
reactor transfer function　反应堆传递函数　13.114
reactor trip system　反应堆停堆系统，* 第一停堆系统　13.443

real gas 真实气体，* 实际气体 01.463
real-time data server 实时数据服务器 06.289
real-time price 实时电价 06.254
real-time trade subsystem 实时交易子系统 06.288
real-time trading 实时交易 06.149
receiving-end system 受端系统 04.051
reciprocal two-port network 互易二端口网络 01.270
reciprocity 互易性 01.302
recirculating cooling water system 循环冷却水系统 10.382
recirculating system of fuel oil 回油系统 08.181
reclaim time 复归时间 05.246
reclosing overvoltage 重合闸过电压 16.183
reclosing time 重合时间 15.308
recorder 记录仪 02.013
recovery voltage [of circuit-breaker] [断路器]恢复电压 15.317
rectification 整流运行，* 整流 17.104
rectifier 整流器 17.047
rectifier instrument 整流式仪表 02.093
rectifier operation 整流运行，* 整流 17.104
rectifying relay 整流式继电器 05.066
recuperator 回热器 10.600
recurrence interval 重现期 01.659
reduced span of cave for underground hydropower house 压缩地下厂房硐室宽度 22.238
reduced voltage starting 降低电压启动 19.114
reducing atmosphere 还原性气氛 09.199
redundancy 多重性 13.661
redundant thyristor level 冗余晶闸管级 17.079
reduplicate sampling 多份采样 08.086
reel winder 卷线机 18.372
reference condition 参比条件，* 参考条件 02.135
reference node 参考节点 04.150
reference nuclear power plant 参考核电厂 13.361
reference standard 参考标准[器] 02.007
reference value 参比值，* 参考值 02.112
reflected wave 反射波 01.409
reflection coefficient 反射系数 01.411
reflectivity 反射率 01.631
reflector 反射层 13.153
reflector economy 反射层节省 13.154
refracted wave 折射波 01.410
refraction coefficient 折射系数 01.412
refractory belt 卫燃带，* 燃烧带 09.098
refractory concrete 耐火混凝土 07.067
refractory material 耐火材料 07.068
refresh time 更新时间，* 刷新时间 06.102
refueling 换料 13.556
refueling core for low neutron leakage 低泄漏堆芯 13.260
refueling machine of HWR 重水堆装卸料机 13.490
refueling pool 换料水池 13.557
refueling scheme 换料方案 13.258
refueling system of HWR 重水堆燃料装卸系统 13.489
refuse boiler 垃圾锅炉 09.038
refuse content 含矸率 08.032
refuse in coal 煤矸石 08.013
regenerant consumption 再生剂用量 12.207
regenerative air preheater 再生式回转空气预热器，* 回转式空气预热器 09.223
regenerative cycle 回热循环 01.552
regenerative feedwater heating system 给水回热系统 10.308
regenerator 回热器 10.600
regenerator effectiveness 回热度 10.606
regional electricity market 区域电力市场 06.143
regional hydropower development planning 地区水电开发规划 03.060
regional power plant 区域发电厂 03.009
regional substation 区域变电站 15.003
register 计度器 02.072
register information of bidder 报价员注册信息 06.274
register information of bidding unit 竞价机组注册信息 06.285
register information of market participant 市场成员注册信息 06.290
regression analysis method 回归分析法 04.374
regular test [金具的]定期试验 18.223
regulated drain valve 疏水调节阀 10.322
regulated extraction steam turbine 调节抽汽式汽轮机 10.004
regulated extraction turbine governing system 调节抽汽式汽轮机调节系统 10.239
regulated storage capacity 调节库容，* 兴利库容 03.091
regulating extraction steam valve 调节抽汽阀 10.118

regulating load generating set 调节负荷机组 04.034
regulating ring 控制环，* 调速环 23.043
regulating sluice 节制闸 22.093
regulating step command 步进调节命令 06.071
regulation control rod 调节棒 13.142
regulation for nuclear pressure retaining component 核承压设备监督管理 13.642
regulation law of governor 调速器调节规律 23.144
regulation of cascade reservoirs 梯级水库调节 03.108
regulation of rate of return on investment 投资回报率监管法 06.336
reheat combustor 再热[燃烧]室 10.554
reheat cycle 再热循环 01.553
reheated steam condition 再热蒸汽参数 10.024
reheater 再热器 09.129
reheating steam system 再热蒸汽系统 09.128
reheating steam turbine 中间再热式汽轮机 10.005
reheating steam turbine governing system 再热式汽轮机调节系统 10.242
reheat steam 再热蒸汽 09.291
reheat steam pressure 再热蒸汽压力 09.293
reheat steam temperature 再热蒸汽温度 09.292
reheat steam temperature control system 再热汽温度控制系统 12.034
reheat stop valve 再热主汽阀 10.115
reignition 复燃 15.250
reignition device [再点燃]延弧装置 15.329
reinforced concrete 钢筋混凝土 22.308
reinforced concrete chimney 钢筋混凝土烟囱 20.156
reinforced concrete circulating water pipe 钢筋混凝土循环水管 07.077
reinforced earth-rockfill dam 加筋土石坝 22.022
reinforced insulation 加强绝缘 21.042
reinforcement of a system 电力系统升级改造 04.080
rejected coal sample 弃样 08.115
relative anchor point 相对死点 10.137
relative error 相对误差 02.129
relative humidity 相对湿度 01.595
relative permeability 相对磁导率 01.085
relative permittivity 相对电容率 01.037
relative uncertainty 相对不确定度 02.116
relay 继电器 05.040
relay protection 继电保护 05.001
relay protection equipment 继电保护装置 05.002
relay protection system 继电保护系统 05.003
relay protection test 继电保护试验 05.004
release agent for form work 脱模剂 22.347
releasing structure 泄水建筑物 01.813
releasing value 释放值 05.128
reliability 可靠性，* 可靠度 21.126
reliability and maintainability assurance 可靠性和可维修性保证 21.153
reliability and maintainability control 可靠性和可维修性控制 21.154
reliability assessment 可靠性评估 21.148
reliability-centered maintenance 以可靠性为中心的维修 21.145
reliability criteria 可靠性准则 21.150
reliability design of system and component 系统和部件的可靠性设计 13.278
reliability economics of an electric power system 电力系统可靠性经济学 21.180
reliability engineering 可靠性工程 21.147
reliability evaluation 可靠性评估 21.148
reliability evaluation for electric power system 电力系统可靠性评估 21.178
reliability evaluation for generating capacity 发电容量可靠性评估 21.218
reliability evaluation for generating equipment 发电设备可靠性评估 21.217
reliability evaluation for transmission and distribution installation 输变电设施可靠性评估 21.232
reliability improvement 可靠性改进 21.152
reliability management 可靠性管理 21.151
reliability of nuclear power plant 核电厂可靠性 13.367
reliability of relay protection 继电保护可靠性 05.022
reliability on service except external influence 不计外部影响时的供电可靠率 21.266
reliability on service except limited power supply due to generation shortage of system 不计系统电源不足限电时的供电可靠率 21.267
reliability on service in total 供电可靠率 21.265
reliability price 可靠性电价 06.227
reliability worth assessment of an electric power system 电力系统可靠性价值评估 21.179
relief valve 调压阀 23.139
relief well 减压井 22.073

reluctance　磁阻　01.341
remote backup protection　远后备保护　05.019
remote control substation　遥控变电站　15.010
remote sensing　遥感　01.861
remote trip-out protection　远方跳闸式保护　05.171
renewable energy resources　可再生能源　03.049
repair of cylinder cracks　汽缸裂纹处理　10.132
repair of deformed surface of turbine cylinder flange　汽缸法兰结合面变形处理　10.131
repair sleeve　补修管　18.193
repeatability [of result of measurement]　[测量结果的]重复性　02.139
repetition rate of partial discharge　局部放电重复率　16.126
repetitive peak off-state voltage　断态重复峰值电压　17.148
repetitive peak reverse voltage　反向重复峰值电压　17.151
report and electronic magazine server　报表及电子杂志服务器　06.268
representation [of rated TRV] by four parameters　[额定瞬态恢复电压的]四参数法　15.342
representation [of rated TRV] by two parameters　[额定瞬态恢复电压的]两参数法　15.343
representative year for wind energy resources assessment　[风能资源评估]代表年　14.039
reproducibility [of measurement]　[测量的]复现性　02.140
re-regulation　反调节　03.113
reseal performance test　[光缆接头盒]再封装性能试验　18.349
reseating pressure　回座压力　09.413
reserve busbar　备用母线　15.046
reserve capacity curve　备用容量曲线　06.368
reserve capacity factor　备用容量系数　04.355
reserved coal sample　留样　08.113
reserve hours　* 备用小时　21.189
reserve peak load rated output of gas turbine　燃气轮机备用尖峰负荷额定输出功率　10.480
reserve service　备用服务　06.205
reserve state　备用状态　21.188
reserve time　备用时间　21.189
reservoir　水库　03.086
reservoir area　库区　03.087
reservoir dispatching　水库调度　03.136
reservoir inflow flood　入库洪水　01.666
reservoir initial filling　水库初期蓄水　03.114
reservoir inundation　水库淹没　03.096
reservoir operation chart　水库调度图　03.107
reservoir region　库区　03.087
reservoir sedimentation　水库淤积　01.689
reservoir storage　水库容积，* 库容　03.088
reservoir triggered seismicity　水库触发地震，* 水库诱发地震　01.706
resetting　复归　05.105
resetting ratio　返回系数，* 复归系数　05.136
resetting value　复归值　05.130
resettled inhabitant　移民　03.099
residence　民房　18.033
residential area　居民区　18.015
residual current　剩余电流　21.082
residual current operated circuit-breaker　剩余电流动作断路器　21.089
residual current operated device　剩余电流动作保护装置　21.087
residual current operated electric fire monitor system　剩余电流动作电气火灾监控系统　21.098
residual current operated relay　剩余电流动作继电器　21.088
residual current relay　零序继电器　05.058
residual electric polarization　剩余电极化强度　01.040
residual error rate　残留差错率　06.114
residual heat of reactor　[反应堆]余热　13.283
residual heat release of reactor　[反应堆]剩余释热　13.284
residual heat removal system　余热排出系统，* 停堆冷却系统　13.430
residual magnetism　剩磁　01.094
residual non-operating current　剩余不动作电流　21.085
residual operating current　剩余动作电流　21.083
residual supply index　供给剩余系数　06.311
residual voltage　[避雷器]残压　15.391
resin regeneration　树脂再生　12.203
resin transfer system　树脂传输系统　12.202
resistance　电阻　01.211
resistance-capacitance voltage divider　阻容分压器　16.045

resistance meter　电阻表，＊欧姆表　02.031
resistance reducing agent　降阻剂　16.207
resistance thermometer　电阻温度计　02.154
resistive divider　电阻式分压器　16.043
resistivity　电阻率　01.214
resistor　电阻器　19.035
resolution　分辨力　02.118
resonance　谐振，＊共振　01.327
resonance absorption　共振吸收，＊共振俘获　13.057
resonance curve　谐振曲线　01.331
resonance escape probability　逃脱共振俘获概率，＊逃脱共振吸收概率　13.076
resonance frequency　谐振频率　01.330
resonance overvoltage　谐振过电压　16.189
resonant earthed [neutral] system　中性点谐振接地系统，＊中性点消弧线圈接地系统　04.075
response　响应　01.312
response time for user browsing　用户浏览响应时间　06.297
responsibility system of project legal person　项目法人责任制　03.209
restart time　再启动时间　06.116
restoration process [of an electric power system]　[电力系统的]恢复过程　21.165
restoration state of power system　电力系统恢复状态　04.264
restoration time after system failure　电力市场运营系统故障恢复时间　06.279
restricted hour tariff　限定时段电价　19.184
restrictive area　限制区　13.745
restrike　重击穿　15.251
[result of a] measurement　测量结果　02.113
resynchronization　再同步　04.287
retail competition　零售竞争模式　06.141
retail price　销售电价　06.259
retaining ring　护环，＊套箍　11.038
retaining ring fracture　护环开裂　11.176
retaining wall　挡土墙　22.106
retrofitting and repowering old steam power plant with combined cycle　老厂的联合循环增容改造　10.470
return flow type oil atomizer　回油式喷油嘴　09.209
return information　返回信息　06.053
returning wave　反向行波　01.407
return rate price　经营期电价　06.237
return time　返回时间　05.140
return water temperature　回水温度　09.084
reverse blocking interval　反向阻断间隔　17.119
reverse blocking state　反向阻断状态　17.130
reverse breakdown　反向击穿　17.143
reverse current　回流　01.781，反向电流　17.123
reversed cycle　逆循环，＊制冷循环　01.561
reversed filter　反滤层　22.072
reverse direction　反向，＊非导通方向　17.121
reverse flow cleaning　反吹式布袋清灰　20.048
reverse osmosis　反渗透　12.227
reverse power protection　[发电机]逆功率保护　05.184
reverse regulation　反调节　03.113
reverse voltage　反向电压　17.125
reversible cycle　可逆循环　01.543
reversible process　可逆过程　01.530
reversible turbine　可逆式水轮机，＊水泵水轮机　23.111
revolving filter screen　旋转滤网　10.394
rewetting temperature　再湿温度，＊最低膜态沸腾温度　13.316
Reynolds number　雷诺数　01.767
RFM　无线电频率监测器　11.190
RH　再热器　09.129
rheostat　变阻器　19.036
RHRS　余热排出系统，＊停堆冷却系统　13.430
RIA　反应性引入事故　13.584
rich quench lean combustor　浓掺稀燃烧室　10.553
riffle　二分器　08.111
riffled tube　内螺纹管　09.107
rigid busbar　硬母线　15.051
rigid coupling　刚性联轴器　10.233
rigid rotor　刚性转子　10.144
rim generator hydroturbine　全贯流式水轮机　23.010
ring closing　合环　04.296
ring feeder　环形馈线　04.068
ring fire　环火　19.143
ring gate　圆筒阀　23.138
ring hammer crusher　环锤式碎煤机　08.142
ring main unit　环网开关柜　19.023
ring opening　解环　04.297
ring operation of a part of a network　电网局部环式运行　04.299
ring seal gate　环形闸门　22.266

ring substation　环形母线变电站　15.040
riparian type water intake　岸边式取水　10.389
riprap　海漫　22.077
riser　上升管　09.103
riser tube panel　垂直上升管屏　09.110
risk　[市场]风险　06.342
risk analysis for dam safety　坝的全风险分析　22.534
risk-informed　风险告知，* 风险指引　13.684
risk of flashback　反击率　16.068
river basin planning　流域规划　03.054
river basin water power development　流域水能开发　03.051
riverbed type water intake　河床式取水　10.390
river closure　截流　22.500
river hydropower development planning　河流水电开发规划　03.059
river process　河床演变　01.688
river regime　河势　01.778
river sediment　河流泥沙　01.679
river terrace　河流阶地　01.734
RMS ripple factor　有效纹波因数　01.376
RO　反渗透　12.227
rock-bolted crane beam　岩壁式吊车梁　22.243
rock burst　岩爆　01.704
rock-fill dam　堆石坝　22.031
rock-fill dam with face slab　面板堆石坝　22.032
rock foundation　岩基　22.436
rock plug blasting　岩塞爆破　22.479
rod insulator　棒式绝缘子　18.227
Roebel coil bar　罗贝尔线棒　11.020
Roebel transposition　罗贝尔换位　11.019
roll crusher　辊式碎煤机　08.141
roller-chain gate　链轮闸门　22.255
roller compacted concrete　碾压混凝土　22.300
roller compacted concrete dam　碾压混凝土坝　22.019
rolling gate　圆辊闸门　22.265
root-mean-square value　有效值　01.188
root of blade　[叶片]叶根　14.048
rotary air heater　再生式回转空气预热器，* 回转式空气预热器　09.223
rotary mill classifier　回转式分离器　09.322
rotary valve　球[形]阀　23.135
rotary voltmeter　旋转电压表　16.050
rotating classifier　回转式分离器　09.322
rotating damper　旋转阻尼，* 旋转阻尼调速器　10.252
rotating diaphragm　旋转式隔板　10.124
rotating inertia of hydrogenerator　水轮发电机转动惯量，* 飞轮力矩　24.035
rotating magneto-motive force　旋转磁动势　11.050
rotating plug　* 旋塞　13.498
rotating [regenerative] regenerator　回转[再生]式回热器　10.601
rotating-rotor air heater　受热面回转式空气预热器　09.224
rotating shield plug　旋转屏蔽塞　13.498
rotation　旋度　01.138
rotor　风轮　14.056
rotor arm　轮臂，* 支臂　24.014
rotor axial thrust　转子轴向推力　10.148
rotor critical speed　转子临界转速　10.146
rotor damaged by negative sequence current　负序电流烧坏转子　11.174
rotor diameter　风轮直径　14.057
rotor dynamic balancing　转子动平衡　10.161
rotor eccentricity monitor　转子偏心度监视器　10.304
rotor fan　风扇　11.040
rotor shaft　风轮轴　14.059
rotor shaft and proper　转子轴及本体　11.035
rotor shorted turn detector　转子匝间短路监测器　11.191
rotor static balancing　转子静平衡　10.160
rotor stress field　转子应力场　10.152
rotor temperature field　转子温度场　10.151
rotor vibration resonance speed　转子共振转速　10.147
rotor winding　励磁绕组，* 转子绕组　11.036
rotor winding earth fault　转子绕组接地　11.178
rotor winding inter-turn short circuit　转子绕组匝间短路　11.179
rotor without blades　转子体　10.139
roundness measuring devicement of stator　定子测圆架　24.038
routine test　[金具的]例行试验　18.222
RQL　浓掺稀燃烧室　10.553
RRRV　瞬态恢复电压上升率　15.322
RS-1　供电可靠率　21.265
RS-2　不计外部影响时的供电可靠率　21.266
RS-3　不计系统电源不足限电时的供电可靠率　21.267
RSI　供给剩余系数　06.311

RT 射线探伤 12.362
RTS 实时交易子系统 06.288，计算拉断力，* 额定拉断力 18.072
rubber dam 橡胶坝 22.034
ruling span 代表档距 18.120
runaway speed 飞逸转速 23.104
runback 辅机故障减负荷 12.108
runner chamber 转轮室 23.030
runner cone 泄水锥 23.038
runner diameter of hydroturbine ［水轮机转轮］公称直径，* 水轮机直径，* 名义直径 23.071
runner hub 转轮体 23.037
runner of hydroturbine ［水轮机］转轮 23.031
runoff 径流 01.655
run-off hydropower station 径流式水电站，* 无调节水电站 03.074
rupture and wreck of rotor 断轴 10.168
rupture ductility 持久塑性 12.310
rupture life strength 持久强度，* 持久强度极限 12.309
rust inhibitor 防锈剂 12.281

S

S 限电 21.253
safe operation life 安全运行寿命 10.435
safe range 电气安全距离 21.027
safe shutdown 安全停堆[状态] 13.549
safe shutdown earthquake * 安全停堆地震 13.267
safety analysis report 安全分析报告 13.673
safety code 电气安全规程 21.006
safety control rod 安全棒 13.140
safety criteria of blade vibration strength of steam turbine 汽轮机叶片振动强度安全准则 10.196
safety culture 安全文化 13.634
safety current 安全电流 21.018
safety impedance 安全阻抗 21.026
safety important item 安全重要物项 13.663
safety injection pump 安全注射泵，* 安注泵 13.442
safety injection system 安全注射系统 13.438
safety injection tank 安全注射箱，* 安注箱 13.440
safety interlock for nuclear power plant 核电厂安全联锁 13.508
safety of nuclear power plant 核电厂安全性 13.366
safety panel 安全监督盘系统 13.511
safety parameter display system 安全参数显示系统 13.510
safety protective lighting 安全防护照明 21.059
safety related electrical equipment for NPP 核电厂安全级电气设备，* 1E 级电气设备 13.502
safety relief valve 安全泄放阀 09.154
safety requirement for nuclear installation design 核设施设计安全要求 13.646
safety requirement for nuclear installation operation 核设施运行安全要求 13.647
safety requirement for nuclear installation siting 核设施选址安全要求 13.645
safety system 安全系统 13.668
safety valve 安全阀 09.141
safety valve adjustment 安全阀校验 09.410
safety valve operating test 安全阀校验 09.410
safety verification 安全验证 13.675
safety voltage 安全电压 21.014
sag 弧垂，* 弛度 18.127
salient pole generator 凸极电机 11.032
saline fog method 盐雾法 16.032
saltation ash 沉降灰 09.472
samarium poisoning 钐中毒 13.132
sample for commercial coal 商品煤样 08.081
sampler 采样器 08.095
sampling 采样 08.084
sampling component 采样元件 05.083
sampling frequency 采样频率 05.141
sampling instrument 采样工具 08.094
sampling oscilloscope 取样示波器 02.054
sampling period 采样周期 12.127
sampling system of reactor 反应堆取样系统 13.448
sampling test ［金具的］抽样试验 18.221
sampling unit 采样单元 08.083
sand erosion 泥沙磨损 23.088
satellite communication 卫星通信 06.007
satellite substation 子变电站 15.012

saturated shunt reactor　自饱和并联电抗器　15.159
saturated steam　饱和蒸汽　01.569
saturated steam turbine　[核电用]饱和蒸汽汽轮机，＊核电汽轮机　13.467
saturated steam turbine　饱和蒸汽汽轮机，＊湿蒸汽汽轮机　10.018
saturated water　饱和水　01.568
saturation boiling　饱和沸腾　13.297
saturation characteristics　饱和特性　11.067
saturation condition　饱和状态　01.565
saturation pressure　饱和压力　01.567
saturation temperature　饱和温度　01.566
SBS　结算管理子系统　06.284
SC　串联电容补偿装置　15.178
SCADA　监控与数据采集系统　06.040
scalar field　标量场　01.136
scalar magnetic potential　标量磁位　01.061
scale　水垢　12.252
scale analysis　水垢分析　12.253
scale effect　尺度效应　23.076
scale formation　结垢　09.493
scale prevention treatment　防垢处理　12.254
scan rate　扫描速率　12.126
scavenging　吹洗　12.105
scheduled contract energy　计划合同电量　06.182
scheduled maintenance　计划性维修　21.140
scheduled operation of a generating set　发电机组计划运行　04.282
scheduled outage　预安排停运　21.198
scheduling in construction of nuclear power plant　核电厂建设进度控制　13.370
scheme of electric power supply　供电方式　19.016
schistosity　片理，＊片状构造　01.698
Scott connection　斯柯特联结　15.135
scouring sluice　冲沙闸　22.095
SCR　选择性催化还原　20.083
scram　紧急停堆　13.552
scraper feeder　刮板给煤机　08.143
screened coal　筛选煤　08.029
screw hoist　螺杆式启闭机　22.291
screw spindle type turning gear　螺旋轴式盘车装置　10.229
screw unloader　螺旋卸车机　08.120
scroll　[尾水管]涡带，＊部分负荷涡带　23.098
SDI　污染密度指数　12.191
SE　屏蔽效能，＊屏蔽效率　16.209
seal air fan　密封风机　09.325
sealed reactor　密封式电抗器　15.158
sealed transformer　密封式变压器　15.082
sea level altitude correction factor　海拔校正系数　16.159
sealing　止水　22.069
sealing of closure　闭气　22.506
sealing oil ring system with dual oil flow　双流环密封油系统　11.150
sealing oil ring system with single oil flow　单流环密封油系统　11.149
sealing oil ring system with triple oil flow　三流环密封油系统　11.151
sealing oil system　密封油系统　11.148
seal performance test　[光缆接头盒]密封性能试验　18.348
seal ring　止漏环　23.046
seasonal electric energy　季节性电能　03.135
seasonal operating plan　季运行方式　04.276
seasonal price　季节电价　06.236
seasonal regulation　季调节，＊不完全年调节　03.102
sea water desalination　海水淡化　12.226
sea water scrubbing desulfurization　海水洗涤法烟气脱硫　20.075
secondary air　二次风　09.232
secondary air nozzle　二次风喷口　09.187
secondary air ratio　二次风率，＊二次风份额　09.080
secondary circuit　二次回路　05.091
secondary circuit system　二回路系统　13.466
secondary control [of active power in a system]　二次调频　04.314
secondary filter screen　二次滤网　10.395
secondary flow　二次流，＊副流　01.780
secondary instrument　二次仪表　12.016
secondary neutron source　次级中子源，＊二次中子源　13.054
secondary neutron source assembly　次级中子源组件，＊二次中子源组件　13.422
[secondary] power control operation of a generating set　发电机组[二次]功率调节　04.315
secondary shielding　二次屏蔽　13.755
secondary standard　次级标准，＊副基准　02.006

secondary system 二次系统 04.006
secondary winding 次级绕组 15.108
second generation of nuclear power reactor 第二代[核电]反应堆 13.357
second harmonic component 二次谐波 01.364
second law of thermodynamics 热力学第二定律 01.506
second order circuit 二阶电路 01.304
sectional arrangement of main power building 主厂房断面布置 03.158
sectionalized double-bus configuration 双母线分段接线 15.033
sectionalized double-bus with transfer configuration 双母线分段带旁路接线 15.035
sectionalized single-bus configuration 单母线分段接线 15.030
sectionalized single-bus with transfer bus configuration 单母线分段带旁路接线 15.031
sectionalizer 分段器 15.226
section circuit-breaker 分段断路器 15.188
section [of an overhead line] [架空线路的]耐张段 18.131
section profile 横断面 18.136
sector gate 扇形闸门 22.260
security 安全性 06.103
security constrained dispatch 安全约束调度 06.104
security deposit 交易保证金 06.239
security [of an electric power system] [电力系统的]安全性 21.158
security of relay protection 继电保护安全性 05.024
security supervisory control and data acquisition in distribution system 配电网安全监控和数据采集系统 19.013
sedimentation basin 沉沙池 22.168
sediment model test 泥沙模型试验，* 浑水水工模型试验 01.866
sediment runoff 输沙量 01.681
seepage flow 渗流 01.771
seepage of dam foundation 坝基渗漏 22.434
seepage plugging 堵漏 22.426
seepage prevention 防渗 22.396
seepage prevention of cofferdam 围堰防渗 22.398
seepage prevention of dam foundation 坝基防渗 22.397
seepage prevention of sluice foundation 闸基防渗 22.399
seepage proof curtain 防渗帷幕 22.402
segmental/locked coil conductor 光滑导线 18.253
seismic design of nuclear power plant 核电厂抗震设计 13.262
seismic hazard evaluation 地震危险性分析 01.862
select and execute command 选择并执行命令 06.077
selection command 选择命令 06.072
selection of main auxiliary equipment 主要辅机选择 03.160
selection of main equipment 主设备选择 03.159
selective carryover 选择性携带 12.250
selective catalytic reduction 选择性催化还原 20.083
selective level meter 选频电平表 02.104
selective non-catalytic reduction 选择性非催化还原 20.084
selective protection of RCBO 剩余电流动作保护装置分级保护 21.097
selectivity of radiation 辐射选择性 01.640
selectivity of relay protection 继电保护选择性 05.025
selector switch 选择开关，* 复合开关 15.143
self-adjusting gland 自调整汽封 10.217
self-compacting concrete 自密实混凝土，* 高流态混凝土 22.302
self-contained oil-filled cable 自容式充油电缆 18.263
self energy interrupter 自能灭弧室 15.271
self-extinguishing fault 自熄弧故障 21.030
self-induced EMF 自感电动势 01.071
self-induction 自感应 01.069
self-powered detector 自给能探测器 13.169
self restoring insulation 自恢复绝缘 16.166
self-supporting support 自立杆塔 18.088
self-sustained oscillation 自持振荡 04.254
self-sustaining speed 自持转速 10.499
self-synchronization 自同步并列 04.290
self-tripping circuit-breaker 自脱扣断路器 15.202
selsyn 自整角机 19.151
semi-base load rated output of gas turbine 燃气轮机半基本负荷额定输出功率 10.482
semiconductor valve 半导体阀 17.075
semi-direct-fired pulverizing system 半直吹式制粉系统 09.303
semi-embedded penstock 浅埋式管 22.185

semi-enclosed arrangement 半露天布置 07.053
semi-flexible coupling 半挠性联轴器 10.234
semi-high profile layout 半高型布置 15.026
semi-horizontal configuration 半水平排列 18.140
semi-outdoor arrangement 半露天布置 07.053
semi-outdoor boiler 半露天锅炉 09.037
semi-outdoor power house 半露天式厂房 22.230
semi-pantograph disconnector 单臂伸缩式隔离开关，* 半剪刀式隔离开关 15.211
semi-radiant superheater 半辐射式过热器 09.123
semi-underground power house 半地下式厂房 22.229
semi-vertical configuration 半垂直排列 18.144
sending-end system 送端系统 04.052
sensible heat loss in exhaust flue gas 排烟热损失 09.443
sensible heat loss in residue 灰渣物理热损失 09.446
sensitivity analysis 敏感性分析 03.202
sensitivity of relay protection 继电保护灵敏性 05.027
separated phase layout 分相布置 15.023
separated transport of fly ash 干灰分排，* 粗细灰分排 20.096
separate footing foundation 分开式基础 18.158
separate network operation 分网运行 04.303
separate-wall lock chamber 分离式闸室 22.139
separate winding transformer 独立绕组变压器 15.086
separating capacity 事件分辨力 06.080
separation of carbon residue from fly ash 粉煤灰选炭 20.030
separation of ferro oxides from fly ash 粉煤灰选铁 20.031
separation of two phase fluid 汽水分层 09.275
separative power 分离功率 13.190
separative work 分离功 13.189
separative work unit 分离功单位 13.191
sequence closing 分段关闭 23.150
sequence control of auxiliary equipment 辅机顺序控制 12.077
sequence control of boiler feedwater pump 给水泵顺序控制 12.074
sequence control of boiler ignition system 锅炉点火系统顺序控制 12.075
sequence control of boiler soot blowing system 锅炉吹灰系统顺序控制 12.079
sequence control of coal handling system 输煤系统顺序控制 12.080
sequence control of pulverizing coal system 煤粉制备系统顺序控制 12.076
sequence control of water treatment system 水处理系统顺序控制 12.078
sequence control system 顺序控制系统 12.067
sequence of event 事件顺序记录 12.125
sequential bidding 分次竞价 06.133
sequential order of the phase 相序 01.349
sequential phase control 顺序相位控制 17.193
sequential reclosing 顺序重合 05.237
series capacitive compensator 串联电容补偿装置 15.178
series compensation 串联补偿 04.341
series connection 串联 01.235
series fault 纵向故障 05.034
series reactor 串联电抗器 15.151
series reactor starting 串联电抗启动 19.115
series resonance 串联谐振，* 电压谐振 01.328
series resonant testing equipment 串联谐振试验装置 16.014
series winding 串联绕组 15.105，串励绕组 19.132
serpentine-tube header type heater 蛇形管联箱式加热器 10.315
service factor 运行系数 21.213
service hours * 运行小时 21.194
service mains 接户线 19.006
service power rate of power plant 发电厂厂用电率 07.027
service reliability 供电可靠性 04.419
service reliability of customers 用户供电可靠性 21.248
service tails 进户线 19.007
service tariff of exclusive transmission project 专用输电工程服务价 06.265
service time 运行时间 21.194
servomechanism 伺服系统，* 伺服机械装置 19.153
servomotor 伺服电动机 19.152，接力器 23.041
set of oil piping 套装油管 10.290
set-point command 设定命令 06.070
set pressure 整定压力 09.411
setting 整定 05.099
setting angle of blade ［叶片］安装角 14.052
setting calculation 整定计算 05.100

setting elevation 安装高程，* 装机高程 23.086
setting range of the characteristic quantity 特性量的整定范围 05.119
setting value 整定值 05.126
setting value of the characteristic quantity 特性量的整定值 05.118
settlement account 结算账户 06.244
settlement based on system marginal price 按边际价格结算 06.213
settlement & billing subsystem 结算管理子系统 06.284
settlement inquiry 结算质疑 06.245
settlement interval 结算周期 06.246
settlement joint 沉降缝 22.061
settlement of project payment 工程价款结算 22.524
set value for safety system 安全系统整定值 13.682
severe accident 严重事故 13.685
severe accident procedure of nuclear power plant 核电厂严重事故处理规程 13.583
SF 运行系数 21.213
SF_6 circuit-breaker 六氟化硫断路器，* SF_6断路器 15.196
SF_6 fuse 六氟化硫熔断器 19.034
SF_6 gas insulated transformer 六氟化硫绝缘变压器 15.083
SG 蒸汽发生器 13.428
SGTR 蒸汽发生器传热管破裂事故 13.596
SH 过热器 09.120
shackle U 型挂环 18.186
shaft/bearing vibration monitor 轴/轴承振动监视器 10.305
shaft current 轴电流 11.100
shaft current protection 轴电流保护 11.239
shaft distortion 主轴弯曲 10.167
shaft end seal 轴端汽封，* 轴封 10.214
shaft gland 轴端汽封，* 轴封 10.214
shaft grounding monitor 轴电压监测器 11.188
shafting stability 轴系稳定性 10.156
shaft power 轴端功率 10.046
shaft spillway [竖]井式溢洪道 22.149
shaft straightening 直轴 10.169
shaft torsional oscillation monitor 轴系扭振监测器 11.192
shaft voltage measurement 轴电压测定 11.235
sharp crested weir 薄壁堰 22.112
shear pin 剪断销 23.045
sheath 护套 18.277
sheet erosion 片蚀，* 片状侵蚀 01.729
sheet pile 板桩 22.404
sheet steel form 钢模板 22.342
shell gate 薄壳闸门 22.249
shell type transformer 壳式变压器 15.093
shelter area [of an overhead line] 架空线路保护区 18.018
sheltering 隐蔽 13.789
shielded box 屏蔽工作箱 13.222
shielding cabinet * 屏蔽柜 16.056
shielding cage * 屏蔽笼 16.056
shielding efficiency 屏蔽效能，* 屏蔽效率 16.209
shielding failure rate due to lightning stroke 绕击率 16.067
shielding method 盾构法 22.372
shielding ring 屏蔽环 18.199
shielding room 屏蔽室 16.056
ship lift 升船机 22.141
ship load 船舶荷载 01.808
ship model test 船模试验 01.870
ship-mounted power plant 船舶电站 07.024
ship reactor 船用反应堆 13.397
shock current 电击电流 21.021
shock wave 激波，* 冲击波 01.763
shortage 限电 21.253
short-circuit [系统]短路 04.169
short-circuit calculation 短路计算 04.170
short-circuit capacity 短路容量 04.171
short-circuit characteristics 短路特性 11.113
short-circuit current 短路电流 04.175
short-circuit current capability 短路电流允许值 04.172
short-circuit fault 短路故障 05.032
short-circuit generator circuit test [of breaking and making capacity] [开断和关合能力的]短路发电机回路试验 15.331
short-circuiting device 短路装置 16.233
short-circuit ratio 短路比 04.121
short duration power frequency voltage withstand test 短时工频耐压试验 16.020
shorthole blasting 浅孔爆破 22.470

short-run marginal cost　短期边际成本　19.167
short-run marginal cost pricing　短期边际成本定价　06.217
short-term economical operation among the units at hydropower station　水电站厂内短期经济运行　03.083
short-term trade subsystem　短期交易子系统　06.277
short time interruption of voltage　短时间电压中断　04.445
short time over-current test　短时过电流试验　11.229
short time voltage rising test　短时电压升高试验　11.226
shotcrete　喷射混凝土　22.314
shoulder load　腰荷　04.390
shroud　围带，* 覆环　10.187
shrunk-on rotor　套装转子　10.140
shuffling　倒料　13.553
shunt　分流器　02.076
shunt capacitive compensator　并联电容补偿装置　15.168
shunt capacitor　并联电容器　15.167
shunt compensation　并联补偿　04.342
shunt fault　短路故障　05.032
shunt reactor　并联电抗器　15.152
shunt release　分励脱扣器，* 并联脱扣器　15.265
shunt winding　并励绕组　19.133
shutdown boron concentration　停堆硼浓度　13.165
shutdown [for WTGS]　[风电机组]关机　14.101
shutdown inspection　停堆检查　13.605
shutdown margin　停堆深度，* 停堆裕量　13.109
shutdown of steam turbine　汽轮机停运　10.423
SI　国际单位制，* SI 制　01.416
SI base unit　SI 基本单位　01.417
side channel spillway　侧槽式溢洪道　22.147
sideling placed blade　斜置叶片，* 倾斜叶片　10.183
SI derived unit　SI 导出单位　01.418
side slope at *x* meters　*x* 米处边断面　18.135
side wall　边墙　22.102
side weir　侧堰　22.116
siemens　西[门子]　01.429
signal circuit　信号回路　05.092
signal quality detection　信号质量检测　06.079
signal relay　信号继电器　05.056
SIGT　注蒸汽燃气轮机　10.452
SIL　线路自然功率　18.019
silicon carbide valve type surge arrester　碳化硅阀式避雷器　15.377
silicon solar cell　硅太阳能电池　14.154
silo　筒仓　08.136
silo combustor　筒形燃烧室　10.546
silt content　含沙量　01.680
silt density index　污染密度指数　12.191
silting basin　沉沙池　22.168
silt pressure　淤沙压力　01.799
simple cycle gas turbine　简单循环燃气轮机　10.445
simple fault　简单故障　05.030
simple separation　简单分隔　21.043
simplex lap winding　单叠绕组　19.135
simplex wave winding　单波绕组　19.134
simulator for thermal power plant　火电厂仿真机　12.167
single-block bidding　单段报价，* 连续报价　06.169
single-bus configuration　单母线接线　15.029
single-buyer　单一购买者模式　06.122
single circuit line　单回路　18.010
single circuit steel tower　单回路塔　18.095
single-column disconnector　单柱式隔离开关　15.206
single command　单命令　06.064
single conductor　单导线　18.255
single core cable　单芯电缆　18.274
single crystalline silicon solar cell　单晶硅太阳能电池　14.155
single failure criterion　单一故障准则　13.655
single feeder　单馈线　04.063
single [lift] lock　单级船闸　22.129
single line-to-ground fault　单相接地故障　04.204
single-part bidding　单部投标　06.167
single phase automatic reclosing　单相自动重合　05.230
single phase induction motor　单相感应电动机，* 单相异步电动机　19.148
single phase transformer　单相变压器　15.084
single-point information　单点信息　06.055
single pole disconnector　单极隔离开关　15.204
single range [measuring] instrument　单量限[测量]仪器仪表　02.015
single regulation　单调节　23.146
single-shaft gas turbine　单轴燃气轮机　10.447
single-shaft type combined cycle unit　单轴联合循环机组　10.465

single shot reclosing　一次重合闸　05.241
single stage pump-turbine　单级可逆式水轮机　23.116
single stage storage pump　单级式蓄能泵　23.125
single supply　单电源供电　04.059
single valve unit　单阀单元　17.072
sinuousness aberration test for generator voltage wave form　正弦性畸变率测定　11.222
siphon　虹吸管　22.186
siphon spillway　虹吸式溢洪道　22.150
SIS　厂级监控信息系统　12.131
site construction condition　建厂条件　03.033
site emergency　场区应急　13.782
site natural condition　厂区自然条件　03.032
site of nuclear power plant　核电厂厂区　13.369
site plot plan　厂区规划　03.153
site plot plan of thermal power plant　火力发电厂厂区规划　07.047
site rated output of gas turbine　燃气轮机现场额定输出功率　10.478
site selection at engineering stage　工程选厂　03.025
site selection at planning stage　规划选厂　03.024
site stability evaluation　厂址稳定性评估　03.035
site survey　现场踏勘　03.031
siting of nuclear power plant　核电厂选址　13.381
six-pulse bridge　六脉动桥　17.062
skew bucket　扭曲挑坎　22.192
ski-jump spillway　滑雪道式溢洪道　22.148
skin effect　趋肤效应，＊集肤效应　01.123
SL-1　运行安全地震　13.265
SL-2　极限安全地震　13.267
slack bus　＊松弛节点　04.155
slack coal　末煤　08.027
slagging　结渣　09.486
slagging characteristics of coal ash　煤灰的结渣特性，＊煤的结渣特性　09.048
slag removal equipment　除渣设备　09.147
slag screen　防渣管，＊凝渣管，＊费斯顿管　09.116
slag tapping critical load in wet bottom furnace　液态排渣临界负荷　09.432
sleet jump of conductor　导线[脱冰]跳跃　18.026
sleeve protection method of pipe wall　套管护壁法　22.429
slide form　滑动模板　22.343
slide gate　滑动闸门　22.257
sliding key system　滑销系统　10.134
sliding parameter start-up and shutdown of steam turbine　汽轮机滑参数启停　10.426
sliding pressure operation of deaerator　除氧器滑压运行　10.333
sliding pressure shutdown　滑参数停运　09.418
sliding pressure/temperature start-up　滑参数启动　09.393
slightly enriched uranium　低富集铀　13.183
slime coal　煤泥　08.030
slip　滑差，＊转差[率]　19.125
slip form　滑动模板　22.343
slip form concreting　滑模浇筑　22.361
slip ring　集电环，＊滑环　11.037
slip-ring induction motor　绕线转子感应电动机　19.146
slit-type flip bucket　窄缝挑坎　22.189
sloping core　斜墙　22.079
sloping span　不等高档　18.122
sloping span length　斜档距　18.123
sloping-wall chamber　斜坡式闸室　22.137
slotted flip bucket　差动式挑坎　22.190
slotted gravity dam　宽缝重力坝　22.006
slot type coal hopper　缝式煤槽　08.122
slowing-down area　慢化面积　13.065
slowing-down length　慢化长度　13.066
sludge　沉渣　12.179
sluice　闸　22.091，拦河闸　22.092
sluice chamber　闸室　22.099
sluice floor slab　闸底板　22.101
sluice pipe　泄水管道，＊泄水涵管　22.155
sluice structure　泄水建筑物　01.813
sluicing-siltation earth dam　水坠坝　22.030
slump　坍落度　22.328
small coal　小块煤　08.022
small dike on levee crown　子堤，＊子捻　22.110
small disturbance　小扰动　04.224
small disturbance stability　小扰动稳定性，＊小干扰稳定性　04.231
small hydropower station　小型水电站　03.067
small signal stability　小扰动稳定性，＊小干扰稳定性　04.231
smooth blasting　光面爆破　22.477
smooth body conductor　光滑导线　18.253
smooth direct current　平滑直流电流　21.096

smoothing reactor ＊平波电抗器 17.025
SNCR 选择性非催化还原 20.084
snow load 雪荷载 01.806
snubber in nuclear power structure 核动力装置结构阻尼器 13.345
SO_x 硫氧化物 20.006
social environment 社会环境 01.843
socket 碗头 18.184
soda lime process 苏打石灰法 12.213
sodium coolant system 钠冷却剂系统 13.492
sodium fire protection system of fast reactor 快中子堆钠火消防系统 13.494
sodium ion analyzer 钠度计，＊pNa 计 12.184
sodium-water reaction 钠水反应 13.273
sodium-water steam generator 钠-水蒸气发生器 13.497
SOE 事件顺序记录 12.125
softened water 软化水 12.212
softener 软化器 12.211
softening temperature 软化温度 08.051
soil compaction 土料压实 22.364
soil erosion 水土流失 01.851
soil resistivity 土壤电阻率 16.194
solar absorptivity 太阳[能]吸收率 14.135
solar cell 太阳能电池 14.153
solar cell array 太阳能电池方阵 14.165
solar cell module 太阳能电池组件，＊组件 14.163
solar cell panel 太阳能电池板 14.164
solar collector 太阳能集热器，＊集热器 14.130
solar cooling 太阳能制冷 14.142
solar distillation 太阳能蒸馏 12.239
solar energy 太阳能，＊太阳辐射能 14.113
solar energy collection 太阳能收集，＊太阳能采集 14.127
solar energy conversion 太阳能转换 14.126
solar energy storage 太阳能储存 14.128
solar energy utilization 太阳能利用 14.129
solar furnace 太阳炉 14.139
solar lamp 太阳能灯具 14.141
solar magnetic fluid power generation 太阳能磁流体发电 14.149
solar photovoltaic conversion efficiency 太阳能光电转换效率 14.152
solar pool power generation 太阳池发电 14.148
solar radiation 太阳辐射 14.114
solar reflectivity 太阳[能]反射率 14.136
solar roof 太阳能屋顶 14.170
solar temperature difference power generation 太阳能温差发电 14.147
solar thermal power generation 太阳热发电 14.143
solar thermal power generation system with tower and heliostat plant 塔式太阳热发电系统，＊集中型太阳能电站 14.144
solar thermoionic power generation 太阳能热离子发电 14.150
solar transmission rate 太阳[能]透射率，＊透过率 14.137
solar water heater 太阳能热水器 14.140
soldering joint failure 定子线棒接头开焊 11.168
solid fuel 固体燃料 08.004
solid fuel-fired boiler 固体燃料锅炉 09.018
solidification of radioactive waste 放射性废物固化 13.809
solidifying point 凝点 08.182
solid layer method 固体层法，＊预沉积污层法 16.033
solidly earthed [neutral] system 中性点直接接地系统 04.073
solid phase 固相 01.587
solid waste 固体废物 20.016
soot blower 吹灰器 09.144
soot blowing 吹灰 09.409
sorbent injection into furnace desulfurization process 炉内喷吸收剂脱硫 20.067
sound insulation 隔声 20.118
source of harmonic current 谐波电流源 19.048
source of harmonic voltage 谐波电压源 19.047
space charge 空间电荷 01.009
space disposal 宇宙处置，＊太空处置 13.819
space heat radiator 空间辐射散热器，＊空间辐射器 13.500
space nuclear power 空间核电源 13.404
space nuclear propulsion unit 空间核推进动力装置 13.406
spacer 间隔棒 18.202
spacer damper 阻尼间隔棒 18.204
span 档 18.117
span length 档距 18.118
sparking of brushes 电刷冒火 19.141

sparkless operation 无火花运行 19.144
sparkover 火花放电 16.134
sparkover protective device 击穿保护器 15.381
spark tester 火花检测器 16.054
SPDS 安全参数显示系统 13.510
special load 专用荷载 18.041
special operation of generator 发电机特殊运行 11.158
special optical fiber for electric power 电力特种光缆 18.308
special protection system 电力系统安全自动装置 05.253
special PV panel for building construction 光伏建筑材料 14.171
special relay protection for generator 发电机的特殊继电保护 11.236
specific binding energy 比结合能 13.008
specific collection area 收尘面积 20.042
specific creepage distance 爬电比距 16.173
specific energy 断面比能，* 断面单位能量 01.787
specific heat 比热 01.497
specific heat at constant pressure 定压比热 01.498
specific heat at constant volume 定体积比热 01.499
specific internal energy 比内能 01.516
specific investment of nuclear power plant 核电厂比投资 13.619
specific power 比功率 10.581
specific rate of heat flow 热流密度，* 热通量 01.611
specific retention 持水度 01.728
specific speed ［水轮机］比转速，* 比速 23.056
specific steam consumption 汽轮机汽耗率 10.031
specific volume 比体积，* 比容 01.496
specified time relay 定时限继电器 05.051
spectrum analyzer 频谱分析仪 02.052
speed adjustment 转速调整 19.118
speed changer 同步器，* 转速变换器 10.258
speed control 转速控制 12.047
speed governing droop 转速不等率 10.271
speed pulser 磁阻发生器 10.254
speed rise 速率上升 23.109
spent fuel 乏燃料 13.229
spent fuel assembly storage rack 乏燃料组件储存格架 13.452
spent fuel assembly transport 乏燃料组件运输 13.231
spent fuel assembly transport cask 乏燃料组件运输容器 13.230
spent fuel storage pool 乏燃料储存水池 13.451
sphere gap 球间隙 16.053
spherical fuel element 球形燃料元件 13.207
spherical fuel handling system of HTGR 高温气冷堆球状燃料装卸系统 13.477
spherical manifold penstock 球形岔管 22.182
spherical valve 球形阀 22.280，球［形］阀 23.135
spheroidization of pearlite 珠光体球化 12.341
spilling surge chamber 溢流式调压室 22.220
spillway 溢洪道 22.144
spinning reserve 热备用，* 旋转备用 04.353
spiral case 蜗壳 23.019
spiral casing embedded forme 蜗壳埋设方式 23.021
spiral-finned tube economizer 螺旋肋片省煤器，* 环状肋片省煤器 09.139
spirally wound tube 水平围绕管圈 09.111
spiral-wound RO cartridge 卷式反渗透膜元件 12.229
splash zone 稀相区 09.341
splicing sleeve 接续管 18.192
splitting 解列 04.293
splitting point 解列点 04.295
split tower erection 分解组立杆塔 18.359
split type current transformer 钳式电流互感器 15.353
sponge ball cleaning device of condenser 凝汽器胶球清洗装置 10.368
spontaneous combustion of coal 煤自燃 08.160
spontaneous fission 自发裂变 13.011
spontaneous transmission 自发传输 06.083
spot price 现货价格 06.258
spotting 定位 18.362
spot trading 现货交易 06.145
spray-bubbling ［without deaerating head］ type deaerator 无除氧头喷雾沸腾式除氧器 10.331
spray drying FGD 喷雾干燥法烟气脱硫 20.065
spray jet 发散喷射 16.243
spray stuffing type deaerator 喷雾填料式除氧器 10.330
spray type attemperator 喷水减温器 09.134
spray type desuperheater 喷水减温器 09.134
sprocket-worm gear type turning gear 链轮-蜗轮蜗杆盘车装置 10.230
square wave voltage generator 方波电压发生器 16.040

squirrel cage induction motor 笼型感应电动机 19.147
squirrel cage rotor 鼠笼式转子 19.107
SR 启动可靠度 21.227
SS 系统电源不足限电 21.254
SSE ＊安全停堆地震 13.267
stability [时间]稳定性 02.144
stability margin 稳定储备系数 04.238
stability of high slope 高边坡稳定 22.467
stabilization by compaction 压实加固 22.440
stabilization by freezing 冻结加固 22.437
stabilization by jet grouting pile 旋喷桩加固 22.442
stabilization by ramming 夯实加固 22.439
stabilization by rotary churning pile 旋喷桩加固 22.442
stabilization by vibrating 振动加固 22.443
stabilization by vibrosinking pile 振冲桩加固 22.441
stabilizing measure 稳定措施 04.239
stabilizing winding 稳定绕组 15.104
stable flame 稳定火焰 12.096
stable temperature of concrete dam 坝体混凝土稳定温度 22.355
stack draft 自生通风压头 09.219
stacker-reclaimer 堆取料[煤]机 08.125
stacker-reclaimer for circular coal storage 圆形煤场堆取料机 08.135
stage 级 10.050
staged combustion 分级燃烧 09.168
stage diversion 分期导流 22.487
staggered joint 错缝 22.066
stagnation state 滞止状态 01.609
stall 失速 10.596
stall [of motor] [电动机]失速 19.122
stall regulated 失速调节 14.064
stand-along PV system 独立光伏发电系统 14.168
standard atmospheric pressure 标准大气压[力] 01.485
standard atmospheric state 空气的标准状态 14.016
standard capacitor 标准电容[器] 02.081
standard cell 标准电池 02.082
standard chopped lightning impulse 标准雷电冲击截波 16.081
standard coal 标准煤 07.028
standard command 指示命令，＊标准命令 06.075
standard design of thermal power plant 火力发电厂标准设计 07.044
standard full lightning impulse 标准雷电冲击全波，＊1.2/50μs 冲击 16.080
standard impulse current 标准冲击电流 16.093
standard inductor 标准电感[器] 02.080
standard insulation level 标准绝缘水平 16.160
standard lightning impulse sparkover voltage of arrester 避雷器标准雷电冲击放电电压 15.393
standard lightning impulse withstand voltage 标准雷电冲击耐受电压 16.105
standard measuring device 标准计量设备 12.165
standard measuring instrument 标准计量仪器 12.164
standard rated output of gas turbine 燃气轮机标准额定输出功率 10.476
standard reference atmospheric condition 标准大气条件 16.110
standard reference condition 标准参考条件 10.475
standard resistor 标准电阻[器] 02.079
standard short duration power-frequency withstand voltage 标准短时工频耐受电压 16.108
standard sphere gap 标准球隙 16.052
standard switching impulse 标准操作冲击波，＊250/2500μs 冲击 16.086
standard switching impulse withstand voltage 标准操作冲击耐受电压 16.103
standby charge 备用电费 19.176
standby hours ＊备用小时 21.189
standby protection 备用保护 05.013
standby state 备用状态 21.188
standby supply 备用电源 04.061
standby time 备用时间 21.189
standby transformer 备用变压器 15.075
standing charge tariff 固定费用 19.179
standing wave 驻波 01.413
star connection 星形联结 15.132
star-delta conversion 星形-三角形变换 04.086
star-delta starting 星-三角启动 19.155
star-delta transformation 星形-三角形变换 04.086
start and stop automatic control 启停自动控制 10.512
starter 启动器 19.154
starter cut-off 启动机脱扣 10.500
starting characteristic curve of steam turbine 汽轮机启动特性曲线 10.414
starting characteristic diagram 启动特性图 10.504

starting characteristic test 启动特性试验 10.503
starting component 启动元件 05.074
starting mode of pumping 水泵启动 24.044
starting reliability 启动可靠度 21.227
starting torque of asynchronous motor 异步电动机启动转矩 19.110
starting value 启动值 05.125
start-stop telecontrol transmission 启停式远动传输 06.043
start time 启动时间 06.115
start-to-discharge pressure 前泄压力 09.415
start-up flash tank 启动分离器 09.152
start-up flow rate 启动流量 09.375
start-up oil pump 启动油泵 10.279
start-up pressure 启动压力 09.376
start-up & shutdown time of generation unit 机组启停时间 06.362
start-up system 启动系统 09.151
start-up test of non-nuclear steam 非核蒸汽冲转试验 13.537
start-up through intermediate pressure cylinder 中压缸启动 10.413
STATCOM 静止同步补偿装置 15.173
state 状态 01.468
state equation 状态方程 01.291
state estimation 状态估计 04.162
state estimator 状态估计器 06.110
state information 状态信息 06.050
state information of power system 电力系统状态信息 06.039
state in service 运行状态 21.193
state oriented emergency operational procedure 状态导向应急操作规程 13.581
state space 状态空间 01.293
state variable 状态变量 01.290
state vector 状态矢量 01.292
static bidding 单次投标，* 静态投标 06.168
static characteristics 静态特性 10.269
static electricity protection earthing 防静电接地 16.205
static frequency and dynamic frequency of blade 叶片静频率和动频率 10.195
static frequency convertor 静止变频器 24.050
static phase shifter 静止移相器，* 晶闸管控相角调节器 15.180
static project cost estimate 静态工程投资概算 03.194
static storage investment 静态投资 22.526
static synchronous compensation 静止同步补偿装置 15.173
static var compensator 静止无功补偿装置 04.343，15.169
static watt-hour meter 静止式有功电能表 02.058
stationary boiler 固定式锅炉 09.005
stationary electric contact 固定电接触 15.257
stationary gas turbine 固定式燃气轮机 10.449
stationary-plate type regenerative air preheater 风罩回转式空气预热器 09.225
stationary rectifier excitation 静止整流器励磁 04.132
station black-out accident 全厂断电事故 13.598
station electric motor 厂用电动机 19.093
statistical lightning impulse withstand voltage 统计雷电冲击耐受电压 16.157
statistical lightning overvoltage 统计雷电过电压 16.187
statistical model 统计模型 22.535
statistical procedure of insulation coordination 绝缘配合统计法 16.148
statistical switching impulse withstand voltage 统计操作冲击耐受电压 16.158
statistical switching overvoltage 统计操作过电压 16.186
stator blade carrier ring 静叶环套 10.128
stator blade ring 静叶环 10.127
stator coil 定子线圈 11.008
stator coil bar 定子线棒 11.009
stator cooling water conductivity cell 定子冷却水电导率计 11.196
stator core and frame vibration 铁心及机座振动 11.069
stator core fault detection 铁心故障探测 11.208
stator core/frame vibration monitor 定子铁心机座振动监测器 11.197
stator core loss and temperature rise test 定子铁心的损耗发热试验 11.215
stator end winding vibration monitor 定子绕组端部振动监测器 11.194
stator frame 定子机座 11.017
stator ground fault protection 定子接地保护 05.175

stator over-current for a short time 定子短时过电流 11.159
stator slot [partial discharge] coupler 定子槽放电监测器 11.189
stator winding 定子绕组 11.007
stator winding insulation failure 定子绕组绝缘故障 11.167
stator [winding] resistance 定子[绕组]电阻 04.120
status monitoring of process equipment 工艺设备状态监测 12.134
stay 拉线 18.168
stayed support 拉线杆塔 18.087
stay ring 座环 23.022
stay vane 固定导叶 23.023
steady state 稳态 01.306
steady state availability 稳态可用度 21.137
steady state characteristics of load 静态负荷特性 04.168
steady state component 稳态分量 01.307
steady state instability of a power system 电力系统静态不稳定性 04.235
steady state of a power system 系统稳态 04.142
steady state operation 稳态运行 04.270
steady state short-circuit current 稳态短路电流 04.186
steady state stability of a power system 电力系统静态稳定性 04.234
steady state stability of synchronous generator 同步发电机静[态]稳定 04.123
steady state unavailability 稳态不可用度 21.138
steam 水蒸气，* 蒸汽 01.464
steam admission nozzle governing 进汽喷嘴调节 10.267
steam admission throttle governing 进汽节流调节 10.266
steam air heater 暖风器，* 前置预热器 09.229
steam-air ratio 蒸汽空气比 10.471
steam and/or water injection 蒸汽和/或水的喷注 10.570
steam and power conversion system * 蒸汽和能量转换系统 13.466
steam and water pipe fittings 汽水管道附件 10.095
steam and water piping 汽水管道 10.094
steam binding 汽塞 09.274
steam blanketing 汽塞 09.274
steam boiler 蒸汽锅炉 09.002
steam chest 蒸汽室 10.110
steam condition 蒸汽参数 01.577
steam-cooled cyclone separator 汽冷旋风分离器 09.355
steam cooled roof superheater 顶棚过热器 09.125
steam cooled wall superheater 包墙管过热器 09.124
steam discharge control 蒸汽排放控制 13.373
steam distributing gear 配汽机构 10.058
steam dryness 蒸汽干度 01.571
steam exhaust chamber 排汽缸，* 排汽室 10.098
steam exhaust hood 排汽缸，* 排汽室 10.098
steam flow excited vibration 蒸汽激振，* 汽流涡动 10.159
steam-gas power ratio 蒸燃功比 10.472
steam generator 蒸汽锅炉 09.002，蒸汽发生器 13.428
steam generator tube rupture accident 蒸汽发生器传热管破裂事故 13.596
steam injection gas turbine 注蒸汽燃气轮机 10.452
steam jet air ejector 射汽抽气器 10.371
steam leakage test of boiler 锅炉蒸汽严密性试验 09.370
steam line blowing 蒸汽吹管 09.428
steam moisture 蒸汽湿度 09.288
steam parameter 蒸汽参数 01.577
steam power generating units 蒸汽动力发电机组 07.002
steam purging with oxygen 蒸汽加氧吹洗 09.429
steam purification 蒸汽净化 09.262
steam quality 蒸汽干度 01.571，蒸汽质量 09.289
steam quality at minimum heat transfer coefficient 最高壁温处含汽率 09.287
steam quality by mass 质量含汽率 09.283
steam quality by section 截面含汽率 09.285
steam quality by volume 容积含汽率 09.284
steam rate 汽轮机汽耗率 10.031
steam [static] bending stress 蒸汽[静]弯应力 10.199
steam table 水蒸气表 01.582
steam temperature control 汽温调节 09.130
steam turbine 汽轮机 10.001
steam turbine admission part 汽轮机进汽部分 10.106
steam turbine by-pass system 汽轮机旁路系统 10.081
steam turbine condition line 热力过程曲线，* 汽轮机膨

胀过程线 10.038
steam turbine control system 汽轮机控制系统 12.044
steam turbine cylinder 汽轮机汽缸 10.097
steam turbine-driven feedwater pump 汽动给水泵 10.338
steam turbine for co-generation 热电联产汽轮机 10.020
steam turbine governing system 汽轮机调节系统 10.237
steam turbine main body 汽轮机本体 10.096
steam turbine oil 汽轮机油，* 透平油 12.266
steam turbine oil system 汽轮机油系统 10.274
steam turbine protection system 汽轮机保安系统 10.292
steam turbine rotor 汽轮机转子 10.138
steam turbine speed governor 汽轮机调速器 10.248
steam turbine stage loss 汽轮机级内损失 10.066
steam turbine thermal power system 汽轮机热力系统 10.076
steam turbine thermodynamic system 汽轮机热力系统 10.076
steam washing 蒸汽清洗 09.263
steam-water separation 汽水分离 09.259
steam-water two phase flow 汽水两相流 09.271
steam whirl 蒸汽激振，* 汽流涡动 10.159
steel for generator retaining ring 护环用钢 11.047
steel form 钢模板 22.342
steel for rotor 转子用钢 11.046
steel for stator core 铁心用钢 11.048
steel lining 钢衬砌 22.387
steel reinforced concrete pole 钢筋混凝土杆，* 水泥杆 18.116
steel sheet piling cofferdam 钢板桩围堰 22.496
steel strand wire 钢绞线 18.246
steel tower 铁塔 18.079
steel tube tower 钢管塔 18.093
Stefan-Boltzmann law 斯特藩-玻尔兹曼定律 01.641
stem dike 干堤 22.108
step-by-step adjusting command 步进调节命令 06.071
step-down substation 降压变电站 15.019
step-down transformer 降压变压器 15.079
stepping up from zero voltage 零起升压 06.365
step response time 阶跃响应时间 02.137
step tariff 阶梯电价 19.181
step-up substation 升压变电站 15.018
step-up transformer 升压变压器 15.078
step voltage 跨步电压 21.015
STIG cycle 程氏双流体循环，* 程氏循环 01.556
stilling basin 消力池，* 水跃消能塘 22.204
stilling pool 消力池，* 水跃消能塘 22.204
Stirling cycle 斯特林循环 01.555
stochastic effect 随机性效应 13.747
stop band 阻带 01.337
stop joint 塞止接头 18.283
stoplog gate 叠梁闸门 22.250
storage battery 蓄电池组 15.403
storage capacity 水库容积，* 库容 03.088
storage-capacity curve 库容曲线 03.095
storage oscilloscope 存储示波器 02.053
storage pulverizing system with exhaust air used as primary air 中间储仓式乏气送粉系统 09.299
storage pulverizing system with hot air used as primary air 中间储仓式热风送粉系统 09.298
storage pump 蓄能泵 23.121
storage rate 库容系数 03.094
stored energy operating mechanism 储能操动机构 15.286
storm transposition 暴雨移置 01.656
Straflo hydroturbine 贯流式水轮机 23.009
straight blade 直叶片 10.179
straight flow combustor 顺流式燃烧室 10.550
straight shock wave 正激波 01.764
straight-through pulverized coal burner 直流煤粉燃烧器 09.177
strain margin 应变限量 18.339
strain meter 应变仪 02.175
strand 股线 18.243
stranded conductor 绞线 18.244
stratification 层理，* 层面 01.699
stratified bed 双层床 12.217
straw and earth cofferdam 草土围堰 22.493
straw soil cofferdam 草土围堰 22.493
stray current 杂散电流 19.052
stray load loss 杂散负载损耗 11.074
streamer discharge 流注放电 16.119
stream function 流函数 01.761
streamline 流线 01.747
strength of blade 叶片强度 10.197

strength of bladed disk 叶轮强度 10.171
strength of pressure part of boiler 锅炉承压部件强度 09.077
stress corrosion 应力腐蚀 12.357
stress corrosion fracture 应力腐蚀断裂 12.352
stress corrosion of disk 叶轮应力腐蚀 10.176
stress endurance curve 疲劳曲线，* σ-N 曲线 12.315
stress relaxation 应力松弛 12.311
stringing equipment for live working 带电作业牵引设备 16.238
string-wire concrete 钢纤混凝土 22.303
strip intercepting 条带截取法 08.110
structural joint 结构缝 22.059
structural material for reactor 反应堆结构材料 13.240
structural mechanics in reactor technology 反应堆结构力学 13.341
structure design of main power building 主厂房结构设计 07.057
structure [of an overhead line] 杆塔 18.077
structure of rock mass 岩体结构 01.693
STS 短期交易子系统 06.277
stuck rod criteria 卡棒准则 13.271
S-type hydroturbine 轴伸式水轮机 23.013
subchannel 子通道 13.318
sub-conductor 子导线 18.257
subcooled boiling 欠热沸腾 13.296
subcritical 亚临界 01.578
subcritical flow 缓流 01.784
sub-criticality 次临界 13.092
subcritical pressure boiler 亚临界压力锅炉 09.016
subcritical pressure steam turbine 亚临界压力汽轮机 10.015
subcritical pressure units 亚临界压力机组 07.007
sublimation 升华 01.590
submarine cable 海底电缆 18.266
submerged bucket energy dissipation 戽斗消能，* 消力戽消能 22.198
subscribed demand 约定需量 19.064
sub-slot ventilation 副槽通风 11.156
subsoil improvement 地基处理 07.072
sub-span 次档距 18.119
subspan oscillation 次档距振动 18.024
substation 变电站，* 变电所 15.001
substation automation system 变电站自动化系统 15.072
substation control room 变电站控制室 15.069
substation local backup protection 变电站近后备保护 05.018
substation relay building 变电站继电保护小室 15.071
substation relay room 变电站继电保护室 15.070
substation structure 变电站构架 15.028
substitution [method of] measurement 替代测量[法] 02.089
substitution theorem 替代定理 01.301
subsynchronous oscillation 次同步振荡 04.258
subsynchronous resonance 次同步谐振 04.257，11.098
subtransient short-circuit current 次暂态短路电流 04.188
suction height 吸出高度 23.087，吸上高度 23.132
suction pipe 吸入管 23.128
sudden change relay 突变量继电器 05.062
sudden short-circuit of synchronous machine 同步电机的突然短路 04.129
sulfate sulfur 硫酸盐硫 08.064
sulfur hexafluoride circuit-breaker 六氟化硫断路器，* SF_6 断路器 15.196
sulfur oxides 硫氧化物 20.006
sulfur removal efficiency 脱硫效率 20.074
summation current transformer 总加电流互感器 15.356
summation instrument 总和仪表 02.014
summer construction 夏季施工 22.462
sunshine duration 日照时数 14.124
supercharged boiler 增压锅炉 09.031
supercharged boiler and gas turbine combined cycle unit 增压锅炉式联合循环机组 10.463
superconducting cable 超导电缆 18.267
superconducting generator 超导发电机 11.242
superconducting transmission 超导输电 04.039
superconductor 超导体 01.209
supercooling degree 过冷度 10.366
supercritical 超临界 01.579
supercritical flow 急流 01.785
supercritical pressure boiler 超临界压力锅炉 09.017
supercritical pressure steam turbine 超临界压力汽轮机 10.016
supercritical pressure units 超临界压力机组 07.008
supercritical water-cooled reactor 超临界水冷反应堆

13.395
superheated steam　过热蒸汽　01.572
superheated steam system　过热蒸汽系统　09.119
superheater　过热器　09.120
superheat steam temperature control system　过热汽温度控制系统　12.033
superhigh pressure boiler　超高压锅炉　09.015
superhigh pressure steam turbine　超高压汽轮机　10.014
superhigh pressure units　超高压机组　07.006
superposition of potential flow　势流叠加　01.754
superposition theorem　叠加定理　01.300
super prompt criticality　超瞬发临界　13.117
super structure　塔头　18.100
super-synchronous resonance　超同步谐振，* 倍频共振　11.099
supervised area　监督区　13.743
supervision level　监控级　12.129
supervision system of construction　工程监理制　03.210
supervisory control and data acquisition　监控与数据采集系统　06.040
supervisory information system for plant level　厂级监控信息系统　12.131
supervisory institution　监护制度　21.048
supplementary buildings of thermal power plant　火力发电厂附属建筑物　07.081
supplementary equal potential bonding　辅助等电位连接　21.107
supplementary fired combined cycle unit　补燃式联合循环机组　10.460
supplementary insulation　附加绝缘　21.040
supplementary load loss　附加损耗　15.129
supply continuity criterion　供电连续性判据　19.042
supply-demand ratio　市场供需比　06.326
supply interruption costs　停电费用　04.411
supply service　接户线路　04.066
supply system in service　供电状态　21.250
supply terminals　供电点　04.416
supply voltage　供电电压　04.423
support　杆塔　18.077
support assembly equipment for live working　带电作业支撑装配设备　16.237
support deflection　杆塔挠度　18.113
support deviation　杆塔偏移　18.114
supported boiler structure　支承式锅炉构架　09.096
supporting arm　支臂　22.285
supporting insulator　支持绝缘子　18.226
support type current transformer　支柱式电流互感器　15.355
surface boiling　表面沸腾　13.298
surface charge density　面电荷密度　01.013
surface condenser　表面式凝汽器　10.346
surface contamination monitoring meter　表面污染监测仪　13.760
surface heater　表面式加热器　10.311
surface moisture　外在水分　08.039
surface treatment　表面处理　12.336
surface type attemperator　面式减温器　09.132
surface water intake facilities　取[地表]水设施　10.388
surge　喘振　10.597
surge arrester　避雷器，* 过电压限制器　15.375
surge chamber　调压室　22.214
surge diverter　避雷器，* 过电压限制器　15.375
surge impedance load　线路自然功率　18.019
surge impedance of a line　线路波阻抗　18.020
surge margin　喘振裕度　10.598
surge-preventing device　防喘装置　10.592
surge shaft　调压井　22.215
surge tower　调压塔　22.216
surrounding　外界　01.455
surrounding air　周界风　09.234
surrounding rock of chamber　硐室围岩　22.377
surrounding rock pressure　围岩压力　01.801
surrounding work　外界功　01.456
survey and geological exploration　测量和地质勘探　03.034
survival wind speed　安全风速　14.099
susceptance　电纳　01.228
suspended boiler structure　悬吊式锅炉构架　09.095
suspended hydrogenerator　悬式水轮发电机　24.005
suspended load　悬移质　01.683
suspended substance　悬浮物　12.174
suspend tube　悬吊管　09.149
suspension and support　支吊架　09.094
suspension clamp　悬垂线夹　18.174
suspension combustion　悬浮燃烧，* 火室燃烧　09.160
suspension insulator set　悬垂绝缘子串组　18.236
suspension insulator string　悬垂绝缘子串　18.232

suspension set weight　重锤　18.207
SVC　静止无功补偿装置　04.343，15.169
swept area of rotor　风轮扫掠面积　14.058
swing curve　摇摆曲线　04.248
swing equation　转子运动方程，* 摇摆方程　04.096
swirl air register　旋流式配风器　09.191
swirler　旋流器　10.559
swirl pulverized coal burner　旋流煤粉燃烧器　09.178
switched busbar circuit-breaker　母线转换断路器　15.187
switching impulse voltage withstand test　操作冲击耐压试验　16.019
switching overvoltage　操作过电压　16.180
switching substation　开关站　15.020
switching value　切换值　05.127
SWU　分离功单位　13.191
symmetrical phase control　对称相控　17.191
symmetrical short-circuit current　对称短路电流　04.181
symmetrical two-port network　对称二端口网络　01.269
symmetric three phase circuit　对称三相电路　01.347
synchrocheck relay　同步检查继电器　05.047
synchrocheck unit　同步检查装置　05.260
synchronism detection relay　同步检查继电器　05.047
synchronism detection unit　同步检查装置　05.260
synchronization　同步并列　05.234
synchronization of two systems　两系统同步　04.289
synchronizer　同步器，* 转速变换器　10.258
synchronizer motor　同步器电动机，* 调速马达　10.259
synchronizer unit　同步装置　05.255
synchronizing power　整步功率，* 比整步功率　11.056
synchronous condenser　同步调相机　15.174
synchronous motor　同步电动机　19.096
synchronous operation of a machine　电机同步运行　04.283
synchronous operation of a system　系统同步运行　04.281
synchronous swing　同步摇摆　04.256
synchronous telecontrol transmission　同步远动传输　06.044
synchronous time　同步时间　04.279
synchronous verification　同步检定　05.233
synthetic test [of breaking and making capacity]　[开断和关合能力的]合成试验　15.334
systematic sampling　系统抽样　08.087
system blackstart capacity　系统黑启动容量　21.229
system blackstart generator　系统黑启动发电机　21.228
system connection pattern　系统连接方式　04.048
system demand control　系统需量控制　04.359
system impedance　系统阻抗　04.090
system interconnection transformer　联络变压器　15.077
system of unit　有名制　04.147
system operating plan　系统运行方式　04.268
system parameter　系统参数　04.089
system related outage　系统相关停运　21.235
system shortage　系统电源不足限电　21.254
system stability calculation　系统稳定计算　04.244
system state variables　系统状态变量　04.088

T

tabular analysis　表格法　01.259
tachometer　转速表　02.174
tail gate　尾水闸门　22.273
tailrace surge chamber　尾水调压室　22.217
tailwater channel　尾水渠　22.225
tailwater gallery　尾水廊道　22.058
tailwater level of hydropower station　水电站尾水位　03.124
tailwater tunnel　尾水隧洞　22.224
tandem compound steam turbine　单轴[系]汽轮机　10.010
tangential firing　角式燃烧，* 切向燃烧　09.159
tap　分接　15.120
tapped line　T 接线路　04.065
tapping　分接　15.120
tap selector　分接选择器　15.141
T-connector　T 型线夹　18.209
TCR　晶闸管控制电抗器　15.171

TCSC　可控串联补偿装置，＊可控串补　15.179
TCT　晶闸管控制变压器　15.172
TDM　瞬态数据管理系统　12.118
TDS　总含盐量　12.224
technical available hydroenergy resources　[水力资源]技术可开发量　03.047
technical criteria [for electric power system reliability]　[电力系统可靠性]技术性准则　21.173
technical principle for nuclear safety　核安全技术原则　13.269
technical specification　技术规格书　13.248
technical supervision of instrument and control　热工技术监督　12.162
technical support center　技术支持中心　13.608
technical water drainage system of hydropower plant　[水电厂]技术排水系统　23.154
technical water supply system of hydropower plant　[水电厂]技术供水系统　23.153
teed line　T 接线路　04.065
tee joint　T 型接头　18.286
teflon tube　聚四氟乙烯管　11.133
teleadjusting　遥调，＊远程调节　06.028
telecommand　遥控，＊远程命令　06.027
telecontrol　远动　06.024
telecontrol configuration　远动配置　06.029
telecontrol technique for power system　电力系统远动技术　06.034
telecontrol transfer time　远动传送时间　06.100
telecounting　远程累计　06.046
teleindication　遥信，＊远程信号　06.025
teleinstruction　远程指令　06.033
telemetering　遥测，＊远程测量　06.026
tele-meter reading system　电能量计量系统　06.280
telemonitoring　远程监视　06.031
telephone harmonic factor　电话谐波因数　11.059
telephone harmonic factor test for generator voltage　电压波形电话谐波因数测定　11.223
telesignalization　遥信，＊远程信号　06.025
teleswitching　远程切换　06.032
Tellegen theorem　特勒根定理　01.294
temperature　温度　01.475
temperature control of concrete　混凝土温度控制　22.349
temperature difference on dam foundation　混凝土基础温差　22.353
temperature effectiveness　温度有效度　10.605
temperature-entropy chart　温-熵图　01.584
temperature field　温度场　01.615
temperature gradient　温度梯度　01.616
temperature load　温度荷载　01.805
temperature monitoring　温度监测　11.186
temperature of concrete during construction　混凝土浇筑温度　22.354
temperature of nil-ductility transition　无延性转变温度，＊脆性转变温度　13.239
temperature protection　温度保护　05.161
temperature rise　温升　15.131
temperature rise rate　升温速度，＊升温率　09.397
temperature rise test　温升试验　11.228
temperature stress of concrete　混凝土温度应力　22.350
tempering　回火　12.332
temporary facilities for construction　施工临时设施　03.224
temporary grounding　临时接地　21.076
temporary overvoltage　暂时过电压　16.190
tense line　紧线　18.368
tensile strength　抗拉强度　12.295
tension clamp　耐张线夹　18.173
tensioner　张力[放线]机　18.373
tension insulator set　耐张绝缘子串组　18.237
tension insulator string　耐张绝缘子串　18.233
tension puller　紧线器，＊耐张拉力器　18.374
tension stringing　张力放线　18.365
tension stringing section　紧线段　18.369
tension support　耐张塔　18.081
tension under optic test　光测下张力试验　18.341
terminal　端[子]　01.264
terminal block　端子排　05.086
terminal connector　设备线夹　18.208
terminal substation　终端变电站　15.005
terminal support　终端杆塔　18.084
terminal temperature difference of condenser　凝汽器终端温差，＊凝汽器端差　10.365
terminating immittance　端接导抗　01.233
tertiary air　三次风　09.233
tertiary air nozzle　三次风喷口　09.188
tertiary units　三机式抽水蓄能机组　23.120
tesla　特[斯拉]　01.431

test 检测 02.106
test after installation of cable line 电缆交接试验 18.305
testing line 试验线段 16.037
testing of combustion system 燃烧系统调整 09.371
testing of interlock protection 联锁保护试验 12.151
testing of power cable 电缆试验 18.304
test load 试验荷载 18.043
test of control rod drive mechanism 控制棒驱动机构试验 13.535
test of modal and natural vibration frequency for stator end winding 定子绕组端部模态及固有振动频率测定 11.232
test of transmission line 输电线路[力学]试验 18.029
test of ventilation hole on hydrogen inner cooled rotor 氢内冷转子通风孔试验 11.213
TF 汽轮机跟踪方式 12.028
thawing room 解冻室 08.123
theoretical air 理论空气量 09.466
theoretical combustion temperature 理论燃烧温度 09.467
thermal blockage 热悬挂 10.498
thermal characteristics of condenser 凝汽器热力特性 10.367
thermal class for electric machine insulation 绝缘耐热等级 11.063
thermal conductivity 导热系数，* 导热率 01.614
thermal deviation 热偏差 09.254
thermal efficiency [核电厂]热效率 13.252
thermal efficiency of electricity generation 发电热效率 07.033
thermal efficiency of electricity supply 供电热效率 07.035
thermal efficiency of fossil-fired power plant 火力发电厂热效率 07.031
thermal energy 热能 01.457
thermal engineering 热力工程 01.447
thermal equipment protection 热工保护 12.085
thermal fatigue 热疲劳 10.544，[金属]热疲劳 12.317
thermal insulating 保温，* 隔热 01.618
thermal insulation and antifreeze 保温和防冻 07.062
thermal insulation concrete 保温混凝土 07.066
thermal margin 热工裕量 13.288
thermal neutron 热中子 13.052
thermal neutron utilization factor 热中子利用因数，* 热中子利用因子 13.077
thermal NO_x 热力型氮氧化物 20.007
thermal overload releaser 热脱扣器 05.068
thermal parameter measurement 热工检测 12.013
thermal parameter measuring instrument 热工检测仪表 12.014
thermal pollution 热污染 13.797
thermal power generating units 火力发电机组 07.001
thermal power plant 火力发电厂，* 火电厂 07.011
thermal power plant engineering and design 火力发电厂设计 07.043
thermal power plant site condition 火力发电厂建厂条件 07.045
thermal process automation of thermal power plant 火力发电厂热工自动化 12.001
thermal process protection 热工保护 12.085
thermal radiation 热辐射 01.629
thermal relay 热继电器 05.059
thermal reservoir 储热层，* 热储 14.003
thermal resistance 热阻 01.617
thermal shock 热冲击 10.543
thermal shock in reactor structure 反应堆结构热冲击 13.343
thermal sink 冷源 01.459
thermal source 热源 01.458
thermal stability against short circuit 热稳定性 11.062
thermal stress in reactor structure 反应堆结构热应力 13.342
thermal test of superheater & reheater 过热器、再热器试验 09.458
thermal-work equivalent 热功当量 01.508
thermionic energy converter 热离子能量转换器，* 热离子二极管 13.405
thermistor 热敏电阻 02.160
thermo-chemical treatment of metal 金属化学热处理 12.335
thermocouple 热电偶 02.157
thermocouple instrument 热偶式仪表 02.092
thermodynamic calculation of governing stage 调节级的热力计算 10.057
thermodynamic calculation of stage 级的热力计算 10.039

thermodynamic cycle　热力[学]循环　01.542
thermodynamic method　热力学法　23.095
thermodynamic process　热力[学]过程　01.528
thermodynamic process curve　热力过程曲线，＊汽轮机膨胀过程线　10.038
thermodynamic property　热力[学]性质　01.467
thermodynamic system　热力学系统，＊热力系　01.448
thermodynamic system of thermal power plant　火力发电厂热力系统　01.453
thermodynamic temperature　热力学温度，＊绝对温度　01.478
thermodynamic temperature scale　热力学温标，＊绝对温标，＊开尔文温标　01.477
thermoluminescent dosimeter　热释光剂量计　13.762
thermomechanical treatment　形变热处理　12.334
Thevenin theorem　戴维南定理　01.298
thimble plug assembly　阻流塞组件　13.423
thin arch dam　薄拱坝　22.013
thin film composite　复合膜　12.230
thin film solar cell　薄膜太阳能电池　14.162
third generation of nuclear power reactor　第三代[核电]反应堆　13.362
third law of thermodynamics　热力学第三定律　01.507
Thoma factor　＊托马系数　23.082
Thomson [double] bridge　＊汤姆孙[双]电桥　02.075
thorium resources　钍资源　13.178
thorium-uranium fuel cycle　钍铀燃料循环，＊钍基核燃料循环　13.213
three barriers　三道屏障　13.659
three-centered arch dam　三心拱坝　22.015
three-column disconnector　三柱式隔离开关　15.208
three phase automatic reclosing　三相自动重合　05.231
three phase current unbalance　三相电流不平衡　04.432
three phase earthing transformer　接地变压器　15.091
three phase four wire system　三相四线制　01.346
three phase neutral reactor　三相中性点电抗器　15.154
three phase [symmetrical] fault　三相[对称]短路　04.202
three phase system　三相制　01.345
three phase transformer　三相变压器　15.085
three phase voltage unbalance　三相电压不平衡　04.431
three pole disconnector　三极隔离开关　15.205
three winding transformer　三绕组变压器　15.088
three-zone cycling　三区循环　13.545
threshold of let-go current　摆脱电流　21.022
threshold of perception current　感知电流　21.024
throttled surge chamber　阻抗式调压室　22.222
through flow turbine　贯流式水轮机　23.009
through flow valve　双平板蝶阀　23.137
throw　[水电机组]运行摆度，＊摆度　01.830
thrust bearing　推力轴承，＊止推轴承　10.224
thrust bearing shoe　推力瓦　24.026
thrust block　推力头　24.017
thrust coefficient　推力系数　14.072
thrust collar　推力盘　10.227
thrust journal bearing　推力-轴颈联合轴承，＊推力径向轴承　10.226
thrust runner collar　镜板　24.018
thunderstorm day　雷暴日　16.059
thunderstorm hour　雷暴小时　16.060
thyristor controlled reactor　晶闸管控制电抗器　15.171
thyristor controlled series compensator　可控串联补偿装置，＊可控串补　15.179
thyristor controlled transformer　晶闸管控制变压器　15.172
thyristor module　晶闸管组件　17.080
thyristor switched capacitor　晶闸管投切电容器　15.170
thyristor valve　晶闸管阀　17.077
thyristor valve level　晶闸管级　17.078
tidal energy　潮汐能　14.198
tidal power generation　潮汐发电　14.199
tide sluice　挡潮闸　22.096
tie line　电力系统联络线　04.058
tie-line load　联络线负荷　04.356
tight lattice　稠密栅格　13.094
tightness inspection of vacuum system　真空系统严密性检查　10.374
tightness test for inner water cooling system　水冷系统密封性试验　11.137
tilting bearing　可倾瓦轴承，＊米切尔式径向轴承　10.222
tilting burner　摆动式燃烧器　09.179
tilting pad thrust bearing　可倾瓦块推力轴承　10.225
timber crib cofferdam　木笼围堰　22.494
time above 90% of switching impulse　操作冲击波 90% 值以上时间　16.085
time component　时间元件　05.077

time constant 时间常数 01.316
time constant of synchronous machine 同步电机的时间常数 04.106
time-delayed protection 延时保护 05.015
time domain analysis 时域分析 01.310
time history 时间历程，* 时程，* 时程曲线 13.266
time lagged RCBO 延时型剩余电流动作断路器 21.092
time-of-day tariff 分时电价 19.183
time period bidding 分时竞价 06.134
time relay 时间继电器 05.050
time series analysis method 时间序列分析法 04.372
time tagging 绝对时标，* 时标 06.081
time to chopping of switching impulse 操作冲击截断时间 16.094
time to half value of a lightning impulse 雷电冲击半峰值时间 16.079
time to half value of impulse current 冲击电流半峰值时间 16.090
time to half value of switching impulse 操作冲击半峰值时间 16.084
time to peak of switching impulse 操作冲击波前时间 16.083
time travel diagram 时间行程特性 15.263
time window [算法的]时间窗 05.144
tip of blade [叶片]叶尖 14.049
tip speed 叶尖速度 14.054
tip speed ratio 叶尖速比 14.055
tissue weighting factor 组织权重因数 13.728
T joint T 型接头 18.286
TLD 热释光剂量计 13.762
TMCR 汽轮机最大连续功率 10.028
TMRS 电能量计量系统 06.280
TNA 暂态网络分析仪 04.252
TN-C-S system TN-C-S 系统 21.114
TN-C system TN-C 系统 21.112
TND 无延性转变温度，* 脆性转变温度 13.239
T-network T 形网络 01.276
TN-S system TN-S 系统 21.113
TN system TN 系统 21.111
Tokamak 托卡马克聚变实验装置 13.399
toleration error 容错 05.149
tongue 挂板 18.182
tools for live working 带电作业工具 16.222
top hamper 塔头 18.100
top load 最高[大]负荷 04.389
Top-m share Top-m 份额 06.334
topology of network 网络拓扑学 01.262
topping cycle 前置循环 01.559
topping steam turbine 前置式汽轮机 10.012
torch oil gun 点火油枪 09.389
torque characteristics of asynchronous motor 异步电动机转矩特性 19.097
torsional vibration of shaft system 轴系扭振 10.155
total charge of lightning current 雷电流总电荷 16.063
total cross section 总截面 13.062
total current 全电流 01.054
total dissolved salt 总含盐量 12.224
total duration of a rectangular impulse current 方波冲击电流总持续时间 16.092
total hardness 总硬度 12.209
total harmonic distortion 总谐波畸变率 02.149
total head 总水头 03.128
total installed capacity 总装机容量 03.012
total land area of power plant 发电厂总占地面积 03.176
total land area of power plant per kW 单位发电占地面积 03.178
total load 全沙 01.685
total losses 总损耗 15.130
totally enclosed type motor 全封闭式电动机 19.100
total moisture 全水分 08.038
total project cost 工程总投资 03.196
total radiation [太阳]总辐射，* 总日射 14.117
total storage capacity 总库容 03.089
total stress [土体]总应力 01.791
total sulfur 全硫 08.061
touch voltage 接触电压 21.016
toughness of metal 金属韧性 12.297
tower 塔 18.078
tower-belt machine 塔带机 22.516
tower body 塔身，* 塔体 18.106
tower boiler 塔式锅炉 09.034
tower crane 塔式起重机，* 塔机 22.513
tower erection 杆塔组立 18.358
tower [for WTGS] [风电机组]塔架 14.086
tower height 塔高 18.080
tower intake 塔式进水口 22.162

traceability 溯源性 02.125
traction substation 牵引变电站 15.013
trading classification 交易类型 06.137
trading manner 交易方式 06.136
trading period 交易时段 06.148
trading service charges 交易服务费 06.240
training，assessment and licensing of operating personnel 运行人员培训、考核与取执照 13.610
training simulator of nuclear power plant 核电厂培训模拟机 13.611
trajectory bucket energy dissipation 挑流消能 22.196
transfer busbar 旁路母线 15.047
transfer function 传递函数 01.393
transfer impedance 传递阻抗，* 转移阻抗 01.225
transfer machine 转运机 13.499
transfer piping main system 切换母管制系统 10.079
transformation of electricity 变电 04.044
transformation ratio 变比 15.122
transformer circuit-breaker 变压器断路器 15.184
transformer cooling 变压器冷却 15.113
transformer current differential protection 变压器电流差动保护 05.198
transformer oil 变压器油 12.265
transformer on-load voltage regulating 有载调压变压器 15.092
transient 瞬态 01.308，暂态过程 04.223，过渡过程 23.105
transient component 瞬态分量 01.309
transient condition 瞬态工况 13.314
transient data management system 瞬态数据管理系统 12.118
transient fault 瞬时故障 04.197
transient information 速变信息，* 瞬间信息 06.059
transient network analyzer 暂态网络分析仪 04.252
transient operation condition of deaerator 除氧器瞬时运行工况 10.335
transient overvoltage 瞬态过电压 16.191
transient recovery voltage [of circuit-breaker] [断路器]瞬态恢复电压 15.318
transient short-circuit current 暂态短路电流 04.187
transient stability of a power system 电力系统暂态稳定性，* 大扰动功角稳定性 04.237
transient stability of synchronous generator 同步发电机暂[态]稳定 04.125
transient state of a power system 系统暂态 04.222
transistor protection device 晶体管继电保护装置 05.095
transistor relay 晶体管继电器 05.060
transition joint 过渡接头 18.285
transmission angle 传输角 04.323
transmission capacity 输电容量 04.040
transmission capacity of a link 联络线输送容量 04.330
transmission congestion 输电阻塞 06.191
transmission-distribution price 输配电价 06.257
transmission efficiency 输电效率 04.041
transmission error alarm 传输差错警报 06.078
transmission line 输电线路，* 送电线路 18.002
transmission line corridor [输电]线路走廊 18.065
transmission line maintenance 输电线路维修 18.028
transmission loss 网损 04.076，输电损耗 04.407
transmission of electricity 输电 04.043
transmission of integrated total 远程累计 06.046
transmission on demand 按请求传输 06.085
transmission price 输电电价 06.256
transmission reliability margin 输电可靠性裕度 21.233
transmission with decision feedback 判决反馈传输 06.086
transmission with information feedback 信息反馈传输 06.087
transmissivity 透射率 01.632
transpiration cooling 发散冷却 10.539
transposition 换位 18.147
transposition interval 换位段 18.148
transposition support 换位杆塔 18.083
transversal cofferdam 横向围堰 22.499
transverse arrangement of turbogenerator unit 横向布置 07.050
transverse differential protection 横联差动保护 05.212
transverse flow cooling tower 横流式冷却塔 10.385
transverse joint 横缝 22.062
transverse load 横向荷载 18.049
transverse profile 横断面 18.136
trapeze tower 悬链塔 18.094
trash boom 拦污埂 22.171
trash rack 拦污栅 22.170
trash-removal machine 清污机 22.172

traveling wave 行波 01.403
traveling wave protection 行波保护 05.164
travel [of contacts] [触头的]行程 15.262
treatment of acid and alkaline waste water 酸碱废水处理 20.099
treatment of crack in rotor 转子裂纹处理 10.164
treatment of rock foundation 岩基处理 22.394
treatment of sanitary sewage 生活污水处理 20.104
treatment of solution cavern 岩溶处理 22.395
tree 树 01.282
tree branch 树支 01.283
trial full load operation 满负荷试运行 10.419
trial load operation 带负荷试运行 10.418
trial no-load operation 空负荷试运行 10.417
trial production 试生产 03.239
trial starting of hydrogenerator set 水轮发电机组试运行 24.051
triangular configuration 三角形排列 18.141
tribed 三层床 12.218
triggering 触发 17.106
triggering failure 触发失败 17.140
triple-busbar substation 三母线变电站 15.042
triple point 三相点 01.589
tripping 脱扣 15.264
tripping of unit and remote tripping of unit 切机和远方切机 04.365
tri-sector air heater 三分仓回转式空气预热器 09.226
TRM 输电可靠性裕度 21.233
truck-mounted power plant 发电车 07.023
true relative density 真相对密度 08.079
true value [of a quantity] [量的]真值 02.121
TRV [断路器]瞬态恢复电压 15.318
TSC 晶闸管投切电容器 15.170
TSI 汽轮机监视仪表 12.117
TTDC transmission system 两端高压直流输电系统 17.002
TT system TT 系统 21.110
T-type boiler T 型锅炉 09.033
tube bundle 管束，* 管簇 10.352
tube burst 爆管，* 四管爆漏 09.482
tube expanding 胀管 10.361
tube-in-sheet heater 管板式加热器 10.312
tube-lined boiler wall 敷管炉墙 09.088
tube panel 管屏 09.109
tube plate 管板 10.360
tube type arrester 管式避雷器 15.380
tube-wall thermocouple 管壁热电偶 02.159
tubular air preheater 管式空气预热器 09.221
tubular ball mill 筒式磨煤机，* 钢球磨煤机 09.312
tubular pump-turbine 贯流可逆式水轮机 23.115
tubular tower 圆筒式塔架 14.088
tubular turbine 贯流式水轮机 23.009
tumble gate 翻板闸门 22.252
tungsten-halogen lamp 卤钨灯 19.082
tunnel diversion 隧洞导流 22.490
tunnel fork 隧洞分岔段 22.389
tunneling machine method 掘进机施工法 22.374
tunnel transition 隧洞渐变段 22.388
turbidity 浊度 12.177
turbine back pressure control system 汽轮机背压控制系统 12.053
turbine characteristic curve 透平特性线 10.542
turbine cooling system 透平冷却系统 10.541
turbine entry temperature 透平进口温度 10.522
turbine exhaust gas flow 透平排气流量 10.527
turbine follow mode 汽轮机跟踪方式 12.028
turbine-generator 汽轮发电机 11.001
turbine-generator shaft system 汽轮机-发电机组轴系 10.154
turbine-generator thermal efficiency 汽轮机-发电机组热效率 10.033
turbine inlet pressure 透平进气压力 10.524
turbine maximum continuous rating 汽轮机最大连续功率 10.028
turbine outlet parameter 透平出口参数 10.525
turbine pier 机墩 22.241
turbine power output 透平输出功率 10.532
turbine pressure ratio 透平膨胀[压]比 10.526
turbine rotor inlet temperature 透平转子进口温度 10.523
[turbine] start-up [汽轮机]启动 10.407
turbine stress supervisory system 汽轮机热应力监控系统 12.072
turbine supervisory instrument 汽轮机监视仪表 12.117
turbulence 湍流，* 紊流 01.770
turbulence intensity 湍流强度 14.029
turbulent flow 湍流，* 紊流 01.770

Turgo impulse turbine　斜击式水轮机　23.017
turn buckle　花篮螺丝　18.191
turndown ratio　燃烧器调节比　09.195
turning angle test　转向角试验　18.343
turning gear　盘车装置　10.228
turning machine for alignment　盘车　24.037
turn-to-turn test　匝间试验　16.036
twelve-pulse bridge　十二脉动桥　17.063
twin T-network　双T形网络　01.279
twist angle of blade　[叶片]扭角　14.050
twisted blade　扭叶片　10.180
two-breaker configuration　双断路器接线　15.038
two-part tariff　两部制电价　06.249
two-pass boiler　П型锅炉　09.032
two phase flow　两相流　13.300
two phase flow instability　两相流动不稳定性　13.327
two phase flow model　两相流模型　13.301
two phase operation　两相运行　04.278
two phase pressure drop　两相压降　13.337
two phase pressure drop multiplier　两相压降倍率　13.338
two phase-to-earth fault　两相对地故障　04.206
two-port network　二端口网络　01.267
two-shift cycling operation　两班制运行　07.041
two-stage by-pass system　二级旁路系统　10.085
two-terminal HVDC control system　两端高压直流输电控制系统　17.171
two-terminal HVDC transmission system　两端高压直流输电系统　17.002
two winding transformer　双绕组变压器　15.087
П-type boiler　П型锅炉　09.032
type of supports　支承方式　10.133
type test　[金具的]型式试验　18.220
typic year　典型年　01.667
typified form　定型模板　22.341

U

U-bolt　U型螺丝　18.187
U-clevis　U 型挂板　18.188
UDC　机组降低出力量　21.220
UDF　机组降低出力系数　21.222
U-flame boiler　U型火焰锅炉　09.039
UHV　特高压　04.018
UHVDC　特高压直流　04.020
ultimate analysis　元素分析　08.037
ultimate consumer　终端用户　19.055
ultimate design load　基本设计荷载　18.046
ultimate heat sink　最终热阱　13.669
ultimate safety earthquake　极限安全地震　13.267
ultrafiltration　超滤　12.221
ultra-high voltage　特高压　04.018
ultra-high voltage direct current　特高压直流　04.020
ultra large coal　特大块煤　08.019
ultrasonic deteçtion method for partial discharge location　局部放电超声定位法　16.128
ultrasonic method　超声波法　23.094
ultrasonic testing　超声波检测　12.363
ultrasonic thickness measurement　超声测厚　12.367
ultra-supercritical　超超临界　01.580
ultra-supercritical pressure units　超超临界压力机组　07.009
umbrella hydrogenerator　伞式水轮发电机　24.004
unavailable hours　＊不可用小时　21.191
unavailable state　不可用状态　21.190
unavailable time　不可用时间　21.191
unbalanced current　不平衡电流　11.057
unbalanced loading operation　带不平衡负荷运行　11.161
unbalanced operation　不平衡运行　04.308
unburned carbon heat loss in residue　固体未完全燃烧热损失，＊机械未完全燃烧热损失　09.445
unburned carbon in fly ash　飞灰可燃物含量，＊飞灰含碳量　09.447
unburned carbon in slag　炉渣可燃物含量，＊炉渣含碳量　09.448
unburned combustible in fly ash　飞灰可燃物含量，＊飞灰含碳量　09.447
unburned combustible in sifting　漏煤可燃物含量　09.449
unburned combustible in slag　炉渣可燃物含量，＊炉渣含碳量　09.448

unburned gas heat loss in flue gas　气体未完全燃烧热损失，* 化学未完全燃烧热损失　09.444
uncertainty [of measurement]　[测量]不确定度　02.114
un-constrained trading schedule　无约束交易计划　06.200
unconventionality analysis of coal　煤非常规[特性]分析　08.071
underdeposit corrosion　垢下腐蚀　12.359
under excitation and loss of excitation　低励及失磁运行　11.162
under excitation operation　欠励磁运行　11.117
underground cable　地下电缆　18.265
underground chamber　地下硐室　22.371
underground impervious wall　地下防渗墙　22.081
underground laboratory　地下实验室　13.820
underground power house　[全]地下式厂房　22.228
underground reservoir　地下水库　03.112
underground substation　地下变电站　15.007
underground system　地下[输电]系统　04.056
underground works　地下工程　01.884
underreach　欠范围　05.008
underreach pilot protection　欠范围式纵联保护　05.214
undervoltage　欠电压　04.427
undervoltage protection　低电压保护　05.202
underwater blasting　水下爆破　22.478
underwater concrete construction　水下混凝土施工　22.464
underwater non-dispersing concrete　水下不分散混凝土　22.312
unearthed voltage transformer　不接地电压互感器　15.368
uneven factor of wind speed　风压不均匀系数　18.054
un-fired combined cycle unit　无补燃式联合循环机组　10.459
ungrounded neutral system　中性点不接地系统　04.072
unidirectional contract for difference　单向差价合同　06.121
unidirectional HVDC system　单向高压直流系统　17.006
unified power flow controller　统一潮流控制器　15.182
uniform electric field　均匀电场　01.019
uniform ice loading　均布冰荷载　18.052
uniform insulated winding　全绝缘绕组　15.111
uniform line　均匀线[路]　01.399
uninterrupted power supply　不间断电源　03.168
unit centralized control　单元集中控制　12.010
unit control room　单元控制室　12.004
unit coordinated control system　单元机组协调控制系统　12.026
unit derated capacity　机组降低出力量　21.220
unit derated factor　机组降低出力系数　21.222
unit discharge　单宽流量　22.158，单位流量　23.072
unit economic parameter　机组经济运行参数　06.360
unit impulse function　单位冲激函数　01.192
unit of heat　热量单位　01.511
unit of measurement　计量单位　02.110
unit output　单位出力　23.074
unit performance calculation　机组性能计算　12.135
unit protection　单元式保护　05.165
unit ramp function　单位斜坡函数　01.191
unit speed　单位转速　23.073
unit start-up and commissioning　整套启动试运　03.235
unit step function　单位阶跃函数　01.190
unit system　单元制系统　10.078
unit system water supply　单元供水　10.377
unit technical data　机组技术数据　06.361
universal gas constant　通用气体常数，* 普适气体常数　01.492
unlined tunnel　无衬砌隧洞　22.383
unmanned hydropower plant　无人值班水电厂　22.537
unmanned substation　无人值班变电站　15.009
unplanned outage factor　非计划停运系数　21.207
unplanned outage hours　非计划停运小时　21.205
unplanned outage state　非计划停运状态　21.204
unplanned outage times　非计划停运次数　21.206
unplanned release　计划外排放　13.794
unscheduled maintenance　非计划性维修　21.141
unsinusoidal periodic current circuit　非正弦周期电流电路　02.145
unsinusoidal periodic quantity　非正弦周期量　01.362
unsuccessful reclosing　重合失败　05.240
unsymmetrical load　不对称负荷　04.399
unsymmetrical short-circuit　不对称短路　04.203
unsymmetrical three phase circuit　不对称三相电路　01.356
unwanted operation of protection　误动作　05.101
up-and-down test　升降法　16.030

updating time　更新时间，＊刷新时间　06.102
UPFC　统一潮流控制器　15.182
uplift　扬压力　01.797，上拔　18.067
upper bracket　上机架　24.007
upper guide bearing　上导[轴承]　24.009
upper pool　上池　03.115
upper reservoir　＊上水库　03.115
UPS　不间断电源　03.168
up state　可用状态　21.186
upwind WTGS　上风向式风电机组　14.076
uranium enrichment　铀的富集　13.182
uranium isotope separation　铀同位素分离　13.185
uranium-plutonium fuel cycle　铀钚燃料循环　13.212
uranium resources　铀资源　13.177
urban power network planning　城市电网发展规划　03.007
URD　[美国]电力公司要求文件，＊用户要求文件　13.363
user connection time　用户接入时间　06.296
UT　超声波检测　12.363
UTF　利用系数　21.231
UTH　利用小时　21.230
utility boiler　电站锅炉　09.004
utility requirement document　[美国]电力公司要求文件，＊用户要求文件　13.363
utilization factor　利用系数　21.231
utilization factor of thermal protection system　热工保护投入率　03.236
utilization for geothermal energy　地热能利用　14.008
utilization hours　利用小时　21.230
utilization time　利用小时数　19.200
UTS　综合拉断力　18.071

V

vacuum　真空　10.362
vacuum arc　真空电弧　15.240
vacuum arc-extinguishing tube　真空灭弧室，＊真空灭弧管　15.273
vacuum breaker　真空破坏器　10.301
vacuum break shutdown　破坏真空停机　10.425
vacuum circuit-breaker　真空断路器　15.193
vacuum degree　真空度　10.363
vacuum form　真空模板　22.344
vacuum fuse　真空熔断器　19.031
vacuum gauge　真空[压力]计　02.162
vacuum impregnation　真空浸渍　11.023
vacuum interrupter　真空灭弧室，＊真空灭弧管　15.273
vacuum pressure　真空[压力]　01.488
vacuum test　真空试验　10.416
valid grid assets　电网有效资产　06.221
valley load　低谷负荷　04.385
valley value　谷值　01.184
valve　阀门　22.277
valve arrester　阀避雷器　17.092
valve base　阀基　17.086
valve base electronics　阀接口单元，＊阀基电子设备　17.084
valve blocking　阀闭锁　17.133
valve control　换流阀控制，＊阀控　17.183
valve control pulse　阀控制脉冲　17.184
valve deblocking　阀解锁　17.134
valve disc of arrester　[避雷器]阀片　15.382
valve electronics　阀电子电路　17.083
valve firing　阀触发　17.185
[valve] firing pulse　[阀]触发脉冲　17.107
valve interface unit　阀接口单元，＊阀基电子设备　17.084
valve management　阀门管理，＊进汽方式切换　12.051
valve module　阀组件　17.081
valve monitoring　阀监测　17.186
valve protection　阀保护　17.187
valve protective firing　阀保护性触发　17.090
valve reactor　阀电抗器　17.087
valve side winding　阀侧绕组　17.024
valve structure　阀结构　17.082
valve support　阀支架　17.085
valves wide open capability　汽阀全开容量　10.029
valve type arrester　阀式避雷器　15.376
valve voltage drop　阀电压降　17.127
van der Waals equation of state　范德瓦耳斯方程　01.470

vaneless space 无叶区 23.101
vapor compression distillation 压汽蒸馏 12.238
vaporization 汽化 01.562
vaporizing pressure 汽化压力 01.837
vapor liquid separator 启动分离器 09.152
vaporous carry-over 溶解携带 09.261
var 乏 01.433
var-hour meter 无功电能表，* 无功电度表 02.056
variable-area flowmeter 变截面流量计 02.168
variable frequency [speed] control 变频调速 19.120
variable frequency starting 变频启动 24.046
variable pitch 变桨距 14.067
variable pressure operation 变压运行 10.432
variable speed-constant frequency WTGS 变速恒频风电机组 14.082
variable speed rotor 变转速风轮 14.069
variable speed turbine governing system 变速汽轮机调节系统 10.241
variable stator blade 可调静叶片 10.534
variation margin 价格变动保证金 06.350
variation of operating value 动作值的变差 05.124
variation of the mean error 平均误差的变差 05.123
varmeter 无功功率表，* 乏表 02.029
VBE 阀接口单元，* 阀基电子设备 17.084
Vθ bus 平衡节点，* Vθ节点 04.155
V-curve characteristics V形曲线特性 11.068
VDCLC 低压限流控制 17.202
vector field 矢量场 01.135
vector magnetic potential 矢量磁位 01.062
vectorscope 矢量指示仪 02.042
vehicular load 车辆荷载 01.807
velocity compounded stage 复速级 10.055
velocity distribution 流速分布 01.752
velocity head 速度水头 01.823
velocity ratio 速比 10.063
velocity triangle 速度三角形 10.044
Venturi flow measuring element 文丘里测风装置 09.465
Venturi scrubber 文丘里除尘器 20.052
Venturi tube 文丘里管 02.164
verification 检定，* 验证 02.108
verification of live part 验电 21.074
vertical arrangement 垂直排列 18.143
vertical axis rotor 垂直轴风轮 14.063
vertical clearance between cable racks 电缆架层间垂直净距 18.297
vertical closure method 立堵法截流 22.502
vertical drainage 竖直排水 22.087
vertical gas pass 垂直烟道，* 锅炉尾部烟道 09.240
vertical hydrogenerator 立式水轮发电机 24.002
vertical layout of plant 厂区竖向布置 03.155
vertical load 垂直荷载 18.047
vertical load test 垂直荷载试验 18.342
vertically integrated monopoly 垂直垄断模式 06.120
vertical shaft intake 竖井式进水口 22.161
vertical ship lift 垂直升船机 22.142
vertical spindle mill * 立轴式磨煤机 09.313
vertical-wall chamber 直立式闸室 22.136
very fast transient overvoltage [of disconnector] [隔离开关]快速瞬态过电压 15.324
very hot start-up 极热态启动 09.380，[汽轮机]极热态启动 10.411
VFTO [隔离开关]快速瞬态过电压 15.324
vibrating coal feeder 振动给煤机 08.145
vibrating of concrete 混凝土振捣 22.333
vibrating reed instrument 振簧系仪表 02.094
vibrating screen 振动筛 08.138
vibration [水电机组]振动 01.829
vibration damper 防振锤 18.197
vibration isolation for stator frame 机座隔振 11.096
vibration measurement for core and stator frame 定子铁心和机座振动测定 11.231
vibration monitoring device of reactor internal 反应堆堆内构件振动监测装置 13.517
vibration of stator end winding 定子端部绕组振动 11.070
vibration of turbine-generator set 汽轮机-发电机组振动 10.157
vibration spectrum 振动频谱 10.149
vibration strength of blade 叶片振动强度 10.198
vibrometer 振动计 02.173
vicinal zone of live working 带电作业邻近区域 16.213
virtual origin 视在原点 16.078
virtual origin of impulse current 冲击电流视在原点 16.088
viscometer 黏度计 02.172
viscosimeter 黏度计 02.172

viscosity　黏度，* 黏性系数　01.740
visual of sag　弧垂观测　18.129
vitrification　玻璃固化　13.813
volatile matter　挥发分　08.042
volt　伏[特]　01.423
Volta effect　伏打效应　01.151
voltage　电压　01.030
voltage behind subtransient reactance of synchronous generator　同步发电机超/次暂态电势　04.109
voltage behind transient reactance of a synchronous generator　同步发电机暂态电势　04.108
voltage characteristics of load　负荷电压特性　04.165
voltage circuit　电压回路　05.087
voltage collapse　[电力系统]电压崩溃　04.228
voltage compensation with series capacitors for electric railway　电气化铁路串联电容补偿　19.091
voltage component　电压元件　05.080
voltage controlled bus　电压控制节点，* PV 节点　04.153
voltage control method　调压方式　04.332
voltage control mode　电压控制方式　17.196
voltage dependent current limit control　低压限流控制　17.202
voltage dip　电压暂降　04.443
voltage divider　分压器　02.051
voltage drop　电压降，* 电位降　01.031
voltage eligibility rate　电压合格率　04.426
voltage error　电压误差　15.374
voltage fluctuation　电压波动　04.433
voltage forming circuit　电压形成回路　05.093
voltage injection circuit　电压引入回路　15.336
voltage instability　电压不稳定　19.041
voltage level　电压等级　04.014
voltage level of distribution network　配电网电压等级　19.003
voltage matching transformer　匹配式电压互感器　15.371
voltage monitoring node　电压监控点　04.331
voltage pilot node　电压中枢点　04.154
voltage protection　电压保护　05.156
voltage quality　电压质量　04.424
voltage recovery　电压恢复　04.428
voltage regulating　电压调整　04.430
voltage regulator of transformer　变压器调压装置，* 变压器分接开关　15.138
voltage relay　电压继电器　05.042
voltage sag　电压暂降　04.443
voltage source converter　电压源换流器　17.051
voltage stability　电压稳定　04.227
voltage stress protection　电压应力保护　17.166
voltage swell　电压暂升　04.444
voltage transformer　电压互感器　15.364
voltage waveform aberration　电压正弦波畸变率　11.058
volt ampere　伏安　01.432
volt-ampere-hour meter　视在电能表，* 视在电度表　02.057
volt-ampere meter　视在功率表，* 伏安表　02.030
voltmeter　电压表，* 伏特表　02.022
volt-time characteristics　伏-秒特性[曲线]　16.150
volume charge density　体电荷密度　01.014
volume of back filled earth works　填方工程量　03.183
volume of earth works　土石方工程量　03.181
volume of excavated earth works　挖方工程量　03.182
volume specific heat　体积比热　01.502
volumetric heat release rate　容积热强度，* 热容强度　10.566
vortex burner　旋流煤粉燃烧器　09.178
vortex flow　涡旋流动，* 旋涡运动　01.756
vortex line　涡线　01.757
vortex roll　旋辊，* 旋滚　01.773
vortex tube　涡管　01.758
vorticity flux　涡通量　01.759
VSC　电压源换流器　17.051
V string of insulator　V 形绝缘子串　18.234
V-type disconnector　V 型隔离开关　15.212
VWO　汽阀全开容量　10.029

W

WACC　加权平均资本成本　06.238
waist　平口　18.107

wake effect loss 尾流效应损失 14.110
wall firing 墙式燃烧 09.161
wall superheater 墙式过热器，* 壁式过热器 09.127
wall with refractory lining 卫燃带，* 燃烧带 09.098
WANO operation performance indicator of nuclear power plant 世界核电营运者协会运行性能指标 13.563
warm-box 保温箱 12.008
warm start-up 温态启动 09.379，[汽轮机]温态启动 10.409
warm-up 暖机 10.406
warm-up facility for FBC boiler 流化床点火装置 09.347
warm-up oil gun 启动油枪 09.390
warm water discharge 温排水 20.102
washed coal 选煤 08.028
washing area for live working 带电作业清洗区域 16.241
washing zone for live working 带电作业清洗区域 16.241
waste heat boiler * 废热锅炉 09.025
waste water 废水 20.087
waste water from coal pile 煤场废水 20.089
waste water reuse 废水再利用 20.101
waste water treatment 废水处理 20.088
waste water zero discharge 废水零排放 20.100
water and soil conservation 水土保持 01.852
water and steam quality monitoring instrument 水、汽品质监测仪表，* 在线化学监测仪表 12.023
water and steam sampling 水汽取样 12.260
water ash ratio 水灰比 09.433
water balance 水量平衡 01.660
water body 水体 20.154
water body thermal pollution 水体热污染 20.130
water chamber 水室 10.353
water chemistry of nuclear power plant 核电厂水化学 13.567
water circulation calculation 水循环计算 09.245
water circulation test 水循环试验，* 水动力特性试验 09.246
water collecting well 集水井 23.155
water conservation 节水 20.105
water content in oil 油中水分 12.287
water conveyance structure 输水建筑物 01.816
water-cooled cyclone separator 水冷旋风分离器 09.354
water cooled wall 水冷壁 09.104
water critical point 水临界点 01.573
water distributor for inner cooling rotor 转子汇水箱[环] 11.132
water diverting structure 引水建筑物，* 取水建筑物 01.815
water environment capacity 水环境容量 01.857
water erosion 水力侵蚀 01.848
water extinguishing system of hydrogenerator [水轮发电机]水灭火装置 24.024
water filled boiler protection 湿法养护 09.422
water film scrubber 水膜除尘器 20.050
water flow test for inner water cooling system 水冷系统水流通试验 11.138
water hammer 水锤，* 水击 01.831
water hammer model test 水击模型试验，* 水锤试验 01.867
water head 水头 01.821
water-hydrogen-hydrogen cooled generator 水氢氢冷发电机 11.154
water induction 水冲击 10.166
water inner cooled generator 水直接冷却发电机，* 水内冷发电机 11.125
water intake structure 取水构筑物 07.076
water intake structure construction 取水构筑物施工 10.393
water internal cooling of hydrogenerator [水轮发电机]水[内]冷 24.033
water jet 水射流 01.772
water jet air ejector 射水抽气器 10.372
water leakage detector 检漏器 11.136
water leakage from water cooled rotor 水冷转子漏水 11.177
water leakage from water cooled stator winding 水冷电机定子绕组漏水 11.171
water level 水位 09.268
water-level-discharge relation curve 水位流量关系曲线 03.117
water level indicator 水位计 09.155
water level measurement of reactor pressure vessel 反应堆压力容器水位测量 13.417
water management 水务管理 20.106
water pollution 水污染 20.128

water power 水力发电 01.810，水能 03.044
water power calculation 水能计算 03.053
water power development 水能开发，＊水电开发 03.050
water power planning 水能[利用]规划，＊水电规划 03.052
water power utilization 水能利用 01.811
water pressure pulsation 水压脉动，＊压力脉动 23.079
water quality 水质 01.856
water quality analysis 水质分析 12.173
water quality monitoring 水质监测 20.123
water raising capacity 扬程 23.131
water resources 水资源 01.887
water-retaining power house 河床式厂房 22.235
water retaining structure 挡水建筑物 01.812
water ring vacuum pump 水环式真空泵 10.373
water sampler 水取样器 20.108
water sampling 水取样 20.107
water softening 软化 12.210
water soluble acid in oil [油中]水溶性酸 12.272
water source 水源 03.038
waterstop 止水 22.069
water supply system 供水系统 03.171
water supply system of nuclear power plant 核电厂供水系统 13.472
water surge 涌水 01.717
water to water cooler 水-水冷却器 11.128
water tunnel 水工隧洞 22.173
watt 瓦[特] 01.422
watt hour 瓦[特小]时 01.435
watt-hour meter 有功电能表，＊有功电度表 02.055
wattmeter 功率表，＊瓦特表 02.028
watts peak 峰瓦 14.172
wave energy 波浪能 14.200
wave factor 波形因数 02.148
waveform distortion 波形畸变 04.436
waveguide 波导 01.142
wave length 波长 01.405
[wave] loop 波腹 01.414
[wave] node 波节 01.415
wave power generation 波浪发电 14.201
wave pressure 浪压力 01.798
wave protection wall 防浪墙 22.037
weak structural plane of rock mass 岩体软弱结构面 01.701
wearing of stator end winding insulation 定子端部绕组绝缘磨损 11.103
wearing plate 抗磨板 23.042
wear of brush 电刷磨损 19.142
wear of metal [金属]磨损 12.353
weathering of rock mass 岩体风化 01.726
weber 韦[伯] 01.430
weekly load curve 周负荷曲线 04.379
weekly regulation 周调节 03.103
Weibull distribution 韦布尔分布 14.031
weigh brigde 轨道衡 08.157
weighted average cost of capital 加权平均资本成本 06.238
weighting foundation 重力式基础 18.159
weight span 重力档距，＊垂直档距 18.126
weir 堰 22.111
weld 焊缝 12.377
welded diaphragm 焊接式隔板 10.123
welded disc rotor 焊接转子 10.142
welding 焊接 12.370
welding crack 焊接裂纹 12.384
welding defect 焊接缺陷 12.383
welding joint 焊接接头 12.376
welding material 焊接材料 12.378
welding metal 焊缝金属 12.379
welding procedure 焊接工艺 12.380
welding residual stress 焊接残余应力 12.381
Wellman-Lord FGD 亚钠法烟气脱硫 20.066
wet bottom boiler 液态排渣锅炉 09.027
wet bulb temperature 湿球温度 01.597
wet dust scrubber 湿式除尘器 20.038
wet saturated steam 湿饱和蒸汽 01.570
wet steam turbine 饱和蒸汽汽轮机，＊湿蒸汽汽轮机 10.018
wet test 湿试验 16.035
wet year 丰水年，＊多水年 01.668
W-flame boiler W 型火焰锅炉 09.040
W-flame firing ＊W 火焰燃烧 09.164
wheel power 轮周功率 10.045
whole body counter 全身计数器 13.764
whole energy competition 全电量竞争模式 06.144
whole process management of equipment 设备全过程管

理 07.092
wholesale competition 批发竞争模式 06.142
wicket gate 活动导叶，* 导叶，* 导水叶 23.040
wide-area protection 广域保护 05.173
wide-flange pier 宽尾墩 22.207
wide-range primary air nozzle 宽调节比一次风喷口 09.189
winch 牵引机，* 绞车 18.371
winch hoist 卷扬式启闭机 22.290
windage loss 鼓风损失 10.072
wind box 风箱 09.204
wind data logger 风数据记录器 14.041
wind deflection 风偏 18.056
wind direction 风向 14.035
wind energy 风能 14.014
wind energy density 风能密度 14.034
wind energy resources 风能资源 14.015
wind energy rose 风能玫瑰图 14.037
wind farm 风电场 14.108
winding 绕组 15.099
winding fixed construction 绕组固定结构 11.013
winding insulation 绕组绝缘 11.012
wind load 风荷载 18.050
wind measurement mast 测风塔 14.040
wind power 风力发电，* 风电 14.074
wind power density 风功率密度 14.033
wind power generation 风力发电，* 风电 14.074
wind power plant 风电场 14.108
wind pressure 风压力 01.800
wind-PV hybrid power system 风-光互补电站 14.169
wind rose 风向玫瑰图 14.036
wind shear 风切变 14.026
wind shear exponent 风切变指数 14.027
wind shear law 风速廓线，* 风切变律 14.028
wind site 风场 14.042
wind span 风载档距，* 水平档距 18.125
wind speed 风速 14.017
wind speed profile 风速廓线，* 风切变律 14.028
wind turbine 风力机 14.044
wind turbine generator system 风力发电机组，* 风电机组 14.075
wing wall 翼墙 22.104
winter construction 冬季施工 22.461
Winter-Kennedy method 指数法，* 蜗壳压差法 23.093
wire 股线 18.243
withstand voltage 耐受电压 16.102
withstand voltage of chopped lightning impulse 雷电冲击截波耐受电压 16.106
withstand voltage test 耐电压试验 11.217
witness point 见证点，* W 点 13.705
wood block separator 木块分离器 08.147
wood scrap separator 木屑分离器 08.148
work 功 01.509
workability 和易性 22.327
working clearance 作业净距 15.060
working distance 作业距离 16.218
working drawing 施工图设计 03.022
working in the vicinity of live part 带电部分近旁作业 16.211
working load 工作荷载 18.039
working standard 工作标准[器] 02.008
working substance 工质 01.461
wound-rotor induction motor 绕线转子感应电动机 19.146
wound rotor series resistor starting 转子串联电阻启动 19.116
WTGS 风力发电机组，* 风电机组 14.075

X

xenon oscillation 氙振荡 13.131
xenon poisoning 氙中毒 13.129
X-network X 形网络 01.278
X-ray diffraction technique X 射线衍射技术 12.327
γ/X-ray survey meter γ/X 射线巡测仪 13.761

Y

yawing mechanism　偏航机构　14.085
Y bus matrix　节点导纳矩阵　04.156
Y connection　Y 形接线　01.238
yearly gas leakage rate　年漏气率　15.326
yearly operating plan　年运行方式　04.277
yield strength　屈服强度　12.296
Y joint　Y 型接头　18.287
yoke plate　联板　18.189

Z

Z bus matrix　节点阻抗矩阵　04.157
zero input response　零输入响应　01.313
zero period acceleration　零周期加速度，* 最大地面加速度　13.268
zero power experiment　零功率试验　13.159
zero power reactor　零功率反应堆　13.156
zero sequence component　零序分量　01.361
zero sequence current protection　零序电流保护　05.182
zero sequence impedance　零序阻抗　04.216
zero sequence network　零序网络　04.213
zero sequence protection　零序保护　05.158
zero sequence relay　零序继电器　05.058
zero sequence short-circuit current　零序短路电流　04.219
zero sequence voltage protection　零序电压保护　05.183
zero solid matter treatment　零固形物处理　12.244
zero state response　零状态响应　01.314
zeroth law of thermodynamics　热力学第零定律　01.504
zirconium-water reaction　锆水反应　13.272
zonal pricing　区域电价法　06.242
zone without scroll　无涡区　23.097
ZPA　零周期加速度，* 最大地面加速度　13.268

汉 英 索 引

A

阿伏伽德罗定律　Avogadro law　01.490
爱立信循环　Ericsson cycle　01.549
安-秒特性　ampere-time characteristics　16.151
安[培]　ampere　01.419
* 安培表　ammeter　02.017
安[培小]时　ampere-hour　01.434
安全棒　safety control rod　13.140
安全参数显示系统　safety parameter display system, SPDS　13.510
安全电流　safety current　21.018
安全电压　safety voltage　21.014
安全阀　safety valve　09.141
安全阀校验　safety valve operating test, safety valve adjustment　09.410
安全防护照明　safety protective lighting　21.059
安全分析报告　safety analysis report　13.673
安全风速　survival wind speed　14.099
安全监督盘系统　safety panel　13.511
安全壳　containment　13.455
安全壳钢衬里　containment steel liner　13.456
安全壳隔离系统　containment isolation system　13.462
安全壳贯穿件　containment penetration　13.459
安全壳喷淋系统　containment spray system　13.461
安全壳氢复合系统　containment hydrogen recombination system　13.463
安全壳失效模式　containment failure mode　13.601
安全壳通风和净化系统　containment ventilation and purge system　13.464
安全壳完整性监督　integrity monitoring of containment　13.519
* 安全壳消氢系统　containment hydrogen recombination system　13.463
安全壳泄漏率　leaking rate of containment　13.672
安全壳闸门　containment airlock　13.460
* 安全停堆地震　safe shutdown earthquake, SSE　13.267
安全停堆[状态]　safe shutdown　13.549
安全文化　safety culture　13.634
安全系统　safety system　13.668
安全系统设计准则　design criteria of safety system　13.270
安全系统整定值　set value for safety system　13.682
安全泄放阀　safety relief valve　09.154
安全性　security　06.103
安全验证　safety verification　13.675
安全优先　priority to safety　13.633
安全约束调度　security constrained dispatch　06.104
安全运行寿命　safe operation life　10.435
安全重要物项　safety important item　13.663
安全注射泵　safety injection pump　13.442
安全注射系统　safety injection system　13.438
安全注射箱　safety injection tank, accumulator　13.440
安全阻抗　safety impedance　21.026
安时计　ampere-hour meter　02.038
安匝　ampere-turn　01.068
* 安注泵　safety injection pump　13.442
* 安注箱　safety injection tank, accumulator　13.440
安装高程　setting elevation　23.086
安装后交接试验　acceptance test　11.233
安装间　erection bay, assembly bay　22.242
氨化混床　aminate mixed bed　12.208
氨洗涤法烟气脱硫　ammonia scrubbing flue gas desulfurization　20.069
岸边式厂房　power house on river bank　22.232
岸边式取水　riparian type water intake　10.389
岸边水泵房　bank side pump house　07.078
按报价结算　pay-as-bid settlement, PAB　06.212
按边际价格结算　settlement based on system marginal price　06.213
按电压降低自动减负荷　automatic under voltage load shedding　05.266
按请求传输　transmission on demand　06.085
* 按相控制　equal delay angle control, individual phase control　17.203

奥氏体耐热钢 austenitic heat resistant steel 12.393
奥氏[烟气]分析仪 Orsat gas analyzer 09.463
奥斯特 oersted 01.437
奥托循环 Otto cycle 01.547

B

巴氏合金瓦 babbitt bearing shoe 24.028
坝 dam 22.002
坝的安全监测 monitoring for dam safety 22.532
坝的安全性评价 assessment for dam safety 22.533
坝的全风险分析 risk analysis for dam safety 22.534
坝的运行管理 management for dam operation 22.531
坝顶 dam crest 22.043
坝段 dam block 22.040
坝高 dam height 22.046
坝后背管 penstock on downstream dam surface 22.184
坝后式厂房 power house at dam toe 22.231
坝基 dam foundation 22.041
坝基防渗 seepage prevention of dam foundation 22.397
坝基排水 drainage of dam foundation 22.083
坝基渗漏 seepage of dam foundation 22.434
坝肩 dam shoulder 22.042
坝内廊道 gallery in dam 22.050
坝内埋管 penstock inside dam 22.183
坝内式厂房 power house within the dam 22.233
坝坡 dam slope 22.044
坝式水电站 dam-type hydropower station 03.072
坝体分缝分块 joint spacing 22.356
坝体混凝土稳定温度 stable temperature of concrete dam 22.355
* 坝线 dam axis 22.038
坝型 dam type 22.045
坝址 dam site 22.039
坝趾 dam toe 22.047
坝踵 dam heel 22.048
坝轴线 dam axis 22.038
白炽灯 incandescent lamp 19.079
* 白点 hydrogen embrittlement 12.350
摆动式燃烧器 tilting burner 09.179
* 摆度 throw 01.830
摆脱电流 threshold of let-go current 21.022
板形燃料组件 plate type fuel assembly 13.205
板桩 sheet pile 22.404
半垂直排列 semi-vertical configuration 18.144
半导体阀 semiconductor valve 17.075
半地下式厂房 semi-underground power house 22.229
半电压启动 half voltage starting 24.049
半辐射式过热器 semi-radiant superheater 09.123
半高型布置 semi-high profile layout 15.026
* 半剪刀式隔离开关 semi-pantograph disconnector 15.211
半开式制粉系统 partial open pulverizing system 09.301
半露天布置 semi-enclosed arrangement，semi-outdoor arrangement 07.053
半露天锅炉 semi-outdoor boiler 09.037
半露天式厂房 semi-outdoor power house 22.230
半挠性联轴器 semi-flexible coupling 10.234
半球温度 hemispherical temperature 08.052
半衰期 half-life 13.021
半水平排列 semi-horizontal configuration 18.140
半直吹式制粉系统 semi-direct-fired pulverizing system 09.303
半直驱式风电机组 multibrid technology WTGS 14.084
半阻尼绕组 incomplete damping winding 11.043
伴热 heat tracing 12.148
棒式电流互感器 bar-type current transformer 15.354
棒式绝缘子 rod insulator 18.227
* 棒束控制组件 control rod assembly 13.420
包覆燃料颗粒 coated fuel particle 13.206
包墙管过热器 steam cooled wall superheater 09.124
包壳破损 cladding failure 13.592
包壳熔化 cladding meltdown 13.593
包容壳 confinement 13.458
薄壁堰 sharp crested weir 22.112
薄拱坝 thin arch dam 22.013
薄膜防渗 membrane seepage prevention 22.400
薄膜密封 elastic membrane seal 12.279
薄膜太阳能电池 thin film solar cell 14.162
薄壳闸门 shell gate 22.249

饱和沸腾　saturation boiling　13.297
饱和水　saturated water　01.568
饱和特性　saturation characteristics　11.067
饱和温度　saturation temperature　01.566
饱和压力　saturation pressure　01.567
饱和蒸汽　saturated steam　01.569
饱和蒸汽汽轮机　saturated steam turbine，wet steam turbine　10.018
饱和状态　saturation condition　01.565
保安备用电源　emergency standby electricity　21.067
保安电源　emergency power supply　21.066
保持命令　maintained command　06.067
保护重叠区　overlap of protection　05.007
保护导体　protective conductor　21.108
保护电阻器　protective resistor　16.011
保护范围　reach of protection　05.006
保护[火花]间隙　protective spark gap　16.117
保护角　angle of shade　18.152
保护接地　protective earthing　16.206
保护金具　protective fitting　18.177
保护区　protected section，protected zone　05.005
[保护系统]拒动概率　probability of failure to operate on command　21.238
保护系统投入率　operational rate of protection system　12.155
[保护系统]误动概率　false operation probability　21.239
保护用电流互感器　protective current transformer　15.358
保护用电压互感器　protective voltage transformer　15.369
保护元件　protection component　05.076
保护中性导体　combined protective and neutral conduct　21.109
保护装置的保护水平　protection level of protective device　16.109
保密信息　confidential information　06.298
保梯电抗　Potier reactance　04.119
保温　thermal insulating　01.618
保温层　lagging，heat insulation layer　10.439
保温和防冻　thermal insulation and antifreeze　07.062
保温混凝土　thermal insulation concrete　07.066
保温施工　construction of thermal insulation　09.368
保温箱　warm-box　12.008
保证出力　guaranteed output　03.132
保证金制度　margin rule　06.348
报表及电子杂志服务器　report and electronic magazine server　06.268
报价曲线　bid curve　06.164
报价数据　bidding process data　06.269
报价员名称　bidder's name　06.270
报价员权限　privilege of bidder　06.271
报价员通信信息　contact information of bidder　06.272
报价员有效期　bidder's duration of validity　06.273
报价员注册信息　register information of bidder　06.274
报警个人剂量计　alarm personal dosimeter　13.763
报警抑制　alarm cut out　12.084
抱杆　derrick　18.363
暴露率　exposure rate，EXR　21.214
暴雨　rainstorm　01.653
暴雨移置　storm transposition　01.656
爆管　tube burst　09.482
贝恩指数　Bain index　06.299
贝克曼温度计　Beckmann thermometer　02.153
备用保护　standby protection　05.013
备用变压器　standby transformer　15.075
备用电费　standby charge　19.176
备用电源　standby supply　04.061
备用电源自动投入装置　automatic bus transfer equipment　05.256
备用服务　reserve service　06.205
备用母线　reserve busbar　15.046
备用容量曲线　reserve capacity curve　06.368
备用容量系数　reserve capacity factor　04.355
备用时间　reserve time，standby time　21.189
备用停堆系统　complementary shutdown system　13.444
* 备用小时　reserve hours，standby hours　21.189
备用状态　standby state，reserve state　21.188
背靠背换流站　back-to-back converter station　17.004
背靠背同步启动　back-to-back synchronous starting　24.045
背压　back pressure　01.581
背压式汽轮机　back pressure steam turbine　10.003
背压式汽轮机调节系统　back pressure turbine governing system　10.240
背压调节器　back pressure regulator　10.265
* 倍频共振　super-synchronous resonance　11.099

倍增时间 doubling time 13.175
被测量 measurand 02.120
被动监管 passive regulation 06.300
被切负荷 cut-off load 04.396
本体半月形平衡槽 groove for balancing rotor 11.044
本体上风斗 bucket type gas duct on rotor body 11.045
泵送混凝土 pump concrete，pumpcrete 22.313
比对标准 comparison standard 02.011
比功率 specific power 10.581
比较测量[法] comparison [method of] measurement 02.086
比结合能 specific binding energy 13.008
比率表 ratiometer 02.049
比内能 specific internal energy 01.516
比热 specific heat 01.497
* 比容 specific volume 01.496
* 比湿度 absolute humidity 01.594
比释动能 kerma 13.729
* 比速 specific speed 23.056
比速系数 coefficient of specific speed 23.057
比特差错率 bit error rate 06.091
比体积 specific volume 01.496
* 比整步功率 synchronizing power 11.056
毕奥-萨伐尔定律 Biot-Savart law 01.145
* 闭合循环 closed nuclear fuel cycle 13.228
* 闭环控制系统 modulating control system，MCS 12.024
闭气 sealing of closure 22.506
闭式热力系 closed thermodynamic system 01.450
闭式循环[燃]气轮机 closed-cycle gas turbine 10.444
闭锁重合 lockout reclosing 05.238
闭锁式保护 blocking protection 05.170
闭锁式纵联保护 blocking mode pilot protection 05.216
闭锁元件 blocking component 05.082
* 壁式过热器 wall superheater 09.127
避雷器 surge arrester，surge diverter 15.375
避雷器标称放电电流 nominal discharge current of arrester 15.394
避雷器标准雷电冲击放电电压 standard lightning impulse sparkover voltage of arrester 15.393
[避雷器]残压 residual voltage 15.391
避雷器持续运行电压 continuous operating voltage of arrester 15.390
避雷器的保护特性 protective characteristics of arrester 15.395
避雷器电导电流 conducting current of arrester 15.396
避雷器额定电压 rated voltage of arrester 15.387
[避雷器]阀片 valve disc of arrester 15.382
避雷器工频参考电压 power frequency reference voltage of arrester 15.388
避雷器工频放电电压 power frequency sparkover voltage of arrester 15.392
避雷器均压环 grading ring of arrester 15.384
避雷器内部均压系统 internal grading system of arrester 15.383
避雷器脱离器 disconnector of arrester 15.386
避雷器泄漏电流 leakage current of arrester 15.397
避雷器压力释放装置 pressure-relief device of arrester 15.385
避雷器直流参考电压 direct current reference voltage of arrester 15.389
避雷线 overhead grounding wire 16.073
避雷针 lightning rod 16.074
边际成本定价 marginal cost pricing 06.214
边际机组形成率 formation rate of marginal generation unit 06.301
边界 boundary 01.454
边界层 boundary layer 01.777
边界潮流法 boundary flow method 06.216
边墙 side wall 22.102
变比 transformation ratio 15.122
变电 transformation of electricity，power transformation 04.044
* 变电所 substation 15.001
变电站 substation 15.001
[变电站]电缆槽道 cable trough [in a substation] 15.061
[变电站]电缆管道 cable duct [in a substation] 15.062
变电站二次回路电源 power supply for secondary circuit in substation 15.402
变电站构架 substation structure 15.028
变电站继电保护室 substation relay room 15.070
变电站继电保护小室 substation relay building 15.071
[变电站]间隔 bay [in a substation] 15.054
变电站近后备保护 substation local backup protection 05.018

变电站控制室 substation control room 15.069
变电站自动化系统 substation automation system 15.072
变电站总布置 layout of substation 15.021
变工况 off-design condition 10.035
变极式电动发电机 pole change motor generator 24.041
变极调速 pole changing [speed] control 19.119
变桨距 variable pitch 14.067
变截面流量计 variable-area flowmeter 02.168
变流比 rated current transformation ratio 15.360
* 变流变压器 converter transformer 17.022
* 变流器 converter 17.046
变频启动 variable frequency starting 24.046
变频调速 variable frequency [speed] control 19.120
变频站 frequency conversion station 17.016
变速恒频风电机组 variable speed-constant frequency WTGS 14.082
变速汽轮机调节系统 variable speed turbine governing system 10.241
变形温度 deformation temperature 08.050
变压器电流差动保护 transformer current differential protection 05.198
变压器断路器 transformer circuit-breaker 15.184
变压器额定电压比 rated voltage ratio 15.123
[变压器]额定容量 rated capacity 15.125
* 变压器分接开关 voltage regulator of transformer 15.138
变压器冷却 transformer cooling 15.113
[变压器]励磁绕组 energizing winding 15.106
变压器联结组别 connection of transformer winding 15.137
变压器调压装置 voltage regulator of transformer 15.138
变压器相位移 phase difference for a transformer 15.136
变压器油 transformer oil 12.265
变压运行 variable pressure operation 10.432
变转速风轮 variable speed rotor 14.069
变阻器 rheostat 19.036
标称荷载 normal load, primary load 18.040
标底 bid 22.522
标量场 scalar field 01.136
标量磁位 scalar magnetic potential 01.061
[标]示值 indication 02.123
标幺制 per unit system 04.146
标准参考条件 standard reference condition 10.475
标准操作冲击波 standard switching impulse 16.086
标准操作冲击耐受电压 standard switching impulse withstand voltage 16.103
标准冲击电流 standard impulse current 16.093
标准大气条件 standard reference atmospheric condition 16.110
标准大气压[力] standard atmospheric pressure 01.485
标准电池 standard cell 02.082
标准电感[器] standard inductor 02.080
标准电容[器] standard capacitor 02.081
标准电阻[器] standard resistor 02.079
标准短时工频耐受电压 standard short duration power-frequency withstand voltage 16.108
标准计量设备 standard measuring device 12.165
标准计量仪器 standard measuring instrument 12.164
标准绝缘水平 standard insulation level 16.160
标准雷电冲击截波 standard chopped lightning impulse 16.081
标准雷电冲击耐受电压 standard lightning impulse withstand voltage 16.105
标准雷电冲击全波 standard full lightning impulse 16.080
标准煤 standard coal 07.028
标准煤样 certified reference coal 08.104
* 标准命令 instruction command, standard command 06.075
标准球隙 standard sphere gap 16.052
表格法 tabular analysis 01.259
* 表观功率 apparent power 01.324
表孔 crest outlet 22.152
表面处理 surface treatment 12.336
表面沸腾 surface boiling 13.298
* 表面排水 drainage on embankment slope 22.084
表面式加热器 surface heater 10.311
表面式凝汽器 surface condenser 10.346
表面污染监测仪 surface contamination monitoring meter 13.760
表压力 gauge pressure 01.487
冰坝 ice dam 01.674
冰川 glacier 01.733

冰荷载　ice loading　18.051
冰凌　ice　01.672
冰融侵蚀　freezing-thaw erosion　01.850
冰塞　ice jam　01.673
冰塞检修法　maintenance method by ice plug　13.375
冰压力　ice pressure　01.796
并沟线夹　parallel groove clamp　18.195
并励绕组　shunt winding　19.133
并联　parallel connection　01.236
并联补偿　shunt compensation　04.342
并联电抗器　shunt reactor　15.152
并联电容补偿装置　shunt capacitive compensator　15.168
并联电容器　shunt capacitor　15.167
并联同步电机振荡　hunting of interconnected synchronous machines　04.288
* 并联脱扣器　shunt release　15.265
并联谐振　parallel resonance　01.329
并联运行　interconnected operation　04.304
并列　interconnection　04.292
并网光伏发电系统　grid-connected PV system　14.167
波长　wave length　01.405
波导　waveguide　01.142
波腹　［wave］loop，antinode　01.414
波节　［wave］node　01.415
波浪发电　wave power generation　14.201
波浪能　wave energy　14.200
波头截断冲击波　impulse chopped on the front　16.095
波尾截断冲击波　impulse chopped on the tail　16.096
波形畸变　waveform distortion　04.436
波形因数　wave factor　02.148
玻璃固化　vitrification，glass solidification　13.813
玻璃绝缘子　glass insulator　18.228
补偿棒　compensation control rod　13.141
补偿绕组　compensating winding　19.136
补偿调节　compensative regulation　03.105
补给水　make-up water　09.265
补给水率　make-up water rate　09.266
补气　air admission　23.103
补氢量测量器　hydrogen make-up rate monitor　11.199
补燃式联合循环机组　supplementary fired combined cycle unit　10.460
补修管　repair sleeve　18.193
补修条　patch rods　18.210
不等高档　sloping span，inclined span　18.122
不滴流电缆　non-draining cable　18.273
不动作值　non-operating value　05.132
不对称短路　unsymmetrical short-circuit　04.203
不对称负荷　unsymmetrical load　04.399
不对称三相电路　unsymmetrical three phase circuit　01.356
不分相保护　non-phase segregated protection　05.168
不符合项　non-conformance term　13.704
不工作时间　non-operating time　21.185
不工作状态　non-operating state　21.184
不计外部影响时的供电可靠率　reliability on service except external influence，RS-2　21.266
不计系统电源不足限电时的供电可靠率　reliability on service except limited power supply due to generation shortage of system，RS-3　21.267
不间断电源　uninterrupted power supply，UPS　03.168
不接地电压互感器　unearthed voltage transformer　15.368
不可抗力　irresistible force　06.303
不可控换流臂　non-controllable converter arm　17.055
不可控联结　non-controllable connection　17.067
不可逆过程　irreversible process　01.531
不可逆循环　irreversible cycle　01.544
不可压缩流体　incompressible fluid　01.742
不可用时间　unavailable time，down time　21.191
* 不可用小时　unavailable hours，down hours　21.191
不可用状态　unavailable state，down-state　21.190
不平衡电流　unbalanced current　11.057
不平衡运行　unbalanced operation　04.308
不释放值　non-releasing value　05.129
不停堆换料　on-power refueling　13.558
不透水地基　impermeable foundation　22.435
* 不完全年调节　seasonal regulation　03.102
布雷敦循环　Brayton cycle　01.551
步进调节命令　regulating step command，step-by-step adjusting command　06.071
钚的同位素　isotopes of plutonium　13.180
部分电量竞争模式　partial energy competition　06.118
* 部分负荷涡带　scroll，part load vortex　23.098
部分进汽　partial-arc admission　10.060
部分进汽度　partial-arc admission degree　10.061
部分停运状态　partial outage state　21.196

C

材料检验热实验室　hot laboratory for material examination　13.221
＊财务成本定价　embedded cost pricing　06.235
财务净现值　financial net present value，FNPV　03.203
财务内部收益率　financial internal rate of return，FIRR　03.204
采暖通风和空气调节　heating，ventilation and air-conditioning　07.063
采石场　quarry　22.465
采样　sampling　08.084
采样单元　sampling unit　08.083
采样工具　sampling instrument　08.094
采样频率　sampling frequency　05.141
采样器　sampler　08.095
采样元件　sampling component　05.083
采样周期　sampling period　12.127
参比条件　reference condition　02.135
参比值　reference value　02.112
参考标准[器]　reference standard　02.007
参考核电厂　reference nuclear power plant　13.361
参考节点　reference node　04.150
＊参考条件　reference condition　02.135
＊参考值　reference value　02.112
残留差错率　residual error rate　06.114
操作冲击半峰值时间　time to half value of switching impulse　16.084
操作冲击[波]保护比　protection ratio against switching impulse　16.104
操作冲击波前时间　time to peak of switching impulse　16.083
操作冲击波 90%值以上时间　time above 90% of switching impulse　16.085
操作冲击截断时间　time to chopping of switching impulse　16.094
操作冲击绝缘水平　basic switching impulse insulation level　16.154
操作冲击耐压试验　switching impulse voltage withstand test　16.019
操作过电压　switching overvoltage　16.180
操作回路　operation circuit　05.089
操作票　operation order　21.053
操作顺序　operating sequence　15.311
操作循环　operating cycle，cycle of operation　15.310
操作员站　operator station　12.121
槽式太阳热发电系统　parabolic trough solar thermal power generation system　14.145
草土围堰　straw and earth cofferdam，straw soil cofferdam　22.493
侧槽式溢洪道　side channel spillway　22.147
侧堰　side weir　22.116
测风塔　wind measurement mast　14.040
[测量]标准　[measurement] standard　02.004
[测量]不确定度　uncertainty [of measurement]　02.114
[测量的]复现性　reproducibility [of measurement]　02.140
[测量]电位差计　[measuring] potentiometer　02.050
测量范围　measuring range　02.119
测量功率曲线　measured power curve　14.093
测量和地质勘探　survey and geological exploration　03.034
测量结果　[result of a] measurement　02.113
[测量结果的]重复性　repeatability [of result of measurement]　02.139
[测量仪器仪表的]线性度　linearity [of a measuring instrument]　02.138
[测量仪器仪表的]准确度　accuracy [of a measuring instrument]　02.141
＊测量用电流互感器　instrument current transformer　02.078
＊测量用电压互感器　instrument voltage transformer　02.077
测量元件　measuring component　05.075
测压管水头　piezometric head　01.826
层理　stratification，bedding　01.699
层流　laminar flow　01.769
＊层面　stratification bedding　01.699
＊查询式远动系统　polling telecontrol system，interrogative telecontrol system　06.089
岔管　manifold penstock，bifurcated penstock　22.181

差动继电器　differential relay　05.061
差动式调压室　differential surge chamber　22.218
差动式挑坎　slotted flip bucket　22.190
差分群时延　differential group delay，DGD　18.334
差价合同　contract for difference　06.119
差模干扰电压　differential mode disturbance voltage　05.146
* 差拍　beat　01.378
差异性因数　diversity factor　19.202
差值测量[法]　differential [method of] measurement　02.088
拆除爆破　demolition blasting　22.480
* 掺气槽　air slot　22.210
掺气消能　energy dissipation by aeration　22.197
产状　attitude　01.694
长期边际成本　long-run marginal cost　19.168
长期边际成本定价　long-run marginal cost pricing　06.215
长期交易计划数据　long-term transaction schedule data　06.275
长期交易子系统　long-term trade subsystem，LTS　06.276
长时工频耐压试验　long duration power frequency voltage withstand test　16.021
* 常闭触点　normally closed contact，break contact　05.111
* 常闭触头　break contact，b-contact　15.280
常规岛　conventional island，CI　13.527
* 常开触点　normally open contact，make contact　05.110
* 常开触头　make contact，a-contact　15.281
常调压　constant control of voltage　04.335
常压流化床锅炉　atmospheric fluidized bed boiler，AFBB　09.338
厂房应急　emergency alert，plant emergency　13.781
厂级监控信息系统　supervisory information system for plant level，SIS　12.131
厂级监控信息系统功能站和客户机　function computer and client computer　12.132
厂级信息系统　information system for plant level　12.130
厂级性能计算　plant performance calculation　12.136
厂前区　plant front area　07.048
厂区规划　site plot plan　03.153
厂区建筑系数　building coverage of production area　03.179
厂区绿化系数　greening factor of plant area　03.184
厂区竖向布置　vertical layout of plant　03.155
厂区占地面积　land area within the boundary of power plant，production area of power plant　03.177
厂区自然条件　site natural condition　03.032
厂区总平面布置　general layout of plant　03.154
厂用变压器　auxiliary transformer　15.076
厂用电动机　station electric motor　19.093
厂用电率　rate of house power　04.078
厂用电系统　auxiliary power system　03.164
* 厂用蒸汽系统　auxiliary steam system　10.090
厂址稳定性评估　site stability evaluation　03.035
场地利用系数　land utilization factor　03.180
场区应急　site emergency　13.782
场外应急　off-site emergency　13.783
敞开式变电站　open-type substation　15.014
超超临界　ultra-supercritical　01.580
超超临界压力机组　ultra-supercritical pressure units　07.009
超导电缆　superconducting cable　18.267
超导发电机　superconducting generator　11.242
超导输电　superconducting transmission　04.039
超导体　superconductor　01.209
超范围　overreach　05.009
超范围式纵联保护　overreach pilot protection　05.213
超高压　extra-high voltage，EHV　04.017
超高压锅炉　superhigh pressure boiler　09.015
超高压机组　superhigh pressure units　07.006
超高压汽轮机　superhigh pressure steam turbine　10.014
超临界　supercritical　01.579
超临界机组发电机　generator with supercritical turbine sets　11.247
超临界水冷反应堆　supercritical water-cooled reactor　13.395
超临界压力锅炉　supercritical pressure boiler　09.017
超临界压力机组　supercritical pressure units　07.008
超临界压力汽轮机　supercritical pressure steam turbine　10.016
超滤　ultrafiltration　12.221
超前[触发]角　advance [trigger] angle　17.110
超声波法　ultrasonic method　23.094

超声波检测　ultrasonic testing，UT　12.363
超声测厚　ultrasonic thickness measurement　12.367
超瞬发临界　super prompt criticality　13.117
超速　overspeed　10.165
超速保护控制　overspeed protection control，OPC　12.111
超速跳闸保护　overspeed protection trip，OPT　12.112
超同步谐振　super-synchronous resonance　11.099
超温　overtemperature　09.481
超温保护　overtemperature protection　10.513
＊超行程　contacting travelo，vertravel　15.260
超压保护装置　overpressure protection device　10.325
潮流　power flow，load flow　04.144
潮流跟踪法　power flow tracing method　06.218
潮流计算　load flow calculation　04.145
潮流计算直流法　DC method of power flow calculation　04.161
潮汐发电　tidal power generation　14.199
潮汐能　tidal energy　14.198
车间无人值班控制　non-operator control for department　12.012
车辆荷载　vehicular load　01.807
撤离　evacuation　13.790
沉积物　deposit　12.178
沉降缝　settlement joint　22.061
沉降灰　saltation ash　09.472
沉井　open caisson　22.369
沉沙池　silting basin，sedimentation basin　22.168
沉箱　pneumatic caisson　22.370
沉渣　sludge　12.179
衬砌隧洞　lined tunnel　22.382
成本分类　cost classification　19.160
成本分摊　cost allocation　19.161
承包合同　contract　22.523
承压边界　pressure boundary　13.414
承压边界完整性监督　integrity monitoring of pressure boundary　13.518
承压部件　pressure part，pressure element　09.073
承压水　confined water，artesian water　01.719
城市电网发展规划　urban power network planning　03.007
程氏双流体循环　Cheng's dual fluid cycle，STIG cycle　01.556
＊程氏循环　Cheng's dual fluid cycle，STIG cycle　01.556
澄清器　clarifier　12.193
澄清预处理　clarifying pretreatment　12.192
＊弛度　sag　18.127
池式沸腾　pool boiling　13.293
迟缓率　dead-band　10.273
迟相运行　lagging power factor operation　11.119
持久强度　rupture life strength　12.309
＊持久强度极限　rupture life strength　12.309
持久塑性　rupture ductility　12.310
持水度　specific retention　01.728
持续命令　persistent command　06.068
持续信息　persistent information　06.060
尺度效应　scale effect　23.076
＊齿压板　pressure finger　11.006
充氮保护　nitrogen filled protection　12.280
充电装置　charging device　15.404
充气法养护　gas filled boiler protection　09.420
充气式金属封闭开关设备和控制设备　gas filled switchgear and controlgear　15.235
充水阀　filling valve　22.282
冲动级　impulse stage　10.052
冲动式汽轮机　impulse steam turbine　10.006
冲动式透平　impulse turbine　10.520
冲管　flushing　09.427
＊1.2/50μs 冲击　standard full lightning impulse　16.080
＊250/2500μs 冲击　standard switching impulse　16.086
＊冲击波　shock wave　01.763
冲击波波前放电电压　impulse front discharge voltage　16.100
冲击电流　impulse current　16.087
冲击电流半峰值时间　time to half value of impulse current　16.090
冲击电流波前时间　front time of impulse current　16.089
冲击电流发生器　impulse current generator　16.010
冲击电流分流器　impulse current shunts　16.012
冲击电流视在原点　virtual origin of impulse current　16.088
冲击电流试验　impulse current test　16.024
冲击电压发生器　impulse voltage generator　16.009
冲击电压分压器　impulse voltage divider　16.013
冲击放电电压　impulse sparkover voltage　16.099
冲击负荷　impact load　04.395

冲击接地电阻 impulse earthing resistance 16.204
冲击冷却 impingement cooling 10.540
冲击耐压试验 impulse voltage withstand test 16.018
冲击韧性 impact toughness 12.299
冲击式水轮机 impulse hydroturbine 23.014
[冲击式水轮机]喷嘴 nozzle of action turbine 23.053
冲沙闸 scouring sluice 22.095
* 重叠角 overlap angle 17.109
重合失败 unsuccessful reclosing 05.240
重合时间 reclosing time 15.308
重合闸过电压 reclosing overvoltage 16.183
重击穿 restrike 15.251
重现期 recurrence interval 01.659
抽空气系统 air extraction system 10.091
抽炉烟风机 flue gas fan 09.329
抽气 bleed air，extraction air 10.582
抽气设备 air extraction equipment 10.370
抽汽逆止阀 extraction check valve 10.121
抽汽系统 extraction steam system 10.080
抽汽压力调节器 extraction pressure regulator 10.264
抽水工况 pumping operation mode 24.043
抽水蓄能电站 pumped-storage power station 03.064
抽水蓄能电站上池防渗 impervious barrier of upper reservoir for pumped storage station 22.082
抽水蓄能机组 pump storage unit 23.118
稠密栅格 tight lattice，dense lattice 13.094
出清电量 clearing energy 06.165
出线馈线 outgoing feeder 15.056
出线套管 lead-out bushing 11.145
出线走廊 electric outgoing line corridor 03.041
初步可行性研究 preliminary feasibility study 03.019
初步设计 preliminary design，conceptual design 03.021
初级绕组 primary winding 15.107
初级中子源组件 primary neutron source assembly 13.421
初期发电水位 initial generating level 03.120
初生空化系数 cavitation inception coefficient 23.084
初始保证金 initial margin 06.349
初始堆芯 initial reactor core 13.101
初始条件 initial condition 01.305
* 初装堆芯 initial reactor core 13.101
* 初装料 first loading 13.533
除尘器 dust precipitator，dust collector 20.036
除尘器性能 performance of precipitator 20.054
除尘效率 dust removal efficiency 20.055
除硅 desiliconization 12.220
除灰渣系统 ash and slag handling system 09.143
除盐水 demineralized water 12.225
除氧器 deaerator 10.327
除氧器定压运行 fixed pressure operation of deaerator 10.332
除氧器额定出力 deaerator rated output 10.334
除氧器滑压运行 sliding pressure operation of deaerator 10.333
除氧器瞬时运行工况 transient operation condition of deaerator 10.335
除有机物 organic matter removal 12.190
除渣设备 slag removal equipment 09.147
储煤 coal storage 08.137
储能操动机构 stored energy operating mechanism 15.286
储热层 thermal reservoir 14.003
储油罐 oil tank 08.178
触点抖动 contact chatter 05.115
触点负载 contact load 05.113
触点间隙 contact gap 05.114
[触点]接触时差 contact time difference 05.139
触点耐久性 contact endurance 05.112
触点失效 contact failure 05.116
触发 triggering 17.106
触发角过大保护 excessive delay angle protection 17.167
触发角控制 α control 17.205
触发失败 triggering failure 17.140
[触头的]行程 travel [of contacts] 15.262
触头开距 clearance between open contacts 15.261
穿通 break-through 17.137
传播常数 propagation constant 01.400
传导电流 conduction current 01.050
传递函数 transfer function 01.393
传递阻抗 transfer impedance 01.225
传热 heat transfer 01.610
传热介质 heat transfer medium 14.131
传输差错警报 transmission error alarm 06.078
传输角 transmission angle 04.323
* 传质 mass transfer 01.646
船舶电站 ship-mounted power plant，floating power

station 07.024
船舶荷载 ship load 01.808
船模试验 ship model test 01.870
船用反应堆 ship reactor 13.397
船闸 navigation lock 22.128
船闸输水系统 lock filling and emptying system [of navigation lock] 22.134
船闸闸门 lock gate 22.267
[船闸]闸室 lock chamber 22.135
[船闸]闸首 lock head 22.140
喘振 surge 10.597
喘振裕度 surge margin 10.598
串级工频试验变压器 cascade power frequency testing transformer 16.004
串级直流高压发生器 cascade high-voltage DC generator 16.008
串励绕组 series winding 19.132
串联 series connection 01.235
串联补偿 series compensation 04.341
串联电抗启动 series reactor starting 19.115
串联电抗器 series reactor 15.151
串联电容补偿装置 series capacitive compensator，SC 15.178
串联绕组 series winding 15.105
串联谐振 series resonance 01.328
串联谐振试验装置 series resonant testing equipment 16.014
串谋 collusion 06.304
床沙质 bed material load 01.684
床温控制系统 furnace temperature control system 12.042
床压控制系统 furnace pressure difference control system 12.043
吹灰 soot blowing 09.409
吹灰器 soot blower 09.144
吹扫风量 purge rate 12.104
吹洗 scavenging 12.105
* 垂直档距 weight span 18.126
垂直荷载 vertical load 18.047
垂直荷载试验 vertical load test 18.342
垂直垄断模式 vertically integrated monopoly 06.120
垂直排列 vertical arrangement 18.143
垂直上升管屏 riser tube panel 09.110
垂直升船机 vertical ship lift 22.142
垂直烟道 vertical gas pass 09.240
垂直轴风轮 vertical axis rotor 14.063
锤击磨煤机 hammer mill 09.316
锤式碎煤机 hammer crusher 08.140
纯物质 pure substance 01.460
瓷绝缘子 porcelain insulator 18.225
瓷套管 porcelain bushing 15.146
磁饱和 magnetic saturation 01.093
磁常数 magnetic constant 01.083
磁场 magnetic field 01.059
磁场强度 magnetic field strength 01.060
磁畴 magnetic domain 01.101
磁吹断路器 magnetic blow-out circuit-breaker 15.201
磁导 permeance 01.342
磁导计 permeameter 02.041
磁电系仪表 [permanent magnet] moving-coil instrument 02.097
磁动势 magnetomotive force，MMF 01.067
磁轭 magnetic yoke 24.015
磁粉探伤 magnetic particle testing，MT 12.364
磁感应强度 magnetic flux density 01.065
磁感应式流量计 magnetic induction flowmeter 02.166
磁-光效应 magneto-optic effect 01.160
磁化 magnetization 01.080
磁化场 magnetizing field 01.082
磁化电流 magnetizing current 01.081
磁化率 magnetic susceptibility 01.086
磁化强度 magnetization intensity 01.078
磁化曲线 magnetization curve 01.087
磁极 magnetic pole 01.103
磁间隙 air gas of a magnetic circuit 16.138
磁矩 magnetic area moment 01.079
* 磁链 linked flux 01.066
磁流体发电 magnetohydrodynamic power generation 14.208
磁路 magnetic circuit 01.340
磁偶极矩 magnetic dipole moment 01.100
磁偶极子 magnetic dipole 01.098
磁屏 magnetic screen 01.120
磁屏蔽 magnetic shield 11.016
磁强计 magnetometer 02.040
磁体 magnet 01.102
磁铁分离器 magnetic separator 08.146
磁通表 flux meter 02.039

磁通链　linked flux　01.066
磁通[量]　magnetic flux　01.064
* 磁通密度　magnetic flux density　01.065
* 磁通势　magnetomotive force，MMF　01.067
磁位差　magnetic potential difference　01.063
磁学　magnetism，magnetics　01.058
磁致伸缩　magnetostriction　01.119
磁滞　magnetic hysteresis　01.090
磁滞回线　[magnetic] hysteresis loop　01.091
磁滞损耗　[magnetic] hysteresis loss　01.092
磁轴　magnetic axis　01.104
磁阻　reluctance　01.341
磁阻发生器　speed pulser　10.254
次档距　sub-span　18.119
次档距振动　subspan oscillation　18.024
次级标准　secondary standard　02.006
次级绕组　secondary winding　15.108
次级中子源　secondary neutron source　13.054
次级中子源组件　secondary neutron source assembly　13.422
次临界　sub-criticality　13.092
次同步谐振　subsynchronous resonance　04.257，11.098
次同步振荡　subsynchronous oscillation　04.258
次暂态短路电流　subtransient short-circuit current　04.188
刺墙　keywall，lateral keywall　22.105
从站　outstation，controlled station　06.023
粗粉分离器　mill classifier，classifier　09.318
* 粗细灰分排　separated transport of fly ash　20.096
窜轴保护　axial shaft displacement protection　10.298
脆性材料结构模型试验　brittle material structural model test　01.873
脆性断裂　brittle fracture　12.348
* 脆性转变温度　temperature of nil-ductility transition，TND　13.239
脆性转变温度　fracture appearance transition temperature，FATT　12.302
淬火　hardenning，quenching　12.331
存查样　coal sample for back-check　08.114
存储示波器　storage oscilloscope　02.053
* 存煤　coal storage　08.137
撮合　make a match　06.166
错缝　staggered joint　22.066
错油门　pilot valve　10.257

D

达标投产　putting into operation in compliance with standard　03.238
打入桩　driven pile　18.164
大坝水泥　cement for dam　22.316
大半波　major loop　15.338
大地构造学说　geotectonic hypothesis　01.712
大地回线　ground return　17.044
大地回线转换开关　ground return transfer switch，GRTS　17.041
大工业电价　industrial tariff　19.191
大功率试验站　high power test station，high power test laboratory　16.015
大跨越　large crossing　18.124
大块煤　large coal　08.020
* 大破口　large break LOCA，LBLOCA　13.589
大破口失水事故　large break LOCA，LBLOCA　13.589
大气　atmosphere　20.149
大气层结　atmospheric stratification　20.152
* 大气过电压　lightning overvoltage　16.179
大气扩散　atmospheric dispersion　20.150
大气扩散模式　atmospheric dispersion model　20.153
大气式除氧器　atmospheric deaerator　10.328
大气条件校正系数　atmospheric correction factor　16.113
* 大气条件校正因数　atmospheric correction factor　16.113
大气稳定度　atmospheric stability　20.151
大气污染　air pollution　20.127
大气污染监测　atmospheric pollution monitoring　20.122
大气压[力]　atmospheric pressure　01.484
大扰动　large disturbance　04.225
* 大扰动功角稳定性　transient stability of a power system　04.237
大扰动稳定性　large disturbance stability　04.232
大体积混凝土　mass concrete　22.299

大头坝　massive head buttress dam　22.008
大型水电站　large hydropower station　03.065
大用户　large customer　06.155
代表档距　equivalent span，ruling span　18.120
带表面式凝汽器的间接干式冷却系统　indirect dry cooling system with surface condenser　10.401
带不平衡负荷运行　unbalanced loading operation　11.161
带电部分近旁作业　working in the vicinity of live part　16.211
带电作业　live working　16.210
带电作业个人防护器具　personal protective equipment for live working，PPE for live working　16.228
带电作业工具　tools for live working　16.222
带电作业固定式清洗系统　fixed washing system for live working　16.239
带电作业检测试验设备　detecting and testing equipment for live working　16.231
带电作业接地棒　grounding stick for live working　16.235
带电作业可装配通用工具　attachable universal tool for live working　16.225
带电作业邻近区域　vicinal zone of live working　16.213
带电作业攀登就位机具　equipment for climbing and positioning for live working　16.229
带电作业旁路器具　by-passing equipment for live working　16.227
带电作业牵引设备　stringing equipment for live working　16.238
带电作业清洗区域　washing area for live working，washing zone for live working　16.241
带电作业区域　live working zone　16.212
带电作业手持设备　handling equipment for live working　16.230
带电作业通用工具附件　attachment of universal tool for live working　16.226
带电作业位置　live working location　16.214
带电作业移动式清洗系统　mobile washing system for live working　16.240
带电作业永久连接点　permanent connection point for live working　16.234
带电作业支撑装配设备　support assembly equipment for live working　16.237
带负荷试运行　trial load operation　10.418
带混合式凝汽器的间接干式冷却系统　indirect dry cooling system with mixed condenser　10.400
带励磁失步运行　out-of-step operation with excitation　11.164
带式输送机　belt conveyer，coal conveyer belt　08.129
带式输送机　belt conveyor　22.515
带通滤波器　band pass filter　01.338
* 带有温度补偿的压力继电器　density monitor　15.314
带阻滤波器　band stop filter　01.339
待积当量剂量　committed equivalent dose　13.733
待积有效剂量　committed effective dose　13.734
袋式除尘器　bag filter，baghouse，BH　20.045
戴维南定理　Thevenin theorem　01.298
单臂伸缩式隔离开关　semi-pantograph disconnector　15.211
单波绕组　simplex wave winding　19.134
单部投标　single-part bidding　06.167
单次投标　one-off bidding，static bidding　06.168
单导线　single conductor　18.255
单点信息　single-point information　06.055
单电源供电　single supply　04.059
单叠绕组　simplex lap winding　19.135
单段报价　single-block bidding，continuous bidding　06.169
单阀单元　single valve unit　17.072
单个操作　one-to-one control　12.071
单个电厂形成最高限价的比率　formation rate of price cap by single power plant　06.302
单回路　single circuit line　18.010
单回路塔　single circuit steel tower　18.095
单级船闸　single [lift] lock　22.129
单级可逆式水轮机　single stage pump-turbine　23.116
单级式蓄能泵　single stage storage pump　23.125
单极大地回线高压直流系统　mono-polar ground return HVDC system　17.011
单极高压直流系统　mono-polar HVDC system　17.009
单极隔离开关　single pole disconnector　15.204
单极金属回线高压直流系统　mono-polar metallic return HVDC system　17.013
单极线　mono-polar line　18.013
单晶硅太阳能电池　single crystalline silicon solar cell　14.155

单宽流量 unit discharge 22.158
单馈线 single feeder，radial feeder 04.063
单量限[测量]仪器仪表 single range [measuring] instrument 02.015
单流环密封油系统 sealing oil ring system with single oil flow 11.149
单命令 single command 06.064
单模光纤 monomode fiber 18.324
单母线分段带旁路接线 sectionalized single-bus with transfer bus configuration 15.031
单母线分段接线 sectionalized single-bus configuration 15.030
单母线接线 single-bus configuration 15.029
单燃烧器火焰检测 individual burner flame detection 12.099
单色辐射力 mono-chromatic emissive power 01.635
* 单式调压室 cylindrical surge chamber 22.221
单调节 single regulation 23.146
单位冲激函数 unit impulse function 01.192
单位出力 unit output 23.074
单位发电占地面积 total land area of power plant per kW 03.178
单位阶跃函数 unit step function 01.190
单位流量 unit discharge 23.072
单位斜坡函数 unit ramp function 01.191
单位转速 unit speed 23.073
单稳态继电器 mono-stable relay 05.063
单向差价合同 unidirectional contract for difference 06.121
单向高压直流系统 unidirectional HVDC system 17.006
单相变压器 single phase transformer 15.084
单相感应电动机 single phase induction motor 19.148
单相接地故障 phase-to-earth fault，single line-to-ground fault 04.204
* 单相异步电动机 single phase induction motor 19.148
单相自动重合 single phase automatic reclosing 05.230
单芯电缆 single core cable 18.274
单压蒸汽循环联合循环机组 combined cycle unit with single pressure level steam cycle 10.467
单一购买者模式 single-buyer 06.122
单一故障准则 single failure criterion 13.655
单一制电价 flat rate tariff 19.177
单元供水 unit system water supply 10.377
单元机组保护 boiler-turbine-generator unit protection 12.086
单元机组协调控制系统 unit coordinated control system，CCS 12.026
单元机组自启停控制 automatic control for unit start-up and shutdown 12.068
单元集中控制 unit centralized control 12.010
单元控制室 unit control room 12.004
单元式保护 unit protection 05.165
单元制系统 unit system 10.078
单元组合式调节仪表 aggregated unit control instrument 12.062
单轴联合循环机组 single-shaft type combined cycle unit 10.465
单轴燃气轮机 single-shaft gas turbine 10.447
单轴[系]汽轮机 tandem compound steam turbine 10.010
单柱式隔离开关 single-column disconnector 15.206
[单柱式隔离开关]接触区 contact zone [for single-column disconnector] 15.259
单组点堆动态学 one group point reactor kinetics 13.105
弹筒发热量 bomb calorific value，calorific value determination in a bomb calorimeter 08.046
氮氧化物 nitrogen oxide，NO_x 20.005
当量剂量 equivalent dose 13.730
挡潮闸 tide sluice 22.096
挡水建筑物 water retaining structure 01.812
挡土墙 retaining wall 22.106
档 span 18.117
档距 span length 18.118
[档距中间]导线对架空地线净空距离 [midspan] clearance between conductors and overhead ground wires 18.075
SI 导出单位 SI derived unit 01.418
导洞 pilot adit 22.379
* 导航建筑物 guide wall 22.133
导航墙 guide wall 22.133
导抗 immittance 01.232
导[流]墙 guide wall 22.169
导纳 admittance 01.226
导气槽 air slot 22.210
导热 heat conduction 01.612

* 导热率 thermal conductivity 01.614
导热系数 thermal conductivity 01.614
导水机构 distributor 23.039
* 导水叶 wicket gate，guide vane 23.040
* 导水装置 distributor 23.039
导体 conductor 01.208
导体屏蔽 conductor screen 18.278
导通 conducting 17.116
导通比 conducting ratio 17.117
* 导通方向 forward direction，conducting direction 17.120
导通间隔 conducting interval 17.114
导通状态 conducting state，on-state 17.126
[导线的]夜间警告灯 night warning light [for conductor] 18.217
导线对塔净空距离 clearance between conductor and structure 18.074
[导线和地线的]航空警告标志 aircraft warning marker [for conductor and earth wire] 18.218
导线排列 conductor configuration 18.138
导线[脱冰]跳跃 sleet jump of conductor 18.026
导线舞动 conductor galloping 18.025
导线允许载流量 conductor permissive carrying current 18.069
导线振动 conductor vibration 18.022
* 导线最大弛度 maximum sag of conductor 18.128
导线最大弧垂 maximum sag of conductor 18.128
* 导叶 wicket gate，guide vane 23.040
[导叶或转轮]叶片开口 blade opening 23.036
导引线保护 pilot wire protection 05.226
导轴瓦 guide bearing shoe，guide bearing segment 24.027
倒虹吸管 inverted siphon 22.187
倒极电渗析 electrodialysis reversal，EDR 12.234
倒料 shuffling 13.553
倒三角排列 delta configuration 18.142
倒时方程 in-hour equation 13.113
* 倒装塔 inversive tower erecting 18.361
倒装组塔 inversive tower erecting 18.361
道尔顿分压定律 Dalton law of additive pressure 01.489
* 德列阿兹水轮机 Deliaz turbine 23.008
灯泡式水轮发电机 bulb type hydrogenerator 24.006
灯泡式水轮机 bulb turbine 23.011
等触发角控制 equal delay angle control，individual phase control 17.203
等电位连接 equal potential bonding 21.104
等电位作业 bare hand working，equal potential working 16.217
等高档 level span 18.121
等间隔控制 equidistant control 17.194
等距触发控制 equidistant firing control 17.204
等离子点火 plasma igniting 09.388
* 等离子体发电 magnetohydrodynamic power generation 14.208
* 等容过程 isometric process 01.533
等熵过程 isentropic process 01.537
等熵焓降 isentropic enthalpy drop，ideal enthalpy drop 10.041
等速取样器 isokinetic sampler 20.056
等体积过程 isometric process 01.533
等微增率调度 equal incremental dispatching 06.021
等位面 equipotential surface 01.027
等位体 equipotential volume 01.028
等位线 equipotential line 01.026
等温过程 isothermal process 01.534
等效可用系数 equivalent available factor，EAF 21.223
等效网络 equivalent network 04.082
等压过程 isobaric process 01.532
等值盐密 equivalent salt deposit density，ESDD 18.242
低氮氧化物燃烧 low NO_x combustion 09.167
低电压保护 under voltage protection 05.202
* 低电压穿越 low voltage ride through，LVRT，fault ride through，FRT 04.447
低电压过渡能力 low voltage ride through，LVRT，fault ride through，FRT 04.447
低放废物 low level radioactive waste 13.802
低负荷率电价 low load factor tariff 19.187
* 低负荷时电价 low-load tariff 19.185
低富集铀 slightly enriched uranium 13.183
低功率物理试验 low power physical test 13.543
低谷负荷 valley load 04.385
低坎式取水 low dam type water intake 10.391
低励及失磁运行 under excitation and loss of excitation 11.162
低频谐振 low frequency resonance 11.097
低频振荡 low frequency oscillation 04.255

低品位煤　low grade coal　08.018
低热微膨胀水泥混凝土　concrete with low-heat and micro-expansion cement　22.307
低水头水电站　low head hydropower station　03.071
低位发热量　net calorific value，low heating value　08.047
低温分离器　low temperature separator　09.353
低温腐蚀　low temperature corrosion　12.355
低泄漏堆芯　refueling core for low neutron leakage　13.260
低循环倍率锅炉　low circulation ratio boiler　09.011
低压　low voltage，LV　04.015
低压安全注射系统　low pressure safety injection system　13.441
低压电缆线路　low voltage cable line　19.019
低压电器　low voltage apparatus　19.028
低压缸喷水装置　low pressure casing spray　10.307
低压高速开关　low voltage high speed switch，LVHSS　17.042
低压锅炉　low pressure boiler　09.012
低压机组　low pressure units　07.003
低压加热器　low pressure feedwater heater　10.319
低压架空绝缘线路　low voltage overhead insulated line　19.018
低压架空线路　low voltage overhead line　19.017
低压进汽部分　low pressure admission parts　10.109
低压旁路系统　low pressure by-pass system　10.084
低压旁路系统容量　capacity of low pressure by-pass system　10.087
低压绕组　low voltage winding　15.101
低压线路　distribution line　19.005
低压限流控制　voltage dependent current limit control，VDCLC　17.202
* 低压自动减载　automatic under voltage load shedding　05.266
低氧燃烧　low oxygen combustion　09.166
低油压保护　oil failure trip　10.299
低真空保护　low vacuum trip　10.300
低周疲劳　low cycle fatigue　12.314
堤　dike，levee　22.107
* 堤防　dike，levee　22.107
狄塞尔循环　Diesel cycle　01.546
底环　bottom ring　23.025
底孔导流　bottom outlet diversion　22.486
底流消能　energy dissipation by bottom flow　22.195
地电位　earth potential　01.029
地基处理　subsoil improvement　07.072
地面落雷密度　ground flash density，GFD　16.065
地区变电站　district substation　15.004
地区水电开发规划　regional hydropower development planning　03.060
地热发电　geothermal power generation　14.010
* 地热非电利用　geothermal direct use　14.013
地热利用率　rate of geothermal utilization　14.009
地热流体　geothermal fluid　14.004
地热能　geothermal energy　14.001
地热能利用　utilization for geothermal energy　14.008
地热汽轮机　geothermal steam turbine　10.021
地热田　geothermal field　14.007
地热直接利用　geothermal direct use　14.013
地热资源　geothermal resources　14.002
地热资源评价　assessment for geothermal resources　14.006
地温　ground temperature　14.005
地下变电站　underground substation　15.007
地下电缆　underground cable　18.265
地下硐室　underground chamber　22.371
地下防渗墙　underground impervious wall　22.081
地下工程　underground works　01.884
地下建筑物原型观测　prototype observation for underground structure　01.877
地下实验室　underground laboratory　13.820
地下[输电]系统　underground system　04.056
地下水　groundwater　01.716
地下水库　underground reservoir　03.112
地下水污染　groundwater pollution　20.133
地线支架　earth wire peak　18.101
地应力　in-situ rock stress，geostress　01.705
地应力测试　measurement of geostress，measurement of in-situ rock stress　01.879
地源热泵　geothermal heat pump，ground-source heat pump　01.602
* 地震反应分析　analysis of structural response to seismic excitation　13.263
地震荷载　earthquake load　01.804
地震监测系统　earthquake monitoring system　13.475
地震烈度　earthquake intensity　01.709
地震烈度复核　checkup of seismic intensity　03.036

地震危险性分析　seismic hazard evaluation　01.862
地震响应分析　analysis of structural response to seismic excitation　13.263
地震震级　earthquake magnitude　01.710
地质处置　geological disposal　13.812
地质构造　geological structure　01.692
地质力学模型试验　geomechanical model test　01.865
地质年代　geological age　01.691
* 地中温度　ground temperature　14.005
第二代[核电]反应堆　second generation of nuclear power reactor　13.357
第二类永动机　perpetual-motion machine of the second kind　01.541
* 第二停堆系统　complementary shutdown system　13.444
第三代[核电]反应堆　third generation of nuclear power reactor　13.362
第四代[核电]反应堆　fourth generation of nuclear power reactor　13.365
第一代[核电]反应堆　first generation of nuclear power reactor　13.356
第一类永动机　perpetual-motion machine of the first kind　01.540
* 第一停堆系统　reactor trip system　13.443
典型年　typic year　01.667
* W 点　witness point　13.705
* H 点　hold point　13.706
点堆模型　point reactor model　13.106
点腐蚀　pitting attack　12.358
点火能量　ignition energy　09.384
点火器　igniter　09.385
点火失败　ignition failure　10.515
点火失败保护　ignition failure protection　12.093
点火水位　initial water level　09.391
点火油枪　torch oil gun　09.389
* 点火中子源　primary neutron source assembly　13.421
点火转速　ignition speed　10.496
点火装置　flame igniter　09.387
碘坑　iodine well　13.130
碘预防　iodine prophylaxis　13.788
电　electricity　01.001
电测量仪器仪表　electrical measuring instrument　02.003
电厂接入系统地理接线　geographic diagram of power plant interconnection　03.011
电厂延寿　power plant life extension　12.390
电场　electric field　01.015
电场测量探头　electric-field probe　16.055
电场强度　electric field intensity，electric field strength　01.016
电超速保护装置　electric overspeed tripping device　10.296
电除盐　electrodeionization，EDI　12.233
电磁波　electromagnetic wave　01.127
电磁场　electromagnetic field　01.125
电磁场伤害　injury due to electromagnetic field　21.069
* 电磁分离器　magnetic separator　08.146
电磁辐射　electromagnetic radiation　01.132
电磁负荷　electromagnetic loading　11.054
电磁干扰　electromagnetic interference，EMI　01.130
电磁感应　electromagnetic induction　01.129
电磁功率　electromagnetic power　11.055
电磁过滤器　electromagnetic filter　12.197
电磁[滑差耦合]离合器　electromagnetic [slip] coupling　19.128
电磁环网　electromagnetic looped network　04.054
电磁兼容　electromagnetic compatibility　01.131
电磁兼容设计　design of electromagnetic compatibility　05.148
电磁力　electromagnetic force　01.128
电磁能　electromagnetic energy　01.126
电磁屏　electromagnetic screen　01.133
电磁屏蔽　electromagnetic shield　11.014
电磁启动　electromagnetic starting　19.156
电磁式电压互感器　inductive voltage transformer　15.366
电磁体　electromagnet　01.134
电磁污染　electromagnetic pollution　20.131
电磁系仪表　moving-iron instrument　02.098
电磁噪声　electromagnetic noise　20.111
电磁制动转矩　electromagnetic braking torque　11.053
电导　conductance　01.212
电导率　conductivity　01.213
电导仪　conductometer，conductivity meter　12.185
电动发电机　motor generator　24.040
电动机　motor　19.092
电动机操动机构　motor operating mechanism　15.283

[电动机]失速　stall [of motor]　19.122
电动式电能表　electrodynamic meter　02.059
电动势　electromotive force，EMF　01.032
电动调速给水泵　motor-driven variable speed feedwater pump　10.337
电动系仪表　electrodynamic instrument　02.099
* 电度电价　energy price　06.223
电镀　electroplating　19.075
电费　electricity fee　06.220
电腐蚀　electro-erosion　11.102
电感　inductance [of an ideal inductor]　01.215
电感表　inductance meter　02.045
电感器　inductor　01.216
电-光效应　electro-optic effect　01.155
电光源　electric light source　19.077
电焊　electric welding　19.076
电荷　electric charge　01.002
电荷表　coulometer　02.037
* 电[荷]量　electric charge　01.002
电弧长度　arc length　15.243
[电弧]电流零区　[arc] current zero period　15.249
电弧电压　arc voltage　15.244
电弧放电　arc discharge　16.136
电弧焊　electric arc welding　12.374
电弧炉　electric arc furnace　19.084
电化学　electrochemistry　19.085
电化学工业　electrochemical industry　19.086
电话谐波因数　telephone harmonic factor　11.059
电火花点火器　electric spark igniter　09.386
电击　electric shock　21.071
电击电流　shock current　21.021
电机同步运行　synchronous operation of a machine　04.283
电极化　electric polarization　01.038
电极化率　electric susceptibility　01.041
电极化强度　electric polarization intensity　01.039
电极化曲线　electric polarization curve　01.042
电加热　electric heating　19.073
电价　electricity price　06.222
电接触　electric contact　15.256
电接点温度计　electric-contact thermometer　02.150
电解　electrolysis　19.074
电介质　dielectric　01.034
电抗　reactance　01.217
电抗继电器　reactance relay　05.044
电抗器　reactor　15.150
电缆　[electric] cable　18.258
* PVC 电缆　polyvinyl chloride insulated cable　18.261
* XLPE 电缆　cross-linked polyethylene insulated cable　18.262
电缆沟　cable trough　18.293
电缆故障　cable fault　18.280
电缆故障定位　cable fault locating　18.281
电缆护层　cable sheath　18.276
电缆夹层　cable vault　12.005
电缆架　cable rack　15.064
电缆架层间垂直净距　vertical clearance between cable racks　18.297
电缆交接试验　test after installation of cable line　18.305
电缆接头　cable joint　18.282
电缆排管　cable duct bank　18.295
电缆式电流互感器　cable type current transformer　15.351
电缆试验　testing of power cable　18.304
电缆竖井　cable shaft　18.294
电缆隧道　cable tunnel　15.063
电缆托架　cable tray　15.065
电缆线路路径选择　cable route selection　18.301
电缆线路巡视检查　cable line inspection　18.302
电缆线路运行维护　cable line operating and maintenance　18.303
电缆选择和布置　cable selection and routing　03.166
电缆终端头　cable terminal　18.288
电离辐射　ionizing radiation　13.709
电离辐射屏蔽　ionizing radiation shielding　13.753
电力　electric power　01.444
[电力]安全系统工程　[electric] security system engineering　21.001
电力变压器　power transformer　15.073
电力电缆间水平净距　horizontal clearance between power cables　18.296
电力电量综合平衡　comprehensive balance of power and energy　04.368
电力电容器　power capacitor　15.162
电力电子变相器　electronic phase converter　15.406
电力电子电容器　power electronic capacitor　15.163
电力调度通信系统　power dispatching communication

system　06.008
电力短缺　power shortage　04.402
[电力]费率　[electric] rate　19.172
电力负荷　power load　03.014
[电力]负荷曲线　[power] load curve　04.377
电力环境保护　environmental protection for electric power　20.140
[电力]价格　[electric] price　19.171
电力监管机构　power regulation agency　06.305
电力交易　power trading　06.123
* 电力交易中心　market operator　06.160
电力金融交易　financial power trading　06.124
电力经纪人　power broker　06.157
* [电力]客户　[power] consumer　19.054
电力联营[机构]　power pool　06.125
电力零售商　power retailer　06.156
电力平衡　power balance　04.366
电力牵引　electric traction　19.087
电力实物交易　physical power trading　06.126
电力市场　electricity market　06.127
电力市场监管　electricity market regulation　06.306
电力市场模式　electricity market model　06.128
电力市场运营系统　electricity market operation system, EMOS　06.278
电力市场运营系统故障恢复时间　restoration time after system failure　06.279
电力特种光缆　special optical fiber for electric power　18.308
电[力]网　electric power network, [electric power] grid　04.042
电力网计算　electric power network calculation　04.143
电力系统　electric power system, power system　04.001
电力系统安全分析　power system security analysis　04.360
电力系统安全控制　power system security control　04.361
电力系统安全自动装置　power system automatic safety control device, special protection system　05.253
电力系统长期发展规划　long-term power system planning　03.003
电力系统储能　energy storage of power system　04.079
[电力系统的]安全性　security [of an electric power system]　21.158
[电力系统的]充裕性　adequacy [of an electric power system]　21.157
[电力系统的]恢复过程　restoration process [of an electric power system]　21.165
[电力系统的]紧急状态　emergency state [of an electric power system]　21.163
[电力系统的]警戒状态　alert state [of an electric power system]　21.162
[电力系统的]期望缺供电力　expected demand not supplied, EDNS　21.170
[电力系统的]期望缺供电量　expected energy not supplied, EENS　21.171
[电力系统的]缺电持续时间　loss of load duration [of an electric power system], LOLD　21.169
[电力系统的]缺电概率　loss of load probability [of an electric power system], LOLP　21.166
[电力系统的]缺电频次　loss of load frequency [of an electric power system], LOLF　21.168
[电力系统的]缺电时间期望　loss of load expectation [of an electric power system], LOLE　21.167
[电力系统的]严重事故状态　extreme emergency state [of an electric power system]　21.164
[电力系统的]运行工况　operation condition　21.160
[电力系统的]正常状态　normal state [of an electric power system]　21.159
[电力系统]等效峰荷累计停电持续时间　aggregate equivalent peak interruption duration　21.244
[电力系统]等效峰荷停电持续时间　equivalent peak interruption duration　21.243
[电力系统]等效平均停电持续时间　equivalent mean interruption duration　21.242
[电力系统]电压崩溃　voltage collapse　04.228
电力系统调度管理　dispatching management of power system　06.010
* 电力系统调度机构　power system operator　06.162
电力系统调度模拟屏　power system dispatching mimic board　06.018
电力系统调度信息　information for power system dispatching　06.009
电力系统调度自动化　automation of power system dispatching　06.019
电力系统动态模拟　dynamic simulation of power system　04.250
电力系统动态稳定性　dynamic stability of a power system　04.236

电力系统发展规划　power system planning　03.001
＊电力系统仿真装置　power system simulator　04.249
电力系统分层控制　hierarchical control of power system　06.011
电力系统负荷曲线　load curve of power system　06.020
电力系统负荷预测　load forecast of power system　06.014
[电力系统]故障　fault in power system　04.192
电力系统故障　power system fault　05.029
电力系统管理　power system management　04.011
电力系统黑启动　power system black start　04.266
电力系统互联　interconnection of power systems　04.008
电力系统恢复状态　restoration state of power system　04.264
电力系统继电保护　power system relay protection　04.362
电力系统继电保护配置　disposition of power system relay protection　04.363
电力系统紧急运行状态　emergency state of power system　04.263
电力系统经济调度　economic dispatching of power system　06.016
电力系统警戒运行状态　alert state of power system　04.262
电力系统静态不稳定性　steady state instability of a power system　04.235
电力系统静态稳定性　steady state stability of a power system　04.234
电力系统可靠性　electric power system reliability　21.156
[电力系统可靠性]概率性准则　probabilistic criteria [for electric power system reliability]　21.177
[电力系统可靠性]技术性准则　technical criteria [for electric power system reliability]　21.173
电力系统可靠性价值评估　reliability worth assessment of an electric power system　21.179
[电力系统可靠性]经济性准则　economic criteria [for electric power system reliability]　21.175
电力系统可靠性经济学　reliability economics of an electric power system　21.180
电力系统可靠性评估　reliability evaluation for electric power system　21.178
[电力系统可靠性]确定性准则　deterministic criteria [for electric power system reliability]　21.176
电力系统可靠性准则　electric power system reliability criteria　21.172
[电力系统可靠性] *n*–1 准则　*n*–1 criteria [for electric power system reliability]　21.174
电力系统联络线　tie line　04.058
电力系统联网规划　power system interconnection planning　03.008
电力系统模拟装置　power system simulator　04.249
[电力系统]频率崩溃　frequency collapse　04.230
[电力]系统频率静特性　droop of a system　04.317
电力系统频率异常运行　abnormal frequency operation of power system　04.306
电力系统升级改造　reinforcement of a system　04.080
[电力]系统事故　power system failure　04.190
电力系统事故　contingency in power system　06.109
[电力]系统事故处理　power system emergency control and restoration　04.191
[电力系统事故的]联锁反应　cascading [of an electric power system], cascade failure [of an electric power system]　21.161
电力系统数学模型　mathematical model of power system　04.081
电力系统数字仿真　digital simulation of power system　04.251
[电力]系统调峰　peak load regulating of power system　04.325
电力系统通信　power system communication　06.001
电力系统图　power system diagram　04.047
电力系统瓦解　power system collapse　04.265
电力系统稳定器　power system stabilizer, PSS　04.240
电力系统稳定性　power system stability　04.221
电力系统无功功率平衡　reactive power balance of power system　04.370
电力系统异常　power system abnormality　05.028
电力系统异常运行　abnormal operation of power system　04.305
电力系统有功功率平衡　active power balance of power system　04.369
电力系统元件　power system element　06.108
电力系统远动技术　telecontrol technique for power system　06.034
电力系统运行　power system operation　04.267
电力系统暂态稳定性　transient stability of a power

system　04.237
电力系统振荡　power system oscillation　04.253
电力系统正常状态　normal state of power system　04.261
电力系统中长期稳定性　medium and long term stability　04.233
电力系统中期发展规划　medium term power system planning　03.002
电力系统状态信息　state information of power system　06.039
电力系统最大发电负荷　maximum generation load of power system　04.028
电力系统最大可能出力　maximum available output of power system　04.027
电力系统最小发电负荷　minimum generation load of power system　04.029
[电力]线路　[electric] line　18.001
电力线载波耦合装置　coupling device of power line carrier　15.398
电力线载波通信　power line carrier communication　06.002
电力业务许可证制度　license system for electric power business　06.307
[电力]用户　[power] consumer　19.054
电力转运　power wheeling　06.170
电量　[electrical] energy　19.063
电量电价　energy price　06.223
电量费率　energy rate，kilowatt hour rate　19.173
电量平衡　energy balance　04.367
电流　[electric] current　01.049
电流保护　current protection　05.155
电流表　ammeter　02.017
电流差动式纵联保护　current differential protection　05.210
[电流的]半波　loop [of current]　15.337
电流互感器　current transformer　15.349
电流回路　current circuit　05.088
电流继电器　current relay　05.043
电流控制方式　current control mode　17.197
电流零点　current zero　15.248
电流速断保护　instantaneous current protection，current quick-breaking protection　05.227
电流误差　current error　15.359
* 电流谐振　parallel resonance　01.329
电流引入回路　current injection circuit　15.335
电流裕度控制　current margin control　17.195
电流元　current element　01.097
电流元件　current component　05.071
电流指令　[DC] current [control] order　17.210
电炉　electric furnace　19.083
电路　electric circuit　01.193
电路近后备保护　circuit local backup protection　05.017
电路模型　circuit model　01.194
电路图　circuit diagram　01.195
电路元件　circuit element　01.196
电纳　susceptance　01.228
[电能表]参比电压　[energy meter] reference voltage　02.067
[电能表]参比频率　[energy meter] reference frequency　02.068
[电能表]常数　[meter] constant　02.071
[电能表]等级指数　[energy meter] class index　02.069
[电能表]额定电流　[energy meter] rated current　02.065
[电能表]基本电流　[energy meter] basic current　02.064
电能表型式　meter type　02.070
[电能表]最大电流　[energy meter] maximum current　02.066
电能短缺　energy shortage　04.403
电能量计量系统　tele-meter reading system，TMRS　06.280
电能损耗　energy loss　04.406
[电能]损耗因数　[energy] loss factor　04.409
电能质量　power quality　04.412
电能质量监测　power quality monitoring　04.413
电能质量控制　power quality control　04.415
电能质量评估　power quality evaluation　04.414
电拟试验　electric simulate test　01.874
电偶极矩　electric dipole moment　01.045
电偶极子　electric dipole　01.043
电平表　level meter　02.103
电屏蔽　electrical shield　11.015
电气　electrical，electrical power and equipment　01.445
电气安全　electrical safety　21.013
电气安全标志　electrical safety marking　21.050
电气安全标准　electrical safety standard　21.005

电气安全措施　electrical safety measure　21.008
电气安全管理　electrical safety management　21.004
电气安全规程　electrical safety regulation，safety code　21.006
电气安全距离　electrical safe distance，safe range　21.027
电气安全控制系统　electrical safety control system　21.003
电气安全色　electrical safety color　21.049
电气安全试验　electrical safety test　21.007
电气安全寿命　electrical safe life　21.058
电气安全信息系统　information system for electrical safety　21.002
电气保护分隔　protective separation　21.047
电气保护屏蔽体　electrical protective screen　21.037
电气保护外壳　electrical protective enclosure　21.035
电气保护遮栏　electrical protective barrier　21.034
电气保护阻挡物　electrical protective obstacle　21.033
电气标示牌　electrical indication plate　21.052
电[气]测量　electrical measurement　02.001
电气防爆隔墙　electrical explosion resistant separating wall　21.064
电气防爆门　electrical explosion preventing gate　21.065
电气防火　electrical fire prevention　21.061
电气防火隔墙　electrical fire compartment wall　21.063
电气防火间距　electrical interval of fire prevention　21.028
电气故障　electrical fault，failure　21.029
电气化铁路　electric railway　19.089
电气化铁路串联电容补偿　voltage compensation with series capacitors for electric railway　19.091
电气化铁路接触网　overhead contact system of electric railway　19.090
电气火灾监控设备　alarm and control unit for electric fire protection　21.093
电气火灾监控探测器　detector for electric fire protection　21.099
电气几何模型　electro-geometric model，EGM　16.075
电气紧急事故处理　electrical manipulating emergency　21.057
电气警告牌　electrical alarm plate　21.051
电气距离　electrical distance　16.220
电气潜伏故障[隐患]　potential electric hazard　21.060
＊电气刹车　electrical brake of hydrogenerator　24.022
电气设备缺陷　electrical equipment defect　21.125
电气式调速器　electrical speed governor　10.253
电气事故　electrical accident　21.009
电气事故报警　electrical accident alarming　21.010
电气事故分析　electrical accident analysis　21.012
电气事故间接经济损失　indirect economic loss of electric fault　21.122
电气事故间接原因　indirect cause of electric fault　21.120
电气事故率　electrical failure rate　21.123
电气事故频次　electrical failure frequency　21.124
电气事故抢修　electrical accident rush repair　21.011
电气事故预想　electrical premeditated simulation of accident　21.118
电气事故直接经济损失　direct economic loss of electric fault　21.121
电气事故直接原因　direct reason of electrical accident　21.119
电气误操作　electrical miss operation　21.056
电气消防设施　electrical fire protection equipment　21.062
电气消防通道　electrical fire fighting passageway　21.068
电气液压调节系统　electro-hydraulic control system，EHC　10.244
电气液压调速器　electro-hydraulic governor　23.141
电气主接线　main electrical connection scheme　03.163
电气主设备布置　main electrical equipment layout　03.165
电、热产品成本分摊　cost sharing between heat and electricity production　07.094
电、热产品成本分析　cost analysis of heat and electricity production　07.093
电容　capacitance [of an ideal capacitor]　01.219
电容表　capacitance meter　02.046
电容分压器　capacitive voltage divider　15.372
电容换相换流器　capacitor commutated converter，CCC　17.050
电容器　capacitor，condenser　15.161
电容式电压互感器　capacitive voltage transformer　15.365
电容式分压器　capacitive divider　16.044
电容型套管　condenser bushing　15.148

电渗排水 electro-osmotic drainage 22.393
电渗析 electrodialysis，ED 12.232
* 电势 electric potential 01.024
* 电势差 [electric] potential difference 01.025
电寿命试验 electrical endurance test 15.340
电枢反应 armature reaction 11.051
电枢绕组 armature winding 11.010
电枢时间常数 armature time constant 04.118
电刷 brush 19.140
电刷工况监测器 brush condition monitor 11.193
电刷冒火 sparking of brushes 19.141
电刷磨损 wear of brush 19.142
* 电调 electro-hydraulic governor 23.141
电通[量] electric flux 01.022
电通密度 electric flux density 01.021
电网发展规划 power network planning 03.004
电网费用分摊 capital contribution to network costs 19.165
电网换相换流器 line commutated converter，LCC 17.049
电网接入价 grid access tariff 06.264
电网结构 network structure，network configuration 04.046
电网解列 islanding，network splitting 04.294
电网局部辐射运行 radial operation of a part of a network 04.298
电网局部环式运行 ring operation of a part of a network 04.299
电网有效资产 valid grid assets 06.221
电位 electric potential 01.024
电位差 [electric] potential difference 01.025
* 电位降 voltage drop，potential drop 01.031
* 电位移 electric flux density 01.021
电压 voltage 01.030
电压保护 voltage protection 05.156
电压表 voltmeter 02.022
电压波动 voltage fluctuation 04.433
电压波形电话谐波因数测定 telephone harmonic factor test for generator voltage 11.223
* 电压波形缺口 notching 04.441
电压不稳定 voltage instability 19.041
电压等级 voltage level 04.014
电压合格率 voltage eligibility rate 04.426
电压互感器 voltage transformer，potential transformer 15.364
电压恢复 voltage recovery 04.428
电压回路 voltage circuit 05.087
电压继电器 voltage relay 05.042
电压监控点 voltage monitoring node 04.331
电压降 voltage drop，potential drop 01.031
电压控制方式 voltage control mode 17.196
电压控制节点 voltage controlled bus，PV bus 04.153
电压偏差 deviation of supply voltage 04.425
电压调整 voltage regulating 04.430
电压稳定 voltage stability 04.227
电压误差 voltage error 15.374
电压消失 loss of voltage 04.429
* 电压谐振 series resonance 01.328
电压形成回路 voltage forming circuit 05.093
电压引入回路 voltage injection circuit 15.336
电压应力保护 voltage stress protection 17.166
电压元件 voltage component 05.080
电压源换流器 voltage source converter，VSC 17.051
电压暂降 voltage dip，voltage sag 04.443
电压暂升 voltage swell 04.444
电压正弦波畸变率 voltage waveform aberration 11.058
电压指令 [DC] voltage [control] order 17.211
电压质量 voltage quality 04.424
电压中枢点 voltage pilot node 04.154
电液转换器 electro-hydraulic servo valve 10.245
电源发展规划 generation planning 03.005
电源优化数学模型 optimal mathematical model of generation planning 03.006
电晕防护 corona protection 11.025
电晕放电 corona discharge 16.129
* 电晕极 discharge electrode 20.041
电晕屏蔽 corona shielding 16.133
电晕试验笼 corona cage 16.131
电晕损失 corona loss 16.132
[电晕]无线电干扰 corona interference 18.035
电晕效应 corona effect 16.130
电站锅炉 power plant boiler，utility boiler 09.004
电站空化系数 plant cavitation coefficient，plant sigma 23.085
电照明 electrical lighting 19.078
电致伸缩 electrostriction 01.048
电滞 electric hysteresis 01.046

电滞回线　electric hysteresis loop　01.047
电中性　electrically neutral　01.011
电灼伤　electric burn　21.070
电子　electron　01.004
电子崩　electron avalanche　16.118
电子伏[特]　electronvolt　01.440
电子皮带秤　electronic belt scale　08.156
电子设备间　electronics room　12.006
电子式互感器　electronic instrument transformer　15.348
电子束烟气脱硫脱氮　electronic beam flue gas desulfurization and deNO_x　20.070
电阻　resistance　01.211
电阻表　ohmmeter，resistance meter　02.031
电阻率　resistivity　01.214
电阻器　resistor　19.035
电阻式分压器　resistive divider　16.043
电阻温度计　resistance thermometer　02.154
调度管理体制　dispatching management institution　06.013
调度管理信息系统　dispatching management information system，DMIS　06.281
调度规程　dispatching regulation　06.036
调度价格　dispatching price　06.171
调度命令　dispatching command　06.015
调度时段　dispatch interval　06.172
调度自动化计算机系统　computer system of dispatching automation　06.037
跌流消能　overfall energy dissipation　22.199
跌落式熔断器　drop-out fuse　19.030
迭代投标　iterative bidding，dynamic bidding　06.173
叠合式吊车梁　composite crane beam　22.244
叠加定理　superposition theorem　01.300
叠梁闸门　stoplog gate　22.250
叠绕组　lap winding　11.011
碟式太阳热发电系统　parabolic dish solar thermal power generation system　14.146
＊蝶阀　butterfly valve　23.136
顶盖　head cover　23.024
顶管法　pipe jacking method　22.373
顶棚过热器　steam cooled roof superheater　09.125
顶升模板　jack-raising form　22.340
顶值电压　ceiling voltage　04.138
顶轴油泵　jacking oil pump　10.282
＊定常流动　constant flow　01.755
定额　norm　22.528
定桨工况　propeller operating condition　23.060
定桨距　fixed pitch　14.066
＊定桨式水轮机　axial flow hydroturbine with fixed blade，Nagler turbine　23.006
定量金相技术　quantitative metallography technique　12.323
定轮闸门　fixed roller gate　22.251
定期排污　periodical blowdown　09.405
定期巡视　periodical inspection　21.077
定时打印　periodic logging　12.123
定时限保护　definite time protection，independent time-lag protection　05.199
定时限继电器　specified time relay　05.051
定体积比热　specific heat at constant volume　01.499
定位　spotting，locating　18.362
定相同步试验　phasing and synchronizing test　11.109
定向爆破　directional blasting　22.481
定向爆破堆石坝　directed blasting rockfill dam　22.033
定型模板　typified form　22.341
定压比热　specific heat at constant pressure　01.498
定压-滑压复合运行　modified sliding pressure operation　09.395
定压启动　constant pressure start-up　09.394
定压运行　constant pressure operation　10.431
＊定制电力　customer power　19.072
定转速风轮　constant speed rotor　14.068
定、转子绕组交流耐压试验　AC withstand voltage test for stator and rotor winding　11.210
定、转子绕组绝缘电阻测量　insulation resistance measurement for stator and rotor winding　11.207
定、转子绕组直流电阻测量　DC resistance measurement for stator and rotor winding　11.206
定子槽放电监测器　stator slot [partial discharge] coupler　11.189
定子测圆架　roundness measuring devicement of stator　24.038
定子端部绕组绝缘磨损　wearing of stator end winding insulation　11.103
定子端部绕组匝间短路　inter-turn short circuit in stator end winding　11.170
定子端部绕组振动　vibration of stator end winding　11.070

定子短时过电流　stator over-current for a short time　11.159
定子机座　stator frame　11.017
定子接地保护　stator ground fault protection　05.175
定子冷却水电导率计　stator cooling water conductivity cell　11.196
定子内冷水含氢量监测器　hydrogen into water leakage monitor　11.200
定子绕组　stator winding　11.007
定子[绕组]电阻　stator [winding] resistance　04.120
定子绕组端部模态及固有振动频率测定　test of modal and natural vibration frequency for stator end winding　11.232
定子绕组端部振动监测器　stator end winding vibration monitor　11.194
定子绕组绝缘故障　stator winding insulation failure　11.167
定子绕组冷却　cooling of stator winding　11.082
定子绕组直流耐压试验和泄漏电流试验　DC withstand voltage test and leakage current measurement for stator winding　11.209
定子铁心的损耗发热试验　stator core loss and temperature rise test　11.215
定子铁心叠片振动声频监测器　audio detector for core lamination vibration　11.198
定子铁心和机座振动测定　vibration measurement for core and stator frame　11.231
定子铁心机座振动监测器　stator core/frame vibration monitor　11.197
定子线棒　stator coil bar　11.009
定子线棒导线断股　broken conductor strand of stator coil bar　11.169
定子线棒接头开焊　soldering joint failure　11.168
定子线圈　stator coil　11.008
冬季施工　winter construction　22.461
动触点　moving contact　05.108
动触头　moving contact　15.276
动断触点　normally closed contact，break contact　05.111
动断触点的闭合时间　closing time of a break contact　05.137
动合触点　normally open contact，make contact　05.110
动合触点的闭合时间　closing time of a make contact　05.138
动静部分碰磨　collision between rotary and static parts　10.129
动力操动机构　dependent power operating mechanism　15.282
* 动力堆　power reactor　13.396
动力反应堆　power reactor　13.396
动力排放阀　power control valve，PCV　09.153
动力燃料　fuel for power generation　08.003
动力透平　power turbine　10.530
动频系数　dynamic frequency factor　10.153
动水压力　hydrodynamic pressure　01.789
* 动态分离器　dynamic mill classifier　09.322
动态负荷特性　dynamic characteristics of load　04.167
动态工程投资概算　dynamic project cost estimate　03.195
动态特性　dynamic characteristics　10.270
* 动态投标　iterative bidding，dynamic bidding　06.173
动态投资　dynamic storage investment　22.527
动态系统监测　dynamic system monitoring　05.265
动作时间　operate time　05.133
动作时限　operation time limit　05.121
动作值　operating value　05.131
动作值的变差　variation of operating value　05.124
冻结加固　stabilization by freezing　22.437
冻结帷幕　freezing curtain　22.403
冻胀力　frost heave　01.802
洞内消能工　energy dissipator within the tunnel　22.203
硐室爆破　chamber blasting　22.474
硐室围岩　surrounding rock of chamber　22.377
硐室支护　chamber support　22.381
硐探　exploratory tunneling　22.378
陡槽式溢洪道　chute spillway　22.146
独立电流源　independent current source　01.204
独立电压源　independent voltage source　01.203
独立发电商　independent power producer，IPP　06.158
独立光伏发电系统　off-grid PV system，stand-along PV system　14.168
独立绕组变压器　separate winding transformer　15.086
独立验证　independent verification　13.708
堵灰　ash clogging　09.484
堵漏　seepage plugging　22.426
端部损失　blade end loss　10.069
端盖式轴承　end bracket type bearing　11.028
端接导抗　terminating immittance　01.233

端口　port　01.265
n 端口网络　n-port network　01.271
端[子]　terminal　01.264
端子排　jumper board，terminal block　05.086
短路比　short-circuit ratio　04.121
* 短路冲击电流　peak short-circuit current　04.185
短路点电流　current at the short-circuit point　04.176
短路电流　short-circuit current　04.175
短路电流的热效应　heat effect of short-circuit current　04.189
短路电流非周期分量　aperiodic component of short-circuit current　04.184
短路电流峰值　peak short-circuit current　04.185
短路电流允许值　short-circuit current capability　04.172
* 短路电流直流分量　aperiodic component of short-circuit current　04.184
短路电流周期分量　periodic component of short-circuit current　04.179
短路故障　shunt fault，short-circuit fault　05.032
短路故障率　rate of occurrence of short-circuit events　21.256
短路计算　short-circuit calculation　04.170
短路容量　short-circuit capacity　04.171
短路特性　short-circuit characteristics　11.113
短路装置　short-circuiting device　16.233
短期边际成本　short-run marginal cost　19.167
短期边际成本定价　short-run marginal cost pricing　06.217
短期交易子系统　short-term trade subsystem，STS　06.277
短时电压升高试验　short time voltage rising test　11.226
短时工频耐压试验　short duration power frequency voltage withstand test　16.020
短时过电流试验　short time over-current test　11.229
短时间电压中断　short time interruption of voltage　04.445
断层　fault　01.702
断口分析　fractography　12.345
断裂力学　fracture mechanics　12.346
断裂力学试验　fracture mechanics test　12.347
断裂韧度　fracture toughness　12.298
断路器　circuit-breaker　15.183
* SF_6 断路器　sulfur hexafluoride circuit-breaker，SF_6 circuit-breaker　15.196
[断路器的]燃弧时差　difference of arcing time [of circuit-breaker]　15.344
断路器断口并联电容　grading capacitor between open contacts of circuit-breaker　15.315
[断路器]工频恢复电压　power frequency recovery voltage [of circuit-breaker]　15.320
断路器合闸电阻　closing resistor of circuit-breaker　15.316
[断路器]恢复电压　recovery voltage [of circuit-breaker]　15.317
断路器失灵保护　circuit-breaker failure protection　05.020
[断路器]首开极因数　first-pole-to-clear factor [of circuit-breaker]　15.323
[断路器]瞬态恢复电压　transient recovery voltage [of circuit-breaker]，TRV　15.318
断路器误合闸保护　breaker mal-closing protection　11.237
断面比能　specific energy　01.787
* 断面单位能量　specific energy　01.787
断面收缩率　contraction of cross sectional area　12.300
* 断态　forward blocking state，off-state　17.129
断态不重复峰值电压　non repetitive peak off-state voltage　17.149
断态重复峰值电压　repetitive peak off-state voltage　17.148
断态电压临界上升率　critical rate of rise of off-state voltage　17.159
断态工作峰值电压　peak working off-state voltage　17.147
* 断相运行　open phase operation　04.310
断续故障　intermittent fault　19.044
断续流通　intermittent flow　17.144
断续[周期]工作制　intermittent duty　19.129
断轴　rupture and wreck of rotor　10.168
堆顶一体化结构　integrated reactor pressure vessel head structure　13.419
堆密度　bulk density　08.077
堆内构件　reactor internals　13.418
堆取料[煤]机　stacker-reclaimer　08.125
堆石坝　rock-fill dam　22.031
* 堆石排水　prism drainage　22.088

堆芯比焓升　core specific enthalpy rise　13.321
堆芯捕集器　core catcher　13.571
堆芯布置方案　core configuration pattern　13.256
堆芯等效直径　equivalent core diameter　13.102
堆芯高度　core height　13.103
堆芯功率分布　core power distribution　13.257
堆芯功率密度　power density in-core　13.254
堆芯流量分配　core flow distribution　13.328
堆芯燃料管理　reactor core fuel management　13.137
堆芯熔化概率　core melt probability　13.671
堆芯熔化事故　core melt accident　13.591
[堆芯]首次铀装量　first uranium inventory [of core] 13.261
堆芯寿期　reactor core lifetime　13.136
堆芯压降　core pressure loss　13.335
堆周期　reactor period　13.111
堆锥四分法　coning and quartering　08.108
对称短路电流　symmetrical short-circuit current 04.181
对称短路电流初始值　initial symmetrical short-circuit current　04.182
对称短路视在功率初始值　initial symmetrical short-circuit [apparent] power　04.183
对称二端口网络　symmetrical two-port network 01.269
对称分量法　method of symmetrical component　01.358
对称三相电路　symmetric three phase circuit　01.347
对称相控　symmetrical phase control　17.191
对冲燃烧　opposed firing　09.162
对地净距　ground clearance　18.149
对地泄漏电流　earth leakage current　21.019
* 对角式水轮机　diagonal [flow] hydroturbine　23.007
对流　convection　01.619
对流过热器　convection superheater　09.121
对流换热　convective heat transfer　01.620
对流冷却　convection cooling　10.537
对流受热面　convection heating surface　09.100
对流烟道　convection gas pass　09.241
对流再生　counter current regeneration　12.204
对数螺旋拱坝　logarithmic spiral arch dam　22.017
对障碍物的净距　clearance to obstacles　18.150
盾构法　shielding method　22.372
钝化　passivating　09.425
钝化剂　passivator　12.259
多臂钻车　multi-beam jumbo　22.509
多边交易　multilateral trading　06.129
多边形联结　polygon connection　01.240
* 多变过程　polytropic process　01.538
多部投标　multi-part bidding　06.174
多重阀单元　multiple valve unit，MVU　17.073
多重故障　multiple faults　04.208
多重性　redundancy　13.661
多次重合闸　multiple shot reclosing　05.242
多点共线配置　multipoint-partyline configuration 06.030
多端高压直流输电系统　multi-terminal HVDC transmission system　17.003
多端直流输电控制系统　MTDC control system　17.172
多段报价　multi-block bidding　06.175
多段式距离保护　multi-stage distance protection，multi-zone distance protection　05.217
多方过程　polytropic process　01.538
多费率电能表　multi-rate meter　02.062
多份采样　reduplicate sampling　08.086
多回路　multiple circuit line　18.012
多回路塔　multi-circuit steel tower　18.097
多级船闸　multi-stage lock，lock flight　22.130
多级可逆式水轮机　multi-stage pump-turbine　23.117
* 多级闪蒸　multi-stage distillation　12.236
多级式蓄能泵　multi-stage storage pump　23.126
多角形母线变电站　mesh substation　15.041
多晶硅太阳能电池　polycrystalline silicon solar cell 14.156
多量限[测量]仪器仪表　multi-range [measuring] instrument　02.016
多氯联苯污染　pollution by polychlorinated biphenyle 20.132
多模光纤　multi-mode fiber　18.325
多目标水库　multi-purpose reservoir　03.110
多年调节　over year regulation　03.101
* 多普勒反应性系数　fuel temperature coefficient 13.121
多普勒效应　Doppler effect　13.122
* 多普勒展宽　Doppler effect　13.122
多群扩散法　multi-group diffusion method　13.085
* 多水年　wet year　01.668
多筒式烟囱　multitube chimney　20.157
[多相电路]线电流　[polyphase circuit] line current

01.355
[多相电路]线电压 [polyphase circuit] line voltage 01.353
[多相电路]相电流 [polyphase circuit] phase current 01.354
[多相电路]相电压 [polyphase circuit] phase voltage 01.352
多相制 multiphase system，polyphase system 01.348
多效蒸发 multiple effect distillation，MED 12.237
多芯电缆 multicore cable 18.275
多压式凝汽器 multi-pressure condenser 10.348
多压式汽轮机 multi-pressure steam turbine 10.019
多压蒸汽循环联合循环机组 combined cycle unit with multi-pressure level steam cycle 10.468
多样性 diversity 13.660
多用表 multimeter 02.048
多油断路器 bulk oil circuit-breaker 15.200
多油楔轴承 multi-oil wedge bearing 10.221
多轴联合循环机组 multi-shaft type combined cycle unit 10.466
多轴燃气轮机 multi-shaft gas turbine 10.448
惰转时间 idle time 10.427
惰走曲线 idle curve 10.428

E

* 额定出力 rated power，rated output 10.026
* 额定电流比 rated current transformation ratio 15.360
* 额定电压比 rated voltage ratio 15.373
* 额定分接 principal tapping 15.121
额定风速 rated wind speed 14.097
额定工况 rated operating condition 23.062
额定功率 rated power，rated output 10.026
额定供热量 rated heat capacity 09.082
* 额定拉断力 rated tensile strength，RTS 18.072
额定励磁电流及电压调整率测定 measurement of rated excitation current and voltage regulation 11.230
额定流量 rated discharge 23.058
额定剩余不动作电流 rated residual non-operating current 21.086
额定剩余动作电流 rated residual operating current 21.084
额定水头 rated head，characteristic head 03.126
[额定瞬态恢复电压的]两参数法 representation [of rated TRV] by two parameters 15.343
[额定瞬态恢复电压的]四参数法 representation [of rated TRV] by four parameters 15.342
* 额定蒸发量 rated capacity 09.053
额定蒸汽参数 rated steam condition 10.023
额定蒸汽温度 rated steam temperature 09.052
额定蒸汽压力 rated steam pressure 09.051
二次风 secondary air 09.232
* 二次风份额 secondary air ratio 09.080
二次风率 secondary air ratio 09.080
二次风喷口 secondary air nozzle 09.187
二次回路 secondary circuit 05.091
二次流 secondary flow 01.780
二次滤网 secondary filter screen 10.395
二次屏蔽 secondary shielding 13.755
二次调频 secondary control [of active power in a system] 04.314
二次系统 secondary system 04.006
二次谐波 second harmonic component 01.364
二次仪表 secondary instrument 12.016
* 二次中子源 secondary neutron source 13.054
* 二次中子源组件 secondary neutron source assembly 13.422
二道坝 auxiliary weir 22.213
二端口网络 two-port network 01.267
二端口网络导纳矩阵 admittance matrix of two-point network 01.272
二端口网络阻抗矩阵 impedance matrix of two-point network 01.273
* 二端网络 one-port network 01.266
二分器 riffle 08.111
* 二分之三断路器接线 one-and-a-half breaker configuration 15.037
二回路系统 secondary circuit system 13.466
二机式抽水蓄能机组 binary unit 23.119
二级旁路系统 two-stage by-pass system 10.085
二极管阀 diode valve 17.076

二极管击穿探测仪　diode breakdown detector　11.203
二阶电路　second order circuit　01.304

F

* 发电侧市场　generation market　06.132
发电厂　power plant，power station　07.010
发电厂厂用电率　service power rate of power plant，auxiliary power consumption rate of power plant　07.027
发电厂供电成本　cost of power supply of power plant　07.036
发电厂供热成本　cost of heat supply of power plant　07.037
发电厂接入系统设计　design of power plant interconnection　03.010
发电厂容量　power plant capacity　03.013
发电厂总占地面积　total land area of power plant　03.176
发电厂最小出力　minimum output of power plant　04.031
发电车　truck-mounted power plant　07.023
发电成本　power generation cost，cost of electricity，COE　03.185
发电工程每千瓦造价　cost of power generation project per kW　03.199
发电工程投资　cost of power generation project　03.197
发电工况　generator operation mode　24.042
发电机保护系统　generator protection system　05.174
发电机-变压器单元保护　generator-transformer unit protection　05.191
[发电机]并网运行　paralleling operation　11.108
发电机层　generator floor　22.239
发电机出力图　generator capability diagram，generator P-Q chart　11.066
发电机的特殊继电保护　special relay protection for generator　11.236
发电机低频率保护　generator under frequency protection　05.176
发电机电动机运行保护　generator motoring protection　05.177
发电机电气预防性试验　electrical preventive test for generator　11.205
发电机定子　generator stator　11.003
发电机短路保护　generator protection for short-circuit　05.187
[发电机]额定容量　rated capacity　11.064
发电机负序电流保护　generator protection for negative sequence current　05.178
发电机工况监测器　generator condition monitor，GCM　11.187
发电机故障　generator failure　11.166
发电机接地保护　generator protection for earthing　05.188
发电机可能出力　generator available output　04.030
发电机冷却　generator cooling　11.077
发电机冷却系统故障保护　generator cooling system failure protection　12.116
发电机冷却系统试验　generator cooling system test　11.234
[发电机]逆功率保护　reverse power protection　05.184
* 发电机 P-Q 曲线　generator capability diagram，generator P-Q chart　11.066
[发电机]失磁保护　loss-of-field protection　05.180
发电机时间常数测定　measurement of generator time constant　11.225
发电机特殊运行　special operation of generator　11.158
发电机调相运行　condenser operation of a generator　04.344
发电机效率　generator efficiency　11.071
发电机性能试验　generator performance test　11.214
[发电机]异步运行保护　asynchronous operation protection　05.185
发电机异常运行　abnormal operation of generator　11.157
[发电机]引出线和有关设备　main leads and associated equipment　11.105
发电机运行监测　operational monitoring of generator　11.185
[发电机]中性点消弧线圈接地方式　neutral point grounding with arc-suppression coil　11.106
发电机主要电抗测定　measurement of principal reactance for generator　11.224

发电机转子　generator rotor　11.031
[发电机组的]平均无故障可用小时　mean time between failures [of a unit]，MTBFU　21.225
发电机组的调节范围　control range of a generating set　04.320
发电机组[二次]功率调节　[secondary] power control operation of a generating set　04.315
发电机组计划运行　scheduled operation of a generating set　04.282
发电计划　generation schedule　04.032
发电竞争模式　generation competition　06.130
发电库容　power storage capacity　03.092
发电量　electricity production　03.138
* 发电煤耗　gross coal consumption rate　07.029
发电煤耗率　gross coal consumption rate　07.029
发电权转让交易　generation right transfer trading　06.131
* 发电热耗　heat consumption rate of electricity generation　07.032
发电热耗率　heat consumption rate of electricity generation　07.032
发电热效率　thermal efficiency of electricity generation　07.033
发电容量可靠性评估　reliability evaluation for generating capacity　21.218
发电设备可靠性评估　reliability evaluation for generating equipment　21.217
发电市场　generation market　06.132
* 发电调整计划　generation re-scheduling　06.176
发电用煤机械采制样装置　mechanical power coal sampling equipment　08.091
发电再计划　generation re-scheduling　06.176
发散冷却　transpiration cooling　10.539
发散喷射　spray jet　16.243
发展性故障　developing fault　04.209
乏　var　01.433
* 乏表　varmeter　02.029
* 乏气喷口　exhaust gas nozzle　09.188
乏燃料　spent fuel，irradiated fuel　13.229
乏燃料储存水池　spent fuel storage pool　13.451
[乏燃料]后处理　irradiated fuel reprocessing　13.233
乏燃料组件储存格架　spent fuel assembly storage rack　13.452
乏燃料组件储存设施　irradiated fuel assembly storage facility　13.232
乏燃料组件运输　spent fuel assembly transport　13.231
乏燃料组件运输容器　spent fuel assembly transport cask　13.230
阀保护　valve protection　17.187
阀保护性触发　valve protective firing　17.090
阀闭锁　valve blocking　17.133
阀避雷器　valve arrester　17.092
阀侧绕组　valve side winding　17.024
阀触发　valve firing　17.185
[阀]触发脉冲　[valve] firing pulse　17.107
阀电抗器　valve reactor　17.087
阀电压降　valve voltage drop　17.127
阀电子电路　valve electronics　17.083
阀基　valve base　17.086
* 阀基电子设备　valve interface unit，valve base electronics，VBE　17.084
阀监测　valve monitoring　17.186
阀接口单元　valve interface unit，valve base electronics，VBE　17.084
阀结构　valve structure　17.082
阀解锁　valve deblocking　17.134
* 阀控　valve control　17.183
阀控制脉冲　valve control pulse　17.184
阀门　valve　22.277
阀门管理　valve management　12.051
阀式避雷器　valve type arrester　15.376
阀支架　valve support　17.085
阀组件　valve module　17.081
筏道　logway，raft sluice　22.119
法定荷载　legislative load　18.042
法[拉]　farad　01.426
法拉第定律　Faraday law　01.147
法拉第效应　Faraday effect　01.161
* 法兰西斯水轮机　Francis turbine　23.003
翻板闸门　balanced wicket，tumble gate　22.252
翻车机　car tippler　08.119
钒腐蚀的抑制　inhibition of vanadium corrosion　10.571
反冲洗装置　backwashing device　10.396
反吹式布袋清灰　reverse flow cleaning　20.048
反电动势　back electromotive force　01.033
反动度　degree of reaction　10.051
反动级　reaction stage　10.053

反动式汽轮机　reaction steam turbine　10.007
反动式透平　reaction turbine　10.521
反击率　risk of flashback　16.068
反击式水轮机　reaction hydroturbine　23.002
反井钻机　raise-bore machine　22.511
反滤层　filter bed，reversed filter　22.072
反射波　reflected wave　01.409
反射层　reflector　13.153
反射层节省　reflector economy　13.154
反射率　reflectivity　01.631
反射系数　reflection coefficient　01.411
反渗透　reverse osmosis，RO　12.227
反时限保护　inverse time protection　05.200
反时限继电器　inverse time relay　05.052
反事故措施　anti-accident measure　04.364
反调节　reverse regulation，re-regulation　03.113
反铁磁性　anti-ferromagnetism　01.108
反洗　backwashing　12.214
反向　reverse direction，non-conducting direction　17.121
反向不重复峰值电压　non-repetitive peak reverse voltage　17.152
反向重复峰值电压　repetitive peak reverse voltage　17.151
反向电流　reverse current　17.123
反向电压　reverse voltage　17.125
反向工作峰值电压　peak working reverse voltage　17.150
反向击穿　reverse breakdown　17.143
反向行波　returning wave　01.407
反向阻断间隔　reverse blocking interval　17.119
反向阻断状态　reverse blocking state　17.130
反相　opposite phase　01.177
(n, α)反应　(n, α) reaction　13.028
(n, p)反应　(n, p) reaction　13.029
反应堆保护系统　reactor protection system　13.506
反应堆倍增周期　reactor double period　13.112
反应堆本体　reactor proper　13.415
反应堆材料　material for nuclear reactor　13.234
反应堆材料辐照效应　irradiation effect of reactor material　13.235
反应堆厂房环形吊车　polar crane in reactor building　13.465
反应堆超临界　reactor super-criticality　13.091
反应堆传递函数　reactor transfer function　13.114
反应堆动态学　reactor kinetics　13.104
反应堆堆内构件振动监测装置　vibration monitoring device of reactor internal　13.517
[反应堆]堆芯　reactor core　13.100
反应堆分类　classification of reactor　13.033
反应堆功率猝增　reactor power burst　13.586
* 反应堆功率剧增　reactor power excursion　13.586
反应堆核设计　reactor nuclear design　13.247
反应堆降温速率　cooling rate of reactor　13.290
反应堆结构材料　structural material for reactor　13.240
反应堆结构断裂力学　fracture mechanics in reactor structure　13.241
反应堆结构力学　structural mechanics in reactor technology　13.341
反应堆结构热冲击　thermal shock in reactor structure　13.343
反应堆结构热应力　thermal stress in reactor structure　13.342
反应堆控制材料　material for reactor control　13.236
反应堆冷却剂材料　material for reactor coolant　13.245
反应堆冷却剂活度监测　activity surveillance of reactor coolant　13.515
反应堆冷却剂系统　reactor coolant system，RCS　13.413
反应堆冷[态]启动　reactor cold start-up　13.540
反应堆临界　reactor criticality　13.088
反应堆临界方程　reactor critical equation　13.087
反应堆内热传输　heat transfer in reactor　13.286
反应堆平均温升　average temperature rise of reactor　13.289
反应堆屏蔽材料　reactor shielding material　13.246
反应堆启动　reactor start-up　13.539
反应堆取样系统　sampling system of reactor　13.448
反应堆燃料性能要求　performance requirement for reactor fuel　13.193
反应堆热工分析　reactor thermal analysis　13.279
反应堆热工流体力学　reactor thermo-hydraulics　13.332
反应堆热工实验　reactor thermal experiment　13.292
* 反应堆热工学　reactor thermo-hydraulics　13.332
反应堆热功率　reactor thermal power　13.250
反应堆热[态]启动　reactor hot start-up　13.541
[反应堆]剩余释热　residual heat release of reactor

13.284
* 反应堆时间常数　reactor period　13.111
反应堆释热　heat release in reactor　13.280
反应堆水力实验　reactor hydraulic experiment　13.333
反应堆停堆系统　reactor trip system　13.443
[反应堆]无源启动　reactor start-up without neutron source　13.162
反应堆物理　reactor physics　13.031
反应堆物理计算　reactor physics calculation　13.086
反应堆物理启动　reactor physical start-up　13.158
反应堆物理实验　reactor physics experiment　13.155
反应堆压力容器　reactor pressure vessel　13.416
反应堆压力容器材料　material for reactor pressure vessel　13.237
反应堆压力容器水位测量　water level measurement of reactor pressure vessel　13.417
反应堆仪表和控制系统　reactor instrumentation and control system，I&C　13.503
[反应堆]余热　residual heat of reactor　13.283
反应堆噪声　reactor noise　13.167
反应堆栅格　reactor lattice　13.093
反应堆整体水力模拟试验　reactor integral mock-up hydraulic test　13.334
反应堆主控制室　reactor main control room　13.524
[反应堆]自然循环　natural circulation in reactor　13.331
反应堆自稳定性　reactor self-stability　13.128
反应焓　enthalpy of reaction　01.604
反应性　reactivity　13.107
* 反应性方程　in-hour equation　13.113
反应性功率系数　reactor power coefficient　13.126
* 反应性积分功率系数　power defect　13.127
反应性空泡系数　reactivity void coefficient　13.125
反应性控制　reactivity control　13.138
反应性控制方法　reactivity control approach　13.150
* 反应性微分功率系数　reactor power coefficient　13.126
反应性温度系数　reactivity temperature coefficient　13.120
反应性系数　reactivity coefficient　13.119
反应性压力系数　reactivity pressure coefficient　13.124
反应性仪　reactivity meter　13.110
反应性引入事故　reactivity-insertion accident，RIA　13.584
返回时间　return time　05.140
返回系数　resetting ratio　05.136
返回信息　return information　06.053
范德瓦耳斯方程　van der Waals equation of state　01.470
方波冲击电流峰值持续时间　duration of peak value of rectangular impulse current　16.091
方波冲击电流总持续时间　total duration of a rectangular impulse current　16.092
方波电压发生器　square wave voltage generator　16.040
方向保护　directional protection　05.016
方向比较式纵联保护　direction comparison protection system　05.208
方向电流保护　directional current protection　05.224
方向继电器　directional relay　05.049
方向距离保护　directional distance protection　05.225
方向元件　directional component　05.078
防爆安全措施　flameproof safety　21.117
防爆电动机　explosion-proof motor　19.102
防喘装置　surge-preventing device　10.592
防滴式电动机　drip-proof type motor　19.101
防电晕层　anti-corona coating　11.026
防冻措施　freeze protection measures　22.444
防腐蚀处理　anti-corrosion treatment　12.263
防垢处理　scale prevention treatment　12.254
防洪库容　flood control [storage] capacity　03.093
防洪限制水位　flood restricted [water] level　03.123
防护衣具　protective clothing　13.756
防火墙　fire protection wall　15.067
防进水保护　anti-water protection　10.306
防静电接地　static electricity protection earthing　16.205
防浪墙　wave protection wall　22.037
防爬装置　anti-climbing guard，anti-climbing device　18.109
防渗　seepage prevention　22.396
防渗面板　impervious face slab　22.080
防渗帷幕　seepage proof curtain　22.402
防跳跃装置　anti-pumping device　15.312
防锈剂　anti-rust additive，rust inhibitor　12.281
防渣管　slag screen　09.116
防振锤　vibration damper　18.197
防止设备事故措施　equipment measure against accident

21.116
放大器 amplifier 10.255
放电极 discharge electrode 20.041
放气 blow-off 10.583
放射性 radioactivity 13.016
放射性废气处理 radioactive gases waste treatment 13.804
放射性废物 radioactive waste 13.798
放射性废物处置 radioactive waste disposal 13.810
放射性废物焚烧 incineration of radioactive waste 13.808
放射性废物固化 solidification of radioactive waste 13.809
放射性废物就地储存 on-site storage of radioactive waste 13.807
* 放射性废物现场储存 on-site storage of radioactive waste 13.807
放射性废物最小化 radioactive waste minimization 13.799
放射性废液处理 radioactive liquid waste treatment 13.805
放射性固体废物 radioactive solid waste 20.017
放射性固体废物处理 radioactive solid waste treatment 13.806
放射性核素迁移 radionuclide migration 13.817
[放射性]活度 radioactive activity 13.724
放射性流出物 radioactive effluent 13.771
放射性流出物监测 radioactive effluent monitoring 13.774
放射性气溶胶 radioactive aerosol 13.775
[放射性]去污 radioactive decontamination 13.739
放射性衰变 radioactive decay 13.018
[放射性]衰变常数 [radioactive] decay constant 13.020
放射性同位素 radioactive isotope 13.017
放射性污染 radioactive contamination 13.738
放射性中子源 radioactive neutron source 13.053
放水 blow-off 09.426
放线滑轮 pulley block 18.367
飞车 boatswain'chair，dirigible chair on overhead line 18.370
飞灰 fly ash 09.461
飞灰比电阻 fly ash resistivity 20.027
飞灰复燃装置 fly ash reinjection system 09.202
* 飞灰含碳量 unburned combustible in fly ash，unburned carbon in fly ash 09.447
飞灰可燃物含量 unburned combustible in fly ash，unburned carbon in fly ash 09.447
* 飞灰粒度 particle size of fly ash 20.025
飞灰粒径 particle size of fly ash 20.025
飞灰粒径分布 particle size distribution of fly ash 20.026
飞灰取样器 fly ash sampler 09.462
* 飞轮力矩 rotating inertia of hydrogenerator，flywheel effect 24.035
飞射物 projectile 13.670
飞逸转速 runaway speed 23.104
非常溢洪道 emergency spillway 22.151
非单元式保护 non-unit protection 05.166
非导电环境 non-conducting environment 21.032
* 非导通方向 reverse direction，non-conducting direction 17.121
非导通状态 non-conducting state，blocking state 17.128
非对称相控 asymmetrical phase control 17.192
非法投机行为 illegal speculation 06.308
非峰时电价 off-peak tariff 19.185
非核蒸汽冲转试验 start-up test of non-nuclear steam 13.537
非计划停运 non-planned outage 13.555
非计划停运次数 unplanned outage times 21.206
非计划停运系数 unplanned outage factor 21.207
非计划停运小时 unplanned outage hours 21.205
非计划停运状态 unplanned outage state 21.204
非计划性维修 unscheduled maintenance 21.141
非晶磁性物质 amorphous magnetic substance 01.112
非晶硅太阳能电池 amorphous silicon solar cell 14.157
非竞价机组 non-bidding units 06.177
非竞争电量 non-competition energy 06.178
非居民区 non-residential area 18.016
非居民照明电价 lighting tariff 19.194
非居住区 non-residential area 13.744
非均布冰荷载 non-uniform ice loading 18.053
非能动安全系统 passive safety system 13.437
非能动部件 passive component 13.652
非破坏性绝缘试验 nondestructive test 16.026
非全相运行 open phase operation 04.310

非损坏性故障　non-damage fault　04.195
* 非弹性碰撞　inelastic scattering　13.059
非弹性散射　inelastic scattering　13.059
非同步振荡　asynchronous oscillation　04.259
非线性电路　non linear circuit　01.200
非压缩型金具　non-compression-type fitting　18.180
非一致性分摊方法　non-coincident peak method　19.163
非正弦周期电流电路　unsinusoidal periodic current circuit　02.145
非正弦周期量　unsinusoidal periodic quantity　01.362
非自恢复绝缘　non-self restoring insulation　16.167
* 废热锅炉　waste heat boiler　09.025
废水　waste water　20.087
废水处理　waste water treatment　20.088
废水零排放　waste water zero discharge　20.100
废水再利用　waste water reuse　20.101
α 废物　α bearing waste　13.803
* 沸水堆　boiling water reactor，BWR　13.384
沸水反应堆　boiling water reactor，BWR　13.384
沸腾　boiling　01.626
沸腾换热　boiling heat transfer　01.627
沸腾换热恶化　boiling crisis　09.278
肺部计数器　lung counter　13.765
费米年龄方程　Fermi age equation　13.064
* 费斯顿管　slag screen　09.116
分贝计　decibelmeter　02.105
分辨力　resolution　02.118
分布参数电路　distributed circuit　01.198
分部试运　commissioning of individual equipment and subsystem　03.234
分层式进水口　multi-level intake　22.165
分次竞价　sequential bidding　06.133
分档电价　block tariff　19.180
分段断路器　section circuit-breaker　15.188
分段关闭　sequence closing　23.150
分段器　sectionalizer　15.226
* 分断　breaking　15.292
分管形燃烧室　can-type combustor　10.547
分-合时间　open-close time　15.306
分洪闸　flood diversion sluice　22.097
分级绝缘绕组　non-uniform insulated winding　15.112
分级燃烧　staged combustion　09.168
分接　tapping，tap　15.120
分接选择器　tap selector　15.141
* PQ 分解法　fast decoupled method　04.160
分解组立杆塔　split tower erection　18.359
分界点　delivery point　04.067
分开式基础　separate footing foundation　18.158
分离功　separative work　13.189
分离功单位　separative work unit，SWU　13.191
分离功率　separative power　13.190
分离-嬗变　partitioning and transmutation，P&T　13.816
分离式闸室　separate-wall lock chamber　22.139
分励脱扣器　shunt release　15.265
分裂导线　conductor bundle　18.256
分流器　shunt　02.076
* 分配集箱　distributing header　09.112
分配箱　distributor box　18.291
分期导流　stage diversion　22.487
分散控制系统　distributed control system，DCS　12.119
分散式发电装置　distributed power generation facilities　07.014
分时电价　time-of-day tariff　19.183
分时竞价　time period bidding　06.134
分水建筑物　diversion structure　01.820
分网运行　separate network operation　04.303
分析煤样　coal sample for general analysis　08.099
分相保护　phase segregated protection　05.167
分相布置　separated phase layout　15.023
分相控制　individual phase control　17.190
分压比　rated voltage ratio　15.373
分压器　voltage divider　02.051
分样　partial coal sample　08.085
分闸　opening　15.300
分闸过电压　breaking overvoltage　16.182
分闸时间　opening time　15.302
分闸速度　opening speed　15.303
分闸位置　opening position　15.301
分支接头　branch joint　18.284
粉尘治理　dust pollution control　20.018
粉煤灰　fly ash　20.019
粉煤灰化学成分　chemical composition of fly ash　20.024
粉煤灰物理特性　physical properties of fly ash　20.023
粉煤灰选炭　separation of carbon residue from fly ash　20.030
粉煤灰选铁　separation of ferro oxides from fly ash

20.031
粉煤灰游离氧化钙　free calcium oxide in fly ash　20.029
粉煤灰综合利用　comprehensive utilization of fly ash　20.028
Top-m 份额　Top-m share　06.334
丰枯电价　flood season-dry season price　06.224
丰水年　wet year　01.668
风场　wind site　14.042
风道　air duct　09.217
* 风电　wind power generation, wind power　14.074
风电场　wind power plant, wind farm　14.108
[风电场]电网连接点　grid connection point for wind farm　14.112
* 风电机组　wind turbine generator system, WTGS　14.075
[风电机组]保护系统　protection system [for WTGS]　14.107
[风电机组]传动系统　drive train　14.079
[风电机组]电力汇集系统　power collection system [for WTGS]　14.111
[风电机组]额定功率　rated power [for WTGS]　14.094
[风电机组]关机　shutdown [for WTGS]　14.101
[风电机组]基础　foundation [for WTGS]　14.089
[风电机组]紧急关机　emergency shutdown [for WTGS]　14.103
[风电机组]可利用率　availability [for WTGS]　14.105
[风电机组]空转　idling [for WTGS]　14.104
[风电机组]控制系统　control system [for WTGS]　14.106
[风电机组]塔架　tower [for WTGS]　14.086
[风电机组]异步发电机　asynchronous generator, induction generator　14.080
[风电机组]正常关机　normal shutdown [for WTGS]　14.102
[风电机组]最大功率　maximum power [for WTGS]　14.095
风功率密度　wind power density　14.033
风-光互补电站　wind-PV hybrid power system　14.169
风荷载　wind load　18.050
风机叶轮腐蚀　corrosion of draft fan impeller　09.495
风机叶轮积灰　ash deposit on draft fan impeller　09.496
风冷　forced air cooling　15.115
风力发电　wind power generation, wind power　14.074
风力发电机组　wind turbine generator system, WTGS　14.075
风力机　wind turbine　14.044
风力侵蚀　aeolian erosion　01.849
风轮　rotor　14.056
风轮扫掠面积　swept area of rotor　14.058
风轮直径　rotor diameter　14.057
风轮轴　rotor shaft　14.059
风帽　air button, bubbling cap　09.346
风能　wind energy　14.014
风能玫瑰图　wind energy rose　14.037
风能密度　wind energy density　14.034
风能资源　wind energy resources　14.015
[风能资源评估]代表年　representative year for wind energy resources assessment　14.039
风偏　wind deflection　18.056
风偏角　angle of wind deflection　18.057
风切变　wind shear　14.026
* 风切变律　wind speed profile, wind shear law　14.028
风切变指数　wind shear exponent　14.027
风扇　rotor fan　11.040
风扇磨煤机　fan mill　09.315
风数据记录器　wind data logger　14.041
风速　wind speed　14.017
[风速或风功率密度]年变化　annual variation　14.024
[风速或风功率密度]日变化　diurnal variation　14.025
风速廓线　wind speed profile, wind shear law　14.028
风险告知　risk-informed　13.684
* 风险指引　risk-informed　13.684
风箱　wind box　09.204
风向　wind direction　14.035
风向玫瑰图　wind rose　14.036
风压不均匀系数　uneven factor of wind speed　18.054
风压力　wind pressure　01.800
风压试验　pressure decay test　09.456
风载档距　wind span　18.125
风罩回转式空气预热器　stationary-plate type regenerative air preheater　09.225
封闭母线　metal enclosed busbar　15.053
* 封闭式组合电器　gas insulated metal enclosed switchgear and controlgear, GIS　15.237
封端球[盖]　corona bar, cap　18.216

峰-峰值　peak-to-peak value　01.183
峰负荷电价　peak load tariff　19.186
峰谷电价　peak-valley price　06.225
* 峰谷分时电价　peak-valley price　06.225
峰-谷值　peak-to-valley value　01.185
* 峰荷　peak load　04.388
峰荷电厂　peak load power plant　07.020
峰荷分担因数　peak responsibility factor　19.206
峰荷分摊方法　peak responsibility method　19.162
峰瓦　watts peak　14.172
峰值　peak [value]　01.182
峰值电压表　peak voltmeter　02.026
[峰值]关合电流　[peak] making current　15.291
峰值纹波因数　peak ripple factor，peak distortion factor　01.377
蜂窝式汽封　beehive gland，beehive seal　10.216
缝式煤槽　slot type coal hopper　08.122
否定认可　negative acknowledgement　06.048
敷管炉墙　tube-lined boiler wall　09.088
弗劳德数　Froude number　01.768
伏安　volt ampere　01.432
* 伏安表　apparent power meter volt-ampere meter　02.030
伏打效应　Volta effect　01.151
伏-秒特性[曲线]　volt-time characteristics　16.150
伏[特]　volt　01.423
* 伏特表　voltmeter　02.022
FTP 服务器　file transfer protocol server　06.282
* 氟塑料瓦　elastic metal-plastic segment　24.029
浮充电　floating charge　15.405
* 浮床　floating bed　12.215
浮动床　floating bed　12.215
浮动闸门　floating gate　22.253
浮力　buoyancy，buoyant force　01.746
* 浮体闸　floating gate　22.253
浮子式流量计　float-type flowmeter　02.167
辐流式汽轮机　radial flow steam turbine　10.009
辐射防护　radiation protection　13.710
辐射防护评价　radiation protection assessment　13.770
辐射防护最优化　radiation protection optimization　13.719
辐射俘获　radioactive capture　13.056
辐射工作场所分区　classification for radiation working area　13.741
* 辐射功率　radiant flux　14.120
辐射过热器　radiant superheater　09.122
辐射换热　radiation heat transfer　01.628
辐射监测　radiation monitoring　13.757
辐射监测分类　classification of radiation monitoring　13.758
辐射监测仪分类　category of radiation instrument　13.759
辐射角系数　radiative angle factor　01.643
辐射警告标志　radiation precaution sign　13.792
辐射力　emissive power　01.634
辐射流行病学　radiation epidemiology　13.752
* 辐射屏蔽　ionizing radiation shielding　13.753
辐射强度　radiation intensity　14.121
辐射权重因数　radiation weighting factor　13.727
辐射生物效应　biological effect of radiation　13.746
辐射受热面　radiant heating surface　09.101
辐射通量　radiant flux　14.120
辐射选择性　selectivity of radiation　01.640
辐射源　radiation source　13.712
辐照度　irradiance　14.122
辐照后检验　post-irradiation examination　13.219
辐照监督管　irradiation monitoring tube　13.238
辐照考验回路　irradiation test loop　13.218
辐照量　insolation　14.123
辐照容器　irradiation capsule　13.217
辅机故障减负荷　runback，RB　12.108
辅机顺序控制　sequence control of auxiliary equipment　12.077
辅助保护　auxiliary protection　05.012
辅助等电位连接　supplementary equal potential bonding　21.107
* 辅助电路　auxiliary circuit　15.255
辅助服务　ancillary service　06.206
辅助服务费　ancillary service charge　06.226
辅助回路　auxiliary circuit　15.255
* 辅助继电器　auxiliary relay　05.054
[辅助设备的]平均无故障可用小时　mean time between failures of auxiliary equipment，MTBFA　21.226
* 辅助循环锅炉　assisted circulation boiler　09.009
辅助蒸汽系统　auxiliary steam system　10.090
腐蚀　corrosion　12.354
腐蚀疲劳　corrosion fatigue　12.318
负荷　load　01.207

负荷备用　load reserve　04.350
负荷的功率调节系数　power regulation coefficient of load　04.358
负荷/等级电价　load/rate tariff　19.182
负荷电压特性　voltage characteristics of load　04.165
* 负荷分散系数　load diversity factor　04.393
负荷隔离开关　load-disconnector switch　15.223
负荷跟踪运行方式　load following operating mode　13.576
负荷恢复　load recovery　04.347
负荷节点　load bus，PQ bus　04.152
负荷开关　load break switch，load switch　15.220
负荷控制　load control，load governing　12.048
负荷率　load factor　19.061
负荷密度法　load density method　04.376
* 负荷频率控制　load-frequency control　06.106
负荷频率特性　frequency characteristics of load　04.166
负荷试验　load test　09.459
负荷数学模型　mathematical model of load　04.164
负荷同时率　load coincidence factor　04.393
负荷限制　load limit　12.049
负荷限制器　load limiter　10.261
负荷优化分配　optimization of dispatching load　12.138
负荷预测　load forecast　03.016
* 负荷预测方法　load forecasting model，load forecasting method　04.371
负荷预测模型　load forecasting model，load forecasting method　04.371
负荷中心　load center　04.398
负荷转移　load transfer　04.201
负序保护　negative sequence protection　05.159
负序电流承载能力　negative sequence current carrying capacity　11.076
负序电流监测报警装置　alarm annunciator for negative sequence current monitoring　11.204
负序电流烧坏转子　rotor damaged by negative sequence current　11.174
负序短路电流　negative sequence short circuit current　04.218
负序分量　negative sequence component　01.360
负序网络　negative sequence network　04.212
负序阻抗　negative sequence impedance　04.215
负压通风　induced draft　09.213
* 负载　load　01.207
负载导抗　load immittance　01.234
负载损耗　load loss [for the principal tapping]　15.128
负载特性　load characteristics　11.114
附挂式光缆　optical attached cable，OPAC　18.313
* 附加极　commutating pole　19.139
附加绝缘　supplementary insulation　21.040
附加绕组　auxiliary winding　15.103
附加损耗　supplementary load loss　15.129
* 附面层　boundary layer　01.777
复功率　complex power　01.325
复归　resetting　05.105
复归时间　reclaim time　05.246
* 复归系数　resetting ratio　05.136
复归值　resetting value　05.130
复合故障　combination faults　05.031
复合绝缘引水管　composite insulated water leads　11.134
复合绝缘子　composite insulator　18.229
* 复合开关　selector switch　15.143
复合膜　thin film composite　12.230
复合弯扭叶片　compound bowed and twisted blade　10.182
复合循环锅炉　combined circulation boiler　09.010
复合[整流器]励磁　compound rectifier excitation　04.134
复励直流电机　compound DC machine　19.131
复频率　complex frequency　01.169
复燃　reignition　15.250
复速级　velocity compounded stage，Curtis stage　10.055
复杂地形带　complex terrain　14.043
复杂循环燃气轮机　complex cycle gas turbine　10.446
副槽通风　sub-slot ventilation　11.156
副产物的脱水率　by-product dewater ratio　20.071
副产物的氧化率　by-product oxidation fraction　20.072
副厂房　auxiliary power house，auxiliary room　22.227
* 副基准　secondary standard　02.006
* 副流　secondary flow　01.780
傅里叶变换　Fourier transform　01.384
傅里叶定律　Fourier law　01.613
傅里叶积分　Fourier integral　01.381
傅里叶级数　Fourier series　01.380
傅里叶逆变换　inverse Fourier transform　01.385
腹杆系　bracing system，lacing system　18.099

覆冰厚度　radial thickness of ice　18.058
覆冰区　ice coverage area　18.059
覆盖过滤器　precoated filter　12.196
＊覆环　shroud　10.187

G

钙硫摩尔比　limestone/sulfur mole ratio　20.073
概率安全评价　probabilistic safety assessment，PSA　13.679
＊概率风险评价　probabilistic risk assessment，PRA　13.679
＊概念设计　preliminary design，conceptual design　03.021
干除灰　dry ash handling　20.095
干堤　stem dike，main levee　22.108
干法养护　dried out boiler protection　09.421
干涸　dryout　13.315
干灰分排　separated transport of fly ash　20.096
干煤棚　indoor coal storage yard，dry coal shed　08.132
干球温度　dry bulb temperature　01.596
干湿式联合冷却系统　dry/wet hybrid cooling system　10.402
干式变压器　dry type transformer　15.081
干式除尘器　dry precipitator　20.037
干式低氮燃烧室　dry low NO_x combustor，DLN　10.552
干式电抗器　dry type reactor　15.157
干式冷却系统　dry cooling system　10.397
干试验　dry test　16.034
干硬性混凝土　dry concrete，low-slump concrete　22.301
干预　intervention　13.822
干[燥]基　dry basis　08.056
干燥无灰基　dry ash-free basis　08.057
干燥无矿物质基　dry mineral-free basis　08.058
杆　pole　18.115
杆塔　support，structure [of an overhead line]　18.077
杆塔基础　foundation　18.156
杆塔挠度　support deflection　18.113
杆塔偏移　support deviation　18.114
杆塔组立　tower erection　18.358
感抗　inductive reactance　01.218
感纳　inductive susceptance　01.229
感应电动机　induction motor　19.094
感应电动势　induced electromotive force，induced voltage　11.049
感应电桥式流量计　inductance bridge flowmeter　02.165
感应电压　induced voltage　01.075
＊感应发电机　asynchronous generator，induction generator　14.080
感应过电压　induced overvoltage　16.188
感应雷[击]　indirect lightning strike　16.072
感应式电能表　induction meter　02.060
感应系仪表　induction instrument　02.100
感知电流　threshold of perception current　21.024
刚性联轴器　rigid coupling　10.233
刚性梁　buckstay　09.097
刚性转子　rigid rotor　10.144
钢板桩围堰　steel sheet piling cofferdam　22.496
钢衬砌　steel lining　22.387
钢管电缆　pipe type cable　18.264
钢管塔　steel tube tower　18.093
钢绞线　steel strand wire　18.246
钢筋混凝土　reinforced concrete　22.308
钢筋混凝土杆　steel reinforced concrete pole　18.116
钢筋混凝土循环水管　reinforced concrete circulating water pipe　07.077
钢筋混凝土烟囱　reinforced concrete chimney　20.156
钢模板　steel form，sheet steel form　22.342
＊钢球磨煤机　tubular ball mill，ball-tube mill　09.312
钢纤混凝土　string-wire concrete　22.303
钢芯铝合金绞线　aluminium alloy conductor steel reinforced，AACSR　18.249
钢芯铝绞线　aluminium conductor steel reinforced，ACSR　18.247
港口电厂　port power plant　07.017
高边坡稳定　stability of high slope　22.467
高部分负荷压力脉动　higher part load vortex　23.099
高差　difference in levels　18.130
高次谐波　high order harmonic component　01.365
高低匹配法　high and low matching method　06.179

高电压发电机　high voltage generator　11.241
高电压技术　high voltage technology　16.001
＊高电压强电流试验站　high power test station，high power test laboratory　16.015
高电压试验测量系统　measuring system for high voltage testing　16.039
高电压试验设备　high voltage testing equipment　16.002
高放废物　high level radioactive waste　13.800
高峰容量成本　peak capacity cost　19.169
高负荷率电价　high load factor tariff　19.188
高富集铀　highly enriched uranium　13.184
高含沙水流　flow with hyper-concentration of sediment　01.687
高价中标率　high price winning ratio　06.309
高架排放　elevated release　13.793
高可靠性电价　high-reliability price　06.228
＊高空作业车　boatswain'chair，dirigible chair on overhead line　18.370
＊高流态混凝土　self-compacting concrete　22.302
高炉煤气　blast furnace gas　08.172
高品位煤　high grade coal　08.016
高起始响应励磁系统　high initial response excitation system　04.141
高水头水电站　high head hydropower station　03.069
高斯　gauss　01.436
高斯定理　Gauss's theorem　01.057
高斯-赛德尔法　Gauss-Seidel method　04.158
高速磨煤机　attrition mill，high speed pulverizer　09.314
＊高通量堆　high fluence test reactor　13.410
高位发热量　gross calorific value，high heating value　08.048
高温分离器　high temperature separator　09.351
高温腐蚀　high temperature corrosion　12.356
高温气冷堆球状燃料装卸系统　spherical fuel handling system of HTGR　13.477
[高温气冷堆]热气导管　hot gas duce of HTGR　13.478
高温气冷反应堆　high temperature gas cooled reactor，HTGR　13.390
高温燃气通道检修　high temperature gas path overhaul　10.556
高温热管　high temperature heat pipe　13.501
高温蒸汽管道寿命　lifetime of steam piping　12.391
高型布置　high-profile layout　15.025
高压　high voltage，HV　04.016
高压安全注射系统　high-pressure safety injection system　13.439
高压标准电容器　high voltage standard capacitor　16.047
高压带电显示装置　high voltage presence indicating device　15.328
高压电桥　high voltage bridge　16.041
高压电源滤波器　high voltage source filter　16.057
高压锅炉　high pressure boiler　09.014
高压或整体旁路系统容量　capacity of high pressure or integral by-pass system　10.086
高压机组　high pressure units　07.005
高压加热器　high pressure feedwater heater　10.320
高压进汽部分　high pressure admission parts　10.107
高压开关设备和控制设备　high voltage switchgear and controlgear　15.228
高压开关设备联锁装置　high voltage switchgear interlocking device　15.327
高压开关[装置]　high voltage switching device　15.227
高压抗燃油系统　high-pressure fire resistant oil system　10.277
高压耦合电容器　high voltage coupling capacitor　16.048
高压旁路系统　high pressure by-pass system　10.083
高压喷射灌浆　high pressure injection grouting　22.421
高压汽轮机　high pressure steam turbine　10.013
高压绕组　high voltage winding　15.100
高压示波器　high voltage oscilloscope　16.042
高压式除氧器　high pressure deaerator　10.329
高压液相色谱分析　high pressure liquid chromatographic analysis　12.288
高压油顶起装置　high pressure oil lifting device　24.023
高压油顶轴装置　high pressure oil jacking equipment　10.231
高压闸门　high pressure gate　22.268
高压整流器　high voltage rectifier　16.006
高压直流　high voltage direct current，HVDC　04.019
高压直流背靠背系统　HVDC back-to-back system　17.005
高压直流换流站　HVDC converter station　17.015
高压直流换流站接地网　HVDC converter station

ground mat 17.036
高压直流换流站控制 HVDC converter station control 17.174
高压直流输电控制方式 HVDC transmission control mode 17.188
高压直流输电控制系统 HVDC transmission control system 17.170
高压直流输电系统 high voltage direct current transmission system，HVDC transmission system 17.001
高压直流输电线路 HVDC transmission line 17.017
高压直流输电线路极线 HVDC transmission line pole 17.018
高压直流系统极 pole of HVDC system 17.008
高压直流系统极控制 HVDC system pole control 17.176
高压直流系统双极控制 HVDC system bipolar control 17.175
高压直流系统主控制 HVDC system master control 17.173
高、中压缸联合启动 hybrid start-up of high-medium pressure cylinders complex 10.412
高注量率试验堆 high fluence test reactor 13.410
高阻故障 high resistive fault 21.031
高阻抗型母线差动保护 high-impedance type busbar differential protection 05.194
告警 alarm 06.112
锆水反应 zirconium-water reaction 13.272
割集 cut-set 01.285
格构式塔 lattice tower 18.098
格栅式基础 grillage foundation 18.162
隔板 diaphragm 10.122
隔板汽封 diaphragm seal 10.213
隔板损坏 diaphragm damage 10.130
隔板套 diaphragm carrier ring 10.125
隔爆型电动机 flameproof motor 19.103
隔离断口 isolating distance 15.313
隔离开关 disconnector，isolating switch 15.203
[隔离开关]快速瞬态过电压 very fast transient overvoltage [of disconnector]，VFTO 15.324
* 隔热 thermal insulating 01.618
* 隔热层 lagging，heat insulation layer 10.439
隔声 sound insulation 20.118
隔声罩 acoustic enclosure 20.119
隔水层 aquiclude 01.714
个人剂量当量 personal dose equivalent 13.736
给定误差 assigned error 05.122
根开 foot distance 18.155
更新时间 updating time，refresh time 06.102
* 工程不确定因子 engineering factor 13.324
工程财务评价 project financial assessment 03.201
工程地质 engineering geology 01.690
工程管理信息系统 project management information system 03.230
工程国民经济评价 project national economic assessment 03.200
工程计划管理 project planning management 03.216
工程技术管理 project technical management 03.217
工程价款结算 settlement of project payment 22.524
工程监理制 supervision system of construction 03.210
工程决算 project final account 03.190
工程竣工验收 project final acceptance 03.242
工程屏障 engineering barrier 13.815
工程热力学 engineering thermodynamics 01.446
工程师站 engineer station 12.120
工程投资管理 project investment management 03.214
工程选厂 site selection at engineering stage 03.025
工程移交生产验收 project hand-over for operation 03.241
工程因子 engineering factor 13.324
工程预算 project cost budget 03.189
工程质量管理 project quality management 03.215
工程总投资 total project cost 03.196
工频 power frequency 04.012
工频变化量保护 deviation of power-frequency component protection 05.163
工频磁场 power frequency magnetic field 18.031
工频电场 power frequency electric field 18.030
工频过电压 power frequency overvoltage 16.192
工频接地电阻 power frequency earthing resistance 16.203
工频耐受电压 power frequency withstand voltage 16.107
工频试验变压器 power frequency testing transformer 16.003
工频谐振试验变压器 power frequency resonant testing transformer 16.005
工业电视 industrial television 12.019
工业分析 proximate analysis 08.036

工业控制系统用现场总线　field bus　12.140
工艺设备状态监测　status monitoring of process equipment　12.134
工质　working substance　01.461
工作标准[器]　working standard　02.008
工作荷载　working load　18.039
工作母线　main busbar　15.045
工作时间　operating time　21.183
工作闸门　main gate，operating gate　22.269
工作状态　operating state　21.182
公共连接点　point of common coupling　04.417
公共绕组　common winding　15.109
公开信息　public information　06.310
公用电网谐波　harmonics in public supply network　04.435
公用事项电价　catering tariff　19.196
公众暴露　public exposure　18.034
公众照射　public exposure　13.718
公众照射剂量限值　dose limit for public exposure　13.722
功　work　01.509
功角特性曲线　power angle characteristics　04.324
功角稳定　power angle stability　04.226
功率　power　01.320
功率表　wattmeter　02.028
功率方向保护　directional power protection　05.207
功率继电器　power relay　05.041
功[率]角　power angle　04.322
功率控制方式　power control mode　17.198
功率亏损　power defect　13.127
功率/频率调节　power /frequency control　04.311
功率曲线　power curve　14.092
功率损耗　power loss　04.405
功率特性　power performance　14.090
功率提升试验　power ascension test　13.544
功率调节范围　controlling power range　04.319
功率调节系统　power control system　13.505
功率系数　power coefficient　14.071
* 功率限制器　load limiter　10.261
功率因数　power factor　01.326
功率因数表　power factor meter　02.036
功率因数偏离额定值运行　operation with power factor deviated from rated value　11.160
功率因数调整电费　power factor clause　19.197
功率元件　power component　05.073
功能隔离　function isolation　13.662
功能命令　function command　06.076
功能组级控制　function group control　12.069
供电　power supply　04.045
供电点　supply terminals　04.416
供电电压　supply voltage　04.423
供电方式　scheme of electric power supply　19.016
供电可靠率　reliability on service in total，RS-1　21.265
供电可靠性　power supply reliability，service reliability　04.419
供电连续性　continuity of power supply　04.345
供电连续性判据　supply continuity criterion　19.042
* 供电煤耗　net coal consumption rate　07.030
供电煤耗率　net coal consumption rate　07.030
* 供电热耗　heat consumption rate of electricity supply　07.034
供电热耗率　heat consumption rate of electricity supply　07.034
供电热效率　thermal efficiency of electricity supply　07.035
供电网限电　distribution limited，DL　21.255
供电系统元件故障　failure of a component [power supply system]　21.249
供电质量　quality of supply　04.418
供电状态　supply system in service　21.250
供给剩余系数　residual supply index，RSI　06.311
供暖热负荷　heating heat load　03.147
供热电价　heating tariff　19.195
供热反应堆　nuclear heating reactor　13.407
供热系统　heating supply system　10.092
供水系统　water supply system　03.171
汞弧阀　mercury arc valve　17.074
拱坝　arch dam　22.010
拱坝周边缝　peripheral joint of arch dam　22.067
拱式燃烧　arch firing　09.163
共模干扰电压　common mode disturbance voltage　05.147
共因故障　common cause failure　13.656
* 共用电路远动系统　channel selecting telecontrol system，common diagram telecontrol system　06.090
共用网络服务价格　common transmission service tariff　06.230
* 共振　resonance　01.327

* 共振俘获 resonance absorption 13.057
共振吸收 resonance absorption 13.057
垢下腐蚀 underdeposit corrosion 12.359
孤立电厂 isolated power plant 07.021
孤立热力系 isolated thermodynamic system 01.452
孤立系统 isolated power system，island [in a power system] 04.300
孤立运行 isolated operation 04.301
古河道 buried river course，ancestral river course 01.732
谷值 valley value 01.184
股线 wire，strand 18.243
骨料级配 grading of aggregate 22.318
鼓风损失 windage loss 10.072
鼓形闸门 drum gate 22.254
鼓形转子 drum rotor 10.143
固定导叶 stay vane 23.023
* 固定点 anchor point，dead point 10.135
固定电接触 stationary electric contact 15.257
固定费用 standing charge tariff 19.179
固定式锅炉 stationary boiler 09.005
固定式燃气轮机 stationary gas turbine 10.449
固定碳 fixed carbon 08.044
固化 curing 11.024
固结灌浆 consolidation grouting 22.411
固态排渣锅炉 boiler with dry-bottom furnace 09.026
固体层法 solid layer method，pre-deposited pollution test 16.033
[固体]产气断路器 gas evolving circuit-breaker 15.197
固体废物 solid waste 20.016
固体燃料 solid fuel 08.004
固体燃料锅炉 solid fuel-fired boiler 09.018
固体未完全燃烧热损失 heat loss due to unburned carbon，unburned carbon heat loss in residue 09.445
固相 solid phase 01.587
固有安全 inherent safety 13.650
* 固有不确定度 intrinsic uncertainty 02.115
固有频率 natural frequency 01.334
固有误差 intrinsic error 02.131
故障安全原则 fail-safe principle 13.657
故障点 fault point 21.044
故障点电流 current at the fault point 04.178
故障电流 fault current 04.177
故障定位器 fault locator 05.262
故障记录器 fault recorder 05.263
故障录波器 fault oscillograph 05.264
故障率 failure rate 21.215
故障清除 fault clearance 04.210
故障区段 fault section 21.046
故障停电 failure interruption，FI 21.252
故障停电平均持续时间 average interruption duration，AID 21.262
故障相 fault phase 21.045
故障巡视 fault inspection 21.078
故障元件 fault component 05.079
故障状态信息 fault state information 06.058
故障自动记录装置 automatic fault recording device 05.258
故障自动检测 fault automatic diagnosis 05.150
故障阻抗 fault impedance 04.091
刮板给煤机 scraper feeder 08.143
挂板 clevis，tongue 18.182
挂钩 hook 18.185
挂环 link，eye 18.181
关断间隔 hold-off interval 17.112
关断角 extinction angle，margin angle 17.111
关断角控制 γ control 17.207
关合 making 15.289
关合触头 make contact，a-contact 15.281
关合-开断时间 make-break time 15.295
关合时间 make time 15.290
关联矩阵 incidence matrix 01.251
观测廊道 observation gallery 22.051
观测值 measured value 02.111
管板 tube plate 10.360
管板式加热器 tube-in-sheet heater 10.312
管壁热电偶 tube-wall thermocouple 02.159
* 管簇 tube bundle 10.352
管道和仪表图 piping and instrument diagram 03.161
管道水力输煤 pipeline transport of coal slurry 08.165
管道噪声 flow noise in pipings 20.113
管间脉动 pulsation among tubes 09.255
管理信息系统 management information system，MIS 12.139
管路严密性试验 leakage test for instrument tube 12.149
管屏 tube panel 09.109

管式避雷器　tube type arrester　15.380
管式空气预热器　tubular air preheater　09.221
管束　tube bundle　10.352
管涌　piping　01.723
贯流可逆式水轮机　tubular pump-turbine　23.115
贯流式水轮机　tubular turbine，through flow turbine，Straflo hydroturbine　23.009
惯性分离器　inertia separator　09.319
惯性分离器　inertia separator　09.350
惯性水头　inertia head　01.825
惯用操作冲击耐受电压　conventional switching impulse withstand voltage　16.156
惯用雷电冲击耐受电压　conventional lightning impulse withstand voltage　16.155
惯用最大操作过电压　conventional maximum switching overvoltage　16.184
惯用最大雷电过电压　conventional maximum lightning overvoltage　16.185
灌浆　grouting　22.409
灌浆孔　grouting hole　22.410
灌浆廊道　grouting gallery　22.052
灌注桩　augered pile，bored pile　18.165
光标式仪表　instrument with optical index　02.095
光测高温计　optical pyrometer　02.155
光测下张力试验　tension under optic test　18.341
光单元　optical unit　18.314
* 光导纤维　optical fiber　18.306
光电导体　photoconductor　01.210
光电发射　photoelectric emission　01.154
* 光电式互感器　electronic instrument transformer　15.348
光电效应　photoelectric effect　01.153
光伏发电系统　photovoltaic system，PV system　14.166
光伏建筑材料　special PV panel for building construction　14.171
光伏效应　photovoltaic effect　14.151
光管省煤器　plain tube economizer　09.136
光滑导线　smooth body conductor，segmental / locked coil conductor　18.253
光缆　optical fiber cable　18.307
光缆段　cable section　18.353
光缆护套　cable jacket　18.317
光缆接头　cable splice　18.352
光缆接头盒　optical cable connect，joint box　18.346
[光缆接头盒]持续高温试验　continuous hot test　18.350
[光缆接头盒]化学腐蚀试验　chemical erode test　18.347
[光缆接头盒]密封性能试验　seal performance test　18.348
[光缆接头盒]再封装性能试验　reseal performance test　18.349
光缆终端　optical fiber cable terminal　18.355
光面爆破　smooth blasting　22.477
光衰减　light attenuation，light loss　18.336
* 光损耗　light attenuation，light loss　18.336
光纤　optical fiber　18.306
[光纤]包层　fiber cladding　18.322
光纤/包层同心度误差　core/cladding concentricity error　18.330
[光纤的]截止波长　cut-off wavelength [of an optical fiber]　18.332
光纤复合架空地线　optical fiber composite overhead ground wire，OPGW　18.310
[光纤复合架空地线]雷击　lighting [of OPGW]　18.356
光纤复合相线　optical fiber phase conductor，OPPC　18.311
[光纤]几何尺寸参数　geometrical parameter　18.327
光纤接头　optical fiber splice　18.351
[光纤]模场直径　mode field diameter　18.326
[光纤]偏振模色散　polarization mode dispersion，PMD　18.335
[光纤]软线　optical fiber cord　18.320
[光纤]色散　fiber dispersion　18.333
[光纤]衰减系数　fiber attenuation coefficient　18.337
光纤通信　optic-fiber communication　06.003
[光纤一次]涂覆层　[primary] coating　18.323
[光纤]应变　fiber strain　18.338
光纤元件　optical element　18.315
光纤纵联保护系统　optical link pilot protection system　05.221
光学金相显微分析　optical microscopic structure inspection　12.322
光学连续性　attenuation uniformity　18.340
* 光字牌　annunciator　12.082
广播命令　broadcast command　06.074
广延参数　extensive parameter　01.473

广域保护 wide-area protection 05.173
规划选厂 site selection at planning stage 03.024
硅太阳能电池 silicon solar cell 14.154
轨道衡 weigh bridge 08.157
辊式碎煤机 roll crusher 08.141
* 滚轮闸门 fixed roller gate 22.251
锅炉 boiler 09.001
锅炉安装组合率 rate of pre-assembled pieces in boiler erection 09.361
锅炉本体 boiler proper, boiler body 09.085
锅炉本体安装 erection of boiler proper 09.364
锅炉承压部件强度 strength of pressure part of boiler 09.077
锅炉吹灰系统顺序控制 sequence control of boiler soot blowing system 12.079
锅炉点火 boiler lighting up, ignition 09.383
锅炉点火系统顺序控制 sequence control of boiler ignition system 12.075
锅炉额定出力 boiler rating, boiler rated load, BRL 09.053
锅炉反平衡试验 boiler indirect heat balance test 09.437
锅炉负荷调节范围 load range of boiler 09.399
锅炉钢架安装 erection of boiler steel structure 09.363
锅炉跟踪方式 boiler follow mode, BF 12.027
锅炉构架 boiler structure 09.093
锅炉管束 boiler tube bundle 09.108
锅炉化学清洗 chemical cleaning of boiler 09.369
锅炉灰平衡 boiler ash balance 09.470
锅炉机组 boiler unit 09.003
锅炉机组安装 erection of boiler unit 09.359
锅炉基础 boiler foundation 09.086
锅炉给水处理 boiler feedwater treatment 12.240
锅炉经济连续出力 economical continuous rating, ECR 09.054
锅炉经济运行 economic operation of boiler 09.400
锅炉炉墙 boiler setting, boiler wall 09.087
锅炉满水 high drum water level 09.479
锅炉密封 boiler seal 09.146
锅炉模拟量控制系统 boiler modulating control system 12.030
锅炉排污 boiler blowdown 09.404
锅炉排烟监测 boiler flue gas monitoring 20.121
锅炉膨胀中心 expansion center of boiler 09.089
[锅炉]启动 [boiler] start-up 09.374
锅炉汽包水位保护 boiler drum water level protection 12.106
锅炉汽水系统 boiler steam and water circuit 09.243
锅炉缺水 boiler water shortage 09.480
锅炉[热]效率 boiler efficiency, boiler thermal efficiency 09.434
锅炉[热]效率试验 boiler efficiency test 09.435
锅炉设计性能 boiler design performance 09.057
锅炉受热面组合件吊装 lifting and erection of assembled pieces of boiler heating surface 09.366
锅炉输入热功率 boiler heat input 09.056
锅炉输入热量 boiler heat input 09.438
锅炉水循环 boiler water circulation 09.244
* 锅炉尾部烟道 vertical gas pass 09.240
锅炉性能鉴定试验 boiler performance certificate test 09.452
锅炉性能试验 boiler performance test 09.451
锅炉有效利用热量 heat output of boiler, effective heat utilization of boiler 09.439
锅炉运转层 operation level of boiler 09.373
锅炉蒸汽严密性试验 steam leakage test of boiler 09.370
锅炉正平衡试验 boiler direct heat balance test 09.436
锅炉组合安装 erection of boiler with pre-assembled pieces 09.360
锅炉组件吊装[开]口 lift opening of assembled pieces 09.365
锅炉最大连续出力 boiler maximum continuous rating, BMCR 09.055
* 锅炉最大连续蒸发量 boiler maximum continuous rating, BMCR 09.055
锅内过程 inter-boiler process 09.269
锅内水处理 internal boiler water treatment, internal boiler water conditioning 12.241
锅水 boiler water 09.267
锅水浓度 boiler water concentration 09.431
锅水循环泵 circulating pump 09.148
锅水质量 boiler water quality 12.251
锅筒 drum 09.117
锅筒锅炉 drum boiler 09.007
锅筒就位 drum erection 09.367
锅筒内部装置 drum internals 09.258
国际标准[器] international standard 02.009

国际单位制　international system of units，SI　01.416
国际热核实验堆　international thermonuclear experimental reactor，ITER　13.402
国际温标　international temperature scale　01.476
国家标准[器]　national standard　02.010
过程控制级　process control level　12.128
过冲　overshoot　02.136
＊过船建筑物　navigation structure　01.819
过电流保护　over-current protection　05.201
过电压　overvoltage　16.177
过电压保护　overvoltage protection　05.203
＊过电压限制器　surge arrester，surge diverter　15.375
过渡过程　transient　23.105
过渡接头　transition joint　18.285
过渡时间　bridging time　05.134
过范围闭锁式距离保护　overreach blocking distance protection　05.218
过范围允许式距离保护　permissive overreach distance protection　05.219
过负荷保护　overload protection　05.181
＊过冷度　degree of subcooling　13.291
过冷度　supercooling degree　10.366
过励磁保护　over-excitation protection　05.190
过励磁运行　over-excitation operation　11.116
过量空气系数　excess air ratio　09.468
过量照射　over exposure　13.750
过滤器　filter　12.195
过滤预处理　filtering pretreatment　12.194
过木机　log passage equipment　22.121
过木建筑物　log pass structure　01.817
过热汽温度控制系统　superheat steam temperature control system　12.033
过热器　superheater，SH　09.120
过热器、再热器试验　thermal test of superheater & reheater　09.458
过热蒸汽　superheated steam　01.572
过热蒸汽系统　superheated steam system　09.119
过水围堰　overflow cofferdam　22.497
过鱼建筑物　fish pass structure　01.818
过载能力　overload ability　19.112
过载脱扣器　overload releaser　05.070

H

哈氏可磨性指数　Hardgrove grindability index　08.070
海拔校正系数　sea level altitude correction factor　16.159
海底电缆　submarine cable　18.266
＊海勒系统　Heller system　10.400
海漫　riprap　22.077
海水淡化　sea water desalination　12.226
海水淡化反应堆装置　nuclear desalination unit　13.409
海水洗涤法烟气脱硫　sea water scrubbing desulfurization　20.075
海洋能　ocean energy　14.197
海洋温差　ocean temperature difference　14.202
海洋温差发电　ocean thermal power generation　14.203
＊亥姆霍兹函数　Helmholtz function　01.523
氦气轮机　helium gas turbine　13.479
含矸率　refuse content　08.032
含沙量　silt content　01.680
含水层　aquifer　01.713
焓　enthalpy　01.517
焓降　enthalpy drop　01.518
焓降分配　distribution of enthalpy drop　10.040
焓-熵图　enthalpy-entropy chart　01.583
焊缝　weld　12.377
焊缝金属　welding metal　12.379
焊后热处理　postweld heat treatment　12.382
焊接　welding　12.370
焊接材料　welding material　12.378
焊接残余应力　welding residual stress　12.381
焊接工艺　welding procedure　12.380
焊接接头　welding joint　12.376
焊接裂纹　welding crack　12.384
焊接缺陷　welding defect　12.383
焊接式隔板　welded diaphragm　10.123
焊接网　network for arc welding　12.385
焊接转子　welded disc rotor　10.142
夯实加固　stabilization by ramming　22.439
毫安表　milliammeter　02.019
毫伏表　millivoltmeter　02.023

毫秒爆破　millisecond delay blasting　22.476
耗灰量　cement consumption　22.425
耗浆量　grout consumption　22.424
合成电压试验　composite superimposed voltage test　16.023
* 合成绝缘子　composite insulator　18.229
合-分操作　close-open operation　15.305
合-分时间　close-open time　15.304
合格人员　qualified person　13.702
合环　ring closing　04.296
合金相分析　alloy phase analysis　12.324
合龙　closure　22.504
合同电价　contract price　06.231
合同电量分解　contract energy decomposition　06.180
合同管理子系统　contract management subsystem，CMS　06.283
合同交易　contract trading　06.135
合同路径法　contract-path method　06.232
合同制　contracting system　03.212
* 合约电价　contract price　06.231
合闸　closing　15.296
合闸过电压　closing overvoltage　16.181
合闸时间　closing time　15.298
合闸速度　closing speed　15.299
合闸位置　closed position　15.297
和易性　workability　22.327
河床式厂房　water-retaining power house　22.235
河床式取水　riverbed type water intake　10.390
河床式水电站　hydropower station in river channel　03.073
河床演变　fluvial process，river process　01.688
河流阶地　river terrace　01.734
河流泥沙　river sediment　01.679
河流水电开发规划　river hydropower development planning　03.059
河势　river regime　01.778
* 核　atomic nucleus　13.003
核安全　nuclear safety　13.629
核安全等级　nuclear safety classification　13.649
核安全法规体系　nuclear safety regulation system　13.639
核安全管理原则　principle for nuclear safety management　13.632
核安全基本原则　fundamental principle for nuclear safety　13.631
核安全技术原则　technical principle for nuclear safety　13.269
核安全监督检查　nuclear safety regulatory inspection　13.637
核安全监管　nuclear safety regulation　13.635
核安全监管机构　nuclear safety regulatory body　13.636
核安全目标　nuclear safety goal　13.630
核安全评价　nuclear safety assessment　13.674
核安全许可证　nuclear safety license　13.641
核安全许可证制度　nuclear safety licensing system　13.640
核安全执法　nuclear safety enforcement　13.638
核保安　nuclear security　13.693
核保障　nuclear safeguards　13.687
核保障现场视察　on-site inspection for safeguard　13.376
核材料　nuclear material　13.688
核材料衡算　nuclear material accounting　13.689
核材料实物保护　physical protection for nuclear material　13.690
核材料实物保护分区　physical protection section for nuclear material　13.692
核承压设备　nuclear pressure retaining component　13.643
核承压设备监督管理　regulation for nuclear pressure retaining component　13.642
核岛　nuclear island，NI　13.521
核电厂　nuclear power plant　13.355
核电厂安全级电气设备　safety related electrical equipment for NPP　13.502
核电厂安全联锁　safety interlock for nuclear power plant　13.508
核电厂安全性　safety of nuclear power plant　13.366
核电厂报警系统　alarm system for nuclear power plant　13.507
核电厂比投资　specific investment of nuclear power plant　13.619
核电厂采购控制　nuclear power plant procurement control　13.368
核电厂操纵人员执照　operator license of nuclear power plant　13.564
核电厂厂区　site of nuclear power plant　13.369

[核电厂]厂区布置　layout [of nuclear power plant]　13.520
[核电厂]厂外电源　off-site power [of nuclear power plant]　13.599
核电厂定期试验　periodic test of nuclear power plant　13.523
[核电厂]额定电功率　rated electrical power　13.251
核电厂发电成本　electricity generation cost of nuclear power plant　13.627
核电厂防火　fire protection for nuclear power plant　13.648
* 核电厂分析机　engineering simulator of nuclear power plant　13.612
[核电厂]负荷因子　load factor of nuclear power plant　13.623
核电厂工程仿真机　engineering simulator of nuclear power plant　13.612
核电厂供电系统　power supply system of nuclear power plant　13.471
核电厂供水系统　water supply system of nuclear power plant　13.472
[核电厂]关闭　close down [of nuclear power plant]　13.561
核电厂环境影响评价　environmental impact assessment for nuclear power plant　13.676
核电厂计算机控制　computer control of nuclear power plant　13.512
核电厂建设单位　construction unit of nuclear power plant　13.379
核电厂建设进度控制　scheduling in construction of nuclear power plant　13.370
核电厂建设网络进度　network schedule for construction of nuclear power plant　13.371
核电厂经济分析　economic analysis of nuclear power plant　13.618
核电厂抗震设计　seismic design of nuclear power plant　13.262
核电厂可靠性　reliability of nuclear power plant　13.367
* 核电厂可用率　availability factor of nuclear power plant　13.624
[核电厂]可用因子　availability factor of nuclear power plant　13.624
核电厂流出物大气扩散　atmospheric diffusion of effluent from nuclear power plant　13.772
核电厂流出物水体扩散　diffusion in water body of effluent from nuclear power plant　13.773
* 核电厂能量可用率　capability factor [of nuclear power plant]　13.621
核电厂培训模拟机　training simulator of nuclear power plant　13.611
核电厂配套设施　balance of plant，BOP　13.468
核电厂全范围仿真机　full scope simulator of nuclear power plant　13.613
[核电厂]热效率　thermal efficiency　13.252
[核电厂]容量因子　capability factor [of nuclear power plant]　13.621
核电厂设计寿期　design life of nuclear power plant　13.620
核电厂生产准备　operation preparation for nuclear power plant　13.528
[核电厂]失去正常给水　loss of normal feed water [of nuclear power plant]　13.600
核电厂实体保卫　physical protection for nuclear power plant　13.686
核电厂事故处理规程　accident procedure of nuclear power plant　13.580
核电厂事件分级　nuclear power plant event scale　13.653
核电厂水化学　water chemistry of nuclear power plant　13.567
核电厂调试　commissioning test of nuclear power plant　13.529
核电厂退役　decommissioning of nuclear power plant　13.628
核电厂维修　nuclear power plant maintenance　13.602
核电厂消防系统　fire protection system of nuclear power plant　13.473
核电厂选址　siting of nuclear power plant　13.381
核电厂严重事故处理规程　severe accident procedure of nuclear power plant　13.583
核电厂验收　acceptance of nuclear power plant　13.560
核电厂异常运行工况　abnormal operating condition of nuclear power plant　13.570
核电厂应急状态分级　emergency classification for nuclear power plant　13.779
核电厂营运单位　operating unit of nuclear power plant　13.380

核电厂运行工况　operating condition of nuclear power plant　13.568
核电厂运行规程　operating procedure of nuclear power plant　13.579
核电厂运行特点　operation feature of nuclear power plant　13.562
[核电厂]运行维护费　operation and maintenance cost　13.625
核电厂正常运行工况　normal operating condition of nuclear power plant　13.569
[核电厂主控室]人因工程　human factor engineering [of nuclear power plant main control room]　13.609
核电规划　nuclear power development program　13.352
核电机组　nuclear power unit　13.350
核电基础结构　infrastructure to a nuclear power program　13.353
* 核电汽轮机　saturated steam turbine　13.467
核电人力资源开发　manpower resource development for nuclear power　13.354
核电项目策划　nuclear power project planning　13.378
[核电用]饱和蒸汽汽轮机　saturated steam turbine　13.467
* 核电站　nuclear power plant　13.355
核电站用发电机　generator for nuclear power station　11.246
核动力　nuclear power　13.351
核动力装置结构减震器　damper in nuclear power structure　13.344
核动力装置结构阻尼器　snubber in nuclear power structure　13.345
核反应　nuclear reaction　13.027
核辅助厂房　nuclear auxiliary building　13.526
核功率测量　nuclear power instrumentation　13.170
[核]聚变　nuclear fusion　13.012
[核]裂变　nuclear fission　13.010
[核裂变]反应堆　nuclear [fission] reactor　13.032
[核]临界安全　nuclear criticality safety　13.694
核能　nuclear energy　13.009
核能发电　nuclear electricity generation　13.348
核能供热　nuclear heat　13.349
核燃料　nuclear fuel　13.176
核燃料闭合循环　closed nuclear fuel cycle　13.228
核燃料厂房　nuclear fuel building　13.522
核燃料循环　nuclear fuel cycle　13.226
核燃料装卸料机　charging machine　13.450
核设计准则　nuclear design criterion　13.249
核设施　nuclear facility　13.644
核设施设计安全要求　safety requirement for nuclear installation design　13.646
核设施选址安全要求　safety requirement for nuclear installation siting　13.645
核设施运行安全要求　safety requirement for nuclear installation operation　13.647
核[事故]应急计划与准备　nuclear accident emergency planning and preparedness　13.778
核素　nuclide　13.013
核态沸腾　nucleate boiling　09.281
* 核物理　atomic nuclear physics　13.001
核应急　nuclear emergency　13.777
核应急决策支持系统　decision support system for nuclear emergency　13.791
核蒸汽供应系统　nuclear steam supply system，NSSS　13.411
荷载状态　loading case　18.038
荷载组合　loading assumption　18.037
褐煤　lignite，brown coal　08.007
* 赫氏指数　Herfindahl-Hirschman index，HHI　06.327
赫斯定律　Hess law　01.605
赫[兹]　hertz　01.428
黑度　blackness　01.636
黑启动　black start　10.493
黑启动服务　black start service　06.207
黑体　black body　01.633
黑体辐射　black body radiation　01.637
亨[利]　henry　01.427
恒定流动　constant flow　01.755
恒湿无灰基　moist ash-free basis　08.059
恒湿无矿物质基　moist mineral matter-free basis　08.060
恒速恒频风电机组　constant speed-constant frequency WTGS　14.081
* 恒调压　constant control of voltage　04.335
桁架式塔架　lattice tower　14.087
横吹灭弧室　cross blast interrupter　15.269
横担　crossarm　18.103
横断面　transverse profile，section profile　18.136
横缝　transverse joint　22.062
横隔　plan bracing　18.105

横联差动保护　transverse differential protection　05.212
横流式冷却塔　transverse flow cooling tower　10.385
横向布置　transverse arrangement of turbogenerator unit　07.050
横向电压调节　quadrature voltage control　04.337
横向荷载　transverse load　18.049
横向围堰　transversal cofferdam　22.499
烘炉　drying-out　09.424
* 红外分析　infrared spectrum analysis　12.286
红外光谱分析　infrared spectrum analysis　12.286
红外线辐射高温计　infrared radiation pyrometer　02.156
红外线检测　infrared inspection　12.368
洪水　flood　01.661
洪水调节　flood regulation　03.109
虹吸管　siphon　22.186
虹吸式溢洪道　siphon spillway　22.150
后备保护　backup protection　05.011
后备反应性　build-in reactivity，excess reactivity　13.108
后加速保护　accelerated protection after fault　05.228
后加载叶片　aft-loading blade　10.184
后置循环　bottoming cycle　01.560
* 厚拱坝　gravity arch dam　22.014
弧触头　arcing contact　15.277
弧垂　sag　18.127
弧垂观测　visual of sag　18.129
弧端损失　arc end loss　10.073
* 弧焊　electric arc welding　12.374
弧后电流　post arc current　15.245
弧形闸门　radial gate　22.256
蝴蝶阀　butterfly valve　23.136
互感电动势　mutual induced EMF　01.074
互感器　instrument transformer　15.345
互感器额定负荷　rated burden of instrument transformer　15.363
互感器负荷　burden of instrument transformer　15.362
互感系数　coefficient of mutual inductance　01.073
互感应　mutual induction　01.072
互供电价　interchange price　06.233
互联　interconnection　01.237
互联电力系统　interconnected power systems　04.007
互联电力系统经济调度　economic dispatching of interconnected power systems　06.017
互联运行　interconnected operation　04.302
互易二端口网络　reciprocal two-port network　01.270
互易性　reciprocity　01.302
户内变电站　indoor substation　15.016
户内变压器　indoor type transformer　15.095
户内开关设备和控制设备　indoor high switchgear and controlgear　15.230
户内外绝缘　indoor external insulation　16.168
户内仪表　indoor meter　02.073
户外变电站　outdoor substation　15.017
户外变压器　outdoor type transformer　15.096
户外开关设备和控制设备　outdoor switchgear and controlgear　15.229
户外外绝缘　outdoor external insulation　16.169
户外仪表　outdoor meter　02.074
护环　retaining ring　11.038
护环开裂　retaining ring fracture　11.176
护环用钢　steel for generator retaining ring　11.047
护坦　apron　22.076
护套　sheath　18.277
护线条　armour rod　18.205
戽斗消能　submerged bucket energy dissipation　22.198
花篮螺丝　turn buckle　18.191
华氏温度　Fahrenheit temperature　01.480
滑参数启动　sliding pressure/temperature start-up　09.393
滑参数停运　sliding pressure shutdown　09.418
滑差　slip　19.125
滑动模板　slide form，slip form　22.343
滑动闸门　slide gate　22.257
* 滑阀　pilot valve　10.257
* 滑环　collector ring，slip ring　11.037
滑模浇筑　slip form concreting　22.361
滑坡　land slide　01.730
滑坡涌浪　land slide surge　01.809
滑销系统　sliding key system　10.134
滑雪道式溢洪道　ski-jump spillway　22.148
化石燃料　fossil fuel　08.002
化学补偿控制　chemical shimming control　13.147
化学灌浆　chemical grouting　22.415
化学和容积控制系统　chemical and volume control system　13.432
化学加固　chemical stabilization　22.438
化学监督　chemical supervision　12.246

化学监督仪表　instrument for chemical supervision　12.247
化学清洗　chemical cleaning　12.255
化学清洗介质　chemical cleaning medium　12.256
化学热力学　chemical thermodynamics　01.603
* 化学未完全燃烧热损失　heat loss due to unburned gas，unburned gas heat loss in flue gas　09.444
化学需氧量　chemical oxygen demand，COD　12.183
化学转换技术　chemistry conversion technology　14.178
* 化装板　cover enclosure，lagging enclosure　10.438
还本付息电价　capital and interest price　06.234
还原性气氛　reducing atmosphere　09.199
环锤式碎煤机　ring hammer crusher　08.142
* 环吊　polar crane in reactor building　13.465
环管燃烧室　can annular combustor　10.549
环火　ring fire　19.143
环境　environment　20.136
环境保护　environmental protection　20.138
环境背景值　environmental background value　20.137
* 环境本底　environmental background value　20.137
环境本底调查　environmental background survey　13.767
环境辐射监测　environmental radiation monitoring　13.768
环境管理　environmental management　20.141
环境规划　environmental planning　20.142
环境监测　environmental monitoring　20.120
环境统计　environmental statistics　20.143
环境污染　environmental pollution　20.144
环境因子　environmental factor　01.841
环境影响　environmental impact　01.839
环境影响报告　environmental impact report　13.677
环境影响评价　environmental impact assessment　20.139
环境质量　environmental quality　20.145
环境组成　environmental component　01.840
* 环路　loop　01.241
环网开关柜　ring main unit　19.023
环形馈线　ring feeder　04.068
环形母线变电站　ring substation　15.040
环形燃烧室　annular combustor　10.548
环形闸门　ring seal gate　22.266
* 环状肋片省煤器　spiral-finned tube economizer　09.139
缓发临界　delayed criticality　13.118
缓发中子　delayed neutron　13.036
缓发中子份额　delayed neutron fraction　13.037
缓流　subcritical flow　01.784
换料　refueling　13.556
换料方案　refueling scheme　13.258
* 换料机　charging machine　13.450
换料水池　refueling pool　13.557
* 换料周期　reactor core lifetime　13.136
换流　conversion　17.045
换流臂　converter arm　17.053
* 换流变　converter transformer　17.022
换流变压器　converter transformer　17.022
[换流]阀　[converter] valve　17.068
换流阀控制　valve control　17.183
换流器　converter　17.046
换流器保护　convertor protection　05.270
换流器闭锁　converter blocking　17.131
换流器避雷器　converter unit arrester　17.093
换流器单元　converter unit　17.052
换流器单元保护　converter unit protection　17.182
换流器单元触发控制　converter unit firing control　17.179
换流器单元分接开关变换控制　converter unit tap changer control　17.180
换流器单元监测　converter unit monitoring　17.181
换流器单元控制　converter unit control　17.177
换流器单元顺序控制　converter unit sequence control　17.178
换流器短路保护　converter short circuit protection　17.162
换流器故障　converter fault　17.135
换流器解锁　converter deblocking　17.132
换流器联结　converter connection　17.059
换流器直流母线避雷器　converter unit DC bus arrester　17.094
换流桥　converter bridge　17.060
换流站主接线　converter station scheme　17.021
[换流]主阀　[converter] main valve　17.069
* 换热器　heat exchanger　01.645
换位　transposition　18.147
换位段　transposition interval　18.148
换位杆塔　transposition support　18.083

换向极 commutating pole 19.139
换向片 commutator segment 19.138
换向器 commutator 19.137
换相 commutation 17.096
换相电抗 commutating reactance 17.098
换相电路 commutation circuit 17.097
换相电压 commutation voltage 17.099
换相角 overlap angle 17.109
换相失败 commutation failure 17.136
换相失败保护 commutation failure protection 17.164
换相数 commutation number 17.103
换相组 commutating group 17.100
灰棒 gray control rod 13.143
灰场排水 ash-sluicing water 20.103
灰分 ash content 08.043
灰管防垢 anti-scaling in ash-sluicing piping 20.093
灰黏度 ash viscosity 08.067
灰熔融性 ash fusion characteristic，ash fusibility 08.049
灰水闭路循环系统 closed circulating system of ash-sluicing water 20.094
灰水处理 ash-sluicing water treatment 20.091
灰体 grey body 01.642
灰渣处理 ash and slag treatment 03.040
灰渣物理热损失 heat loss due to sensible heat in slag，sensible heat loss in residue 09.446
挥发分 volatile matter 08.042
辉光放电 glow discharge 16.135
回归分析法 regression analysis method 04.374
回火 tempering 12.332
回料控制阀 loop seal 09.348
回流 reverse current 01.781
回路 loop 01.241
[回路的]预期瞬态恢复电压 prospective transient recovery voltage [of a circuit] 15.319
回路电流 loop current 01.242
回路电流矢量 loop current vector 01.245
回路法 loop analysis 01.258
回路矩阵 loop matrix 01.252
回路水质监督 circuit water quality surveillance 13.516
回路阻抗矩阵 loop impedance matrix 01.254
回热度 regenerator effectiveness 10.606
回热器 regenerator，recuperator 10.600
回热循环 regenerative cycle 01.552
回水温度 return water temperature 09.084
回填灌浆 backfill grouting 22.414
回跳时间 bouncing time 05.135
回油式喷油嘴 return flow type oil atomizer 09.209
回油系统 recirculating system of fuel oil 08.181
回转式分离器 rotary mill classifier，rotating classifier 09.322
* 回转式空气预热器 regenerative air preheater，rotary air heater 09.223
回转[再生]式回热器 rotating [regenerative] regenerator 10.601
回座压差 blowdown 09.414
回座压力 reseating pressure 09.413
* 汇集集箱 collecting header 09.112
* 浑水水工模型试验 sediment model test 01.866
* 混床 mixed bed 12.216
混合坝 mixed dam 22.003
混合床 mixed bed 12.216
混合法截流 combined closure method 22.501
混合加热循环 dual cycle 01.548
混合气体 gas mixture 01.465
混合式加热器 mixing heater，direct contact heater 10.310
* 混合式减温器 contact attemperator 09.134
混合式凝汽器 mixing condenser 10.347
混合式气体绝缘金属封闭开关设备 hybrid gas insulated metal enclosed switchgear，HGIS 15.238
混合式水电站 mixed-type hydropower station 03.075
混块煤 mixed lump coal 08.024
混流可逆式水轮机 Francis pump-turbine 23.112
混流式水轮机 radial-axial flow hydroturbine 23.003
混煤 mixed coal 08.026
混凝土 concrete 22.297
混凝土坝 concrete dam 22.004
混凝土坝原型观测 prototype observation for concrete dam 01.875
混凝土拌合 mixing of concrete 22.330
混凝土拌和楼 concrete bathing and mixing plant 22.518
混凝土标号 concrete mark 22.315
混凝土掺和料 concrete admixture，concrete addition 22.322
混凝土衬砌 concrete lining 22.385

混凝土防渗墙 concrete cut-off wall，concrete diaphragm wall 22.368
混凝土工程 concrete works 01.882
混凝土骨料 concrete aggregate 22.317
混凝土基础温差 temperature difference on dam foundation 22.353
混凝土浇筑 pouring of concrete，placing of concrete 22.331
混凝土浇筑温度 temperature of concrete during construction 22.354
混凝土绝热温升 adiabatic temperature rise of concrete 22.352
混凝土抗裂性 crack resistance of concrete 22.325
混凝土冷却 cooling of concrete 22.335
混凝土耐久性 concrete durability 22.326
混凝土配合比 mix proportion of concrete 22.329
混凝土平仓 concrete spreading 22.332
混凝土平整度 evenness of concrete 22.336
混凝土施工 concrete work 07.074
混凝土外加剂 concrete additive 22.323
混凝土围堰 concrete cofferdam 22.495
混凝土温度控制 temperature control of concrete 22.349
混凝土温度应力 temperature stress of concrete 22.350
混凝土养护 curing of concrete 22.334
混凝土振捣 vibrating of concrete 22.333
混烧锅炉 multi-fuel-fired boiler 09.024
混相布置 mixed phase layout 15.024
混中块煤 mixed medium sized coal 08.025
活动导叶 wicket gate，guide vane 23.040
* 活动性断裂 active fault 01.703
活断层 active fault 01.703
活化产物 activation products 13.030
活性炭烟气脱硫 activated carbon flue gas desulfurization 20.076
* 火电厂 thermal power plant，fossil-fired power plant 07.011
火电厂仿真机 simulator for thermal power plant 12.167
火电工程建设准备 preparation for thermal power construction 07.086
火电工程开工条件 condition for starting thermal power construction 07.085
火电工程施工准备 preparation for starting thermal power construction 07.087
火荷载 fire load 13.474
火花放电 sparkover 16.134
火花检测器 spark tester 16.054
火力发电厂 thermal power plant，fossil-fired power plant 07.011
火力发电厂标准设计 standard design of thermal power plant 07.044
火力发电厂厂区规划 site plot plan of thermal power plant 07.047
火力发电厂辅助厂房和构筑物 auxiliary building and structure of thermal power plant 07.080
火力发电厂附属建筑物 supplementary buildings of thermal power plant 07.081
火力发电厂建厂条件 thermal power plant site condition 07.045
火力发电厂热工自动化 thermal process automation of thermal power plant 12.001
火力发电厂热力系统 thermodynamic system of thermal power plant 01.453
火力发电厂热效率 thermal efficiency of fossil-fired power plant 07.031
火力发电厂设计 thermal power plant engineering and design 07.043
火力发电厂生产建筑物 power production building of thermal power plant 07.054
火力发电厂生产准备 preparation for production of thermal power plant 07.088
火力发电厂施工 construction of thermal power plant 07.065
火力发电厂运行 operation of thermal power plant 07.083
火力发电厂噪声 noise from thermal power plant 20.110
火力发电厂主厂房 main power building of thermal power plant 07.055
火力发电厂主厂房布置 main power building arrangement of thermal power plant 07.056
火力发电厂状态检修 condition based of thermal power plant 07.084
火力发电厂自动化 automation of thermal power plant 07.061
火力发电厂总平面布置 general layout of thermal power plant 07.049

火力发电厂总体规划　overall plot plan of thermal power plant　07.046
火力发电机组　thermal power generating units　07.001
火力发电机组动态特性　dynamic characteristics of thermal generating units　07.038
＊火室燃烧　suspension combustion　09.160
火焰　flame　12.097
火焰包络　flame envelope　12.098
火焰辐射　flame radiation　01.639
火焰检测　flame detecting　10.564
火焰检测器　flame detector　12.018
＊W 火焰燃烧　W-flame firing　09.164
火焰稳定器　flame holder　10.558
霍尔效应　Hall effect　01.159

J

击穿保护器　sparkover protective device　15.381
机舱　nacelle　14.078
机电型继电保护装置　electromechanical protection device　05.094
机墩　turbine pier　22.241
＊机调　mechanical hydraulic governor　23.142
机械采样　mechanical sampling　08.090
＊机械采制样装置　mechanical power coal sampling equipment　08.091
机械离心式调速器　mechanical-centrifugal speed governor　10.249
机械寿命试验　mechanical endurance test　15.341
机械通风冷却塔　mechanical draft cooling tower　10.386
＊机械未完全燃烧热损失　heat loss due to unburned carbon，unburned carbon heat loss in residue　09.445
机械稳定性　mechanical stability against short circuit　11.061
＊机械稳定性试验　mechanical endurance test　15.341
＊机械雾化　pressure atomization，mechanical atomization　09.207
机械效率　mechanical efficiency　10.049
机械携带　mechanical carry-over　09.260
机械液压调节系统　mechanical hydraulic control system，MHC　10.243
机械液压调速器　mechanical hydraulic governor　23.142
机械杂质　mechanical impurities　12.270
机械噪声　machinery noise　20.112
机械振动布袋清灰　mechanical shake cleaning　20.046
机械制动器　mechanical brake equipment　24.031
机组惯性常数　inertia constant of a set　04.107
机组技术数据　unit technical data　06.361
机组降低出力量　unit derated capacity，UDC　21.220
机组降低出力系数　unit derated factor，UDF　21.222
机组经济运行参数　unit economic parameter　06.360
机组快速切负荷　fast cutback，FCB　12.109
机组频率静特性　droop of a set　04.316
机组启动费用　cost of unit start-up　06.181
机组启停时间　start-up & shutdown time of generation unit　06.362
＊机组死点　absolute anchor point　10.136
机组性能计算　unit performance calculation　12.135
机组性能试验　performance test of units　03.240
机组运行方式　operating mode of units　10.430
机组运行优化指导　guidance of unit optimized operation　12.137
机组主轴磁化　main shaft magnetized　11.175
机座隔振　vibration isolation for stator frame　11.096
迹线　path line　01.749
积分电路　integrating circuit　01.395
积分热导率　integrated heat conductivity　13.285
积灰　ash deposition　09.483
积炭　carbon deposit　10.557
基本不确定度　intrinsic uncertainty　02.115
基本冲击绝缘水平　basic impulse insulation level　16.153
基本磁偶极子　elementary magnetic dipole　01.099
SI 基本单位　SI base unit　01.417
基本电偶极子　elementary electric dipole　01.044
基本辅助服务　elementary ancillary service　06.208
基本负荷　base load　04.387
基本负荷锅炉　base load boiler　09.041
基本负荷运行方式　base load operating mode　13.575
基本割集　fundamental cut-set　01.286
基本割集矩阵　fundamental cut-set matrix　01.288

基本回路　fundamental loop　01.287
基本回路矩阵　fundamental loop matrix　01.289
基本建设程序　capital construction procedure　03.017
基本绝缘　basic insulation　21.039
基本设计荷载　ultimate design load　18.046
* 基本误差　intrinsic error　02.131
基波　fundamental wave　01.363
基波电流　fundamental current　02.146
基波分量　fundamental component　04.437
基波功率　fundamental power　01.369
* 基波功率因数　displacement factor，power factor of the fundamental wave　01.370
基波因数　fundamental factor　01.371
基差风险　basis risk　06.352
基础工程　foundation works　01.883
基础灌浆　foundation grouting　22.416
基础环　foundation ring，discharge ring　23.026
基础价格　basic price　22.529
基础立柱　chimney [of a foundation]　18.161
基地式调节仪表　local control device　12.061
基尔霍夫电流定律　Kirchhoff current law，KCL　01.296
基尔霍夫电压定律　Kirchhoff voltage law，KVL　01.297
* 基荷　base load　04.387
基荷电厂　base load power plant　07.019
基荷机组　base load generating set　04.033
基荷运行　base load operation　03.142
基坑　foundation pit　22.482
基坑开挖　excavation of foundation pit　22.483
基坑排水　drainage of foundation pit　22.484
基频　fundamental frequency　01.368
* 基准操作冲击绝缘水平　basic switching impulse insulation level　16.154
* 基准冲击绝缘水平　basic impulse insulation level　16.153
基准[器]　primary standard　02.005
基准值　base value　04.148
畸变场　distortion field　18.032
畸变电流　distortion current　15.246
* 畸变因数　harmonic factor，distortion factor　01.372
激波　shock wave　01.763
激光分离法　laser separation method　13.188
激光聚变实验装置　laser fusion experimental device　13.400
激励　excitation　01.311
* 吉布斯函数　Gibbs function　01.524
级　stage　10.050
级的热力计算　thermodynamic calculation of stage　10.039
* 1E 级电气设备　safety related electrical equipment for NPP　13.502
极大风速　extreme wind speed　14.021
极电流平衡　pole current balancing　17.212
极化电流　polarization current　01.055
极化继电器　polarized relay　05.053
极化指数　polarization index　11.060
极热态启动　very hot start-up　09.380
极限安全地震　ultimate safety earthquake，SL-2　13.267
极限事故工况　limiting accident condition　13.277
极限误差　limiting error　02.133
急流　supercritical flow　01.785
急性放射病　acute radiological sickness　13.751
* 集尘极　dust collection plate　20.040
集成电路继电保护装置　integrated circuit protection device　05.096
集电环　collector ring，slip ring　11.037
* 集肤效应　skin effect　01.123
集聚型真空电弧　fully constricted vacuum arc　15.242
* 集热器　solar collector　14.130
集热效率　collecting efficiency　14.134
* 集散控制系统　distributed control system，DCS　12.119
集水井　water collecting well　23.155
集水廊道　collection gallery　22.056
集体有效剂量　collective effective dose　13.732
集箱　header　09.112
集运鱼船　boat for collection and transportation of fish　22.127
集中参数电路　lumped circuit　01.197
集中供水　centralized water supply　10.376
集中荷载　centralized load　18.073
集中绝对时标　centralized absolute chronology　06.082
集中控制室装修施工　central control room finishing installation　07.082
集中下降管　common downcomer　09.114
* 集中型太阳能电站　solar thermal power generation system with tower and heliostat plant　14.144

集中站　concentrator station　06.038
几何安全　geometrically safe　13.695
挤包绝缘电缆　cable with extruded insulation　18.260
给粉机　pulverized coal feeder　09.323
给煤机　coal feeder　09.317
给水　feedwater　09.264
给水泵　feedwater pump　10.336
给水泵汽轮机数字式电液控制系统　micro-electro-hydraulic control system，MEH　12.046
给水泵顺序控制　sequence control of boiler feedwater pump　12.074
给水回热系统　regenerative feedwater heating system　10.308
给水加热器　feedwater heater　10.309
给水加热式联合循环机组　feedwater heating type heat recovery combined cycle unit　10.462
给水控制系统　feedwater control system　12.032
给水调节系统　feedwater control system　13.470
给水温度　feedwater temperature　09.050
给水系统　feedwater system　10.089
给水-蒸汽回路　feedwater-steam circuit　13.469
给水质量　feedwater condition　09.430
给水自动旁路系统　automatic feedwater by-pass system　10.324
* pNa 计　sodium ion analyzer　12.184
计度器　register　02.072
计划合同电量　scheduled contract energy　06.182
计划停运　planned outage　13.554
计划停运次数　planned outage times　21.201
计划停运系数　planned outage factor　21.203
计划停运小时　planned outage hours　21.200
计划停运状态　planned outage state　21.199
计划外排放　unplanned release　13.794
计划性维修　scheduled maintenance　21.140
计划用电　planned power utilization　19.059
* 计量标准　[measurement] standard　02.004
计量单位　unit of measurement　02.110
[计量器具的]检验　inspection [of a measuring instrument]　12.166
计算拉断力　rated tensile strength，RTS　18.072
计算燃料消耗量　calculated fuel consumption　09.060
记录仪　recorder　02.013
记数继电器　counter relay　05.065
技术规格书　technical specification　13.248
技术支持中心　technical support center　13.608
剂量　dose　13.725
剂量当量　dose equivalent　13.735
剂量限值　dose limit　13.720
剂量约束　dose constraint　13.723
季节电价　seasonal price　06.236
季节性电能　seasonal electric energy　03.135
季调节　seasonal regulation　03.102
季运行方式　seasonal operating plan　04.276
继电保护　relay protection　05.001
继电保护安全性　security of relay protection　05.024
继电保护可靠性　reliability of relay protection　05.022
继电保护可信赖性　dependability of relay protection　05.023
继电保护快速性　rapidity of relay protection　05.026
继电保护灵敏性　sensitivity of relay protection　05.027
继电保护试验　relay protection test　05.004
继电保护误动作率　protective system false operation rate　21.237
继电保护系统　relay protection system　05.003
继电保护选择性　selectivity of relay protection　05.025
继电保护装置　relay protection equipment　05.002
继电器　relay　05.040
* 加倍时间　doubling time　13.175
加长腿　hill-side extension，leg extension　18.111
加筋土石坝　reinforced earth-rockfill dam　22.022
加氯处理　chlorination　12.189
加强的防护措施　enhanced protective provision　21.038
加强绝缘　reinforced insulation　21.042
[加强型绞线的]芯　core [of a reinforced conductor]　18.251
加权平均水头　average head　03.131
加权平均资本成本　weighted average cost of capital，WACC　06.238
加热器保护系统　protective system of heater　10.321
加热器过热蒸汽冷却区　heater desuperheating zone　10.316
加热器凝汽区　heater condensing zone　10.317
加热器疏水冷却区　heater drain cooling zone　10.318
加热器疏水系统　heater drain system　10.326
加速器驱动次临界反应堆系统　accelerator driven sub-critical reactor system，ADS　13.401
价格边际成本指数　price cost margin index　06.312
价格变动保证金　variation margin　06.350

价格监管　price regulation　06.313
价格上限监管法　price cap regulation　06.314
价格听证　public price hearing　06.315
价格指数监管法　price index regulation　06.316
架间水平净距　horizontal clearance between cable racks　18.298
* 架空地线　overhead grounding wire　16.073
架空[输电]系统　overhead system　04.057
架空输电线路绝缘水平　insulation level of transmission overhead line　18.055
架空线路　overhead line　18.003
架空线路保护区　shelter area [of an overhead line]　18.018
[架空线路的]导线　conductor [of an overhead line]　18.021
[架空线路的]回路　circuit [of an overhead line]　18.007
[架空线路的]耐张段　section [of an overhead line]　18.131
架线施工　installation of overhead conductors and ground wires　18.364
架与壁间水平净距　horizontal clearance between rack and wall　18.299
假设始发事件　postulated initiating event　13.680
假想切圆　imaginary circle　09.183
尖端放电　point discharge　16.115
尖峰负荷　peak load　04.388
尖峰负荷锅炉　peak load boiler　09.042
尖峰负荷机组　peak load generating set　04.035
监督区　supervised area　13.743
监护制度　supervisory institution　21.048
监控级　supervision level　12.129
监控与数据采集系统　supervisory control and data acquisition，SCADA　06.040
监视信息　monitored information　06.049
减温器　attemperator，desuperheater　09.131
减压井　relief well　22.073
* 减压扩容法　flashed steam system　14.012
* 剪刀式隔离开关　pantograph disconnector　15.210
剪断销　shear pin　23.045
检测　test　02.106
检查廊道　inspection gallery　22.053
检车率　rate of railway car inspection　08.158
检定　verification　02.108
检流计　galvanometer　02.018
检漏器　water leakage detector　11.136
检漏仪　leak detector　02.171
检修备用　maintenance reserve　04.352
检修间隔　maintenance interval　06.358
检修容量　maintenance capacity　03.141
检修闸门　bulkhead gate　22.270
简单分隔　simple separation　21.043
简单故障　simple fault　05.030
简单循环燃气轮机　simple cycle gas turbine　10.445
碱度　alkalinity　12.180
* 碱骨料反应　alkali-aggregate reaction　22.324
碱耗　alkaline consumption　12.205
碱活性骨料反应　alkali-aggregate reaction　22.324
碱酸比　alkali/acid ratio　08.075
见证点　witness point　13.705
间断运行　intermittent operation　07.042
间隔棒　spacer　18.202
间隔式金属封闭开关设备和控制设备　compartmented switchgear and controlgear　15.233
间接测量[法]　indirect [method of] measurement　02.084
间接干式冷却系统　indirect dry cooling system　10.399
间接接触　indirect contact　21.081
* 间接空冷系统　indirect dry cooling system　10.399
间接泄漏　by-pass leakage，entrained leakage　09.228
* 间接作业　hot stick working，indirect working　16.215
间谐波成分　interharmonic component　04.439
建厂条件　site construction condition　03.033
建弧率　arc over rate　16.069
建筑安装工程费　civil and erection cost　03.191
建筑与结构　architecture and structure　03.175
键槽　key　22.068
桨距调节　pitch regulated　14.065
降低出力等效停运小时　equivalent unit derated hours，EDH　21.221
* 降低出力状态　derated state　21.192
降低电压启动　reduced voltage starting　19.114
降额状态　derated state　21.192
降水　precipitation　01.649
降压变电站　step-down substation　15.019
降压变压器　step-down transformer　15.079
降雨强度　rainfall intensity　01.654

降阻剂 resistance reducing agent 16.207
交变电场 alternating electric field 01.020
交混 mixing 13.303
交联聚乙烯绝缘电缆 cross-linked polyethylene insulated cable 18.262
交流电机内角 internal angle of an alternator 04.246
交流电流 alternating current 01.164
交流电压 alternating voltage 01.165
交流辅助油泵 AC auxiliary oil pump 10.280
交流滤波器 AC filter 17.035
交流耐压试验 AC voltage withstand test 16.017
交流输电 AC power transmission 04.036
交流系统 alternating current system，AC system 04.002
交流线路 AC line 18.004
[交流线路的]相 phase [of an AC line] 18.006
交通困难地区 difficult transport area 18.017
交通廊道 access gallery 22.054
交通运输 communication and transportation 03.039
交易保证金 security deposit 06.239
交易方式 trading manner 06.136
交易服务费 trading service charges 06.240
交易类型 trading classification 06.137
交易时段 trading period 06.148
交直流并联输电 AC and DC transmission in parallel 04.004
* 交轴超/次瞬态电抗 quadrature-axis subtransient reactance 04.105
交轴超/次暂态电抗 quadrature-axis subtransient reactance 04.105
交轴超/次暂态短路时间常数 quadrature-axis subtransient short circuit time constant 04.115
交轴超/次暂态开路时间常数 quadrature-axis subtransient open-circuit time constant 04.117
* 交轴瞬态电抗 quadrature-axis transient reactance 04.103
交轴同步电抗 quadrature-axis synchronous reactance 04.101
交轴暂态电抗 quadrature-axis transient reactance 04.103
交轴暂态短路时间常数 quadrature-axis transient short-circuit time constant 04.114
交轴暂态开路时间常数 quadrature-axis transient open-circuit time constant 04.116
浇筑强度 placing intensity 22.362
胶木滑道 laminated-wood slide track 22.287
胶体物 colloidal substance 12.175
焦[耳] joule 01.421
焦耳定律 Joule law 01.150
焦耳效应 Joule effect 01.149
焦炉煤气 coke oven gas 08.173
角火焰消失 loss of flame to a corner 12.102
角频率 angular frequency 01.168
角式燃烧 corner firing，tangential firing 09.159
* 绞车 winch 18.371
绞线 stranded conductor 18.244
绞向 direction of lay 18.252
矫顽力 coercive force 01.095
铰座 hoisting holder，hinged supporter 22.286
校核洪水位 check flood level 03.121
校核煤种 check coal 09.044
校验周期 check cycle 05.151
* 校正 correction 02.107
校准 calibration 02.124
教练员台 instructor station 12.170
阶梯电价 step tariff 19.181
阶跃响应时间 step response time 02.137
接触电位差 contact potential difference 01.158
接触电压 touch voltage 21.016
接触灌浆 contact grouting 22.413
接触金具 contact tension fitting 18.176
接触器 contactor 19.037
* 接触式加热器 mixing heater，direct contact heater 10.310
* 接触式凝汽器 mixing condenser 10.347
接触行程 contacting travel，overtravel 15.260
接地变压器 three phase earthing transformer 15.091
接地电流 earth fault current 21.020
接地电刷 grounding brush 11.101
接地电阻表 earth resistance meter 02.032
接地故障 ground fault 05.033
接地和短路装置 grounding and short-circuiting equipment 16.232
接地和短路装置的额定电流和额定时间 rated current and rated time for grounding and short-circuiting equipment 16.236
接地回路连接器 earth circuit connector 15.068
接地汇流排 main earthing conductor 16.201

接地极　earth electrode　17.019
接地极线路　earth electrode line　17.020
接地继电器　earth fault relay　05.057
接地开关　earthing switch，grounding switch　15.217
接地[式]电压互感器　earthed voltage transformer　15.367
接地体　earthing electrode　16.195
接地网　earthing grid　16.198
接地引下线　down conductor，down lead　16.199
接地装置　earth-termination system　16.200
接地装置对地电位　potential of earthing connection　16.202
接缝灌浆　joint grouting　22.417
接户线　service mains　19.006
接户线路　supply service，line connection　04.066
接力器　servomotor　23.041
* 接通　making　15.289
接头焊接　joint soldering　11.022
T 接线路　tapped line，teed line　04.065
接续管　splicing sleeve，mid-span tension joint　18.192
节点　node，panel point　18.108
* PQ 节点　load bus，PQ bus　04.152
* PV 节点　voltage controlled bus，PV bus　04.153
* Vθ节点　balancing bus，Vθ bus　04.155
节点导纳矩阵　bus admittance matrix，Y bus matrix　04.156
节点电价法　nodal pricing　06.241
节点阻抗矩阵　bus impedance matrix，Z bus matrix　04.157
节理　joint　01.697
节水　water conservation　20.105
节制闸　regulating sluice　22.093
结冰期　ice-formation period　01.671
结点　node　01.249
结点导纳矩阵　node admittance matrix　01.253
结点电压矢量　node potential vector　01.250
结点法　node analysis　01.257
结构缝　structural joint　22.059
结垢　scale formation　09.493
结合滤波器　line coupling device　15.401
结合能　binding energy　13.007
结焦　coking　09.485
结焦性　coking property　08.073
结算管理子系统　settlement & billing subsystem，SBS　06.284
结算清单　invoice　06.243
结算账户　settlement account　06.244
结算质疑　settlement inquiry　06.245
结算周期　settlement interval　06.246
结渣　slagging　09.486
结渣性　clinkering property　08.074
截断电流　cut-off current，let through current　15.247
截流　river closure　22.500
截面含汽率　steam quality by section　09.285
截水墙　cut-off wall　22.367
解冻室　thawing room　08.123
解环　ring opening　04.297
解列　splitting　04.293
解列点　splitting point　04.295
[介]电常数　dielectric constant　01.035
介质损耗试验　dielectric dissipation test　16.028
介质损耗因数　dielectric loss factor　16.114
介质雾化喷油嘴　medium atomized oil nozzle　09.210
界面张力　interfacial tension　12.268
金具　fitting　18.171
[金具]标称破坏荷载　nominal failure load　18.045
[金具的]抽样试验　sampling test　18.221
[金具的]定期试验　regular test　18.223
[金具的]例行试验　routine test　18.222
[金具的]型式试验　type test　18.220
金属箔电容器　metal foil capacitor　15.165
金属催化剂　metal catalyzer　20.086
金属电子显微技术　electron microscopic examination　12.321
* 金属短接时间　close-open time　15.304
金属封闭开关设备和控制设备　metal enclosed switchgear and controlgear　15.231
[金属]腐蚀　corrosion　01.828
金属宏观检验　macroscopic structure inspection of metal　12.320
金属化电容器　metalized capacitor　15.166
金属化学成分分析　chemical composition analysis of metal　12.325
金属化学热处理　thermo-chemical treatment of metal　12.335
金属回线　metallic return　17.043
金属回线转换断路器　metallic return transfer breaker，MRTB　17.040

金属监督　metal supervision　12.337
金属结构安装　metal structure installation　22.296
[金属]磨损　wear of metal　12.353
金属燃料　metallic fuel　13.194
金属热处理　heat treatment of metal　12.328
[金属]热疲劳　thermal fatigue　12.317
金属韧性　toughness of metal　12.297
金属碳化物分析　carbide analysis　12.326
金属性短路　dead short　04.198
金属性能　performance of metal　12.294
金属氧化物避雷器　metal oxide arrester，MOA　15.378
金属硬度　metal hardness　12.303
金属自承光缆　metal aerial self supporting，MASS　18.312
紧凑系数　compactness factor　10.607
紧凑型输电线路　compact transmission line　18.008
紧急操作　emergency operation　21.055
紧急停堆　scram　13.552
紧线　tense line　18.368
紧线段　tension stringing section　18.369
紧线器　tension puller，dead end tool　18.374
近地表处置　near surface disposal　13.811
近端短路　near-to generator short-circuit　04.174
近海风电场　offshore wind farm　14.109
进户线　service tails　19.007
进浆量　grout absorption，grout intake　22.432
进口边空化　inlet edge cavitation　23.081
进口空气流量　inlet air flow　10.578
进气处理　inlet air treatment　10.591
进气道　air intake duct　10.579
进气缸　inlet casing　10.585
* 进汽方式切换　valve management　12.051
进汽节流调节　steam admission throttle governing　10.266
进汽喷嘴调节　steam admission nozzle governing　10.267
* 进人孔　manhole　23.048
进水阀　inlet valve，main shut-off valve　23.134
进水口　intake　22.160
进水闸　intake sluice　22.094
进线馈线　incoming feeder　15.057
进相运行　leading power factor operation　11.118
进占　advance　22.507
浸没　immersion　03.097
浸润线　line of saturation　01.724
禁止重合　inhibit reclosing　05.239
经济电流密度　economic current density　18.068
经济负荷　optimum load，economical load　04.404
经济工况　economic condition　07.040
经济功率　economic output　10.027
* 经济连续蒸发量　economical continuous rating，ECR　09.054
经营期电价　return rate price　06.237
晶间腐蚀　intergranular corrosion　13.244
* 晶界腐蚀　intergranular corrosion　13.244
晶体管继电保护装置　transistor protection device　05.095
晶体管继电器　transistor relay　05.060
晶闸管阀　thyristor valve　17.077
晶闸管级　thyristor valve level　17.078
* 晶闸管控相角调节器　static phase shifter　15.180
晶闸管控制变压器　thyristor controlled transformer，TCT　15.172
晶闸管控制电抗器　thyristor controlled reactor，TCR　15.171
晶闸管投切电容器　thyristor switched capacitor，TSC　15.170
晶闸管组件　thyristor module　17.080
精煤　cleaned coal　08.014
净电功率输出　net electric power output　14.091
净水头　net head　03.125
径流　runoff　01.655
径流式水电站　run-off hydropower station　03.074
径流式透平　radial flow turbine　10.519
* 径流[式]压气机　radial flow compressor　10.574
径向[释热率]不均匀因子　radial heat generation peaking factor　13.326
径向通风　radial ventilation　11.085
竞价　bidding　06.138
* 竞价电量　bidding energy　06.184
竞价机组　bidding unit　06.183
竞价机组注册信息　register information of bidding unit　06.285
竞价空间　bidding energy　06.184
竞争电量　competition energy　06.185
静触点　fixed contact　05.109
静触头　fixed contact　15.275
静电场　electrostatic field　01.017

静电除尘器　electrostatic precipitator，ESP　20.039
静电感应　electrostatic induction　01.018
静电计　electrometer　02.025
静电系仪表　electrostatic instrument　02.096
静电学　electrostatics　01.003
静水压力　hydrostatic pressure　01.788
静态负荷特性　steady state characteristics of load　04.168
静态工程投资概算　static project cost estimate　03.194
静态特性　static characteristics　10.269
* 静态投标　one-off bidding，static bidding　06.168
静态投资　static storage investment　22.526
静态远动系统　quiescent telecontrol system　06.088
静叶环　stator blade ring　10.127
静叶环套　stator blade carrier ring　10.128
静止变频器　static frequency convertor　24.050
静止式有功电能表　static watt-hour meter　02.058
静止同步补偿装置　static synchronous compensation，STATCOM　15.173
静止无功补偿装置　static var compensator，SVC　04.343
静止无功补偿装置　static var compensator，SVC　15.169
静止移相器　static phase shifter　15.180
静止整流器励磁　stationary rectifier excitation　04.132
镜板　thrust runner collar　24.018
纠正行动　corrective action　13.707
九点取样法　nine point picking out　08.109
酒杯塔　cup type tower　18.090
* 酒精　fuel bioethanol　14.182
就地操作站　local operating station　12.171
就地控制　local control　12.011
居里温度　Curie temperature，Curie point　01.117
居民区　residential area　18.015
居民生活电价　domestic tariff　19.189
局部等电位连接　local equal potential bonding　21.106
局部放电　partial discharge　16.122
局部放电超声定位法　ultrasonic detection method for partial discharge location　16.128
局部放电重复率　repetition rate of partial discharge　16.126
局部放电检测仪　partial discharge detector　16.049
局部放电量　magnitude of partial discharge　16.123
局部放电平均放电电流　average current of partial discharge　16.127
局部放电起始电压　partial discharge inception voltage　16.124
局部放电熄灭电压　partial discharge extinction voltage　16.125
局部损失　localized loss，bend loss　01.776
局部转速不等率　incremental speed governing droop　10.272
拒[绝]动[作]　failure to operation of protection，failure to trip　05.102
聚变-裂变混合堆　fusion-fission hybrid reactor　13.403
聚变能资源　fusion energy resources　13.179
聚光太阳能电池　concentrator solar cell　14.160
聚光型[太阳能]集热器　concentrator collector　14.132
聚合物混凝土　polymer concrete　22.305
聚焦比　concentration ratio　14.133
聚氯乙烯电缆　polyvinyl chloride insulated cable　18.261
聚四氟乙烯管　teflon tube　11.133
卷积　convolution　01.386
卷式反渗透膜元件　spiral-wound RO cartridge　12.229
卷线机　reel winder　18.372
卷扬式启闭机　winch hoist　22.290
绝对磁导率　absolute permeability　01.084
[绝对]电容率　[absolute] permittivity　01.036
绝对湿度　absolute humidity　01.594
绝对时标　absolute chronology，time tagging　06.081
绝对死点　absolute anchor point　10.136
* 绝对温标　thermodynamic temperature scale　01.477
* 绝对温度　thermodynamic temperature　01.478
绝对误差　absolute error　02.128
绝对压力　absolute pressure　01.486
绝对压力计　absolute pressure gauge　02.161
绝热过程　adiabatic process　01.535
绝热节流　adiabatic throttling　01.608
绝热热力系　adiabatic thermodynamic system　01.451
绝热指数　adiabatic exponent　01.536
绝缘电阻表　insulation resistance meter　02.033
绝缘封闭开关设备和控制设备　insulation enclosed switchgear and controlgear　15.236
绝缘杆　insulating stick　16.223
绝缘杆作业　hot stick working，indirect working　16.215
绝缘隔离装置　insulated isolated device　16.038

绝缘故障　insulation fault　04.193
绝缘故障率　failure rate of insulation　16.161
绝缘击穿　insulation breakdown　16.171
绝缘老化　ageing of insulation　16.170
绝缘老化试验　insulation ageing test　16.029
绝缘耐热等级　thermal class for electric machine insulation　11.063
绝缘配合　insulation coordination　16.146
绝缘配合惯用法　conventional procedure of insulation coordination　16.147
绝缘配合统计法　statistical procedure of insulation coordination　16.148
绝缘配合因数　insulation coordinating factor　16.149
绝缘屏蔽　insulation shielding　18.279
绝缘手套作业　insulation glove working　16.216
绝缘性能指标　performance criterion of insulation　16.162
绝缘遮蔽罩　insulating protective cover　16.224
绝缘子　insulator　18.224
绝缘子保护金具　insulator protective fitting　18.211
绝缘子串　insulator string　18.231
绝缘子串组　insulator set　18.235
绝缘子清扫　clearing insulator　18.239
掘进机施工法　tunneling machine method　22.374
* 掘进台车　multi-beam jumbo　22.509
均布冰荷载　uniform ice loading　18.052
均压环　grading ring　18.198
均压线　equalizer　19.145
均匀电场　uniform electric field　01.019
均匀线[路]　uniform line　01.399
均质土坝　homogeneous earth dam　22.024
竣工决算　final settlement of account　22.525
竣工图　as-built drawing　03.023

K

喀斯特　karst　01.731
喀斯特水　karstic water　01.722
卡　calorie　01.512
卡棒准则　stuck rod criteria　13.271
卡林那循环　Kalina cycle　01.554
卡门涡　Karman vortex　23.102
卡诺循环　Carnot cycle　01.545
卡诺原理　Carnot principle　01.519
* 卡普兰水轮机　Kaplan turbine　23.005
[开闭型设备] 拒分闸概率　probability of failure to open on command　21.240
[开闭型设备] 拒合闸概率　probability of failure to close on command　21.241
[开闭型设备] 误分闸故障率　rate of occurrence of opening without proper command　21.257
[开闭型设备] 误合闸故障率　rate of occurrence of closing without proper command　21.258
开敞式进水口　open intake　22.164
开敞式溢洪道　open spillway，free over flow spillway　22.145
开断　breaking　15.292
开断触头　break contact，b-contact　15.280
开断电流　breaking current　15.294
[开断和关合能力的]短路发电机回路试验　short-circuit generator circuit test [of breaking and making capacity]　15.331
[开断和关合能力的]合成试验　synthetic test [of breaking and making capacity]　15.334
[开断和关合能力的]网络试验　network test [of breaking and making capacity]　15.332
[开断和关合能力的]振荡回路试验　oscillating circuit test [of breaking and making capacity]　15.333
[开断和关合能力的]直接试验　direct test [of breaking and making capacity]　15.330
开断时间　break time　15.293
开尔文[双]电桥　Kelvin [double] bridge　02.075
* 开尔文温标　thermodynamic temperature scale　01.477
* 开关柜　metal enclosed switchgear and controlgear　15.231
开关量控制系统　on-off control system，OCS，binary control system　12.065
[开关设备的]极　pole [of a switchgear]　15.252
开关站　switching substation　15.020
* 开口沉箱　open caisson　22.369
开口三角形联结　open delta connection　15.134

开启式冷却　open circuit cooling　11.081
开式热力系　open thermodynamic system　01.449
＊开式循环　once-through nuclear fuel cycle　13.227
开式循环燃气轮机　open-cycle gas turbine　10.443
开式制粉系统　open pulverizing system　09.300
开通　firing　17.139
开挖　excavation　22.466
铠装电缆　armoured cable　18.270
铠装式金属封闭开关设备和控制设备　metal clad switchgear and controlgear　15.232
坎[德拉]　candela　01.442
抗磁性　diamagnetism　01.110
抗磁性物质　diamagnetic substance　01.111
抗拉强度　tensile strength　12.295
抗磨板　wearing plate，facing plate　23.042
抗氧化剂　oxidation inhibitor　12.273
＊靠背轮　coupling　10.232
可避免成本　avoidable cost　19.170
可测状态参数　measurable parameter of state　01.474
可动电接触　movable electric contact　15.258
可缓供负荷　deferrable load　19.071
可开发水能资源　available hydropower resources　03.046
＊可靠度　reliability　21.126
可靠性　reliability　21.126
可靠性电价　reliability price　06.227
可靠性改进　reliability improvement　21.152
可靠性工程　reliability engineering　21.147
可靠性管理　reliability management　21.151
可靠性和可维修性保证　reliability and maintainability assurance　21.153
可靠性和可维修性控制　reliability and maintainability control　21.154
可靠性评估　reliability evaluation，reliability assessment　21.148
可靠性评价　historical reliability assessment　21.149
可靠性准则　reliability criteria　21.150
可控饱和并联电抗器　controllable saturated shunt reactor　15.160
＊可控串补　thyristor controlled series compensator，TCSC　15.179
可控串联补偿装置　thyristor controlled series compensator，TCSC　15.179
可控阀　controllable valve　17.071
可控负荷　controllable load　04.397
可控换流臂　controllable converter arm　17.054
可裂变核素　fissionable nuclide　13.039
可能最大洪水　probable maximum flood，PMF　01.662
可逆过程　reversible process　01.530
可逆式水轮机　pump-turbine，reversible turbine　23.111
可逆循环　reversible cycle　01.543
可倾瓦块推力轴承　tilting pad thrust bearing　10.225
可倾瓦轴承　tilting bearing　10.222
可燃毒物　burnable poison　13.148
可燃毒物棒　burnable poison rod　13.202
可燃气体分析　analysis of combustible gas　12.277
可调出力　feasible capacity　06.364
可调静叶片　variable stator blade　10.534
可调小时　feasible hours　06.363
可听噪声　audible noise　18.036
可停电负荷　interruptible load　19.070
＊可维修度　maintainability　21.128
可维修性　maintainability　21.128
可行性研究　feasibility study　03.020
＊可用度　availability　21.127
可用发电容量　available capacity　06.247
可用时间　available time　21.187
可用输电容量　available transfer capacity，ATC　06.186
可用系数　availability factor，AF　21.212
＊可用小时　available hours　21.187
可用性　availability　21.127
可用状态　available state，up state　21.186
可再生能源　renewable energy resources　03.049
可中断电价　interruptible price　06.229
可中断服务　interruptible service　06.209
＊可中断负荷电价　interruptible price　06.229
可中断远期合同　interruptible forward contract　06.139
可转换核素　fertile nuclide　13.041
克尔效应　Kerr effect　01.156
肯定认可　positive acknowledgement　06.047
＊坑口电厂　pithead power plant　07.015
空负荷试运行　trial no-load operation　10.417
空负荷转速　idling speed　10.501
空腹坝　hollow dam　22.018
空化　cavitation　01.835
空化试验　cavitation model test　01.871
空化系数　cavitation coefficient　23.082
空化余度　cavitation margin　23.133

空间电荷　space charge　01.009
* 空间辐射器　space heat radiator　13.500
空间辐射散热器　space heat radiator　13.500
空间核电源　space nuclear power　13.404
空间核推进动力装置　space nuclear propulsion unit　13.406
空-空冷却发电机　air to air cooled generator　11.120
* 空冷　air cooling of hydrogenerator　24.032
空冷式汽轮机组　dry [air] cooling steam turbine　10.017
空气的标准状态　standard atmospheric state　14.016
空气动力刹车　aerodynamic brake　14.073
空气断路器　air circuit-breaker　15.194
空气分级　air staging　09.169
空气干燥基　air dried basis　08.055
空气过滤器　air filter　10.590
空气间距　air clearance　16.137
空气冷却器　air cooler　11.123
空气冷却区　air cooling zone　10.356
空气冷却系统　air cooling system　11.122
空气密度校正系数　air density correction factor　16.112
* 空气密度校正因数　air density correction factor　16.112
空气湿度校正系数　humidity correction factor　16.111
* 空气湿度校正因数　humidity correction factor　16.111
空气预热器　air preheater　09.220
空腔　cavity pocket　01.834
空蚀　cavitation erosion　01.836
* 空蚀磨损联合破坏　combined erosion by sand and cavitation　23.089
空-水冷却发电机　air to water cooled generator　11.121
空心导线　hollow conductor　11.018
空心导线堵塞　clogging-up of hollow conductor　11.172
空心叶片　hollow blade　10.535
空穴　hole　01.006
空载电流　no-load current　15.127
空载损耗　no-load loss　15.126
空载特性　no-load characteristics，open circuit characteristics　11.112
空载特性的测定　measurement of open circuit [no-load] characteristics　11.218
空注阀　hollow jet valve　22.281
空转　idling　19.124
孔口出流　orifice flow　22.159
* 孔蚀　pitting attack　12.358
孔隙水　pore water　01.720
* 空闲间隔　blocking interval，idle interval　17.115
控制棒　control rod　13.139
控制棒干涉效应　control rod interference　13.146
控制棒价值　control rod worth　13.144
控制棒刻度　control rod calibration　13.163
控制棒落棒时间　control rod drop time　13.536
控制棒驱动机构　control rod drive mechanism，CRDM　13.424
控制棒驱动机构试验　test of control rod drive mechanism　13.535
控制棒弹出事故　control rod ejection accident　13.585
控制棒位置测量　control rod position measurement　13.514
控制棒自屏效应　control rod shielding effect　13.145
控制棒组件　control rod assembly　13.420
控制爆破　controlled blasting　22.469
控制触头　control contact　15.278
控制电缆　control cable　18.272
* 控制电路　control circuit　15.254
控制毒物的价值　control poison worth　13.149
* 控制毒物反应性当量　control poison worth　13.149
控制方式　control mode　12.003
控制环　regulating ring，control ring　23.043
控制回路　control circuit　15.254
控制开关　control switch　15.279
控制盘台　control panel and console　12.009
控制器　controller　19.038
控制区　controlled area　13.742
控制性进度　key work schedule　22.458
控制循环锅炉　controlled circulation boiler　09.009
* 控制站　master station，controlling station　06.022
控制指令　control order　17.209
控制中心　control center　06.012
控制中心布置　control center layout　03.167
枯水年　dry year　01.670
库底清理　clean-up of reservoir site　22.508
库[仑]　coulomb　01.425
* 库仑表　coulometer　02.037
库仑定律　Coulomb law　01.056

库仑-洛伦兹力　Coulomb-Lorentz force　01.148
库区　reservoir region，reservoir area　03.087
库区综合开发　comprehensive development of reservoir　01.853
* 库容　storage capacity，reservoir storage　03.088
库容曲线　storage-capacity curve　03.095
库容系数　storage rate　03.094
跨步电压　step voltage　21.015
跨流域补偿调节　interbasin compensative regulation　03.106
* 跨流域电力补偿径流调节　interbasin compensative regulation　03.106
跨流域水资源开发　interbasin water resources development　03.058
跨线故障　cross country fault，cross circuitry fault　05.037
跨越　crossing　18.066
跨越杆塔　crossover tower　18.086
会计成本定价　embedded cost pricing　06.235
块差错率　block error rate　06.092
快速分解法　fast decoupled method　04.160
快速接地开关　high speed grounding switch　15.218
快速励磁　high response excitation　04.243
快速启动　fast start　10.492
快速切除故障　fast fault-clearing　04.241
快速调节型无功补偿装置　fast response reactive power compensator　04.340
快速型氮氧化物　prompt NO_x　20.009
快速闸门　rapid operating gate　22.274
快速自动重合　high speed automatic reclosing　05.236
快中子　fast neutron　13.050
快中子堆钠火消防系统　sodium fire protection system of fast reactor　13.494
快中子堆钠设备清洗系统　cleaning system for sodium equipment of fast reactor　13.493
快中子堆转换区　conversion zone of fast reactor　13.491
* 快中子裂变因数　fast neutron breeding factor　13.075
快中子增殖堆燃料组件　FBR fuel assembly　13.210
快中子增殖反应堆　fast breeder reactor　13.394
快中子增殖因数　fast neutron breeding factor　13.075
* 快装式燃气轮机　packaged gas turbine　10.451
宽顶堰　broad crested weir　22.114
宽缝重力坝　slotted gravity dam　22.006
宽调节比一次风喷口　wide-range primary air nozzle　09.189
宽尾墩　flaring gate pier，wide-flange pier　22.207
矿口电厂　pithead power plant　07.015
溃坝洪水　dam-break flood，dam-breach flood　01.665
馈线　feeder　04.062
馈线断路器　feeder circuit-breaker　15.185
馈线隔离开关　feeder disconnector　15.214
馈线间隔　feeder bay　15.055
扩径导线　expanded conductor　18.254
扩孔桩　expanded pile，bulb pile　18.167
* 扩容蒸发　flash distillation　12.236
扩散长度　diffusion length　13.073
扩散室　diffuser chamber　23.129
扩散型真空电弧　diffused vacuum arc　15.241
扩压管　diffuser　01.607
扩压器　diffuser　10.533

L

垃圾电厂　garbage-burning power plant　07.018
垃圾发电　municipal solid waste power generation　14.195
垃圾锅炉　refuse boiler，garbage-fired boiler　09.038
* 拉金　lacing wire　10.186
拉筋　lacing wire　10.186
拉普拉斯变换　Laplace transform　01.382
拉普拉斯逆变换　inverse Laplace transform　01.383
拉普拉斯算子　Laplacian　01.143
拉线　guy，stay　18.168
拉线棒　anchor rod　18.169
拉线杆塔　guyed support，stayed support　18.087
拉线门型塔　guyed portal tower　18.092
拉线盘　anchor　18.170
拉线 V 型塔　guyed V tower　18.091
兰金循环　Rankine cycle　01.550
拦河闸　barrage，sluice　22.092
拦污埂　trash boom　22.171

拦污栅　trash rack　22.170
缆索式起重机　cable crane　22.514
缆芯　cable core　18.316
＊朗肯循环　Rankine cycle　01.550
浪压力　wave pressure　01.798
劳动安全与工业卫生　labor safety and industrial hygiene　03.043
老厂的联合循环增容改造　retrofitting and repowering old steam power plant with combined cycle　10.470
老化　ageing　10.436
勒[克斯]　lux　01.443
勒纳指数　Lerner index　06.317
雷暴日　thunderstorm day　16.059
雷暴小时　thunderstorm hour　16.060
雷电冲击半峰值时间　time to half value of a lightning impulse　16.079
雷电冲击[波]保护比　protection ratio against lightning impulse　16.082
雷电冲击波前时间　front time of a lightning impulse　16.077
雷电冲击截波耐受电压　withstand voltage of chopped lightning impulse　16.106
雷电冲击截波试验　chopped lightning impulse test　16.025
雷电冲击全波　full lightning impulse　16.076
雷电电磁脉冲　lightning electromagnetic pulse，LEMP　16.066
雷电过电压　lightning overvoltage　16.179
雷电流　lightning current　16.061
雷电流峰值　peak value of lightning current　16.062
雷电流平均陡度　average steepness of lightning current　16.064
雷电流总电荷　total charge of lightning current　16.063
雷击跳闸率　lightning outage rate　16.070
雷诺数　Reynolds number　01.767
肋板省煤器　plate gilled economizer　09.138
0类设备　class 0 equipment　21.100
Ⅰ类设备　class Ⅰ equipment　21.101
Ⅱ类设备　class Ⅱ equipment　21.102
Ⅲ类设备　class Ⅲ equipment　21.103
棱体排水　prism drainage　22.088
棱柱形燃料组件　prismatic fuel element　13.208
楞次定律　Lenz law　01.146
冷备用　cold standby reserve　04.354
＊冷端系统　heat sink，cool end system　10.349
冷灰斗　bottom ash hopper　09.145
＊冷凝器　condenser　10.345
＊冷气体热效率　gasification efficiency　14.193
冷却倍率　cooling rate　10.359
冷却池　cooling pond　10.387
冷却方式　cooling technique　11.079
冷却剂净化系统　clean-up system of coolant　13.431
[冷却剂]欠热度　degree of subcooling　13.291
冷却剂丧失事故　loss of coolant accident，LOCA　13.588
[冷却剂]循环环路　coolant circulation loop　13.412
冷却介质　coolant　11.078
冷却面积　cooling surface area　10.357
冷却水管　cooling water tube　10.351
冷却水温度控制系统　circulating water temperature control system　12.054
冷却水系统　cooling water system　10.380
冷却塔　cooling tower　10.383
冷却塔工程　cooling tower works　07.070
冷却条件偏离额定值　cooling condition deviated from normal　11.163
冷却停机　cooling shutdown　10.424
冷却叶片　cooled blade　10.536
冷态功能试验　cold functional test　13.530
冷态启动　cold start-up　09.377
冷态水压试验　cold hydrostatic test　13.531
冷[态]停堆　cool shutdown　13.548
冷油器　oil cooler　10.289
冷源　thermal sink　01.459
冷渣器　bottom ash cooler　09.358
离散[频]谱　discrete spectrum　01.389
离线清洗　off-line washing　10.589
离心分离器　centrifugal separator　09.320
离心式蓄能泵　centrifugal storage pump　23.122
离心[式]压气机　radial flow compressor　10.574
离子　ion　01.005
离子电流　ionic current　01.052
离子交换技术　ion exchange technology　12.198
离子交换树脂　ion exchange resin　12.199
理论空气量　theoretical air　09.466
理论燃烧温度　theoretical combustion temperature，adiabatic combustion temperature　09.467
理想变压器　ideal transformer　01.397

理想电流源 ideal current source 01.202
理想电压源 ideal voltage source 01.201
理想功率 ideal power 10.042
* 理想焓降 isentropic enthalpy drop，ideal enthalpy drop 10.041
理想流体 ideal fluid 01.741
理想气体 ideal gas 01.462
理想气体状态方程 ideal gas equation of state 01.469
理想速度 ideal velocity 10.062
力线 line of force 01.023
历史洪水 historical flood 01.663
历史数据存储 historical data memory 12.122
历史数据服务器 historical data server 06.286
立堵法截流 vertical closure method 22.502
立式水轮发电机 vertical hydrogenerator 24.002
* 立轴式磨煤机 vertical spindle mill 09.313
利用系数 utilization factor，UTF 21.231
利用小时 utilization hours，UTH 21.230
利用小时数 utilization time 19.200
励磁绕组 excitation winding，rotor winding 11.036
励磁[调节]控制系统 excitation control system 04.139
励磁系统故障 excitation system fault 11.181
励磁系统数学模型 mathematical model of excitation system 04.131
沥青混凝土 asphalt concrete 22.304
沥青混凝土防渗 asphalt concrete seepage prevention 22.401
沥青井 asphalt well 22.070
粒煤 pea coal 08.023
连拱坝 multiple arch dam 22.011
连接金具 link fitting，insulator set clamp 18.175
连接箱 link box 18.290
连锁故障 cascading faults of complicated 05.039
* 连续报价 single-block bidding，continuous bidding 06.169
连续方程 continuous equation 01.760
连续浇筑 continuous placing 22.358
连续介质 continuous medium 01.737
连续流通 continuous flow 17.145
连续排污 continuous blowdown 09.406
连续[频]谱 continuous spectrum 01.388
连续式挑坎 continuous flip bucket 22.191
连续再生装置 continuous regeneration set 12.278
连支 link branch 01.284
联氨处理 hydrazine treatment 12.242
联板 yoke plate 18.189
联合电压试验 combined voltage test 16.022
联合汽阀 combined valve 10.117
联合脱硫脱硝技术 combined SO_x/NO_x control technology 20.077
联合循环机组协调控制 coordinated control of combined cycle unit 12.057
联合循环汽轮机 combined cycle steam turbine 10.022
* 联结组标号 connection of transformer winding 15.137
联络变压器 system interconnection transformer 15.077
联络断路器 network interconnecting circuit-breaker 15.189
联络线负荷 connection line load，tie-line load 04.356
联络线输送容量 transmission capacity of a link 04.330
联锁保护试验 testing of interlock protection 12.151
联锁控制 interlock control 12.066
联网费用分摊 capital contribution to connection costs 19.164
联网价 interconnection tariff 06.266
联网效益 benefit of interconnection 04.010
* 联箱 header 09.112
联箱式加热器 header type heater 10.313
联相布置 associated phase layout 15.022
联轴器 coupling 10.232
联轴器螺栓 coupling bolts 10.236
链斗卸车机 bucket chain unloader 08.124
链路 link 18.354
链轮-蜗轮蜗杆盘车装置 sprocket-worm gear type turning gear 10.230
链轮闸门 roller-chain gate 22.255
链式反应 chain reaction 13.038
两班制运行 two-shift cycling operation 07.041
两部制电价 two-part tariff 06.249
两电动势间相角差 angle of deviation between two EMF 04.247
两端高压直流输电控制系统 two-terminal HVDC control system 17.171
两端高压直流输电系统 two-terminal HVDC transmission system，TTDC transmission system 17.002
两系统同步 synchronization of two systems 04.289

两相对地故障　two phase-to-earth fault，double-line-to-ground fault　04.206
两相流　two phase flow　13.300
两相流动不稳定性　two phase flow instability　13.327
两相流模型　two phase flow model　13.301
两相相间故障　phase-to-phase fault，line-to-line fault　04.205
两相压降　two phase pressure drop　13.337
两相压降倍率　two phase pressure drop multiplier　13.338
两相运行　two phase operation　04.278
亮度温度　luminance temperature　01.481
量测冗余度　measurement redundancy　04.163
[量的]约定真值　conventional true value [of a quantity]　02.122
[量的]真值　true value [of a quantity]　02.121
量化误差　A/D transfer error　05.143
量水堰　flow measurement weir　22.118
* 量限　measuring range　02.119
裂变产物　fission products　13.282
裂变产物中毒　fission products poisoning　13.133
裂变碎片　fission fragment　13.281
裂变中子　fission neutron　13.034
* 裂片　fission fragment　13.281
裂纹深度测量　crack depth measurement　12.369
裂隙　fissure　01.696
裂隙水　fissured water　01.721
邻近效应　proximity effect　01.124
临界棒栅　control rod lattice for criticality　13.161
临界尺寸　critical dimension　13.090
临界档距　critical span　18.064
临界关断间隔　critical hold-off interval　17.113
临界含汽率　critical steam content　09.286
临界火焰　critical flame　12.101
临界空化系数　critical cavitation coefficient　23.083
临界流　critical flow　13.311
临界流化速度　critical fluidized velocity　09.343
临界硼浓度　critical boron concentration　13.166
临界前试验　pre-critical test　13.538
临界热流密度　critical heat flux density　09.256
临界水深　critical depth　01.786
* 临界体积　critical volume　13.090
临界温度　critical temperature　01.575
临界压力　critical pressure　01.574
临界质量　critical mass　13.089
临界转速　critical speed　10.502
临界装置　critical assembly　13.157
临时接地　temporary grounding　21.076
磷酸盐处理　phosphate treatment　12.243
灵活电力合同　flexible power contract　06.140
灵活交流输电　flexible AC transmission system，FACTS　04.038
零功率反应堆　zero power reactor　13.156
零功率试验　zero power experiment　13.159
零固形物处理　zero solid matter treatment，all volatile conditioning　12.244
零起升压　stepping up from zero voltage　06.365
零售竞争模式　retail competition　06.141
零输入响应　zero input response　01.313
零序保护　zero sequence protection　05.158
零序电流保护　zero sequence current protection　05.182
零序电压保护　zero sequence voltage protection　05.183
零序短路电流　zero sequence short-circuit current　04.219
零序分量　zero sequence component　01.361
零序继电器　zero sequence relay，residual current relay　05.058
零序网络　zero sequence network　04.213
零序阻抗　zero sequence impedance　04.216
零值测量[法]　null [method of] measurement　02.087
零周期加速度　zero period acceleration，ZPA　13.268
零状态响应　zero state response　01.314
溜槽　chute slipway　22.348
流场　flow field　01.744
流程数　number of pass　10.358
流道　flow channel　13.317
流动沸腾　flow boiling　13.294
* 流动干度　average void content　13.304
流动温度　flow temperature　08.053
流动压降　flow pressure drop　13.336
流-固耦合　fluid-structure interaction，FSI　13.346
流函数　stream function　01.761
流化床　fluidized bed　09.333
流化床点火装置　warm-up facility for FBC boiler　09.347
流化床燃烧　fluidized bed combustion，FBC　09.334
流化床[燃烧]锅炉　fluidized bed combustion boiler

09.335
流化速度　fluidized velocity　09.344
流量　flow　01.832
流量比转速　discharge specific speed　23.130
流量惰走　lateral flow，flow coastdown　13.330
* 流量分配不均匀性　hydraulic deviation　09.257
流量丧失事故　loss of flow accident，LOFA　13.587
流量系数　flow coefficient　10.065
流[明]　lumen　01.441
流谱　flow survey，flow pattern　01.748
流速　flow velocity，current velocity　01.750
流速分布　velocity distribution　01.752
流速仪法　current meter method　23.091
流体　fluid　01.736
流体力学　fluid mechanics　01.735
流体运动学　fluid kinematics　01.743
流体质点　fluid particle　01.738
流线　streamline　01.747
流域规划　river basin planning　03.054
* 流域水电开发规划　basin hydropower development planning　03.059
流域水能开发　river basin water power development 03.051
流域综合利用规划　comprehensive utilization planning of river basin　03.056
流致振动　flow-induced vibration，FIV　13.347
流注放电　streamer discharge　16.119
留样　reserved coal sample　08.113
硫化镉太阳能电池　cadmium sulphide solar cell 14.158
硫酸盐硫　sulfate sulfur　08.064
硫铁矿硫　pyritic sulfur　08.065
硫氧化物　sulfur oxide，SO_x　20.006
六氟化硫断路器　sulfur hexafluoride circuit-breaker，SF_6 circuit-breaker　15.196
六氟化硫含水量　moisture content of SF_6　15.325
六氟化硫绝缘变压器　SF_6 gas insulated transformer 15.083
六氟化硫熔断器　SF_6 fuse　19.034
六脉动桥　six-pulse bridge　17.062
龙口　closure gap　22.505
笼型感应电动机　cage induction motor，squirrel cage induction motor　19.147
* 楼层反应谱　floor response spectrum　13.264
楼层响应谱　floor response spectrum　13.264
漏磁通　leakage flux　01.344
漏风率　air leakage rate　09.471
漏风试验　air leakage test　09.455
漏风系数　air leakage factor　09.469
漏煤可燃物含量　unburned combustible in sifting 09.449
漏汽损失　leakage loss　10.074
漏氢量　hydrogen leakage value　11.144
炉底布风板　air distributor　09.345
炉底渣　bottom ash　09.473
炉管泄漏监测系统　monitoring system of boiler tube leakage　12.020
炉内过程　combustion process　09.270
炉内喷吸收剂脱硫　sorbent injection into furnace desulfurization process　20.067
* 炉水　boiler water　09.267
* 炉水浓度　boiler water concentration　09.431
* 炉水循环泵　circulating pump　09.148
炉膛　furnace　09.063
炉膛安全监控系统　furnace safety supervisory system，FSSS　12.087
炉膛安全系统　furnace safety system，FSS　12.088
炉膛爆燃　furnace puff　09.474
炉膛爆炸　furnace explosion　09.475
炉膛出口烟气能量不平衡　gas side energy imbalance at furnace exit　09.494
* 炉膛出口烟气热偏差　gas side energy imbalance at furnace exit　09.494
炉膛出口烟气温度　furnace exit gas temperature 09.061
炉膛吹扫　furnace purge　09.382
炉膛断面放热强度　furnace cross-section heat release rate，furnace plan heat release rate　09.070
炉膛断面积　furnace cross-section area　09.066
* 炉膛断面热负荷　furnace cross-section heat release rate，furnace plan heat release rate　09.070
* 炉膛断面热强度　furnace cross-section heat release rate，furnace plan heat release rate　09.070
炉膛辐射受热面放热强度　heat release rate of furnace radiant heating surface　09.072
炉膛火焰检测　furnace flame scanning　12.017
炉膛结渣倾向　furnace slagging tendency　09.049
炉膛空气动力场试验　furnace aerodynamic test　09.453

炉膛轮廓尺寸　furnace configuration dimension　09.064
炉膛内爆　furnace implosion　09.476
炉膛内爆保护　furnace implosion protection　12.091
＊炉膛容积　effective furnace volume　09.065
炉膛容积放热强度　furnace volume heat release rate　09.069
＊炉膛容积热负荷　furnace volume heat release rate　09.069
炉膛设计瞬态承受压力　furnace enclosure transient design pressure　09.078
炉膛设计压力　furnace enclosure design pressure　09.058
炉膛特征参数　furnace characteristic parameter　09.067
炉膛外爆保护　furnace explosion protection　12.090
炉膛压力控制系统　furnace pressure control system　12.038
炉膛有效容积　effective furnace volume　09.065
炉膛整体空气分级　air staging over burner zone　09.172
炉烟处理灰水　flue treatment of ash sluicing water　20.057
炉渣　boiler slag and bottom ash　20.022
＊炉渣含碳量　unburned combustible in slag，unburned carbon in slag　09.448
炉渣可燃物含量　unburned combustible in slag，unburned carbon in slag　09.448
卤钨灯　tungsten-halogen lamp　19.082
陆地水文学　hydrology of land　01.658
路口电厂　power plant on railway hub　07.016
露点计　dew point indicator　02.170
露天布置　open-air arrangement，outdoor arrangement　07.052
露天锅炉　outdoor boiler　09.036
铝包带　aluminium armour tape　18.206
铝包钢芯铝绞线　aluminium conductor aluminium clad steel reinforced，ACSR/AC　18.250
铝绞线　all aluminium conductor，AAC　18.245
＊履带式闸门　caterpillar gate　22.255
履带式抓煤机　crawler grab　08.128
滤波电抗器　filter reactor　15.155
滤波器　filter　15.175
轮臂　rotor arm　24.014
轮毂　hub　14.060
轮毂高度　hub height　14.061
＊轮系振动　bladed disk vibration　10.172
轮周功率　wheel power　10.045
罗贝尔换位　Roebel transposition　11.019
罗贝尔线棒　Roebel coil bar　11.020
逻辑回路　logical circuit　05.090
螺杆式启闭机　screw hoist　22.291
螺旋管联箱式加热器　coil-tube header type heater　10.314
螺旋肋片省煤器　spiral-finned tube economizer　09.139
螺旋卸车机　screw unloader　08.120
螺旋轴式盘车装置　screw spindle type turning gear　10.229
落地罐式断路器　dead tank circuit-breaker　15.192
落地煤仓　ground coal bin　08.133

M

马道　berm　22.049
马氏体耐热钢　martensitic heat resistant steel　12.394
埋入部件　fixed components，embedded components　23.018
埋入式测温计　embedded temperature detector　11.021
埋入式热电偶　immersion thermocouple　02.158
埋置深度　buried depth　18.300
麦克斯韦　maxwell　01.438
脉冲　pulse　01.189
＊脉冲泵　governor impeller　10.251
脉冲布袋清灰　pulse jet cleaning　20.047
脉冲命令　pulse command　06.066
脉动数　pulse number　17.061
脉动压力　pulsating pressure　01.803
脉动因数　pulsation factor　01.375
脉动直流电流　pulsating direct current　21.095
满负荷试运行　trial full load operation　10.419
慢化比　moderation ratio　13.070
慢化长度　slowing-down length　13.066
慢化剂　moderator　13.068
慢化剂-燃料比　moderator-to-fuel ratio　13.095
慢化剂温度系数　moderator temperature coefficient

13.123
慢化剂液体毒物添加系统　moderator liquid poison system　13.484
慢化面积　slowing-down area　13.065
慢化能力　moderation power　13.069
慢速　creep speed　19.123
慢行　crawl　19.126
* 盲区启动　reactor start-up without neutron source　13.162
猫头塔　cat-head type tower　18.089
毛水头　gross head　03.127
毛最大容量　gross maximum capacity，GMC　21.219
锚杆　anchor rod　22.405
锚固　anchoring　22.406
锚喷　anchoring and shotcreting　22.407
煤　coal　08.005
煤驳　coal barge　08.164
煤仓　coal bunker　08.152
煤场　coal yard　08.116
煤场废水　waste water from coal pile　20.089
煤场设备　coal yard equipment　08.117
煤尘　coal dust　08.159
煤尘爆炸　coal dust explosion　08.161
* 煤的结渣特性　slagging characteristics of coal ash　09.048
煤电基地　coal and electricity production base　07.025
煤电联营　coal and electricity production joint venture　07.026
煤非常规[特性]分析　unconventionality analysis of coal　08.071
煤粉　coal fines　08.031
煤粉仓　pulverized coal bunker　09.297
煤粉的燃尽特性　burning-out characteristic of pulverized coal　09.047
煤粉的着火特性　ignition characteristic of pulverized coal，ignitability of coal　09.045
煤粉分配器　pulverized coal distributor　09.324
煤粉锅炉　pulverized coal-fired boiler　09.021
煤粉混合器　pulverized coal mixer　09.327
煤粉均匀性指数　pulverized coal uniformity index　09.332
煤粉气流着火温度　ignition temperature of pulverized coal-air mixture flow　09.046
煤粉燃烧器　pulverized coal burner　09.175
煤粉细度　fineness　09.331
煤粉制备系统顺序控制　sequence control of pulverizing coal system　12.076
煤矸石　gangue，refuse in coal　08.013
煤灰成分分析　ash analysis of coal　08.066
煤灰的结渣特性　slagging characteristics of coal ash　09.048
煤可磨性指数　grindability index of coal　08.069
煤量检测　coal weight measurement　12.022
煤磨损指数　coal abrasiveness index　08.072
煤泥　slime coal　08.030
煤清洁燃烧技术　clean coal combustion technology，CCCT　20.003
煤样　coal sample　08.096
煤样破碎　coal sample crush　08.105
煤样筛分　coal sample sieving　08.106
煤样缩分　coal sample division　08.107
煤样制备　coal sample preparation　08.112
煤质分析　coal analysis　08.035
煤质特性分析　coal characteristic analysis　08.068
煤自燃　spontaneous combustion of coal　08.160
每次吸收的中子产额　neutron yield per absorption　13.074
* 每千伏安价格　price per kilovolt-ampere　19.175
* 每千瓦价格　price per kilowatt　19.175
每千瓦时停电损失　cost of kWh not supplied，loss of power outage per kWh　04.349
每小时需量　demand per hour　19.068
[美国]电力公司要求文件　utility requirements document，URD　13.363
门极不触发电流　gate non-trigger current　17.156
门极不触发电压　gate non-trigger voltage　17.154
门极触发电流　gate trigger current　17.155
门极触发电压　gate trigger voltage　17.153
门库　gate chamber　22.275
门式启闭机　portal hoist，gantry crane　22.292
门式抓煤机　gate type coal grab　08.126
弥散体燃料　dispersion fuel　13.197
x 米处边断面　side slope at *x* meters，offset profile　18.135
* 米切尔式径向轴承　tilting bearing　10.222
* 米切尔推力轴承　Michell thrust bearing　10.225
密闭式冷却　closed circuit cooling　11.080
密度　density　01.495

密度继电器　density monitor　15.314
＊密度流　density current　01.686
密封风机　seal air fan　09.325
密封式变压器　sealed transformer　15.082
密封式电抗器　sealed reactor　15.158
密封油系统　sealing oil system　11.148
密相区　dense-phase zone，emulsion zone　09.340
面板堆石坝　rock-fill dam with face slab　22.032
面电荷密度　surface charge density　01.013
面积热强度　area heat release rate　10.567
面流消能　energy dissipation by surface flow　22.194
面式减温器　surface type attemperator　09.132
灭弧管　arc-extinguishing tube　15.266
灭弧室　arc-extinguishing chamber，arc-control device　15.267
＊灭弧装置　arc-extinguishing chamber，arc-control device　15.267
＊灭火　flameout，furnace loss of fire　09.477
灭火装置　fire-extinguishing device　11.124
民房　residence　18.033
敏感性分析　sensitivity analysis　03.202
＊名义直径　runner diameter of hydroturbine　23.071
明渠导流　open channel diversion　22.488
明挖法施工　open cut method　22.445
模干扰　common mode interference　19.045
模干扰抑制器　common mode rejector，CMR　19.046
模拟[测量]仪表　analogue [measuring] instrument　02.047
模拟量控制系统　modulating control system，MCS　12.024
模拟量控制系统调整试验　commissioning test of modulating control system　12.152
模拟量控制系统投入率　operational rate of modulating control system　12.154
模拟量输出元件　analog output component　05.085
模拟量输入元件　analog input component　05.084
模拟式电液调节系统　analogical electro-hydraulic control system，AEH　10.247
模拟通信　analogue communication　06.045
模数变换器　analog-digital converter　05.152
模型见证试验　model witness test　23.069
模型试验　model test　01.863
模型水轮机　model turbine　23.065
模型验收试验　acceptance model test of hydroturbine　23.068
膜式省煤器　membrane economizer　09.140
膜式水冷壁　membrane wall　09.105
膜态沸腾　film boiling　09.280，13.295
摩擦通风损耗　friction and windage loss　11.075
摩尔　mole　01.494
摩尔比热　molar specific heat　01.501
磨煤机出口温度控制系统　pulverizer outlet temperature control system　12.039
磨煤机干燥出力　drying capacity of pulverizer　09.307
磨煤机基本出力　basic capacity of pulverizer　09.304
＊磨煤机计算出力　design capacity of pulverizer，calculated mill capacity　09.305
＊磨煤机铭牌出力　basic capacity of pulverizer　09.304
磨煤机设计出力　design capacity of pulverizer，calculated mill capacity　09.305
磨煤机通风出力　aerated capacity of pulverizer　09.306
磨蚀　combined erosion by sand and cavitation　23.089
磨损　abrasion　01.827
末级叶片强度与振动　last stage blade strength and vibration　10.209
末煤　slack coal　08.027
＊末叶片　locking blade，final blade　10.185
＊莫里尔图　Mollier diagram　01.583
母管制系统　common header system　07.064
母联断路器　bus tie circuit-breaker　15.186
母线　busbar　15.043
母线段　busbar section　15.050
母线段隔离开关　busbar section disconnector　15.215
母线固定金具　busbar support clamp　18.213
母线故障　busbar fault　04.200
母线间隔垫　busbar separator　18.214
母线接地开关　grounding switch for busbar　15.219
母线金具　busbar fitting　18.178
母线排　busbars　15.044
母线伸缩节　busbar expansion joint　18.215
母线式电流互感器　bus type current transformer　15.350
母线转换断路器　switched busbar circuit-breaker　15.187
木块分离器　wood block separator　08.147
木笼围堰　timber crib cofferdam　22.494
木屑分离器　wood scrap separator　08.148

N

纳滤　nanofiltration　12.223
钠度计　sodium ion analyzer　12.184
钠冷却剂系统　sodium coolant system　13.492
钠水反应　sodium-water reaction　13.273
钠-水蒸气发生器　sodium-water steam generator　13.497
奈耳温度　Néel temperature　01.118
奈培　neper　01.439
耐电压试验　withstand voltage test　11.217
耐火材料　refractory material　07.068
耐火电缆　fire resistant cable　18.268
耐火混凝土　refractory concrete　07.067
耐受电压　withstand voltage　16.102
耐受概率　probability of withstand　16.174
耐污绝缘子　anti-pollution flashover insulator　18.230
耐张绝缘子串　tension insulator string　18.233
耐张绝缘子串组　tension insulator set　18.237
* 耐张拉力器　tension puller，dead end tool　18.374
耐张塔　tension support，angle support　18.081
耐张线夹　tension clamp，dead-end clamp　18.173
挠性联轴器　flexible coupling　10.235
挠性转子　flexible rotor　10.145
内部收益率　internal rate of return，IRR　06.219
内垫层　inner jacket　18.318
内功率　internal power　10.047
内过电压　internal overvoltage　16.178
内绝缘　internal insulation　16.163
[内冷]水的 pH 值　pH value of inner cooling water　11.131
[内冷]水电导率　conductivity of inner cooling water　11.130
内冷水水质　quality of inner cooling water　11.129
内联回路　interconnected circuit　05.196
内螺纹管　riffled tube　09.107
内能　internal energy　01.515
内效率　internal efficiency　10.048
内在水分　inherent moisture　08.040
内照射　internal exposure　13.716
* 能　energy　01.514
能动安全系统　active safety system　13.436
能动部件　active component　13.651
能量　energy　01.514
能量贬值　degradation of energy　01.522
能量管理系统　energy management system，EMS　06.105
* 能量守恒和转换定律　first law of thermodynamics　01.505
能源植物　energy plant　14.184
泥浆固壁法施工　construction by slurry reinforced wall　22.446
泥沙模型试验　sediment model test　01.866
泥沙磨损　sand erosion　23.088
泥石流　debris flow　01.854
* 逆变　inverter operation，inversion　17.105
逆变器　inverter　17.048
逆变运行　inverter operation，inversion　17.105
逆功率运行　motoring operation　13.546
逆流式燃烧室　counter flow combustor　10.551
逆燃　back-fire　17.138
逆调压　contrary control of voltage　04.333
逆循环　reversed cycle　01.561
年持续负荷曲线　annual load duration curve　04.382
年度合同上网电量　annual contract on-grid energy　06.187
年发电量　annual electricity production　03.139
年风速频率分布　annual wind speed frequency distribution　14.030
年际变化　inter-annual variation　14.023
年理论发电量　annual energy production　14.100
年利用小时数　annual utilization hours　04.400
* 年龄扩散方程　Fermi age equation　13.064
年漏气率　yearly gas leakage rate　15.326
年平均发电量　average annual electricity production　03.140
年平均风速　annual average wind speed　14.019
年平均日照时间　annual average sunshine　14.125
年调节　annual regulation　03.100
年运行方式　yearly operating plan　04.277
年最大负荷曲线　annual peak load curve　04.381
年最大需量　annual maximum demand　19.069

黏度　viscosity　01.740
黏度计　viscosimeter，viscometer　02.172
黏土灌浆　clay grouting　22.419
* 黏性系数　viscosity　01.740
碾压混凝土　roller compacted concrete　22.300
碾压混凝土坝　roller compacted concrete dam　22.019
凝点　solidifying point　08.182
凝固　freezing　01.592
凝结　condensation　01.624
凝结换热　condensation heat transfer　01.625
* 凝结区　condensing zone，cooling zone　10.355
凝结水泵　condensate pump　10.378
* 凝结水汇集箱　hot well　10.354
凝结水精处理　condensate polishing　12.245
凝结水升压泵　condensate booster pump　10.379
凝汽器　condenser　10.345
凝汽器初始温差　initial temperature difference of condenser　10.364
* 凝汽器端差　terminal temperature difference of condenser　10.365
凝汽器喉部　condenser throat　10.350
凝汽器检漏　condenser leakage detection　10.369
凝汽器胶球清洗装置　sponge ball cleaning device of condenser　10.368
凝汽器热力特性　thermal characteristics of condenser　10.367
凝汽器真空过低保护　excessive low vacuum protection of condenser　12.115
凝汽器终端温差　terminal temperature difference of condenser　10.365
凝汽区　condensing zone，cooling zone　10.355
凝汽式汽轮机　condensing steam turbine　10.002
凝汽式汽轮机调节系统　condensing steam turbine governing system　10.238
* 凝渣管　slag screen　09.116
牛[顿]　newton　01.420
牛顿-拉弗森法　Newton-Raphson method　04.159
牛顿冷却定律　Newton cooling law　01.623
牛顿流体　Newtonian fluid　01.739
牛腿　corbel　22.245
扭曲挑坎　skew bucket　22.192
扭叶片　twisted blade　10.180
农业生产电价　agricultural tariff　19.192
浓掺稀燃烧室　rich quench lean combustor，RQL　10.553
浓淡燃烧　dense-lean combustion　09.165
暖风器　steam air heater，air heater　09.229
暖管　pipe warm-up　09.398
暖机　warm-up　10.406
诺顿定理　Norton theorem　01.299

O

欧[姆]　ohm　01.424
* 欧姆表　ohmmeter，resistance meter　02.031
欧姆定律　Ohm law　01.295
欧洲电力公司要求文件　European Utility Requirement，EUR　13.364
偶然事件　incident　19.043
耦合　coupling　01.076
耦合电容器　coupling capacitor　15.400
耦合系数　coupling coefficient　01.077

P

爬电比距　specific creepage distance　16.173
爬罐　alimak sift　22.512
爬距　creepage distance　16.172
拍　beat　01.378
拍频　beat frequency　01.379
排放权交易　emission trading　20.147
排粉风机　exhauster　09.328
* 排管容器　calandria vessel for HWR　13.481
排气道　exhaust duct　10.580
排气缸　exhaust casing，discharge casing　10.586
排气全燃式联合循环机组　fully fired combined cycle unit　10.461
排汽参数　exhaust steam condition　10.025
排汽缸　steam exhaust chamber，steam exhaust hood

10.098
排汽量 discharge capacity 09.416
* 排汽室 steam exhaust chamber，steam exhaust hood 10.098
排热系统 heat sink，cool end system 10.349
排渗沟 drainage trench 22.089
排水管 drainage pipe 22.074
排水廊道 drainage gallery 22.055
排水流量 drainage discharge 22.390
排水闸 drainage sluice 22.098
排污量 blowdown flow rate 09.407
排污率 blowdown rate 12.248
排污收费 pollution charge 20.146
排烟热损失 heat loss due to exhaust gas，sensible heat loss in exhaust flue gas 09.443
排烟温度 exhaust gas temperature 09.441
排渣控制阀 bottom ash discharge valve 09.349
派克方程 Park equation 04.095
盘车 turning machine for alignment 24.037
盘车装置 turning gear 10.228
* 盘式太阳热发电系统 parabolic dish solar thermal power generation system 14.146
判决反馈传输 transmission with decision feedback 06.086
旁路挡板 by-pass damper 09.142
旁路开关 by-pass switch 17.095
旁路控制系统 by-pass control system，BPC 12.052
旁路母线 transfer busbar 15.047
旁通臂 by-pass arm 17.056
旁通对 by-pass pair 17.058
旁通阀 by-pass valve 17.070
旁通通路 by-pass path 17.057
抛物面聚光器 parabolic concentrator 14.138
抛物线拱坝 parabolic arch dam 22.016
跑浆 grout runout 22.431
泡核沸腾 nucleate boiling 13.306
泡克耳斯效应 Pockels effect 01.157
泡沫共腾 foaming 09.282
* 佩尔顿水轮机 Pelton turbine 23.015
配电 distribution of electricity 19.001
配电电价 distribution price 06.250
[配电]电能质量 power quality 19.011
配电商 power distributor 06.159
配电损耗 distribution loss 04.408
配电所 distribution substation 19.004
配电网 power distribution network 19.002
配电网安全监控和数据采集系统 security supervisory control and data acquisition in distribution system，DSCADA 19.013
配电网电压等级 voltage level of distribution network 19.003
配电网负荷密度 load density of distribution system 19.020
配电网负荷特性 load characteristics of distribution system 19.021
配电网负荷预测 load forecast of distribution system 19.022
配电网结构 configuration of distribution network 19.008
配电网容载比 capacity-to-load ratio of distribution network 19.009
配电网通信系统 communication for distribution system 19.012
配电网中性点接地方式 neutral grounding mode of distribution network 19.010
配电小间 kiosk substation 19.024
配电自动化 distribution automation 19.014
配煤 fuel blending 08.153
配煤合格率 qualified rate of coal blending 08.154
配汽机构 steam distributing gear 10.058
配线尾纤 distribution pigtail of optical fiber 18.321
配压阀 distributing valve 23.147
喷射混凝土 shotcrete 22.314
喷射式熔断器 expulsion fuse 19.033
喷水减温器 spray type attemperator，spray type desuperheater 09.134
喷水量 injection flow [rate] 09.403
喷雾干燥法烟气脱硫 spray drying FGD 20.065
喷雾填料式除氧器 spray stuffing type deaerator 10.330
喷油嘴 oil atomizer 09.208
喷针 needle 23.052
喷嘴 nozzle 10.111
喷嘴室 nozzle chamber 10.112
硼回收系统 boron recycle system 13.433
硼微分价值 boron differential worth 13.164
硼稀释 boron dilution 13.559
* 硼再生系统 boron recycle system 13.433

硼注入　boron injection　13.572
膨胀节　expansion joint，expansion piece　09.091
膨胀指示器　expansion indicator　09.090
批　lot　08.082
批发竞争模式　wholesale competition　06.142
劈理　cleavage　01.700
劈裂灌浆　hydrofracture grouting　22.422
* 皮带机　belt conveyor　22.515
* 皮带输煤机　belt conveyer，coal conveyer belt　08.129
皮托压力计　Pitot pressure gauge　02.163
疲劳　fatigue　12.312
疲劳断裂　fatigue fracture　12.313
疲劳极限　fatigue limit　12.316
疲劳曲线　stress endurance curve，fatigue curve　12.315
匹配式电流互感器　current matching transformer　15.357
匹配式电压互感器　voltage matching transformer　15.371
片理　lamination，schistosity　01.698
片蚀　sheet erosion　01.729
* 片状构造　lamination，schistosity　01.698
* 片状侵蚀　sheet erosion　01.729
偏航机构　yawing mechanism　14.085
偏离泡核沸腾　departure from nucleate boiling，DNB　13.307
偏离泡核沸腾比　departure from nucleate boiling ratio，DNBR　13.309
* 偏流器　deflector　23.054
漂浮物　floating dregs　01.846
漂木道　log sluice　22.120
漂珠　floater　20.021
贫[化]铀　depleted uranium　13.192
贫煤　meager coal　08.010
频带　frequency band　01.335
频率　frequency　01.167
频率保护　frequency protection　05.160
频率合格率　frequency eligibility rate　04.422
频率混叠　frequency transfer confusion　05.142
频率计　frequency meter　02.034
频率继电器　frequency relay　05.046
频率控制方式　frequency control mode　17.200
频率偏差　deviation of frequency　04.421
频率特性　frequency characteristics　01.332
频率稳定　frequency stability　04.229
频率异常情况下的运行　operation with frequency abnormally deviated from rated value　11.111
频敏启动　frequency-sensitive starting　19.158
频谱　frequency spectrum　01.387
频谱分析仪　spectrum analyzer　02.052
品质因数　quality factor，Q factor　01.333
平板坝　flat slab buttress dam　22.009
* 平板闸门　plain gate　22.258
* 平波电抗器　smoothing reactor　17.025
平堵法截流　horizontal closure method　22.503
平衡堆芯　equilibrium core　13.259
平衡二端对网络　balanced two-terminal network　01.268
* 平衡活塞　balance piston，dummy piston　10.174
平衡节点　balancing bus，Vθ bus　04.155
平衡孔　balancing hole　10.173
平衡盘　balance piston，dummy piston　10.174
平衡通风　balanced draft　09.211
平衡通风锅炉　balanced draft boiler　09.029
平衡账户　balancing account　06.251
平滑直流电流　smooth direct current　21.096
平均不可用度　mean unavailability　21.136
平均传送时间　average transfer time　06.101
平均对数能降　average logarithmic energy loss　13.067
* 平均对数能量损失　average logarithmic energy loss　13.067
平均风速　average wind speed　14.018
平均含气率　average void content　13.304
* 平均恢复前时间　mean time to restoration，mean time to repair，MTTR　21.144
平均可用度　mean availability　21.135
平均失效间隔时间　mean time between failures，MTBF　21.132
平均首次失效前时间　mean time to first failure，MTTFF　21.130
平均无故障工作时间　mean time to failure，mean time to outage，MTTF　21.131
平均误差　mean error　02.132
平均误差的变差　variation of the mean error　05.123
平均修复率　mean repair rate　21.143
平均修复时间　mean time to restoration，mean time to repair，MTTR　21.144
平均运行张力　everyday tension　18.070

平均值　mean value　01.187
平均自由程　mean free path　13.061
平口　waist　18.107
平面闸门　plain gate　22.258
平水年　normal year　01.669
屏蔽泵　canned pump　13.427
屏蔽工作箱　shielded box　13.222
* 屏蔽柜　shielding cabinet　16.056
屏蔽环　shielding ring　18.199
* 屏蔽笼　shielding cage　16.056
屏蔽室　shielding room　16.056
* 屏蔽效率　shielding efficiency，SE　16.209
屏蔽效能　shielding efficiency，SE　16.209
屏式过热器　platen superheater　09.126
坡印亭矢量　Poynting vector　01.144
破冰式隔离开关　ice-breaking disconnector　15.213
破坏荷载　failure load　18.044
破坏性放电　disruptive discharge　16.097
破坏性放电电压　disruptive discharge voltage　16.098
破坏性放电试验　disruptive discharge voltage test　16.027
破坏真空停机　vacuum break shutdown　10.425
铺盖　blanket　22.075
* 普适气体常数　universal gas constant　01.492
普通工业电价　motive power tariff　19.193

Q

期货合同　futures contract　06.344
期权合同　option contract　06.347
期权交易　option trading　06.346
其他费用　miscellaneous cost　03.193
棋盘法　chessboard　08.088
鳍片管　finned tube　09.106
鳍片管省煤器　finned tube economizer　09.137
启闭力　hoisting capacity　22.295
启动分离器　start-up flash tank，vapor liquid separator　09.152
启动锅炉　auxiliary boiler　09.035
启动机脱扣　starter cut-off　10.500
启动可靠度　starting reliability，SR　21.227
启动流量　start-up flow rate　09.375
启动器　starter　19.154
启动时间　start time　06.115
启动特性试验　starting characteristic test　10.503
启动特性图　starting characteristic diagram　10.504
启动调整试验　commissioning test　10.403
启动系统　start-up system　09.151
启动压力　start-up pressure　09.376
启动油泵　start-up oil pump，AC stand-by oil pump　10.279
启动油枪　warm-up oil gun　09.390
启动元件　starting component　05.074
启动值　starting value　05.125
启停机保护　protection of generator during starting and shut-down　11.238
启停式远动传输　start-stop telecontrol transmission　06.043
启/停自动控制　start and stop automatic control　10.512
* 起燃　light-off　10.497
起始磁化曲线　initial magnetization curve　01.088
起始瞬态恢复电压　initial transient recovery voltage，ITRV　15.321
起晕电压试验　corona inception test　11.027
起重机械　hoisting machine　07.071
起座压力　popping pressure　09.412
气布比　air cloth ratio　20.049
* 气垫式调压室　pneumatic surge chamber　22.223
气动操动机构　air operating mechanism　15.284
气固两相流　gas-solid two phase flow　09.295
气化效率　gasification efficiency　14.193
气流分布　gas flow distribution　20.044
[气流]喷管　nozzle　01.606
气膜冷却　air film cooling　10.538
气体保护　gas protection，Buchholz protection　05.162
气体常数　gas constant　01.491
气体电弧　gaseous arc　15.239
气体放电　gas discharge　16.116
气体放电灯　gaseous discharge lamp　19.081
气体辐射　gaseous radiation　01.638
气体和气溶胶监测仪　gas and aerosol monitoring meter　13.766

气体继电器　gas relay，Buchholz relay　05.055
气体介质击穿　gas dielectric breakdown　16.121
气体绝缘介质　insulating gas　16.139
气体绝缘金属封闭变电站　gas insulated metal enclosed substation　15.015
气体绝缘金属封闭开关设备　gas insulated metal enclosed switchgear and controlgear，GIS　15.237
气体绝缘线路　gas insulated line，GIL　18.009
气体扩散法　gaseous diffusion method　13.186
气体离心法　gas centrifugation method　13.187
气体膨胀透平　gas expander turbine　10.529
气体燃料　gas fuel　08.167
气体燃料喷嘴　gas fuel nozzle　10.562
气体燃烧器　gas burner　09.182
气体未完全燃烧热损失　heat loss due to unburned gas，unburned gas heat loss in flue gas　09.444
气体温度计　gas thermometer　02.151
气温　atmospheric temperature，air temperature　01.648
气隙隔板　air gap diaphragm　11.146
气隙取气　hydrogen intake from air gap　11.155
气相　gas phase　01.588
气象要素　meteorological element　01.647
* 气压沉箱　pneumatic caisson　22.370
气-液两相流参量　parameter of gas-liquid two phase flow　13.302
弃样　rejected coal sample　08.115
* 汽包　drum　09.117
* 汽包锅炉　drum boiler　09.007
* 汽包内部装置　drum internals　09.258
汽动给水泵　steam turbine-driven feedwater pump　10.338
汽阀全开容量　valves wide open capability，VWO　10.029
汽封　gland and steam sealing system　10.211
汽缸的配置　cylinder configuration　10.100
汽缸法兰结合面变形处理　repair of deformed surface of turbine cylinder flange　10.131
汽缸裂纹处理　repair of cylinder cracks　10.132
汽缸螺栓热紧　heating tightening of cylinder flange bolts　10.105
汽缸载荷分配　load distribution of cylinder　10.104
汽缸找正　alignment of cylinder　10.103
汽缸铸件　cylinder casting　10.101
汽缸组装　assembly of cylinder　10.102
汽化　vaporization　01.562
汽化压力　vaporizing pressure　01.837
汽冷旋风分离器　steam-cooled cyclone separator　09.355
* 汽流涡动　steam flow excited vibration，steam whirl　10.159
汽轮发电机　turbine-generator　11.001
汽轮机　steam turbine　10.001
汽轮机保安系统　steam turbine protection system　10.292
汽轮机背压控制系统　turbine back pressure control system　12.053
汽轮机本体　steam turbine main body　10.096
汽轮机本体疏水系统　drainage system of steam turbine main body　10.093
汽轮机超速试验　overspeed test of steam turbine　10.421
汽轮机定期运行试验　periodic operating test of steam turbine　10.420
汽轮机-发电机组热效率　turbine-generator thermal efficiency　10.033
汽轮机-发电机组振动　vibration of turbine-generator set　10.157
汽轮机-发电机组轴系　turbine-generator shaft system　10.154
汽轮机跟踪方式　turbine follow mode，TF　12.028
汽轮机滑参数启停　sliding parameter start-up and shutdown of steam turbine　10.426
[汽轮机]基本负荷运行　base load operation　10.433
汽轮机级内损失　steam turbine stage loss　10.066
[汽轮机]极热态启动　very hot start-up　10.411
汽轮机监视仪表　turbine supervisory instrument，TSI　12.117
汽轮机紧急跳闸系统　emergency trip system，ETS　12.113
汽轮机进汽部分　steam turbine admission part　10.106
汽轮机净热耗率　net heat rate　10.032
汽轮机控制系统　steam turbine control system　12.044
[汽轮机]冷态启动　cold start-up　10.408
汽轮机旁路系统　steam turbine by-pass system　10.081
* 汽轮机膨胀过程线　thermodynamic process curve，steam turbine condition line　10.038
[汽轮机]启动　[turbine] start-up　10.407
汽轮机启动特性曲线　starting characteristic curve of

steam turbine 10.414
汽轮机汽缸 steam turbine cylinder 10.097
汽轮机汽耗率 steam rate，specific steam consumption 10.031
汽轮机热力系统 steam turbine thermodynamic system，steam turbine thermal power system 10.076
[汽轮机]热态启动 hot start-up 10.410
汽轮机热应力监控系统 turbine stress supervisory system 12.072
汽轮机首次通汽启动 initial start-up of steam turbine 10.404
汽轮机寿命预测 life prediction of steam turbine 10.437
汽轮机甩负荷试验 load rejection test of steam turbine，load dump test of steam turbine 10.422
汽轮机调节系统 steam turbine governing system 10.237
汽轮机调速器 steam turbine speed governor 10.248
汽轮机停运 shutdown of steam turbine 10.423
汽轮机通流部分 flow passage of steam turbine 10.036
[汽轮机]温态启动 warm start-up 10.409
汽轮机叶片振动强度安全准则 safety criteria of blade vibration strength of steam turbine 10.196
汽轮机油 steam turbine oil 12.266
汽轮机油系统 steam turbine oil system 10.274
汽轮机转子 steam turbine rotor 10.138
汽轮机自启停控制系统 automatic turbine start-up or shutdown control system 12.073
汽轮机最大连续功率 turbine maximum continuous rating，TMCR 10.028
汽-汽热交换器 biflux heat exchanger 09.133
汽塞 steam binding，steam blanketing 09.274
* 汽蚀 cavitation erosion 01.836
汽蚀余量 net positive suction head 10.340
汽水侧沉积物 internal deposit 09.492
汽水分层 separation of two phase fluid 09.275
汽水分离 steam-water separation 09.259
汽水共腾 priming 09.279
汽水管道 steam and water piping 10.094
汽水管道附件 steam and water pipe fittings 10.095
汽水管道设计 piping design 03.162
汽水损失 loss of steam and water 12.249
汽水两相流 steam-water two phase flow 09.271
汽水阻力 pressure drop 09.250
汽温调节 steam temperature control 09.130
砌石坝 masonry dam 22.035
钎焊 braze welding 12.373
牵引变电站 traction substation 15.013
牵引机 winch 18.371
前泄压力 start-to-discharge pressure 09.415
前置泵 booster pump 10.339
前置式汽轮机 topping steam turbine 10.012
前置循环 topping cycle 01.559
* 前置预热器 steam air heater，air heater 09.229
钳式电流互感器 split type current transformer 15.353
钳形电流表 clip-on ammeter 02.021
潜动 creeping 05.104
潜孔钻车 drill rig 22.510
潜热 latent heat 01.593
潜水 phreatic water，dive 01.718
浅孔爆破 shorthole blasting，chip blasting 22.470
浅埋式管 penstock in the shallow zone of dam，semi-embedded penstock 22.185
欠电压 undervoltage 04.427
欠范围 underreach 05.008
欠范围式纵联保护 underreach pilot protection 05.214
欠范围允许式距离保护 permissive underreach distance protection 05.220
欠励磁运行 under excitation operation 11.117
欠热沸腾 subcooled boiling 13.296
* 戗道 berm 22.049
强度参数 intensive parameter 01.472
* 强励 forced exciting 04.137
强迫停运次数 forced outage times，FOT 21.210
强迫停运率 forced outage rate，FOR 21.224
强迫停运系数 forced outage factor，FOF 21.211
强迫停运小时 forced outage hours，FOH 21.209
强迫停运状态 forced outage state 21.208
强迫油循环导向冷却 directed forced oil cooling 15.118
强迫油循环导向水冷却 directed forced oil water cooling 15.119
强迫油循环风冷 forced oil and air cooling 15.117
强迫油循环水冷 forced oil water cooling 15.116
强送电 forced energization 04.328
强行励磁 forced exciting 04.137
强制对流换热 forced convective heat transfer 01.622
强制循环 forced circulation 09.253

* 强制循环锅炉 forced circulation boiler 09.009
强制运行机组 must-run unit 06.188
强制运行率 must-run ratio 06.318
强制振荡 forced oscillation 01.317
墙式过热器 wall superheater 09.127
墙式燃烧 wall firing，horizontally firing 09.161
桥避雷器 bridge arrester 17.091
* 桥接时间 bridging time 05.134
桥接 T 形网络 bridged T-network 01.280
桥式抓煤机 bridge type coal grab 08.127
桥形接线 bridge-scheme configuration 15.036
壳式变压器 shell type transformer 15.093
切出风速 cut-out wind speed 14.098
切负荷 load shedding，load rejection 04.242
切换开关 diverter switch 15.142
切换母管制系统 transfer piping main system 10.079
切换值 switching value 05.127
切机和远方切机 tripping of unit and remote tripping of unit 04.365
切入风速 cut-in wind speed 14.096
* 切向燃烧 corner firing，tangential firing 09.159
氢爆 hydrogen explosion 09.490
氢爆炸 hydrogen explosion 11.088
氢脆 hydrogen embrittlement 12.350
氢脆断裂 hydrogen embrittlement fracture 12.351
氢干燥器 hydrogen dryer 11.092
氢化物电池 hydride battery 14.205
氢冷发电机 hydrogen cooled generator 11.139
氢密封性试验 hydrogen tightness test 11.147
氢内冷转子通风孔堵塞 blocking of ventilation hole on hydrogen inner cooled rotor 11.180
氢内冷转子通风孔试验 test of ventilation hole on hydrogen inner cooled rotor 11.213
氢能发电 hydrogen power generation 14.204
氢气纯度 hydrogen purity 11.142
氢气纯度分析仪 hydrogen purity analyzer 11.201
氢气干燥 hydrogen drying 11.091
氢气罐 hydrogen container 11.095
氢气监测控制 hydrogen system monitoring and control 11.090
氢气来源 hydrogen source 11.094
氢气露点监测器 hydrogen dew point monitor，HDM 11.195
氢气湿度 hydrogen humidity 11.143
氢气系统 hydrogen system 11.087
氢气压力 hydrogen pressure 11.140
氢气置换 hydrogen substitution 11.089
氢水冷却器 hydrogen-water cooler 11.141
氢系统故障 hydrogen system trouble 11.182
氢氧燃料电池 hydrogen oxygen fuel cell 14.206
[氢油]压差阀 hydrogen-oil differential pressure valve 11.153
氢站 hydrogen plant 11.093
轻轨交通 light rail transit 19.088
轻混凝土 lightweight concrete，light concrete 22.310
轻水反应堆 light water reactor，LWR 13.382
* 轻油 light fuel oil 08.169
轻质燃料油 light fuel oil 08.169
* 倾斜叶片 sideling placed blade 10.183
清吹 purging 10.494
清基 foundation cleaning 22.468
清洁解控水平 clearance level 13.740
清污机 trash-removal machine 22.172
擎住电流 latching current 17.158
球床型高温气冷堆 high temperature gas cooled reactor of pebble bed，PBMR 13.392
球间隙 sphere gap 16.053
球头 ball 18.183
球形岔管 spherical manifold penstock 22.182
球形阀 spherical valve 22.280
球[形]阀 spherical valve，rotary valve 23.135
球形燃料元件 spherical fuel element 13.207
区外故障 external fault 05.038
区域变电站 regional substation 15.003
区域电价法 zonal pricing 06.242
区域电力市场 regional electricity market 06.143
区域发电厂 regional power plant 03.009
曲臂 fork，K frame 18.104
* 曲径汽封 labyrinth gland，labyrinth seal 10.215
* σ-N 曲线 stress endurance curve，fatigue curve 12.315
屈服强度 yield strength 12.296
趋肤效应 skin effect 01.123
取[地表]水设施 surface water intake facilities 10.388
取地下水设施 groundwater intake facilities 10.392
取水构筑物 water intake structure 07.076
取水构筑物施工 water intake structure construction 10.393

* 取水建筑物 water diverting structure，intake structure 01.815
取样示波器 sampling oscilloscope 02.054
去湿装置 moisture removal device，moisture catcher 10.126
全厂断电事故 station black-out accident 13.598
全厂总体规划 overall plot plan 03.152
[全]地下式厂房 underground power house 22.228
全电量竞争模式 whole energy competition 06.144
全电流 total current 01.054
全电压启动 full voltage starting 19.109
全范围高逼真度仿真机 full scope，high realism simulator 12.168
* 全仿真 full scope，high realism simulator 12.168
全封闭式电动机 totally enclosed type motor 19.100
全封闭圆形煤场 hermetic circular coal storage 08.134
全贯流式水轮机 rim generator hydroturbine 23.010
全介质自承式光缆 all dielectric self-supporting optical fiber cable，ADSS 18.309
[全介质自承式光缆]电腐蚀 electric erosion [for ADSS] 18.357
全绝缘绕组 uniform insulated winding 15.111
全控联结 fully controllable connection 17.066
全硫 total sulfur 08.061
全炉膛火焰检测 full furnace flame detection 12.100
全炉膛火焰丧失 loss of all flame 12.103
全炉膛火焰丧失保护 loss-of-all flame protection 12.092
全铝合金绞线 all aluminium alloy conductor，AAAC 18.248
全沙 total load 01.685
全身计数器 whole body counter 13.764
全水分 total moisture 08.038
全水分煤样 coal sample for determining total moisture 08.101
* 全特性曲线 four-quadrant characteristic curve 23.106
全响应 complete response 01.315
全液冷发电机 liquid cooled generator 11.243
全周进汽 full-arc admission 10.059
全阻尼绕组 integral damping winding 11.042
缺供电量 energy not supplied 04.348
缺口敏感性 notch sensitivity 12.301
[确定各类用户成本的]边际成本法 marginal cost method [of determining consumer class costs] 19.166
确定论安全评价 deterministic safety assessment 13.678
确定性模型 deterministic model 22.536
确定性效应 deterministic effect 13.748
裙板消能工 energy dissipator by shirt 22.201

R

燃耗 burn up 13.134
燃尽风 overfire air，OFA 09.192
燃料 fuel 08.001
燃料棒 fuel rod 13.200
燃料包壳 fuel cladding 13.199
燃料比 fuel ratio 08.045
燃料电池 fuel cell 14.207
燃料费 fuel cost 03.186
燃料分级 fuel staging 09.170
燃料分级燃烧 fuel staged burning 09.171
燃料供应 fuel supply 03.037
燃料管理 fuel management 08.033
燃料和后处理费用 fuel and reprocessing cost 13.626
燃料计量 fuel measurement 08.155
燃料空气比 fuel-air ratio 10.565
燃料量控制系统 fuel control system 12.036
燃料破损监测系统 fuel rupture detection system 13.453
燃料脱硫 desulfurization of fuel 20.061
燃料温度系数 fuel temperature coefficient 13.121
燃料系统粉尘治理 dust management of coal handling system 08.162
燃料消耗量 fuel consumption 09.059
燃料芯块 fuel pellet 13.198
燃料型氮氧化物 fuel NO_x 20.008
燃料压力过低保护 low fuel pressure protection 10.514
燃料乙醇 fuel bioethanol 14.182
燃料油 fuel oil 08.168
燃料元件 fuel element 13.201

[燃料元件]线功率　[fuel element] linear power　13.255
燃料增殖　fuel breeding　13.173
燃料制备系统　fuel preparation system　09.296
燃料质量监督　fuel quality supervision　08.034
燃料中心熔化　fuel pellet melting　13.590
燃料转换　fuel conversion　13.171
燃料组件　fuel assembly　13.203
MOX 燃料组件　mixed oxide fuel assembly　13.211
燃料组件堆外性能试验　out-of-reactor test of fuel assembly　13.214
燃料组件辐照考验　fuel assembly irradiation test　13.215
燃料组件现场检验　on-site examination of spent fuel assembly　13.606
燃料组件装卸和储存系统　fuel assembly handling and storage system　13.449
燃煤锅炉　coal-fired boiler　09.020
燃气发生器　gas generator　10.531
燃气锅炉　gas-fired boiler　09.023
燃气轮机　gas turbine　10.440
燃气轮机安装　gas turbine erection　10.442
燃气轮机半基本负荷额定输出功率　semi-base load rated output of gas turbine　10.482
燃气轮机备用尖峰负荷额定输出功率　reserve peak load rated output of gas turbine　10.480
燃气轮机变工况　gas turbine off-design condition　10.488
燃气轮机标准额定输出功率　standard rated output of gas turbine　10.476
[燃气轮机]点火　ignition　10.495
燃气轮机额定输出功率　rated output of gas turbine　10.473
燃气轮机发电机组　gas turbine-generator set　10.441
燃气轮机关键部位检查　gas turbine major parts inspection　10.489
燃气轮机恒功率运行　constant power operation　10.509
燃气轮机恒温运行　constant temperature operation　10.508
燃气轮机基本负荷额定输出功率　base load rated output of gas turbine　10.481
燃气轮机基本负荷运行　gas turbine base load operation　10.507
燃气轮机尖峰负荷额定输出功率　peak load rated output of gas turbine　10.479
燃气轮机尖峰负荷运行　gas turbine peak load operation　10.506
燃气轮机控制和保护　gas turbine control and protection　10.510
燃气轮机控制系统　gas turbine unit control system　12.056
燃气轮机启动　gas turbine start　10.490
燃气轮机燃料　gas turbine fuel　10.560
[燃气轮机]燃烧室　[gas turbine] combustion chamber　10.545
燃气轮机热力性能试验　gas turbine thermodynamic performance test　10.485
燃气轮机输出功率限制　output limit of gas turbine　10.483
燃气轮机输出功率性能图　gas turbine output performance diagram　10.486
燃气轮机现场额定输出功率　site rated output of gas turbine　10.478
燃气轮机修正输出功率　corrected output of gas turbine　10.484
燃气轮机应急运行　gas turbine emergency operation　10.505
燃气轮机运行点　gas turbine operating point　10.487
燃气轮机最大连续功率　maximum continuous power of gas turbine　10.477
[燃气]透平　[gas] turbine　10.517
燃气温度控制　gas temperature control　10.511
燃气温度控制系统　gas temperature control system　12.058
燃气-蒸汽联合循环　gas-steam combined cycle　01.558
燃气-蒸汽联合循环发电厂　gas-steam combined cycle power plant　07.013
燃气-蒸汽联合循环机组　gas-steam combined cycle unit　10.458
* 燃烧带　wall with refractory lining，refractory belt　09.098
燃烧方式　combustion mode　09.157
燃烧控制系统　combustion control system　12.035
燃烧器　burner　09.173
* 燃烧器出力　burner heat input rate　09.193
燃烧器调节比　turndown ratio，burner regulation ratio　09.195

燃烧器控制系统 burner control system，BCS 12.089
燃烧器喷口 burner nozzle 09.185
燃烧器区炉壁面积 furnace wall area around the burner zone 09.068
燃烧器区域壁面放热强度 burner zone wall heat release rate 09.071
* 燃烧器区域壁面热负荷 burner zone wall heat release rate 09.071
燃烧器热功率 burner heat input rate 09.193
燃烧设备 combustion equipment 09.200
燃烧室检修 combustor overhaul 10.555
燃烧调整试验 boiler combustion adjustment test 09.450
燃烧脱氮 deNO_x during combustion 20.063
燃烧稳定性 combustion stability 10.568
燃烧系统 combustion system 09.156
燃烧系统调整 testing of combustion system 09.371
燃烧效率 combustion efficiency 09.194
* 燃烧优化试验 combustion optimization test 09.450
燃烧噪声 noise by combustion 20.114
燃油锅炉 oil-fired boiler 09.022
燃油过滤器 fuel oil filter 08.180
燃油加热器 fuel oil heater 08.179
燃油燃点 fire point of oil 08.184
燃油设备 fuel oil equipment 08.177
[燃油]雾化 atomization 09.205
燃油雾化喷嘴 fuel oil atomizer 10.561
绕击率 shielding failure rate due to lightning stroke 16.067
绕流 detour flow 01.762
绕线转子感应电动机 wound-rotor induction motor, slip-ring induction motor 19.146
绕组 winding 15.099
绕组固定结构 winding fixed construction 11.013
绕组绝缘 winding insulation 11.012
热 heat 01.510
热备用 hot reserve，spinning reserve 04.353
热泵 heat pump 01.601
热冲击 thermal shock 10.543
* 热储 thermal reservoir 14.003
* 热传导 heat conduction 01.612
热点 hot spot 13.320
热点因子 hot point factor 13.323
* 热电厂 co-generation power plant，combined heat and power station 07.012
热电联产 co-generation of heat and power，CHP 03.145
热电联产电厂 co-generation power plant，combined heat and power station 07.012
热电联产汽轮机 steam turbine for co-generation 10.020
热电联供反应堆装置 nuclear heat and electricity co-generation unit 13.408
热电偶 thermocouple 02.157
热电系仪表 electrothermal instrument 02.090
热风温度 hot air temperature 09.062
热风再循环 hot air recirculation 09.236
热辐射 thermal radiation 01.629
热负荷持续曲线 heat load duration curve 03.150
热工保护 thermal process protection，thermal equipment protection 12.085
热工保护投入率 utilization factor of thermal protection system 03.236
热工保护正确动作率 correct actuation ratio of thermal protection system 03.237
热工报警系统 alarm system 12.081
热工技术监督 technical supervision of instrument and control 12.162
热工检测 thermal parameter measurement 12.013
热工检测仪表 thermal parameter measuring instrument 12.014
热工量值传递 dissemination of the value of a mechanical quantity 12.163
* 热工配电柜 power supply cabinet for electric-drive valve 12.007
热工配电箱 power supply cabinet for electric-drive valve 12.007
热工裕量 thermal margin 13.288
热工自动化设计 design of thermal process automation 12.143
热功当量 mechanical equivalent of heat，thermal-work equivalent 01.508
热管 heat tube 01.644
热管空气预热器 heat pipe air preheater 09.222
热化系数 coefficient of heat supply 03.151
热机 heat engine 01.539
热继电器 thermal relay 05.059
热交换器 heat exchanger 01.645

热井　hot well　10.354
* 热离子二极管　thermionic energy converter　13.405
热离子能量转换器　thermionic energy converter　13.405
热[力]负荷　heat load　03.015
热力工程　thermal engineering　01.447
热力管线走廊　heating outgoing line corridor　03.042
热力过程曲线　thermodynamic process curve，steam turbine condition line　10.038
* 热力系　thermodynamic system　01.448
热力型氮氧化物　thermal NO_x　20.007
热力学第二定律　second law of thermodynamics　01.506
热力学第零定律　zeroth law of thermodynamics　01.504
热力学第三定律　third law of thermodynamics　01.507
热力学第一定律　first law of thermodynamics　01.505
热力学法　thermodynamic method　23.095
热力[学]过程　thermodynamic process　01.528
热力学温标　thermodynamic temperature scale　01.477
热力学温度　thermodynamic temperature　01.478
热力学系统　thermodynamic system　01.448
热力[学]性质　thermodynamic property　01.467
热力[学]循环　thermodynamic cycle　01.542
热力状态参数　parameter of thermodynamic state　01.471
热量单位　unit of heat　01.511
热流密度　specific rate of heat flow，heat flux　01.611
热敏电阻　thermistor　02.160
热能　thermal energy　01.457
热偶式仪表　thermocouple instrument　02.092
热跑试验　hot running test，heat indication test　10.162
热疲劳　thermal fatigue　10.544
热偏差　thermal deviation　09.254
热容[量]　heat capacity　01.503
* 热容强度　volumetric heat release rate　10.566
* 热室　hot laboratory for material examination　13.221
热释光剂量计　thermoluminescent dosimeter，TLD　13.762
热水供应热负荷　hot water supply heat load　03.149
热水温度　hot water temperature　09.083
热损失　heat loss　09.440
热态功能试验　hot functional test　13.542
热态启动　hot start-up　09.378
热[态]停堆　hot shutdown　13.547
热通道　hot channel　13.319
热通道因子　hot channel factor　13.322
* 热通量　specific rate of heat flow，heat flux　01.611
热脱扣器　thermal overload releaser　05.068
热网　heating network　10.343
热网加热器　heater for heating network　10.344
热稳定性　thermal stability against short circuit　11.062
热污染　thermal pollution　13.797
热悬挂　thermal blockage　10.498
热源　thermal source　01.458
热中子　thermal neutron　13.052
热中子利用因数　thermal neutron utilization factor　13.077
* 热中子利用因子　thermal neutron utilization factor　13.077
热阻　thermal resistance　01.617
人工采样　manual sampling　08.089
人工骨料　artificial aggregate　22.320
人工环流装置　intake with artificial transverse circulation　22.167
人工降水　rain making　01.652
* 人工降雨　rain making　01.652
* 人工接地刀闸　high speed grounding switch　15.218
人工接地体　artificial earthing electrode　16.197
人工污秽试验　artificial pollution test　16.031
人机操纵距离　ergonomic distance，ergonomic component distance　16.221
人机接口　man-machine interface　13.513
人孔　manhole　23.048
人力放线　manual stringing　18.366
人[手]力操动机构　dependent manual operating mechanism　15.288
人[手]力储能操动机构　independent-manual operating mechanism　15.287
人因事件　human event　13.372
人员差错　human failure　13.703
人字闸门　mitre gate　22.259
* 韧脆转化温度　ductile-brittle transition temperature　12.302
韧性断裂　ductile fracture　12.349
日负荷曲线　daily load curve　04.378
日[平均]负荷率　daily [average] load ratio　04.391
日前交易　day-ahead trading　06.146

日前交易子系统　day-ahead trade subsystem，DATS　06.287
* 日前现货交易　day-ahead trading　06.146
日调节　daily regulation　03.104
日照时数　sunshine duration　14.124
日最大负荷　maximum daily load　06.354
日最大负荷利用小时　daily maximum load utilization hours　06.353
日最小负荷　minimum daily load　06.355
日[最小]负荷率　daily [minimum] load ratio　04.392
容错　toleration error　05.149
容积含汽率　steam quality by volume　09.284
容积热强度　volumetric heat release rate　10.566
容抗　capacitive reactance　01.220
* 容克式空气预热器　Ljungström-type air heater　09.224
容量电价　capacity price　06.252
容量效益裕度　capacity benefit margin，CBM　21.234
容纳　capacitive susceptance　01.230
溶解携带　vaporous carry-over　09.261
溶解氧　dissolved oxygen　12.182
熔断器　fuse　19.029
熔焊　fuse welding　12.371
熔化　melting，fusion　01.591
熔盐反应堆　molten salt reactor　13.393
冗余晶闸管级　redundant thyristor level　17.079
* 柔性交流输电　flexible AC transmission system，FACTS　04.038
蠕变　creep　12.304
蠕变变形　creep deformation　12.305
蠕变断裂　creep fracture　12.306
蠕变疲劳　creep fatigue　12.319
蠕变试验　creep test　12.307
蠕变速度　creep rate　12.308
蠕胀测点　creep measurement point　12.338
蠕胀监察段　creep supervision section　12.339
入厂煤　coal as received　08.149
入厂煤样　coal sample as received　08.102
入库洪水　reservoir inflow flood　01.666
入炉煤　coal as fired　08.150
入炉煤样　coal sample as fired　08.103
入射波　incident wave　01.408
褥垫式排水　blanket drainage　22.085
软磁材料　magnetically soft material　01.116
软化　water softening　12.210
软化器　softener　12.211
软化水　softened water　12.212
软化温度　softening temperature　08.051
软母线　flexible busbar　15.052
瑞利分布　Rayleigh distribution　14.032
润滑油系统　lubricating oil system　10.276
润滑油压力过低保护　lubricating oil excessive low pressure protection　12.114

S

塞止接头　stop joint　18.283
三层床　tribed　12.218
三次风　tertiary air　09.233
* 三次风份额　exhaust air rate　09.081
三次风率　exhaust air rate　09.081
三次风喷口　tertiary air nozzle　09.188
三道屏障　three barriers　13.659
三分仓回转式空气预热器　tri-sector air heater　09.226
三分之四断路器接线　4/3 breaker configuration　15.039
三机式抽水蓄能机组　tertiary units　23.120
三极隔离开关　three pole disconnector　15.205
三角形联结　delta connection　15.133
三角形排列　triangular configuration　18.141
三角形-星形变换　delta-wye conversion，delta-star transformation　04.087
三流环密封油系统　sealing oil ring system with triple oil flow　11.151
三母线变电站　triple-busbar substation　15.042
三区循环　three-zone cycling　13.545
三绕组变压器　three winding transformer　15.088
三相变压器　three phase transformer　15.085
三相点　triple point　01.589
三相电流不平衡　three phase current unbalance　04.432
三相电压不平衡　three phase voltage unbalance　04.431
三相[对称]短路　three phase [symmetrical] fault

04.202
三相四线制　three phase four wire system　01.346
[三相系统]中性点　neutral point　04.069
三相制　three phase system　01.345
三相中性点电抗器　three phase neutral reactor　15.154
三相自动重合　three phase automatic reclosing　05.231
三心拱坝　three-centered arch dam　22.015
三柱式隔离开关　three-column disconnector　15.208
伞式水轮发电机　umbrella hydrogenerator　24.004
散度　divergence　01.137
散热损失　heat loss due to radiation　09.442
散射辐射　diffuse radiation　14.116
扫描速率　scan rate　12.126
筛选煤　screened coal　08.029
钐中毒　samarium poisoning　13.132
栅距　lattice distance　13.099
栅元　lattice cell　13.098
闪变　flicker　04.434
闪点　flash point　08.183
闪蒸　flash distillation　12.236
闪蒸系统　flashed steam system　14.012
扇形闸门　sector gate　22.260
商品煤　commercial coal　08.080
商品煤样　sample for commercial coal　08.081
商业电价　commercial tariff　19.190
* 商用堆　commercial [nuclear power] reactor　13.360
商用[核电]反应堆　commercial [nuclear power] reactor
13.360
熵　entropy　01.520
熵系数指标　entropy coefficient　06.319
熵增原理　principle of entropy increase　01.521
上昂式排水　chimney drainage　22.086
上拔　uplift　18.067
上池　upper pool　03.115
上导[轴承]　upper guide bearing　24.009
上风向式风电机组　upwind WTGS　14.076
上冠　crown　23.032
上机架　upper bracket　24.007
上升管　riser　09.103
上水　filling with water　09.381
* 上水库　upper reservoir　03.115
上网电价　on-grid price　06.253
上网电量　on-grid energy　06.189
烧毁点　burnout point　13.312
烧毁含汽率　burnout quality　13.313
烧毁热流密度　burnout heat flux　13.308
烧毁[热流密度]比　burnout heat flux ratio　13.310
少筋混凝土　lightly reinforced concrete　22.309
少油断路器　low oil circuit-breaker　15.199
舌瓣闸门　flap gate　22.261
蛇形管　loops　09.118
蛇形管联箱式加热器　serpentine-tube header type heater
10.315
设备安装　equipment erection　03.232
设备更新改造　equipment rehabilitation　07.091
设备购置费　equipment procurement cost　03.192
设备冷却水系统　component cooling water system
13.434
设备全过程管理　whole process management of equipment　07.092
设备寿命管理　equipment life management　07.089
设备完好率　equipment perfectness　22.519
设备线夹　terminal connector　18.208
设备诊断技术　equipment diagnosis technique　07.090
设定命令　set-point command　06.070
设计程序　engineering design procedure　03.018
设计风速　designing wind speed　18.063
设计概算　primary cost estimate　22.521
设计工况　design condition　07.039
设计洪水　design flood　01.664
设计洪水位　designed flood level　03.122
设计基准地震　design basis earthquake，DBE　13.253
设计基准事故　design basis accident　13.275
设计基准外部事件　design basis external event　13.274
设计基准威胁　design basis threat，DBT　13.821
设计煤种　design coal　09.043
设计气象条件　meteorology condition for design
18.062
设计任务书　engineering design assignment　03.029
设计寿命　design life　12.387
设计压力　design pressure　09.074
设计原始资料　basic design data　03.030
社会环境　social environment　01.843
射汽抽气器　steam jet air ejector　10.371
射水抽气器　water jet air ejector　10.372
射线　ray　13.024
α 射线、β 射线与物质的相互作用　interaction between α, β ray and material　13.025

射线探伤　radiography testing，RT　12.362
γ/X 射线巡测仪　γ/X-ray survey meter　13.761
X 射线衍射技术　X-ray diffraction technique　12.327
γ 射线与物质的相互作用　interaction between γ-ray and material　13.026
摄人　intake　13.737
摄氏温度　Celsius temperature　01.479
申报充足率　bid sufficiency，BS　06.320
申报价格策略指标　price bidding strategy index　06.321
申报容量策略指标　capacity bidding strategy index　06.322
申报最高限价时的中标率　bid-winning rate for price cap bidding　06.323
伸臂范围　arm's reach　21.036
伸缩缝　contraction joint　22.060
伸缩节　extension element　22.179
砷化镓太阳能电池　gallium arsenide solar cell　14.159
深槽式转子　deep slot type rotor　19.108
深海处置　deep sea disposal　13.818
深孔　bottom outlet　22.154
深孔爆破　deep hole blasting　22.471
* 深孔闸门　high pressure gate　22.268
渗流　seepage flow　01.771
渗透探伤　penetrant testing，PT　12.366
升船机　ship lift　22.141
升华　sublimation　01.590
升降法　up-and-down test　16.030
* 升温率　temperature rise rate　09.397
升温速度　temperature rise rate　09.397
升压　raising pressure　09.392
升压变电站　step-up substation　15.018
升压变压器　step-up transformer　15.078
升压速度　rate of pressure rise　09.396
升鱼机　fish lift，fish elevator　22.123
生产工艺热负荷　industrial process heat load　03.146
生化转换技术　biochemistry conversion technology　14.179
生活水系统　domestic water supply system　03.173
生活污水处理　treatment of sanitary sewage　20.104
生态平衡　ecological balance　20.148
生物半排期　biological half life　13.749
生物柴油　biodiesel fuel　14.183
生物多样性　biodiversity　01.844
生物液体燃料　biology liquid fuel　14.196
生物质　biomass　14.173
生物质发电　biomass power generation　14.185
生物质能　biomass energy，bioenergy　14.174
生物质能转换　biomass energy conversion　14.175
生物质气化发电　biomass gasification power generation　14.181
生物质气化技术　biomass gasification technology　14.180
生物质热分解　biomass pyrolysis　14.177
生物质液化　biomass liquefaction　14.176
[声学]噪声　noise　20.109
省煤器　economizer　09.135
剩磁　residual magnetism　01.094
剩余不动作电流　residual non-operating current　21.085
剩余电极化强度　residual electric polarization　01.040
剩余电流　residual current　21.082
剩余电流动作保护装置　residual current operated device，RCD　21.087
剩余电流动作保护装置分级保护　selective protection of RCBO　21.097
剩余电流动作电气火灾监控系统　residual current operated electric fire monitor system　21.098
剩余电流动作断路器　residual current operated circuit-breaker　21.089
剩余电流动作断路器的分断时间　break time of residual operated protection　21.094
剩余电流动作继电器　residual current operated relay　21.088
剩余动作电流　residual operating current　21.083
* 剩余反应性　build-in reactivity，excess reactivity　13.108
失步保护　out-of-step protection　05.179
失步运行　out-of-step operation　04.285
失磁运行　loss of excitation　04.286
失电压保护　loss-of-voltage protection　05.206
失电制动器　power-off brake　19.127
* 失流事故　loss of flow accident，LOFA　13.587
* 失水事故　loss of coolant accident，LOCA　13.588
失速　stall　10.596
失速调节　stall regulated　14.064
失效分析　failure analysis　12.344
失效模式与影响分析　failure mode and effect analysis，

FMEA　21.155
施工安全管理　construction safety management　03.218
施工场内交通　jobsite transportation for construction　22.454
施工程序　construction procedure　22.448
施工导流　construction diversion　22.485
施工对外交通　construction access　22.453
施工方案　construction plan　22.447
施工缝　construction joint　22.064
* 施工辅助企业　construction plant and facilities　22.455
施工工厂化　construction industrialization　03.229
施工工厂设施　construction plant and facilities　22.455
施工供电　power supply for construction　22.456
施工规范　construction specification　22.449
施工机械管理　construction machine management　03.227
施工交通运输　construction transportation　22.452
施工控制性进度　construction critical path schedule　03.222
施工廊道　construction gallery　22.057
施工力能供应　energy and gases supply for construction　03.225
施工临时设施　temporary facilities for construction　03.224
施工排水　construction drainage　22.392
施工期防汛　flood control during construction period　22.459
施工期通航　navigation during construction period　22.460
施工图设计　detail design，working drawing　03.022
施工网络进度　construction network schedule　22.451
施工物资供应计划　material supply plan for construction　03.226
施工用地　construction land tenure　22.450
施工支洞　construction adit　22.380
施工专业化　construction specialization　03.228
施工总布置　construction general layout　03.220
施工总进度　construction general schedule　03.221
施工组织设计　construction organization design　03.219
湿饱和蒸汽　wet saturated steam　01.570
湿度　humidity　01.651
湿度计　hygrometer　02.169
湿法养护　water filled boiler protection　09.422
湿空气　humid air　01.466
[湿]空气露点　dew point of moist air　01.598
湿空气透平循环　humid air turbine cycle，HAT cycle　01.557
湿空气透平循环燃气轮机　humid air turbine cycle gas turbine，HAT　10.453
湿汽损失　moisture loss　10.075
湿球温度　wet bulb temperature　01.597
湿式除尘器　wet dust scrubber　20.038
湿试验　wet test　16.035
* 湿蒸汽汽轮机　saturated steam turbine，wet steam turbine　10.018
十二脉动桥　twelve-pulse bridge　17.063
石灰石量控制系统　limestone control system　12.041
石灰石-石灰/石膏湿法烟气脱硫　limestone-lime/gypsum wet FGD　20.064
石墨化　graphitization　12.340
石墨气冷反应堆　graphite gas-cooled reactor　13.389
石墨水冷反应堆　graphite water-cooled reactor　13.388
石子煤　pulverizer rejects，pyrites　09.330
* 时标　absolute chronology，time tagging　06.081
* 时程　time history　13.266
* 时程曲线　time history　13.266
时间常数　time constant　01.316
时间继电器　time relay　05.050
时间历程　time history　13.266
[时间]稳定性　stability　02.144
时间行程特性　time travel diagram　15.263
时间序列分析法　time series analysis method　04.372
时间元件　time component　05.077
时前交易　hour-ahead trading　06.147
时效　ageing　12.342
时域分析　time domain analysis　01.310
实供需量　actual demand　19.067
实际焓降　actual enthalpy drop　10.043
* 实际气体　real gas　01.463
实际无功出力曲线　actual reactive power output curve　06.367
实际有功出力曲线　actual active power output curve　06.366
实践　practice　13.711
实时电价　real-time price　06.254
实时交易　real-time trading　06.149
实时交易子系统　real-time trade subsystem，RTS

06.288
实时数据服务器　real-time data server　06.289
实体隔离　physical isolation　13.664
实物保护系统　physical protection system　13.691
实验室煤样　coal sample for laboratory　08.100
实用堰　practical weir　22.113
食入应急计划区　ingestion emergency planning zone　13.787
食物链　food chain　13.776
矢量场　vector field　01.135
矢量磁位　vector magnetic potential　01.062
矢量指示仪　vectorscope　02.042
世界核电营运者协会运行性能指标　WANO operation performance indicator of nuclear power plant　13.563
* 市场操纵力　market power　06.330
市场成员注册信息　register information of market participant　06.290
市场出清电价　market clearing price　06.255
市场出清价的上下限　ceiling and floor of market clearing price　06.324
市场分析子系统　market analysis subsystem，MAS　06.291
[市场]风险　risk　06.342
市场干预　market intervention　06.325
市场供需比　supply-demand ratio　06.326
市场集中度指数　Herfindahl-Hirschman index，HHI　06.327
市场竞争度指标　market competition rate　06.328
市场力　market power　06.330
市场有序性指标　orderly index　06.329
市场运营机构　market operator　06.160
市场中止　market suspension　06.331
市场主体　market entity　06.161
市场准入制度　market entry certification system　06.332
* 示范堆　demonstration [nuclear power] reactor　13.359
示范[核电]反应堆　demonstration [nuclear power] reactor　13.359
事故备用　emergency reserve　04.351
事故备用电源　emergency power supply　03.169
事故工况　accident state　13.665
事故管理　accident management　13.666
事故后运行方式　operating plan after accident　04.273
事故检修　outage repair　06.359
事故排放　accident release　13.795
事故配压阀　emergency distributing valve　23.148
* 事故油箱　emergency tank　10.291
事故源项　accident source term　13.796
事故运行方式　emergency operating plan　04.272
事故闸门　emergency gate　22.271
事故追忆　post disturbance review　06.035
事件导向应急操作规程　event oriented emergency operational procedure　13.582
事件分辨力　separating capacity，discrimination　06.080
事件树分析　event tree analysis　13.681
事件顺序记录　sequence of event，SOE　12.125
事件信息　event information　06.052
事件序列　incident sequence　13.683
势流　potential flow　01.753
势流叠加　superposition of potential flow　01.754
视相对密度　apparent relative density　08.078
* 视在电度表　apparent energy meter，volt-ampere-hour meter　02.057
视在电能表　apparent energy meter，volt-ampere-hour meter　02.057
视在功率　apparent power　01.324
视在功率表　apparent power meter，volt-ampere meter　02.030
视在原点　virtual origin　16.078
试生产　trial production　03.239
试验荷载　test load　18.043
试验线段　testing line　16.037
释放值　releasing value　05.128
收尘板　dust collection plate　20.040
收尘面积　specific collection area　20.042
收到基　as received basis　08.054
* 收缩缝　contraction joint　22.060
手动跳闸装置　manual tripping device　10.295
手动停堆　manual shutdown　13.550
手套箱　glove box　13.223
首出原因　first-out　12.083
首次临界实验　first critical experiment　13.160
首次装料　first loading　13.533
寿命　life　10.434
寿命管理　life management　12.386
寿命预测　life prediction　12.388
寿命在线监测　on-line residual life monitoring　12.133

寿命诊断技术　diagnosis technique for residual life　12.389
寿期管理　life management　13.622
受端系统　receiving-end system　04.051
受控电流源　controlled current source　01.206
受控电压源　controlled voltage sourcc　01.205
受热面　heating surface　09.099
受热面回转式空气预热器　rotating-rotor air heater　09.224
＊受压元件　pressure part, pressure element　09.073
受阻容量　disabled capacity　03.134
授权差价合同　authorized contract for difference　06.150
枢纽变电站　key substation　15.002
梳齿导流　comb diversion　22.489
梳齿状迷宫汽封　labyrinth gland, labyrinth seal　10.215
疏水　drain　09.408
疏水调节阀　regulated drain valve　10.322
疏水管道坡度　drainage pipe slope　09.294
输变电设施可靠性评估　reliability evaluation for transmission and distribution installation　21.232
输出阻抗　output impedance　01.224
输电　transmission of electricity, power transmission　04.043
输电电价　transmission price　06.256
输电可靠性裕度　transmission reliability margin, TRM　21.233
输电容量　transmission capacity　04.040
输电损耗　transmission loss　04.407
输电线路　transmission line　18.002
输电线路初勘　preliminary survey and exploration for transmission line routing　03.026
输电线路[力学]试验　test of transmission line　18.029
输电线路维修　transmission line maintenance　18.028
输电线路巡视检查　inspection and survey of transmission line　18.027
输电线路终勘　final survey and exploration for transmission line routing　03.027
[输电]线路走廊　transmission line corridor　18.065
输电效率　transmission efficiency　04.041
输电阻塞　transmission congestion　06.191
输灰管线　ash transportation piping line　09.372
输煤耗电率　power consumption rate of coal handling　08.151
输煤建筑物　coal handling structure　07.079
输煤隧道　coal transporting tunnel　08.131
输煤系统　coal handling system　08.118
输煤系统顺序控制　sequence control of coal handling system　12.080
输煤栈桥　coal transporting trestle　08.130
输配电价　transmission-distribution price　06.257
输入导纳　input admittance　01.227
输入输出点接入率　installation rate of input/output point　12.156
输入输出点完好率　availability of input/output point　12.157
输入阻抗　input impedance　01.223
输沙量　sediment runoff　01.681
输水建筑物　water conveyance structure　01.816
鼠笼式转子　squirrel cage rotor　19.107
束缚电荷　bound charge　01.008
树　tree　01.282
树支　tree branch　01.283
树脂传输系统　resin transfer system　12.202
树脂再生　resin regeneration　12.203
竖井式进水口　vertical shaft intake　22.161
竖井式水轮机　pit turbine　23.012
[竖]井式溢洪道　shaft spillway　22.149
竖直排水　vertical drainage　22.087
数据窗　data window　05.145
数据申报子系统　data process subsystem, DPS　06.292
数据通信　data communication　06.042
数据完整性　data integrity　06.041
数值孔径　numerical aperture　18.331
数字[测量]仪表　digital [measuring] instrument　02.012
＊数字电调　digital electro-hydraulic control system, DEH　12.045
数字电压表　digital voltmeter　02.027
数字电阻表　digital ohmmeter　02.043
数字化控制系统　digital control system　13.504
数字记录仪　digital recorder　16.046
数字滤波器　digital filter　05.153
＊数字欧姆表　digital ohmmeter　02.043
数字式电液调节系统　digital electro-hydraulic control system, DEH　10.246
数字式电液控制系统　digital electro-hydraulic control system, DEH　12.045

数字式调节仪表 digital regulating instrument 12.064
数字通信 digital communication 06.006
* 刷新时间 updating time, refresh time 06.102
* 衰变 radioactive decay 13.018
衰变链 decay chain 13.022
衰变热 decay heat 13.023
甩负荷 load rejection 23.107
双臂伸缩式隔离开关 pantograph disconnector 15.210
双边差价合同 bilateral contract for difference 06.151
双边交易 bilateral trading 06.152
双层安全壳 double containment 13.457
双层床 stratified bed 12.217
双重保护 duplicate protection 05.021
双重故障 double faults 04.207
双重绝缘 double insulation 21.041
双点信息 double-point information 06.056
双电源供电 duplicate supply 04.060
双断路器接线 two-breaker configuration 15.038
双扉闸门 double-leaf gate 22.262
双功能电压互感器 dual purpose voltage transformer 15.370
双拱燃烧 double-arch firing 09.164
双回路 double circuit line 18.011
双回路半垂直排列 double circuit semi-vertical configuration 18.146
双回路垂直排列 double circuit vertical configuration 18.145
双回路塔 double circuit steel tower 18.096
双回线故障 double circuit fault 05.035
双击式水轮机 cross flow hydroturbine, Banki turbine 23.016
双极大地回线高压直流系统 bipolar ground return HVDC system 17.012
双极高压直流系统 bipolar HVDC system 17.010
双极金属回线高压直流系统 bipolar metallic return HVDC system 17.014
双极线 bipolar line 18.014
双碱法烟气脱硫 dual alkali scrubbing FGD process 20.079
双金属温度计 bimetal thermometer 02.152
双金属系仪表 bimetallic instrument 02.091
双进双出钢球磨煤机 double-ended ball mill 09.309
双流环密封油系统 sealing oil ring system with dual oil flow 11.150
双面露光水冷壁 division wall 09.150
双命令 double command 06.065
双母线带旁路接线 double-bus with transfer bus configuration 15.034
双母线分段带旁路接线 sectionalized double-bus with transfer configuration 15.035
双母线分段接线 sectionalized double-bus configuration 15.033
双母线接线 double-bus configuration 15.032
双偶然事件原则 double contingency principle 13.696
双排机组布置 layout for double row of hydraulic turbine 22.237
双平板蝶阀 through flow valve 23.137
双曲拱坝 double curvature arch dam 22.012
双燃料喷嘴 dual fuel nozzle 10.563
双绕组变压器 two winding transformer 15.087
双室床 lifted bed, double cell bed 12.219
双室式调压室 double chamber surge tank 22.219
双水内冷发电机 dual water cooled generator 11.126
双态信息 binary state information 06.051
双调风旋流燃烧器 dual register burner 09.176
双调节 double regulation 23.145
双稳态继电器 bi-stable relay 05.064
双线船闸 double [way] lock 22.131
双向差价合同 bidirectional contract for difference 06.153
双向高压直流系统 bidirectional HVDC system 17.007
双 T 形网络 twin T-network 01.279
双循环系统 binary cycle system 14.011
双轴[系]汽轮机 cross compound steam turbine 10.011
双柱式隔离开关 double-column disconnector 15.207
* 水泵工况 pumping operation mode 24.043
水泵启动 starting mode of pumping 24.044
* 水泵水轮机 pump-turbine, reversible turbine 23.111
[水泵]叶轮 pump impeller 23.127
水冲击 water induction 10.166
水处理系统顺序控制 sequence control of water treatment system 12.078
水锤 water hammer 01.831
水锤法 pressure-time method, Gibson method 23.092
* 水锤试验 water hammer model test 01.867
* 水导 guide bearing 23.047

水的相图　phase diagram of water　01.585
水电厂厂房起重设备　lifting equipment of hydropower plant　23.152
[水电厂]技术供水系统　technical water supply system of hydropower plant　23.153
[水电厂]技术排水系统　technical water drainage system of hydropower plant　23.154
[水电厂]排水系统　drainage system of hydropower plant　22.391
* 水电厂气系统　compressed air system of hydropower plant　23.156
[水电厂]压缩空气系统　compressed air system of hydropower plant　23.156
水电厂油系统　oil-pressure system of hydropower plant　23.151
[水电厂]中央控制室　central control room　22.247
[水电工程]环境保护设计　design of environmental protection　01.858
[水电工程]环境监测　environmental monitoring　01.859
水电工程弃渣　discarding dregs of hydropower engineering　01.845
[水电工程]完建期　period of construction finishing　22.457
水电工程造价　cost of hydropower engineering　22.520
* 水电规划　water power planning, hydropower planning　03.052
[水电机组]运行摆度　throw　01.830
[水电机组]振动　vibration　01.829
水电接头　composite water-electric joint　11.135
* 水电开发　water power development，hydropower development　03.050
水电梯级开发　cascade development of hydropower　03.057
水电站厂内短期经济运行　short-term economical operation among the units at hydropower station　03.083
水电站单位电能投资　investment per kilowatt-hour of hydropower station　03.084
水电站防火　fire protection in hydropower station　22.540
水电站管理信息系统　management information system of hydropower station　22.539
水电站经济评价　economic evaluation of hydropower station　03.080
水电站经济效益　economic benefit of hydropower station　03.079
水电站经济指标　economic indices of hydropower station　03.077
水电站能量指标　energy indices of hydropower station　03.078
* 水电站年经营成本　annual operation cost of hydropower station　03.085
水电站年运行费　annual operation cost of hydropower station　03.085
水电站尾水位　tailwater level of hydropower station　03.124
水电站综合利用效益　comprehensive utilization benefit of hydropower station　03.081
水垫塘　cushion pool　22.212
水动力特性　hydrodynamic property　09.272
* 水动力特性试验　water circulation test　09.246
水斗　bucket　23.051
水斗式水轮机　Pelton turbine　23.015
* 水封　gate seal　22.284
水工混凝土　concrete for hydraulic structure　22.298
水工建筑物　hydraulic structure　22.001
水工建筑物在线监测　on-line monitoring of hydraulic structure　22.538
水工结构抗震试验　aseismatic test of hydraulic structure　01.869
水工结构模型试验　hydraulic structural model test　01.868
水工模型试验　hydraulic model test　01.864
水工隧洞　water tunnel，hydraulic tunnel　22.173
水垢　scale　12.252
水垢分析　scale analysis　12.253
水管冷却　pipe cooling　22.363
水环境容量　water environment capacity　01.857
水环式真空泵　water ring vacuum pump　10.373
水灰比　water ash ratio　09.433
* 水击　water hammer　01.831
水击模型试验　water hammer model test　01.867
水库　reservoir　03.086
水库初期蓄水　reservoir initial filling　03.114
水库触发地震　reservoir triggered seismicity　01.706
水库调度　reservoir dispatching　03.136
水库调度图　reservoir operation chart　03.107

水库回水　backwater of reservoir　03.098
＊水库群补偿径流调节　compensative regulation　03.105
水库容积　storage capacity，reservoir storage　03.088
水库淹没　reservoir inundation　03.096
＊水库诱发地震　reservoir triggered seismicity　01.706
水库淤积　reservoir sedimentation　01.689
水冷壁　water cooled wall　09.104
水冷电机定子绕组漏水　water leakage from water cooled stator winding　11.171
水冷发电机断水　loss of cooling water supply　11.165
水冷发电机断水保护　protection of loss of cooling water supply for water cooled generator　11.240
水冷却系统　cooling water system for water cooled generator　11.127
水冷系统密封性试验　tightness test for inner water cooling system　11.137
水冷系统水流通试验　water flow test for inner water cooling system　11.138
水冷旋风分离器　water-cooled cyclone separator　09.354
水冷转子漏水　water leakage from water cooled rotor　11.177
水力冲填坝　hydraulic fill dam　22.028
水力除灰　hydraulic ash handling　20.090
水力发电　hydropower，water power　01.810
水力发电厂　hydropower plant　03.062
＊水力发电枢纽　hydropower station，hydropower project　03.061
水力发电站　hydropower station，hydropower project　03.061
水力机械　hydraulic machinery　01.885
水力监测系统　hydraulic monitor system　23.157
水力开挖　hydraulic excavation　22.366
水力偏差　hydraulic deviation　09.257
水力侵蚀　water erosion　01.848
[水力]稳定性　hydraulic stability　23.096
＊水力学模型试验　hydraulic model test　01.864
水力资源　hydropower resources，hydroenergy resources　01.886
[水力资源]技术可开发量　technical available hydroenergy resources　03.047
[水力资源]经济可开发量　economical available hydroenergy resources　03.048
水量平衡　water balance　01.660
水临界点　water critical point　01.573
水轮发电机　hydrogenerator　24.001
[水轮发电机]电气制动　electrical brake of hydrogenerator　24.022
[水轮发电机]定子　hydrogenerator stator　24.011
[水轮发电机]二氧化碳灭火装置　CO_2 extinguishing system of hydrogenerator　24.025
[水轮发电机]机坑　hydrogenerator pit　24.019
[水轮发电机]机械制动　mechanical brake of hydro unit　24.021
[水轮发电机]空气冷却　air cooling of hydrogenerator　24.032
水轮发电机冷却系统　hydrogenerator cooling system　24.030
[水轮发电机]水灭火装置　water extinguishing system of hydrogenerator　24.024
[水轮发电机]水[内]冷　water internal cooling of hydrogenerator　24.033
[水轮发电机]推力轴承　hydrogenerator thrust bearing　24.016
[水轮发电机]蒸发冷却　evaporative cooling of hydrogenerator　24.034
[水轮发电机]制动系统　braking system of hydrogenerator　24.020
水轮发电机转动惯量　rotating inertia of hydrogenerator，flywheel effect　24.035
[水轮发电机]转子　hydrogenerator rotor　24.012
水轮发电机组　hydrogenerator set　24.039
[水轮发电机组]动平衡试验　dynamic balancing test of hydro unit　24.036
水轮发电机组试运行　trial starting of hydrogenerator set　24.051
水轮机　hydroturbine　23.001
[水轮机]比转速　specific speed　23.056
水轮机层　hydraulic turbine floor　22.240
[水轮机]导轴承　guide bearing　23.047
[水轮机]调速器　hydroturbine governor　23.140
＊水轮机工况　generator operation mode　24.042
水轮机空化与空蚀　cavitation and cavitation erosion of hydroturbine　23.080
水轮机模型试验台　hydroturbine model test stand　23.066
[水轮机模型] 中立试验台　neutral model test stand

23.067
[水轮机]效率　efficiency　01.833
水轮机效率损失　loss of hydroturbine efficiency　23.075
水轮机运行特性曲线　operational characteristic curve of turbine set　03.137
水轮机运转特性曲线　hydraulic turbine operating performance curve　23.064
* 水轮机直径　runner diameter of hydroturbine　23.071
[水轮机]主轴　hydro turbine main shaft　23.049
[水轮机]转轮　runner of hydroturbine　23.031
[水轮机转轮] 公称直径　runner diameter of hydroturbine　23.071
[水轮机转轮]叶片　hydroturbine blade　23.034
水轮机综合特性曲线　performance curve，hill diagram　23.063
水煤浆　coal water slurry，CWS　08.175
水膜除尘器　water film scrubber　20.050
* 水内冷发电机　direct water cooled generator，water inner cooled generator　11.125
水能　hydropower，water power　03.044
水能计算　water power calculation，hydropower calculation，hydroenergy computation　03.053
水能开发　water power development，hydropower development　03.050
水能利用　water power utilization，hydroenergy utilization　01.811
水能[利用]规划　water power planning，hydropower planning　03.052
* 水能蕴藏量　potential hydropower resources，potential water power resources　03.045
* 水能资源　hydropower resources，hydroenergy resources　01.886
水能资源蕴藏量　potential hydropower resources，potential water power resources　03.045
* 水泥杆　steel reinforced concrete pole　18.116
水泥灌浆　cement grouting　22.418
水泥浆液　cement grout　22.427
水泥水化热　hydration heat of cement　22.351
* 水平档距　wind span　18.125
水平排列　horizontal configuration　18.139
水平围绕管圈　spirally wound tube　09.111
水平旋转式隔离开关　center rotating disconnector　15.209
水平烟道　horizontal gas pass　09.239
水平轴风轮　horizontal axis rotor　14.062
水、汽品质监测仪表　water and steam quality monitoring instrument　12.023
水汽取样　water and steam sampling　12.260
水氢氢冷发电机　water-hydrogen-hydrogen cooled generator　11.154
水取样　water sampling　20.107
水取样器　water sampler　20.108
水射流　water jet　01.772
水室　water chamber　10.353
水-水冷却器　water to water cooler　11.128
水体　water body　20.154
水体热污染　water body thermal pollution　20.130
水头　water head　01.821
水头损失　head loss　01.774
水土保持　water and soil conservation　01.852
水土流失　soil erosion　01.851
* 水推力　hydraulic thrust　23.078
水位　water level　09.268
水位计　water level indicator　09.155
水位流量关系曲线　water-level-discharge relation curve　03.117
水文调查　hydrological investigation　01.676
* 水文分析计算　hydrological computation　01.677
水文计算　hydrological computation　01.677
水文勘测　hydrological survey　01.675
水文学　hydrology　01.657
水文预报　hydrological forecasting　01.678
水污染　water pollution　20.128
水务管理　water management　20.106
水系统故障　cooling water system trouble　11.183
水下爆破　underwater blasting　22.478
水下不分散混凝土　underwater non-dispersing concrete　22.312
水下混凝土施工　underwater concrete construction　22.464
水循环计算　water circulation calculation　09.245
水循环试验　water circulation test　09.246
水压脉动　water pressure pulsation　23.079
水压试验　hydrostatic test　09.457
水预处理　pretreatment of water　12.186
水源　water source　03.038
* 水跃消能塘　stilling pool，stilling basin　22.204

水蒸气　steam　01.464
水蒸气表　steam table　01.582
水直接冷却发电机　direct water cooled generator，water inner cooled generator　11.125
水质　water quality　01.856
水质分析　water quality analysis　12.173
水质监测　water quality monitoring　20.123
水中填土坝　earth dam by dumping soil into water　22.029
水坠坝　sluicing-siltation earth dam　22.030
水资源　water resources　01.887
水资源综合利用　comprehensive utilization of water resources，multipurpose use of water resources　03.055
顺磁性　paramagnetism　01.105
顺磁性物质　paramagnetic substance　01.106
顺调压　natural control of voltage　04.334
顺桨　feather　14.053
顺流式燃烧室　straight flow combustor　10.550
顺序重合　sequential reclosing　05.237
顺序控制系统　sequence control system　12.067
顺序控制系统调整试验　commissioning test for sequence system　12.150
顺序相位控制　sequential phase control　17.193
瞬发中子　prompt neutron　13.035
瞬间甩负荷快控保护　fast valving protection during transient load cutback　12.110
* 瞬间信息　fleeting information，transient information　06.059
瞬时保护　instantaneous protection　05.014
瞬时不可用度　instantaneous unavailability　21.134
瞬时功率　instantaneous power　01.321
瞬时故障　transient fault　04.197
瞬时可用度　instantaneous availability　21.133
瞬时脱扣器　instantaneous releaser　05.069
瞬时修复率　instantaneous repair rate　21.142
瞬时值　instantaneous value　01.186
瞬态　transient　01.308
瞬态分量　transient component　01.309
瞬态工况　transient condition　13.314
瞬态过电压　transient overvoltage　16.191
瞬态恢复电压上升率　rate of rise of TRV，RRRV　15.322
瞬态数据管理系统　transient data management system, TDM　12.118
* 瞬态型氮氧化物　prompt NO_x　20.009
私有信息　private information　06.333
斯柯特联结　Scott connection　15.135
斯特藩-玻尔兹曼定律　Stefan-Boltzmann law　01.641
斯特林循环　Stirling cycle　01.555
死点　anchor point，dead point　10.135
死库容　dead storage capacity　03.090
死区　dead zone　05.107
死水位　dead water level　03.119
* 四管爆漏　tube burst　09.482
四象限特性曲线　four-quadrant characteristic curve　23.106
四因子公式　four-factor formula　13.078
伺服电动机　servomotor　19.152
* 伺服机械装置　servomechanism　19.153
伺服系统　servomechanism　19.153
* 松弛节点　slack bus　04.155
松动爆破　loose blasting　22.472
松动件监测系统　loose parts monitoring system　13.454
松套管　buffer tuber　18.319
送出工程投资　cost of transmission line for connecting the power plant to the grid　03.198
* 送电线路　transmission line　18.002
送端系统　sending-end system　04.052
送风机　forced draft fan，FDF　09.216
送风量控制系统　air flow control system　12.037
苏打石灰法　soda lime process　12.213
速比　velocity ratio　10.063
速变信息　fleeting information，transient information　06.059
速度三角形　velocity triangle　10.044
速度水头　velocity head　01.823
速率上升　speed rise　23.109
溯源性　traceability　02.125
酸度　acidity　12.181
酸耗　acid consumption　12.206
酸碱废水　acidic and alkaline waste water　20.098
酸碱废水处理　treatment of acid and alkaline waste water　20.099
酸洗　acid cleaning　12.257
酸洗缓蚀剂　inhibitor in acid cleaning　12.258
酸雨　acid rain　01.855
酸值　acid value　12.271
[算法的] 时间窗　time window　05.144

随机采样 random sampling 08.093
随机性效应 stochastic effect 13.747
碎煤机 coal crusher，crusher 08.139
隧洞导流 tunnel diversion 22.490
隧洞分岔段 tunnel fork 22.389
隧洞渐变段 tunnel transition 22.388
损耗费用现在值 present value of cost loss 04.410
* 损坏分析 failure analysis 12.344
损坏性故障 damage fault 04.194
锁口叶片 locking blade，final blade 10.185
锁气器 flap valve，clapper 09.326

T

塔 tower 18.078
塔带机 tower-belt machine 22.516
塔高 tower height 18.080
* 塔机 tower crane 22.513
塔脚 foot，footing 18.110
塔身 tower body 18.106
塔身加长段 body extension 18.112
塔式锅炉 tower boiler 09.034
塔式进水口 tower intake 22.162
塔式起重机 tower crane 22.513
塔式太阳热发电系统 solar thermal power generation system with tower and heliostat plant 14.144
* 塔体 tower body 18.106
塔头 top hamper，super structure 18.100
台车式启闭机 platform hoist 22.294
* 太空处置 space disposal 13.819
太阳池发电 solar pool power generation 14.148
太阳辐射 solar radiation 14.114
* 太阳辐射能 solar energy 14.113
太阳炉 solar furnace 14.139
太阳能 solar energy 14.113
* 太阳能采集 solar energy collection 14.127
太阳能储存 solar energy storage 14.128
太阳能磁流体发电 solar magnetic fluid power generation 14.149
太阳能灯具 solar lamp 14.141
太阳能电池 solar cell 14.153
*a-Si 太阳能电池 amorphous silicon solar cell 14.157
太阳能电池板 solar cell panel 14.164
太阳能电池方阵 solar cell array 14.165
太阳能电池组件 solar cell module 14.163
太阳[能]反射率 solar reflectivity 14.136
太阳能光电转换效率 solar photovoltaic conversion efficiency 14.152
太阳能集热器 solar collector 14.130
太阳能利用 solar energy utilization 14.129
太阳能热离子发电 solar thermoionic power generation 14.150
太阳能热水器 solar water heater 14.140
太阳能收集 solar energy collection 14.127
太阳[能]透射率 solar transmission rate 14.137
太阳能温差发电 solar temperature difference power generation 14.147
太阳能屋顶 solar roof 14.170
太阳[能]吸收率 solar absorptivity 14.135
太阳能蒸馏 solar distillation 12.239
太阳能制冷 solar cooling 14.142
太阳能转换 solar energy conversion 14.126
太阳热发电 solar thermal power generation 14.143
[太阳]直射辐射 direct radiation 14.115
[太阳]总辐射 total radiation 14.117
坍落度 slump 22.328
* 弹棒事故 control rod ejection accident 13.585
弹性金属塑料瓦 elastic metal-plastic segment 24.029
弹性散射 elastic scattering 13.060
弹性系数法 elastic coefficient method 04.375
碳化硅阀式避雷器 silicon carbide valve type surge arrester 15.377
碳化物和氮化物燃料 fissionable nuclide carbide and nitride fuel 13.196
* 汤姆孙[双]电桥 Thomson [double] bridge 02.075
逃脱共振俘获概率 resonance escape probability 13.076
* 逃脱共振吸收概率 resonance escape probability 13.076
* 套箍 retaining ring 11.038
套管 bushing 15.145
套管护壁法 sleeve protection method of pipe wall

22.429
套管式电流互感器　bushing type current transformer　15.352
套期保值　hedging　06.343
套装油管　set of oil piping　10.290
套装转子　shrunk-on rotor　10.140
特大块煤　ultra large coal　08.019
特高压　ultra-high voltage，UHV　04.018
特高压直流　ultra-high voltage direct current，UHVDC　04.020
特勒根定理　Tellegen theorem　01.294
* 特殊水压脉动　higher part load vortex　23.099
特[斯拉]　tesla　01.431
特性角　characteristic angle　05.120
特性量　characteristic quantity　05.117
特性量的整定范围　setting range of the characteristic quantity　05.119
特性量的整定值　setting value of the characteristic quantity　05.118
特性曲线　characteristic curve　11.052
特性阻抗　characteristic impedance　01.402
梯度　gradient　01.141
梯段爆破　bench blasting　22.475
梯级水电站　cascade hydropower stations　03.063
梯级水库　cascade reservoirs　03.111
梯级水库调节　regulation of cascade reservoirs　03.108
梯形网络　ladder network　01.281
提升压降　elevation pressure drop　13.339
体电荷密度　volume charge density　01.014
体积比热　volume specific heat　01.502
替代测量[法]　substitution [method of] measurement　02.089
替代定理　substitution theorem　01.301
天然辐射源　natural radiation source　13.713
天然骨料　natural aggregate　22.319
天然屏障　natural barrier　13.814
天然气　natural gas　08.171
天然水　natural water　12.172
天然铀　natural uranium　13.181
填方工程量　volume of back filled earth works　03.183
* 调保计算　calculation of regulating guarantee　23.108
调风器　air register　09.215
调峰方案　peak load regulating scheme　04.326
调峰容量　peak load regulating capacity　04.327
调峰运行　peaking operation　03.143
* 调洪　flood regulation　03.109
调节棒　regulation control rod　13.142
调节保证计算　calculation of regulating guarantee　23.108
调节抽汽阀　regulating extraction steam valve　10.118
调节抽汽式汽轮机　regulated extraction steam turbine　10.004
调节抽汽式汽轮机调节系统　regulated extraction turbine governing system　10.239
调节负荷机组　regulating load generating set　04.034
调节级　governing stage　10.054
调节级的热力计算　thermodynamic calculation of governing stage　10.057
调节库容　regulated storage capacity　03.091
调节命令　adjusting command　06.069
调节品质　control quality　12.153
调节[汽]阀　governing valve，control valve　10.114
调节特性　governing characteristics　10.268
调节油系统　control oil system　10.275
调频方式　mode of frequency regulation　04.312
调频容量　frequency regulating capacity　04.321
调试　commissioning　03.233
调速泵　governor impeller　10.251
调速电动机　adjustable speed motor　19.095
* 调速环　regulating ring，control ring　23.043
* 调速马达　synchronizer motor　10.259
调速器调节规律　regulation law of governor　23.144
调相运行　phasing operation　11.115
调压阀　relief valve　23.139
调压方式　voltage control method　04.332
调压井　surge shaft　22.215
调压器　pressure regulator　10.262
调压室　surge chamber　22.214
调压塔　surge tower　22.216
调整板　adjusting plate　18.190
调质　hardening and tempering　12.333
挑坎　flip bucket　22.188
挑流消能　trajectory bucket energy dissipation，flip bucket energy dissipation　22.196
条带截取法　strip intercepting　08.110
跳线　jumper　18.154
跳线线夹　jumper flag，jumper lug　18.196
贴坡式排水　drainage on embankment slope　22.084

铁磁谐振　ferro-resonance　19.050
铁磁性　ferromagnetism　01.107
铁磁性物质　ferromagnetic substance　01.109
铁耗　iron loss　11.073
铁素体耐热钢　ferritic heat resistant steel　12.395
铁塔　steel tower　18.079
铁心　core　11.004
铁心故障　core failure　11.173
铁心故障探测　stator core fault detection，ELCD　11.208
铁心及机座振动　stator core and frame vibration　11.069
铁心冷却　cooling of iron core　11.084
铁心松弛　loosening of core lamination　11.104
[铁心]压板　pressure plate，core end plate　11.005
[铁心]压指　pressure finger　11.006
铁心用钢　steel for stator core　11.048
铁氧体　ferrite　01.114
停电　interruption of power supply　04.346
停电操作　outage switching　21.054
停电费用　supply interruption costs　04.411
停电损失　outage cost，cost of interruption　21.181
停电用户平均停电次数　average interruption times of customer affected AICA　21.263
停电状态　interruption　21.251
停堆检查　shutdown inspection　13.605
＊停堆冷却系统　residual heat removal system，RHRS　13.430
停堆硼浓度　shutdown boron concentration　13.165
停堆深度　shutdown margin　13.109
＊停堆裕量　shutdown margin　13.109
停工待检点　hold point　13.706
停机保养　maintenance of shutdown steam turbine　10.429
停炉　boiler shutdown　09.417
停炉保护　laying-up protection of boiler　09.419
停运率　outage rate　21.216
停运状态　outage state　21.195
通仓浇筑　pouring without longitudinal joint，concreting without longitudinal joint　22.359
通带　pass band　01.336
通道可选远动系统　channel selecting telecontrol system，common diagram telecontrol system　06.090
通风空调热负荷　ventilation and air conditioning heat load　03.148
通风阻力　draft loss　09.218
通航建筑物　navigation structure　01.819
通流部分清洗　flow path washing　10.587
通流部分热力计算　flow passage thermodynamic calculation　10.037
＊通气管　air vent hole　22.211
通气孔　air vent hole　22.211
通球试验　ball-passing test　09.362
＊通态　conducting state，on-state　17.126
通态电流临界上升率　critical rate of rise of on-state current　17.160
通信运行管理　operation management of communication　06.117
通用负荷开关　general purpose switch　15.221
通用气体常数　universal gas constant　01.492
通用型仿真机　generic simulator　12.169
[通用]阻抗变换器　[general] impedance converter，GIC　01.398
同步并列　synchronization　05.234
同步电动机　synchronous motor　19.096
同步电机不平衡负荷承受能力　permissible unbalanced loading operation of synchronous machine　04.127
同步电机参数　parameter of synchronous machine　04.093
同步电机参数测定　measurement of synchronous machine parameter　04.126
同步电机磁动势方程　magneto motive force equation of synchronous machine　04.098
同步电机的电枢反应　armature reaction of synchronous machine　04.130
同步电机的时间常数　time constant of synchronous machine　04.106
同步电机的突然短路　sudden short-circuit of synchronous machine　04.129
同步电机的振荡　oscillation of synchronous machine　04.128
同步电机电动势方程　electromotive force equation of synchronous machine　04.099
同步电机数学模型　mathematical model of synchronous machine　04.092
同步电机相量图　phasor diagram of synchronous machine　04.094
同步电机异步运行　asynchronous operation of synchro-

nous machine 04.284
同步电机坐标系统 coordinate system of synchronous machine 04.097
同步发电机超/次暂态电势 voltage behind subtransient reactance of synchronous generator 04.109
同步发电机动[态]稳定 dynamic stability of synchronous generator 04.124
同步发电机功[率]角 power angle of synchronous generator 04.122
同步发电机静[态]稳定 steady state stability of synchronous generator 04.123
同步发电机暂态电势 voltage behind transient reactance of a synchronous generator 04.108
同步发电机暂[态]稳定 transient stability of synchronous generator 04.125
同步检查继电器 synchronism detection relay, synchrocheck relay 05.047
同步检查装置 synchronism detection unit, synchrocheck unit 05.260
同步检定 synchronous verification 05.233
同步器 synchronizer，speed changer 10.258
同步器电动机 synchronizer motor 10.259
同步时间 synchronous time 04.279
同步时间偏差 deviation of synchronous time 04.280
同步调相机 synchronous condenser 15.174
* 同步拖动启动 back-to-back synchronous starting 24.045
同步摇摆 synchronous swing 04.256
同步远动传输 synchronous telecontrol transmission 06.044
同步装置 synchronizer unit 05.255
同行评估 peer review 13.617
* 同时率 coincidence factor 19.201
同台复核试验 checking model test on the same stand 23.070
同位素 isotope 13.014
同位素丰度 isotopic abundance 13.015
同相 in phase 01.178
同质异能跃迁 isometric transition 13.019
铜铝过渡板 copper to aluminium adapter board 18.212
铜损耗 copper loss 11.072
统计操作冲击耐受电压 statistical switching impulse withstand voltage 16.158
统计操作过电压 statistical switching overvoltage 16.186
统计雷电冲击耐受电压 statistical lightning impulse withstand voltage 16.157
统计雷电过电压 statistical lightning overvoltage 16.187
统计模型 statistical model 22.535
统计期间小时 period hours 21.202
统一潮流控制器 unified power flow controller，UPFC 15.182
筒仓 silo 08.136
筒式磨煤机 tubular ball mill，ball-tube mill 09.312
筒形汽缸 barrel type cylinder 10.099
筒形燃烧室 silo combustor 10.546
投标竞价的上下限 ceiling and floor of bidding price 06.335
投资回报率监管法 regulation of rate of return on investment 06.336
投资回收期 pay back time，PBT 03.205
* 透过率 solar transmission rate 14.137
透过性 permeability 12.228
透平出口参数 turbine outlet parameter 10.525
透平进口温度 turbine entry temperature 10.522
透平进气压力 turbine inlet pressure 10.524
透平冷却系统 turbine cooling system 10.541
透平排气流量 turbine exhaust gas flow 10.527
透平膨胀[压]比 turbine pressure ratio 10.526
透平输出功率 turbine power output 10.532
透平特性线 turbine characteristic curve 10.542
* 透平油 steam turbine oil 12.266
透平转子进口温度 turbine rotor inlet temperature 10.523
透射率 transmissivity 01.632
透水率 permeable rate 01.715
凸极电机 salient pole generator 11.032
突变量继电器 sudden change relay 05.062
突然短路机械强度试验 mechanical strength verification under sudden short circuit 11.221
土坝 earth dam 22.023
土的原位测试 in-situ soil test 01.880
土工模型试验 geotechnical model test 01.872
土工膜防渗坝 geomembrane seepage protection dam 22.027
土工织物 geotextile 22.090
土建施工 civil construction 03.231

土料场　borrow pit　22.365
土料压实　soil compaction　22.364
土壤电阻率　soil resistivity　16.194
土石坝　earth-rockfill dam　22.021
土石坝原型观测　prototype observation for earth-rockfill dam　01.876
土石方工程量　volume of earth works　03.181
土石围堰　earth-rockfill cofferdam　22.492
[土体]孔隙气压力　pore air pressure　01.795
[土体]孔隙水压力　pore water pressure　01.794
[土体]孔隙压力　pore pressure　01.793
[土体]土压力　earth pressure　01.790
土体液化　liquefaction of soil mass　01.727
[土体]有效应力　effective stress　01.792
[土体]总应力　total stress　01.791
* 钍基核燃料循环　thorium-uranium fuel cycle　13.213
钍铀燃料循环　thorium-uranium fuel cycle　13.213
钍资源　thorium resources　13.178
湍流　turbulence，turbulent flow　01.770
湍流强度　turbulence intensity　14.029
* 推力墩　gravity abutment　22.071
* 推力径向轴承　thrust journal bearing　10.226
推力盘　thrust collar　10.227
推力头　thrust block　24.017
推力瓦　thrust bearing shoe　24.026
推力系数　thrust coefficient　14.072
推力轴承　thrust bearing　10.224
推力-轴颈联合轴承　thrust journal bearing　10.226
推移质　bed load　01.682
退出　disengage　05.106
退磁　demagnetization　01.096
退火　annealing　12.329
托卡马克聚变实验装置　Tokamak　13.399
* 托马系数　Thoma factor　23.082
脱火　blow-off　09.478
脱扣　tripping　15.264
脱硫产物　FGD by product，end product　20.080
脱硫废水　desulfurization waste water　20.078
脱硫效率　sulphur removal efficiency　20.074
脱模剂　release agent for form work　22.347
脱水仓　dewatering bin　20.092
脱水段　dehydrated section of river　01.860
脱体激波　detached shock wave　01.766
驼峰堰　hump weir　22.115

W

挖方工程量　volume of excavated earth works　03.182
挖泥船　dredger　22.517
瓦[特]　watt　01.422
* 瓦特表　wattmeter　02.028
瓦[特小]时　watt hour　01.435
外部除灰和贮灰场　outside ash transportation and ash yard　03.172
外部导电部分　extraneous conductive part　21.072
外护板　outer casing　09.092
外界　surrounding　01.455
外界功　surrounding work　01.456
外绝缘　external insulation　16.164
外壳带电断路器　live tank circuit-breaker　15.191
外壳漏电保护系统　frame leakage protection，case ground protection　05.189
外露可接近导体　exposed approachability conductive part　21.073
外能灭弧室　external energy interrupter　15.272
外在水分　surface moisture　08.039
外照射　external exposure　13.715
* 外置床　external heat exchanger，EHE　09.356
外置床热交换器　external heat exchanger，EHE　09.356
* 外置流化床热交换器　external fluidized bed heat exchanger，EFBHE　09.356
弯曲叶片　bowed blade　10.181
完全停运状态　complete outage state　21.197
碗头　socket　18.184
* 万用表　multimeter　02.048
网侧绕组　line side winding　17.023
网格系统　meshed system　04.055
* 网架　network frame　04.053
网孔　mesh　01.255
网孔电流　mesh current　01.256
网络　network　01.260
网络安全校核　grid security check　06.195
网络安全约束　grid security constraint　06.196

网络变换　network transformation，network conversion 04.085
网络函数　network function　01.261
网络拓扑学　topology of network　01.262
网络综合　network synthesis　01.263
网损　transmission loss　04.076
网损分摊　loss allocation　06.197
* 网损换算　loss conversion　06.199
网损计算　calculation of transmission loss　04.077
网损系数　loss factor　06.198
* 网损因子　loss factor　06.198
网损折算　loss conversion　06.199
危急保安器　overspeed governor，emergency governor 10.294
危急疏水系统　emergency drain system　10.323
危急油箱　emergency tank　10.291
* 危急遮断器　overspeed governor，emergency governor 10.294
危险电压　dangerous voltage　21.017
微安表　microammeter　02.020
微波[中继]通信　microwave relay communication 06.004
微波纵联保护系统　microwave pilot protection system 05.222
微电子继电器　micro-processing relay　05.067
微分电路　differential circuit　01.394
微分加速器　differential accelerator　10.297
微风振动　aeolian vibration　18.023
微伏表　microvoltmeter　02.024
微机变压器保护　microprocessor based transformer protection　05.204
微机电动机保护　microprocessor base motor protection 05.205
微机发电机保护　microprocessor based generator protection　05.193
微机继电保护装置　microprocessor based protection device　05.097
微机母线保护　microprocessor based busbar protection 05.197
微机调速器　microcomputer governor　23.143
微机线路保护　microprocessor based transmission line protection　05.229
微机型重合闸装置　microprocessor based auto-reclosing equipment　05.250
微机型继电保护试验装置　microprocessor based equipment for protection relay test　05.098
微机型自动准同步装置　microprocessor based auto-quasi-synchronizing equipment　05.268
微滤　microfiltration　12.222
微[型]电网　micro-grid　04.446
微型燃气轮机　micro gas turbine　10.456
微型水电站　mini-hydropower station，microhydropower station　03.068
微正压锅炉　pressurized boiler　09.030
微珠　cenosphere　20.020
韦[伯]　weber　01.430
韦布尔分布　Weibull distribution　14.031
围带　shroud　10.187
围岩压力　surrounding rock pressure　01.801
围堰　cofferdam　22.491
围堰防渗　seepage prevention of cofferdam　22.398
帷幕灌浆　curtain grouting　22.412
维持保证金　maintenance margin　06.351
维持电流　holding current　17.157
维修保障性　maintenance support ability　21.129
* 尾部二次燃烧　flue dust reburning，flue dust secondary combustion　09.488
尾部烟道再燃烧　flue dust reburning，flue dust secondary combustion　09.488
尾槛　baffle sill　22.209
尾流效应损失　wake effect loss　14.110
尾水管　draft tube　23.027
[尾水管]涡带　scroll，part load vortex　23.098
尾水管肘管　elbow of draft tube　23.029
尾水管锥管　draft tube cone　23.028
尾水廊道　tailwater gallery　22.058
尾水平台　draft tube deck　22.246
尾水渠　tailwater channel　22.225
尾水隧洞　tailwater tunnel　22.224
尾水调压室　tailrace surge chamber　22.217
尾水闸门　tail gate　22.273
卫燃带　wall with refractory lining，refractory belt 09.098
卫星通信　satellite communication　06.007
未能紧急停堆的预期运行瞬变　anticipated operational transient without scram，ATWS　13.597
* 未能紧急停堆的预期运行瞬态　anticipated operational transient without scram，ATWS　13.597

未能紧急停堆预期瞬变保护系统　protection system for anticipated transient without scram　13.509
位移电流　displacement current　01.053
位移因数　displacement factor，power factor of the fundamental wave　01.370
位置水头　elevation head　01.822
温度　temperature　01.475
温度保护　temperature protection　05.161
温度场　temperature field　01.615
温度荷载　temperature load　01.805
温度监测　temperature monitoring　11.186
温度梯度　temperature gradient　01.616
* 温度系数　reactivity temperature coefficient　13.120
温度有效度　temperature effectiveness　10.605
温排水　warm water discharge　20.102
温-熵图　temperature-entropy chart　01.584
温升　temperature rise　15.131
温升试验　temperature rise test　11.228
温室气体　greenhouse gases　20.002
温态启动　warm start-up　09.379
文丘里测风装置　Venturi flow measuring element　09.465
文丘里除尘器　Venturi scrubber　20.052
文丘里管　Venturi tube　02.164
* 紊流　turbulence，turbulent flow　01.770
稳定储备系数　stability margin　04.238
稳定措施　stabilizing measure　04.239
稳定火焰　stable flame　12.096
稳定绕组　stabilizing winding　15.104
稳燃器　firing stabilizer　09.196
稳态　steady state　01.306
稳态不可用度　steady state unavailability　21.138
稳态短路电流　steady state short-circuit current　04.186
稳态短路特性的测定　measurement of short circuit characteristics under stable condition　11.219
稳态分量　steady state component　01.307
稳态可用度　steady state availability　21.137
稳态运行　steady state operation　04.270
稳压器　pressurizer　13.429
问答式远动系统　polling telecontrol system，interrogative telecontrol system　06.089
涡管　vortex tube　01.758
涡流　eddy current　01.121
涡流损耗　eddy current loss　01.122
涡流探伤　eddy current test　12.365
* 涡轮　[gas] turbine　10.517
涡通量　vorticity flux　01.759
涡线　vortex line　01.757
涡旋流动　vortex flow　01.756
蜗壳　spiral case　23.019
[蜗壳]包角　nose angle　23.020
蜗壳埋设方式　spiral casing embedded forme　23.021
* 蜗壳压差法　index method，Winter-Kennedy method　23.093
卧管式进水口　inclined pipe intake　22.166
卧式水轮发电机　horizontal hydrogenerator　24.003
握力试验　grip strength test　18.345
污秽等级　gradation for surface pollution　16.208
污秽区　polluted area　18.061
污秽闪络电压　pollution flashover voltage　16.101
污染　pollution　20.125
污染密度指数　silt density index，SDI　12.191
污染物　pollutant　20.126
污染物地面浓度　ground level pollutant concentration　20.013
污染物排放总量控制　pollutant cap control　20.158
污染物日平均浓度　daily average pollutant concentration　20.014
污染物瞬时浓度　pollutant instantaneous concentration　20.015
污染源　pollutant source　20.135
污闪　pollution flashover　18.238
* 钨金瓦　babbitt bearing shoe　24.028
无补燃式联合循环机组　un-fired combined cycle unit　10.459
无槽发电机　generator without coil slot　11.245
无衬砌隧洞　unlined tunnel　22.383
* 无齿轮箱式风电机组　direct drive WTGS，gearless WTGS　14.083
无除氧头喷雾沸腾式除氧器　spray-bubbling [without deaerating head] type deaerator　10.331
无触点开关　non-contact switch　19.040
无电流时间　dead time　15.309
无电压检定　non-voltage verification　05.243
无电压时间　dead time　05.244
* 无定型硅太阳能电池　amorphous silicon solar cell　14.157
* 无功电度表　reactive energy meter，var-hour meter

02.056
无功电能表　reactive energy meter，var-hour meter　02.056
无功负荷　reactive load　04.384
无功功率　reactive power　01.323
无功功率表　varmeter　02.029
无功[功率]补偿　reactive power compensation　04.339
无功[功率]电压调节　reactive power voltage control　04.338
无功功率控制方式　reactive power control mode　17.199
无功功率与电压最优控制　reactive power and voltage optimized control　06.093
无功调节服务　reactive power service　06.210
* 无功支持服务　reactive power service　06.210
无轨滑模　railless slip form　22.346
无火花型防爆电动机　non-sparking motor　19.105
无火花运行　sparkless operation　19.144
无机硫　inorganic sulfur，mineral sulfur　08.063
无间隙金属氧化物避雷器　gapless metal oxide arrester　15.379
无铠装电缆　non-armoured cable　18.271
无励磁分接开关　off-circuit tap-changer　15.140
无人值班变电站　unmanned substation　15.009
无人值班水电厂　unmanned hydropower plant　22.537
无砂混凝土　no-fines concrete　22.311
无刷励磁　brushless excitation　04.133
无损检测　nondestructive testing，NDT，nondestructive evaluating，NDE　12.360
无损探伤　nondestructive examination　12.361
* 无调节水电站　run-off hydropower station　03.074
无涡区　zone without scroll　23.097
无线电干扰测试仪器　radio interference meter　16.051
无线电频率监测器　radio frequency [partial discharge] monitor，RFM　11.190
无线电通信　radio communication　06.005
无限大母线　infinite bus　04.149
无限介质[中子]增殖因数　infinite medium [neutron] multiplication factor　13.080
无旋场　irrotational field　01.140
* 无旋运动　potential flow　01.753
无压流　non-pressure flow　01.783
无压隧洞　free-flow-tunnel　22.176
无烟煤　anthracite　08.009
无延性转变温度　temperature of nil-ductility transition，TND　13.239
无叶区　vaneless space　23.101
无源等效网络　passive equivalent network　04.084
无源节点　passive bus　04.151
无源滤波器　passive filter　15.176
无约束交易计划　un-constrained trading schedule　06.200
无载分段母线　non-load switchable busbar　15.049
* 坞式闸室　dock type lock chamber　22.138
物理输电权　physical transmission right　06.154
物项　item　13.699
误差　error　02.127
误动作　unwanted operation of protection，mal-operation　05.101
误开通　false firing　17.141
雾化　atomization　01.838
雾化细度　atomized particle size　09.206
雾闪　fog flashover　18.240

X

西[门子]　siemens　01.429
吸出高度　suction height　23.087
* 吸风机　induced draft fan，IDF　09.235
吸入管　suction pipe　23.128
吸上高度　suction height　23.132
* 吸上余量　cavitation margin　23.133
吸声降噪　noise reduction by absorption　20.117
吸收比　absorption ratio　16.145
吸收剂量　absorbed dose　13.726
吸收率　absorptivity　01.630
吸收式制冷系统　absorption refrigeration system　01.599
析铁　formation of iron　09.489
硒铟铜太阳能电池　copper indium selenide solar cell　14.161
稀相区　lean-phase zone，splash zone　09.341

* 熄弧角　extinction angle，margin angle　17.111
熄火　flameout，furnace loss of fire　09.477
熄火保护　flameout protection　10.516
熄火极限　flame failure limit　10.569
熄灭　quenching　17.146
IT 系统　IT system　21.115
TN 系统　TN system　21.111
TN-C 系统　TN-C system　21.112
TN-S 系统　TN-S system　21.113
TN-C-S 系统　TN-C-S system　21.114
TT 系统　TT system　21.110
系统标称电压　nominal voltage of a system　04.013
系统参数　system parameter　04.089
系统抽样　systematic sampling　08.087
系统单线图　one-line diagram　04.050
系统电源不足限电　system shortage，SS　21.254
[系统]短路　short-circuit　04.169
系统功率/频率[调节]特性　regulating energy of a system，power/frequency characteristics of a system　04.318
系统和部件的可靠性设计　reliability design of system and component　13.278
系统黑启动发电机　system blackstart generator　21.228
系统黑启动容量　system blackstart capacity　21.229
系统间故障　intersystem fault　05.036
系统连接方式　system connection pattern　04.048
系统同步运行　synchronous operation of a system　04.281
系统稳定计算　system stability calculation　04.244
系统稳态　steady state of a power system　04.142
系统相关停运　system related outage　21.235
系统需量控制　system demand control　04.359
系统运行电压　operating voltage in a system　04.021
系统运行方式　system operating plan　04.268
系统运行机构　power system operator　06.162
系统运行结线方式　connection scheme of power system operation　04.049
系统暂态　transient state of a power system　04.222
系统正常情况下备份周期　backup cycle in normal condition of the system　06.293
系统状态变量　system state variables　04.088
系统阻抗　system impedance　04.090
系统最低运行电压　lowest operating voltage of a system　04.023
系统最高运行电压　highest operating voltage of a system　04.022
细粉分离器　cyclone collector　09.321
下池　lower pool　03.116
下导[轴承]　lower guide bearing　24.010
下风向式风电机组　downwind WTGS　14.077
下环　band　23.033
下机架　lower bracket　24.008
下降管　downcomer，downtake pipe　09.113
下降管流动阻力　flow resistance in downcomer　09.115
* 下射式燃烧　down-shot firing　09.163
* 下水库　lower reservoir　03.116
下网电量　off-grid energy　06.190
夏季施工　summer construction　22.462
先导放电　leader discharge　16.120
先导组件随堆考验　irradiation test of leading assemblies in existing power reactor　13.216
先进 CANDU 堆　advanced CANDU reactor，ACR　13.387
先进沸水反应堆　advanced boiling water reactor，ABWR　13.425
先进燃气轮机系统　advanced turbine system，ATS　10.457
先进压水反应堆　advanced pressurized water reactor，APWR　13.385
先漏后破准则　criterion of leaking before break，LBB　13.658
纤芯不圆度　non-circularity of core　18.329
纤芯直径　core diameter　18.328
氙振荡　xenon oscillation　13.131
氙中毒　xenon poisoning　13.129
现场试验　field test　23.090
现场踏勘　site survey　03.031
现货价格　spot price　06.258
现货交易　spot trading　06.145
现浇墩型基础　pad and chimney foundation　18.160
现金流分析　cash flow analysis　03.207
线电荷密度　linear charge density　01.012
线电压　line-to-line voltage，phase-to-phase voltage　04.024
线对地电压　line-to-earth voltage，phase-to-earth voltage　04.026
线夹　clamp　18.172
线路波阻抗　surge impedance of a line　18.020

线路故障　line fault　04.199
线路过负荷能力　overload capacity of transmission line　04.329
线路耐雷水平　line lightning resisting level　16.152
线路转角　line angle　18.137
线路自然功率　surge impedance load，SIL　18.019
线路阻波器　line trap　15.399
线性电路　linear circuit　01.199
线性无阈　linear non-threshold　13.769
线载波纵联保护系统　power line carrier pilot protection system　05.223
限电　shortage，S　21.253
限定时段电价　restricted hour tariff　19.184
限流器　flow restrictor　13.340
限流式熔断器　current-limiting fuse　19.032
限位块　guide vane end stop　23.044
* 限位销　guide vane end stop　23.044
限制区　restrictive area　13.745
陷波　notching　04.441
箱式金属封闭开关设备和控制设备　cubicle switchgear and controlgear　15.234
箱装式燃气轮机　packaged gas turbine　10.451
响应　response　01.312
项目法人责任制　responsibility system of project legal person　03.209
项目管理方式　project management mode　03.208
项目申请报告　project proposal　03.028
* 相差保护　phase comparison protection system　05.209
相电压　line-to-neutral voltage，phase-to-neutral voltage　04.025
相对不确定度　relative uncertainty　02.116
相对磁导率　relative permeability　01.085
相对地过电压标幺值　per unit of phase-to-earth overvoltage　16.175
相对地净距　phase-to-earth clearance　15.059
相对电容率　relative permittivity　01.037
相对湿度　relative humidity　01.595
相对死点　relative anchor point　10.137
相对误差　relative error　02.129
* 相对值　per unit system　04.146
* 相间电压　[polyphase circuit] line voltage　01.353
相间功率控制器　interphase power controller，IPC　15.181
相间过电压标幺值　per unit of phase-to-phase overvoltage　16.176
相间间隔棒　phase-to-phase spacer　18.203
相间净距　phase-to-phase clearance　15.058
相间距离　phase-to-phase spacing　18.151
* 相角　phase　01.170
* 相角差　phase difference　01.172
相量图　phasor diagram　01.179
相绕组　phase winding　15.110
相[矢]量　phasor　01.171
相速　phase velocity　01.404
相[位]　phase　01.170
相位比较继电器　phase comparison relay　05.048
相位比较式纵联保护　phase comparison protection system　05.209
相位表　phase meter　02.035
相位差　phase difference　01.172
相位常数　phase constant　01.401
[相位]超前　[phase] lead　01.174
相位控制　phase control　17.189
相位移　phase shift　01.173
[相位]滞后　[phase] lag　01.175
相序　phase sequence，sequential order of the phase　01.349
象限功率倾斜比　quadrant power tilt ratio，QPTR　13.577
橡胶坝　rubber dam　22.034
* 橡塑电缆　cable with extruded insulation　18.260
削峰填谷　peak load shaving　04.401
消防设计　fire protection design　03.174
消弧电抗器　arc suppression reactor　15.153
* 消弧线圈　arc suppression reactor　15.153
消力池　stilling pool，stilling basin　22.204
消力墩　baffle block　22.205
消力戽　bucket　22.206
* 消力戽消能　submerged bucket energy dissipation　22.198
* 消力槛　baffle sill　22.209
消能　energy dissipation　22.193
消能工　energy dissipator　22.200
消声器　muffler silencer　20.116
消振试验　anti-vibration test　18.344
销售电价　retail price　06.259
小半波　minor loop　15.339

小电机启动　pony motor starting　24.048
＊小干扰稳定性　small signal stability，small disturbance stability　04.231
小块煤　small coal　08.022
小扰动　small disturbance　04.224
小扰动稳定性　small signal stability，small disturbance stability　04.231
72 小时带负载运行　72h trial running　24.052
＊小时前交易　hour-ahead trading　06.147
小型水电站　small hydropower station　03.067
效率测定　efficiency test　11.220
效率修正公式　efficiency step-up formula　23.077
协联工况　on-cam operating condition　23.059
协联装置　on-cam device　23.149
协调控制方式　coordinated control mode　12.029
斜棒栅水膜除尘器　inclined rod grid water film scrubber　20.051
斜档距　sloping span length　18.123
斜缝　diagonal joint，inclined joint　22.065
斜缝浇筑　diagonal pouring　22.360
斜击式水轮机　inclined jet hydroturbine，Turgo impulse turbine　23.017
斜激波　oblique shock wave　01.765
斜流可逆式水轮机　diagonal pump-turbine　23.113
斜流式水轮机　diagonal［flow］hydroturbine　23.007
斜流式蓄能泵　diagonal storage pump　23.123
斜流转桨式水轮机　diagonal Kaplan hydroturbine　23.008
斜面升船机　inclined ship lift　22.143
斜坡式进水口　inclined intake　22.163
斜坡式闸室　sloping-wall chamber　22.137
斜墙　inclined core，sloping core　22.079
斜墙坝　earth dam with inclined core　22.026
斜置叶片　sideling placed blade　10.183
谐波次数　harmonic number，harmonic order　01.374
谐波电流　harmonic current　02.147
谐波电流源　source of harmonic current　19.048
谐波电压源　source of harmonic voltage　19.047
谐波分量　harmonic component　04.438
谐波分析　harmonic analysis　01.366
谐波分析仪　harmonic analyzer　02.102
＊谐波辅助绕组励磁系统　harmonic excitation　04.136
谐波含量　harmonic content　01.373
谐波励磁　harmonic excitation　04.136
谐波谐振　harmonic resonance　19.049
＊谐波序数　harmonic number，harmonic order　01.374
谐波因数　harmonic factor，distortion factor　01.372
谐波源　harmonic source　04.440
谐振　resonance　01.327
谐振过电压　resonance overvoltage　16.189
谐振频率　resonance frequency　01.330
谐振曲线　resonance curve　01.331
＊携带泄漏　by-pass leakage，entrained leakage　09.228
泄洪建筑物　flood releasing structure　01.814
泄洪闸门　flood discharge gate　22.272
泄量　discharge capacity　22.156
泄流计　leakage tester　16.058
泄漏比距　leakage distance per unit withstand voltage　18.241
＊泄漏距离　creepage distance　16.172
泄水管道　sluice pipe　22.155
＊泄水涵管　sluice pipe　22.155
泄水建筑物　sluice structure，releasing structure　01.813
泄水/泄洪建筑物原型观测　prototype observation for sluice structure　01.878
泄水锥　runner cone　23.038
泄油池　oil leakage sump　15.066
卸料燃耗［深度］　discharge burn up　13.135
卸煤槽　coal discharging chute　08.121
心墙　core wall，central core　22.078
心墙土坝　earth dam with central core　22.025
心脏电流系数　heart current factor　21.025
芯块与包壳相互作用　pellet-cladding interaction，PCI　13.220
芯式变压器　core type transformer　15.094
新奥地利隧洞施工法　New Austrian Tunneling Method，NATM　22.376
＊新奥法　New Austrian Tunneling Method，NATM　22.376
新和清洁状态　new and clean condition　10.474
新燃料组件储存　new fuel assembly storage　13.225
新燃料组件运输容器　new fuel assembly transport cask　13.224
新相形成　precipitation　12.343
新蒸汽　live steam　01.576
信号回路　signal circuit　05.092
信号继电器　signal relay　05.056
信号器　annunciator　12.082

信号质量检测　signal quality detection　06.079
信息不对称　information asymmetry　06.337
信息传送率　information transfer rate　06.095
信息传送效率　information transfer efficiency　06.096
信息丢失率　rate of information loss　06.094
信息发布更新时间　data release update time　06.294
信息发布子系统　information publishing subsystem，IPS　06.295
信息反馈传输　transmission with information feedback　06.087
信息披露　information disclosure　06.338
信息容量　information capacity　06.097
* 兴利库容　regulated storage capacity　03.091
星-三角启动　star-delta starting　19.155
星形联结　star connection　15.132
星形-三角形变换　star-delta conversion，star-delta transformation　04.086
行波　traveling wave　01.403
行波保护　traveling wave protection　05.164
行近流速　approach velocity　01.751
形变热处理　thermomechanical treatment　12.334
Y 形接线　Y connection　01.238
Δ 形接线　delta connection　01.239
V 形绝缘子串　V string of insulator　18.234
V 形曲线特性　V-curve characteristics　11.068
L 形网络　L-network　01.274
T 形网络　T-network　01.276
X 形网络　X-network　01.278
Γ 形网络　Γ-network　01.275
Π 形网络　Π-network　01.277
V 型隔离开关　V-type disconnector　15.212
U 型挂板　U-clevis　18.188
U 型挂环　shackle　18.186
Π 型锅炉　Π-type boiler，two-pass boiler　09.032
T 型锅炉　T-type boiler　09.033
U 型火焰锅炉　U-flame boiler　09.039
W 型火焰锅炉　W-flame boiler　09.040
T 型接头　tee joint，T joint　18.286
Y 型接头　breeches joint，Y joint　18.287
U 型螺丝　U-bolt　18.187
型面损失　profile loss　10.068
AC 型剩余电流动作断路器　RCBO of type AC　21.090
A 型剩余电流动作断路器　RCBO of type A　21.091
T 型线夹　T-connector　18.209
CANDU 型重水堆燃料组件　CANDU type HWR fuel assembly　13.209
性能　performance　02.143
* 性能考核试验　guaranteed performance test　09.451
性能系数　coefficient of performance，COP　01.600
* 性能验收试验　performance acceptance test　09.451
胸墙　breast wall　22.103
修正　correction　02.107
需量　demand　19.062
需量电费　demand charge　19.174
需量电价　demand tariff　19.178
需量费率　demand rate　19.175
需量因数　demand factor　19.203
需求侧管理　demand side management，DSM　19.058
* 徐行　crawl　19.126
蓄电池组　storage battery　15.403
蓄能泵　storage pump　23.121
蓄热体　matrix　10.604
悬臂模板　cantilever form　22.339
悬垂绝缘子串　suspension insulator string　18.232
悬垂绝缘子串组　suspension insulator set　18.236
悬垂线夹　suspension clamp　18.174
悬吊管　suspend tube　09.149
悬吊式锅炉构架　suspended boiler structure　09.095
悬浮燃烧　suspension combustion　09.160
悬浮物　suspended substance　12.174
悬链塔　catenary tower，trapeze tower　18.094
悬链线　catenary　18.132
悬链线常数　catenary constant　18.133
悬式水轮发电机　suspended hydrogenerator　24.005
悬移质　suspended load　01.683
旋度　curl，rotation　01.138
旋风除尘器　cyclone dust collector　20.053
* 旋风分离器　cyclone collector　09.321
旋风炉　cyclone fired boiler　09.028
旋风燃烧　cyclone-furnace firing，cyclone combustion　09.158
旋辊　vortex roll　01.773
* 旋滚　vortex roll　01.773
旋流煤粉燃烧器　vortex burner，swirl pulverized coal burner　09.178
旋流器　swirler　10.559
旋流式配风器　swirl air register　09.191
旋喷桩加固　stabilization by rotary churning pile，

stabilization by jet grouting pile 22.442
* 旋塞 rotating plug 13.498
* 旋涡运动 vortex flow 01.756
* 旋转备用 hot reserve，spinning reserve 04.353
旋转磁动势 rotating magneto-motive force 11.050
旋转电压表 rotary voltmeter 16.050
旋转滤网 revolving filter screen 10.394
旋转屏蔽塞 rotating shield plug 13.498
旋转式隔板 rotating diaphragm 10.124
* 旋转整流器励磁系统 brushless excitation 04.133
旋转阻尼 rotating damper 10.252
* 旋转阻尼调速器 rotating damper 10.252
选煤 washed coal 08.028
选频电平表 selective level meter 02.104
选择并执行命令 select and execute command 06.077
选择开关 selector switch 15.143
选择命令 selection command 06.072
选择性催化还原 selective catalytic reduction，SCR 20.083
选择性非催化还原 selective non-catalytic reduction，SNCR 20.084
选择性携带 selective carryover 12.250
雪荷载 snow load 01.806
循环倍率 circulation ratio 09.273，09.342
循环传输 cyclic transmission 06.084
* 循环床锅炉 circulating fluidized bed boiler，CFBB 09.337
循环倒流 circulation flow reversal 09.276
循环回路 circulation circuit 09.247
循环冷却水系统 recirculating cooling water system 10.382
循环流化床锅炉 circulating fluidized bed boiler，CFBB 09.337
循环流化床锅炉脱硫 circulating fluidized bedboiler desulfurization 20.085
循环流化床燃烧 circulating fluidized bed combustion，CFBC 09.336
循环水泵 circulating water pump 10.375
循环水速 circulation water velocity 09.248
循环停滞 circulation flow stagnation 09.277

Y

压比 pressure ratio 10.577
压电效应 piezoelectric effect 01.152
压焊 press welding 12.372
压力 pressure 01.482
* 压力边界 pressure boundary 13.414
压力单位 pressure unit 01.483
压力管道 penstock 22.178
压力灌浆 pressure grouting 22.420
压力级 pressure stage 10.056
* 压力脉动 water pressure pulsation 23.079
压力前池 head pond，forebay 22.177
* 压力容器 reactor pressure vessel 13.416
压力上升 pressure rise 23.110
* 压力-时间法 pressure-time method，Gibson method 23.092
* 压力式除氧器 high pressure deaerator 10.329
压力水头 pressure head 01.824
压力隧洞 pressure tunnel 22.175
压力雾化 pressure atomization，mechanical atomization 09.207
压力箱 pressure tank 18.289
压气机 compressor 10.572
压气机等熵功率 compressor isentropic power 10.594
[压气机]等熵效率 isentropic efficiency 10.595
压气机进气参数 compressor inlet parameter 10.575
压气机排气参数 compressor outlet parameter 10.576
压气机入口导叶控制 air compressor inlet statorblade control 12.059
压气机输入功率 compressor input power 10.593
压气机特性线 compressor characteristic curve 10.599
压气机透平 compressor turbine 10.528
压气式调压室 pneumatic surge chamber 22.223
压汽蒸馏 vapor compression distillation 12.238
压实加固 stabilization by compaction 22.440
* 压水堆 pressure water reactor，PWR 13.383
压水堆燃料组件 pressurized water reactor fuel assembly 13.204
压水反应堆 pressure water reactor，PWR 13.383
压缩地下厂房硐室宽度 reduced span of cave for underground hydropower house 22.238

压缩空气断路器　air-blast circuit-breaker　15.195
压缩空气蓄能燃气轮机　compressed air energy storage gas turbine，CAES　10.454
压缩型金具　compression-type fitting　18.179
压注桩　pressure injected pile　18.166
亚临界　subcritical　01.578
亚临界压力锅炉　subcritical pressure boiler　09.016
亚临界压力机组　subcritical pressure units　07.007
亚临界压力汽轮机　subcritical pressure steam turbine　10.015
亚钠法烟气脱硫　Wellman-Lord FGD　20.066
氩弧焊　argon arc weld　12.375
烟囱　chimney　20.155
烟囱工程　chimney works　07.069
烟道　gas pass，gas flue　09.238
烟风系统　flue gas and air system　09.201
烟煤　bituminous coal　08.008
烟气　flue gas　20.001
烟气比例调节挡板　gas proportioning damper，gas-by-pass damper　09.184
烟气侧沉积物　external deposit　09.491
烟气除尘　flue gas dust removal　20.035
烟气分析　flue gas analysis　09.460
烟气含尘量　dust content in flue gas　20.034
烟气净化　gas cleaning　20.004
烟气连续监测系统　continuous emission monitoring system of flue gas，CEMS　12.021
烟气露点　flue gas dew point　20.059
烟气排放控制　flue gas emission control　20.012
* 烟气酸露点　flue gas dew point　20.059
烟气抬升　plume rise　20.058
烟气脱氮　flue gas denitrification，$deNO_x$　20.062
烟气脱硫　flue gas desulfurization，FGD　20.060
[烟气脱硫]气-气加热器　gas-gas heater，GGH　20.081
* 烟气脱硝　flue gas denitrification，$deNO_x$　20.062
烟气污染物　flue gas pollutant　20.010
烟气污染物排放量　pollutant quantity in flue gas　20.011
烟气再循环风机　gas recirculation fan　09.242
烟气再循环[调温]　gas recirculation　09.203
烟塔合一　cooling water in place of chimney combining tower　20.159
* 烟羽抬升　plume rise　20.058
烟羽应急计划区　plume emergency planning zone　13.786
[延迟]触发角　[delay] trigger angle　17.108
* 延迟角　[delay] trigger angle　17.108
延时保护　delayed protection，time-delayed protection　05.015
延时动作　delay operation　05.103
延时型剩余电流动作断路器　time lagged RCBO　21.092
延时自动重合　delayed automatic reclosing　05.232
严重事故　severe accident　13.685
岩爆　rock burst　01.704
岩壁式吊车梁　rock-bolted crane beam　22.243
岩基　rock foundation　22.436
岩基处理　treatment of rock foundation　22.394
* 岩溶　karst　01.731
岩溶处理　treatment of solution cavern，karst treatment　22.395
* 岩溶水　karstic water　01.722
岩塞爆破　rock plug blasting　22.479
岩体风化　weathering of rock mass　01.726
岩体结构　structure of rock mass　01.693
岩体软弱结构面　weak structural plane of rock mass　01.701
岩体原位观测　in-situ instrumentation for rock mass　01.881
岩土体蠕动　creeping of rock mass and soil mass　01.725
沿程损失　linear loss，pipeline loss　01.775
沿程消能工　energy dissipator through friction loss　22.202
沿面放电　discharge along dielectric surface　16.144
* 盐类隐藏现象　hideout of salts　12.261
盐类暂时消失　hideout of salts　12.261
盐雾法　saline fog method　16.032
验电　verification of live part　21.074
* 验证　verification　02.108
堰　weir　22.111
扬程　water raising capacity　23.131
扬压力　uplift　01.797
阳极半桥　anode half bridge　17.064
阳极端子　anode terminal　17.088
阳极阀换相组　anode valve commutating group　17.101
阳离子交换树脂　cation exchange resin　12.201
氧腐蚀　oxygen corrosion　12.262

氧化稳定性　oxidation stability　12.274
氧化物陶瓷燃料　ceramic oxide fuel　13.195
＊氧化锌避雷器　metal oxide arrester，MOA　15.378
氧化性气氛　oxidizing atmosphere　09.198
腰荷　shoulder load　04.390
＊摇摆方程　equation of rotor motion，swing equation　04.096
摇摆曲线　swing curve　04.248
＊摇表　megger，megohmmeter　02.044
遥测　telemetering　06.026
遥感　remote sensing　01.861
遥控　telecommand　06.027
遥控变电站　remote control substation　15.010
遥调　teleadjusting　06.028
遥信　teleindication，telesignalization　06.025
叶道涡　channel vortex　23.100
叶尖速比　tip speed ratio　14.055
叶尖速度　tip speed　14.054
叶轮　bladed disk　10.170
叶轮脆性断裂　brittle cracking of disk　10.177
叶轮裂飞　disk cracking and bursting-off　10.175
叶轮摩擦损失　disc friction loss　10.071
叶轮强度　strength of bladed disk　10.171
叶轮应力腐蚀　stress corrosion of disk　10.176
叶轮振动　bladed disk vibration　10.172
叶片　blade　14.045
[叶片]安装角　setting angle of blade　14.052
叶片长度　length of blade　14.047
叶片低周疲劳　low cycle fatigue of blade　10.206
叶片腐蚀疲劳　corrosion fatigue of blade　10.207
叶片高周疲劳　high cycle fatigue of blade　10.205
叶片共振　blade resonant vibration　10.203
[叶片]桨距角　pitch angle of blade　14.051
叶片静频率和动频率　static frequency and dynamic frequency of blade　10.195
叶片[离心]拉应力　blade centrifugal tensile stress　10.200
[叶片]扭角　twist angle of blade　14.050
叶片扭转振动　blade twist vibration　10.194
叶片疲劳　blade fatigue　10.204
叶片疲劳寿命预估　fatigue life prediction of blade　10.208
叶片偏心弯应力　blade centrifugal bending stress　10.201
叶片汽封　blade seal　10.212
叶片强度　strength of blade　10.197
叶片切向弯曲振动　blade tangential bending vibration　10.192
叶片损坏及处理　blade failure and repair　10.210
叶片调频　blade vibration frequency tuning　10.202
[叶片]叶根　root of blade　14.048
[叶片]叶尖　tip of blade　14.049
叶片振动　blade vibration　10.190
叶片振动类型　mode of blade vibration　10.191
叶片振动强度　vibration strength of blade　10.198
叶片轴向弯曲振动　blade axial bending vibration　10.193
叶片转角　blade rotating angle　23.035
叶栅　blade cascade　10.178
叶栅损失　blade cascade loss　10.067
夜间巡视　night inspection　21.079
液化　liquefaction　01.564
液化天然气　liquefied natural gas，LNG　08.174
液力联轴器　hydraulic coupling，fluid drive coupling　10.341
＊液力耦合器　hydraulic coupling，fluid drive coupling　10.341
液气比　liquid/gas ratio　20.082
液态排渣锅炉　boiler with slag-tap furnace，wet bottom boiler　09.027
液态排渣临界负荷　slag tapping critical load in wet bottom furnace　09.432
液体电介质电击穿　electric breakdown in dielectric liquid　16.141
液体电介质气泡击穿　bubble breakdown in dielectric liquid　16.142
液体电介质小桥击穿　breakdown in dielectric liquid caused by impurity bridge　16.143
液体绝缘介质　insulating liquid　16.140
液体区域控制系统　liquid zone control system　13.485
液体燃料　liquid fuel　08.166
液体燃料锅炉　liquid fuel-fired boiler　09.019
液相　liquid phase　01.586
液压操动机构　hydraulic operating mechanism　15.285
液压式启闭机　hydraulic hoist　22.293
液压式调速器　hydraulic speed governor　10.250
＊液压伺服装置　hydraulic servo-motor　10.256
液压蓄能器　hydraulic accumulator　10.284

液压闸门 hydraulic gate 22.263
一部制电价 one-part tariff 06.248
一次重合闸 single shot reclosing 05.241
一次风 primary air 09.230
* 一次风份额 primary air ratio 09.079
一次风机 primary air fan，PAF 09.231
一次风交换旋流燃烧器 dual register burner with primary air exchange 09.180
一次风率 primary air ratio 09.079
一次风喷口 primary air nozzle 09.186
一次风压力控制系统 primary air pressure control system 12.040
* 一次冷却剂系统 reactor coolant system，RCS 13.413
一次屏蔽 primary shielding 13.754
一次调频 primary control [of the speed of generating sets] 04.313
一次通过式核燃料循环 once-through nuclear fuel cycle 13.227
一次系统 primary system 04.005
一次仪表 primary instrument 12.015
一端口网络 one-port network 01.266
一个半断路器接线 one-and-a-half breaker configuration 15.037
* 一级旁路系统 integral by-pass system，one-stage by-pass system 10.082
一阶电路 first order circuit 01.303
一致性测试 conformance testing 06.107
一致性因数 coincidence factor 19.201
仪表故障率 instrument fault rate 12.160
仪表管固定 fixing of instrument tube 12.147
仪表管连接 connection of instrument tube 12.146
仪表管路敷设 instrument tube routing 12.145
仪表控制系统安装 installation of instrument and control system 12.144
仪表完好率 instrument availability 12.158
仪表准确率 percentage of instrument with allowable accuracy 12.159
* 仪控系统 reactor instrumentation and control system，I&C 13.503
[仪器仪表]调整 adjustment 02.109
* 仪用变压器 instrument transformer 15.345
仪用电流互感器 instrument current transformer 02.078
仪用电压互感器 instrument voltage transformer 02.077
移动变压器 movable type transformer 15.097
移动电站 portable power plant 07.022
移动式核电厂 mobile nuclear power plant 13.398
移民 resettled inhabitant 03.099
以可靠性为中心的维修 reliability-centered maintenance，RCM 21.145
* 异步电动机 induction motor 19.094
异步电动机的外壳防护等级 class of protection and enclosure 19.121
异步电动机的效率 efficiency of asynchronous motor 19.099
异步电动机堵转视在功率 apparent power by locked-rotor of asynchronous motor 19.111
异步电动机启动转矩 starting torque of asynchronous motor 19.110
异步电动机运行特性 operating characteristics of asynchronous motor 19.098
异步电动机运行性能 operating performance of asynchronous motor 19.113
异步电动机转矩特性 torque characteristics of asynchronous motor 19.097
异步联接 asynchronous link 04.009
异步启动 asynchronous starting 24.047
* 异步远动传输 asynchronous telecontrol transmission 06.043
异步运行 asynchronous operation 04.309
异重流 density current 01.686
役前检查 pre-service inspection 13.603
易裂变核素 fissile nuclide 13.040
意外电压转移 accidental voltage transfer 19.051
溢洪道 spillway 22.144
溢流 overflow，overfall 22.157
溢流式厂房 overflow type power house 22.234
溢流式调压室 spilling surge chamber 22.220
溢流堰 overflow weir 22.117
翼墙 wing wall 22.104
翼型 airfoil 14.046
翼型测风装置 aerofoil flow measuring element 09.464
阴极半桥 cathode half bridge 17.065
阴极端子 cathode terminal 17.089
阴极阀换相组 cathode valve commutating group 17.102

阴离子交换树脂 anion exchange resin 12.200
引风机 induced draft fan，IDF 09.235
引航道 approach channel 22.132
引弧环 arcing ring 18.201
引水建筑物 water diverting structure，intake structure 01.815
引水式水电站 diversion type hydropower station 03.076
引水隧洞 diversion tunnel 22.174
引用不确定度 fiducial uncertainty 02.117
引用误差 fiducial error 02.130
引用值 fiducial value 02.126
隐蔽 sheltering 13.789
隐极电机 non-salient pole generator 11.033
英热单位 British thermal unit 01.513
荧光灯 fluorescent lamp 19.080
影响量 influence quantity 02.134
* 应变疲劳 low cycle fatigue 12.314
应变限量 strain margin 18.339
应变仪 strain meter 02.175
应急柴油发电机组 emergency diesel generator set 13.446
应急待命 notification of unusual event，emergency standby 13.780
* 应急堆芯冷却系统 emergency core cooling system，ECCS 13.438
应急给水系统 emergency feedwater system 13.445
应急计划区 emergency planning zone 13.785
应急控制室 emergency control room 13.525
应急演习 emergency exercise 13.784
应力腐蚀 stress corrosion 12.357
应力腐蚀断裂 stress corrosion fracture 12.352
应力松弛 stress relaxation 12.311
* 应用基 as received basis 08.054
硬煤 hard coal 08.011
硬母线 rigid busbar 15.051
* 壅塞流 critical flow 13.311
永磁材料 magnetically hard material 01.115
永磁发电机 permanent magnet generator 11.002
永久磁体 permanent magnet 01.113
永久性故障 permanent fault 04.196
涌浆 grout emerging 22.430
涌水 blow，water surge 01.717
用电 electric power utilization 19.053
用电单耗法 electricity consumption per unit output method 04.373
用电分析 electricity consumption analysis 19.056
用电构成 electricity consumption structure 19.057
用电管理与服务 management and service of power utilization 19.060
用电质量 quality of consumption 04.420
用户 customer 06.163
用户变电站 consumer substation 15.006
用户供电可靠性 service reliability of customers 21.248
用户接入时间 user connection time 06.296
用户浏览响应时间 response time for user browsing 06.297
用户平均停电次数 average interruption times of customer，AITC 21.261
[用户]平均停电缺供电量 average energy supplied，AENS 21.264
用户平均停电时间 average interruption hours of customer，AIHC 21.260
用户特定电力 customer power 19.072
* 用户要求文件 utility requirement document，URD 13.363
㶲 exergy 01.525
㶲平衡 exergy balance 01.527
㶲损耗 exergy destroyed 01.526
邮票法 postage stamp method 06.260
油动机 hydraulic servo-motor 10.256
油断路器 oil circuit-breaker 15.198
油浸式变压器 oil immersed transformer 15.080
油浸式电抗器 oil immersed reactor 15.156
油浸纸绝缘电缆 oil impregnated paper insulated cable 18.259
油浸纸套管 oil impregnated paper bushing 15.147
油净化 oil purification 12.282
油净化装置 oil polishing device 12.289
* 油库 oil tank 08.178
油煤浆 coal oil mixture，COM 08.176
油膜振荡 oil whip 10.158
* 油母页岩 oil shale 08.012
油气套管 oil-SF_6 immersed bushing 15.149
油燃料跳闸 oil fuel trip，OFT 12.095
油燃烧器 oil burner 09.181
油位指示器 oil level indicator 10.288

* 油涡轮泵 booster oil pump 10.283
油污水处理 oily waste water treatment 20.097
油务监督 oil management 12.264
油析气性 gassing properties of insulating oil 12.285
油系统故障 oil system trouble 11.184
油系统清洗 oil system cleaning 12.293
油系统泄漏试验 leakage test of oil system 12.291
油箱 oil tank 10.286
油箱排气装置 oil tank gas exhauster 10.287
[油压]平衡阀 oil pressure equalizing valve 11.152
油压装置 oil pressure supply unit 12.292
油样分析 analysis of oil sample 12.267
油页岩 oil shale 08.012
油再生 oil regeneration 12.283
油质老化 oil ageing 12.275
油质老化试验 ageing test of oil 12.276
油中含气量 dissolved gas content of oil 12.284
油中颗粒度 particle counting and size distribution in oil 12.290
油中水分 water content in oil 12.287
[油中]水溶性酸 water soluble acid in oil 12.272
铀钚燃料循环 uranium-plutonium fuel cycle 13.212
铀的富集 uranium enrichment 13.182
铀同位素分离 uranium isotope separation 13.185
铀资源 uranium resources 13.177
游离碳 free carbon 12.269
有偿辅助服务 commercial ancillary service 06.211
* 有功电度表 watt-hour meter 02.055
有功电能 active energy 04.394
有功电能表 watt-hour meter 02.055
有功负荷 active load 04.383
有功功率 active power 01.322
有轨滑模 rail slip form 22.345
有机硫 organic sulfur 08.062
有机物 organic matter，organic compound 12.176
有名制 system of unit 04.147
有人值班变电站 manned substation 15.008
* 有限电量竞争模式 limited energy competition 06.118
有效剂量 effective dose 13.731
有效净压头 available net head 09.251
* 有效裂变中子产额 effective fission neutron yield 13.074
有效驱进速度 effective migration velocity 20.043
有效纹波因数 RMS ripple factor 01.376
有效需量 effective demand 19.204
有效需量因数 effective demand factor 19.205
有效值 root-mean-square value，effective value 01.188
有效[中子]增殖因数 effective [neutron] multiplication factor 13.082
有旋场 curl field 01.139
有压流 pressure flow 01.782
有源等效网络 active equivalent network 04.083
有源滤波器 active power filter，APF 15.177
有约束交易计划 constrained trading schedule 06.201
有载分段母线 on-load switchable busbar 15.048
有载分接开关 on-load tap-changer 15.139
有载调压变压器 transformer on-load voltage regulating 15.092
淤沙压力 silt pressure 01.799
余热锅炉 heat recovery boiler 09.025
余热锅炉接近点温差 heat recovery boiler approach point difference in temperature 09.498
余热锅炉节点温差 heat recovery boiler node difference in temperature 09.497
余热排出系统 residual heat removal system，RHRS 13.430
余速损失 leaving velocity loss 10.070
鱼泵 fish pump 22.126
鱼道 fish way 22.122
鱼梯 fish ladder 22.124
鱼闸 fish lock 22.125
宇宙处置 space disposal 13.819
雨季施工 rain season construction 22.463
预安排停运 scheduled outage 21.198
* 预沉积污层法 solid layer methodpre-deposited pollution test 16.033
预调度计划 pre-dispatching schedule 06.202
预防性维修 preventive maintenance 21.139
预付费电能表 prepayment meter 02.063
预告信号装置 alert signal device，alarm signal device 05.257
预计运行事件 anticipated operation event 13.667
预绞式金具 preformed helical fitting 18.194
预绞丝 preformed armor rods 18.076
预冷骨料 precooled aggregate 22.321
预冷器 precooler 10.602
预裂爆破 presplit blasting 22.473

预期保护角　minimum angle of shade　18.153
预期短路电流　prospective short-circuit current　04.180
预启阀　equalizing valve　10.120
预燃室　precombustion chamber　09.197
预想出力　expected output　03.133
预应力混凝土　prestressed concrete　22.306
预应力混凝土衬砌　prestressed concrete lining　22.386
预应力混凝土反应堆压力容器　prestressed concrete reactor pressure vessel　13.476
预应力锚索　prestress anchorage cable　22.408
预制混凝模板　precast concrete form　22.338
预制混凝土构件　precast concrete element　22.337
元件表面热流密度　heat flow density of fuel element surface　13.287
元素分析　ultimate analysis，elementary analysis　08.037
* 原级标准　primary standard　02.005
原煤　raw coal　08.006
* 原煤仓　coal bunker　08.152
* 原始裂变碎片　fission fragment　13.281
* 原型堆　prototype [nuclear power] reactor　13.358
原型[核电]反应堆　prototype [nuclear power] reactor　13.358
原子　atom　13.002
原子核　atomic nucleus　13.003
原子核物理学　atomic nuclear physics　13.001
* 原子能　nuclear energy　13.009
原子能法　Atomic Energy Law　13.377
圆辊闸门　rolling gate　22.265
圆盘给煤机　disc coal feeder　08.144
圆筒阀　cylindrical valve，ring gate　23.138
圆筒式调压室　cylindrical surge chamber　22.221
圆筒式塔架　tubular tower　14.088
圆筒闸门　cylinder gate　22.264
圆图　circle diagram　01.180
圆形煤场堆取料机　stacker-reclaimer for circular coal storage　08.135
* 圆形燃烧器　circular burner　09.178
圆柱形转子电机　cylindrical rotor generator　11.034
* 远程测量　telemetering　06.026
远程监视　telemonitoring　06.031
远程累计　telecounting，transmission of integrated total　06.046
* 远程命令　telecommand　06.027
远程切换　teleswitching　06.032
* 远程调节　teleadjusting　06.028
* 远程信号　teleindication，telesignalization　06.025
远程指令　teleinstruction　06.033
远动　telecontrol　06.024
远动传送时间　telecontrol transfer time　06.100
远动命令　command in telecontrol　06.063
远动配置　telecontrol configuration　06.029
远端短路　far-from generator short circuit　04.173
远方跳闸式保护　remote trip-out protection　05.171
远后备保护　remote backup protection　05.019
远期合同　forward contract　06.345
约定需量　subscribed demand　19.064
约束减出力机组　constrained-off unit　06.204
约束增出力机组　constrained-on unit　06.203
月[最大]负荷曲线　monthly [peak] load curve　04.380
越级误分闸故障概率　probability of incorrect trip due to fault outside protection zone　21.259
允许的频率和电压偏离额定值运行　permissible operation with frequency and voltage deviated from rated value　11.110
允许启动次数　permissible number of starting times for generator　11.107
允许式保护　permissive protection　05.169
允许式纵联保护　permissive mode pilot protection　05.215
运动压头　available static head　09.252
运流电流　convection current　01.051
运算导纳　operational admittance　01.392
运算电路　operational circuit　01.390
运算放大器　operational amplifier　01.396
运算曲线法　calculation curve method　04.220
运算阻抗　operational impedance　01.391
运行安全地震　operational safety earthquake，SL-1　13.265
运行安全管理体系　operational safety management system　13.607
运行安全评估　operational safety review　13.616
运行安全评估组　Operation Safety Assessment and Review Team，OSART　13.615
* 运行方式　operational mode　13.574
运行方式参数范围　parameter range of operating mode　13.573
* 运行基准地震　operating basis earthquake，OBE

13.265
运行技术规格书　operating technical specification　13.578
运行经验反馈　operating experience feedback　13.614
运行模式　operational mode　13.574
运行人员培训、考核与取执照　training，assessment and licensing of operating personnel　13.610
运行时间　service time　21.194
＊运行梯形图　operational limit diagram　13.565
＊运行图　operational limit diagram　13.565
运行维护费　operation and maintenance cost　03.187
运行系数　service factor S　21.213
运行限值和条件　operating limits and conditions　13.566
运行限值图　operational limit diagram　13.565
运行相关停运　operations related outage　21.236
＊运行小时　service hours　21.194
运行许可证　operation license　13.532
＊运行状态　operating condition of nuclear power plant　13.568
运行状态　state in service，in-service state　21.193

Z

匝间试验　inter-turn test，turn-to-turn test　16.036
杂散电流　stray current　19.052
杂散负载损耗　stray load loss　11.074
载流子　charge carrier　01.010
[再点燃]延弧装置　reignition device　15.329
再启动时间　restart time　06.116
再热联合汽阀　combined reheat valve　10.119
再热器　reheater，RH　09.129
再热汽温度控制系统　reheat steam temperature control system　12.034
再热[燃烧]室　reheat combustor　10.554
再热式汽轮机调节系统　reheating steam turbine governing system　10.242
再热调节[汽]阀　intercept valve　10.116
再热循环　reheat cycle　01.553
再热蒸汽　reheat steam　09.291
再热蒸汽参数　reheated steam condition　10.024
再热蒸汽温度　reheat steam temperature　09.292
再热蒸汽系统　reheating steam system　09.128
再热蒸汽压力　reheat steam pressure　09.293
再热主汽阀　reheat stop valve　10.115
再生剂用量　regenerant consumption　12.207
再生式回转空气预热器　regenerative air preheater，rotary air heater　09.223
再湿温度　rewetting temperature　13.316
再同步　resynchronization　04.287
＊在线化学监测仪表　water and steam quality monitoring instrument　12.023
在线静态安全分析　on-line steady state security analysis　06.111
在线清洗　on-line washing　10.588
在役检查　in-service inspection　13.604
暂时过电压　temporary overvoltage　16.190
暂态短路电流　transient short-circuit current　04.187
暂态过程　transient　04.223
暂态网络分析仪　transient network analyzer，TNA　04.252
造价指数　cost index　22.530
噪声测定　noise level measurement　11.227
噪声测量　measurement of noise　20.124
噪声控制　noise control　20.115
噪声滤波器　noise filter　05.154
噪声污染　noise pollution　20.129
增安型防爆电动机　increased safety type motor　19.104
＊增量命令　incremental command　06.071
增量信息　incremental information　06.054
增湿活化　activation of calcium　20.068
增压变压器　booster transformer　15.090
增压锅炉　supercharged boiler　09.031
增压锅炉式联合循环机组　supercharged boiler and gas turbine combined cycle unit　10.463
增压流化床锅炉　pressurized fluidized bed boiler，PFBB　09.339
增压流化床燃烧联合循环机组　pressurized fluidized bed combustion combined cycle units，PFBC-CC　10.464
增压油泵　booster oil pump　10.283
增殖比　breeding ratio，BR　13.174

闸　sluice　22.091
闸底板　sluice floor slab　22.101
闸墩　pier　22.100
闸墩式厂房　pier head power house　22.236
闸基防渗　seepage prevention of sluice foundation　22.399
闸门　gate　22.248
闸门槽　gate groove　22.283
闸门启闭机　gate hoist　22.289
闸门锁定器　gate holder　22.276
闸门止水　gate seal　22.284
闸室　sluice chamber　22.099
* 闸厢　lock chamber　22.135
* 窄点温差　heat recovery boiler node difference in temperature　09.497
窄缝挑坎　slit-type flip bucket　22.189
站用配电柜　auxiliary switchboard　19.026
张力放线　tension stringing　18.365
张力[放线]机　tensioner　18.373
胀差　differential expansion　10.415
胀差监视器　differential expansion monitor　10.303
胀管　tube expanding　10.361
招弧角　arcing horn　18.200
招投标制　bidding and tendering system　03.213
着火　light-off　10.497
着火温度　ignition temperature　08.076
沼气　biogas　14.186
沼气池　biogas digester　14.187
沼气发电　biogas power generation　14.194
沼气工程　biogas engineering　14.189
沼气供应系统　biogas supply system　14.190
沼气脱硫　biogas desulphurizing　14.191
沼气脱水　biogas dewatering　14.192
沼气厌氧发酵　biogas anaerobic fermentation　14.188
* 沼气厌氧消化　biogas anaerobic fermentation　14.188
兆欧表　megger，megohmmeter　02.044
兆瓦公里法　MW-kilometer method　06.261
照射　exposure　13.714
罩壳　cover enclosure，lagging enclosure　10.438
* 遮蔽角　angle of shade　18.152
遮栏　barrier　21.075
折旧费　depreciation cost　03.188
折流墙　deflection wall　22.208
折射波　refracted wave　01.410
折射系数　refraction coefficient　01.412
折向器　deflector　23.054
折焰角　furnace arch，furnace nose　09.237
褶皱　fold　01.695
针形阀　needle valve　22.278
真空　vacuum　10.362
真空电弧　vacuum arc　15.240
真空度　vacuum degree　10.363
真空断路器　vacuum circuit-breaker　15.193
真空浸渍　vacuum impregnation　11.023
* 真空[绝对]磁导率　magnetic constant　01.083
* 真空灭弧管　vacuum interrupter，vacuum arc-extinguishing tube　15.273
真空灭弧室　vacuum interrupter，vacuum arc-extinguishing tube　15.273
真空模板　vacuum form　22.344
真空破坏器　vacuum breaker　10.301
真空熔断器　vacuum fuse　19.031
真空试验　vacuum test　10.416
真空系统严密性检查　tightness inspection of vacuum system　10.374
真空[压力]　vacuum pressure　01.488
真空[压力]计　vacuum gauge　02.162
真实气体　real gas　01.463
真相对密度　true relative density　08.079
阵风　gust　14.022
振冲桩加固　stabilization by vibrosinking pile　22.441
振荡闭锁　power swing blocking　05.192
振荡解列操作过电压　oscillation overvoltage due to system splitting　16.193
振荡周期　oscillation period　04.260
振动给煤机　vibrating coal feeder　08.145
振动计　vibrometer　02.173
振动加固　stabilization by vibrating　22.443
振动频谱　vibration spectrum　10.149
振动筛　vibrating screen　08.138
振幅　amplitude　01.181
振簧系仪表　vibrating reed instrument　02.094
镇墩　anchored pier　22.180
震源　focus，hypocenter　01.707
震中　epicenter　01.708
蒸发　evaporation　01.563，01.650
蒸发冷却发电机　evaporation cooled generator　11.244

蒸发受热面　evaporating heating surface　09.102
蒸馏法海水淡化　distillation seawater desalination　12.235
* 蒸汽　steam　01.464
蒸汽参数　steam parameter，steam condition　01.577
蒸汽吹管　steam line blowing　09.428
蒸汽动力发电机组　steam power generating units　07.002
蒸汽发生器　steam generator，SG　13.428
蒸汽发生器传热管材料　material for steam generator tube　13.243
蒸汽发生器传热管破裂事故　steam generator tube rupture accident，　SGTR　13.596
蒸汽发生器水分夹带试验　moisture carry over test of steam generator　13.374
蒸汽发生器循环倍率　circulation ratio for steam generator　13.305
蒸汽干度　steam dryness，steam quality　01.571
蒸汽锅炉　steam boiler，steam generator　09.002
蒸汽和/或水的喷注　steam and/or water injection　10.570
* 蒸汽和能量转换系统　steam and power conversion system　13.466
蒸汽激振　steam flow excited vibration，steam whirl　10.159
蒸汽加氧吹洗　steam purging with oxygen　09.429
蒸汽净化　steam purification　09.262
蒸汽[静]弯应力　steam [static] bending stress　10.199
蒸汽空气比　steam-air ratio　10.471
蒸汽排放控制　steam discharge control　13.373
蒸汽清洗　steam washing　09.263
蒸汽湿度　steam moisture　09.288
蒸汽室　steam chest　10.110
蒸汽质量　steam quality　09.289
蒸汽质量合格率　qualified steam quality ratio　09.290
* 蒸汽终参数　exhaust steam condition　10.025
蒸燃功比　steam-gas power ratio　10.472
整步功率　synchronizing power　11.056
整定　setting　05.099
整定计算　setting calculation　05.100
整定压力　set pressure　09.411
整定值　setting value　05.126
整锻转子　integral rotor，monoblock rotor　10.141
* 整流　rectifier operation，rectification　17.104
整流器　rectifier　17.047
整流式继电器　rectifying relay　05.066
整流式仪表　rectifier instrument　02.093
整流运行　rectifier operation，rectification　17.104
整流罩　nose cone　14.070
整套启动试运　unit start-up and commissioning　03.235
整套启动试运行　commissioning and trial operation of complete unit　10.405
整体沸腾　bulk boiling　13.299
整体化循环物料热交换器　integrated recycle heat exchanger bed，INTREX　09.357
整体基础　block foundation　18.157
整体煤气化联合循环机组　integrated gasification combined cycle，IGCC　10.469
整体旁路系统　integral by-pass system，one-stage by-pass system　10.082
整体式闸室　dock type lock chamber　22.138
整体围带叶片　integral shroud blade　10.189
整体组立杆塔　assembled tower erection　18.360
正常磁化曲线　normal magnetization curve　01.089
* 正常高水位　normal storage high water level　03.118
正常检修运行方式　normal maintenance operating plan　04.271
正常启动　normal start　10.491
正常蓄水位　normal storage high water level　03.118
正常运行方式　normal system operating plan　04.269
正火　normalizing　12.330
正激波　straight shock wave　01.764
正交　in quadrature　01.176
正弦性畸变率测定　sinuousness aberration test for generator voltage wave form　11.222
正向　forward direction，conducting direction　17.120
正向电流　forward current　17.122
正向电压　forward voltage　17.124
正向击穿　forward breakdown　17.142
正向行波　direct wave　01.406
正向阻断间隔　forward blocking interval　17.118
正向阻断状态　forward blocking state，off-state　17.129
正序短路电流　positive sequence short-circuit current　04.217
正序分量　positive sequence component　01.359
正序网络　positive sequence network　04.211
正序阻抗　positive sequence impedance　04.214
正压流场　positive pressure flow field　01.745

正压通风　forced draft　09.214
正压型防爆电动机　overpressure type motor　19.106
* 支臂　rotor arm　24.014
支臂　supporting arm　22.285
支承方式　type of supports　10.133
支承式锅炉构架　supported boiler structure　09.096
支承轴承　journal bearing　10.220
支持绝缘子　supporting insulator　18.226
支堤　branch dike　22.109
支吊架　suspension and support　09.094
支墩坝　buttress dam　22.007
支路　branch　01.243
支路导纳矩阵　branch admittance matrix　01.248
支路电流矢量　branch current vector　01.244
支路电压矢量　branch voltage vector　01.246
支路阻抗矩阵　branch impedance matrix　01.247
* 支托　corbel　22.245
支线　branch line　04.064
支柱式电流互感器　support type current transformer　15.355
执行元件　execute component　05.081
直吹式制粉系统　direct-fired pulverizing system　09.302
直接测量[法]　direct [method of] measurement　02.083
* 直接短路　dead short　04.198
直接法　direct method　04.245
直接干式冷却系统　direct dry cooling system　10.398
直[接]击雷　direct lightning strike　16.071
直接接触　direct contact　21.080
* 直接空冷系统　direct dry cooling system　10.398
直接喷射　full jet　16.242
* 直接日射　direct radiation　14.115
直接泄漏　direct leakage，infiltration leakage　09.227
直立式闸室　vertical-wall chamber　22.136
直流冲击电容器　DC surge capacitor　17.030
直流电动机　direct current motor，DC motor　19.149
直流电机　direct current machine，DC machine　19.130
直流电抗器　DC reactor　17.025
直流电抗器避雷器　DC reactor arrester　17.026
直流电流　direct current　01.162
直流电流互感器　DC current transformer　17.028
直流电压　direct voltage　01.163
直流电压异常保护　DC voltage abnormality protection　05.271
直流[电源]系统　direct current system　03.170
直流断路器　DC circuit breaker　17.039
直流分量　DC component　01.367
直流分压器　DC voltage divider　17.029
直流高压发生器　high-voltage DC generator　16.007
直流锅炉　once-through boiler　09.008
直流锅炉给水流量过低保护　low feedwater flow protection of once-through boiler　12.107
直流锅炉模拟量控制系统　modulating control system of once-through boiler　12.031
直流过电流保护　DC overcurrent protection　17.163
直流过电压保护　DC overvoltage protection　17.168
直流接地开关　DC grounding switch　17.027
直流冷却水系统　once-through cooling water system　10.381
直流滤波器　DC filter　17.034
直流煤粉燃烧器　straight-through pulverized coal burner　09.177
直流母线避雷器　DC bus arrester　17.032
直流耐压试验　DC voltage withstand test　16.016
[直流]偏置　DC offset　04.442
直流事故润滑油泵　DC emergency oil pump　10.281
直流输电　DC power transmission　04.037
[直流输电]能量不可用率　energy unavailability [concepts related to HVDC transmission system]，EU　21.246
[直流输电]能量可用率　energy availability [concepts related to HVDC transmission system]，EA　21.245
[直流输电]能量利用率　energy utilization [concepts related to HVDC transmission system]　21.247
直流输电系统保护　protection of HVDC system　05.269
直流系统　direct current system，DC system　04.003
直流系统保护　DC system protection　17.161
直流线路　DC line　18.005
直流线路保护　DC line protection　17.169
直流线路避雷器　DC line arrester　17.033
直流线路故障定位装置　DC transmission line fault locator　05.272
直流谐波保护　DC harmonic protection　17.165
[直流]中性母线避雷器　[DC] neutral bus arrester　17.038
[直流]中性母线电容器　[DC] neutral bus capacitor

17.037
直流阻尼电路　DC damping circuit　17.031
直埋敷设　cable direct burial laying　18.292
直[平]流式配风器　jet air register　09.190
直驱式风电机组　direct drive WTGS，gearless WTGS　14.083
直射辐射表　pyrheliometer　14.118
直线电动机　linear motor　19.150
直线杆塔　intermediate support　18.082
直叶片　straight blade　10.179
直轴　shaft straightening　10.169
* 直轴超/次瞬态电抗　direct-axis subtransient reactance　04.104
直轴超/次暂态电抗　direct-axis subtransient reactance　04.104
直轴超/次暂态短路时间常数　direct-axis subtransient short-circuit time constant　04.111
直轴超/次暂态开路时间常数　direct-axis subtransient open circuit time constant　04.113
* 直轴瞬态电抗　direct-axis transient reactance　04.102
直轴同步电抗　direct-axis synchronous reactance　04.100
直轴暂态电抗　direct-axis transient reactance　04.102
直轴暂态短路时间常数　direct-axis transient short-circuit time constant　04.110
直轴暂态开路时间常数　direct-axis transient open-circuit time constant　04.112
D 值　D value　12.187
pH 值　pH value　12.188
职业照射　occupational exposure　13.717
职业照射剂量限值　dose limit for occupational exposure　13.721
止浆片　grout stop　22.428
止漏环　seal ring，labyrinth　23.046
止水　waterstop，sealing　22.069
* 止推轴承　thrust bearing　10.224
纸介[质]电容器　paper capacitor　15.164
指示[测量]仪器仪表　indicating [measuring] instrument　02.002
指示命令　instruction command，standard command　06.075
指数法　index method，Winter-Kennedy method　23.093
* SI 制　international system of units，SI　01.416
制动喷嘴　brake nozzle　23.055
制粉电耗　power consumption of pulverizing system　09.308
制粉系统爆炸　explosion of pulverized coal preparation system　09.487
制粉系统冷态风平衡试验　cold air flow test of pulverizing system　09.454
* 制冷系数　coefficient of performance，COP　01.600
* 制冷循环　reversed cycle　01.561
质量保证　quality assurance　13.697
质量保证大纲　quality assurance program　13.698
质量比热　mass specific heat　01.500
质量传递　mass transfer　01.646
质量含汽率　steam quality by mass　09.283
质量计划　quality plan　13.700
质量监管　quality regulation　06.339
质量控制　quality control　13.701
质量亏损　mass defect　13.006
质量流量　mass flow rate　01.493
质量流速　mass velocity　09.249
质子　proton　13.004
致颤电流　fibrillating current　21.023
智能[测量]仪表　intelligent measuring instrument　02.101
智能继电保护　intelligent relay protection　05.172
滞止状态　stagnation state　01.609
中放废物　intermediate level radioactive waste　13.801
中横担　beam gantry，bridge　18.102
中间储仓式热风送粉系统　storage pulverizing system with hot air used as primary air　09.298
中间储仓式乏气送粉系统　storage pulverizing system with exhaust air used as primary air　09.299
中间负荷运行　intermediate load operation　03.144
* 中间回路　intermediate cooling circuit　13.495
* 中间极　commutating pole　19.139
中间继电器　auxiliary relay　05.054
* 中间介质法　binary cycle system　14.011
中间冷却回路　intermediate cooling circuit　13.495
中间冷却器　intercooler　10.603
中间热交换器　intermediate heat exchanger　13.496
* 中间式电流互感器　current matching transformer　15.357
中间再热式汽轮机　reheating steam turbine　10.005
中间状态信息　intermediate state information　06.057
中空纤维渗透器　hollow fiber permeator　12.231

中孔　mid-level outlet　22.153
中块煤　medium-sized coal　08.021
中煤　middling coal　08.015
中能中子　moderate energy neutron　13.051
中品位煤　medium grade coal　08.017
＊中水年　normal year　01.669
中水头水电站　medium head hydropower station　03.070
中速磨煤机　medium speed mill　09.313
中温分离器　medium temperature separator　09.352
中心环　center ring　11.039
中型布置　medium-profile layout　15.027
中型水电站　medium hydropower station　03.066
中性导体　neutral conductor　01.350
中性点　neutral point　01.351
中性点不接地系统　isolated neutral system，ungrounded neutral system　04.072
中性点接地方式　neutral point treatment，neutral point connection　04.071
中性点位移　neutral point displacement　01.357
中性点位移电压　neutral point displacement voltage　04.070
＊中性点消弧线圈接地系统　resonant earthed [neutral] systemarc-suppression-coil earthed [neutral] system　04.075
中性点谐振接地系统　resonant earthed [neutral] system，arc-suppression-coil earthed [neutral] system　04.075
中性点直接接地系统　solidly earthed [neutral] system　04.073
中性点阻抗接地系统　impedance earthed [neutral] system　04.074
中压缸启动　start-up through intermediate pressure cylinder　10.413
中压锅炉　medium pressure boiler　09.013
中压机组　medium pressure units　07.004
中压进汽部分　intermediate pressure admission parts　10.108
中压绕组　intermediate-voltage winding　15.102
中子　neutron　13.005
中子不泄漏概率　neutron non-leakage probability　13.081
中子核反应宏观截面　nuclear reaction macroscopic cross section of neutron　13.043
中子核反应微观截面　nuclear reaction microscopic cross section of neutron　13.042
＊中子积分通量　neutron fluence　13.048
中子扩散　neutron diffusion　13.071
中子扩散方程　neutron diffusion equation　13.072
中子慢化　neutron moderation　13.063
[中子]能量分群法　neutron energy grouping method　13.084
中子能谱　neutron spectrum　13.096
[中子]能谱硬化　neutron spectral hardening　13.097
中子平均寿命　neutron mean life　13.116
中子散射　neutron scattering　13.058
＊中子寿命循环　neutron cycle　13.079
中子输运方程　neutron transport equation　13.083
中子数密度　neutron number density　13.044
中子探测器　neutron detector　13.168
＊中子通量　neutron fluence rate　13.045
中子微扰理论　neutron perturbation theory　13.115
中子吸收　neutron absorption　13.055
中子循环　neutron cycle　13.079
中子与核反应率密度　reaction rate density of neutron with nuclide　13.049
中子注量　neutron fluence　13.048
中子注量率　neutron fluence rate　13.045
中子注量率分布　neutron fluence rate distribution　13.046
中子注量率分布不均匀因子　neutron fluence distribution peaking factor　13.151
中子注量率分布测量　measurement of neutron fluence rate distribution　13.047
中子注量率展平　neutron fluence flattening　13.152
中阻抗型母线差动保护　middle-impedance type busbar differential protection　05.195
终端变电站　terminal substation　15.005
终端杆塔　terminal support，dead end tower　18.084
终端接续　dead-end tension joint　18.219
终端用户　ultimate consumer，end-user　19.055
重冰区　heavy icing area　18.060
重锤　counterweight，suspension set weight　18.207
重金属污染　pollution of heavy metal　20.134
重力坝　gravity dam　22.005
重力档距　weight span　18.126
重力墩　gravity abutment　22.071
重力拱坝　gravity arch dam　22.014

重力侵蚀　gravitational erosion　01.847
重力式基础　weighting foundation　18.159
* 重力压降　elevation pressure drop　13.339
重水除氚　detritiation　13.488
* 重水堆　heavy water reactor　13.386
重水堆慢化剂系统　moderator system of HWR　13.483
重水堆排管容器　calandria vessel for HWR　13.481
重水堆燃料装卸系统　refueling system of HWR　13.489
重水堆压力管　pressure tube for HWR　13.482
重水堆重水净化与升级　purification and upgrading of heavy water for HWR　13.487
重水堆重水收集系统　heavy water collection system for HWR　13.486
重水堆主热传输系统　primary heat transport system for HWR，PHTS　13.480
重水堆装卸料机　refueling machine of HWR　13.490
重水反应堆　heavy water reactor　13.386
重型燃气轮机　heavy-duty gas turbine　10.450
重要厂用水系统　essential service water system　13.447
* 重油　heavy fuel oil　08.170
重质燃料油　heavy fuel oil　08.170
周负荷曲线　weekly load curve　04.379
周界风　surrounding air　09.234
周期　period　01.166
周期检验率　percentage of instrument undergone periodical calibration　12.161
周期性电压变化　cyclic voltage variation　04.307
周调节　weekly regulation　03.103
轴承绝缘　bearing insulation　11.030
* 轴承箱　bearing pedestal，bearing housing　10.223
轴承座　bearing pedestal，bearing housing　10.223
轴电流　shaft current　11.100
轴电流保护　shaft current protection　11.239
轴电压测定　shaft voltage measurement　11.235
轴电压监测器　shaft grounding monitor　11.188
轴端功率　shaft power　10.046
轴端汽封　shaft gland，shaft end seal　10.214
* 轴封　shaft gland，shaft end seal　10.214
轴封抽汽器　gland steam exhauster　10.219
轴封冷却器　gland steam condenser　10.218
轴颈振动分析仪　journal vibration [orbit] analyzer　11.202
* 轴颈轴承　journal bearing　10.220
轴流定桨式水轮机　axial flow hydroturbine with fixed blade，Nagler turbine　23.006
轴流可逆式水轮机　propeller pump-turbine　23.114
轴流式汽轮机　axial flow steam turbine　10.008
轴流式水轮机　axial flow hydroturbine　23.004
轴流式透平　axial flow turbine　10.518
轴流式蓄能泵　axial flow storage pump　23.124
轴流[式]压气机　axial flow compressor　10.573
轴流转桨式水轮机　axial flow hydroturbine with movable blade　23.005
轴伸式水轮机　S-type hydroturbine　23.013
轴系扭振　torsional vibration of shaft system　10.155
轴系扭振监测器　shaft torsional oscillation monitor　11.192
轴系稳定性　shafting stability　10.156
轴向[释热率]不均匀因子　axial heat generation peaking factor　13.325
轴向水推力　hydraulic thrust　23.078
轴向通风　axial ventilation　11.086
* 轴向位移保护　axial shaft displacement protection　10.298
轴向位移监视器　axial shaft displacement monitor　10.302
轴/轴承振动监视器　shaft/bearing vibration monitor　10.305
珠光体耐热钢　pearlitic heat resistant steel　12.392
珠光体球化　spheroidization of pearlite　12.341
逐线计算法　line-by-line calculation method　06.262
主保护　main protection　05.010
* 主泵　primary coolant pump，circulating pump　13.426
主变压器　main transformer　15.074
主厂房　power house　22.226
主厂房断面布置　sectional arrangement of main power building　03.158
主厂房基础　foundation of main power building　07.059
主厂房建筑设计　architecture design of main power building　07.058
主厂房结构设计　structure design of main power building　07.057
主厂房结构施工　main power building structure construction　07.075
主厂房抗震　anti-seismic design of main power building　07.060

主厂房平面布置　plan arrangement of main power building　03.157
主厂房远景规划布置　long-term planning arrangement drawing of main power building　03.156
主触头　main contact　15.274
主磁通　main flux　01.343
* 主电路　main circuit　15.253
* 主阀　inlet valve，main shut-off valve　23.134
主分接　principal tapping　15.121
主风向　prevailing wind direction　14.038
主干电网　main grid　04.053
主管道材料　material for main pipe　13.242
主回路　main circuit　15.253
主给水管道破裂事故　main feed line break accident，MFLB　13.595
主绝缘　main insulation　16.165
主控变电站　master substation　15.011
主令开关　master switch　19.039
主流区　main flow　01.779
主凝结水系统　main condensate system　10.088
主汽阀　main stop valve　10.113
主汽压力控制　main steam pressure control　12.050
主燃烧器　main burner　09.174
主设备选择　selection of main equipment　03.159
主循环泵　primary coolant pump，circulating pump　13.426
主要辅机选择　selection of main auxiliary equipment　03.160
主要施工技术方案　major construction technical scheme　03.223
主油泵　main oil pump　10.278
主站　master station，controlling station　06.022
* 主蒸汽　live steam　01.576
主蒸汽管道破裂事故　main steam line break accident，MSLB　13.594
主蒸汽流量　initial steam flow rate　10.034
主蒸汽系统　main steam system　10.077
主蒸汽压力调节器　main steam pressure regulator　10.263
主轴密封　main shaft sealing　23.050
主轴弯曲　shaft distortion　10.167
煮炉　boiling-out　09.423
注浆堵水技术　grouting and sealing technique　22.433
注油器　oil ejector　10.285
注蒸汽燃气轮机　steam injection gas turbine，SIGT　10.452
贮灰场　ash storage yard　20.032
贮灰库　ash silo　20.033
驻波　standing wave　01.413
柱上变压器　pole-mounted transformer　15.098
柱上断路器　pole-mounted circuit-breaker　15.190
柱上隔离开关　pole-mounted disconnector　15.216
柱上配电台　pole-mounted substation　19.025
柱状浇筑　prismatic pouring，columnar pouring　22.357
柱状型高温气冷堆　prismatic high temperature gas cooled reactor　13.391
专设安全设施　engineered safety feature，ESF　13.435
专项服务价格　exclusive service tariff　06.263
专用低压接线　dedicated low-voltage wiring　19.027
专用负荷开关　limited purpose switch　15.222
专用荷载　special load　18.041
专用输电工程服务价　service tariff of exclusive transmission project　06.265
转换比　conversion ratio，CR　13.172
转换选择器　change-over selector　15.144
转角杆塔　angle support　18.085
转向角试验　turning angle test　18.343
* 转移阻抗　transfer impedance　01.225
转运机　transfer machine　13.499
* 转差[率]　slip　19.125
* 转鼓　drum rotor　10.143
转轮室　runner chamber　23.030
转轮体　hub，runner hub　23.037
* 转速变换器　synchronizer，speed changer　10.258
转速表　tachometer　02.174
转速不等率　speed governing droop　10.271
转速调整　speed adjustment　19.118
转速控制　speed control　12.047
转子串联电阻启动　wound rotor series resistor starting　19.116
转子动平衡　rotor dynamic balancing　10.161
转子动平衡及超速试验　dynamic balance and over speed test for rotor　11.216
转子共振转速　rotor vibration resonance speed　10.147
转子汇水箱[环]　water distributor for inner cooling rotor　11.132
转子静平衡　rotor static balancing　10.160
转子裂纹处理　treatment of crack in rotor　10.164

转子临界转速　rotor critical speed　10.146
转子偏心度监视器　rotor eccentricity monitor　10.304
* 转子绕组　excitation winding，rotor winding　11.036
转子绕组交流阻抗测定　AC impedance test for rotor winding　11.211
转子绕组接地　rotor winding earth fault　11.178
转子绕组冷却　cooling of rotor winding　11.083
转子绕组匝间短路　rotor winding inter-turn short circuit　11.179
转子绕组匝间短路测定　inter-turn short circuit test for rotor winding　11.212
转子寿命　life of rotor　10.150
转子体　rotor without blades　10.139
转子温度场　rotor temperature field　10.151
转子应力场　rotor stress field　10.152
转子用钢　steel for rotor　11.046
转子运动方程　equation of rotor motion，swing equation　04.096
转子匝间短路监测器　rotor shorted turn detector　11.191
转子找中心　alignment of rotor　10.163
转子中心体　hydrogenerator rotor hub　24.013
转子轴及本体　rotor shaft and proper　11.035
转子轴向推力　rotor axial thrust　10.148
桩基础　pile foundation　18.163
桩基施工　pile foundation construction　07.073
* 装机高程　setting elevation　23.086
装料方案　loading scheme　13.534
装配式坝　precast dam　22.020
装配式衬砌　fabricated lining　22.384
* 装置空化系数　plant cavitation coefficient，plant sigma　23.085
状态　state　01.468
状态变量　state variable　01.290
状态导向应急操作规程　state oriented emergency operational procedure　13.581
状态方程　state equation　01.291
状态估计　state estimation　04.162
状态估计器　state estimator　06.110
状态检修　condition based maintenance，CBM　21.146
状态空间　state space　01.293
状态矢量　state vector　01.292
状态信息　state information　06.050
追忆打印　post-trip logging　12.124
锥形阀　howel-bunger valve　22.279
准静态过程　quasi-equilibrium process　01.529
准确度等级　accuracy class　02.142
准确级　accuracy class　15.361
准同步并列　quasi-synchronization　04.291
准许收入　permitted revenue　06.267
浊度　turbidity　12.177
资本金制　capital fund rule　03.211
资金筹集　fund raising　03.206
子变电站　satellite substation　15.012
子导线　sub-conductor　18.257
子堤　small dike on levee crown　22.110
子功能组级控制　function subgroup control　12.070
* 子捻　small dike on levee crown　22.110
子通道　subchannel　13.318
子通道间横流　lateral flow between subchannels　13.329
子样　increment　08.098
* 子站　outstation，controlled station　06.023
自饱和并联电抗器　saturated shunt reactor　15.159
自并励静止励磁系统　potential source rectifier excitation　04.135
自持振荡　self-sustained oscillation　04.254
自持转速　self-sustaining speed　10.499
* 自带冠叶片　integral shroud blade　10.189
自调整汽封　self-adjusting gland　10.217
自动采煤样装置　automatic coal sampling device　08.092
自动重合断开时间　auto-reclose open time　05.245
自动重合器　automatic circuit recloser　15.225
自动重合闸　auto-reclosing　15.307
自动重合闸装置　automatic reclosing equipment　05.249
自动重合中断时间　auto-reclose interruption time　05.247
自动低频减负荷　automatic under frequency load shedding　04.357
自动低频减载装置　automatic under frequency load shedding device　05.259
自动电压调节器　automatic voltage regulator，AVR　04.140
自动调度系统　automatic dispatch system，ADS　12.025
自动读表系统　automatic meter reading，AMR　19.015
自动发电控制　automatic generation control，AGC

06.106
自动负荷恢复装置　automatic load restoration equipment　05.267
自动化水平　automation level　12.002
自动化系统电源　power supply of automation system 12.141
自动化系统气源　air supply of automation system 12.142
自动控制装置　automatic control equipment　05.251
自动配电开关　automatic distribution switch　15.224
自动切换装置　automatic switching control equipment 05.248
自动失步控制装置　automatic out of step control equipment　05.252
自动失压跳闸装置　automatic loss of voltage tripping equipment　05.261
* 自动调节系统　modulating control system，MCS 12.024
自动调节装置　automatic regulating equipment　12.060
自动停堆　automatic shutdown　13.551
自动同步装置　automatic synchronizing unit　05.254
自动主汽阀　automatic main stop valve　10.293
自动抓梁　auto clawing beam，auto pick-up beam 22.288
自发传输　spontaneous transmission　06.083
自发裂变　spontaneous fission　13.011
自复位装置　automatic runback device　10.260
自感电动势　self-induced EMF　01.071
自感系数　coefficient of self-inductance　01.070
自感应　self-induction　01.069
自恢复绝缘　self restoring insulation　16.166
自给能探测器　self-powered detector　13.169
自溃坝　fuse plug spillway　22.036
自冷　natural cooling　15.114
自立杆塔　self-supporting support　18.088
自流灌浆　gravitational grouting　22.423
自密实混凝土　self-compacting concrete　22.302
自能灭弧室　self energy interrupter　15.271
自耦变压器　autotransformer　15.089
自耦变压器启动　autotransformer starting　19.157
自耦式互感器　instrument auto-transformer　15.346
自然对流换热　natural convective heat transfer　01.621
自然环境　natural environment　01.842
自然接地体　natural earthing substance　16.196
自然通风　natural draft　09.212
自然通风冷却塔　natural draft cooling tower　10.384
自然循环锅炉　natural circulation boiler　09.006
自容式充油电缆　self-contained oil-filled cable　18.263
自生通风压头　stack draft　09.219
自适应频率控制　adaptive control of frequency　06.113
自同步并列　self-synchronization　04.290
自脱扣断路器　self-tripping circuit-breaker　15.202
自熄弧故障　self-extinguishing fault　21.030
自卸式底开门车　bottom dump hopper car　08.163
自由电荷　free charge　01.007
自由焓　free enthalpy　01.524
自由活塞燃气轮机机组　free piston gas turbine　10.455
自由能　free energy　01.523
自由叶片　free-standing blade　10.188
自由振荡　free oscillation　01.319
自整角机　selsyn　19.151
综合重合　composite auto-reclosing　05.235
综合拉断力　comprehensive breaking strength，UTS 18.071
综合利用工程费用分摊　construction cost allocation of comprehensive utilization project　03.082
* 综合利用水库　comprehensive utilization reservoir 03.110
综合启动　combined starting　19.159
总传送时间　overall transfer time　06.099
总等电位连接　main equal potential bonding　21.105
总告警　common alarm　06.062
总含盐量　total dissolved salt，TDS　12.224
总和仪表　summation instrument　02.014
总加电流互感器　summation current transformer 15.356
总截面　total cross section　13.062
总库容　total storage capacity　03.089
总燃料跳闸　master fuel trip，MFT　12.094
* 总日射　total radiation　14.117
总日射表　pyranometer　14.119
总水头　total head　03.128
总损耗　total losses　15.130
* 总体应急　general emergency　13.783
总响应时间　overall response time　06.098
总谐波畸变率　total harmonic distortion　02.149
总压力控制系统　circulating water pressure control system　12.055

总样　gross coal sample　08.097
总硬度　total hardness　12.209
总装机容量　total installed capacity　03.012
纵吹灭弧室　axial blast interrupter　15.268
纵断面　longitudinal profile　18.134
纵缝　longitudinal joint　22.063
纵横吹灭弧室　mixed blast interrupter　15.270
纵联保护　pilot protection，line longitudinal protection　05.211
纵联差动保护　longitudinal differential protection　05.186
纵深防御　defence in depth　13.654
纵向布置　longitudinal arrangement of turbogenerator unit　07.051
纵向电压调节　in-phase voltage control　04.336
纵向故障　series fault，longitudinal fault　05.034
纵向荷载　longitudinal load　18.048
纵向围堰　longitudinal cofferdam　22.498
阻带　stop band　01.337
阻断间隔　blocking interval，idle interval　17.115
* 阻断状态　non-conducting state，blocking state　17.128
阻抗　impedance　01.221
阻抗保护　impedance protection　05.157
阻抗电压　impedance voltage [at rated current]　15.124
阻抗继电器　impedance relay　05.045
阻抗模　modulus of impedance　01.222
阻抗匹配　impedance matching　01.231
阻抗式调压室　throttled surge chamber　22.222
阻抗元件　impedance component　05.072
阻流塞组件　thimble plug assembly，flow restrictor　13.423
阻尼间隔棒　spacer damper　18.204
阻尼控制方式　damping control mode　17.201
阻尼绕组　damping winding，amortisseur winding　11.041
阻尼振荡　damped oscillation　01.318
阻燃电缆　flame retardant cable　18.269
阻容分压器　resistance-capacitance voltage divider　16.045
阻塞费用　congestion cost　06.192
阻塞管理　congestion management　06.193
阻塞极限　choking limit　10.584
阻塞盈余　congestion surplus　06.194
组合测量[法]　combination [method of] measurement　02.085
组合告警　group alarm　06.061
组合式互感器　combined instrument transformer　15.347
* 组件　solar cell module　14.163
组命令　group command　06.073
组织权重因数　tissue weighting factor　13.728
组装式调节仪表　packaged electronic modular control instrument　12.063
钻爆施工法　drilling and blasting method　22.375
* 最大地面加速度　zero period acceleration，ZPA　13.268
最大风速　maximum wind speed　14.020
最大负荷出现时间　occurrence time of maximum load　06.356
最大钢球装载量　maximum charge of balls　09.310
最大过负荷容量　maximum overload capability　10.030
最大可信地震　maximum credible earthquake，MCE　01.711
最大可信事故　maximum credible accident，MCA　13.276
最大连续容量　maximum continuous capacity　11.065
最大水头　maximum head　03.129
* 最大需量电度表　meter with maximum demand indicator　02.061
最大需量电能表　meter with maximum demand indicator　02.061
最大要求需量　maximum demand required　19.065
最大允许需量　authorized maximum demand　19.066
最大运行方式　maximum operating plan　04.275
最低不投油稳燃负荷　boiler minimum stable load without auxiliary fuel support　09.401
最低付费条款　minimum payment clause　19.198
最低负荷　minimum load　04.386
最低计费需量　minimum demand　19.199
* 最低膜态沸腾温度　rewetting temperature　13.316
最低启动转矩　pull-up torque　19.117
最低稳燃负荷率　boiler minimum combustion stable load rate，BMLR　09.402
最高壁温处含汽率　steam quality at minimum heat transfer coefficient　09.287
最高[大]负荷　top load，maximum load　04.389
最高内在水分　moisture holding capacity　08.041
最高限价到达率　ceiling price topping ratio　06.340

最高允许壁温　maximum allowable metal temperature　09.076
最高允许工作压力　maximum allowable working pressure　09.075
最佳钢球装载量　optimum charge of balls　09.311
最佳速比　optimum velocity ratio　10.064
最小安全距离　minimum approach distance，minimum working distance　16.219
最小触发角控制　minimum α control　17.206
最小负荷出现时间　occurrence time of minimum load　06.357
最小关断角控制　minimum γ control　17.208
最小流量再循环系统　minimum flow recirculating system　10.342
最小水头　minimum head　03.130
最小运行方式　minimum operating plan　04.274
最小/最大市场份额比　min/max index　06.341
* 最小作业距离　minimum approach distance，minimum working distance　16.219
最优工况　optimum operating condition　23.061
最终热阱　ultimate heat sink　13.669
作业净距　working clearance　15.060
作业距离　working distance　16.218
座环　stay ring　23.022
座式轴承　pedestal bearing　11.029